Research on Development Strategy and
Planning of Science and Technology Power

科技强国科技发展战略
与规划研究

张志强 ◎ 主编

科学出版社

北 京

内 容 简 介

科技规划是科技发展的战略布局和系统谋划。本书主要聚焦基础前沿交叉、先进材料、能源、生命与健康（包括人口健康与医药、生物、农业）、海洋、资源生态环境、信息、光电空间等八个主要科技领域，以及重大科技基础设施、数据与计算平台等两类科技创新公共支撑平台，以科技强国、世界一流科研机构和领军型创新研发机构（包括国立和私立研发机构）、国际重要科技组织等为重点观察对象，以近年来特别是面向未来的中长期主要科技领域的战略与规划为调研和分析重点，按照主要科技领域展开了深入分析和战略研究，完成了主要科技领域与科技创新平台领域的科技战略和规划分析的研究报告。这些报告突出了主要科技领域研究内容特色和战略重点、科技发展趋势前瞻和未来创新方向特色、国家科技研发竞争力与影响力特色、科技领域与重大计划部署特色、与我国相关科技领域规划的比较研究特色等。同时，阐述了主要科技领域发展的国际经济社会发展大背景和大趋势、科技强国近年来主要科技领域的战略与规划部署、科技领域战略与规划制定与实施的新规律与新特点等。在主要科技领域战略与规划分析研究的基础上，从五个方面论述和提出了对我国科技强国建设的深刻启示和主要政策建议。本书可以为科技领域发展规划以及相关决策提供重要国际发展背景和参考依据。

本书逻辑结构清晰、科技领域涵盖面全、内容观点新颖、资料数据翔实、视野开阔前瞻、分析全面透彻，可供相关政府科技管理部门和科研机构的科研管理人员、科技战略研究人员和科技领域研究人员等阅读参考。

图书在版编目（CIP）数据

科技强国科技发展战略与规划研究 / 张志强主编. —北京：科学出版社，2020.1
ISBN 978-7-03-063869-4

Ⅰ. ①科…　Ⅱ. ①张…　Ⅲ. ①科技发展-发展战略-研究-中国　Ⅳ. ①N12

中国版本图书馆 CIP 数据核字（2019）第 291169 号

责任编辑：邹　聪　刘巧巧 / 责任校对：贾伟娟
责任印制：徐晓晨 / 封面设计：有道文化
编辑部电话：010-64035853
E-mail：houjunlin@mail.sciencep.com

科学出版社 出版

北京东黄城根北街 16 号
邮政编码：100717
http://www.sciencep.com

北京建宏印刷有限公司 印刷

科学出版社发行　各地新华书店经销

*

2020年1月第 一 版　开本：787×1092　1/16
2021年3月第三次印刷　印张：42 1/2
字数：1 003 000
定价：298.00 元

（如有印装质量问题，我社负责调换）

《科技强国科技发展战略与规划研究》
研究组

组　长：张志强

成　员（按照报告顺序排列）：

陈云伟	刘小平	陈　欣	吕凤先	刘艳丽	张　博
陆　颖	万　勇	冯瑞华	郭楷模	岳　芳	吴　勘
陈　伟	王　朔	陈　方	郑　颖	丁陈君	邓　勇
吴晓燕	李祯祺	王　玥	许　丽	苏　燕	施慧琳
徐　萍	于建荣	董　瑜	杨艳萍	郑军卫	刘　学
熊永兰	吴秀平	房俊民	唐　川	张　娟	王立娜
田倩飞	徐　婧	梁　田	徐英祺	史继强	

前　言

　　建设科技强国是国家赋予我国科技界未来 30 年的国家战略使命。党的十九大报告提出了我国到 2035 年基本实现社会主义现代化、跻身创新型国家前列，至 2050 年实现社会主义现代化强国的宏伟目标。我国建设世界科技强国的战略号角已经吹响，未来 30 年将是我国全面推进科技强国建设的科技攻坚期。而我国未来建设世界科技强国，面临着难得的科技历史机遇和严峻的挑战。

　　从科技领域来看，近 10 年来全球科技发展呈加速度和叠加式发展态势。全球新一轮科技革命和产业变革加速兴起，呈现出信息与计算科学、生命科学、物质科学、材料科学、空间科学等领域，以及数字与信息技术（传感技术、通信技术、计算技术等）、生物技术、能源技术、材料制造技术、深空深海探测技术等领域科技创新加速发展的态势，孕育着潜在的重大突破性发展。以信息领域为例，科技创新的进化周期明显缩短，即基础技术创新（信息载体技术、大数据技术、互联网+智能手机催生移动互联网等）—技术应用创新—商业模式创新—新一轮基础技术创新的周期性进化循环。信息技术的迭代发展为经济社会提供由信息技术支撑的重大基础设施，应用创新开辟新的广阔市场，商业模式创新重新配置全球资源和分配利益蛋糕。信息科技创新的周期性快速进化，有力推动主要科技领域的研发突破全面进发和集群涌现，使科技创新成为驱动经济社会发展的有力突破口。同时，多个领域的突破性技术发展的高度集成和组合式创新，可能在人工智能、类人机器人等一些领域孕育重大的颠覆性技术发展和应用，成为产业变革和经济增长的驱动力，将显著推动全球产业结构不断向价值高端化、过程智能化、影响绿色化、应用服务化方向加速发展，深刻变革人类经济和社会发展模式和组织形态，促进人类社会走向智能智慧社会和知识文明社会。

　　近 10 年来世界主要国家间的科技创新竞争日趋激烈化和白热化，竞相制定和实施科技创新的新战略与新规划，加紧布局和不断更新前沿关键控制性科技领域研发部署，全力抢占前沿核心科技领域的战略制高点和关键技术控制权。在新一轮科技革命和产业变革蓄势待发的新背景下，世界主要科技国家特别是科技强国、主要创新型国家之间的科技竞赛和科技竞争，无疑将为各自国家的综合国力竞争赋能，无疑将全面重塑全球发展版图和国家及区域间的竞争格局，直接决定世界地缘竞争态势。在新一轮科技革命和产业变革中，中国自近代科学革命和工业革命以来第一次成为科技革命和产业变革的主要参与者和推动者,不仅不能缺席,而且必须主动迎接挑战,充分发挥推动科技发展的主要作用。

在国家深入实施创新驱动发展战略、建设创新型国家乃至世界科技强国的新时代和新形势下,我国的科技发展在未来15～30年面临的重大任务是,需要全面深化科技体制机制改革激发创新体系内生活力,不断完善建设国家创新体系以有效提升创新体系整体效能,大力强化国家战略性科技力量以发挥科技创新引领带动作用,着力建设若干具有全球影响力的综合性科学中心和科技创新中心以支撑现代化科技强国建设,大力重视和长期稳定支持基础前沿研究以在科学发展上做出一系列原创性重大科学发现,从而在世界科技舞台上做出中国人应有的重大科技文明贡献。而随着全球科技创新突破孕育发展、国家间科技竞争不断加剧、各国经济转型发展对科技创新应用依赖日益加深,我国要在新一轮科技变革的新形势下在科技创新发展方面占得先机,取得举世瞩目的科技发展新成就,建成世界科技强国,一个重要方面就是要通过加强主要科技领域的科技发展战略研究与科学规划,做好重要科技领域研发的谋篇布局,完善建设适应科技创新发展新规律和新特点的科技创新组织体系,建设形成具有国际竞争力的卓越科研创新主体特别是国家战略性科技力量,培育和壮大科技创新突破的新兴/新型研发组织模式,形成有利于创新思想迸发的良好政策文化土壤和创新生态。在"科技国家化行为"日盛的今天,科技战略与科技规划具有牵一发而动全身的龙头作用和导向作用,直接决定科技创新的战略方向、科技资源配置机制、科技队伍组织模式等。为此,决策界、科技界需要知己知彼,全面了解世界科技竞争发展的态势和趋势,全面了解和前瞻研判主要科技领域突破性发展的前沿和方向,全面观察和把握科技强国和主要创新型国家的重要科技战略与科技规划,前瞻规划和高效实施国家科技发展战略和发展规划,才能在全球科技舞台上与科技发达国家同台竞赛和竞争,致力于做出中国人的重大科技发展贡献。因此,开展世界主要科技强国、国际主要科技领域的科技规划的理论方法和应用等的比较研究,可以借鉴国际先进科技规划的理念和经验,直接服务于我国的科技规划工作,对实现我国建设科技强国的发展目标的科技战略管理和科技战略规划工作具有重要支撑作用。本书的目的就是为我国决策界、科技界全面了解世界科技发展态势和趋势、科技强国和主要创新型国家的科技战略与科技规划提供及时的信息坐标和情报导航。

本书内容组织的逻辑结构是,将基础前沿交叉、先进材料、能源、生命与健康(包括人口健康与医药、生物、农业等)、海洋、资源生态环境、信息、光电空间等主要科技领域,以及重大科技基础设施、数据与计算平台等类型科技创新平台等作为组织维度,以主要科技发达国家、重要国际科技组织、国际一流科研机构和领军型创新研发机构(包括国立和私立研究机构)等为重点观察分析对象,以近年来制定并仍在实施的重要科技战略与科技规划,特别是面向未来的中长期重要科技战略和规划为主要调研和分析内容,分主要科技领域深入分析科技战略与规划,并完成了基础前沿交叉科技领域、先进材料科技领域、能源科技领域、生物科技领域、人口健康与医药科技领域、农业科技领域、海洋科技领域、资源生态环境科技领域、信息科技领域、光电空间科技领域，以及重大科技基础设施和数据与计算平台等主要科技领域和科技创新平台方面的 12 份领域研究报告。这些科技领域的调研分析和研究报告力图突出科技领域研究内容特色和战略重点、突出科技发展前瞻和未来创新方向特色、突出国家科技研发竞争力与影响力特色、强调科技领域与重大计划部署特色、突出与我国相关科技领域规划的比较研究特色等；同时，也试图分析和梳理相应科技领域的战略与规划研究、制定与组织实施的特点与规律，归纳和提出对我国创新型国家乃至科技强国建设中制定相应科技战略和规划的启示与建议等。

在主要科技领域发展战略与规划分析研究报告的基础上，为了便于整体观察世界科技强国的科技发展战略和规划的发展背景、战略重点和规划特点，本书第 1 章总览式地分析了科技发展的世界经济社会环境的态势与趋势以揭示相关的科技发展需求，梳理了科技强国的科技战略与规划发展态势和趋势以全景观察科技强国主要科技领域战略和规划布局格局，总结了主要科技领域发展战略与规划制定和实施的新特点以启示科技战略与规划工作如何变革以有效促进新科技革命和产业变革蓄势和发展。同时，本书第 14 章试图在主要科技领域的发展战略与规划的深入分析研究的基础上，归纳和提出对我国科技发展战略与规划的启示与建议，并从 5 个方面予以详细阐述：制定科技强国建设的中长期科技发展战略规划；持续建设和完善最具活力的国家创新体系；长期稳定支持基础研究大力建设世界科学强国；大力支持战略性产业核心关键技术研发；完善创新政策体系建设活力迸发的创新生态。希望本书的正式出版，可以为国家、有关部委、有关地方的未来五年科技发展规划和中长期科技发展战略研究和规划编制工作提供重要的、及时的国际科技发展大背景和大趋势的参考依据。

本书的研究工作是在中国科学院战略研究与决策支持系统建设专项项目"重要科技领域与科研机构规划理论方法与应用研究"（GHJ-ZLZX-2017-31）、"主要领域规划状态监测与分析"（GHJ-ZLZX-2019-31），以及文献情报能力建设项目"科技领域战略情报研究与决策咨询体系建设"等项目的支持下，由中国科学院文献情报系统的战略情报研究团队组成的研究组，按照主要科技领域战略情报研究的统筹规划、分工协同的组织机制，共同合作和协同努力完成的。

在上述项目的研究过程中以及在本书的写作过程中，得到了中国科学院汪克强副秘书长的悉心指导和大力支持，得到了中国科学院发展规划局谢鹏云局长的重要指导和有力支持，得到了中国科学院发展规划局规划管理处陶诚处长、杨明副处长等的直接帮助和支持。科学出版社邹聪编辑等仔细地审阅了书稿并提出了重要的修改完善意见和建议，为本书的出版付出了辛勤的劳动。在本书付梓之际，我们对以上各位领导和专家、编辑等对我们工作的大力支持和有力帮助，谨致以衷心感谢。

　　由于本书涉及的科技领域非常宏大、学科覆盖面很全，加之在新一轮科技革命和产业变革蓄势待发的新态势下相关科技领域的发展突飞猛进日新月异，而本书研究组的研究力量、研究速度、分析深度、学术水平等都很有限，对如此宏大、如此纷繁的世界主要科技领域的快速发展的科技战略、科技规划、科技政策、科技布局等重要信息的追踪和掌握，难免会挂一漏万，敬请各位读者批评指正错谬之处，以帮助我们在今后的工作中小心改正。

2019 年 5 月 8 日

目　　录

第 1 章
科技发达国家科技领域战略与规划总述

张志强　　陈云伟

（中国科学院成都文献情报中心）

进入 21 世纪特别是 2008 年由美国次贷危机引发世界金融和经济危机以来，全球经济遭受重创，持续低迷，各主要经济体面临的传统产能过剩、投资效率降低、杠杆效应和拉动能力不足、老龄化或人口红利衰减等大量问题暴露无遗。世界主要国家的经济发展乏力导致全球经济全面进入下行通道或者陷于衰退周期。因此，向科技创新要生产力和经济效益成为主要国家的普遍选择。世界主要国家纷纷转向以科技创新来引领经济发展和产业变革，陆续出台创新战略和政策来促进各自国家科技创新、重振经济和社会发展。全球新一轮科技变革正孕育发展，而主要国家科技创新战略的助推是其显著特色。

当今世界正在经历百年未有之大变局，表现为全球新一轮大发展大变革大调整，人类社会面临着纷繁复杂的挑战，世界各国政府和国际组织为应对未来 15～30 年乃至未来 30～50 年发展面临的难题和挑战，均高度关注并致力于研究科技发展战略方向和发展机遇，谋划科技发展道路，布局科技创新方向，抢占科技前沿和关键核心技术制高点。

仅以近几年的部分科技与产业变革趋势研究报告为例，2016 年美国陆军从军事技术发展的角度发布了《至 2045 年新兴科学和技术趋势》报告，提出了物联网、机器人与自动化系统、智能手机与云端计算等 20 项最值得期待的科技发展趋势；2017 年韩国国家科学技术审议会公布了至 2040 年的《第五次科技技术预测调查结果》报告，分析了未来社会的需求变化和值得关注的 40 个发展趋势；日本科学技术振兴机构（JST）2017 年在《研究开发俯瞰报告 2017》中围绕五大领域分析了技术革新潮流和趋势；麦肯锡全球研究院（MGI）2017 年发布了《可实现的未来：自动化、就业和生产力》报告，分析了自动化技术发展趋势及其对就业和生产力的潜在影响；经济合作与发展组织（OECD）2017 年发布了《下一轮生产革命：对政府和商业的影响》报告，分析了新技术产生的影响，并提出了应对下一轮生产革命的思考；欧洲议会在 2018 年发布了由欧洲政策研究中心（CEPS）完成的《全球趋势 2035》报告，研究至 2035 年经济和社会领域当前和未来的全球趋势，及其对欧盟的潜在政策影响；世界卫生组织（WHO）2019 年发布了《2019—2030 年全球流感战略》，旨在保护各国人民免受流感威胁；欧盟 2019 年发布的《关于欧洲未来科研与创新的 101 项建议》社会调查报告，提出了有关科技创新的 13 条建议。类似上述科技趋势与科技战略和政策的报告不胜枚举。

主要科技强国在积极讨论和研判未来科技发展趋势的同时，不断完善科技创新制度，完善、升级或制定新的国家科技领域发展战略与规划，应对未来的科技变革挑战。如日本政府 2016 年相继公布《能源革新战略 2030》和《能源环境技术创新战略 2050》，划定中长期能源科技发展路线图。2018 年 4 月，英国政府发布《产业战略：人工智能领域行动》政策文件，进一步制定有关人工智能技术的具体行动措施。欧盟 2018 年 6 月正式提交下一个七年（2021—2027 年）科研资助框架计划"地平线欧洲"，预计资助额度将达到 1000 亿欧元以上，重点关注基础研究、创新和社会重大问题这三大领域，旨在提供基础研究服务、解决社会发展和提升工业竞争力面临的问题。美国总统特朗普在 2018 年 12 月签署《国家量子计划法案》，启动为期 10 年投入 12 亿美元的"国家量子计划"项目，以确保美国在量子信息科学及技术应用领域的领先地位。2019 年 2 月，美国正式启动人工智能计划，旨在做人工智能领域的世界领导者。欧盟委员会（European Commission）在 2019 年 2 月宣布设立创新基金，计划在 2020~2030 年投入超过 100 亿欧元，支持能源、建筑、运输、工业和农业等部门的低碳清洁技术研发创新。韩国在 2019 年 2 月发布《政府中长期研发投入战略（2019~2023 年）》，从宏观视角指导韩国《科学技术基本计划》的实施。

可见，全球各国科技领域的创新竞争快速进入"战国"时代，进入新一轮世界科技革命和产业变革、科技发达国家间争夺科技与产业主导权的激烈竞争的新时代。世界各国特别是主要科技强国间的科技创新竞争更是日趋白热化，竞相制定和实施科技创新战略规划，加紧前沿控制性科技领域方向布局，致力于巩固自身优势领域的固有地位，抢占未来前沿科技领域战略制高点，争夺在新兴科技领域和方向的主导权和话语权，以期全面赢得国家竞争优势。全球新一轮科技革命和产业变革的加速兴起，无疑将全面重塑全球发展版图和国家及地区间的竞争格局，直接决定世界地缘竞争态势。本章重点对美国、英国、德国、法国和日本等世界主要科技强国及欧盟的科技领域规划的最新进展进行概述和分析，同时梳理重要科技领域科技发展规划制定与组织实施的新特点与趋势，为我国开展科技领域战略与规划研究与制定的相关工作提供咨询参考。

1.1　科技发展的世界经济社会大环境态势与趋势

进入 21 世纪特别是 2010 年以后,世界科学技术发展正呈现出前所未有的系统化突破性发展态势,新一轮科技革命和产业变革正孕育来临,信息科技、能源科技、生命科技、材料科技、空间科技等众多科技领域呈现创新并发、科技突破群发涌现和汇聚融合等发展特点,全球创新的新格局加速形成,世界已经进入以创新为主题和主导的发展新时代,进入科技发达国家高度重视争夺科技与产业主导权的新时代,科技强国间争夺核心技术与关键科技产业的"科技战"将更加频繁甚至激烈。

全球新一轮科技革命和产业变革正不断孕育发展,科技革命和产业变革成为当今世界正在经历的百年未有之大变局的关键变量之一,创新驱动发展成为世界发展的主题和主导特征。历史上的三次产业革命,其本质特征是信息革命和能源革命。信息革命加快了知识传播与扩散速度,促进人类文明进程不断加速;能源革命为产业革命提供动力,使知识扩散和应用成为可能并效率更高。当前新一轮科技革命和产业变革则呈现出冲破历史上前三次产业革命的传统有限地域范围而向全球多地域化与多点多极化遍布发展的新特点。新一轮科技革命的汹涌大潮,已经预示着在信息与计算科学、生命科学、物质科学、材料科学、空间科学等科学领域,以及数字与信息技术(传感技术、通信技术、计算技术等)、生物技术、能源技术、材料制造技术、深空和深海探测技术等技术领域可能孕育重大突破。同时,多领域突破性技术的高度集成可能在人工智能、类人机器人、物联网等领域孕育重大的颠覆性技术发展和应用,将助推产业向高端、智能、绿色、服务化方向加速发展,数字经济正成为全球产业变革和经济增长的重要驱动力。同时,全球创新环境与创新格局正在发生重大变化和调整,创新活动全球化和多极化趋势日益凸显,科技强国间争夺核心技术与关键科技产业的"科技战"将更加频繁甚至激烈,同时全球人类命运共同体的发展理念正被越来越多的国家所接受。全球经济增长对技术创新依赖度大幅提高,新一轮科技革命将为人类解决共同的发展难题、应对诸多全球性挑战带来解决方案,将对经济、社会和全人类产生前所未有的影响,整个人类社会的经济体制、社会结构和价值链等将发生深度调整。

1.1.1　重大战略性前沿引领核心技术制高点抢夺激烈

当今世界正处在大变革大调整之中。以绿色、智能、可持续为特征的新一轮科技革命和产业变革蓄势待发,颠覆性技术不断涌现,正在重塑全球经济和产业格局。各国间抢占科技创新和产业技术发展制高点的竞争将更加激烈。

美国 2009 年以来三次修订《美国创新战略》,先后制定"材料基因组计划""国家机器人计划""量子信息科学战略""人工智能战略规划"等。德国通过《德国 2020 高技术战略——思想·创新·增长》《德国工业 4.0 战略计划实施建议》(简称"工业 4.0")为欧洲寻找复兴之路。日本 2015 年出台《机器人新战略》。英国 2015 年制定《国家量子技术发展战略》。法国 2018 年制定《人工智能战略》等。越来越多的国家把科技创新上升为国家的重要战略,把科技创新作为推动经济增长的重要抓手,把科技创新作为应对各种社会挑战的重要途径,把科技创新作为提升国际竞争力的重要选择。人工智能、大数据、量子计算、下一代无线宽带互联网、基因编辑、合成生物学等重大战略性前沿技术领域的制高点争夺将更加激烈。美国 2018 年挑起的贸易战愈演愈烈,对此美国政府毫不讳言,从贸易战打到科技战,就是要限制中国的高科技发展,就是要维护美国在全球的科技霸权地位、维护美国的超级科技强国地位。

1.1.2　全球性数字世界与智慧社会加速成型

信息与网络技术正在加速驱动数字经济和数字社会的到来,所有领域的数字化转型将催生数字世界和智慧世界诞生。国际商业机器公司(IBM)的研究称,人类文明所获得的全部数据中,90%是过去两年内产生的。未来数字社会中,传统的生存方式将发生根本变化。在商业、经济及其他领域中,决策将日益依赖于数据分析而做出。数据分析工具和模型将重塑传统产业的结构和形态,催生众多的新产业、新业态、新模式。

科学强,则国家强;数据强,则科学强。数据成为未来发展的新战略资源,"数据主权"将成为各国国家主权的重要组成部分,并成为各国争夺的战略焦点。大数据正在成为创新竞争、生产力提高的新前沿,数据密集型科学正在成为科学研究的新范式。未来新科技革命的策源地必将是那些能掌握最完整、最系统、最全面准确的大数据,具有最快、最好的数据分析能力,最能有效利用数据的国家。进入数字世界和数字社会,国界将模糊,将带来新的经济、军事、安全隐患。在未来,要做出具有世界领先水平的重大科学发现和原创性技术突破,在科研的数据端面临的挑战是如何解决好数据的科学采集、科学处理、标准化数据库建设、长期存储和开放共享、数据产权、数据主权、数据霸权、国际交流等一系列问题。

1.1.3　世界经济重心向亚洲转移,发展中国家群体崛起

目前世界经济增长重心向亚太特别是亚洲地区转移,发展中国家群体崛起,已经成为不争的事实,仅从经济数据看,多极世界快速成为现实。2016 年,世界银行报告统计世界经济构成显示,欧洲国家占全球 21.37%,美洲国家占全球 27.90%,亚洲国家占全球

34.29%。世界经济重心向亚洲转移是历史的必然，其内在动力是拥有世界最多人口的亚洲地区人们对更美好生活的追求。伴随世界经济重心的转移，世界权力重心也将随之转移。

随着时间的推移，世界经济重心转移将深刻影响世界经济发展，重塑未来全球竞争格局。当前新兴国家已不再亦步亦趋地遵循西方模式，经济领域新旧规则和秩序的博弈已经拉开序幕，未来将日益激烈。但美欧等仍将在相当长的一段时期内占据价值链的顶端位置，亚洲国家知识密集型产业力量仍无法撼动美欧垄断全球的格局，科技对经济社会发展的支撑作用将日益凸显，新兴经济体将不断强化科技创新以支撑其经济发展，并在全球价值链上尽力占据较为有利的位置。

1.1.4　国际秩序规则重构与地缘竞争格局调整重构深度演进

冷战结束以来，世界多极化、经济全球化、社会信息化的趋势全面深入推进，大国关系调整重组空前复杂多变，国际矛盾斗争暗流涌动，中国前所未有地走进了世界舞台中心，成为"世界之中国"，推动国际秩序规则向更加公正合理方向调整重构成为必然。

美国从积极推进所谓"亚太再平衡"战略到提出"印太战略"，不断强化在中亚、东南亚和西南太平洋及印度洋的力量部署，极力把双边同盟打造成多边安全网络，牵绊中国崛起，以全面主导从西太平洋和东亚延伸到印度洋和南亚的弧形地带，进而掌控印度洋—亚洲—太平洋地缘板块，维护其全球领导地位。俄罗斯对不断推进的北约东扩和欧盟东扩进行绝地反击，北极地区成为俄、美、欧等国家和地区竞争的新战场。中国"一带一路"倡议构建健康稳定的国家间关系框架，积极拓展多边外交和承担更大的国际责任，为和平发展营造更加有利的国际环境。

可以预见，由于世界经济重心的转移和大国国力的显著调整变化，大国的国力涨落无疑将重构美国在第二次世界大战之后建立的国际地缘政治秩序，未来十多年乃至更长时期将是国际地缘政治关系的剧烈动荡期和高度不确定期。世界的地缘竞争格局特别是大国间的博弈格局取决于涵括世界的发展理念、国家的经济权力和科技实力，科技实力直接支撑国家的经济权力和军事实力。

1.1.5　自然资源和能源竞争冲突不断加剧

全球关键自然资源稀缺的问题将日益凸显，能源竞争冲突将不断加剧。亚洲资源供需矛盾将日益凸显，并助推非洲在全球矿业上的地位进一步提升；美洲将借由非常规油气大规模开发，成为全球能源新供应地，并对世界能源和地缘格局产生深远影响。

《BP 世界能源展望（2018 年版）》预测，到 2040 年，石油、天然气、煤炭和非化石能源将各占世界能源的 1/4 左右，全球能源市场的竞争将加剧。未来 25 年全球能源需求仍将增长，2040 年将会增长 1/3，但增长率显著低于过去 25 年的年均增速，能源企业竞争压力增大，能源生产国都想抢夺市场份额，同一种能源不同的生产者内部竞争越来越激烈，不同种类能源之间的竞争也越来越激烈。市场竞争激烈，会促使能源价格进一步降低，能源生产国则会采取多种方式将掌握的自然资源更快变现。随着新兴经济体的快速发展及工业化和电力需求水平的不断上升、煤转气的持续推进，以及北美和中东地区低成本能源供应的不断增加，天然气产量仍将保持快速增长。

全球资源供需矛盾短期缓解、长期趋紧。未来 10 年，亚洲固体矿产需求量将超过全球的 60%。而日本、韩国、东南亚国家联盟（东盟）、印度以及中国等国家和地区矿产资源相对匮乏，未来亚洲各国间的资源竞争将趋于白热化。在全球矿产资源主要供应地中，非洲开发潜力最大，且与东盟和印度临近，因此未来非洲在全球矿业中的地位将不断增强。预计未来大洋洲、拉丁美洲和非洲 70% 以上的固体矿产资源将源源不断地输往亚洲国家。

联合国《2018 年世界水资源开发报告》称，到 2050 年，全球将有 50 多亿人面临缺水。由于人口增长、经济发展和消费方式转变等因素，全球对水资源的需求正在以每年 1% 的速度增长，而这一速度在未来 20 年还将明显加快。报告称，目前全球约有 36 亿人口（相当于全球人口的一半多）居住在缺水地区，也就是说一年中至少有一个月的缺水时间，而这一人口数量到 2050 年可能增长到 48 亿～57 亿人之多。

政府和私营部门需共同积极采取措施，避免未来的资源稀缺。在应对未来的资源挑战方面，呼唤科学技术发挥更重要作用。例如，英国在 2019 年 3 月发布了《海上风电行业协定》，规划到 2030 年英国的海上风电装机容量达到 30 吉瓦，提供英国 1/3 的电力。

1.1.6 全球变暖和生态环境风险加大

全球变暖趋势正在影响着天气和生态系统，对人类造成的影响也越来越大。科学家对全球变暖影响有不同意见，争论还较大，比较有共识的观点是全球变暖的负面影响远大于正面影响，全球变暖的影响存在显著的地区差异性。以全球变暖为特征的全球气候变化是人类未来共同面临的重大危机和严峻挑战。全球变化将引发一系列的生态环境危机。

据世界气象组织公报，2015～2018 年成为自 1880 年有气象记录以来的"最热四年"，2016 年成为"最热年"，刷新 2015 年创下的最热纪录。同时 2016 年全球二氧化碳平均浓度再创新高，突破 400ppm①的警示线。全球变暖趋势正在影响着天气和生态系统，对人类造成的影响也越来越大。洪水、干旱、风暴、酷寒酷热等极端天气增加。卫星观测数据显示，从 20 世纪 90 年代末以来，全球超过一半的植被都出现了"褐化"趋势——植物的

---

① 1ppm=1 毫克/千克。

生长减缓，其原因被认为是与全球变暖导致的大气湿度降低（与饱和蒸汽压亏损有关）。美国国家航空航天局（NASA）2018 年在综合研究了 2002~2016 年的全球淡水状况后认为，缺水将成为 21 世纪人类面临的重大环境问题，地球热带和高纬度地区的大片干燥区域变得越来越干燥（其中 19 个重点区域严重缺水）。地球土地荒漠化区域持续扩大、生物多样性显著锐减等，都是人类面临的严重生态环境危机和生存风险。一些具有生态标志意义的生态灾难性变化，都还未能引起人类的重视。为应对人类面临的生态环境危机和风险，节能环保科技领域的国际合作将势不可当，依靠科技创新提高气候变化适应能力，减轻气候变化的影响和损失将是全球的共同选择。

1.1.7　世界人口出生率普遍下降，人口老龄化问题加剧

全球人口将持续增长，联合国人口司 2018 年的人口报告预测，到 2035 年全球人口将增加到 87 亿以上，之后仍以 1% 的增长率继续增长。但对全世界而言特别是发达国家来说，长期生育率下降似乎难以避免，世界已经进入生育衰退期，人口老龄化问题和人口结构恶化将日益加剧。在世界范围内，家庭规模正在缩减。1964 年，一名妇女会生育 5 个以上孩子；到 2015 年，这个数字降到了 2.5 个。除了撒哈拉以南非洲外，少子化趋势不可阻挡。尽管生物学根据尚未被证实，但许多科学家暗示，全世界蔓延的低生育率问题是人类灭绝的风向标，或者是全球环境变化对人类早期影响的风向标。

2010 年 OECD 中高收入国家的年龄中位数为 37.9 岁。2012 年仅日本和德国人口年龄中位数超过 45 岁，但到 2035 年，随着结构性转变，欧洲和东亚更多国家和地区会超过该年龄中位数进入老龄化社会，日本、韩国 25% 的居民超过 65 岁，开始进入前所未有的"领取养老金者爆炸"的年代。美国疾病控制和预防中心 2018 年发布的报告显示，2017 年美国平均生育率仅为 1.76，跌至过去 40 年来的最低点。人口老龄化加剧的国家和地区，往往难以吸引大量的年轻移民，而其生育率也不可能有显著回升，其劳动适龄人口规模会持续下降，在劳动适龄人口中中老年劳动者会占据较大的比重。

老龄化国家面临着国内生产总值（GDP）增长缓慢甚至停滞的挑战。退休和医疗保健项目符合成本效益的改革将刻不容缓。老龄化国家政府可能会迫于压力，限制政府的支出，国民的税收负担可能会加重。医疗保健领域的科技进展可能会提高老年人的生活质量，并使他们工作更长时间。

1.1.8　全球人类安全和社会治理的风险和挑战加剧

人口是全球社会治理的主要对象。联合国人口司 2018 年发布的报告显示，至 2018 年

全球 55% 的人口生活在城市地区，到 2050 年将上升到 68%。1990 年全世界只有 10 个人口达 1000 万或更多的特大城市，到 2018 年全球有 33 个特大城市，到 2030 年预计将有 43 个特大城市，主要集中在发展中国家，中国和印度将引领世界城市化浪潮。城市的迅猛扩张直接挑战城市的住房、水、卫生、电力、公共交通、教育和医疗方面的保障能力，处理好城市扩张以保持其可持续发展成为 21 世纪最重要的发展挑战之一。

随着交通运输、通信网络、人工智能等技术的迅猛发展，非国家行为主体的力量增强，社会治理的各种新挑战不断增多和加剧。全球贫富差距、安全、失业、人口流动、社会保障等仍是全球社会治理的主要挑战。贫富差距在世界范围内广泛存在，缩小贫富差距仍是大多数国家所面临的首要任务。随着发展中国家城市化进程的推进，日本东京以及中国京津冀、长三角、珠三角等地治理的重要性日益突显。

未来全球社会治理问题复杂性提高，且处于快速转型之中。迫切需要结合现代科技手段推动精细化社会治理。医疗信息技术可促进医疗资源的均等化。大数据分析技术可提高预测、预警以及防范社会风险的能力。

1.1.9　科技伦理挑战与科技风险加剧

科技发展是把双刃剑，给人类带来经济发展、社会进步和生活便捷的同时，也带来科技伦理挑战，并加剧科技风险，应该超前准备、早加防范。

基因编辑工具获取成本降低，生物黑客、恐怖分子轻易掌握恶意运用，制造生物武器，将产生严重的安全后果。英国牛津大学分子生物学家约翰·帕林顿教授指出，便宜的基因编辑工具正变得越来越容易获取，可以改变细菌、酵母菌等生物的基因，赋予它们原本在自然状态不具备的特性。生物黑客已经开始利用基因编辑工具 CRISPR 对酵母菌和植物进行改造，生物黑客可能会利用基因编辑技术来发明有害的病毒或细菌。如果这些病毒或细菌发生泄漏，或是被用作生物武器的话，就会造成大规模的伤害，对此必须予以高度警惕、未雨绸缪。

数字技术的隐私保护安全风险挑战成为政府、组织与企业面临的新问题。人工智能技术发展迅速，风险挑战更加严峻。2017 年 5 月，加拿大创新公司琴鸟发布的人工智能语音系统，可以分析特定目标讲话录音与文本之间的关联，逼真模仿真人讲话。2017 年 7 月，美国华盛顿大学开发出"可伪造真人视频"的人工智能技术，可将音频文件转化成真实的口型并嫁接到视频中特定人的脸上，生成难以辨别真伪的伪造视频。若这些技术被不法分子、组织机构掌握利用，将干扰司法侦查审判，破坏司法公正，引起社会动荡混乱，给国家、社会、公民带来严重的安全威胁。预防科技伦理和科技风险，是政府、科技界和社会共同面临的难题。

1.2　科技强国科技战略与规划发展态势与趋势

德国商业理论家冯·霍尼西指出:"一个国家当前富强与否,不取决于它本身拥有的力量和财富,而主要取决于邻国力量的大小与财富的多寡。"所以,一个国家强大与否,主要不是从自身角度去进行纵向比较,因为从自身角度纵向比较,大多数国家都比其历史上强大;一个国家是否强大主要取决于与其他国家的横向比较,而且这种比较应当是全方位的。

从科技维度分析,①世界科技强国必须是创新型国家。目前基于国际上较为认可的创新型国家排名体系,一般认为创新型国家为 20~25 个。但其实这些指数化的排名结果是一种均衡化的处理结果,掩盖了国家体量(国土面积、经济规模)和人口数量等重要影响要素,一些排名靠前(进入创新型国家前列)的小国(人口数量与国土面积均小)与人们对科技强国的认知还是有一些距离的。世界科技强国必须在主要科技领域具有压倒性优势,应当是世界原创性知识产出强国、技术产出强国和科技新产业创造强国。②科技强国要有一定的体量和规模。科技强国需要有相当的国土空间、人口体量和经济规模等。进入创新型国家行列的小国家由于其国土面积和人口规模小、科技与产业体系不完整,未必就是世界科技强国。创新型小国难以成为世界公认的科技强国,尽管这些创新型小国的创新经验可以借鉴。③当今大国型科技强国主要有 5 个国家——美国、英国、德国、法国、日本。英国、法国、德国、美国、日本等国都曾分别抓住前三次世界产业革命的机遇而先后成为国际公认的世界科技强国。俄罗斯在苏联时代无疑是世界科技强国,但现在虽然在军事等领域仍然强大,而在经济和科技等方面却已经明显落后。因此,迄今世界科技强国也就是美国、英国、德国、法国、日本等。

为此,本章选取美国、英国、德国、法国和日本这 5 个科技强国以及欧盟进行分析,观察科技强国和地区的科技战略规划的新动向,重要科技领域研发布局的新特点。

1.2.1　美国

《美国创新战略》引领全球。美国作为世界头号科技强国,近年来几乎在所有重大科技领域都出台了重要的科技战略或规划,持续全面引领全球科技发展。2009 年、2011 年、2015 年美国三次发布《美国创新战略》,创新战略不断升级,其核心是促进可持续和高质量增长、加大研发投资强度(研发投资要占 GDP 的 3%)、建设国家制造业创新网络并大力发展先进制造业。

在基础前沿交叉科技领域，美国非常重视作为创新基础的基础前沿交叉研究，在基础研究领域的投资全球领先。2015年10月，美国发布的第三版《美国创新战略》就将投资创新性基础研究列为该战略的六大关键要素之一，强调为保持美国在创新上的领先地位，要求美国的大学、联邦国家实验室、工业实验室必须坚持长期基础研究。该战略提出推进作为创新核心的高质量的科学、技术、工程和数学（STEM）教育发展，投资培养未来的工程师、科学家以支撑未来的经济竞争力。在数学方面，美国在2016年发布了《国家战略计算计划战略规划》，目标是实现百亿亿次计算能力，增强建模、数值模拟和数据分析技术融合，为未来15年的高性能计算（HPC）系统甚至后摩尔时代的计算系统研发开辟一条新的可行途径。在物理方面，2014年发布的《发现的大厦——以全球为背景的美国粒子物理学战略计划》，建议美国优先投资的粒子物理学五大前沿课题是希格斯工厂、中微子实验、暗物质探索、暗能量和宇宙暴涨以及新粒子与新相互作用。在化学方面，2016年，美国国家科学院发布《碳氢原料供应结构正在变革：催化面临的挑战和机遇》报告，围绕页岩气革命导致美国化工原料向天然气倾斜的趋势，阐述了化学和生物催化的潜在机遇，以便更有效地利用页岩气作为增值化学品生产的原料；将甲烷转化为有用原料和增值产品的挑战和机遇；乙烷和丙烷催化转化的挑战和机遇，以及一些新型天然气转化方法（包括使用非传统氧化剂）的新机遇。2018年12月，美国科学技术政策办公室（OSTP）发布《2018—2023年STEM教育战略规划》，目标就是为STEM素养建立坚实的基础，增加STEM的多样性、公平性和包容性，储备未来高素质劳动力。

在先进材料科技领域，美国通过创建制造业创新研究所、材料创新平台、能源材料网络等举措，积极推动材料技术和材料制造技术的发展，加速材料制造技术开发。2011年出台的"先进制造伙伴计划"，2012年发布"国家制造业创新网络"（NNMI）计划〔后又改为"制造业美国"（Manufacturing USA）〕，大力推进制造业创新研究中心建设。美国把材料研发放在至关重要的位置，部署了"材料基因组计划"，建设了与材料相关的多家制造业创新研究所。

在能源科技领域，特朗普总统上台后推出了"美国优先能源计划"，撤销了奥巴马执政时期的各项限制和监管规定（如"清洁电力计划"），宣布退出《巴黎协定》，将"美国利益优先"作为核心原则，避免承担过多的国际责任，强调发展国内的石油、天然气、煤炭等传统能源产业，振兴核电，并将能源作为一种重要的国家战略资源，扩大油气能源出口，在实现能源独立的过程中谋求世界能源霸主地位的发展之路。2018年12月，美国国会通过《核能创新和现代化法案》，强调制定商用先进核反应堆许可框架，提高铀资源利用率和监管效率，旨在为美国下一代先进核反应堆的开发和商业化提供良好的政策环境。

在人口健康与医药科技领域，美国围绕与人类疾病和健康相关的前沿领域，充分利用生物医学、信息和大数据技术，积极布局精准医学、个性化医疗、基因组医学和移动医疗与癌症诊疗等重大科技规划或计划。例如，自 2013 年启动"脑科学"（BRAIN）计划以来，美国国立卫生研究院（NIH）、美国国防高级研究计划局（DARPA）、美国国家科学基金会（NSF）等机构持续向该计划投入资金，同时吸引企业资金的投入。美国于 2015 年启动精准医学计划新项目，目的是引领医疗研究新模式，为临床治疗提供新工具、新见解和最适疗法。美国白宫科学技术政策办公室在 2016 年启动"国家微生物组计划"，旨在通过对不同生态系统的微生物组开展比较研究，加深对微生物组的认识，推动微生物组研究成果在健康保健、食品生产及环境恢复等领域的应用。此外，美国还启动了诸如国家阿尔茨海默病（AD）计划、癌症"登月计划"等当前人类高度关切的疾病的诊疗相关研究计划。2018 年 7 月，美国食品药品监督管理局（FDA）发布《生物类似药行动计划》（BAP），旨在提高生物类似药市场的竞争力，降低医疗成本。

在农业科技领域，美国农业部农业研究局（USDA-ARS）于 2017 年 5 月发布《2018—2022 年植物遗传资源、基因组学和遗传改良行动计划》，核心任务是利用植物的遗传潜力来帮助美国农业转型，以实现使美国成为全球植物遗传资源、基因组学和基因改良方面的领导者的战略愿景。美国农业部 2017 年还发布了《国家植物病害行动计划》，旨在支持对现有及新出现的植物病害的研究，并制定有效的疾病管理策略，维护和扩大美国植物和植物产品的出口市场，实现生态和农业的可持续发展。

在海洋科技领域，美国国家科学基金会与美国国家研究理事会（NRC）2015 年发布的《海洋变化：2015—2025 海洋科学 10 年计划》，从国家层面明确了美国海洋研究的最新方向，包括海洋酸化、北极、墨西哥湾和海洋可再生能源研究。此后，美国东北地区海洋研究团体于 2016 年 10 月向国家海洋委员会提交了《东北海洋计划》，中大西洋区域研究团体于 2016 年 10 月向国家海洋委员会提交了《中大西洋区域海洋行动计划》，均从区域层面提高对海洋生物及其栖息地的理解，提高对部落文化资源的理解，改进对人类活动、沿岸生态系统、社会经济和资源利用之间相互作用的理解，掌握特定压力下海洋资源的脆弱性特征，研究表征变化的环境对当前海洋资源及海洋开发利用产生的影响，更好地了解人类活动与海洋生态环境之间的关系。

在信息科技领域，美国在网络与信息安全、大数据、人工智能和量子信息等重大战略前沿领域中的布局引领全球。例如，美国于 2016 年 2 月发布《网络安全国家行动计划》，旨在从提升网络基础设施水平、加强专业人才队伍建设、增进与企业的合作等五个方面入手，全面提高美国在数字空间的安全。为此，美国仅在 2017 财年就投入了 190 亿美元加强网络安全。2016 年 5 月，美国发布"联邦大数据研发战略计划"，旨在为在数据科学、数据密集型应用、大规模数据管理与分析领域开展和主持各项研发工作的联邦各机构提供一套相互关联的大数据研发战略，维持美国在数据科学和创新领域的竞争力。2016 年 7

月，美国国家科学技术委员会发布了《推进量子信息科学：国家挑战与机遇》报告，呼吁美国将量子信息科学作为联邦政府投资的优先事项，并通过政产研通力合作来确保美国在该领域的领导地位，增强国家安全与经济竞争力。2016 年 7 月，美国国家战略计算计划执行委员会发布《国家战略计算计划战略规划》，指出要加快可实际使用的百亿亿次计算系统的交付；加强建模与仿真技术与数据分析计算技术的融合；在 15 年内为未来的 HPC 系统甚至后摩尔时代的计算系统研发开辟一条可行的途径；实施整体方案，综合考虑联网技术、工作流、向下扩展、基础算法与软件、可访问性、劳动力发展等诸多因素的影响，提升可持续国家 HPC 生态系统的能力。2016 年 7 月，美国提出总投资超过 4 亿美元的《先进无线研究计划》，重点针对未来 10 年的先进无线研究，部署和应用四个城市规模的测试平台，NSF 和 20 多家技术企业与协会将共同投资 8500 万美元。2016 年 10 月，美国发布《国家人工智能研发战略规划》，确定了美国人工智能研发的整体框架以及七项优先战略。2017 年 5 月，美国总统特朗普签署一项名为《增强联邦政府网络与关键性基础设施网络安全》的行政指令，从联邦政府、关键基础设施和国家这三方面，要求采取一系列措施来增强联邦政府及关键基础设施的网络安全。2018 年 5 月，美国国土安全部（DHS）发布新的《网络安全国家战略》，提出了网络安全风险管理的五大核心支柱内容以及对应的七大目标，以应对日益增长的网络安全风险。美国总统特朗普在 2018 年 12 月签署《国家量子计划法案》，启动为期 10 年投入 12 亿美元的"国家量子计划"项目，以确保美国在量子信息科学及技术应用领域的领先地位。2019 年 2 月，美国正式启动人工智能计划，将集中联邦资源，在投资研发、释放资源、制定治理标准、培训劳动力、确保国际竞争优势等五大重点方向上发展人工智能，旨在做人工智能领域的世界领导者。

在光电空间科技领域，美国近年来最具代表性的计划就是特朗普政府于 2017 年 6 月重启了国家空间委员会，并签署"重返月球"计划，重振美国的载人空间探索计划，该举措被视为美国加强空间领导力的风向标。美国白宫于 2017 年 12 月发布《2017 年国家安全战略》，指出保持美国在空间领域的领导地位和行动自由是"美国优先"国家安全战略在空间领域的集中体现。2018 年 3 月，白宫披露了特朗普政府《国家航天战略》，秉承"美国优先"理念，阐述了维护美国在空间领域核心利益的战略目标和举措。

1.2.2 欧盟

在基础前沿交叉科技领域，预算 770 亿欧元的欧盟"地平线 2020"计划（2014～2020年）的战略优先领域之一就是聚焦基础科学，基础科学相关预算共为 244.41 亿欧元。在物理领域，欧洲天体粒子物理联盟（APPEC）于 2017 年 11 月发布了《欧洲天体粒子物理战略 2017—2026》，这是 APPEC 继 2008 年和 2011 年之后第 3 次发布天体粒子物理路线图，提出了未来 10 年要实现的高能伽马射线、高能中微子、高能宇宙射线、引力波、暗物质、中微子的质量和性质、中微子混合和质量等级、宇宙微波背景、暗能量、天体粒子理论、探测器研发、计算和数据策略、独特的基础设施等 13 大科学目标。欧洲核物理合作委员会（NuPECC）于 2017 年 11 月发布了《2017 欧洲核物理长期计划》（LRP 2017），确定了欧洲要重点研究的核物理分支领域，包括强子物理学、强相互作用物质相、核结构与动力学、核天体物理学、对称性与基本相互作用等，旨在通过研究质子和中子来阐明原子核的基本性质。在化学领域，欧洲催化研究集群（European Cluster on Catalysis）于 2016 年 7 月发布了《欧洲催化科学与技术路线图》报告，指出欧洲为了保持其国际竞争力、实现绿色可持续发展，欧盟选择催化作为突破口之一，将其提升到通向未来可持续社会的关键核心科技的高度。该路线图揭示了催化科技发展面临的能源和化工生产、清洁和可持续发展以及应对催化的复杂性等三大挑战，并识别出应对这些挑战的优先研究领域。

在先进材料科技领域，欧盟 2012 年启动为期 10 年投资达 10 亿欧元的"冶金欧洲"计划，聚焦于合金的设计和模拟研究；在"地平线 2020"计划框架下，欧盟"未来和新兴技术"（FET）石墨烯旗舰计划提出了 13 个重点研发领域，包括化学传感器、生物传感器与生物界面，面向能源应用的催化剂，面向复合材料和能源应用的功能材料，面向高性能、轻质技术应用的功能涂层和界面，石墨烯及其相关材料（GRM）与半导体器件的集成等。欧盟电子基础设施选定成立 8 个新的计算应用方面（包括材料计算）的卓越中心，以加强欧洲在 HPC 应用领域的领导力，涉及的领域包括可再生能源、材料建模与设计、分子和原子模拟、气候变化、全球系统科学、生物分子研究，以及提高 HPC 应用效能的工具等。

在能源科技领域，欧盟为了通过科技创新促进具有成本效益的新能源技术开发和部署，欧盟委员会于 2007 年制定了综合性能源科技发展战略《欧洲战略能源技术规划》（SET-Plan），整合欧盟研究资源，从科学技术层面推动欧盟能源与气候目标的实现。两项最重要的任务是制定欧洲能源技术路线图并发起产业计划，以及建立欧洲能源研究联盟实施联合研究计划。欧盟委员会于 2014 年提出了"欧洲能源联盟战略"，旨在全面提升欧洲能源体系抵御能源、气候及经济安全风险的能力，建立安全、可持续和有竞争力的低碳能源体系。作为落实该战略的举措之一，欧盟委员会于 2015 年 9 月公布升级版 SET-Plan，明确提出在欧洲着手组建能源联盟以应对能源变革大背景下的新挑战，将研究与创新置于低碳能源系统转型的中心地位。欧盟委员会在 2019 年 2 月宣布设立创新基金，计划在 2020～2030 年投入超过 100 亿欧元，支持能源、建筑、运输、工业和农业等部门的低碳清洁技术研发创新。

在生命与健康领域，欧盟在 2013 年推出"人脑计划"，作为"未来和新兴技术"竞赛的旗舰项目之一，该项目获得 10 亿欧元资助，计划在 10 年内取得世界领先的科技成就。

2018 年 10 月,欧盟发布《欧洲可持续发展生物经济:加强经济、社会和环境之间的联系》,旨在发展为欧洲社会、环境和经济服务的可持续和循环型生物经济。新的生物经济战略是欧盟委员会促进就业、增长和投资的重要举措之一。

在海洋科技领域,欧盟于 2016 年 4 月发布《欧盟北极政策建议》报告,用于指导欧盟在北极地区的行动,提出了欧盟在北极的三大优先领域:应对气候变化和保护北极环境、促进北极地区的可持续发展、开展北极事务国际合作。

在资源生态环境科技领域,欧盟于 2017 年 4 月通过《自然、人类和经济行动计划》,致力于帮助欧盟各地区保护生物多样性并获得自然保护的经济收益,2017~2019 年快速推进欧盟《鸟类和栖息地指令》的实施。

在信息科技领域,欧盟于 2016 年 3 月发布《量子宣言(草案)》,投资 10 亿欧元开展量子技术旗舰计划,通过量子链接、计算、模拟、传感四方面的短中长期发展,实现原子量子时钟、量子传感器、城际量子通信、量子模拟器、量子互联网和泛在量子计算机等重大应用。2016 年 4 月,欧盟推出"欧洲云计划",计划基于 2012 年欧洲云战略和 HPC 战略的已有成果,结合数字化单一市场战略,在未来 5 年重点打造欧洲"开放科学云"和欧洲数据基础设施,确保科学界、产业界和公共服务部门均从大数据革命中获益,将更充分地挖掘欧洲数字化经济的潜能,稳固欧洲在数据驱动型经济中的领先地位。2016 年 7 月和 9 月,欧盟先后发布"5G 宣言"和"5G 行动计划",明确了欧洲 5G 时间表。2016 年 7 月,欧盟立法机构正式通过首部网络安全法《网络与信息系统安全指令》(NIS 指令),旨在加强基础服务运营者、数字服务提供者的网络与信息系统的安全,要求这两者履行网络风险管理、网络安全事故应对与通知等义务。2017 年 3 月,法国、德国、意大利、卢森堡、荷兰、葡萄牙和西班牙等 7 个欧盟成员国正式签署建立世界级综合性 HPC 基础设施的"EuroHPC"计划,旨在开发和部署欧盟自己的"百亿亿次"(即浮点计算速度为每秒 100 亿亿次)计算机,以在当今激烈的 HPC 领域保持欧洲的领先地位。2018 年 4 月,欧盟公布《欧盟人工智能》报告,描述了欧盟在国际人工智能竞争中的地位,并制定了"欧盟人工智能行动计划",提出三大目标:①增强欧盟的技术与产业能力,推进人工智能应用;②为迎接社会经济变革做好准备;③确立合适的伦理和法律框架。

1.2.3　英国

为应对新的国内环境及"脱欧"所带来的潜在经济动荡,英国于 2017 年 1 月发布《现代工业战略绿皮书》,其目标是提振英国经济发展。该绿皮书确立了十大战略支柱:加强科学研究与创新发展、提升技能、升级基础设施、支持初创企业、完善政府采购制度、鼓励贸易与吸引境外投资、提高能源供应效率及绿色发展、培育世界领先产业、驱动全国经济增长、创建合适的体制机制以促进产业集聚和地方发展。

在各个学科领域，英国非常重视紧跟科技前沿持续布局与升级相关热点领域的战略规划或科研计划。例如，在生命科学领域，英国近年来陆续推出关于促进合成生物学发展的白皮书和路线图，从基础研究到技术开发再到产业进行总体布局。英国在 2012 年 7 月发布一份《合成生物学路线图》，其目标就是催生英国的合成生物学部门，使其具有前沿性、经济上充满活力和多样性与可持续性，以及为公众带来益处等特点。2016 年 2 月，英国又发布《生物经济的生物设计——合成生物学战略计划 2016》报告，确定将英国的合成生物学基础研究能力加速商业化，目标是在 2030 年前促进英国合成生物学市场规模扩大至 100 亿英镑。2018 年 12 月，英国发布《2030 年英国生物经济战略》，促使英国成为全球领先的集生物科技和产品的研发、制造、应用和出口的国家。

在资源生态环境领域，英国能源与气候变化部（DECC）与商业、创新和技能部（BIS）于 2015 年 3 月联合发布《2050 年工业脱碳和能源效率路线图》，探讨了钢铁、化工、炼油、食品和饮料、造纸和纸浆、水泥、玻璃、陶瓷等八大能源密集型行业实现 CO_2 减排和保持行业竞争力的潜力与挑战，绘制了英国工业的低碳未来路线图。

在能源科技领域，2018 年 7 月，英国交通部发布《零之路：迈向更清洁的公路运输和实现英国工业战略的下一步》的报告，启动了"零碳道路战略"，制定了全国范围内大规模推广绿色基础设施的计划，以减少英国道路车辆的排放，推动使用零排放汽车、货车和卡车。2019 年 3 月，英国又发布了《海上风电行业协定》，规划到 2030 年英国的海上风电装机容量达到 30 吉瓦，提供英国 1/3 的电力。

在信息科技领域，英国技术战略委员会（TSB）和工程与自然科学研究理事会（EPSRC）于 2015 年 3 月发布了《国家量子技术战略》，旨在创建一个由政府、产业界、学术界组成的量子技术联盟，使英国在新兴的价值数十亿英镑的量子技术市场中占据领导地位，显著提高英国产业的价值。作为该战略的后续行动，"创新英国"（Innovate UK）组织于 2015 年 10 月发布了《英国量子技术路线图》，以求引导英国未来 20 年量子技术研发工作与投资。2016 年 11 月，英国发布《英国网络安全战略（2016—2021）》，提出在未来 5 年投资 19 亿英镑加强互联网安全建设，同时启动国家网络安全中心（NCSC）建设，使其成为英国网络安全环境的权威机构，致力于分享网络安全知识，修补系统性漏洞，为英国网络安全关键问题提供指导等。2017 年 3 月，英国文化、媒体与体育部（DCMS）和财政部联合发布《下一代移动技术：英国 5G 战略》，旨在尽早利用 5G 技术的潜在优势，塑造服务大众的世界领先数字经济，确保英国的领导地位。2017 年 10 月，英国政府在《政府行业策略指导》白皮书中发布《在英国发展人工智能》报告，作为英国数字战略的一部分，提出了数据获取、人才培养、研究转化和行业发展等四个促进英国人工智能产业发展的重要行动建议。2018 年 4 月，英国政府发布《产业战略：人工智能领域行动》政策文件，进一步制定有关人工智能技术的具体行动措施。

在光电空间科技领域，英国空间局于 2015 年 12 月颁布了英国首份《国家空间政策》，阐释了更广泛的政府层面的空间探索方法，旨在为本国航天产业创建稳定的政策环境。

1.2.4　德国

德国作为引领全球科技创新的领先国家之一，始终将创新置于国家发展的核心位置，始终高度重视战略规划对科技创新的引领作用。科学的科技政策、合理的制度以及行之有效的举措，使创新在驱动德国经济和社会发展过程中发挥了十分显著的成效。同时，为保障科技战略、规划与计划的有效实施，德国政府出台了一系列法规来保障科技战略规划的有效实施。

德国在 2006 年首次发布《德国高科技战略》，并于 2010 年升级为《德国高科技战略 2020》，随后在 2012 年推出《高科技战略行动计划》，支持《德国高科技战略 2020》框架下项目的开展；2017 年该计划再次升级为《新高科技战略——为德国而创新》，实施五大板块的工作，即优先解决关乎经济繁荣与人民生活质量的问题、推动协同创新与技术转移、加强中小企业创新投入与区域创新均衡发展、优化创新创业环境、提高透明度与创新参与度；2018 年 9 月，德国发布《高技术战略 2025》，从应对社会重大挑战、提升未来竞争力、开放创新三大角度确定 12 项重点发展领域。需要特别指出的是，德国在 2013 年 4 月推出"工业 4.0"，目标是支持德国工业领域新一代革命性技术的研发与创新。德国"工业 4.0"迅速成为引爆新一轮全球制造业变革的旗舰计划，引爆了《美国工业互联网》《英国高科技创新战略》《新工业法国》《韩国制造业创新 3.0 战略》《日本超智能社会 5.0》《中国制造 2025》等的竞相出台和竞争。

在各个重大科技领域，德国也出台了多个有重大影响的战略规划或计划，例如，德国在 2013 年通过《联邦政府航空战略》，以保持德国航空工业在欧洲乃至全球的竞争力。在能源科技领域，德国在 2010 年 9 月发布《能源战略 2050》报告，明确以发展可再生能源为核心，计划到 2050 年实现能源结构转型的发展目标，为此，德国在 2016 年提出了《哥白尼计划》，拟在未来 10 年投资约 4 亿欧元，开展四大重点方向攻关：构建新的智慧电网架构，转化储存可再生能源过剩电力，开发高效工业过程和技术以适应波动性电力供给，以及加强能源系统集成创新。2018 年 9 月，德国发布"能源转型创新"计划，明确聚焦技术与创新转化、跨部门和跨系统、双重资助、国际合作的基本原则。在信息科技领域，德国高度重视数字社会建设。2014 年 8 月，德国出台《数字议程（2014—2017）》，倡导数字化创新驱动经济社会发展，为德国建设成为未来数字强国部署战略方向；2016 年 3 月，德国提出了涵盖数字基础设施扩建、促进数字化投资与创新、发展智能互联等在内的《德国数字战略 2025》，其中基础设施部分投资预计高达 1000 亿欧元。2018 年以来，德国将人工智能研发应用上升为国家战略，加紧出台集研发、产业、人才和标准规范于一体的政策规划。2018 年 7 月，德国政府通过《联邦政府人工智能战略要点》文件；2018 年 11 月，德国政府通过《人工智能国家战略》，计划到 2025 年总计投入 30 亿欧元，打造"人工智能德国制造"品牌，旨在推动德国人工智能研发和应用达到全球领先水平。

1.2.5　法国

进入 21 世纪以来，法国相继制定了四项最具代表性、对法国科技和经济社会发展产生了极大影响的重要长周期计划，分别是"竞争力极点"计划（2005～2018 年，分三个阶段，总投入 31.1 亿欧元）、"未来投资"计划（2010～2017 年，分三期，总投入 570 亿欧元）、"新工业法国"战略（2013～2022 年，总投入 35 亿欧元）、"未来工业"计划（2015～2017 年，总投入 34 亿欧元）。法国的这四大重要科技计划均明确提出了当前和未来一段时期内优先发展的科技领域和重点方向，特别是充分支持法国在航天、能源、材料科学、空间技术等领域的研究基础和领先优势，巩固法国在优势领域的持续领先地位。除此之外，法国在新兴热点前沿领域的科技战略布局也紧跟世界潮流。例如，在信息科技领域，法国不甘于在人工智能领域落后美国和中国等国家，于 2018 年 3 月发布了总投资 15 亿欧元的《人工智能发展计划》，目标是在法国创建一个国际级的研发中心，完善数据领域政策，培养法国在人工智能领域的人才，并对技术革新的伦理和规制问题进行反思等。在生物科技领域，法国在 2017 年审议通过了《法国生物经济战略：2018—2020 年行动计划》，促进生物经济发展。2019 年 1 月，法国国家投资银行与法国国家科研署签署战略合作伙伴协议，协同支持颠覆性创新项目，前者主要支持企业创新，后者主要支持公共研究以及公私合作研究。

1.2.6　日本

日本在 20 世纪 80 年代就确立了科技立国战略，并将其视为立国之本。近年来，日本围绕基础研究、应用基础研究、技术创新、高技术产业化等科技创新全链条，面向世界科技前沿与热点方向积极在各领域部署科技战略、规划和计划。

在基础前沿交叉科技领域，为了加强战略性基础研究，日本文部科学省 2015 年在科学技术与学术审议会下设了战略性基础研究部会，主要面向科技创新产出，从长期全局的视角开展基础研究相关研究，讨论开展战略研究的方法，以及改善与科学技术相关的环境。

在 2016 年出台的《第五期科学技术基本计划（2016—2020）》中，日本也强化战略性基础研究、加强跨学科和跨领域的研究。2014 年 8 月，日本文部科学省审议并通过了《日本数学创新战略》，其目的就是加强数学研究者与诸多科学和产业间的联系，将数学新的研究成果应用到社会中，而其他科学与产业的发展需求也将促进数学自身的创新与发展。

在先进材料科技领域，日本政府确定的重点发展方向包括：解决能源问题的材料技术、实现环境和谐循环型社会的材料技术、构建安全安心社会的材料和利用技术、维持和加强产业竞争力的材料和设备技术、开发材料共性技术等。产业化发展重点则包括：创新集群建设、官产学研合作等。这些都促进了日本材料向产业化和规模化发展。

在能源科技领域，日本在经历福岛核事故之后，大幅调整了能源科技发展重点，2014年制定新的《能源基本计划》，指出未来发展方向是压缩核电发展，举政府之力加快发展可再生能源，以期创造新的产业。2016 年 4 月，日本相继公布两份与能源相关的战略规划，为能源转型划定中期（2030 年）和长期（2050 年）发展路线。其中，面向 2030 年产业变革的《能源革新战略》，提出将资助 28 万亿日元用于节能、可再生能源相关的政策制定和技术研究，以改革日本能源生产和消费结构。而面向 2050 年技术前沿的《能源环境技术创新战略》，主旨是强化政府引导下的研发体制，通过创新引领世界，保证日本开发的颠覆性能源技术广泛普及，实现到 2050 年全球温室气体排放减半和构建新型能源系统的目标。

在人口健康与医药科技领域，日本科学技术振兴机构（JST）研究开发战略中心（CRDS）于 2016 年 4 月提出"人类微生物组研究的整合推广：生命科学与医疗保健的新发展"的战略建议报告，其目的是基于存在于人类上皮组织的微生物组概念，提出多元化举措来创造新型医疗保健与医药技术，并通过日本的国际顶尖研究水平与技术加深人们对于生命与疾病的理解。

在信息科技领域，日本为了巩固其机器人大国的地位，日本政府在 2015 年 1 月公布《机器人新战略》，确立了将日本建成"世界机器人创新基地""世界第一的机器人应用国家"，以及"迈向世界领先的机器人新时代"等三大目标。2017 年 3 月，日本人工智能技术战略委员会发布《人工智能技术战略》报告，全面阐述了日本政府为人工智能产业化发展所制定的路线图。2018 年 12 月，日本综合科学技术创新会议（CSTI）披露日本计划在 2019 年正式发布《人工智能国家战略》。日本高度重视网络安全建设，2014 年颁布了《网络安全基本法》，2015 年 1 月，内阁设置了网络安全战略本部，2015 年 7 月，日本总务省公布了第一版的《面向 2020 全社会 ICT 化行动计划》。日本文部科学省基础前沿研究会下属的量子科技委员会于 2017 年 2 月发表了《关于量子科学技术的最新推动方向》报告，提出了日本未来在该领域应重点发展的方向。

在光电空间科技领域，日本于 2017 年 12 月修订了《宇宙基本计划》实施进度表，补充并细化了空间项目内容和工程进度安排,将参与美国提出的近月空间站计划并通过国际合作开展月面着落、探索活动。

1.3　主要科技领域发展战略与规划制定与实施新特点

纵观美国、英国、德国、法国、日本等科技强国以及欧盟等的科技战略、规划与计划的制定、管理和组织实施的方法、流程和手段,可以发现这些国家或地区为了保障战略规划与计划的实施效果,纷纷根据国情出台了大量保障法规、政策、办法。总体归纳来看,其新特点和新趋势至少包括以下几个方面。

1.3.1　建立科技政策形成与管理制度化机制,强化对科研计划的立法保障

从美国、日本和欧盟等科技强国或地区制定科技战略与实施科研计划的经验来看,各科技强国或地区政府均拥有行之有效的科技政策形成与运行管理机制,均高度重视利用法律的形式来确立科技发展规划的连续性和有效性,法律法规是政府激励科技创新发展的重要手段。例如:

美国建立了以总统科学技术顾问委员会（PCAST）、国家科学技术委员会（NSTC）、白宫科学技术政策办公室（OSTP）、管理与预算办公室（OMB）4 个关键机构为核心的行政决策与协调机构。与众议院的科学、空间和技术委员会以及参议院的商务、科学和运输委员会这两家立法决策与协调机构之间形成了既合作又制约的模式,使得各重大科技战略与计划在实施前就得以充分论证,听取多方意见和建议,也保障了在实施过程中的监管。

欧盟"地平线 2020"计划由欧盟委员会提出方案,经欧盟理事会和欧洲议会批准,通过立法或制度化的形式确立。为了落实在 2014 年启动的云计算战略,欧盟委员会制定了一系列具体措施,包括调整法律以促进更高效、有效的云发展,加深与国际伙伴机制化合作。

日本的科技政策形成机制颇具特色,日本的科技政策中央咨询决策机构在日本国家政策形成机制中扮演十分重要的角色,发挥着"指挥部"的职能,实现了由"政府主导"的"自上而下"政策形成机制,解决了此前"多元官僚制"存在的分散决策与协调性不一致的不足,逐步消除政策导向层面对科技创新行为的不良影响。

1.3.2 注重科技战略计划的统筹协调，创新科研计划立项资助模式

统筹协调是主要科技强国推进科研计划按计划实施并达到预期目标的关键抓手。美国国家创新体系在国家整体层面最典型的特点是多元分散：国家最高层面负责国家创新战略的决策（总统科学技术顾问委员会）；国家专门机构负责科技创新政策的制定和更新（白宫科学技术政策办公室）；各类主要创新主体都有清晰的创新职能定位，政府创新资源主要按照大的创新主体（如 NIH、NASA、NOAA、NSF 等）进行机构相对稳定而非竞争性配置，再由大的创新主体按照创新职能和定位要求进行内部资源配置，可以非常灵活地适应科技发展趋势和前沿特点（而不是政府事无巨细包办、管理一切）；通过大力保护知识产权等市场机制，激励社会化和市场化创新主体争取和使用社会创新资源，极大地调动社会创新主体和创新资源投入应用技术创新的积极性。

欧盟"地平线 2020"（2014～2020 年）计划的实施伊始便加强科研计划统筹，由科研与创新总司制定资助规则，加强创新链不同环节和研发计划之间的衔接和协调。在最新发布的"地平线欧洲"（2021～2027 年）计划预计投资的 1000 亿欧元中，941 亿欧元通过"地平线欧洲"执行（开放科学研究预算 258 亿欧元，全球挑战与产业竞争力预算 527 亿欧元，开放的创新活动预算 135 亿欧元，加强欧洲研究区预算 21 亿欧元），35 亿欧元在 InvestEU 基金下拨款，其余 24 亿欧元用于欧盟原子能共同体 Euratom 的研究与培训计划。"地平线欧洲"预算占整个欧盟政府研究经费的 10%左右。

澳大利亚政府在实施 2015 年 12 月发布的该国第一份《国家创新和科学议程》（2016～2019 年投入 11 亿澳元）中，专门建立了独立咨询机构"澳大利亚创新与科学理事会"，负责协调澳大利亚联邦政府各部门之间的科学经费分配。

1.3.3 制定符合科研规律的经费管理制度，保证资金合理使用发挥实效

以欧洲"地平线 2020"计划为例，第一，计划管理实行预算限额制度，对不同任务和内容设定了预算限额。项目申请阶段不对预算进行评估评审，经费拨付采用在立项后的实施过程中在不超过预算限额的前提下"定期报告、按需核拨"的拨付机制，因此，欧盟的项目经费基本不存在结余问题。第二，对经费合规开支有严格的、明确的规章，包括明确仅雇佣合同与项目直接相关的人员可列支人员费用，高校和国立科研机构等非营利机构的正式人员仅能开支最高不超过 8000 欧元/（人·年）的补贴或奖金。第三，欧盟委员会允许承担人自主调整预算，但不允许擅自调整任务。第四，采用支出分摊制来落实项目承

担单位进行经费配套，即对每一笔合规的项目支出，欧盟只核销 70%，剩余的 30% 则由单位负担（一般是试验发展类项目和企业类承担单位，必须配套项目总经费的 30%），进而保证了足额配套。第五，实行预扣"保证金"制度，保证项目按计划节点完成进度、提交阶段性成果、规范管理和使用项目资金，通常在预拨第一笔项目资金时一次性扣除项目最高预算额度的 5% 的"保证金"。

1.3.4　设立科技战略和计划的延续机制，紧盯科技前沿升级科技战略

当今世界正处在大变革大调整之中，世界新一轮科技革命和产业变将深度调整全球产业结构和竞争格局，颠覆性技术不断涌现，科技范式与经济发展基础随时存在被未来技术颠覆的可能。主要科技强国不断完善科技创新制度，紧跟科技发展前沿与动向，及时修订或升级科技发展战略与计划，以应对未来的科技变革潮流。

作为当前欧盟规模最大的创新计划，"地平线 2020"于 2014 年 1 月正式启动，总预算 770 亿欧元。2017 年 5 月，欧盟委员会发布"地平线 2020"中期评估报告，主要结论认为"地平线 2020"计划比欧盟第七框架计划更加高效，提高了欧盟整体的吸引力，形成了不同国家、组织、科学学科和部门之间的跨境多学科网络。在"地平线 2020"计划即将到期之际，2018 年 6 月，欧盟公布"地平线欧洲"创新基金框架，拟从 2021 年开始，七年内投入总计 1000 亿欧元的经费支持科技创新，以此作为"地平线 2020"的后续。"地平线欧洲"计划的目标是在前期"地平线 2020"计划成就的基础上，促使欧盟居于全球研究和创新的前沿。新的"地平线欧洲"首次对所有国家（包括"脱欧"后的英国）开放，符合特定条件的国家可以通过谈判参与。

美国自 2009 年发布《美国创新战略》以后，分别在 2011 年和 2015 年多次进行修订，其核心目标就是紧跟全球竞争态势与科技前沿。德国为了不断巩固其以创新为核心的国家战略，不断升级德国高科技战略，该战略于 2006 年首次发布，2010 年升级为《德国高科技战略 2020》，2017 年再次升级为《新高科技战略——为德国而创新》，其目标是稳固德国在科技和经济领域的领先地位，并成为全世界的创新领导者。

1.3.5　依托科技智库的科技战略研究建议，支撑战略与计划的科学决策

智库是一种相对稳定的独立于政治体制之外的政策研究和咨询机构，是政策过程中的一个重要参与者，在现代社会发展中发挥日益重要的作用。美国宾夕法尼亚大学的智库研究专家詹姆斯·麦甘指出，智库已成为沟通知识与政策的桥梁。已有研究发现，国家政府

的决策对智库的依赖日益加深，各国的重要智库，特别是政府附属性智库，正在成为政府重要公共政策的策源点、政策内容的设计者、政策效果的评估者、政策实施的营销宣传者、社会话语权的主导和引领者。科技智库针对科技创新的研究成果是科技战略规划的必要甚至关键依靠。

例如，美国有专门的制度安排，要求联邦政府及各部门的重要政策在出台前都要进行专家和公众咨询。2016年12月，美国信息技术与创新基金会（ITIF）与布鲁金斯学会这两大智库联合发表智库研究报告，从加强创新区和区域技术集群建设、促进大学和研究机构的科研成果转化、扩大技术转让的商业化项目和投资、促进高科技初创企业发展以及支持私营部门创新五个方面，为特朗普政府提供政策性建议。美国政府科技部门大量委托著名科技智库开展科技战略研究，为科技战略与政策决策提供咨询建议，这在美国是科技决策的必需环节。例如，美国地质调查局（USGS）委托美国国家研究理事会为其确定未来5～10年的国际研究重点领域。为此，美国国家研究理事会专门成立了美国地质调查局国际研究的机遇与挑战工作委员会，经过周密细致的调查、多方研讨和论证，工作委员会向美国地质调查局提交了最终报告——《美国地质调查局基于国家利益的国际研究》。

1.3.6 制定科研计划的科学评估方法，强调第三方与标准化的评估

主要科技强国在科技战略规划实施过程中注重实时监督、评估、反馈和修正等环节而形成的闭循环模式，采取设立可测度的战略目标和实时监督、评估的指标体系来对科技规划的实施进展进行检测、评价，及时反馈修正战略、政策或计划。

例如，美国政府注重建立科技政策法规评估机制，签署《政府绩效与结果现代化法案》，密切跟踪政策的实施情况，加强科技政策实施效果评价，对科技政策进行修订和完善。英国研究理事会下属的七个研究理事会每年均会发布其规划的执行报告，包括资助、成果、影响力等多个方面。如英国政府针对《英国网络安全战略（2011—2016）》几乎每年都发布相应的年度进展报告与下一年计划，从经费开支、工作进展、良好成效等多方面进行总结和评估，并为增强未来计划的灵活性与适应性提供事实依据。日本政府强调要着眼于科技创新全局，实施综合性的政策，出台的政策应覆盖从上游到下游的所有研发阶段，并保证政策的连贯性，同时注重组合运用预算和税收制度、金融、体制改革等各种政策工具，取长补短，高效推进各项措施。日本政府非常重视政策的可评估性，设立了便于掌握重点措施进展情况和成果状况的定量指标，强调每年要根据这些指标开展评估，查找问题并跟进解决，形成计划、实施、检查、行动的良性循环。

在具体科研计划的评估实践方面，以欧洲"地平线2020"计划为例，其中期评估是

欧盟框架计划评估体系的一部分，也是在法律要求下开展的标准化评估。评估由欧盟委员会研究与创新总司下属评估单位统筹协调，在多个委员会跨部门小组支持下开展，中期评估从 2016 年 4 月开始历时一年，于 2017 年 5 月发布中期评估报告。此次中期评估是在"欧洲研究与技术开发政策"（RTD）评估网络（EUevalnet）的基础上开展的标准化评估，EUevalnet 在欧盟及国家层面讨论和分析"研究和创新"的评估方法、指标、资金使用等。"地平线 2020"计划中期评估通过调查、采访、案例研究、专家组调研等手段，获取"地平线 2020"计划监测数据、委员会行政管理数据（预算）、现有数据库（OECD、欧盟统计局数据库）统计数据和出版物（欧洲议会、欧洲经济和社会委员会、欧洲审计院系列出版物）数据。采用了宏观经济建模、反事实分析、社会网络、描述性统计、文献计量、文本和数据挖掘、文件审查、案例研究、专题评估组合等前沿分析技术和方法。评估过程中还通过各国家联络据点（NCP）调查、简化调查、征求欧洲创新委员会的意见等与利益相关者沟通、磋商。

1.3.7　重视推进政产学研合作与协调，拓展构建公私合作伙伴机制

各科技强国政府在推进科技战略与科研计划实施过程中，除了作为资源提供者，均非常重视发挥其在国家层面上的监管、协调、指导作用，加强政府、科学界、企业界三方协作，推行产学研结合已成为世界科技强国在科技战略与科研计划组织实施过程中的重要特征。

例如，美国在 2013 年总结"大数据研发计划"各大联邦机构取得的进展之际，提出新的公私合作计划，以进一步推动技术开发、人才培养和社会经济发展。在量子信息领域，美国国家科学技术委员会也建议美国政产研通力合作，持续密切地监控美国联邦政府量子信息科学领域投资所创造的成果，迅速调整项目并充分利用已有的技术突破。美国在 2016 年 7 月发布的《5G 无线技术研究计划》中，除了 NSF 计划在未来 7 年投入 4.2 亿美元支持学术研究外，英特尔、高通、三星和 Verizon 等 20 多家公司承诺将投资约 3500 万美元，并提供技术支持。

欧盟在"地平线 2020"计划中，采取联合技术计划（JTI）和合同性公私合作伙伴关系（cPPP）来吸引产业伙伴，还通过欧洲创新伙伴计划、联合研究创新计划、欧洲技术平台等向私营部门征求建议。欧盟为促进 HPC 技术的发展，设立了以产业界为主导的开放平台——欧洲 HPC 技术平台（European Technology Platform for HPC，ETP4HPC），旨在明确欧盟 HPC 技术生态系统的研发优先项，制定并持续更新 HPC 战略研究议程，代表欧盟产业界同欧盟委员会和其他国家政府展开对话。

1.3.8 探索项目经理与项目团队制度，创新计划与项目的管理模式

在项目招标与管理方面，美国和日本都进行了一些有创新性的尝试。例如，日本政府在 2013 年开始实施《颠覆性技术创新计划》（ImPACT），其经费占日本全部科技计划经费的 4%左右，实施周期为 5 年。由于该计划仅支持能够推动产业和社会发生重大变革的但可能会面临巨大风险的前沿技术，为了提高项目实施成效，日本严格选聘具有超前创新思维的学术带头人作为项目经理。项目经理拥有高度的自主权，负责项目的全过程管理，包括项目选题、团队组织、研发计划、项目实施、经费分配、知识产权运用。同时，ImPACT 还设立了联络员制度，联络员负责与项目经理、专家委员会等进行沟通，了解项目的进展情况，并代项目经理将其各类资金、政策需求向委员会及相关部门提出申请，降低了项目经理的沟通成本，也提高了项目的实施效率。

美国 DARPA 则开创了灵活的项目团队机制——项目投标确定后依旧是开放的，未达目标的项目可随时被更好的方案替代，在有限时间内没有实现目标的项目会遭淘汰，会有其他的团队和方案进入。

1.3.9 加强对创新要素与教育的投入，促进基础研究和教育的领先

科技发展始于一些关键的基础性领域，包括基础研究、基础设施、教育等，这些领域为创新过程提供基础知识、信息、条件支撑和后备动力。基础研究是整个科学体系的源头，是所有技术问题的总机关，科学研究没有积累到一定程度，是很难产生颠覆性创新的。美国、英国、德国、法国、日本等科技强国，无一不是基础研究强国。这五大科技强国以及欧盟历来都强调对创新要素与教育的持续长期稳定投入，基础研究投入强度占科技投入的比例长期处于 15%～20%，强大的基础科学创新为整个科技领域的创新和产业技术发展提供了源源不竭的原动力。以美国政府为例，其历年在基础研究方面的投资支出都占研发预算的 20%以上，同时推进高质量的 STEM 教育，建设先进的科学基础设施和先进的信息技术生态系统，为基础研究和教育提供优质的、长期的稳定支持。

在欧盟的"地平线 2020"计划经费预算中，有 31.7%（244.41 亿欧元）的经费用于支持基础研究。该计划还要求欧盟所有的研发与创新计划聚焦于基础科学、工业技术和社会挑战三个共同的战略优先领域，其中每个优先领域都分别部署多项行动计划。

1.3.10　布局战略和前沿科技创新领域，引导国家重大科技创新方向

当今世界正处在大变革大发展大调整之中，以绿色、智能、可持续为特征的新一轮科技革命和产业变革蓄势待发，颠覆性技术不断涌现，正在重塑全球经济和产业格局。近年来，全球抢占创新和经济发展制高点的竞争更加激烈，围绕量子信息、人工智能、数字社会、合成生物学等热点前沿领域，主要科技强国纷纷制定发展战略和科技计划。例如，在量子信息领域，世界科技先进国家无不高度重视量子信息研发，投入巨资以期抢占量子信息科技制高点。据英国政府 2016 年底发布的《量子时代的技术机遇》报告，全球有六大国家/地区对量子技术的年度投入预算不低于 1 亿欧元，分别是欧盟为 5.5 亿欧元、美国为 3.6 亿欧元、中国为 2.2 亿欧元、德国为 1.2 亿欧元、英国为 1.05 亿欧元和加拿大为 1 亿欧元。2016 年 4 月，欧盟宣布于 2018 年启动总额 10 亿欧元的《量子技术旗舰计划》，通过通信、模拟器、传感器和计算机四个方面的短中长期发展，实现原子量子时钟、量子传感器、城际量子链接、量子模拟器、量子互联网和泛在量子计算机等重大应用。2016 年 7 月，美国公布《推进量子信息科学：国家挑战与机遇》报告，建议美国将量子信息科学作为联邦政府投资的优先事项，呼吁政产研通力合作，确保美国在该领域的领导地位，增强国家安全与经济竞争力。报告指出，美国联邦政府机构针对量子信息科学基础与应用研究的年度资助额达到 2 亿美元。2017 年 7 月，"创新英国"组织与英国工程与自然科学研究理事会联合投资 1380 万英镑用于支持开创性的量子技术研究，其中 65% 的资金用于支持公司活动，35% 的资金用于支持学术研究。中国合肥正以中国科学院量子信息与量子科技创新研究院为承载主体，筹备量子信息科学国家实验室的建设，聚焦量子通信、量子计算和量子精密测量方面的研究，实现量子通信网络和经典通信网络无缝衔接，为最终实现通用量子计算机探索切实可行途径。

在人工智能领域，谷歌 AlphaGo 围棋智能程序在 2016 年战胜围棋冠军李世石后，在全球范围内持续引发各国政界、产业界和学术界的高度关注，目前已上升到国家层面的激烈博弈，越来越多的国家争相制定发展战略与规划。仅在 2017～2018 年，主要科技强国相继发布人工智能战略，包括：美国在 2016 年先后发布了《为人工智能的未来做好准备》、《国家人工智能研究与发展战略规划》以及《人工智能、自动化与经济》等三份重要报告，分别分析了人工智能的发展现状、应用领域以及潜在的公共政策问题；提出美国优先发展的人工智能七大战略方向及两方面建议；考察人工智能驱动的自动化将会给经济带来的影响并提出了美国的三大应对策略。欧盟自 2014 年以来已出台多份与人工智能相关的政策和战略，其中，2018 年 4 月发布的政策文件《欧盟人工智能》提出，欧盟将采取三管齐下的方式推动欧洲人工智能的发展：增加财政支持并鼓励公共和私营部门应用人工智能技

术；促进教育和培训体系升级，以适应人工智能为就业带来的变化；研究和制定人工智能道德准则，确立适当的道德与法律框架。英国在 2017 年 10 月发布了《在英国发展人工智能》报告，提出了促进英国人工智能产业发展的重要行动建议；2018 年 4 月，英国政府发布《产业战略：人工智能领域行动》政策文件，进一步制定有关人工智能技术的具体行动措施。德国在 2018 年 7 月通过《联邦政府人工智能战略要点》文件；2018 年 11 月，德国联邦内阁发布《人工智能国家战略》，计划到 2025 年总计投入 30 亿欧元，打造"人工智能德国制造"品牌，旨在推动德国人工智能研发和应用达到全球领先水平。法国在 2018 年 3 月公布《法国人工智能发展战略》，计划投资 15 亿欧元支持人工智能研究。日本在 2017 年 3 月发布《人工智能技术战略》中，阐述了日本政府为人工智能产业化发展所制定的路线图。美国在 2019 年 2 月美国正式启动人工智能计划，旨在要做人工智能领域的世界领导者。继谷歌 AlphaGo 后，2018 年 12 月，AlphaGo 的缔造者 DeepMind 推出了 AlphaFold，使用大量的基因组数据来预测蛋白质结构。AlphaFold 生成的蛋白质 3D 模型比之前的任何蛋白质都更加准确，展现出了机器学习体系的无穷潜力。展望未来，人工智能技术的突破或将帮助我们解决科学上的基础性问题。

参 考 文 献

冯江源. 2016. 大国强盛崛起与科技创新战略变革——世界科技强国与中国发展道路的时代经验论析. 人民论坛·学术前沿，（16）：6-37.

国丽娜，邵世才，马虹. 2016.欧盟"地平线 2020"计划资金管理经验及启示. 全球科技经济瞭望，31（10）：18-22.

平力群. 2016. 日本科技创新政策形成机制的制度安排. 日本学刊，（5）：106-127.

仇峰. 2017. 知名智库建议特朗普政府：加强科技创新，助美国重返经济巅峰. http://www.sohu.com/a/125160557_465915[2018-06-30].

邵立国，陈亚琦，乔标. 2017.各国推动颠覆性技术创新的典型做法与启示. http://www.sohu.com/a/123866738_465915[2018-08-13].

王雪，宋瑶瑶，刘慧晖，等. 2018. 法国科技计划及其对我国的启示. 世界科技研究与发展，（5）：003.

张树良. 2012. 美国地质调查局未来 5～10 年国际研究重点. 国际地震动态，（7）：1-2.

张旭昱. 2018. 欧盟"地平线 2020"计划中期评估的研究启示. http://www.sohu.com/a/234164578_466843[2018-06-05].

张志强，苏娜. 2016. 国际智库发展趋势与我国新型智库建设. 智库理论与实践，1（1）：9-23.

张志强，田倩飞，陈云伟. 2018. 科技强国主要科技指标体系比较研究. 中国科学院院刊，2018，33（10）：1052-1063.

张志强. 2017. 洞察科技发展趋势，支撑创新发展决策. 世界科技研究与发展，39（1）：1-3.

张志强. 2018. 聚焦科技创新发展，服务科技强国建设. 世界科技研究与发展，40（1）：1-4.

朱付元. 2015. 美国科技投入协调机制及其借鉴意义. 中国高校科技，（5）：42-45.

Gibney E. Europe Plans Giant Billion-euro Quantum Technologies Project. http://www.nature.com/news/europe-plans-giant-billion-euro-quantum-technologies-project-1.19796[2017-04-26].

Innovate UK. 2017. £14 Million for Ground-breaking Quantum Technologies. https://www.gov. uk/government/news/14-million-for-ground-breaking-quantum-technologies[2017-07-31].

NSTC. 2016. Advancing Quantum Information Science：National Challenges and Opportunites. https://www.whitehouse.gov/sites/whitehouse.gov/files/images/Quantum_Info_Sci_Report_2016_07_22%20final.pdf[2016-07-24].

UK Government Office of Science. 2016. The Quantum Age：Technological Opportunity. https://www.gov.uk/government/uploads/system/uploads/attachment_data/file/564946/gs-16-18-quantum-technologies-report.pdf[2017-01-10].

第 2 章
基础前沿交叉科技领域发展规划分析

刘小平　　陈　欣　　吕凤先

（中国科学院文献情报中心）

摘　要　基础研究是技术创新的源泉。当今时代基础前沿交叉科学的突破有可能催生新的科学革命，为人类创造先进物质文明。近年来，美国、日本、德国、法国、英国等世界科技强国强化基础研究战略部署，加强基础和前沿研究，推进科学与工程前沿，应对新挑战，并抢占未来发展的制高点。研究世界主要国家基础前沿交叉科技领域的战略规划、学科发展战略，可以更好地持续推动我国基础科学研究，实现重点突破与跨越，具有十分重要的意义。

我们围绕《中国科学院"十三五"发展规划纲要》确定的"8+2"领域与平台中的基础前沿交叉，以美国、日本、韩国、澳大利亚、加拿大、欧盟等主要科技发达国家或地区，美国科学院、能源部（Department of Energy，DOE）、劳伦斯伯克利国家实验室（Lawrence Berkeley National Laboratory，LBNL）、澳大利亚科学院等国际重要科技组织、重要领军型前沿性科研机构等为重点分析对象，以 2010 年以来的特别是面向未来的中长期重要科技发展战略、科技规划、路线图、重要报告的内容、特点和规律为调研和分析重点，深入分析研究。我们重点调研了国际上数学及其交叉领域的战略规划，如《百亿亿次计算的应用数学研究》《百亿亿级研究的十大挑战》《海量数据分析前沿》《2025 年的数学科学》《复杂模型的可靠性评估：验证、确认和不确定性量化的数学和统计学基础》《工业中的数学》《数学与工业》《日本数学创新战略》《澳大利亚 2016—2025 数学十年规划》等；调研了国际上物理学及其交叉领域的战略规划，如《美国粒子物理学战略计划》《欧洲粒子物理学战略》《欧洲天体粒子物理战略 2017—2026》《2017 欧洲核物理长期计划》《2015 年原子核物理学未来 10 年计划》《澳大利亚 2012—2021 物理学十年计划》和美国"国家光子计划"等；调研了国际上化学及其交叉领域的战略规划，如《欧洲催化科学与技术路线图》

《澳大利亚化学学科十年（2016—2025）规划》《转化糖科学：未来发展路线图》等。我们重点剖析了美国数学科学历年战略研究及其效果和影响，欧洲核子研究中心（European Organization for Nuclear Research，CERN）粒子物理战略的影响，美国粒子物理学战略计划的影响，美国《光学与光子学：美国不可或缺的关键技术》报告促使美国国家光子计划的形成等。我们还重点分析了《2025 年的数学科学》和《欧洲催化科学与技术路线图》的编制与组织实施特点。期望我们的研究为国家和中国科学院制定中长期发展规划提供重要背景资料，为国家和中国科学院制定规划及相关决策提供参考依据。

关键词　数学及其交叉　物理学及其交叉　化学及其交叉　纳米科技　战略规划

2.1　引言

基础研究是技术创新的源泉。特别是第二次工业革命之后，重大的技术创新和发明创造，都依赖于基础研究创造的重大发现。如果没有电磁理论，就不会有后来的电动机和无线通信；没有牛顿的万有引力定律，就没有今天的载人航天。一个国家基础科学研究的深度和广度，决定着这个国家原始创新的动力和活力。基础科学的突破从根本上改变人们对时间、空间和物质运动规律的认识。爱因斯坦创建的相对论打破了经典物理学绝对的时空观，揭示了时空性质与物质、运动的联系。相对论和量子力学的建立促进了计算机、互联网、激光、晶体管、核能利用等变革性技术的出现。当今时代基础前沿交叉科学的突破有可能催生新的科学革命，为人类创造先进物质文明。

全球科技创新呈现新的发展态势，物质结构、宇宙演化等基础科学领域正在酝酿突破。基础研究前沿突破精彩纷呈，学科交叉特征突出。面向国家战略需求的牵引更为凸显，科学、技术、工程相互渗透。基础研究日益成为推动科技革命和产业变革的重要原动力。因此，近年来美国、日本等世界科技强国强化基础研究战略部署抢占未来发展的制高点。我们研究美国、日本等世界主要国家基础前沿交叉科技领域的战略规划和学科发展战略，可以更好地持续推动我国基础科学研究，实现重点突破与跨越，具有十分重要的意义。

2.2　基础前沿交叉科技领域发展概述

我们围绕基础前沿交叉科技领域，包括数学与交叉方向、物理学与交叉（包括力学、天文学和核科学）、化学与交叉方向，以美国、欧盟等主要科技发达国家或地区，美国科学院、DOE、LBNL、澳大利亚科学院等国际重要科技组织、重要科研机构等为重点分析对象，以 2010 年以来的中长期重要科技发展战略、科技规划、重要报告的内容、特点和规律为调研和分析重点，开展深入分析研究。

数学是研究数量关系和空间形式的科学。数学包含基础数学、应用数学、计算数学与科学工程计算、统计学与数据科学，数学与其他领域的交叉等学科。

物理学是研究物质结构及其相互作用和运动规律的科学。物理学在更高的能量、更小的时空尺度和更大的宇观时空尺度上探索物质的深层次结构及其相互作用，揭示时空、相互作用以及暗物质、暗能量的本质。物理学也研究复杂体系、多粒子运动等"演生"出来的凝聚合作现象和规律。物理学与数学、天文学、化学、生命科学等学科有密切关系，物理学不断影响和推动这些学科的发展，形成的交叉领域包括物理化学、化学物理、生物物理、天体物理学与宇宙学等。

化学研究物质的组成、结构、性质，是研究化学反应和物质转化的学科，是创造新分子和构建新物质的根本手段，是与其他相关学科密切交叉和相互渗透的一门中心科学。

2.3 基础前沿交叉科技领域规划的重点研究内容

2.3.1 世界主要国家科技战略规划重视基础前沿交叉研究

世界主要国家重视基础前沿交叉研究，特别高度重视应用导向的战略性基础研究。由于基础研究前景的不确定性很难得到企业的支持，因此各国政府是基础研究的主要投资者。战略性基础研究直接面向国家需求，在各国科研预算面临压力和各国更加强调投资效率的今天，各国政府更加重视战略性基础研究。主要国家和国际组织日益重视应用激发的基础研究以及基础研究的应用潜能。

2.3.1.1 日本、俄罗斯制定基础研究领域的科技规划，加强基础研究的投入与布局

日本 2016 年出台的《第五期科学技术基本计划（2016—2020）》强化战略性基础研究、加强跨学科和跨领域的研究。日本政府将确保研发投资规模，力求研发支出总额占 GDP 比例的 4%以上，其中政府研发投资占 GDP 的比例达到 1%。在强化知识基础方面，提出采取多项改革和强化措施推进作为创新源泉的基础研究，例如改革和强化科研经费管理、改革和强化战略性基础研究、加强跨学科和跨领域的研究、推进国际合作研究、打造世界最高水平研究基地等。

日本科学技术振兴机构（Japan Science and Technology Agency，JST）制定战略性基础研究计划强调以实现国家目标的基础研究。JST 的战略性基础研究计划是在日本政府制定的目标的指导下，根据科学技术政策及社会经济的需求，确定需要开展研究的领域；在研究领域负责人的领导下，向政府、企业、大学等所有研究人员征集研究课题，在此基础上建立最合理的研究机制，创造有利于产业和社会的"种子"技术，实施以实现国家目标的基础研究。2016 年，JST 资助的基础研究项目有基于量子状态控制的创新的量子技术产出项目、量子状态控制与机能化项目、灵活利用光的特性开发生命机能的时空控制技术及其应用项目、解析生命机能的光控制技术项目。

2012 年 12 月，俄罗斯政府公布的《2013—2020 年国家科技发展规划》强调发展基础研究。该规划提出的重点任务包括：①发展基础科学研究；②培养和引进科技优先发展领域的高端科技人才；③完善研究与开发活动资助体系和管理机制；④促进科学研究与教育、人才培养相结合；⑤促进俄罗斯科学研发部门参与国际合作。俄罗斯政府将在 2013~2020 年为该计划投入 1.6 万亿卢布。

2.3.1.2　美国、欧盟、英国、加拿大的战略规划强调战略性基础研究投资

2015 年 10 月，美国发布新版《美国创新战略》。该战略指出，美国政府投资创新基础，在基础研究领域的投资领先世界其他国家。2016 年，美国财政预算提出将 670 亿美元用于基础研究和应用研究，比 2015 年增长 3%。美国将继续鼓励对联邦支持的高风险、高回报领域的研究。另外，《美国创新战略》提出推进高质量的科学、技术、工程和数学教育发展。美国 2016 年财政预算将对科学、技术、工程和数学教育投入 30 亿美元资金支持，比 2015 年增加了 3.8%。《美国创新战略》提出的九大重点领域之一是追求 HPC 领域的新前沿发展。2015 年 7 月，美国制定国家战略计算计划（National Strategic Computing Initiative，NSCI）来应对投资 HPC 面临的挑战，它将刺激创建和部署前沿计算技术。

欧盟"地平线 2020"计划战略优先领域之一聚焦基础科学。欧盟"地平线 2020"计划的基础科学研究的预算共为 244.41 亿欧元，由欧洲研究理事会、未来和新兴技术、玛丽·斯克沃多夫斯卡·居里行动计划和欧洲基础研究设施四部分组成。这四部分相互有效衔接、整合，构成了欧盟"地平线 2020"基础研究的全价值链覆盖。①欧洲研究理事会，财政预算 130.95 亿欧元（7 年期），致力于为具有才华和创意的优秀科研人员及其团队，提供具有吸引力的资助支持，前瞻性地研究探索最有希望和前景的科学前沿；欧洲研究理事会支持前沿学科和交叉学科的研究，以及新技术和新兴领域的开拓性探索；②未来和新兴技术，预算 26.96 亿欧元，鼓励高端科研和前沿工程等多学科之间的探索性合作。未来和新兴技术计划支持"量子模拟"，在量子物理与量子技术基础之上，采用新的工具解决理论科学和应用科学中的问题；支持"迈向百亿亿次的 HPC"，提供超大规模高性能的计

算系统，并帮助开发出欧洲可持续发展的 HPC 生态系统；③玛丽·斯克沃多夫斯卡·居里行动计划财政预算 61.62 亿欧元，致力于科研培训和职业生涯发展；④欧洲基础研究设施，财政预算 24.88 亿欧元，包括 e-基础设施，致力于建造世界一流的基础设施。

英国《科学与创新增长规划》强调确定优先领域和投资科研基础设施。2014 年 12 月，英国财政部和商业、创新和技能部共同制定并发布了新的《科学与创新增长规划》，提出政府在 2021 年前针对科技创新的工作重点包括：①确定优先领域。由英国最优秀的科学家、科研机构和企业共同遴选战略性优先领域，保证英国在优先领域的领先地位，应对重大科学挑战；在科学战略与产业战略之间建立长期投资和传导机制；继续支持大数据和 HPC 战略性科技和产业领域的科技创新，保证国家经济增长目标的实现；②投资科研基础设施。2016～2021 年，英国政府将为科研基础设施投入 59 亿英镑，其中，29 亿英镑将用于应对重大科学挑战，如建立 10 亿英镑的"重大挑战基金"，资助平方公里阵列望远镜等项目；投入 8 亿英镑资助能够提供满意商业方案的新研发项目，如 IBM 大数据研究中心等。投入 30 英镑支持竞争性研究项目，以及为英国大学与科研机构中现有的世界一流实验室提供经费资助。

2014 年 2 月，加拿大政府发布《经济行动计划 2014》，提出要创建"加拿大第一科研卓越基金"，稳定支持前沿研究。在未来 5 年向研发和创新投入 16 亿加元，提出要创建"加拿大第一科研卓越基金"，为前沿研究（包括探索性研究等）提供稳定支持，提高物理研究水平，支持加拿大原子能公司，促进加拿大的量子科技研究等。

《抓住加拿大的时遇：推进科学、技术与创新》新科技战略将促进世界一流研究。2014 年 12 月，加拿大政府发布了科技战略报告——《抓住加拿大的时遇：推进科学、技术与创新》。新战略将促进世界一流研究、聚焦优先领域、鼓励合作与加强科技问责制。科技创新发展的三大战略支柱之一包括加强人才发展。通过提高全民科学文化素质，影响教育和职业选择，储备创新型人才；为加拿大科学家提供从学术界到产业界的工作职位和流动机制，加强产学研合作；通过提供优惠政策、提高奖学金及推进加拿大国际教育战略等方式，吸引和留住来自全球的优秀科技人才和留学生；实施加拿大卓越研究员计划，改善加拿大的创新氛围。三大战略支柱之一还包括促进知识创造。保障高等教育机构中的卓越研究；促进开放科研的发展等。

2.3.1.3 韩国、俄罗斯制定科技领域的计划与项目重点部署基础前沿交叉研究

近年来，韩国、俄罗斯十分重视基础前沿交叉研究，对一系列领域进行了超前部署。

2010 年以来，韩国教育科学技术部启动了"全球前沿研发项目"。目的是建设世界一流水平基础与原创研究的研究基地，掌握原创技术，并使其在 10 年后实现商业化、20 年后能够普及，使韩国成为基础原创技术强国。其资助方向包括：开展面向未来 10 年的中长

期基础与原创研究，开展战略性的团队交叉研究，掌握原创技术以保障未来经济增长动力。计划在未来 10 年间资助 15 个研究团队，平均每个团队每年资助约 100 亿韩元，期限为 9 年，到 2021 年，从中培养 5 个世界一流的研究团队，建设 5 个以上世界一流的研究基地。

2012 年 12 月，俄罗斯政府公布《2013—2020 年国家科学院基础科学研究计划》，目的是确保基础研究获得稳定支持。该计划由俄罗斯教育与科学部会同俄罗斯科学院、医学科学院、农业科学院、建筑科学院、教育科学院、艺术科学院 6 个国家科学院联合制定，确定了每个国家科学院的基础研究方向、各方向的预期目标、每年的联邦预算拨款方案。2013～2020 年，联邦政府预算将为该计划投入 6320 亿卢布，以保障俄罗斯的基础科学研究获得稳定支持，集中使用基础研究优先领域的资源，并促进研究成果的开放共享。但是根据普京总统签署的 2014 年科教领域重点任务，类似通过预算拨款的联邦专项计划将可能被取消，通过竞争性的基金落实国家针对基础科学研究和探索新研究的资助比例在未来将不断提高。

2.3.1.4　日本成立专门的机构推进基础研究

2015 年，为了加强战略性基础研究，日本文部科学省在科学技术与学术审议会下设了战略性基础研究部会，主要面向科技创新产出，从长期全局的视角开展基础研究相关研究，讨论开展战略研究的方法，以及改善与科学技术相关的环境。具体包括：战略性基础研究战略目标的制定、实施以及评价等；实施世界顶级研究中心课题的制度的设计；有关战略性基础研究的竞争经费的改革；战略性基础效果的评价指标与评价体系。

大学与公共研发机构积极设立共同利用开发机构，推进数学与产业的联合。比如，2013 年，九州大学成立数学工业研究所；2014 年，明治大学成立先进数理科学研究所。

2.3.2　数学及其交叉领域的战略规划及其学科发展战略报告

2.3.2.1　美国国家战略计算计划

2015 年 7 月，美国总统签发行政令，正式启动美国 NSCI，旨在促进百亿亿次计算系统以及相关技术研发，使 HPC 最大限度地造福于国家的经济增长与科学发现。

NSCI 制定了 5 项战略目标：①加快可实际使用的百亿亿次计算系统的交付使用；②加强建模、数值模拟与数据分析计算技术的融合；③未来 15 年，为未来的 HPC 系统甚至后摩尔时代的计算系统研发开辟一条可行的途径；④实施整体方案，综合考虑联网技术、工作流、向下扩展、基础算法与软件、可访问性、劳动力发展等诸多因素的影响，提升国家 HPC 生态系统的能力；⑤创建一个可持续的公私合作关系，确保 HPC 研发的利益最大化，并实现美国政府、产业界、学术界间的利益共享。

2.3.2.2 美国《国家战略计算计划战略规划》

2016 年 7 月，美国白宫科学技术政策办公室发布《国家战略计算计划战略规划》。DOE、国防部（Department of Defense，DOD）和国家科学基金会（National Science Foundation，NSF）将承担 NSCI 领导责任，情报高级研究计划局（Intelligence Advanced Research Projects Activity，IARPA）和国家标准与技术研究院（National Institute of Standards and Technology，NIST）负责基础研究，国家航空航天局（National Aeronautics and Space Administration，NASA）、联邦调查局（Federal Bureau of Investigation，FBI）、国立卫生研究院（National Institutes of Health，NIH）、国土安全部（Department of Homeland Security，DHS）和国家海洋与大气管理局（National Oceanic and Atmospheric Administration，NOAA）则为部署机构。

1. 战略目标 1：百亿亿次计算能力

确定 DOE 为实现百亿亿次计算的主导机构，DOE 近十年的工作将主要集中在：①与 NSCI 机构合作，确定一系列面向政府目标的应用，并针对每项应用制定定量的绩效评估方法；②与工业界合作，制定解决方案应对技术挑战，支持各机构实现百亿亿次计算；③部署下一代 HPC 系统，如橡树岭国家实验室、阿贡国家实验室与利弗莫尔国家实验室合作打造橡树岭阿贡利弗莫尔联合体（CORAL）系统，以探索 HPC 面临的技术挑战，分析和解决 DOE 与 NASA 亟须解决的目标问题；④领导研发下一代 HPC 方法、算法、系统软件，针对 DOE 目标开发可持续的应用；⑤与 DOD 协作，确保 HPC 开发的新技术能融合到百亿亿次计算系统中。

DOD 近十年的工作将主要集中在：DOD 除了与 DOE 合作，设计先进架构并开发硬件外，还将引领对计算方法、算法、计算程序、系统软件和可持续的应用的探索。

NSF 的工作将主要集中在：①确定与 NSCI 相关的科学与工程前沿，总结由 NSCI 计划激发的科学进展；②推动计算与数据应用，促进科学与工程发展，促进相关的软件技术发展；③推动应用与系统软件技术的研发，促进编程能力和程序的再利用性，确保程序的高可扩展性和准确度。

IARPA 的工作将主要集中在：通过 IARPA 在超导、机器学习后摩尔定律方面的研究工作，支持百亿亿次计算，努力实现计算系统性能增强 100 倍的目标。

NIST 的工作将主要集中在：①打造关键使能平台，推动新兴设备架构和计算平台的开发与测试；②针对未来计算的物理与材料特征，推动测量科学的发展；③充分利用物理学、材料设计和测量工具，解决 HPC 平台中潜在的逻辑、存储与系统问题；④制定针对下一代计算系统和网络的健壮性与安全性的方法、标准和指南；⑤创建并评估量化技术，评估下一代计算系统计算结果的可靠度与不确定性。

NASA 的工作将主要集中在：协同设计百亿亿次计算系统。

2. 战略目标 2：增强建模、数值模拟和数据分析技术融合

NSF 将支持计算技术在数据分析和仿真建模方面的融合，打造多样化、高互操作性、协作性和数据密集型的 HPC 生态系统，支持 NSF 科学前沿，促进学术界的广泛参与；在科学和工程前沿领域推进计算和数据应用，同时推进相关使能技术和软件技术的应用。

DOD 将推动先进高性能数据分析能力的设计与开发，支持软件和数据科学生态系统，增强建模、数值模拟和数据分析技术的融合。

NASA 将促进数值模拟和数据分析计算之间的协同，支持 NASA 在地球与空间科学、航空研究和空间探索中的大数据与大计算应用。

NIH 将引领计算方法、算法和可持续软件应用的开发，充分利用先进的 NSCI 技术，并推动生物医学研究。

NOAA 将进一步利用大数据，完成科学研究、建模和预测任务，为 NOAA 用户提供创新产品。

3. 战略目标 3：未来 15 年，为未来的 HPC 系统甚至后摩尔时代的计算系统研发开辟一条新的可行途径

NSF 将探索多样化的科学难题与机遇，推进未来 HPC 机遇；促进新颖设备和前沿技术的利用，满足前沿科学需求。

IARPA 将持续引领标准半导体计算技术的基础研究；充分利用超导、量子、神经形态和机器学习方面的研究，有效部署数字化计算范式难以完成的应用；支持后摩尔定律技术研发，支持 NSCI 战略目标。

NIST 工作将主要集中在：①打造关键使能平台，推动新兴计算机架构和计算平台的开发与测试；②针对未来计算的物理与材料特征，推动测量科学的发展；③充分利用物理学、材料设计和测量工具等，解决 HPC 平台中潜在的逻辑、存储与系统问题；④通过测量科学来支持可替代的计算范式；⑤持续评估技术通道、工具和测量科学，支持非传统的计算范式并解决经典问题；⑥创建和评估测量技术，评估未来计算系统计算结果的可靠度和不确定性。

NASA 将研究后摩尔定律，并研究量子计算、纳米技术以及其他相关技术。

4. 战略目标 4：建立持久的国家 HPC 生态系统的能力

NSF 将在国家 HPC 生态系统中发挥主导作用，主要负责支持计算和数据分析科研人员的职业发展，加强产业界与学术界的参与度，促进国内外合作，推动计算科学与工程的变革性发展。

NASA 将参与跨机构项目，协调优化国家 HPC 基础设施，在协作计算、大规模数据分析与可视化环境、大规模观测数据设施和全国网络中融入 NASA 的经验。

NIH 将参与跨机构项目，合作开发 NSCI 技术和算法，引领计算方法、算法和可持续软件应用的研发。

NOAA 将与 DOE、NSF 合作，升级 HPC 系统，持续投资软件工程，提升数值模型的性能和可移植性，更好地完成天气预报、气候研究和海岸研究等。

5. 战略目标5：建立可持续的公私合作关系

公私合作将确保 NSCI 开发的成果惠及产业界、学术界以及美国公民。美国公民将从医药、天气预报、新材料、计算技术等领域的进展中受益。同时，NSF 的工业创新和合作部门将持续通过现有项目，如"小型企业创新研究计划"、"小型企业技术转让项目"、产业/大学合作研究中心等项目，来促进产业创新，促进大学—产业的合作关系。

2.3.2.3 DOE 发布《百亿亿次计算的应用数学研究》报告

2014 年 3 月，DOE 发布了《百亿亿次计算的应用数学研究》报告，呼吁加强应用数学研究，帮助美国保持在尖端计算技术领域的优势。

百亿亿次计算面临大量的科学与技术挑战，新的数学模型和数据采集、数据分析方法是应对这些挑战的关键。百亿亿次计算面临解决大尺度模拟问题、长时间模拟问题、更高空间分辨率模拟问题，这些挑战问题依赖应用数学的敏感性分析、不确定性量化和数学优化等方面的进展。应用数学渗透到百亿亿次计算的方方面面。为了更好地支持百亿亿次计算的发展，应用数学现在和未来重点研究方向包括：①问题公式化，即将自然界任何现实问题（如燃烧、气候模拟、材料科学等实际问题）用数学公式表达；②数学建模，主要包括模拟物理过程、不确定性量化和数学优化；③可扩展的解算器，即数学模型的离散；④求解离散系统；⑤数据分析；⑥容错和纠错。报告指出，研究人员只有依赖应用数学在这些方面取得的进展，才能开发出高性能应用程序，才能解决百亿亿次计算面临的真正问题。报告呼吁，如果要真正推动百亿亿次计算的发展，必须在应用数学和 HPC 两个领域培养大量人才。另外，培养不同学科背景的科研人员开展合作的能力也十分关键。

《百亿亿次计算的应用数学研究》建议 DOE "先进科学计算研究"项目优先采取行动，开展针对百亿亿次计算的应用数学研究计划，重点内容包括：①"先进科学计算研究"项目应当优先开展一项针对百亿亿次计算的应用数学研究计划，帮助 DOE 保持在先进计算方面的优势；②加大对建立新数学模型、数学模拟、数学模型离散化、数据分析、数学算法等的研发经费投入，促进应用数学的发展，从而促进百亿亿次计算性能的巨大提高；③DOE 应该针对应用数学研究找到一个平衡点，同时为百亿亿次计算和其他一些基础研究计划提供足够支持；④计算机科学家、应用数学家、应用科学家要加强紧密合作，他们之间的密切协作是百亿亿次计算取得成功的必要条件；⑤"先进科学计算研究"项目必须投入经费，支持计算机科学家参加应用数学的培训，支持数学家参加 HPC 方面的培训，使计算机科学家和数学家同时具备 HPC 和应用数学两方面的知识，促进百亿亿次计算的发展。

2.3.2.4　DOE《百亿亿级研究的十大挑战》中对数学研究的需求

2014 年，DOE 发布《百亿亿级研究的十大挑战》报告，提出了百亿亿级研究面临的十大挑战，其中有七大挑战性问题的解决需要依赖数学的研究：①开发可扩展的系统软件。②编程系统。③数据管理。④百亿亿级算法。⑤发现、设计和决策算法。促进百亿亿级发现、设计与决策的数学优化和不确定性的量化。有效地执行不确定性量化以及优化复杂多物理问题的方法与软件的需要将是百亿亿级需求的关键。⑥恢复性和正确性。确保在故障、再现性和算法验证方面正确、科学地计算。故障频繁、缺乏集体交流可重现性以及验证有限的新型数学算法的百亿亿级系统，将是投资的关键领域。⑦科学生产力。计算科学家使用新的软件工程工具和环境，即编程工具、编译器、调试器和性能增强工具等，在百亿亿级系统上提高科学生产力。

2.3.2.5　《海量数据分析前沿》报告

2013 年，美国国家科学院发布了《海量数据分析前沿》报告。该报告指出，大数据时代需要新的方法，海量数据分析在数据管理和数据分析方面面临许多挑战：①处理高度分散的数据源；②跟踪数据源，从数据生成到数据准备；③对数据进行验证；④应对数据采样偏差和数据异质性；⑤使用不同的数据格式和结构；⑥开发利用并行算法和分布式架构算法；⑦确保数据的完整性；⑧确保数据的安全性；⑨数据发现和集成；⑩共享数据；⑪开发海量数据可视化的方法；⑫开发可升级的、增量式算法。满足需求进行实时分析和决策。该报告探讨了海量数据分析的研究前沿领域，主要包括：①数据的代表性，包括原始数据的特征，数据的转换，特别是减少表征复杂性的数据转换；②计算复杂性问题；③建立基于庞大数据集的统计模型，包括数据清理和验证；④数据采样；⑤数据分析方法。

2.3.2.6　《2025 年的数学科学》报告

2013 年，美国国家科学院发布了《2025 年的数学科学》报告。报告指出，进入 21 世纪，数学科学的新思想和新应用不断涌现，在庞加莱猜想的证明，朗兰兹纲领基本引理的证明，复杂模型中不确定性量化，复杂系统建模和分析的新方法，从生物学、天文学、互联网等其他领域的海量数据中挖掘知识的方法，压缩传感，等差数列中的素数，蛋白质折叠问题，分层建模，算法与复杂性，统计推断的新前沿，几何学与理论物理学的相互作用，数学科学与医学等领域都取得了一些重要的、突破性进展。

报告指出，数学的发展有其内在的规律，但数学研究探索性很强，研究成果很难预见。历史上，数学的重大突破往往出现在一些没有预料到的领域。数学的发展规划，只能根据目前数学发展态势，勾画出一些重要发展趋势和未来重点发展方向。

（1）数学科学各分支学科之间相互交叉与渗透融合，表现出越来越紧密的联系，出现了许多跨越两个甚至更多分支学科的新研究方向，这种趋势日益增加。

数学科学内部问题驱动的研究，使得数学内部各分支领域之间相互渗透，这种渗透与交叉产生新的学科，取得了重要成果。数学的一个分支领域的观点和思想应用到另一分支领域，如几何应用于分析，概率论应用于数论，为数学的统一性提供了新证据。"核心"数学和"应用"数学之间的界限越来越模糊，今天很难找到有哪个数学领域与应用不相关。佩雷尔曼将几何的、分析的和拓扑的方法结合在一起证明了庞加莱猜想。随机矩阵理论、组合学和数论之间联系紧密，用于解决重大问题。交换代数和统计学之间也存在联系。几何学的朗兰兹纲领汇集了数论、李理论和表示群等几个不同的数学分支学科。

（2）由科学、工程、工业、医学等领域推动的数学研究或应用于科学、工程、工业、医学等领域的数学研究不断增多，所有这些研究都与数学科学交叉。

（3）进入21世纪，数学科学发生很大变化，对其需求不断增长的应用领域给数学科学带来了新挑战。报告指出：数学的惊人应用已在自然科学、行为科学和社会科学的全部领域出现。现代民航客机的设计、控制和效率方面的一切进展，都依赖于在制造样机前就能模拟其性能的先进数学模型。从医学技术到经济规划，从遗传学到地质学，现代科学都离不开数学，科学本身也推动了许多数学分支的发展。搜索技术、金融数学、机器学习和数据分析领域对数学不断增长的需求给数学科学带来了新挑战。

（4）数学科学的作用不断扩大的两个主要驱动力：计算和大数据。

2.3.2.7 《复杂模型的可靠性评估：验证、确认和不确定性量化的数学和统计学基础》

2012年，美国国家科学院出版了《复杂模型的可靠性评估：验证、确认和不确定性量化的数学和统计学基础》报告。该报告就复杂模型的可靠性评估中的验证、确认和不确定性量化（Verification，Validation，and Uncertainty Quantification，VVUQ）领域的数学、统计学问题进行了深入研究，提出了改进复杂模型和数值模拟中的VVUQ过程中需要重点发展的方向。

1. 改进VVUQ过程的数学基础研究方向

重点开展的重点研究：①大规模计算模型提出的计算任务；②需要综合多个信息来源；③基于模型预测的质量评估。在不确定性量化领域，需要改进处理大量不确定输入的方法（著名的"维数灾难"）。VVUQ未来的研究工作，要加强概率统计建模、计算建模、高性能计算与应用知识的交叉融合，设计高效基础算法，建立满足实际精度要求的可计算模型，提高利用计算机解决科学与工程问题的能力，为前沿科学研究和重大需求提供科学计算支撑。

2. 验证研究

重点开展的研究方向：①开发一种新的面向对象的后验误差估计方法，用于比线性椭圆偏微分方程更复杂的数学模型；②建立一个新理论，支持复杂网格的目标导向的误差估计；③开发新的目标导向的误差估计算法，可以用于大规模并行架构，特别是给定复杂的网格；④开发新的自适应算法，可以控制各种类型的复杂数学模型的数值误差；⑤开发新的有效管理离散化误差和迭代误差的算法和策略，用于各种类型的复杂数学模型；⑥开发新方法用于估计误差范围，例如用于湍流流体的流动模型；⑦为各种复杂数学模型进一步开发参考解，包括"人工"解；⑧开发新的数值误差估计方法。

3. 不确定性量化研究

重点开展的研究方向：①开发新的可扩展方法；②开发现象感知的仿真器；③在不确定情况下探索优化模型；④开发用于表征罕见事件的新方法；⑤开发新方法，在模型层次上传播和聚合不确定性和敏感性；⑥复合模型领域的研究与开发：从大规模计算模型中提取衍生物和其他特征；开发有效利用该信息的不确定性量化方法；⑦开发新技术，解决不确定输入的高维空间；⑧在整个不确定性量化相关研究中开发算法和策略，可以有效地利用现代和未来的大规模并行计算机体系结构；⑨开发可以引导 VVUQ 资源分配的优化方法，同时考虑无数的不确定性来源。

4. 验证与预测研究

重点开展的研究方向包括：①制定新方法和策略，量化对主题判断的影响，对 VVUQ 结果的验证和预测很有必要；②开发有助于定义模型适用范围的新方法，包括有助于量化近邻概念、插值预测和外推预测的方法；③开发包含数学、统计学、科学与工程原理的方法，以产生"外推"预测中的不确定性估计；④开发新方法、新框架，用于解决模型与模型差异相关的重要问题，集成模型中模型与模型之间的差异、模型与现实之间的差异；⑤建立一种新方法，用于评估罕见事件的情况下模型差异和其他不确定因素，特别是当验证数据不包括此类罕见事件时。

2.3.2.8　《工业中的数学》

2012 年，美国工业与应用数学学会（Society for Industrial and Applied Mathematics，SIAM）发布了《工业中的数学》报告。报告指出，数学科学在工业中的作用历史悠久，当今，数学科学对工业的作用显著增强，并多样化。报告列举了 8 个产业的 18 个案例中数学的作用。这些案例反映了数学科学对知识与创新、经济竞争力和国家安全产生的重大影响。报告用实例说明在工业中使用的数学各分支领域：①商业分析中的预测分析、图像分析和数据挖掘、运筹学研究；②数学金融中的算法交易；③系统生物学中的分子动力学、患者整体模型；④石油发现与开采中的石油盆地建模；⑤制造业中的虚拟样机、产品工程的分子动力学、多学科设计优化与计算机辅助设计、机器人技术、生物技术产业中的供应链管理、自动化产业中的供应链管理；⑥通信与交通中的物流、云计算、复杂系统建模、计算机和电视屏幕设计的黏性流体流动、智慧城市。

2.3.2.9 《数学与工业》报告

2010 年，欧洲科学基金会发布了《数学与工业》报告。报告认为：学术界和产业界的许多领域都依赖数学科学开拓新领域，并推动其发展。学术界和产业界面临的挑战如此严峻，只有在数学科学的帮助和参与下才能得以解决。欧洲数学有潜力成为欧洲产业的重要经济资源。探索激励和强化数学与产业之间的合作方式，以加强数学家与大中型企业之间的战略合作。

《数学与工业》报告阐述了数学在工业中最成功的应用：建模与模拟、问题的数学表达、算法和软件开发、问题解决方案、统计分析、验证正确性、准确性和可靠性分析、优化。报告指出：随着计算能力的提高和加速算法取得的进展，产品优化已经成为现实，这对于工业至关重要。

该报告得出以下结论：①有效利用数学建模、数值模拟、控制和优化的能力，将是欧洲和全世界科技和经济发展的基础；②只有数学科学可以帮助工业优化更复杂的系统。

2.3.2.10 《数字未来设计：联邦资助的网络与信息技术研发》中依赖数学的研究

美国总统科学技术顾问委员会 2010 年发布《数字未来设计：联邦资助的网络和信息技术研发》报告。报告确定了网络和信息技术"计划和投资"的四项主要建议。四项建议中有三项依赖数学科学的研究：①数学科学是建模和数值模拟取得进展的基础；②数学科学支持加密技术，提供系统分析工具；③数学科学在隐私保护、大规模数据分析、HPC和算法等领域发挥重要作用。联邦政府必须增加对基本网络和信息技术研究前沿的投资，继续资助重要的核心领域，如 HPC、可扩展系统、网络、软件开发、软件升级、算法。提升利用大数据的能力、提高网络安全性以及更好地保护隐私等主题贯穿了其建议，这些主题的进展依赖数学科学研究。

2.3.2.11 《日本数学创新战略》

2014 年 8 月，日本文部科学省审议并通过了《日本数学创新战略》，旨在加强数学研究人员与诸多科学与产业间的联系，将数学新的研究成果应用到社会中，而其他科学与产业的发展需求也将促进数学自身的创新与发展。报告指出，日本将从 4 个方面推进数学的创新，具体为：①开展从挖掘数学学科的需求到数学与其他学科以及产业交叉研究活动；②推进数学研究人员与其他学科产业研究者之间的合作；③培养数学创新人才；④发布与传播数学研究成果。为了保证数学创新战略的实施，日本文部科学省也提供了体制上的支持。例如，依靠"数学协作计划"构建以数学为核心的科学与产业间网络合作系统。日本文部科学省今后推进数学与其他学科及产业交叉的重点方向主要集中在以下 8 个方面：①通过记述人的感觉的数理数据来实现制造与服务的创新。通过数学、信息学、认知科学的联合，构建关于脑进行信息处理的数理模型。期望对统计建模、多元数据分析、概率论、网络理论和机器学习理论有所贡献。②解析生命、网络与生物等自修复动态机理。期望对自组织化动态机理、逆问题、神经网络理论、机械化流体理论和计算拓扑理论有所贡献。③通过材料的智能设计提高材料开发的效率。期望对离散理论、网络理论、黎曼几何、芬斯勒几何有所贡献。④在重大事件发生前低成本地监测出重大事件的征兆。比如，在病情恶化、传染病暴发、经济与金融变化、气候变化等变化发生前实现低成本的预测。期望对数学建模、动态数据分析、动力系统理论、网络理论和非线性时序分析领域有所贡献。⑤从大数据中提取有益的信息。期望对可视化、聚类、贝叶斯模型、非线性多变量模型、图形模型和数据同化有所贡献。⑥有助于提高产业过程效率化和灾害预防的最先进的优化技术。数学在解决工业生产、制造与销售过程中的效率问题，在改善灾害预防与应急响应和农业 IT 化等各种问题，并有效利用资源等方面发挥重要作用。⑦提高计算机算法的高效性以及广泛应用。期望对代数几何、表示论、非交换谐波分析和计算理论有所贡献。⑧迈向 22 世纪的社会系统设计。通过数学与能源科学、环境科学与生命科学合作，构筑针对特定个体的数理模型，并理解个体对全体的影响。期望对建模和数据分析方法有所贡献。

2.3.2.12　《澳大利亚 2016—2025 数学发展十年规划》

2016 年 3 月，澳大利亚颁布《澳大利亚 2016—2025 数学发展十年规划》，主要目标有 4 个：①让澳大利亚的所有学生都有优秀的数学教师；②保证澳大利亚高等院校有高质量的数学教学，为澳大利亚培养更多的数学人才；③确保澳大利亚的数学科学研究在全球和本国都有一定的影响；④确保澳大利亚在数学驱动的技术中获益。这一规划由澳大利亚国家数学科学委员会制定，并提供了 12 条建议，其中最重要的 4 点建议包括：①澳大利亚政府、学校应提升对现有数学教师的专业发展，并加强招聘力度和留用合格的新员工；②澳大利亚大学要增加更多的专业数学老师，重新推出报考科学、工程或商科等专业的学生的数学必须达到中级水平的要求；③澳大利亚要建立一个国家数学研究中心；④澳大利亚大学应该为新的国家数学科学研究中心提供种子资金，加强其与企业的联系，加强澳大利亚数学和统计学研究的国际合作和知名度。

2.3.3　物理学及其交叉领域的战略规划及其学科发展战略报告

2.3.3.1　美国粒子物理学战略计划

2014 年 3 月，DOE 和 NSF"粒子物理项目优化小组"发布了未来 10 年美国粒子物理学发展规划报告《发现的大厦——以全球为背景的美国粒子物理学战略计划》。该报告给出了对未来 10 年以及更长远的规划策略，它会促进新的发现并保持美国作为全球领导者的地位，为了实现这个目标，DOE 科学办公室和 NSF 数理学部给予特别的投资。

《发现的大厦——以全球为背景的美国粒子物理学战略计划》确定了 5 个优先考虑的相互交织的科学课题：①将希格斯玻色子作为粒子物理学的新工具；②开展与中微子质量有关的物理学研究；③确认与暗物质有关的新物理；④理解宇宙的加速：暗能量和暴胀；⑤探索一切未知：新粒子、新相互作用以及未知的新物理原理。

从时间顺序上看，大的项目包括轴子暗物质实验和在费米实验室的缪子-电子转换实验、在大型强子对撞机（large hadron collider，LHC）高亮度升级方面的强力合作，以及美国本土建造的长基线中微子设施。美国继续参加日本的国际直线加速器。

能明确地体现美国的领导地位，而且只需要中等规模投资或小规模投资，并在短期有可能做出发现成果的那些领域包括：暗物质的直接探测、大型巡天望远镜、暗能量谱仪、宇宙微波背景实验，以及短基线中微子实验的小项目集合。

《发现的大厦——以全球为背景的美国粒子物理学战略计划》推荐了几个方向上的重大改变：①增加建设新装置的预算份额；②重新规划建在费米实验室的长基线中微子实验，成为国际设计、协调和财政支持的项目；③重新调整费米实验室的资助方向；④增加对第二代暗物质直接探测实验的投资；⑤增加对宇宙微波背景实验的投资；⑥重新协调具有新战略计划的加速器研发活动，重点开发能创造价格低廉的新一代加速器。

2.3.3.2　《欧洲粒子物理学战略》

2013 年 5 月，CERN 出台更新后的《欧洲粒子物理学战略》，为粒子物理学研究提供了一个全球化的方向。该战略确定了以下 4 个优先发展项目：①充分开发世界最大的粒子加速器，即 CERN 的 LHC；②在粒子物理学的前沿，使 LHC 达到 14 TeV；③欧洲各团队参与日本建造的国际直线对撞机（international linear collider，ILC）；④欧洲参与美国主持的长基线中微子实验项目。

2.3.3.3　《欧洲天体粒子物理战略 2017—2026》

2017 年 11 月，欧洲天体粒子物理联盟（Astroparticle Physics European Consortium，

APPEC）发布《欧洲天体粒子物理战略 2017—2026》。该战略提出了未来 10 年要实现的 13 个科学目标：高能伽马射线、高能中微子、高能宇宙射线、引力波、暗物质、中微子的质量和性质、中微子混合和质量等级、宇宙微波背景、暗能量、天体粒子理论、探测器研发、计算和数据策略、独特的基础设施：深层地下实验室。

2.3.3.4　《2017 欧洲核物理长期计划》

2017 年 11 月，欧洲核物理合作委员会（Nuclear Physics European Collaboration Committee，NuPECC）发布了第五个欧洲核物理长期计划（long range plan 2017，LRP 2017）。LRP 2017 确定了欧洲重点研究的核物理分支领域，包括强子物理学、强相互作用物质相、核结构与动力学、核天体物理学、对称性与基本相互作用等。

核物理研究是通过研究质子和中子来阐明原子核的基本性质，目前全世界正在开展的核物理实验和核物理理论工作，旨在解决以下核心问题：①强子物理学。量子色动力学中质量是如何产生的？强子的静态特性和动态特性是什么？②核子之间的强力如何从底层的夸克-胶子结构中产生？③核子结构的复杂性是如何由核子之间的相互作用产生的？④核稳定的限制是什么？⑤核天体物理学。宇宙中化学元素是如何产生的？是从哪里产生的？宇宙大爆炸之后不久，在灾难性的宇宙事件以及在紧密的恒星物体中，原子核和强相互作用物质的性质是什么？

为了更好地研究这些问题，LRP 2017 提出了未来欧洲核物理发展重点：①尽快完成欧洲科研基础设施战略论坛的旗舰设施——反质子和离子研究设施的建设，并开发和实施原子物理、等离子体和应用物理，凝聚态重子物质，核结构、天体物理和反应以及反质子湮灭等四大支柱性实验计划；②支持在欧洲建设、扩建和开发世界领先的在线同位素分离设施；③支持充分利用现有设施和新建设施；④通过升级已规划的实验，支持 CERN 的大型离子对撞机实验和 LHC 的重离子计划，以研究高温下夸克-胶子等离子体的特性；⑤支持完成先进伽马射线跟踪阵列；⑥支持核理论研究；⑦在核应用中执行有力的计划；⑧为未来可能的设施开展研发计划，如可搜寻带电粒子电偶极矩的精密存储环的概念，可产生高强度偏振反质子光束的偏振环、交感激光冷却技术、先进的高强度激光器、高度稳定和明确定义的磁场等；⑨培养下一代核科学家。

2.3.3.5　《原子核物理学：探索物质的深层次结构》

2013 年，美国国家研究理事会更新了美国原子核物理研究报告《原子核物理学：探索物质的深层次结构》。该报告对原子核物理学的 5 个分支学科，即原子核结构、原子核天体物理学、夸克-胶子等离子体、强子结构、基本对称性提出了未来 10 年优先发展方向。

1. 原子核结构

未来 10 年，原子核结构研究将重点发展如下方向：①原子核存在的限制是什么？②在限制范围内，原子核如何存在和消失？③从原子核行为可以获得哪些核力性质和核结合机制？④核物质的性质是什么？⑤如何以统一的方式描述核结构和核反应？

2. 原子核天体物理学

未来 10 年，原子核天体物理学重点研究的开放性问题包括：①元素是如何形成的？②新星如何爆炸为超新星？③中子星的性质是什么？④中微子能告诉我们有关星星的哪些内容？未来 10 年，原子核天体物理学的两个前沿问题：①在实验室中对自然界在恒星爆炸中产生的不稳定核进行制造和表征；②描述对于了解星系而言重要的极度缓慢的核反应。

3. 夸克-胶子等离子体

优先发展的项目有：①相对论重离子对撞机（relativistic heavy ion collider，RHIC）计划；②LHC 实验计划；③喷注淬灭的三个前沿问题，即重夸克与轻夸克经过夸克-胶子等离子体时能量损失的实验现象分析、从基于一个或两个粒子测量的可观测值研究到强耦合等离子体改变喷注角形的方法、强耦合液体响应穿过它的夸克或胶子的方式；④晶格量子色动力学研究计划，其中，RHIC 和 LHC 主要研究 RHIC 实验中关于夸克-胶子等离子体的表征、相变、相互作用等方面的问题。

4. 强子结构

在强子结构这一分支学科，该报告分别从质子和中子的基本特性、质子内的动量和旋转等领域介绍了优先发展领域。

在空间电荷和磁力领域，重点研究方向为：质子和中子的奇异夸克含量的直接第一性原理计算，以便与实验数据进行比较。

在质子内的动量和旋转领域，重点研究方向为：通过 RHIC 提升碰撞束流能量，提高胶子对质子自旋的贡献率。

在使用量子色动力学构建核领域，重点研究方向为：弥补核子自由度和夸克-胶子自由度之间的差距，了解从量子色动力学理论推导产生核子的方式。使用量子色动力学理论推导自然界中发现复杂核或者在加速器中产生复杂核的原理。

在介子和重子的光谱学领域，重点研究方向为：将粲介子的辐射过渡的计算结果与康奈尔大学电子储存环的通用粒子探测器的实验结果进行比较，验证其理论方法的有效性。并扩展到轻质夸克领域，为实验提供理论基础。

在电子-离子对撞机领域，重点研究：确定当核子在核内结合时核子的内部结构如何受到影响，将核子的夸克-胶子结构的研究与复杂核的研究连接起来。

5. 基本性对称

重点研究方向为：①继续寻找标准模型之外的"物理学指纹"：探索中微子的性质以

及灵敏度前沿；②百万分之一的灵敏度的 μ 子寿命定义了弱相互作用的强度，未来 10 年，对 μ 子的新测量将继续推动灵敏度的前沿；③弱衰变研究的前沿敏感度在未来 10 年内将上升到万分之一。

2.3.3.6　2015 年原子核物理学未来 10 年计划

2015 年原子核物理学未来 10 年计划针对原子核物理学领域的核心问题，主要提出了 4 点建议及支持这些建议并将产生重大影响的两项举措。

原子核物理学领域的核心问题包括：①可见物质是如何形成与演变的？②亚原子物质如何组织起来以及出现什么现象？③基本相互作用是否被充分理解？④如何最有效地利用原子核物理学知识和技术惠及社会？这些问题也涉及其他科学领域，并一起促进原子核物理学的蓬勃发展。

4 点建议：①2015 年计划的最高优先发展方向是继续利用投资所取得的成果。具体包含：使用电子展开强子和原子核的夸克和胶子结构，并探索标准模型；启动稀有同位素束流设施科学计划；继续进行基本对称性和中微子研究的项目；使用 RHIC 探索早期宇宙高温下夸克和胶子物质的性质和相位，并探索质子的自旋结构；②及时开发和部署美国领先的无中微子双 β 衰变实验；③建设高能高亮度极化电子-离子对撞机；④增加小规模的投资，以及在大学和实验室进行前沿研究的中等规模项目和举措。

两项重要举措：①投资理论和计算原子核物理学；②用最先进的工具和技术保证美国在原子核物理学领域的领导地位，重点支持强有力的探测器和加速器，以支持无中微子双 β 衰变项目和电子-离子对撞机。

2.3.3.7　《光学与光子学：美国不可或缺的关键技术》

2013 年，美国国家研究理事会更新了《光学与光子学：美国不可或缺的关键技术》报告。报告的重点是探讨光学发展对于科技和经济发展带来的机遇、光学领域的市场趋势，并用实例说明光子学创新对于经济发展的利益。该报告为美国发展和保持光学和光子技术驱动产业在全球的领先地位提出了以下建议。

（1）对于通信、信息处理和数据存储领域，开发低成本、容量是目前 100 倍的光网络技术，应用于长距离、大都市和本地的光网络技术；开发新的、易于获取的、可用的、集成的电子光学平台；发展服务于全球数据中心业务的光学技术；开发较短距离的光学信息联网技术；开发新一代光学和光电新兴纳米技术，提高信息通信、存储和处理的性能；开发每秒至几千兆的接入家庭和商业领域的宽带；提高通信网络、信息处理和存储的能效；研究节能的光学方法。

（2）对于国防及国家安全，开发广域监控光学系统，精湛远程物体识别光学系统，高带宽自由空间激光通信光学系统，"光速"激光打击光学系统，导弹和弹道导弹防御光学系统，低成本、可长时间停留的平台。

（3）对于能源领域，发展低价、可用能源；发展高效发光二极管（light emitting diode，LED）；开发适用于集中太阳能系统的高温太阳能电池；开发更高效、更便宜的太阳能发电方式；开发降低 LED 成本的方法；开发高效的绿色 LED。

（4）对于健康与医学领域，开发同时测量血液样本中所有免疫系统细胞类型的仪器；研究高速样品处理机器人与光学方法的结合；微观样品的分子结构的光学方法研究；研究检测抗体、酶和重要细胞表型时提高灵敏度和特异性的方法；开发用于极耐药和多重耐药性的结核病、疟疾、艾滋病毒和其他危险病原体的低成本诊断技术；发展低成本的血清和组织分析技术；开发新的光学仪器和能够对体外和体内扩张及分化细胞培养物成像的综合孵化技术；开发新的软件方法，自动提取、量化和突出显示大数据集、二维和三维数据集中的重要特征，优化最新一代成像仪器；开发下一代超高通量测序装置。

（5）对于先进制造业领域，开发 3D 打印技术和实施技术；研究软 X 射线光源和成像技术。

（6）对于高级光子测量和应用领域，开发光子结构预先设置的光束生产技术，开展纳米光子学研究，开展极端非线性光学方向，线性模式单光子探测器数量解析光子计数器。

（7）对于光学战略材料领域，开发具有可设计和可裁剪光学性能的纳米结构材料，研究产品均匀性的工艺，研究关键能源相关材料的可用性。

（8）对于显示领域，研发柔性、低功耗、全息和立体显示技术新材料，研究利用固态照明的优势获取更有效率的、均匀的显示器照明。

为满足国家需求、保证国家竞争力，美国国家研究理事会提出了光学和光子学界面临的五项"大挑战"。

一是如何发明出使光网络容量再提高 100 倍的低成本技术？

二是如何为通信、传感、医疗、能源和国防应用领域开发出一种无缝集成的光电子装备，作为系统芯片低成本制造和封装的主流平台？

三是美国军方如何开发必要的光学技术来支持广域监视、目标识别和图像分辨率提高、高带宽自由空间通信、激光打击和导弹防御？

四是如何使美国能源利益相关者到 2020 年实现全国的太阳能电力电网与新的化石燃料电力电厂之间的成本平价？

五是如何开发出新的光源和成像工具，以支持制造业使制造精度提高一个数量级或者更高？

2.3.3.8 美国"国家光子计划"

美国"国家光子计划"实质是由光学与光子学有关科技学会牵头成立的光学技术行业

联盟，联盟结构涵盖了美国光学与光子学技术领域产学研各层次，联盟成员不仅包括重量级的光学与光子学技术领域的国家光学学会、光学与光子国际学会、美国激光研究所及美国物理学会激光科学分部等，还包括美国科技及制造业领域的巨头与新创企业，如通用电气、谷歌、葛兰素史克公司等。在"国家光子计划"联盟的推动下，2014 年 10 月，美国成立了"集成光子制造学院"，其为"国家制造业创新网络"下属的第四家"创新制造学院"。研究院由美国空军研究实验室管理，政府与私营部门提供 2 亿美元资助，打造美国"端到端光子生态系统"，推动集成光子回路的高效模拟及集成设计工具、国内光子装置制造铸造接入、自动化包装、组装和测试，以及劳动力发展。该创新制造研究院将作为一个区域性枢纽，将企业、大学及联邦机构整合在一起，共同投资关键技术领域，鼓励美国的投资和生产方式，弥补桥接应用研究和产品开发之间的鸿沟。

2.3.3.9　《用光学和光子学打造更加光明的未来》

2014 年 4 月，美国国家科学技术委员会发布《用光学和光子学打造更加光明的未来》报告。报告支持以下四大研究领域。

（1）生物光子学：支持创新生物光子学基础研究，推进量化成像技术应用；系统生物学、药学及神经科学应用；活体生物标记有效性验证，推进医药诊断、预防及治疗应用；高效农业生产应用。

（2）从微弱光到单个光子：开发工作在最微弱光的光学和光电子技术。

（3）复杂媒介成像：通过散射、色散、湍流介质推进光传播及成像科学。

（4）超低功耗纳米光电子：探索应用于信息处理和通信的低能耗、负十八次方焦耳量级光子器件的限制。

2.3.3.10　《美国强磁场科学及应用：现状及未来发展方向》

美国国家科学院于 2013 年发布了《美国强磁场科学及应用：现状及未来发展方向》报告。该报告确定强磁场下凝聚态物理和材料，强磁场下的化学、生物学和生物化学等领域的重点发展方向。

1. 强磁场下凝聚态物理学和材料

强磁场下的凝聚态物理学研究的重点方向包括：①强磁场将发现材料中的新型量子临界点和有序相位；②强磁场磁体的可用性对于中子散射实验将具有变革性的意义；③聚焦粒子束的研究将突破缓慢上升时间的实验限制，进而提高脉冲磁体的峰值；④研究低磁场中新的超导体的合成方法；⑤"石墨烯伪磁场与磁场的相互作用"研究；⑥强磁场下的拓扑超导体研究；⑦强磁场下的软物质研究。

未来 10 年，强磁场下的高温超导体研究的重点方向包括：①超强磁场中非常规超导体的输运实验可能产生突破性的发现；②相关的高温超导体，如铜酸盐和硝酸盐系统中的高温超导体，这些系统与平均场、弱耦合的"巴丁、库珀、徐瑞弗"超导电性微观理论表现出了基本的偏离；③探索拓扑绝缘子与超导性之间的联系；④研究直流和脉冲磁体设备，与材料科学家密切协调，研究非常规超导性；⑤研究超导电磁面之涡流状态；⑥研究非常规超导性问题；⑦通过在超强磁场中从原子到中尺度的成像方法研究非常规超导体在不同长度尺度上进行相分离；⑧通过超强磁场兼容的最先进的表征技术的进步革新磁体技术的材料。

2. 强磁场下的化学、生物学和生物化学

该报告建议设计新机制，用于在美国资助和选址强磁场核磁共振系统。为满足在 1.2 千兆赫系统中测量时间的可能需求，至少应在两年内安装三个这样的系统。应着手下一代 1.5 千兆赫或 1.6 千兆赫系统仪器的规划。

3. 由 20 特拉斯激发的医学和生命科学研究

进行适用于大型动物和人体研究的 20 特拉斯，宽孔（直径为 65 厘米）磁体的设计和可行性研究。进行工程可行性研究，以确定适当的射频、梯度线圈和电源。

4. 强磁场的其他应用

强磁场技术将在减少放射治疗成本及增加新能源可行性领域发挥重要作用：发展超导技术，以减少所需粒子加速器和光束传输的物理尺寸和安装成本以及运行成本；开发能够产生强磁场的磁体，兼顾紧凑、重量轻及相应形状要求，以使磁约束聚变反应堆成为可行能源。

5. 将强磁场与散射以及光学探针相结合

该报告对"散射工具与热力学测量的结合""增强中子和 X 射线散射磁场""全光子谱强磁场"三个方面分别提出了新的研究方向。

（1）在"散射工具与热力学测量的结合"方面，重点发展两个新研究方向：研究功能器件对磁场响应特性、开发中子和光源的强磁场设施。

（2）在"增强中子和 X 射线散射磁场"领域，开发和实施新型磁体，将现场 X 射线和中子散射测量范围扩大至 30 特拉斯；开发重复率在 30 秒或以内的 40 特拉斯脉冲场磁体；开发专门用于与中子散射设备的更宽孔的 40 特拉斯超导直流磁体。

（3）在"全光子谱强磁场"领域，带有可用于诊断和控制的强磁场的全光子谱，应覆盖与可访问的场相关的至少所有能量（从射频到远红外）；在频谱的任何一点提供可变幅度的变换限制脉冲，允许访问线性和非线性响应方式。

2.3.3.11 《物理学与生命科学的交叉前沿研究》

2010 年 1 月，美国国家科学院出版了《物理学与生命科学的交叉前沿研究》报告，确定了物理学与生命科学交叉学科值得高度优先发展的五大研究领域。

（1）天然物质具有许多值得研究的结构，这表明在物质的结构演变和系统科学领域将有巨大的发展空间。我们能否将生命科学和物理科学的知识与技能结合起来，以更好地研究形成生命活动的结构、功能和基础过程，进而构建生命的某些特征，例如人工合成材料或实现自然生物中尚未识别的功能。

（2）人脑可能是自然界最复杂的系统，我们是否能够理解大脑的工作机理，并在此认识基础上预测大脑功能。应对这一挑战将需要物理学现有的和需要开发的成像技术和建模能力。

（3）基因和环境相互作用从而产生生物体。我们能否深入理解这些相互作用，理解生物体是如何随时间而发生变化，例如老年化或伤口愈合。我们如何进而实现个性化医疗、保证获得更好的医疗保健。

（4）通过明显不同但相互交织的机制与广泛的时间和空间、地球与气候和生物圈相互作用，生命科学和物理科学能否找到一种有效的方法来了解这些机制间的相互作用，进而保护这种相互作用。

（5）生命系统显露出显著的多样性，用于保护公众免受伤害。在生命科学和物理科学的交叉学科领域获得的知识能否告诉我们如何在蓬勃发展的同时维持生命的多样性。

在交叉学科领域的深入研究不仅有助于促进对科学基本问题的认识，而且将极大地影响公众健康，推动技术发展，造福社会的环境管理。人们通常认为的环境挑战是生物学（"拯救鲸鱼！"）或物理学（"限制温室气体！"）的挑战，但这种学科之间的划分同样是一种歪曲。当将地球视为一个系统时，生命科学和物理学之间的相互影响是非常深刻的。

2.3.3.12　《物理学十年发展计划 2012—2021：再创物理学辉煌》

《物理学十年发展计划 2012—2021：再创物理学辉煌》是澳大利亚科学院发布的物理学十年战略愿景。澳大利亚物理学面临三大机遇：新量子革命、探索新物理学与新对称性，以及人类社会中的物理学。

1. 新量子革命

澳大利亚的量子物理学家参加了半导体、中性原子、离子阱、超导电路、光子力学、光子学、量子点等领域的研究，为澳大利亚提供了明显的国家优势，但要保持必要的研究深度仍面临一定的挑战。要保持这种优势，就必须不断支持那些聚焦研究卓越的项目，如卓越研究中心与研究奖学金。要提高澳大利亚的研究和国际交流能力，应该通过人员交流与合作研究项目来积极、深入地参与到国际物理学研究中。

2. 探索新物理学与新对称性

必须保持并进一步发展现有机制，使澳大利亚的物理学家能继续实践他们的想法，同时,国际团队用各种试验基础设施(如 LHC)来合作研究一些国际项目(如平方公里阵列)。

3. 人类社会中的物理学

澳大利亚的医学物理学为国内外的放射疗法与肿瘤学、医学成像、核医学、超微剂量学及放射生物学做出了大量贡献,也促进了各种医疗设备的发展。通过推动信息处理与人机交互的发展,仿生视觉将是近期可能实现的目标。要全方位支持社会中的物理学,就要建立起一种优越的教育体系,激励年轻人学习物理学,选择物理学方向的职业,并根据合理、可靠的物理原则来决定社会的未来。

2.3.4 化学及其交叉领域的战略规划及其学科发展战略报告

2.3.4.1 《欧洲催化科学与技术路线图》

2016 年 7 月,欧洲催化研究集群发布《欧洲催化科学与技术路线图》,揭示了催化科技发展面临的三大挑战,并识别出应对这些挑战的优先研究领域。

1. 挑战一:发展催化,解决能源和化工生产中的突出问题

1)化石燃料

优先研究领域:①页岩气的开采为石油化工发展带来新的机遇,同时一系列催化剂和催化过程需要研发,如脱氢、氧化脱氢制低碳烯烃、低碳烷烃的直接功能化反应,以及碳-碳偶联反应等需要研发。②发展高效耐用的催化剂用于重油的转化以及重碳氢化合物的转化。稳定性、防止失活和防止中毒是这类催化剂研究的重要方面。③优化现有催化剂和催化过程,提高节能性,提高催化选择性,减少二氧化碳排放,实现催化转化二氧化碳为化工产品。

2)生物质利用

优先研究领域:①深入理解反应机理和催化剂作用机理,研发高稳定性和高选择性的催化剂;②深入理解催化剂选择性机理(化学选择性、立体选择性),实现可调控,减少反应副产物;③深入理解催化剂稳定性机理,实现工业反应条件下的稳定性,减少影响催化剂实现工业实用化的不利因素;④开展生物质活化研究,使固态生物质更易于转化;⑤集成催化过程与分离技术,解决产物难分离问题;⑥集成不同类型的催化过程,如集成非均相、均相、生物、光电的催化过程,降低成本。

2. 挑战二:发展催化,实现清洁和可持续发展的未来

1)发展促进环境保护的催化技术

(1)催化水处理。优先研究领域:①提高催化剂的选择性和长程稳定性,以增强处理地下水和污水中硝酸盐的能力;②优化催化剂组成,用于含氯有机物的加氢脱氯处理;③研发催化剂,可在温和条件下将氨、铵化合物氧化为氮气;④扩展铁基氧化催化剂的组

成形式；⑤筛选合适的活性组分，制成固载型催化剂用于处理工业废水；⑥筛选合适的仿生降解方法；⑦研发胶体试剂、研发纳米级催化剂，用于原位处理地下蓄水层中的污水；⑧研发催化剂，用于分解医务废水中的药物；⑨对于痕量污染物，将吸附富集与催化转化结合起来；⑩研发光催化体系，用于污水消毒；⑪研发催化剂保护方法，防止被生物包覆造成失活。

（2）催化用于保障卫生和生物安全。优先研究领域：研发光催化活性试剂，用于器物表面、饮用水和室内空气的消毒。

（3）催化用于处理工业废气。优先研究领域：①扩大温室气体催化还原的应用范围，如用于水泥、玻璃工业等；②研发有效的有机挥发物吸附方法，适用于油漆厂、印刷厂等；③研发吸附和氧化过程，用于处理半导体工业的痕量废气。

（4）催化用于内燃机尾气的后处理。优先研究领域：①通过提高对烧结现象的认识，减少催化剂中贵金属的用量；②降低氧化催化剂的点火温度；③研发催化剂用于分解尾气中的一氧化氮；④提高对铜、菱沸石催化剂的认识，扩展其操作温度范围；⑤提高催化剂载体的操作稳定性；⑥多功能催化设备，通过将多种功能集成到单一设备，降低设备复杂性和成本；⑦研发催化型微粒过滤器，当烟尘持续通过过滤器时，仍能保持有效过滤；⑧提高对催化剂载体孔道结构的调控能力；⑨提高汽车尾气催化剂的长程稳定性，并保持高催化活性，特别是在与毒化物质接触的情况下；⑩开展尾气处理催化剂主要组分——铂族金属的替代研究。

（5）催化燃烧。优先研究领域：①使用适用的载体和添加剂，开发不含贵金属或仅含微量贵金属的催化剂；②催化剂高度分散并保持稳定，抑制结块、烧结出现；③研发高比表面积的催化剂和载体材料，可长时间处于 1100 摄氏度以上的操作温度；④研发低温甲烷燃烧催化剂；⑤研发耐用催化剂。

2）发展催化，提高化工过程的可持续性

（1）新型单体和聚合过程。优先研究领域：①深入理解加聚催化和缩聚催化过程，增强调控聚合物性质的能力，更精确控制分子量、选择性聚合、选择性端基官能团、极性单体引入和嵌段共聚过程；研发用于聚合物固化或自修复的"按需"聚合催化剂；研发利用生物催化或化学催化进行后聚合表面改性，调控聚合物性质；②探索新型聚合技术，包括成本低、通用性好、无毒、无味、无色的可控自由基聚合；研发基于新型单体的先进聚合技术。

（2）面向活性成分和精细化学物质的新型可持续催化过程。优先研究领域：①针对在无催化剂转化率很低的反应，研发合适的催化剂；②研发催化方法，结合生物催化和化学催化的优势；③使用多功能催化剂，减少合成步骤；④使用可再生原材料。

3. 挑战三：应对催化的复杂性

优先研究领域：①对化学体系和化学反应的最优控制；②发展预测型模拟技术；③理

解真实、复杂的催化体系；④集成型的多催化剂、多反应器体系，包括多功能反应器、微反应器、新反应介质。

2.3.4.2 《能源科学战略规划》中的化学科学战略规划

美国 LBNL 2016 年发布的《能源科学战略规划》，描绘了该实验室未来 10 年推动可持续能源发展的科学研究线路图。《能源科学战略规划》指出，LBNL 的化学科学战略规划将重点关注三个新的研究领域：催化体系和网络、电荷-载体驱动化学和中尺度化学理论。

1. 催化体系和网络

重点发展方向：①产生新型纳米体系和结构的合成能力；②在限域结构中融合多官能团的方法；③将多种纳米材料组合成有序材料框架的自组装技术；④将生物分子催化剂引入非生物材料的位点选择技术；⑤向蛋白质结合口袋中引入合成催化剂的合成方法；⑥用于分离反应区间的新型膜合成方法；⑦对异质材料的时空分辨表征方法；⑧微流控技术能力；⑨原位表征技术；⑩多模式表征和探测。

2. 电荷-载体驱动化学

重点发展方向包括：①电荷转移驱动化学中分子和原子尺度的原位探测；②通过时空尺度的连接将原子尺度的电子和化学信息与宏观设计策略相联系；③对罕见事件（代表期望结果的、决定性触发因素或化学反应的重要中间体）的检测能力；④泵浦探测和光化学以外的时域实验；⑤用于监视"全动态"过程的平台或设备，比对传统实验稳态的表征时间更短；⑥对合成过程中新出现现象监测；⑦为电化学设计策略提供通用和多模态的合成和表征平台。

3. 中尺度化学理论

重点发展方向：①对环境中气溶胶形成和降解的建模和理解；②有机光伏器件的设计和声明中期建模；③二氧化碳还原制备燃料的高效催化剂研究；④理解细胞的调控网络以应用于先进合成材料；⑤发展用于能源技术的复杂异质材料的中尺度设计规则。

2.3.4.3 《澳大利亚化学学科十年（2016—2025）规划》

澳大利亚国家化学委员会与澳大利亚科学院于 2016 年 2 月发布了《澳大利亚化学学科十年（2016—2025）规划》。规划指出了澳大利亚化学研究在未来 10 年面临的十大重要技术挑战，包括：①可替代清洁能源；②人类健康，药物设计、传递和抗性；③食品安全、农业、化肥、水资源；④气候变化、二氧化碳控制；⑤环境、可持续发展、废物处理；⑥新材料、聚合物、纳米材料；⑦可替代绿色原料；⑧绿色制造；⑨合成；⑩催化。这些挑战几乎都集中在复杂的化学问题以及化合物在复杂环境中的相互作用，化学可以为我们提供健康、能源和环境方面的长期解决方案。

澳大利亚化学研究者对有待深入认知的或将来促进澳大利亚发展的突破性基础科学问题进行了预测，涵盖了生命的化学起源、生物化学、核化学、地球和环境化学、能源化学、可持续化学等多个方面。

1. 生命的化学起源

生命的化学起源未来重点发展方向包括：①复杂的生物体是如何从更简单的化学结构中产生的？②复杂结构和生命本身的形成是否始终是自发的？③地球上最重要的化学反应——光合作用是如何进行的？④化学物质如何调节地球的温度和气候？

这些问题的答案可能有助于我们找到化石燃料的替代化学能源，以及人为改变气候条件的解决方案。

2. 生物化学

生物化学未来重点发展方向包括：①蛋白质是如何折叠的？②老化过程中自由基的作用是什么？③化学如何控制细胞分化和有丝分裂？④我们如何进行实时 3D 晶体照相？⑤我们如何检测和识别单分子，包括复杂结构和底物中的毒素、病毒与蛋白质？⑥我们如何建立 DNA 计算机？我们如何读取 DNA 单链上的碱基对？

3. 核化学

核化学未来重点发展方向包括：①元素周期表的终极限制是什么？137 号元素是最稳定的元素吗？目前的模型表明不可能存在大于这一原子序数的元素。②我们可以用其他原子粒子做什么？目前有超过 100 个亚原子粒子，但是我们看到的所有元素只包括三种粒子：电子、质子和中子。是否存在这三种颗粒以外的化学过程，这种化学过程能如何应用？

4. 地球和环境化学

地球和环境化学未来重点研究：①城市化和资源利用对污染物排放的作用；②过去采矿和废弃活动的遗留以及对补救策略的长期需求；③排放和环境污染对人类健康的影响。

地球和环境化学一些需要回答的根本问题包括：①如何利用放射性同位素准确确定地球、太阳系以及地球生命的年龄？②雨滴如何在大气中成核？我们可以通过化学来控制天气吗？③我们是否可以通过智能化学来抵消温室变暖？④我们了解臭氧层的化学吗？⑤化学在其他行星上有什么不同？我们可以开采外行星吗？我们可以预测可能蕴藏有用矿产资源的行星和卫星吗？⑥地壳内发生在难以想象的高温和高压条件下的化学过程。我们可以预测地球的地幔和地核的组成吗？我们可以预测重要矿物的存在吗？地质化学如何在火山和地震方面影响我们？

5. 能源化学

能源化学未来重点研究方向：①我们可以制备室温超导体吗？②我们可以找到铟（用于计算机显示器和电视机）的替代品吗？③我们可以通过寻求新催化剂来降低氨和甲醇的成本吗？④我们可以将太阳能作为生产可持续能源（人造光合作用）的手段吗？⑤我们可

以开发出更好的热电材料来将热量转换成电能吗？⑥我们可以构建分子机器吗？

6. 可持续化学

可持续化学未来重点研究方向：①回收利用，即新的塑料经济，我们如何使所有塑料都可生物降解或可回收利用？②如何为1000千米电动汽车和工业应用创造可持续的电池技术？③除海水淡化之外还有更好的（便宜的）净化水的方法吗？④能否使燃料电池的效率达到95%？⑤怎样开发新的环境友好型杀虫剂和除草剂以保持目前的农作物生产效率？⑥如何以更好的方式预测和利用目标生物体的反应能力，从而控制药物、农药和除草剂的抗性？⑦如何使分子制造成为可能（利用原子构建结构）？

2.3.4.4 《转化糖科学：未来发展路线图》

2012年，美国国家科学院出版了《转化糖科学：未来发展路线图》。报告研究了糖的核心地位，糖科学的关键问题和研究工具，糖科学在人类健康、能源和材料科学中的应用以及糖组破译的成果和蓝图等，明确了糖科学和生命科学的性质和任务。

报告提出了糖科学发挥核心作用的一系列科学问题：

（1）进化过程中糖多样化的机制和作用是什么？

（2）如何合成单个糖链异质体和多糖？如何修饰糖蛋白特定位点上的特异性多糖？

（3）多糖的微观不均一性是如何发生的？其作用和影响是什么？

（4）完整糖蛋白的三维结构是什么？

（5）核蛋白和细胞质蛋白质糖基化是如何调控细胞生理学的？

（6）多糖-蛋白质复合物是如何影响细胞表面分子的组装的？

（7）如何确定细胞上的多糖和糖蛋白？

（8）微生物与宿主涉及多糖的相互作用是什么？

（9）糖结合蛋白如何解码糖组？

（10）如何理解和克服植物抗降解？

《转化糖科学：未来发展路线图》指出糖科学在人类健康、能源和材料科学中的应用以及糖组破译的成果和未来发展路线图。

1. 碳水化合物和糖复合物合成方法

路线图目标：

在7年内，具备能够合成所有已知八碳糖以下的碳水化合物的合成工具，包括含取代基的碳水化合物。这个目标包括人类糖蛋白和糖脂聚糖及蛋白聚糖，包含植物和微生物聚糖及聚合物在内，目前估计有10 000～20 000个结构。

在10年内，具备能够合成毫克级、均匀批次的所有线性和支化多糖的合成工具，这将促进识别蛋白质抗原表位的聚糖阵列的发展，为分析方法的发展提供标准，并促进多聚糖材料工程和系统研究的提高。

在 15 年内，可以使用常规方法合成毫克至克级的任何糖复合物或碳水化合物，并能够通过快速交货的网络订购系统实现社区访问。

2. 结构测定、成像、分离工具的开发

路线图目标：

在接下来的 5～10 年，开发出适用于任何生物样品中所有重要糖蛋白、糖脂和多糖的结构纯化、识别和确定技术。对于糖蛋白，确定存在于每个糖基化位点的重要多糖。制定结构细节和纯度水平的标准。

在 10 年内，具备一周内完成单一类型的细胞中所有 N- 和 O- 连接多糖的高通量测序的能力；能够常规确定任何包含多糖或聚合物重复序列的碳水化合物完整结构，包括聚糖和取代基之间的支链、异头连接。

在 15 年内，具备确定生物样品中任意糖蛋白的糖链异质体（具有相同多肽序列的分子种类）的能力。例如，一个具体的可实现的步骤可以是应用路线图中开发的工具对血液（包括血细胞和血浆）中的糖组进行表征。

3. 糖类结构、识别、代谢和生物合成的干扰或修饰方法

路线图目标：

在 5 年内，针对已进行基因组测序的任何生物体，确定涉及多糖和糖复合物代谢的基因，并鉴定至少 1000 种可能作为合成和研究工具使用的酶的活性。

在 10 年内，能够使用所有糖代谢酶（例如糖基转移酶，糖苷酶）及其他最新工具，对糖代谢途径进行干扰和修饰。开发适用于体外和体内研究的人、植物或微生物糖基转移酶特异性抑制剂的制备方法，以干扰由这些酶介导的生物学。

在 15 年内，开发研究生命和非生命体系中的聚糖结构、位点和代谢的成像方法。

4. 健全有效的信息学工具

路线图目标：

在 5 年内，开发一个可以自动对全部多糖资料（例如质谱实验得到的数据）进行注释的开放源码软件包，并实现最少的用户交互。开发对碳水化合物与其他实体（如蛋白质和核酸）的相互作用进行计算机模拟的技术。

在 10 年内，开发软件来模拟细胞系统，以预测特定糖复合物和多糖在糖基化中的扰动效应。

2.3.4.5　《页岩气和致密油资源发展中的化学化工技术》

2015 年，美国国家科学院发布《页岩气和致密油资源发展中的化学化工技术》报告，确定了页岩气和致密油资源发展中的化学化工技术以下 8 个主题的挑战。

1. 井下化学

(1) 表征所有添加剂的行为，并增加对每种添加剂（黏土、乳化剂等）的作用方式的了解；

(2) 对注入材料进行表征，包括井内转化、运输和降解途径及产物（有机和无机）；

(3) 遴选可获得相同效果的替代品或替代化学品，以减少危害影响或干扰生产的不良降解产物；

(4) 明确不同水源（海水、再生水等）的化学差异性；

(5) 确定改变地层润湿性的方法。

2. 地球物理/地球化学

(1) 增强对伴生水来源的了解，它是如何受地质特征和注水影响的？

(2) 改进对裂缝系统的油藏建模、机械建模和断层三维建模；

(3) 提高地球化学模型的准确性，以提高预测能力；

(4) 加强对岩石中矿物和金属萃取机理的理解；

(5) 明确地层回流特征变化的原因；

(6) 增加对充水井水源来源的了解。

3. 样品和数据共享

(1) 开发现场收集和分配样品的系统方法；

(2) 创建一个集中和标准化的数据库或系统，用于共享与本研究相关的文件和数据；

(3) 加强地球物理数据的共享，以支持模型开发。

4. 现场监控

(1) 开发井下采样的技术和策略；

(2) 开发更好的用于监测流动路径的溶液态和固态示踪剂，将有助于对活动或非活动井的监测；

(3) 对压裂田（活动和非活动）的纵向研究可能有助于理解系统动力学和封井的长期完整性。

5. 水资源

(1) 致力于伴生水再利用；

(2) 伴生水运输到多个地点的新策略；

(3) 加强对水、流体和地层相容性重要变量的理解；

(4) 浓缩海水的动力学和热力学特征。

6. 井下生物学

(1) 井下细菌种群的表征；

(2) 开发控制细菌群体的新方法，以减少对杀生物剂的需求。

7. 伴生水中放射性物质的管控

（1）开发分离、封装或井下保留等相应的技术和材料；

（2）表征放射性物质在地下的变化情况；

（3）在泄漏或其他释放情况下对环境和健康的影响管理；

（4）开发降低泄露风险的系统（减少节点数量，连续焊接等）。

8. 环境问题

增加对潜在环境问题的了解，包括硅酸盐/粉尘暴露、蒸汽和排放物、酸处理、空气有毒物质等。

2.3.4.6 《碳氢原料供应结构正在变革：催化面临的挑战和机遇》

2016 年 11 月，美国国家科学院发布《碳氢原料供应结构正在变革：催化面临的挑战和机遇》报告。报告主要讨论了以下内容。

1. 甲烷的催化转化中催化研究的机遇

（1）甲烷制合成气。甲烷制合成气领域在研究方面有如下机遇：①开发具有双重功能的氧离子和质子传导陶瓷膜材料，取代目前用于将氧气与空气分离的方法，同时用作催化剂载体；②确定使用 3D 打印是否能够将铜或锡催化剂与反应器内部构件同时打印，从而改善热传递，这是甲烷制备合成气工艺的关键参数；③开发先进的热交换系统以及新型结构催化剂载体。

（2）甲烷制乙烯。甲烷制乙烯的研究方向：①将金属有机物骨架用于吸附或分离产物中的乙烯；②将电化学方法引入催化过程；③脱氢方法、从链烷烃中分离烯烃的方法以及能够将低浓度乙烯从产物气流中分离的方法；④使用环境透射电子显微镜、常压 X 射线光电子能谱和模拟移动床色谱等新工具，研究催化剂和催化过程中的转化结果。

（3）甲烷制芳烃。甲烷制芳烃未来催化研究的机遇：①反应过程中极度高温下的表征；对高温结果的复制重现和探究；②高温下的材料稳定性和催化剂载体；③短停留/接触/表面相互作用时间下的快速反应；④催化剂/工艺改进以避免焦炭形成；⑤探索混合固态熔盐催化剂的可能性；⑥使用预测方法对催化剂进行设计；⑦识别和研究非氧化化学过程；⑧新反应器的概念设计和相关技术开发。

（4）甲烷制甲醇。甲烷制甲醇催化研究的发展方向，包括：①原位和非原位光谱法探测催化剂结构和动力学；②发展新的化学和分析技术用于机理探索；③通过高通量实验对反应进行优化和探索；④发展催化剂载体和工厂建筑材料的材料科学；⑤配体供应和设计；⑥催化剂合成方法，提高催化剂稳定性；⑦发展用于理解和预测的 HPC 方法；⑧以较低的成本控制分离和氧化还原耦合过程中的氧气；⑨更好地表征甲烷与催化剂相互作用产生的中间体和过渡态。

2. 对于低碳烷烃原料，催化研究的机遇

（1）深入理解天然气转化为化工中间体（特别是二烯烃、芳环化合物等）的反应机理。

（2）研发用于烷烃氧化反应的新型氧化剂以替代氧气，要求氧化剂易于通过氧气制备。研发节约成本的氧气利用过程。

（3）深入理解化学链燃烧技术，指导研发新的催化剂和反应器以提高甲烷利用效率。

（4）探索甲烷的生物转化路线。

（5）利用代谢工程提高微生物转化甲烷为化学品的产率，并且实现零二氧化碳排放。

（6）研究能够耦合生物催化和电催化的转化过程，将甲烷转化为化学品的同时没有二氧化碳或水的产生。

（7）研究单活性中心催化剂，实现从甲烷到甲醇的连续转化。

（8）研究利用金属有机框架化合物进行产物分离，节能并降低成本。

2.3.5 其他

2.3.5.1 美国《纳米技术引发的未来计算重大挑战》

2016 年 7 月，美国发布了关于实现《纳米技术引发的未来计算重大挑战》所需的新兴和创新方法的白皮书，确定了纳米技术实现未来计算面临大挑战的 7 个优先技术领域，即能自动运行的大数据智能传感器，快速大规模数据分析，在线机器学习，能预防（最小化）非授权侵入的网络安全系统，需要技术、能安全操作的复杂平台、能源或武器系统，新兴的计算架构平台、神经形态计算、量子计算或其他计算，支持用于军事和民用的观察—定向—决定—行动过程的自治或半自治平台；以及 7 个优先研究领域，即材料，器件和电路互联，计算架构，大脑启发的方法，制造和制备，软件、建模和模拟，应用。

2.3.5.2 德国《纳米技术行动计划 2020》

2016 年 9 月，德国联邦内阁通过了《纳米技术行动计划 2020》。该计划在支持德国新高科技战略中确立了 6 个优先任务：①数字经济与社会。②可持续经济与能源。纳米技术能够实现处理和修复传感器系统以及资源有效利用等方面的创新，也正为改善能源的生产、储存和有效利用方面提供新的机遇。纳米技术在建筑、农业和食品工业等领域也有许多潜在的节约能源和资源的应用。③创新工作环境。④健康生活。纳米技术和纳米材料的使用极大地促进了新药、诊断和医疗产品以及成像技术的研发。纳米技术和纳米材料在药物传递、再生医学、疾病早期诊断等方面有广阔的应用前景。⑤智能移动。在二氧化碳减排方面，提高纳米技术工艺和纳米材料在电池技术、电力电子、轻质结构、燃料电池开发、储氢技术等领域的使用。⑥公民安全。纳米技术对未来小型化、自动化传感器的发展有重要影响，用于检测危险的化学或生物物质；过滤和净化技术、自清洁纳米结构表面以及纳米复合材料有利于救援和应急人员的个人防护设备的改进。纳米材料的使用还可以通过识别具有防篡改安全功能的文档或产品来实现文档的安全性和防剽窃。

2.3.5.3　中国《"十三五"国家科技创新规划》

2016 年 7 月，中国国务院印发了《"十三五"国家科技创新规划》。该规划指出，持续加强基础研究，全面布局、前瞻部署，聚焦重大科学问题，提出并牵头组织国际大科学计划；完善以国家实验室为引领的创新基地建设。培育造就一批世界水平的科学家、科技领军人才、高技能人才和高水平创新团队，支持青年科技人才脱颖而出。

《"十三五"国家科技创新规划》强调，增强原始创新能力，持续加强基础研究。一是加强自由探索。二是加强学科体系建设。三是强化目标导向的基础研究。四是面向国家重大战略任务重点部署的基础研究。五是战略性、前瞻性重大科学问题。

2.3.5.4　中国《"十三五"国家基础研究专项规划》

2017 年 6 月，中国发布了《"十三五"国家基础研究专项规划》，目的是加快建设世界科技强国，大力推动基础研究繁荣发展，让基础研究发挥战略引擎作用。

该规划提出了五大主要目标：一是持续稳定支持基础研究，基础研究占全社会研发投入的比例大幅度提高。二是形成全面均衡的学科体系。三是组建一批国家实验室，优化国家重点实验室布局，完善国家重点实验室体系。四是建设一流的人才队伍。五是取得一批重大原创成果；解决一批面向国家战略需求的前瞻性重大科学问题。

该规划提出了六个发展重点与主要任务：①加强自由探索研究与学科体系建设；②组织实施基础研究类重大科技项目；③加强目标导向的基础研究和变革性技术科学研究；④加强国家科技创新基地和科研条件建设；⑤加强基础研究人才队伍建设；⑥组织和加强重大国际科技合作与交流。

2.3.5.5　中国《关于全面加强基础科学研究的若干意见》

2018 年 1 月，中国国务院印发《关于全面加强基础科学研究的若干意见》，对全面加强基础科学研究做出部署。

该意见明确了我国基础科学研究三步走的发展目标。提出到 21 世纪中叶，把我国建设成为世界主要科学中心和创新高地，涌现出一批重大原创性科学成果和国际顶尖水平的科学大师，为建成社会主义现代化强国和世界科技强国提供强大的科学支撑。

该意见从五个方面提出了全面加强基础科学研究。一是完善基础研究布局。二是建设高水平研究基地。聚焦国家目标和战略需求布局建设国家实验室，加强国家重点实验室等基础研究创新基地建设。三是壮大基础研究人才队伍。四是提高基础研究国际化水平。五是优化基础研究发展机制和环境。

2.4 基础前沿交叉科技领域代表性重要规划剖析

2.4.1 美国数学科学历年战略研究及其效果和影响

美国国家科学院发布的数学科学的第一个战略报告是 1984 年的《振兴美国数学：未来的关键资源》，因数学战略研究委员会主席是爱德华·戴维（Edward David），所以又将其称为《戴维报告》。《戴维报告》发现了令人担忧的趋势：虽然美国数学科学进行了有价值的研究，但从事数学科学职业的年轻人数量不断减少，这将导致数学科研事业的规模随之缩小。《戴维报告》指出，十多年来美国联邦政府支持数学科学研究的力度在下降。导致的后果是，数学科学研究与依赖数学、统计学工具的物理科学研究、工程研究之间的不平衡。例如，《振兴美国数学：未来的关键资源》引用 1980 年化学、物理和数学三个学科获得联邦科研经费资助的教职人员的数据表明，1980 年，约 3300 位化学家和 3300 位物理学家获得了联邦研究经费支持，而只有 2300 位数学家获得联邦经费支持。由于攻读研究生和从事博士后工作是青年人才进入数学科学研究的途径，该报告统计分析数学研究生数量和博士后人数表明，美国联邦政府资助数学研究的经费需要增加一倍。《振兴美国数学：未来的关键资源》报告使得后来的几年中美国数学科学获得的联邦资助经费显著增加，部分恢复平衡，但这种增长又在 20 世纪 80 年代萎缩了，数学科学研究的联邦资助经费增长了 34%，并未实现翻一番的目标。《振兴美国数学：未来的关键资源》还激起了美国数学科学界的热烈讨论，使得数学科学界更大程度地参与到联邦科学政策的讨论中。

美国国家科学院发布的数学科学的第二个战略报告是 1990 年的《振兴美国数学：90年代的计划》，又称《戴维报告 II》。该报告指出，"数学科学界已经认识到数学学科面临的问题，并对解决这些问题的兴趣与日俱增，还特别加强了与公众和政府机构的沟通，并要求数学科学家参与教育"。《振兴美国数学：90 年代的计划》发现，1989 年与 1984 年相比，联邦政府对数学研究生和数学博士后的支持大幅度增加，分别增长了 61% 和 42%，还升级改造了计算设施和科研院所等一些基础设施；但 1989 年美国数学研究的基础仍然与 1984 年一样不牢固。《戴维报告 II》重申了《戴维报告》的呼吁：①建议继续努力使联邦政府对数学科学的资助经费翻一番；②建议通过增加研究人员、博士后研究职位、研究生的数量，改善数学科学的职业生涯道路。美国数学科学研究经费和研究人员在 20 世纪

90 年代确实有所增长，不过，目前尚不清楚，美国有多少学生从高中阶段就开始不选择数学作为职业发展路径。《振兴美国数学：90 年代的计划》还明确指出"应优先招收女性和少数族裔进入数学科学"，但它并没有提出具体措施。

1997 年，NSF 数理科学部组织了美国数学科学国际评估的高级评估小组，1998 年形成《美国数学科学评估报告》，评估数学科学部如何支持 NSF 的数学科学战略目标，其中包括"促使美国支持数学各个领域，使美国数学在世界范围内保持领先地位，推动服务社会的发现、整合、传播和利用新知识，实现美国各级科学、数学、工程和技术教育的先进性"。专家小组的主席为威廉·E. 奥多姆，他是美国国家安全局的前负责人。

《美国数学科学评估报告》得出以下结论：①当今世界，从国家安全、医疗技术到计算机软件、电信和投资政策等越来越多的领域依赖数学科学。越来越多的美国工人，如果没有数学技能就不能完成他们的工作。缺乏强大的数学科学知识体系，美国将不会保持其在工业和商业中的优势。②目前美国的数学科学在世界上处于领先地位。但是，这一领先地位是脆弱的，很大程度上依赖其他国家接受数学教育的移民，年轻美国人看不到数学科学事业所具有的吸引力。与其他科学的经费相比、与西欧的情况相比，数学研究生获得的经费资助是稀缺的。青年人获得数学博士学位所需要的时间太长。学生们误认为，需要数学的工作岗位稀缺，且收入微薄。美国中小学数学教育的不足使美国劳动力的能力不足。③根据目前的趋势来看，未来美国数学科学保持其世界领先地位是不可能的。虽然现在美国在关键数学分支领域保持了世界领先地位，并在所有分支领域保持有足够的实力，在其他领域也能够充分运用数学，但没有大学和 NSF 的补救行动，美国数学将不会继续保持强大：不会有美国培养的优秀数学家，而从其他地方引进专家，填补国家的需求，这并不可行。

《美国数学科学评估报告》建议 NSF 支持以下计划：①扩大数学的本科生和研究生教育人数；②为愿意成为数学科研人员的人才提供更多的数学博士后研究机会，增加将他们培养为专业数学家的机会；③鼓励和促进大学数学家与企业、政府的数学使用者之间的相互联系，促进大学数学与其他学科之间的相互联系；④保持和加强数学作为知识和应用的基础，使美国保持世界领先地位。

《美国数学科学评估报告》发布之后，美国对 NSF 数理科学部的预算有了大幅增长。2004 财年与 2000 财年相比，NSF 数理科学部的预算增加了近一倍，达到了每年 2 亿美元。当时 NSF 主任丽塔·科尔韦尔非常支持数学科学，采取了一系列新举措，包括数理科学部与 NSF 其他单元之间的合作。此外，数理科学部开始启动项目，增加对数学研究生和博士后的资助，并增加对数学研究机构的资助。

2.4.2 CERN 粒子物理战略的影响

欧洲在世界粒子物理学发展的激烈竞争中胜出，表现出欧洲粒子物理学界和 CERN 领导人的高瞻远瞩，他们坚定地支持和推动粒子物理学发展。CERN 的 LHC 项目在 1994 年底得到欧盟正式批准。欧洲逐步成为引领国际粒子物理学的前沿阵地。2006 年 7 月，CERN 委员会在葡萄牙首都里斯本通过《欧洲粒子物理学战略》。该战略是 CERN 迈出的重要一步，它制定了一个推动欧洲引领全球不断进步的粒子物理学的研究纲要。CERN 通过这项战略确保欧洲在粒子物理学领域的领导地位。2006 年的《欧洲粒子物理学战略》致力于解决基于加速器的粒子物理学、基于非加速器粒子物理学以及新加速器和探测器研发三个方面的问题。该战略提出"LHC 是欧洲最优先发展的项目，为了能够全面开发其在物理学研究方面的潜力，必须确保初步计划完成所需的资源，从而使得装置和实验能在其最佳性能下运行。LHC 的首选科学目标是寻找被称作上帝粒子的希格斯玻色子，以求部分解开基本粒子的质量起源之谜"。2008 年，LHC 建成，CERN 成为全球粒子物理研究中心。2012 年 7 月，标志着能量前沿的加速器 LHC 运行 2 个月左右就发现了希格斯玻色子，从而确认了标准模型的所有粒子组分，取得了整个物理学期盼已久的一个历史性突破。这一发现使得 1964 年提出"布劳特–恩格勒特–希格斯机制"的两位理论家彼得·希格斯和弗朗索瓦·恩格勒特荣获了 2013 年的诺贝尔物理学奖。

2013 年更新后的《欧洲粒子物理学战略》确定了四个优先发展项目，最优先领域项目就是充分开发 CERN 的 LHC，升级 LHC 项目。2016 年 9 月，欧洲投资银行和 CERN 签署了一项 2.3 亿欧元的欧盟支持协议，资助高亮度 LHC 项目。这次投资为 LHC 升级所需的资源提供重要的份额，使 LHC 的全部功能得以充分利用，为新的高能量前沿开辟新的科学发现，吸引全球 7000 多名科学家用户。高亮度 LHC 项目旨在提高 LHC 的性能，在 2025 年之后增加科学发现的可能性。高亮度 LHC 将能更准确地测量基本粒子，能观察到低于当前的灵敏度水平下发生的稀有过程。高亮度 LHC 的亮度将是 LHC 的 10 倍，将有助于保持 CERN 和欧洲位于粒子物理研究的最前沿。

2.4.3 美国粒子物理学战略计划的影响

2008 年 5 月，DOE 和 NSF"粒子物理学项目优化小组"发布了美国粒子物理学未来 10 年发展路线图，重点阐明了粒子物理学领域的"三大前沿"，即能量前沿、强度前沿和宇宙前沿，以及这"三大前沿"包含的重大科学问题。在能量前沿方面，LHC 于 2012 年 7 月发现了希格斯玻色子，这一发现使得弗朗索瓦·恩格勒特和彼得·希格斯获得了 2013

年的诺贝尔物理学奖。在强度前沿方面，2012 年 3 月，中国大亚湾反应堆实验成功测得最小的中微子混合角，推动中微子物理学从此进入精确测量的时代。在宇宙前沿方面，暗物质和暗能量这些年不断传出令人兴奋的突破和进展。2011 年的诺贝尔物理学奖授予了率先发现宇宙加速膨胀的索尔·波尔马特、布莱特·施密特和亚当·里斯，表明宇宙前沿领域发展阶段的一个新高潮。

2014 年 3 月，"粒子物理学项目优化小组"再次在全球化背景下和有限的资源配置下，为美国粒子物理学发展战略计划把脉。《发现的大厦——以全球为背景的美国粒子物理学战略计划》综合了全球同行广泛的意见和二十多位世界著名专家的评审意见。报告中建议优先投资的粒子物理学五大前沿课题：希格斯工厂、中微子实验、暗物质探索、暗能量和宇宙暴涨以及新粒子与新相互作用。粒子物理学"五大前沿课题"是"三大前沿"路线图的延续，两者并没有本质区别。由于这五大前沿课题相互交叉，每一方面的进展和突破都会对其他方面带来深远的影响。如探寻暗物质可以通过地下的直接测量实验和天上的间接测量实验来实现，但产生暗物质粒子和测量暗物质粒子的基本性质离不开高能加速器实验。虽然引力波的探测和极高能宇宙线的研究等课题没有明显地被包含在"五大前沿课题"中，但它们始终处于非加速器粒子物理学和天体物理学的前沿。

在 2014 年 3 月发布《发现的大厦——以全球为背景的美国粒子物理学战略计划》之后，2014 年 7 月，美国支持了该战略中提出的三个直接探测暗物质的"第二代"实验：超低温暗物质搜索实验、大型地下氙-液体惰性气体分区均衡闪烁实验以及轴子暗物质实验。

2.4.4　《光学与光子学：美国不可或缺的关键技术》报告的影响——促使美国国家光子计划的形成

2012 年美国国家研究理事会更新了一份国家光学技术发展需求的报告《光学与光子学：美国不可或缺的关键技术》。该报告指出，自 1998 年美国国家研究理事会提出大力发展光学与光子技术战略后，德国、欧盟、中国纷纷开展了国家或地区战略计划，而美国却落后于此。因而，再次更新这一报告目的是提高产业界、学术界及政府对于光子技术的重视程度。《光学与光子学：美国不可或缺的关键技术》报告建议之一是，美国要创建国家级的光子学发展计划，通过公私合作方式管理好政府和工业界的投资。

《光学与光子学：美国不可或缺的关键技术》报告受到了美国政府最高层的重视，美国国家科学技术委员会下属科学委员会物理科学分委会在 2013 年设立了"光学和光子学快速行动委员会"（由 16 名成员组成，其中 6 名来自军方）。该委员会领导包括美国 DOD、卫生与公共服务部、DOE、NASA、管理预算办公室、科学与技术政策办公室成员，在 120

天里每周召开一次会议，邀请专题专家和主要科技协会代表对未来 10 年进行技术展望，并确定十分重要的基础研究和早期应用研究领域。

为响应《光学与光子学：美国不可或缺的关键技术》报告提议，明确 DOD、DOE 等国家各部门对该领域发展需求、跨部门合作机会、协调合作机制，2014 年 4 月，美国国家科学技术委员会公布了光学和光子学快速行动委员会的《用光学和光子技术打造更加光明的未来》报告。报告肯定了国家研究理事会绝大部分提议，明确将支持发展光学与光子基础研究与早期应用研究计划开发，支持四大研究领域（生物光子学、从微弱光到单个光子、复杂媒介成像、超低功耗纳米光电子）及三个应用能力技术开发（降低研发所需制造技术成本、奇异光子研究、关键光子学材料国内资源开发），并提出了每一项可开发领域的机会和目标。

根据《光学与光子学：美国不可或缺的关键技术》报告和《用光学和光子技术打造更加光明的未来》报告的建议，美国设立了美国国家光子计划。

2.5 基础前沿交叉科技领域发展规划的编制与组织实施特点

2.5.1 《2025 年的数学科学》的编制与组织实施特点

《2025 年的数学科学》研究是 NSF 数理科学部委托美国国家科学院的课题。美国国家研究理事会成立"2025 年数学科学委员会"开展调研，最后形成《2025 年的数学科学》研究报告提交给 NSF。该报告 2012 年年底完成，2013 年正式出版。该报告的研究机制和具体流程如下。

2.5.1.1 确定研究目标和研究内容

2008 年，美国国家研究理事会的数学科学及其应用董事会与 NSF 数理科学部副主任、数学科学部主任共同磋商，形成正式的任务书。任务书中制定了数学学科新战略的研究目标，归纳了研究范围、拟解决关键问题（项目周期、时间节点和研究所需经费等），同时制订工作计划和预算。然后将相应任务书、工作计划和项目预算提交国家研究理事会董事会执行委员会审查修改后批准。

2.5.1.2 成立"2025 年数学科学委员会"

美国国家研究理事会成立了"2025 年数学科学委员会"，他们是研究活动的主体，开展《2025 年的数学科学》战略研究。委员会在组建时要求必须符合以下标准：合理的专业知识覆盖面、结构平衡、规避利益冲突。"2025 年数学科学委员会"成员由 18 名数学科学领域的专家和强烈依赖数学和统计学的其他相关领域的专家组成,委员会主席是加州理工学院的名誉校长、电气工程和应用物理系名誉教授托马斯·埃弗哈特,委员会副主席是加利福尼亚大学洛杉矶分校数学系教授马克·格林。委员会成员专业背景非常广,涉及基础数学、应用数学、统计学、计算机科学、工程学、物理学、工商管理、哲学、计算科学与工程等领域,这使得该项战略研究能在更广泛的科学和工程方面评估数学科学实际和潜在的作用和影响。

2.5.1.3　商讨和起草报告

"2025 年数学科学委员会"从多个渠道收集和获取研究信息,包括:召开委员会会议,院外各方提供的参考资料、科技文献综述,以及委员会成员和院外工作人员开展的调查研究。

"2025 年数学科学委员会"多次征询战略科学家的意见和建议。2010 年 9 月 20~21 日,在华盛顿召开第一次会议,讨论此次战略研究的目标;与各大学专业学会,即美国 SIAM 执行董事詹姆斯·克劳利和美国数学学会执行董事、美国统计学会执行董事及美国数学学会执行董事唐纳德·麦克卢尔探讨研究目标;与马里兰大学校长威廉·科万和加利福尼亚大学伯克利分校前教务长、高等教育研究中心主任贾德森探讨什么样的变化和压力会影响数学研究事业。与斯坦福大学,控制量子世界:原子、分子和光子科学联合主席菲利普·巴克斯鲍姆(Philip Bucksbaum),以及国家研究理事会物理学和天文学董事会董事唐纳德·沙佩罗(Donald Shapero)探讨此项战略研究的研究模式;NSF 的德博拉·洛克哈特、DOE 的沃尔特·波兰斯基(Walter Polansky)、DOD 的文·马斯特斯(Wen Masters)和国家安全局的查尔斯·托尔(Charles Toll)分别介绍了各资助机构给数学科学提供的研究经费以及资助模式;西蒙斯基金会的大卫·艾森巴德(David Eisenbud)、SIAM 执行董事詹姆斯·克劳利(James Crowley)和克莱数学研究所所长詹姆斯·卡尔森(James Carlson)介绍了近年数学科学新机遇和未来方向的主要进展。在第一次会议上,专家们都提交了咨询报告。与会专家还学习了美国国家研究理事会其他学科的战略研究,学习它们如何开展战略研究,产生了什么类型的结果。"2025 年数学科学委员会"还参考了大量的相关报告和数学界的意见和建议。

2010 年 12 月 4~5 日在加利福尼亚大学欧文分校召开了第二次会议,加利福尼亚大学欧文分校信息与计算机科学学院院长和统计学教授哈尔·斯特恩介绍了正在变化的美国大学环境;IBM 托马斯·沃森研究中心商业分析与数学科学副主任布伦达·黛德丽介绍了 IBM 对数学科学的需求;加利福尼亚大学圣迭戈分校索尔克生物研究所特伦斯·塞诺夫斯基(Terrence Sejnowski)介绍了生物学对数学科学的需求;加利福尼亚大学洛杉矶分校的阿尔弗雷德·黑尔斯介绍了美国国家安全局对数学科学的需求；美国梦工厂的代表介绍了梦工厂对数学科学的需求；文艺复兴科技公司詹姆斯·西蒙斯介绍了金融行业对数学科学的需求；哈佛大学的代表介绍了中国数学科学的最新变化；微软的代表介绍了微软对数学科学的需求。在第二次会议上，各位专家提交了咨询报告。第一次和第二次会议的重要内容被纳入《2025 的数学科学》报告中的第 3 章和第 6 章。

"2025 年数学科学委员会"建立了一个网站，向数学学术部门负责人及其他学科领域的学术带头人发电子邮件，广泛征询数学界的意见和建议，人员名单由 NSF 数理科学部提供。"2025 年数学科学委员会"还将征集意见的公告刊登在 2011 年 5 月的美国数学学会的《通稿》和美国统计学学会的《官方时事通讯》上，通过这种途径收到了八条意见和建议。"2025 年数学科学委员会"还向美国数学会、SIAM、美国统计学学会和美国数学学会发送了详细而具体的意见征集请求。

2011 年 5 月 12～13 日在伊利诺伊州芝加哥召开了第三次会议，"2025 年数学科学委员会"与芝加哥大学校长罗伯特·齐默和芝加哥大学物理科学学院院长讨论了数学科学的压力与机会；与芝加哥大学统计系雅丽·阿米特（Yali Amit）、数学系彼得·康斯坦丁，伊利诺伊大学厄巴纳-香槟分校统计系道格拉斯·辛普森，伊利诺伊大学芝加哥分校数学、统计和计算机科学系劳伦斯·艾因（Lawrence Ein），普渡大学统计系威廉·克利夫兰一起讨论了数学科学的重大机遇、实现机遇的步骤，以及未来几年影响数学的压力是什么。

在 2011 年 1 月新奥尔良举办的联合数学会议、2011 年 7 月在温哥华举办的工业与应用数学国际会议以及 2011 年 8 月在迈阿密举办的联合统计会议上，"2025 年数学科学委员会"与数十名数学科学界的成员讨论了类似的问题。"2025 年数学科学委员会"分别于 2011 年 3 月与美国数学学会科学政策委员会，2011 年 4 月与美国工业与应用数学学会科学政策委员会，2011 年 10 月和 2012 年 4 月与数学联合政策委员会，也进行了有益的讨论。

"2025 年数学科学委员会"在 2011 年 3～5 月，与耶鲁大学的罗纳德·夸夫曼、马萨诸塞州总医院埃默里·布朗（Emery Brown）、斯坦福大学戴维·多诺霍、普林斯顿大学查尔斯·费弗曼（Charles Fefferman）、纽约大学阿萨夫瑙尔（Assaf Naor）、哈佛大学的马丁·诺瓦克和理查德·泰勒、华盛顿大学阿德里安·拉夫特里、加利福尼亚大学洛杉矶分校陶哲轩、微软研究院的辛西娅·德瓦（Cynthia Dwork）和博德研究院吉尔·梅西罗夫（Jill Mesirov）11 位数学界精英召开了 11 次电话会议。会议目的是帮助确定数学科学的重要趋势和机会，讨论这些专家对数学未来的关注重点。专家们提出的一些意见和建议对报告有帮助。

2.5.1.4　审查报告

《2025 的数学科学》报告经过严格的、独立的专家外部评审，"2025 年数学科学委员会"全体成员和美国国家科学院相关人员签署最终报告,送到项目委托方 NSF,然后向公众发布。

2.5.2 《欧洲催化科学与技术路线图》的编制与组织实施特点

应欧盟委员会制定《欧洲催化科学与技术路线图》的要求,2015 年 1 月欧盟委员会成立了欧洲催化研究集群,汇聚了欧盟 18 个催化项目的研究人员,以及 13 家公司、38 家研究机构和 49 所大学的研究力量,这些专家来自德国、英国、法国、意大利、西班牙等十几个国家。欧洲催化研究集群历经一年多的研究,于 2016 年 7 月发布了《欧洲催化科学与技术路线图》。欧洲催化研究集群参考了大量催化领域已有的科研成果和科技政策研究成果,包括荷兰和德国的两份国家路线图、三份专业路线图、德国催化学会意见书、英国皇家化学会报告、德国科学基金会计划以及专业出版物。在吸纳这些研究成果基础上,欧洲催化研究集群还广泛征求各方意见,进一步深化升级,形成新的欧洲共识,最终形成该国家级的路线图。《欧洲催化科学与技术路线图》将成为"地平线 2020"计划资助相关研究时的参考指南。

2.6 启示与建议

2.6.1 启示

在新时代,基础研究的源头作用愈加凸显(杨卫,2017)。基础研究是产生原创性、重大突破成果的根本,是产生拥有完全自主知识产权的科学突破的根本。基础研究、前沿科学日益成为推动高科技产业、满足国家目标需求的重要原动力。基础科学的发展既有科学自身不断拓展和深化的内部动力,也有社会经济发展需求牵引的外部动力。基础研究不断向宇观拓展,向微观深入,宇宙演化、物质结构、引力波等一些基础科学问题正在或有望取得重大突破,可能会催生新的重大科学思想和科学理论,将为经济社会发展提供强大动力。

学科的交叉往往导致重大科学突破,也是新兴学科的增长点。2017 年诺贝尔化学奖授予三位冷冻电镜领域的学者,这是一个发给物理学家的诺贝尔化学奖,表彰他们在生物领域创造的新突破。颠覆性技术往往是交叉学科融合的产物。

基础研究具有探索性、不确定性,需要长期积累和量变过程,具有长期性,成效可能在数年甚至数十年后才产生，需要长期稳定支持。CERN 的 LHC 项目在 1994 年底得到欧盟正式批准。2008 年 LHC 建成。之后，欧洲逐步成为引领国际高能物理的前沿阵地。CERN 成为全球高能物理中心，同时也是全球最大的科学中心。2012 年，LHC 发现了被称为"上帝粒子"的希格斯玻色子，取得了整个物理学期盼已久的一个历史性突破，并使两位理论家希格斯和恩格勒特荣获 2013 年诺贝尔物理学奖。在 1916 年爱因斯坦的广义相对论基础预言引力波的 100 年后，2016 年美国激光干涉引力波天文台（Laser Interferometer Gravitational Wave Observatory，LIGO）团队的科学家首次直接探测到双黑洞并合产生的引力波，并清晰地探测到引力波的存在，验证了爱因斯坦广义相对论的最后预言。LIGO 项目在 20 世纪 80 年代由麻省理工学院、加州理工大学共同提出，1992 年获得 NSF 资助，前后历时 40 年，1000 多人参与，1999 年 LIGO 建成时，耗资已经超过 3 亿美元，最近的一次改造就花费约 20 亿美元。LIGO 项目是认识宇宙、认识世界运行规律的研究，做出了很多研究成果，带动了激光、光学、材料科学、工程学、计算机等多个学科前沿的发展。很多 LIGO 的技术将对半材料、能源、导体制造、大数据分析等领域产生深远影响。

重大科学前沿的革命性突破越来越依赖于探测和分析手段的进步，依赖于重大科技基础设施的支撑能力。自 2000 年以来，有 7 次诺贝尔物理学奖的成果直接与重大科技基础设施有关。例如，2013 年获诺贝尔物理学奖的被称为"上帝粒子"的希格斯玻色子的发现，是 CERN LHC 的实验成果。2015 年获诺贝尔物理学奖的中微子振荡的发现，依靠的是日本超级神冈探测器和加拿大萨德伯里中微子观测站。2017 年，LIGO 团队的三位科学家因对 LIGO 探测器和引力波观测的决定性贡献而获得诺贝尔物理学奖。

当代物理学（特别是高能物理）的国际化趋势日渐加强。目前高能物理领域越来越多的重要成果来自不同国家的密切合作。高能物理学研究需要重大科技基础设施和大量资金投入，单个国家难以对其中一些大型设备提供全部的财政支持，国际合作是唯一有效的方式。欧洲核子研究中的 LHC、国际热核聚变实验堆、大亚湾反应堆中微子实验等都是国际合作大科学工程的例子。

2.6.2　建议

中国作为经济发展迅速的大国，其综合国力必须能够反映并体现高水平的基础科学研究。在现有基础上，加快我国基础科学研究，缩小与发达国家的差距，成为数学强国、物理强国、化学强国是我们未来 10 年乃至更长时间的主要目标。综合当前我国数学、物理、化学各个学科的发展现状和国家发展需求，提出以下建议。

2.6.2.1　加大对基础研究的稳定支持和投入力度

科学研究的投入是科学创新的物质基础，是学科持续发展的重要前提和根本保障。今天对基础研究的投入，就是对未来国家竞争力的投资。我国基础研究的投入不断增长，尤其是过去 10 年间，我国基础研究经费从 155.8 亿元增长到 670.6 亿元，年均增长率 17.6%（杨卫，2017）。但与我国科技事业的大发展和建设科技强国的重大需求相比，与美国、日本、英国和法国等科技强国相比，我国基础研究投入的总量和强度仍显不足，投入结构不尽合理。加强基础研究投入必须多措并举，构建多元化的投入机制。一方面，继续发挥中央财政的主体作用，加大中央财政对基础研究的投入，提高稳定支持的力度；另一方面，建立基础研究投入的协同机制，引导和鼓励各部门、地方政府、企业和社会力量增加对基础研究的投入，形成全社会支持基础研究的新局面。

2.6.2.2　持续加强基础研究，前瞻部署重大基础交叉前沿领域的科学研究

鼓励自由探索的基础研究。面向世界科学前沿，遵循科学发展规律，加大对好奇心驱动的基础研究的支持，引导科学家将自由探索与国家目标相结合，勇于攻克前沿的科学难题，提出更多原创理论，做出更多原创发现。

加强基础科学学科体系建设。重视数学、物理学、化学、天文学、力学等基础学科，推动学科持续发展。鼓励开展跨学科研究，促进学科交叉与融合。重视产业升级与结构调整所需解决的核心科学问题，推进应用基础科学发展。

前瞻部署重大基础交叉前沿领域的科学研究。要根据我国国情、我国基础学科发展的优势和劣势，坚持有所为有所不为，规划科学前沿的布局，统筹目标导向和自由探索的基础研究，瞄准可能产生革命性突破的重点方向和国际科学前沿热点问题，如核心数学与应用数学、科学与工程计算、暗物质、暗能量、量子调控、极端条件下奇异物理现象、纳米科技等，加强统筹布局和重点支持，通过实施重大科学计划和国际科技合作计划，力争突破一批关键科学问题，取得一批重大原始创新成果，使我国基础研究水平和能力尽快赶上世界先进水平（白春礼，2015）。

2.6.2.3　培养和稳定高水平的基础研究人才

基础研究的核心是人才。人才是基础研究和原始创新的关键。基础前沿研究难以预测、风险性强，需要大批智慧敏锐、献身科学的优秀人才，培养和稳定高水平的数学、物理、化学等基础科学人才是发展我国基础研究和推动原始创新的关键。进一步加大基础研究和前沿探索领域的人才培养和引进力度，稳定现有骨干人才，形成一支心无旁骛、长期深耕、勇攀高峰的高水平人才队伍，夯实基础研究的长远发展根基。

2.6.2.4 加强我国基础研究基地和条件平台建设

结合北京、上海科创中心和北京怀柔、上海张江、安徽合肥综合性国家科学中心建设，在基础前沿交叉科技领域建立国家实验室，打造国家战略性科技力量，抢占数学、物理学、天文学、核物理学、力学、化学、纳米科技等重大基础前沿交叉科技领域的制高点。统筹推进现有的国家重点实验室体系建设，优化科研布局，与国家实验室形成基础前沿交叉科技领域创新基地。

2.6.2.5 加强国际科技合作与交流，积极参与国际大科学计划和大科学工程

国际大科学工程和大科学计划的人员、设备及建造费用规模巨大，广泛的国际合作成为主要方式，分担经费投入，合作开展研究，共享研究成果。面向基础研究领域和重大全球性问题，结合我国发展战略需要、现实基础和优势特色，积极参与国际热核聚变实验堆计划、平方公里阵列射电望远镜建设、LHC等国际大科学工程和大科学计划合作研究，在共享国际优势科技资源的同时，提高我国的科研能力。

致谢：中国科学院数学与系统研究院高小山研究员、张林波研究员等对本章的初稿进行了审阅并提出了宝贵的修改意见，特致感谢！

参 考 文 献

白春礼. 2015. 加强基础研究强化原始创新. http://scitech.people.com.cn/n/2015/1112/c1057-27807774. Html[2017-12-10].

科技日报. 2017. "加强应用基础研究"写进报告，十九大代表呼吁加大基础研究投入强度. http://www. sohu.com/a/199392988_612623[2017-12-10].

杨卫. 2017. 基础研究，要提升源动力. http://news.sciencenet.cn/htmlnews/2017/12/398396.shtm [2017-12-30].

戦略的創造研究推進事業. 2017. JST Strategic Basic Research Programs. http://www.jst.go.jp/kisoken/ [2017-10-9].

APPEC. 2017. European Astroparticle Physics Strategy 2017-2026. http://www.appec.org/wp-content/uploads/ Documents/Current-docs/APPEC-Strategy-Book-Proof-13-Oct.pdf[2018-01-10].

Australian Academy of Science. 2012. Physics Decadal Plan 2012-2021：Building on Excellence in Physics，Underpinning Australia's Future. https://www.science.org.au/files/userfiles/support/reports-and-plans/2015/ physics-decadal-plan.pdf[2017-08-11].

Australian Academy of Science. 2016. Chemistry for a Better Life：the Decadal Plan for Australian Chemistry 2016-2025. https://www.science.org.au/.../chemistry-decadal-plan-2016-25-web.pdf[2017-08-26].

Australian Academy of Science. 2016. Decadal Plan for Mathematical Sciences (2016—2025). https://www. science.org.au/support/analysis/decadal-plans-science/decadal-plan-mathematical-sciences-australia-2016-2025

[2017-07-23].

Australian Academy of Science. 2016. The Mathematical Sciences in Australia a Vision for 2025. https://www. science.org.au/files/userfiles/support/reports-and-plans/2016/mathematics-decade-plan-2016-vision-for-2025. pdf[2017-08-10].

BIS. 2014. Our Plan for Growth：Science and Innovation. https://www.gov.uk/government/publications/our-plan-for-growth-science-and-innovation[2017-10-11].

DOE. 2014. Strategic plan for U.S. Particle Physics in the Global Context. https://science.energy.gov/~/media/ hep/hepap/pdf/May-2014/FINAL_P5_Report_Interactive_060214.pdf[2017-08-25].

DOE. 2014. Top Ten Exascale Research Challenges. https://science.energy.gov/~/media/ascr/ascac/pdf/ meetings/ 20140210/Top10reportFEB14.pdf[2017-09-08].

DOE. 2015. The 2015 Long Range Plan for Nuclear Science. https://science.energy.gov/~/media/np/nsac/pdf/ 2015LRP/2015_LRPNS_091815.pdf[2017-07-20].

DOE. 2016. A Federal Vision for Future Computing：A Nanotechnology-inspired Grand Challenge. https://www. nano.gov/sites/default/files/pub_resource/federal-vision-for-nanotech-inspired-future-computing-grand-chall-enge.pdf[2017-10-10].

DOE. 2016. Berkeley Lab. Energy Sciences Strategic Plan. https://www.lbl.gov/.../2016/09/2016-Energy-Sciences-Strategic-Plan.pdf[2017-08-26].

European Commission. 2016. EU Invests €230 Million in Breakthrough Physics Research at CERN. http://ec. europa. eu/research/index.cfm?pg=newsalert&year=2016&na=na-190916-1[2017-12-30].

European Federation of Catalysis Societies. 2016. Science and Technology Roadmap on Catalysis for Europe. http://efcats.org/+Science+and+Technology+Roadmap+on+Catalysis+for+Europe.html[2017-08-06].

Executive Office of the President. 2010. President's Council of Advisors on Science and Technology. Report To The President And Congress. Designing a Digital Future：Federally Funded Research and Development in Networking and Information Technology. https://ar.scribd.com/document/50277186/designing-a-digital-future-federally-funded-research-and-development-in-networking-and-information-technology[2017-08-06].

Federal Ministry of Education and Research. 2016. Action Plan Nanotechnology 2020. https://www.bmbf. de/ pub/Action_Plan_Nanotechnology.pdf[2017-10-14].

Industry Canada. 2014. Seizing Canada's Moment：Moving Forward in Science，Technology and Innovation 2014. http://www.ic.gc.ca/eic/site/icgc.nsf/eng/h_07472.html[2017-10-12].

Innovation，Science and Economic Development Canada. 2014. Seizing Canada's Moment：Moving Forward in Science，Technology and Innovation 2014. https://www.ic.gc.ca/eic/site/icgc.nsf/eng/h_07472.html[2017-07-21].

InsideHPC. 2014. Applied Mathematics Research for Exascale Computing. https://insidehpc.com/2014/03/ report-applied-mathematics-research-exascale-computing/[2017-08-10].

Manfred Krammer. 2013. The update of the European strategy for particle physics. Physica Scripta，2013，014019：1-7.

NPI. 2012. National Photonics Initiative. http://www.lightourfuture.org/home/[2017-07-25].

Nupecc-Esf. 2017. Long Range Plan 2017 Perspectives in Nuclear Physics. http://www.esf.org/fileadmin/user_ upload/esf/Nupecc-LRP2017.pdf[2018-01-10].

SIAM. 2012. SIAM Report on Mathematics in Industry（MII 2012）. http://www.siam.org/reports/mii/ 2012/

index.php[2017-08-05].

SIAM. 2012. Mathematics in industry. http://www.maths-in-industry.org/[2017-08-05].

The National Academies Press. 2010. Research at the Intersection of the Physical and Life Sciences. https://www. nap.edu/catalog/12809/research-at-the-intersection-of-the-physical-and-life-sciences[2017-08-08].

The National Academies Press. 2012. Assessing the Reliability of Complex Models: Mathematical and Statistical Foundations of Verification, Validation, and Uncertainty Quantification. https://www.nap.edu/ catalog/13395/assessing-the-reliability-of-complex-models-mathematical-and-statistical-foundations[2017- 09-08].

The National Academies Press. 2012. Transforming Glycoscience-a Roadmap for the Future. https://www.nap. edu/catalog/13446/transforming-glycoscience-a-roadmap-for-the-future[2017-07-12].

The National Academies Press. 2013. Frontiers in Massive Data Analysis. https://www.nap.edu/catalog/18374/ frontiers-in-massive-data-analysis[2017-08-20].

The National Academies Press. 2013. High Magnetic Field Science and Its Application in the United States: Current Status and Future Directions. https://www.nap.edu/catalog/18355/high-magnetic-field-science-and- its-application-in-the-united-states[2017-08-20].

The National Academies Press. 2013. Nuclear Physics: Exploring the Heart of Matter. https://www.nap.edu/ catalog/13438/nuclear-physics-exploring-the-heart-of-matter[2017-08-22].

The National Academies Press. 2013. Optics and Photonics: Essential Technologies for Our Nation. https:// www.nap.edu/catalog/13491/optics-and-photonics-essential-technologies-for-our-nation[2017-08-08].

The National Academies Press. 2013. The Mathematical Sciences in 2025. https://www.nap.edu/catalog/15269/ the-mathematical-sciences-in-2025[2017-08-25].

The National Academies Press. 2015. Chemistry and Engineering of Shale Gas and Tight Oil Resource Development. https://www.nap.edu/catalog/21882/chemistry-and-engineering-of-shale-gas-and-tight-oil-resource- development[2017-08-02].

The National Academies Press. 2016. The Changing Landscape of Hydrocarbon Feedstocks for Chemical Production: Implications for Catalysis: Proceedings of a Workshop. https://www.nap.edu/catalog/23555/ the-changing-landscape-of-hydrocarbon-feedstocks-for-chemical-production-implications[2017-08-02].

第3章

先进材料科技领域发展规划分析

刘艳丽[1]　张　博[1]　陆　颖[2]　万　勇[3]　冯瑞华[3]
（1. 中国科学院文献情报中心，2. 中国科学院成都文献情报中心，
3. 中国科学院武汉文献情报中心）

摘　要　材料是人类赖以生存并得以发展的物质基础，无论是人类的衣食住行，还是社会的经济活动、科学技术、国防建设等都离不开材料。材料是当今社会发展的先导和引擎，推动了社会经济的快速发展，提高了人类的生产劳动效率，便利和优越了人类的社会生活。能源产业、资源环境产业、信息技术产业、生物技术产业、航空航天产业、装备制造产业等当代高科技产业都与材料科技的发展息息相关，材料产业成为当代产业技术发展的基石，也成为世界各国科技和产业竞争的热点领域。

本章共分为七节，3.1节主要从材料的定义和分类出发，研究了材料与人类社会发展的关系、在社会发展中的地位和作用。3.2节阐述了材料科技领域的全球发展趋势、重要的发展方向，以及我国的发展现状。3.3节重点分析了主要国家/地区，特别是美国、欧盟、英国、德国、法国、日本、韩国等的材料科技战略和政策，从材料战略、材料计划、材料产业政策等方面进行分析研究。3.4节以美国材料基因组计划、欧盟石墨烯旗舰计划为代表，重点研究分析了这两大计划的主要内容、实施进展等。3.5节分析了材料科技领域规划的编制与组织特点。3.6节对比了主要国家或地区在材料科技领域的布局特征。3.7节主要对材料的总体发展趋势进行梳理和展望，并对我国的材料科技领域发展初步提出建设性意见和建议。

关键词　材料　制造　发展规划　战略　项目

3.1 引言

材料是人类赖以生存并得以发展的物质基础，是人类认识自然和改造自然的工具。无论是经济活动、科学技术、国防建设，还是人们的衣食住行都离不开材料。自古以来，正是材料的使用、发现和发明，才使人类在与自然界的斗争中，走出混沌蒙昧的时代，人类的历史也是按制造生产工具所用材料的种类进行划分的，由史前时期的石器时代，经过青铜器时代、铁器时代，而今跨入人工合成材料的新时代（图3-1）。

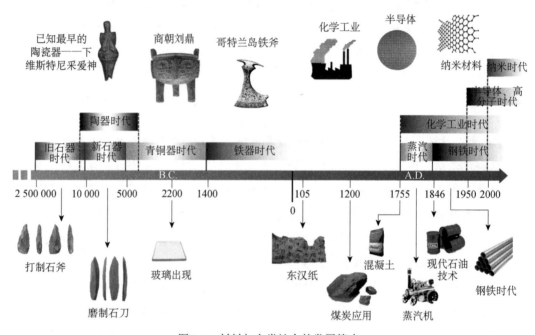

图 3-1　材料与人类社会的发展简史

材料的多样性，决定了其分类标准的多样性（图3-2）。根据化学成分，可以将材料分为金属材料、无机非金属材料、高分子材料和复合材料四大类；按照来源，可以将材料分为天然材料、人造材料两类；根据用途，又可分为结构材料和功能材料；也可按照发展历程，把材料分为传统材料、新型材料和高新技术材料。传统材料是指生产工艺已经成熟，并已投入工业生产的材料；新型材料与传统材料之间并没有截然的分界，它是在传统材料基础上发展而成的；高新技术材料主要包括那些新出现或已在发展中的、具有传统材料所不具备的优异性能和特殊功能的材料。新型材料和高新技术材料有时统称为先进材料、新材料。

发展历程	传统材料	水泥、玻璃、铁、铝、陶瓷、橡胶、塑料……
	新型材料	新型水泥、新型玻璃、新型陶瓷、高性能钢铁……
	高新技术材料	纳米材料、超导材料、超材料、智能材料……

| 来源 | 天然材料 | 木材、棉花、砂石、黏土、亚麻、大理石…… |
| | 人造材料 | 塑料、合成纤维、合成橡胶、钢铁…… |

| 用途 | 结构材料 | 高温结构材料、超硬结构材料、高强高韧材料…… |
| | 功能材料 | 超导材料、微电子材料、能源转换及储能材料…… |

形态	块体材料	砖块、钢材、块状石灰石……
	薄膜材料	离子交换膜、反渗透膜、超滤膜、PVC膜……
	多孔材料	微孔材料、介孔材料、大孔材料……
	颗粒材料	金属磁粉、固体粉末、塑料颗粒、玻璃颗粒……
	纤维材料	植物纤维、聚酯纤维、聚芳酰胺纤维、玻纤……

化学成分	金属材料	铁、锰、铬及其合金、稀有金属、特种合金……
	无机非金属材料	石料、混凝土、陶瓷、耐火材料、新型硅酸盐……
	高分子材料	纤维、橡胶、石油、塑料、涂料、黏合剂……
	复合材料	金属基/陶瓷基/高分子基复合材料……

应用	能源材料	电池材料、储能材料、风电材料、核能材料……
	生态环境材料	分离膜、净化材料、生物降解材料、清洁材料……
	电子信息材料	半导体、封装材料、元器件材料、光电子材料……
	生物医用材料	组织工程材料、药物控释材料、基因载体材料……
	化工新材料	有机硅/氟、化工中间体、化工助剂、催化剂……

结晶状态	单晶材料	水晶、金刚石、蓝宝石……
	多晶材料	多晶硅、金属铜、金属铁……
	非晶材料	非晶硅、非晶合金……
	准晶材料	Ni-Cr准晶、V-Ni-Si准晶、Al-Li-Cu……
	液晶材料	联苯液晶、苯基环己烷液晶、酯类液晶……

物理性能	半导体材料	元素/无机化合物/有机化合物/非晶态与液态半导体……
	磁性材料	软磁材料、永磁材料、功能磁性材料……
	导电材料	金属导电材料、导电塑料、导电橡胶……
	绝缘材料	气体绝缘材料、液体绝缘材料、固体绝缘材料……
	透光材料	透光石、高聚物透明树脂、透明塑料……
	超硬材料	金刚石、立方氮化硼、碳化硼、富硼氧化物……
	耐高温材料	耐火材料、耐热材料……
	高强度材料	蜘蛛丝、碳纤维增强材料、高强度钢、PC钢筋……

学科基础	材料设计与计算模拟
	材料制备与加工
	材料结构与相变
	结构-性能关系与使役行为

图 3-2　材料主要分类体系

先进材料作为高新技术的基础和先导，应用范围极其广泛，它同信息技术、生物技术一起成为 21 世纪最重要和最具发展潜力的领域。先进材料也可以从结构组成、功能和应用领域等多种不同角度对其进行分类，不同的分类之间相互交叉和嵌套。目前，一般按应用领域和当今的研究热点可以把先进材料分为新能源材料、生态环境材料、生物医用材料、电子信息材料、新型工程材料、纳米材料以及超导材料、磁性材料、仿生智能材料等主要领域，部分领域又可继续细分为多种具体的材料类别，参见图 3-3。

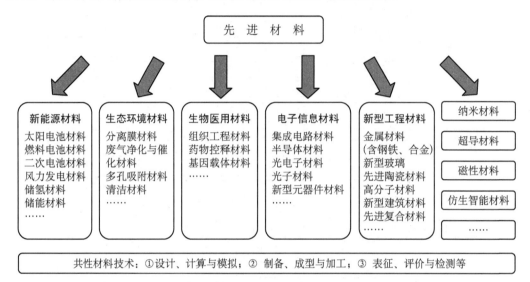

图 3-3　先进材料的分类（按应用领域及研究热点）

3.2　先进材料科技领域发展概述

3.2.1　全球材料发展态势

美国、日本和欧盟等发达国家或地区都高度重视材料的研究和发展，把发展新材料作为科技发展战略的重要组成部分，在制订国家科技与产业发展计划时，将材料技术列为 21 世纪优先发展的关键技术之一，以保持其在材料基础研究、应用研究、技术商品化、生产制造等各方面的世界领先地位。基于美国、日本、欧盟近期在材料科技领域推出的材料发展规划和计划，可以反映出全球材料的发展趋势和方向。

美国通过制造业创新研究所、材料创新平台、能源材料网络等积极引领和推动材料技术和材料制造技术的发展，特别是在计算材料方面的发展更是不遗余力。制造业创新研究所建设加速材料制造技术开发。从"先进制造伙伴计划"到"全美制造业创新网络"再到制造业创新研究所建设，美国都把材料研发放在至关重要的位置，部署了"材料基因组计划"（Material Genome Initiative，MGI），建设了与材料相关的多家制造业创新研究所。美国国家科学技术委员会先进制造分委会发布了《先进制造：联邦政府优先技术领域速览》报告，列举了先进制造技术研发的优先领域以及加强制造业教育及劳动力培养方面的计划，确立了先进材料制造技术优先研发领域。先进材料制造成为 5 个广受联邦机构关注和资助的新兴技术领域之一。2017 财年，美国先进材料制造技术的资助横跨多个领域，包括：①开发数据仓库及预测软件工具，推动新型结构金属、用于新型电子产品定向自组装的聚合物等新材料的设计；②先进传感器技术及纳米制造工具，支持材料产品的规模化制造，包括碳纳米管复合材料、光学超材料、生物制药等。美国国家科学基金会（NSF）启动材料创新平台新项目，旨在显著加速材料研发，建设亮光束中心、细胞架构中心、工程力学生物学科技中心、实时功能成像科技中心四个新的科学技术中心，旨在推动细胞生物学、力学生物学、粒子物理学及材料科学等领域的创新研究。美国能源部"能源材料网络"将围绕清洁能源行业从早期研发到制造各个阶段所面临的最迫切的材料挑战问题，通过以国家实验室为基础组建的联盟来加速创新。建立的轻量化材料联盟、催化联盟、热质交换冷却联盟、光伏材料联盟促进企业、高校和联盟共同参与的合作研发项目。还将再建设 3 家联盟，涉及用于生物燃料和生物产品的催化剂、可再生制氢材料、低压储氢材料等。纳米技术联合计划助力社会可持续发展，计算材料获得大力资助和发展。

欧盟通过"地平线 2020"（Horizon 2020）计划、"冶金欧洲"计划、未来和新兴技术（FET）旗舰计划等，投入巨资，多机构、多学科联合发展提升欧洲竞争力的材料技术。欧盟启动了投资达 10 亿欧元的"冶金欧洲"计划，将围绕 13 个主题展开研究，潜在研究主题包括用于空间和核系统的新型耐热合金、基于超导合金的高效输电线路、将余热转换为动力的热电材料、用于生产塑料和药物的新型催化剂、用于医学移植物的金属植入物，以及高强度的磁性系统等。欧盟 FET 石墨烯旗舰计划提出了 13 个重点研发领域，包括化学传感器、生物传感器与生物界面，面向能源应用的催化剂，面向复合材料和能源应用的功能材料，面向高性能、轻质技术应用的功能涂层和界面，GRM 与半导体器件的集成等。欧盟 FET 2016～2017 年项目征集"推动新兴技术"领域包括社会变革的未来技术、让生活更美好的生物技术、颠覆性信息技术、用于能源材料与功能材料的新技术等。2016 年 4 月，在"地平线 2020"计划下，欧盟在第四轮"创新快车道"计划中投资 3600 万欧元促进 16 个创新项目的市场准入。该轮计划涉及 16 个国家的 72 家企业，获得资助的主要创新项目包括风力涡轮叶片先进复合材料技术、检测船体焊接缺陷的激光机器人、海洋能源技术、细菌对抗生素敏感检测新技术等，使创新活动快速进入市场，成功达到商业化。欧盟电子基础设施选定成立 8 个新的计算应用方面（包括材料计算）的卓越中心。这些卓越中心将有助于加强欧洲在 HPC 应用领域的领导力，涉及的领域包括可再生能源、材料建模与设计、分子和原子模拟、气候变化、全球系统科学、生物分子研究，以及提高 HPC 应用效能的工具等。

日本历来都十分重视材料的研发，政府连续制订 5 期科学技术基本计划，确定了材料重点发展领域。日本在材料科技领域的重点发展方向包括解决能源问题的材料技术、创造环境友好型社会的材料技术、构建安全安心社会的材料和利用技术、维持和加强产业竞争力的材料和设备技术、材料共性技术开发等。日本还非常重视材料的产业化发展，创新集群建设、官产学研合作等都促进材料向产业化和规模化发展。基于日本科学技术振兴机构 2015 年发布日本纳米技术和材料研发概要及分析报告，日本的大学和公共研究机构在纳米科技和材料科技领域取得以下方面的主要成就：有机/无机钙钛矿太阳能电池、细胞层生产技术、向靶向细胞精确传输药物的纳米系统、利用光子晶体开发的超微型光谐振器、自旋 Seebeck 效应、下一代 OLED 新型发光材料、挠性有机电子电路、不同金属元素的原子级固溶体、铁基超导体、金属-有机结构多孔材料和单壁碳纳米管量产。以上成果都受到了全球的广泛关注，并有望在未来得到实际应用。在工业方面，零配件产业如汽车、数码相机等精密设备及其相关配件，在日本具有非常重要的市场地位。此外，日本还有很多产品在全球占有很大的市场份额，包括半导体材料、LCDs 材料、锂离子电池材料、碳纤维和水处理分离膜等。

3.2.2 材料发展方向分析

材料科学的基础性及交叉性很强，最近若干年又延伸到生物学、力学、医学、环境科学等一大批原本与材料科学关联不大的科学领域。材料科学的技术性和应用性也很强，交叉了能源、冶金、化工、机械、信息等工程技术学科。材料科学作为基础学科、交叉学科、应用学科的发展由此可见。

多学科交叉是材料科学的突出特点。材料科学与其他学科的交叉与融合使材料的研究内涵不断扩展。材料科学的发展依赖于物理学、化学等学科的发展。如金属材料和无机非金属材料主要以凝聚态物理学、化学、晶体学等为理论基础，结合冶金、陶瓷、机械、化工等学科知识，探讨材料成分、工艺、组织结构、性能及使役行为之间的内在规律。综合利用现代科学技术的最新成就，通过多学科交叉融合，不断开拓创新发展材料科学技术。材料技术与纳米技术、生物技术、信息技术相融合，结构功能一体化和智能化的趋势更加明显。

材料的发展与能源、环境、信息、健康医疗、交通、建筑等领域的结合越来越紧密，成为这些领域的重点发展方向。在能源领域，全球普遍关注太阳能电池、人工光合作用、燃料电池、热电转换、蓄电装置、功率半导体器件和绿色生产工艺用催化剂等材料技术的发展。在信息通信和电子产品领域，超低功耗纳米电子学和微机电系统技术的研发热度基本不变，但新技术的研发力度则不断增强，纳米半导体、石墨烯、二硫化钼等二维半导体材料成为研究前沿热点。在环境领域，材料的低碳、绿色、可再生循环等环境友好特性备受关注，材料发展和生态环境及资源的协调性也备受重视，降解材料、绿色包装材料、环境净化材料成为未来研发重点。在健康医疗领域，纳米尺度药物传输系统领域从基础研究到商品化研究都处于十分活跃的状态，目前已进入临床测试阶段并准备投入市场。未来新材料的发展将在很大程度上围绕如何提高人类的生活质量展开，卫生保健将成为新材料发展的最根本动力。人工器官、组织工程支架材料、血液净化材料、药物控释材料、复合生物材料将成为未来研发重点。

纳米材料、电池研究、有机化学、发光材料等方面成为最新研究前沿。基于中国科学院和汤森路透联合发布的《2016 研究前沿》报告，在化学与材料科学领域中，热点前沿主要分布在纳米材料、电池研究、有机化学、发光材料等方面。纳米材料方面研究前沿包括石墨烯、纳米催化剂和摩擦纳米发电机等，石墨烯研究的热点是其在光催化和过滤膜方面的应用，纳米催化剂包括电催化剂和光催化剂。电池研究方面研究前沿包括有机太阳能电池、钠离子电池、钙钛矿型太阳能电池、锂氧电池、锂硫电池、钠离子电池、聚合物太阳能电池和染料敏化太阳能电池等。有机化学方面前沿包括不对称催化、过渡金属催化、金属有机框架化合物、柱芳烃的研究等。

未来材料将向多功能、智能化方向发展，开发与应用联系更加紧密。材料的发展正从革新走向革命，开发周期正在缩短，创新性已经成为材料发展的灵魂。材料建模、理论、高通量计算以及数据挖掘等方面的技术取得突破，已经能够被用来大大缩短先进材料的发现与利用过程，同时降低相关成本。从新材料的发现到实现商业化制造的时间跨度为 10～20 年，因此，只有大大加快材料设计及工艺开发，才能够为重要的国家需求提供及时的解决方案。

3.2.3　我国材料发展现状

我国材料科技和产业不断发展壮大，材料研发在世界上具有重要的地位，材料产业体系初步形成，部分关键技术取得重大突破，但还面临一些亟待解决的问题。

国家高度重视和大力支持材料研究和发展。我国先后出台的《国家中长期科学和技术发展规划纲要（2006—2020 年）》《国务院关于加快培育和发展战略性新兴产业的决定》《新材料产业"十三五"发展规划》等都对材料的发展进行了规划部署。这在后续章节将具体介绍。

我国材料发展在国际上已处于重要地位。我国材料科学领域所发表的 SCI 论文数在国际上占据十分重要的地位，我国已经是国际材料科学研究的主要大国。基于中国科学院和汤森路透联合发布的《2016 研究前沿》报告，化学与材料科学领域包括 10 个热点前沿和 22 个新兴前沿，前沿总数达到 32 个。中国在引领前沿数和潜在引领前沿数 2 个指标方面都超过美国，排在全球第一位。在前沿引领度方面，中国的表现略超美国，中国入选通讯作者核心论文的 22 个前沿，21 个进入前 3 名，美国则是 19 个前沿都位于前 3 名，美国和中国都得到 12 个第 1 名。在潜在引领度方面，中国则拉大了与美国的距离，表现出强大的实力，全部参与和引领了 32 个前沿，且 25 个（78%）的前沿都是第 1 名，而美国仅仅收获 6 个第 1 名。

我国在若干材料科技领域取得重要进展。我国新材料产业每年都以 10% 的发展速度快速增长，在一些重点材料方面，如电子信息材料增长速度达 20%～30%，生物医用材料达 20%。其中稀土功能材料、先进储能材料、光伏材料、有机硅、超硬材料、特种不锈钢、玻璃纤维及复合材料等产能居世界前列。全国范围内从事新材料开发的企业超过 12 000 家。

虽然我国已成为材料大国，但还不是材料强国。我国材料目前正处于由大到强转变的关键时期。我国材料产业虽然得到了快速发展，但是从总体上，与发达国家仍有很大差距，如何实现我国材料由资源密集型向技术密集型、劳动密集型向经济密集型的跨越，成为我国面临的迫切问题。我国的材料自主创新能力薄弱，很多关键产品依赖进口，关键技术受制于人；整个产业发展缺乏科学规划、统筹规划和政策引导；大型材料企业创新动力不强，研发投入较少，新材料推广应用方面困难；整个行业的发展仍然处于高投入、高消耗、低效益的粗放型发展阶段。

基于国家的政策导向和国际材料产业的发展态势，我国未来材料发展趋势主要包括：材料与纳米技术、生物技术、信息技术等新技术深度的融合，并形成跨学科、跨领域、跨部门的发展趋势；材料与信息、能源、医疗、交通、建筑等产业结合更加紧密，呈集约化发展趋势；未来材料将更加注重可持续发展，绿色、高效、低能耗、可回收再用的材料以及发展先进的数字化制造技术是材料的重要发展方向之一。

3.3 材料科技领域规划研究内容与方向

3.3.1 美国

3.3.1.1 先进制造伙伴关系计划

1. AMP 1.0

2011 年 6 月 24 日，奥巴马总统在卡内基·梅隆大学宣布启动"先进制造伙伴关系"（Advanced Manufacturing Partnership，AMP）计划。AMP 计划旨在加强美国企业、大学和联邦政府的密切合作，创造高质量的制造业，以提升美国的全球竞争力。AMP 计划的投资规模达到 5 亿美元，重点投资领域包括信息技术、生物技术、纳米技术等。

AMP 计划的几个关键步骤包括：

（1）在关键的国家安全行业建立国内制造能力。从 2011 年夏季开始，美国国防部、国土安全部、能源部、农业部、商务部及其他机构将与政府协同努力，利用现有资金和未来预算（初步目标为 3 亿美元），与工业界共同投资创新技术，这些技术将迅速提升对美国国家安全至关重要的国内制造能力，并促进美国关键行业的长期经济可行性。初期投资包括小型高功率电池、先进复合材料、金属制造，生物制造和替代能源等。

（2）缩短开发和部署先进材料的时间。材料基因组计划将投入超过 1 亿美元用于研究、培训和基础设施建设，促使美国公司只需要一小部分费用就能以目前速度的两倍发现、开发、制造和部署先进材料。与硅技术创造现代信息技术产业的方式大致相同，先进材料将驱动数十亿美元的新兴产业，以应对制造业、清洁能源和国家安全方面的挑战。

（3）投资新一代机器人。美国国家科学基金会、美国国家航空航天局、国立卫生研究院与农业部正在联手提供 7000 万美元用于支持下一代机器人研究。这些投资将有助于创造出与人类操作员密切合作的下一代机器人，为工厂工人、医疗服务提供者、士兵、外科医生和宇航员提供新的能力，以执行关键的难以完成的任务。

（4）开发创新型节能制造流程。能源部将致力于利用其现有资金与未来预算（初步目标为 1.2 亿美元），用于开发创新型的制造工艺和材料。使企业在减少能源消耗的同时，降低制造成本。

此外，AMP 计划还包括以下补充步骤：

（1）美国国防高级研究计划局（Defense Advanced Research Projects Agency，DARPA）探索新方法，在促使企业满足国防部需求时，大大减少（减少到原来的 1/5 左右）设计、制造和测试产品所需的时间。

（2）麻省理工学院、卡内基·梅隆大学、佐治亚理工学院、斯坦福大学、加利福尼亚大学伯克利分校和密歇根大学承诺建立多学院合作框架，共享先进制造的教育材料及最佳实践。同时它们还将与产业伙伴和政府机构共同制定合作路线图，以确定关键技术优先事项。

（3）商务部建立先进制造技术联盟，2012 财年投资 1200 万美元，建立公私合作伙伴关系，以解决新产品开发过程中的共同技术障碍。

（4）宝洁公司宣布，将通过中西部建模与仿真联盟免费向美国中小型制造商提供先进的数字设计软件。

（5）能源部倡议福特汽车公司和全国制造商协会合作，通过国家培训和教育资源部对新一代制造商进行教育和培训。

（6）2011 财年，国防部投资 2400 万美元，用于解决紧急需求的国内制造技术，包括透明装甲技术、隐形技术和定标系统。此外，美国国防部研发一个在线市场，旨在通过将美国制造商与国防部及其他联邦机构的产品需求相联系，提高对于国家安全至关重要的工业制造能力。

2. AMP 2.0

AMP 计划的最大特点是产、学、政密切合作，美国总统科学技术顾问委员会下设的 AMP 指导委员会的成员全部来自学术界和产业界。第一任 AMP 指导委员会的主席由陶氏化学公司首席执行官、主席 Andrew Liveris 和麻省理工学院校长 Rafael Reif 共同担任。2013 年 9 月 26 日，奥巴马总统宣布成立第二届先进制造业伙伴关系指导委员会（AMP 2.0）。新的指导委员会由工业界、学术界和劳工界人士组成（表 3-1）。

表 3-1　AMP 2.0 委员会成员

姓名	所属单位	姓名	所属单位
Wes Bush	诺斯罗普格鲁曼公司	Ajit Manocha	格罗方德
Mary Sue Coleman	密歇根大学	Douglas Oberhelman	卡特彼勒公司
David Cote	霍尼韦尔	Annette Parker	明尼苏达州南中学院
Nicholas Dirks	加利福尼亚大学伯克利分校	George P. Peterson	佐治亚理工学院
Kenneth Ender	哈珀学院	Luis Proenza	阿克伦大学
Leo Gerard	美国钢铁工人联合会	Rafael Reif	麻省理工学院
Shirley Ann Jackson	伦斯勒理工学院	Eric Spiegel	西门子
Eric Kelly	陆上存储	Mike Splinter	应用材料公司
Klaus Kleinfeld	美铝公司	Christie Wong Barrett	麦克·阿瑟公司
Andrew Liveris	陶氏化学公司		

AMP 2.0 作为总统科学技术顾问委员会（PCAST）的工作组，与白宫国家经济委员会、科学技术政策办公室及商务部密切合作，全面落实指导委员会建议，加强与有潜力的制造业的劳动力创新和伙伴关系。AMP 2.0 提出促进先进制造业发展的三大支柱计划及 12 条建议[①]。

支柱一：实现创新。

建议 1：制定国家战略，确保美国新兴制造技术的优势，通过一系列公私部门间的协调措施实现国家愿景，包括涉及国家利益的优先制造技术领域，AMP 计划开发的优势技术。

建议 2：建立先进制造咨询联盟，为国家先进制造技术研究和发展优先事项协调提供私营部门投入。

---

① PCAST Meeting. Advanced Manufacturing Partnership 2.0. https://obamawhitehouse.archives.gov/sites/default/files/microsites/ostp/PCAST/0905%20AMP2%200%20slid es_v2.pdf.[2014-09-19].

建议 3：建立新的公私制造研发基础设施，以支持创新渠道，通过创建卓越制造中心（MCEs）和制造技术测试平台，在早期和后期技术成熟阶段为制造业创新研究所提供支持，创建不同成熟阶段的制造创新的框架，并允许中小企业从中受益。

建议 4：制定制造技术的互操作性的流程和标准，交换材料和制造过程中的信息，建立系统开发人员的网络安全流程认证。

建议 5：通过国家经济委员会、科学技术政策办公室以及执行机构和部门，创建共享的国家制造业创新网络治理结构，可确保各利益相关者包括各机构以及私营部门和学术界的投资获得回报。

支柱二：重视人才发展。

建议 6：开展全国性有关制造业领域的宣传运动，更正公众对制造业的误解，以改变制造业的形象，使民众意识到制造业发展是国家的关键性需要，提升民众对制造业岗位的兴趣。

建议 7：发展技术认证的合作伙伴关系，允许机构进行制造业相关资格认证活动，实施全国公认的、模块化和便利化的先进制造业技术技能认证体系。

建议 8：通过联邦就业培训计划等，使在线培训和认证计划获得联邦支持。

建议 9：归整由 AMP 2.0 创建的文档、工具包和手册，以通过制造业创新研究所进一步拓展和复制重要的人才发展机会。

支柱三：改善商业环境。

建议 10：利用和协调现有的联邦、州、行业组织和私有中介组织，改善中小型制造商的技术、市场和供应链信息流。

建议 11：通过建立公私扩大投资基金，改善获得资本的机会，以降低与先进制造业规模扩大相关的风险；改善战略合作伙伴、政府和制造商之间的信息流动；利用税收激励促进制造业投资。

建议 12：国家经济委员会和白宫科学技术政策办公室应在 60 天内向总统提交一系列建议：①明确总统行政办公室在联邦政府的先进制造业活动中的协调作用；②明确联邦机构和其他联邦机构在实施上述建议方面的作用和责任。

3.3.1.2　先进制造业国家战略计划

2012 年 2 月，美国国家科学技术委员会（NSTC）发布了《先进制造业国家战略计划》（A National Strategic Plan for Advanced Manufacturing）。该报告回应了 2010 年《美国竞争再授权法案》的第 102 节，该法案提出 NSTC 应制订战略计划，以指导联邦先进制造计划和活动，支持先进制造业的研究和开发。加速先进制造业的创新需要弥合当前美国创新体系中的一些差距，特别是研发活动与国内商品生产技术创新部署之间的差距。该报告提出了一项强有力的创新政策，有助于缩小这些差距并贯穿技术的整个生命周期，同时，该报告还提出要加强国家、州和地区各级产业界、劳工界、学术界和政府之间的集中参与，此为该报告的基石。

该报告旨在实现五个目标：目标一，更有效地利用联邦能力和设施，包括联邦机构早期采购的尖端产品，加快对先进制造技术的投资，特别是对中小型制造企业的投资；目标二，扩大拥有不断发展的先进制造业所需技能的工人数量，并使教育和培训系统更加适应先进制造技能需求；目标三，创建和支持国家和地区的公私合作及政产学合作伙伴关系，以加快对先进制造技术的投资和部署；目标四，通过跨机构的投资组合，优化联邦政府的先进制造业投资；目标五，增加美国公共部门和私人机构对先进制造业研发的总投资。

1. 目标一：加快中小型制造企业投资

该目标旨在加快先进制造技术，特别是中小企业先进技术的投资，通过促进联邦政府能力和设施的更有效利用（包括联邦机构对尖端产品初期采购等）来进行，重点开展以下三种投资行为：①加强联邦机构投资与私营及非联邦投资者的协调，确保参与者均能获益。例如，确保所有投资方均能参与制定制造业相关标准，并共同推进标准的应用。联邦机构在应用研究和示范设施建设方面的投资，可以使新的先进制造工艺加速商业化，并刺激私营投资工厂和设备。②联邦政府是先进制造商生产的产品的主要购买者，有效利用联邦政府购买力，可以推动制造业购买经济的规模和范围的扩张，这一行动对于一些中小企业来说尤其明显。早期联邦政府在很多行业领域进行规模采购，例如，能源领域的生物燃料、先进电池、插电式混合动力汽车生产等企业，都通过政府的早期采购获取了较可观的经济效益和生产经验。③加强与国家安全相关的先进制造投资。国防生产法委员会（DPAC）可以加强对中小企业先进制造业共享基础设施建设的支持。DPAC 负责评估当前对国防至关重要的制造能力，并依据总统签署的"国防生产法"规定，为缩小制造能力差距提供建议。此外，国防部（DOD）制造技术（ManTech）计划提高了国防工业基础的生产力。ManTech 计划的先进制造投资用于降低武器系统成本和缩短交付时间，并提高系统性能。该计划有助于提高国内企业在供应链全流程环节的生产效率。ManTech 计划目前的投资主要集中在电子、金属、复合材料和先进制造企业。

2. 目标二：提高劳动力技能

该目标旨在扩大拥有不断发展的先进制造业所需技能的工人数量，并使教育和培训系统更加适应先进制造技能需求。非熟练劳动力曾经是制造业劳动力的支柱。随着先进制造业取代传统制造业，国内制造商加大对先进制造技术的投资，制造业的技能要求也在不断提高。制造业雇主认为劳动力存在技能差距，行业协会的调查报告称，即使在普通失业率上升的情况下，仍有 67% 的公司表示合格工人的供应严重短缺，航空航天、国防和生命科学/医疗设备领域的技术工人短缺程度要更严重。因此，预估和满足先进制造商技能要求的教育和培训，同时与劳动力需求的长期预测基本一致，是该国家战略的关键组成部分。

第一，为制造业提供更多劳动力。从传统制造业向先进制造业的转变发生在制造业劳动力人口结构发生重大变化的背景下，大约 280 万制造业工人（近 25%）现在已经 55 岁或更大年纪，这些工人退休后，更换工人可能会加大对先进制造业工人的需求。从长远来看，教育和培训计划必须实现"从摇篮到职业"的跨越，并满足先进制造业雇主的技能要求。联邦计划应与州和地方伙伴合作：①军人和退伍军人、失业工人和短期内需要增加技能的已雇工人；②即将进入劳动力市场的未来工人；③可发展成下一代工人的接受了基础教育的学生。

第二，为今天的先进制造业工人提供更好的培训。联邦政府已采取措施为先进制造业开发和维护竞争性劳动力，鼓励优先将先进制造业列入劳动力发展资助项目，2013 财年的预算方案中建议为教育和劳动部门提供 80 亿美元，用于支持国家和社区、学院、企业建立伙伴关系，以培养美国工人在先进制造业等发展中行业方面的技能。具体行动包括：①支持协调州和地方教育和培训课程以及先进的制造技能要求；②扩大对先进制造业和技术教育计划的支持，涵盖中学和通过区域伙伴关系和产业集群计划提供高等教育水平和学徒机会。

第三，为未来工人提供教育和培训。通过由联邦政府提供支持的国家与地方职业教育和学徒培训计划来增强工人的技能，例如，由美国国家标准与技术研究院（NIST）建立的制造业扩展伙伴关系及由劳工就业和培训管理处联合建立的旨在实施先进制造业注册学徒计划的公私合作伙伴关系，为先进制造业劳动力的层次性提供保障。

第四，加强对下一代的教育。政府机构应加强与私企、非营利组织、基金会和有熟练技能的志愿者合作，支持制造活动，同时联邦政府还应通过支持新的制造业学徒计划，加强现有的大学与产业之间的教育合作，教育机构还应该将两年学位制转成四年学位制，还应该为高级技工提供教育和提高薪水的机会。

3. 目标三：建立伙伴关系

该目标旨在创建和支持国家和地区的公私合作及政产学合作伙伴关系，以加快对先进制造技术的投资和部署。为实现该目标，一方面要鼓励中小企业参与建立合作伙伴关系，中小企业依靠工业共同体在商业化和扩大规模期间实现规模经济和范围经济。联邦投资应该有针对性地加强工业共同体建设，通过支持跨部门伙伴关系来实现。加强"产业共享"建设，构建包括学术机构、制造商、行业协会及支持机构的合作伙伴关系。美国国家数字工程与制造联盟是一个很好的案例，在商务部的资助下，使中小企业能够使用先进的建模与仿真工具开发和测试其产品。

4. 目标四：调整优化政府投资

该目标旨在通过组合跨机构的投资，调整优化先进制造业的投资布局，提供有效的技术平台，更好地促进相应的机构完成各自承担的任务。首先，要加强先进制造业投资组合。联邦政府高风险的投资定位在可广泛应用、商业化发展及能够满足国家安全需要的新兴技术领域，如先进材料、生产及技术平台、工艺设计、数据相关基础设施。其次，跨领域的机构投资，主要资助能够大大降低市场创新时间的先进材料和新型设计方法，先进制造国家战略办公室负责协调和管理此类投资。

5. 目标五：加大研发投资力度

该目标旨在增加公共和私人对美国先进制造业研发的投资总量。一方面，加强研究和试验的税收减免，2013 年财政预算提出要加强并永久化减免研究和试验的税收；另一方面，加大联邦政府投资力度，2013 年总统预算案提出通过美国国家科学基金会、能源部、国家标准和技术协会等为先进制造业研发提供 22 亿美元资助，比 2011 年增长超过 50%。

3.3.1.3　国家纳米技术计划

2000 年，时任美国总统克林顿宣布了"国家纳米技术计划"（National Nanotechnology Initiative，NNI），优先发展五大领域，并研究纳米技术对社会的影响：长期基础性的纳米科学和纳米工程研究，根据人为设计来合成和加工纳米材料结构单元及系统组件，对纳米器件的概念和系统的结构进行研究，纳米结构材料和系统在制造、电力系统、能源、环境、国家安全和保健等方面的应用，人才的教育和培训。

2012 年，NNI 沿袭了老版的整体战略目标和重点领域，仅在具体战略部署方面进行了微调，其中，规划确定的八大主要领域包括：①基本现象及过程；②纳米材料；③纳米器件及系统；④设备研究、测量技术和标准；⑤纳米制造；⑥主要研发设施；⑦环境、健康与安全；⑧教育和社会维度。

2016 年 10 月，美国发布新一轮 NNI 发展战略。此次更新的 NNI 战略计划重点是建立一个生态系统，为纳米技术领域的各个方面提供支持，提出了以下四大目标（表 3-2）（National Nanotechnology Initiative，2016）。

表 3-2　美国 NNI 发展战略提出的四大目标（2016 版）

目　标	实　现　举　措
目标一：推进世界级纳米技术研发计划	①支持拓宽纳米技术领域的研发工作并加强各学科领域的交叉。 ②在重大科学突破的基础上，在国家优先政策的驱动以及利益相关者影响下，明确并支持纳米科学技术的研发。 ③评估美国纳米技术研发项目的成果。 ④推进纳米技术联合计划的动态组合，重组机构将由多个 NNI 相关部门提供支持，并负责优先解决重要国家问题。 ⑤利用纳米技术激发的巨大挑战，促使更广泛群体和组织参与解决国家乃至全球的重要问题

续表

目　标	实　现　举　措
目标二：促进新技术向具有商业和社会价值的产品转变	①帮助纳米产业界了解联邦政府的资助及监管环境。 ②更加关注以纳米技术为基础的商业化，支持公私合作关系。 ③促进用户设备、合作研究中心和区域举措更广泛地获取及运用，推动纳米科学由实验室走向市场的进程。 ④积极投入对纳米技术产品的发展和商业化至关重要的国际活动
目标三：发展并维护教育资源，加强纳米技术人员培养并改进动态基础设施和工具	①扩大对纳米技术的宣传，加强纳米技术教育研究。 ②建立和维持有助于开发和维护熟练的纳米技术人力队伍的计划。 ③建设并完善物理和网络基础设施，促进基础设施资源共享。 ④扩大数据库存储数据，促进数据库资源共享，加快信息工具的研发和使用。
目标四：发展纳米技术，兼顾保护环境和人类健康的责任	①支持建立一个综合知识库，用于评估纳米技术对环境和人类健康与安全的潜在风险和益处。 ②探索新途径，及时传播、评价、整合（环境、健康和安全）知识并实践。 ③提高国家识别、定义并解决相关概念和处理纳米技术相关的伦理、法律和社会影响挑战的能力。 ④将可持续发展纳入纳米技术承担的发展责任中

3.3.1.4　国家制造业创新网络

为促进美国制造业科技创新和成果转化，2012 年 3 月，美国政府宣布启动国家制造业创新网络（National Network for Manufacturing Innovation，NNMI）计划，计划在重点技术领域建设 15 所制造业创新研究所，将工业界与学术界、政府凝聚在一起形成制造业创新网络，以共同解决一个部门无法单独解决的跨行业制造业挑战。2014 年，美国国会依据《振兴美国制造业和创新法案 2014》（*Revitalizing American Manufacturing and Innovation Act*，RAMI）提供资金支持 Manufacturing USA 项目。自此 NNMI 更名为 Manufacturing USA。该计划的参与机构有美国国防部、能源部、国家标准与技术研究院、商务部、农业部、教育部、国家航空航天局、国家科学基金会及食品与药品监督管理局等（丁明磊和陈志，2014）。

2012 年 8 月，成立了国家增材制造创新研究所（America Makes），主要发展增材制造技术；2014 年 2 月，成立了数字制造与设计创新研究所（DMDII）及轻质金属创新研究所（LIFT），后者主要发展轻金属制造；2014 年 12 月，成立了下一代电力电子制造创新研究所（Power America），主要发展宽能带隙电力电子制造；2015 年 6 月，成立了先进复合材料制造创新研究所（IACMI），主要发展纤维增强聚合物复合材料；2015 年 7 月，成立了集成光电制造创新研究所（AIM Photonics）。截至 2018 年初，已建成 14 个创新研究所，如表 3-3 所示（Department of Commerce，2016）。

NNMI 计划的目标主要包括提升美国制造业竞争力，促进创新科技转化为规模化、经济及高性能的国内制造力，加速先进制造业劳动力的培养，支持能促进各创新研究所发展成为稳定和可持续发展的商业模式。

表 3-3 美国 NNMI 研究所网络构成

序号	研究所英文简称	技术方向	总部所在地	成立时间
1	America Makes	增材制造	俄亥俄州扬斯敦	2012 年 8 月
2	DMDII	数字制造与设计	伊利诺伊州芝加哥	2014 年 2 月
3	LIFT	轻质金属制造	密歇根州底特律	2014 年 2 月
4	PowerAmerica	宽带隙功率电子制造	北卡罗来纳州罗利	2015 年 1 月
5	IACMI	纤维增强聚合材料	田纳西州诺克斯维尔	2015 年 6 月
6	AIM Photonics	集成光子制造	纽约州奥尔巴尼	2015 年 7 月
7	NextFlex	薄型柔性电子器件与传感器制造	加利福尼亚州圣何塞	2015 年 8 月
8	AFFOA	纤维材料与制造工艺	马萨诸塞州剑桥	2016 年 4 月
9	CESMII	智能制造	加利福尼亚州洛杉矶	2016 年 12 月
10	BioFabUSA	生物制造	新罕布什尔州曼彻斯特	2016 年 12 月
11	ARM	机器人制造	宾夕法尼亚州匹兹堡	2017 年 1 月
12	NIIMBL	生物制药	特拉华州纽瓦克	2017 年 3 月
13	RAPID	模块化化工过程强化	纽约州纽约	2017 年 3 月
14	REMADE	可持续减少碳排放和清洁能源制造	纽约州罗契斯特	2017 年 5 月

3.3.2 欧盟

欧盟自 1984 年开始实施研发框架计划，截至 2013 年，已完成实施七个框架计划，第八项框架计划——"地平线 2020"正在实施。欧盟框架计划以研究国际科技前沿主题和竞争性科技难点为重点，是欧盟投资最多、内容最丰富的全球性科研与技术开发计划，具有研究水平高、涉及领域广、投资力度大、参与国家多等特点。在欧盟框架计划支持下，欧盟通过"纳米技术、先进材料、生物技术和先进制造"（Nanotechnologies，Advanced Materials，Biotechnology and Advanced Manufacturing and Processing，NMBP）行动计划，未来和新兴技术计划，石墨烯旗舰计划，关键使能技术，冶金欧洲计划等，提升欧洲在材料方面的竞争力。

3.3.2.1 "地平线 2020"计划之 NMBP 行动计划

2013 年，随着"里斯本战略"的落幕，欧盟迎来了"欧盟 2020 发展战略"的启动。在欧盟框架计划的基础上，2013 年 12 月欧盟正式启动了新的研究与创新框架计划——"地平线 2020"，为期 7 年（2014～2020 年），预算总额为 770 亿欧元。"地平线 2020"的宗旨是帮助科研人员实现科研设想，获得科研上新的发现、突破和创新；促进新技术从实验室到市场的转化。"地平线 2020"被欧洲领导人和欧洲议会视为推动经济增长和创造就业机会的手段，是欧盟对未来的投资。智能性增长、可持续性增长、包容性增长以及创造就业机会是欧盟发展蓝图的核心。"地平线 2020"的目标是确保欧洲产生世界顶级的科学，消除科学创新的障碍，在创新技术转化为生产力的过程中，融合公众平台和私营企业协同工作（中国-欧盟科技合作促进办公室，2017；

European Commission，2010）。

"地平线 2020"要求欧盟所有的研发与创新计划聚焦于基础科学、工业技术、社会挑战三大战略优先领域，其中每个优先领域都分别部署了多项行动计划。与材料相关的行动计划包括基础科学战略优先领域的未来和新兴技术行动计划，预算金额达 26.96 亿欧元；以及工业技术战略优先领域中保持领先地位的使能技术和工业技术行动计划，涉及的技术包括信息通信技术（ICT）、纳米技术、材料、生物技术、制造技术、空间技术等，预算经费达135.57 亿欧元。

在工业技术战略优先领域，与材料和制造最相关的就是 NMBP 行动计划，该领域2016～2017 年的研发方向和主题见表 3-4（中国科学院科技战略咨询研究院，2016；European Commission，2017b）。

表 3-4　NMBP 行动计划 2016～2017 年研发方向和主题

行动计划领域	研发目标或方向	研发主题
用于生产高附加值产品和加工工业的先进材料和纳米技术	旨在应对材料、工艺、商业模型的创新挑战，联合公私企业向市场提供创新产品。研究和创新活动将集中在智能材料结构和系统的高精度加工和制造，以及具有高附加值产品的纳米科技和先进材料融合系统	①用于异构催化反应的创新复合材料；②基于宽能带半导体设备技术的电能电子；③用于替代电能系统中关键原料的创新可持续材料解决方案；④用于智能大宗材料结构的建筑/先进材料概念；⑤用于提高功能和美学附加值的先进材料和创新设计；⑥提高建筑和基础设施材料的耐用性；⑦模型、产品和工艺优化的材料特征体系
医疗保健用途的先进材料和纳米技术	缩短研发时间，调整审批过程，减少相关成本，以便开发安全、有效和低成本的产品来满足人类健康需求。项目研究方向包括所有纳米医学相关领域，如组织工程产品的生物材料、靶向药物载体的纳米系统和纳米设备、诊断和分子成像等	①用于诊断和治疗脱髓鞘疾病的生物材料；②生物制品的纳米剂型；③纳米医学的欧洲科研合作网络；④开发用于改进先进医疗产品和/或医学设备中的工程生物材料风险管理的可靠算法；⑤用于即时护理的跨领域诊断关键使能技术；⑥用于评价纳米医学和生物材料风险收益比的监管科学框架；⑦用于体内细胞移植和再生的纳米成像技术；⑧激励欧洲纳米生物生态系统建设
能源用途的先进材料和纳米技术	重点开发先进材料和纳米技术解决方案，以支持欧洲能源政策的实施，解决能源系统可持续性和安全性问题，使能源供应成本降低	①用于高效太阳能收集的先进材料解决方案；②能整合电网存储技术的先进材料；③用于化学能技术的低成本材料；④优化 CO_2 捕获的高性能材料
生态设计和新的可持续商业模型	重点开发基于知识的新概念和算法，以满足可持续发展、全球价值链、市场变化和新兴未来产业的需求	①支撑工业和部分中小企业全球竞争的制造技术 ERA-NET；②支持创新产品服务的供应链商业模型和工业战略
生物技术	开发增加原料资源附加值的新方法，通过改进现有技术，提高生物过程的效率，创建新的生物过程概念，支持数据整合、增值，新产品技术的开发应用。通过"创新和竞争平台技术"行动支持健康、化学和农业领域的新生物催化和生物设计类的技术平台开发	①ERA-NET 合作资助的生物技术项目；②非农业废料转化为工业应用的生物分子；③系统生物学优化代谢途径的工业创新微生物平台；④关键使能技术（KET）生物技术项目，预见和分析欧洲工业的缺陷和高价值机会；⑤低碳经济中用于 CO_2 再利用过程的微生物平台；⑥优化生物催化作用和下游工艺，生产高附加值平台化学品；⑦分子农业中的新植物繁殖技术：用于工业生物制造的多用途农作物；⑧支持提升和阐述 KET 生物技术项目的影响

续表

行动计划领域	研发目标或方向	研发主题
用于纳米技术和先进材料开发的模型	重点推广材料建模软件在产业终端用户的应用,包括服务提供、转化服务,用来支持材料建模和仿真的创新解决方案和支持新技术转化,以及相关计量学、设备、标准和产业决策工具的开发	①促进商业过程中材料建模的整合,用以提高产业决策制定效率和加速竞争; ②建立欧洲材料建模的强力资金网络,加快产业获取利益的速度; ③整合有形和无形材料模型元件的下一代系统,以支持产业创新
基于科学风险评估和管理的纳米技术、先进材料和生物技术	通过了解材料性能、掌握人工纳米材料与生物群的相互作用及工程制造容量来应对这些不确定因素,或以可靠方法减少风险	①支持纳米材料风险评估的分析技术和工具; ②通过纳米安全中心全球整合网络促进安全创新,加强欧洲产业的纳米安全合作; ③建设纳米材料特性、分类、分组和交叉参照的风险评估框架和战略; ④用于纳米材料危险因素评估的先进、真实模型和检测

3.3.2.2 欧盟未来和新兴技术计划

自 1989 年起,欧盟开始致力于对未来和新兴技术(FET)的研究,鼓励和支持那些有社会效应和潜在突破的技术项目,并帮助相关的研究团体发展成熟,旨在促进科技创新,为未来信息通信技术奠定新的基础。由于突破性方案的灵感往往来自传统 IT 行业以外的学科,因此 FET 研究体制的特点是对多种学科研究的支持。欧盟 FET 研究体制具有六个明显的特征:目标导向性、基础性、革新性、高风险性、长期性、多学科性。FET 划分为"开放基金""探索基金""旗舰基金"三类基金,区别对待创新思维和长期挑战的需求,满足不同的方法和尺度的研究。在"地平线 2020"的大框架下,FET 的预算为 26.96 亿欧元。该计划在"地平线 2020"的框架内,为"石墨烯"和"人脑计划"两个 FET 旗舰计划提供欧盟方面的支持。

2016 年 2 月,FET 计划 2014/2015 项目在 822 项提案中,选出得分最高的 11 个创新活动项目和 2 个协调与支撑活动项目,资助的预算金额为 4000 万欧元。项目研究方向多集中在促进国际合作的跨学科研究方面,如机器人技术、纳米技术、神经科学、信息科学、生物学、人工智能或化学等。其中与材料和制造相关的研究项目包括具有创新膜结晶技术的生物药品制造,灵感来自大自然的塑料生产新低能耗模式,开发用于航空航天的强化耐辐射和超精细结构合金,开发一类新的电化学储能材料——高功率密度的富锂氟氧化物电池,开发用于量子通信、信息处理和传感等的光量子技术纳米级系统,通过光力学推动全光声子电路研制促进光通道之间进行信息转换,新电子器件创建自旋电子光子集成电路平台等(European Commission,2016a)。

2016 年 12 月,FET 计划下的"FET 主动计划"(FET Proactive)宣布在四大主题下资助 12 个新的研究项目,这四大主题分别是应对社会变化的未来技术、为实现更好生活的生物技术、颠覆性信息技术、能源与功能材料新技术。与材料和制造相关的项目有生物功

能的机械控制、混合光机技术、开发新一代的器件、光机械学、人造叶片、用于热电装置
的基于液态能源材料的磁性粒子等（European Commission，2016b）。

2017 年 6 月，FET 计划从 374 项提案中遴选出 26 项创新活动项目和 2 项协调与支撑
项目进行资助。其中和材料相关的项目有：新型钙基可充电电池；分子自旋电子学建模平
台；面向信息通信技术的变革性能量过滤纳米器件；利用互补金属氧化物半导体（CMOS）
技术兼容的工艺和材料，开发出集成在 Si 上的室温太赫兹激光器；利用拓扑绝缘体纳米
带创制出拓扑保护的单电子电荷泵；开发由柔性机器人外壳组成的生物相容性人工器官；
分离和表征体内纳米颗粒；创建机械装置小至原子尺度的首个微型化路线图；在图案化 Si
衬底上外延晶体的自组装，为基于同质及异质结构的光子和电子器件搭建技术平台；利用
沿着纳米尺寸通道的热梯度和浓度梯度来驱动微型装置；为生产具有精确尺寸、形状和组
成的相同纳米结构的致密阵列开创新的工艺范例；创建一种高效、无催化剂/无害的新型
等离子体方法；制造具有高能量密度和低价格的新型硫-铝电池等（European Commission，
2017a）。

3.3.2.3　石墨烯旗舰计划

2009 年，欧盟正式启动了迄今最大规模的科研竞赛——"FET 旗舰计划"。FET 旗舰
计划的选拔采取了自下而上的流程：2009 年底开放网上平台，从科学界收集项目创意；
召集来自生命科学、社会科学、材料科学、能源、医疗科研、经济等领域的顶级专家组成
独立的科学顾问小组，同时成立国家信息通信技术领导小组，支持相关研究小组、资助机
构与欧盟委员会之间的合作；2011 年 5 月，根据所有提交计划的简短概述，从 23 份竞标
书中挑选出 6 个，每个候选项目都花了 18 个月和 150 万欧元来完善研究计划；在最终的
筛选过程中，欧盟建立了一支由科学家、技术专家、实业家以及一名诺贝尔奖得主组成的
25 人专家小组；2013 年 1 月，欧盟委员会宣布"石墨烯"和"人脑计划"成为代表未来
前沿科技的科研项目。

不同于以往政府对科技项目仅 2～3 年的短期资助，FET 旗舰计划是一项长期的科研
扶持项目，是欧盟出台的扶持科技发展政策的重要组成部分。"石墨烯"和"人类大脑工
程"两个项目在今后 10 年时间里，每年将获得 1 亿欧元的资助资金——其中绝大部分资
金来自欧盟"地平线 2020"项目，其余部分将由企业、研究机构和大学提供。FET 旗舰
计划代表了一种新的机遇和方法，来塑造、构建、实现一个真正的欧洲研究领域。要做到
如此大规模的合作需要大量的准备——汇集顶级的科学家、确立运行机制、制定法律框架
等，而最重要的是得到利益相关者的政治和财政支持（European Commission，2015）。

虽然这些都是重大挑战，但 FET 旗舰计划确实为利益相关者带来更明显的机遇：通
过协作，避免使基础科研资金过于分散在国家和欧盟层面；将不同的科学理论、创意想法

以及技术挑战置于一起，刺激科学家在更广阔的层面定位他们的工作；构建一个框架，使不同领域的科学家和技术人员可以开展对话并积极合作，从其他领域寻找新的灵感，用多学科方法处理问题并从中受益；将科技研究与创新相联系，并最终走向商业化。

2014 年 2 月，石墨烯旗舰计划发布了首份招标公告和科技路线图，介绍了拟资助的研究课题和支持课题，以及根据领域划分的工作任务，每项课题都涉及多项工作任务。根据路线图，石墨烯旗舰计划将分初始阶段和稳定阶段两部分进行。初始阶段：2013 年 10 月 1 日至 2016 年 3 月 31 日，共资助 5400 万欧元。稳定阶段：2016 年 4 月开始，预计每年资助 5000 万欧元。该科技路线图的核心内容是提出了 13 个重点研发领域，分别为：标准化，化学传感器、生物传感器与生物界面，薄膜技术——从纳米流体到纳米谐振器，面向能源应用的催化剂，面向复合材料和能源应用的功能材料，面向高性能、轻质技术应用的功能涂层和界面，GRM 与半导体器件的集成，新的层状材料和异质结构，面向射频应用的无源组件，硅光子学的集成，石墨烯、相关二维晶体和杂化系统的原型研究，更新石墨烯、相关二维晶体和杂化系统的科技路线图，开放性课题等（胡燕萍，2015）。

3.3.2.4 欧盟关键使能技术战略

为保持欧盟工业的优势和提高未来竞争力，欧盟委员会于 2010 年 7 月成立了由高层专家组成的工作班子，系统地研究欧盟工业的优势和未来的发展方向。2011 年 6 月，欧盟委员会确定六大技术作为欧盟工业的关键使能技术，分别是微纳米电子技术、先进材料、工业生物技术、光子技术、纳米技术和制造工业先进系统。加强六大关键技术的研发创新，确保世界领先水平，关系到欧盟工业的生存和未来竞争力。2018 年 4 月，第九框架计划确定了新的关键使能技术：先进制造技术、先进材料与纳米技术、生命科学技术、微/纳米电子学与光子学、人工智能以及数字安全与互联（European Commission，2018）。

欧盟关键使能技术战略旨在通过调整国家资助规则和现有资金分配重点等措施，促进关键使能技术领域的产业发展。欧债危机迫使欧洲银行体系重组和去杠杆化，欧盟企业特别是技术企业面临的融资环境持续恶化，严重制约着技术企业的发展。因此，欧盟委员会与欧洲投资银行签署谅解备忘录，就是着力解决关键使能技术企业的融资难题，让关键使能技术领域的企业更容易获得投资资金。

关键使能技术具有知识密集化、研发强度高、创新周期快、资本投入大以及技能要求高的特点，汽车、化学、航空、航天、医疗保健和能源等行业都是关键使能技术的重要用户。欧盟已经制定了促使关键使能技术工业应用的政策工具，以期与私营部门和民间机构一起推动关键使能技术研究成果的商业化进程。欧盟促进关键使能技术发展的主要政策措施包括整合关键使能技术的研究与创新资源，优化资源配置，注重科研成果商业化；增强欧盟及其成员国对关键使能技术的创新投入，强化区域工业现代化的基础，促进区域经济增长；确保欧洲投资银行向关键使能技术产业化项目提供资金，并带动私营部门的投资；充分调动欧盟各级关键使能技术发展政策，协调欧盟及其成员国之间的行动，以实现协同和互补效应，使公共资源利用效率最大化（严恒元，2013）。

2016 年 5 月，欧盟审查了未来研究经费要投资的关键使能技术，特别是用于国防的跨领域技术。国防领域优先的关键使能技术包括主动和被动的威胁远程探测和识别（如无人系统应用）；传统车辆及对陆地系统和士兵的防护轻型结构的升级；高性能/轻量级设计和材料，如超薄复合材料、纳米合成树脂和随机设计流程；通过网络导航跟踪在线识别可疑网络活动；先进的加密和数据挖掘技术；个人电脑和网络账号保护；海陆空领域的无人广域监视等（赵宇哲，2016）。

3.3.2.5　冶金欧洲计划及其路线图

2011 年，欧盟第七框架计划（FP7）提出了"加速冶金学"（AccMet）科学计划，致力于高性能合金的研发。采用高通量组合材料实验技术，加快发现和优化更高性能的合金配方，将通常需要 5～6 年的研发时间缩短到一年以内。该计划的核心理念是为未进行开发的合金配方的合成试验和表征测试提供一个集成的中试设施。其创新之处在于使用了新开发的可自动控制的直接激光沉积技术，这样合金元素粉末的混合物被直接、精确地送入激光的聚焦点，通过激光束加热，沉积在熔池的衬底上，并最终固化形成具有精确化学计量的完全致密合金。

在 AccMet 的基础上，欧盟于 2012 年提出了"冶金欧洲"（Metallurgy Europe）研究计划。AccMet 主要集中在合金的设计和模拟方面，升级的"冶金欧洲"研究计划更注重在工业领域的应用。"冶金欧洲"确定了 17 个未来的材料需求和 50 个跨行业的冶金研究主题，课题研究时间为 2012～2022 年。在未来几十年中，已被确定的 50 个研究主题对欧洲工业具有很高的战略和技术价值。这些主题主要包括以下三类：①材料发现；②创新设计、金属加工和优化；③冶金基础理论。研究内容包括理论研发活动、实验、建模、材料表征、性能测试、原型设计和工业规模化等。

"冶金欧洲"获得了 185 家企业和研究机构的支持，其中不乏大型企业。该计划将围绕 13 个主题展开研究，潜在研究主题包括用于空间和核系统的新型耐热合金、基于超导合金的高效输电线路、将余热转换为动力的热电材料、用于生产塑料和药物的新型催化剂、用于医学移植物的金属植入物，以及高强度的磁性系统等（European Commission，2014）。

经费资助主要来自公私两方面，如"地平线 2020"、欧盟成员国资助机构、欧盟工业界、欧洲工业关系观察（EIRO）论坛和学术界等，总经费约 1 亿欧元。全欧洲 400～500 名研究人员将获得该项目的资助，同时还将与其他国家（如澳大利亚、巴西、加拿大、以色列、俄罗斯和南非等）开展战略合作。

2015 年 1 月，为进一步落实"冶金欧洲"的后续行动，欧盟委员会发布了《欧洲冶金路线图：生产商与终端用户展望》报告，对目前欧洲冶金工业领域中面临的诸多问题，以及未来中长期发展目标和发展主题做了明确的分析和界定。该路线图还提出了一些建议：通过向用户提供更多的信息和帮助，尤其是粉末冶金技术新的应用方面的信息和帮助，加强与粉末冶金产品用户的联系；进一步开展工作，使粉末冶金向可持续发展的方向迈进，需要建立一些新的国际标准；促进粉末冶金发展成为一种绿色的、简洁的和可节约能源的技术；确定了一些优先考虑的创新领域，提出了一些需要重点开发的新产品、新工艺和新材料技术；在各类粉末冶金企业中，开展教育和培训都是很重要的；通过采取主动的预测、招聘、培训等措施，避免企业缺少技术人员；完善为中小企业、新技术企业和初创企业提供帮助的制度。该路线图进一步促进了欧洲在金属新材料及其制造技术等领域的研发（孙世杰，2016）。

3.3.2.6 欧盟"未来工厂"计划和路线图

2009 年启动的"未来工厂"计划是欧盟在智能制造领域投资最大的一个独立计划，连续在第七框架计划和"地平线 2020"计划中获得支持，汇集了英国、德国、法国、意大利、西班牙、瑞典等国的上千家知名工业企业、研究机构和协会。该计划的众多项目也参与智能制造系统计划的国际合作，因此对世界范围内智能制造的发展有着不小的影响力。具体研发目标包括：为先进制造系统集成并示范创新技术，形成 40～50 个新的最佳实践；研发环境友好型制造技术，减少能耗高达 30%，减少废物高达 20%，减少材料消耗高达 20%；增强社会影响，建立安全、有吸引力的工作场所，让大部分工科毕业生和博士进入制造业就业；促进创新创业，增加制造业企业研发支出。研究重点领域有 4 个：可持续制造，包括人员友好型工厂、环境友好型工厂；高生产率制造，包括自适应生产设备、高精度制造、零缺陷制造；基于信息通信技术的智能制造，包括智能工厂、数字工厂和虚拟工厂；制造中的材料，包括材料利用率、面向高性能新材料的制造工艺（天海"互联网+"研究院，2016）。

从《"未来工厂 2020"路线图》中可以看到，"未来工厂"计划的本质就是以制造智能化为目标的研发计划，因此，智能制造在该计划中占据了核心位置。该计划关注制造、产品与服务的可持续、高能效、柔性和低成本，但是更强调智能制造相关技术在其中的作用，这一点与德国"工业 4.0"更加贴近。为打造"未来工厂"，该计划关注了 6 个重点领域，这些领域是逐层递进的，把工人与用户同时纳入进来。先进制造工艺，着眼面向智能制造的创新工艺，同时也是工艺智能化的结果；自适应和智能制造系统，着眼智能化的制造单元和生产线，以智能机器人和智能机床为代表；数字化、虚拟和资源高效利用的工厂，着眼工厂的智能化运行，从设计到维修的全生命周期管理；合作与移动的企业，着眼互联网中的智能企业，将智能向供应链扩展；以人为本的制造，着眼智能制造中的劳动力，建立人在生产和工厂中的全新定位；聚焦用户的制造，着眼智能制造中的用户，将制造转变为基于产品的服务。

2015 年 10 月，欧盟委员会就"未来工厂"计划宣布了一项雄心勃勃的投资计划，2016～2017 年将向 13 项子主题投资 2.78 亿欧元（表 3-5）（EFFRA，2015）。

表 3-5　"未来工厂"计划 2016～2017 年投资计划列表

年份	项目编号	项目名称	资助金额/万欧元
2016	FoF-01-2016	有机结合增材及减材制造机械的新方法	7700
	FoF-02-2016	动态车间环境下采用新型的嵌入式认知功能的机械和机器人系统	
	FoF-03-2016	生产线上的系统级零缺陷策略	
	FoF-04-2016	能不断适应生产环境变化的自动化系统	
	FoF-05-2016	支持增材制造技术在欧洲未来的发展	
	FoF-11-2016	数字自动化、欧洲工厂互联平台	5300
	FoF-13-2016	基于激光器的制造	3000
2017	FoF-06-2017	通过大规模表面制造工艺实现新的产品功能	8500
	FoF-07-2017	将非传统的材料技术工艺集成到制造系统中	
	FoF-08-2017	大规模微米/纳米级制造中的在线测量和控制以提高可靠性	
	FoF-09-2017	新型设计及预测维护技术以延长生产系统的操作寿命	
	FoF-10-2017	可重构和可重复使用的定制产品新技术和生命周期管理	
	FoF-12-2017	制造业中小企业信息通信技术创新	3300

3.3.3　英国

英国有享誉全球的教学和研究机构，在医药、航空航天、信息和通信技术等高科技产业的研发投入强度可与世界主要竞争对手国家相媲美。2011 年，英国发布了国家级《促进增长的创新和研究战略》，通过创新和研发以推动经济增长。在该战略报告中，英国除了明确未来四年将发展生命科学、高附加值制造业、纳米技术和数字技术四大关键技术外，英国政府还重视创意产业、技术与创新中心、新兴技术的发展。英国工业战略、量子技术国家战略、高价值制造等政策计划都把材料、纳米、制造等作为重大技术进行发展。

3.3.3.1　《英国工业 2050 战略》和现代工业战略

《英国工业 2050 战略》是定位于 2050 年英国制造业发展的一项长期战略研究，通过分析制造业面临的问题和挑战，提出英国制造业发展与复苏的政策。《英国工业 2050 战略》展望了 2050 年制造业的发展状况，并据此分析英国制造业的机遇和挑战。战略的主要观点是科技改变生产，信息通信技术、新材料等科技在未来与产品和生产网络的融合，将极大改变产品的设计、制造、提供甚至使用方式。未来制造业的主要趋势是个性化的低成本产品需求增大、生产重新分配和制造价值链的数字化。这将对制造业的生产过程和技术、制造地点、供应链、人才甚至文化产生重大影响。该战略提出了未来英国制造业的四个特点：一是快速、敏锐地响应消费者需求。生产者将更快地采用新科技，产品定制化趋势加强。制造活动不再局限于工厂，数字技术将极大改变供应链。二是把握新的市场机遇。金砖国家和"新钻十一国"将增大全球需求，但英国的主要出口对象仍然是其他欧盟成员国和美国。高科技、高价值产品是英国出口的强项。三是可持续发展的制造业。全球资源匮乏、气候变化、环保管理完善、消费者消费理念变化等种种因素使得可持续的制造业获得青睐，循环经济将成为人们的关注重点。四是未来制造业将更多依赖技术工人，加大力度培养高素质的劳动力（张蓓，2016）。

2017 年 1 月，英国政府发布了《打造我们的工业战略》绿皮书，旨在通过提高生产力和振兴工业生产，来提升民众生活水平和经济增长率，以振兴"脱欧"后的英国经济。这项计划涵盖十大要点，包括加大对科研和创新领域的投资，提升科技领域的关键技能，升级能源、交通等基础设施，支持初创企业，加大政府采购，鼓励贸易和对内投资，降低企业成本并确保向低碳经济转型带来的效益，培育全球领先的行业板块，驱动英国整体经济增长，创立新机构推动行业及区域合作等。绿皮书总结了目前英国政府对加大对科研和创新领域的投资已有的承诺，主要包括：①政府追加 47 亿英镑研发投入，到 2020 年前每年还将增加 20 亿英镑。②打造工业战略挑战基金，以发挥英国科技创新的优势。可能的资助方向包括智能和清洁能源技术、机器人和人工智能、卫星和空间技术、前沿医疗和医药、制造工艺和未来材料、生物技术和系统生物学、量子技术、变革性数字技术（超级计算、先进模拟、5G 移动网络等）等。③2020 年前向英国医学研究理事会与英国创新机构的合作项目增加 1 亿英镑投资以推动研发知识及设施的共享，并且在 2020 年前增加 1 亿英镑投资以鼓励高校与企业合作。④在英国 8 个地区推动科学与创新审计工作，以量化研究和创新能力。⑤重新审视英国研发的税收环境，激励私营部门投资，提升在英国实施研发的吸引力。⑥启动高层论坛以收集提升英国研究和创新卓越性的建议，更好地利用英国"脱欧"的机遇。

2017 年 2 月，英国商业、能源与工业战略部向科学、研究与创新领域投入 2.29 亿英镑的工业战略投资，作为政府现代工业战略的一部分。其中，1.26 亿英镑用于建设位于曼彻斯特大学的先进材料世界级研究中心。该研究中心名为亨利·罗伊斯先进材料研究所，并在谢菲尔德大学、利兹大学、利物浦大学、剑桥大学、牛津大学和帝国理工学院等设有分中心。该所涉足材料研究的九个关键领域（严苛环境下的材料体系、生物医学系统、二维材料、原子到器件、核材料、节能信息通信技术材料、先进金属加工、化学材料发现、储能等），并分为四大主题：能源、工程、功能和软材料。另外的 1.03 亿英镑将用于在牛津哈韦尔科学与创新园区建设一个新的聚焦于生命及物理科学的国家卓越中心：罗萨琳德·富兰克林研究所。该所将开发应对医疗及生命科学领域重大挑战的颠覆性新技术，加速实现慢性病的新型治疗方法（BEIS，2017；GOV.UK，2017）。

3.3.3.2 英国八大前瞻技术之先进材料和纳米技术

面对经济疲软和财政赤字，英国政府依然多次追加科研投入，频频推出重要举措。2013年，英国向 8 个前瞻技术领域增加 6 亿英镑投入，其中 1 亿英镑用于为 10 万名英国癌症和罕见病患者进行全基因组测序。这 8 个前瞻技术领域分别为大数据革命和高能效计算、合成生物学、再生医学、农业科技、电力存储、先进材料和纳米技术、机器人、卫星与空间技术应用。该前瞻技术清单由科学大臣戴维·威利茨汇总，并吸收了英国科学界、研究理事会和技术战略委员会的多方意见。英国在这 8 个前瞻技术领域已经具有一定优势，并将会处于世界领先地位。以下主要介绍先进材料和纳米技术领域（刘润生，2013）。

卓越的材料科学研究以及先进材料科技领域的工业实力令英国久负盛名。超材料研究是英国先进材料研究的重要例子。这种材料由原子制成，具有自然界所没有的一些特性。材料创新对于航空航天、汽车等行业至关重要。英国一级方程式赛车队，尤其是研究密集型的迈凯伦公司，正在推动先进材料的快速创新。未来建筑物将集建筑材料与更多功能于一体。帝国理工大学已经发明了一种吸收二氧化碳的水泥，与碳中和建筑更近一步。白歌兰湾知识与创新中心将开发试制新颖的能量存储释放技术与功能性涂层，使建筑变成小型发电站，未来还有可能彻底改变建筑部门。服装则越来越有可能集先进材料与健康监测等智能功能于一体。下一代核裂变和核聚变也需要新的先进材料。石墨烯也是令人兴奋的先进新材料。自英国教授安德烈·盖姆和康斯坦丁·诺沃肖罗夫于 2010 年获得诺贝尔奖后，围绕石墨烯的国际竞争十分激烈，英国政府随即安排 5000 万英镑资金，以发展新的重大科研能力，确保本国发明在本国发展。英国工程和物理科学研究理事会 2013 年还宣布投入 2200 万英镑，特别侧重于石墨烯的制造技术与工艺（GOV.UK，2013）。

3.3.3.3 英国高价值制造战略

2008 年起，英国政府推出"高价值制造"战略，鼓励英国企业在本土生产更多世界级的高附加值产品，确保高价值制造成为英国经济发展的主要推动力，促进企业实现从概念到商业化整个过程的创新。利用 22 个制造业能力组合制定投资决策，分为五个战略主题：资源效率、制造系统、材料集成、制造工艺和商业模式。英国高价值制造弹射中心于 2011 年成立，建有 7 个技术和创新中心，是英国高价值制造战略的重要组成部分。这 7 个中心分别是先进制造研究中心、先进成形研究中心、制造技术中心、国家复合材料中心、流程创新中心、核中心、沃里克制造集团弹射中心等（华子怡，2015）。

高价值制造弹射中心提供多个制造领域的技术创新和规模化能力，拥有顶尖的设备、专业技术能力和企业合作环境，这些领域包括先进装配、自动化、铸造、复合材料、设计、数字制造、电子、连接、加工、材料表征、计量测量、建模与仿真、近净成形和增材制造、粉末技术、资源高效和可持续的制造、工装和夹具、可视化和虚拟现实。

除高价值制造弹射中心外，英国政府在过去的几年间推出了不少制造业产业政策。高级制造供应链计划提供 1.25 亿英镑的基金，鼓励供应链和主要生产商的协同分布。制造咨询服务机构为制造商提升生产力和竞争力提供专业指导。地区发展基金主要为有潜力的项目提供投资。此外，英国政府还大力鼓励制造业就业。英国商业、创新与技术部发起了众多项目，目的是塑造"制造业有吸引力的职业选择"形象。

英国政府的政策重点主要有以下几方面。一是鼓励制造业回流。为了吸引更多之前将生产环节迁至海外的本土生产力回流，英国政府选择帮助制造业企业削减成本，例如利用税收优惠政策直接降低英国公司的税费。在此背景下，有一部分英国企业选择将海外产能转移回本土，包括约翰-路易斯百货商场、霍恩比玩具模型公司、列顿集团等生产商纷纷将其海外的生产基地部分转移回英国本土。二是保证制造业发展质量。英国制造业的发展趋势不是量的累积，而是着眼高价值战略。2011 年，英国政府就确定了制造业的五大竞争策略，即占据全球高端产业价值链、加快技术转化生产力的速度、增加对无形资产的投资、帮助企业加强对人力技能的投资、占领低碳经济发展先机等。同年 3 月，英国政府还宣布投入 5100 万英镑，在工程和物理科学研究理事会下建立 9 个创新制造研究中心，其发展高端制造业的意愿初见端倪。《英国工业 2050 战略》也主要将高价值制造业作为未来发展的方向。三是为制造业创造良好的基础。主要表现在基础设施投资、高技术人才培养和新兴市场开发上。英国"再工业化"着眼于制造业未来发展，为英国经济再打造一个引擎。

3.3.4 德国

德国联邦教育与研究部为鼓励各种社会力量参与新材料研发，先后颁布实行了"材料研究"（MatFo，1984～1993 年）、"材料技术"（MaTech，截至 2003 年）和"为工业和社会而进行材料创新"（WING，始于 2004 年）三个规划。WING 规划迄今已公布资助的项目包括如下领域：纳米技术、计算机材料科学、生物材料、化学与生命科学、材料反应、分层与界面、轻型材料、资源高效材料、智能材料以及电磁功能材料。受益产业或产品分别是化工产业、塑料和橡胶产品、机器和设备制造、汽车制造业、金属生产加工、航空航天、能源技术、电子技术、电子产品、生命科学及医疗技术。2001 年，德国启动新一轮纳米生物技术研究计划，以介于纳米和生物技术之间的物理、生物、化学、材料和工程科学为切入点进行研究，政府在以后 6 年内投入 1 亿马克。2003 年，德国联邦教育与研究部斥资 2.5 亿欧元推出工业和社会材料创新计划，重点开发新材料，以加强德国工业的创新力。之后，德国政府又推出了《德国 2020 高技术战略——思想·创新·增长》、"工业 4.0" 等来引领材料和制造等技术的发展。

3.3.4.1　《德国 2020 高技术战略——思想·创新·增长》

2010 年 7 月，德国联邦政府正式通过了《德国 2020 高技术战略——思想·创新·增长》，这是继 2006 年德国第一个高技术战略国家总体规划之后，对德国未来新发展的探求。新战略指出，德国面临着几十年来最严峻的经济与金融政策挑战，解决之道在于依靠研究、新技术、扩大创新，目标明确地去激发德国在科学和经济上的巨大潜力。为此，联邦和各州政府一致认为：至 2015 年，用于教育和科研投入占 GDP 比重增至 10%。而经济科学研究联盟将始终伴随高技术战略的实施过程。新战略还提出以五大需求领域开辟未来新市场，并重点推出 11 项 "未来规划"，积极营造友好创新环境。为应对未来挑战，德国新战略聚焦五大领域，即气候/能源、健康/营养、交通、安全和通信，并在这五大领域提出各自行动的计划和措施。新战略希望通过这五大领域开辟未来的新市场，提高关键技术并改善创新相关条件，最终促进进步（陆颖和党倩娜，2010）。

新战略还提出关键技术也是战略重点。德国经济的未来竞争力主要依赖于在生物技术、纳米技术、微电子学和纳米电子学、光学技术、微系统技术、材料技术、生产技术、服务研究、航空技术以及信息通信技术领域内的领导地位。而技术应用主要取决于技术成功地转化为经济效益的程度，以及技术对生产、健康和环境的影响程度。因此，除了要针对需求来改进关键技术，还要将技术创新和服务创新结合起来，以便在不同部门内进行多样化应用。

3.3.4.2　德国 "工业 4.0"

"工业 4.0" 是德国政府提出的一个高科技战略计划。该项目由德国联邦教育与研究部和经济技术部联合资助，投资预计达 2 亿欧元。该计划旨在提升制造业的智能化水平，建立具有适应性、资源效率及人因工程学的智慧工厂，在商业流程及价值流程中整合客户及商业伙伴。其技术基础是网络实体系统及物联网。德国政府认为 "工业 4.0" 将对第四次工业革命的进程发挥支持作用（陆颖，2015）。

作为 "工业 4.0" 的核心要素，智能工厂使资源利用率显著提高，个性化产品的入库和流通周期大大缩短；打破传统行业界限；产品实时图像显示的虚拟生产有效减少浪费。需要指出的是，德国认为，智能工厂并非无人化，相反，人是工厂中实现交互的核心组成：工作人员是进行决策和流程优化的实施者，在网络物理融合式生产系统和物联网网络部件的设计、安装和更新、保养维修中扮演重要角色；此外，配件供应商、客户等其他人员也与智能工厂密切相关。

"工业4.0"模式拥有巨大的潜力，已建成的智能化工厂开始采用一种全新的方式进行生产。智能工厂还可以满足客户的个性化要求，也就是说，即使仅仅生产一件产品，也都可以实现。并且在"工业4.0"模式下，即使在最后一分钟改变动态业务和作业流程都可以实现生产，能灵活应对供应商的不同需求和特殊要求。这种在制造过程中从终端到终端的透明度，有利于决策的优化。"工业4.0"模式还是创造产业及新业务模式的新途径。特别是为初创企业和小企业的发展提供更多的机会，推进向下游服务。

3.3.5　法国

材料科学是法国领先的民用核能、航空航天、交通运输和农业等领域的重要支撑。法国高等教育与研究部2009年发布了法国国家研究与创新战略，这是法国第一个国家层面的科学研究战略，确定了3个优先研究领域，其中包括纳米技术等与材料相关的领域。面对伴随"去工业化"而来的工业增加值和就业比重的持续下降，法国政府意识到"工业强则国家强"，于是在2013年9月推出了"新工业法国"战略，旨在通过创新重塑工业实力，使法国重回全球工业第一梯队。

3.3.5.1　"新工业法国"战略和"未来工业"战略

"新工业法国"战略是一项10年期的中长期规划，展现了法国在第三次工业革命中实现工业转型的决心和实力。其主要目的为解决三大问题：能源、数字革命和经济生活。"新工业法国"战略共包含34项具体计划，分别是：可再生能源、环保汽车、充电桩、蓄电池、无人驾驶汽车、新一代飞机、重载飞艇、软件和嵌入式系统、新一代卫星、新式铁路、绿色船舶、智能创新纺织技术、现代化木材工业、可回收原材料、建筑物节能改造、智能电网、智能水网、生物燃料和绿色化工、生物医药技术、数字化医院、新型医疗卫生设备、食品安全、大数据、云计算、网络教育、宽带网络、纳米电子、物联网、增强现实技术、非接触式通信、超级计算机、机器人、网络安全、未来工厂等。

但时隔不到两年，到2015年5月，法国政府对"新工业法国"战略进行了大幅调整，先前的优先项目过多，在一定程度上导致核心产业发展动力不足、主攻方向不明确，此次调整的主要目的在于优化国家层面的总体布局，这标志着法国"再工业化"开始全面学习德国"工业4.0"。调整后的法国"再工业化"战略总体布局为"一个核心，九大支点"。一个核心，即"未来工业"战略，主要内容是实现工业生产向数字制造、智能制造转型，以生产工具的转型升级带动商业模式变革。九大支点，包括大数据经济、环保汽车、新资源开发、现代化物流、新型医药、可持续发展城市、物联网、宽带网络与信息安全、智能电网等,一方面旨在为"未来工业"提供支撑,另一方面旨在提升人们日常生活的新质量。

"未来工业"战略的五项主要内容:①大力提供技术支持。促进企业结构化项目实施,向有潜力的 3D 打印、物联网、增强现实等新技术企业提供支持,帮助它们在 3~5 年内成为欧洲乃至世界的领军企业。②开展企业跟踪服务。各地政府将向中小规模和中等规模企业提供有针对性的个性化诊断服务。同时还会向企业提供财政资助,支持企业的生产能力现代化进程。③提高工业从业者技能。对年轻一代进行新兴职业相关培训,这是"未来工业"获得成功的首要条件。随着人们从业技能的提高,数字技术和自动化技术在工厂的应用将越来越多,这对于工厂在各个领域竞争力的提升是不可或缺的,同时会创造更多就业。④加强欧洲和国际合作。在欧洲和国际层面孕育战略伙伴关系。以德国为重点,就"未来工业"计划在"工业 4.0"平台基础上开展合作,通过欧洲投资计划范畴内的共同项目实现目标。⑤推动"未来工业"。动员所有利益相关者,宣传"未来工业"项目,启动至少 15 个"未来工业"的窗口项目;在法国商务投资署的支持下,汇集所有企业,创建"未来工业"统一形象;在巴黎组织一项具有国际影响力的"未来工业"活动。

3.3.6 日本

3.3.6.1 科学技术基本计划

日本于 1995 年出台的《科学技术基本法》规定,自 1996 年度起,日本政府必须每五年制定一期"科学技术基本计划",系统且一贯地执行科学技术政策。日本科学技术基本计划是从国家层面对日本整个科学领域进行的战略性的、规划性的、前瞻性的规划。该系列计划在推动日本中央政府相关行政机关、科研院所及大学、企业在科技领域的发展有着指导性作用。根据此系列计划相关机构制订了更为细致的、领域性的、针对性的计划以推动科技领域的发展。其中,新材料领域也是几大重点方向之一。

2011 年 8 月,日本发布了《第四期科学技术基本计划(2011—2015)》,重点突出了科技创新引领日本灾后重建与复兴。把"实现地震后的恢复和重建"、推进以环境和能源领域的"绿色革命"、以医疗-护理健康领域的"生活质量"作为实现未来的可持续增长和社会发展的主要支柱,从战略的角度去开展科学技术创新政策。《第四期科学技术基本计划(2011—2015)》中涉及新材料方面的内容主要有以下几方面。

(1)加强可再生能源、医疗与护理、通信、高端材料、环境技术等各个方面的研究。

(2)解决能源保障和气候变暖问题,不仅要促进环境和能源技术的革新,还应改革社会体系和制度,以促使能源供给的多样化和分散化,提高能源的利用技术,构建长期的、稳定的能源供给体系,构建世界最先进的低碳社会。

（3）能源利用技术的高效化：推动高绝热化的住宅和建筑物，高效率的家电照明、高效率的热水器，定置型燃料电池、功率半导体、纳米碳晶棒材料等技术的研制和推广。同时还要推动新一代汽车所需要的蓄电池、燃料电池和利用功率电子控制能源使用的研究和普及。

（4）要致力于资源再生技术的创新，研制出稀有金属和稀土的替代材料。

2016年1月22日，日本内阁会议通过《第五期科学技术基本计划（2016—2020）》。日本综合科学技术创新会议（CSTI）具体负责《第五期科学技术基本计划（2016—2020）》（以下简称"计划"）的制定和执行，这也是日本综合科学技术创新会议改组后首次制定的计划（王玲，2016）。

"计划"在重视着眼未来战略布局的能力（预见性和战略性）和准确应对一切变化的能力（多样性和灵活性）的基本方针下，提出日本在国家层面应当实现的四大目标：一是保持持续增长和区域社会自律发展；二是保障国家及国民的安全放心和实现丰富优质的生活；三是积极应对全球性课题和为世界发展做出贡献；四是源源不断地创造知识产权。

"计划"的最大亮点是首次提出超智能社会"社会5.0"这一概念。"计划"指出，当下世界各国都在制造业领域最大限度地灵活应用信息与通信技术，政府和产业界积极合作应对第四次工业革命所带来的变化，比如德国"工业4.0"、美国"先进制造伙伴计划"、中国《中国制造2025》等。随着超智能社会推进工作的进展，未来不仅是将能源、交通、制造、服务等原先各自独立的系统简单组织起来，而且还会将诸如人事、会计、法务的组织管理功能，提供劳动力及提供创意等人类工作价值组织起来，创造出更多的价值。

"计划"指出，通过将日本优势技术的组件与各系统要素进行组合，能够确保日本的优势地位，创造满足日本国内外经济社会多样需求新价值的系统。为此，"计划"罗列出作为新价值创造核心且在现实世界发挥作用的优势基础技术，从国家层面谋求强化：①有望在交流、福利和工作支持、制造业等众多领域灵活应用的"机器人技术"；②从人和所有"物"收集信息的"传感技术"；③关于让虚拟空间中信息处理和分析的结果在现实世界发挥作用的机械构造、驱动、控制的"执行器技术"（actuator technology）；④为传感技术和执行器技术带来革新的"生物技术"；⑤灵活应用增强现实、感性工学（kansei engineering）和脑科学等的"人体界面技术"（human interface technology）；⑥创新性结构材料和新机能材料等通过升级各种组件来使系统形成差异化的"材料和纳米技术"；⑦创新性测量技术、信息和能源传输技术、加工技术等通过升级各种组件使系统形成差异化的"光和量子技术"。

此外，将多个基础技术有机结合，会促进技术发展，因此要充分留意技术之间的联合和整合。譬如，将人工智能和机器人联合，通过人工智能的识别技术来提升机器人的运动能力。

3.3.6.2　《产业结构展望 2010 方案》

2010 年，日本经济产业省公布了日本产业政策纲领性文件《产业结构展望 2010 方案》，对日本未来十年产业发展进行了总体规划。鉴于日本现行单一产业结构带来的诸多问题，该方案提出了日本未来需要重点培育的五大战略产业领域，其中可能涉及材料的方面如下（経済産業省，2010）。

（1）基础设施相关产业。主要包括水运、煤电和煤气、电力传输、核电、铁路、循环工业、智能电网、可再生能源以及信息通信等产业领域，关键在于加快基础设施相关产业的产品出口。

（2）环保和能源产业。主要包括智能社区相关产业和环保车辆等产业领域，关键在于提高环保和能源产业的普及化和商业化。

（3）尖端技术产业。主要包括机器人、空间技术、飞机、稀有金属、纳米技术、高温超导产业、功能化学、先进信息技术、碳光纤以及生物制药等产业领域，关键在于促进尖端技术的产业化发展。

3.3.6.3　日本《制造业白皮书》

1. 2013 年白皮书强调 3D 打印

日本经济产业省、厚生劳动省和文部科学省在 2013 年 6 月《制造业白皮书》中认为，日本政府应对增材制造技术展开监测工作，并评估该技术将对日本制造业带来的威胁，以及提升日本制造业竞争力的机遇。当年 10 月，经济产业省设立新物造研究工作组（Study Group on New Monodzukuri），研究增材制造带来的增加值以及未来日本物造的发展方向。工作组在 2014 年上半年发布的报告中认为，尽管增材制造技术面临无数挑战，但由此引发的经济波浪效应将是极其巨大的。日本政府在 2014 财年预算中划拨 40 亿日元，指定经济产业省组织实施以 3D 成型技术为核心的制造革命计划，该计划分为"新一代工业 3D 打印机技术开发"和"超精密 3D 成型系统技术开发"等主题。

2. 2014 年白皮书强调 IT 作用并大量开放专利技术

白皮书以德国和美国为例，分析称全世界均在将工厂装置和零部件等与"互联网＋"相连从而提高生产率。白皮书中称，如何应对上述变化和提升竞争力是当务之急，并强调"理解 IT 的好处、产业学界与政府组织团结一致下决心转型很重要"。

白皮书认为，日企赴海外发展今后仍将持续，但指出新技术研发基地仍有留在日本国内的倾向。白皮书强调，通过放宽限制来"提升作为研发基地的魅力十分重要"。现在，日本制造业依然有着勃勃雄心，一方面，不断通过海外并购打通相关领域，整合优势资源，从而有更进一步提升的空间；另一方面，日本制造业希望通过大量开放专利技术使技术得到普及，从而成为"领跑者"（Ministry of Economy，Trade and Industry，2014）。

3. 2015 年白皮书继续强调 IT 作用并注重本土化生产

2015 白皮书有感于德国"工业 4.0"和美国工业互联网极可能带来全球制造业的巨变，对"日本可能落后"显示出强烈危机感。

除了相继推出大力发展机器人、新能源汽车、3D 打印等的政策之外，2015 年的白皮书中日本特别强调了发挥 IT 的作用。另外，白皮书认为，日企赴海外发展今后仍将持续，但指出新技术研发基地仍有留在日本国内的倾向。白皮书还将企业的职业培训、面向年轻人的技能传承、理工科人才培养等视作亟待解决的问题（Ministry of Economy，Trade and Industry，2015）。

4. 2016 年白皮书关注大数据、机器人及制造业回流本土

2016 年白皮书指出，由于少子化造成日本青壮年人口骤减，利用大数据与机器人将成时代所趋，另外一点值得注意的是，有鉴于近期日元汇率持续走低，加上中国与东南亚国家的人力成本提高，以往被认为成本高昂的"日本制造"回归风潮趋势持续攀升。白皮书显示，有高达 11.8% 的企业把先前在海外制造的产品转回日本国内。事实上，在时装品牌上如 master-piece、Factelier 以及人气选卖店 STUDIOUS 的自有品牌 UNITED TOKYO，都是始终坚持日本制造的企业，未来如"日本制造"品牌大幅提高（Ministry of Economy，Trade and Industry，2016）。

5. 2017 年白皮书提出"撤出中国"策略

2017 年白皮书中显现出近年来日本工厂在中国境内撤出，索尼、东芝、松下等停掉部分业务线，日本大厂财报接连不景气引起世人关注。其中，日本企业从中国撤资尤其被中国关注（工业 4.0 研究院，2017）。

白皮书指出，从日本企业在日本、中国和东盟 3 个国家（地区）之间的生产基地的转移趋势来看，从日本向中国转移生产基地的企业有所减少，但从中国转移回日本，即"回归"的企业有所增加。2016 年度（2016 年 4 月 1 日至 2017 年 3 月 31 日），将生产基地从中国转移回日本国内的企业数量，已首次超过从日本国内转移至中国的企业数量（8.5∶6.8）。此外，一些日本企业继续将生产基地从中国向东盟转移，而与之相比，从东盟转移至中国的企业数量较少（2.6∶0.4）。

白皮书将日本制造业企业"回归"的主要背景，放在了"汇率因素"和"人工费"的上涨上。此外，还有企业指出了"品质管理方面的问题"以及"产品开发周期的缩短"问题。在"人工费"上涨方面，中国的工资涨幅高于东盟，而且其工资水平已相对较高。

3.3.6.4 《稀有金属稳定供应确保战略》

日本经济产业省隶属中央省厅，负责提高民间经济活力，使对外经济关系顺利发展，确保经济与产业得到发展，使矿物资源及能源的供应稳定而且保持效率。进入 21 世纪以

来，日本力求以科技创新重振经济，日本经济产业省酝酿并实施了相关政策方案，用以促进科学技术创新。

2009 年 7 月，日本经济产业省发布的《稀有金属稳定供应确保战略》认为，作为稀有金属战略重要内容的日本稀土战略目标是：通过各种方式保障日本的稀土供应，降低对中国资源的依赖程度，保护日本核心利益（杨威，2009）。

3.3.6.5　《纳米技术及材料相关研究开发的推进策略》

2000 年 6 月，日本科学技术会议发布了《2001 年度科学技术振兴重点方针》。文件决定对 1999 年提出的三个重点领域进行拓展，在生命科学、信息科学技术和地球与环境科学技术的基础上，增加物质与材料领域作为新的研发重点领域，其中最重要的方向则是纳米融合物质材料制造技术。

2002 年 12 月，日本政府制定了《产业发掘战略》，将纳米技术与材料列为技术创新的重要方向，并专门推出了《纳米技术与材料产业发掘战略》。战略计划在 10 年内实现纳米技术与材料的广泛应用，推广其在显示器、医疗仪器等方面的商业化使用，并实现世界最尖端纳米测量与加工装置的产业化。次年，日本科学技术会议根据此战略文件，启动了"府省协作项目"计划，以推动纳米技术和材料的研发工作。

文部科学省在 2002 年制定了《纳米技术及材料相关研究开发的推进策略》，随后在 2006 年按照《科技基本计划及纳米领域推进战略（第 3 期）》的要求，制定了之后 5 年的《纳米技术及材料相关研究开发的推进策略》，提出在纳米电子、生物技术、材料、基础技术和纳米物质科学五大方向的研发策略。

2006 年 3 月，日本科学技术会议发布了《不同领域的推进战略》，该战略规划了生命科学、纳米技术等方向的研究路径，从而可以更加有计划地开展研究活动。

2013 年，文部科学省发布了《科技发展白皮书》，白皮书中关于新材料技术的项目包括 2 个。①稀有元素的回收和替代材料开发：该项目是文部科学和环境省 9 个重点研发计划之一，由经济产业省、文部科学省、环境省合作开展；②创新型结构材料的技术开发：该项目为 Large-Scale R&D 的两个研发计划之一，从 2013 年开始实施。

3.3.6.6　3D 打印相关政策

2013 年完成了技术地图修订，对与 3D 打印相关的设计、制造、加工领域的技术地图进行了修订。

2013 年启动 3D 打印机人才培养补助金，对一部分大学购买 3D 打印机提供补助金，金额为购买费用的 2/3，2015 年该政策受益范围扩大到初高中。

2013 年 10 月 15 日至 2014 年 2 月 25 日，成立"新制造研究会"，研究会由经济产业省牵头组建，由大学、研究机构、附加制造技术相关企业、律师事务所等专家学者组成，定期讨论附加制造技术的发展问题，为制定相关政策提供参考。

2014 年初出台"生产率提高设备投资促进税制"，提出如果企业对 A 类设备（先进设备）、B 类设备（生产线以及作业系统的升级提高）进行投资，可当期折旧或减税 5%。3D 打印机等附加制造技术设备属于 A 类型设备。

2014 年启动 3D 打印机的应用推广，在公共实验基地、技术中心及高等专科学校添置或更新 3D 数字制造设备。总预算为 30 亿日元。

3.3.6.7　其他

日本国际贸易委员会 2009 年发布《日本制造业竞争力策略》，经济产业省 2010 年发布专题报告《日本制造业》，对日本制造业的优势产业、竞争力和未来战略进行分析。

2011 年 2 月，经济产业省提出了《碳素纤维基础技术开发革新》的基本方案，以指导碳素纤维领域。

日本政府 2012 年推出《日本再生战略》，其中确定截至 2020 年的经济增长战略方针，其中涉及新材料方面的内容有《绿色增长战略》，主要包括蓄电池、环保汽车、海上风能发电等三个核心部分，目的是广泛培育包括零部件、材料在内的环保产业，实现创新能源与环保社会项目。

2013 年 3 月，新能源产业技术综合开发机构（New Energy and Industrial Technology Development Organization，NEDO）发布了 2013 年的年度计划，其中涉及新材料方面的内容主要有新能源、清洁能源、可再生能源、碳纤维、创新结构材料、高效能源利用结构材料、半导体等。

2013 年 6 月，日本内阁会议通过了《科学技术创新综合战略》。该战略中涉及材料方面的内容较多，具体如下：在能源领域，主要涉及燃料电池、太阳能发电、生物燃料、其他可再生能源、能源领域的结构材料、电池技术中的绝缘材料、蓄热材料、电池材料、保温材料、医药用新材料；在半导体领域，主要涉及晶圆、SiC 晶片、氮化镓、蓝宝石、有机电致发光显示器、各种照明；稀有资源领域的相关材料及技术以及其他领域的吸附与稳定材料等。

"工业 4.0"时代日益严峻复杂的国际竞争形势同样激发了日本强烈的紧迫感。近年来，日本政府更加重视制造业对国家竞争力的关键作用。2013 年，日本推出了成长战略——《日本再兴战略》，意欲与后危机时期发达国家再工业化形成呼应。

官产学一体化既是日本传统产业政策的重要成果，也在面向"工业 4.0"的创新活动中继续承担机制化的功能。随着产学官联动不断深化，其运作的重点集中在以下方面：一是推进大学的创新活动。日本制定了"大学新产业创造计划"，主要资助大学开发机器人等高风险、能够开拓新市场的新技术及其产业化。二是推动革命性的技术创新。日本自

2013 年开始实施《革命性创新创出计划》，根据产业界和社会需求，建立产学合作基地，集中实施从基础研究阶段到商业化阶段的全过程研发。三是加快创新成果商业化。

在 2014 年 OECD 理事会上，安倍晋三提出将机器人产业革命作为"成长战略"的支柱之一，并于同年 6 月重新修订了《日本再兴战略》，确立了以机器人技术创新带动制造业、医疗、护理、农业、交通等领域的结构变革。针对"工业 4.0"时代大数据、物联网等新兴技术和商业模式改变制造业竞争规则的趋势，2015 年日本政府在"推进成长战略的方针"中进一步强调以"实现机器人革命"为突破口，利用大数据、人工智能和物联网对日本制造业生产、流通、销售等领域进行重构，以实现产业结构变革（人民网，2017）。

3.3.7　韩国

3.3.7.1　《第三次科学技术基本计划》

2013 年 7 月，韩国政府发布《第三次科学技术基本计划》，内容涉及 2013～2017 年韩国科学技术发展的基本规划和方向。为保证该计划的顺利实施，韩国政府制订了具体的行动方案。其主要内容包括：一是扩大国家研究开发领域投资；二是开发国家战略技术；三是发挥中长期的创新力量；四是积极发掘有潜力的新兴产业；五是增加就业岗位。根据该计划内容，韩国政府在研发领域的预算规模将从目前的 68 万亿韩元增加到 2017 年的 92.5 万亿韩元，并计划在五个领域进行重点投资。一是发掘新产业；二是寻找未来增长动力；三是营造干净而方便的环境；四是开创健康长寿的时代；五是建立安全社会。

该计划提出将在五大领域推进 120 项国家战略技术（含 30 项重点技术）的开发。其中 30 项重点技术包括先进技术材料、知识信息安全技术、大数据应用技术等（薛严，2013）。

3.3.7.2　《科技发展远景规划 2025 年构想》

韩国新材料科技发展战略目标是继美国、日本、德国之后，成为世界产业第四强国，材料科技是确保 2025 年国家竞争力的 6 项核心技术之一，也是为其他领域技术突破铺路的技术。

韩国在《科技发展远景规划 2025 年构想》中列出了为未来建立产业竞争力开发必需的材料加工技术清单：下一代高密度存储材料、生态材料、生物材料，自组装的纳米材料技术，未来碳材料技术，高性能、高效结构材料，用于人工感觉系统的智能卫星传感器，利用分子工程的仿生化学加工方法，控制生物功能的材料等（王玲，2003）。

3.3.7.3　《第六次产业技术创新计划（2014—2018 年）》

韩国《第六次产业技术创新计划（2014—2018 年）》旨在打造产业技术生态系统的良

性循环，使韩国迈入先进产业强国行列。根据计划，韩国政府将加强先导性、融合型战略技术开发，创新计划评估管理体系，重视支持商业模式创新（朱荪远，2014）。

过去，韩国以劳动、资本密集型产业为中心，实现了一定程度的增长，但是目前主导产业作用降低，新产业出现低增长或停滞。这主要表现在：韩国钢铁、机械、电子等主要产业的世界市场占有率被中国超越，IT 产业出口自 2007 年后停滞在千亿美元水平，生物、能源、纳米、IT 技术融合领域还没有达到大规模产业化阶段。朴槿惠上台后，创意产业被赋予经济发展的核心，创造高附加值、创造就业和创造增长动力的创造型经济成为政策主基调。在此背景下，韩国需要能够提高国内产业界整体创新能力、实现主导产业和新产业共同增长的技术创新战略。

由韩国产业通商资源部提出的《第六次产业技术创新计划（2014—2018 年）》确定了韩国产业技术政策的三个基本方向。一是成为活跃的领先者。摆脱模仿发达国家的现有模式，抢先发掘能引领未来市场的、有前景的新产业。通过产品服务融合型研发，通过对产品、原材料、装备和系统进行一系列相关联的研发，开辟新的市场并创造新的价值链。二是促进产业生态系统的进化发展。通过产业生态系统内利益相关者的不断变化，形成良性循环，相互进化，共同发展。三是催化民间技术创新活动。权衡民间的研发投资及技术力量，政府在市场失灵可能性大的高风险领域进行战略性投资。

3.3.7.4 《制造业创新 3.0 战略》

2014 年，韩国政府发布了《制造业创新 3.0 战略》。次年，又公布了与之配套完善的《制造业创新 3.0 战略实施方案》。这标志着韩国版"工业 4.0"计划的正式建立（商务部产业安全与进出口管制局，2015）。《制造业创新 3.0 战略》是一份结构完整、方案具体的制造业转型升级方案，其总体思路参考了德国的"工业 4.0"，并且具有以下四个方面的特点。

第一，总体布局清晰。该战略的总体目标是通过加强制造业与信息技术结合催生新型产业，从而提高韩国制造业的整体竞争力。韩国在信息技术方面具有一定的发展优势，因此其具有制造业与信息技术产业结合的良好基础。为了该战略的更好实施，韩国制定了与规划相结合的多项具体举措，以大力发展战略中布局的 13 个新兴动力产业。此外，韩国政府计划对传统工厂进行升级改造，预计在 2020 年之前将大约 1/3 的传统工厂改造为智能工厂，打造总计 1 万个智能工厂。韩国政府计划，在推行《制造业创新 3.0 战略》后，到 2024 年制造业出口额增长至 1 万亿美元，成为继中国、美国、德国之后的第四大出口国。

第二，实施方案适合本国国情。由于韩、德两国的国情不同，产业发展、企业种类、市场环境、科技水平等都有较大差异，如果完全复制德国的"工业 4.0"无法适应韩国的发展定位。因此，韩国政府使用了《制造业创新 3.0 战略》的说法，意味着对德国"工业

4.0"借鉴同时又有所不同。特别是具体操作方面，由于韩国的中小企业综合能力较低，设计了由大企业带动中小企业，由试点地区逐渐向全国推广的"渐进式"策略。

第三，重视企业在方案实施中的决定性作用。韩国政府认为，推进制造业转型升级的过程中，广大企业是推进的主体，而政府的主要功能是建设产业发展环境，消除影响制造业发展的政策限制。《制造业创新 3.0 战略实施方案》指出，韩国政府将积极鼓励民营资本的投入，在计划中全部对新兴产业 24 万亿韩元资金中，政府的投入不超过 10%（2 万亿韩元），其余均拟通过吸引民营资本满足。此外，韩国还将扶持和培育较弱的中小企业作为重点目标之一。在计划中，预计通过对中小制造企业的"智能化改造"，至 2017 年培育不低于 10 万家中小型出口企业和 400 家出口额超过 1 亿美元的主力企业。

第四，对"软实力"的高度重视，认为"软实力"是提升制造业核心竞争力、参与国际竞争的主要能力。《制造业创新 3.0 战略实施方案》中指出，将针对性弥补当前韩国制造业在工程工艺、设计、软件服务、关键材料和零部件研发、人员储备等领域的弱点部分，加大投入力度。计划到 2017 年前，投资 1 万亿韩元用于研究 3D 打印、大数据、物联网等八项核心智能制造技术，加快追赶相关技术领先国家。

3.3.7.5　《第二期国家纳米技术路线图（2014—2025）》

2014 年 3 月，韩国根据国内外纳米科技发展态势和国家科技政策推进方向，发布了《第二期国家纳米技术路线图（2014—2025）》。该纳米技术路线图主要由三部分构成，分别是对纳米科技的未来展望与重点产业选择、核心技术开发方向，以及投资战略。该路线图的具体实施将由未来创造科学部主要负责，该部门认为纳米技术是新一轮技术革命的源泉和融合技术的代表。

该路线图在技术展望和重点产业选择部分，以韩国产业现状和预测为基础，通过开展纳米技术贡献度评估，确定了在 2020 年以后会对经济、社会产生重要贡献，并具有广泛发展前景的医疗、生物、机械、电子、能源、环境、材料等纳米产业（任红轩等，2015）。

3.3.8　中国

我国对新材料产业发展十分看重，目前已经通过发布纲领性文件、指导性文件、规划发展目标与任务等方式，对新材料行业提供全产业链、全方位的布局指引。其中纲领文件包括《中国制造 2025》，指导性文件为《〈中国制造 2025〉重点领域技术路线图（2015 版）》《新材料产业发展指南》，发展任务与目标相关文件主要有《"十三五"国家战略性新兴产业发展规划》《有色金属工业发展规划（2016—2020 年）》《稀土行业发展规划（2016—2020

年)》等。此外，我国还在 2016 年底首次成立国家新材料产业发展领导小组，由国务院副总理担任组长，国家大力振兴新材料产业的决心得到充分体现。

3.3.8.1 《"十三五"国家科技创新规划》

2016 年 7 月 28 日，国务院印发《"十三五"国家科技创新规划》，主要明确"十三五"时期科技创新的总体思路、发展目标、主要任务和重大举措，是国家在科技创新领域的重点专项规划，是我国迈进创新型国家行列的行动指南。重点新材料研发及应用、智能制造和机器人等重大科技项目属于国家面向 2030 年，体现国家战略意图并需要重点突破的领域。同时，新材料设计与制备新原理和新方法，与农业生物遗传改良和可持续发展，能源高效洁净利用与转化的物理化学基础，面向未来人机物融合的信息科学，地球系统过程与资源、环境和灾害效应，极端环境条件下的制造，航空航天重大力学问题，医学免疫学问题等一起，作为面向国家重大战略任务重点部署的九大基础研究（科学技术部，2016）。

在新材料领域，战略目标是：围绕重点基础产业、战略性新兴产业和国防建设对新材料的重大需求，加快新材料技术突破和应用。发展先进结构材料技术，重点是高温合金、高品质特殊钢、先进轻合金、特种工程塑料、高性能纤维及复合材料、特种玻璃与陶瓷等技术及应用。发展先进功能材料技术，重点是第三代半导体材料、纳米材料、新能源材料、印刷显示与激光显示材料、智能/仿生/超材料、高温超导材料、稀土新材料、膜分离材料、新型生物医用材料、生态环境材料等技术及应用。发展变革性的材料研发与绿色制造新技术，重点是材料基因工程关键技术与支撑平台，短流程、近终形、高能效、低排放为特征的材料绿色制造技术及工程应用。需要重点突破的技术为：

1. 重点基础材料

着力解决基础材料产品同质化、低值化，环境负荷重、能源效率低、资源瓶颈制约等重大共性问题，突破基础材料的设计开发、制造流程、工艺优化及智能化绿色化改造等关键技术和国产化装备，开展先进生产示范。

2. 先进电子材料

以第三代半导体材料与半导体照明、新型显示为核心，以大功率激光材料与器件、高端光电子与微电子材料为重点，推动跨界技术整合，抢占先进电子材料技术的制高点。

3. 材料基因工程

构建高通量计算、高通量实验和专用数据库三大平台，研发多层次跨尺度设计、高通量制备、高通量表征与服役评价、材料大数据四大关键技术，实现新材料研发由传统的"经验指导实验"模式向"理论预测、实验验证"新模式转变，在五类典型新材料的应用示范上取得突破，实现新材料研发周期缩短一半、研发成本降低一半的目标。

4. 纳米材料与器件

研发新型纳米功能材料、纳米光电器件及集成系统、纳米生物医用材料、纳米药物、纳米能源材料与器件、纳米环境材料、纳米安全与检测技术等，突破纳米材料宏量制备及器件加工的关键技术与标准，加强示范应用。

5. 先进结构材料

以高性能纤维及复合材料、高温合金为核心，以轻质高强材料、金属基和陶瓷基复合材料、材料表面工程、3D 打印材料为重点，解决材料设计与结构调控的重大科学问题，突破结构与复合材料制备及应用的关键共性技术，提升先进结构材料的保障能力和国际竞争力。

6. 先进功能材料

以稀土功能材料、先进能源材料、高性能膜材料、功能陶瓷、特种玻璃等战略新材料为重点，大力提升功能材料在重大工程中的保障能力；以石墨烯、高端碳纤维为代表的先进碳材料、超导材料、智能/仿生/超材料、极端环境材料等前沿新材料为突破口，抢占材料前沿制高点。

3.3.8.2 《"十三五"国家战略性新兴产业发展规划》

2016 年 11 月 29 日，国务院印发《"十三五"国家战略性新兴产业发展规划》，提出战略性新兴产业代表新一轮科技革命和产业变革的方向，是培育发展新动能、获取未来竞争新优势的关键领域。"十二五"期间，我国节能环保、新一代信息技术、生物、高端装备制造、新能源、新材料和新能源汽车等战略性新兴产业快速发展。未来 5～10 年，是全球新一轮科技革命和产业变革从蓄势待发到群体迸发的关键时期。信息革命进程持续快速演进，物联网、云计算、大数据、人工智能等技术广泛渗透于经济社会各个领域，信息经济繁荣程度成为国家实力的重要标志。增材制造（3D 打印）、机器人与智能制造、超材料与纳米材料等领域技术不断取得重大突破，推动传统工业体系分化变革，将重塑制造业国际分工格局。创新驱动的新兴产业逐渐成为推动全球经济复苏和增长的主要动力，引发国际分工和国际贸易格局重构，全球创新经济发展进入新时代。"十三五"时期是我国全面建成小康社会的决胜阶段，也是战略性新兴产业大有可为的战略机遇期，需进一步发展壮大新一代信息技术、高端装备、新材料、生物、新能源汽车、新能源、节能环保、数字创意等战略性新兴产业（国务院，2016）。

在新材料领域，提出了明确的目标：顺应新材料高性能化、多功能化、绿色化发展趋势，推动特色资源新材料可持续发展，加强前沿材料布局，以战略性新兴产业和重大工程建设需求为导向，优化新材料产业化及应用环境，加强新材料标准体系建设，提高新材料应用水平，推进新材料融入高端制造供应链。到 2020 年，力争使若干新材料品种进入全球供应链，重大关键材料自给率达到 70% 以上，初步实现我国从材料大国向材料强国的战略性转变。具体包括以下几点。

1. 推动新材料产业提质增效

面向航空航天、轨道交通、电力电子、新能源汽车等产业发展需求，扩大高强轻合金、高性能纤维、特种合金、先进无机非金属材料、高品质特殊钢、新型显示材料、动力电池材料、绿色印刷材料等规模化应用范围，逐步进入全球高端制造业采购体系。推动优势新材料企业"走出去"，加强与国内外知名高端制造企业的供应链协作，开展研发设计、生产贸易、标准制定等全方位合作。提高新材料附加值，打造新材料品牌，增强国际竞争力。建立新材料技术成熟度评价体系，研究建立新材料首批次应用保险补偿机制。组建新材料性能测试评价中心。细化完善新材料产品统计分类。

2. 以应用为牵引构建新材料标准体系

围绕新一代信息技术、高端装备制造、节能环保等产业需求，加强新材料产品标准与下游行业设计规范的衔接配套，加快制定重点新材料标准，推动修订老旧标准，强化现有标准推广应用，加强前沿新材料标准预先研究，提前布局一批核心标准。加快新材料标准体系国际化进程，推动国内标准向国际标准转化。

3. 促进特色资源新材料可持续发展

推动稀土、钨钼、钒钛、锂、石墨等特色资源高质化利用，加强专用工艺和技术研发，推进共伴生矿资源平衡利用，支持建立专业化的特色资源新材料回收利用基地、矿物功能材料制造基地。在特色资源新材料开采、冶炼分离、深加工各环节，推广应用智能化、绿色化生产设备与工艺。发展海洋生物来源的医学组织工程材料、生物环境材料等新材料。

4. 前瞻布局前沿新材料研发

突破石墨烯产业化应用技术，拓展纳米材料在光电子、新能源、生物医药等领域应用范围，开发智能材料、仿生材料、超材料、低成本增材制造材料和新型超导材料，加大空天、深海、深地等极端环境所需材料研发力度，形成一批具有广泛带动性的创新成果。

3.3.8.3 《中国制造2025》

制造业是国民经济的主体，是立国之本、兴国之器、强国之基。为了推进中国制造历史性的转变，国务院组织编制并于 2015 年 5 月 8 日正式发布了《中国制造2025》，对我国制造业转型升级和跨越发展作了整体部署（国务院，2015）。

《中国制造2025》围绕经济社会发展和国家安全重大需求，选择十大优势和战略产业作为突破点，力争到 2025 年达到国际领先地位或国际先进水平。十大重点领域是：新一代信息技术产业、高档数控机床和机器人、航空航天装备、海洋工程装备及高技术船舶、先进轨道交通装备、节能与新能源汽车、电力装备、农机装备、新材料、生物医药及高性能医疗器械。

材料作为国民经济和社会发展的基础,是支撑国家重大工程建设,促进传统转型升级,构建国际竞争新优势的重要保障。在新材料领域,《中国制造 2025》指出要以特种金属功能材料、高性能结构材料、功能性高分子材料、特种无机非金属材料和先进复合材料为发展重点,加快研发先进熔炼、凝固成型、气相沉积、型材加工、高效合成等新材料制备关键技术和装备,加强基础研究和体系建设,突破产业化制备瓶颈。积极发展军民共用特种新材料,加快技术双向转移转化,促进新材料产业军民融合发展。高度关注颠覆性新材料对传统材料的影响,做好超导材料、纳米材料、石墨烯、生物基材料等战略前沿材料提前布局和研制。加快基础材料升级换代。

3.3.8.4　《新材料产业发展指南》

2017 年 1 月 23 日,工业和信息化部联合发展国家发展和改革委员会、科学技术部、财政部发布其联合研究编制的《新材料产业发展指南》,该指南作为"十三五"时期指导新材料产业发展的专项指南,将引导新材料产业健康有序发展(工业和信息化部,2017)。

该指南提出,"十三五"要深入推进供给侧结构性改革,坚持需求牵引和战略导向,推进材料先行、产用结合,以满足传统产业转型升级、战略性新兴产业发展和重大技术装备急需为主攻方向,着力构建以企业为主体、以高校和科研机构为支撑、军民深度融合、产学研用协同促进的新材料产业体系,着力突破一批新材料品种、关键工艺技术与专用装备,不断提升新材料产业国际竞争力。

该指南从突破重点应用领域急需的新材料、布局一批前沿新材料、强化新材料产业协同创新体系建设、加快重点新材料初期市场培育、突破关键工艺与专用装备制约、完善新材料产业标准体系、实施"互联网+"新材料行动、培育优势企业与人才团队、促进新材料产业特色集聚发展等九个方面提出了重点任务。《新材料产业发展指南》作为"十三五"时期指导新材料产业发展的专项指南,将引导新材料产业健康有序发展,并提出了新材料的以下发展方向。

1. 发展先进基础材料

加快推动先进基础材料工业转型升级,以基础零部件用钢、高性能海工用钢等先进钢铁材料,高强铝合金、高强韧钛合金、镁合金等先进有色金属材料,高端聚烯烃、特种合成橡胶及工程塑料等先进化工材料,先进建筑材料、先进轻纺材料等为重点,大力推进材料生产过程的智能化和绿色化改造,重点突破材料性能及成分控制、生产加工及应用等工艺技术,不断优化品种结构,提高质量稳定性和服役寿命,降低生产成本,提高先进基础材料国际竞争力。

2. 发展关键战略材料

紧紧围绕新一代信息技术产业、高端装备制造业等重大需求,以耐高温及耐蚀合金、高强轻型合金等高端装备用特种合金，反渗透膜、全氟离子交换膜等高性能分离膜材料，高性能碳纤维、芳纶纤维等高性能纤维及复合材料，高性能永磁、高效发光、高端催化等稀土功能材料，宽禁带半导体材料和新型显示材料，以及新型能源材料、生物医用材料等为重点，突破材料及器件的技术关和市场关，完善原辅料配套体系，提高材料成品率和性能稳定性，实现产业化和规模应用。

3. 发展前沿新材料

以石墨烯、金属及高分子增材制造材料，形状记忆合金、自修复材料、智能仿生与超材料，液态金属、新型低温超导及低成本高温超导材料为重点，加强基础研究与技术积累，注重原始创新，加快在前沿领域实现突破。积极做好前沿新材料领域知识产权布局，围绕重点领域开展应用示范，逐步扩大前沿新材料应用领域。

3.3.8.5 《有色金属工业发展规划（2016-2020 年）》

工业和信息化部 2016 年编制发布了《有色金属工业发展规划（2016-2020 年）》。该规划提出，以加强供给侧结构性改革和扩大市场需求为主线，以质量和效益为核心，以技术创新为驱动力，以高端材料、绿色发展、两化融合、资源保障、国际合作等为重点，加快产业转型升级，拓展行业发展新空间，到 2020 年底我国有色金属工业迈入世界强国行列。该规划提出了实施创新驱动、加快产业结构调整、大力发展高端材料、促进绿色可持续发展、提高资源供给能力、推进两化深度融合、积极拓展应用领域、深化国际合作等八项重点任务，并以专栏形式列出七项发展重点和四项重点工程。该规划作为"十三五"时期指导有色金属工业发展的专项规划，将促进有色金属工业转型升级，持续健康发展。

3.3.8.6 《稀土行业发展规划（2016—2020 年）》

2016 年 10 月，工业和信息化部发布了《稀土行业发展规划（2016—2020 年）》。该规划提出，以创新驱动为导向，持续推进供给侧结构性改革，加强稀土战略资源保护，规范稀土资源开采生产秩序，有效化解冶炼分离和低端应用过剩产能，提升智能制造水平，扩大稀土高端应用，提高行业发展质量和效益，充分发挥稀土战略价值和支撑作用。该规划提出了"强化资源和生态保护，促进可持续发展""支持创新体系和能力建设，培育行业新动能""推动集约化和高端化发展，调整优化结构""加快绿色化和智能化转型，构建循环经济""推动利用境外资源，加强国际合作""打造新价值链，实现互利共赢"等六大重点任务，并以专栏形式明确了六项重点工程。该规划作为"十三五"时期稀土行业发展的专项规划，将科学指导稀土行业发展，推动稀土产业整体迈入中高端。

3.4　先进材料科技领域代表性重要规划剖析

3.4.1　美国材料基因组计划

3.4.1.1　基本情况

随着工业的迅速发展，美国等先进制造工艺国家意识到传统的材料研发模式已经不能适应现代工业，因此亟待革新材料的研发方法，缩短新材料研发到工业化应用的周期。材料基因组计划（Materials Genome Initiative，MGI）就是在这样的背景下提出的。MGI 的核心理念，是通过计算、数字化数据库和实验"三位一体"的方式，变革传统的主要基于经验和实验的"试错法"材料研发模式，在新材料（如清洁能源、人类健康与福祉、国家安全等）、新能力、新工具以及新技术的基础科学领域（图 3-4），投入超过 1 亿美元在研究、培训和基础设施等方面，使美国企业发现、开发和应用先进材料的速度提高到目前的 2 倍。

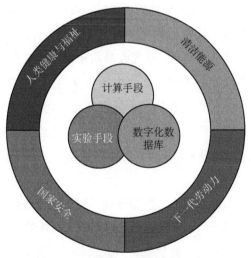

图 3-4　MGI 概览

MGI 通过高通量的第一性原理计算，结合已知的可靠实验数据，用理论模拟去尝试尽可能多的真实或未知材料，建立其化学组分、晶体和各种物性的数据库，并利用信息学、统计学方法，通过数据挖掘探寻材料结构和性能之间的关系模式，为材料科学家提供更多的信息。MGI 贴近实际应用，覆盖范围广泛，包括了几乎所有可能的化合物及其物性与产品开发应用，对国民经济发展、提升国家科技竞争力和维护国家安全有着重要意义。从更深层次来看，作为关系到材料行业及整个制造业发展的重大计划，材料基因组并非是孤立的，而是美国政府跨部门统筹现有计划、全面布局的行为。譬如，NNI 的纳米技术相关研究主题将与 MGI 对接，进一步加速美国先进材料的开发与利用。MGI 与 NNI 两大计划的协同体现在团队建设、协议以及数据管理与共享等方面。

3.4.1.2 实施进展

MGI 将开发一个材料创新基础设施，包括集成计算、实验以及数据信息工具，扩展整个材料的延续开发，该基础设施将无缝集成到现有的产品设计架构里，从而加速工程设计。MGI 将实现美国新材料目标，即解决基础科学和工程问题的新材料以及国家重要领域的新材料。MGI 还将培养下一代劳动力，使计划产出的方法、工具得到延续。MGI 蓝图中的基础设施建设包含材料计算手段、实验手段以及数字化数据库建立（刘俊聪等，2015；吴玫，2016）。

首先，在材料计算手段方面，目前，从电子到宏观层面都有各自的材料计算软件，但是还不能做到高效跨尺度计算以达到材料性能预测的目的。各个软件之间彼此不兼容，由于知识产权问题，彼此不能共享计算工具的源代码。在这方面未来的工作主要集中在以下几个方面：①建立准确的材料性能预测模型，并依据理论和经验数据修正模型预测；②建立开放的平台实现所有源代码共享；③开发的软件界面友好，以便进一步拓展到更多的用户团体。

其次，在实验手段方面，实验数据需要建立计算模型并且进行关键成果验证。目前，大部分计算模型尚未实现多尺度建模。研究人员常常需要集成多个实验数据来达成整个系统的表征数据集，从而发现复杂属性。在这方面未来的工作主要集中在以下几个方面：①实验为弥补理论计算模型的不足和构架不同尺度计算间的联系；②补充非常基础的材料物理，化学和材料学的数据，涉及材料的电子、力学、光学等性能数据，构建材料性能相关的成分，组织和工艺间内在联系，并建立庞大的数据库；③利用实验数据修正计算模型，加速新材料的筛选及高效确定。

最后，在数字化数据库建立方面，数据推动了材料发展连续的信息基础。数据是计算模型的基础，并对其进行验证，这将简化开发过程。MGI 的目的不仅是让研究人员能够轻松地将自己的数据转化为模型，而且要研究人员和工程师共享彼此的数据。在这方面未来的工作主要集中在以下几个方面：①构建不同材料的基础数据库、数据的标准化以及它们的共享系统；②拓展云计算技术在材料研发中的作用，包括远程数据存储与共享；③通过数字化数据库建设，联系科学家与工程师共同高效开发新材料。

MGI 创建的基础设施将促进和加快先进材料的发现和开发，有益于科学探究和国民经济，例如美国最紧迫、最具挑战的领域，清洁能源、国家安全、人类福祉方面，通过先进的材料加以解决这些领域带来的挑战。这一举措将促进跨部门和跨学科合作，使科学家和工程师致力于材料的合作。

1. 面向国家安全的新材料

国防部和国防实验室正在对材料研究进行大力度的投资。研究实验室的主要工作为轻质保护材料、电子材料、储能、生物替代材料等。美国国防部采用了先进的材料，以保护和武装美国军队。材料在国家安全诸多领域发挥了关键作用。

具体领域列举如下：轻质防护材料、电子材料、能源存储、生物替换材料、与能源及电子行业相关的矿物（Pt、Te、Re 等）、能够替代稀少元素的相关新材料等。

2. 面向人类健康与福祉新材料

有许多应用先进材料可以解决人类健康和福祉的挑战，从生物相容性材料，如假体或人造器官，到以防止损伤的保护材料，如防止创伤性脑损伤的先进材料，可用在不同的用户群体，如运动员和军事人员。

具体领域列举如下：生物相容性材料（假肢、植入材料与器件、人工器官等）、防护人体受伤的防护材料。

3. 面向清洁能源新材料

发展清洁能源，以减少对石油的依赖是美国关键的优先发展事项。材料的研究可以找到新的技术，如更好的生物燃料催化剂、人工光合作用材料、新型高效太阳能光伏能源、便携式储能装置等。在交通运输领域同样需要先进材料以减少对石油的依赖。

具体领域列举如下：生物质能源转化用催化剂；人工光合作用材料；光伏电池材料；能源存储材料；汽车轻量化材料（10%重量下降可以节省能耗 6%～8%的能耗）；混合动力、电动汽车及氢能汽车。

4. 下一代劳动力培养

材料发展新的基础设施，如果没有广泛部署无法解决实际问题，因此需要装备下一代劳动力。而实现这个的目标，需要联合政府、学术界和产业界接受材料创新基础设施，并且继续扩大其范围和内容。计划产出的产品和工具、产生的机遇和优势，整个过程需要形成一种文化，从本科生教育到行业范式的采纳对受众进行引导。

具体举措如下：改变单兵作战，强化"官产学研用"之间的协作与共享机制；在材料开发领域，强化实验学家、理论学家、计算机人才和工程师之间的密切合作；数字化数据的共享与计算平台的开放；加强在高校的本科生和研究生中的交叉学科课程设置；企业员工针对材料设计与模拟软件和相关程序的再教育。

3.4.1.3　分工协作

MGI 组织机构包括能源部、国家标准与技术研究院、国家科学基金会和国防部等。参与机构之间的相互协调合作，又有针对性的计划方向。

计算材料与设计化学计划由美国能源部、美国国家科学基金委员会主导,研发核心包括:①高质量软件工具包,新算法、与已有工具包的兼容性;②发展新的标征技术改善算法与软件。

先进材料设计计划由美国国家标准与技术研究院主导,研发核心包括:①建立标准的基础设施、参考数据库和卓越计算中心;②可靠的计算机建模与仿真材料的优化发展;③密切协调与能源部和国家科学基金会的软件和设计的实验工具。

能源效率和可再生能源下一代材料计划由美国能源部主导,研发核心包括:①利用计算工具,以加速能源技术相关新材料的制造和表征;②工业新材料,具备新性能、低成本的复合材料;③用于预测新材料时空变异性的模拟仿真工具;④快速修正新材料使用性能的工具。

国家安全需求和维护防御系统的新材料,由美国国防部主导,研发核心包括:①提高新材料性能,加快新材料过渡;②民转军的技术优化。

下一代劳动力的培养由美国能源部、美国国家科学基金委员会主导,核心包括:①促进学术、政府、行业间新的科学工程伙伴关系;②提升计划的文化推广,支持计划产出的推广;③对学生、行业人员进行新一代劳动力能力培养。

3.4.2 欧盟石墨烯旗舰计划

3.4.2.1 基本情况

欧盟石墨烯旗舰计划于 2013 年 1 月被欧盟选定为首批技术旗舰项目之一。该项目运行时间 10 年,总投资 10 亿欧元,旨在把石墨烯和相关层状材料从实验室带入社会,为欧洲诸多产业带来一场革命,促进经济增长,创造就业机会。石墨烯旗舰计划共分为两个阶段:①在欧盟第七框架计划内长达 30 个月 (2013 年 10 月 1 日至 2016 年 3 月 31 日) 的起步阶段,欧盟总资助额为 5400 万欧元;②在"地平线 2020"计划内的稳定阶段。该阶段从 2016 年 4 月开始,预计欧盟每年资助额为 5000 万欧元。项目联盟的初始成员包括来自欧洲 17 个国家的 75 个学术和工业合作伙伴。

3.4.2.2 实施进展及其影响

截至 2016 年 3 月 31 日,该计划第一阶段(起步阶段)已经完美收官。石墨烯旗舰计划在 2016 年年中公布了 2015 年年报,总结了 2015 年旗舰计划在基础研究、应用研究、生产制造等方面取得的重要突破。

欧盟委员会通信网络内容和技术总司组织了一个高层专家组成的内部评估委员会对FET 旗舰计划进行内部评估,并于 2017 年 2 月 15 日公开发布了中期评估报告。报告指出,旗舰计划是欧洲研究与创新战略的有机组成部分，并且有潜力产生巨大影响。不过，该计划仍有改进的余地，报告在这方面提出了一些建议。

在与欧盟发展的相关性方面，旗舰计划促进了研究与创新领域的投资。石墨烯和人脑两个旗舰计划都推动了卓越科学的发展，但"人脑计划"的卓越性稍逊一筹。两个计划均取得了世界领先的成果，并超额完成了先前确定的关键绩效指标（如科学研究论文数量）。两个计划提升了欧洲前沿研究的地位，同时也在朝着更长远的创新成果迈进。如果各旗舰计划能继续实施其雄心勃勃的议程，将有能力为实现"欧盟 2020"智慧、可持续和包容性增长的目标做出重要贡献，在未来产生的产业中创造就业。这使得旗舰计划与所有的利益相关方团体及欧洲民众息息相关。关键点在于，旗舰计划的总体目标是独一无二的，各种工具围绕着旗舰计划的这些目标展开。作为欧洲整体研究与创新战略的一部分，这些目标高度相关。因此，有充分的理由继续在欧盟层面为旗舰计划提供资金。作为研究与创新资助工具，FET 旗舰计划是物有所值的。旗舰计划不仅是实现总体目标，而且也是欧洲未来繁荣的关键。

在实施效果方面，尽管旗舰计划在推动卓越科学方面有所成效，但仍需验证其未来支持创新的效果。应当进一步完善这方面的工作。特别地，利益相关方需进一步思考如何在一个计划中最好地实现卓越科学和卓越创新：两个常常被视为是截然不同的目标。还需要进一步改进旗舰计划的战略和业务管理。特别地，可以做更多的工作以减轻与两年资助周期相关的负担，重要的是，这也将有助于提高年内预算的灵活性，使旗舰计划能更好地应对机遇，并对基础设施或示范项目进行重大投资。就旗舰计划的战略委员会而言，需要定位于更加国际化的背景之下。这将有助于欧洲在各领域的领导地位进行定标比超，并为未来投资提供必要的信息。随着科学结果变得更加成熟，对于确保将重点转向创新来说，战略管理方法的这些变化也是很重要的。此外，旗舰计划所采用的一些关键绩效指标非常传统，太过于注重描述典型的研究产出，需要进一步开发关键绩效指标。关键绩效指标可以帮助强调和明晰与"地平线 2020"中其他研究与创新工具的差异。

在附加值方面，将欧洲的公私研究投资与目前的两个旗舰计划联系起来，被证明比预期困难。必须在欧洲层面项目与国家层面项目之间相互作用的全球视角框架内，来看待旗舰计划和国家计划之间的关系。到目前为止，旗舰计划的欧盟附加值尚未得到充分展示。为了改善这种情况，有两点非常重要：①旗舰计划的遴选过程；②与国家计划相联系的机制。旗舰计划的遴选过程应开放、透明，必须涉及所有的利益相关方。这一进程还需要从一开始就确保得到国家当局的承诺和接受。有必要明确的是，旗舰计划在什么条件下可成为支持研究的恰当媒介。与其他计划相比，旗舰计划遴选的基本原理及其显著特征的一致意见也应该是明晰的。

3.5 先进材料科技领域发展规划的编制与组织实施特点

本节重点围绕美国制造业创新网络优先领域的遴选展开阐述。自 2012 年 8 月 NNMI 成立第一家制造业创新研究所以来，迄今已在不同的工业技术领域建立了 14 家研究所，这些研究所技术聚焦领域的遴选是一个复杂的系统工程，影响因素包括全球范围内制造技术发展趋势、国家利益与创新发展战略、制造业创新战略、研究所领衔机构的优先利益重点、技术成熟度，以及产业需求迫切程度等。

3.5.1 自上而下的国家创新战略

毋庸置疑，国家创新战略指导制造业创新战略，后者继而指导 NNMI 技术创新战略。2009 年版本的《美国国家创新战略》，主题为面向持续增长和高质量的就业的创新，报告分为基础设施、市场激励和技术催化三个部分，并在技术催化部分中提出了国家战略层面的优先技术领域，其中和制造业相关的有：清洁能源（可再生能源、能源集约化、生物能源、太阳能、风能、节能楼宇、能量存储、碳捕获等）、先进车辆技术（电动汽车、生物燃料、高能效汽车、电池技术等），以及其他一些有待突破的技术热点，如轻量军用背心、光合碳中性燃料的生物制备系统、智能假肢等。2011 年版本的主题是以创新确保国家的经济增长与繁荣。在国家战略层面和制造业相关的优先技术领域，除了 2009 年版本提出的清洁能源等技术领域外，还提出了纳米技术、先进制造技术、空间技术、高效低成本医疗设备设计制造等主要新的领域方向。2015 年版本则描绘了新的创新模型，包括三大创新要素（创新基石、私营部门和创新者）和三项战略计划（创造高质量就业和持续的经济增长、催生国家重点领域的突破、为美国人民提供一个创新型政府），并明确把 NNMI 写入创新战略中。

在国家创新战略指引下，2012 年美国 NSTC 发布的《先进制造业国家战略计划》提出，联邦政府高风险的投资定位于可以广泛应用、商业化发展以及能够满足国家安全需要的新兴技术领域。这些投资可分为先进材料、生产技术平台、先进制造工艺及设计与数据基础设施等四大类。2016 年，NSTC 进一步细化了美国制造技术优先领域，在《先进制造：联邦政府优先技术领域速览》报告中列举了增材制造、先进复合材料、数字化制造和设计、柔性混合电子器件、集成光子器件、轻质金属（以上由国防部牵头）；智能制造、革命性纤维和织物、宽禁带电子器件（以上由能源部牵头）等制造业创新网络已经重点关注的领域，还提出了先进材料制造、推动生物制造发展的工程生物学、再生医学生物制造、先进生物产品制造、药品连续生产五个联邦政府相关机构广泛关注与支持的技术领域。这些领域也应是未来投资以及政府、工业界与学术界开展合作需重点考虑的对象，为后来的制造业创新研究所的设立指明了方向。

3.5.2　自下而上的制造领域遴选

除了第一家制造业创新研究所（增材制造创新研究所）的研究主题是由国防部指定之外，其余 13 家研究所的研究主题都是采用自下而上的方式遴选而来的。在 NNMI 设计之初，先进制造国家计划办公室就举办了多轮"面向影响的设计：打造国家制造业创新网络"研讨会（Designing for Impact: Workshop on Building the National Network for Manufacturing Innovation），公开收集对美国制造业具有重大影响力的制造技术选题，这些选题也成为后来美国制造业战略决策的依据。选定好研究主题之后，能源部、国防部在美国纪事等网站上公开发布投资机会声明（FOA）、广泛机构公告（BAA）等，征集研究所的领衔机构及合作伙伴。而由 NIST 承建的研究所研究主题则是从国家创新战略及制造业创新战略所划定的技术领域范围内遴选。

3.5.3　多方参与的决策咨询过程

2012 年 7 月，由来自美国产业界、教育界、研究院所和非政府机构的知名科学家组成的 PCAST 发表了《赢得国内先进制造竞争力优势》报告，提出以三大支柱为基础抓住先进制造竞争力。该委员会的技术发展工作小组开展了先进制造优先技术识别研究，利用名为"先进制造技术联邦投资优先方向方法框架"（Framework for Priorities for Federal Investments in Advanced Manufacturing Technologies）的系统方法提出了 11 个优先技术方向，作为后续陆续建立的制造业创新研究所的技术聚焦领域方向。

在该系统方法中，首先是有关先进制造技术领域识别所需的数据源。这些数据主要来自：①调研统计，调研工业界和学术界对未来重要的工业领域、关键技术、公私合作模式的最佳实践范例及模型等；②研讨会，与工业界学术界开展研讨，识别制造业竞争力所要求的优先技术；③研究，研究并参考其他国家在识别和培育优先制造技术的机制；④指定专家组提供的白皮书等。然后对这些技术开展评估。评估指标包括美国国家利益需要迫切度、国际市场需求、美国该技术的竞争力、国际上该技术的成熟度等。按照每项技术在上述四个方面的评估得分去识别优先技术。

为确保 NNMI 战略目标的顺利实施，该报告对联邦政府参与 NNMI 管理的主体的职能与作用进行了界定。各研究所通过项目定制和招标，推动成员之间的联系沟通、信息共享和合作研究，达成共同的利益关注和资源投入，形成从基础研究、应用研究，到商品化和规模化生产的完整的技术创新链，使得 NNMI 的战略规划目标切实得以实施。

3.5.3.1 界定管理主体的职能与作用

（1）先进制造国家计划办公室。该办公室成立于 2012 年，设在美国国家标准与技术研究院，主要职能是协调涉及美国制造业的所有联邦机构，包括商务部、国防部、能源部、国家航空航天局、教育部、农业部、国家科学基金会和食品药品监督管理局等。通过支持跨部门先进制造计划的协调，该办公室为数量日益增长的制造商、大学、州和地方政府及其他制造相关组织之间的私营部门合作搭建桥梁。按照振兴美国制造业和创新法案的描述，该办公室要向商务部部长汇报。

（2）先进制造小组委员会。它是国家科学技术委员会的内部组织，推动有关先进制造业的联邦政策、计划和预算等，进行信息共享、协作、达成共识。该委员会活动包括：①落实总统科学技术顾问委员会的先进制造伙伴计划建议；②支持国家先进制造战略规划的实施和更新；③为先进制造国家计划办公室及由振兴美国制造业和创新法案授权的同级办公室提供指导。

（3）总统行政办公室。该办公室来自科学技术政策办公室、国家经济委员会等的代表参与 NNMI 活动，以确保 NNMI 的实施与政府的首要任务相一致。此外，管理预算办公室负责协调 NNMI 各部门预算及规划，以制定和监督先进制造研发预算。

3.5.3.2 通过技术路线图统领研究任务

在技术识别阶段，各研究所定期或不定期举办由政产学研各方参与的研讨会，识别各种产业所需、具有较高转化价值的先进制造技术与工艺，并制订相应的研发计划。

在筹集研发提案阶段，针对所识别的技术领域，研究所发起项目动议，向各成员机构征集研发提案。成员机构可自由组队，递交各自的研发提案。研发提案包含研发计划、筹资计划等。其中，研发计划包含了具体开发步骤和解决方案、成果转化和商业化方案、配套的劳动力技能提升方案等。

在招标遴选阶段，通过招标，公平竞争选出最优方案，挑选出最具有开发和应用价值的前沿制造技术，并给予相应的资金资助。

在技术开发和转化阶段，各研究所将组织更多成员资源，为选定的项目提供所需的智力、材料、设施、试验场地、生产车间等资源。

3.6　我国先进材料科技领域发展规划的国际比较研究

2017 年 1 月 23 日，为贯彻落实《中华人民共和国国民经济和社会发展第十三个五年规划纲要》和《中国制造 2025》，引导"十三五"期间新材料产业健康有序发展，工业和信息化部、国家发展和改革委员会、科技部、财政部联合制定《新材料产业发展指南》。该指南为中国新材料产业"十三五"发展提供了重要指导。

从全球范围内来看，工业发达国家都十分重视新材料在国民经济和国防安全中的基础地位和支撑作用，为保持其经济和科技的领先地位，都把发展新材料作为科技发展战略的目标，在制定国家科技与产业发展计划时将新材料列为 21 世纪优先发展的关键技术之一，予以重点发展。

3.6.1　美国：制订系列国家计划，旨在保持新材料全球领导地位

美国新材料科技战略目标是保持本领域的全球领导地位，支撑信息技术、生命科学、环境科学和纳米技术等发展和满足国防、能源、电子信息等重要部门和领域的需求。

美国国家研究理事会和美国总统科学技术咨询委员会等认为，材料发展应该满足美国遭受"9•11"事件袭击、国家能源消耗快速增长、材料科学与工程劳动力和教育策略快速转变等背景下国家对于材料的紧迫需求。美国把生物材料、信息材料、纳米材料、极端环境材料及材料计算科学列为主要前沿研究领域。

3.6.2　日本：新材料开发与传统材料改进并举，力求提高新材料国际竞争力

日本新材料科技战略目标是保持产品的国际竞争力，注重实用性，在尖端领域赶超欧美。纳米技术与材料被日本列为四大重点发展领域之一。日本对新材料的研发与传统材料的改进采取了并进的策略，注重于已有材料的性能提高、合理利用及回收再生，并在这些方面领先于世界。

日本在 21 世纪新材料发展规划中主要考虑环境、资源与能源问题。把研究开发生产的具体材料是否有利于资源与环境的有效利用，是否对环境有污染，是否有利于再生利用等作为主要考核指标。

3.6.3 欧盟：着力推动新材料发展，保持航空航天材料等领域竞争领先优势

欧盟新材料科技战略目标是保持在航空航天材料等某些领域的竞争领先优势。为了支撑与配合"欧盟 2020 发展战略"以及应对国际金融危机以来欧洲经济萎靡不振的局面，2011 年 11 月，欧盟颁布了名为"地平线 2020"的新规划实施方案，以期依靠科技创新实现"促进实现智能、包容和可持续发展"的增长模式。这是继 7 次框架计划之后，欧盟发布的又一重要研究与创新规划。"地平线 2020"重点关注三个主要目标：打造卓越的科学（预算 246 亿欧元）、成为全球工业领袖（预算 179 亿欧元）、成功应对社会的挑战（预算 317 亿欧元）。其中针对"成为全球工业领袖"提出专项支持信息通信技术、纳米技术、微电子技术、光电子技术、新进材料、先进制造工艺、生物技术、空间技术，以及这些技术的交叉研究。

3.6.4 俄罗斯：发展新材料，提高国家经济竞争力，在航空与国防方面与美国抗衡

俄罗斯研发新材料的战略目标是：力求继续保持某些材料科技领域在世界上的领先地位，如航空航天、能源工业、化工、金属材料、超导材料、聚合材料等，以提高国家经济竞争力，在航空与国防方面与美国抗衡。

基本策略：在处理发展高新技术和传统产业关系的同时，做到研发新材料与有效使用传统材料有机结合，在注重研发高新技术所需新材料的同时，对于现有的一般技术所需要的材料进行优选和更新，进而提高利用率。使研发新材料有的放矢、重点突出、周期缩短、效果显著。把优化材料的制备工艺和改进加工技术视为提高效率、减低成本、减少能耗、缩短流程的根本出路。增强环境意识，将研发新材料与生态、环境密切结合起来，增长材料使用寿命、提高循环使用以及再生利用的比率。而对环境净化、对人类生存无害则是今后研发新材料时所要考虑的首要因素。

3.6.5 韩国：强化新材料研发，力争成为世界新材料第四强国

韩国新材料科技发展的战略目标是继美国、日本、德国之后，成为世界产业第四强国，材料科技是确保 2025 年国家竞争力的 6 项核心技术之一，也是为其他领域技术突破铺路

的技术。

韩国在《科技发展远景规划 2025 年构想》中列出了为未来建立产业竞争力开发必需的材料加工技术清单：下一代高密度存储材料、生态材料、生物材料，自组装的纳米材料技术，未来碳材料技术，高性能、高效结构材料，用于人工感觉系统的智能卫星传感器，利用分子工程的仿生化学加工方法，控制生物功能的材料。

3.7　启示与建议

我国材料科技和产业不断发展壮大，材料研发在世界上具有重要的地位，材料产业体系初步形成，部分关键技术取得重大突破，但还面临一些亟待解决的问题。

重点基础材料技术提升方面，着力解决基础材料产品同质化、低值化，环境负荷重、能源效率低、资源瓶颈制约等重大共性问题，突破基础材料的设计开发、制造流程、工艺优化及智能化、绿色化改造等关键技术和国产化装备，开展先进生产示范。

战略性先进电子材料方面，需要实现第三代半导体材料与半导体照明、新型显示两大核心方向整体达到国际先进水平，部分关键技术达到国际领先水平；大功率激光材料与器件、高端光电子与微电子材料两大重点方向关键技术达到国际先进水平。

材料基因工程方面，需要构建高通量计算、高通量实验和专用数据库三大平台，研发多层次跨尺度设计、高通量制备、高通量表征与服役评价、材料大数据四大关键技术。

纳米材料与器件方面，将重点围绕传统纳米材料的提升和新型纳米材料的研发，着力解决纳米材料产业面临的重大共性问题，在核心纳米材料的设计、生产工艺流程的优化，以及关键技术和装备的开发三个方面形成突破，建立起相对完备的知识产权和标准体系。

结构与复合材料方面，解决材料设计与结构调控的重大科学问题，突破结构与复合材料制备及应用的关键共性技术。

功能与智能材料方面，突破新型稀土功能材料、智能/仿生/超材料、新一代生物医用材料、先进能源材料、高性能分离膜材料、生态环境材料、重大装备与工程用特种功能材料的基础科学问题以及产业化、应用集成关键技术和高效成套装备技术。

我国先进材料制造目前正处于由大到强转变的关键时期。如何实现我国材料由资源密集型向技术密集型、劳动密集型向经济密集型的跨越，成为我国面临的迫切问题。我国在材料自主创新方面能力薄弱，很多关键产品依赖进口，关键技术受制于人；整个产业发展缺乏科学规划、统筹规划和政策引导；大型材料企业创新动力不强，研发投入较少，新材料推广应用方面困难；整个行业的发展仍然处于高投入、高消耗、低效益的粗放型发展阶段，主要表现在以下几个方面：关键材料保障能力不足，自主创新能力不强，产学研用体系仍待完善，缺乏对新材料的清晰认识。

参 考 文 献

崔晓文. 2015. 欧盟"未来和新兴技术旗舰项目"：总体介绍. http://www.istis.sh.cn/list/ list.aspx?id=9375 [2015-10-26].

丁明磊，陈志. 2014. 美国建设国家制造业创新网络的启示及建议. 科学管理研究，(5)：113-116.

工业 4.0 研究院. 2017. 日本制造业白皮书中文版（2017 年）. http://www.innovation4.cn/library/r16086 [2017-07-12].

工业和信息化部. 2017. 四部委关于印发新材料产业发展指南的通知. http://www.miit.gov.cn/n1146295/ n1652858/n1652930/n3757016/c5473570/content.html[2017-01-23].

国务院. 2015. 国务院关于印发《中国制造 2025》的通知. http://www.gov.cn/zhengce/content/2015- 05/19/ content_9784.htm[2015-05-08].

国务院. 2016. 国务院关于印发"十三五"国家战略性新兴产业发展规划的通知. http://www.gov.cn/ zhengce/content/2016-12/19/content_5150090.htm[2016-11-29].

胡燕萍. 2015. 欧盟"石墨烯旗舰计划"科技路线图确定 13 个重点研发领域. http://www.xincailiao. com/ html/weizixun/gaoxingnenxianweijiqifuhecailiao/2015/0401/3223.html[2015-04-01].

华子怡. 2015. 英国《促进增长的创新和研究战略》——战略文本概要. http://www.istis.sh.cn/ list/list. aspx?id=9800[2015-12-21].

贾志琦，王琳，董建忠. 2011. 美国先进制造伙伴关系计划及其启示. 全球科技经济瞭望，26（12）： 63-67.

経済産業省. 2010. 産業構造ビジョン 2010. http://www.meti.go.jp/committee/summary/0004660/index. html [2011-01-05].

科学技术部. 2016. 国务院关于印发"十三五"国家科技创新规划的通知. http://www.most.gov.cn/mostinfo/ xinxifenlei/gjkjgh/201608/t20160810_127174.htm[2016-07-28].

刘俊聪，王丹勇，李树虎，等. 2015. 材料基因组计划及其实施进展研究. 情报杂志，(1)：61-66.

刘润生. 2013. 英国瞄准八大前瞻技术领域. 科学中国人，(8)：27-28.

陆颖，党倩娜. 2010. 德国 2020 高技术战略——思想·创新·增长. http://www.istis.sh.cn/list/list.aspx?id= 6869[2010-11-29].

陆颖. 2015. 解构德国"工业 4.0"：未来的工业化模式. http://www.istis.sh.cn/list/list.aspx?id=9497[2015- 10-27].

罗晔. 2015. 韩国斥巨资支持先进材料加工技术发展. http://www.cnmn.com.cn/ShowNews1.aspx?id= 333969[2015-12-14].

人民网. 2017. 人口不足 日本拟利用大数据及机器人增强竞争力. http://japan.people.com.cn/n1/2017/ 0607/c35421-29324078.html[2017-06-07].

任红轩，张玉，万菲. 2015. 韩国第二期国家纳米技术路线图的启示. 新材料产业，(3)：37-39.

商务部产业安全与进出口管制局. 2015. 韩国"制造业创新 3.0". http://cys.mofcom.gov.cn/article/cyaq/ 201511/20151101154852.shtml[2015-11-03].

孙世杰. 2016. 新版欧洲粉末冶金行业路线图解析. 粉末冶金工业，26（1）：73-75.

天海"互联网+"研究院. 2016. 欧盟"未来工厂"计划. http://www.iyiplus.com/p/12682.html[2016-05-18].

汪逸丰. 2016. 美国先进制造伙伴计划（AMP 计划）创新体系介绍. http://www.istis.sh.cn/list/list.aspx?id= 10068[2016-07-04].

王玲. 2003. 韩国制定长期科技发展规划——2025 年构想. 全球科技经济瞭望，（6）：12-14.

王玲. 2016-05-08. 日本发布《第五期科学技术基本计划》欲打造"超智能社会". 光明日报，第 8 版.

吴玫. 2016. 这些年 美国的材料基因组计划都在支持哪些材料项目？http://www.1000thinktank.com/ gccl/ 11004.jhtml[2016-04-05].

薛严. 2013. 韩公布第三次科学技术基本计划. http://scitech.people.com.cn/n/2013/0710/c1057- 22138993. html[2013-07-10].

严恒元. 2013-03-04. 欧盟加快关键使能技术商业化进程. 经济日报，第 15 版.

杨威. 2009. 日本经产省出台《稀有金属确保战略》. http://www.chinanews.com/cj/cj-gjcj/news/2009/07-29/ 1795753.shtml[2009-07-29].

张蓓. 英国工业 2050 战略重点. 学习时报. 2016-02-15. 第 A2 版.

赵宇哲. 2016. 欧盟关注未来研究经费支持的军民两用关键使能技术. http://www.dsti.net/ Information/ News/99953[2016-06-03].

中国科学院科技战略咨询研究院. 2016. 欧盟发布纳米技术等领域未来两年研发主题. http://www.casipm. ac.cn/zt/ydkb/201610/t20161025_4685070.html[2016-10-25].

中国-欧盟科技合作促进办公室. 2017. 欧盟"地平线 2020"计划. http://www.cstec.org.cn/ceco/zh/ceco.aspx [2017-07-05].

朱苏远. 2014. 聚焦未来新技术、占领全球产业技术高地——韩国发布新产业技术创新计划. http://www. istis.sh.cn/list/list.aspx?id=8184[2014-08-29].

左世全. 2012. 美国"再工业化"之路——美国"先进制造业国家战略计划"评析. 装备制造，（6）：65-67.

BEIS. 2017. Building Our Industrial Strategy. https://beisgovuk.citizenspace.com/strategy/industrial-strategy/ supporting_documents/buildingourindustrialstrategygreenpaper.pdf[2017-01-01].

Department of Commerce. 2016. Keeping America on the Cutting Edge of Innovation：The NNMI's Explosive Progress. https://www.commerce.gov/news/blog/2016/02/keeping-america-cutting-edge-innovation-nnmis-explosive-progress[2016-02-19].

EFFRA. 2015. €278 Million Available for Manufacturing Innovation. http://www.effra.eu/index.php?option= com_content&view=article&id=697:278-million-available-for-manufacturing-innovation&catid=45&Itemid= 260[2015-10-16].

European Commission. 2010. EUROPE 2020—A Strategy for Smart，Sustainable and Inclusive Growth. http://ec.europa.eu/eu2020/pdf/COMPLET%20EN%20BARROSO%20%20%20007%20-%20Europe%2020 20%20-%20EN%20version.pdf[2010-03-03].

European Commission. 2014. Metallurgy Made in and for Europe. https://ec.europa.eu/research/industrial_ technologies/pdf/metallurgy-made-in-and-for-europe_en.pdf[2014-05-01].

European Commission. 2015. The FET Flagships Receive Positive Evaluation in Their Journey Towards Ground-Breaking Innovation. https://ec.europa.eu/digital-single-market/en/news/fet-flagships-receive-positive-evaluation-their-journey-towards-ground-breaking-innovation[2017-02-15].

European Commission. 2016a. FET-Open：13 New Proposals Start Preparation for Grant Agreements. https://

ec.europa.eu/programmes/horizon2020/en/news/fet-open-13-new-proposals-start-preparation-grant-agreements [2016-02-29].

European Commission. 2016b. 12 New FET Proactive Projects Defy the Bounds of Innovation. http:// ec.europa. eu/newsroom/dae/itemdetail.cfm?item_id=36612&utm_source=dae_newsroom&utm_medium= Website&utm_campaign=dae&utm_content=12%20new%20FET%20Proactive%20projects%20defy%20the% 20bounds%20of%20innovation&utm_term=Fet&lang=en[2016-11-08].

European Commission. 2017a. FET-OPEN January 2017 Cut-off Evaluation Results: 28 Proposals Selected for Funding. https://ec.europa.eu/digital-single-market/en/news/fet-open-january-2017-cut-evaluation-results-28- proposals-selected-funding[2017-06-16].

European Commission. 2017b. Nanotechnologies, Advanced Materials, Biotechnology and Advanced Manufacturing and Processing Work Programme 2016-2017. http://ec.europa.eu/research/participants/ data/ ref/h2020/ wp/2016_2017/main/h2020-wp1617-leit-nmp_en.pdf[2017-09-17].

European Commission. 2018. European Strategy for KETs. https://ec.europa.eu/growth/industry/key-enabling- technologies/european-strategy_en[2018-02-08].

GOV.UK. 2013. £600 Million Investment in the Eight Great Technologies. https://www.gov.uk/government/ news/600-million-investment-in-the-eight-great-technologies[2013-01-24].

GOV.UK. 2017. £229 Million of Industrial Strategy Investment in Science, Research and Innovation. https:// www.gov.uk/government/news/229-million-of-industrial-strategy-investment-in-science-research-and-innov- ation[2017-02-23].

Manufacturing and Industrial Base Policy. 2018. Engage with Manufacturing USA. http://www.businessdefense.gov/ Programs/Manufacturing-USA-Institutes/[2018-08-21].

Ministry of Economy, Trade and Industry. 2014. FY2013 Summary of the White Paper on Manufacturing Industries. http://www.meti.go.jp/english/report/downloadfiles/0606_01b.pdf[2014-06-06].

Ministry of Economy, Trade and Industry. 2015. FY2014 Summary of the White Paper on Manufacturing Industries. http://www.meti.go.jp/english/report/downloadfiles/0609_01a.pdf[2015-06-09].

Ministry of Economy, Trade and Industry. 2016. FY2015 Summary of the White Paper on Manufacturing Industries. http://www.meti.go.jp/english/report/downloadfiles/0520_01a.pdf[2016-05-20].

National Nanotechnology Initiative. 2016. 2016 NNI Strategic Plan. http://www.nano.gov/2016strategicplan [2016-10-31].

National Nanotechnology Initiative. 2018. About the NNI. http://www.nano.gov/about-nni[2018-11-18].

National Network for Manufacturing Innovation. 2016. National Network for Manufacturing Innovation Program Strategic Plan. https://www.manufacturing.gov/sites/default/files/2018-01/2015-nnmi-strategic-plan. pdf[2016-02-01].

National Network for Manufacturing Innovation. 2018. Highlighting Manufacturing USA. https://www. manufacturing.gov/[2018-03-22].

White House. 2011. President Obama Launches Advanced Manufacturing Partnership. http://www.whitehouse. gov/the-press-office/2011/06/24/president-obama-launches-advanced-manufacturing-partnership[2011-06-24].

White House. 2012. A National Strategic Plan for Advanced Manufacturing. http://www.whitehouse.gov/sites/ default/files/microsites/ostp/iam_advancedmanufacturing_strategicplan_2012.pdf[2012-02-01].

第 4 章
能源科技领域发展规划分析

郭楷模[1] 岳 芳[1] 吴 勘[1] 陈 伟[1] 王 朔[2]
（1.中国科学院武汉文献情报中心；2.中国舰船研究设计中心）

摘 要 当前全球能源战略布局和能源生产消费结构正发生着深刻变革，呈现出能源结构清洁低碳演变、能源供需格局深刻调整、能源价格持续震荡、地缘政治环境趋于复杂、气候变化刚性约束增强、新一轮能源技术革命兴起等趋势。变革传统能源开发利用方式、推动新能源技术应用、构建新型能源体系成为世界能源发展的方向。环顾全球，能源科技创新进入高度活跃期，化石能源清洁高效利用、可再生能源、大容量储能、能源互联网、先进安全核能等一些重大或颠覆性技术创新在不断创造新产业和新业态，重塑传统能源结构。世界主要国家均把清洁能源技术视为新一轮科技革命和产业变革的突破口，近年来基于国际国内形势变化、自身能源结构特点，积极实施和调整了中长期能源科技战略进行顶层设计，以重大科技计划项目为牵引调动社会资源持续投入，并不断优化改革能源科技创新体系以增强国家竞争力和保持领先地位，尤其重视具有潜在颠覆影响的战略性能源技术开发，从而降低能源创新全价值链成本。在能源危机和气候变化成为国际主流议题的大背景下，"低碳能源规模化，传统能源清洁化，能源供应多元化，终端用能高效化，能源系统智慧化，技术变革全面深化"的整体思路已成为主要国家能源战略布局的核心内容。

本章系统梳理了世界主要发达国家和地区的能源科技领域重大发展战略规划，对典型能源科技规划部署的主要内容、特点和规律等开展深入研究，以准确把握世界能源技术变革和演进方向，进而为我国及中国科学院能源科技领域的优先谋划和布局提供重要参考。

关键词 能源科技 发展规划 战略能源技术规划 太阳能攻关计划

4.1 引言

当前，全球新一轮科技革命和产业变革方兴未艾，科技创新正加速推进。能源格局正在深刻调整，随着云计算、大数据、物联网等新兴技术的发展，能源生产、运输、存储、消费等环节正逐步发生变革。从传统集中式到分布式能源，从智能电网到能源互联网，从石化智能工厂到煤炭大数据平台，从用户侧智慧用能到汽车充电设施互联互通，一些重大或颠覆性技术创新在不断创造新产业和新业态，改变着传统能源格局。本章系统梳理了世界主要发达国家和地区的能源科技领域重大发展战略规划，对典型能源科技规划部署的主要内容、特点和规律等开展深入分析，以准确把握世界能源技术变革和演进方向，进而为我国及中国科学院能源科技领域的优先谋划和布局提供重要参考。

4.2 能源科技领域发展概述

纵观全球能源科技发展动态和主要能源大国推动能源科技创新发展的举措（DOE, 2015a; European Commission, 2015; 総合科学技術・イノベーション会議, 2016; Bundesministerium für Bildung und Forschung, 2016）可以发现：一是能源科技创新进入高度活跃期，新兴能源技术正以前所未有的速度加快对传统能源技术的替代。二是绿色、低碳、智慧、高效和多元成为能源科技创新的主要方向，科技创新重点集中在传统化石能源清洁高效利用、新能源大规模开发利用、核能安全利用、大规模储能技术、能源互联网、先进能源装备及关键材料等领域。三是世界主要国家均把能源技术视为新一轮科技革命和产业革命的突破口，积极实施并调整中长期能源科技战略作为顶层指导，出台重大科技计划牵引调动社会资源持续投入，并不断优化改革能源科技创新体系以增强国家竞争力和保持领先地位，从而降低能源创新全价值链成本。

随着新能源技术和一系列新兴信息通信技术（云计算、大数据、物联网等）的发展和深度融合，全球新一轮能源技术革命呈现出"低碳能源规模化，传统能源清洁化，能源供应多元化，终端用能高效化，能源系统智慧化，技术变革全面深化"的整体趋势。历次能源革命中技术变革的发展历程均遵循了能源科技创新固有的特点和规律，即能源科技是面向应用的渐进式发展过程，体现出高度综合、多学科交叉特点，具有经济、战略和环境等多重属性，国家需求导向和战略引领在能源科技发展中起到关键作用。能源技术进步既是遵循上述特点和规律、解决发展中面临的问题和障碍使然，也是重视能源科技创新体系的建立和完善、提高能源科技创新能力和装备制造水平的结果。

4.3　能源科技领域规划研究内容与方向

4.3.1　先进核能

4.3.1.1　核聚变技术

美国是聚变研究强国。美国能源部（Department of Energy，DOE）于 2015 年底发布的未来 10 年"聚变能科学战略框架"集中在四个主要研究范畴（DOE，2015b）：燃烧等离子体的基本行为、燃烧等离子体的壁材料研究、面向燃烧等离子体的高功率注入、等离子体诊断。该框架内包括五个重点研究领域：以验证整个核聚变设备建模为目标的大规模并行计算；与等离子体和核聚变科学有关的材料研究；对可能有害于环形聚变等离子体约束的瞬变事件的预测和控制的研究；重点解决前沿科学问题的等离子体科学管理探索；聚变能科学设施的定期升级。

欧盟长期以来重视、支持受控核聚变研究，组建了欧洲核聚变研发创新联盟（European Consortium for Development of Fusion Energy，EUROfusion），制订了详细的实施计划，并辅以充分的研究经费，以保障研究的顺利推进，其战略路线分为三个阶段（EUROfusion，2013）：①2014~2020 年（第一阶段，"地平线 2020"计划）：在计划内建设国际热核聚变实验堆（ITER）及其扩建方案，确保 ITER 成功，为建设聚变示范堆（DEMO）奠定基础。②2021~2030 年（第二阶段）：充分开发 ITER 使其达到最高性能，并启动聚变示范堆建设的准备工作。③2031~2050 年（第三阶段）：完成 ITER 工作，建造和运行 DEMO。

日本在聚变能研究上具有世界领先水平。2017 年底，日本文部科学省提出了新的《推进核聚变 DEMO 研发战略》（Ogawa，2018）：①在 ITER 示范自加热区域的燃烧控制；②开发用于 DEMO 运行的稳态高贝塔（beta）等离子体运行技术；③通过 ITER 开发与制造、安装和调整部件相关的集成技术；④开发 DEMO 反应堆相关的材料技术；⑤DEMO 反应堆工程技术开发；⑥根据聚变等离子体研究和核聚变技术的发展完成 DEMO 的概念设计。日本在参加 ITER 的同时，通过将 JT-60 改造为大型超导托卡马克装置 JT-60SA，开展燃烧等离子体物理实验以解决 ITER 和 DEMO 之间的稳态运行问题，还将同时开展国际聚变材料辐照设施（IFMIF）合作建造和运行，解决 DEMO 的材料问题，为在 2035 年左右建造 DEMO 创造条件。此外，日本还在探索螺旋磁约束或激光核聚变等其他聚变技术概念。

中国政府将聚变能开发战略划分为三个阶段，即"聚变能技术—聚变能工程—聚变能商用"，同时设定了清晰的近中远期目标：2010~2020 年，建立接近堆芯级稳态等离子体实验平台，吸收消化、开发和储备后 ITER 时代聚变堆关键技术，设计并筹备建设 200~1000 兆瓦中国聚变工程实验堆（CFETR）；2020~2035 年，建设、研究和运行聚变堆；2035~2050 年，发展聚变电站。战略的总目标是：依托现有的中、大型托卡马克装置开展国际核聚变前沿问题研究，利用现有的装置开展高参数、高性能等离子体物理实验和氚增殖包层的工程技术设计研究；扩建托卡马克装置"中国环流器二号 A"（HL-2A）和"东方超环"（EAST），使其具备国际一流的硬件设施并开展具有国际领先水平的核聚变物理实验；开展聚变堆的设计研究，建立聚变堆工程设计平台；发展聚变堆关键技术；通过参与 ITER 计划，掌握国际前沿的聚变技术，同时培养高水平专业人才。

4.3.1.2　核裂变技术

美国能源部于 2017 年 1 月发布《先进反应堆开发与部署愿景和战略》（DOE，2017），提出了中长期发展愿景，即到 21 世纪 30 年代初至少要有两个非轻水堆型的先进反应堆概念实现技术成熟，显示出较好的安全性和经济效益，并完成美国核监管委员会的许可审查，能够推进下一步建设；到 2050 年，基于在安全性、经济成本、性能、可持续性和减少核扩散风险方面的优势，使核能装机容量翻一番，先进反应堆将成为美国和全球核能结构的重要组成部分。为加速先进反应堆的开发和部署以实现上述愿景，美国能源部制定了六项战略行动计划，包括：加强核能技术创新基础设施建设；示范先进反应堆性能，降低成本和技术风险；支持开发先进反应堆的燃料循环方案；制定有效可靠的先进反应堆监管框架；最大限度提高公共和私营部门的投资效率，探索政策激励措施，帮助私营部门加快先进反应堆部署；解决核电产业专业人力资源和劳动力发展需求。

中国核能发展奉行"三步走"（压水堆—快堆—聚变堆）的战略，以及"坚持核燃料闭式循环"的方针：第一步，发展以压水堆为代表的热中子反应堆，即利用加压轻水慢化后的热中子产生裂变的能量来发电的反应堆技术，利用铀资源中占比 0.7%的铀-235，解决"百年"的核能发展问题；第二步，发展以快堆为代表的增殖与嬗变堆，即由快中子引起裂变反应，可以利用铀资源中占比 99.3%的铀-238，解决"千年"的核能发展问题；第三步，发展可控聚变堆技术，希望是人类能源终极解决方案，"永远"解决能源问题（苏罡，2016）。

4.3.2　化石能源清洁高效利用

欧盟提出的碳捕集与封存（CCS）产业计划旨在示范 CCS 技术的商业可行性，到 2020

年实现化石燃料电厂 CO_2 近零排放。2010~2020 年预估公私投资总额需要达到 105 亿~165 亿欧元。德国 2015 年 7 月开始实施减少电力行业污染的方案，以实现到 2020 年减排 40%的气候目标，其中提出将部分在役褐煤装机转为电力储备，提高燃煤热效率，并推动从燃煤热电联产（CHP）向燃气热电联产转变。英国 2015 年 11 月宣布拟从 2023 年起限制国内燃煤电厂使用，到 2025 年关闭所有燃煤电厂，将更清洁的天然气作为优先选择。

日本在 2014 年 9 月更新的《洁净煤技术路线图》（Japan Coal Energy Center，2014）中规划了先进超超临界（A-USC）、整体煤气化联合循环（IGCC）、整体煤气化燃料电池联合循环（IGFC）等高效低碳发电技术，褐煤提质、气化、煤转化液体燃料和化学品等低阶煤利用技术以及污染减排环保技术到 2050 年的研发与产业化路径。

中国《能源发展战略行动计划（2014—2020 年）》（国务院办公厅，2014）提出制定和实施煤炭清洁高效利用规划，积极推进煤炭分级分质梯级利用，加大煤炭洗选比重，鼓励煤矸石等低热值煤和劣质煤就地清洁转化利用。建立健全煤炭质量管理体系，加强对煤炭开发、加工转化和使用过程的监督管理。加强进口煤炭质量监管。大幅减少煤炭分散直接燃烧，鼓励农村地区使用洁净煤和型煤。在项目部署方面，科技部部署了"化石燃料燃烧排放 $PM_{2.5}$ 源头控制技术的基础研究"等国家重点基础研究发展计划（简称 973 计划）项目，中国科学院在 2012~2016 年实施了"低阶煤清洁高效梯级利用关键技术与示范"战略性先导科技专项，突破了热解、燃烧、气化、合成、CO_2 利用等多项核心关键技术，并全部进入了工业示范阶段。240 吨/天粉煤低温热解、万吨/年低阶煤加氢热解、2.5 万米³/小时烟气多种污染物脱除等示范工程装置运行成功；350 兆瓦超临界循环流化床锅炉、千吨级多段床气化技术等工业示范工程于 2017 年建成并运行。国家重点研发计划 2016 年启动实施"煤炭清洁高效利用和新型节能技术"重点专项，按照煤炭高效发电、煤炭清洁转化、燃煤污染控制、CCS、工业余能回收利用、工业流程及装备节能、数据中心及公共机构节能 7 个创新链（技术方向），共部署 23 个重点研究任务。

4.3.3　太阳能高效转化利用技术

在太阳能领域，美国、欧盟、日本主要国家或地区深化布局光伏发电全产业链创新，作为推进新兴产业发展的主要战略举措，通过全覆盖布局先进材料、制造和系统应用各环节研发实现平价上网目标。

美国能源部于 2011 年 2 月正式推出为期 10 年的太阳能攻关（SunShot）计划，旨在通过产学研合作的方式加速太阳能技术研发创新，将太阳能发电系统的总装机发电成本降低 75%，达到 6 美分/千瓦时，实现到 2020 年在没有补贴的情况下太阳能电力具备与传统电力相当的价格竞争力，促进全美范围内太阳能发电系统的广泛部署。SunShot 计划重点攻关四个主题领域的研究工作，包括：开发太阳电池与阵列技术、优化装置性能的电子设备、提高制造过程效率、精简太阳能系统的安装设计和许可过程。经过 5 年富有成效的发展，美国能源部于 2016 年 11 月发布了"SunShot 2030 计划"（DOE，2016a），瞄准了下一个十年，并设定了极具挑战性的新目标，即到 2030 年使光伏电站的平准化发电成本较 2020 年的基础上再减半至 3 美分/千瓦时。

欧洲太阳能产业计划（包括光伏和热发电）旨在提高光伏技术的竞争力，推动光伏技术大规模普及，到 2020 年占到欧洲电力需求的 12%，2010～2020 年预估公私投资总额需要达到 90 亿欧元；示范大规模部署先进太阳能热发电的竞争力，到 2020 年占到欧洲电力供应的 3%，2010～2020 年预估公私投资总额需要达到 70 亿欧元（European Commission，2009）。欧盟 2015 年 1 月提出通过产学研联合推动光伏产业全价值链持续创新，建立百万千瓦级高效率（22%～25%）n 型异质结晶硅太阳电池与组件制造厂，利用规模经济效益加快推动先进高效低成本技术的产业化，以此带动欧洲光伏产业重获竞争力领先地位（Weber and Schleicher-Tappeser，2015）。

中国国家能源局于 2016 年 12 月发布了《太阳能发展"十三五"规划》（国家能源局，2016a），提出到 2020 年底，太阳能发电装机达到 1.1 亿千瓦以上。其中，光伏发电装机达到 1.05 亿千瓦以上，在"十二五"基础上每年保持稳定的发展规模；太阳能热发电装机达到 500 万千瓦。太阳能热利用集热面积达到 8 亿平方米。到 2020 年，太阳能年利用量达到 1.4 亿吨标准煤以上。

4.3.4　生物能源技术

美国能源部于 2016 年 12 月发布了《繁荣可持续的生物经济战略》（DOE，2016b），明确了未来 20 年发展生物能源需要优先开展的四大领域工作，包括提高生物能源价值、开发生物质资源、培育生物能源市场和客户、扩大利益相关方参与和协作，旨在到 2040 年将生物燃料在美国交通运输燃料中的占比提高至 25%。针对 2040 年目标，战略详细制定了短、中、长期目标：到 2022 年，完成用于烃类生物燃料生产中试规模生产线示范验证工作，实现 3 美元每加仑汽油当量价格，温室气体排放减少 50%或更多；到 2027 年，通过转化过程废物流（如木质素和热解水相物流）和生产新型生物基产品，开展中试实验，以将生物燃料和生物产品生产成本降至不高于 1 美元每加仑汽油当量；到 2040 年，实现生物燃料和生物基产品的大规模商业生产，取代 7%左右的石化产品，将生物燃料在美国运输燃料市场的占比提升至 25%，减少 60%的碳排放，形成一个繁荣可持续的生物经济产业。

德国联邦食品与农业部（Bundesministerium für Ernährung und Landwirtschaft，BMEL）

于 2014 年公布《国家生物经济政策战略》（Federal Ministry of Food and Agriculture，2014），将发展生物经济提升为国家战略，设定了明确的目标，即通过大力发展生物经济，摆脱对石油能源的依赖，推动社会和经济发展转型，同时增加就业机会，增强德国经济和科研的全球竞争力；在保障生物经济政策框架连续性的基础上，促进粮食安全、环境保护和可再生资源利用，保持生物多样性和土地功能可持续性。为了确保目标的实现，战略提出了五大重点工作，包括：增加可再生资源的生产和供应；开发和利用能减少温室气体排放的生物燃料；加快技术和产品的创新；通过智能化价值链提升产业附加值；建立全球生物质能源伙伴关系。

中国国家发展和改革委员会、国家能源局等十五个部门于 2017 年 9 月联合印发了《关于扩大生物燃料乙醇生产和推广使用车用乙醇汽油的实施方案》（国家能源局，2017），描绘了未来 10 年的生物乙醇燃料发展目标，即到 2020 年，在全国范围内推广使用车用乙醇汽油，基本实现全覆盖，纤维素燃料乙醇 5 万吨级装置实现示范运行，生物燃料乙醇产业发展整体达到国际先进水平。到 2025 年，力争纤维素乙醇实现规模化生产，先进生物液体燃料技术、装备和产业整体达到国际领先水平。为了保障目标实现，方案部署了保障生物燃料乙醇供应、积极做好车用乙醇汽油推广工作、加强监督管理、推动创新发展、强化保障落实等五项重点任务。

4.3.5　规模化储能技术

规模化储能技术是实现未来电力、交通、工业用能变革的基础，将成为未来能源系统必不可少的关键组成部分，是世界各国竞相布局的重点领域。

美国能源部在 2012 年决定五年内资助 1.2 亿美元，由阿贡国家实验室（Argonne National Laboratory）领导的合作团队成立一个电池与储能联合研究中心（JCESR），联合五个国家实验室、五所大学和四家私营企业的研发力量来实现电池性能方面的革命性进步。JCESR 探索电力和动力规模储能的新材料、设备、系统以及新方法，示范原型器件来验证电化学储能的全新方法，克服当前的制造工艺限制，通过创新来降低复杂性和成本。为安全可靠部署电网规模储能技术，美国能源部于 2014 年底发布了《储能安全性战略规划》（DOE，2014），提出了高层次路线图，强调了从开发安全性验证技术、制定事故防范方法、完善安全性规范标准与法规三个相互关联的领域确保储能技术的安全部署。

欧洲储能协会（European Association for Storage of Energy，EASE）和欧洲能源研究联盟（European Energy Research Alliance，EERA）于 2017 年 10 月联合发布了新版的《欧洲储能技术发展路线图》（EASE and EERA，2017），提出了未来 10 年欧洲储能技术开发的三个阶段重点工作。第一阶段（未来 2 年内），支持新材料和新概念储能设备研究，以改善储能器件中关键组件和部件的性能；强化公共研究机构与企业的合作，加快技术创新和成果转化；对新开发的有潜力的储能技术开展实验室规模的技术经济评估；针对成熟的储能技术，建立电网规模的储能示范工程。第二阶段（未来 2～5 年），破解影响储能器件性能衰退的潜在工作机理和因素，以实现预测性维护，提高可靠性，改进设计和制造工艺，延长器件寿命；开展系统集成研究，即如何将天然气、电力、热能等基础设施与储能系统进行无缝匹配耦合；加快电动汽车储能技术的研究创新，扩大电动汽车的部署规模。第三阶段（未来 5～10 年），基于前面两个阶段工作取得的成果和经验，开展大规模的储能示范工程建设工作；持续不断地推进储能技术相关的基础原理、材料、制造工艺的研发工作；尝试不同储能技术的电力并网。

日本经济产业省于 2012 年 7 月公布了《蓄电池战略》（经济産業省，2012），提出通过公私合作方式加快储能技术的创新突破，旨在 2020 年左右将钠硫、镍氢等大型蓄电池的发电成本降至与抽水蓄能发电成本相当，将电动汽车的续航里程从当前水平（120～200 千米）提升两倍，并建成普通充电桩 200 万个、快速充电桩 5000 个，实现全球蓄电池市场占有率 50%的目标。2016 年，日本综合科学技术创新会议发布了面向 2050 年技术前沿的《能源环境技术创新战略》（総合科学技術・イノベーション会議，2016），明确将储能技术纳入五大技术创新领域，重点开展工作包括：研发低成本、安全可靠的快速充放电先进蓄电池技术，使其能量密度达到现有锂离子电池的 7 倍，同时成本降至现在的 1/10，使得小型电动汽车续航里程达到 700 千米以上；还可用于储存可再生能源，实现更大规模的可再生能源并网。

中国国家发展和改革委员会、国家能源局在 2016 年联合发布的《能源技术革命创新行动计划（2016—2030 年）》中提出，先进储能技术创新战略将集中研究太阳能光热高效利用高温储热技术、分布式能源系统大容量储热（冷）技术，研究面向电网调峰提效、区域供能应用的物理储能技术，研究面向可再生能源并网、分布式及微电网、电动汽车应用的储能技术。积极探索研究高储能密度低保温成本储能技术、新概念储能技术（液体电池、镁基电池等）、基于超导磁和电化学的多功能全新混合储能技术，争取实现重大突破（国家发展和改革委员会和国家能源局，2016a）。

4.3.6 氢能与燃料电池

氢能具有能量密度大、燃烧热值高、来源广、可储存、可再生、可电可燃、零污染、零碳排等优点。随着氢能应用技术发展逐渐成熟，以及全球应对气候变化压力的持续增大，氢能产业的发展在世界各国备受关注。

欧盟在"地平线 2020"计划框架下向燃料电池和氢能联合研究计划资助 13.3 亿欧元，

其中燃料电池在交通运输和能源领域的经费各占 47.5%，其余 5%的经费用于其他相关的横向工作，主要目标是到 2020 年实现氢能和燃料电池在固定式能源供应和交通方面的应用。重点支持研究方向包括氢气制备、运输、储能、发电、热电联产等。此外，通过该计划的资助，2014 年欧盟委员会资助本田、宝马、戴姆勒、丰田和现代，启动了氢燃料创新汽车计划（Hyfive）项目用于推动燃料电池汽车在欧洲的推广。

日本是燃料电池车的坚定支持者，并将其作为建设"氢社会"的一环。日本经济产业省于 2015 年 3 月发布了新版《氢能与燃料电池战略路线图》（经济産業省，2015），明确设定了到 2025 年日本燃料电池汽车发展目标，包括到 2020 年普及 4 万辆燃料电池汽车、建立 160 座加氢站，到 2025 年普及 20 万辆燃料电池汽车、建立 320 座加氢站的中间目标。经济产业省在 2017 年 12 月发布了《氢能基本战略》（经济産業省，2017），进一步设定了中期（2030 年）、长期（2050 年）的氢能发展目标：到 2030 年实现氢燃料发电商业化，发电成本控制在 17 日元/千瓦时，形成年均 30 万吨氢燃料供给能力，燃料电池汽车发展到 80 万辆；到 2050 年，氢燃料发电成本进一步降至 12 日元/千瓦时，年均氢燃料供应量达到 500 万～1000 万吨，燃料电池汽车全面普及，燃油汽车全面停售，以推进日本尽快迈入氢能社会。

中国《节能与新能源汽车产业发展规划（2012—2020 年）》（国务院，2012）、《"十三五"国家战略性新兴产业发展规划》（国务院，2016a）、《能源技术革命创新行动计划（2016—2030 年）》等国家顶层规划都明确了氢能与燃料电池产业的战略性地位，将发展氢能和氢燃料电池技术列为重点任务，氢燃料电池汽车列为重点支持领域。而 2016 年中国汽车工程学会发布的《节能与新能源汽车技术路线图》则明确提出我国氢能和燃料电池发展的短中期目标：到 2020 年，实现 5000 辆级规模在特定地区公共服务用车领域的示范应用，建成 100 座加氢站；到 2025 年，实现 5 万辆规模的应用，建成 300 座加氢站；到 2030 年，实现百万辆氢燃料电池汽车的商业化应用，建成 1000 座加氢站（欧阳明高，2016）。

4.3.7　智能电网

智能电网是将现代先进的传感测量技术、网络技术、通信技术、计算技术、自动化与智能控制技术等与物理电网高度集成而形成的新型电网。主要发达国家均将智能电网的研究与发展提升到国家战略高度并纳入能源未来发展规划之中。

美国能源部于 2016 年 1 月发布电网现代化多年期计划报告（DOE，2016c），阐明了未来五年将优先支持的研究、开发与示范工作重点，以建设更加经济高效、灵活可靠、安全可持续的电网基础设施，推动电力系统变革。作为计划的具体落实，美国能源部资助 2.2 亿美元推动国家实验室与工业界、高校以及地方政府等合作伙伴组成研发联盟，开展 88 个先进储能系统与电网设备、多尺度清洁能源系统集成、标准与测试流程等电网现代化关键领域的研发项目，包括 14 个国家实验室参与其中。电网现代化计划涵盖六大核心技术领域，包括：设备与集成系统测试，传感与量测，系统运行、电力流动和控制，设计与规划工具，安全性和灵活性，技术支持。

欧洲智能电网技术平台（European Technology Platform SmartGrids，ETP SmartGrids）于 2012 年 3 月发布了《至 2035 年的智能电网战略研究议程》（ETP SmartGrids，2012），提出了六个优先研发示范方向：分布式储能系统；实时能源消费计量和系统状态监测系统；电网建模技术；通信技术；大规模可再生能源电力并入输电网的保护系统；法律框架和社会-经济激励等非技术问题。该机构在 2016 年 6 月发布《数字化能源系统 4.0》（ETP SmartGrids，2016）报告，为推动能源电力系统数字化尽早实现预期效益提出了九项建议：抓住不可逆转的数字化转型机遇；数字化智能电网能够实现即插即用；利用数字仿真模型提高信息通信基础设施服务能力；发展开放式电子交易市场能够加速能源系统数字化；正确引导的数据保密行为将加速数字化转型；智能管理能够成功集成更多的可再生能源；协调运用数字化技术创建开放透明的灵活市场；应用自动化技术转变居民能源消费模式；持续向颠覆性数字化技术投资。

中国国家电网有限公司的智能电网发展规划提出分三阶段到 2020 年全面建成统一的"坚强智能电网"，以特高压输电为骨干：2009～2010 年进行规划试点阶段，主要是制定发展规划、技术和管理标准，进行技术和设备研发，以及各环节试点工作；2011～2015 年开始全面建设阶段，加快特高压电网和城乡配电网建设，初步形成智能电网运行控制和互动服务体系，关键技术和装备实现重大突破和广泛应用；2016～2020 年为引领提升阶段，全面建成统一的"坚强智能电网"，技术和装备全面达到国际先进水平。总投资规模接近 4 万亿元。国家重点研发计划 2016 年启动实施"智能电网技术与装备"重点专项，旨在到 2020 年实现我国在智能电网技术领域整体处于国际引领地位。专项按照大规模可再生能源并网消纳、大电网柔性互联、多元用户供需互动用电、多能源互补的分布式供能与微网、智能电网基础支撑技术 5 个创新链（技术方向），共部署 23 个重点研究任务。专项实施周期为 5 年（2016～2020 年）。

4.3.8 主要国家/地区能源科技整体战略规划方向

4.3.8.1 美国政府实现世界能源主导地位战略新思路

美国在清洁能源转型上已取得了明显进展，为进一步明确未来能源科技投入的重点领域，美国能源部于 2015 年 9 月发布了新版的《四年度技术评估》（DOE，2015b），认为能源发展主要呈现出四大基本趋势：能源系统领域交叉汇聚；能源来源、载体和利用多元化；

能源效率全面提高；融合理论预测、计算仿真和高通量实验能力设计新型能源系统。未来研发应用新机遇存在于以下七个领域：电力系统现代化；先进清洁发电技术；提高建筑能效；提高先进制造业能效；清洁燃料多元化；先进清洁交通系统；能源与水资源、材料、储能等领域交叉技术。

特朗普上台后能源战略有较大变化。他认为奥巴马政府能源与气候政策限制了美国本土化石能源的开发，阻碍了美国工业和经济发展，上台半年内推出了"美国优先能源计划"（White House，2017），撤销了奥巴马政府的各项限制和监管规定（如"清洁电力计划"），宣布退出《巴黎协定》等。特朗普政府的能源战略新思路体现在：将"美国利益优先"作为核心原则，避免承担过多的国际责任，强调发展国内的石油、天然气、煤炭等传统能源产业，振兴核电，并将能源作为一种重要的国家战略资源，扩大能源出口，在实现能源独立的过程中谋求世界能源霸主的发展之路。重要举措包括：实施全面能源战略，促进能源结构多样化，开发减排技术；推动可再生能源并网，同时保留基荷电源，确保电网可靠性；解决核废料处置问题，确保核能发展的安全性；减少贸易赤字，促进就业，提振美国经济，同时保护环境；将能源作为外交政策重点之一，通过能源战略推动实现国家最重要的利益诉求。

4.3.8.2 欧盟围绕能源系统转型开展研究与创新优先行动

欧盟自 2007 年以来率先提出 2020 年、2030 年和 2050 年的能源气候政策框架（European Commission，2010，2012，2014），描绘欧盟能源系统中长期发展愿景目标，以此推进能源及相关产业的绿色转型，带动欧盟产业调整及经济增长。为了通过科技创新促进具有成本效益的新能源技术开发和部署，欧盟委员会于 2007 年制定了综合性能源科技发展战略——《欧洲战略能源技术规划》（SET-Plan），整合欧盟研究资源，从科学技术层面推动欧盟能源与气候目标的实现（European Commission，2007）。

2014 年新一届欧盟委员会上台后提出了欧洲能源联盟战略，旨在全面提升欧洲能源体系抵御能源、气候及经济安全风险的能力，建立安全、可持续和有竞争力的低碳能源体系。作为落实欧洲能源联盟战略之研究、创新与竞争力目标的举措之一，欧盟委员会于 2015 年 9 月公布了升级版 SET-Plan（European Commission，2015），明确提出在欧洲着手组建能源联盟以应对能源变革大背景下的新挑战，将研究与创新置于低碳能源系统转型的中心地位。升级版 SET-Plan 改变以往单纯从技术维度来规划发展，将能源系统视为一个整体来聚焦转型面临的若干关键挑战与目标，以应用为导向打造能源科技创新全价值链（从学术研究到市场应用），加速能源系统的转型，确立欧盟低碳能源技术研发和部署在全球范围的领先地位。升级版 SET-Plan 明确提出将围绕可再生能源、智慧能源系统、能效和可持续交通四个核心优先领域以及 CCS 和核能两个适用于部分成员国的特定领域，开展十大研究与创新优先行动。

4.3.8.3 德国实施国家级研究计划推动高比例可再生能源转型

德国一贯坚持以可再生能源为主导的能源结构转型，经过多年政策激励和研发支持，在可再生能源技术和能源装备制造方面的实力位居世界前列。德国早在2010年9月即发布了以发展可再生能源为核心的《能源战略2050》（Federal Ministry of Economics and Technology，2010）报告，阐述了德国中长期能源发展思想，明确了到2050年实现能源结构转型的发展目标。福岛核事故后，默克尔政府于2012年5月率先提出了全面弃核的能源转型战略（Federal Ministry for the Environment and Nature Conservation and Nuclear Safety，2012），被称为第二次世界大战后德国最大的基础建设项目，把可再生能源和能效作为战略的两大支柱，并以法律形式明确了可再生能源发展的中长期目标，到2050年可再生能源电力占比要达到80%。

为了提出高比例可再生能源的系统解决方案，德国联邦教育与研究部于2016年提出了"哥白尼计划"（Bundesministerium für Bildung und Forschung，2016），在未来10年投资约4亿欧元，集合全德国230多家学术界和产业界机构组建产学研联盟，开展四大重点方向攻关：构建新的智慧电网架构；转化储存可再生能源过剩电力；开发高效工业过程和技术以适应波动性电力供给；加强能源系统集成创新。

4.3.8.4 日本压缩核能发展新能源掌控产业链上游

日本能源科技创新战略秉承了"技术强国"的整体思路，尽管国内能源资源匮乏、市场有限，但重点放在产业链上游的高端技术，依靠对产业链的掌控和影响使日本的能源技术产品和能源企业在世界市场上占据最大份额，以此促进经济发展。在经历福岛核事故之后，日本大幅调整了能源科技发展重点，经济产业省2014年制定的新的《能源基本计划》（经济产业省，2014）指出，未来发展方向是压缩核电发展，举政府之力加快发展可再生能源，以期创造新的产业。2016年4月，日本相继公布了两份与能源相关的战略规划，为能源转型划定中期（2030年）和长期（2050年）发展路线。

面向2030年产业变革的《能源革新战略》（经济产业省，2016），提出将资助28万亿日元用于与节能、可再生能源相关的政策制定和技术研究，以改革日本能源生产和消费结构，并强调改革必须兼顾经济发展以及全球气候变暖问题。该革新战略围绕节能措施、扩大可再生能源占比和构建新型能源供给系统这三大改革主题，分别策划了节能标准义务化、新能源固定上网电价（FIT）改革、利用物联网技术远程调控电力供需等一系列举措，以提高能源效率和可再生能源占比，减少温室气体排放，实现2030年度能源结构优化升级目标，构建可再生能源与节能融合型新能源产业。

面向 2050 年技术前沿的《能源环境技术创新战略》(総合科学技術・イノベーション会議，2016)，主旨是强化政府引导下的研发体制，通过创新引领世界，保证日本开发的颠覆性能源技术广泛普及，实现到 2050 年全球温室气体排放减半和构建新型能源系统的目标。技术创新战略确定了日本将要重点推进的五大技术创新领域，包括：利用大数据分析、人工智能、先进传感和物联网技术构建智能能源集成管理系统；创新制造工艺和先进材料开发实现深度节能；新一代蓄电池和氢能制备、储存与应用；新一代光伏发电和地热发电技术；二氧化碳固定与有效利用。为了确保顺利实现中长期目标，战略还提出了强化研发体系的四项举措，包括：构建完善的研究体制，即政府主导、相关部门协同参与科技政策的制定和研究课题进展的评估审查；共享研究资源，即内阁府和各能源环境相关部门应鼓励支持各研究机构（大学、国立科研机构和企业）进行研究资源的共享，促进技术的研发；组建产学研联盟，加强企业、大学和国立科研机构的合作，推进技术创新和实用化进程；加强国际参与和合作，互相学习，优势互补，共同致力于全球温室气体减排。

4.4　能源科技领域代表性重要规划剖析

4.4.1　《欧洲战略能源技术规划》

4.4.1.1　规划背景简介

2007 年，作为建立欧洲能源科技政策的第一步，欧盟创立了《欧洲战略能源技术规划》(SET-Plan)。该规划是欧盟能源与气候政策的技术支柱，其目标是：加快新知识发现、技术转移转化；维护欧盟在低碳能源技术产业领先地位；促进能源技术商业化，实现 2020 年能源与气候变化目标；支持到 2050 年全球向低碳经济的转型。2014 年新一届欧盟委员会上台后全面实施能源联盟战略，旨在全面提升欧洲能源体系抵御能源、气候及经济安全风险的能力，建立安全、可持续和有竞争力的低碳能源体系。作为落实欧洲能源联盟战略研究、创新与竞争力目标的举措之一，欧盟委员会于 2015 年 9 月公布了升级版 SET-Plan，明确提出在欧洲着手组建能源联盟以应对能源变革大背景下的新挑战，将研究与创新置于低碳能源系统转型的中心地位，将统筹资源优化配置，协调行动集中解决欧盟战略能源技术研发创新四大关键挑战：①研发创新价值链，整体部署从基础研究到中试示范项目的无缝衔接，支持市场转化和消费导向；②产业增加值价值链，确保各种新能源供应价值链全链条上工业企业的竞争能力和研发创新潜力；③欧盟内部新能源市场整合改革，激励欧盟不同地区新能源生产的优势互补和跨境整合；④欧盟能源体系改革，以具有竞争力、供应安全、高效生产和可持续的方式，满足欧盟持续增长的能源消费需求。

4.4.1.2 规划内容解析

新的 SET-Plan 改变了过去依靠技术路线图单纯从技术维度来规划发展的做法，而是将能源系统视为一个整体来聚焦转型面临的关键挑战与目标，以结果为导向打造能源科技创新全价值链（从学术研究直到市场应用），最终加速能源体系转型，并确立欧盟在低碳能源技术研发与部署上的领导地位。新 SET-Plan 同时提出要改革科研计划管理架构，促进官产学研等利益相关方的协同合作，加强欧洲范围内的研发创新资源统筹和知识成果共享，改善科研活动监测与定期报告以提高透明度、可计量与可考核性，避免碎片化和重复投资。具体围绕可再生能源、智慧能源系统、能效和可持续交通四个核心优先领域以及 CCS 和核能两个特定领域，开展十大研究与创新优先行动（European Commission，2016），具体如下。

（1）通过开发高性能可再生能源技术及其与能源系统的集成，保持技术领导地位。继续支持开发下一代高性能可再生能源技术，从基础研究到示范应用全链条创新，包括海上风能、海洋能、生物能源、地热技术、太阳能热利用以及电力转化为化学品和燃料技术。

（2）降低可再生能源关键技术成本。开展区域合作推动研究与创新，规模化制造和建立大规模稳定市场，实现可再生能源关键技术成本削减。

（3）开发智能房屋技术与服务，为能源消费者提供智能解决方案。结合能源技术和信息通信技术开发智能能源网络服务创新方案，并逐步与其他互联网数字化服务如环境控制、电动交通和电子健康医疗相整合，推动消费者参与到能源转型进程中。

（4）提高能源系统灵活性、安全性和智能化。开发与示范创新电力电子器件、灵活发电、需求响应与储能、新型传输及高效供暖制冷技术，优化各类能源网络互联，规范大数据分析与共享，保障系统安全和用户隐私。

（5）开发新材料与技术用于建筑能效解决方案，并推动方案的市场应用。建筑部门、新材料研发机构和工业界开展跨学科联合创新，开发先进材料和工业化建筑过程，加速近零能耗建筑的大规模应用。

（6）降低工业能耗强度，提高其竞争力。通过提高资源和能源利用效率，广泛使用可再生能源，为高能耗工业开发和部署能源强度和碳强度更低的过程技术，如光伏就地利用、热电联产、废热回收、智能控制与能源管理系统等。

（7）提高欧盟在全球电池行业中的竞争力，推动交通电气化。汇聚学术界和工业界研究与创新力量，开发高性能、长寿命、低成本和大容量电池技术，并通过具有竞争力的规模化制造推动交通储能解决方案应用。

（8）促进可再生燃料的市场应用，实施可持续交通解决方案。关注于开发可持续替代燃料，如地面交通与航空应用先进生物燃料、可再生能源制氢及降低交通用燃料电池成本，并结合合适的法律与监管框架，支持扩大对商业化生物燃料及化学品的需求，推动生物质资源可持续生产与利用。

（9）加强 CCS 技术实际应用以及碳捕集与利用（CCU）技术商业可行性的研究与创新活动。在发电和工业部门实施大规模 CCS 示范项目以积累经验、降低成本和验证安全可靠性，特别是在具有高纯度 CO_2 来源的行业探索推广 CCS。研究将 CO_2 转化为燃料、化学品和新材料的技术方案可行性，进一步提高 CCS 技术经济性。

（10）保持核能反应堆及燃料循环在运行和退役过程中的高度安全性，并提高效率。短期内通过应用最先进、经济合理的技术以及放射性废料的全过程管理，保障反应堆最高等级的安全性。长期研究与创新关注于围绕 ITER 发展核聚变及衍生的其他行业关键使能技术。

4.4.1.3　规划实施进展

SET-Plan 实施以来，推动欧盟在低碳能源技术研发上取得了显著进展，能源科技实力位居世界前列，有多项能源科技成果处于全球领先地位。2017 年 12 月 12 日，欧盟委员会出版了 SET-Plan 十周年报告（European Commission，2017），总结了在 14 个低碳能源技术领域取得的成就，具体如下。

（1）光伏发电。欧盟光伏发展规模呈指数级增长，截至 2016 年底装机容量超过了 100 吉瓦，满足了欧盟 4% 的电力需求。在光伏发电成本方面，从 2008 年到 2016 年第二季度，住宅光伏电力系统价格下降超过 80%，光伏发电成本已经低于住宅电力零售价格，2009~2015 年光伏模块价格下降约 80%。目前已有建筑光伏一体化项目进行了成功示范，光伏发电的大规模普及成为可能。同时，欧盟也是光伏技术研究的领导者，其多晶硅电池模块效率从 1990 年的约 10% 提高到 2015 年的 15.5%，p 型和 n 型单晶硅电池则分别达到 16.5% 和 20.5%。2016 年 3 月，德国巴登符腾堡太阳能和氢能研究中心（Center for Solar Energy and Hydrogen Research Baden-Württemberg，ZSW）研究的铜铟镓硒薄膜电池创造了效率 22.0% 的新纪录。德国 Heliatek 公司则在 2016 年宣布在有机太阳电池研究中创造了 13.2% 的纪录。

（2）太阳能热发电。太阳能热发电只占欧洲可再生能源发电的一小部分，在成本和部署方面远远落后于光伏发展，目前全球装机容量约为 5 吉瓦，其中欧洲有 2.3 吉瓦，主要集中在西班牙。欧盟委员会资助 1000 万欧元设立了聚光型太阳能热发电技术卓越科技联盟（STAGE-STE）项目，有 41 个合作伙伴参加，其中包括 9 个非欧洲合作伙伴。迄今为止，该项目取得了若干项关键技术突破，如开发了五种类型的低成本定日镜，测试吸热器性能，并通过现场数据验证仿真模型评估太阳能热发电厂性能等。

（3）海上风能。截至 2016 年底，全球累计风电装机容量达到约 486 吉瓦，超过 2007 年装机容量的 4 倍，其中约 1/3 处于欧盟境内。2016 年，风电占欧盟电力需求的 10.4%，已经超过煤炭成为第二大发电来源。欧洲同时是海上风电的全球领导者，拥有全球近 88% 的装机容量。私营机构在风电领域技术投资中处于主导地位，2015 年共投资 10.3 亿欧元用于海上风电技术研究。在技术开发方面，风力涡轮机叶片尺寸持续扩大，传动装置发展为直驱和混合动力配置，风机额定容量持续增长，2016 年平均容量达到 4.8 兆瓦，比 2015 年增长 15.4%。在成本方面，预计到 2020 年，风电成本将大幅下降至 100 欧元/兆瓦时。在项目实施方面，由丹麦技术大学（Technical University of Denmark）主导的欧盟资助项目 INNWIND.EU 延续了 2006～2011 年开发 10 兆瓦风力涡轮机的 UPWIND 项目，2012～2017 年进行了 10～20 兆瓦大型风力涡轮机设计，为 10 兆瓦级风力涡轮机的应用铺平道路。

（4）海洋能。欧盟处于海洋能源技术发展的前沿，拥有世界上约一半的潮汐能开发商和 60% 的波浪能开发商。2007～2017 年，超过 20 兆瓦的潮汐能和波浪能装置已经在欧洲水域进行了不同规模的测试。到 2050 年，欧盟海洋能装机容量可能增加到 100 吉瓦，提供约 350 太瓦时电力。欧盟大多数海洋能研究创新投资来自私营机构，2015 年共投入 1.71 亿欧元用于海洋能技术研究，成员国投资额为 5800 万欧元，而欧盟层面投资额为 7000 万欧元。潮汐能技术目前处于商业化阶段，水平轴涡轮机技术成熟度已经达到 8，目前开发的全尺寸潮汐设备有 3/4 使用水平轴涡轮机，截至 2016 年底，欧洲水域部署了 21 台总装机容量超过 13 兆瓦的潮汐涡轮。波浪能技术的开发落后于潮汐能技术，只有少数设备通过测试，从技术角度看，最先进的设备是振荡水柱式和点吸收式。过去几年，欧盟在海上部署了 13 个共计 5 兆瓦的波浪能装置，还有 6 个共计 17 兆瓦的项目在建设中，总计 15 兆瓦的项目已获批。

（5）地热能。2015 年，地热能占欧盟可再生能源产量的 3.1%，主要由 16 吉瓦的地源热泵、3.8 吉瓦的直接利用以及 1 吉瓦的地热发电厂组成。目前地热资源的开发程度有限，但考虑到其巨大的技术潜力，到 2050 年估计能够供应 2600 亿千瓦时。另外，地热能越来越多地被用于供热和制冷应用：2012～2016 年，欧盟有 51 个新的地热区域供热工厂投入运行，总数增加到 190 个（包括热电联产系统）。还有超过 200 个项目处于规划阶段，到 2020 年估计产能将增长至 6.5 吉瓦，其主要市场是法国、荷兰、德国和匈牙利。就电力生产而言，如果能够成功开发部署增强型地热系统（EGS），到 2050 年欧盟的总装机容量将达到 80 吉瓦。欧盟已资助超过 1000 万欧元用于支持通过地球物理技术、井中光纤、示踪剂和地热测量仪来进行储层的评估。欧盟"地平线 2020"框架计划还提供近 2000 万欧元资助，旨在验证 EGS 技术在深井和不同地质条件下的可行性，实现深达 4659 米的钻探深度。

（6）能源消费侧。除了在特定的清洁能源技术方面取得进展之外，SET-Plan 还推动设计创新的服务和商业模式，通过智能技术和服务使能源消费者受益，同时消耗更少的能源。欧洲率先创建了名为智能家电参考（SAREF）本体的交互语言，该语言于 2015 年成为欧洲电信标准协会和全球物联网领域国际标准化组织（OneM2M）的标准，使智能家电能够作为智能电网需求响应机制的一部分与任何管理系统进行沟通。

（7）智能城市和社区。SET-Plan 关注城市能源系统脱碳化研究，欧盟委员会在城市层面大力推进可再生能源、需求响应、能源效率、供暖和制冷以及交通的智能整合。欧盟"地平线 2020"框架计划在 2014～2020 年资助约 5 亿欧元开展智能城市灯塔项目，以实现"建筑物能效指令"规定的零能耗目标。

（8）能源系统。欧盟委员会预计，到 2030 年电力行业可再生能源发电份额为 43%，未来能源转型将主要基于分布式可持续发电和分布式负荷控制。欧盟最初的研究工作集中在智能电网上，为主动配电网引入智能电表和创新架构使其能够实时平衡发电和需求；其他重要研究领域致力于实现更好的电网监测和网络可观察性，并将可再生能源纳入未来的基础设施；电动汽车的整合也为能源系统带来了挑战和机遇，它将短时间充电与空闲时使用车辆电池的情况（通常超过 90%）结合起来；新需求响应计划也在欧洲多个地区进行试点。

（9）建筑能效。欧盟能源消耗量高达 40% 的建筑物排放了 36% 的温室气体。在 2007～2017 年，欧盟启动了总投资达 11 亿欧元的 155 个示范项目，以开发改善建筑节能的创新解决方案，其结果是能源消耗降低 34%，废弃物减少 13.3%，CO_2 排放减少 33.6%。2010 年通过的《建筑能效指令》激发技术创新，2007～2013 年住宅平均终端能源消费量下降 3.8 千瓦时/米^2·年。另外，采用更高效的加热和制冷方案，如地源热泵和太阳能技术，在建筑物整体能效方面发挥重要作用。

（10）工业能效。2003～2013 年，欧盟工业部门能效显著提高，工业终端能耗下降 17%，同时 CO_2 排放量下降近 1/4。欧盟委员会与八个欧洲工业部门（水泥、陶瓷、化工、工程、采矿、有色金属、钢铁和水）之间建立了联盟合作关系，其目标是通过技术开发使化石能源强度下降 30%，不可再生资源使用量下降 20%，相应降低 40% 的碳足迹。欧洲拨出 9 亿欧元研发创新基金以达到这一目标，第一批 75 个项目已经启动。

（11）移动和固定式储能电池。2007～2016 年，欧盟框架计划支持了 135 个与电池相关的研究项目，投资金额包括 3.75 亿欧元的欧盟资金以及 1.8 亿欧元的私人融资。电池能量密度显著增加，锂离子电池已广泛用于电动汽车和固定式储能系统；锂离子电池组的成本下降至 250 美元/千瓦时以下，降幅达到 80%。欧盟资助的五伏锂离子电池（FiveVB）项目专注于开发下一代高压锂离子电池，成功开发了硅阳极软包电池、高镍含量锂锰钴氧化物阴极以及特殊电解质材料，并将在中试设备上测试下一代车用金属电池；基于钠离子电池的储能示范（NAIADES）项目旨在开发钠离子电池作为锂离子电池的有效替代品，大幅降低成本，同时提升安全、循环寿命和能量密度。

（12）生物质能源。欧盟在热电联产装置中增加使用各种固体或气体生物质，热电联产和沼气工程的综合效率提高至 60%以上，电力生产成本降至 120 欧元/兆瓦时以下。欧盟资助了用于可持续交通的光催化生物燃料（Photofuel）项目，旨在推进使用阳光、二氧化碳和水替代液体燃料的生物催化生产；可持续航空燃料计划（ITAKA）项目已实现超过 900 吨航空生物燃料用于航空物流飞机示范；生物质快速热解制液体燃料（BioCat）项目基于生物甲烷化技术设计、建造和测试 1 兆瓦电力-天然气工厂。

（13）碳捕集、利用与封存（CCUS）。在碳捕集技术方面，欧盟 SET-Plan 实施期间，一系列使用溶剂型和钙循环捕集技术的试验工厂已经逐步将热能消耗从 4 吉焦/吨的参考值降低至 2.4 吉焦/吨，并将成本从参考值 40～50 欧元/吨降到 20～25 欧元/吨，捕获率超过 90%。在 CO_2 安全地质封存方面，欧盟及成员国支持了一系列不同地质环境中的封存试点项目，对封存周期进行了各方面的研究。欧盟在国家层面推进工业 CCUS 技术，如挪威计划在 2020 年前开发一个工业 CCUS 项目，将三台捕集示范装置分别用于合成氨工厂、垃圾焚烧炉和水泥工厂。2017 年 6 月，欧盟成立了二氧化碳捕集和封存实验室，旨在为研究人员提供专门针对 CCUS 技术的高质量研究基础平台，其创始成员国有挪威、法国、意大利、荷兰和英国。

（14）核能安全。核电提供了欧盟约 15%的一次能源生产和 28%的发电量。但自 2005 年以来，欧洲核能产量一直在以每年 1.4%的速度递减，比利时、德国和瑞士等国家推行放弃核电政策。另一些国家则计划延长核电厂的使用寿命，目前芬兰、法国、斯洛伐克和英国共有六座在建核反应堆。2007～2017 年，在现有电厂长期运行的情况下，核安全性、可靠性和竞争力得到显著提高，在工业界和有关国家的支持下，还提出了具有更高生产率和安全水平的新反应堆设计。SET-Plan 加强协调国家计划，推动的研究创新领域涉及：确保现有核反应堆长期运行的安全性，放射性核废料的安全管理和退役，当前及创新技术的效率和竞争力研究等。另外，欧盟致力于推进核聚变技术研究，是 ITER 建设的关键参与者。

4.4.1.4 规划实施带来的影响

自 SET-Plan 实施后，欧盟能源生产和满足社会需求的方式正在发生根本性的转变，清洁可再生能源逐渐取代化石燃料，风力涡轮机在陆上和海上发电，日益高效的太阳电池将阳光转化为电力，更多地利用废弃物生产生物燃料。欧盟可再生能源使用比例已从 2007 年的 9.7%上升到 2015 年的 16.4%。不包括大型水电，2016 年欧盟新增可再生能源装机在全球发电新增装机占比中达到历史最高的 55%。欧盟连续五年对可再生能源的投入约为化石燃料发电的两倍。按照这一趋势,可以预计到 2020 年新建一个风力发电厂将比运行现有的天然气电厂成本更低。预计到 2040 年,可再生能源将占欧洲电力供应比例的 60%,太阳能将占到装机容量的一半,而风力发电则占到全部电力投资的一半,部署在家庭和企业屋顶上(通常与储能电池相结合)的小型光伏发电将占欧洲太阳能装机容量的一半左右。对于交通运输业,预计到 2030 年,低排放运输将占运输能源需求量的 15%~17%,到 2040 年,电动汽车将占全球汽车保有量的 25%。

另外,SET-Plan 的实施为欧盟就业带来了积极影响。到 2015 年,欧盟有约 160 万人从事可再生能源和能源效率工作,比 2010 年增长 13%,比整个欧盟经济 1.7% 的就业增长率高出 7 倍以上。

4.4.2　美国太阳能攻关计划

4.4.2.1　计划背景简介

奥巴马政府提出经济复兴计划应对金融危机,其核心之一便是开展清洁能源革命,促进能源产业的转型和发展,使新能源产业成为拉动美国经济增长的新引擎。作为重要举措之一,美国能源部于 2011 年 2 月正式启动为期 10 年的太阳能攻关(SunShot)计划,旨在通过公私(公共机构和私营企业)合作的方式加速太阳能技术研发创新,降低太阳能发电成本,以促进全美范围内太阳能发电系统的广泛部署,推动太阳能产业发展,加强美国在全球清洁能源领域的竞争力。

4.4.2.2　计划内容解析

SunShot 计划研发工作主要集中在四个方面:太阳电池与阵列技术,优化装置性能的电力电子设备,提高制造过程效率,太阳能系统的安装、设计和许可过程。SunShot 计划启动之初便设定了明确的目标,即将太阳能发电系统的总装机成本降低 75%,达到 6 美分/千瓦时,使得到 2020 年在没有补贴的情况下太阳能电力具备与传统电力相当的价格竞争力,具体而言就是将住宅用太阳能系统的发电成本降至 9 美分/千瓦时,商用太阳能发电成本降至 7 美分/千瓦时,公用规模太阳能发电成本降至 6 美分/千瓦时。为了实现计划设定的目标,能源部在 SunShot 计划框架下资助了私营公司、大学、各州和地方政府、非营利组织以及国家实验室的合作研究、开发、示范和部署项目共计 500 多个,项目遍布美国各州(DOE,2018)。2012 年,能源部发布《SunShot 愿景研究》报告(DOE,2012),评估了未来数十年太阳能技术满足美国电力需求的潜力以及环境和经济效益,发现若实现 SunShot 计划成本削减目标,到 2030 年太阳能发电量能满足美国电力需求的 14%,到 2050 年将达到 27%;到 2030 年美国电力部门的年度二氧化碳排放量有望减少

8%（1.81 亿吨）；到 2030 年将为美国新创造 29 万个太阳能行业工作岗位。由此可见，美国 SunShot 计划不只是单纯的技术创新计划，更是社会经济可持续发展的重大革新计划。

1. 光伏

SunShot 计划的光伏研究开发工作涵盖了从早期太阳电池研究到技术商业化，包括材料、工艺、器件结构和表征技术等方面的工作，集中体现在两大核心任务当中：一是提高电池单元、模块效率并降低制造成本；二是提高电池可靠性和寿命。

2. 太阳能热发电

支持开发新型热发电技术，使其较之于当前技术可以降低成本，提高效率，并拥有更可靠的性能。热发电课题主要致力于新概念集热器、接收器、热存储、传热流体和电力循环子系统的探索研发，以及开发降低运营和管理成本的技术。

3. 系统集成

系统集成专注于研究和开发具有成本效益的技术和解决方案，旨在将安全、可靠和具有成本效益的太阳能发电广泛高比例地并入全国电网系统中。为了应对上述的并网挑战，系统集成计划主要致力于四个相互关联的重点领域研究、开发和示范，包括电网性能和可靠性、可调度性、电子电力设备以及通信。

4. 软成本

软成本课题专注于制定策略和解决方案，以降低太阳能并网和部署的软成本（如融资、客户开发、批准、安装等）。鼓励开发新一代技术工具，如利用大数据和在线平台来提高市场透明度，增强消费者保护，改善融资渠道，降低融资成本，让太阳能技术的部署比以往任何时候都更快、更容易，成本更低。

5. 技术转化

技术转化课题致力于将有市场潜力的太阳能新技术尽快推向市场，主要瞄准两大融资缺口：商业原型技术开发资金和商业规模化技术资金。

4.4.2.3 计划实施进展

美国能源部于 2016 年 5 月发布了"SunShot 之路"系列八篇研究报告（DOE，2016d），详细总结分析了 SunShot 计划实施的进展情况。报告指出，自计划实施的短短 5 年时间，美国太阳能技术、市场及产业发生了巨大变化：全美太阳能装机总量已提高近 26 倍，光伏装机量达到了 31.6 吉瓦，光伏发电量足以满足 620 万个家庭的用电，光伏发电量占到美国总发电量的 1%（2010 年时仅为 0.1%）；太阳能产业的规模增长了 23 倍，而太阳能平准化发电成本已经下降 65%，实现了 SunShot 计划 2020 年太阳能发电成本目标的 70%。

鉴于计划良好的发展势头，能源部于 2016 年 11 月发布了 *SunShot 2030* 报告（DOE，2016a），提出了 SunShot 计划下一个十年目标：到 2030 年，使光伏电站的平准化发电成本在 2020 年目标水平的基础上再减少 50%，公用事业规模、商业和住宅规模太阳能光伏平准化发电成本依次降至 3 美分/千瓦时、4 美分/千瓦时和 5 美分/千瓦时。此外，随着太阳能过去 5 年的快速发展，能源部还进一步上调太阳能电力占比的预测，即到 2030 年，光伏发电将占到全美电力需求量的 20%，到 2050 年将达到 40%。按照这一乐观的预测，通过削减成本，太阳能光伏将会成为美国主流的电力资源。

4.4.2.4　计划实施带来的影响

自实施 SunShot 计划后，美国太阳能产业正在以惊人的速度创造高技能、高薪工作，该行业就业人数增速比经济总体就业人数增速快 12 倍。2016 年全美太阳能行业就业人数近 20.9 万人，高于上年的 17.4 万人，这是连续第三年的就业增长率高于 20%。自 2010 年以来，太阳能劳动力飙涨了 123%，创造了 11.5 万个新的就业岗位。

除了创造就业、促进经济增长之外，SunShot 计划还能为美国带来额外的环境和健康效益：光伏和光热发电产生的温室气体和污染物排放量远小于传统的化石燃料发电，2015～2050 年可以减少 10% 的温室气体排放量，减少 8% 的与电力相关的 $PM_{2.5}$ 排放，减少 9% 的 SO_2 排放和 11% 的 NO_x 排放，同时避免 25 000～59 000 人的过早死亡，由此产生的环境和健康效益达到 1670 亿美元。到 2050 年，可使电力部门的取水量减少 4%，耗水量减少 9%。

4.5　能源科技领域发展规划的编制与组织实施特点

总体来看，各国在能源科技领域发展规划的编制和组织实施上具有以下六个特点。

（1）制定中长期能源科技战略发挥国家引领作用。能源科技战略是国家能源战略的有机组成部分，是国家基于自身能源资源禀赋和科技发展水平，从保障能源供应、维护能源安全出发而采取的一系列政策措施的集合。能源科技战略的提出，必须服务于国家需求与经济社会发展不同阶段的需要。因此，世界能源科技强国均重视制定和不断调整中长期能源科技战略，提出优先研究领域和方向，引导能源科技向适合本国能源战略需求的方向发展。

（2）不断优化调整能源科技创新体系适应创新需要。能源科技战略目标的实现需要与之相适应的科技创新体系支撑，世界能源科技发展水平较高的国家均建立起了较为先进和完善的组织管理模式，通过明确相关主要政府部门的职能，建立有效沟通协调机制，对能源科技创新活动实施宏观管理，通过制订科技规划和计划，建设研究平台，调动企业、大学和国立科研机构等创新单元的力量，鼓励联合攻关，并综合利用财政、税收、金融等工具促进和激励能源科技创新。

（3）注重能源科技计划与项目的组织协调。国外能源科技计划与实施从组织管理的角度可以分为两大类：一类是由多个政府部门共同参与的跨政府部门的综合性能源科技计划，此类计划往往是针对能源技术领域的指导性战略计划，在宏观层面将聚焦国家战略目标，而实施层面则由多个政府部门或机构分散组织实施；另一类是拥有明确战略目标或战略产品的能源科技计划或项目。此类计划往往要求在一定的期限内拥有明确的战略成果产出，并建立专门的计划项目组织管理机构，需要更加集中地对计划或项目的组织实施进行管理。

（4）通过高强度多渠道投入促进能源科技发展和转化。能源科技通常具有高成本、高投入、高风险的特点。历史经验证明，并非每项技术都能够顺利通过研究与示范阶段，有的即使技术上已证明可行并初步具备商业化条件，也可能由于社会经济环境的变化或其他非技术因素而不再适应市场需要。因此，企业往往缺乏投入研发面向未来的尖端前沿技术的动力，这就需要国家能够立足于世界能源科技前沿，做出前瞻部署，在研发早期阶段即加强投入，通过有计划、有目标的布局，通过国立科研机构、高校开展先导性研究，引导、聚集产业资本和社会资本的投入，促进能源科技成果的转移转化，最终激励企业主动投入，走上由企业主导的良性轨道。

（5）利用科学绩效评估保障能源科技取得实效。国外政府对推动具有高复杂、高投入、高风险特征的能源科技计划或专项实施过程中的评估工作都高度重视，并在重大科技计划或专项的实施中形成了一套科学合理的评估机制。鉴于在科技管理体制上存在着一定的差异，各国重大科技计划或专项的评估机制也有所不同。对于评估的组织实施，国外对能源科技计划或专项的评估可分为计划和项目两个层次。计划层次的评估以计划或专项本身为评价的对象，通过利用相关评价方法和评价工具，对其在实施过程中在目标、管理、技术等方面取得的成效和问题进行评估，并将评估的结果用于下一步计划调整、管理和实施的重要依据，以及在实施结束后对其目标完成情况和对科技、经济、社会发展的影响等方面进行全面的评估。项目层次的评估主要是针对工程或专项所分解的各类项目任务的评估，其评估的重点主要是项目的执行、管理、资金等方面的情况。

（6）推行产学研结合加快创新成果应用。推行产学研结合是国外在能源科技计划或科技工程组织实施过程中的重要特征。鉴于产业界在发达国家中处于研发主体的地位，对于一些面向产业、拥有明确战略产品目标的重大科技计划或专项来说，产业界往往是实施的主体。而且，随着科技创新速度的不断加快，从原始创新到产品开发的周期不断缩短，在重大科技计划或专项中加强产学研合作是一种必然的趋势。

4.6　我国能源科技领域发展规划的国际比较研究

4.6.1　我国能源领域发展战略规划概况

我国已成为世界最大的能源生产和消费国，随着经济转型和改革深化，能源发展已进入消费增长减速换挡、结构优化步伐加快、发展动能转换升级的战略转型关键期，能源生产与消费革命正在不断深化，新兴产业与新业态不断发展壮大。构建清洁低碳、安全高效的现代能源体系是我国能源的长远发展战略，也是实现中华民族伟大复兴中国梦的重要保障。2012 年底，党的十八大报告首次提出"推动能源生产和消费革命"，拉开能源革命大幕。2014 年 6 月，习近平总书记在中央财经领导小组第六次会议上提出"四个革命、一个合作"的战略思想（新华社，2014），奠定了指导我国能源发展的理论基础和基本遵循。2015 年，党的十八届五中全会提出牢固树立和切实贯彻"创新、协调、绿色、开放、共享"的发展理念（新华社，2015），要求把创新作为引领能源转型发展的第一动力，把协调作为能源转型发展的内在要求，把绿色作为能源转型发展的必然趋势，把开放作为能源转型发展的必由之路，把共享作为能源转型发展的本质需求，以五大发展理念推动能源革命，优存量、拓增量，实现能源转型。2016 年 5 月，中共中央、国务院印发了《国家创新驱动发展战略纲要》（新华社，2016），重点部署了八大战略任务，明确提出"发展安全清洁高效的现代能源技术，推动能源生产和消费革命"要求。2016 年 7 月，国务院正式印发《"十三五"国家科技创新规划》（国务院，2016b），要求在能源领域形成涵盖能源多元供给、高效清洁利用和前沿技术突破的整体布局，"十三五"期间将大力发展清洁低碳、安全高效的现代能源技术。国家发展和改革委员会、国家能源局发布的《能源生产和消费革命战略（2016—2030）》（国家发展和改革委员会和国家能源局，2016b）指出，到 2020 年，全面启动能源革命体系布局，推动化石能源清洁化，根本扭转能源消费粗放增长方式，实施政策导向与约束并重。2021～2030 年，可再生能源、天然气和核能利用持续增长，高碳化石能源利用大幅减少，能源消费总量控制在 60 亿吨标准煤以内，非化石能源占能源消费总量比重达到 20% 左右，天然气占比达到 15% 左右，单位 GDP 二氧化碳排放比 2005 年下降 60%～65%，二氧化碳排放 2030 年左右达到峰值并争取尽早达峰。2017 年，国家发展和改革委员会、国家能源局联合发布《能源发展"十三五"规划》（国家发展和改革委员会和国家能源局，2016c），进一步明确路线图和时间表，形成了综合性和专业性、中期性和长期性、全局性和地区性相结合的立体式、多层次规划体系，基本确立了能源发展改革"四梁八柱"性质的主体框架。

4.6.2　典型国家/地区能源科技发展规划比较研究

世界主要国家/地区均把能源作为国家安全的优先领域和发展战略的重要内容,制定了面向未来的能源发展战略。在追求能源独立、提高能源安全的同时,主要发达国家/地区能源规划的路径选择总体上经历了从控制能源增量到促进低碳转型的转变。许多国家/地区通过制定节能增效、发展可再生能源、推动技术创新等能源转型的政策法规,促进清洁能源产业的发展。

美国可再生能源产业在奥巴马政府执政期间得到积极扶持,取得了前所未有的增长速度。特朗普就任总统以来,美国的能源政策发生了较大变化,其希望推动传统能源行业发展,实现本国能源独立,更进一步实现在世界舞台上的能源主导地位。其能源政策的变化主要表现为大幅增加美国石油和天然气出口,以突显该国日益增长的能源资源优势;重新审视美国核能政策及加速新煤炭工厂在海外的兴建等。从实施《美国优先能源计划》、退出《巴黎协定》,到废除"清洁电力计划"等一系列举动的背后意图是基于美国拥有大量能源资源的国情,试图最大化利用国内资源,提高能源自主安全和经济性,促进美国制造业回归,为美国带来就业和经济持久繁荣。

欧盟率先构建了面向 2020 年、2030 年和 2050 年的能源气候战略框架,以此推进能源及相关产业的绿色转型,带动欧盟产业调整及经济增长。近年来围绕可再生能源、智慧能源系统、能效和可持续交通四个核心领域,以及 CCS 和核能两个特定领域开展研究与创新优先行动。法国、英国和德国等国家均在能源和气候立法、政策制定过程中充分发挥了减排目标引领作用,明确提出了减少温室气体排放的目标时间轴,形成了能源转型的目标体系。

日本压缩核能,发展新能源,掌控产业链上游。日本能源科技创新战略秉承了"技术强国"的整体思路,重点放在产业链上游的高端技术,依靠对产业链的掌控和影响使日本的能源技术产品和能源企业在世界市场上占据最大份额。在经历福岛核事故之后,日本大幅调整了能源科技发展重点,提出未来发展方向是压缩核电,举政府之力加快发展可再生能源,以期创造新的产业。

尽管各国/地区的发展理念、资源禀赋和制度背景不同,但主要发达国家/地区均将发展清洁能源产业作为能源转型战略的主要抓手,对能源科技创新提出了新的需求。

在能源生产端,大力开发大型风电、高效低成本太阳能、生物能、先进安全核能等新能源与可再生能源技术产业,积极研发碳捕集与利用技术以期降低传统化石能源产业的碳排放,并将氢能开发利用作为重要战略储备技术和新兴产业培育。

在能源消费端,研发新工艺、新材料并利用自动化控制以及智能能源管理系统提高建筑、工业和交通等行业终端用能效率。

在能源系统集成层面，融合储能、智能微网、大数据分析、计算机仿真模拟、物联网等技术优化各类能源系统，构建高效、经济、安全的新型智慧化能源产业，实现能源系统的信息化、精细化管理和调控。

4.6.3　我国能源科技领域面临的挑战及未来发展方向

4.6.3.1　我国能源科技领域面临的挑战

"十二五"以来，我国能源技术自主创新能力和装备国产化水平已显著提升，部分领域达到国际领先水平（国家能源局，2016b）。能源技术创新为打造新型能源产业奠定了坚实基础，但与新时期推动能源生产和消费革命的战略目标还有较大差距，在支撑我国构建可持续能源体系、做强做大能源产业和能源装备制造业方面仍面临严峻挑战（郑新业，2016；中国科学院，2018）。

一是能源科技水平总体不高。我国能源科技水平在全球局部领先、部分先进、总体落后。能源科技自主创新基础研究薄弱，未形成技术源头；科技基础条件和基础设施难以支撑主流能源技术的创新；高附加值能源科技装备少，高性能、高技术含量能源装备产品的设计、制造能力同国外相比差距较大。创新体系有待完善，创新活动与产业需求脱节的现象普遍存在，各创新单元同质化发展、无序竞争、低效率及低收益问题较为突出。

二是能源科技创新速度赶不上新兴能源产业发展速度。技术空心化和对外依存度偏高的现象尚未完全解决，关键核心技术、核心装备、核心关键材料受制于人的局面尚未得到明显改善，重大能源工程依赖进口设备的现象仍较为普遍，自主创新的技术和装备仍然不足。

三是能源系统总体利用效率低下。我国先进高效能源技术普及率仍然较低，煤炭等化石能源清洁高效利用技术推广应用滞后，能源优质化利用程度不高，单位 GDP 能耗和主要工业产品单位能耗与世界先进水平仍存在较大差距，节能和新能源技术创新能力还有待加强。

4.6.3.2　我国能源科技领域前沿研究方向

目前，我国能源发展进入战略转型关键期，能源科技创新高度活跃，未来能源科技发展将为我国能源生产、能源消费和能源系统集成等方面的变革或转型提供全面支撑。

在能源生产端，需要加强开发煤炭清洁高效梯级利用技术，太阳光高效吸收、传递和转换技术，大规模、可持续风电利用技术，生物质能高效清洁燃烧和定向转化技术，廉价规模制氢和安全高效储氢与输氢技术，新型高能规模化储能技术，可持续性、安全性、经济性和防核扩散能力的先进核能技术。

在能源消费端,工业生产将向更绿色、更智能、更高效的方向发展,重大能源装备制造技术未来将向绿色、高效、智能、规模化方向发展,建筑节能技术未来将向建筑工业化、装配式住宅、超低能耗建筑等先进技术方向发展,高效节能交通工具技术未来将向电动汽车和燃料电池汽车发展,而互联自动驾驶技术和智能交通系统的发展能够极大地提高交通用能效率。

在能源系统集成创新方面,包括化石能源与可再生能源共存的混合型能源系统、发电技术和输配电技术的相互融合、互联网技术和能源系统融合而成的智慧型能源系统和新一代能源基础设施,都是我国能源科技发展应该高度关注的方向,也是我国能源科技有可能走向全球前列的潜在领域。

4.7 启示与建议

我国是能源生产和消费大国,随着经济发展和国力的提高,在未来全球能源和气候等重大议题方面将承担更大的国际责任。发达国家在发展能源战略规划方面拥有丰富的经验,值得我国借鉴和学习。对于我国而言,在能源与经济、生态和谐的发展中寻找利益均衡点是亟须考虑的现实问题。

4.7.1 从满足多重目标需求角度前瞻布局能源科技发展重点

要满足实现"两个一百年"奋斗目标和中华民族伟大复兴中国梦、建设美丽中国、应对气候变化行动承诺等多重目标,建设世界能源科技强国,我国需通过能源技术创新加快化石能源高效清洁利用,大力发展新能源和可再生能源,大幅减少终端用能部门能耗和污染排放,加强废弃物能源化、资源化综合利用,构建多种能源协调发展的清洁、高效、智能、多元的能源技术体系。我国能源利用效率总体尚处于较低水平,这就要求必须通过能源技术创新,提高用能设备设施的效率,增强储能调峰的灵活性和经济性,推进能源技术与信息技术的深度融合,加强整个能源系统的优化集成,实现各种能源资源的最优配置,构建一体化、智能化的能源技术体系。绿色低碳能源技术创新及能源系统集成创新很可能会成为引领新一代工业革命的关键因素,培养能源技术自主创新生态环境,集中攻关一批核心技术、关键材料及关键装备。

4.7.2　基于能源知识体系内在逻辑设计能源研究综合体

依据知识体系的逻辑，优化重组能源研究机构和相关部门，在全面考虑不同能源类型的应用特征和学科交叉的基础上，设计形成统一的能源研究综合体，揭示整个能源领域的关键技术和共性科学问题，科学组建团队、建设机构、构建平台，加强不同研究单元知识和技术上的合作与共享，通过研究方法、理论、技术的突破引发的变革促进不同学科的贯通。引入大数据的科研模式带动科研环境的革命性变革，探索大数据背后隐藏的用能规律和需求本质，使大数据广泛应用成为能源科研模式变革的重要牵引。提高对创新技术的可持续性评估能力和产业化模式设计能力，延伸创新技术的价值链条。以新型的能源研究综合体为基础，规划组建能源领域国家实验室，牵头组织优势力量开展重大关键技术集成化创新和联合攻关，瞄准制约能源发展和可能取得革命性突破的关键和前沿技术，依托重大能源工程开展试验示范，推动能源技术创新能力显著提升。

4.7.3　调动各创新主体的积极性推动技术创新政策的落实

建立健全能源领域相关法律法规及科技成果转化、知识产权保护、标准化、评价和激励等配套政策法规，创造良好的能源技术创新生态环境。建立健全企业主导的能源技术创新机制，推动企业成为能源技术与能源产业紧密结合的重要创新平台。健全政产学研用协同创新机制，树立"能源大格局"的发展理念，建立统筹全局的创新体系，在能源生产端、消费端、系统集成等重大技术突破过程中，鼓励重大技术研发、重大装备研制、重大示范工程和技术创新平台建设的四位一体创新，整合资源、协同作战。

参 考 文 献

国家发展和改革委员会, 国家能源局. 2016a. 能源技术革命创新行动计划（2016—2030 年）. http://www. ndrc.gov.cn/zcfb/zcfbtz/201606/t20160601_806201.html[2017-11-07].

国家发展和改革委员会, 国家能源局. 2016b. 能源生产和消费革命战略（2016—2030）. http://www. ndrc. gov.cn/zcfb/zcfbtz/201704/W020170425509386101355.pdf[2017-12-29].

国家发展和改革委员会, 国家能源局. 2016c. 能源发展"十三五"规划. http://www.ndrc.gov.cn/zcfb/ zcfbtz/ 201701/t20170117_835278.html[2017-12-30].

国家能源局. 2016a. 太阳能发展"十三五"规划. http://zfxxgk.nea.gov.cn/auto87/201612/t20161216_ 2358.htm[2017-12-08].

国家能源局. 2016b. 能源技术创新"十三五"规划. http://www.nea.gov.cn/2017-10/18/c_136687904.htm

[2017-10-18].

国家能源局. 2017.《关于扩大生物燃料乙醇生产和推广使用车用乙醇汽油的实施方案》印发. http://www.nea.gov.cn/2017-09/13/c_136606035.htm[2017-12-24].

国务院. 2012. 节能与新能源汽车产业发展规划（2012—2020 年）. http://www.gov.cn/zwgk/2012-07/09/content_2179032.htm[2017-08-28].

国务院. 2016a. "十三五"国家战略性新兴产业发展规划. http://www.gov.cn/zhengce/content/2016-12/19/content_5150090.htm[2017-12-10].

国务院. 2016b. "十三五"国家科技创新规划. http://www.gov.cn/zhengce/content/2016-08/08/content_5098072.htm[2017-12-28].

国务院办公厅. 2014. 能源发展战略行动计划（2014—2020 年）. http://www.nea.gov.cn/2014-12/03/c_133830458.htm[2017-12-03].

欧阳明高. 2016. 欧阳明高详解节能和新能源汽车技术路线图. http://auto.sina.com.cn/news/hy/2016-10-26/detail-ifxwztru7231495.shtml[2017-12-06].

苏罡. 2016. 中国核能科技"三步走"发展战略的思考. 科技导报，34（15）：33-41.

新华社. 2014. 习近平：积极推动我国能源生产和消费革命. http://news.xinhuanet.com/politics/2014-06/13/c_1111139161.htm[2017-09-13].

新华社. 2015. 中国共产党第十八届中央委员会第五次全体会议公报. http://news.xinhuanet.com/fortune/2015-10/29/c_1116983078.htm[2017-10-29].

新华社. 2016. 国家创新驱动发展战略纲要. http://www.gov.cn/zhengce/2016-05/19/content_5074812.htm[2017-10-19].

郑新业. 2016. 突破"不可能三角"：中国能源革命的缘起、目标与实现路径. 北京：科学出版社.

中国科学院. 2018. 科技强国建设之路：中国与世界. 北京：科学出版社.

経済産業省. 2012. 蓄電池戦略. http://www.enecho.meti.go.jp/committee/council/basic_problem_committee/028/pdf/28sankou2-2.pdf[2017-09-25].

経済産業省. 2014. Strategic Energy Plan. http://www.enecho.meti.go.jp/en/category/others/basic_plan/pdf/4th_strategic_energy_plan.pdf[2017-10-17].

経済産業省. 2015.「水素・燃料電池戦略ロードマップ改訂版」をとりまとめました. http://www.meti.go.jp/press/2015/03/20160322009/20160322009.html[2017-09-22].

経済産業省. 2016. エネルギー革新戦略を決定しました. http://www.meti.go.jp/press/2016/04/20160419002/20160419002.html[2017-11-19].

経済産業省. 2017. 水素基本戦略. http://www.meti.go.jp/press/2017/12/20171226002/20171226002-1.pdf[2017-12-26].

総合科学技術・イノベーション会議. 2016.「エネルギー・環境イノベーション戦略（案）」の概要. http://www8.cao.go.jp/cstp/siryo/haihui018/siryo1-1.pdf[2017-10-19].

Bundesministerium für Bildung und Forschung. 2016. Kopernikus-Projekte für die Energiewende. https://www.bmbf.de/de/kopernikus-projekte-fuer-die-energiewende-2621.html[2017-11-05].

DOE. 2012. SunShot Vision Study. https://energy.gov/sites/prod/files/2014/01/f7/47927.pdf[2017-11-02].

DOE. 2014. Energy Storage Safety Strategic Plan. http://www.energy.gov/sites/prod/files/2014/12/f19/OE%20Safety%20Strategic%20Plan%20December%202014.pdf[2017-12-19].

DOE. 2015a. Quadrennial Technology Review 2015. https://www.energy.gov/sites/prod/files/2017/03/f34/

quadrennial-technology-review-2015_1.pdf[2017-09-10].

DOE. 2015b. Fusion Energy Science Program A Ten-Year Perspective（2015-2025）. https://science.energy. gov/~/media/fes/pdf/workshop-reports/2016/FES_A_Ten-Year_Perspective_2015-2025.pdf[2017-12-05].

DOE. 2016a. SunShot 2030. https://energy.gov/eere/sunshot/sunshot-2030[2017-11-14].

DOE. 2016b. Strategic Plan for A Thriving and Sustainable Bioeconomy. https://energy.gov/eere/sunshot/ sunshot-2030[2017-12-31].

DOE. 2016c. Grid Modernization Multi-Year Program Plan. http://energy.gov/sites/prod/files/2016/01/f28/ Grid%20Modernization%20Multi-Year%20Program%20Plan.pdf[2018-01-14].

DOE. 2016d. On the Path to SunShot. https://energy.gov/eere/sunshot/path-sunshot[2017-12-15].

DOE. 2017. Vision and Strategy for the Development and Deployment of Advanced Reactors. https://www. energy.gov/ne/downloads/vision-and-strategy-development-and-deployment-advanced-reactors[2018-01-13].

DOE. 2018. SunShot Solar Projects Map. https://www.energy.gov/sites/prod/files/2018/02/f48/2018%20SETO% 20Portfolio%20Book.pdf[2018-03-22].

EASE，EERA. 2017. European Energy Storage Technology Development Roadmap. http://ease-storage.eu/wp- content/uploads/2017/10/EASE-EERA-Storage-Technology-Development-Roadmap-2017-HR.pdf[2017-10-16].

ETP SmartGrids. 2012. SmartGrids Strategic Research Agenda 2035. https://www.etip-snet.eu/wp-content/ uploads/2017/04/sra2035.pdf[2018-03-10].

ETP SmartGrids. 2016. The Digital Energy System 4.0. http://www.smartgrids.eu/documents/ETP%20SG%20 Digital%20Energy%20System%204.0%202016.pdf[2017-12-06].

EUROfusion. 2013. A Roadmap to the Realisation of Fusion Energy. https://www.euro-fusion.org/wpcms/ wp-content/uploads/2013/01/JG12.356-web.pdf[2017-12-01].

European Commission. 2007. A European Strategic Energy Technology Plan（SET-plan）. https://eur-lex.europa. eu/legal-content/EN/TXT/?qid=1411399552757&uri=CELEX：52007DC0723[2017-11-22].

European Commission. 2009. Communication from the Commission to the European Parliament，the Council， the European Economic and Social Committee and the Committee of the Regions-Investing in the Development of Low Carbon Technologies（SET-Plan）. https://eur-lex.europa.eu/legal-content/ EN/TXT/? qid=1411399520952&uri=CELEX:52009DC0519[2017-04-19].

European Commission. 2010. Energy 2020：A Strategy for Competitive，Secure，and Sustainable Energy. http:// eur-lex.europa.eu/legal-content/EN/TXT/PDF/?uri=CELEX：52010DC0639&from=EN[2017-11-10].

European Commission. 2012. Energy Roadmap 2050. http://ec.europa.eu/energy/energy2020/roadmap/doc/ com_2011_8852_en.pdf[2017-12-15].

European Commission. 2014. A Policy Framework for Climate and Energy in the Period from 2020 to 2030. http://eur-lex.europa.eu/legal-content/EN/TXT/PDF/?uri=CELEX：52014DC0015&from=EN[2018-01-12].

European Commission. 2015. Towards an Integrated Strategic Energy Technology（SET）Plan：Accelerating the European Energy System Transformation. https://ec.europa.eu/energy/sites/ener/files/documents/1_EN_ ACT_part1_v8_0.pdf[2017-09-15].

European Commission. 2016. Accelerating Clean Energy Innovation. http://ec.europa.eu/energy/sites/ener/files/ documents/1_en_act_part1_v6_0.pdf[2017-11-30].

European Commission. 2017. The Strategic Energy Technology（SET）Plan—At the heart of Energy Research and Innovation in Europe. https://setis.ec.europa.eu/sites/default/files/setis%20reports/2017_set_plan_

progress_report_0.pdf[2017-12-12].

Federal Ministry for the Environment，Nature Conservation and Nuclear Safety. 2012. Transforming Our Energy System—The Foundations of a New Energy Age. https://secure.bmu.de/fileadmin/bmu-import/files/ pdfs/ allgemein/application/pdf/broschuere_energiewende_en_bf.pdf[2017-12-05].

Federal Ministry of Economics and Technology. 2010. Energy Concept for an Environmentally Sound，Reliable and Affordable Energy Supply. http://www.bmwi.de/English/Redaktion/Pdf/energy-concept,property=pdf, bereich=bmwi,sprache=en,rwb=true.pdf[2017-09-28].

Federal Ministry of Food and Agriculture. 2014. National Policy Strategy on Bioeconomy. https://www.bmel. de/SharedDocs/Downloads/EN/Publications/NatPolicyStrategyBioeconomy.pdf?_blob=publicationFile[2018-03-22].

Japan Coal Energy Center. 2014. J-COAL's Coal Technology Roadmap. http://www.worldcoal.org/extract/j-coals-coal-technology-roadmap-4283/[2017-09-14].

Ogawa Y. 2018. Research and Development Policy on Fusion Energy in Japan. http://www.firefusionpower. org/ NAS.Japan_Strategy_Ogawa_022718.pdf[2018-11-22].

Weber E R，Schleicher-Tappeser R. 2015. Need and Opportunities for a Strong European Photovoltaic Industry-The xGWp Approach. https://ec.europa.eu/jrc/sites/jrcsh/files/20150127-efsi-roundtable-pv-industry-support-weber.pdf[2018-06-20].

White House. 2017. An America First Energy Plan. https://www.whitehouse.gov/the-press-office/2017/03/28/ presidential-executive-order-promoting-energy-independence-and-economi-1[2018-03-28].

第 5 章
生物科技领域发展规划分析

陈　方　郑　颖　陈云伟　丁陈君　邓　勇　吴晓燕

（中国科学院成都文献情报中心）

摘　要　生物科技贯穿生物资源、生物技术到生物产业全链条的创新。当前，全球科技创新空前密集活跃，新一轮科技革命和产业变革正在重构创新版图，重塑经济结构。现代生物科技的发展日益加速渗透和嵌入医药、农业、能源制造、环保等多个与国计民生和国家安全密切相关的重要领域，已经成为推动经济社会发展的核心驱动力。着眼于生物科技对未来经济社会发展的重要战略意义，全球主要发达经济体竞相进行前瞻战略布局。本章对全球主要发达经济体在生物科技领域制定的重要纲领性战略规划和重点专门性发展规划进行了介绍和剖析，总结了其编制与组织实施特点，针对我国生物科技领域发展的现状与特点提出了分析建议。

关键词　生物科技　战略规划　生物质资源　生物基产业　合成生物学

5.1　引言

生物科技贯穿生物资源、生物技术到生物产业全链条的创新。近年来，全球生物资源开发与生物多样性保护受到高度关注，随着关键技术的成熟与创新型工具平台的快速发展，人类利用和改造自然的能力不断提升，生物科技工程化、商业化应用蓬勃发展，多学科技术交叉引领新一轮科技和产业革命，为未来生物经济发展赋予新动能。

现代生物科技的发展日益加速渗透和嵌入现代医药、农业、能源、制造、环保等多个与国计民生和国家安全密切相关的重要领域,已经成为推动经济社会发展的核心驱动力。在这一战略高技术领域,以美国和欧盟为主的各个发达经济体纷纷制定政府战略、规划和路线图,致力于抢占生物科技的制高点,加快推动生物技术产业革命进程,并在近年取得显著发展成效。

5.2 生物科技领域发展概述

美国国家科学技术委员会将生物科技定义为"生物科技包含一系列的技术,它可利用生物体或细胞生产我们所需要的产物,这些新技术包括基因重组、细胞融合和一些生物制造过程等"。根据 OECD 的定义,生物技术是"利用生物体的整体、部分、产物或其模型来增长知识、获取产品和服务的相关科技应用"。

美国理查德·W. 奥利弗在《即将到来的生物科技时代:全面揭示生物物质时代的新经济法则》一书中预言,生物科技及其商业将作为经济的新引擎而超越信息时代。预计到 21 世纪中叶,所有公司都会变成生物物质公司,生物物质经济将比以往任何形态的经济发展得更快、更具渗透性、更强有力。

生物科技是 21 世纪以来在基础研究和应用领域同时保持最快发展势头的高技术之一,在与其他科学与工程技术的协同发展下,人们在生命起源与生命过程认知、生命现象与过程的模拟和优化、生物基产品的生产与产业化实现等领域持续取得里程碑式突破,并在发展进程中表现出交叉性、颠覆性、智能化等特点。

5.2.1 生物资源开发与生物多样性保护同受关注,生物质资源挖掘利用走向智能高效

生物资源与生物多样性研究为生态文明建设和可持续发展奠定基础,生物质资源的功能基因挖掘与高值化利用更加高效、多样化和规模化,生物多样性研究受到高度关注。评估显示,过去一段时间内,各国在生物多样性保护方面的投入回报显著,生物多样性减少率下降 29%。英国皇家植物园发布《全球植物现状评估报告》,全面分析了地球生物多样性、植物面临的全球威胁以及现有政策的效果。

光合生物是实现二氧化碳原料化应用的一类重要生物资源,但受限于光合作用能量利用效率低和固碳途径速率慢等因素。光合作用效率的提升有助于提高作物产量并有望以自然高效的方式生产有用物质,天然光合作用分子机理研究和人工光合作用装置开发接连取

得突破。相较于植物和藻类低效缓慢的天然固碳途径，非天然生物固碳过程拓展了捕获 CO_2 作为生物质原料的能力，并能够在固碳的同时生产有用产品，建立可持续的生物循环生产系统。

5.2.2　基因组研究手段与合成生物技术不断突破，创新型研发工具与技术平台快速发展

在大数据和计算生物学研究的支撑下，基因组研究从"读取"进入"编辑"和"编写"时代，为医疗、农业、环境与气候变化问题提供解决方案。基因组测序成本不断降低，第二代测序技术趋于成熟，单细胞基因组学发展迅速，单分子测序技术走向实时、微型、高通量、低成本、长读长方向，更经济适用且自主可控的小型化测序平台走近应用。DNA 合成成本快速下降，DNA 数字存储技术进入相关系统设计阶段，可望在未来引发数据存储革命；基因组编辑工具 CRISPR 技术发展更加精准化，进入"点对点时代"，有望在基因治疗和功能性生物体改造方面发挥重要作用。同时，基因组规模工程的技术及伦理框架发展引起高度重视。

合成生物技术研究推进人类认识自然、利用自然和改造自然的进程，人工合成生物体、人工设计操纵生物功能不断取得突破。"人工合成酵母基因组计划"取得里程碑式阶段性成果：2014 年以来，先后有 6 条酵母人工染色体被成功合成；2018 年，我国科学家将 16 条酵母染色体融合成一条染色体，创建了世界首例人造单染色体真核细胞。

同时，其他创新型研发工具与技术平台的精度与效率不断提升，功能不断增强，技术通路进一步拓宽。超分辨成像技术、DNA 突变检测技术、蛋白质编辑、多重基因组工程、DNA 分子机器等研究不断取得关键性突破。

5.2.3　生物科技工程化、商业化应用蓬勃发展，多学科技术交叉引领新一代科技革命

生物科技的发展日渐渗透和嵌入现代医药、农业、能源、制造、环保等多个应用领域，工程化、商业化应用蓬勃发展，为未来生物经济发展赋予新动能。以生物质资源为基石，以基因组学技术和合成生物技术为核心，提供创新生物技术产品与服务，将成为未来生物经济发展的重要路径。微生物、酶等卓越生物催化剂的功能开发与改进趋向于更加智能高效，有望带来化学品和材料绿色制造的新变革。众多科技创新企业致力于疫苗、抗体、药物、营养品、材料和食品等的生物路线研发，获得投资关注。同时，生物工程与互联网、

HPC、人工智能和自动化技术的交叉融合，实现高效模拟、预测基因表达和调控途径，辅助生物设计、筛选、定向进化和组装，定制、改进和管理工业流程，驱动相关产业技术革新。

生物科技在引领未来经济社会发展中的战略地位日益凸显，生物产业正加速成为继信息产业之后的新的主导产业，有望加快解决人类在资源、能源、环境和健康方面面临的重大问题，生物经济有望成为下一个最有可能的新经济形态，引领全球新一轮经济的繁荣。

5.3 生物科技领域规划研究内容与方向

国际科技组织高度重视生物科技作为重要使能技术的关键作用，着眼经济社会未来发展需求，开展前瞻战略研究与趋势研判。2006年9月，OECD发布《迈向2030年的生物经济：政策议程》报告，指出生物技术为当今世界面临的许多医疗保健与资源问题提供了技术解决方案，将生物技术应用于农业、医药和工业领域可以对经济效益做出重要贡献，即产生正在兴起的"生物经济"。报告预测，2030年生物技术能够为OECD国家贡献2.7%的GDP，并且对工业和农业生产市场的经济贡献最大。同时，生物技术能够对发展中国家的经济做出更大的贡献，这主要是由于农业和工业领域在这些国家的经济中占据着重要地位。报告预计，到2030年，大约将有35%的化学品和其他工业产品来自以生物制造为代表的工业生物技术，其在生物经济中的贡献率将达到39%。美国国防部发布的《2016—2045年新兴科技趋势报告》显示，在20个最值得关注的新兴科技发展趋势中，有6项与生物技术相关。

科技发达国家与地区着眼于国家和区域发展战略的高度，从科技与经济实力竞争的战略需求出发，根据实际情况前瞻性地制定纲领性文件。例如，美国于2012年发布《国家生物经济蓝图》，欧盟同年发布《欧洲生物经济的可持续创新发展》战略；而印度早于2007年颁布《国家生物技术发展战略》，2009年联邦内阁批准了国家生物燃料政策及其执行方案。2010年，韩国制定了面向2016年的《生物经济基本战略》。2011年，日本政府通过了《第四期科学技术基本计划（2011—2015）》，确定了2011~2015年国家科技政策的方向，将绿色技术创新和生命科学的创新作为国家的重点战略。2018年4月19日，OECD发布了《面向可持续生物经济的政策挑战》研究报告。该报告指出，世界各国对生物经济的关注已从最初的利基兴趣发展到政策主流，已有50多个国家出台了生物经济相关政策或提出发展愿景。例如，美国、加拿大、德国、法国、意大利、巴西、南非、马来西亚等国制定了专门的生物经济战略；土耳其、冰岛和突尼斯等国也正计划制定生物经济战略；荷兰、瑞典、澳大利亚、韩国、中国、印度和俄罗斯拥有与发展生物经济相一致的政策。各国的发展重点和优先领域略有不同,一些国家侧重于医药健康,一些国家专注于生物能源,还有许多国家大力发展生物制造产业,致力于开发比生物燃料附加值更高的生物基产品。

为了更好地实现国家和区域层面的战略规划愿景,各个国家和地区还针对性地设立了专门性发展规划,对重点科技与产业领域做出指导;联合公共部门资金和社会金融资本,提供各类贷款补贴政策及其他措施,开展重大项目投资与实施推进。

5.3.1　重要纲领性战略规划

5.3.1.1　美国《国家生物经济蓝图》

2011 年 9 月 16 日,美国总统奥巴马宣布了一系列旨在促进科研成果转化的政策措施,提出将在 2012 年制定出台"国家生物经济蓝图"(National Bioeconomy Blueprint),在政府范围内采取切实行动促进生物技术研究创新,以应对健康、食品、能源和环境挑战,建立 21 世纪生物经济的基础。2012 年 4 月 26 日,奥巴马政府正式发布了《国家生物经济蓝图》,为全面发挥美国生物经济潜力提出了战略目标,并突出强调了美国在这些目标涉及的方面取得的早期成绩。

报告指出,技术革新是经济增长的显著驱动力,美国的生物经济就正是一门以技术革新推动增长的经济。据当时估计,在 2010 年,基于作物转基因技术的农业税收高达 760 亿美元,而以该技术为基础的工业生物技术部门税收则估计高达 1000 亿美元。

当前,美国生物经济的增长主要有赖于三项技术的发展:基因工程、DNA 测序,以及生物分子的自动高通量操作。尽管这些技术尚未完全开发利用,但新的技术或新技术与原有技术的创新组合已经大量涌现。未来的生物经济将依赖于合成生物学、蛋白组学和生物信息学等前沿技术,以及那些目前还无法想象的新技术。近期研究还表现出一系列前沿趋势,将推动健康、生物基能源产品、农业、生物制造,以及环境治理等领域的重大进展。

《国家生物经济蓝图》列出了发展生物经济的五大战略目标,以充分发挥其在驱动经济增长和应对社会挑战方面的作用。

(1)支持在奠定未来美国生物经济基础方面的研发投入。推动合作性和综合性研发工作,在战略上帮助形成国家生物经济研发日程:首先,扩展和开发生物经济核心技术——目前的基础技术已经使生物学研究中的空前发现成为可能,前沿基础技术领域(如合成生物学、生物学信息技术、蛋白组学)的机构间合作则正在进一步推进;其次,整合跨领域的研究方法——现代研究问题的复杂性需要渗透研究领域间的传统边界,并汇聚与社会挑战相关的多个学科的专门技能;最后,实施改良的资助机制——创建或改进资助机制,以支持高风险/高回报的创造性研究，使研究人员敢于开拓那些受到现有资助机制与办法限制的研究，并有可能取得突破性成就。

（2）加速生物发明从实验室向市场转移，加强关注技术转移与监管科学。坚持施行技术转移办法，加速发明从实验室向市场的流动：首先，加快市场化进程——加强关注科技创业、转移科学、监管科学以及技术转让，能够帮助确保研究成果在实验室以外获得应用的可能性；其次，鼓励大学的创业活动——将科技创业和企业参与引入大学学术研究过程中，有利于研究成果走向商业化并帮助将创新性理念推向市场；最后，合理利用联邦采购权——联邦政府订单的采购权可以在某些方面推动生物经济，例如优先采购生物基和可再生产品等。

（3）发展和改革监管体系，以减少阻碍、提高监管过程的速度和可预测性、降低成本，同时保护人类与环境健康。改善监管过程，将帮助未来生物经济的快速与安全发展：首先，改进监管过程与监管体系——监管机构应当在监管过程和监管体系中提高可预测性，降低不确定性；在确保安全和效率的前提下降低投资者的成本和障碍；其次，与利益相关者合作——改进机构监管过程依赖于产业利益相关者的合作，以确定他们在发展和投资过程中的需求和障碍。

（4）更新培训项目，激励学术机构开展学生培训，以满足国家人才需求。联邦机构应采取措施保障未来的生物经济拥有可持续和经过适当培训的人力资源：首先，开展用人机构与教育机构的合作——针对未来生物经济发展对人才的各种需求，在项目发展和学生培训过程中加强产业的参与；其次，重建培训项目——联邦机构应当调整机构的激励措施，使其适应21世纪生物经济生产力在培训方面的需求。

（5）识别和发展机遇，扩大公私伙伴关系和竞争前合作，以便于竞争者从经验中共享资源、知识、技能。联邦机构应采取措施鼓励公私伙伴关系和竞争前合作，以更好和更广泛地推动生物经济：催化公私合作——联邦机构应当多方寻求机会，在健康、能源、农业和制造等领域有效建立公私伙伴关系，以调节政府与产业的投资和专业技能。

5.3.1.2 《欧洲生物经济的可持续创新发展》

2012年2月13日，欧盟委员会发布了《欧洲生物经济的可持续创新发展》生物经济战略报告。该报告指出，欧盟需要借助可再生自然资源来获得安全和健康的食品、饮料及能源、材料和其他产品。欧洲生物经济战略提出的政策目标包括实施更加创新、资源高效和更低排放的经济发展模式，提高欧洲经济竞争力，实现工业以可再生生物资源为基础的可持续发展，使粮食安全与生物基工业应用相协调，同时确保生物多样性和保护环境。

"欧盟2020发展战略"呼吁将生物经济定位为欧洲智能和绿色增长的关键，并指出在欧洲构建生物经济拥有巨大潜力：在农村、沿海和工业区维持和创造经济增长与就业机会；

减少对化石燃料的依赖，提高经济和环境的可持续增长。该战略是在欧盟第七框架计划（FP7）和欧洲"地平线 2020"（Horizon 2020）科研与创新计划的基础上制定的，主要内容如下。

1. 应对五大社会挑战

（1）保障食品安全，支持发展资源利用更加高效的食品供应链。据估计，至 2050 年全球人口增长将导致粮食需求增加 70%。生物经济战略将有助于开发一个世界范围内的以知识为基础的解决方案应对这一挑战。同时，它还将促进生产和消费模式的改变，发展更加健康的饮食结构。

（2）可持续地管理自然资源。农、林、渔和水产养殖业生产生物质需要海、陆、空、土壤、水和健康的生态系统，以及用于生产肥料和饲料的矿物质和能量等资源，而这些资源是有限的。生物经济战略的目标是在保障资源可持续利用和减轻对环境压力的同时，改进知识基础和培育创新，以促进生产力增长。生物多样性减少将显著降低资源的质量，且限制资源的基本产出，尤其是对林业和渔业的影响较大。该战略将支持基于生态系统的管理机制，寻求与欧盟共同农业政策（common agricultural policy，CAP）、共同渔业政策（common fisheries policy，CFP）、综合海洋政策（integrated maritime policy，IMP）和欧盟环境政策在资源利用效率、可持续利用自然资源、保护生物多样性和栖息地，以及提供生态系统服务等方面的协同和互补。生物经济战略将支持可持续的资源利用全球策略，包括建立生物质可持续利用的全球共识，寻求开拓新市场的最佳做法，开发多样化生产以解决长期的粮食安全问题。

（3）减少对非再生资源的依赖。欧洲经济在很大程度上依赖于化石资源，因此也易受到化石资源日益减少和市场波动的影响。为了保持经济竞争力，欧盟需要发展低碳经济，包括发展资源节约型产业、生产生物基产品和生物能源，促进绿色增长。

欧洲生物经济战略包含生物基产品先导市场战略计划（LMI）的成果，并通过改进知识基础和开发具有成本优势且生产优质生物质的作物品种支持《可再生能源指令》等目标的实现，使战略实施过程不影响粮食安全、不增加基本生产和环境的负担、不造成市场扭曲。此外，该战略还将有助于了解当前和未来生物质供需情况、减缓气候变化的潜能，以及生物质利用之间的竞争等，确保生物经济的持续成功。

（4）缓解和适应气候变化。未来几十年内，全球对于生物质的需求将持续增长，因此欧盟农、林、渔和水产养殖业的生产能力也需要可持续增长。生物经济的战略鼓励发展减少温室气体排放的生产系统，以适应和缓解气候变化的不利影响，如干旱和洪水，具体措施包括提高农业土壤和海床的固碳水平，适当增加森林资源总量。

欧洲的造纸、化工和食品等行业排放大量的温室气体，但其产品也可以存储部分碳。该战略也将推动以更高效、环境友好型的创新工艺取代资源密集型的传统工艺。

（5）创造就业机会、保持欧洲的竞争力。欧盟生物经济活动年产值约 2 万亿欧元，可提供 2200 多万个就业岗位（约占劳动力市场的 9%）。然而，为了保持欧洲的竞争力、应对重大的社会挑战以及扩大在发展中国家的市场，欧洲生物经济领域需要进一步创新和多元化发展。积极发展工业生物技术和生物炼制产业，由此催生新的生物基产业，改变传统工艺，开拓新的生物基产品市场。开展相应的技能培训以满足这些产业以及农、林、渔和水产养殖业的劳动力需求。

据估计，至 2025 年，在欧盟"地平线 2020 科研和创新计划"的资助下，直接与生物经济战略相关的科研项目将产生 13 万个就业岗位，创造 450 亿欧元产值。其他公司部门直接或间接的投资都将促进生物经济的进一步发展。

2. 发展有序的生物经济

需要切实的行动来尽可能地扩大生物经济研究与创新的影响，按照民意咨询获得的建议，创建一致的政策框架、增加研发投入、开发生物基市场并加强与公众的交流。

1）创建一致的政策框架

生物经济涵盖全球、欧盟、欧盟成员国以及区域层面的成熟和新兴政策的广泛领域，这些政策支持各自的目标，因此形成了一个复杂且不连贯的政策环境。生物经济战略号召更加紧密地联系，特别是在科技进步的推动作用，以及欧盟和成员国层面的现有的生物经济扶持政策之间如何更好地发挥相互作用方面。这将为利益相关者提供更加一致的政策框架，并鼓励私人投资。此外，需要在现有的但往往未连接的数据库基础上建立新的信息系统，以监测生物经济的进展。

生物经济战略将创建生物经济相关政策的优先事项，以更好地协调欧盟对研究和创新的资助。同时，在政策制定之初就已考虑到创新相关事宜，创建了欧洲创新伙伴关系（European Innovation Partnerships，EIP）和联合创新研究计划（Joint Programming Initiatives，JPI）将在这方面起关键作用。与生物经济相关的对话不仅能改进知识基础，促进欧盟、欧盟成员国和地区层面政策措施之间的协调统一，同时也将进一步刺激经济增长和鼓励投资。

加强国际合作有助于生物经济应对全球范围的社会挑战。生物经济的战略将帮助欧洲在推动全球向生物经济过渡方面发挥主导作用。生物经济方面现有的国际合作需要研究和创新来推动，以促进粮食安全、气候变化、环境和资源、能力建设和贸易等方面的科学知识的交流和最佳做法的共享。

2）增加知识、创新和技能培训领域的投资

发展生物经济需要继续加大扶持力度，包括公共部门和私人投资，且必须有利于欧盟成员国、欧盟、全球的研究和创新工作之间的协调统一。由于信息和知识的鸿沟以及研究者、创新人员、生产商、终端用户、决策者和民众之间的概念差异，科学研究及其成果应用方面往往会出现脱节情况。知识转化网络、知识和技术代理人，以及社会企业等有助于填补这些鸿沟。由于待定的立法问题和专利相关问题，许多颇具前景的研究成果仍未被应用。因此，需要加大对示范工厂和产业化规模企业的投入，增加面向整个供应链的咨询服务。

欧盟在设计"地平线 2020 科研和创新计划"时已认识到对生物经济研究和创新增加资助的必要性。该计划投入近 47 亿欧元用于应对"粮食安全、可持续农业、海洋和海事方面的研究"等存在的挑战。该计划还将进一步支持应对"气候行动、资源利用效率和原材料""安全、清洁、高能效能源""健康、人口变化和福祉"等方面的挑战。欧洲创新与技术研究院（European Institute of Innovation and Technology，EIT）及其建立的不同领域的"知识与创新社区"（Knowledge and Innovation Communities，EIC）将解决与生物经济相关的难题，且在使能技术、产业技术（如生物技术、纳米技术和信息通信技术）和新兴技术领域开展的研究与创新还将对其进行不断的补充。为生物经济整个价值链相关的利益相关者提供相应的背景知识和包含多项关键使能技术（key enabling technology，KET）的工具集，对于实施广泛的生物经济相关政策来说也至关重要。

一些成员国赞成通过公共部门之间的合作增强研究活动的协调性，例如制定关于"健康和高产的海洋"的联合创新研究计划。有必要开展利益相关者之间的积极合作以鼓励更多的私人投资。这方面的措施包括加强知识交流的扶持措施，简化欧洲专利法，完善公共研究成果的访问机制，建立公私合作关系和进一步发展欧洲创新伙伴关系。

3）鼓励公众参与管理和知情对话

开发涵盖公众和终端用户的参与模式以加强科学研究、公众和决策者之间的联系。更多知情对话将有助于科学研究和创新为决策者做出明智的选择。

绝大多数的欧洲人都认同科学技术将为下一代提供更多的机会，但科技界和社会之间仍存在明显的信息鸿沟。在整个研究和创新过程中，需要公众参与开放的知情对话活动。他们需要被告知创新技术和现有做法的优势和风险，同时有足够多的机会参与对新发现及其影响的辩论。创建有关"农业生产力和可持续性"的欧洲创新伙伴关系将在这方面发挥重要作用。

此外，必须向公众提供更多有关产品性能和对消费模式、生活方式造成何种影响的信息，帮助其做出合理的选择。

4）新增基础设施和仪器设备

提高生物经济生产力，促进可持续发展需要更多研究基础设施和变革农村、沿海、工业区相关的基础设施；知识转化网络和完善的供应链。这些基础条件也将支持综合性多元化的生物精炼厂，包括小型的地方企业。石化炼制过程将化石资源转化成各种化学品、燃料、能源。生物炼制则利用可再生资源（包括废弃物）替代化石资源，为农、林、渔和水产养殖业创造新的收入来源和就业岗位。包括私人投资、欧盟农村发展基金等在内的资助都可用于促进可持续供应链的发展和基础设施的创建。

生物基产品和生物能源可以由传统产品进行变革，转化成生物基版本或者重新开发具有全新功能的新型产品。欧盟已在积极制定欧盟和国际层面的明晰的产品标准和可持续标准。这是推动单一市场运作和进一步开发认证和标签制度，以促进消费者认可和绿色公共采购的核心工作。

5.3.1.3 德国《国家研究战略：生物经济 2030》

2011 年 11 月，为了推动能源、气候、健康以及营养方面的科研创新，德国联邦教育与研究部发布了《国家研究战略：生物经济 2030》（BMBF，2011），作为其高技术战略系列的一部分。该战略认为，一个完整的可持续性生物经济体系有两个特征：充足且有益健康的粮食供应，以及来自可再生原料的高质量产品。

按照德国生物经济理事会的评估，目前欧洲在生物经济方面的营业额为每年 17 亿欧元，提供了 2200 多万个工作岗位。在德国，1/10 的工作岗位与农业或食品工业相关；农业以及林业用地占据了全国 82% 的土地面积；2009 年，17% 的耕地面积以及 1/3 的森林面积的产出成为能源或工业原料。此外，德国是欧洲最大的有机食品市场，石化燃料主要依靠进口，包括 97% 的矿物油、83% 的天然气和 61% 的煤。

目前，德国的优势在于科研能力较强且具有多样性，员工素质较高，拥有一定量的创新型公司。而劣势在于研究方向较为分散；同时，更多的传统领域需要引入生物技术创新；但风险性投资资金不足；某些领域的研发投入较低；缺少技术/知识转移的诱因、准备与专业性组织安排。这为下一步发展提供了许多机会：可持续生产的高质量食品需求上升；石化、矿物供应受限导致工业/能源方面可再生原料需求上升；农业、小额贸易、工业和服务行业发展方向改变；对自然资源的保护成为基础性问题。此外，技术转移耗时较长，准备不足，缺乏系统性的解决方案。

基于对国内生物经济现状的评估，该战略为德国定下了两个目标：在国际竞争中，成为生物基产品/能源加工以及相关服务的中心；在科研方面，为气候、资源和环境保护以及全球营养发挥作用。为此，该战略确定了五个需要优先发展的领域，以下列出了针对这些方面的具体战略行动。

1. 全球粮食安全与营养

第一，也是最重要的，是利用现代化植物生物技术手段对农作物的培植进行研究，支持相关基础研究项目以及知识转移；第二，在农业承受范围内，重点针对发展中国家的需求与问题展开研究，土地管理方法因地制宜；第三，选取适当地表型技术，分析环境对植物的影响；第四，使用现代化手段与农业技术进行耕种、收割以及之后的处理；第五，采用恰当的方法饲养动物，在饲养效率、应激耐受力、温室气体减排、减少空气污染之间取得平衡；第六，建立区域性气候预测模型，研究气候与生物圈之间的相互作用；第七，加强对农作物的生物多样性及其野生近亲的调查研究。

2. 可持续的农业生产

第一，对气候、自然、水土、空气和重要营养物质方面的国际研究热点进行研究；第二，根据农作物的特点选取合适的耕种技术；第三，改进无益的经营管理方式；第四，继续生物安全和共存方面的研究；第五，探寻生物多样性的量化方法；第六，扩大对可持续土地管理的相关研究；第七，对生物/环境友好耕种问题做进一步研究，重点考虑发展中国家的情况；第八，对植物培植、动物饲养、人类居住、家畜（包括蜜蜂）和鱼类健康进行研究，以支持生物经济的可持续发展；第九，沿着整个农业价值链的走向对农业技术进行改革创新；第十，提高农业生产体系的承受能力，提高资源利用的有效性；第十一，从社会、经济、政策以及计划方面对如何加强农村地区的制度化建设进行研究。其中，第七至第九条的执行需要参考全球粮食安全与营养问题方面的措施。

3. 食品健康与安全

第一，在顾及粮食安全、营养和农业可持续生产的前提下，多研发有益于健康的食品；第二，明确环境与动植物类食品生产技术之间的相互影响，并进行优化，以改进食品安全状况；第三，进一步发展有机和传统食品加工的保藏方法；第四，通过研究病因和传播、生病过程，寻找预防、控制和治疗疾病的适当方法，以保障动物健康；第五，明确包括质量监控与危机管理系统在内的分析方法和监测、预防措施，以保障食品安全；第六，寻找可持续性的食品防腐技术；第七，支持对食物加工方法进行优化的相关技术、组织体制改革，重点改良对社会/生态标准的有效性进行鉴定的方法。

4. 利用可再生资源进行工业生产

第一，在顾及粮食安全、营养和农业可持续生产的前提下，对植物类天然产物，尤其是非动物/人类营养品类植物进行优化；第二，寻找各种生物质的无损精炼方法，组建路线图以确认其工业可行性；第三，从技术和经济两方面对生物基平台分子融入工业产品目录的情况进行调查；第四，将下一代生物制药技术的发展方向约束在符合战略规划的框架中；第五，寻找新的可作为基础化学品、终端产品或前体物质的生物活性物质；第六，进一步改进生物基产品及其加工过程在技术、经济、环境和社会方面的科学评估；第七，通过各学科的协调发展，推动生物质的高效转化；第八，在研究机构、生产厂家、终端公司及相关机构之间建立战略联盟；第九，调查评估以可再生天然产物为原料进行生产对 CO_2 减排的效果。

5. 生物能源发展

第一，加强提高植物生物质（包括藻类）的育种、培养、收获和加工；第二，加强生物质的高效转化过程研究，包括系统的识别、分析、发展和整合；第三，优化培养、加工、过程与制造技术的全过程链研究，以达到效率性和可持续性标准；第四，研究建立可持续性标准与认证系统，以及用于食品、饲料和用于能源、材料的生物质的平行发展的概念；第五，开展生物能源设施的技术与经济可行性的示范研究；第六，研究农业与林业残余物以及废弃物原料的最优化利用；第七，设计用于不同设施规模和转化过程的可再生原材料的效率和环境相容供应的创新概念；第八，研究生物能源原料的贮存技术和供应波动的补偿方法，以及热电联产应用优化概念的进一步研究；第九，发展增加能源效率的市场可行的过程，进一步减少负面环境效应和温室气体排放；第十，研究地质合成气的技术和概念，进一步发展科学与过程工程技术，作为有效政策指导的基础。

同时，战略还强调了三点需要共同考虑的问题：供应的可持续性、应用途径的互利互惠性以及价值链的整体性。

5.3.1.4 英国生物科学战略计划

1. 英国生物科学战略计划"生物科学时代"

2014 年 1 月，英国生物技术与生物科学研究理事会（BBSRC）发布新版生物科学战略计划"生物科学时代"（the Age of Bioscience）。

计算机和多领域交叉的新工具和技术的发展改变了生物科学的研究方法。此前研究人员从来没有获取这么大量的数据集，以及可用于探索生命体系及其功能的深奥和复杂的各种问题。

BBSRC 资助的该计划将主要支持跨社会和经济领域的研究，并开展技术人员的培训，其主要内容包括：

（1）保持对英国工业和公共团体的卓越科学家的支持；

（2）支持提高生命质量和促进经济繁荣的新技术发展；

（3）利用 BBSRC 的研究、技术、基础设施和人力资源提升新兴公司和巩固已有公司的能力；

（4）帮助建立卓越中心，吸引海外投资者、创造就业机会和提高收入；

（5）加强卓越生物科学研究，推动医药、绿色材料、新药、安全营养食品的发展，引领农业可持续发展，帮助应对感染性疾病暴发和气候变化。

计划指出，未来 10 年生物科学将成为人类面临重大困难的主要解决途径，该计划的实施将有助于解决以下三方面的问题：

（1）解决 2050 年前全球 90 亿人口的粮食问题；

（2）发展可持续"低碳"能源、交通燃料和化学品；

（3）减少人类对化石燃料的依赖性，延长人类的寿命。

2. 英国生物科学战略投资计划 2016—2020

2016 年 3 月，英国研究理事会（RCUK）宣布《2016—2020 年战略优先与投资规划》（Strategic Priorities and Spending Plan 2016-2020），明确了今后 5 年英国九大研究理事会优先研究领域及战略投资方向。其中，BBSRC 的目标是提升生物学能力，创建健康、繁荣和可持续性的未来。2016 年 5 月 4 日，BBSRC 宣布了实施计划（BBSRC Delivery Plan）（BBSRC，2016），以指导 BBSRC 具体项目与工作的部署和执行。

1）五年战略目标

（1）推动生物科学发现：推进知识融合和维护英国在全球生物科学的领先地位。

（2）建设更具适应力和安全的未来：提升生物科学研究解决战略科学机会、经济目标和社会挑战的能力。

（3）创建和改良生物基产业：运用生物科学研究的成果来提高生产，改良传统产业，创建新的市场机会。

（4）培养和吸引人才：加强基础研究人员的资助力度，建设英国人才队伍。

（5）强化英国作为全球生物领域首选合作伙伴的地位：提升英国生物科学研究能力，加强欧洲与全球科研院所的合作与资助。

2）优先研究领域

（1）农业与食品安全：促进可持续高产农业生物科技发展，保障食品安全和适应性，配合英国环境、食品和农村事务部资助动植物研究。

（2）工业生物技术和生物能源：开发废料等原料生产燃料和高价值化学品的生物系统，提升产业的可持续性。

（3）服务健康的生物科学：推进饮食健康研究和相关政策制定，加深人们对饮食健康的了解，促进新型食品和健康产业的发展，创建食品健康旗舰研究机构。

3）预算安排

2016～2020 年，BBSRC 资源（BBSRC Resource）基金预算中的 70%将用于支持大学和科研机构的研究工作，在平衡对兴趣驱动的广域研究资助的同时，着重加强应对以下三个特别领域的战略经济机遇和社会挑战：继续提升农业生产力、食品安全和可靠性，以解决人口增长、饮食变化、气候变迁等带来的各种问题；促进可持续"低碳"工业的发展，达到国际排放目标和减少对化石燃料的依赖性；提高全生命过程的健康水平，降低人民医疗需求和社会阻碍因素。针对这些问题，BBSRC 提出了相应科研发展战略目标和优先研究领域，以及实施的具体措施和行动计划。BBSRC 计划在 2018 年新建了一家食品和健康研究创新国家中心——Quadram 生物科学研究所；继续支持 Pirbright 动物病毒研究所发展，为英国预测、检测和了解潜在的人和牲畜严重病毒性疾病；并推进欧洲生物信息学研究所数据容量中心项目（Data Capacity Centre Project）的发展。

3. 《英国生物科学前瞻》报告

2018 年 9 月，英国生物技术与生物科学研究理事会发布了《英国生物科学前瞻》报告。该报告确定了英国生物科学发展方向的路线图，也是应对 21 世纪粮食安全、清洁净长和老年人健康等重大社会挑战的机遇。其主要目标包括深化生物科学前沿发现、解决战略挑战和建立坚实的基础三个方面。

1）深入生物科学前沿发现

（1）探究生命规律：发展创造性的、好奇心驱使的前沿生物科学来解决生物学的基本问题。

（2）变革性技术：开发工具、技术和方法，使研究人员能够扩展科学发现的边界，并鼓励创新。

2）解决战略挑战

（1）生物科学有利于可持续农业和粮食：提供更高效、健康、有弹性、可持续的农业和粮食系统。

（2）生物科学有利于可再生资源和绿色增长：通过生物基工艺和产品在新的低碳生物经济背景下进行产业转型。

（3）生物科学促进对健康的综合理解：改善整个生命过程中动物和人类的健康和福祉。

3）建立坚实的基础

（1）人才建设：为现代生物科学吸引和发展灵活而多样的劳动力。

（2）基础设施：确保英国生物科学界获得开展突破性研究所需的设施、资源和服务，并支持其转化为经济发展和社会影响。

（3）合作、伙伴关系和知识交流：促进与国内外研究者及研究机构的跨学科、跨部门的合作。

5.3.1.5 《西班牙生物经济战略：地平线 2030》

2015 年 9 月，西班牙政府发布了《西班牙生物经济战略：地平线 2030》（AGRIPA，2015）报告，并公开征求大众建议。该报告指出，西班牙未来将在五个具体领域开展生物经济战略行动：普及必要的知识和实现企业环境中的创新应用；加强生物经济不同经济体间的互动；开发生物过程领域中的现存产品及新产品的市场；开拓需求；通过成功的合作和拓展案例扩展生物经济的领域。

每个领域都构建一条战略路径，由不同环境中提出的措施组成五大战略线框架：

（1）促进公共及私人研究和生物经济领域中的企业投资；

（2）加强和完善生物经济领域的社会、政治和行政管理环境；

（3）促进与生物经济相关的竞争能力和市场开发；

（4）对新产品的需求开发；

（5）生物经济扩展计划。

《西班牙生物经济战略：地平线 2030》作为一个行政和经济部门之间协调一致的工作计划，旨在推动其生物经济领域的创新活动，参与和推动该战略的机构将通过该组织的架构及预算对其开展资助。为促进新知识和创新应用的产生，该战略将依托整个西班牙科学技术系统开展研究和创新项目。此外，在此战略实施过程中技术平台也将发挥重要作用。

5.3.1.6　印度《国家生物技术发展战略 2015—2020：促进生物科学研究、教育及创业》

2015 年，印度科技部生物技术局正式发布《国家生物技术发展战略 2015—2020：促进生物科学研究、教育及创业》。该战略是继 2007 年印度启动第一期《国家生物技术发展战略》后，为实现"生物技术愿景 2020"目标再次发布的战略。

新战略对印度生物技术产业提出五大发展愿景，包括：第一，加大激励基础研究，实现对生命过程的全新理解，并利用新知识和手段达成新的发展优势；第二，推动应用导向研发，提高对健康与保健、环境安全、清洁能源和生物燃料、生物制造和生物产品的开发，提高生产技术的投入，提高效率、生产力、安全性和成本效益；第三，培养优秀的科学和技术方面的人力资源；第四，面向生物经济，完善研发及商业化基础设施；第五，将印度打造成面向发展中国家及发达市场的世界级生物制造中心。

该战略提出在基础科学、跨学科内的研究机会的主要优先事项包括：为基础科学提供持续的支持；鼓励生物学的多学科研究；吸引非生物学家来解决生物问题；将个体智慧与团体智慧相结合，共同完成任务，将基础研究投入转化为实际应用；鼓励新兴技术，如合成生物学和系统生物学、纳米生物技术、先进的蛋白质组学与成像技术、数据密集型发现和生物信息学；等等。

根据新战略的规划，这些原则同样适用于教育、农业、健康、能源、环境和生物制造方面，以推动研发创新和提升解决问题的科学能力。

5.3.1.7　《俄罗斯联邦至 2020 年生物技术发展综合计划》

2012 年 4 月 24 日，俄罗斯总理普京签署通过了《俄罗斯联邦至 2020 年生物技术发展综合计划》（Минэконоцразвития России，2012）方案。该计划提出，俄罗斯将在 2020 年以前投入 1.18 万亿卢布，优先发展生物制药、生物医学、工业生物技术、生物能源、农业经济生物技术、食品生物技术、林业生物技术、环境生物技术和海洋生物技术；到 2020 年将俄罗斯的生物技术产品产值提高至占国家 GDP 的 1%。

该计划内容包括计划制订的必要性、计划的目标与任务、生物技术发展的支撑条件、优先发展的生物技术、计划实施管理等及附件。

1. 目标与任务

该计划的发展目标是将俄罗斯的生物技术提升到领先地位，在生物医学、工业生物技术和生物能等领域打造全球生物经济竞争力，使生物技术与纳米技术、信息技术一起成为俄罗斯现代化的基础并建设后现代化经济。

（1）到 2015 年，基本满足国内需求并发展生物技术产品的出口；创建新的生产技术基地，形成有发展潜力的若干新产业。利用生物合成技术替代大部分以化学合成方法生产的产品；创建生物技术和试验工业基地，以发展生物燃料产业。

（2）到 2020 年，建立现代化的生物技术产业基地，将生物技术的方法与产品应用到多个工业领域中。将俄罗斯的科学与技术部门整合到知识生产的系统中，发展科学潜力，创建新的知识与技术，使其与纳米技术、信息技术一起确保俄罗斯工业部门的现代化。

该计划的主要任务包括：在俄罗斯建立生物技术发展的基础；在生物技术领域实现优先的创新和投资方案；在俄罗斯部署超大型的生物技术产业；支持基于生命科学和物理-化学的生物技术发展；建立生物技术领域的现代化教育方案和系统，培养储备人才；保持和发展生物资源潜能，以作为生物产业的基础；利用生物技术方法和措施来解决俄罗斯的经济、能源、生态和其他问题；使俄罗斯生物技术跻身国际生物经济格局；完善发展生物技术的法律、经济、信息和制度等。

该计划的预期结果包括：①俄罗斯生物技术产品的需求提高 8.3 倍，生物技术产品产量提高 33 倍。②生物产品进口需求份额减少 50%，出口份额增加至少 25 倍。③至 2020 年，俄罗斯的生物技术产品产值应约占国家 GDP 的 1%；至 2030 年，俄罗斯生物技术产品产值应约占国家 GDP 的 3%。④在优先发展的生物技术领域取得研究与应用突破。

该计划分 2012～2015 年和 2016～2020 年两个阶段实施，共需要耗资 1.18 万亿卢布。按照计划设想，到 2020 年俄罗斯的生物技术产品产值应约占国家 GDP 的 1%。

2. 生物技术发展的支撑条件

该计划提出了十项支撑生物技术发展的手段，包括：刺激生物技术产品的需求；提升生物技术企业竞争力；发展生物技术领域的教育；推动生物技术领域科技发展；发展试验生产基地；发展和支持生物创新联合体；推动商业、科学和教育的相互作用；支持地区生物技术发展；拓展国际合作；建立生物技术信息分析的基础设施等。

3. 优先发展的生物技术

该计划提出了九大优先发展的生物技术，包括生物制药、生物医学、工业生物技术、生物能源、农业经济生物技术、食品生物技术、林业生物技术、环境生物技术和海洋生物技术。

该计划提出了 2011～2020 年俄罗斯联邦在上述技术领域拟投入资金的逐年分布情况。其中，资金投入占比最高的是生物能源，累计投入 3670 亿卢布，占资金总和的 31.2%；

其次是工业生物技术，累计投入 2100 亿卢布，占 17.8%；接下来是农业经济生物技术和食品生物技术，两项累计投入 2000 亿卢布，合占 17.0%。

1）生物能源重点发展技术

（1）生物质电能和热能：发展来自生物技术的热能和电能，开发能源转换的基础技术。

（2）温室气体排放的吸收（回收）：回收来自能源生产过程、工业和公共事业的温室气体，发展非食用生物质的集约化生产；提高能源和燃料的利用效率，促进《联合国气候变化框架公约》目标的实现，应对气候变化，创造监管环境，以刺激市场；发展环境友好的能源技术，如在大型发电厂开发藻类吸收二氧化碳的系统、建立生产高附加值的产品的封闭能量循环系统等。

（3）能源生产活动在各个阶段对人类的影响：开展能源生产的生命周期研究；创建法律监管环境，以刺激市场；发展环境友好的能源技术，如强制推行可生物降解的吸附剂应用于燃料储存系统。

该计划将实施一系列措施联合俄罗斯联邦的国家机构，推动以下研究的开展。

（1）生物能机械制造（工业部）：发展机械行业，开发生物能源系统和设备。

（2）生物燃料和特种化学品生产（工业部）：持续发展固体、液体和气体生物燃料（包括生物甲烷和生物氢），以及生物燃料成分（添加剂）的生产。

（3）非食用生物质的工业生产（农业部）：发展生物技术选育和生物工程方法；研究、设计、开发、实施、种植和加工生物质，开展转基因技术与生物安全研究。

（4）利用废料生产能量（俄罗斯自然资源部、能源部等）：回收废物并利用其生产电能和热能；在大型工业集中区建设废物及能源循环再造的设施，以生产热量和电力，为企业开展联网作业创造条件；同时开展城市生物废料的回收利用。

2）工业生物技术重点发展技术

（1）酶的生产：酶的生产是工业生物技术领域的优先发展方向。发展工业、食品、酒类、皮革、洗涤等工业生产常用的酶制剂。

（2）氨基酸的生物技术生产：氨基酸（尤其是赖氨酸、蛋氨酸、苏氨酸和色氨酸）是农场饲料的组成部分。随着俄罗斯畜牧业的发展和独联体国家的粮食市场的扩大，俄罗斯迫切需要与领先的生物技术公司建立合作伙伴关系，恢复和提升氨基酸生产技术水平。

（3）葡萄糖、果糖糖浆生产：发展果糖技术是工业生物技术领域的重点之一。葡萄糖和果糖糖浆可用于制造甜味剂、软饮料、糖果等产品，并是其他生物产业的必要原料，因此，需要进一步优化生产和改进产品的性能。

（4）多糖的生产：多糖主要作为添加剂，用于提高各种产品的质量和制造性能，例如用于增加石油产量、钻井作业、提高食品、制药和化妆品工业的产量等。当前，俄罗斯的多糖工业规模较小，发展潜力很大。

（5）抗生素的生产：发展通过化学或微生物法生产抗生素。当前俄罗斯大部分的抗生素要依赖进口，有必要创造条件以保障俄罗斯制药业的可持续发展。

（6）可生物降解的聚合物的生产：目前可生物降解的聚合物在全球市场上显示出较高的增长率。随着环保要求的提高和废物管理成本的增加，在俄罗斯形成可生物降解的聚合物产业是该计划的一个重要方面。

（7）建立木质生物质深加工综合工艺：木质生物质的深加工已经成为全球工业生物技术发展的重大趋势。重点在于研究与开发新的木质生物质成分（纤维素、半纤维素、木质素和提取物）的深加工方法与工艺。

（8）利用可再生原料替代传统化学工业企业：大多数化学物质都可以用生物合成方法合成，专家预计化学品主要由化学方法生产的局面将在未来 10 年内彻底改变，俄罗斯在此方面基础薄弱，需要大力发展。

（9）矿业的生物技术应用：将微生物技术用于采矿业和地下资源开采，从而提高效率、降低能耗、减少对环境的损害。俄罗斯作为世界上最大的矿业中心之一，亟待挖掘发展相关技术的潜力。

（10）粮食和其他农业经济作物的深加工转化：利用粮食加工发展生产高科技产品的世界市场需求每年都在增长。利用生物技术进行深化处理，可大大提高生物技术产品的附加值，将有助于发展粮食市场并满足高端市场的需求。目前俄罗斯已有超过 10 个植物粮食深加工建设项目处在不同实施阶段。

（11）纤维素的生物提取与改性：在造纸、纺织等行业中，开发新一代的纤维素粘胶纤维的提取技术，开发具有特殊性能的羧甲基纤维素、纳米纤维素、生物聚合物等产品，以降低有害化学物质使用，减小环境的负担。

（12）来源于木质原料的生物燃料生产：利用木材废料生产生物燃料、电力和热能是目前俄罗斯最年轻和经济增长最迅速的行业。

（13）杀虫剂的生产：利用生物制剂来控制昆虫病害和疾病传播，可在农业和健康领域发挥关键作用。

该计划旨在形成一定规模的工业生物技术市场与产业，并形成关键阶段的法律监管框架，以规范生物材料和工业产品的使用。在化工、石化等行业，创建和部署大规模的生物技术产品生产。俄罗斯工业部将负责相关研究的开发、实施和引导。

5.3.2　重点专门性发展规划

5.3.2.1　美国《生物学工业化路线图：加速化学品的先进制造》

2015 年 3 月 16 日，美国国家研究理事会（NRC）生物学产业化委员会发布《生物学工业化路线图：加速化学品的先进制造》（*Industrial of Biology：A Roadmap to Accelerate Advanced Manufacturing of Chemicals*）报告（NRC，2015）。报告指出，化学品的生物制造将在未来 10 年内快速成长，生物学产业化的未来愿景是生物合成与生物工程的化学品制造达到化学合成与化学工程生产的水平。

按照化学品制造流程的生产模型，报告将技术路线图分解为 6 个类别，并列举了相关技术结论（表 5-1）。这些类别的技术进步将有助于提升生物技术在国家经济中的贡献。

表 5-1　路线图对 6 个核心类别技术的研究结论

类别	结论
原料与预处理	有效提升原料的经济可行性与环境可持续性，对于加速燃料和大宗化学品的生物制造非常关键。 提升生物原料的可用性、可靠性和可持续性将扩大经济可行的产品的范围，降低化学品生物制造的壁垒。 提升对单碳发酵的理解，包括宿主微生物与发酵过程等，将进一步提高原料的多样性
发酵与加工	应更多地开展通过改进质量和热传递、连续产物回收，或更广泛地利用共培养、共底物、多产物联产等方式提高发酵过程的生产率方面的研究。 开发能在一定规模上具有实际预测性能的计算工具，能够加速化学品生物制造的新产品与工艺的发展。 不同于许多传统的化学过程，工业生物技术会产生大量的水相反应物料，因此需要有效的产品分离和水循环利用机制
设计工具链	开发和利用强健的整合工具链，覆盖制造过程的各个环节，是促使生物制造达到与传统化学制造同等水平的关键一步。 开发内部的以及涉及制造过程中所有环节的整合性的预测建模工具，将加速化学品生物制造的新产品与工艺的发展
微生物：代谢途径	在快速设计具有催化活性和特殊活性的酶、改造其生物物理与催化性能方面的进步将显著降低生物制造及生产规模放大方面的成本
微生物：底盘	扩展用于生物制造的工程微生物以及无细胞平台的种类对于扩展生物基原料和化学品种类非常关键。 设计、创造和培养强健的菌株，将会降低生物制造的利用和放大过程中的成本
试验与测量	快速、常规化、可再生产地测量代谢途径功能和细胞生理学性能，将会增加高效率低成本的生物基化学品转化路径。 测量技术成本的降低和通量的增加应当伴随菌种基因工程技术的发展，反之亦然

报告指出，为了转变工业生物技术发展的步伐，促使商业实体发展新的生物制造工艺，应联合支持必要的科学研究与基础技术，以发展和整合原料、微生物底盘与代谢途径开发、发酵以及加工等多个领域，并考虑建立一个长期路线规划机制，持续引导技术开发、转化和商业规模发展。

美国生物学产业化委员会是美国国家研究理事会应美国能源部（DOE）和国家科学基金会（NSF）的要求专门召集的。其专门针对利用生物系统加速化学品先进制造这一主题，致力于"发展一个路线图，在基础科学与工程能力，包括知识、工具和技巧方面体现必要的先进性"，"技术涵盖合成化学、代谢工程、分子生物学和合成生物学"，同时，"考虑何时以及如何将非技术观点与社会关注整合入技术挑战解决方案中"。需要指出的是，该路线图报告的中心焦点是工业生物技术，但其中的目标、结论以及建议也同样有益于其他领域，例如健康、能源和农业等。

1. 工业生物技术的潜力

奥巴马政府在 2012 年《国家生物经济蓝图》中，将生物经济简要定义为"基于生物科学研究与创新、创造经济效益和公众利益"，并进一步谈到"美国的生物经济已无处不在"，包括新型生物基化学品，通过改进药物与诊断带来的公众健康提升，以及减少原油依赖的生物能源等。

美国的生物基产品市场效应已经十分显著，2012 年，生物基产品在国内产品总量中占比达到 2.2%，创造了超过 3530 亿美元的经济效益。当前，全球生物基化学品与聚合物的产量估计值已经达到每年 5000 万吨，生物过程工艺（如发酵、烘焙和印染）则伴随着人类工业文明史的大部分进程。

安捷伦科技公司估计美国工业生物技术行业的企业间营业收入在 2012 年至少达到1250 亿美元。其中生物基化学品占 660 亿美元，生物能源占 300 亿美元。力士研究公司估计利用合成生物学制成的工业化学品市场约为 15 亿美元，并在可预期的将来保持15%～25%的年均增长率。美国农业部（USDA）根据 OECD 2009 年的报告分析指出，生物基化学品在整个化学品市场的比重有望超过 10%。

尽管预期增长势头良好，实际上，利用生物合成和生物工程制造的化学品发展还可以更快。由于很多化学品的化学合成路线早已成熟，有些甚至并未考虑过生物基路线的替代。报告研究了限制化学工业中生物制造替代发展的技术、经济和社会因素，如果得以克服，将会极大地加速利用工业生物技术的化学品先进生物制造，获取显著的效益，帮助解决能源、气候变化、可持续与更高产的农业，以及环境可持续发展方面的全球挑战。

2. 当前发展形势

1）科学不断发展

DNA 测序技术成本的急剧下降有力地推进了遗传学的发展，2001 年人类首个基因组测序耗费了 27 亿美元，而到 2014 年，Illumina 公司开发的 HiSeq X 高通量全基因组测序仪已将个人全基因组测序成本降低到 1000 美元。同时，基因序列数据库也快速增长，截至 2013 年，全球已完成了来自 30 万个有机体的 1.6 亿个全基因组序列的测序。这些大量的数据信息储存了大量的潜在的 DNA 功能单元，为发现或创建高价值化学品的合成路径提供了契机。

　　近年以来，DNA 合成、读、写和除错的技术呈现出爆炸式增长的态势，快速拓展了遗传工程项目的规模和先进性，为生产更加复杂的化学品结构和纳米复合材料提供了更多的选择。典型应用包括从人类微生物群落挖掘药物候选分子，从环境样品发现杀虫剂，以及为电子和医疗装置生产金属纳米粒子。可以预见，在不久的将来，人们将可以设计自动化的整合生物过程用于生产工业化学品。

　　当前 DNA 合成和测序的技术尚滞后于 DNA 读写技术，最有价值的功能需要许多基因的参与，并需要通过复杂的调控来控制如何、何时以及何地来启动基因表达。合成生物学家正努力研究相应的解决方案，包括遗传电路、精准基因调控部件以及计算机辅助设计的系统编码的多基因系统。尽管目前可以实现整个基因组的合成，但还无法实现自下而上从零开始的"写"出 DNA，当前最先进的技术是利用诸如 MAGE 和 CRISPR/Cas9 等工具对现有基因组实行自上而下的编辑。

　　2）产业界已做好准备

　　合成生物学在人类健康和农业领域的应用要远高于其在化学品制造领域的应用，因此，人们提出了操作基因和蛋白质用于规模化大量生产目标产品的基本原则。就人类健康应用而言，治疗性蛋白分子的结构比用于合成重要工业化学品的小分子结构复杂得多，然而，它们的合成又与 DNA 的选择表达直接相关。

　　生物技术在农业领域的应用主要包括少量基因的使用和调控，典型的应用是引入一到两个基因以发挥其各自特性，如除草剂抗性、昆虫抗性和疾病抗性。生物技术在农业领域应用的难点在于在植物组织中表达引入基因的同时不对生产率和产量等性状带来负面影响。转基因植物的种植业也对调控范围提出了更高的要求。

　　与健康和农业应用相比，工业化学品的合成需要许多基因的协同参与，众多酶编码基因的表达必须得以精确控制以服务于目标化学品的合成，这一复杂的过程需要系统的解决方案。生物工程方法利用 DNA 重组技术同时应用系统和网络分析来对宿主微生物进行工程化改良、提高生产效率，这些原则早已成功应用于一些产品的高效发酵生产过程，早期成功的案例包括工业酶、青蒿素、乳酸、1,3-丙二醇、类异戊二烯和醇基生物燃料。

　　基于上述早期的成功经验，得益于科技的快速发展，利用工业生物技术生产更多的化学品的进程将持续加速，将使以传统化学合成方法无法实现的高产率和高纯度的高值化学品合成成为可能。未来，大量大宗化学品也或将被成本更低、工艺更环保的生物学方法所替代。

　　将来，化学品和工业化学品的合成将更加频繁地整合利用生物合成和传统化学合成的合成步骤，实现整个合成过程的最优组合。

　　3）科学到产业的鸿沟

　　要想实现生物合成与传统化学合成的完美整合还需克服科学、技术和社会层面的分歧，原料设计与利用、发酵与加工、促进化学品转化、管理和社会因素是《生物学工业化路线图：加速化学品的先进制造》和建议的关键领域。科学和工程的主要挑战则来自原料、转化以及开发整合的设计工具链等领域。

目前，生物制造化学品的原料是来自淀粉的发酵糖，而淀粉又来自玉米等谷物。生物制造化学品的持续扩张将需要源自非谷物资源的原料，纤维素生物质最具潜力，但在工业生物技术领域对纤维素生物质的利用仍面临许多挑战。当前关注的重点在于不同形式的生物质，也有许多利用合成气、甲烷和二氧化碳作为生物合成原料的研究工作。

与发酵和工程相关的首要考虑是制造生物系统，发酵可以通过多种方式进行优化，但构建发酵系统这一首要生产前提却是极其耗资的环节，为了减轻资金压力，发酵过程的规模化放大成为关键步骤。而发酵过程本身又是分批完成的，这意味着开发连续发酵、连续产物移除以及无细胞发酵技术亟须得以快速发展。

还需进一步的研发工作以促进化学品转化，合成生物学的急剧发展使其处于化学制造与生物制造相竞争的核心位置，需加速用于化学品生产的微生物"底盘"及其代谢途径研究的持续发展，并驯化更多样、更广泛的工业微生物。

一些管理和社会因素也会影响生物技术的工业化应用进程，监管部门应为工业生物技术价值链的构建制定相应的工业规范和标准，这些标准应包括：①准确"读写"DNA；②DNA部件功能参数说明；③组学技术的数据和仪器标准；④微生物的生产速率、滴定量和产率等性能。

除了标准外，还需升级管理制度，以加速安全商业化，包括：新宿主微生物、新代谢途径和新化学品，这种管理制度应该是跨国适用的，以保证对新技术和产品的快速、安全和全球获取。

3. 未来愿景

这里展望的未来愿景，是生物合成与生物工程的化学品制造达到化学合成与化学工程生产的水平。传统的化学品制造当前的生产能力十分强大，但能够规模化生产的化学品类型仍然有限。同时，核心石油基原料来源有限，而多样化的原料可以给化学品制造工业提供更多的机会。《生物学工业化路线图：加速化学品的先进制造》中提出的路线图目标与建议均是建立在这一愿景的基础上，同时，在理解上，为了完全实现生物学产业化，生物和化学路线的使用必须视作等同。

1）技术结论、建议与路线图目标

为了加速生物学产业化，需要发展多个领域的科学与工程。《生物学工业化路线图：加速化学品的先进制造》中提到的项目和类别均是基于以下核心结论：化学品的生物制造已成为国家经济的重要组成部分，并将在未来10年内快速成长。生物制造化学品的规模和范围都将进一步扩大，其中包含高值和大宗化学品。报告中提到的领域的进步将会在解决提升生物技术在国家经济中贡献的挑战中发挥重要的作用。

按照化学品制造流程的生产模型来划分，技术路线图被分解 6 个类别，分别是：原料与预处理；发酵与加工；微生物：底盘；微生物：代谢途径；设计工具链；以及试验与测量。每个类别包含一系列结论（表 5-2）以及路线图目标（图 5-1），代表该领域的阶段突破。必须说明，并非所有的路线图目标都适用于所有制造部门。例如，路线图关于原料部分目标的制定假设了原料成本是整个生产成本的主要部分，这是对于燃料或其他大宗化学品来说的。为了与当前制造成本竞争，原料需要降低成本并进一步多样化。类似地，减少生物工艺中的用水量不仅可以降低成本，还可以使生产过程更为环保。这对于大部分大宗化学材料也同样适用。

表 5-2　技术结论

类别	结论
原料与预处理	有效提升原料的经济可行性与环境可持续性，对加速燃料和大宗化学品的生物制造非常关键。 提升生物原料的可用性、可靠性和可持续将扩大经济可行的产品的范围，提供更为可预期的原料水平与质量，降低化学品生物制造的壁垒。这些生物原料包括：①植物纤维素原料，包括为实现低成本糖化工艺而专门用于生物制造的工程植物，以及原料的木质素副产品的全利用；②稀释糖流体的利用；③通过生物学途径将复杂原料转化为清洁、可替代、可用的中间体；④利用甲烷及其衍生物、二氧化碳、甲酸盐作为原料；⑤非碳原料（如金属、硅等）的利用。 提升对 C1 发酵的理解，包括宿主微生物与发酵过程等；由于美国的天然气利用程度正在加深，这将进一步提高原料的多样性
发酵与加工	厌氧、流加培养、单一培养为主导的化学品生物制造工艺已经持续了几十年。针对生产力更高的宿主微生物的研究已经取得了很大进步。在通过改进质量和热传递、连续产物回收，或更广泛地利用共培养、共产物、多产物联产等方式提高发酵过程的生产率方面所做的研究较少。 基于小规模实验模型，开发能在一定规模上具有实际预测性能的计算工具，能够加速化学品生物制造的新产品与工艺的发展。 不同于许多传统的化学过程，工业生物技术会产生大量的水相反应物料，因此需要有效的产品分离和水循环利用机制
设计工具链	开发和利用强健的整合设计的工具链，覆盖制造过程的所有环节，包括单个细胞、细胞内反应器，以及发酵反应器等，是促使生物制造达到与传统化学制造同等水平的关键一步。 开发内部的以及涉及制造过程中所有环节的整合性的预测建模工具，将加速化学品生物制造的新产品与工艺的发展
微生物：代谢途径	在快速设计具有催化活性和特殊活性的酶、改造其生物物理与催化性能方面的进步将显著降低生物制造及生产规模放大方面的成本
微生物：底盘	微生物底盘和代谢途径的快速有效发展依赖于基础科学和使能技术的不断进步。扩展用于生物制造的工程微生物以及无细胞平台的种类对于扩展生物基原料和化学品的种类而言非常关键。 设计、创造和培养强健的菌株，使其用于多种原料与产品并保持遗传稳定性及催化时间稳定性，将会降低生物制造的利用和放大过程中的成本
试验与测量	快速、常规化、可再生产地测量代谢途径功能和细胞生理学性能，将会推动发展全新的酶与代谢途径，从而增加高效率低成本的生物基化学品转化路径。 测量技术成本的降低和通量的增加应当伴随菌种基因工程技术的发展，反之亦然

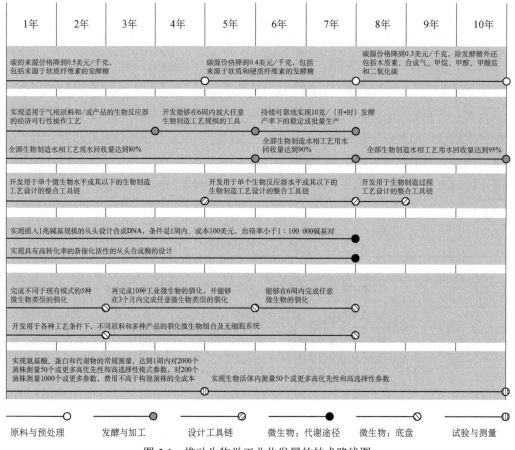

图 5-1　推动生物学工业化发展的技术路线图

相比之下，路线图在微生物（底盘与代谢途径）、设计工具链等方面的目标将会有益于产量小而价值高的化学品，如药品等，在这里需要发展新的代谢途径以带来更高的附加值。很多这一类的基础研究不仅可用于工业生物技术，还将给健康、能源、农业等带来影响。

为了转变工业生物技术发展的步伐，促使商业实体发展新的生物制造工艺，生物学产业化委员会建议国家科学基金会、能源部、国立卫生研究院、国防部以及其他相关机构支持必要的科学研究与基础技术，以发展和整合原料、微生物底盘与代谢途径开发、发酵与加工等多个领域，达成路线图目标。

2）非技术观点与社会关注

为了更好地实现前述的技术目标，《生物学工业化路线图：加速化学品的先进制造》还提出了一系列关于经济、教育与人力、管理方面的建议，见表 5-3。例如，许多报告都在其他场合讨论了生物经济在整个经济中的贡献，但并没有明确定义"生物经济"这一提法，常常引起混淆。建立对生物经济的正式的、定量的度量可以使所有利益相关者在同一术语环境中展开探讨并共同致力于技术方案。这也可以为工业生物技术部门发展的度量提供一个标准。

表 5-3 非技术观点与社会关注点

类别	建议
经济	美国政府应当定期定量测度生物基产品的制造对美国经济的贡献,并建立对这种经济影响进行预测和评估的方法
教育与人力	工业生物技术企业应当主动或通过产业组织加强与各级学术界的伙伴关系,包括社区学院、大学和研究生院等,以沟通技术革新需求与实践办法,作为学术指导。 政府机构、学术界和企业界应当设计和支持原创行动,以扩大学生参与高通量模式和产业规模下"设计-建造-试验"学习范式的实习机会
管理	行政管理应当确保美国环境保护署(EPA)、商务部(DOC)、食品药品监督管理局(FDA)、国家标准与技术研究院(NIST)及其他相关机构合作开展广泛评估和定期评价,同时确保管理手段的充分性,不仅限于现有法规,还应指出产业界、学术界和公众能够致力于或参与管理的地方。 科研资助机构和科学政策官员应当扩展现有的相关管理办法,加强国家间的协调合作和公众参与,以确保为负责任的创新活动提供更多支持。 EPA、USDA、FDA 和 NIST 等政府机构应建立有关项目,研究工业生物技术方面的事实标准和风险评估办法,将这些标准和评估方法用于政府管理制度的评价和更新

生物经济的发展不仅扩大了对产业和教育界的需求,还需要考虑教育与人力的需求。更多利益相关团体有必要共同讨论未来需求并加强广泛合作。

此外,与其他成长领域一样,管理方面也面临挑战。首先,公众参与对于新技术的社会接受和产业发展方向的把握来说至关重要;其次,关键的政府利益相关方必须确定和确保管理需求的满足,不断评估以确保采取正确的立场;最后,为了有利于各方合作,发展事实标准也是重要的环节。

4. 实现之道

化学品的生物制造已经成为国家经济的重要组成部分,并将在未来 10 年内快速成长。生物制造化学品的规模和范围都将进一步扩大,其中包含高值和大宗化学品。高值化学品受益于生物合成的特殊性,可用于高纯度产品的生产,因其生物途径能够将副产物产量最小化,所以产率较高。大宗化学品则必须考虑成本效益,得益于廉价、丰富的碳源,在生产过程中将货币成本最小化。

不过,生物技术在化学品生物制造方面的产业化愿景的实现必须通过多个利益相关方长期共同努力才能实现,未来 10 年的发展十分关键。因此,生物学产业化委员会建议相关政府机构考虑建立一个长期路线规划机制,持续引导技术开发、转化和商业规模发展。一个与时俱进的路线规划行动将成为《生物学工业化路线图:加速化学品的先进制造》多个路线图目标与建议的催化剂,并促使多个利益相关团体开展更有力的合作。

5.3.2.2 欧洲工业生物技术产业发展路线图

2015 年 9 月,欧盟 FP7 项目 BIO-TIC(the Industrial Biotech Research and Innovation platforms Centre)发布了欧洲工业生物技术产业发展路线图报告《生物经济之道:欧洲工业生物技术繁荣发展路线图》(*The Bioeconomy Enabled: A Roadmap to a Thriving Industrial*

Biotechnology Sector in Europe）（BIO-TIC，2015）。该报告指出欧盟目前面临许多社会经济和环境挑战，而预计工业生物技术产品具备重大潜力，能够帮助克服这些挑战。预期到 2030 年，欧盟的工业生物技术产品市场会增长到 500 亿欧元。报告提出了欧洲工业生物技术部署面临的障碍并概述了 10 项克服这些障碍的实际建议。同时，报告着眼于未来市场前景，对 5 类具有较好发展潜力的工业生物技术产品的发展提出了建议。

预期到 2030 年，欧盟的工业生物技术产品市场会从 2013 年的 280 亿欧元增长到 500 亿欧元。这一增长的主要驱动因素是生物乙醇及生物塑料消耗量的预期增加。航空生物燃料等新产品很可能在这一时期实现商业化并赢取市场份额。但是尽管预期市场需求很大，但仍存在巨大障碍，束缚欧洲工业生物技术生产的全面发展。如果这些障碍不及时清除，欧盟市场的需求最终就会由非欧盟来源的供给满足，这意味着欧盟生物技术行业将错失数百亿欧元规模的盈利机会。

要充分利用欧洲工业生物技术机遇所面临的主要障碍与产品成本竞争力有关，比较对象包括化石燃料替代物以及欧洲以外地区生产的同类产品。成本竞争力受多种因素的影响，包括原料成本、技术就绪水平以及对生物基产品的市场支持度。成本竞争力问题通常还伴随着大型项目融资困难、终端用户意识不足、缺乏技术与经营关系驱动行业向前发展等问题。

BIO-TIC 项目综合研究了欧洲工业生物技术面临的发展障碍并确定了克服这些障碍需采取的措施。研究结果以广泛的文献综述为基础，补充支持包括与 80 余位专家的访谈以及于 2013 年和 2014 年举行的 13 次欧洲范围内的利益相关方研讨会。报告提出了欧洲工业生物技术部署面临的最大障碍并概述了 10 项克服这些障碍的实际建议。这些建议包括以下几方面。

（1）为生物经济领域的原料生产者创造更多机会。原料生产者在生物经济发展过程中起着至关重要的作用。要求有意识地增加潜在机会（包括使用现有和新型作物），保证原料价格的合理性以及建设生物质收集、储存、运输的基础设施。满足这些要求的最有效途径尚不明确，但地方措施至关重要。

（2）研究新型生物质的应用范围。废弃物和残渣不与粮食生产和土地使用相冲突，因此成为广受欢迎的来源途径。但在不对其他市场产生负面影响的前提下有多少废弃物可利用尚不得而知，需对可持续废弃物流进行评估。需开发新技术以应对废弃物和残渣的固有变异性。在某些情况下，可能需要修订国家政策，以保证废弃物能被应用于工业生物技术产品。

（3）加强人力培养以维持欧洲在工业生物技术领域的竞争力。工业生物技术是一个高度专业化的领域，现有人员技能与行业期望并不匹配，需要能够跨学科工作和具备良好商务技能的人才。应当乐于改进教育与培训的方法。确定技能差距以及填补这些差距的方法至关重要。

（4）采取长期稳定的透明政策与激励框架，促进生物经济发展。欧盟的政策环境经常因不能为创新型工业生物技术产品发展提供充分支持而受到批评。可以采取财政激励或减税等一系列措施促进投资，同时对工业生物技术产品进行公共采购可以帮助创造市场。

（5）增进公众对工业生物技术和生物基产品的认知和意识。尽管工业生物技术产品可以带来许多环境和社会效益，但消费者和终端用户未必了解工业生物技术产品的概念及其价值定位。面向消费者和终端用户开展针对性信息宣传可以帮助市场发展。为了保证影响最大化，需先确定人们的认识以明确需要填补的差距。

（6）确立、发展、依赖欧盟试验及示范设施的产能。欧盟拥有许多工业生物技术工艺规模化设施，其中有些在运营，有些则处于闲置状态。需要更加明确这些工厂的产能，帮助将人员引向适当的设施。欧盟应该发展现有设施，建立工业生物技术规模化项目卓越中心，避免过多开展过剩设施投资。

（7）促进加工副产品的利用。对生物质的巧妙高效利用可以使单位生物质产出更多的产品，这意味着如可行应采取级联方式最大限度地利用木质素等副产品，这些副产品目前的市场应用范围还很有限。需要优化分离技术，以回收具备市场潜力的副产品。

（8）改进生物转化和下游加工步骤。工业生物技术产品生物转化和下游加工的优化可以极大地降低成本，提高生产效率。必须优化菌种使其用于新产品生产，提高其对木质纤维素和废弃物原料中的污染物的耐受性。需要持续改进工业生物技术工艺以确保其竞争力，因此需要为所有技术就绪水平的研发工作提供资金支持，而不是仅仅支持新兴技术。

（9）扩大大型生物炼制项目的融资渠道。欧洲大型生物炼制项目的融资环境通常被认为与世界其他区域相比仍不容乐观。公共资金仅支持项目建设的部分成本，剩余成本尚需其他渠道支持。需要改进各个资助计划的能见度和一致性，论证不同计划的整合方式。建立特有的欧洲生物经济战略投资基金（European BioEconomy Strategic Investment Fund，EBESIF）可以汇集不同融资机制的资源，如欧洲投资银行（EIB）、私募基金来源的资金，最大化地利用欧盟委员会提供的资金。

（10）在传统和非传统从业者间建立更密切的关系。工业生物技术行业汇聚了拥有各种各样背景的从业者。集聚组织在建立供应链上非传统从业者之间的关系时起着关键作用。应进行对应关系分析，明确工业生物领域现有活跃集群，如果存在差距，应采取措施促进新集群的发展。

着眼于未来市场前景，以下五类产品因引入了前沿交叉技术理念和响应了社会和消费者的需求，具有较好的发展潜力。报告说明了每类产品的市场规模，并为克服行业发展障碍提供了针对性的解决方案。

（1）先进生物燃料，包括先进生物乙醇和生物航空燃料。到 2030 年这两项产品在欧盟的市场价值将分别高达 144 亿欧元和 14 亿欧元。考虑到现有的技术范围和前期发展情况，生物航空燃料中工业生物技术工艺所占的比例尚不明确。

（2）生物化学模块。可转化为多种产品，可以与化石燃料产品相似，也可以具有其他功能。到 2030 年这类产品的欧盟市场价值会达到 32 亿欧元。

（3）生物塑料。到 2030 年这类产品的欧盟市场价值会达到 52 亿欧元。

（4）来自发酵的生物表面活性剂，通常用于洗涤剂。到 2030 年，这类产品的欧盟市场价值将达到 31 亿欧元。

（5）二氧化碳经工业生物技术转化而得的新产品。这一市场还处于初期状态，尚无法估算其市场前景。预期到 2030 年一些技术有望投入商业化生产。

报告说明了每类产品的市场规模，并为克服行业发展障碍提供了针对性的解决方案。

5.3.2.3 《欧洲合成生物学下一步行动——战略愿景》

2014 年 4 月，欧洲合成生物学研究区域网络（ERASynBio）发布了名为《欧洲合成生物学下一步行动——战略愿景》（*Next Steps for European Synthetic Biology: A Strategic Vision from ERASynBio*）的报告（ERASynBIO，2014），描绘了欧洲合成生物学未来发展的良好前景，强调了未来 5～10 年欧洲所面临的机遇和挑战。包括一系列针对国家和国际资助机构、政策决策机构和其他利益相关方的建议，目的是支持合成生物学这一重要领域的发展。下面简要介绍该报告提出的五大愿景和发展建议的主要内容。

1. 投资于创新的、跨国的和网络的合成生物学研究

需要重大的资金资助来实现合成生物学所带来的与生物学和生物学相关技术的革新，通过开放的同行评议的竞争来增加投入，这对获得最前沿的成就至关重要，但同时也需要协调自上而下的行动来应对欧洲及全球在合成生物学领域所面临的挑战。

2. 以负责和包容的方式发展和推动合成生物学研究

合成生物学的最终成功不仅依赖于自然科学家和工程师在技术上获得的成功，还有赖于应用与工业界开发公众和利益相关方需要并可接受的产品和服务的能力，为此，需要科学界、工业界和政策决策机构的广泛参与和协作。

3. 构建网络化的、多学科的和跨国的研究与政策制定团体

合成生物学或许比其他任何相关领域都需要更多的来自不同地区和不同学术背景的研究人员与政策制定者的合作，合成生物学当前的资助机构处于独特的位置，发挥着联系不同学科和地区之间桥梁的作用，并支持欧洲和全球相关团体的融合。

4. 提供高技能的、创造性的和相互联系的人才队伍以支持合成生物学的未来

各个层面高水平的训练将提升合成生物学领域的吸收能力以及增加欧洲及全球合成生物学的竞争力，同时，创造性的教育方法也将提供鼓舞下一代合成生物学家的机会。

5. 利用开放的、前沿的数据和基础技术

对从事合成生物学研究的机构而言，获得最新的数据和技术是维持和提升其竞争力的重要因素，资助机构和其他利益相关方应更多地鼓励有效利用新数据和新技术，也应支持开发下一代合成生物学基础设施的研究团体。

5.3.2.4　英国《合成生物学路线图》

英国在 2012 年 7 月 13 日发布了一份《合成生物学路线图》（*Synthetic Biology Roadmap*）（SBLC，2016），该报告指出了英国在发展世界领先的合成生物学研究的目标和潜力。该路线图由英国商业、创新和技能部（Department for Business Innovation and Skills，BIS）的一个独立专门小组撰写。

1. 路线图的目标

所谓合成生物学，是着眼于有益应用的目标，对基本生物学部件、新装置和系统（包括对现有系统的重新设计）以及天然生物系统的设计和工程化操作，其在提供重要的新应用和改建现有工业过程、促进经济增长和创造就业机会方面具有重大潜力。路线图的目标是催生英国的合成生物学部门，其将具有下述特点。

（1）前沿性——引领科技进步、提供高弹性平台以支撑技术发展，带动技术应用的进步。

（2）经济上充满活力、多样性与可持续性——商业成功发展，产出新产品、新方法和新服务，显著带动财政收入和增加就业机会。

（3）为公众带来益处。

2. 英国发展合成生物学的基础优势

路线图指出，英国拥有发展合成生物学的良好环境和基础，理由如下。

（1）英国拥有适用于新、旧商业模式运行的健壮的商业环境，世界银行 2011 年调查报告显示，英国在最适于经商的国家排名中位居第五。

（2）英国合成生物学学术基础牢固，继承了生命科学、工程学和物理学的强有力的创新环境并与之紧密相连。

（3）在合成生物学的应用领域，英国拥有强有力的、国际网络化的工业基础。

（4）英国拥有灵活的、良好的基金资助机构。

（5）英国拥有国际广泛认可的、健全的监管框架。

（6）英国政府对发展合成生物学给予了坚定的支持。

英国是最早意识到合成生物学的机遇并及时做出响应的国家之一，公共资助的学术研究与富有意义的公众对话一起建造了合成生物学研发基础。该路线图强调以往重大投资的关键作用，并提出对进一步投资的需求。自 2007 年以来，英国研究理事会持续资助合成生物发展，五年内总投资已经超过 6200 万英镑。英国工程与自然科学研究理事会（EPSRC）迄今向合成生物学领域的投资已超过 2500 万英镑，包括最近投资 490 万英镑以发展平台技术，资助对象包括帝国理工学院（Imperial College London）、剑桥大学（University of Cambridge）、爱丁堡大学（University of Edinburgh）、纽卡斯尔大学（University of Newcastle）和伦敦国王学院（King's College London）；以及向帝国理工学院的英国合成生物学与创新研究中心（Centre for Synthetic Biology and Innovation，CsynBI）投资 450 万英镑。

英国的发展目标是基于现有基础，识别并激励创新活动，帮助企业开发新产品、新方法和开展公众有益的服务，促进经济增长并创造就业机会。目前，合成生物学的一些特定应用已经浮现，但在工业生物技术、生物能源与卫生保健等工业部门的长期潜力依旧尚未开发，具体应用将会包括生物传感器用于识别感染、个性化医疗、废物处理、降低可再生化学品、材料和燃料的成本等。

3. 路线图的五大主题

（1）基础科学与工程——英国需发展足够的能力以维持其全球引领地位。学术创新与多学科融合是驱动合成生物学发展的重要力量，当前英国合成生物学的研发资助主要来自 BBSRC 和 EPSRC，此外还包括来自欧盟、比尔及梅琳达·盖茨基金会、美国国家科学基金会等的资助。路线图强调要重视对多学科研究中心的资助，如资助帝国理工学院的 CsynBI 以及其他一些大型投资项目，开发平台技术以及第二代生物燃料等技术的应用；建议建立合成生物学创新和知识中心（Innovation and Knowledge Centre，IKC）以推动技术的商业化；2007 年，英国研究理事会资助了 7 个合成生物学多学科研究网络，包括社会学和伦理学研究等，路线图建议继续资助类似多学科研究网络，包括学术-学术、学术-工业网络。路线图还强调培训与教育对发展合成生物学的重要性，英国在过去一些年内对合成生物学的教育和培训方面颇具前瞻性。

（2）持续的、可靠的研究与创新——包括认识、培训和遵守监管框架。针对合成生物学这一新兴领域的研究与应用方面可能出现的风险与不确定性，英国早已启动合成生物学公众对话，鼓励管理者与资助方的合作，构建有效的监管框架，加强合成生物学研究的风险管理，增强公众的接受度。

（3）开发商用技术——英国认识到将实验室技术完全工业化应用所面临的重大挑战，建议采取相关步骤以帮助克服这些阻碍，避免因可克服的原因而丧失重要机遇。关键点包括：发现市场化机会、创造工业转化过程、加速市场化、降低商业和技术风险、建立从业者社群、建立创新集群、促进知识产权转移转化、开发关键技术。

（4）应用与市场——鉴别未来新增市场，开发在学术与市场团体之间能高效互动的适宜应用。可能的应用领域包括：药物与卫生保健、精细与专业化学品、能源、环境、传感器、农业和食品等。核心的支撑技术将包括：DNA 设计、DNA 合成、快速测序、生物部件、微流体、酶进化及其他操作技术、计算机辅助生物设计（BIOCAD）以及其他信息技术。

（5）国际合作——使英国在全球范围内应对合成生物学挑战发挥正面角色，包括制定标准和适用的操作框架。路线图指出英国应积极协调国际合作，与国际政策和基金机构保持密切联系，建立国际标准、国际层面的教育与培训、构建国际市场和供应链。

4. 路线图提出的建议

该路线图提出了五点关键建议：

（1）投资多学科的研究网络，建立出色的英国合成生物学资源；

（2）在全英国范围内构建高技能的、充满活力的、资金充沛的合成生活学研究群体；

（3）投资以加快技术的市场化；

（4）致力在全球担当引领角色；

（5）建立一个领导理事会。

5.3.2.5　英国《生物经济的生物设计——合成生物学战略计划 2016》

2016 年 2 月 24 日，英国科学部部长发布《生物经济的生物设计——合成生物学战略计划 2016》（SBLC，2016）报告。该战略计划由合成生物学领导理事会（Synthetic Biology Leadership Council，SBLC）提出，旨在依托英国的基础研究能力加速合成生物学的商业化。

该计划目标是在 2030 年前促进英国合成生物学市场规模扩大至 100 亿英镑，重点制定五大领域的战略。

（1）加速生物设计技术和设施的工业化和商业化：通过加大投入、转化促进生物设计技术和设施的提升和增长。

（2）最大化创新渠道的能力：继续研究和开发平台技术，提高生产效率和开启未来机会。

（3）建设生物设计产业的专家队伍：通过教学和培训来提升生物设计技术水平和推广技术应用。

（4）完善产业支撑环境：保障管理规章制度体系符合产业需求和利益相关者的期望。

（5）在国内和国际伙伴中建立合成生物学社区：使英国合成生物学社区中的研究、产业和决策者成为国际合作选择的对象。

该战略的基础是 2012 年英国发布的《合成生物学路线图》，指导该领域的主要资助政策和行动，包括新建合成生物学中心、英国合成生物学产业转化中心（SynbiCITE）的创新知识中心、DNA 合成设施、培训中心和创新公司的种子基金等。SBLC 主要负责保障合成生物学领域的持续增长。SBLC 在 2015 年广泛征求本领域的企业和研究团体的意见后，提出了《生物经济的生物设计——合成生物学战略计划 2016》。

5.3.2.6 新加坡国家合成生物学研发计划

2018 年 1 月 8 日，新加坡国立研究基金会（The National Research Foundation Singapore，NRF）宣布资助一项国家合成生物学研发计划（Synthetic Biology Research and Development Programme）（NRF，2018），以提升新加坡生物基经济的科学研究水平。该计划将整合和确保新加坡在临床应用和工业应用等的合成生物学研究能力的全面发展。淡马锡生命科学实验室副主席、著名的植物生物学与生物技术专家蔡南海教授将作为总负责人领导该计划的实施。

该计划将与国际专家、学者和政府机构、企业共同讨论，建立研究信托基金，支持以下三个方向的研究：

（1）建立国家自主应变的商业化体系；

（2）通过合成大麻素生物学计划，开发可持续方法提取大麻植物的有效成分以拯救生命的治疗法；

（3）实施工业项目，特别是生产稀有脂肪酸这类在制药业中有着重要应用的产品。

NRF 将在未来五年内向合成生物学研发计划先期投入 2500 万美元，目前已有四个研究项目入选该计划。

（1）加强对合成生物学研发计划的分析支持。该项目由新加坡国立大学杨潞龄医学院生物化学系的 Markus Wenk 教授负责。

（2）以微生物为原料的稀有脂肪酸的微生物平台的开发。该项目由新加坡国立大学合成生物学临床和技术创新中心（SynCTI）的 Matthew Chang 教授负责。

（3）由链霉菌宿主诱导的大麻素类化合物的异源生产。该项目由南洋理工大学、新加坡生物科学学院副教授梁照珣负责。

（4）合成大麻素生物学：用于未来治疗的再利用性质。该项目由新加坡国立大学 SynCTI 的副教授姚文山负责。

5.4　生物科技领域代表性重要规划剖析

5.4.1　美国生物质资源发展规划分析

自然界的生物质包括种类丰富的物质资源和基因资源，以及数量可观的可回收利用资源。作为重要的可再生资源，生物质资源具有分布广、总量大、污染小和可再生等特点，开发潜力巨大，可广泛应用于能源、环保、医药、制造、农业等部门。近年来，由于面临化石资源日趋枯竭和化石燃料价格波动的不稳定情况，以及日益凸显的气候变化与环境恶化等严峻问题，全球经济的可持续发展正在受到越来越严重的制约，因此，合理开发利用可再生生物质资源已经越来越受到各国重视。

生物质资源大体上可分为原料资源和功能性资源，生物质资源的应用主要是利用微生物资源的功能特性，将生物质原料中的有机成分转化为能源、产品和材料等。各国根据本地区不同的生物质资源和技术优势，选择了不同的生物质资源研究重点，并处于不同的技术发展水平。其中，美国着力开发和利用生物质资源，生产廉价的生物燃料（特别是纤维素乙醇和藻类生物柴油）、生物质电力和生物基产品；同时，美国在系统微生物学和植物与微生物功能基因组学研究方面居于世界前列。分析研究美国在生物质资源研究方面的规划与举措，对我国建设生物质资源及生物经济强国具有极其重要的参考和借鉴意义。

5.4.1.1　美国生物质资源发展的总体部署

美国是农业生产和农产品供应大国。在生物质资源研究方面，美国的主要发展驱动力为：第一，减少对石油进口的依赖，保障国家能源安全；第二，促进环境可持续发展和经济发展；第三，为农业经济创造新的就业机会；第四，开发新产业和新技术，形成多样化的能源和产品供给。

2000 年 6 月，美国政府通过了《生物质研究法》，并以农业部和能源部引领和管理，设立了生物质研发委员会和生物质研发技术咨询委员会，正式启动了生物质研发项目。2002 年 11 月，《美国生物质能与生物基产品展望》报告对美国生物质资源研究做出了远景规划，提出到 2030 年，美国生物质能和生物基产品将发展成为完善、成熟并可持续发展的产业，为美国农业经济增长创造新的机遇，为保护和加强国家环境安全提供可靠的清洁能源，以进一步增强美国的能源独立性，并向消费者提供性能优良、绿色环保的生物基产品。近年来，美国政府通过立法、规划和政策制定等方式，持续推动生物质资源的研究、开发和利用。美国重视发展生物燃料，而其重点开发的生物质资源包括纤维素生物质和藻类生物质等。

与此同时，美国在生物质资源研发领域的资金投入逐年递增。2008 年 12 月，能源部投资 2 亿美元支持利用生物质原料生产先进生物燃料的商业化研究与实践。2009 年 1 月能源部与农业部联合支持有关生物燃料、生物质能及生物基产品生产技术与过程的研发项目等。即使在金融危机发生之后，生物质资源研究仍然成为美国经济复兴和再投资计划的重要组成部分。2009 年 5 月，美国能源部宣布，复兴计划中将有 7.865 亿美元用于加快先进生物燃料的研究和开发，以及商业规模的生物精炼示范项目等。2013 年 11 月，USDA 宣布投入 1.81 亿美元用于生物精炼援助计划（The Biorefinery Assistance Program），开发商业级生物精炼厂或利用新技术改进现有设施,发展先进生物燃料产业。2016 年 2 月,USDA宣布将通过"生物精炼、可再生化学品、生物基产品生产援助计划"(Biorefinery, Renewable Chemical,and Biobased Product Manufacturing Assistance Program,"9003"Program)向以可再生生物质为原料的化学品和燃料项目提供 1 亿美元的贷款担保。2017 年 9 月,美国能源部先进能源研究计划署(ARPA-E)宣布在大型藻类生物燃料计划(Macroalgae Research Inspiring Novel Energy Resources,MARINER)中资助 2200 万美元用于 18 个研发项目,旨在开发关键工具,使美国成为世界领先的海洋生物质生产者。2018 年 5 月,美国能源部宣布将投入 7800 万美元支持早期生物质能源研究和开发,致力于解决丰富多样的生物资源所面临的各种技术问题,使包括藻类、非粮食能源作物(如玉米、甘蔗等)和各种废弃物(如植物秸秆、稻壳等)在内的各类生物质资源更有效地转化为更具经济性的生物燃料、生物质电力和生物制品。

5.4.1.2 美国生物质资源发展的组织管理机制

为了系统地组织和管理国内的生物质资源研究,美国政府在 2000 年专门设立了生物质研发委员会和生物质研发技术咨询委员会。其中,生物质研发委员会由 USDA 和能源部人员牵头组成,成员所属机构还包括国家科学基金会、环境保护署、内政部、白宫科学技术政策办公室等,委员会的任务是对美国生物质项目进行具体规划和事务管理。生物质研发技术咨询委员会由数十名资深的科学研究、技术开发人员和高级管理人员组成,成员均来自知名大学、研究机构和大型企业,其任务是对生物质项目提供专业咨询意见,协助推进生物质资源研究。

2000 年 10 月,美国成立国家生物质能中心,其核心目标是联合能源部的技术力量,推进生物质研发项目的研究规划。该中心是一个虚拟的研究组织,总部设在能源部国家可再生能源实验室,由一个技术领导小组和四个技术小组组成,在能源部能源效率与可再生能源办公室(EERE)的协调下共同开展生物质资源研究(表 5-4)。

表 5-4 美国国家生物质能中心成员小组及其分工

分类	成员小组	主要开展的工作
技术领导小组	能源部国家可再生能源实验室	生物质精炼方面的研究与开发,并带领其他实验室合作开展研究工作
技术小组	能源部橡树岭国家实验室	生物质原料方面的研发
	能源部艾奥瓦国家实验室	生物质原料获取技术的研发
	能源部西北太平洋国家实验室	生物质合成气、催化工艺的研发,以及生物基产品的研发
	能源部阿贡国家实验室	反应工程和分离技术的研发

2007 年 6 月，为了推进生物质能的研究与发展，美国能源部建立了三个新的生物质能研究中心（BRC），分别是威斯康星大学麦迪逊分校与密歇根州立大学合作领导的大湖生物能源研究中心、由美国能源部橡树岭国家实验室领导的能源创新中心、由美国能源部劳伦斯伯克利国家实验室的中心领导的联合生物能源研究所，重点开展生物燃料的基础研究，包括专用能源植物白杨和柳枝稷等的研究、面向生物质改良和转化的基因组学基础研究、新型生物质降解酶或微生物的研究等。

2009 年 5 月，美国政府宣布成立生物燃料跨机构工作小组，由农业部部长、能源部部长和环境保护署署长共同领导，与生物质研发委员会合作开展工作，为提升生物燃料原料生产的环境可持续性提供政策参考建议。

2017 年 7 月，美国能源部部长宣布投入 4000 万美元支持四个 BRC，以实现新一代可持续、低成本生物产品和生物能源的科学突破。这四个中心是基于开放竞争的方法由外部同行评审筛选出来的，包括最初成立的三个中心，以及一个新设立的伊利诺伊大学厄巴纳-香槟分校领导的先进生物能源和生物产品创新中心。

2007～2017 年，最初成立的三个 BRC 在加深人们对可持续农业实践和植物原料的改良的理解、开发分解原料和改造微生物用于燃料高效生产的新方法等方面做出了重大突破，共发表了 2630 篇同行评审出版物，公布 607 项发明，提出 378 项专利申请，其中 191 项已许可或转让期权，92 项获授权。下个阶段，这些中心将以此为基础，重点从生物燃料扩展到包括生物基化学品在内其他产品的开发。

5.4.1.3　美国生物质资源发展的重要规划解析

1. 美国生物质多年项目计划

美国政府于 2000 年启动生物质多年项目计划（Multi-Year Program Plan，MYPP）。2007 年 11 月和 2009 年 5 月，美国能源部先后两次发布《生物质多年项目计划》报告，指出《生物质多年项目计划》的战略目标是发展具有成本竞争力的生物质技术，在国内形成新的生物产业，实现生物燃料在全国范围内的生产和使用，减少国内原油依赖，全面支持"10 年 20%计划"中提出的目标。

报告指出，生物质多年项目将在核心技术研发、示范与应用研究和交叉领域发展等三个层面展开工作。其中核心技术的发展目标为形成稳定的生物质原料供应并降低纤维素乙醇的生物转化成本，以便实现项目的执行目标，即显著减少汽油使用量并大幅降低纤维素乙醇成本。

表 5-5 列举了核心技术研发规划的任务要点，它涉及两方面的研究：其一是生物质原料的生产，包括生物质原料的采收、储存、预处理和运输过程；其二是生物质原料的转化，包括将生物质原料变为低成本液体燃料的生物化学和热化学转化技术的研发。

表 5-5　美国生物质多年项目计划的核心技术研发规划

核心技术研发任务	要点
先进生物质原料	发展工具和策略,以提高适用于能源转化的生物质原料的生产
原料预处理	设计开发成本低廉、针对特定原料的预处理过程的方法与设备
酶解与水解	加强关于酶水解机理的基础研究,以提高酶的使用效率与效果,发展最优化的酶水解工艺
生物发酵	开发乙醇发酵的高活性微生物,使其能够高效率地将所有生物质糖类转化为乙醇

2014 年 11 月,美国能源部生物能源技术办公室(BETO)升级了其生物质多年项目计划,描绘了其发展目标和结构。升级计划将作为一个操作指南,帮助 BETO 管理和协调其各种活动,也作为与利益相关方和公众就其使命和目标进行交流的一种工具。

BETO 的高水平计划目标是到 2017 年开发出商业可行的可再生汽油、柴油和航空燃料技术,并步入长期的可再生燃料发展道路,总的来说,其目标包括:

(1)到 2017 年,在中试规模,至少有一种碳氢生物燃料技术路线能取得成熟,每加仑汽油当量的价格控制在 3 美元以下,温室气体排放与石化燃料相比降低 50% 以上。

(2)到 2022 年,至少再有两种技术路线实现中试或示范规模生产(1 吨/天)。

BETO 根据生物质—生物能源供应链组织其全部工作,聚焦于原料供给和生物质转化,其工作的关键内容包括:可持续、高质量原料供应系统;生物质转化技术研发;整合生物精炼技术在工业规模应用的示范;交叉的可持续性、分析以及战略交流活动。

2.《美国生物燃料与生物基产品路线图》

2007 年 10 月,为确保经济可行的、可持续发展的和有经济前景的生物质产业,美国生物质研发技术咨询委员会发布了新的《美国生物燃料与生物基产品路线图》,确定了生物质技术发展的主要障碍和必要解决途径,目的在于确保经济可行的、可持续发展的和有经济前景的生物质产业。表 5-6 概括展示了该路线图在生物质研发方面确定的重点战略部署。

表 5-6　《美国生物燃料与生物基产品路线图》的生物质研发战略部署

研究目的	重点研究
生物质原料系统开发	植物学、遗传学与基因组学,包括原料结构与特性研究、微生物资源研究、生物多样性研究等
	原料的技术经济分析,包括建立和分析原料利用的技术经济模型、比较和评估各种生物质原料的可持续发展情况等
生物质原料的处理和生物转化	天然处理过程的分析,包括生物质的天然降解过程研究、天然代谢途径的分析等
	油脂、糖和蛋白质转化平台,包括生物质原料的结构组分研究、转化机理研究和经济可行性分析等
	生物柴油生产,包括生物柴油生产的副产品的回收与再利用研究等
	转化过程研究,包括生物化学转化、热化学转化和催化转化等过程的研究

3. 美国《打破纤维素乙醇的生物学障碍:纤维素乙醇研究路线图》

2006 年 7 月,美国能源部的生物与环境研究办公室和能源效率与可再生能源办公室联合发布了生物质燃料研究路线图——《打破纤维素乙醇的生物学障碍：纤维素乙醇研究路线图》，对美国未来的纤维素乙醇发展做出了全面部署。该路线图的重点是纤维素乙醇，但对于生物柴油和其他生物基产品或副产品的相关研究也具有重要参考价值。

根据完成相关任务的技术成熟度，路线图将纤维素乙醇研究战略划分为"三个五年"阶段，表 5-7 概述了这三个阶段不同的发展目标。

表 5-7　纤维素乙醇研究的"三个五年"发展战略

三个阶段	发展目标
第一个五年：研究阶段	研究现有给料，设计可持续的、有效的和经济可行的收割与降解方法，并将其转变为乙醇
第二个五年：技术应用阶段	产生出在可持续性、产量和成分构成等方面取得改进的新一代能源作物，同时利用新的生物系统研究出生物质协同降解以及多种糖共发酵的工艺过程
第三个五年：系统整合阶段	把当时的基因工程能源作物和针对特定农业生态系统的生物精炼厂结合起来，将促进生物精炼厂在全国甚至全球不同农业地区的发展

在纤维素生物质原料开发、原料处理和生物转化方面，路线图分别确定了三方面重点研究部署，其主要内容列于表 5-8 和表 5-9 中。《打破纤维素乙醇的生物学障碍：纤维素乙醇研究路线图》指出，只有将复杂的工程技术与基础生物学研究结合起来，才能保证纤维素乙醇任务取得成功。

表 5-8　纤维素生物质原料开发的重点研究部署

重点研究	技术途径及其要点
开发新一代的木质纤维素能源作物	提高生物质的总量和总产率
确保可持续性和环境质量	研究生物质原料长期生产对土壤和环境可持续性的影响
能源作物的模式系统研究	选择能源植物的模式作物开展基因与遗传学研究

表 5-9　纤维素生物质原料处理与转化的重点研究部署

重点研究	技术途径及其要点
发展更好的生物酶降解系统	开发能有效降解木质素与半纤维素成分的酶系统
充分发挥微生物菌株在乙醇生产中的作用	结合代谢工程学和系统生物学技术发展功能微生物（群落）
用于过程简化的先进微生物	深入开展基因改良微生物的生理学和微生物学研究

4. 美国《基因组到生命》战略计划

进入 21 世纪后，面临能源安全、环境和气候问题等重大挑战，美国开始新一代生物研究，美国能源部启动新的战略计划《基因组到生命》（GTL 计划），系统地研究微生物，为生命科学在能源与环境领域的应用奠定基础。

2002 年 7 月美国能源部正式推出为期 5 年、资助额度为 1 亿美元的后基因组计划——GTL 计划。2005 年 10 月，美国能源部发布了《GTL 路线图》，2008 年又发布了《GTL 战略计划 2008》，对《GTL 路线图》进行了补充和升级，提出其核心目标是在未来 10～20 年，了解几千种微生物的基因组及微生物系统对生命活动的调控作用，为利用生物手段解决能源与环境问题铺平道路。《GTL 战略计划 2008》特别指出了系统生物学在能源、环境治理及碳循环与碳存储领域的研究重点与挑战。

5. 《国家藻类生物燃料技术路线图》

2008 年 12 月，美国能源部能源效率与可再生能源办公室召集 200 多位专家召开"国家藻类生物燃料技术路线图"研讨会，评估了藻类技术研发现状，确定了为推动藻类生物燃料商业化需要采取的措施；2009 年 6 月，能源部形成《国家藻类生物燃料技术路线图》草稿，开展专家咨询。

该路线图中共涉及 11 个研究主题，包括藻类资源与分布、藻类生物质资源的研究与转化、藻类下游处理过程，以及相关政策、标准和监管措施等具体部署；其中，藻类生物学、藻类培养和藻类生物燃料的转化是较重要的研究领域。同时，藻类生物燃料生产系统与技术经济分析也是当前迫切需要开展研究的领域。

2016 年 4 月 8 日，美国能源部 BETO 宣布未来将进一步提升对藻类生物燃料的重视度，并升级藻类生物燃料研发计划，将"藻类原料研究与开发"计划更名为"先进藻类系统研究与开发"计划，以突出藻类生物燃料供应链的重要性。这次升级还包括了新的藻类农场设计方案，该方案的技术目标是通过开放池培养系统来降低藻类生物质生产成本，目前该方案正按照 BETO 的技术对象和成本目标的要求进行技术-经济学分析。BETO 同样重视其他藻类培养系统的研发，例如附着生长系统和封闭光生物反应器等。升级计划将开展一个长期应用研究，通过与合作伙伴开发新技术、整合商业级技术和跨产业分析来了解藻类生物燃料产业的潜力和挑战，从而提升藻类产量和降低藻类生物燃料成本，实现可再生柴油、汽油和航空燃料年产超亿万加仑的目标。其战略宗旨是突破关键技术壁垒，提升藻类生物燃料的可持续和易得性。据此，该计划的项目将致力于系统地消除藻类生物燃料供应链障碍、提升技术示范水平及与化石燃料成本竞争的能力。计划还将着重开展产品研发、物流和藻类综合精炼厂的建设。

6. 生物优先计划

生物优先计划（BioPreferred Program）作为生物基产品标签认证计划，最早由《2002年农业法案》创建，2011 年 1 月由 USDA 正式推出，《2014 年农业法案》对该计划重新授权并扩大了规模，旨在将市场上产品转换为生物基产品，促进经济发展，在美国农村创造就业机会，并为农场的商品提供新市场。生物优先计划包括强制性联邦采购计划和自愿性标签计划。目前已完成包括超 1.5 万个产品的在线目录，其中 2700 个产品已证明可贴上 USDA 生物基产品标签。

7. "生物能源技术孵化器 2"计划

2015 年 7 月，美国能源部能源效率与可再生能源办公室代表 BETO 宣布"生物能源技术孵化器 2"（Bioenergy Technologies Incubator 2）计划。

该计划致力于研发和阐明扩大生物质资源转化为商业用途的高性能生物燃料、生物产品和生物能源规模的方法。为达到这一目标，BETO 制订战略计划或多年期计划，辨识技术挑战和需克服的障碍。这些技术挑战和障碍构成了 BETO 发布基金项目支持这些特殊领域研究的基础。"生物能源技术孵化器 2"计划旨在辨识 BETO 已有战略计划和项目未解决的潜在影响因素，以及推动现有计划中未有的产品、过程的开发或建设工作。该计划涉及两大主题领域：①寻找和开发以提升 BETO 藻类平台为目标的全新、非改良技术，以及非现有藻类项目所涵盖的路径；②寻找和开发为实现 BETO 目标的全新的、非已有原料和转化项目的代表性技术与方法。能源部能源效率与可再生能源办公室将以合作协议的模式给予项目多种财政补助，预计每个项目将获得 12～24 个月的支持。

5.4.1.4　美国生物质资源发展的总体成效

2016 年 10 月，USDA 发布《美国生物基产品产业经济影响分析报告 2016》（*An Economic Impact Analysis of the U.S. Biobased Products Industry*）。报告指出，2014 年生物基产品行业为美国经济贡献了 3930 亿美元和 422.3 万个就业岗位。2013～2014 年，该行业新增就业岗位 22 万个，新增产值 240 亿美元。

这是 USDA 委托完成的第二份美国生物基产品行业经济影响分析报告，分析了 2014 年生物基产品行业在国家和各州层面创收和增加就业的情况。第一份报告于 2015 年底发布，分析的是 2013 年的数据。

报告分农业、林业、生物精炼、生物基化学品、酶制剂、生物塑料瓶包装、森林产品和纺织品等七大部分来阐述。能源、家畜、粮食、饲料和制药行业并不包括在 USDA 定义的生物基产品之列。

根据报告，每 1000 个直接就业机会就会在其他领域创造额外的约 1760 个岗位，2014 年生物基行业提供 152.8 万个直接就业机会，带来额外的 269.5 万个间接和由此引发的就业机会，因此，生物基产品行业创造了总计 422.3 万个工作岗位。

2014 年，生物基产品行业直接销售收入为 1270 亿美元，由此产生其他 2660 亿美元间接和引发的收入，共计 3930 亿美元。

除了行业概述，报告还就 NatureWorks 公司、巴斯夫公司、伊士曼化学公司、杜邦公司、可口可乐公司、Poet 公司、Verdezyne 公司和绿色生物制剂公司的案例进行研究。

同时，生物技术创新组织（BIO）在 2015 年的一项研究发现，在过去 10 年间，美国通过执行可再生燃料标准（RFS），利用生物燃料替代了大概 19 亿加仑的原油进口量，继而带来美国交通运输部门相关的碳排放减少 5.893 亿吨。RFS 的目标是降低美国对石油的依赖，减轻交通运输部门对原油进口的依赖并减少碳排放。通过 10 年的努力，RFS 已被证明实现了既定目标,该标准实现的碳减排总量相当于在 10 年间累计减少了 1.24 亿辆汽车使用。

5.4.1.5 美国生物质资源领域的特点及启示

1. 生物质资源领域的重要研究方向和研究热点

通过以上对生物质资源领域美国发展规划与举措的解析以及对本领域重要研究文献的研读,可以了解美国在生物质资源领域主要关注的研究方向和研究重点,而这些也正是本领域研究面临的重要问题及呈现的研究热点(表 5-10)。

表 5-10　生物质资源领域的重要问题及研究热点

研究方向	重要问题	研究热点
生物质原料的开发	利用有限的土地资源和水资源,发展高效、可再生的非食用性生物质原料。 利用新技术、新手段发掘和筛选出新的高效微生物	能源植物的筛选与评价、藻类生物质原料的开发、海洋微生物资源开发、极端微生物资源开发
生物质资源的基础研究	在现有生物质原料品种的基础上提高单位面积的生物质产量和可利用的生物质总量,以及提高生物质原料的利用率	高光效、高生物量原料的培育;生物质原料成分、功能的定向改良
生物质资源的基础研究	利用基因资源和基因工程手段,研究微生物代谢途径及其调控的分子机理,进行代谢途径改造,使工程菌株按照人类的设计,生产具有特定活性的代谢产物	宏基因组学研究、合成生物学研究、系统生物学研究
生物质资源的应用	合理利用生物质原料,可持续地生产出高成本效益、高附加值以及对气候、环境和生态友好的先进能源、产品和材料	重要生物基产品的开发、生物质原料的全生命过程研究
生物质资源的应用	充分利用微生物的生物特性,以解决重大科学挑战和重要现实需求	环境治理中微生物应用、能源开发中微生物应用

2. 对发展我国生物质资源研究的启示

第一,发展生物质资源研究的重要动因是为了解决人类当前在能源、环境、制造等方面面对的重要挑战和重大现实问题,因此加强生物质资源研究对于国家可持续发展具有很强的战略意义。

第二,生物质资源的研究是农业科学、生物学、化学及过程工程等多门学科交叉的研究,生物质资源的发展需要结合基础研究与技术应用领域的进展和突破;同时,技术经济分析与应用试验研究也十分重要。系统生物学、宏基因组学等学科体现出的系统研究方法,以及多用途生物质原料、多功能微生物开发等方面体现出的功能或工艺有机整合的观点,在生物质资源的研发与应用中尤为重要。

第三,生物质资源的研究项目往往是多个政策规划部门与多家研究机构联合开展的大型和长期性研究,需要由国家关键部门主动引领,通过专门的委员会来协调开展,并需要充分发挥生物质研发技术咨询委员会的力量。在具体推进重大项目时,多个研究机构之间可结成技术开发联盟或研究网络,共同协作开展研究工作,以有效地联合各个研究机构的资源、实力与优势，促进各技术环节的有效衔接和整合。

第四，我国可参考美国及其他科技先进地区的战略规划与技术发展路线图，确定我国的特色生物质资源、优势研究领域和潜在优势产业，制定适合我国实际情况的生物质资源研究发展路线图。在目标的设置和具体规划上要充分考虑气候、能效、环境、生态和公众利益等方面的潜在影响，在研究力量部署上要有利于促进科研机构的广泛合作，建立技术研究网络和产学研战略联盟，培养可靠有力的技术咨询力量。

5.4.2　欧盟生物基产业发展规划分析

近年来，化石资源的消耗、气候变化和环境污染的日趋加剧，已经严重威胁全球经济的健康发展。而生物燃料和生物基材料等可再生原料产品的出现，为应对和解决这些日益严重的社会问题、保障全球可持续发展，提供了一条新的途径。为此，欧盟将生物基产业及其相关技术的发展提升至战略层面加以重视，并从资金和政策上重点支持。

5.4.2.1　欧盟生物基产业发展的总体部署

欧盟的生物基产业科技发展战略经历了一个从宏观到专精、从全面发展到重点突破的过程。早在 2010 年 9 月，欧盟发布《基于知识的欧洲生物经济：成就与挑战》战略报告，重点提出了需要整合政策、研究与创新、支持生物基产品系统转换等建议。

2011 年 11 月 30 日，欧盟委员会发布"地平线 2020 科研和创新计划"提案（2014～2020 年），将发展生物基产业，加强陆地和水生生物资源的开发与利用作为未来欧洲需应对的重要社会挑战之一。

2011 年 6 月，由 Sherpa 集团等完成的一份呈递给 KET 高水平工作小组的报告 *KET—Industrial Biotechnology: Working Group Report*，分析了欧洲工业生物技术的现状及所面临的挑战和竞争力情况。欧盟认为，关键使能技术是未来工业发展的核心，也是欧盟保持竞争力、实现"欧盟 2020"目标的重要手段。

2012 年 2 月，为了实现欧洲生物经济战略目标，在"地平线 2020"计划和 FP7 支持下，欧盟委员会发布《欧洲生物经济的可持续创新发展战略》，重点内容包含为生物基产品和食品生产系统制定标准和标准化的评估方法，支持规模化生产，推动新市场扩张的专项行动计划，并决定通过采用绿色产品标签，提高民众采购绿色生物基产品的便捷性。2013 年 7 月，欧盟委员会签发了包含生物基产业在内的"创新投资一揽子协议"。2014 年 6 月 27 日，欧盟开始实施生物基产业发展计划，生物基产业公私伙伴关系"生物基产业联合企业"（BBI JU）正式开始成立。

2014 年 3 月，欧盟委员会发布了《工业现状、欧盟工业政策分类概述与执行实施》

工作文件，对欧盟 18 个工业的现状、面临挑战和发展策略进行了系统分析，其中着重强调了生物基产业的重要性，并对其行业标准和风险进行解读。该文件明确了生物基产业在欧盟经济中的重要战略地位，对未来实现生物基产业重点由生物燃料向着多类型高附加值产品转变将产生重大影响。文件还指出，欧盟将继续发展并采用清晰、明确的该行业的欧洲和国际标准，促进和使用生物基的统一认证和标识。

2015 年 6 月，在欧洲工业生物技术研究与创新平台项目的最高政策会议上，发布了《生物经济之道：欧洲工业生物技术繁荣发展路线图》。该路线图明确了包括先进生物燃料、生物基化学原料、生物基塑料等多个工业生物技术主要研究方向，并且为如何提升未来欧洲生物基航空燃料、生物基塑料等生物基产品的市场竞争力，扩大其用户群体提出了建议。

2018 年 10 月 12 日，欧盟委员会发布《欧洲可持续发展生物经济：加强经济、社会和环境之间的联系》，旨在发展为欧洲社会、环境和经济服务的可持续和循环型生物经济。新的生物经济战略是欧盟委员会促进就业、增长和投资的重要举措之一。同时，委员会还提出建立一个 1 亿欧元的循环生物经济专题投资平台，使生物基创新更接近市场，并在可持续解决方案中降低私人投资的风险。

5.4.2.2 欧盟生物基产业的重要规划解析

为促进生物基产业发展，欧盟设定了三大政策支柱：①技术、研究和创新的投资；②政策合作；③与利益相关共同开发市场。针对这三大支柱，欧盟制定了一整套项目体系。

研究创新支柱重点加强对近市场科技研发项目的联合投资。"地平线 2020"研究计划中的食品安全、可持续农业、海洋和海事研究和生物经济项目就是这个支柱所规划的重点项目。该项目研发投入的 1/4 都给予了欧洲生物基产业联盟（Bio-Based Industries Consortium，BIC）。此外还有一些其他"地平线 2020"计划支持的生物基产业科技项目等。

第二支柱则侧重于保障欧盟生物经济政策的一致性和各成员国之间的协作关系。2013 年以前，欧盟各国的生物工业相关的研究均可获得 FP7"ERA-NET 生物经济行动"成员国联合项目的资助。此后，欧盟建立了生物经济观测平台，以总体协调成员国之间的研究合作与通告成员国政策信息。

该战略的第三支柱重点在于解决市场开发和生物经济的竞争力问题。与科技研发相关的主要行动包括了开发不同生物基产品的测量方法和标准，以及消费产品的特征标签。"欧洲创新伙伴"与"地平线 2020"计划共同透过地方发展基金来促进农业、林业和木材加工业的新产品、方法、加工和技术的开发。同时，资助示范项目的建设，支持供应链、食品安全、气候或环境保护项目的开展。

1. BIC《战略创新和研究议程》

2017 年 6 月 21 日，欧洲 BIC 宣布新一轮《战略创新和研究议程》(*Strategic Innovation & Research Agenda*，SIRA)，以构建资源效率、可循环的生物基经济。SIRA 对生物基产业联合计划（BBI Initiative）研究、示范和应用行动具有重要指导意义。

上一版的 SIRA 于 2013 年 3 月提出。此次推出的新版 SIRA 提出了加速欧洲可持续和竞争性生物产业的行动，反映了 BIC 力图使欧洲成为全球生物经济领袖的雄心。新版 SIRA 以解决生物基行业的技术和创新问题为宗旨，提出了"多价值链"的方法和综合性原料，如液体原料、生物废料（包括食品加工）和 CO_2 等。SIRA 还提出了实现 2020～2030 年目标所需要采取的研究和创新行动。

新版 SIRA 拓展了原有的原料范围，将水生资源、生物废料和 CO_2 明确纳入原料范围。此外，更积极地追求传统价值链之间的交叉。这种"多价值链的方法增加了新原料转化成有价值生物基产品的机会"，包括化学品、材料、食品添加剂和饲料、交通燃料等。BBI 计划以欧洲价值链为基础，重在加速向高级原料和生物精炼厂的转化。

（1）建立新价值链：包括开发可持续性、高生产力的生物质收集和供应系统；更好地利用生物质原料，包括各种来源的副产品、侧流和剩余流。

（2）将现有的价值链提升至新的水平：这将包括优化生物质原料的利用和提供符合市场需要的创新增值产品。

（3）使现有技术和新技术趋于成熟：这将涉及使研究与创新能力升级，建设示范和旗舰生物精炼厂，将各种生物质转化为范围广泛的创新生物基产品。

BBI 计划将充分利用研发投资，使欧洲现有的试点和示范设施得到最大限度的利用，整合学术界、研究机构、中小企业和大公司的知识和技能，以实现最终的创新目标。

2. "地平线 2020"计划

继 FP7 之后，2014 年欧盟开始实施"地平线 2020"计划支持欧盟各国开展大量科技创新和工业示范项目。该计划不仅是欧盟 FP7 的延续，更是首次将欧盟的所有科研和创新资金汇集于一个灵活的框架，统一了欧盟科研框架计划、欧盟竞争与创新计划（CIP）、欧洲创新与技术研究院等，主要包括基础研究（预算 246 亿欧元）、产业应用技术研发（179 亿欧元）和社会挑战应对（317 亿欧元）三大部分。

每个部分均包含了多个优先研发领域。基础研究部分的发展目标是提高欧洲基础研究水平，使欧盟基础研究保持世界先进水平。为此，计划将会在高质量前沿研究、"未来和新兴技术"（FET）研发合作、科研人员培训、科研基础设施建设等方面提供支持。产业应用技术研发部分旨在帮助欧洲成为产业领域的领先者。为此，计划将主要推动信息技术、纳米技术、新材料技术、生物技术、先进制造技术和空间技术等领域的研发。社会挑战应对部分旨在解决欧洲人共同关注的重大社会挑战，主要涉及人口健康、农业与生物经济、能源、交通、气候变化、资源利用和社会福祉等六大领域的挑战。其中，农业与生物经济领域的挑战应对规划包括发展可持续性与竞争性的生物基产业。"地平线 2020"计划中与生物基产业相关的优先研发领域如表 5-11 所示。

表 5-11 "地平线 2020"计划生物基产业优先研发领域

目标	优先研发领域
做企业界领袖	作为未来创新驱动力的前沿生物技术
	基于生物技术的工业过程
	创新性和竞争性平台技术
应对社会挑战	培育生物经济、发展生物基产业
	发展整合生物精炼
	扶持生物基产品与过程的市场发展

3. 原料与能量效率可持续过程工业计划

2013 年 12 月 17 日，欧盟委员会宣布与欧洲工业界建立机器人、光子学、HPC、针对未来互联网的 5G 网络、未来工厂（FoF）、节能建筑（EeB）、绿色汽车计划（EGVI）、原料与能量效率可持续过程工业（SPIRE）八项合同性公私合作伙伴关系（cPPP），以开发绿色汽车、节能建筑和清洁生产工艺等新技术、产品和服务，确保欧洲工业处于世界领先地位，为智慧城市、智能交通、教育、娱乐、媒体和其他潜在市场奠定牢固的基础，促进经济的可持续发展，创建高技能的就业岗位。

2015 年 3 月，欧盟决定通过 SPIRE 计划向白色生物技术（工业生物技术）研发项目 PRODIAS 注资 1000 万欧元，预计该项目的总投入将达到 1400 万欧元。PRODIAS 项目由世界著名的化工企业巴斯夫（BASF）牵头，法国嘉吉（Cargill）欧布尔丹公司、德国凯撒斯劳滕大学、英国帝国理工学院、瑞典 Alfa Laval 公司、荷兰 GEA Messo PT 公司、荷兰 Xendo 公司、芬兰 UPM 公司和德国 Enviplan 公司 8 家跨生物基产业技术、可再生资源、化学、加工工程、设备供应的大学和企业共同参与。

PRODIAS 的宗旨是开发和实施白色生物技术在生产过程中的可再生原料专用的低成本分离和纯化技术。研发重点包括可用于白色生物技术产品的分离技术、具备可选择性和低能耗等优点的创新混合系统、通过优化生物反应器（发酵）和生物催化过程提升下游生产加工效率，节约原材料的创新方法。具体研发目标包括：①成本低廉和可再生定制的分离技术、单项技术或混合技术的高度创新工具箱；②用于技术研发的新型或改良仪器和设备；③用于快速选择合理技术的集成设计方法。关键研发任务：①优化和改进单项技术或设备；②调整上游工艺以提升下游加工效率；③开发结合互补单项技术的设备以满足降低成本和提高效能的要求；④在 PRODIAS 项目所代表的三个应用领域的工业环境中的技术示范；⑤识别技术设计和操作所需的关键物理性质数据的过程特点；⑥开发包括算法程序在内的综合设计方法。

4. 欧盟"生物基产业联合企业"计划

生物基产业联合企业（Bio-Based Industries Joint Undertaking，BBI JU）代表欧盟与 BIC 之间的公私伙伴协议。该计划是目前欧盟最大的生物基专项计划，该计划 2014～2020 年度的投资预算高达 37 亿欧元。它包含了生物基产业从初始产品到消费市场的所有价值链（图 5-2），其目标是弥补从技术开发到市场的创新空白，实现生物基产业潜力在欧洲的可持续发展。

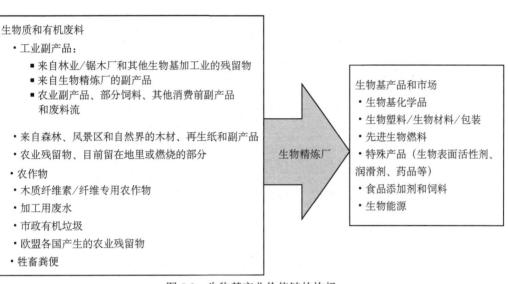

图 5-2　生物基产业价值链的构想

BBI JU 的核心是先进的生物炼制技术，以及将可再生资源转化为生物基化学品、材料和燃料的创新技术，目的是达成以下三个方面的关键建设目标。

（1）为高效可持续低碳经济提供更多的原材料，通过开发具有可持续竞争力的生物基产业来提升农村及其他地区的就业率，包括以生物质为原料的化工、新材料和新消费品示范技术，以降低欧洲对化石燃料的进口。

（2）开发覆盖从生物质供应到生物精炼工厂、生物基材料、化学品和燃料等消费品的整个价值链的商业模型和综合经济体，包括创造新的跨领域和跨工业的集群。

（3）建立应用生物基材料、化学品和燃料技术和商业模型，示范具备与化石能源竞争性的性能与成本的旗舰生物精炼工厂。

2014 年 7 月，欧盟开始征集 BBI JU 首轮项目，共 5000 万欧元（除企业份额预期为 1 亿欧元以外）的资金。该批项目分为 16 个主题，其中 10 个研究创新行动总预算为 1500 万欧元，6 个创新行动（5 个试点项目和 1 个旗舰项目）总预算为 3500 万欧元。2015 年 6 月和 8 月，欧盟分别开展了预算 1 亿欧元和 1.06 亿欧元的两轮项目征集，目的是支持研究创新行动、示范行动和优化生物质的应用技术的研发，促进各类经济体之间的战略合作，使生物质供应者（饲料和植物生产、林业、农业）与生物精炼工厂和消费者之间的联系更加紧密。这三批项目的具体研究主题和资助情况如表 5-12 所示。

表 5-12　2014～2015 年 BBI JU 发布的研究主题

发布时间	研究主题	资助金额/万欧元
2014 年 7 月	建造基于可持续生物质收集和供应系统的新价值链,提高产量和促进生物质的利用	5 000
	开放废料和纤维素生物质的利用和维持	
	通过优化原料利用和工业侧流提升现有价值链的水平,向市场提供新附加值的产品,从而拉动市场和增强欧盟农业和林业竞争力	
	通过研究创新促进技术成熟,升级和建立模范和旗舰生物精炼厂来处理生物质和生产创新生物基产品	
2015 年 6 月	从木质纤维素原料到先进生物基化学品、材料或乙醇	10 000
	增加纤维素产品的附加值	
	恢复和存储城市固体废物（MSW）中糖类化合物的创新方法	
2015 年 8 月	开发最终可用于生产化学品、运输、航空、纤维、能源和建筑行业的产品的木质素转化技术和预处理技术;开发从林业废弃物树皮和树枝中获取高价值成分的分离和提取技术;利用有限的天然资源,开发更多的高效营养品	10 600
	促进现有生物精炼厂的技术改进,使它们具备相较于化石能源厂的成本优势,并改进多数生物精炼厂只能利用单一原料的缺陷,开发多重价值链	
	示范如何将木质纤维素原料转化成替代化石燃料的化学成分和高附加值产品的工艺过程;开发创新生物基复合材料解决方案,提高其机械性能和解决污染物（粉尘、细菌和其他杂质）控制问题;生产欧洲自产原料的生物基弹性体;开发高纯度蔬菜油和脂肪类生物基中间体和终产品	

2016 年 1 月 18 日，由欧盟和 BIC 发起的 BBI JU 计划在线发布了 2016 年度工作计划和预算。该文件列出了 2016 年研究领域细节和创新行动的优先项目，以及相关管理活动等费用的预算。

2016 年是实施 BBI JU 计划的第三年。2016 年度的重点目标是优化产业链末端前方的生物质原料供应，扩大生物精炼过程的生物质原料需求。同时，刺激企业创造更多市场机会，以拉动生物基产品的需求。表 5-13 列举了 2016 年计划实施的 12 项研究和创新行动、9 项示范行动、1 项旗舰行动和 4 项合作与支撑行动（CSA）的主题，以及每项行动拟解决的问题、研究领域、可能产生的影响与资助方式等。

表 5-13　2016 年 BBI JU 计划实施的研发行动主题

行动名称	研究主题	预算/万欧元
研究和创新行动	利用废水的有机成分用作原料，为可持续循环经济做出贡献	5000
	开发用于生物成分直接发酵生产化学品和材料的通用生物工艺	
	改进对生物催化过程中对微生物的生长控制，以减少或避免在不用抗生素条件下的杂菌污染	
	创建可适应各种原料的弹性生物精炼工艺，在加工工厂开辟新的价值链或扩大现有价值链的规模	
	开发先进的智能食物包装生物材料	

续表

行动名称	研究主题	预算/万欧元
研究和创新行动	开发用于人类保健和环境保护的生物基替代产品	5000
	开发具有先进功能、性能优异的生物聚合物	
	开发城市固体废物的有机成分转化技术，改进废料至化学品的价值链	
	开发藻类和其他水生生物质生产药物、营养品、食品添加剂和化妆品等用途的技术	
	开发用于生产生物基化学品的生物转化工业技术	
	开发恢复和反复使用酶的技术，以降低现有工艺的成本	
	开发分离和纯化发酵产物的新技术，保留工业级的高品质生物基分子	
创新行动——示范行动	改进以森林生物基为基础的价值链的可持续性，通过使森林适应气候变化来增加生物基原料的储量和附加值	6765
	改进工业原料农产品的多样性和生物质创新来源的适应性，使其适应生物精炼厂对生物质原料的需求	
	发掘木质素和其他副产物的价值，以提升生物精炼厂的效率和增加全价值链的可持续性	
	开发优化的生物精炼方法，创建不发达或未开发地区的本地价值链	
	开发医疗、建筑、汽车和纺织工业用途的新型生物基聚合物/塑料材料	
	开发城市固体废料的有机成分的价值，使其为可再生循环经济做出贡献	
	优化生物或化学催化工艺过程中的生物基化学品技术生产路径	
	从副产品中获取饲料用蛋白质新来源，以解决欧盟的蛋白质缺乏问题	
	在"促进农村工业发展"政策支持下，将空闲土地生物质转化为高附加值的产品	
创新行动——旗舰行动	发掘食品加工工业副产物或废料的价值，使其成为高附加值的产品	4000
合作与支撑行动	设计生物经济中的化学工业路线图	350
	发展与开放获取研究设施和取得工业驱动开发项目能力相关的生物经济	
	加强合作和生物基工业和下游产业联合开发的开放创新平台	
	建设适用于新价值链的集群和网络	

2018 年 5 月，欧盟生物产业联盟 2017 年项目征求意见协议签署了 17 个新项目，这些项目将致力于从废物、侧流、新生物质（如水生生物废物和 CO_2）中创造价值，以及开发欧洲当前战略问题的解决方案，如原料供应、优化处理、新型生物识别产品的市场应用和商业化。来自 25 个国家的 194 名责任人将从这 17 个新项目获得共计 8500 万欧元的经费资助。

2018 年 4 月，欧盟宣布 2018 年向 BBI JU 投入 1.15 亿欧元项目研发经费，这是 2017～2020 年以来 BBI JU 第五次征集项目。该轮项目包含 11 个研究和创新行动（RIA）主题、3 个合作与支撑行动主题和 7 个创新行动（其中 5 个示范行动和 2 个旗舰行动）主题。其中研究与创新行动共投入 4100 万欧元，创新行动共投入 7200 万欧元。目前，BBI JU 项目在行动类型和整个价值链之间保持了良好的平衡，38%的项目都有优秀的中小企业参与。每批项目都能使欧盟的生物基产业的影响力得到进一步扩大，让越来越多人产生兴趣，看到该产业的潜力,以在未来创建可持续和有竞争力的生物产业。

5.4.2.3 欧盟生物基产业发展的总体成效

欧盟的生物质原料储量丰富且成本低廉,具有发展生物基产业良好的社会和经济基础。近年来,随着欧盟各成员国对生物基产品的认知度的提升,生物基产业技术正逐渐走向成熟,生物基产品的成本不断下降,使得其更易被市场所接纳。2013 年,欧盟生物基经济规模已超过 2 万亿欧元,提供 2000 万个就业岗位,占欧盟总就业人数的 10%左右。

2016 年,欧洲 BIC 委托德国 Nova 研究所开展的一项研究首次公布了这些活动产生的宏观经济效益(如 2008 年和 2013 年的营业收入、就业岗位等)。2017 年底,这项研究更新了 2014 年和 2015 年的数据。

2015 年欧盟统计局数据的分析表明,欧盟 28 个国家的总体生物经济(包括食物、饮料和主要的农业、林业领域)的营业收入已达到 2.3 万亿欧元。其中 50%的营业收入来自食品和饮料行业,25%由基础部门、农业和林业部门创造,另外的 25%来自生物基础产业,如化学品、塑料、制药、造纸和纸制品、森林产业、纺织部门、生物燃料和生物能源等。

2015 年,欧盟的生物经济产业共为 1850 万人提供岗位,其中 55%的就业来自生物质生产、农业、林业和渔业。与 2016 年的研究一样,此次更新突出了生物基础产业的贡献,如化学品、塑料、制药、造纸和纸制品、森林产业、纺织部门、生物燃料和生物能源等。2015 年,该行业在欧盟 28 国的营业收入达到近 7000 亿欧元,雇佣员工达 370 万名。其中仅生物基化学品一项的营业收入就达到约 300 亿欧元。

5.4.2.4 欧盟生物基产业发展的特点及启示

随着粮价持续走高,生物燃料发展对世界食品安全造成的不利影响引起了广泛的关注。欧盟生物基产业研发的重心也从原来的以粮食为原料的第一代生物能源开发转化为非粮食原料生物燃料技术的研发与实践。与此同时,随着生物基产品如生物基材料、生物基化学品生产技术的成熟和成本的降低,欧盟进一步加大了对该领域科研和工业推广的政策支持。

采用 SWOT 模型进行分析,欧盟在生物基产业科技领域的优势主要表现为:生物基技术研发开展早,具有长期技术基础;生物炼制工业技术领先,工业生产能力雄厚;农业及林业原料的生产能力巨大;城市垃圾及农业废弃物等非粮食原料来源丰富;政策保障和支撑力度大,延续性较好等。弱势则表现于:研发机构及力量分布分散,技术转化率相对不高;目前多数生物基转化技术仍处于研发阶段,技术应用普及率及规模化程度不高,多数仍为示范项目;各国政策差异,经济和消费环境不同等。此外,多数欧盟国家对转基因技术的应用仍持保守态度,也是一个发展生物基产业的不利因素。

欧盟生物基产业战略布局和政策规划对我国生物基科技产业发展有一定的启示意义和借鉴作用,提出以下几条发展建议。

1. 加大研发、创新与技能投资，提高自主创新能力

为实现工业战略目标，可以参考欧盟建立基于国家重大科技项目为核心的多层面、多角度的科研和工业的资金投入模式，为生物经济研发和创新提供资助。同时，为保证私人投资参与合作，需进一步发展产学研联合的创新研究计划，加强地域研发网络活动和公共项目之间的连贯性与协作，激励企业在以市场为导向的科技创新过程中占主导地位。

增加跨部门与学科的研发与创新，以解决改进现有知识基础与开发新技术所带来的复杂社会挑战。促进领域创新的理解与传播，进一步创建对调控和政策规划的反馈机制。组织各种培训和职业训练计划，提升专业水平，促进生物基产业的增长和进一步整合。

2. 协调食品安全与可再生资源工业应用，保护环境

鼓励生物基产品的开发，支持发展减少温室气体排放的生产系统，减少对非再生资源的依赖，缓和与适应气候变化。管理自然资源的可持续性，在保障资源可持续利用和减轻环境压力的同时，实现生物质原料的高效利用，提高生物基产品的生产力和市场竞争力。

3. 推进生物基产品认证和激励机制建设

加强生物基材料工业科技创新统筹协调，完善生物基材料工业科技发展相关政策和法规，落实国家投资补贴和税收减免政策，加大科技创新、技术引进、科技推广、成果转化、工业开发和科技服务等方面的政策支持力度，充分调动各方面力量参与生物基材料工业科技发展的积极性。

为生物基产品生产系统制定标准和标准化评估方法，支持规模化生物和市场扩张。利用绿色产品标签等方式，提高民众采购绿色生物基产品的便捷性，通过政策补贴和激励机制，增强生物基产品的市场竞争力。开发科学方法告知消费者生物基产品的性能，提倡健康可持续的生活方式。

4. 建立政策导向的生物基技术和产品推广计划

提高民众对生物基和绿色产品、工业的认知度和接纳度。从消费者端促进工业的发展，采取国家采购和私人认购相结合的方式，提升生物基产品的市场竞争能力，扩大我国生物基产品在国际上的占有率，树立中国的生物基产业和产品的知名品牌。

5.5　生物科技领域发展规划的编制与组织实施特点

5.5.1　密切关注前沿交叉技术发展趋势，抢先布局、重点突破

着眼于生物科技对未来经济社会发展的重要战略意义，全球主要发达经济体竞相进行前瞻战略布局。在进行国家和区域科技战略的顶层设计时，各个国家和地区都密切关注前

沿交叉技术的发展趋势，抢先布局、重点突破。近年来，各国在生物科技规划中高度重视生物大数据、基因组学技术、微生物组、合成生物技术等前沿交叉技术的战略先导，并纷纷出台相应的专项规划和配套举措，打造未来生物经济社会中的科技竞争实力。

例如，英国作为最早意识到合成生物学的机遇并及时做出响应的国家之一，自 2007 年以来持续资助合成生物发展，在合成生物学基础研究、技术创新和产业孵化方面全方位布局，于 2012 年率先发布国家《合成生物学路线图》。在英国商业、创新和技能部支持下，英国专门成立了 SBLC，负责新的合成生物学路线图规划制定。2016 年，SBLC 发布《生物经济的生物设计——合成生物学战略计划 2016》，旨在到 2030 年，实现英国合成生物学 100 亿欧元的市场，并在未来开拓更广阔的全球市场，获取更大的价值。统计显示，自 2012 年英国《合成生物学路线图》发布以来，英国公共部门已在该领域投资约 3 亿英镑，包括新建 6 个多学科交叉研究中心，建设 DNA 合成研究设施、3 家培训中心和 1 个用于创新企业的种子基金。2017 年 7 月，英国家合生物学产业转化中心发布的《2017 年英国合成生物学初创公司调查》报告显示：2000～2016 年，英国成立的合成生物学初创公司超过 146 家。合成生物学企业的数量平均每五年翻倍一次。自 2010 年起，合成生物学初创公司共筹资 6.2 亿英镑，其中公共投资 5600 万英镑，私营部门投资 5.64 亿英镑。2015 年的私营部门投资最多，达到了 2.32 亿英镑。

5.5.2 充分开展科技发展路线图规划制定，科学引导、周密规划

围绕国家和地区生物科技战略规划的总体布局，各国高度重视技术与产业发展路线图的规划制定工作。路线图具有科学性、前瞻性和指导性，在指引科研机构进行创新研发、指导市场主体开展创新活动，以及引导社会资本和资源汇集等方面发挥着重要作用。通常情况下，技术路线图是科学共同体、第三方咨询机构以及市场和产业方面专家的研究成果和公共咨询报告，是引导性和参考性的，而不是政府指令性的。

例如，在美国《生物学工业化路线图：加速化学品的先进制造》制定过程中，美国国家研究理事会应美国能源部和国家科学基金会的要求专门召集了生物学产业化路线图专门委员会，针对利用生物系统加速化学品先进制造这一主题，致力于"发展一个路线图，在基础科学与工程能力，包括知识、工具和技巧方面体现必要的先进性"，"技术涵盖合成化学、代谢工程、分子生物学和合成生物学"，同时，"考虑何时以及如何将非技术观点与社会关注整合入技术挑战解决方案中"。委员会专家包含了来自生物学、法学等学科的科学家，也包括来自杜邦、安捷伦、Global Helix、Ginkgo Bioworks 公司等行业领先企业的研究和管理人员，以确保路线图的制定工作科学反映来自多个学科视角、整个产业链条和多方利益相关者的咨询建议。

5.5.3　有效结合公共投资和社会资本参与，创新模式、激活市场

为了促进和加快创新技术的转化应用，更好地在产业和市场层面促进成果落地和进一步牵引创新活动的开展，发达经济体在技术投融资方面充分发动私人资本的力量，高度关注创新主体的互补性合作与上下游衔接，在建立公共私营合作制（PPP）模式方面做了有益的尝试，有效地带动了产业和市场的发展。

例如，欧盟为联合欧盟和各成员国的资助，保证私人投资和合作，进一步发展联合创新研究计划和欧洲研究区域网络（ERANet）活动，十分重视资助项目之间的连贯性与协作，并为欧盟的生物基投资提供了多个金融工具，包括 BBI JU"地平线 2020"基金、欧洲投资银行的 InnovFin、欧洲战略投资基金（EFSI）、欧洲结构和投资基金（ESIF）和循环生物经济主题投资平台（TIP）等，以增款、贷款、担保等多种形式支持示范和旗舰项目的投资，同时为中小型创新企业争取融资机会。2018 年 4 月，欧盟投资银行宣布启动一项新的融资举措，向农业和生物经济领域投资近 10 亿欧元。

5.5.4　着力强化社会和公众利益维护，严格监管、充分评估

生物科技的研发与应用活动广泛涉及人类生产生活的方方面面，为此，发达经济体高度重视政策、计划和不同经济部门之间的协调，强化政策的配合与利益相关方的约定，鼓励研发人员、终端用户、政策制定者和社会团体参与公开的和非正式的对话。建立第三方观察团，定期讨论和评估生物科技的进展及潜在社会影响。开发科学方法告知消费者生物基产品的性能，提倡健康可持续的生活方式。

例如，美国和欧盟地区都建立了专门针对生物基产品的认证标签制度，为生物基产品和食品生产系统制定标准和标准化的评估方法，支持规模化生产，以推动新市场扩张。利用绿色产品标签，提高民众采购绿色生物基产品的便捷性，通过激励和相互学习机制，保持生物经济的长期竞争力。

5.6　我国生物科技领域发展规划的国际比较研究

5.6.1　国家规划积极引导提升技术原始创新性和核心关键技术研发

我国推动生物科技研发和产业发展已有 30 多年的历史，"十一五"以来，国务院批准

发布了《促进生物产业加快发展的若干政策》《生物产业发展"十一五"规划》《生物产业发展"十二五"规划》,大力推进生物技术研发和创新成果产业化,奠定了我国生物产业加快发展、实现赶超的良好基础。为进一步提升生物产业创新能力、不断拓展产业应用新空间、满足人民群众新需求、打造经济增长新动能,近年来,我国在战略层面高度重视生物科技与生物产业的发展,积极引导相关技术原始创新性提升和核心关键技术研发。

5.6.1.1 《中国制造 2025》

2015 年 5 月,国务院发布了《中国制造 2025》,明确了中国制造业"由大到强"的发展路径,是我国实施制造强国战略的第一个十年行动纲领。《中国制造 2025》提出了推动制造业由大变强、全面提升中国制造业发展质量和水平的重大战略部署。

《中国制造 2025》提出了全面推行绿色制造的战略任务。重点加大先进节能环保技术、工艺和装备的研发力度,加快制造业绿色改造升级;积极推行低碳化、循环化和集约化,提高制造业资源利用效率;强化产品全生命周期绿色管理,努力构建高效、清洁、低碳、循环的绿色制造体系。大力促进新材料、新能源、高端装备、生物产业绿色低碳发展,推进资源高效循环利用。

《中国制造 2025》还提出,大力推动重点领域突破发展,瞄准新一代信息技术、高端装备、新材料、生物医药等战略重点,引导社会各类资源集聚,推动优势和战略产业快速发展。高度关注颠覆性新材料对传统材料的影响,做好超导材料、纳米材料、石墨烯、生物基材料等战略前沿材料的提前布局和研制。发展针对重大疾病的化学药、中药、生物技术药物新产品,提高医疗器械的创新能力和产业化水平,实现生物 3D 打印、诱导多能干细胞等新技术的突破和应用。

5.6.1.2 《"十三五"国家科技创新规划》

2015 年 11 月,中共中央提出关于制定国民经济和社会发展第十三个五年规划的建议,在坚持创新发展、着力提高发展质量和效益层面,提出拓展产业发展空间、支持生物技术新兴产业发展和传统产业优化升级的要求。2016 年 7 月,国务院印发《"十三五"国家科技创新规划》,提出发展先进高效生物技术,要求瞄准世界科技前沿,抢抓生物技术与各领域融合发展的战略机遇,坚持超前部署和创新引领,以生物技术创新带动生命健康、生物制造、生物能源等创新发展,加快推进我国从生物技术大国到生物技术强国的转变。

在发展先进高效生物技术方面,《"十三五"国家科技创新规划》重点部署了前沿共性生物技术、新型生物医药、绿色生物制造技术、先进生物医用材料、生物资源利用、生物安全保障、生命科学仪器设备研发等任务,加快合成生物技术、生物大数据、再生医学、3D 生物打印等引领性技术的创新突破和应用发展,提高生物技术原创水平,力争在若干领域取得集成性突破,推动技术转化应用并服务于国家经济社会发展,大幅提高生物经济国际竞争力。

在前沿共性生物技术中，重点加快推进基因组学新技术、合成生物技术、生物大数据、3D 生物打印技术、脑科学与人工智能、基因编辑技术、结构生物学等生命科学前沿关键技术突破，加强生物产业发展及生命科学研究核心关键装备研发，提升我国生物技术前沿领域原创水平，抢占国际生物技术竞争制高点。

在绿色生物制造技术方面，重点开展重大化工产品的生物制造、新型生物能源开发、有机废弃物及气态碳氧化物资源的生物转化、重污染行业生物过程替代等研究，突破原料转化利用、生物工艺效率、生物制造成本等关键技术瓶颈，拓展工业原材料新来源和开发绿色制造新工艺，形成生物技术引领的工业和能源经济绿色发展新路线。

5.6.1.3　《"十三五"国家战略性新兴产业发展规划》

在 2016 年制定的《中华人民共和国国民经济和社会发展第十三个五年规划纲要》中继续强调支持生物技术等产业发展壮大，加强前瞻布局，在生命科学领域培养一批战略性产业。2016 年 12 月，国务院印发《"十三五"国家战略性新兴产业发展规划》，指出基因组学及其关联技术迅猛发展，精准医学、生物合成、工业化育种等新模式加快演进推广，生物新经济有望引领人类生产生活迈入新天地。这一规划提出的发展目标包括，到 2020 年，战略性新兴产业增加值占 GDP 比重达到 15%，并在更广领域形成大批跨界融合的新增长点，平均每年带动新增就业 100 万人以上，生物产业形成产值规模 10 万亿元级的新支柱。

《"十三五"国家战略性新兴产业发展规划》明确提出了加快生物产业创新发展步伐，培育生物经济新动力的重要任务，要求把握生命科学纵深发展、生物新技术广泛应用和融合创新的新趋势，以基因技术快速发展为契机，推动医疗向精准医疗和个性化医疗发展，加快农业育种向高效精准育种升级转化，拓展海洋生物资源新领域、促进生物工艺和产品在更广泛领域替代应用，以新的发展模式助力生物能源大规模应用，培育高品质专业化生物服务新业态，将生物经济加速打造成为继信息经济后的重要新经济形态，为健康中国、美丽中国建设提供新支撑。到 2020 年，生物产业规模达到 8 万亿～10 万亿元，形成一批具有较强国际竞争力的新型生物技术企业和生物经济集群。

该规划具体提出了构建生物医药新体系、创新生物医药监管方式、加速生物农业产业化发展、推动生物制造规模化应用、培育生物服务新业态、创新生物能源发展模式的任务。要求在推动生物制造规模化应用方面，加快发展微生物基因组工程、酶分子机器、细胞工厂等新技术，提升工业生物技术产品经济性，推进生物制造技术向化工、材料、能源等领域渗透应用，推动以清洁生物加工方式逐步替代传统化学加工方式，实现可再生资源逐步替代化石资源。在创新生物能源发展模式方面，着力发展新一代生物质液体和气体燃料，开发高性能生物质能源转化系统解决方案，拓展生物能源应用空间，力争在发电、供气、供热、燃油等领域实现全面规模化应用，生物能源利用技术和核心装备技术达到世界先进水平，形成较成熟的商业化市场。

5.6.1.4 《国务院关于全面加强基础科学研究的若干意见》

2018 年 1 月，国务院发布《国务院关于全面加强基础科学研究的若干意见》，进一步加强基础科学研究，大幅提升原始创新能力，夯实建设创新型国家和世界科技强国的基础。提出加强对合成生物学等重大科学问题的超前部署；加强应用基础研究，围绕经济社会发展和国家安全的重大需求，突出关键共性技术、前沿引领技术、现代工程技术、颠覆性技术创新，在农业、材料、能源、网络信息、制造与工程等领域和行业集中力量攻克一批重大科学问题；围绕改善民生和促进可持续发展的迫切需求，进一步加强资源环境、人口健康、新型城镇化、公共安全等领域基础科学研究；聚焦未来可能产生变革性技术的基础科学领域，强化重大原创性研究和前沿交叉研究。

5.6.2 前瞻布局产业关键共性技术研发，积极培育生物产业发展壮大

生物产业同其他高技术产业一样，将成为今后拉动中国经济腾飞的重要引擎。为此，近年来，我国从发展生物产业前沿引领技术与关键共性技术研发入手前瞻布局，积极扶持生物产业发展壮大，培育生物经济发展新动能。

5.6.2.1 《"十三五"生物技术创新专项规划》

2017 年 5 月 10 日，科技部印发了《"十三五"生物技术创新专项规划》，以加快推动生物技术与生物产业发展，提出提升生物技术原创性水平、打造生物技术创新平台、强化生物技术产业化的发展指标，突破新一代生物检测技术、新一代基因操作技术、合成生物技术等颠覆性技术，微生物组学技术、纳米生物技术、生物影像技术等前沿交叉技术，生物大数据、组学、过程工程等若干共性关键技术，支撑生物医药、生物化工、生物资源、生物能源、生物农业、生物环保、生物安全等重点领域发展，全面提升我国生物技术产业核心竞争力。

具体地，在生物化工领域，针对我国经济与环境协调发展的战略需求，以绿色发展理念为指导，发展新一代工业发酵技术、重大化学品的生物制造、酶工程与工业生物催化绿色工艺、一碳气体的生物转化与一碳生物化工、生物化工核心技术装备，突破制约原料转化利用、生物制造成本、生物工艺效率方面的关键技术瓶颈，力争到 2020 年，形成我国重大化工产品绿色生物制造关键技术体系与产业示范，实现原料、过程、产品的绿色化，

奠定绿色与低碳生物经济的产业基础格局。在生物能源领域,发展纤维素乙醇、生物柴油、生物丁醇、生物制氢,以能源补充替代和改善生态环境为目标,以废弃生物质资源为主,培育有潜力的新型生物质资源,实现多元化资源供给。重点突破高效转化与高值利用的核心技术,加强关键工艺的工程化实践,研发集成和成套化关键设备装备。建设产品多元联产和终端产品高值利用的示范工程,为发展生物质能源战略性新兴产业提供技术支撑。

5.6.2.2　《"十三五"生物产业发展规划》

2016 年 12 月,国家发展和改革委员会印发了我国《"十三五"生物产业发展规划》,指出生物产业是 21 世纪创新最为活跃、影响最为深远的新兴产业,是我国战略性新兴产业的主攻方向,对于我国抢占新一轮科技革命和产业革命制高点,加快壮大新产业、发展新经济、培育新动能,建设"健康中国"具有重要意义。

《"十三五"生物产业发展规划》提出如下发展目标:①创新能力显著增强,国际竞争力不断提升。研发投入占销售收入的比重显著提升,重点企业达到 10%以上,形成一批具有自主知识产权、年销售额超过 100 亿元的生物技术产品,一批优势生物技术和产品成功进入国际主流市场,国际产能合作步伐进一步加快。②产业结构持续升级,产业迈向中高端发展。生物技术药占比大幅提升,化学品生物制造的渗透率显著提高,新注册创新型生物技术企业数量大幅提升,形成 20 家以上年销售收入超过 100 亿元的大型生物技术企业,在全国形成若干生物经济强省、一批生物产业双创高地和特色医药产品出口示范区。③应用空间不断拓展,社会效益加快显现。通过生物产业的发展,基因检测能力(含孕前、产前、新生儿)覆盖出生人口 50%以上,社会化检测服务受众大幅增加;粮食和重要大宗农产品生产供给有保障,科技进步贡献率进一步提升,农民收入持续增长,提高中医药种植对精准扶贫的贡献;提高生物基产品经济性 10%以上,利用生物工艺降低化工、纺织等行业排放 30%以上;生物能源在发电供气供热燃油规模化替代,降低二氧化碳年排放量 1 亿吨。④产业规模保持中高速增长,对经济增长的贡献持续加大。到 2020 年,生物产业规模达到 8 万亿~10 万亿元,生物产业增加值占 GDP 的比重超过 4%,成为国民经济的主导产业,生物产业创造的就业机会大幅增加。

该规划将构建生物医药新体系、提升生物医学工程发展水平、加速生物农业产业化发展、推动生物制造规模化应用、创新生物能源发展模式、促进生物环保技术应用取得突破、培育生物服务新业态作为推动重点领域新发展的核心内容。在推动生物制造规模化应用方面,提出如下目标:提高生物制造产业创新发展能力,推动生物基材料、生物基化学品、新型发酵产品等的规模化生产与应用,推动绿色生物工艺在化工、医药、轻纺、食品等行业的应用示范,到 2020 年,现代生物制造产业产值超 1 万亿元,生物基产品在全部化学品产量中的比重达到 25%,与传统路线相比,能量消耗和污染物排放降低 30%,为我国经济社会的绿色、可持续发展做出重大贡献。在创新生物能源发展模式方面，提出如下发展目标：围绕能源生产与消费革命和大气污染治理重大需求，创新生物能源发展模式，拓展生物能源应用空间，提升生物能源产业发展水平。到 2020 年，生物能源年替代化石能源量超过 5600 万吨标准煤，在发电、供气、供热、燃油等领域实现全面规模化应用，生物能源利用技术和核心装备技术达到世界先进水平，形成较成熟的商业化市场。

5.6.2.3 《绿色制造工程实施指南（2016-2020 年）》

为贯彻落实《中国制造 2025》，组织实施好绿色制造工程，工业和信息化部于 2016 年 9 月发布了《绿色制造工程实施指南（2016-2020 年）》，提出到 2020 年绿色制造水平明显提升，绿色制造体系初步建立的总体目标，预期与 2015 年相比，传统制造业物耗、能耗、水耗、污染物和碳排放强度显著下降，重点行业主要污染物排放强度下降 20%，工业固体废物综合利用率达到 73%，部分重化工业资源消耗和排放达到峰值。在传统制造业绿色化改造、资源循环利用绿色发展、绿色制造技术创新及产业化示范应用等方面提出与生物制造技术应用相关的产业化专项，在绿色制造体系构建试点方面提出以企业为主体，以标准为引领，以绿色产品、绿色工厂、绿色工业园区、绿色供应链为重点，以绿色制造服务平台为支撑，推行绿色管理和认证，加强示范引导，全面推进绿色制造体系建设的发展要点。

5.6.2.4 《轻工业发展规划（2016-2020 年）》

2016 年 8 月，工业和信息化部发布了《轻工业发展规划（2016-2020 年）》，从大力实施"三品"战略、增强自主创新能力、积极推动智能化发展、着力调整产业结构、全面推行绿色制造、统筹国内外市场等六个方面提出了具体任务部署，以指导我国未来五年轻工业创新发展。

该规划将工业发酵技术、生物酶制革技术等作为关键共性技术研发与产业化工程的建设重点，将全生物降解材料及产品、生物质新材料、生物基材料等作为新材料研发及应用工程的规划重点。

5.6.2.5 《医药工业发展规划指南》

工业和信息化部还研究编制了《医药工业发展规划指南》，于 2016 年 11 月发布。该指南作为"十三五"时期指导医药工业发展的专项规划指南，将指导医药工业加快由大到强的转变，从增强产业创新能力、提高质量安全水平、提升供应保障能力、推动绿色改造升级、推进两化深度融合、优化产业组织结构、提高国际化发展水平、拓展新领域发展新业态等八个方面提出了具体任务部署。该规划指出，生物医药等战略性新兴产业是我国国民经济支柱产业，并将生物合成和生物催化列为医药绿色发展工程的重点建设内容。

5.6.2.6 《产业关键共性技术发展指南（2017 年）》

2017 年 10 月，为深入贯彻落实《中国制造 2025》，推进供给侧结构性改革，发挥产业技术研发应用对创新驱动的引领和支撑作用，增强关键环节和重点领域的创新能力，工业和信息化部围绕制造业创新发展的重大需求，组织研究了对行业有重要影响和瓶颈制约、短期内亟待解决并能够取得突破的产业关键共性技术，通过研判国内外产业发展现状和趋势，在广泛征求意见的基础上，研究提出了《产业关键共性技术发展指南（2017 年）》，将全生物降解聚丁二酸丁二醇酯及其共聚物的制备技术作为优先发展的石油化工关键技术，生物基化学纤维产业化关键技术作为纺织关键技术，生物基原材料工程菌开发及规模化生产工艺技术、食糖绿色加工与副产物高值利用技术、天然产物（食品添加剂与配料）生物制备技术等作为轻工关键技术。

5.6.3　瞄准未来经济社会发展需求，大力推进生物科技重点领域突破发展

5.6.3.1 《生物质能发展"十三五"规划》

可再生能源是能源供应体系的重要组成部分，生物质能是重要的可再生能源。2016 年 12 月，国家能源局制定了《可再生能源发展"十三五"规划》，明确了 2016～2020 年我国可再生能源发展的指导思想、基本原则、发展目标、主要任务、优化资源配置、创新发展方式、完善产业体系及保障措施。开发利用生物质能，是能源生产和消费革命的重要内容，是改善环境质量、发展循环经济的重要任务。为推进生物质能分布式开发利用，扩大市场规模，完善产业体系，加快生物质能专业化、多元化、产业化发展步伐，国家能源局专门组织编制了《生物质能发展"十三五"规划》，于 2016 年 12 月发布。

《生物质能发展"十三五"规划》提出，到 2020 年，生物质能基本实现商业化和规模化利用，生物质能年利用量约 5800 万吨标准煤，生物天然气年利用量 80 亿立方米，生物液体燃料年利用量 600 万吨，生物质成型燃料年利用量 3000 万吨；要求推进燃料乙醇推广应用，加快生物柴油在交通领域应用，推进技术创新与多联产示范；同时提出如下减排目标：预计到 2020 年，生物质能合计可替代化石能源总量约 5800 万吨，年减排二氧化碳约 1.5 亿吨，减少粉尘排放约 5200 万吨，减少二氧化硫排放约 140 万吨，减少氮氧化物排放约 44 万吨。

为此，《生物质能发展"十三五"规划》提出大力推动生物天然气规模化发展、积极发展生物质成型燃料供热、稳步发展生物质发电，以及加快生物液体燃料示范和推广，将

推进燃料乙醇推广应用、加快生物柴油在交通领域应用、推进技术创新与多联产示范作为加快生物液体燃料示范和推广的建设重点。

在推进燃料乙醇推广应用方面，提出大力发展纤维乙醇。立足国内自有技术力量，积极引进、消化、吸收国外先进经验，开展先进生物燃料产业示范项目建设；适度发展木薯等非粮燃料乙醇。合理利用国内外资源，促进原料多元化供应。选择木薯、甜高粱茎秆等原料丰富地区或利用边际土地和荒地种植能源作物，建设10万吨级燃料乙醇工程；控制总量发展粮食燃料乙醇。同时，统筹粮食安全、食品安全和能源安全。

在加快生物柴油在交通领域应用方面，要求对生物柴油项目进行升级改造，提升产品质量，满足交通燃料品质需要。建立健全生物柴油产品标准体系。开展市场封闭推广示范，推进生物柴油在交通领域的应用。

在推进技术创新与多联产示范方面，提出加强纤维素、微藻等原料生产生物液体燃料技术研发，促进大规模、低成本、高效率示范应用。加快非粮原料多联产生物液体燃料技术创新，建设万吨级综合利用示范工程。推进生物质转化合成高品位燃油和生物航空燃料产业化示范应用。

5.6.3.2 《"十二五"现代生物制造科技发展专项规划》

2011年11月，科技部印发了《"十二五"现代生物制造科技发展专项规划》，指出现代生物制造已经成为全球性的战略性新兴产业，是世界各经济强国的战略重点，呈现出高速增长的态势。大力发展现代生物制造科技，加快培育和发展生物制造产业，是实现我国经济结构调整、转变经济发展方式的迫切需求。

这一专项规划提出，围绕以可再生碳资源取代化石资源的工业原料路线替代，以绿色高效生物催化剂取代化学催化剂的工艺路线替代，以现代生物技术提升传统生物化工产业的"两个替代、一个提升"，确立"抢占国际前沿制高点，培育战略性新兴产业增长点，突出现有产业技术升级改造，支撑领域自身创新发展"的基本发展思路，"国家主导、资源共享、自主创新、培育产业"的基本原则，全面布局，重点突破，促进我国现代生物制造产业跨越式发展。

《"十二五"现代生物制造科技发展专项规划》的发展目标是到"十二五"末期，初步建成现代生物制造创新体系，突破一批核心关键技术，提升生物制造产业技术水平与国际竞争力，带动形成现代生物制造产业链，生物制造领域技术水平进入世界先进行列，推动我国经济结构调整，加快转变经济发展方式。

同时，该规划还提出，针对生物制造对我国社会经济可持续发展的重大作用，通过一系列的保障措施，建立完善我国生物制造产业发展的关键技术平台和研发基地，加强生物催化与生物转化、人工生物体与细胞工厂创建、生物过程工程化等重大科学问题的研究；

突破合成生物学、微生物基因组育种、工业酶分子改造、工业蛋白质表达、工业微生物高通量筛选、生物炼制与生物质转化、生物催化、生物加工、生物过程工程等一批核心关键技术；研究开发相关技术的重大产品和技术系统。

5.6.3.3　《生物基材料产业科技发展"十二五"专项规划》

2012 年 6 月，科技部发布《生物基材料产业科技发展"十二五"专项规划》，指出生物基材料呈现快速发展的势头，以农林生物质为原料转化制造的生物塑料、节能保温材料、木塑复合材料、热固性树脂材料、功能高分子材料等生物基材料和生物基单体化合物、生物基助剂、表面活性剂等生物基大宗精细化学品快速增加，产品经济性正在逐步增强。拜耳、巴斯夫、埃克森美孚、三星道达尔、帝人化成、杜邦化工等跨国公司长期致力于生物基材料的研发，推动了全球生物基材料的商业化进程。

《生物基材料产业科技发展"十二五"专项规划》提出了依据国内外生物基材料产业发展的重大技术需求，以制造高品质、高价值材料并进行化石资源的高效替代为目的，以综合利用生物质资源制造高性能生物基化学品和生物基材料为重点，加强生物基材料和化学品制造过程中的生物转化、化学转化、复合成型等核心关键技术攻关，超前部署生物基材料前沿先进制造技术，稳定支持生物基材料高值化的基础研究，构建科技产业创新研发平台，延长农业产业链条，支撑和引领生物基材料战略性新兴产业又好又快发展的总体思路，制定了生物基材料产业科技发展的主要任务和保障措施等。

该规划在发展目标部分提出，显著增强研究生物基材料产业原始创新能力，突破一批生物基化学品和生物基材料制造过程中的生物与化学转化共性关键技术，筛选出一批高效专用生物合成微生物，创制一批生物基新材料和化学品，性能达到或接近石油基产品；建设一批重要生物基材料和化学品产业化示范基地，生产成本经济可行；制定一批技术标准与规范；构建生物基材料产业科技创新研发平台，培养一支生物基材料研发与产业化人才队伍，形成以企业为主体的生物基材料产业科技创新体系，大幅度提升生物基材料产业自主创新能力和核心竞争力。围绕上述发展目标，该规划提出了生物基材料高值化的基础研究、生物基材料制造关键技术与产品、生物质定向重组及生物基化学品制造、木质复合材料制造关键技术研究和生物基功能高分子材料先进设计几项主要任务，在生物质定向重组及生物基化学品制造方面，提出了以非粮生物质原料开发高附加值生物基产品为目标，重点研究生物质定向重组关键技术，非粮生物质生物化学耦合制备聚天门冬氨酸技术，农林生物质创制新型生物基化学品技术，米糠类生物质的生物转化联产乳酸、丙烯酸和生物柴油技术，高附加值纤维低聚糖、聚氨基酸等低成本生产技术，生物乙烯、1,3-丙二醇、丁二酸等平台化合物生产技术，构建基于微生物转化和酶转化的生物质定向重组技术与过程优化技术平台，提高生物质原料的利用率。

5.6.4　规划实施取得阶段性发展成效，国际竞争力水平大幅提升

对标主要科技发达国家与地区的生物科技战略规划要点，我国在基础研究和技术发展方面都提出了明确的发展目标、重点任务和配套措施，这为我国生物科技发展指明了方向和路径。"十二五"以来，我国生物产业复合增长率达到15%以上，2016年产业规模达到4万亿元，在部分领域与发达国家水平相当，甚至具备一定优势。比如，埃克替尼、康柏西普、重组戊型肝炎疫苗等国产创新药物成功上市，一批新专利到期药成功实现了国产化，磁共振、正电子发射计算机体层显像仪（PET-CT）等大型医疗设备以及人工耳蜗、植入式脑起搏器等高性能植入产品成功填补了国产空白，超级稻亩产突破1000千克，生物发酵产业产品总量居世界第一位，我国基因检测服务能力在全球已处于领先地位，出口药品已从原料药向技术含量更高的制剂拓展，从中药中研制的青蒿素获得我国第一个自然科学的诺贝尔奖，高端医疗器械核心技术的突破大幅降低了相关产品和服务的价格。超级稻亩产突破1000千克，达到国际先进水平。生物发酵产业产品总量居世界第一位。生物能源年替代化石能源量超过3300万吨标准煤，处于世界前列。乙醇汽油已在全国11个省（自治区、直辖市）推广使用，北京、上海、天津、广东、江苏、山东、湖北、吉林等一批高水平、有特色的生物产业集群已经形成，已形成了生物产业加快发展的良好格局。

"十二五"期间，中国生物制造产业主要产品的产值达到5500亿元以上，年平均增速8%以上。生物制造企业规模不断扩大，产业集中度进一步增强，部分主要产品产能规模前6家企业的产能占全国产能的80%以上。全国生物制造已经进入产业生命周期中的迅速成长阶段，正在为生物经济发展注入强劲的动力，也正成为全球再工业化进程的重要组成部分。"十二五"期间，中国发酵产业规模继续扩大，保持稳定发展的态势。生物发酵产业主要产品出口总量与出口额逐年稳步增长；全国的生物基材料产业发展迅猛，主要品种生物基材料及其单体的生产技术取得了长足发展，产品种类速增，产品经济性增强，已形成以可再生资源为原料的生物材料单体的制备、生物基树脂合成、生物基树脂改性与复合、生物基材料应用为主的生物基材料产业链；全国的酶制剂产业总体生产和销售形势较好，通过引进优良菌株和先进设备、开展新型酶制剂开发，已取得快速发展；成为仅次于美国和巴西的生物燃料乙醇第三大生产国，生物柴油产能逐渐扩大；通过科技创新、全面推广清洁生产技术和先进环保治理技术，绿色生物工艺领域取得了资源综合利用水平的逐步提升和节能减排的初步成效；同时，产业初步实现集群发展。

在各方面的共同努力下，我国生物产业发展势头强劲，已经成为培育壮大新动能的重要力量。与此同时，我们还应清楚地看到，与领先的科技发达国家和地区相比，我国生物科技领域的开拓性原始创新和颠覆性技术革新还不多，市场环境和产业生态系统依然存在

制约行业创新发展的政策短板，在公众利益维护与法律法规监管系统方面还存在不完善之处，我国要成为生物经济强国依然任重道远。

5.7　启示与建议

全世界正在形成一个生物经济发展的强劲势头。我国是全球最大的生物医药、生物农业、生物制造和生物能源市场，发展潜力巨大。"十三五"及未来一段时期，我国不仅要应对人口持续增长和人口加速老龄化的巨大挑战，还要受到资源能源和环保压力不断加大的约束，食品安全、医疗养老、节能环保等新需求层出不穷，"健康中国""美丽中国"的建设为我国利用生物手段解决上述问题提供了更加广阔的市场空间。

当前，我国创新型国家建设体系正在加快成型，创新型企业加快发展，研究型大学建设如火如荼，国家科技创新中心、国家实验室、国家技术创新中心建设发展有序推进，产学研深度融合体系进一步成熟。随着我国国家创新驱动发展战略的深入实施，世界科技强国建设进程的加速和绿色发展理念的实践，我国生物科技发展正面临新的发展机遇。同时，也必须看到，在当前经济全球化趋势越发显著、各国抢抓新一轮科技产业革命机遇的背景下，国际保护主义升温，贸易摩擦增多，我国生物科技领域外部竞争与合作面临的不稳定、不确定因素增多，在核心资源、关键技术和高层次人才的保护和发展等方面带来新的挑战。

未来，在国家层面制定专门的生物经济发展战略，为生物经济的研发和市场发展提供稳定的、长期的政策、环境和经费支持，应该成为我国生物科技领域政策规划的迫切重点任务之一。关注前沿研究的交叉与融合，重视新技术应用的规划与监管，发展创新研究单元与基础设施，构建全链条互动的产业技术创新体系，创新公私资本合作和社会资本参与的渠道与模式，完善产业集群建设和新业态的培育，将有力提升我国生物科技产业核心竞争力，提高生物科技供给体系质量，为我国绿色低碳循环经济注入新动能，有力推进我国生物科技强国建设进程，促进我国生物产业迈向全球价值链的中高端，为全球生物经济繁荣发挥更加积极的作用。

参 考 文 献

AGRIPA. 2015. Estrategia Española De Bioeconomía：Horizonte 2030. http://bioeconomia.agripa.org/ download-doc/102163[2015-09-30].

BBSRC. 2016. Delivery Plan 2016/17-2019/20. http://www.bbsrc.ac.uk/documents/delivery-plan-2016-20-pdf [2016-05-16].

BIO-TIC. 2015. The bioeconomy enabled: A roadmap to a thriving industrial biotechnology sector in Europe. http://www.industrialbiotech-europe.eu/new/wp-content/uploads/2015/06/BIO-TIC-roadmap.pdf[2015-09-25].

BMBF. 2011. National Research Strategy BioEconomy 2030. http://www./url?sa=t&rct=j&q=National+Research+Strategy+BioEconomy+2030&source=web&cd=2&ved=0CC0QFjAB&url=http%3A%2F%2Fwww.bmbf.de%2Fpub%2Fbioeconomy_2030.pdf&ei=ErbbTtzVNqrBiQfss7DYDQ&usg=AFQjCNGVkGB5Y7y-jkWoAbf88-aZfNU0Tw[2011-11-15].

ERASyn Bio. 2014. A European Vision for Synthetic Biology Has Been Launched Today. http://www.nanowerk.com/news2/biotech/newsid=35297.phf[2014-04-25].

NRC. 2015. A Roadmap to Accelerate Advanced Manufacturing of Chemicals. http://www.nap.edu/catalog/19001/industrialiazation-of-biology-a-roadmap-to-accelerate-the-advanced-manufacturing[2015-03-20].

NRF. 2018. NRF to Boost Singapore's Bio-based Economy with New Synthetic Biology Research Programme. https://www.nrf.gov.sg/Data/PressRelease/Files/201801111304283073-Press%20Release%20 (Synthetic%20Biology%20RnD%20Programme). Final%20web.pdf[2018-01-11].

RCUK. 2012. Synthetic Biology Roadmap. http://www.rcuk.ac.uk/documents/publications/SyntheticBiology Roadmap. pdf[2012-07-16].

SBLC. 2016. Biodesign for the Bioeconomy UK Synthetic Biology Strategic Plan 2016. https://connect.innovateuk.org/documents/2826135/31405930/BioDesign+for+the+Bioeconomy+2016+-+DIGITAL.pdf/0a4feff9-c359-40a2-bc93-b653c21c1586[2016-02-27].

Минэконоцразвития России. 2012. Комплексная Программа: развития биотехнологий в Российской Федерации на период до 2020 года. http://economy.gov.ru/minec/activity/sections/innovations/development/doc20120427-06[2012-05-25].

第6章
人口健康与医药科技领域发展规划分析

李祯祺　王玥　许丽　苏燕　施慧琳　徐萍　于建荣

（中国科学院上海生命科学信息中心，中国科学院上海营养与健康研究所）

摘　要　人口健康是各国政府高度重视的社会民生问题，相关科技创新活跃，突破性成果不断涌现，不断催生新产业。因此，各国密集出台规划，制订计划予以资助和支持。通过对科技发展规划的逐层分解，本章发现我国，以及美、英、日等国已经形成了战略规划、科技计划与机构计划的有机结合。首先从国家层面制订一定时期内的总体科技战略规划，确定国家科技目标和国家战略优先领域，然后通过跨领域、部门以及国家实验室（包括大学、私营部门）、R&D（规划）计划与其衔接，确立该计划的科技目标、优先领域、预算及其政策措施。咨询机构、协调机构、决策机构充分发挥主体能动性，保障规划的制定与形成。科技发达国家政府高度重视前沿科学问题与新兴技术研发，针对优先突破的重点领域，通过科技规划进行顶层设计。本章以美国精准医学计划、"脑科学"计划为案例，解析上述规划提出后的实施举措、发展特点与后续效果。此外，以《美国国立卫生研究院2016—2020财年战略计划》《英国医学研究理事会2016—2020年战略执行计划》《欧盟"地平线2020"工作计划（2018—2020年）》《国家自然科学基金"十三五"发展规划》与《中国科学院"十三五"发展规划纲要》开展分析，针对国家科技咨询体系、科技投入体系和科技评估体系进行归纳总结。根据上述内容，形成对我国人口健康与医药科技领域发展规划制定与实施的政策建议，以供参考。

关键词　人口健康　战略规划　科技投入　科技咨询　科技评估

6.1 引言

人口健康是各国政府高度关注的社会民生问题，关乎国家经济社会发展。科技是健康管理的有力支撑。近年来，各国密集出台的各类健康科技规划强调通过科技创新，实现预防为主的健康管理模式。技术的推动、学科的会聚，推动生命科学研究不断向纵深推进，健康与疾病发生机制研究的视角不断丰富，疾病防治手段更加多样化，改造、合成、仿生、再生研究的深度和广度不断拓展，健康管理水平不断提高（中国科学院，2016）。

6.2 人口健康与医药科技领域发展概述

生命科学是研究生命现象、揭示生命活动规律和生命本质的科学。其研究对象包括动物、植物、微生物及人类本身，其研究层次涉及分子、细胞、组织、器官、个体、群体及群落和生态系统。生命科学既是一门基础科学，又与国民经济和社会发展密切相关。它既探究生命起源、演化等重要理论问题，又有助于解决人口健康、农业、生态环境等国家重大需求。

20世纪50年代后期，生命科学在细胞、分子水平上突飞猛进的发展成就了现代生物技术。现代生物技术综合了分子生物学、生物化学、遗传学、细胞生物学、胚胎学、免疫学、化学、物理学等多学科技术，用于研究生命活动的规律和提供生物产品等。随着生命科学与现代医学的发展深化了人类对生命和疾病的认识，分子生物学与细胞生物学的发展使人类对致病因子有了更深入的了解，如病原微生物、特殊维生素缺失及激素失调等。人类想要治疗疾病和延长寿命的诉求又进一步促进了现代医学的发展。诊断技术的提升，化学药物和抗生素的应用，以及如心脏移植、显微外科及人工生殖技术等外科技术的发展极大地推动了疾病诊断和疾病治疗的进步。随着学科交叉融合，医疗技术与设备也在20世纪末期开始了突飞猛进的发展。计算机与现代医学的交叉是其中较为突出的一方面，尤其是计算机科学与脑科学的交叉融合。分子生物学在临床医学上的应用包括生物传感、纳米探针、分子影像、纳米载药、纳米疫苗。新一代的医疗技术能够从分子水平实现疾病的早期预防、疾病治疗跟踪以及预后治疗。除了医疗技术、方法与设备的进步，生物制药也取得了迅猛的发展。其驱动因素包含两个方面：一是生命科学前沿领域（如基因组技术、蛋白质组技术、系统生物学、合成生物学干细胞和现代生物技术）的迅速发展，使得疾病发生发展的机制被不断阐明；二是理论生物学、计算机和信息科学等一些新兴学科越来越多地渗入新药的发现和前期研究过程中（白春礼，2016）。

6.2.1 生命科学呈现系统、交叉、融合的发展态势

生命科学是一门基于实验的自然科学，主要遵从"现象观察—解析现象—提出假设—验证假设"的研究方式，而当前的研究模式已发展为从单一层面到多层次整合（分子、细胞、组织器官等），从单一领域到多学科交叉融合，从而能更深入系统地解析生命活动规律和生命本质。"会聚"、"精准"、"系统"深入发展，进一步推动了"4P 医学"［预测性（predictive），预防性（preventive），个性化（personalized），参与性（participatory）］的发展。学科"会聚"这一趋势性描述由美国麻省理工学院（MIT）首次提出，2014 年 5 月，美国国家科学院（NAS）发布《会聚：促进生命科学、自然科学、工程等领域的跨学科整合》报告。该报告提出了科研机构开展会聚研究的挑战，并从知识交叉的深度和广度、人员结构和发展、基础设施建设、教育和培训、合作机制建设、资助体系等方面提出了会聚研究未来发展的实施战略。2014 年 11 月 25 日，欧盟 11 个国家参与的系统医学协调行动（Coordinating Action Systems Medicine，CASyM）网络，公布了《系统医学未来 10 年路线图——欧洲系统医学联合实施战略》，旨在大力发展系统医学使其能为医疗决策提供帮助，并设计了个性化预防与治疗计划的可行性体系，阐述了系统医学的最终目标是通过基于系统的方法和实践大幅度改善患者的健康。

6.2.2 生命数字化时代来临

测序技术和组学的发展所产生的海量数据引领生命科学进入大数据时代，为了迎接这一新的研究趋势，相关计划陆续出台。历经两年的酝酿，2014 年美国国立卫生研究院（NIH）资助的"大数据到知识"计划宣布投入 3200 万美元资助首批项目，通过支持数据科学及相关领域的研究、应用和培训，发展全新标准、方法、工具、软件，并培养相关能力，增强生物医学大数据的使用。与此同时，美国国家癌症研究所（NCI）公布了"癌症基因组学云试点项目"，投入 1930 万美元，将从海量数据中获取关键的 NCI 数据集，以推进癌症研究。2014 年，英国医学研究理事会（MRC）宣布投资 5000 万英镑设立"医学生物信息学计划"（Medical Bioinformatics Initiative），通过开发耦合复杂生物数据和健康记录的新方法，解决关键的医学难题。

生物大数据在生物与健康领域中的重要性日益凸显，数据的标准化、共享和利用是需要重点解决的问题。2015 年，美国总统科学技术顾问委员会（PCAST）完成咨询评估报告《确保美国在信息技术政府资助研究的领导地位》。该报告指出，标准缺乏、健康数据

使用障碍、互操作技术限制等问题，阻碍了健康信息的研究和应用。同年 10 月，美国卫生与公共服务部（HHS）国家卫生信息技术协调办公室（ONC）发布了《全美互操作路线图》，旨在通过协调公共和私营部门工作，进一步推进全国医疗健康信息的安全性交互操作。为了促进生物信息的共享和利用，加拿大基因组组织（Genome Canada）与卫生研究院（CIHR）合作实施共享大数据促进医疗卫生创新项目，并在 2015 年 8 月共同提出了《生物信息学和计算生物学发展战略框架》，其愿景是真正利用和发挥大数据的潜能，促进生物信息学和计算生物学在整个生命科学领域的全面整合。面向生物信息的欧洲生命科学生物信息基础设施（ELIXIR）于 2015 年 3 月宣布，将实施"协调研究基础设施构建持久的生命科学服务"项目（CORBEL），统一整合欧洲所有的生命科学研究基础设施的使用与管理。

6.2.3 以预防为主的健康理念得到进一步强化

进入 21 世纪，生物医学研究已经从发病后治疗转为监测和预防。2015 年，加拿大卫生研究院新版战略计划、《美国国立卫生研究院整体战略规划（2016～2020 财年）》、英国生物技术与生物科学研究理事会（BBSRC）《健康领域生物科学战略研究五年框架（2015—2020）》，均在规划中体现了立足预防、促进健康的思想。2016 年，在 MRC、BBSRC 和工程与自然科学研究理事会（EPSRC）（EPSRC，2016）发布的 2016～2020 年战略执行计划（MRC，2016a），印度科技部生物技术局（DBT）发布《国家生物技术发展战略 2015—2020：促进生物科学研究、教育及创业》（DBT，2015），以及欧盟"地平线 2020"（Horizon 2020）社会挑战咨询小组提出的健康、人口变化与福祉主题 2018～2020 年发展建议（Horizon 2020 Advisory Group，2016）中提出，关注疾病的预防和早期干预，开发疾病预防策略，并推动由以治疗为主向以预防为主的医学模式转变。在学科融合方面，提出加强生物学与信息学、计算机科学以及物理学的融合，重点开展基于大数据的生命科学研究以及工程化疾病干预技术研发。此外，各规划也强调了将进一步推动学术界与产业界的合作，促进研究成果的临床转化以及生物经济的创新发展。

6.2.4 生物伦理问题广受关注，生物监管政策紧密出台

两用生物技术的监管一直是各国政府和社会重点关注的问题。人类应如何对待和处理新出现的生命伦理问题，保证新的技术可以被正确使用而不被滥用，并对此进行有效的控制，是人口健康科技领域的一个重大问题。美国 HHS 对生物医学临床研究监管的法规进行修订，并于 2015 年 9 月发布了征求意见稿。2015 年 12 月，美、英、中共同举办了人类基因编辑国际峰会，并发布了联合声明（Organizing Committee for the International Summit

Human Gene Editing，2015），表示现阶段的临床医学中，可在监管下开展相关基础研究和临床前研究，以及涉及体细胞的临床研究与临床治疗，但应禁止对人类胚胎和生殖细胞进行基因编辑。干细胞监管方面，2015 年，国际干细胞研究学会（ISSCR）发布了更新版的《干细胞研究与临床转化指导原则》，对干细胞从实验室研究到产业化发展的全过程进行了指导和规范；欧盟出台了两项新规定，确保细胞和组织来源的可追溯性和安全性。我国首次发布了干细胞临床研究相关规范《干细胞临床研究管理办法（试行）》和《干细胞制剂质量控制及临床前研究指导原则（试行）》，推进我国干细胞产业的规范化发展。多项规划对生物大数据的安全和隐私保护问题进行了关注。

综上所述，当前人口健康领域研究的主要特征是：以预防和控制重大慢性疾病为核心，将抗击疾病的重心前移，推动医学模式由疾病治疗为主向预防、预测、干预为主转变，由单一的生物医学模式向生物-环境-心理-社会的会聚医学模式转变；从关注人类基本的健康需求，到构建营养健康、食品安全、生物安全等早期监测和预警系统；从传统医学和药学到合成生物学、系统生物学、干细胞和再生医学、基因组学等基础学科与临床医学、药学等应用学科相结合，以提高疾病的预防、诊断、治疗和康复服务能力。

6.3 人口健康与医药科技领域规划研究内容与方向

人口健康与国家经济发展和社会进步息息相关，是各国政府着力解决的重要问题，在2015～2020 年新一轮规划期，多国政府制定人口健康与医药的领域规划，旨在通过科技进步提高民众健康维护水平。数字密集型的研究范式、学科的深度会聚、新技术的不断涌现，促进了我们对生命的认识更加深入和全面，生命创制水平不断提高（中国科学院，2017）。对各国出台的政策规划以及领域重要进展和前沿进行分析，趋势体现在以下几个方面：其一，生命科学与医学是各国着力发展的重要科技领域之一；其二，生命科学研究进入大数据时代；其三，学科会聚成为生命科学与医学发展"新常态"。学科会聚推动生命科学快速发展，转化医学完善科研链条，实现从基础研究到临床应用的融会贯通；以系统的理念研究疾病，实现个性化的精准治疗，这些将加速实现预防为主、关口前移的健康医疗新模式。

6.3.1 美国重要科技战略规划

6.3.1.1 "脑科学"计划

2013 年 4 月 2 日，美国总统奥巴马宣布启动名为"通过推动创新型神经技术开展大脑研究"的计划,简称为"脑科学"(BRAIN)计划(White House,2013)。该计划将推动更加全面、深入地理解大脑功能;加快神经技术研发以帮助科学家生成复杂的神经环路的实时图景,并对思维过程中的速射相互作用进行可视化;开发大脑损伤疾病(如阿尔茨海默病、精神分裂症、自闭症、癫痫和创伤性脑损伤)的新疗法。

在美国 2014 财年的总统预算提案中,NIH、美国国防高级研究计划局(DARPA)、美国国家科学基金会(NSF)合计向该计划提供约 1 亿美元的研究经费。①NIH 主要通过神经科学研究蓝图计划参与到 BRAIN 计划中,NIH 神经科学蓝图计划整合了 NIH 下属的 15 个研究所和中心的资源,专门资助神经科学领域的新工具开发、提供相关培训机会和其他资源。②DARPA 提供的项目资助旨在了解大脑的动态功能,并验证基于这些研究的突破性应用。DARPA 的目标是开发一套新的工具,用以捕捉和处理神经元与突触的动态活动。DARPA 关注的重点领域是提高对士兵患脑部创伤后应激、脑损伤、记忆力减退的诊断和治疗效果,并联合专家广泛探讨神经技术进步所带来的伦理、法律和社会问题。③NSF 因其能够支持生物学、物理学、工程学、计算机科学、社会学和行为科学等各学科的研究,在 BRAIN 计划中发挥重要作用。NSF 开展如下研究:开发可感知并记录神经元网络活动的分子探针;推进"大数据"研究,对研究产生数据进行必要的分析;增进对大脑中的思想、情绪、行为、记忆的理解。

此外,联邦研究机构与企业、基金会和私人研究机构开展神经科学领域的合作研究,私营合作伙伴对支持 BRAIN 计划做出重要承诺;建立高级工作组确定详细的科学目标,制订达到这些目标的科学计划(包括时间表),并进行成本估算;总统生物伦理委员会对 BRAIN 计划和其他的神经科学进展所涉及的伦理、法律和社会问题进行探索研究。

6.3.1.2 大数据研发行动计划——大数据到知识

2012 年 3 月 29 日,美国白宫科学技术政策办公室(OSTP)联合六个联邦机构,斥资 2 亿多美元,启动"大数据研发行动计划"(Big Data Research and Development Initiative)(Kalil,2012)。2014 年 10 月 9 日,经过近两年的筹备,NIH 发起的名为"大数据到知识"(Big Data to Knowledge,BD2K)(NIH,2014a)大数据应用研究重点计划取得重要进展,NIH 宣布了首批 BD2K 资助项目,旨在通过支持数据科学及相关领域的研究、应用和培训,发展全新的途径、标准、方法、工具、软件,并培养相关能力,增强生物医学大数据的使用。总体而言,BD2K 的首要目标在于发展创新型和转化型的方法和工具,使大数据和数据科学成为生物医学研究中的一个关键组成部分。

具体而言,实现 BD2K 计划的目标将能够:①通过技术、方法、政策引导对可共享生物医学数据的合理获取,促进大范围的数据共享、发表、管理、维护及有效的再利用;②发展可用于大数据的数据处理、储存、分析、整合、可视化等的产品,包括相关算法、方法、软件及工具的开发和获取；③适当保护隐私和知识产权；④在提升研究队伍的数据使用及分析的通用能力外，培训发展熟练掌握大数据科学的专业人员。新的 BD2K 计划主要资助以下四个方面：大数据运作卓越中心、BD2K 数据发现索引协调联盟（DDICC）、大数据培训及人员能力发展、大数据课程及开放式教育资源的发展。

6.3.1.3　精准医学计划

2015 年 1 月 20 日，美国总统奥巴马在 2015 年国情咨文中提出精准医学计划，并于 1 月 30 日将此项举措提上议程（LIFT，2015）。奥巴马向国会提议斥资 2.15 亿美元用于精准医学计划，引领医疗研究新模式，为临床治疗提供新工具、新见解和最适疗法。计划首先进行 100 万人基因组测序，与美国生物库中的数据信息联合形成大型研发资源库，作为全面加速生物医学研发计划的一部分，助力开发新一代药物。此外，精准医学计划目前的目标在于：开发更多更好的癌症疗法；建立一个志愿者参与的国家研究团队；注重参与者隐私保护；进行现代化管理；公私合作。

NIH 利用现有研究和临床网络组建一个研究团队，精准医学计划研究将涉及至少 100 万名患者，通过现有项目［如电子病历和基因组学项目（eMERGE）］辅助整合数据。同时，美国 ONC 于 2015 年 1 月 30 日发布了《全美互操作路线图》（White House，2015），为医疗行业提供实现互操作的方法与步骤，其核心主题是"到 2017 年底，全美绝大多数个人和医疗机构在医疗的整个过程中能够发送、接收、查找和使用常用电子临床数据集"。

6.3.1.4　国家阿尔茨海默病计划

2015 年 7 月 13 日，HHS 发布国家阿尔茨海默病计划（HHS，2015）。2015 年版的计划共提出了五大目标和相应的实施战略，包括：①到 2025 年实现阿尔茨海默病的预防和有效治疗；②改善对阿尔茨海默病患者的诊断、治疗及护理；③提高对阿尔茨海默病患者及其家属的支持；④提升公众对阿尔茨海默病的了解；⑤改善对疾病防控及治疗的进展追踪。

其中，针对"到 2025 年实现阿尔茨海默病的预防和有效治疗"的目标，计划制定了以下实施战略：①通过召开会议，确定阿尔茨海默病研究的优先领域和目标，并定期进行更新；②扩展阿尔茨海默病预防和治疗的研究范围；③推进对早期或发病前阶段患者的识别；④与国际公共及私人机构合作开展研究；⑤促进研究成果向医疗实践及公共卫生项目转化。

6.3.1.5　癌症"登月计划"

2016 年 1 月 12 日，美国总统奥巴马发表国情咨文（White House，2016c），提出启动癌症"登月计划"，并于 1 月 28 日签署总统备忘录（White House，2016d），设立白宫癌症登月计划特别小组，由副总统约瑟夫·拜登（Joseph Biden）任主席，负责领导该计划的全面实施。2016 年 2 月 1 日，美国白宫宣布，两年内投入 10 亿美元，启动癌症"登月计划"（White House，2016e）。其中，2016 财年通过 NIH 投入 1.95 亿美元进行癌症研究；2017 财年预算申请 7.55 亿美元的强制性基金，支持 NIH 和 FDA 开展癌症研究新项目；美国国防部和美国退伍军人事务管理局（VA）将通过建立专门的癌症卓越中心、开展大型纵向研究增加对癌症研究的投资。同时，该计划将重点支持前沿领域研究并采取相关举措。

6.3.1.6　防控耐药菌国家行动计划

2015 年 3 月 27 日，美国发布防控耐药菌国家行动计划（White House，2016f），概述了未来 5 年内解决这一威胁的政府方针。根据 2016 财年预算，将增加近一倍联邦资金用以应对和预防细菌抗生素耐药性，总资助额超过 12 亿美元。

防控耐药菌国家行动计划制定了指导国家应对细菌抗生素耐药性挑战的路线图。至 2020 年，国家行动计划的实施将降低突发疾病和严重威胁性疾病的发病率，并将推动医疗保健系统改善抗生素管理系统，防止耐药性细菌的传播，杜绝将医用抗生素用于食用动物，以及扩大对耐药性细菌的监测。另外，还将建立区域性公共卫生实验室网络，建立可访问的样本库和序列数据库，开发新型诊断测试方法，并开发抗生素候选药物或非传统型疗法。

6.3.1.7　国家微生物组计划

2016 年 5 月 13 日，美国 OSTP 宣布启动"国家微生物组计划"（National Microbiome Initiative，NMI）（White House，2016g），旨在对不同生态系统的微生物组开展比较研究，加深对微生物组的认识，推动微生物组研究成果在健康保健、食品生产及环境恢复等领域的应用。在经费方面，美国联邦政府各机构在 2016 财年、2017 财年共投入 1.21 亿美元支持这一计划，资助的研究方向包括动植物及人类微生物组研究、不同生态系统中的微生物组研究、微生物对生态系统的影响研究、微生物组中微生物相互关系研究、微生物与其宿主之间的关系研究，以及开发国家微生物组研究新工具、新技术，促进对微生物组的认识和理解等。

此外，为了响应 OSTP 在 2016 年 1 月发布的《国家微生物组科学行动倡议》（*National Call to Action on Microbiome Science*），并支持 NMI 目标的实现，来自社会各界的相关机构也宣布向微生物组研究投入总计 4 亿美元的经费。围绕 NMI 计划的三大目标，经费主要用于资助跨学科研究、平台技术开发、扩大研究队伍。

6.3.1.8　面向 2025 年的国家细胞制造技术路线图

2016 年 6 月 13 日，美国国家细胞制造协会（National Cell Manufacturing Consortium，NCMC）在白宫机构峰会上公布了国家细胞制造技术路线图——《面向 2025 年大规模、低成本、可复制、高质量的细胞制造技术路线图》，用于设计大规模生产用于癌症、神经退行性疾病、血液、视觉障碍、器官再生和修复的细胞治疗产品的路径（Toon，2016）。

这份路线图由美国国家标准与技术研究院（National Institute of Standards and Technology，NIST）牵头，25 家企业、15 家学术机构和相关政府机关一起参与制定。路线图定义了细胞制造的研究范围与意义，并提出了细胞制造的优先行动路线图。该路线图还建议加强细胞制造工业基础建设，加强监管战略研究，完善产品质量标准，通过高等教育和员工培训来提升从业人员的技术水平和生产效率。

6.3.2　欧盟重要科技战略规划

6.3.2.1　应对致病菌耐药性行动计划

2011 年 11 月 17 日，欧盟委员会制订了一个全面的应对致病菌耐药性行动计划（EC，2011）。该计划包括 12 条具体行动，包括：①提高正确使用抗菌药的意识；②加强欧盟法律对兽药和含有药物成分的饲料监管；③引入抗菌兽药谨慎使用的建议，并要求使用后续报告；④加强医院、诊所等场所的感染预防与控制；⑤在欧盟新的动物健康法框架下，引入法律工具，加强动物感染预防与控制；⑥加强合作，促进新的抗菌药开发；⑦分析使用新的抗菌兽药的必要性；⑧开发和/或加强多边、双边的致病菌耐药性预防与控制合作；⑨加强致病菌耐药性和人用抗菌药消费监测系统；⑩加强致病菌耐药性和兽用抗菌药消费监测系统；⑪加强和协调研究；⑫就致病菌耐药性与公众加强交流。该计划实施过程中将与各成员国密切合作。

6.3.2.2　泛欧神经退行性疾病研究战略

2012 年 2 月 7 日，泛欧神经退行性疾病研究战略（JPND）启动，这是欧盟范围内首个旨在应对神经退行性疾病巨大挑战的联合行动计划，由 25 个欧洲国家参与。JPND 的目标是：①开发新疗法和新的预防策略；②改进健康和社会护理方法；③提高人们对阿尔茨海默病和其他神经退行性疾病的关注意识；④减轻这些疾病造成的经济和社会负担。

JPND 将通过如下方式实现其目标：①建设卓越的基础、临床和医疗保健研究能力；②协调并调整欧盟和成员国的研究活动；③将研究成果向临床、社会和公共医疗卫生实践转化；④与产业、患者、医护人员和卫生服务相关方以及决策者合作。

JPND 的优先研究领域包括：①研究神经退行性疾病病因；②研究疾病机制和模型；③探索疾病定义和诊断；④开发治疗方法；⑤开发新疗法、新的预防和干预策略；⑥改善医疗保健和社会福利。

6.3.2.3　"健康增长计划（2014-2020）"

2012 年 11 月 8 日，欧盟委员会通过了"健康增长计划（2014-2020）"（EC，2012）。

该计划是 2020 年前欧盟唯一的专门致力于健康的大型计划。七年的预算总额为 4.46 亿欧元。该计划的 4 个目标是：①鼓励医疗保健领域的创新；②提高医疗卫生系统的可持续性；③改进欧盟国家民众的健康，预防疾病；④保护欧洲国家民众免受跨境健康威胁。

该计划建立在已经设立的健康项目的基础上，加强各成员国的合作，实施单个成员国无法开展的行动计划，包括：①加强卫生技术评估（HTA）合作，构建欧盟层面的、由成员国 HTA 机构组成的网络，共享健康技术效用信息，支持国家层面的技术决策；②在欧盟层面加强罕见病合作，提高罕见病的预防、诊断与治疗；③癌症预防与控制，制定欧盟范围的筛查指南，尽早筛查癌症，提高患者存活率，并交流癌症预防、研究与治疗方面的知识与最佳实践。

6.3.2.4 "人脑计划"

2013 年 1 月 28 日，欧盟委员会宣布"人脑计划"（CODIS，2013）成为"未来和新兴技术"（FET）竞赛的旗舰项目之一，该项目获得 10 亿欧元资助，在计划提出后的未来 10 年内研发世界领先科技。"人脑计划"由瑞士联邦技术研究所的神经学家 Henry Markram 构思并领导，来自欧盟各成员国 87 个研究机构的科学家参与。该计划将创建一台超级计算机详细模拟人类大脑，用于研究人脑是如何工作的，最终开发出神经疾病及相关疾病的个性化疗法，将为医学进步提供科学和技术基础。

自计划发布的十年内，欧盟委员会将通过欧盟框架计划中的研究与创新资助计划对该项目进行资助。欧盟第七框架计划（FP7）已经向该项目提供了前 30 个月的第一批资助，合计 5400 万欧元，剩余资金将通过欧盟"地平线 2020"计划提供资助。"人脑计划"共有 3 个主要目标：①从分子到细胞层面研究鼠脑的结构；②产生人脑数据；③尝试找出与特定行为相关的脑电路。该项目的长期目标包括改善大脑疾病的诊断和治疗，改进脑激发的（人工智能）技术。

6.3.2.5 创新药物 2 期计划

2013 年 7 月 10 日，欧盟发布新的创新药物 2 期计划（Innovative Medicines Initiative 2，IMI2）（EC，2013）。新计划主要布局四大方向：研发新一代疫苗、药物和治疗方法；加速推广有效、可持续的医疗保健模式；调控公私研究资金降低创新门槛；支持欧洲制药工业提高全球竞争力。

全新的 IMI2 联合技术计划始于 2014 年 1 月，并于 2024 年结束，这一计划集合了欧洲制药工业协会联盟（EFPIA）的成员，并对其他公司和部门开放。IMI2 将为欧洲公民，包括越来越多的老年人提供更快捷有效的药物和治疗方法。成本节约能够降低公共医疗体系的负担，而不同企业部门的进一步合作将使临床试验更可靠、快速，监管机制更完善。

同时，IMI2 可挖掘新型服务和产品的商业化发展潜力。参与 IMI2 的研究机构、公司和社会团体将会在合作中获益，在项目的推进过程中共享资源。

6.3.2.6　系统医学未来 10 年路线图

2014 年 11 月 25 日，欧盟 CASyM 网络发布了《系统医学未来 10 年路线图——欧洲系统医学联合实施战略》（CODIS，2014），旨在将系统医学发展为能够协助医疗决策并设计个性化预防与治疗计划的可行性体系。该路线图给出了系统医学的定义，从临床需求出发，分析了发展系统医学的必要性、可行性以及面临的机遇和挑战，提出了系统医学总体的发展框架，以及未来两年、五年和十年的具体实施战略建议。

该路线图确定了系统医学的整体实施框架、需要资助概念性和示范性的项目以实施医学模式的转变，通过建立一个强有力的系统医学社区、开展新的多学科培训项目和开发临床数据访问、共享与标准的新方法来予以支持。在该框架下，路线图提出了十个具体的实施战略（图 6-1）。

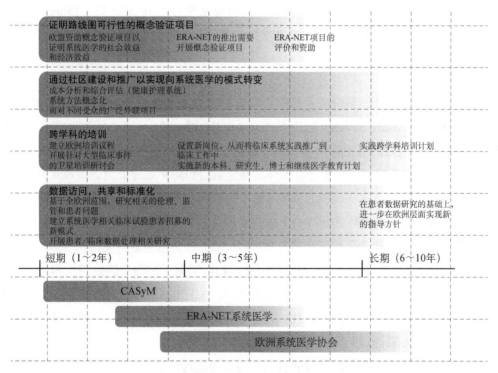

图 6-1　在短期、中期和长期实施系统医学的可行性方案

此外，基于上述路线图，欧盟委员会启动了"地平线 2020"计划下的首个系统医学导向项目 ERA-NET（ERA-Net Systems Medicine），并商定了共同的研究议程。ERA-NET 于 2015 年 1 月启动，用以基于系统医学解决临床问题，并提供临床问题解决策略。

6.3.3　英国重要科技战略规划

6.3.3.1　痴呆症挑战国家计划

2012 年 3 月 26 日，英国政府发布了面向 2015 年的"痴呆症挑战国家计划"（Prime Minister's Challenge on Dementia），旨在基于《国家痴呆症战略》已取得的成就，根本改善痴呆症患者及其家庭和护理人员的生活质量。该规划针对以下三个领域提出了具体的规划，包括：①推进卫生与护理的改善；②建立痴呆症友好社区，了解如何帮助痴呆症患者；③增加痴呆症研发投入，推动该领域更好的研究。

根据面向 2015 年的痴呆症挑战国家计划的布局，医学研究委员会（Medical Research Council）建立了英国痴呆症平台（Dementias Platform UK，DPUK），以加速痴呆症预防或延缓痴呆症的新药研发及相关研究。首期 5 年共投入经费 1600 万英镑，2014 年，在英国《临床研究基础设施计划》框架下，DPUK 再次获得 3680 万英镑的经费。

2015 年 2 月，英国发布了面向 2020 年的痴呆症挑战国家计划（Prime Minister's Challenge on Dementia 2020），重点推进痴呆症公共卫生和护理服务发展。

6.3.3.2　抗微生物耐药性新五年战略

2013 年 9 月 10 日，英国政府公布了新的抗微生物耐药性五年战略（UK Five Year Antimicrobial Resistance Strategy）（Department of Health and Social Care，2013）。新的抗微生物耐药性五年战略纲要主要内容包括：①通过医疗和社区环境下更好的卫生和细菌监测，以及更好的农业实践，来增强对人与动物感染的预防和处理能力。②为减少抗生素不恰当的使用及确保患者在正确的时间段、恰当的时间点得到合适的抗生素，加强抗生素处方药的教育和培训。③收集更好的关于病菌耐药性的数据，更有效地跟踪找到耐药性最强的细菌和它们对抗生素产生耐药性的更早步骤。④提供高达 400 万英镑的资金，在国家健康研究所（NIHR）下设立一家新的防护研究机构，着重于抗微生物耐药性和与感染相关的医疗保健。提高对快速采取行动重要性的认识，NIHR 同时还发布主题项目招标，鼓励在各领域内开展抗微生物耐药性研究。⑤通过与企业和政府各部门合作的方式，探索鼓励新抗生素的研发、快速诊断和其他疗法的途径。

该战略呼吁各类健康组织和政府机构参与并促进这项工作，并强调了农业、食品、零售和医药等行业，以及学术界和专业团体工作的重要性。

6.3.3.3　英国《制药行业协会大数据路线图》

2013 年 12 月 9 日，英国制药行业协会（ABPI）发布大数据路线图（ABPI，2013），呼吁英国医疗、学术界和制药业跨部门的行动，引导和利用"大数据"的潜能，来改善病人护理以及使投资机会最大化。ABPI 新颁布的大数据路线图专注四个领域：增强意识、提高设施和计算性能和扩大规模、创建可持续的数据生态系统以及加快推进数据的高价值产生的机会。

该路线图清晰地阐明了大数据可使用的规模和数量，并把它分解成五个主题，且呼吁从数量到价值的转变。它给出了在生命科学和医疗领域内，横跨从药物研发到医疗交付整个价值链的未来可能性的清晰愿景。路线图突出的未来可能性包括增强治疗目标识别、虚拟药物设计、模拟不同等级的药品和病人路径再设计。

6.3.3.4　《临床研究基础设施计划》

2014 年 10 月 23 日，英国财政大臣乔治·奥斯本（George Osborne）宣布，英国 MRC 与合作方将共同投资超过 2.3 亿英镑，启动《临床研究基础设施计划》（*Clinical Research Infrastructure Initiative*）（MRC，2014），开发一系列革新技术，用以确定疾病病因（如癌症和痴呆症），加快开展疾病诊断与治疗的研究。该项目资助能最有效提高英国临床研究能力的新技术及设备，主要围绕分层和实验医学创新技术、痴呆症研究和单细胞基因组学三个主题展开。

6.3.3.5　《英国推进预测生物学的非动物技术路线图》

2015 年 11 月 10 日，英国发布了《英国推进预测生物学的非动物技术路线图》（*A Non-Animal Technologies Roadmap for the UK-Advancing Predictive Biology*）（NC3Rs et al.，2015）。该路线图提出了英国面向 2030 年的非动物技术（NAT）发展愿景与战略，重点强调了在 NAT 的研发与商业化过程中跨学科、跨部门、跨行业的协同运作。

路线图提出了英国 NAT 的 10 条发展建议，包括：①支持跨学科科研与技术开发的能力建设；②促进产业界、中小企业部门和学术界之间开展合作；③支持协同工作，以确保能够以最小的风险开展 NAT 从确认、开发、验证到最终整合入产品生产管线全过程研发；④保持对 NAT 领域基础研究和企业主导技术开发的投资；⑤使更多的学科、知识和个体融入 NAT 开发过程；⑥构建在 NAT 领域的能力与信心，加速市场化进程；⑦在 NAT 的开发与应用中确保监管方的早期参与；⑧分析新兴的国际趋势与活动，确保英国处于影响全球发展的有利地位；⑨促进英国的 NAT 产业在全球范围内获得最大程度的经济增长；⑩建立涵盖学术界与产业界的战略顾问委员会，提供咨询建议并助推《英国推进预测生物学的非动物技术路线图》向前发展。

6.3.3.6　全球最大规模的医学成像项目

2016 年 4 月 14 日，英国生物样本库（UK Biobank）宣布启动全球最大规模的医学成像项目（MRC，2016b），收集内部器官扫描信息，推进痴呆症、关节炎、心脏病、中风等疾病的研究。该项目由 MRC、维康信托基金会及英国心脏基金会（BHF）共同资助，经费总额 4300 万英镑。该项目涉及英国生物样本库 10 万名参与者的脑、心脏、骨骼、颈动脉和腹部脂肪成像，目前已完成 8000 人的初始研究。该项目有望在应对脑疾病、预防骨折及骨裂、增进对心血管疾病的认识以及了解脂肪分布等方面产生重大推动作用。

6.3.4　其他代表性国家重要科技战略规划

6.3.4.1　"法国基因组医学计划 2025"

2016 年 6 月 22 日，法国政府发布了"法国基因组医学计划 2025"（INSERM，2016），以应对诊断与治疗领域的公共卫生挑战，发展与基因组医学相关的医药产业，确保法国在该领域的优势。该计划由法国总理领导的部际内阁战略委员会（Inter-Ministerial Strategic Committee）进行监督，前五年计划投资 6.7 亿欧元（Genomeweb，2016）。

为了实现上述目标，该计划还聚焦于以下系列措施：①部署 12 个测序平台，组成覆盖法国全境基因组数据的平台网络，并安装数字通信分析仪（DCA），处理和利用海量数据；②有效实施基因组临床路径，包括许可文件、取样流程、样本的运输与转移、分析与质控、报告的编写与发送等，设计评估和验证方案，分析基因组医学适用于哪些适应证，在校园中展开基因组医学与数字医疗培训，保障基因组临床路径的安全与质量，推动基因组医学的快速发展；③建设国家基因组医学产业，关注国际基因组医学的发展，致力于卫生经济学研究计划的实施。

6.3.4.2　德国罕见病患者国家行动计划

2013 年 8 月 28 日，德国公布了罕见病患者国家行动计划（National Action Plan for People with Rare Diseases）（BMBF，2013）。该计划共包括 52 项措施，旨在：解决患者及其家属关注的最迫切的问题；能够更好地告知医生和患者相关信息，以便快速地得到一个准确的诊断结果。此外，还包括在某些疾病领域的科学研究方面做出重大投资。

罕见病患者国家行动计划是德国卫生部资助的国家罕见病患者行动联盟（NAMSE）的新成果。德国联邦教育与研究部（BMBF）计划再投资 2700 万欧元，研究罕见疾病发布机制，探索遗传因素和开发新的诊断治疗方法。

6.3.4.3　日本"人类微生物组研究的整合推广：生命科学与医疗保健的新发展"

日本科学技术振兴机构（JST）研究开发战略中心（CRDS）于 2016 年 4 月 7 日提出"人类微生物组研究的整合推广：生命科学与医疗保健的新发展"的战略建议（JST，2015）。该战略建议的目的是基于存在于人类上皮组织的微生物组概念，提出多元化举措来创造新型医疗保健与医药技术，并通过日本的国际顶尖研究水平与技术，加深人们对于生命与疾病的理解（图 6-2）。通过充分利用日本的科研优势，促进对微生物组-宿主交互关系的深层理解以及医疗保健与医药技术的开发，使其领先于其他国家。

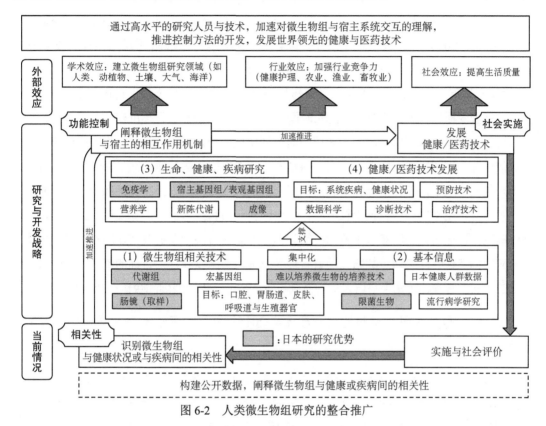

图 6-2　人类微生物组研究的整合推广

6.3.4.4　《俄罗斯联邦至 2020 年生物技术发展综合计划》

2012 年 4 月 24 日，俄罗斯总理普京（Vladimir Vladimirovich Putin）签署通过了《俄罗斯联邦至 2020 年生物技术发展综合计划》（科技部，2012）。该文件包括：论述制订计划必要性、计划的目标与任务、生物技术发展的支撑条件、优先发展的生物技术、计划实施管理等五大部分及相关附件。该计划的目的在于要让俄罗斯在生物技术领域成为世界佼佼者，建立起具有全球竞争力的生物经济，让生物技术与纳米工业、信息技术一起成为俄罗斯经济现代化的基石。

该计划分 2012～2015 年和 2016～2020 年两个阶段实施，共需要耗资约 1.18 万亿卢布。其中，生物医学领域重点发展体外诊断试剂、个性化医学、细胞生物化学技术、生物相容性材料、健康系统和生物信息学、生物样品库、动物研究基础设施等。生物药物领域重点发展重要药物（生物仿制药、激素类药物、单克隆抗体药物、多肽等）、下一代疫苗、抗生素等。

6.3.4.5 《俄罗斯至 2025 年医学科技发展战略》

2013 年 1 月，俄罗斯政府批准了由俄罗斯卫生部与科学家团体联合制定的科学战略，即《俄罗斯至 2025 年医学科技发展战略》（*Development of Medical Science in the Russian Federation for the Period up to 2025*）（Министерство Здравоохранения Российской Федерации，2013）。该战略已于 2013 年 4 月开始实施。该战略的联邦预算开支将通过 2013～2020 年俄罗斯"卫生事业发展"、2013～2020 年"教育事业发展"、2013～2020 年"科学技术发展"和 2013～2020 年"制药与医疗产业发展"等公共项目进行支持。

这是俄罗斯历史上首次制定如此长时间（12 年）的医学科技发展战略，其目标是发展医学科技，创造高技术创新产品，为实用的健康创新技术转化提供条件，促进人类健康。要实现这些目标，需解决如下问题：①医学科技发展与卫生部门的创新；②将医学研究与发展水平提升至世界水平，整合全球科技界的俄罗斯医学科技力量；③提高基础和应用科学研究水平；④建立、完善知识产权使用权机制，促进创新产品和技术上市；⑤发展专业技能，确定优先领域，评估研究的质量和影响力；⑥为创新产品的可持续发展及其在医疗保健临床实践中的应用创造条件；⑦通过战略和项目管理的改进，实施以项目为目标的资助和体制改革，改进医学科学管理；⑧完善科研人员的激励机制；⑨进一步开展国际合作；⑩发展转化医学。

6.3.4.6 印度《国家生物技术发展战略 2015—2020：促进生物科学研究、教育及创业》

2015 年 12 月 29 日，DBT 发布了《国家生物技术发展战略 2015—2020：促进生物科学研究、教育及创业》（DBT，2016）。该战略提出了 2015～2020 年印度生物技术的核心任务和指导原则，强调将致力于解决优先领域、资源和重要设施等十个方面的挑战。同时，该战略也提出了未来重点关注的研究领域。

其中，人口健康重点布局人类基因组研究、疫苗研究、传染病、人类发育与疾病生物学（母婴健康）、慢病生物学、干细胞与再生医学、针对移植物、医疗设施和诊断方法的生物设计项目、生物工程。食物与营养重点关注食品强化与作物的生物强化、儿童严重急性营养不良、饮食相关慢性疾病的治疗和预防、功能食品与营养保健品、延长食品的保质期、预防食源性疾病和健康危害。纳米生物技术聚焦基于纳米技术设计药物（包括化学药物、siRNA）运载工具，提升和扩大现有药物的效果和应用范围，开发疾病早期诊断与成像技术，设计开发智能纳米材料，开发探测食物和作物中化学物质及有毒物质的传感器，开发农药、信息素、营养成分的纳米运载工具，利用纳米粒子介导基因或 DNA 在植物中的转运，开发抗虫害植物品种。生物信息学、计算生物学与系统生物学关注新一代测序数据分析，计算遗传学，宏基因组学，设计功能分子，理解核酸、染色质、蛋白质结构及其相互作用，标记辅助育种，次生代谢，基因组与蛋白质量组分析。

6.4　人口健康与医药科技领域代表性重要规划剖析

6.4.1　美国精准医学计划

2015 年 1 月 20 日，美国总统奥巴马在 2015 年国情咨文中提出精准医学计划，并于 1 月 30 日将此项举措提上议程。精准医学计划旨在为临床治疗提供新工具、新见解和最适疗法，引领医疗研究新模式。短期目标是癌症的研究与应用，长期目标是将把精准医学推广到更多疾病类型中。精准医学计划 2016 财年投入 2.15 亿美元（表 6-1），由 NIH、FDA 和 HHS 下属的 ONC 共同执行。ONC 负责建立相关标准，保障志愿者的健康隐私和数据安全。

表 6-1　精准医学计划项目资助资金分配

机构	内容	金额/万美元
NIH	首批志愿者的招募和基因组测序	13 000
NCI	解码肿瘤基因并促进新疗法开发	7 000
FDA	引进相关技术和专家，协调"精准医学"项目	1 000
ONC	建立相关标准，保障精准医学志愿者的健康隐私和数据信息安全	500

美国精准医学计划提出以后，先后布局了百万人群队列项目、精准肿瘤学项目、专病基因组测序计划。2016 年初，百万人群队列项目正式启动，投入巨资推动基础设施建设和志愿者招募工作。其中，梅奥医学中心获得 1.42 亿美元资助建设世界最大生物样本库，斯克利普斯研究所获得 1.2 亿美元建设生物样本库及招募志愿者。同时，在推进模式上，主要通过公共私营合作制（PPP）模式推行该计划。NIH 资助建立了数据和研究支持中心、参与者技术中心等医学中心，保障志愿者招募与数据采集工作；另外，为确保参与者具有国家地区、民族、种族和社会经济等多样性，NIH 建立国家卫生保健提供者组织网络，以综合社区、区域和国家医疗中心的力量。关注研究的同时，精准医学计划积极推进医疗信息和基因组数据共享，且在计划实施中注重公众的隐私保护。其中，HHS 发布《全美医疗信息技术互操作路线图》，推进全国医疗健康信息的安全交互操作；FDA 推出"精准 FDA"（Precision FDA）平台，保障基因组数据共享；NCI 公开了其全球最大规模的肿瘤相关变异基因数据库，并于 2016 年推出基因组数据共享空间，以共享癌症基因组图谱（TCGA）等项目获得的数据；NIH 和 FDA 共同发布《精准医学临床试验结果记录标准草案》，规范临床数据；另外，白宫先后发布了《精准医学计划：隐私和信任指导原则》《精

准医学计划：数据安全政策指导原则与框架》，以保障参与者的数据安全与隐私保护。除此以外，2016 年初，美国国家科学院（NAE）、美国国家工程院、美国国家医学院（NAM）发布报告《实现精准医学的关键：分子靶向疗法相关生物标志物的开发》，提出生物标志物及相关疗法的开发是实现精准医学的关键（图 6-3）。

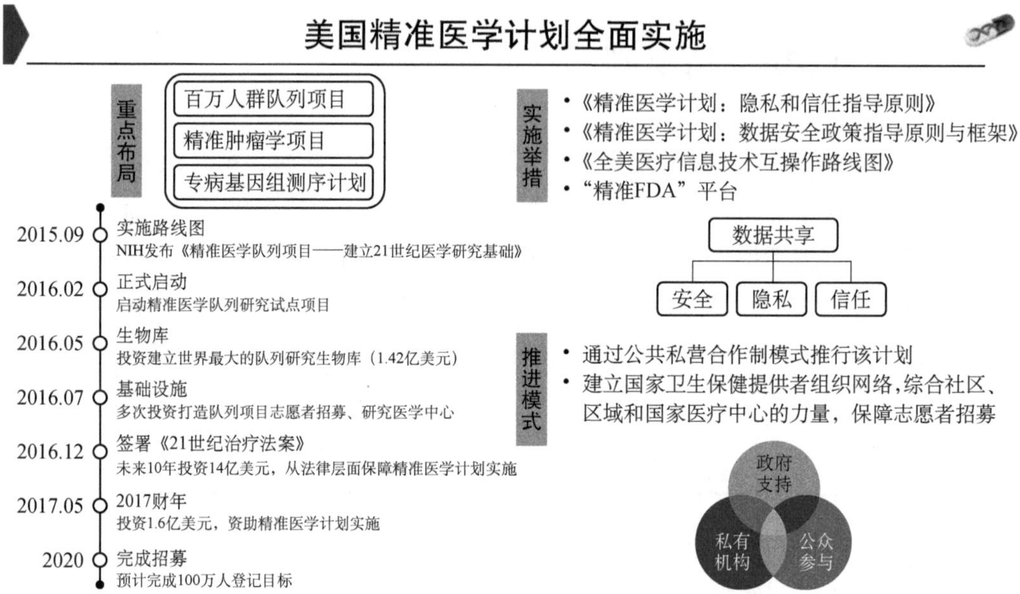

图 6-3　美国精准医学计划实施过程

6.4.1.1　精准医学理念快速传播与发展

2011 年，NRC 发布了《迈向精准医学：构建生物医学研究知识网络和新的疾病分类体系》报告，这标志着精准医学概念的首次提出。同期，*The Lancet* 杂志也发文对其进行评述。此后，讨论精准医学的论文逐渐增加。2015 年初，美国提出精准医学计划，核心目标是要实现"在正确的时间，给合适的患者，以合适的疗法"。目前，各国争相布局精准医学，相关论文①也呈指数增加，仅 2015 年就有 499 篇论文在其题目、摘要和关键词中明确提到"精准医学"，到 2016 年这一数字已经上升到 1144 篇，比 2015 年增加了 1.29 倍（图 6-4）。

6.4.1.2　精准医学成为国际竞相布局的科技战略制高点

精准医学已成为新一轮国家科技竞争的战略制高点，美国、日本、韩国及欧洲多个国家已分别提出了相关发展计划。我国推出了中国的精准医学计划。

---

① 通过对 Web of Science 数据库核心合集［科学引文索引扩展版（SCIE）］收录的论文进行统计（检索日期为 2017 年 1 月 17 日，文献类型为 article 和 review），对使用 precision medicine 一词的论文进行分析。

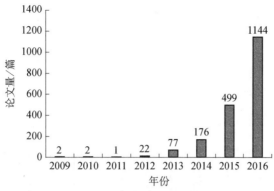

图 6-4　2009～2016 年精准医学相关论文量

作为精准医学的领跑国家，美国精准医学计划已全面实施，其在上述文献检索范围内，发表论文数量在全球具有绝对优势；英国很早就开始开展精准医学相关研究，长期关注分层医学和个性化药物开发，并启动了"十万人测序计划"，其精准医学论文数量仅次于美国，位居全球第二；我国在该领域的论文量位居全球第三；法国将精准医学提高到战略高度进行发展，并斥巨资支持相关项目，其论文数量也进入全球前四（图 6-5）。

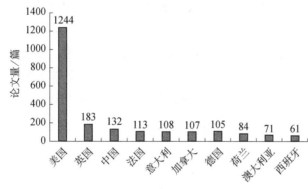

图 6-5　2009～2016 年精准医学论文量排名前十国家

6.4.1.3　精准医学核心技术趋势分析

生命科学与现代医学技术的快速发展催生了精准医学体系的形成。精准医学的开展依赖大型人群队列研究和特定疾病专病队列研究、基因组测序等各类测序技术的研发、生物大数据分析及其整合技术、分子影像等相关技术研发，以及生物标志物开发、药物基因组学研究、检测与诊断技术研发、个体化治疗技术开发等应用开发。精准医学研究高效整合这些学科和技术，并促进其快速发展，形成整体解决方案，最终提高疾病的预防水平和诊治效率。

1. 大型人群队列研究——精准医学体系建立的基础

大型队列研究持续对数十万人群的健康状况和疾病特征进行追踪、随访调查和相关研究，以了解人群健康状况和疾病发生情况随社会经济改变而发生的变化和相关影响因素。近年来，随着对健康与环境、经济、社会、文化的复杂关系认识的加深，综合性、前瞻性的大型队列研究的意义进一步凸显，开展队列研究的论文量持续增长，2007～2016 年十年间增加了 1.19 倍（图 6-6）。

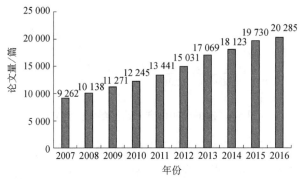

图 6-6　2007～2016 年队列研究相关论文量

2. 测序技术和生物大数据技术——精准医学发展的关键技术

统计分析 SCI-E 数据库收录的 24 318 篇测序技术相关论文。1974～1990 年，该领域的论文量相对较少，尚停留在基础研究积累阶段；进入 1990 年后，国际人类基因组计划（HGP）、国际人类基因组单体型图计划（HapMap 计划）、千人基因组计划、人类肿瘤基因组计划等大型国际计划的提出，促进了 DNA 测序技术的发展，因此相关论文量稳步攀升；自 2005 年 life science 公司（现被罗氏公司收购）推出了基于焦磷酸测序法的超高通量基因组测序系统——Genome Sequencer 20 System 后，该领域的科研论文数量快速增长（图 6-7）。

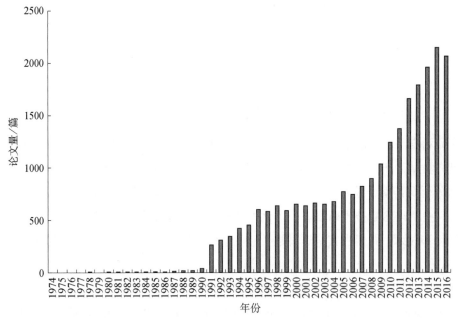

图 6-7　1974～2016 年测序技术相关论文量

3. 生物标志物和药物基因组学——推动精准医学走向临床实践的关键

生物标志物现已成为疾病研究、诊断、治疗和药物开发不可或缺的工具，相关研究快速增长，2007～2016 年论文量增长了 3.49 倍（图 6-8）。2016 年，美国 NAS、NAE、NAM 发布报告《实现精准医学的关键：分子靶向疗法相关生物标志物的开发》，提出生物标志物及相关疗法的开发是实现精准医学的关键。

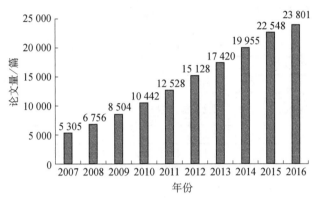

图 6-8　2007～2016 年生物标志物研究相关论文量

基因的多态性导致药物反应的多样性，从而为从基因组水平研究药物反应的个体差异奠定了基础，药物基因组学随之从遗传药理学基础上脱颖而出。药物基因组学的概念于 1997 年被正式提出后，大量研究围绕该领域开展，论文量快速增长，近几年逐渐趋于平稳（图 6-9）。

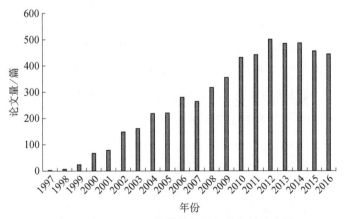

图 6-9　1997～2016 年药物基因组学相关论文量

4. 靶向治疗与免疫治疗——推动肿瘤治疗进入精准时代

靶向致癌位点的靶向治疗及激发或增强机体自身免疫的免疫治疗的兴起，使肿瘤治疗取得重大进展，肿瘤治疗已逐渐进入个性化的精准治疗时代。

利用科睿唯安（Clarivate Analytics）Cortellis 数据库进行分析，目前，全球已有多个过继性细胞免疫疗法药物，主要为树突状细胞产品，全球已上市的肿瘤细胞治疗产品如表6-2所示（检索日期为 2017 年 1 月 20 日）。2010 年，美国 Dendreon 公司生产的 Sipuleucel-T 细胞（Provenge）获美国 FDA 批准用于治疗晚期前列腺癌，成为全球首个肿瘤的免疫细胞治疗产品，同时 Provenge 也是全球首个治疗性肿瘤疫苗。除 Sipuleucel-T 细胞获得美国 FDA 批准应用于临床外，还有一些相关的肿瘤疫苗产品在一些国家获得批准得到应用或被许可酌情使用，如韩国的 CreaVax-RCC、巴西的 HybriCell 等。

表 6-2　全球已上市的针对肿瘤的细胞治疗产品

药品名称	原研公司	适应证	细胞类型
Sipuleucel-T	Dendreon	前列腺癌	树突状细胞
HybriCell	Genoa Biotecnologia SA	黑色素瘤、肾细胞癌	树突状细胞、肿瘤细胞混合疫苗
CreaVax-RCC	JW CreaGene	肾细胞癌	树突状细胞
Immuncell-LC	Green Cross Cell	脑肿瘤、胶质母细胞瘤、肝癌、肺癌、卵巢癌、胰腺癌、宫颈癌	树突状细胞

6.4.2　美国"脑科学"计划

2013 年 4 月 2 日，美国推出了"脑科学"（BRAIN）计划。该计划为期 10 年，预期投入 30 亿美元，并最终确定脑功能研究和神经技术工具研发两大研究目标。此后，NIH、DARPA、NSF 三大联邦机构相继开展研讨并提出了各自的研究重点。2014 年 2 月，美国政府呼吁进一步采取行动推进 BRAIN 计划，并将 BRAIN 计划 2015 财年预算提高至 2 亿美元（White House，2014a）。2014 年 6 月 5 日，NIH 的 BRAIN 小组发布了《BRAIN 计划 2025：科学愿景报告》，详细提出了 NIH 的 BRAIN 计划的研究内容和阶段性目标。2014 年 6 月 20 日，加利福尼亚州提出了本州脑科学计划——加利福尼亚神经科学先进创新研究蓝图（Cal-BRAIN）计划，明确寻求产业参与，其他各州也开始着手商议建立类似计划。

6.4.2.1　增加预算经费

美国联邦基金对 BRAIN 计划的资助主要通过 NIH、DARPA 和 NSF 这三大机构来提供。美国 2015 财年预算计划对 BRAIN 计划的资助翻番，从 2014 财年的 1 亿美元增加到 2015 财年的 2 亿美元（White House，2014b），其中，NIH、DARPA、NSF 的 2015 财年预算分别为 1 亿、0.2 亿、0.8 亿美元。这些预算不包括 NIH 于 2015 财年提供给神经科学研究的其他经费。私营研究机构，如 Allen 脑科学研究所、Kavli 基金会也将为 BRAIN 计划提供基金支持。

6.4.2.2　研究重点各有侧重

美国 BRAIN 计划的研究目标经多次调整，最终确定为脑功能研究和神经技术工具研发两大方向。国家科学与技术委员会（National Science and Technology Council，NSTC）神经科学领域的跨部门工作小组协调 BRAIN 计划以及其他相关行动。NIH、DARPA、NSF 等联邦机构积极响应这一计划，相继公布了有关招标指南，明确各自的研究重点和优先支持领域。

2015 财年，NIH 的研究重点是开发和应用新的工具来绘制大脑回路，探索回路中脑细胞的动态活动，研究回路和认知、行为能力之间的关系，这些研究将有助于理解大脑的复杂功能，以及人类行为和脑部疾病发生机制。针对 BRAIN 计划的重大挑战，NIH 的 BRAIN 工作小组于 2014 年 6 月 5 日提交了《BRAIN 计划 2025：科学愿景报告》，建议制定一份 2016～2025 财年整个 BRAIN 计划的发展规划，阐述 NIH 的 7 个高优先级研究领域、目标、具体成果、时间节点和成本评估（NIH，2014b）。建议第一个五年重点聚焦技术开发，第二个五年转向技术集成从而获得有关大脑的重要新发现；并建议在第一个五年（2016～2020 财年）NIH 的投资增加到 4 亿美元/年，随后五年（2021～2025 财年）增加至 5 亿美元/年，十年总额高达 45 亿美元（表 6-3）。

表 6-3　《BRAIN 计划 2025：科学愿景报告》

时间跨度	10 个财年（第一阶段 2016～2020 财年，第二阶段 2021～2025 财年）
预算	投资 45 亿美元（2016～2020 财年，每年 4 亿美元，2021～2025 财年，每年 5 亿美元）
任务	第一阶段：聚焦技术开发；第二阶段：技术集成，从而获得大脑研究重要新发现。两个阶段不是对立的，基于发现的科学研究在第一阶段将促进技术发展，深入的技术发展是后期转向探索发现所必需的
优先研究领域	涉及多个学科领域和多种技术应用，对每个领域的两个阶段目标和成果进行了详细的规划。 （1）探索大脑细胞类型多样性及作用； （2）大脑神经回路多尺度绘图； （3）大脑活动动态监测； （4）探索大脑活动和行为关联； （5）开发工具确定心理活动生物学机制； （6）创新研究技术，整合研究网络，推进人类神经科学发展； （7）整合多项新技术，全面研究心理功能机制
核心原则	（1）人体研究和非人类模型并行发展； （2）跨学科合作； （3）整合空间和时间尺度； （4）建立数据共享平台； （5）技术验证和传播； （6）考虑伦理问题； （7）建立监督机制，成立科学委员会

NSF 在 BRAIN 计划中发挥其对基础科学和交叉学科资助的特点，侧重支持技术、方法、工具的开发，以及神经科学的基础研究，尤其是需要协作的跨学科科学及技术发展。

2015 财年，NSF 加大对认知科学和神经科学研究的资助力度，主要集中于四个方面：创新性神经技术的发展；神经活动、认知、行为之间关系的基础研究；理解大脑如何对变化的环境作出响应、调整及受损后功能的恢复；培养下一代科学家。

DARPA 通过资助脑功能研究，研发新型的基于神经技术的工具和产品，重点关注士兵脑部创伤后应激、脑损伤、记忆力减退的诊断和治疗效果，降低疾病伤害和负担，并探讨伦理、法律和社会问题，研究成果也可用于普通患者。DARPA 也推动数据处理、成像、先进分析技术的发展，从而提高研究人员的能力。2015 财年，DARPA 主要对"恢复主动记忆"（RAM）、"用于新型疾病治疗方法的系统神经技术"（SUBNETS）、"手臂本体感受和触觉界面"（HAPTIX）项目进行资助。

6.4.2.3　各州开始建立相应发展计划

借力于 BRAIN 计划，加利福尼亚州作为一个生物产业集群，于 2014 年 6 月 20 日划拨 200 万美元率先建立了 Cal-BRAIN 计划。该计划明确寻求产业参与，强调神经科学研究潜在的经济效益，并呼吁形成一个项目，旨在促进基础研究转化为商业应用。该计划可能是美国各州呼应 BRAIN 计划，组织开展脑科学研究的一个重要开端。同时，位于加利福尼亚州的谷歌公司有意同科学家合作进行大脑灵感计算以及大脑图谱绘制。

其他州的脑计划也处于萌芽状态，纽约州的科学家已与立法者进行商谈，讨论建立一项类似计划，BRAIN 计划的带动效应正在显现。

6.4.2.4　BRAIN 计划特点分析

人脑是自然界中最复杂的系统之一，脑科学研究一直受到全球的广泛关注。美国此次推出的 BRAIN 计划较之以往的科学规划更加全面和深入，它从大科学计划角度进行规划，整合所有相关科研资源，研究内容涵盖了工具技术开发、基础研究、疾病治疗。计划充分强调学科交叉和融合，注重先进技术和仪器的开发。

在计划的组织中，有专门的机构对计划实施进行协调，各参与机构各有侧重，并努力吸引产业参与。BRAIN 计划也在寻求国际合作，2014 年 3 月，美国政府宣布将与欧盟"人脑计划"（HBP）计划展开合作，这预示着脑科学研究有可能成为另一个大型国际合作计划。

尽管对于 BRAIN 计划的目标是否能实现还存在很多质疑，但是该计划已成为重要引擎，推动相关技术和科学的进步，带动相关产业的发展。

6.5　人口健康与医药科技领域发展规划的编制与组织实施特点

科技发展规划是现有高科技产业运行以及科研创新的经验总结,是对未来科技发展的导向,更是科技资源配置的指导,科技发展规划的贯彻实施有利于充分调动各种资源,确保科技创新产业良性发展。例如,美国作为世界最大的经济体,其高新技术的发展有重要贡献,这与科技资源不断向高新技术产业转移密不可分。在其经济结构转变的过程中,以科技政策引导其科技资源向高新技术产业集中,着眼于为资源配置提供良好的外部环境和运行机制,确保科技资源配置的通畅性。此外,除了企业、科学家和社会精英参与到技术创新浪潮中外,许多来自草根阶层的实践者在国家的引导下,积极发挥主观能动性,使美国草根创新蔚然成风(王昌林等,2015)。

6.5.1　科技发展规划编制特点

6.5.1.1　科技战略规划、国家科技计划与科研机构计划紧密衔接

美国科技规划逐渐形成了从国家层面制订一定时期内的总体科技战略规划,确定国家科技目标和国家战略优先领域,然后通过跨部门、跨领域的 R&D 计划与其衔接,确立规划的科技目标、优先领域、预算及其政策措施,并成功创立和运行了以美国国防高级计划研究局(Defense Advanced Research Projects Agency,DARPA)为代表的科技计划组织管理模式的惯例。美国的科技规划通常分为 3 个层次:科技战略规划、国家科技计划和科研机构计划。美国的科技战略规划描述的是国家中长期科技目标、宏观方向或优先领域及关系全局的发展战略;重点是强化科技研发与国家目标之间的联系、明确国家相关科技部门的权责、确定战略优先领域,并为科技计划的制订提供依据。国家科技计划描述的是基于国家层面,以国家科技战略规划为纲,涉及某一个或几个领域的中长期跨部门科技计划和年度部门科技计划。科研机构主要指国立科研机构,如 NIH 等,这些机构的科技计划是在与国家目标、国家战略方向一致的情况下制定的(汪江桦等,2013)。

英国已经建立了从国家层面的科技战略规划到跨部门/领域、部门/领域的国家科技计划,以及科研机构计划的紧密衔接、科技发展目标和战略优先领域层层分解落实的,并通过评估、反馈修正的闭循环模式。国家科技战略规划是指英国政府从国家层面根据不同阶段制定的,集中体现了国家一段时期的科技目标和战略优先领域的综合性科技战略。国家科技计划界定为英国政府跨部门/领域、部门/领域、研究理事会形成的重点科技领域的科技发展计划,如《生物科学时代:2010—2015 战略计划》等。科研机构的计划主要指,

研究理事会所属研究机构、大学实验室、工业实验室等研究机构根据所承担的使命制订自身的研究发展计划，其与上层计划紧密衔接（王海燕和冷伏海，2013a）。

在日本的科学技术基本计划中，各个重点领域的重点研发课题都确立了明确、具体和可考核的研发目标和成果目标。这些目标的设定符合目标管理中目标设定环节需满足的SMART 原则，即制定的目标应是具体的（specific）、可测量的（measurable）、可实现的（achievable）、相关联的（relevant）以及有时间期限的（time-bound）。通过重要研发课题这一桥梁，实现了具体研发目标、成果目标与各层级政策目标的"对接"。在规划目标的设定环节，通过层层分解、落实，使高度抽象的顶层理念目标逐步过渡到符合 SMART 原则的具体而明确的研发目标和成果目标，形成了"理念→大政策目标→中政策目标→个别政策目标→研发目标→成果目标"的完整链条，在保障规划目标顺利"落地"的同时，也形成了其独特的、严密的目标设定体系，避免了顶层目标理念被束之高阁或沦为口号等现象（陶鹏等，2017）。

6.5.1.2 科技规划的制定与实施机制完善

美国的科技决策与协调既包括以 PCAST、国家科学与技术委员会（NSTC）、OSTP、管理与预算办公室（OMB）为核心的行政决策与协调机构，也包括以众议院科学、空间和技术委员会（House Committee on Science，Space and Technology），参议院商务、科学和运输委员会（Senate Committee on Commerce，Science，and Transportation）为核心的立法决策与协调机构在联邦政府科技投入决策和协调过程中，除这些核心机构之外，其他一些组织或个人的公开意见有时也发挥重要影响（朱付元，2015）。

从行政决策与协调 4 个关键机构的首要职责来看，OSTP 负责结合 NSTC 和 PCAST提供给总统内外部信息和建议，从国家目标和总统执政意图出发，监督和协调国家科技政策的制定；NSTC 根据国家目标和战略将其明确到各个职能部门，并以此协调各部门的科技预算形成国家研发总预算建议方案；OMB 根据 NSTC 提交的研发总预算建议方案、各部门呈报的预算方案等进行进一步的协调，形成总统也就是联邦政府的科技预算方案；在这一过程中，PCAST 作为非政府组织为总统、OSTP、NSTC 等提供的"第三方"意见建议可以为总统决策起到甄别、补充和制衡内部信息的作用，使决策信息基础更加广泛和牢靠（朱付元，2015）。2018 年 7 月，OMB 与 OSTP 发布"2020 财年行政机构研发预算优先事项"备忘录（White House，2018），将加强医学创新列入八大优先领域之一，提出应优先考虑基础医学研究。这些优先领域与此前的《21 世纪治愈法案》及各种专项规划的优先布局保持统一，并保证了后续的经费投入与稳定支持。

当然，在联邦政府科技投入决策和协调过程中，除上述核心机构之外，其他一些组织或个人的公开意见和建议有时也会发挥重要影响，例如：①国会特别批准的荣誉性非营利组织, 其中最主要的是 NAS、NAE、NAM 以及国家行政科学院(National Academy of Public Administration, NAPA); ②联邦资助的研发中心(FFRDCs); ③联合国教育、科学及文化组织(UNESCO)等国际性跨政府组织; ④其他如政策研究机构、公众和个人意见领袖、专业组织和社团、大学、游说/重要利益和行动团体、产业/贸易协会、工会等。比较而言, 决策和协调过程中的信息和意见表达渠道和来源还是比较多样和畅通的(朱付元, 2015)。

无独有偶, 日本的科技政策中央咨询决策机构也在日本国家政策形成机制中扮演十分重要的角色, 这一机构的形成从"科学技术会议"起始, 历经"科学技术会议"到"综合科学技术会议", 再到"综合科学技术创新会议"的演变。日本政府这一系列的政策改革, 强化了中央咨询决策机构的"指挥部"职能, 实现了由"政府主导"的"自上而下"政策形成机制, 实现与原有的由"官僚主导"的"自下而上"政策形成机制的制度对接与有机融合, 这是对原有的"官僚主导"的"自下而上"政策形成机制的继承与发展, 解决了"多元官僚制"存在分散决策与协调性不一致的不足, 逐步消除政策导向层面对科技创新行为的不良影响(平力群, 2016)。日本政府在制定《科学技术基本计划》时, 也非常重视充分利用政府研究机构和民间研究机构的力量开展调查和收集信息, 广开言路, 博采众长, 并且十分重视征集一般公众的意见, 也通常在基本计划草案确定后, 在网站上公开征集日本国民的意见, 使每一位国民都有参与科技振兴的主体意识, 从而增进国民对科学技术的理解, 提高国民对科学技术的关注度。这一做法值得我国借鉴(王玲, 2017)。

6.5.1.3　聚焦前沿和重要领域出台专项规划

政府高度重视前沿科学问题与新兴技术研发, 针对国家提出的优先突破的重点领域, 均会在每年研发预算中对优先领域给予重点支持。

美国政府在科技规划编制中主要布局以下几个方面: 一是应对经济和社会发展挑战的关键技术, 如国家阿尔茨海默病计划、抵御耐药性微生物国家战略、癌症"登月计划"等; 二是面向未来发展的前沿技术, 如 BRAIN 计划、微生物组计划等; 三是具有全局性战略意义的通用技术, 如大数据等通用技术, 这些通用技术将会持续影响经济社会发展; 四是社会民生应用技术, 如精准医学、加速建立医学合作计划等。

欧盟在健康增长计划的大前提下, 积极采取应对致病菌耐药性行动, 开展泛欧神经退行性疾病研究战略, 推进积极健康老龄化的创新合作, 展开脑计划的前沿研究, 并通过先进免疫技术、创新药物和系统医学等战略规划提升欧洲民众的健康水平。英国也在上述的发展方向中持续深化, 制定和出台了《国家痴呆症战略》《新版再生医学战略》《抗微生物耐药性新五年战略》《临床研究基础设施计划》《合成生物学路线图》《制药行业协会大数据路线图》, 以及全球最大规模的医学成像项目。此外, 英国还针对未来技术与新兴技术, 提出了合成生物学、再生医学、非动物技术、新兴成像技术等关键的前沿或产业方向。

日本《科学技术基本计划》框架内容基于"重点化"来架构，即选定未来五年的重点研发领域或亟待解决的社会发展问题，将政策资源重点投入这些领域，从而实现科研资源的优化配置。自1971年以来，日本政府在制定科技基本政策与计划时均将生命科学作为重点推进的领域。2011年以后，日本在《科学技术基本计划》中不再使用"生命科学"这一用语，取而代之的是"推进生命创新"。2016年开始实施的《第五期科学技术基本计划（2016—2020）》以"健康与医疗战略"和"医疗领域研究开发推进计划"取代了之前的生命科学研究开发政策。在据此制定的"科技创新综合战略"中，将再生医学、组学研究、构建生物资源库、生命伦理研究等作为实现健康长寿社会战略目标的重点举措（吴松，2016）。

6.5.1.4 重视战略研究和技术预见，科学制定规划

英国作为世界科技大国之一，政府逐步加强了对科技的宏观指导和调控。通常情况下，在国家科技规划制定前期，英国政府科学技术办公室和科学创新组共同组织来自英国研究理事会等机构的不同领域的科学家、政府首席科学顾问、企业界人士开展技术预见工作：①对世界科技发展的最新趋势进行调研和分析；②对本国的科技发展现状进行调研和评价；③对世界上不同类型国家的相关科技信息进行调研和分析。在此基础上，政府的科技规划顶层设计机构面对至少5～10年之后的机遇和威胁，对当前英国的科学技术在世界范围内进行优秀程度的横向分析，提出今后10～20年对英国未来发展有重要影响的关键技术、市场机会和应采取的对策（王海燕和冷伏海，2013a）。

日本也非常重视国家的科技规划对指导和引导社会各界科技资源配置、科技政策管理和科研活动组织的作用。为制定完善的、能指导一段时期日本科技发展的科学技术基本计划，近年来，日本政府构建了基于证据的科技政策制定的知识平台，综合科学技术会议委托或组织对现有的科技规划和政策的实施效果进行调查和评价，主要包括：①由科技政策研究所组织进行科学技术预见调查，对日本的科技发展真正起到导向作用。②经济产业省长期对全球背景下日本产业的结构性变化做出详细的持续分析，综合利用各种资源来揭示日本产业结构的动态性特征。③由日本科学技术振兴机构成立的研发战略中心对日本在各子领域中的地位进行国际标杆研究，并形成总结报告。④经济产业省制定战略技术路线图。⑤综合科学技术会议筹建项目中央数据库，加强项目的协调合作以及获取各省厅开展科技相关活动的信息，便于直接进行信息分析（王海燕和冷伏海，2013b）。

6.5.2 科技发展规划实施特点

6.5.2.1 注重创新基础要素投入

科技发展始于一些关键的基础性领域，包括基础研究、基础设施、教育等，这些领域

为创新过程提供基础信息、条件支撑和后备动力。以美国政府为例，一是在基础研究的投资世界领先，历年基础研究支出占研发预算的 20%以上；二是推进高质量的科学、技术、工程和数学（STEM）教育；三是建设最先进的基础设施和最先进的信息技术生态系统。特朗普执政后，美国政府在研发经费预算总量上保持稳定，按照 2016 年调整前口径①甚至还增加了 2.4%，并未明显减少。可见，美国的政府研发投入仍保持在较高水平。虽然特朗普政府 2017 年 5 月提交国会审议的 2018 财年预算案意图大幅削减基础研究经费投入，并对一些部门的研发经费和机构进行削减和裁撤。但根据现有数据和情况来看，在资金配置上基础研究、应用研究、开发研究的比重可能仍保持一定的"结构惯性"。与 2018 财年最初的预算案类似，特朗普政府在"美国优先"执政理念下，在 2019 财年继续坚持大幅削减基础研究和应用研究等领域的经费，但是削减是有重点、分领域的，涉及国防、安全的经费，以及部分太空计划和能源研究领域经费不减反增（丁明磊和陈宝明，2018）。

6.5.2.2 加强公共私营合作制模式，注重推动科技成果转移转化

在诸多生物医学创新合作伙伴关系模式中，PPP 和竞争前期的合作关系能够带来诸多好处，因为在此过程中，他们能够统筹跨越卫生医疗生态体系的相关利益各自局限，如果加以精心设计，还能实现奖励措施、投资和成效的一体化，突破研发瓶颈，大大加快药品研发的进程。例如，政府、学术界、业界及患者组织共同参与 PPP，并在抗击艾滋病过程中取得的显著成就。

美国政府一直致力于创造条件推动科技成果转化，推出"创业美国"计划、发展孵化器和创客空间、加速小型商业研究和发展许可、建立国家科技成果转化促进中心、出资设立大学商业化奖等措施，加快科技创新成果转移转化。2013 年，美国 NIH 启动 3150 万美元的技术转让计划加速医学创新，并建立三个新的技术转移中心，加速科研机构技术转移。此外，美英等国家政府均把中小企业创新放在重要地位，大力扶持中小企业的科技创新，以优越的文化环境吸引全球技术移民，努力保持全球最为优越的创新创业环境。

6.5.2.3 注重科技规划的监督、评估与反馈

建立推进科技发展规划实施的部门间的工作机制，开展规划制定的预评估和后跟踪行动。建立规划发展目标的动态优化调整机制，形成规划执行的回路，不断完善规划体系。美国政府注重建立科技政策法规评估机制，签署《政府绩效与结果现代化法案》，密切跟踪政策的实施情况，加强科技政策实施效果评价，对科技政策进行修订和完善。英国研究理事会（RCUK）下的七个研究理事会每年均会发布其规划的执行报告，包括资助、成果、影响力等多个方面。日本通过"体制改革"不断完善科技创新体制，营造有利于推进研发

---

① 研发预算包括基础研究、应用研究、开发研究和研发设施 4 个方面。根据白宫预算办公室 2016 年 7 月发布的 A-11 通告，其中新定义的"开发研究"范围缩小为"试验开发"。

的环境，例如科研预算管理制度、综合科学技术创新会议的职能定位等。从《第四期科学技术基本计划（2011—2015）》开始，日本政府着眼于建立一整套"旨在解决问题"的科技创新政策体系，不再按照重点领域对科技创新展开讨论，而是重点回答"面对各种经济社会发展问题，科技创新能做出哪些贡献"。此外，日本政府非常重视政策的可评估性，设立了便于掌握重点措施进展情况和成果状况的定量指标，强调每年要根据这些指标开展评估，查找问题并跟进解决，形成计划、实施、检查、行动（plan、do、check、action，PDCA）的良性循环（王玲，2017）。

6.6 我国人口健康与医药科技领域发展规划的国际比较研究

2015 年后，美国 NIH、欧盟"地平线 2020"、英国 MRC 相继推出了新的人口健康与医药科技领域发展规划。我国国家自然科学基金委员会、中国科学院也制定了"十三五"时期的生命科学与医学规划。根据上述机构或计划指定的同时期规划展开比较如下分析。

6.6.1 战略规划的基本情况

2015 年 12 月 16 日，美国 NIH 发布《美国国立卫生研究院 2016—2020 财年战略计划》（*NIH-Wide Strategic Plan，Fiscal Years 2016-2020*）（NIH，2015），该战略计划为 NIH 2016～2020 年的发展重点制订了详细计划，重点推进科学发现的转化，最终提高民众健康水平。2016 年 5 月，英国 MRC 发布了 2016～2020 年战略执行计划，对其未来 5 年的发展愿景、优先领域及研究机制进行了规划和布局，致力于支持卓越的探索科学，增强合作伙伴关系，从而改善健康状况，提振经济。2017 年 10 月，欧盟委员会发布了"地平线2020"的新一期工作计划"地平线 2020"2018—2020 工作计划（Horizon 2020 Work Programme 2018-2020），对 2018 年、2019 年的计划进行了详细部署，同时简要介绍了 2020 年工作计划（Horizon 2020 Advisory Group，2017）。其中，针对"健康、人口变化和福祉的社会挑战"主题，提出了三大优先领域和具体优先方向（2018 年和 2019 年）。

2016 年 6 月 14 日，国务院新闻办公室举行了《国家自然科学基金"十三五"发展规划》有关情况的新闻发布会，介绍了发展理念和战略思路、发展目标和战略部署、工作重点及战略任务、精准管理和战略保障等内容。2016 年 8 月 31 日，中国科学院在北京召开新闻发布会，发布了《中国科学院"十三五"发展规划纲要》。该纲要主要围绕基础前沿交叉、先进材料、能源、生命与健康、海洋、资源生态环境、信息、光电空间等八大创新领域，凝练提出了 60 项有望实现跨越发展的重大突破和 80 项塑造未来发展新优势的重点培育方向。

6.6.2　战略规划的制定与实施

6.6.2.1　科技咨询体系

通过对上述科技规划的系统分析，可以发现：在美国、英国、日本等国家，最高科技决策咨询机构通过评议国内外科技创新进展，指导本国科技创新体系建设和重大战略行动协调，在国家顶层科技政策制定中发挥关键决策咨询支撑作用；此外，在部门层面设立决策与咨询机构，并十分注重发挥公共机构和社会组织的咨询作用（表 6-4）。

表 6-4　美国与英国的科技咨询体系基础架构

项目	美国	英国
官方科技咨询体系	国家科学技术委员会 总统科学技术顾问委员会	科学技术办公室 科学技术委员会 政府首席科学顾问 政府科学办公室 首席科技顾问委员会
非官方科技创新咨询体系	国家科学院 国家工程院 医学研究院 国家研究理事会 美国科学促进会 布鲁金斯学会 兰德公司 美国企业研究所 ……	皇家学会 皇家工程院 英国研究院 医学科学院 ……

"地平线 2020"作为近年来欧盟动作较大的一次计划体系改革，其推出涉及方面众多，也是一个广泛凝聚各方共识的过程。①吸引外部专家开展对已有计划的系统性评价。"地平线 2020"制定和实施的重要前提和基础是基于欧盟对框架计划等重要计划的评价。这些评价大多由外部专家来组织进行，在提出了诸多亟待完善的问题同时，对在政策工具或计划管理机制上的深化也提出了建议。此外，欧盟委员会还从成员国政府、研究委员会以及独立委员会报告等多个渠道征集关于科技创新投入改革的进一步意见方案，这为"地平线 2020"指出明确的方向。②搭建融合各方利益的交流互动平台。一方面，召开预见等各类会议，包括创新研究机构、产业界、大学、非营利组织（NPO）、中介等各方面。此外，欧盟成员国政府、国家研究理事会以及欧盟相关代表机构，均提交了诸多对未来研发创新框架的咨询报告。另一方面，进行广泛公众咨询和社会参与。欧盟委员会在 2011 年 2 月发布了名为"从挑战到机遇：欧盟研究和创新基金迈向统一战略框架"的政府绿皮书，通过网上在线调查、博客互动、书面提交等多渠道多形式，与公众形成互动。③形成广泛的咨询支撑网络。公共机构与政府部门、大学和研究中心、产业界根据自身特点，提出针

对相关主题和领域的诉求（常静，2012）。

我国在不同层面也建立了多渠道、不同运行模式的科技创新决策咨询机制。新中国成立以来，政府就建立政策研究机构，各类科研机构、组织、学会、情报机构承担着咨询职能，特别是中国科学院学部成立以来，在《十二年科技发展远景规划》以及以后历次科技规划制定中都发挥了重要作用。我国在科技决策机制方面一直不断探索和完善。在决策体制、协调机制上，目前设有国家科技教育领导小组、国家科技体制改革和创新体系建设领导小组、科技六部门会商会议及各类联席会议和会商机制。同时，形成了中国科学院、中国工程院、中国社会科学院三院共同参与的规划纲要"战略咨询"机制与国家重大专项（民口）标志性成果的"咨询评议"机制。尽管如此，但我国的科技咨询制度层面尚需做出系统的设计和安排，还未建立起统一高效直接面向中央决策层的国家科技决策咨询机制，科技创新治理的社会参与机制也亟待建立完善，法治化进程相对缓慢（万劲波等，2017）。

6.6.2.2 科技投入体系

美国与欧洲均形成了多元化的投入渠道与多层次的资本市场。以美国为例，第一，政府高度重视对基础研究和试验发展研究的投入，非政府资金对基础研发投入增长明显。从美国政府科研经费的投入和支撑创新战略的经费调整策略可以发现，其非常重视对高等教育等基础研究和实验发展领域的投入，同时非常重视对新领域的探索和在现有科技领域里的继续创新和应用突破，因此试验与发展经费在整个研发经费中的占比很高，基础研究经费和应用研究经费占比较为接近。美国高等教育研发经费主要来自联邦政府，但是近年来非联邦政府的投入有较大幅度增长。第二，以关键领域为突破口从而形成系统性的创新支持战略。美国政府推动的创新战略既强调应用，也注重对产业的引导。在美国这个高度发达的市场经济体中，各个领域都会有科研机构、企业和金融资本大量投入，往往会在相关领域里形成系统性的领先成果，通过中长期科技财政规划与创新战略、年度预算的有效衔接，形成对研发领域的稳定支持，从而确立未来的优势。第三，重视人力资源的提质保量，加大对教育技术的研发与应用。美国提出用奖励机制调动全民的创造力，以达到对个人和小微企业的有效支持。美国政府承诺将加快基础设施建设，在 2018 年前让全美 99% 的学生用上高速宽带；在 2016 年财政预算中，拨出 5000 万美元用于支持教育软件研发；创造更多需求拉动机制，促进教育软件市场的发展。第四，基础研究是联邦政府承担主要事权和支出责任，应用研究是地方政府承担主要事权和支出责任。从美国研发经费的投入比例情况来看，联邦政府承担了基础研发领域的主要经费开支，地方政府则主要负责应用研究领域的开支，两者形成有机分工，中央与地方形成合力推动科技事业的快速发展（张绘，2017）。

推进"地平线 2020"三大战略目标的实现，针对不同环节创新主体的不同需求，达到对创新的无缝支持，在财政投入上的创新是重要的保障。一是研究与创新基金，投入对象覆盖各种类型和规模的研究；二是培训与流动基金，主要支持与研究人员培训、流动以及职业发展相关的计划与项目；三是计划联合投入，资助对象为研究与创新计划的管理机构，内容涉及不同国家参加计划之间相关网络的构建与协调、跨国研究活动相关的特殊计划与行动；四是协调与支持投入，主要应用于一些政策性的措施；五是债券与股权投资基金，主要面向第二大战略目标中针对中小企业的"风险融资"计划；六是政府奖励；七是面向创新的公共采购，包括商业化前采购和面向创新型解决方案的公共采购（常静，2012）。

我国的科技领域发展战略在经费投入上缺乏系统、稳定支持，科研经费预算主要侧重某个具体方面，比如关键的技术性突破等，并且多以专项的形式给予支持，而美国更加注重对整个创新系统的建设和大领域的谋划。今后我国需要在创新战略中形成系统性的整体发展战略，通过中长期科技财政规划与创新战略、年度预算的有效衔接，形成以科技领域为主的全产业链预算经费支持。通过多种渠道引导社会资本加大非政府资金对基础研发和试验发展研发的投入力度，特别是通过营造良好创新环境，发挥企业在研发体系中的重要作用。特别要重视加大对小微创新企业的扶持力度，尤其是医疗健康等高科技领域的初创小微企业往往投入大、风险高、天使投资回报率低，民间资本往往望而却步，这些领域恰恰是地方政府应该大力扶持的。同时，必须要让政府更多地放权，把投资以及科研方面的经费交给民间企业、私营企业，尤其是加大对小微科技型企业和走出去企业创新的支持，研发投入和资金引导的重点逐步从国企转向私企（张绘，2017）。

6.6.2.3　科技评估体系

"地平线 2020"制定了针对政策与计划层面的监测与评价系统，对所有参数进行年度监测；于 2017 年之前，对"地平线 2020"整体计划体系以及具体的计划进行中期评价；于 2023 年对计划体系进行后评估，内容包括计划活动的深度、缘由、实施以及影响范围。所有的中期和事后评估都是建立在实证分析基础上，由独立的外部专家主持下开展的。人口健康领域的主要指标包括在同行评议高影响力期刊上的出版物数量、专利申请量、欧盟层面的立法数量等（常静，2012）。

我国通过评估对规划实施进行动态调整。2009 年科技部针对"十一五"科技规划进行了执行评估，又于 2011 年开展了《国家中长期科学和技术发展规划纲要（2006—2020年）》（简称《规划纲要》）的阶段性评估暨"十一五"执行情况评估，2013 年 10 月开始整个《规划纲要》的中期评估，"十二五"结束到"十三五"会进行一次阶段性评估，"十三五"中期也会开展一次阶段性中期评估，"十三五"结束后将对《规划纲要》的执行开展总评估或后评估。中期评估和阶段性评估的结果是对《规划纲要》进行阶段性调整的重要依据。通过对《规划纲要》"十一五"期间的执行情况的评估分析，"十二五"科技规划制定过程中对研发投入强度阶段性目标、对外依存度指标、专利和论文指标等量化目标进行了调整，对基础研究和前沿技术领域等非定量目标进行调整。目前实施做法中调整基本完全是依靠中期评估以及评估结果对下个五年规划制定过程的影响来实现的。然而，需要通过采用管理手段使尽可能多的目标按照预期实现，如对外部环境和实施情况的即时监测，以及规划的及时调整等（黄宁燕等，2014）。

6.6.3　战略规划优先领域比较

从典型国家/地区战略规划优先领域（表 6-5）的比较可以看出，四个国家/地区的战略都提出要提高国民健康与医疗水平。其差异表现在：美国 NIH 的主题领域聚焦于精准医学药物、疗法与技术等；欧盟"地平线 2020"力求在提升卫生护理水平、建立可持续卫生系统的同时，推动卫生和护理的数字化转型与数据安全解决方案；英国 MRC 布局较为全面，优先应对全球的卫生挑战，探索科研新范式，并开展转化与创新；中国科学院规划与国家自然科学基金委员会规划基于我国的基本国情（如科研基础、发展优势等）遴选了系列战略目标和重点关注领域，更加倾向于基础前沿研究。

表 6-5　典型国家/地区战略规划优先领域

《美国国立卫生研究院 2016—2020 财年战略计划》	《欧盟"地平线 2020"工作计划（2018—2020 年）》		《英国医学研究理事会 2016—2020 年战略执行计划》
• 精准肿瘤学 • 通用流感疫苗 • 个性化防治 • 临床药物基因组学 • 艾滋病疫苗 • 临床试验重复性研究 • 药物筛选与优化 • 广谱疗法 • 移动健康技术 • 可穿戴生物传感器 • 脊髓性瘫痪治疗技术 • 呼吸道合胞体病毒疫苗疗法开发 • 人工胰腺 • 构建范式机构	提升卫生护理水平，建立可持续的卫生系统	• 个性化医学 • 卫生和护理创新产业 • 感染性疾病与全球卫生改善 • 创新型卫生和护理系统——整合照护 • 解析环境（包括气候变化）对人口健康的影响	优先开展应对全球最紧迫卫生挑战研究	• 传染性疾病 • 精神健康与阿尔茨海默病 • 疾病预防 • 再生医学
	卫生和护理的数字化转型	• 大数据和人工智能技术 • 智能工作和生活环境 • 数字化创新 • 基于云环境的电子医疗技术 • 具有互操作性的欧洲电子健康档案交换平台 • 医疗产品名称识别标准 • 数字化卫生和护理服务 • 整合照护 • 智能生活环境投资 • 开放式数字服务平台 • 数字化卫生和护理服务 • 开展数字化卫生和护理创新行动计划	发现新科学理论，探索新研究范式	• MRC 研究机构的建设 • 疾病靶向发现 • 跨学科的科学探索
	可靠的大数据解决方案及卫生护理系统的网络安全	• 居家智能和健康生活 • 隐私、数据和基础设施安全 • 网络安全培训	健康研究的转化与创新	• 信息化和计算机化 • 分层医学 • 学术界/产业界关系 • 分层公共卫生/全球公共卫生

表 6-6　中国相关机构规划

《中国科学院"十三五"发展规划纲要》		《国家自然科学基金"十三五"发展规划》	
有望实现跨越发展的重大突破	• 脑科学与类脑智能研究 • 生物超大分子复合体的结构、功能与调控 • 细胞命运决定的分子调控 • 病原微生物与宿主免疫 • 个性化药物——基于疾病分子分型的普惠新药研发 • 器官修复与再造 • 生物合成 • 健康保障技术与装备	生命科学（人口健康相关）	• 生物大分子的修饰、相互作用与活性调控 • 细胞命运决定的分子机制 • 配子发生与胚胎发育的调控机理 • 免疫应答与效应的细胞分子机制 • 糖/脂代谢的稳态调控与功能机制 • 重要性状的遗传规律解析 • 神经环路的形成及功能调控 • 认知的心理过程和神经机制 • 物种演化的分子机制 • 食品加工、保藏过程营养成分的变化和有害物质的产生及其机制
塑造未来发展新优势的重点培育方向	• 生物大数据研究 • 核酸与人类健康 • 灵长类动物表型与遗传 • 细胞发育分化分子机理 • 精准医学研究 • 生殖生物学 • 计算与系统生物学 • 生物膜动态过程 • 表观遗传调控与功能 • 合成生物学 • 先进生物制造 • 生物安全科技支撑体系建设 • 新型疫苗、抗体及生物类似物开发及评价技术 • 重大和罕见疾病防治药物的作用新机制、新靶点和新策略研究 • 生命科学新技术新方法 • 生命科学与数理、化学、技术科学交叉前沿研究	医学	• 发育、炎症、代谢、微生态、微环境等共性病理新机制研究 • 基因多态、表观遗传与疾病的精准化研究 • 新发突发传染病的研究 • 肿瘤复杂分子网络、干细胞调控及其预测干预 • 心脑血管和代谢性疾病等慢病的研究与防控 • 免疫相关疾病机制及免疫治疗新策略 • 生殖—发育—老化相关疾病的前沿研究 • 基于现代脑科学的神经精神疾病研究 • 重大环境疾病的交叉科学研究 • 急救、康复和再生医学前沿研究 • 个性化药物的新理论、新方法、新技术研究 • 中医理论的现代科学内涵及其对中药发掘的指导价值研究 • 个性化医疗关键技术与转化研究 • 多尺度多模态影像技术与疾病动物模型研究 • 智能化医学工程的创新诊疗技术研究
		跨科学部	• 介观软凝聚态系统的统计物理和动力学 • 工业、医学成像与图像处理的基础理论与新方法、新技术 • 生物大分子动态修饰与化学干预 • 细胞功能实现的系统整合研究 • 新型功能材料与器件 • 从衰老机制到老年医学的转化医学研究 • 基于疾病数据获取与整合利用新模式的精准医学研究

6.7　启示与建议

随着经济和生活水平的提高，民众对健康的需求进一步提高，迫切需要快速发展与健康相关的科技。在国家高度重视下，我国的科技发展水平快速提高，尤其是信息技术和生物技术与国际先进水平的差距在逐渐缩小。因此，在已有科技和产业积累基础上，构筑精准健康体系，发展精准健康产业，将大大优化健康管理效率，提高国民健康水平，促进健康产业发展，最终满足国家经济转型和国民对健康的需求。

我国在精准健康科技和产业发展方面还存在诸多问题，阻碍健康科技和产业发展，包括原始创新不足、多领域协同创新发展存在壁垒、交叉型高端人才缺乏、企业创新能力薄弱、现有的制度法规难以适应新的发展需要等。当前，健康科技呈现多领域、多学科交叉态势，而健康产业包括了多种产业。因此，在构筑中国精准健康体系中，需要国家层面的协调，促进各部委之间的深度协同和合作；加大资金投入力度，引导和鼓励企业参与科技创新，争取社会资金支持。引进和培养高层次人才尤其是交叉型人才；完善成果转移转化、知识产权保护等法规，改革现有的监管法规和体制等。构筑立足预防、基于先进技术的精准健康体系必将大大推进"健康中国"战略的实现进程。

在新形势下，我国需要做到以下几方面。

（1）发展专业化高水平智库，提升对发展规划的智力支撑，进一步完善国家科技投入的决策机制、管理机制和协调机制。

要加强理论体系研究，推动形成具有学科属性的完整理论构架，推动科技创新政策领域持续发展。加强科技创新政策研究共同体建设，提升决策的信息多元化。支持和鼓励相关学会和团体的发展，重点建设一批高水平科技创新政策智库，为科技创新政策制定提供高水平智力支持。推动与科技创新相关的学科建设，加强研究领域的国际交流。完善决策咨询机制，通过召开政策圆桌会议等提高政策决策科学化水平（贺德方，2016）。同时设立国家科技咨询委员会，为高层决策提供外部的独立咨询建议。

（2）针对健康科技领域的学科会聚趋势，加大人才培养与引进、基础设施建设等方面的投入，夯实基础。

建议我国强化教育、基础研究和基础设施支持力度。包括不断加大 STEM 教育以及学科会聚与交叉的财政投入，培养一批高素质的专业教师和具备创新意识与职业技能的学生。继续加强海外高层次人才团队引进，着重引进一批布局未来发展的基础研究团队和国际一流技术研究团队及人才，实现人才的精准引进。设立基础研究专项资金，提高基础研究财政投入占财政科技资金比例，鼓励有条件的院所和高校开展基础前沿研究与新兴技术开发。要深入推进国际高水平院所与高校建设，加快完善领域相关的平台、中心、网络和联盟建设，并建立完善社会参与机制（袁永等，2017）。

（3）面向社会重大需求和国际科技前沿问题，凝练重大主题，加强前沿技术与颠覆性技术的规划与布局。

借鉴其他国家优先领域布局规划经验和我国研究优势，建议通过优化实施国家科技重大专项、加强前沿技术和颠覆性技术布局等措施，掌握一批世界领先的前沿技术和颠覆性技术（袁永等，2017）。根据科学优先顺序和资源分配做出考量，深入发展和细化科学计划。面向应对经济和社会发展挑战的关键技术、面向未来发展的前沿技术、具有全局性战略意义的通用使能技术，以及社会民生应用技术等重点领域继续实施国家科技重大专项，保障重大专项资金投入，支持前瞻性基础研究及关键技术产品开发。对重大科技专项实施效果跟踪评估，根据评估结果对重大专项进行动态调整。加大对颠覆性技术的研发资助力度，在资金投入、研发平台建设、制度创新等方面给予大力支持。

（4）完善知识产权制度与监管法规，推动科技伦理发展，加强监管。

中国迫切需要进一步健全知识产权保护制度，发挥北京、上海、广州知识产权法院的作用，建立跨区域、跨部门执法协作机制。推进国家知识产权快速维权中心建设，完善知识产权快速维权体系。加强基因测序、基因检测及基因组医学临床应用等新业态、新领域的知识产权保护。制定知识产权保护信用评价体系，建立知识产权保护信用系统（袁永等，2017）。确保技术、产品或流程符合监管法规的要求，停止不合规的行为，通过加强公众的认知与参与度提高其相关监管内容或伦理范畴的理解，逐渐完善监管机制，提高监管能力，促进监管科学的发展。

参 考 文 献

白春礼. 2016. 当代世界科技. 北京：中共中央党校出版社.

常静. 2012. 科学的方法是规划制定的重要支撑——"地平线 2020"制定的主要方法分析. 华东科技,（06）：41-43.

丁明磊，陈宝明. 2018. 美国特朗普政府 2019 财年研发预算分析. 全球科技经济瞭望，33（2）：7-11，16.

国家自然科学基金委员会. 2011. 未来 10 年中国学科发展战略·医学. 北京：科学出版社.

国家自然科学基因委员会生命科学部. 2017. 国家自然科学基金委员会"十三五"学科发展战略报告·生命科学. 北京：科学出版社.

贺德方. 2016. 对构建科技创新政策体系的几点思考. 智库理论与实践，1（4）：1-4.

黄宁燕，孙宝明，冯楚建. 2014. 科技管理视角下的国家科技规划实施及顶层推进框架设计研究. 中国科技论坛,（10）：11-16.

科技部. 2012. 俄通过至 2020 年生物技术发展综合计划. http://www.most.gov.cn/gnwkjdt/201205/

t20120522_94551.htm[2017-11-14].

平力群. 2016. 日本科技创新政策形成机制的制度安排. 日本学刊,（5）: 106-127.

陶鹏,陈光,王瑞军.2017.日本科学技术基本计划的目标管理机制分析——以《第三期科学技术基本计划》为例.全球科技经济瞭望, 32（3）: 32-39.

万劲波,谢光锋,林慧,等. 2017. 典型国家科技创新决策与咨询制度比较研究. 中国科学院院刊,（6）: 601-611.

汪江桦,冷伏海,王海燕. 2013. 美国科技规划管理特点及启示. 科技进步与对策, 30（7）: 106-110.

王昌林,姜江,盛朝讯,等. 2015. 大国崛起与科技创新——英国、德国、美国和日本的经验与启示. 全球化,（9）: 39-49.

王海燕,冷伏海. 2013a. 英国科技规划制定及组织实施的方法研究和启示. 科学学研究, 31（2）: 217-222.

王海燕,冷伏海. 2013b. 支持科技规划优先领域选择的战略情报与服务框架研究. 图书情报工作,57（7）: 70-74.

王玲. 2017. 日本《科学技术基本计划》制定过程浅析. 全球科技经济瞭望, 32（4）: 26-34.

吴松. 2016. 日本生物科技与产业的发展动向. 全球科技经济瞭望, 31（9）: 48-59.

许丽,徐萍,苏燕,等.2017.精准医学研究文献计量分析.生物产业技术,（2）: 14-20.

袁永,张宏丽,李妃养. 2017. 奥巴马政府科技创新政策研究. 中国科技论坛,（4）: 178-185.

张绘. 2017. 美国科技创新战略与研发经费投入的启示. http://finance.china.com.cn/roll/20170608/4240610.shtml[2018-02-08].

中国科学院. 2016. 2016 科学发展报告. 北京：科学出版社.

中国科学院. 2017. 2017 科学发展报告. 北京：科学出版社.

朱付元. 2015. 美国科技投入协调机制及其借鉴意义. 中国高校科技,（5）: 42-45.

ABPI. 2013. Road Map Sets out a Pathway Leading to a "Big Data" Future Vision. http://www.abpi.org.uk/media-centre/newsreleases/2013/Pages/211113.aspx[2017-11-14].

BMBF. 2013. National Action Plan for People with Rare Diseases in the Cabinet. http://www.bmbf.de/press/3503.php[2017-11-14].

CODIS. 2013. Graphene and Human Brain Project Win Largest Research Excellence Award in History，as Battle for Sustained Science Funding Continues. http://cordis.europa.eu/fp7/ict/programme/fet/flagship/doc/press28jan13 -01_en.pdf[2017-11-14].

CODIS. 2014. Joint European Implementation Strategy for Systems Medicine is Published. http://cordis. europa. eu/news/rcn/122695_en.html[2017-11-14].

DBT. 2015. National Biotechnology Development Strategy 2015-2020-announced. http://www.dbtindia.nic. in/archives/7960[2017-11-14].

DBT. 2016. National Biotechnology Development Strategy 2015-2020-Announced. http://www.dbtindia.nic.in/archives/7960.2016-01-03[2017-11-14].

Department of Health and Social Care. 2013. UK Antimicrobial Resistance Strategy published. https://www.gov.uk/government/news/uk-antimicrobial-resistance-strategy-published-2[2017-11-14].

EC. 2011. Action Plan Against Antimicrobial Resistance: Commission Unveils 12 Concrete Actions for the Next Five Years. http://europa.eu/rapid/press-release_IP-11-1359_en.htm[2017-11-14].

EC. 2012. "Health for Growth" Programme 2014-2020. http://ec.europa.eu/health/programme/docs/progr2014_state_of_play.pdf[2017-11-14].

EC. 2013. Innovative Medicines Initiative 2：Europe's Fast Track to Better Medicines. http://ec.europa.eu/research/press/2013/pdf/jti/imi_2_factsheet.pdf[2017-11-14].

EPSRC. 2016. EPSRC Delivery Plan 2016/17-2019/20. https://www.epsrc.ac.uk/newsevents/pubs/epsrc-delivery-plan-2016-17-2019-20/[2017-11-14].

FDA. 2016. FDA and NIH Release a Draft Clinical Trial Protocol Template for Public Comment. http://blogs.fda.gov/fdavoice/index.php/2016/03/fda-and-nih-release-a-draft-clinical-trial-protocol-template-for-public-comment/[2017-11-14].

Genomeweb. 2016. France Plans to Invest €670M in Genomics，Personalized Medicine. https://www.genomeweb.com/clinical-translational/france-plans-invest-670m-genomics-personalized-medicine[2017-11-14].

HHS. 2015. White House Conference on Aging：Combating Alzheimer's and Other Dementias. http://www.hhs.gov/news/press/2015pres/07/20150713b.html[2017-11-14].

Horizon 2020 Advisory Group. 2016. Advice for 2018-2020 of the Horizon 2020 Advisory Group for Societal Challenge："Health，Demographic Change and Well-being". http://ec.europa.eu/research/health/pdf/ag_advice_report_2018-2020.pdf[2017-11-14].

Horizon 2020 Advisory Group. 2017. Next Work Programme 2018-2020. https://ec.europa.eu/programmes/horizon2020/en/what-work-programme[2018-02-08].

IMI. 2015. IMI Launches €95 Million Call for Proposals with Focus on Alzheimer's Disease，Diabetes，Patient Involvement. http://www.imi.europa.eu/content/imi2call5launch[2017-11-14].

INSERM. 2016. Presentation of the French Plan for Genomic Medicine 2025. http://presse.inserm.fr/en/presentation-of-the-french-plan-for-genomic-medicine-2025/24328/[2017-11-14].

JPND. 2015. €30 Million to Scale-up Global Research on Neurodegenerative Diseases. http://www.neurodegenerationresearch.eu/2015/01/e30-million-to-scale-up-global-research-on-neurodegenerative-diseases-2/[2017-11-14].

JST. 2015. Intergrated Promation of Human Microbiome Study：New Developrent in Life Science and Health Care. http://www.jst.go.jp/crds/pdf/2015/SP/CRDS-FY2015-SP-05.pdf[2017-11-14].

Kalil T. 2012. Big Data is a Big Deal. https://obamawhitehouse.archives.gov/blog/2012/03/29/big-data-big-deal [2017-11-14].

LIFT. 2015. ALMMII Opens Innovation Acceleration Center in Detroit. http://lift.technology/almmii-opens-innovation-acceleration-center-detroit/[2017-11-14].

MRC. 2014. 230 Million for Technologies to Revolutionise Research into Disease. http://www.mrc.ac.uk/news-events/news/230-million-for-technologies-to-revolutionise-research-into-disease/[2017-11-14].

MRC. 2015. European Boost to Dementia Research. http://www.mrc.ac.uk/news-events/news/european-boost-to-dementia-research/[2017-11-14].

MRC. 2016a. MRC Delivery Plan 2016-2020. http://www.mrc.ac.uk/publications/browse/mrc-delivery-plan-2016-2020/[2017-11-14].

MRC. 2016b. UK Biobank Launches World'S Largest Imaging Project to Shed New Light on Major Diseases. http://www.mrc.ac.uk/news/browse/uk-biobank-launches-world-s-largest-imaging-project-to-shed-new-light-on-major-diseases/[2017-11-14].

National Cancer Advisory Board. 2016. Cancer Moonshot Blue Ribbon Panel Report 2016. https://www.cancer.gov/research/key-initiatives/moonshot-cancer-initiative/blue-ribbon-panel/blue-ribbon-panel-report-2016.pdf

[2017-11-14].

NC3Rs，MRC，BBSRC，et al. 2015. A Non-animal Technologies Roadmap for the UK—Advancing Predictive Biology. https://www.gov.uk/government/uploads/system/uploads/attachment_data/file/474558/Roadmap_NonAnimalTech_final_09Nov2015.pdf[2017-11-14].

NIH. 2014a. NIH Invests Almost $32 Million to Increase Utility of Biomedical Research Data. http://www.nih.gov/news/health/oct2014/od-09.htm[2017-11-14].

NIH. 2014b. NIH Embraces Bold，12-year Scientific Vision for BRAIN Initiative. http://www.nih.gov/news/health/jun2014/od-05.htm[2017-11-14].

NIH. 2015. NIH Unveils FY2016-2020 Strategic Plan. http://www.nih.gov/news-events/news-releases/nih-unveils-fy2016-2020-strategic-plan[2018-02-08].

Organizing Committee for the International Summit on Human Gene Editing. 2015. On Human Gene Editing：International Summit Statement. http://www8.nationalacademies.org/onpinews/newsitem.aspx?RecordID=12032015a[2017-11-14].

Toon J. 2016. Roadmap for Advanced Cell Manufacturing Shows Path to Cell-Based Therapeutics. http://www.news.gatech.edu/2016/06/11/roadmap-advanced-cell-manufacturing-shows-path-cell-based-therapeutics[2017-11-14].

U.S. Department of Health and Human Services. 2015. White House Conference on Aging：Combating Alzheimer's and Other Dementias. http://www.hhs.gov/news/press/2015pres/07/20150713b.html[2017-11-14].

White House. 2013. Fact Sheet：BRAIN Initiative. http://www.whitehouse.gov/the-press-office/2013/04/02/fact-sheet-brain-initiative[2017-11-14].

White House. 2014a. A White House Call to Action to Advance the BRAIN Initiative. http://www.whitehouse.gov/blog/2014/02/24/white-house-call-action-advance-brain-initiative[2017-11-14].

White House. 2014b. Obama Administration Proposes Doubling Support for The BRAIN Initiative. http://www.whitehouse.gov/sites/default/files/microsites/ostp/FY%202015%20BRAIN.pdf[2017-11-14].

White House. 2015. FACT SHEET：President Obama's Precision Medicine Initiative. http://www.whitehouse.gov/the-press-office/2015/01/30/fact-sheet-president-obama-s-precision-medicine-initiative[2017-11-14].

White House. 2015. National_Action_Plan_for_Combating_Antibotic-resistant_Bacteria. https://www.whitehouse.gov/sites/default/files/docs/national_action_plan_for_combating_antibotic-resistant_bacteria.pdf[2017-11-14].

White House. 2016a. Precision Medicine Initiative：Data Security Policy Principles and Framework. https://www.whitehouse.gov/sites/whitehouse/files/documents/PMI_Security_Principles_Framework_v2.pdf[2017-11-14].

White House. 2016b. Report of the Cancer Moonshot Task Force. https://www.whitehouse.gov/sites/default/files/docs/final_cancer_moonshot_task_force_report_1.pdf[2017-11-14].

White House. 2016c. Remarks of President Barack Obama—State of the Union Address As Delivered. https://www.whitehouse.gov/the-press-office/2016/01/12/remarks-president-barack-obama-%E2%80%93-prepared-delivery-state-union-address[2017-11-14].

White House. 2016d. Memorandum—White House Cancer Moonshot Task Force. https://www.whitehouse.gov/the-press-office/2016/01/28/memorandum-white-house-cancer-moonshot-task-force[2017-11-14].

White House. 2016e. Investing in the National Cancer Moonshot. https://www.whitehouse.gov/the-press- office/

2016/02/01/fact-sheet-investing-national-cancer-moonshot[2017-11-14].

White House. 2016f. National Action Plan for Combating Antibotic Resistant Bacteria. https://www.whitehouse. gov/sites/default/files/docs/national_action_plan_for_combating_antibotic-resistant_bacteria.pdf[2017-11-14].

White House. 2016g. Announcing the National Microbiome Initiative. https://www.whitehouse.gov/blog/2016/ 05/13/announcing-national-microbiome-initiative[2017-11-14].

White House. 2018. Memorandum for the Heads of Executive Departments and Agencie. https://www. whitehouse. gov/wp-content/uploads/2018/07/M-18-22.pdf[2019-12-04].

Министерство Здравоохранения Российской Федерации. 2013. Утверждена Стратегия развития медицинской науки в Российской Федерации на период до 2025 года. http://www.rosminzdrav.ru/health/ 79/0[2017-11-14].

第 7 章
农业科技领域发展规划分析

董　瑜　杨艳萍

（中国科学院文献情报中心）

摘　要　随着生物、信息、材料等高新技术迅猛发展并在农业领域广泛应用，农业科技发展速度日益加快。通过制定和实施农业领域科技规划来促进农业科技发展并以此推动国家经济社会的发展成为世界主要国家的普遍共识和选择。我国当前正处于由传统农业向现代农业转型的关键时期，农业发展已进入主要依靠科技创新驱动的新阶段。在这一背景下，立足新的战略起点，科学谋划和布局未来发展方向、目标、重点领域和重大举措，对于促进我国农业发展和保障国家安全具有重大的现实意义。

本章调研了世界主要国家/地区发布的农业科技前瞻研究报告、综合性战略规划和子领域科技规划，分析了世界主要国家/地区农业科技发展规划的发展目标、任务布局、战略举措，总结了农业科技领域发展规划的编制与组织实施的经验，同时在对我国农业领域科技规划分析的基础上提出了相关建议，旨在为未来制定新一轮国家中长期科技发展规划以及农业专门性规划提供参考。

关键词　农业　战略规划　粮食安全　技术预见　路线图

7.1　引言

农业是国民经济的基础，农业的发展不仅依靠资源的禀赋，更重要的是依赖科技创新的发展水平。19 世纪末开始的以育种和农业化学（化肥和农药）为主体的农业科技革命，推动了 20 世纪世界农业的高速发展。目前新一轮科技革命和产业变革已现端倪，生物、信息、设施、材料等高新技术迅猛发展并在农业领域广泛应用，加快了农业科技的发展速度，推动着农业从劳动、资本密集型产业向知识、技术密集型产业转变。在此背景下，世界主要国家纷纷把农业科技创新提升到国家发展战略层面进行部署，并通过制定和实施科技规划来促进农业领域科技发展并以此推动国家经济社会的发展。

我国是农业大国和人口大国，确保国家粮食安全、农民增收和农业可持续发展是重大战略问题。此外，我国目前正处于由传统农业向现代农业转型的关键时期，转变农业发展方式、突破资源环境约束迫切需要提升我国农业科技创新能力。在这一关键转型期，立足我国新的战略起点，根据全球农业科技发展趋势以及我国未来发展的新形势、新问题和新要求，明晰我国农业科技创新发展的中长期发展思路，科学谋划和布局未来发展方向、目标、重点领域和重大举措，对于我国农业发展和粮食安全具有重大的现实意义。本章解读并分析了世界主要国家/地区农业科技发展规划的发展目标、任务布局、战略举措等，总结了农业科技发展规划组织、实施与管理的先进经验，旨在为未来制定新一轮国家中长期科技发展规划以及农业专门性规划提供参考依据。

7.2 农业科技领域发展趋势

7.2.1 农业创新发展环境建设得到多国重视

面对人口增长、气候变化、资源短缺等挑战，世界主要国家把农业科技创新提升到国家发展战略层面进行部署，加强农业优先领域发展，抢占未来农业科技发展的制高点。南非面向 2030 年的"生物经济战略"（DST，2014），提出了农业、健康和工业三个关键领域的战略目标和具体举措。其中农业部门的战略目标是加强农业生物科学创新以保证粮食安全、提高营养和增强健康。2015 年 12 月，加拿大政府发布新一轮科技战略报告，首次将农业确定为研究优先领域（Government of Canada，2014）。2016 年，法国发布的《农业创新 2025：创新和可持续农业的方向》提出增强农业竞争力、发展可持续环境友好型农业（French Ministry for Agriculture and Food，2015）。印度在《国家生物技术发展战略 2015—2020：促进生物科学研究、教育及创业》中明确了可持续农业的研究重点（DBT，2015）。欧洲的《农业研究和创新战略》（草案）建议提出农业资源管理、动植物健康、生态学研究等五个优先研究领域（EC，2016）。澳大利亚的《农业科学十年计划（2017—2026）》提出未来农业研发投资的战略方向（Australian Academy of Science，2017）。美国《联邦土壤科学战略计划框架》草案提出了美国土壤科学未来的重点发展建议（Obama White

House，2016）。

7.2.2　科技创新引领农业发展方式发生深刻变革

科技创新已成为推动现代农业发展的主要力量，技术进步对提高土地产出率、劳动生产率和资源利用率的驱动作用更加直接，正在引领现代农业发展方式发生深刻变革。

（1）以基因组学等为核心的现代农业生物技术尤其是生物育种技术快速发展，带动农业产业新的绿色革命，但同时也对转基因、基因编辑等生物安全监管体系提出了挑战。

（2）数字农业是农业未来发展新方向。农业革命第一次开始于 1700 年马拉种子条播机等农耕机械的发明；第二次发端于 20 世纪 50 年代，农化投入品使用的兴起；第三次始于 20 世纪 80～90 年代，植物育种和其他生物技术工具的创新；第四次即最近一次，农业正在进入数字时代。有效利用大数据及相关数字技术将会成为农业提高生产效率的重要因素，并将推动智慧农业和智能装备产业的迅猛发展，但同时也会对现有农业实践、农民与供应商、消费者之间的关系产生变革性影响。

（3）可持续发展与绿色增长成为当前农业的主要发展方向，提高资源利用效率、减少农业污染以及适应和减缓气候变化等成为关注的重点；资源环境及新能源、新材料技术应用加速低碳循环农业发展。

（4）智慧农业是互联网、移动互联网、云计算和物联网等现代信息技术与农业生产、经营、管理和服务全产业链的融合和重组，是实现农业绿色、高效、优质和安全的重要途径，将成为现代农业发展的一种新业态。

（5）全球食品产业向全营养、高科技和智能化方向快速发展。农产品营养品质技术迅猛发展，引领天然、营养和健康的食品消费趋势。以宏基因组学、转录组学、蛋白组学和营养代谢组学技术为基础的分子营养组学技术及其应用研究成为新热点。

（6）前沿和颠覆性技术将带动农业产业格局重大调整和革命性突破。合成生物技术作为公认的颠覆性技术，集成大数据生物信息分析、基因组编辑、细胞全局扰动、代谢工程等技术手段，对农业生物进行基因组水平的定向改造与重组，将根本改变农业生产和产业组织形式。

7.2.3　农业技术市场集中度进一步提高，竞争更加激烈

自 2015 年年底美国化工巨头陶氏化学与杜邦宣布合并起，全球农化、种子等企业掀起并购整合大潮。2016 年 2 月，中国化工集团宣布以逾 430 亿美元收购先正达；9 月德国拜耳公司就收购美国孟山都公司达成协议，将以总价 660 亿美元收购孟山都。全球农化、

种子领先企业快速及高度的并购整合，将促使全球种业和农化战略格局发生重大变化，全球粮食生产不可或缺的技术资源将由 15～20 家公司控制，美国、欧洲和中国三家各自在农化和种子领域形成一家巨头，将分别控制全球农药市场 79% 及全球种子市场 46% 的份额，市场集中度进一步提高，技术领域的竞争更加激烈。

此外，现代农业科技的飞速发展已引起风险投资的关注。根据美国农业在线投资平台统计，2012～2015 年农业技术投资持续增长。密集涌入的资金加快了农业技术创新的步伐，但一些技术应用到农业产业上还存在一些挑战，如在大面积农田中推广传感器是一个挑战，无人机面临电池寿命有限、无法对图像数据进行实时决策等局限，因此利用新技术实现农业创新依然任重道远。

7.3　农业科技领域重要前瞻研究及战略规划剖析

7.3.1　综合性前瞻研究与战略规划

面对人口增长、气候变化、资源短缺等挑战，利用农业创新保障粮食安全和可持续发展已成为全球的共识。多个国际组织、国家和地区开展未来趋势预见研究，识别影响未来农业发展的主要因素及其变化，并制定相关战略规划和计划，加强优先领域的发展，以应对重大挑战。

7.3.1.1　美国《至 2030 年推动农业与食品研究的科学突破》

2018 年 7 月 18 日，美国国家科学院发布《至 2030 年推动农业与食品研究的科学突破》战略研究报告（National Research Council，2018），明确了未来 10 年美国农业与食品研究的主要目标，包括提高粮食和农业系统的效率、提高农业发展的可持续性以及提高农业系统应对迅速变化和极端环境的弹性；同时指出了未来 10 年最有前景的 7 个农业与食品研究方向，并针对面临的关键技术挑战识别了 5 项科学突破机遇。

1. 最有前景的研究方向

作物种业——关注作物理想性状的遗传改良，开发简易的植物遗传转化技术实现对所有作物的常规遗传改良，利用新技术增强作物对环境胁迫的响应表达并开发新型动态作物，指出精准基因编辑技术将在上述领域开辟新的途径，能在提高作物生产力的同时降低投入，提高作物对环境的适应能力。

畜牧业——关注畜禽健康、养殖和福利等方面，指出基因组学、基因编辑和生物传感器等新兴技术将在实现精准畜牧中具有重要潜力，同时需要加大资金投入以促进畜牧业多学科融合和应用。

食品科技——关注食品质量、食品安全和粮食损耗等问题，指出基因组学、纳米技术和生物传感器等新兴技术具有重要潜力，食品领域科学家要积极开展跨学科研究（如大数据、材料工程、合成生物学和社会科学等），推动更高质量、更加安全、更可持续的食品生产，满足更深层次的消费需求。

土壤科学——关注土壤质量、土壤微生物群落和养分利用等，指出新技术在评估、监测和改善农业土壤研究中存在巨大潜力，同时指出土壤科学家与微生物学家、生态学家和数据科学家等开展跨学科合作研究的重要性。

农业水分高效利用——关注跨集成系统实施的节水技术，通过改进植物和土壤特性提高水分利用效率，利用受控环境和替代水资源提高水的生产率，同时指出新兴生物传感技术和农业大数据科学将对于提高水资源的高效利用效率具有重要意义。

数据科学——关注建立农业食品可发现、可获取、可互操作、可再用（FAIR）数据集成平台，鼓励企业间共享公共数据、私有数据和辛迪加数据，指出制定食品和农业研究的数据科学战略、加强数字基础设施建设可以有效促进农业食品信息领域的深入发展。

系统科学——关注农业与食品领域科学研究的集成性、系统性与可持续性，指出要识别机会改进整体的集成系统模型，包括教育、科研和政策制定等方面，为农业与食品的发展战略提供决策支持。

2. 突破性机遇

跨学科的系统研究方法——利用跨学科的系统研究方法来理解农业与食品体系中各部分相互作用的关系，可提高体系的整体效率、弹性和可持续性。建议优先利用跨学科的研究方法解决农业最棘手的问题。尽管美国政府相关部门已经资助了多个跨学科合作的项目，但仍需进一步加大资金扶持力度。

传感技术——精准田间传感器和生物传感器的研发，将提高农业多领域的快速检测和监控能力。建议从国家层面设立专项支持计划，充分应用现有传感技术并开发跨领域的新型传感技术。

数据科学和农业食品信息学——数据科学、软件工具和系统模型的集成应用，可为农业食品科学研究提供先进的分析管理方法。建议设立专项计划支持农业食品信息学（如区块链、人工智能）等新兴学科领域的发展，积极促进信息技术、数据科学和人工智能在农业和食品研究中的应用。

基因组学与精准养殖——农产品常规基因编辑能力的提高，可实现品质和性状的精准改良并快速提高农业生产力。建议设立专项计划，充分发挥基因组学和精准育种技术的积极作用，实现对重要农产品生物性状的遗传改良。

微生物组技术——充分应用农业微生物组技术改进农作物生产，提高饲料转化率，加强对病害和非生物胁迫的抗性。建议加强对动物、土壤和植物中微生物组的分析研究，设立专项支持计划促进微生物组在农业食品系统中的广泛应用。

3. 未来举措

研究基础设施。加强对设备、设施和人力等方面的投资，支撑农业和食品领域开展前瞻性研究；同时继续支持农业实验站网络和合作推广体系发展，加强基础研究、应用研究和成果转移转化。

资金投入。实现未来 10 年美国农业与食品领域的关键技术突破，需要加大公共和私人资金的投入，并将其作为优先事项予以支持。

科研力量。营造农业与食品科学研究的良好社会氛围，增强农业与食品专业对学生的吸引力，鼓励科研人员跨领域开展农业与食品研究，通过创新研究方法吸引创新人才。

社会经济和其他方面因素。充分考虑农业食品科技创新与经济社会发展之间的关系，通过有效的公共政策鼓励生产者采用创新工艺，引导社会消费更加接受农产品的创新发展。同时，土地政策、粮食政策、环境影响等方面的因素，也对农业和食品科学研究的可持续发展有着长远的影响。

7.3.1.2　《欧洲粮食与营养安全和农业研究的机遇与挑战》

2017 年 12 月 5 日，欧洲科学院科学咨询委员会（EASAC）发布《欧洲粮食与营养安全和农业研究的机遇与挑战》报告（EASAC, 2017）。该报告从纵向（食品体系—气候—其他环境资源）和横向（农业—营养—健康）两个角度对食品与营养安全进行了评估，并遴选出 5 个研究优先领域及相关科学问题。

1. 营养、食品选择和食品安全

（1）了解饮食选择的动机、消费者需求以及如何影响和改变行为，包括对创新性食品和饮食的接受。

（2）分析和解决选择高热量饮食的成本动因，引入新的激励健康营养饮食的措施。

（3）明确什么是可持续的、健康的饮食以及如何衡量与消费相关的可持续性。形成健康饮食的效率的衡量应基于营养状况，包括获取和消费等问题。

（4）探究个体对营养的反应机理及其与健康的关系。

（5）加强营养、食品科学和技术、公共部门和产业之间的研究对接。

（6）评估如何促进食品体系更加具有营养敏感性。

（7）分析食品污染源特征，明确由其他政策目标引发的潜在食品安全问题，比如废料的回收利用。

（8）编制可以鉴定食品产地及质量的分析检测手册。

（9）针对第 21 届联合国气候变化大会对家畜饲养和肉类消费所产生的影响，评估其与健康饮食的标准推荐之间存在的脱节问题。

2. 农用植物与动物

（1）确定如何将基因组学研究成果应用于食品生产和动物健康，包括基因组编辑技术等。

（2）增进对海洋的认识和理解，支持可持续捕捞和海洋资源利用，探索海洋生物量供应潜力。

（3）逐步了解与植物品质有关的遗传学和代谢组学知识，包括使用基因组编辑技术对农作物进行定向修饰。对于农业领域基因组编辑技术的应用，欧盟应对农用基因组编辑技术采取以证据为基础的监管政策，这既能保证未来科技发展的灵活性，又不阻碍创新。

（4）野生基因库资源的保护非常重要，同时，继续对遗传资源进行测序以揭示遗传资源的潜力也很重要。新型育种方法将在培育新的、提高营养特性的作物品种方面发挥重要作用。

3. 环境可持续性

（1）评估整个食品体系的气候适应性，改造食品体系以减轻其对全球变暖的影响，开发新技术使食品体系更不易受气候变化的影响。

（2）充分利用跨学科研究，以更好地理解食品—水—其他生态系统服务之间的联系，促进共同农业政策、《欧盟水框架指令》和《栖息地指令》等相关政策工具间的协调。

（3）建立促进土地和水可持续利用的证据基础。

（4）对下一代生物燃料而言，研究目标包括检验纤维素原材料的潜力。

（5）继续探索合成生物学的价值，以及其他提高光合作用效率的方法；继续研究生物量生产对土地利用和食品价格的影响。

（6）加强土壤研究以理解和量化土壤在碳封存以及缓解气候变化等方面所具有的潜在价值。促进对土壤微生物群落其他功能的理解，如作为新的抗生素来源。此外，还应加强土壤监测和管理。

4. 食物浪费

（1）收集更强有力的数据，包括食品系统废弃物的数据、当地及区域层面干预措施的有效性数据等。

（2）确保新的食品科技在食品加工和减少食物浪费方面的应用，同时也确保其应用对相关循环经济和生物经济政策目标产生的影响。

5. 贸易与市场

（1）加强对贸易流通和价格等的数据收集、规范和分析。

（2）调查极端事件与价格波动性之间的联系，对农产品市场监管政策工具的效力、全球商品市场和当地食品体系之间的价格传导进行评估。

（3）明确科学议程以了解公平贸易制度的特征，比如与监管政策、食品标识及其他食品安全要求相关的非关税条件。

7.3.1.3　澳大利亚《农业科学十年计划（2017—2026）》

2016年11月，澳大利亚科学院农业、渔业与食品国家科学委员会发布《农业科学十年计划（2017—2026）》（Australian Academy of Science，2017）。该计划在分析了澳大利亚农业生产状况、未来发展目标和需求、科技发展前瞻等的基础上，确定了未来十年最有可能大幅提高农业生产力、生产效率以及可持续性的6个科学研究领域，并为澳大利亚未来农业的研发投资确定了战略方向。

（1）基因组学研究。具体研究方向包括基因型与表型互作、表观遗传学研究、新型育种技术以及相关工具开发等。研究成果主要应用于育种（基因组预测）、耕作系统管理、植物土壤互作、生物安全、病害控制、生物工业原料、食品质量与个性化营养、可追溯性、作物多样性保护、可持续性等领域。

（2）农业智能技术。涵盖农业控制论、传感器及网络、机器人与自动化系统等研发，主要应用于农场管理（作物与畜牧生产、园艺、管理和加工）、动物精准饲喂、收割、早期疾病检测、可持续性管理。

（3）大数据分析。涉及大数据利用与信息挖掘、基于大数据的决策研究等。主要应用于农场管理（作物生产、畜牧与园艺、管理与加工）、流域管理、可持续性管理。研究方向包括：基于数据的知识发现和循证决策。前者主要是开发分析技术及专门的模型和模式人工智能的应用，后者主要是开发从日益增长的数据中获取决策所需相关信息的分析技术。

（4）绿色可持续的化学。包括开发新一代高效无毒特异性农化产品、化学封装系统以及实时检测或传感技术研发等。主要应用于实时土壤养分状况测定、实时饲料转化率测定、作物生产用生物聚合物、新型农药和除草剂、废弃物回收。研究方向包括：新一代农用化学品开发、用于动植物治疗药物缓慢持续释放的封装系统、动植物生产传感器。

（5）应对气候变化。包括开发管理策略和遗传改良方法，进行定制化气候预测等。主要应用于国家和区域气候状况与区域季节内的气候预测、农场和流域管理。

（6）代谢工程/合成生物学。主要针对植物保护与生长、工业应用等性状开展研究。主要应用于开发植物新产品、可再生工业原料，以及废弃物与副产品的再利用。研究方向包括：整个生物合成路径中涉及的相关基因的发现和引入及协调表达、植物生产工业原料的生物反应器、合成生物学、可再生能源。

7.3.2 农业各子领域规划解读

7.3.2.1 植物育种领域规划解读

1. 美国《植物遗传资源、基因组学和遗传改良行动计划（2018—2022）》

2017年5月，美国农业部农业研究服务署（USDA-ARS）发布《植物遗传资源、基因组学和遗传改良行动计划（2018—2022）》（USDA-ARS，2017a），明确了该领域未来需解决的关键问题以及主要研究方向，旨在增强美国在该领域的领导力，提高农业生产效率、可持续性以及产品质量。

1）关键问题

（1）利用最先进的基因库进行保藏，确保美国的植物和微生物遗传资源收集和相关信息的长期可用性和完整性。

（2）重视植物和微生物基因库收集、获取和描述，为研究人员、种植者、生产者和消费者弥补高质量的遗传和信息资源方面的空白。

（3）通过新颖、高效的表型和基因型方法，设计新的方法来加速从基因库中发现遗传变异的新特征。

（4）为基因重组、特定基因整合、将生产系统信息应用于植物育种提供新方法。

（5）生产更高产量的多样性作物，具备资源利用效率高，以及耐受病虫害和极端环境等特征。

（6）将生物技术和基因工程方法应用于更广泛的作物种类，并开发新的方法来解决它们对生产系统的潜在影响。

（7）进一步了解植物生长和发育的控制，微生物群落对作物性能的影响，在遗传、分子和生理水平提升食物质量和营养价值的方法。

（8）在分子基因组和系统水平上增强对作物与环境因素相互作用的认知。

（9）维持良好设计的、内部关联的信息资源与数据库，以有效地维护和交付大量的遗传和特征信息。

（10）开发高通量的表型和基因型分析能力，以及高效的生物信息学工具。

2）主要研究内容

（1）作物遗传改良。重点研究性状发现、分析和优良育种方法，以及研发新作物、新品种和具有优良性状的强化种质。

（2）植物与微生物遗传资源和信息管理。重点建设高质量的植物和微生物遗传资源以及相关信息维护的种质库和信息管理系统，同时开展信息管理方法和实践研究。

（3）作物生物学和分子过程。重点研究植物生物学和分子过程的基本知识、作物生物技术风险评估和共生策略。

（4）作物遗传学、基因组学和基因改良的信息资源和工具。重点开发相互联系和可搜索的信息资源和工具，以及用于数据分析和挖掘的生物信息学工具，为作物研究和繁殖提供技术支撑。

2.《美国农业部植物育种路线图》

2015 年 3 月，美国农业部发布《美国农业部植物育种路线图》（USDA，2015）。路线图规划了未来 5～10 年的优先领域及其研究方向，并展望了 10 年之后期望开展的研究。

1）未来 5～10 年优先领域及研究方向

（1）加强国家植物种质系统建设。种质资源是植物育种的基础和保障，具有重要的战略意义。加强国家植物种质系统（NPGS）将成为一个优先领域，具体包括：①扩大种质资源收集。一方面扩大收集对象，增加其他农业重要生物，如微生物、新作物、特种作物、作物野生近缘种和地方品种等；另一方面扩大收集地域，通过国内外实地调研和交换获得遗传资源，并加强国际合作，以共享遗传资源和信息，共同开展研究，防止资源流失和加强收集。②提高种质资源的可获得性。对遗传资源的描述信息进行组织、存储，并通过高级信息管理系统 GRIN-Global 进行提供。具体包括对数据文件进行标准化以促进数据库的互操作性；对 GRIN 分类进行有关野生近缘种的信息补充；制定优先级描述符，并进行表型评估和基因型特征研究的性状，以促进跨作物比较。③评估和表征遗传资源种质特征。挖掘重要性状特征并记录相关数据，为不同研究和育种目的选择可用的最佳种质。这将需要利用新的成本较低的基因或基于测序的标记和高通量表型鉴定方法等。④优化种质管理的效率和有效性。基于各种质间的遗传关系，利用新的统计遗传方法加强种质管理。确定所有作物的共性，以从战略上开发能够广泛适用于在种质存储和再生期间，保持遗传多样性的方法；制定和实施卓越的种质活力测试和监测方案，以提高种质的存活率和质量，并延长再生间隔；改进保存和备份无性繁殖和非正统种子植物的方法，如体外冷冻等。

（2）开发满足未来需求的作物品种。未来将更加需要优良的作物品种，具体包括：①能适应多种情况的复种系统，并能满足全球市场竞争需求。②水资源和农业投入品利用率高以及生产效率高，以应对气候变化和资源短缺。③具有遗传抗性，可以取代或补充农药的使用及提高美国传统农业和有机农业的竞争力。④对病虫害有持久抗性，并能适应气候变化，可以降低灾难性损失的风险及改善粮食安全。⑤可以满足未来生物能源、生物基产品、新用途及市场需求。

2）未来 10 年的展望

（1）集成所有的知识和新工具、新方法，如改良的高通量表型鉴定方法、新的杂交方案和新型预测计算工具等，以提高育种能力，同时实现多个育种目标，并最大程度减少成本和时间。

（2）开展基因工程、基因组学和植物育种交叉研究，开发作物基因工程新方法，开发出能够直接对植物进行遗传改变的技术，而不需要利用转基因方法。

（3）继续围绕国家植物种质系统开展如下研究：开发利用作物遗传资源和优良育种材料的新工具，以研究重要性状的遗传基础；开发能够确保长期保持遗传完整性、健康及可利用性的更加高效和有效的遗传资源和信息管理方法；改进数据管理和大数据解决方案，制定标准化协议，开发卓越的数据库接口和单机信息学工具，以解决种质基因型和性能数据的管理、分析和解释这一重大难题。

7.3.2.2　植物保护领域规划解读

2017 年，美国农业部发布《植物病害行动计划（2017—2021）》（USDA-ARS，2017b），旨在支持对现有及新出现的植物病害的研究，并制定有效的疾病管理策略，维护和扩大美国植物和植物产品的出口市场，实现生态和农业的可持续发展。

1. 病原学、鉴定方法、基因组学和系统学

国际植物产品贸易的增加导致遭遇外来植物病原体侵害的风险日益加大，快速、可靠的病原体检测和鉴定程序对于准确、及时的病害诊断至关重要。相关研究包括：开发或改进对现有、新兴或外来病原体的诊断；开发或改进病原体检测和/或定量方法（如遥感）；系统学、进化、比较基因组学和病原体的群体基因组学；探究外来的、新兴的，或了解不多的植物病害的病因。

2. 植物病原体的生物学、生态学和遗传学，以及植物相关微生物

开发有效的病害管理方法的关键是了解病原体的遗传学、生态学、流行病学，以及对病原体-宿主-媒介相互作用和植物生物组学的基础生物学的深入了解。相关研究包括：植物病原体的分子、基因组、细胞和器官，植物相关微生物及其与植物宿主的相互作用；病原体与媒介的相互作用（包括媒介-植物相互作用，因为它们影响病原体传播和病害发展）；生态学、流行病学以及病原体和媒介的传播；气候变化对病原体、媒介和病害发展的影响。

3. 植物健康管理

相关研究包括：开发、鉴定和应用抗病原体或媒介的遗传抗性资源（常规育种或转基因/同源转基因等方法）；改进栽培措施或植物相关微生物的操作，以促进植物健康或管理病原体或媒介种群；继续推进杀虫剂溴甲烷替代品的研发，并对现有替代品进行优化；开发、鉴定和应用生物制剂或通过其他方式来减少病原体或媒介种群，从而提高植物抗性；通过改进化学药剂药效来控制病原体和媒介种群；开发综合病害管理体系，提高植物抗性和作物产量。

7.3.2.3　动物科学领域规划解读

1. 欧洲《畜牧生产系统可持续性》报告

2017 年 1 月，欧洲"畜牧生产系统可持续性"研讨会会议发布《畜牧生产系统可持续性》报告（EC，2017）。畜牧业专家提出了未来畜牧业可持续发展的研发重点，并建议将其作为欧洲"地平线 2020"相关研究计划的基础。

1）研究可持续畜牧生产系统的经营管理模式

研究问题包括分析现有哪些管理模式，是否有新的生产经营模式，新的畜牧管理模式是否更有可持续性，如何在畜牧生产中更有效地实施各种环境和社会政策，研究畜牧生产价值链中详细的生产数据。

2）研究可持续畜牧生产系统中消费者的作用

研究问题包括可持续饮食是如何定义的，消费者行为可以在多大程度上转变，消费者行为变化的影响及对畜牧生产系统的意义，怎样使畜牧生产系统与健康饮食相匹配，怎样在食品生产链中纳入多样化的畜牧生产系统。

3）畜牧生产系统的分析及其环境和驱动力研究

包括研究并分辨不同的畜牧生产系统，以分析达到最佳可持续性的各种因素的权衡，将畜牧生产系统及其可持续性影响置于更大范围的社会–生态系统中进行研究，研究畜牧系统在其社会–生态背景中的动力学和驱动力机制。

4）建立畜牧生产系统分析的通用框架

包括建立可用于评价畜牧系统的指标，确定不同自然资源利用的限值，研究可改善系统度量和分析的数字技术，建立统一的可持续性评价方法学。

5）改善数据获取的方法

包括研究改善数据获取及不同数据库间数据的融合，研究数字技术如何影响畜牧生产系统、在畜牧行业中如何创建一个有利数字技术创新的环境以解决数据的所有权和互用问题。

6）缩小畜牧生产的实际效率与理论最优效率的差距

建立畜牧生产决策支持工具，包括模型和各种应用程序，在整个畜牧行业和食品链内建立提升能力的新模式、建立学习系统。

7）加强畜牧生产系统中的循环经济

解决生物量向食品、饲料和产品中转移的瓶颈问题，研究如何改善畜牧生产循环，包括如何减少畜牧系统的生产投入，给定产区生物量转移的评价和控制，提高粪肥管理的效率和安全性及建立智能农场等。

2.《动物科学研究在粮食安全和可持续发展中的关键作用》

2015 年 1 月，美国国家研究理事会（NRC）发布《动物科学研究在粮食安全和可持续发展中的关键作用》报告（National Research Council，2015），分析了畜牧业面临的挑战，从整个食品生产系统出发，提出了未来畜牧业的研究需求和优先研究重点。

1）面临的挑战和研究需求

全球粮食安全问题对畜牧业可持续发展提出了诸多挑战，包括：人口增加、全球财富增加及人均蛋白摄入量增加等导致对动物蛋白需求增加；全球环境变化给气候、栖息地和动物原料造成影响；水土资源匮乏；消费者饮食偏好改变；健康问题和未来研究资助缺乏等。

为应对这些挑战，畜牧业研究需要集成各相关学科，包括食品科学、社会经济学和环境科学，致力于提高生产力与生产效率，同时研究动物生产系统的经济、环境和社会可持续性关系。同时，相关技术开发和应用需遵循三个可持续性标准，即减少环境足迹，降低动物蛋白生产成本及提高社会对可持续畜牧业的接受度。

2）未来优先研究重点

（1）提高畜禽繁殖效率。利用生物技术工具和遗传编辑技术研究基因-环境互作、表观遗传学、基因组学、营养基因组学；研究基因组信息和表型信息的整合及基因组育种策略；将资源向新兴领域表观遗传学聚集；将计算生物学和生物信息学知识整合到传统动物科学研究中心；开发和应用胚胎移植和冷冻保存等繁殖技术，关注精液特性、存储和质量。

（2）改善畜禽营养。了解养分在动物体内的代谢和利用，以及养分对基因表达的影响。利用包括饲料成分制备在内的系统方法，研究畜禽体内饲料成分的消化、营养代谢和利用、养分利用的激素控制和调控因子等。

（3）改进饲料加工技术与饲料安全。提高动物对饲料成分的利用率，其中潜在的重要研究方向包括改善水产养殖中水的稳定性、颗粒饲料中酶的稳定性等。一方面，通过评估蛋白产品改变对动物健康和消费者及环境的影响，发掘人类不能食用但可降低生产成本及减少环境足迹的替代饲料原料。另一方面，开展饲料添加剂、生长促进剂与牛奶产量增强剂研究。同时开展社会学研究，了解动物蛋白生产技术造成的社会影响和引起的公众担忧，与公众加强交流和沟通。在保障饲料安全方面，鉴定饲料和饲料原料污染物，改进保护动物和消费者健康的监管政策等。

（4）改善动物健康。开发可同时改善饲料转化效率、疾病预防和健康状况的抗生素替代品。具体包括：研究解决整个生产系统由于疾病导致的生产损失，从科学、教育和产业等方面加强对动物疾病暴发的鉴定和快速响应，研究物种的先天免疫应答以发掘免疫力促进因子及开发和生产疫苗等；研究应对可能因气候变化和集约化而加剧的人畜共患病。

（5）改善动物福利与行为。这是一个相对较新的研究领域，相关研究可改善动物健康、改进肉类品质和安全等。研究重点包括改进或创新管理程序、屠宰方法、运输方式，可以赋予畜禽更多行为选择的生产系统等；建立基于成果的福利评估标准；加强新生和低龄动物管理，以提高其后期应激能力和适应性；研究应激因素（包括饲养密度、水质、运输、屠宰等）对动物行为和生理的影响。

（6）适应或缓减气候变化和环境影响。提高包括饲料生产在内的畜牧系统的水利用效率，同时在淡水供应紧缺地区考虑水资源分配问题；因地制宜开发可行的畜牧系统气候变化适应策略；调研温室气体减排策略，并考虑其对其他环境污染物（如氨氮排放量）的影响及其经济和社会可行性；研究动物粪便和其他有机废弃物厌氧消化的潜在价值及其他有助于闭合食品系统能量和营养循环的方法；关注空气质量与扰民问题，研究缓减气味的技术，改善民众和畜牧养殖者之间的沟通、交流；加强畜牧系统的养分管理；利用环境指标和生命周期评估进行系统评估，生命周期评估是评估整个动物食品生产系统的有效方法；量化排放量，测试缓减策略及开发和评估具有代表性的观测数据，并纳入社会可持续发展的数学模型。

（7）加强食品安全与质量。鉴别评估风险因素，了解食源性病原体的传播和持久性；继续评估预防和控制策略的有效性；开发适用于实验室和田间的更快速、灵敏且有针对性的食源性病原体诊断分析方法；研究与动物产品营养、功能和感官品质改良相关的生物学和物理学机制。此外，为减少食物损失与浪费，延长鱼、肉、蛋、奶的保质期及在畜产品收获和包装环节减轻和防止微生物污染，同时让消费者认识到曾反对的相关食品技术（如放射）的好处和安全性。

（8）加强社会经济研究。整合社会经济研究和动物科学研究，从而使研究人员、管理人员和决策者能够在执行或资助相关研究和技术转移中获得指导和信息。采用综合和系统方法开展研究，包括集成研究、教育与推广及集成各学科研究，以使公众、决策者、畜牧学家、动物科学家们协调互动，从而更好地理解、应对、沟通和权衡跨经济、社会和环境领域的可持续解决方案。

7.3.2.4　水产科学领域规划解读

1. 美国《水产研究国家战略规划（2014—2019）》

2014 年 6 月，美国白宫科学技术政策办公室（OSTP）发布了《水产研究国家战略规划（2014—2019）》（White House，2014），指出通过跨学科研究、协调联邦研究计划，以及利用遗传、营养、健康等领域的科技进步，提高美国水产业的竞争力、生产效率、经济可行性和环境可持续性。

2. 加强对水产养殖和环境之间互作的理解

（1）拓展可提供必要生态和技术数据、工具和分析的科学知识，以有效改善和管理水产养殖的发展，使其与物种和栖息地恢复保持和谐；监测、评估并解决水产养殖带来的有利和不利影响。

（2）预测并验证各种水生物种养殖的承载能力，分析对水产养殖活动进行生态系统管理的成本和可行性，对减少或消除潜在不利环境影响的内陆、沿海和海洋生态系统模型及空间规划工具进行验证。

（3）开发创新、高效、改良的水产养殖生产系统设计和操作方法，以降低单位产出的能源和饲料消耗量，避免潜在的、不可接受的环境影响，并产生净环境效益（如纳入灌溉水的使用）。

（4）识别和扩大商业和公共水产养殖生态系统服务的益处（如由于贝类养殖和收获操作、贝类恢复和海藻种植使水质和栖息地得到恢复）。

（5）创新维持水产养殖多种行为的金融方法，以创建和维持水产养殖的生态系统服务功能（如营养交易）。

（6）持续监测和缓解气候变化和海洋酸化对水产养殖和适应战略的影响。

3. 利用遗传学提高生产力和保护自然种群

（1）制定和实施能最大限度提高水产养殖生产效率和环境相容性的多性状选育遗传改良计划，多性状包括生长效率、抗病性和产品质量等。

（2）明确遗传变异在商业化品种、扩繁、恢复和休闲娱乐品种种群内和种群之间的分布，以决策哪些种群最有经济发展潜力或哪个自然种群对环境扰动最敏感及对栖息地恢复感应性最强。

（3）开发并精准化遗传风险模型，以帮助商业和公共水产养殖业制定有科学依据的法规和管理举措。

（4）开发可以降低自然种群受非预期遗传影响风险的技术，以免给自然系统中敏感的本地物种、濒危物种或生物多样性造成不利影响。

4. 对抗水生生物疾病和增强生物安全

（1）开发快速、高效、价廉、敏感的特异性疾病诊断和监测控制方法与技术。

（2）开发根据宿主特异性和地理范围表征病原体的新工具。

（3）开发新的工具来识别和描述免疫中重要的宿主防御机制，并对比抗性强和易感的表型。

（4）增加设计精良且安全有效的疫苗、兽药、农药和益生菌的供应。

5. 改善生产效率和福利

（1）研发能提高繁殖效率和改善早期生命阶段发育的方法，以提高水产品出生存活率和幼年期存活率。

（2）提高饲料利用率，降低饲料成本，改善生长和营养保留及减少废物。

（3）开发识别和减少威胁鱼类福利因素的工具。

（4）利用模型分析促进市场所需产品的生产并提高生产者应对不断变化的市场机遇和发展趋势的能力。

6. 改善营养和开发新型饲料

（1）增加对传统和新水产养殖品种的全饲料供应，降低对海洋鱼粉和鱼油的依赖，并提高国内生产的新的和改进了的饲料产品及副产品的利用量。

（2）开发有利于人体健康和福祉的鱼类和贝类饲料。

（3）扩大可用于饲料生产的原料成分的数量和类型。

（4）增加已明确营养需求的养殖品种的数量，以优化特殊饲料的开发。

7. 改善生产系统的性能

（1）通过改进鱼类和贝类养殖中的工程设计、培育、饲养、运输和收获等技术，提高生产效率并降低生产和运营成本。

（2）开发对水、饲料和能源资源需求较少的生产系统，以促进水产养殖生产的可持续集约化。

（3）改进污水处理技术，以减少或消除废物及预防已有和潜在水生有害物种的逃逸。

（4）推进有助于生态系统服务、物种恢复及商业和休闲渔业资源增殖的水产养殖生产系统。

7.3.2.5　食品科学领域规划解读

2018 年 6 月 13 日，欧盟独立专家小组基于"食品 2030 倡议"发布《建立气候智能型可持续食品体系、打造健康欧洲的议程》报告（EC，2018），提出欧洲食品领域未来研究、创新和投资战略方向，建议以任务为导向的方法来解决欧盟食品体系面临的严峻问题。

1. 改善饮食模式和生活方式，降低非传染性疾病的发生，降低食品消费的环境影响

（1）遏止肥胖。通过食品系统的方法，应对造成肥胖的各种复杂因素，遏止学龄儿童、青少年和成年人肥胖水平的上升。

（2）健康老龄化。延长老年人健康独立的时间，将受赡养者的数量减半。

（3）健康、可持续的食品。使能量和蛋白质食物的获取来源提供翻倍，帮助更多的人获得健康、可持续的食品，同时与非洲开展合作。

（4）食品加工环节改善。通过改善食品加工，生产更多营养丰富、可口、安全以及环境友好的食品。

（5）个性化的营养。通过个性化的营养战略，改善饮食模式和生活方式，将欧洲非传染性疾病发生率降低 50%，将食物消耗造成的环境足迹减少 20%。

2. 打造一个资源智能型食品体系，到 2030 年将温室气体排放量降低 50%

（1）地域性的系统。在地域体系内发展可持续的、具有气候弹性的食品体系。

（2）多样化的系统。加强田地、农场、景观和饮食的多样性，以一种不受气候影响的、可持续的方式利用资源。

（3）对环境影响更小的动物生产系统。重新设计、整合和鼓励发展环境影响小的动物生产系统。

（4）土壤与原生矿物的智能化利用。实现完全可持续的自然资源智能化利用，即到2030年实现土地零退化，使土壤更加健康，并将原生矿物（例如，磷酸盐）的年使用量减少50%。

（5）降低包装带来的影响。到2030年，将包装造成的环境影响降低75%。

（6）将食物浪费和损失减半。到2030年，将欧盟食品与农业体系的食物浪费和损失量减半。

（7）增加水产体系的食物数量。到2030年，将来自欧盟水产体系的高质量食物的生产量翻倍。

3. 实现信任和包容性治理，建立一个安全、有弹性的食品体系

（1）提高食品安全和消费者信任度。到2030年，通过提高食品体系的真实度、透明度和安全度，将消费者信任度提升50%。

（2）提高创新能力。提升食品体系中小型企业的创新能力。

（3）强化公众参与。加强公民在健康、多样化、可持续的食品体系中所发挥的不同作用。

（4）增强城市和偏远地区。将城市、边远的农村和沿海地区作为一个有机体，帮助它们发展创新型食品体系。

（5）加强国际合作。加强在贸易与发展方面的国际合作，尤其是与非洲和中东地区的国际合作。

7.3.2.6 农业信息领域规划解读

2014年，欧洲联合研究中心（Joint Research Centre，JRC）发布《欧洲精准农业（2014—2020）》报告（EC，2014），总结了精准农业技术的发展现状和目标，分析了精准农业技术的应用趋势以及相关影响因素，并对改善研究促进技术利用提出了建议。

1. 未来精准农业技术的发展方向

报告总结了农机导航与作业轨迹自动控制技术、智能变量播撒技术、精准畜牧业、农田信息监测采集与交换、农场管理和决策支持系统等16种精准农业技术的发展水平、未来研发目标与应用，指出未来精准农业技术的发展方向主要是农机作业与农田信息监测自动化、针对田间不同位置和畜牧个体作业的精确化、应用程序与数据的融合等。

目前精准农业技术在欧洲作物栽培中的应用最为广泛和先进，其中最成功的应用是作业轨迹自动控制技术，可使农机和投入成本最多降低75%，同时还能提高产量。随着计算机可视化技术的发展，精准农业近年来开始应用于水果和蔬菜种植领域，其中精准灌溉技

术发展迅速。

2. 影响精准农业应用的主要驱动力

促进精准农业应用的主要驱动力包括良好的自动化设备，以及能够实现机械自动监控、田间信息收集、肥料优化投入、减少劳动量等功能。对农民而言，盈利水平是决定其是否采用精准农业技术最重要的因素。精准农业的潜在收益主要体现在增产、优化投入，以及改善工作管理和质量水平上。目前，影响精准农业应用的因素主要包括：缺乏标准，系统间的信息交换不畅，缺乏独立的咨询服务体系，缺少环境效益的量化评估，以及需要更多的知识去厘清产量的决定因素和各因素间的因果关系。

3. 促进精准农业应用的建议

（1）研究各区域并划分农场类型，以确定适合开展精准农业的地区与条件；

（2）针对精准农业的成本效益开展客观的试点案例研究（尤其是在环境影响和收益方面），并利用案例研究提高农民意识，促使他们在不同类型和不同规模的农场采用精准农业技术；

（3）在欧洲层面上开展精准农业估算，量化精准农业的环境收益及可能的产量潜力；

（4）各成员国的农业咨询服务组织应发挥重要作用，独立地向农民提供精准农业技术方面的建议和支持，不能依附于商业公司；

（5）确保免费且精确的数据的开放获取，各成员国应该鼓励提供相关参考数据。

7.3.2.7　农业资源与环境

2014 年 3 月，澳大利亚农业和水资源部发布了国家土壤研究、开发与推广战略——《保护土壤环境和景观，提高土壤的生产力和盈利能力》（Department of Agriculture and Water Resources，2014），提出了 7 个研发推广的重点领域方向。

（1）改善土壤管理以提高农业生产力和盈利能力。①改进土壤的营养效率以提高生产力，并减少负面影响，如土壤酸化、富营养化、淋溶和温室气体排放；②在耕作系统内认识并管理土壤生物；③管理土壤水资源，改善水资源利用效率；④管理土壤碳以提高生产力、恢复力和碳汇；⑤理解土壤-根系的相互作用以更好地管理耕作系统；⑥理解并改善澳大利亚北部的土壤管理；⑦探索废弃物的循环利用，以实现可持续、成本有效的生产力的提升。

（2）定量分析土壤资源在时空上的分布：制图、模拟、监测及预测。①开发快速、低成本、精确、实时的土壤评价方法，如近感技术；②开发了解土壤功能特性的技术和工具以改进土壤管理和生产力；③开发工具及系统以帮助土地所有者和土地顾问在精准农业中解释土壤测试结果，并进行精确管理决策；④创新精准农业实践，以提供、解释并更好地利用土壤实时数据和信息；⑤开发先进的近感、遥感、数字化制图和空间建模技术；⑥实时测量、预测土壤属性的空间分布；⑦开发监测和预测土壤变化的方法和能力；⑧开发工具以更好地认识气候变化对土壤的影响。

（3）探索管理土壤/下层土制约因素的办法。基于对土壤类型和限制状况的正确认识，开发具有经济性、可持续性、可行性且满足土地用途的解决方案。

（4）研究土壤在生态系统服务中的作用。①提高对土壤生态系统服务的认识；②理解土壤提供生态系统服务的价值。

（5）在整个环境景观中管理土壤。①增强对土壤功能、土壤形成和退化的速度和过程的认识；②开发技术以更好地管理土壤资源；③通过规划决策和适宜性土地管理来理解土地性能，包括识别、保护整个景观中的初级农业用地。

（6）收集、验证及交流土壤管理创新。①收集各种土壤创新；②利用科学方法验证创新，在景观及行业层面检验创新；③在更广泛的范围内交流创新成果以鼓励改进管理。

（7）发现重要创新思想，产出世界级成果。

7.4　农业科技领域发展规划的编制与组织实施特点

科技规划作为一种战略性、前瞻性、导向性的公共科技政策，在国家科技管理和创新发展中具有重要的引领地位。世界主要国家目前基本都形成涵盖国家层面的科技战略规划、国家重点科技领域的科技发展计划，以及科研机构根据承担的使命制订的研究发展计划的三层科技规划体系。其中重要科技领域的科技发展规划或计划是指以国家科技战略规划为纲要，涉及一个或几个领域的跨部门或部门的专项规划，是落实国家科技战略规划的行动方案。

7.4.1　编制特点

1. 农业科技发展规划以中长期规划为主

由于气候、能源、粮食等问题具有全球性、复杂性等特点，农业研究面临的挑战也日益复杂，需要进行长远展望规划，因此农业科技发展规划以 5～10 年的规划为主，一些未来发展预见和前瞻研究的时间尺度更是着眼于未来二三十年。

2. 农业科技发展规划注重综合性、连贯性和多功能性

由于农业具有多学科性和交叉性，农业领域的规划重视将上下游产业、经济、教育、卫生、环境等因素考虑在内，旨在规避不同领域间战略规划的冲突，提高战略规划的综合性和多功能性，并注重政策的连贯性。鉴于这个特点，农业科技领域规划编制过程强调多方参与、广泛咨询，注重听取学术界、企业界、农民、社会公共等相关利益方的意见和建议。

3. 法律与制度约束保证了规划管理的规范性

法制化和程序化是当今各国科技规划（计划）制订、实施和评估过程遵循的共同准则，包括规划的决策与咨询、规划修订、规划实施、监督和评估等，这使规划的制订、协调与管理得到了一定的法律保障。

4. 注重多种方法的应用

各国和国际组织在进行农业战略规划和计划，以及制定路线图的过程中，注重多种方法的利用，包括环境扫描法、德尔菲法、情景分析法、SWOT 分析方法等。多种方法的应用提高了战略规划编制的科学性、客观性和可行性。

5. 强调技术预见和未来研究

对农业经济、社会和科技的远期未来进行系统性的预见研究，增强了对未来挑战与需求的预见能力，以及识别领域重大创新机遇的能力，成为当前很多国家的行动选择。目前，欧盟、法国、爱尔兰、日本、英国等国家和地区均开展了有关农业的技术预见研究。

7.4.2　内容特点

1. 充分关注农业发展面临的重大挑战及其应对和响应

全球粮食系统目前正面临人口、营养、气候、能源等多方面的挑战，农业科技规划的发展目标和研究内容充分关注对这些挑战和问题的响应，如把实现联合国可持续发展目标作为指导原则，把保障全球粮食安全、应对气候变化、确保能源转型、促进营养与健康等作为关注的研究主题。

2. 充分考虑科技发展给农业创新范式带来的改变

现代农业科技集中体现出学科交叉融合和技术集成创新的特点，多种学科和技术的快速发展为农业发展提供了新的理论、方法和技术，带来了重大甚至革命性的突破。农业领域科技规划充分关注并考虑了农业多/跨学科研究、数字革命带来挑战和改变等。数字技术、合成生物学等的发展将从根本上改变农业生产和产业组织形式，对农业创新产生了革命性的影响，如改变农业创新范式；此外，科技发展也面临着社会、伦理等诸多挑战。

3. 优先领域遴选兼顾国家战略需求与学科发展特点

农业科技领域和重点方向的确定和选择主要基于两个基本依据。首先，根据农业科技创新自身发展的新规律、新特点和新趋势，以及当代科技与经济、社会相互作用"范式"的变迁，通过科学评估、技术预见和预测等手段，来把握孕育科技发展重大突破的科技是发展优先领域。其次，各国根据基本国情和国家社会、经济、政治发展目标，把"服务于国家战略利益和国家未来发展总体战略目标"作为选择科技发展优先领域和重点方向的原则。

7.4.3 组织实施的特点

1. 配套制订行动计划

为保证规划的顺利实施，各国还配套制订行动计划，从体制机制、人员建设、资源配置等方面提供保障。行动计划以及年度计划把规划的战略目标分解成可操作的、可测量的活动、目标和任务，通过自上而下的任务部署和自下而上的进展汇报等机制，多层级落实和实施战略规划。

2. 建立规范的监管制度

战略规划、行动计划等的实施都需要进行监管，有效监管的关键是健全和规范监管制度。一般由专门机构负责监督战略规划和行动计划的执行情况，通过年度管理会议、中期检查会议等方式，监督计划进展，检查重大问题，并反馈下一步行动决策。

3. 开展评估促进规划调整与优化

规划评估的主要内容一般包括：规划与国家政策和其他规划的相互关系，规划目标的可行性，规划实施过程中宏观、微观环境的变化，规划实施的效果，规划对机构发展的影响和建议等。规划的评估一般采用自评估和第三方评估结合的方式，目的是客观评价规划的效果和影响，为规划的调整以及下一轮战略规划编制提供依据。

7.5 我国农业科技发展及发展规划

2016 年以来，国家及相关部委密集出台了全局和与农业相关的"十三五"规划，提出了未来我国"三农"发展的战略目标、重点部署以及重要措施。我国《中华人民共和国国民经济和社会发展第十三个五年规划纲要》《国家创新驱动发展战略纲要》《"十三五"国家科技创新规划》《"十三五"国家战略性新兴产业发展规划》等，均对我国农业创新发展的目标、任务和举措进行了部署。此外，农业领域相关产业发展规划、科技发展规划、创新专项规划，围绕我国农业相关产业的发展，提出了战略目标、重点部署以及重要措施。

1. 《"十三五"农业科技发展规划》提出科技创新发展目标

《"十三五"农业科技发展规划》提出我国农业科技发展"三步走"的战略目标：到 2020 年，农业科技创新整体实力进入世界先进行列，中国特色的农业科技创新体系得到优化，有力支撑我国农业供给侧结构性改革，促进农产品市场竞争力提升；到 2030 年，农业科技创新整体实力进入世界前列，部分关键领域居世界领先水平，若干领域引领全球农业科技发展，全面支撑我国农业现代化建设；到 2050 年，建成世界农业科技创新强国，引领世界农业科技发展潮流，对全球农业科学发展做出重大原创性贡献，为中国成为世界农业强国提供强大支撑。规划提出了未来 5 年在农业科技创新、人才队伍、科技基础条件、国际科技合作、科技体制机制建设等方面的发展目标及条件保障措施，具体部署了现代种业、农业机械化、农业信息化、农业生态环境等 11 个领域的关键突破技术以及核心指标任务、区域农业综合解决方案等 18 项重大科技任务、合成生物技术等 5 项前沿与颠覆性技术以及 15 项农业技术推广重点项目和行动。

2. 《主要农作物良种科技创新规划（2016-2020 年）》统筹布局种业发展

科技部、农业部、教育部、中国科学院等联合发布《主要农作物良种科技创新规划（2016-2020 年）》，明确了水稻、小麦、玉米、大豆、棉花、油菜、蔬菜等主要农作物的主要攻关方向和重点任务，强调按照种质资源与基因发掘、育种技术、品种创制、良种繁育、种子加工与质量控制等科技创新链条统筹布局，充分发挥科研院所和种业企业的作用。并提出要通过优化政策环境，完善平台基地和人才队伍建设，提升我国农业综合生产能力和种业国际竞争力。

3. 《全国草食畜牧业发展规划（2016-2020 年）》提出畜牧业未来发展目标

2016 年 7 月，农业部发布了《全国草食畜牧业发展规划（2016-2020 年）》，以推动草食畜牧业又好又快发展，保障优质安全草食畜产品有效供给，促进畜牧业结构调整和转型升级，加快现代畜牧业建设。到 2020 年，主要草食畜产品产能和质量水平稳定增长，市场供应基本保障；生产技术水平稳步提高，标准化规模养殖加快推进，生产效率、非粮饲料资源利用率和科技支撑能力进一步提升，初步构建现代草食畜牧业的生产体系、经营体系、产业体系。

4. 《"十三五"渔业科技发展规划》指明渔业未来发展目标

2017 年 1 月，农业部发布《"十三五"渔业科技发展规划》，以推进"十三五"渔业科技发展，充分发挥渔业科技对现代渔业发展尤其是转方式、调结构的支撑和引领作用。到 2020 年，实现渔业科技综合能力显著增强，渔业装备科技水平明显提高，渔业科技创新体系整体效能有效提升，渔业科技进步贡献率提高到 63% 以上，水产养殖和遗传育种领域的科技综合竞争力达到国际先进水平，资源环境领域实现与世界同步，水产品加工、装备与工程、信息化等领域跟踪世界前沿。

5. 《"十三五"食品科技创新专项规划》谋划未来发展重点

2017 年 5 月，科技部发布《"十三五"食品科技创新专项规划》，总结了目前食品产业面临的形势与需求，提出了未来 5 年重点发展领域和颠覆性技术。其中重点发展领域包括加工制造、机械装备、质量安全、冷链物流、营养健康等；颠覆性技术包括营养食品制造理论与关键技术、食品智能制造共性关键技术。

7.6 启示与建议

（1）重视针对重大科技规划的立法工作，对具有国家重大战略意义的科技领域发展规划计划，应制定专门的法案，使科技计划的决策、咨询、评估、报告等活动有法可依，保证重大科技规划协调与管理的规范性。

（2）农业科技创新覆盖创新价值链的上中下游，公共研究机构和行业企业均发挥重要作用。因此农业科技领域的规划编制要将政府、公共部门、私营部门等都考虑在内，听取来自学术界、产业界以及农业团体等多方意见和建议，提高农业科技领域发展规划的综合性、连贯性和多功能性，规避不同领域规划间的冲突。

（3）重视对经济、社会和科技的中长期开展系统性预见研究，从我国社会、经济发展的需求侧出发，明确我国农业转型和创新最重要的主题，确定可能产生最大经济和社会效益的农业优先研究领域和方向，增强农业科技发展规划制定的科学性、客观性和可行性。

（4）提升我国农业科技创新能力，一方面应立足世界科技发展前沿及趋势，重点关注能为农业发展带来重大甚至革命性突破的前沿和颠覆性技术。但同时也应立足我国农业发展的战略需求，加大对作物栽培、农艺耕作等农业传统学科的支持，我国未来农业创新发展离不开这些传统学科。

（5）我国目前农业发展已进入主要依靠科技创新驱动的新阶段。农业科技发展是一个长期积累的过程，我国农业研发经费总量近年来虽有大幅增加，但农业研发强度仍远低于发达国家，农业研发投入严重不足。为加快推进我国农业科技创新，应加强对农业科技研发长期稳定的经费支持，遵循农业创新发展的规律与特点。

参 考 文 献

Australian Academy of Science. 2017. Decadal Plan for Australian Agricultural Sciences（2017-2026）. https://www.science.org.au/support/analysis/decadal-plans-science/decadal-plan-agricultural-sciences-2017-2026[2018-06-01].

DBT. 2015. National Biotechnology Development Strategy 2015-2020. http://www.dbtindia.nic.in/wp-content/uploads/DBT_Book-_29-december_2015.pdf[2018-05-15].

Department of Agriculture and Water Resources. 2014. Securing Australia's Soil for Profitable Industries and Healthy Landscapes. http://www.agriculture.gov.au/Style%20Library/Images/DAFF/__data/assets/pdffile/0012/2379585/soil.pdf[2018-11-20].

DST. 2014. Launch of South Africa's Bio-Economy Strategy. https://www.dst.gov.za/index.php/media-room/

communiques/801-media-release-launch-of-south-africas-bio-economy-strategy[2018-06-05].

EASAC. 2017. Opportunities and Challenges for Research on Food and Nutrition Security and Agriculture in Europe. https://easac.eu/publications/details/opportunities-and-challenges-for-research-on-food-and-nutrition-security-and-agriculture-in-europe/[2018-03-01].

EC. 2014. Precision Agriculture：An Opportunity for EU Farmers Potential Support with the Cap 2014-2020. https://ec.europa.eu/jrc/en/news/precision-agriculture-opportunity-eu-farmers[2018-11-20].

EC. 2016. A Strategic Approach to EU Agricultural Research and Innovation. https://ec.europa.eu/programmes/horizon2020/en/designing-path-conference-eu-agricultural-ri-videos-presentations-and-outcomes[2018-07-15].

EC. 2017. WORKSHOP“Sustainability of the EU's Livestock Production Systems”，Report Now Available. https://ec.europa.eu/programmes/horizon2020/en/news/workshop-sustainability-eus-livestock-production-systems-report-now-available[2018-11-20].

EC. 2018. Recipe for change: An Agenda for a Climate-smart and Sustainable Food System for a Healthy Europe. https://ec.europa.eu/research/bioeconomy/pdf/publications/ES_recipe_for _change.pdf[2018-11-19].

French Ministry for Agriculture and Food. 2015. Agriculture-Innovation 2025：Des Orientations Pour Une Agriculture Innovante et Durable. http://www.enseignementsup-recherche.gouv.fr/cid94668/agriculture-innovation-2025-des-orientations-pour-une-agriculture-innovante-et-durable.html[2017-10-15].

Government of Cannada. 2014. Seizing Canada's Moment：Moving Forward in Science，Technology and Innovation 2014. https://www.ic.gc.ca/eic/site/icgc.nsf/vwapj/STI-2014_Report-EN.pdf/$FILE/STI-2014_Report-EN.pdf[2018-06-05].

National Research Council. 2015. Critical Role of Animal Science Research in Food Security and Sustainability. http://www.nap.edu/catalog/19000/critical-role-of-animal-science-research-in-food-security-and-sustainability [2018-11-20].

National Research Council. 2018. Science Breakthroughs to Advance Food and Agricultural Research by 2030. https://www.nap.edu/catalog/25059/science-breakthroughs-to-advance-food-and-agricultural-research-by-2030 [2018-11-19].

Obama White House. 2016. The State and Future of U.S. Soils：Framework for a Federal Strategic Plan for Soil Science. https://obamawhitehouse.archives.gov/sites/default/files/microsites/ostp/ssiwg_framework_december_2016.pdf[2018-11-20].

USDA. 2015. USDA Roadmap for Plant Breeding. http://www.usda.gov/documents/usda-roadmap-plant-breeding.pdf[2015-05-01].

USDA-ARS. 2017a. National Program 301：Plant Genetic Resources，Genomics and Genetic Improvement. https://www.ars.usda.gov/ARSUserFiles/np301/NP%20301%20Action%20Plan%202018-2022%20FINAL.pdf[2018-03-01].

USDA-ARS. 2017b. National Program 303 Plant Diseases Action Plan 2017-2021. https://www.ars.usda.gov/ARSUserFiles/np303/NP303%20Action%20Plan%202017-2021%20FINAL.pdf[2017-12-20].

Whitehouse. 2014. National Strategic Plan for Federal Aquaculture Research 2014-2019. http://www.whitehouse.gov/sites/default/files/microsites/ostp/NSTC/aquaculture_strategic_plan_final.pdf[2014-12-20].

第8章

海洋科技领域发展规划分析

郑军卫　刘　学

（中国科学院兰州文献情报中心）

摘　要　海洋因蕴藏着丰富的资源、具备特殊的战略地位，已引起国际的高度关注，已成为国家利益拓展的重要空间，海洋科技则成为各国综合实力的重要体现。自古至今，人类对海洋探索、开发和利用的步伐从未停止过。特别是进入21世纪以来，围绕海洋资源开发、海洋环境保护、海洋科技创新、海洋权益维护、海洋综合治理等问题，国际上展开了新一轮的海洋竞争。海洋强国战略被再次提到各临海国家的议事日程。目前，人类对海洋开发和利用的形势正在进行深度的调整和变革，具体表现为更加需要科技创新，更加依赖科技进步。通过详细梳理和分析解读国际组织及以美国、英国、加拿大、澳大利亚等为代表的主要海洋国家近年来的重要规划，了解其战略部署，掌握国际海洋科技未来发展态势和走向，将对我国海洋科技发展和海洋强国建设具有重要的借鉴意义。

当前，国际海洋科技研发主要围绕海洋变暖、海洋酸化、海洋可再生能源、海洋保护、海洋地质、极地研究、海洋技术研发等热点领域展开。未来国际海洋科技研发将呈现出以下趋势：①海洋科学研究从近海向深海远洋拓展；②长期持续观测将成为现代海洋研究的新常态；③海洋科学更加强调多学科间的交叉融合；④海洋研究更加依赖高新技术的支撑；⑤大型国际或国家计划在促进海洋科学发展中的重要性更加凸显。与国际上重要的海洋科技领域规划对比：在研究内容方面，围绕海洋酸化、海洋保护、海洋可再生能源等当前的研究热点，我国均出台了相应的规划部署，但在北极地区的规划研究和行动部署方面还存在明显差距；在规划组织方面，我国存在制定过程缺乏公众参与、实施中缺乏跟踪监督和评价等问题。本章最后提出以下启示与建议：①继续加强北极研究布局。密切跟踪北极国家相关战略及相应的行动，重视加强与北欧各国的科研合作，加强与俄罗斯的全方位合作，重视航道的开发与建设。②持续推进海洋污染研究。海洋污染问题必须受到进一步重视，特别是近年来越来越严重的海洋塑料垃圾问题。③规划制定中形成广泛的参与机制。国家海洋政策或规划起草过程中应充分发挥参与机制，广泛征求各方意见，确保规划的科学性和合理性。④强化对规划实施的跟踪监督和评价。国家海洋政策或规划的有效期一般是多年的，制定的目标和任务也是长期的，开展对规划实施的跟踪监督和评价尤为重要。

关键词　海洋科技　海洋酸化　海洋污染　海洋变暖　发展规划　启示建议　国际　中国

8.1　引言

海洋既是地球生命的摇篮，又是人类生存发展的重要空间。海洋约占地球表面积的71%，是地球资源和能量的重要储存场所。海洋不但蕴藏着非常丰富的海洋生物、矿产和能源资源，而且在储存及交换热量、CO_2 和其他活性气体以及调节全球气候方面发挥着巨大作用。海洋在政治、经济和军事上具有举足轻重的战略意义，是世界各临海国家竞相开发利用的蓝色疆土。自古至今，人类对海洋探索、开发和利用的步伐从未停止过。特别是进入 21 世纪以来，围绕海洋资源开发、海洋环境保护、海洋科技创新、海洋权益维护、海洋综合治理等问题，国际上展开了新一轮的海洋竞争。海洋强国战略被再次提到各临海国家的议事日程。

随着人类对海洋及其价值认识的不断深化，海洋已成为国家利益拓展的重要战略空间，人类对海洋开发和利用的形势正在进行深度的调整和变革，具体表现为更加需要科技创新，更加依赖科技进步。海洋科技是探索、开发和利用海洋的一种综合性、交叉性、前沿性科学技术，主要涵盖海洋科学、海洋技术和海洋工程等方面。海洋科学通常被划分为物理海洋学、海洋化学、海洋生物学和海洋地质学四个分支学科；海洋技术包含海洋观测技术、海洋勘探技术、海洋资源开发技术、海洋装备制造技术等；海洋工程则涉及海岸工程、近海工程、深海工程等（国家自然科学基金委员会等，2012；白春礼等，2016）。当前，海洋科技对能源和矿产资源开发的作用显著加强，海洋生物技术的发展大大提升了海洋经济产业化水平；海洋环境、海洋生态和生物多样性研究成为热点，海洋观测和探测的重要性更加显著。海洋科技发展、海洋综合能力建设、海洋开发技术进步和积累对国家海洋权益的作用日趋凸显，已成为各国综合实力的重要体现，海洋科技实力业已成为衡量一个国家科技水平的重要标志之一（中国科学院，2013；郑军卫和王立伟，2013）。

在海洋科技的发展历程中，大型国际/国家规划和计划的指导和引领作用尤为突出，在海洋科技创新中发挥了重要的、不可替代的推动作用。许多国际组织、发达国家都非常重视用于指导未来海洋科技研究和项目部署的战略规划的研究和制定工作,其所制定的战略规划具有鲜明的战略性、前瞻性和逻辑性,涵盖了海洋科技领域的方方面面,涉及海洋资源、海洋生态、海洋环境、海洋技术、海洋工程、北极研究、海洋治理等,在时限上通常会延续数年甚至数十年。如在海洋钻探方面目前正在实施的《2013—2023年国际海洋发现计划(IODP)》就源自始于1966年的深海钻探计划。进入21世纪以来,随着主要临海国家对海洋开发的高度重视以及国际海洋科技的空前发展,许多国际组织和主要海洋国家纷纷围绕全球海洋变暖、海洋酸化、海洋可再生能源、海洋生态、海洋塑料污染、北极研究等热点问题,制订和发布了一系列规划/计划,以期在解决全球、区域和国家海洋问题以及促进海洋科技发展中能发挥重要作用。

近年来,特别是随着"建设海洋强国""21世纪海上丝绸之路""冰上丝绸之路"等的提出,我国的海洋科技取得了巨大的进步,已实现对世界先进水平的全面跟踪,取得了"蛟龙号"载人潜水器、"海马号"4500米级遥控潜水器、"海燕号"和"海翼号"深海滑翔机、"海洋石油981"和"中海石油201"钻井平台等一批重大成果,但我国海洋技术研发总体上仍以模仿为主,原始创新能力明显不足,部分领域与世界先进水平还有较大的差距(科技部等,2017)。"他山之石,可以攻玉",通过详细梳理和分析解读国际组织和主要海洋国家近年来的重要规划,了解其战略部署,掌握国际海洋科技未来发展态势和走向,对我国海洋科技的发展和海洋强国建设具有重要的借鉴意义。

8.2 海洋科技领域发展概述

8.2.1 发展现状

随着地球陆地可利用资源的不断减少,以及气候变暖、能源不足、粮食短缺、疾病流行等全球性问题日趋严重,探索和开发海洋的呼声越来越大,21世纪将是人类大规模开发利用海洋的世纪。与陆上截然不同,海洋的开发和利用必须高度依赖高科技来推动,科技在海洋环境保护和国际海洋权益争夺中的作用日益显著。20世纪中叶以来,海洋在地球系统中的关键地位逐步为人们所重视,海洋科学得到快速发展,已经成为一门独立的综合性交叉学科;而与之密切相关的海洋技术与海洋产业的交叉融合,更是促进了海洋高技术的高速发展。

海洋不仅是地球能源、矿产和生物等资源的重要赋存场所,更是全球气候和环境变化的重要驱动力,在当前和今后相当长时期,以气候变暖为核心的全球环境变化不仅是热点科学问题，而且已经上升到政治高度，成为国际关注的政治问题。当前，海洋酸化、海洋环境保护、海洋资源开发已成为全球性的问题，美国、欧盟、加拿大、日本、澳大利亚等国家/国际组织已围绕这些问题采取了战略部署。从近年来国际海洋科技研究进展（Rudd，2014；国家自然科学基金委员会和中国科学院，2012；白春礼等，2016；高峰等，2017）以及国际组织和主要海洋国家的围绕海洋科技的战略规划和研究布局可以反映出，国际海洋科技研发主要围绕以下热点领域展开，包括海洋变暖、海洋酸化、海洋可再生能源、海洋保护、海洋地质、极地海洋、海洋高新技术等。

8.2.1.1　海洋变暖

全球海洋储存着地球 97% 的水资源，吸收了进入大气层顶的总太阳辐射量的 70% 左右，是能量的重要储存场所，具有驱动大气环流和调节大气温度的作用。工业革命以来，全球变暖明显，而这些增加的热量大部分会被海洋吸收，引起全球海洋变暖。

海洋变暖导致了从极地到热带、从海滩到深海全方位的生态失衡。2016 年 9 月，世界自然保护联盟（International Union for Conservation of Nature，IUCN）发布的《海洋变暖解析：原因、尺度、影响和后果》报告指出，由于水温变化，一些海洋浮游生物和水母、海龟被迫从原来的栖息地向两极转移了 10 个纬度以寻求合适的生存环境（IUCN，2016）。2016 年以来，多项有关海洋升温或海平面上升的重要研究成果在国际顶级期刊陆续发表。例如：2016 年 10 月美国伍兹霍尔海洋研究所（Woods Hole Oceanographic Institution，WHOI）科学家（Hunter-Cevera et al.，2016）在 *Science* 刊发论文，首次发现海洋温度变化对海洋浮游植物关键物种的影响；2016 年 8 月美国国家大气研究中心人员（Fasullo et al.，2016）发文称，在过去的十多年，南极周围的海冰向北漂移加剧，对全球气候系统和南极洲的生态系统产生不确定的影响；2017 年 8 月，*Current Biology* 发文指出，海洋温度每上升 1 摄氏度，南极海底的生命数量会增长近一倍（British Antarctic Survey，2017）；2017 年 2 月，西班牙科学家（Ramirez et al.，2017）在 *Science Advances* 上发文指出，保护优先度最高的全球海洋生物多样性热点地区受到的气候变化和渔业压力影响最严重。

8.2.1.2　海洋酸化

海洋酸化已成为不争的事实。海洋目前每年吸收的 CO_2 约为人类活动排放量的 25%。据估计，这种潜在的海洋服务功能相当于每年给全球经济带来 860 亿美元的补贴。自工业革命以来，海洋的酸度已经飙升 30%。在未来的数十年里，如果 CO_2 排放量持续增加，那么，海洋酸化的速率将会加快。这种酸化速率是近 2.5 亿年来从未有过的。生活在海洋里的许多动物和植物都拥有碳酸钙骨骼或外壳。其中大部分对微小幅度的酸度变化也非常敏感，特别是在它们幼年时期。有证据表明，某些钙化生物已经受到了影响，对于其他物种,生理过程和行为活动对海洋酸化也表现出敏感性。当然也有一些海洋生物(如光合藻类和海草等)会直接受益于海洋酸化。然而,重要的是我们应该清楚:即使对某种物种产生的是正面影响,海洋酸化也将对食物链、群落动力学、生物多样性和生态系统的结构与功能产生破坏。许多对海洋酸化最敏感的物种都直接或间接地在大规模养殖、经济、生态等方面发挥着重要作用。例如,温水珊瑚能够减少近岸退化,并为许多其他物种提供栖息地。

目前,美国、欧盟、英国、德国、中国、澳大利亚、日本、韩国等多个国家或组织针对海洋酸化已采取了行动。

2009 年 3 月,美国签署了《联邦海洋酸化研究和监测法案》(*Federal Ocean Acidification Research and Monitoring*,FOARAM 法案),要求美国国家海洋和大气管理局(National Oceanic and Atmospheric Administration,NOAA)、国家自然科学基金委员会(National Science Foundation,NSF)和其他联邦机构须共同努力,通过跨部门的海洋酸化工作小组,于 2010 年启动一个综合性的国家海洋酸化研究计划;2014 年 3 月美国多个机构联合发布了该国首个《联邦海洋酸化研究和监测战略计划》。

2008 年,欧洲委员会资助了欧洲海洋酸化计划(European Project Ocean Acidification,EPOCA),作为第一个海洋酸化研究的跨国组织,来自欧洲 10 个国家的 32 个实验室共同致力于研究海洋酸化及其后果,这一为期四年的研究项目旨在监测海洋酸化及其对海洋生物和生态系统的影响,以识别持续酸化的风险和阐明这些变化如何影响作为一个整体的地球系统;2011 年,欧盟委员会资助了在气候变化计划中的地中海酸化项目(Mediterranean Sea Acidification in a Changing Climate,MedSeA),该项目的目的是评估地中海酸化和暖化对生物、生态系统、经济规模的影响,以及酸化所带来的区域适应性、风险和阈值的变化。MedSeA 项目为期三年,由来自 12 个国家的 20 个研究机构,共 110 多名研究人员参与。

中国科学技术部与国家自然科学基金委员会(National Natural Science Foundation of China,NSFC)已经开始支持海洋酸化方面的研究。973 计划——中国近海碳收支、调控机理及生态效应研究,是由 7 个研究单位联合参与的,针对中国沿海高 CO_2 和海洋酸化问题的五年研究计划;NSFC 从 2006 年开始支持海洋酸化的研究项目,现有多项受资助的国家级研究计划,主要关注海洋酸化对钙化生物的影响。

大洋洲地区的海洋酸化研究主要侧重于酸化对南大洋到大堡礁和巴布亚新几内亚等区域的影响。南极气候与生态系统合作研究中心(一个由 21 个国家和国际组织组成的多学科合作网络)在南大洋的研究包括监测海水的化学变化和关键物种对酸化的响应。集成海洋观测系统在澳大利亚周围海域部署了一系列的观测设备,所有的数据均可以通过集成海洋观测系统、海洋门户网站自由和公开地使用。

8.2.1.3 海洋可再生能源

开发海洋蕴藏的巨量生物资源、能源资源以及各种战略性金属和非金属矿产资源成为未来各临海国家追逐海洋开发的主要目标。海洋能源的开发利用技术将成为未来焦点之一。随着技术的不断进步，开发利用海上风能、波浪能、潮汐能、温差能将呈现蓬勃发展之势。至 2050 年，一些新能源的大规模开发利用将成为可能，如天然气水合物的规模开发利用、波浪能的开发利用等。国际能源署（International Energy Agency，IEA）预测，到 2050 年全球的海洋可再生能源开发潜力为 748 吉瓦，到 2030 年，海洋能源产业将会创造 16 万个直接就业岗位，减少 52 亿吨 CO_2 的排放。

目前，美国、英国、加拿大等海洋大国已针对海洋可再生能源进行了部署。

2010 年 4 月，美国能源部下属的可再生能源实验室（National Renewable Energy Laboratory，NERL）发布了《美国海洋水动力可再生能源技术路线图》，路线图给出了至 2030 年美国海洋能源发展愿景。

2009 年 5 月，英国能源研究中心（UK Energy Research Centre，UKERC）发布了《英国能源研究中心海洋（波浪、潮汐流）可再生能源技术路线图》。路线图给出了英国海洋能源研究 2020 年发展愿景。

2010 年 10 月，欧洲科学基金会（European Science Foundation，ESF）和欧洲海事局发布了《海洋可再生能源》报告，欧洲的海洋能源愿景是到 2050 年，欧洲电力需求的 50% 由海洋能源提供。

2011 年 11 月，离岸可再生能源转化平台协调行动（Offshore Renewable Energy Conversion Platform Coordination Action，ORECPCA）公布了《欧洲离岸可再生能源路线图》，该路线图首次提出了海上风能、波浪能和潮汐能三大离岸可再生能源共同发展的泛技术、泛欧洲路线，重点阐述了三者的协同增效效益以及发展所面临的机遇与挑战。

2011 年 11 月，加拿大海洋可再生能源组织（Ocean Renewable Energy Group，OREG）公布《加拿大海洋可再生能源技术路线图》，以期建立并保持加拿大在国际海洋可再生能源领域的领先地位。

8.2.1.4 海洋保护

研究指出，在过去的 10 年，全球约 1.6% 的海洋得到了强有力的保护，但是与陆地保护取得的成绩相比，还有很大的差距。来自俄勒冈州立大学的研究人员指出，大量的国际政策协定呼吁到 2020 年将对全球 10% 的海洋开展保护，一些保护组织和科学家甚至呼吁将保护范围扩大到 20%～50%（Lubchenco and Grorud-Colvert，2015）。海洋保护区研究目前已经成熟，包括过度捕捞、气候变化、生物多样性丧失、海洋酸化等多重海洋威胁都亟须基于科学的行动。

2013 年 11 月，欧盟正式发布其面向 2020 年、旨在促进大西洋地区"蓝色经济"发展的大西洋战略行动计划，内容涉及相关科技及产业创新、海洋环境及自然保护与开发、海洋交通基础设施建设以及区域发展模式构建。

2016 年 11 月 7 日，加拿大渔业与海洋部（Minister of Fisheries and Oceans，MFO）、加拿大海岸警卫队（Canadian Coast Guard）、加拿大环境与气候变化部（Environment and Climate Change Canada）共同宣布了一个预计未来 5 年投资 15 亿美元的《国家海洋保护计划》，以保护加拿大海洋环境和创造稳固的沿海社区。

2015 年 3 月 30 日，澳大利亚环境保护部发布了《面向 2050 年的珊瑚礁可持续发展计划》。该计划提供了一个管理大堡礁的总体战略方案。其目的是协调开发与保护，使大堡礁可持续发展。

近年来，随着海洋中塑料垃圾的不断增加，塑料垃圾已被确定为与全球气候变化、臭氧耗竭和海洋酸化并列的重大全球环境问题，对海洋塑料垃圾的研究也越来越受到科学界关注。由于塑料的持久性和普遍性，塑料垃圾正在破坏、威胁着海洋环境，更为可怕的是，它已经开始渐渐地进入食物链，严重影响到海洋生态系统的健康和可持续发展。来自英国、澳大利亚、新西兰、美国、荷兰、加拿大和法国等国在内的国际研究团队的一项合作调查显示，2014 年全球海洋中微塑料数量累积已达 15 万亿～51 万亿个（微粒），重量合 9.3 万～23.6 万吨（Sebille et al.，2015）。

在全球行动计划（Global Plan of Action，GPA）下，2012 年"海洋垃圾全球合作伙伴关系"成立，其核心任务是减少和管理海洋垃圾。2013 年 12 月，海洋环境保护协会和地中海沿海区域采取了世界首个海洋垃圾区域行动计划，设置了 2016～2025 年应采取的措施。2015 年，在七国集团（G7）峰会上，G7 国家提出应对海洋垃圾的行动计划，包括解决陆地和海洋垃圾来源的优先行动、清理海洋垃圾的优先行动以及教育和研究的优先行动。2017 年 7 月 8 日，二十国集团（G20）成员国发布《海洋垃圾行动计划》（Institute for European Environmental Policy，2017），提出减少海洋垃圾优先考虑的领域和潜在的政策措施，包括：①促进海洋垃圾防治政策的社会经济效益；②促进废物的预防和提高资源效率；③促进可持续废物管理；④促进有效的废水处理和暴雨管理；⑤提高认识，促进教育和研究；⑥支持清除和整治行动；⑦加强利益相关者的参与。

8.2.1.5 海洋地质

作为海洋科学的重要分支学科之一，海洋地质学一直是研究的重点和热点，近半个世纪以来取得多项重大突破，如 20 世纪 60 年代证明海底扩张、70 年代末发现海底热液等。

近年来，有关海洋地质研究的战略规划和成果非常多。2012 年，国际大洋中脊计划组织公布其第 3 个 10 年（2014～2023 年）研究规划，重点关注四大研究领域（InterRridge，2012）。2007 年以来，NOAA 组织实施的 "NOAA 海底研究计划"（NOAA Undersea Research Program），将海底的天然气水合物列为研究目标之一。2015 年 12 月，英国国家海洋学中心（National Oceanography Centre，NOC）研究人员在加勒比海发现了一种新型的海底热液系统，热源来自通过缓倾角断层（构造扩张中心）向海底输出的热岩，而一般的海底热液热源来自岩浆房。2017 年 4 月，日本海洋地球科学技术中心（Japan Agency for Marine-Earth Science and Technology，JAMSTEC）研究人员通过对热液喷口硫化物矿床的分析发现：深海热液喷口区是一个巨大的 "天然燃料电池"，可以不断地产生电流（JAMSTEC，2017）。2017 年 7 月，美国蒙特利湾海洋研究所研究人员，在加利福尼亚南部港湾发现了两个截然不同的热液喷口，尽管相距较近，但却生长着不同的动物群落，与传统理论相悖（Goffredi et al.，2017）。

8.2.1.6　极地海洋

全球变暖加速了北极海冰的融化，打开了北极的海上通道，北极海域蕴藏的丰富资源使其成为新一轮海洋权益之争的焦点区域。2009 年俄罗斯颁布的《2020 年前俄罗斯联邦在北极地区的国家政策基础和远景规划》提出，到 2020 年把北极地区建设成俄罗斯主要的 "自然资源战略基地"。2014 年初，美国总统奥巴马发布《美国北极地区国家战略行动计划》，明确了美国旨在推进北极地区的安全和利益的立场。2014 年 4 月 21 日，NOAA 响应总统及选民对这个不断变化的区域的合作呼吁，推出了《NOAA 北极行动计划》，该计划将支撑美国在北极区域的国家战略。2016 年 4 月 27 日，欧盟发布《欧盟北极政策建议》报告，用于指导欧盟在北极地区的行动。该建议提出了欧盟在北极的三大优先领域：应对气候变化和保护北极环境、促进北极地区的可持续发展、开展北极事务国际合作。

8.2.1.7　海洋高新技术

近几十年来，人类对海洋的认识不断得到深入，这主要归功于技术手段的进步。人类对海洋，特别是对深海远洋的认识，基本上需要依赖于海洋高新技术的支撑。随着人类向深海大洋的进军，对海洋技术的发展需求越来越强烈，这些技术涉及基于空中、水面和水下的多种海洋探测仪器和关键基础设施，如海洋观测卫星、海洋钻探平台、科学考察船、载人深潜器、水下机器人、水下滑翔机等。在国际组织和国家的海洋战略研究规划中，海洋高新技术一直都是重要内容之一，有时甚至会出台专门的海洋技术研发计划。2011 年 9 月，美国国家研究理事会海洋基础设施战略研究组发布《2030 年海洋研究与社会需求的关键基础设施》（*Critical Infrastructure for Ocean Research and Societal Needs in 2030*）报告，提出 2030 年前海洋研究所需的关键基础设施，其中船舶、卫星遥感、实地观测阵列和海岸实验基地是海洋科研基础设施的核心。2016 年 1 月，美国 NOAA、NASA 和欧盟合作成功发射了 Jason-3 卫星，可以收集海洋变化数据，预测飓风强度（WMO，2016）。2016 年 3 月，沙特阿拉伯建立了首个红海海洋监测站。2016 年 8 月，普林斯顿大学的研究团队在百慕大海海域对其最新研制的利用太阳能电池板供电的地震监测仪器完成了首次现场测试。2016 年 10 月，英国组建了最大规模的海洋机器人科考队伍，部署了 7 个深水滑翔机和 3 个表面波浪滑翔机。2017 年 6 月，英国南安普顿大学的研究人员首次采用潜水器捕捉到了南极地层水中的数据。2017 年 11 月，英国国家海洋学中心主导研发出一种新型的 CO_2 探测装置，可在极端环境下工作，为研究碳和海洋环境提供帮助。

8.2.2　发展趋势

21 世纪初以来，海洋科技得到了快速的发展，整体呈现出以下趋势（国家自然科学基金委员会和中国科学院，2012；中国科学院海洋战略领域研究组，2009；NRC，2009；UNESCO，2017）。

（1）海洋科学研究从近海向深海远洋拓展。深海作为目前人类认知最少的地球区域之一，蕴藏着丰富的能源、矿产和生物资源以及巨大的研究机遇，这引起了越来越多的研究机构和科学家的研究兴趣。深海与深空、深地、深时研究一起被列为地球科学最具挑战性的"四深"研究之一。

（2）长期持续观测将成为现代海洋研究的新常态。当前的世界海洋研究已经从科学家短期的海洋科学考察，转变到以科学考察和仪器设备监测相结合，甚至以仪器观测为主要手段的发展阶段。海洋探测卫星、全球海洋实时观测网（ARGO）等的建设为长时序、大尺度海洋监测数据的获取提供了便利，而 HPC 则为大数据的分析和建模提供了可能。

（3）海洋科学更加强调多学科间的交叉融合。目前，海洋环境面临越来越大的压力，如海洋资源过度开发、海洋变暖、海洋酸化、海洋塑料污染等，使得海洋与人类社会的关系发生了深刻变化，必须采用跨学科方法来认识和管理海洋。随着跨学科科学研究的不断发展，海洋学与其他学科间的融合不断增加，当前海洋科学已经发展成为一门"大科学"。

（4）海洋研究更加依赖高新技术的支撑。海洋科学历史中发展缓慢和近几十年的突飞猛进，究其根源，起决定作用的是海洋科技。例如，深海钻探技术的出现，为科学家证明板块构造理论提供了可能；海洋钻井平台的进步，促进了海洋深水资源的开发；载人深潜器技术的发展，使人类发现了深海生物系统。

（5）大型国际或国家计划在促进海洋科学发展中的重要性更加凸显。随着学科间融合的加剧和跨机构研究的增多，国际或国家研究战略和大型研究在引领和指导学科研究方向、促进海洋科技发展中的作用越来越突出。

8.3　海洋科技领域规划研究内容与方向

为了从海洋中获得更多的利益和战略空间，大多数海洋国家把开发海洋定为基本国策，并竞相制定或调整本国的海洋战略。21 世纪以来，世界范围内已经有 20 多个国家出台了本国的国家海洋战略和国家海洋政策，用全球的眼光和战略的思维审视国际海洋发展态势，研究本国海洋事业发展的机遇与挑战、成绩与问题，确立了本国海洋战略中长期主要的发展思路、总体目标，并形成了海洋各个领域中长期发展方向、主要任务及实施细则。近年来，国际海洋发现计划、国际大洋中脊计划、国际"表层海洋—低层大气研究"计划等重要国际科技组织，美国、英国、加拿大等主要发达国家，以及美国国家海洋与大气管理局、英国海洋管理组织、澳大利亚海洋科学研究所等重要科研机构，出台了多个海洋科技领域的规划（表 8-1）。

表 8-1　2008 年以来国际海洋科技领域在执行中的重要战略规划

类别	发布时间	发布机构	规划名称
国际组织	2011 年 6 月 2 日	IODP 国际项目办公室	2013—2023 年国际海洋发现计划
	2011 年 9 月 26 日	国际能源署海洋能源系统实施协议（IEA OES-IA）委员会	国际海洋能源愿景
	2012 年 3 月 28 日	国际大洋中脊计划组织	国际大洋中脊 2014—2023 年研究规划
	2015 年 3 月 13 日	SOLAS 国际项目办公室	SOLAS 2015—2025 年科学规划与组织
	2017 年 6 月 9 日	联合国教育、科学及文化组织政府间海洋学委员会	联合国海洋科学可持续发展国际 10 年提案（2021—2030）
	2017 年 2 月 19 日	联合国教科文组织政府间海洋学委员会	联合国海洋科学 10 年可持续发展路线图
	2017 年 7 月	二十国集团	G20 海洋垃圾行动计划
美国	2010 年 4 月 13 日	美国能源部可再生能源实验室	美国海洋水动力可再生能源技术路线图
	2010 年 6 月	美国国家海洋与大气管理局	NOAA 未来 10 年战略规划
	2014 年 3 月	美国国家科学技术委员会	联邦海洋酸化研究和监测战略计划
	2014 年 4 月 21 日	NOAA	NOAA 北极行动计划
	2014 年 9 月 16 日	美国国家科学院	海湾研究计划：战略愿景
	2015 年 1 月 30 日	美国国家研究理事会	海洋变化：2015—2025 年海洋科学 10 年计划
	2016 年 10 月 14 日	美国东北地区海洋团体	东北海洋计划
	2016 年 12 月	美国国家科学技术委员会	北极研究计划（2017—2021）
	2016 年 12 月 28 日	美国联邦机构、中大西洋地区、联邦所属部落及中大西洋渔业管理委员会	中大西洋区域海洋行动计划

续表

类别	发布时间	发布机构	规划名称
欧洲	2010 年 10 月 15 日	欧洲科学基金会和欧洲海事局	海洋可再生能源
	2011 年 11 月	离岸可再生能源转化平台协调行动	欧洲离岸可再生能源路线图
	2013 年 11 月 26 日	欧洲海洋局	《大西洋海盆战略研究计划（战略研究议程）》
	2016 年 4 月 27 日	欧盟	欧盟北极政策建议
	2009 年 5 月 22 日	英国能源研究中心	英国能源研究中心海洋（波浪、潮汐流）可再生能源技术路线图
	2010 年 2 月	英国政府	英国海洋科学战略
	2010 年 3 月 16 日	英国政府	海洋能源行动计划 2010
	2014 年 4 月 2 日	英国海洋管理组织	东部海岸及海域海洋规划
	2008 年	法国海洋开发研究院	法国海洋开发研究院面向 2020 战略规划
	2017 年 6 月 29 日	爱尔兰海洋研究所	国家海洋研究与创新战略（2017—2021）
加拿大	2011 年 11 月	加拿大海洋可再生能源组织	加拿大海洋可再生能源技术路线图
	2016 年 11 月 7 日	加拿大渔业与海洋部、加拿大海岸警卫队、加拿大环境与气候变化部	国家海洋保护计划
澳大利亚	2013 年 3 月 4 日	澳大利亚政府海洋政策科学顾问小组	海洋国家 2025：支撑澳大利亚蓝色经济的海洋科学
	2014 年 9 月 25 日	澳大利亚环境部	大堡礁 2050 长期可持续性计划
	2014 年 10 月 10 日	澳大利亚政府	20 年澳大利亚南极战略计划
	2015 年 3 月 30 日	澳大利亚环境保护部	面向 2050 年的珊瑚礁可持续发展计划
	2015 年 8 月 10 日	澳大利亚科学院	国家海洋科学计划 2015—2025：驱动澳大利亚蓝色经济发展
	2017 年 1 月 16 日	澳大利亚环境与能源部	减少海洋垃圾对海洋脊椎动物的威胁计划草案
	2015 年 6 月	澳大利亚海洋科学研究所	海洋科学研究所 2015—2025 年战略规划
	2016 年 8 月 29 日	澳大利亚海洋科学研究所	海洋科学研究所合作计划 2016—2020
日本	2009 年	日本经济产业省与文部科学省	海洋能源与矿物资源开发计划
	2015 年	日本文部科学省	北极研究中长期计划
	2017 年 1 月 26 日	日本文部科学省	海洋科技研发计划

8.3.1　国际组织

随着各个国家共同面对的全球变暖带来的形势越来越严峻、影响越来越大，针对全球变化研究的海洋观测和研究计划的国际合作计划的组织模式得到了各参与方的广泛认可，今后将会得到进一步发展和创新。

从世界气候研究计划、国际地圈-生物圈计划等国际性研究计划的组织开始，近 20 多年的海洋科学研究发展，即在一系列重大研究计划的实施中得到跨越式发展。从这些重要海洋科学研究计划的演变，也可以看出国际海洋科学计划关注的热点领域以及海洋科技研究重点的转移（中国科学院海洋领域战略研究组，2009）。

（1）海洋在全球变化中的作用研究依然是国际海洋科技研究的热点，海洋物理化学和动力学研究依然占据统治地位。

（2）海洋生态系统的研究成为近中期的研究重点，海洋生物地球化学和海洋生态系统综合研究得到加强。

（3）深海地质探测和生命过程研究越来越受到关注，国际大洋钻探活动持续开展。

8.3.1.1　《2013—2023 年国际海洋发现计划》

综合大洋钻探计划（Integrated Ocean Drilling Program）2013 年结束以后即更名为国际海洋发现计划（International Ocean Discovery Plan，IODP）。2011 年 6 月，《2013—2023 年国际海洋发现计划》（IODP，2011）公布，该报告阐述了 2013～2023 年新的 IODP 重点发展的四大领域：气候与海洋变化、生物圈前沿、地球表层环境的联系和运动中的地球。报告阐述了新的 IODP 在这 4 个研究领域中未来发展面临的 14 项挑战。

挑战 1：地球气候系统会对大气 CO_2 浓度升高做出怎样的反应？

挑战 2：化学扰动影响海洋情况下的气候系统适应性是怎样的？

挑战 3：冰原和海平面如何对气候变暖做出响应？

挑战 4：什么因素控制区域降水，它与季风或厄尔尼诺现象是否有联系？

挑战 5：深海生物群落的组成、起源和生物化学机制是什么？

挑战 6：什么限制深海生物的生命？

挑战 7：生态系统和人类社会对环境变化的敏感程度如何？

挑战 8：地幔的组成、结构及活动状况是怎样的？

挑战 9：地幔熔融与控制洋中脊结构的板块构造有何相互作用？

挑战 10：大洋地壳和海水之间化学交换的机制、过程和历史是怎样的？

挑战 11：俯冲带如何产生周期性的不稳定状态及如何生成大陆地壳？

挑战 12：什么机制控制毁灭性地震、山崩及海啸的发生？

挑战 13：什么特性和过程控制深海碳的储存和流动？

挑战 14：洋流怎样将深海构造、热力学过程和地球生物化学过程联系在一起？

8.3.1.2　《国际海洋能源愿景》

2011 年 9 月，IEA 海洋能源系统实施协议委员会发布《国际海洋能源愿景》（IEA，2011）。OES 在该报告中预测，到 2050 年全球的海洋可再生能源开发潜力为 748 吉瓦，到 2030 年，海洋能源产业将会创造 16 万个直接就业岗位，减少 52 亿吨 CO_2 的排放。报告在分析波浪能、潮流发电、潮汐能、海洋热能转化装置和盐差能技术的基础上，指出了海洋可再生能源利用面临的挑战及可能的解决方案（表 8-2）。

表 8-2　海洋能利用面临的挑战及相关建议

编号	挑战	解决方案及建议
1	政策环境	①开发一个综合的、包含明确的海洋能源条例的政策框架；②国际指导方针及标准；③制度化的改革和计划，引导有效和适当的审批过程
2	工业开发	①战略性供应链计划的开发和发展；②海洋能源基础设施开发；③从业者的技术和职业培训及发展
3	市场开发	①开发适当的价格表支持机制，以为投资团体提供清晰的市场信号；②适当的电力市场准入和输电网连接准入
4	技术开发	①原型器件需要足够结实，以抵御恶劣的海洋环境；②示范和测试设备；③研究和革新支持以及使能技术支持，促进成本下降和性能提高
5	环境影响	①建立一个先进的对环境基线的理解；②开展基于共享环境数据的战略性环境研究；③考虑设备部署和监测的方案，促进部门发展；④对受影响的生物群落进行详细了解
6	计划框架	海洋空间计划引导空间和资源分配的一般方法

8.3.1.3　《国际大洋中脊 2014—2023 年研究规划》

2012 年 3 月，国际大洋中脊计划组织发布的《国际大洋中脊 2014—2023 年研究规划》（InterRidge，2012）指出，2014~2023 年大洋中脊研究计划将重点关注洋中脊构造及岩浆过程、海底及深水洋底资源、地幔控制作用和洋中脊—大洋交互作用等四大研究领域。

1. 洋中脊构造及岩浆过程

重点研究方向包括：洋壳结构的控制机理；受构造控制区域的实际范围；大洋的低速或超低速扩展过程；大洋核心复合体结构及构造的多样性；洋壳结构演化及其控制因素；在复杂构造背景下洋中脊扩张变化及周期的控制因素。

研究部署：将同 IODP 密切合作，开发新的工具和观测设施，如高分辨率地震成像装置、洋底钻探设施等，展开对洋壳组分、结构及其演化研究；加强洋壳多样性及非均一性等需要各方高度协同和合作的重要领域的研究。

2. 海底及深水洋底资源

重点研究方向包括：如何识别非活动热液硫化物矿床；海底火山喷发矿床中热液硫化物矿床所占比例；海底大规模硫化物矿床成矿年龄确定；何种生物栖息于非活动硫化物矿床；非活动硫化物矿床形成的地质学过程；基岩岩性和海水深度对海底大规模硫化物矿床成矿潜力及生物学特征的影响；矿床及其沉积物的化学毒性研究。

研究部署：将借助无人控制探测装置和其他分布式海洋观测平台，并结合高精度的海底勘查和监测，对成矿区域进行大规模、高精度的特征分析研究，同时将其与海盆尺度的计算机模拟相结合；对深部洋底矿床评估将借助洋底钻探和系统测井等先进技术手段，以探明其矿物学特征、母岩类型及其地球物理学特性；矿床评估、监测以及在减少资源勘查和开发过程中的环境影响等方面必须同其他机构展开合作，如国际海底管理局和国际水下采矿协会。

3. 地幔控制作用

重点研究方向包括：不同时空尺度背景下地幔的非均一性特征；洋中脊作用变化与地幔非均一性特征之间的关系。

研究部署：作为首要关注点，将借助地震、电磁及重力等地球物理方法和手段开展地幔成像研究；通过岩石样本高精度的地球化学研究描绘地幔的非均一性；将整合地球物理、地球化学以及地幔岩石的物理特性数据对地幔进行研究；将建立地幔混合作用数字地球动力学模型；将采用地球物理学与岩石地球化学相结合的方法揭示地幔组成及其熔融过程控制因素。

4. 洋中脊—大洋交互作用

重点研究方向包括：深海海水混合作用及热循环；洋中脊—大洋交互作用的生物/化学示踪体空间及深度分布特征；不同流体的分布情况。

研究部署：将同物理海洋学领域科学家合作构建新的高分辨率海洋循环模型；将在洋中脊及其侧面区域部署长期观测任务以监测整个火山循环周期海洋流体过程；将利用物理学、化学及生物学数据展开综合性高精度研究；开发新的综合 DNA 数据以确定用于海洋循环等研究示踪生物的具体分布情况；在分布式观测平台开发部署新的化学/生物传感器，用以绘制海洋的内部结构；同政策制定者合作开发通用环境政策。

8.3.1.4 《SOLAS 2015—2025 年战略规划》

2015 年 3 月 13 日，国际"表层海洋—低层大气研究"计划（International Surface Ocean-Lower Atmosphere Study，SOLAS）科学指导委员会公布新修订的 SOLAS 2015—2025 年科学规划与组织（SOLAS 2015-2025：Science Plan and Organisation）（SOLAS，2015）。该规划在总结 SOLAS 科学规划与实施战略（SOLAS Science Plan and Implementation Strategy）实施成效的基础上，详细分析、介绍了计划未来的重点研究方向，并对 SOLAS 未来组织体系发展予以展望。SOLAS 未来核心研究主题包括以下几方面。

1. 研究主题 1：温室气体与海洋

表层海洋的物理与生物地球化学过程在控制海洋温室气体流向大气的过程中具有重要作用，因而认识上述过程对气候及环境变化的敏感性和减缓气候变化至关重要。该研究主题主要包括以下研究内容：①在区域至全球尺度真正控制温室气体循环的关键表层海洋过程；②气候变化与海洋温室气体排放之间的反馈机制；③在海洋与大气环境不断变化的条件下确定未来海洋温室气体大气通量的方法。

2. 研究主题 2：海—气界面及其物质与能量通量

海—气通量在气候调控方面发挥着关键作用，因此，定量认识海—气界面紊流控制过程对于海—气交换参数的确定十分重要。该研究主题主要包括以下内容：①影响表层海洋边界层紊流的生物地球化学机制；②将紊流控制过程纳入用于描述海—气物质与能量通量的参数设置框架；③控制海—气通量与气候的紊流过程之间的反馈机制。

3. 研究主题 3：大气沉降与海洋生物地球化学

大气沉降在整个海洋生态系统乃至区域和全球生物地球化学循环以及气候系统中发挥着根本性作用。该研究主题主要包括以下研究内容：①生物地球化学与生态系统过程对大气中自然或人为物质排放响应的交互作用机制；②持续的气候变化和人为压力对海洋生物吸收大气营养物质和金属成分以及生态系统响应的空间变异性的调节机制；③海洋大气沉降对全球元素循环以及主要海洋生物群气候变化反馈的大规模影响。

4. 研究主题 4：气溶胶、云以及生态系统之间的联系

气溶胶、云及生态系统之间的联系是决定未来气候变化预测精度的关键因素之一。该研究主题主要包括以下研究内容：①气溶胶载荷及其特性同海洋生态系统之间的关系；②气溶胶对海云的影响机制；③云与海洋生态系统之间的反馈机制。

5. 研究主题 5：海洋生物地球化学过程对大气化学过程的控制作用

海洋排放出的活性气体对大气光化学反应、空气质量以及平流层臭氧含量有重要影响。该研究主题主要包括以下研究内容：①海洋生物地球化学过程对海洋向大气排放光化学活性气体的控制机制；②海洋生物地球化学过程与人为化学活性物质排放之间的相互作用对流层光化学过程和平流层臭氧含量的影响。

表层海洋与低层大气系统的复杂性和非线性特征决定了上述 5 个核心研究主题之间的关联性、交叉性和相互依存性，同时在未来的研究过程中还会不断地将新发现的其他区域性、高敏感性和高优先级的研究主题纳入其中，从而形成应对未来挑战的地球关键系统过程研究体系。

8.3.1.5 《联合国海洋科学可持续发展国际 10 年提案（2021—2030）》

2017 年 6 月，联合国教育、科学及文化组织政府间海洋学委员会（IOC-UNESCO，2017）发布了《联合国海洋科学可持续发展国际 10 年提案（2021—2030）》，并希望通过合作将这些海洋科学可持续发展的国际 10 年提议的初步想法变成更广泛的协同行动计划，共同实现目标并承担责任。2017 年 12 月 6 日，UNESCO 以此为基础正式宣布《联合国海洋科学 10 年可持续发展计划（2021—2030）》（*United Nations Decade of Ocean Science for Sustainable Development*（*2021-2030*））。委员会提出了 7 项潜在研究主题。

（1）加强海洋和海洋资源的可持续利用，包括：制作海洋资源和生态系统服务清单、理解和量化生物地理学区域和海洋保护区的潜在作用。

（2）海洋环境知识的扩大使用，包括：数据管理、数据采集、模拟、预测海洋食物生产力和评估其满足不断增长的需求的能力。

（3）发展海洋经济，包括：分析海洋资源可持续利用和科学管理的经济和社会价值。

（4）沿海生态系统的可持续管理，包括：生态系统恢复和海洋空间规划以尽量减少海平面上升、极端天气事件、洪水和侵蚀的影响，公众意识的提高。

（5）增加对累积相互作用压力的科学知识，包括：气候变暖、海洋酸化和栖息地破坏。

（6）实现综合观测和数据共享，包括：卫星、固定及移动观测平台的使用，所有产出数据均纳入统一数据管理和全球海洋观测系统。

（7）创建信息门户，定期提供和更新权威的质量控制信息，通过新的可获取的通信和数据同化技术向所有利益相关者提供海洋状况信息。

8.3.1.6　《联合国海洋科学 10 年可持续发展路线图》

2018 年 2 月 19 日，联合国教育、科学及文化组织政府间海洋学委员会（IOC-UNESCO，2018）公布《联合国海洋科学 10 年可持续发展路线图》（*Roadmap for the UN Decade of Ocean Science for Sustainable Development*）（6 月发布了修订版），提出 10 年海洋科学计划的总体目标：①实现海洋科学的可持续发展所需的科学知识储备、基础设施建设和广泛的合作；②提供海洋科学所需的数据和信息。路线图包括 6 个具体的高级目标：①获取海洋系统的知识；②形成全面的海洋生态基础和生产能力以支持蓝色经济；③支持综合多危害风险预警系统；④加强海洋观测网络、数据系统和其他基础设施；⑤让海洋科学和技术能力的利益相关者受益。⑥加强各利益攸关方的合作、协调和沟通。

8.3.1.7　《G20 海洋垃圾行动计划》

在 2017 年 7 月德国汉堡举行的 G20 领导人峰会上，G20 发布联合声明，达成了《G20 海洋垃圾行动计划》（*G20 Action Plan on Marine Litter*）协议文件（G20 Information Centre，2017），承诺将采取行动，防止和减少各种海洋垃圾（包括一次性塑料和微塑料）。《G20 海洋垃圾行动计划》提出减少海洋垃圾优先考虑的领域和潜在的政策措施包括：①促进海洋垃圾防治政策的社会经济效益；②促进废物的预防和提高资源效率；③促进可持续废物管理；④促进有效的废水处理和暴雨管理；⑤促进教育和研究；⑥促进清除和整治行动；⑦促进利益相关者的参与。

8.3.2　美国

近年来，美国的海洋科技计划体系总体以 2010 年奥巴马总统签署发布的《美国海洋、海岸带和五大湖管理国家政策》以及其后发布的执行计划作为指导。2010 年，NOAA 发布了《NOAA 下一代战略计划》；2013 年，美国国家科学技术委员会（National Science and Technology Council，NSTC）重新修订了《一个海洋国家的科学：海洋研究优先计划》；

2015 年，NSF 与美国国家研究理事会（National Research Council，NRC）联合发布了《海洋变化：2015—2025 年海洋科学 10 年计划》。这些计划从国家层面明确了美国海洋研究的方向。从这些综合研究计划以及一些领域的研究计划中我们可以发现，海洋酸化研究、北极研究、墨西哥湾生态系统研究和海洋可再生能源研究是美国最为关注的 4 个重要方向。

（1）海洋酸化研究。研究表明，在过去的 150 年左右，海洋的 pH 已经大幅下降，酸度增加了 25%。到 21 世纪末，海洋 pH 预计将再下降 0.3～7.8 个单位。2013 年 11 月，伍兹霍尔海洋研究所等机构联合发布《海洋酸化的 20 个事实》报告。该报告是过去一段时期海洋酸化研究的总结，明确了海洋酸化的基本证据及影响。但是，海洋酸化现象若持续甚至恶化，将导致的后果目前尚没有明确的结论。

美国十分重视这一全球性的科学问题，并积极部署开展研究。2014 年 3 月，美国发布首个《海洋酸化研究计划》，制定了未来的研究目标，这些目标包括：观测预警系统、碳循环模拟、生态系统模拟和数据集成。2014 年 9 月，NSF 发布了海洋酸化项目 2014 年度的资助计划，资助 12 个子项目，总资助金额为 1140 万美元。项目研究成果将为未来酸性更强的海洋如何影响海洋生物提供新的认识。

（2）北极研究。北极地区的重要价值随着北极海冰的不断减少而不断提升，美国对该区域的关注度也相应提升。美国布鲁金斯学会建议，美国应在强化北极地区海域油气资源管理方面发挥领导作用。事实上，美国近年来已经明显加强了北极研究的相关部署，与北极相关的研究计划密集出台。

美国科技管理部门对北极研究的方向进行了系统的分析，其与美国总统行政办公室2013 年联合发布的《2013—2017 年北极研究计划》认为北极有七个方面的重要研究内容：①北极海洋生态系统；②陆冰与海洋生态系统；③地球热量、能量以及质量平衡的大气学研究；④观测系统；⑤区域气候模型；⑥支持社区可持续发展的气候适应工具；⑦人类健康研究。此后，NRC 2014 年 5 月发布的报告从演变的北极、隐藏的北极、联系的北极、北极的管理和未知的北极 5 个方面分析了北极的新兴研究问题。2016 年 12 月，美国政府发布新一轮 5 年北极研究计划，即《北极研究计划（2017—2021）》（*Arctic Research Plan FY2017-2021*）（NSTC- IARPC，2016）。该计划由美国国家科学技术委员会跨部门北极研究政策委员会（Interagency Arctic Research Policy Committee，IARPC）负责制定，旨在在2013～2017 年计划基础上，持续响应北极地区所面临的经济、环境和文化挑战，确保美国在北极研究方面的引领地位。该计划提出了 2017～2021 年北极研究的 9 个研究目标（详见 8.3.2.8 节）。

在具体研究部署方面，2011 年 2 月，NOAA 发布《NOAA 北极远景与战略》。其指出未来将重点部署开展 6 个方面的研究：①预测海冰；②理解和探测北极气候和生态系统变化；③提高气象和水文的预测与预警能力；④加强国际和国内合作；⑤提高北极地区海洋及近海资源的管理水平；⑥促进具有恢复力的、健康的北极生物群落和经济。2013 年 2 月，NOAA 发布《北极航道绘图计划》。该计划将创建 14 个海图以补充现有的海图。2014 年 6 月，NOAA 发布的《北极行动计划》列出了相关的重要事项。

美国海军也开始加强对北极地区的研究力度。2011 年，美国海军研究实验室发布了《美国海军研究实验室北极行动》，指出将加强 3 个方面的研究：①加强北极环境研究，提升对北极自然状况的理解，开发新技术以收集北极数据；②提升对北极自然过程的理解，开发新的海洋、海冰和波浪模型使影响北极气象的要素参数化，提升海军气象预测系统；③加强关于海底甲烷释放对声学传播和海底作业的影响的研究。2012 年 11 月，在 NASA 的指导下，美国海军研究办公室等部门发布了《从季节到十年尺度的北极海冰预测：挑战与策略》报告，指出北极面临的关键科学问题包括：①北极海冰近期从以多年冰为主急剧变化到以一年冰为主，这种变化对海冰可预测性的影响是什么？②快速变化的北极环境中，海洋、大气、冰冻圈、海底和陆地系统各个组成部分及其相互耦合是怎样影响海冰的？③极端事件及反馈机制对北极海冰演变和预测能力有何影响？④在各种时间尺度上，如何改善北极海冰变化对利益相关者的影响？

（3）墨西哥湾生态系统研究。墨西哥湾是美国最具价值且最重要的地区。2009 年，墨西哥湾的自然资源创造的经济价值占美国全国 GDP 的 30%。虽然资源优势带动了沿岸五州的经济，但沿岸的环境却十分脆弱。2010 年 4 月的"深海地平线"钻井平台漏油事件造成美国历史上最严重的生态破坏，加重了该地区的生态危机。2011 年 12 月，美国在休斯敦举行的墨西哥海湾国家峰会上发布的《墨西哥湾区域生态系统恢复战略》提出了 4 个战略方向：①保护并恢复生物栖息地；②恢复流域水质；③补充并保护海洋及沿岸的生物资源；④提高环境耐受力，改善沿岸居民生存环境。2014 年 10 月，NOAA 又发布了《墨西哥湾生态系统恢复的科学行动计划》，明确了 10 个长期优先研究领域。

该行动计划于 2015 年初发布了首批资助项目征集，项目涉及 3 个类型：①当前生态系统计算机建模的综合评价；②墨西哥湾生态系统（包括人文和渔业健康指标）的比较和分析；③监测和观测能力评估。NOAA 期望通过该计划全面了解墨西哥湾的生态系统和最大程度上支持海湾恢复行动，通过生态系统研究、观测、监测技术的发展，保护鱼类资源、渔业、栖息地和野生动物，以达到科学有效解决墨西哥湾环境恶化问题的目的。

（4）海洋可再生能源研究。美国历来将能源安全作为其重要的国家战略，在气候变化和能源市场不稳定等压力下，美国的能源政策开始向可再生能源领域转移。在奥巴马上台以后，美国政府积极倡导新能源发展，并将可再生能源发展上升到国家安全及未来发展的高度。2015 年 8 月，奥巴马宣布了《清洁能源计划》，在国家层面进一步布局可再生能源发展，海洋可再生能源作为一种储量巨大、开发前景广阔的新能源，可为美国沿海经济带提供一条低碳经济的发展之路。为了明确发展方向和路径，2010 年 4 月美国能源部下属的可再生能源实验室发布了《美国海洋水动力可再生能源技术路线图》，阐明了美国未来重点发展波浪能、潮汐能、海流能、海洋热能和渗透能等海洋可再生能源。该路线图指出，到 2030 年，用于商业的海洋可再生能源装机容量将达到 23 吉瓦。该路线图明确了美国海洋可再生能源开发所面临的主要问题：①选址和法律许可障碍；②环境研究需求；③技术研究开发问题；④政策问题；⑤市场开发壁垒；⑥经济和财政问题；⑦输电网整合障碍等。

以上所分析的美国海洋研究重点领域，既有全球性的问题，又有区域性的问题，既有前瞻性战略新兴领域，也有现实的关注方向，反映出美国海洋研究的全面性和重点性的特点。这实际上反映了美国在海洋领域的 4 种战略关切：①海洋酸化问题无疑是一个全球性的问题，海洋酸化若持续甚至进一步加剧，将对全球海洋生态系统造成灾难性的后果，海洋酸化是否会演化成为第二个"气候变化问题"也未可知，因此美国对此问题着重关注不无道理。②北极的资源价值、航道价值和军事价值使得美国长久以来长期关注该区域。近年来，随着北极夏季无冰期越来越长，其航道价值更加凸显，加强北极地区的科学研究自然顺理成章。③墨西哥湾漏油事件发生以来，该区域的生态恢复是美国最为关注的环境问题之一，对于这一关系着海洋环境健康、居民福祉和可持续发展的区域生态问题，预计美国在未来很长一段时期将持续关注。④美国对于能源问题极为关注，而海洋可再生能源是一个战略性能源问题，在此领域的前瞻性研发投入，不仅可以强化未来美国的能源安全，还可以使美国先行构建起在此领域的技术领先优势。

8.3.2.1 《美国海洋水动力可再生能源技术路线图》

2010 年 4 月，美国能源部下属的可再生能源实验室发布了《美国海洋水动力可再生能源技术路线图》（*The United States Marine Hydrokinetic Renewable Energy Technology Roadmap*）（NERL，2010）。路线图给出了至 2030 年美国海洋能源发展愿景，阐明了美国未来重点发展的海洋可再生能源包括波浪能、潮汐能、海流能、海洋热能和渗透能。路线图指出，到 2030 年，用于商业的海洋可再生能源装机容量将达到 23 吉瓦。该技术路线图包括以下 4 个主要组成要素：①愿景描述：愿景描述类似于路线图的定义，它提供了美国海洋新能源工业 2030 年的图景。②开发情景：开发情景为实现海洋可再生能源愿景提供了一个可能的路径。③商业战略：商业战略为实现开发愿景提供路径，消除技术在商业化过程中的障碍。④技术战略：技术战略面向研究开发所面临的问题，为商业战略和 2030 年目标提供技术路径，服务于研发目标的技术战略是该路线图的焦点内容。

8.3.2.2 《NOAA 未来 10 年战略规划》

2010 年 6 月，NOAA 发布了《NOAA 未来 10 年战略规划》（*NOAA's Next-Generation Strategic Plan*）（NOAA，2010），该战略规划列出了具体的目标，以及实现这些目标应采

取的措施。

长期目标1：气候适应与减缓，即一个可以预测气候变化及其影响并能做出响应的知情社会。子目标包括：①改善对气候系统变化及其影响的科学认识；②对当前和未来气候系统进行综合评估，识别可能影响，为科学、服务和决策提供支撑；③通过可持续、可靠、及时的气候服务支持减缓和适应工作；④使公众能够认识到气候的脆弱性，应对气候变化，并做出相应的决策。

长期目标2：天气应对型国家，即社会为天气事件做好了准备并能做出响应。子目标包括：①降低高影响事件所造成的生命财产损失和破坏；②通过改善空气质量和水质保障居民和社区健康；③利用及时、准确的环境信息为能源、通信和农业提供安全可靠的保障。

长期目标3：健康海洋，即在健康、富有生产力的生态系统中维持富有生机的海洋渔业、生境以及生物多样性。子目标包括：①改善对生态系统的认识，为资源管理决策提供支持；②海洋生物资源的恢复、重建和可持续发展；③健康生境将维护海洋资源及社区的恢复力和繁荣；④为健康人群提供安全、可持续的海洋食物。

长期目标4：具有恢复力的海岸社区和经济。子目标包括：①能够应对灾害和气候变化影响的可恢复的海岸社区；②综合性海洋和海岸规划与管理；③安全、高效、环境友好型海洋运输；④改善沿海水域质量，为人类健康和海岸生态系统服务提供支持；⑤安全、环境友好型北极通道和资源管理。

8.3.2.3　《联邦海洋酸化研究和监测战略计划》

2014年3月，美国海洋酸化跨部门工作组（Interagency Working Group on Ocean Acidification），海洋科技小组委员会（Subcommittee on Ocean Science and Technology），环境、自然资源与可持续发展委员会（Committee on Environment，Natural Resources，and Sustainability）和国家科技理事会（National Science and Technology Council）等多个机构联合发布了该国首个《联邦海洋酸化研究和监测战略计划》（*Strategic Plan for Federal Research and Monitoring of Ocean Acidification*）（NSTC，2014）。该计划从海洋酸化响应，化学与生物学影响监控，海洋碳循环变化及其对海洋生态系统和生物的影响预测，测量技术开发与标准化，海洋生物与生态系统的社会经济学影响和战略开发评估，海洋酸化教育、延伸及参与战略，以及资料管理与整合7个主题展开论述，旨在增进对海洋酸化及其对海洋生物和生态系统的可能影响等方面的了解，并制定应变与缓解战略。

7个主题及其在2012财年的预算情况（在资金允许的情况下，这些目标也是该计划所推荐的关注重点）如下所示。

主题1：对海洋酸化响应的理解，2012财年预算为1276万美元。

主题 2：海洋化学与生物学影响监控，2012 年财务预算为 630 万美元。

主题 3：海洋碳循环变化及其对海洋生态系统和生物的影响预测，2012 年财务预算为 213 万美元。

主题 4：测量技术开发与标准化，2012 年财务预算为 61.2 万美元。

主题 5：海洋生物与生态系统保护的社会经济学影响和战略开发评估，2012 年财务预算为 9.2 万美元。

主题 6：海洋酸化教育、延伸及参与战略，2012 年财务预算为 80.7 万美元。

主题 7：资料管理与整合，2012 年财务预算为 44 万美元。

8.3.2.4 《NOAA 北极行动计划》

2014 年初，美国总统奥巴马发布《美国北极地区国家战略行动计划》（*Implementation Plan for the National Strategy for the Arctic Region*），明确了美国旨在推进北极地区的安全和利益的立场。2014 年 4 月 21 日，NOAA 响应总统及选民对这个不断变化的区域的合作的呼吁，推出了《NOAA 北极行动计划》（*NOAA Arctic Action Plan*）（NOAA，2014）。该计划将支撑美国在北极区域的国家战略。NOAA 北极战略对美国北极战略的支撑见表 8-3。

表 8-3 美国 NOAA 战略目标与国家北极战略需求的结合

美国国家北极战略	NOAA 北极愿景和战略
提升美国安全利益	预测海冰
	提升天气和水文预测和预警水平
追求北极地区领导权	加强基础科学研究，以理解和发现北极气候和生态系统的变化
	提升北极海洋和海岸资源的管理和领导力
	提升北极居民区和经济体系的恢复力和健康水平
加强国际合作	加强国际和国内的合作关系

1. 提升美国安全利益

NOAA 的海冰和天气服务直接提高美国的国家安全利益，从而支撑美国的国家战略，包括 4 个目标：发展北极基础设施和战略能力；提高对北极领域的关注；保护北极区域的海域自由；为美国未来能源安全提供帮助。

NOAA 即将面临的关键领域包括：①提升北极天气和海冰预报；②加强北极生态系统的科学研究；③支撑基于科学的自然资源的管理和保护；④提升北极测绘与制图；⑤提升北极环境事件的预防和响应。

2. 追求北极地区领导权

美国政府在此方面有 4 个目标：①通过科学研究和传统知识，提升对北极的理解；②保护北极环境和北极的自然资源；③利用综合北极管理方法平衡经济开发、环境保护和文化价值；④对北极地区进行测绘。

NOAA 将在基础科学领域加强研究，并加强北极地区的管理和提升领导力。基础科学重点包括：海冰—海洋—生态系统观测和大气与气候观测。管理和领导力提升包括：海洋生物资源调查和评估；生态系统和栖息地研究；管理和规范北极地区渔业活动。

3. 加强国际合作

NOAA 的许多国际和国内的合作者为美国整体北极合作战略提供卓越的帮助。美国将在以下 4 个方面加强国内外合作：①积极促成关于共享北极繁荣、保护北极环境和加强安全的协议；②与北极委员会（Arctic Council）合作，提升美国在北极地区的利益；③加入《海洋保护公约》（*Law of the Sea Convention*）；④与其他有兴趣的团体进行合作。

4. NOAA 在北极的投入

NOAA 未来将继续进行强有力的投资，以支持美国北极地区的国家战略。2013 年，NOAA 围绕北极战略目标方面的投资约为 1.25 亿美元。

按照研究领域划分：海冰研究投资占 3.3%；气象和海冰预测占 14.0%；基础科学研究占 4.0%；领导和管理研究占 61.6%；居民区及经济研究占 14.3%；国际国内合作占 2.8%。

按照北极区域划分：波弗特海大海洋生态系统（Large Marine Ecosystem，LME）研究占 8.2%；楚科奇海 LME 研究占 11.1%；东白令海 LME 研究占 55.5%；西白令海 LME 研究占 10.6%；美国北极陆地区域研究占 12.2%；非美国北极属地研究占 2.4%。

8.3.2.5 《海湾研究计划：战略愿景》

2014 年 9 月 16 日，美国国家科学院（National Academy of Sciences，NAS）针对英国石油公司在墨西哥湾石油泄漏事件制定为期 30 年的海湾研究资助计划，总资助金额为 5 亿美元，并发布了第一个五年计划的《海湾研究计划：战略愿景》（*Gulf Research Program： A Strategic Vision*）（NAS，2014）报告。基于该愿景报告，海湾研究计划将解决长期跨地域和学科界限的大型、复杂的问题，以及可能对海湾地区产生重大影响的生态系统和社区问题。

为了更好地了解海湾地区基准环境条件下的进一步研究确定未来石油泄漏的影响，以及社会、经济和环境因素如何影响社区脆弱性和沿海社区的抗灾能力，最终保障墨西哥湾石油系统、资源环境和人类健康的安全，以及美国外大陆架地区石油和天然气的安全生产。美国国家科学院确定了海湾研究计划 2015～2020 年的实施目标、战略以及未来行动。

1. 研究计划目标

海湾研究计划最有价值的贡献可能来自对石油系统的安全、人类健康和资源环境等领域的责任。鉴于此背景，该计划提出了 3 个相互关联的目标。

目标 1：促进海上石油和天然气开发相关的安全技术、安全文化和环境保护等系统的创新改进。

目标 2：提高对人类健康和环境之间关系的了解，以支持海湾生态群落的健康发展。

目标 3：推进将墨西哥湾地区作为一个复杂的连接人类和环境系统、功能、保护和恢复生态系统服务过程的动态系统的了解。

2. 实现持久受益战略

海湾研究计划确定了 6 个总体战略，以实现研究计划的持久利益。海湾研究计划关键机遇符合科研机构发展愿景和特殊的潜在累积影响。6 个总体战略具体如下：①长远的跨领域远景战略。该计划将促进墨西哥湾其他海上能源生产地区之间知识的转移。②促进科学理解战略。该计划旨在鼓励更多的创新思维与方法，促进潜在的科学技术变革。③科学服务社区需求战略。该计划主要旨在满足不同社区发展的科学服务需求。④综合集成战略。该计划重大机遇是将跨学科数据和信息进行综合和集成，以产生新的见解，并加快新认识的转化。⑤协调与合作战略。该计划将重视协调合作的重要性，以避免重复利用资源，并促进协调众多在海湾地区工作的团体和组织之间建立伙伴关系。⑥领导能力建设战略。该计划希望为学术和社区的领导、国家和地区的决策者等提供机会，激发技术创新，建立可持续的经济的社区系统。

3. 具体目标

为了支持第一个 5 年（2015～2020 年）目标，该计划通过各种活动和方式努力实现以下主要具体目标：①加强与行业、政府和学术界密切合作，以识别提高海上能源安全开发的关键机遇；②探索支持安全和环境可持续的海上石油和天然气开发、灾害响应和修复措施的决策系统模型；③提供如何改善理解影响社区的脆弱性、恢复和适应力的社会、经济和环境因素的研究机会；④支持研究、长期的观察和监测，以及信息化发展，以推动对墨西哥湾环境条件、生态系统服务和社区精神健康的理解；⑤支持在科学、行业、卫生、石油系统的安全、人类健康和环境资源等领域未来的专业人才和领导者的发展；⑥确定墨西哥湾和其他美国外大陆架区域之间知识转移的机会；⑦支持相关的环境管理、人类健康改善和负责任的石油和天然气生产活动的公众和决策者的决策，以提高理解和运用科学信息程度。

4. 未来行动

2014 年公布短期活动和 2015 年的资助计划，将继续规划更大、更长期的行动。2014 年秋季新的咨询委员会接管该计划的开发和监督，以确定更大、更深远的主题和活动来实现该计划的目的和目标。

2015 年初提供相关的综合和集成环境监测数据，并指出该研究计划资助主要集中在 3 个领域：勘探类资助、研究奖学金和科学政策奖学金。2015 年咨询委员会努力确定解决计划使命和目标的未来具有发展潜力的活动，并结合美国国家科学院的优势，增加该计划的影响力。

2015 年勘探类资助主题包括：①探索近海石油和天然气行业与医疗行业有效的教育和工人培训的方法；②链接与油气生产影响到的人类健康和福祉的生态系统服务。

2016 年勘探类资助的预期主题包括：①开发应对危机的情景规划和决策支持系统的创新方法；②将环境条件数据与个人和人口健康数据相连接，促进跨学科研究；③提升墨西哥湾和其他海上能源生产地区人类和环境系统的适应力。

8.3.2.6　《海洋变化：2015—2025 年海洋科学 10 年计划》

应 NSF 的海洋科学部（Division of Ocean Sciences）2013 年的请求，2015 年 1 月 30 日，NRC 完成并发布《海洋变化：2015—2025 年海洋科学 10 年计划》（*Sea Change: 2015-2025 Decadal Survey of Ocean Sciences*）报告（NRC，2015）。该报告首先分析了进入 21 世纪以来海洋科学的重点突破方向，在此基础上，遴选出 8 项优先科学问题，并分析了在保守预算情景下实现这些优先目标的路径，从而为 NSF 2015～2025 年的海洋科学资助布局提供借鉴。

8 项优先科学问题包括：①海平面变化的速率、机制、影响及地理变异。②全球水文循环、土地利用、深海涌升流如何影响沿海和河口海洋及其生态系统。③海洋生物化学和物理过程如何影响当前的气候及其变异，并且该系统在未来如何变化。④生物多样性在海洋生态系统恢复力中的作用，以及它将如何受自然和人为因素的改变。⑤到 21 世纪中叶及未来 100 年中海洋食物网如何变化。⑥控制海洋盆地形成和演化的过程是什么。⑦如何更好地表征风险，并提高预测大型地震、海啸、海底滑坡和火山喷发等地质灾害的能力。⑧海床环境的地球物理、化学、生物特征是什么，它是如何影响全球元素循环和生命起源与演化的理解的。

8.3.2.7　《东北海洋计划》

2016 年 10 月 14 日，美国东北地区海洋团体向国家海洋委员会提交《东北海洋计划》（*Northeast Ocean Plan*）（Northeast Ocean Planning，2016）。计划中 6 个科学研究重点如下。

（1）提高对海洋生物及其栖息地的理解。包括：①开展海洋生物及其栖息地的调查；②继续扩展对海洋生境的分类及海洋资源的测绘；③更好地理解海洋生物物种与栖息地之间的关系，合理利用海洋生境、物种及模型，更好地促进海洋生物之间的相互关系；④重要生态区域海洋生物及其栖息地数据的完善，旨在更好地为海洋生态系统服务。

（2）提高对部落文化资源的理解。包括：①依靠美国海洋能源管理局（Bureau of Ocean Energy Management，BOEM）的研究识别水下考古及建设古文化陆地景观；②利用海洋生物及栖息地数据识别领域的文化意义。

（3）改善对人类活动、沿岸群体、社会经济和资源利用之间相互作用的理解。包括：①人类活动对海洋影响的示意图及其特征研究；②海洋资源及其使用的非市场价值评估；③评估人类活动之间的相互作用，比如利用近岸风能来建设优化水产养殖。

（4）特定压力下海洋资源的脆弱性特征。包括：①特殊压力因素情况下（比如水底扰动、水下基础设施建设等）海洋生物的脆弱性研究；②在特殊压力因素下底栖生境及浮游生境的脆弱性评估。

（5）表征变化的环境对当前海洋资源及海洋利用产生的影响。包括：①气候变化对海洋状况、栖息地和物种变化的一般趋势；②海洋生物及栖息地对气候变化的脆弱性；③源于海洋环境变化的人类活动及对海盐资源利用的改变。

（6）基于前五项研究更好地了解人类活动与海洋生态环境之间的关系形成重要区域的生态框架。包括：①累积效应；②生态系统服务产品及价值。

8.3.2.8 《北极研究计划（2017—2021）》

2016 年 12 月，美国政府发布新一轮 5 年北极研究计划，即《北极研究计划（2017—2021）》（*Arctic Research Plan FY2017-2021*）（NSTC-IARPC, 2016），该计划由 NSTC-IARPC 负责制定，旨在在 2013~2017 年计划基础上，持续响应北极地区所面临的经济、环境和文化挑战，确保美国在北极研究方面的引领地位。报告明确了美国 2017~2021 年在北极研究方面的主要目标：①加强对健康决定因素的了解，改善北极居民福祉；②提高对北极大气成分和动力学变化以及由此产生的地表能量收支变化过程和系统的理解；③改进对北极海冰覆盖变化的理解和预测；④加深对北极海洋生态系统的结构和功能及其在气候系统中的作用的理解并提高预测能力；⑤了解和预测冰川、冰帽和格陵兰冰盖的物质平衡及其对海平面上升的影响；⑥推进对控制永久冻土动力学的过程以及对生态系统、基础设施和气候反馈影响的认识和理解；⑦推动对北极陆地与淡水生态系统及其未来潜在变化的综合性和景观尺度的认识与理解；⑧通过开展人、自然和建筑环境之间的关系研究，提升沿海社区的适应力，改进海岸带自然和文化资源管理；⑨加强环境情报收集、解释以及应用于决策支持的框架构建。

8.3.2.9 《中大西洋区域海洋行动计划》

2016 年 10 月 28 日，中大西洋区域计划团体向美国国家海洋委员会提交了《中大西洋区域海洋行动计划》（*Mid-Atlantic Regional Ocean Action Plan*）（BOEM, 2016），旨在增强联邦政府、部落实体、中大西洋区域渔业管理委员会利用工具和信息的能力，推进该区域海洋生态健康及国家安全、海洋能源、商业及娱乐消遣的渔业、海洋水产养殖、

沿海贸易、沙滩管理、非消费型休闲、部落利益及资源使用、水下基础设施等的可持续
发展能力，提高海洋辖区管理工作效率以完成其使命，更好地为该区域利益相关者服务
（表 8-4）。

表 8-4　《中大西洋区域海洋行动计划》的总体目标及具体行动

总体目标之一	健康的海洋生态系统	
具体目的	①发现、理解、保护和修复海洋生态系统；②评估海洋生态系统的变化及其正在增加的风险；③评估传统知识	行动 1：识别中大西洋区域的生态富裕区，增加对该区的理解，确定明智的决策
		行动 2：建立海洋物种及其栖息地变化地图
		行动 3：建立中大西洋酸化监测网络
		行动 4：发展减少海洋废弃物排放的区域优化政策
		行动 5：形成、监测和评估中大西洋地区海洋生态系统健康的指标
		行动 6：把部落中海洋健康相关的传统知识（traditional knowledge of tribes）纳入《中大西洋区域海洋行动计划》
总体目标之二	海洋利用的可持续性	
具体目的	①国家安全	行动 1：利用计划和数据门户更好地服务国防，为其行动提出建议和计划
		行动 2：识别国防部接触点的范围，构建国家安全数据层数据门户
	②海洋能量	行动 1：识别联邦项目和有关部门在影响风能发展的关键区（key intersections）
		行动 2：开发海洋能源管理局内部指导整合计划使用数据门户管理的最佳实践
		行动 3：正在进行和已经计划的研究合作团队，增加与海洋能量相关的研究计划周期
		行动 4：利用数据门户加强对数据的访问并形成环境报告，为近海风电发展提出建议
		行动 5：改善与部落地区的磋商和交流
		行动 6：通过改进数据及具体的交流加强海洋能量管理局参与渔业数据的管理
	③商业及休闲性渔业	行动 1：改善中大西洋区域州立行政区、部落、联邦机构和渔业管理委员会之间的信息共享
		行动 2：继续让利益相关者参与渔业研究和管理，并寻求使渔民的知识可用于规划的方法
		行动 3：加强对重要鱼类栖息地的保护及鱼类保护方面的合作
	④海洋水产养殖	行动 1：利用门户网站的数据及信息支持水产养殖业的选址及其许可
		行动 2：增加海洋水产养殖之间的协作性
	⑤沿海贸易及航行	行动 1：监测沿海贸易趋势及贸易模式，提出新贸易需求
		行动 2：保持与航行相关的海洋贸易数据的可靠性
		行动 3：改善当局与贸易实体之间在影响海上贸易及导航方面的协作性
		行动 4：确定巴拿马运河扩建对导航和港口设施的影响
	⑥沙滩管理	行动 1：促进战略利益相关方参与区域合作计划
		行动 2：开发一个全面的库存砂资源数据库以支持未来修复和恢复项目
		行动 3：指导研究支持离岸砂资源的可持续管理
		行动 4：识别和改进中大西洋地区现有的联邦交互和合作协议
		行动 5：渔业社区参与计划和环境审查，并提出活动
		行动 6：部落参与规划和环境审查并提出活动

续表

总体目标之二		海洋利用的可持续性
具体目的	⑦非消耗性娱乐	行动 1: 旨在维持休闲区娱乐价值的识别、描述和分享信息措施
	⑧部落利益及使用	行动 1: 识别和制订关于海洋计划的部落磋商政策的更新
		行动 2: 形成部落和机构之间的海洋计划联系指南
		行动 3: 与部落一起致力于发展部落及中太平洋区域海洋计划的网络建设
		行动 4: 加强对部落权力的理解
		行动 5: 联邦政府和州政府给予部落参与区域海洋规划和管理相关的讨论问题的机会,包括政策和技术问题
		行动 6: 对国家历史保护行动中部落历史资源的解释
		行动 7: 识别并提出部落在利用海洋过程中存在的数据空白
	⑨水下基础设施	行动 1: 鼓励水下管道和海底电缆行业,了解它们当前和未来的海洋空间需求
		行动 2: 确保水下基础设施的前期咨询并关注于海洋开发项目的监管评估

8.3.3 欧洲

8.3.3.1 《海洋可再生能源》

2010 年 10 月,ESF 和欧洲海事局联合发布了《海洋可再生能源》(*Marine Renewable Energy*)报告(ESF and Marine Board,2010),欧洲 2050 年的海洋能源愿景是:到 2050 年,欧洲电力需求的 50%由海洋能源提供。此愿景是基于权威部门的预测而形成的,这些预测包括:①到 2030 年欧洲近海风力发电可以满足欧洲 12.8%~16.7%的电力需求;②到 2050 年,可再生海洋能源可满足欧洲 15%的能源需求。

8.3.3.2 《欧洲离岸可再生能源路线图》

2011 年 11 月,离岸可再生能源转化平台协调行动公布了《欧洲离岸可再生能源路线图》(*EU Offshore Renewable Energy Roadmap*)(ORECCA,2011)。该路线图首次提出了海上风能、波浪能和潮汐能三大离岸可再生能源共同发展的泛技术、泛欧洲路线,重点阐述了三者的协同增效效益以及发展所面临的机遇与挑战。

欧洲具有丰富的离岸可再生能源资源,仅海上风能、波浪能和潮汐能这三项的开发就足够满足欧洲未来的电力需求。开发这三大离岸可再生能源能给欧洲带来能源安全、碳减排、经济发展和就业等机遇。为此,该路线图的目的是引导欧洲政治支持并促进离岸可再生能源的发展,重点从以下五个方面把握:①认清三大离岸可再生能源间的协同效益;②克服该行业发展的障碍;③抓住该行业发展实现的大机遇;④促进 2030 年有显著意义、有成本效益的商业规模实现;⑤所有的措施符合环境可持续发展。

8.3.3.3　《大西洋海盆战略研究计划（战略研究议程）》

2013 年 11 月，经过历时近 2 年的研究与协商，欧盟正式发布其面向 2020 年、旨在促进大西洋地区"蓝色经济"发展的《大西洋海盆战略研究计划（战略研究议程）》（*Towards a Strategic Research Agenda/Marine Research Plan for the European Atlantic Sea Basin*）（EU，2013），内容涉及相关科技及产业创新、海洋环境及自然保护与开发、海洋交通基础设施建设及区域发展模式构建。

（1）加强海洋安全与保护，加强航海人员、沿海人口、财产及生态系统的安全。

（2）开发和保护海洋水域和海岸带地区，基于现有的结构、平台和机制，发展欧洲大西洋海洋观测与预测能力，支持欧盟政策的实施，降低工业、政府部门和研究机构的成本，鼓励创新，减少大西洋行为的不确定性和气候变化的影响。促进工具和战略的开发以应对全球气候变化问题，包括减缓和适应战略。支持海洋环境保护，实现 2020 年大西洋水域达到"良好环境状态"。

（3）推动实现海洋资源的可持续性管理。更好地认识大西洋矿产资源开发的技术可行性、经济可行性和环境影响，开发和测试创新性采矿技术，为可持续性、高附加值的欧洲海洋生物技术工业奠定基础。

（4）开发大西洋海域及其沿海地区可再生能源的潜力。考虑如何加快可持续性海洋可再生能源的部署。

8.3.3.4　《欧盟北极政策建议》

2016 年 4 月 27 日，欧盟发布《欧盟北极政策建议》（*An Integrated European Union Policy for the Arctic*）报告（EU，2016），用于指导欧盟在北极地区的行动。该建议提出了欧盟在北极的三大优先领域，即应对气候变化和保护北极环境、促进北极地区的可持续发展、开展北极事务国际合作，涉及 39 项具体行动内容。

（1）应对气候变化和保护北极环境。北极在全球生态系统、生物多样性、海岸线稳定等方面具有极其重要的作用，同时北极也是全球受气候变化影响最显著的地区之一。气候变化将导致北极冰盖的融化和海平面上升，从而在一定程度上造成北半球降水格局的改变。应对气候变化和保护生物多样性以及北极生态系统的稳定仍然是全球性的挑战。针对面临的威胁和挑战，欧盟制订研究计划在"地平线 2020"计划的基础上保持当时对北极研究的资助水平（过去 10 年大约资助 2 亿欧元）；采取包括履行巴黎气候大会承诺、限制短期大气污染物排放等多项减缓和适应气候变化的策略；通过推动多边环境协定和国际公约等保护北极环境。

（2）促进北极地区的可持续发展。通过欧盟技术输入和有效的融资促进北极地区发展可持续的绿色经济，措施包括：支持开展北极可持续创新技术；举办欧洲北极利益相关者论坛；多种形式的融资和投资；发展空间技术；加强北极地区航行监管等。

（3）开展北极事务国际合作。通过北极理事会合作等渠道，欧盟将继续与北极圈国家以及其他国家增进伙伴关系，以确定共同的立场和应对气候变化、环境保护和科学研究等问题的合作，措施包括：参与国际组织与论坛；与所有北极伙伴国家建立双边合作；加强与北极土著居民之间的对话；加强渔业管理；促进高效的国际科技合作。

8.3.3.5 《英国能源研究中心海洋（波浪、潮汐流）可再生能源技术路线图》

2009 年 5 月，英国能源研究中心发布了《英国能源研究中心海洋（波浪、潮汐流）可再生能源技术路线图》[UKERC Marine（Wave and Tidal Current）Renewable Energy Technology Roadmap]（UKERC，2009）。路线图给出了英国海洋能源研究 2020 年发展远景，海洋能源的开发过程可分为 6 个阶段：①试点项目、小规模、新概念；②全规模示范、既定概念；③全规模示范、新概念；④小规模阵列、最高 10 兆瓦或最多 20 台装置；⑤10 兆瓦或 20～50 台装置阵列；⑥100 兆瓦或 50 台以上装置阵列。根据该路线图，英国潜在海洋能源到 2020 年的装机容量可以达到 2000 兆瓦。

8.3.3.6 《英国海洋科学战略》

2010 年 2 月，英国政府发布了《英国海洋科学战略》（UK Marine Science Strategy）报告（MSCC，2010）。该战略列出了 3 个高优先级领域：①理解海洋生态系统的过程和机制；②对气候变化及与海洋环境之间的相互作用做出响应；③维持和提高海洋生态系统的经济利益。

8.3.3.7 英国《海洋能源行动计划 2010》

2010 年 3 月，英国政府发布了《海洋能源行动计划 2010》（Marine Energy Action Plan 2010）（HM Government，2010），旨在描绘英国海洋能源领域 2030 年愿景。行动计划由 5 个工作组共同完成：①技术路线图；②环境、计划与批准；③财政与基金资助；④基础设施、供应链与技能；⑤潮差。该行动计划阐述了英国海浪及潮汐技术 2030 年的发展远景，总共可分为 4 个阶段，分别是真实条件下实验、小规模阵列、大规模阵列和工程扩建。

8.3.3.8 英国《东部海岸及海域海洋规划》

2013 年 7 月 19 日，英国 MMO 公布英国首部海洋规划草案——《东部海岸及海域海洋规划》（Draft East Inshore and East Offshore Marine Plans）。2014 年 4 月 2 日，MMO 正式公布英国《东部海岸及海域海洋规划》（MMO，2013），旨在形成指导国家海洋资源及产业的可持续发展，进而支撑国家经济、社会及环境事业可持续发展的战略方针，是英国正式确定的海洋区域规划之一，对英国海洋的全面综合管理具有重要意义。

该规划的愿景就是：到 2034 年，实现东部海岸和海域海洋计划可持续、有效力、高效率的应用，在推动经济发展的同时，保护和改善海洋及沿海区域环境，为当地社区提供新的就业岗位，提升人们的健康水平和福祉。最终，由于兼顾其他部门、整合手段的运用，特别是借助离岸风，东部海洋计划区域将为英国的能源输送、气候变化等做出巨大的贡献。

如果这一愿景得以实现，东部区域将发生翻天覆地的变化：到 2034 年，东部计划地区将建设完成新的基础设施，各方面工作的协调性进一步加强，这些进步也将造福毗邻区域，使可持续的商业捕鱼、海运、水产养殖、骨料开采（aggregate extraction）等工作得以继续进行或发展，同时，提供更多新的商业机遇，确保海洋安全、保护环境。用于商品和能源远运输的必要基础设施也在海岸地带得到完善。

作为贯穿海、陆计划有效实施的成就，加之对欧洲海洋计划区域独特特征进行评估的成果，海岸带景观、毗邻地区海洋景观，以及包括由渔业等传统活动遗留下的非物质遗产的关键元素都将得到保存、延续和提升。旅游和娱乐仍是提升社会繁荣和福祉的一个重要因素。

无论东部沿海还是东部海域海洋计划区域，都处于良好的环境下［根据《欧盟海洋战略框架指令》（*Marine Strategy Framework Directive*）］，相应的栖息地和物种都在"有利的保护状态"下［根据《栖息地和野生鸟类指令》（*Habitats and Wild Birds Directives*）］，这样好的状况在某种程度上得益于海洋保护区（marine protected areas）管理良好的生态网络。到那时，新的工作、进展和用途将完成和实现，在环境保护的同时，也确保了可持续目标的达成。在《欧盟可再生能源指令》（*European Union Renewable Energy Directive*）和《2008 气候变化法案》（*Climate Change Act 2008*）的框架下，计划区域中的离岸风电场将为英国实现其目标做出突出贡献。离岸风产业以可持续的方式进行生产，是在不妨碍国家、欧洲和国际商贸联系的同时，维持航行安全的基本需要。

在计划区域，发展新技术为社会经济服务，例如，利用波浪能、潮汐能、用气候变化减缓（climate change mitigation）技术，以及通过将使用化石燃料所释放的二氧化碳运走或储藏起来，进行可持续/低碳的能源生产。燃气生产仍然十分重要，因此需要有新的技术对蕴藏于海洋计划区域的烃类进行开采，在实现产量最大化的同时，确保对环境的影响最小。

8.3.3.9　《法国海洋开发研究院面向 2020 战略规划》

2008 年，法国海洋开发研究院（French Research Institute for the Exploration of the Sea，Ifremer）发布了《法国海洋开发研究院面向 2020 战略规划》（*Ifremer's Strategic Plan for 2020*）（Ifremer，2008），确定了海洋环流及动力学、海洋生物多样性、海洋生物资源、渔

业及水产养殖业、海洋能源矿产、海洋监测、环境预测、海洋考察船、海洋数据及海洋技术等重点的行动方向。该战略主要内容涉及：增强对全球变化的分析能力和确定海洋环流与气候变化之间在不同时空尺度上的相互反馈；更好地进行保护分析和理解海洋及海岸生态系统的功能；增强对生物资源的开发利用收集、分离并鉴定海洋微生物；促进渔业和水产养殖业可持续发展；促进海洋矿产和能源资源的可持续利用以探索深海；完善网络监测以应对全球及欧洲面临的挑战；增强新技术共享等内容。

8.3.3.10 爱尔兰《国家海洋研究与创新战略（2017—2021）》

2017 年 6 月 29 日，爱尔兰海洋研究所发布《国家海洋研究与创新战略（2017—2021）》（*National Marine Research & Innovation Strategy 2017-2021*）（Irish Marine Institute，2017），作为爱尔兰新的综合海洋计划，该战略将在多学科领域展开合作研究和创新，同时将海洋作为一个重要的社会挑战，明确海洋是爱尔兰社会和经济领域八大焦点之一。《国家海洋研究和创新战略（2017—2021）》是在爱尔兰海洋研究所 2016 年 12 月 9 日《海洋研究创新战略 2021》（*Towards a Marine Research& Innovation Strategy 2021*）草案（Irish Marine Institute，2016）的基础上完善而成的，被认为是爱尔兰海洋综合计划的一项关键支持行动——利用海洋财富。该战略主要有 3 个目标：①提高所有海洋研究计划主题的研究能力；②研究经费的资助重点与爱尔兰国家政策和各部门计划相匹配；③在资助海洋研究方面与其他国家海洋研究保持一致。该战略在支持爱尔兰整体海洋研究能力发展的基础上，重点研究和制定有关政策、计划和战略中的研究需求。

8.3.4 加拿大

8.3.4.1 《加拿大海洋可再生能源技术路线图》

2011 年 11 月，OREG 公布《加拿大海洋可再生能源技术路线图》（*Canada's Marine Renewable Energy Technology Roadmap*）（OREG，2011）。该路线图由加拿大 100 家不同单位共同制定，其目标是建立并保持加拿大在国际海洋可再生能源领域的领先地位。为达到这一目标，路线图提出了 6 条技术途径、5 个促进条件和 3 个方向，并且重于实践和经验积累的加拿大海洋可再生能源技术路线。加拿大从 3 个方面加强国内技术和国际贸易：①海洋可再生能源的发电产业容量目标为 2016 年前达到 75 兆瓦，2020 年达到 250 兆瓦，2030 年达到 2000 兆瓦——并带来年收益 2 亿加元的经济效益；②在全球海洋可再生能源技术解决和服务项目中维持领先地位，如评估、设计、安装和运行项目以及相关增值产品和服务市场占有率 2020 年达到 30%，2030 年达到 50%；③到 2020 年成为世界上集成化、水电转换系统领域的最强开发商。

8.3.4.2　《国家海洋保护计划》

2016 年 11 月 7 日，加拿大渔业与海洋部、加拿大海岸警卫队、加拿大环境与气候变化部共同宣布了一个预计未来 5 年投资 15 亿加元的《国家海洋保护计划》（MFO et al.，2016）。该计划将提升海上航运的安全和可靠性，保护加拿大海洋环境，创造稳固的原住民社区和沿海社区。该计划将达到或超越国际相关标准，得到土著地区联合管理、环境保护和基于科学的标准的支持。

该计划将致力于实现以下目标：①世界领先的海洋航运安全系统；②改善海上航运信息与沿海社区的共享；③通过更好地为航海人员提供信息保障，确保更加安全的加拿大水域航行；④更加安全地为北极地区社区提供再补给；⑤对工业企业建立更加严格的事故责任机制；⑥提升对加拿大水域进行前瞻性的监测和响应的能力；⑦开发加拿大水域溢油事件的综合性响应系统；⑧提升海洋生态系统的保护和恢复能力；⑨开发一个海岸带环境基线和累加效应计划；⑩建立加拿大沿海栖息地恢复基金；⑪开展新的鲸类保护行动；⑫收集和升级不列颠哥伦比亚北部沿岸的基准数据；⑬降低船舶的废弃，清理废弃船舶，降低环境影响；⑭沟通建立有价值的土著居民合作关系；⑮在设计和实施海洋安全系统时，重视土著居民和组织的能力建设；⑯建立土著社区环境、事故和搜救响应小组；⑰研究建立新技术和多种合作关系，对溢油事件及时响应；⑱丰富局部海洋环流知识，追踪溢油轨迹；⑲提升对海上油气产业的预测能力，提升决策支持能力。

8.3.5　澳大利亚

8.3.5.1　《海洋国家 2025：支撑澳大利亚蓝色经济的海洋科学》

2013 年 3 月，澳大利亚政府海洋政策科学顾问小组发布《海洋国家 2025：支撑澳大利亚蓝色经济的海洋科学》（*Marine Nation 2025：Marine Science to Support Australia's Blue Economy*）报告（NMSC，2013）。该报告提供了一个全国性框架，讨论澳大利亚海洋经济面临的一些重大挑战以及海洋科学如何应对这些挑战等问题。报告中指出，到 2025 年，海洋产业每年的综合产值将有望达到 1000 亿澳元，但也面临着巨大挑战。报告从战略角度列出了同时与澳大利亚密切相关的六大全球性挑战，即海洋主权和海上安全、能源安全、粮食安全、生物多样化和生态保护、气候变化、资源分配。

8.3.5.2　《大堡礁 2050 长期可持续性计划》

2014 年 9 月 25 日，澳大利亚环境部发布《大堡礁 2050 长期可持续性计划》（*Reef 2050 Long-Term Sustainability Plan*）的报告（Australia Department of the Environment，2014），提出了一个为大堡礁长远价值的保护和基于生态学观点的可持续开发与利用的全面战略。

该计划是 2015～2050 年大堡礁保护和管理的总体框架。计划提出了作为国际社会托管人的澳大利亚人对大堡礁的未来应该做些什么以及如何来实现，并概述了确定、保护、保存、呈现和传递给后代的大堡礁的显著普世价值的措施。该计划承认在保护和管理中生态永续性利用和社会参与至关重要，并不建议为人为的气候变化提出解决方案，其更侧重于采取合理的方式确立抵御未来压力的行动。该计划还通过促进组织、行业或社会团体的伙伴关系，以指导更详细的现有或新的行动，旨在指导和突出对于重点优先事项的管理行为，并提供了一个各方共同努力实现愿景的框架。

8.3.5.3 《20 年澳大利亚南极战略计划》

2014 年 10 月 10 日，澳大利亚政府发布了《20 年澳大利亚南极战略计划》（*20 Year Australian Antarctic Strategic Plan*）报告（Australian Government，2014）。该战略计划分析了澳大利亚面临的挑战，以及针对未来 20 年保护和提升其在南极洲利益的各方面提出了建议，核心内容包括确保澳大利亚在南极洲的利益，加大对科学研究和后勤运输等基础设施投资以确保澳大利亚在南极科学的领先地位，建造新的破冰船以替代目前使用的"南极光"号，升级更新澳大利亚南极科考站，推动和建立霍巴特作为南极门户，反对在南极地区进行矿产开采，继续推动渔业监管和相关执法行动等。

8.3.5.4 《面向 2050 年的珊瑚礁可持续发展计划》

2015 年 3 月 30 日，澳大利亚环境保护部发布了《面向 2050 年的珊瑚礁可持续发展计划》（*Reef 2050 Long-Term Sustainability Plan*）（Australian Government Department of the Environment and Energy，2015）。该计划提供了一个管理大堡礁的总体战略方案。其目的是协调开发与保护，使大堡礁可持续发展。并对珊瑚礁面临的各种挑战和威胁提出保护的行动方案，并形成了 7 个可衡量的目标体系，包括：生态系统健康、生物多样性、自然遗产、水质保护、社区管理、经济收益和政府管理的一个综合管理框架。

8.3.5.5 《国家海洋科学计划 2015—2025：驱动澳大利亚蓝色经济发展》

2015 年 8 月 10 日，澳大利亚科学院发布战略规划报告《国家海洋科学计划 2015—2025：驱动澳大利亚蓝色经济发展》（*National Marine Science Plan 2015-2025：Driving the Development of Australia's Blue Economy*）（Australian Academy of Science，2015）。报告介绍了澳大利亚蓝色海洋的愿景、未来的重要挑战和未来的行动等。报告指出，到 2025 年，澳大利亚海洋工业每年对澳大利亚的经济贡献值将达到 1000 亿澳元，生态系统服务（如吸收二氧化碳、营养循环和海岸带保护）还将贡献 250 亿澳元的价值。在下一个 10 年，澳大利亚海洋经济预期增速将比澳大利亚整体 GDP 增长速度快 3 倍。该报告确定了一系列优先投资方向，旨在为建立强大的澳大利亚国家海洋经济提供支撑。具体包括：①国家蓝色经济创新基金；②国家海洋研究基础设施；③国家海洋基线和监测项目；④国家综合海洋实验装置；⑤国家海洋模型系统；⑥海洋科学能力发展基金。

8.3.5.6　《减少海洋垃圾对海洋脊椎动物的威胁计划草案》

2017 年 1 月 16 日，澳大利亚环境与能源部（Australian Government Department of the Environment and Energy）发布《减少海洋垃圾对海洋脊椎动物的威胁计划草案》（*Draft Threat Abatement Plan for the Impacts of Marine Debris on Vertebrate Marine Species*）（Australian Government Department of the Environment and Energy，2017），并对 2009 年的《减少威胁计划》（*Threat Abatement Plan*，TAP）进行了修订。该计划旨在通过海洋垃圾长期预防、海洋垃圾影响物种确定、海洋塑料污染研究、海洋垃圾清除、海洋垃圾监测评估、公众意识提高 6 个主要目标为国家提供具体的行动指导，以防止和减轻有害海洋垃圾对海洋脊椎动物的影响。

8.3.5.7　《海洋科学研究所 2015—2025 年战略规划》

2015 年 6 月，澳大利亚海洋科学研究所（Australian Institute of Marine Science，AIMS）发布了《海洋科学研究所 2015—2025 年战略规划》（*AIMS Strategic Plan 2015-2025*）（AIMS，2015）。该战略规划从澳大利亚国家战略、AIMS 的角色和研究战略、2015~2025 年的研究焦点、2015~2020 年的研究目标和主要绩效指标等方面详细描述了 AIMS 未来海洋研究的布局。2015~2025 年 AIMS 面临的 7 个战略问题包括海洋产业、港口与船运、海洋保护管理、累积环境影响、流域利用、全球变化、濒危物种。2015~2020 年的研究目标包括：海洋产业的生态可持续发展；港口与船运；有效率、有效果和基于证据的海洋保护管理；累积影响和生态系统恢复力；流域利用和沿海水质；适应全球变化；濒危物种。

8.3.5.8　《海洋科学研究所合作计划 2016—2020》

2016 年 8 月，AIMS 发布了《海洋科学研究所合作计划 2016—2020》（*AIMS Corporate Plan 2016-2020*）报告（AIMS，2016）。该报告旨在研究澳大利亚热带海洋环境经济增长可持续性，该计划主要从 2020 年的目标以及 2016~2017 年的研究重点等两方面进行了阐述。计划指出澳大利亚海洋科学研究所的目标是到 2025 年澳大利亚的热带海洋资源达到三个战略性的成果，并在 2020 年之前有针对性地完成 9 个研究目标；2016~2017 年，AIMS 的目标集中在 18 个研究领域，并继续为澳大利亚热带海洋产业的管理提供服务。

8.3.6　日本

为了更有效地开发和利用海洋和推动其海洋立国战略的实施，近年来，日本政府除不断完善《海洋基本法》等相关涉海法律的制定外，还制定了多项与促进海洋科技发展相关的计划。

8.3.6.1 《海洋能源与矿产资源开发计划》

2009 年，在相关府厅的配合下，日本经济产业省与文部科学省联合制定了《海洋能源与矿产资源开发计划》（2009~2018 年）（海洋开发分科会，2009）。其目标是完成探测和开发路线图、开发探测和开发必需的技术以及 10 年后实现资源商业化。该计划的研究对象是：①石油与天然气：在深水海域开展大面积探测，特别是利用三维地球物理探测船的灵活性；②甲烷水合物：发展到水合物试采阶段；③海底热液矿床：资源量与环境影响调查，采矿与金属回收技术的开发；④仅仅依靠民营企业推进探测与开发具有一定困难，需要以国家为主导切实推进资源的探测与开发。

为配合该计划的实施，海洋开发分会海洋矿物委员会通过"海洋矿物资源探测技术实证计划"来推动整体计划的实施，具体研究包括海底热液活动区域、富钴结壳、含有稀土元素的海底沉积物、石油和天然气等烃类化合物资源。

8.3.6.2 《北极研究中长期计划》

日本自 2013 年正式成为北极理事会观察员国以来，积极参与北极事务和开展科学研究。2015 年日本文部科学省（MEXT，2015）提出的《北极研究中长期计划》（2016~2025 年）从整体研究、研究框架、研究人员网络的强化、观测数据共享、研究站点建设、国际合作、研究与观测设备、人才培养、社会信息发布 9 个方面阐述了 2016~2025 年日本在北极研究方面推进的主要研究内容。该计划认为北极研究的对象涉及冰雪、大气和高层大气、海洋和海冰以及陆地等，是与人文科学、社会科学和自然科学都相关的综合科学。

8.3.6.3 《海洋科技研发计划》

2017 年 1 月，日本文部科学省科学技术与学术审议会海洋开发分会审议通过《海洋科技研发计划》，该计划制定了未来 5 年海洋科学技术推进的重点领域，主要包括以下 5 个方面（日本の文部科学省，2017）。

（1）强化对极区以及海洋的综合理解与经营管理。包括：海洋以及海洋资源的管理、保护及可持续利用；全球气候变化的应对。

（2）海洋资源的开发与利用。包括：确保海洋能源与矿产资源、海洋生物资源的保护与利用。

（3）对海洋自然灾害的防灾与减灾。

（4）基础技术的开发与未来产业创造。

（5）推进支撑海洋科技发展的基础研究。

8.4　海洋科技领域代表性重要规划剖析

8.4.1　英国《东部海岸及海域海洋规划》

2014 年 6 月，针对《东部海岸及海域海洋规划》实施的过程中进行有效的监控，MMO（2014a）发布了一份实施和监控计划［《东部海岸及海域海洋规划实施和监控计划》（*East Marine Plan Implementation and Monitoring Plan*）］，为公共管理部门和利益相关方提供了一个清晰、透明的指南。

根据该计划，MMO 有义务对计划进展的有效性进行评审和报告，自海洋计划启动后，要求该工作间隔不得超过 3 年。每份报告提交后，海洋计划管理部门将决定该海洋计划是否需要修改或更换。规定 3 年进展报告应包含以下主题：①审查规划所处的环境；②证明规划有效实施的证据；③证明实施效果的证据；④利益相关者对规划实施的评价；⑤列明下一个报告期内实施的优先行动。

此外，在通过了海洋和海岸线准入法令之后，要求在不超过 6 年的时间内，MMO 需要就全部正在准备和已经启动的海洋计划、意图修改的海洋计划，以及未来准备拟定或启动的海洋计划向政府提交报告。

2017 年 3 月 31 日，MMO（2017）发布首份《东部海岸及海域海洋规划三年进展报告》（*Three-year Report on the East Marine Plans*），评估结果显示，规划中的 11 个目标有 5 个（目标 3、目标 4、目标 9、目标 10 和目标 11）进展顺利（表 8-5）。

表 8-5　《东部海岸及海域海洋规划三年进展报告》所涉及 11 个目标的评估结果

目标	具体内容	评估结果
目标 1	东部海洋计划区域进行其他重要活动的空间需求，促进经济生产活动的可持续发展	该指标的数据滞后。MMO 收集数据，直到 2016 年 10 月。最新的区域总增值（GVA）数据于 2015 年 12 月发布。在 2015 年 12 月发布的数据中，2014 年的数据是临时数据，也是计划采用之前的一部分。所以现在考虑这个指标是不合适的
目标 2	东部海洋计划区域进行相关活动的空间需求及其他需求，支持各个技术水平人员就业岗位的创造	该指标的数据滞后。MMO 收集数据，直到 2016 年 10 月。最新数据集是 2016 年 5 月发布的区域家庭可支配总收入（GDHI）。在 2016 年 5 月发布的版本中，2014 年的数据部分是计划采用之前推出的。2015 年数据是临时数据。因此，目前对此指标的详细考虑是不恰当的
目标 3	认识可再生能源可持续发展的潜力，特别是对于离岸风电厂，因为它有可能是东部海洋计划区域未来 20 年中最重要的经济转型能源，有助于英国实现能源安全和碳减排的目标	基于每月的"商业、能源与工业战略部"（BEIS）风电场发电量数据，截至 2016 年 8 月，海上风电的总发电量增长了近 32%。该指标与规划中的既定目标一致

目标	具体内容	评估结果
目标 4	通过提升健康水平和社会福祉，缓和贫困，支持社区向活力、可持续的方向发展	健康措施从 2012 年至 2015 年 3 月持续改善，此后至 2016 年 3 月没有改善。与东部海洋计划区域接壤的地区一般比英格兰其他地区保持更好的个人幸福感。《东部海岸及海域海洋规划》的影响尚不清楚，因为基准线在计划采用之前就显示出这种模式，虽然该指标的目标与规划中的一致
目标 5	保存遗产资源，用国家力量保护景观，确保在决策中考虑地方区域的海洋景观	MMO 2017 年与英格兰遗产委员会合作，旨在提高全国遗产资产数据层的可访问性和功能性。这将加强影响监测，为决策提供依据，并为未来的海洋计划政策制定提供支撑。2015 年 10 月发行的《遗产风险登记册》载有一些与海事文化相关的作品，如马特洛炮塔。旧的寄存器因没有相关的空间数据，无法评估。在东部海洋计划区域，没有任何风险增加的残骸。该次报告周期中，海洋环境影响评估的重新评估比三年期海上计划报告频率低，因此不包括在内
目标 6	让东部海洋计划区域拥有一个健康、弹性、适应性强的海洋生态系统	指标利用对《欧盟海洋战略框架指令》的监测，仅在 2016 年确认。相关数据目前无法提供。《欧盟水框架指令》数据在 2013 年更改，第一个计划后数据来自 2015 年。因此，不可能对行进方向做出足够强大的推论
目标 7	保护、保存、在适当的情况下恢复东部海洋计划区域及其相关区域的生物多样性	指标利用对《欧盟海洋战略框架指令》的监测，仅在 2016 年确认。相关数据目前无法提供。《欧盟水框架指令》数据在 2013 年更改，第一个计划后数据来自 2015 年。因此，不可能对行进方向做出足够强大的推论
目标 8	单独或作为生态网络中的一员，支持海洋保护区（marine protected areas）（以及其他与东部海洋计划区域重叠或毗邻的指定沿海地域）实现其目标	MMO 无法轻松访问和整理所需的数据，以评估实现此目标的进展情况。这反映了当前的做法，指定现场条件评估的格式和存储方式以及 MMO 可用于处理此数据的时间用于海洋计划监控的具体目的。MMO 继续与其他机构合作，提高在这方面的了解
目标 9	帮助、促进在东部海洋计划区域开展的有关气候变化适应、缓和的活动	海上风电总发电量同比增长近 32%。关于风电场发电量的每月 BEIS 数据到 2016 年 8 月。尽管其他事项有助于实现这一目标，包括波浪、潮汐和碳捕集与封存活动，但是用于通报监测的调查没有对其贡献提供确凿的见解。该指标的行进方向与客观意图一致
目标 10	确保同其他计划、其他毗邻区域在调控和管理相应关键工作和问题过程中、在东部海洋计划中的整合性	自 2014 年以来更新的东部近海海域计划区域的 100%的地方当局计划是指《东部海岸及海域海洋规划》。通过海事案件管理系统向 MMO 提出的 2/3 的申请是指海运许可证申请中的海洋计划。这个比例随着时间的推移而变化，没有一致的趋势出现
目标 11	持续搜集海洋相关证据，支持东部海洋计划的实施、监测和审查工作	到 2017 年 3 月，MMO 专门或偶然地承办了 38 个项目，以支持东部海岸及海域海洋规划的实施监测和审查。其中 53% 是通过《东部海岸及海域海洋规划》之后制作的。自动识别系统（AIS）数据的开发是规划具有实质性国家价值的证据启动的一个关键范例。MMO 已经在海洋信息系统内建立了海岸证据库，以提高所使用证据的透明度，并为利益相关方提供新的证据或对现有证据的评论

8.4.2　美国《联邦海洋酸化研究和监测法案》

针对日益扩大的海洋酸化对海洋物种、生态系统以及沿海地区发展所带来的负面影响，美国政府近年来启动了一系列应对举措并加大了与海洋酸化相关的研发投入。为掌握和监督相关政策举措的实施进展，应美国国会请求，美国国家审计署（Government Accountability Office，GAO）对自 2009 年美国《联邦海洋酸化研究和监测法案》（*Federal Ocean Acidification Research and Monitoring Act*，FOARAM）颁布实施以来美国所采取的相关行动举措进行审查，并于 2014 年 10 月 14 日正式对外公布审查报告《海洋酸化：联邦正在进行响应，但需要了解和解决潜在影响的行动》（*Ocean Acidification：Federal Response Under Way，but Actions Needed to Understand and Address Potential Impacts*）（GAO，2014）。报告聚焦 FOARAM 实施至今对海洋酸化认识的进展、FOARAM 相关规定的落实程度以及进一步的应对措施等三方面内容。审查结果指出，2014 年美国联邦政府各部门积极部署相关应对举措，但尚未完全达到 FOARAM 的要求，未来需要进一步推动相关行动的落实并强调关注海洋酸化的潜在危险。

8.4.2.1　目前对海洋酸化潜在影响的认识

（1）海洋酸化会危及海洋钙化生物的生存并可能对其他海洋物种产生潜在影响。

（2）海洋酸化可能改变整个食物网络并破坏海洋生态系统。

（3）海洋酸化所产生的生态环境效应将有损相关地区的经济与文化发展。

审查报告指出，尽管目前研究已经认识到海洋酸化可能对海洋物种、生态系统和沿海地区发展产生重大影响，但尚无法确定影响的范围及其严重程度。

8.4.2.2　美国应对海洋酸化行动的进展情况

（1）依据 FOARAM，美国国家科技理事会海洋科学与技术分委会负责组建了由 NOAA、NSF、NASA、USGS 等 11 个联邦政府机构组成的"海洋酸化联合工作组"，专门负责海洋酸化研究战略规划的制定以及在联邦政府各部门之间部署和协调海洋酸化研究及监测活动。在联合工作组的领导下，NSF 和 NASA 负责对海洋酸化研究提供资金及设备支持。

（2）联合工作组制定了"海洋酸化研究与监测规划"，确定了未来 10 年海洋酸化应对行动的重点：①海洋酸化机理研究；②海洋化学与生物效应监测；③海洋化学变化及其对海洋生态系统与生物的影响预测模型开发；④相关技术开发与评估标准制定；⑤海洋酸化社会经济影响评估及其适应与减缓战略的制定；⑥加强教育、宣传及各方的参与；⑦数据管理与整合。

（3）FOARAM 生效后，2010～2013 年，联合工作组各成员单位累计经费资助总额近 8800 万美元，年均 2200 万美元。NOAA 成立了专门的研究组进行海洋酸化研究，年均资助经费约为 600 万美元；NSF 也做出相应调整，将海洋酸化作为资助的重点研究领域，2010～2014 年，NSF 进行了 4 轮关于海洋酸化研究项目的征集，共资助海洋酸化研究项目 50 项，年均资助金额约为 1100 万美元；NASA 也专门资助开展了海洋酸化相关的全球碳循环及海洋生态学等卫星数据的收集工作。

8.4.2.3 下一步行动建议

报告认为,尽管在联合工作组的领导下,相关联邦政府部门遵照 FOARAM 开展了一系列的行动,但是尚未完全实现既定目标要求,包括:①未明确落实研究和监测计划各机构的具体职责及预算;②尚未建成海洋酸化的信息交流平台;③没有制定海洋酸化适应与减缓战略。

为推动下一步工作的展开,报告建议建立多部门合作协调机制:①组建跨部门的工作组;②成立独立的综合职能办公室;③指定一个或多个政府机构领导整个行动计划。

报告同时明确了建议成立的综合职能办公室的主要职责,并在充分考虑所存在困难的基础上,提出了候补行动方案,强调:无论最终实施哪种方案,最关键的是必须明确责任机构负责行动计划的落实。

8.4.3 美国《联邦海洋酸化研究和监测战略计划》

2016 年 12 月,OSTP 发布对《联邦海洋酸化研究和监测战略计划》实施情况的评估分析报告(OSTP,2016)。作为联邦政府 2009 年 FOARAM 实施的一部分,该战略研究计划由美国国家科学技术委员会于 2014 年发布。

8.4.3.1 对战略研究计划的实施提出的主要目标

该战略计划由美国国家科学技术委员会海洋科学和技术小组委员会下属的海洋酸化机构间工作组编写,提出了联邦政府在应对海洋酸化方面应该开展的研究和信息传播工作,以指导其对海洋酸化的响应。工作组密切关注目前确定没有解决的战略研究计划的研究工作。在评估过程中,对战略计划的实施提出了 3 个主要目标:①确定联邦机构目前正在解决的战略研究计划中的需求和活动;②协调基于战略研究计划的目标指导未来联邦活动;③向公众宣传关于海洋酸化的联邦行动。

8.4.3.2 满足战略研究计划优先研究主题的主要联邦机构行动

美国海洋能源管理局、美国环境保护署、美国国家航空航天局、美国国家海洋与大气管理局、美国国家科学基金会等联邦机构围绕《联邦海洋酸化研究和监测战略计划》的优先研究主题部署了多项行动。

(1)美国海洋能源管理局。BOEM 通过沿西海岸、阿拉斯加和墨西哥湾进行的研究活动促进对海洋酸化知识的了解。这项研究包括海洋酸化的主题,特别是增加对海洋酸化诱发的生物地球化学变化的理解,使得 BOEM 的累积影响分析成为《国家环境政策法案》

的一部分。2016 年，BOEM 正在与壳牌、NOAA 和得克萨斯农工大学合作，努力在墨西哥湾建立一个海洋酸化珊瑚监测点，以帮助了解区域海洋酸化相关研究变化的影响。同时，BOEM 太平洋区域办事处提出了一项名为"利用长期生态数据预测和检测气候变化和海洋酸化的影响"的研究计划，拟利用内政部的长期监测计划，预测全球气候变化和海洋酸化将如何改变南加利福尼亚州的岩石珊瑚礁生态系统，并检测已经进行的影响。

（2）美国环境保护署。EPA 的使命是保护人类健康和环境，包括确定由于海洋酸化对国家沿海水域的影响。从 2016 年开始，EPA 启动的关于营养增强的沿海酸化和缺氧的研究，重点是有助于确定河口沿海酸化和对河口生物影响的当地来源，并针对该研究制定了新的实验、实地和建模研究计划。

（3）美国国家航空航天局。自 2007 年以来，NASA 几乎每年都有针对性地对海洋酸化研究进行支持，包括利用 NASA 的卫星遥感观测以及原位观测和模拟。2014 年和 2015年，NASA 与美国农业部和能源部以及 NOAA 联合提出碳循环科学调查建议。NASA 每年都会重新制定与发布空间和地球科学研究机遇综合征集。NASA 在建立在最新的前沿研究和最新的地球科学研究结果的基础上综合征求每年的空间和地球科学研究机遇。

（4）美国国家海洋与大气管理局。NOAA 的海洋酸化计划主要是监督和协调与战略研究计划相一致的海洋酸化研究。2016 年，NOAA 将提高对沿海和海洋环境中海洋酸化进程的理解以及海洋酸化对海洋资源的影响研究，并将为资源管理者、受影响的行业和利益相关者开发工具和制定适应性战略。NOAA 远期海洋酸化活动被分类为可能在海洋酸化计划当前资助水平下的研究活动，以及可能在较高资助水平下发生的新研究活动。

（5）美国国家科学基金会。NSF 支持关于海洋酸化对过去、现在和未来的海洋环境的性质、程度和影响的基础研究。从 2010 年度开始，NSF 启动针对海洋酸化研究的定向招标。NSF 海洋时间序列站和长期生态研究（long-term ecological research，LTER）站点项目，在夏威夷海洋时间序列、百慕大大西洋时间序列、圣巴巴拉海岸 LTER 等海洋时间序列站和沿海 LTER 站点进行了海洋酸化相关研究。NSF 海洋科学处对各种海洋科学相关的技术、基础设施、设备和研究平台进行支持。

8.4.4　美国《海洋与海岸带测绘综合法案》

2009 年 3 月 30 日，第 111 届美国国会颁布了《综合性公共土地管理法案》（*Omnibus Public Land Management Act*）。作为该法案的 15 个重要主题之一，《海洋与海岸带测绘综合法案》（*Ocean and Coastal Mapping Integration Act*）当时提出了总预算为 26 亿美元的 5 项新研究项目，主要针对海洋、海岸综合系统，超大湖观测系统以及联邦、非联邦机构间的跨部门合作等。2015 年 4 月 23 日，NSTC 的海洋科学技术委员会下属的海洋与海岸线测绘联合小组（Interagency Working Group on Ocean and Coastal Mapping，IWG-OCM）发布了《2011—2014 年度海洋与海岸带测绘综合法案实施进展报告》（*Progress Made in Implementing the Ocean and Coastal Mapping Integration Act: 2011-2014*）（NSTC，2015）。

（1）建立海洋和海岸测绘专题数据库。2009 年，IWG-OCM 划分了海洋和海岸区域内相关研究、管理涉及的主要测绘数据类别。2010～2012 年，IWG-OCM 开发出了一款海洋和海岸线测绘专题数据库。此后，IWG-OCM 开发了完整的元数据索引，提高了海洋和海岸测绘元数据的一致性，也提升了专题数据库中数据的检索速度。

（2）划分多个联合研究热点区域。IWG-OCM 成员机构大力资助了一批学会和会议，极力支持跨部门间的多渠道、多形式交流活动，加强在海洋和海岸测绘领域的部门间合作。并特别划分出包括北极、珍珠港、切萨皮克海湾在内的众多部门都非常重视的研究热点区域。

（3）整合测绘资源与需求。IWG-OCM 重新整合了政府对海洋和海岸测绘的需求和资源，从测绘计划、已有数据、期望目标、实际能力、所需成本等角度分析了各部门已持有资源与预期目标，提出了数据采集和使用的统一标准，并通过专题门户网站向公众提供海洋和海岸测绘数据成果。

（4）协调测绘项目与成果。美国陆军工程公司、NOAA 和 USGS 等机构通过自身的专门数据网站向公众和监管部门开放海洋和海岸线测绘项目成果，便于公众理解海洋和海岸线在管理决策中扮演的重要角色。这些机构还通过联合制图等方式，制作了一系列跨部门数据合作产品。

（5）统一数据和存档要求。为了规划、管理、利用有限的数据资源，IWG-OCM 提出了"统一海洋"的数据管理方法，在各项目和机构内统一定义了测绘数据标准。现代化的数据管理以及高效的长期数据维护使得 IWG-OCM 的"一次测量，多次使用"的理念可以有效帮助减少重复测量等问题，促进了测绘活动的多部门合作，提高了数据的可访问性。

（6）现阶段主要的海洋和海岸测绘行动。绘制综合数字专题地图，如国家地球物理数据中心（NGDC）和 USGS 等部门合作开发了一种可建立综合拓扑数字高程模型集的通用方法，其主要应用于被严重侵蚀的区域，研究小组应用该方法获得了纽约及新泽西港口地区的无缝集成数据集。充分利用已有资源，不断提升跨部门合作。

（7）海岸综合测绘数字化试点。NOAA 联合北部湾学会等机构开展了一个为期 2 天的数字海岸研讨会，主要解决密西西比州 6 个沿海县区在数字海岸领域的问题，帮助他们确定共同的数据需求，分享自然灾害应对策略，学习如何利用数字海岸平台获取数据资源。研讨会表明，该地区急需每半年更新的航空影像，并需要解决数据访问协议等一系列问题。

（8）联合缔约策略。IWG-OCM 认识到，事实上并没有一个机构可以单独拥有满足其海洋和海岸测绘任务所需的全部金融资源，而优质的商业资源则可以提供专业的测绘服务和知识，可以很好地服务不同机构的测绘任务。2011～2014 年，IWF-OCM 的成员机构调整和统一了这些政策，通过联合缔约策略，高效、成功地整合了这些商业资源，获得了诸多有价值的海洋和海岸测绘数据。

（9）展望。在未来 IWG-OCM 将继续致力于推进《海洋与海岸带测绘综合法案》以及海洋和海岸测绘工作的全面发展，并加强在国家和区域性计划中建立数据链接、传递的能力。

8.5　典型海洋科技领域发展规划的编制与组织实施特点

8.5.1　美国《海洋变化：2015—2025 年海洋科学 10 年计划》编制与组织实施特点

美国国家科学院的许多科技咨询工作都是由 NRC 组织实施的。采用"项目委员会"制度，即国家科学院接受政府机构委托的课题，成立专门委员会开展调研，最后形成研究报告提交给委托方。针对科技咨询工作的开展，NRC 有一套规范的研究流程（图 8-1）。

图 8-1　美国 NRC 开展科技咨询的流程图

目前国内对美国国家科学院科技咨询工作的研究和介绍已较多，这里将其具体流程（刘学和郑军卫，2015）简述如下。

（1）确定研究项目。美国国家科学院的工作人员、董事会成员与委托方一起确定拟解决关键问题的任务书、时间节点和研究成本等。然后将相应任务书、工作计划和项目预算提交 NRC 董事会执行委员会批准。

（2）成立项目委员会。项目委员会是研究活动开展的主体，其成员的遴选与组织直接关系到项目任务完成的质量。委员会在进行组建时要求必须符合以下标准：①合理的专业知识覆盖面；②结构平衡；③规避利益冲突；④允许存在不同观点；⑤其他注意事项：在委员会选择时还需要考虑到美国国家科学院、美国国家工程院或美国国家医学院的成员以及以往曾参与过美国国家科学院相关研究工作的人员，此外还会额外考虑到女性、少数民族和年轻专业人士的参与。

除了上述标准外，NRC 对专门委员会成员的遴选还有一套具体的选择和审批流程具体如图 8-2 所示。

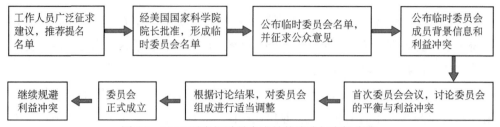

图 8-2　NRC 对专门委员会成员的遴选与审批流程

（3）起草报告。项目委员会将从多个渠道收集研究信息，包括：①委员会会议；②美国国家科学院以外提供的参考资料；③科技文献综述；④委员会成员和美国国家科学院工作人员的调查研究。

（4）审查报告。作为该研究的质量和客观性的最后检查，美国国家科学院的所有报告，无论是产品的研究还是研讨会摘要或者是其他文件，都必须经过严格的、独立的专家外部评审。国家科学院聘请独立的专家审查委员会为报告草案发表一系列的观点和看法，这些意见都是以匿名的方式反馈给委员会。审查过程有序展开以确保每个报告的完成都严格按照该研究经费标准，并且该研究结果有足够的证据和论点支持，以及有效的组织和公正与客观的报告。委员会不必完全认同该意见，但是必须做出回应。经过委员会全体成员和美国国家科学院相关人员签署的最终报告，才会被送到项目委托方随后向公众发布。公布后，评审专家的姓名和机构信息才会被公开，并且委托方不能要求对报告做任何形式的修改。

2015 年 1 月 30 日，美国 NRC 完成并发布的《海洋变化：2015—2025 年海洋科学 10 年计划》报告，采用的研究方法体系就是典型的美国 NRC 咨询方式。

首先，报告对海洋科学现有的研究成果进行了详细的梳理和分析。基于国际相关机构和组织、联邦政府以及 NRC 近 15 年来的学术报告主题，结合 NSF 项目负责人提供的成果材料，以及杰出科学家内部研讨主题等资料，分析并确定了 21 世纪海洋科学的 7 个重点突破方向：①气候变率及其海洋因素变化；②海洋生物地球化学和生态维度变化；③海洋生态系统的生物多样性、复杂性和动态性；④海底的地质、物理及生物学动态；⑤高效新技术在全球海洋数据收集工作中的应用；⑥合作助推海洋学成就；⑦科学成就分析。

其次，报告对海洋科学发展趋势的研究成果进行了归纳和总结。围绕以上重点突破方向，再结合近年美国海洋科学研讨会主题，吸纳 NSF、联邦政府机构、科学社团和 NRC 发布的研究成果，遴选出海洋科学的 300 多个挑战性主题，并集成了 NSF 项目研究成果，以及联邦其他机构相关研究人员提供的演讲、访谈等材料。在此基础上利用层次分析法，参照 NRC 已有的有关海洋科学研究优先级评价标准和 NSF 项目管理者建议所确定的四个优先度评判准则（变革的潜力、社会影响、研究准备、合作伙伴关系潜力），分析得到了 2015～2025 年 8 个海洋科学的优先科学问题。

最后，分别对每个优先科学问题进行了探讨和论述，并为每个问题的遴选提供了关键的科学依据。

8.5.2　英国《东部海岸及海域海洋规划》编制与组织实施特点

英国 MMO 关于一个海洋计划的制订从规划区域的遴选到计划实施、监督和审查等一共有 12 个环节（图 8-3）（MMO，2014b）。

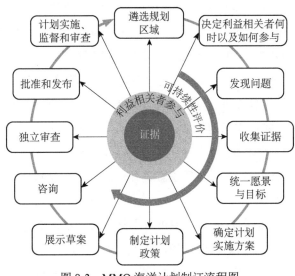

图 8-3　MMO 海洋计划制订流程图

（1）遴选规划区域。MMO 会考虑到该区域有多少有用信息，而这些信息将会向我们呈现该海洋计划如何使该区域受益。MMO 考虑的事项如下：①相关人员如何准备参与到该过程；②现有的沿岸伙伴关系，包括感兴趣的团体和机构等；③规划区域内重要的环境带；④未来该海域的压力；⑤该计划区域内陆上和海上如何携手合作；⑥该海洋计划如何与陆上的规划相协调。MMO 将为每个区域的遴选过程形成一个报告。

（2）利益相关者。MMO 决定哪些人员参与到计划制订过程中，以及计划制订的时间和如何制订。国务大臣（secretary of state）必须批准公众参与说明。

（3）和（4）前期准备（发现问题、收集证据）。收集和分析科学数据的过程从与感兴趣的人协商开始。海洋计划必须建立在一个强有力证据的基础上，并且要彻底理解该计划区域内的所有活动和资源。MMO 将发布一个汇总了每个计划区域证据的报告，而该报告则是海洋计划制订的基础。当收集证据时，MMO 侧重于海洋政策声明中确定的优先事项。这些活动将从经济、社会和环境方面进行评估。

（5）统一愿景和目标。整体长远的愿景和相关目标是计划的起点。这些都将在相关人员协商后拟定的愿景和目标报告草案中体现出来。

（6）确定计划实施方案。MMO 要考察实现计划目标和愿景的不同方式，以确保不同方式产生的影响都被考虑到。该过程中的一些元素，例如作为规划过程中的部分，可持续性评估是法律所规定的。可持续性评估允许 MMO 评估一个海洋计划如何影响环境、社会和经济可持续发展。栖息地规定评估（Habitats Regulations Assessment）也将成为评估过程的组成部分。MMO 将形成一个选择报告（options report），概括出这些目标和愿景将如何实现。

（7）和（8）制定计划政策、展示草案。确定计划实施方案之后即是制定计划政策。计划中政策的应用有助于愿景和目标的实现。政策将为申请、许可、授权和执行等决策提供依据。政策的制定将考虑到国家和国际层面现存的法律和义务，这包括海洋政策说明（marine policy statement，MPS）和《英国海洋和海岸带准入法（2009 年）》（*UK Marine and Coastal Access Act 2009*）。当地的土地计划也将被考虑在内。MMO 制订的海洋计划草案和可持续性评估草案递交给国务大臣，如获通过则进入咨询环节。

（9）咨询。该计划草案将通过以下几种方式正式向公众获得咨询建议：①直接发邮件给感兴趣的人；②新闻稿；③当地媒体；④海洋计划的实时通信或相关博客；⑤政府、机构和第三方在线网站；⑥MMO 办事处；⑦会议以及公众参与的研讨会等；⑧向相关国家咨询。咨询完成后，MMO 分析这些反馈意见并形成一个总结报告。提出反馈意见的人员名字会在报告中得到公布。

（10）独立审查。如果在咨询过程中仍有大量未解决的问题，国务大臣将决定是否有必要进行独立审查。如果需要，国务大臣将指定一个机构来调查哪些未解决的问题，例如规划督察署（Planning Inspectorate）。该过程将在 6 个月内完成报告。

（11）批准和发布。将根据反馈意见和调查报告审查和修订后的计划，提交给国务大臣以获批准和通过。如果通过，MMO 将形成并发布以下报告：①通过的海洋计划；②实施计划和监督计划；③可持续发展评估报告；④咨询总结报告；⑤修正报告。

（12）计划实施、监督和审查。MMO 必须每 3 年和每 6 年对计划和相关政策的实施效果进行评估和监督。如果审查结果显示必须做出一些改变，那么接下来则将采取一系列措施，并进一步咨询公众。MMO 将形成并发布监督报告和计划的审查报告（如果有必要的话）。

2014 年 4 月 2 日，MMO 公布的英国《东部海岸及海域海洋规划》即是严格按照 MMO 的海洋计划研究的方法体系。

（1）遴选规划区域。该海洋规划所涉及的区域为英国东部海岸规划区域，即北起弗兰伯勒角（Flamborough Head）南至费利克斯托（Felixstowe）的距英国海岸线 12 海里范围内的海域范围及其沿海内陆地段，总面积 6000 平方千米；东部离岸海域即英国东部专属经济区海域。这两个海域面积占英国整个国土面积的 40% 左右，同时也是英国最繁华、涉及利益方最多、海洋情况最复杂的海域。

（2）统一愿景与目标。该海洋规划的目标是维持目标海洋区域的可持续发展，在保护海洋生态系统安全的前提下，确保海洋经济的可持续增长，满足当地发展需求。该规划将协调离岸风能、渔业、运输业、输电线路布局等经济活动与海洋生物栖息地及海洋生物多样性之间的关系。

（3）展示草案。2013 年 7 月 19 日，MMO 公布英国首部海洋规划草案——《东部海岸及海域海洋规划草案》。

（4）咨询。该规划草案发布后即进入意见征询阶段，英国 MMO 和英国政府根据各方反馈意见对规划进行进一步修订和完善。

（5）正式发布。2014 年 4 月 2 日，MMO 正式公布英国《东部海岸及海域海洋规划》。

（6）计划实施、监督和审查。2017 年 3 月 31 日，MMO 发布首份《东部海岸及海域海洋规划三年进展报告》，评估结果显示，规划中的 11 个目标有 5 个（目标 3、目标 4、目标 9、目标 10 和目标 11）进展顺利。

8.5.3　"英国海洋酸化"研究计划编制与组织实施特点

英国自然环境研究理事会（Natural Environment Research Council，NERC）于 2009 年 5 月发起的"英国海洋酸化"（UK Ocean Acidification，UKOA）研究计划是一个 5 年期的联合项目，总投资 1200 万英镑，由 NERC 和英国环境、食品和农村事务部（Department for Environment，Food and Rural Affairs，Defra）以及能源与气候变化部（Department of Energy & Climate Change，DECC）联合资助。UKOA 的研究目标是：深入理解海洋酸化的意义和影响以及其对海洋生物地球化学、生物多样性和整个地球系统的风险。

该计划由 NERC、Defra 以及 DECC 三个英国政府部门各自资助的海洋酸化研究计划整合而成。整合后的计划体现了目标一致、整合资源的原则，对英国国家海洋酸化研究整体目标的实现具有促进作用（发达国家科技计划管理机制研究课题组，2016）。

1. UKOA 研究计划的动议、咨询、建议机制

UKOA 研究计划直接与 NERC 的战略目标（特别是地球系统科学和生物多样性科学主题）相符，并且与英国政府的战略目标相符。

UKOA 研究计划按照 NREC 项目申请的流程进行。具体参照研究计划的评审规范。具体评审专家人数由研究计划申请书的复杂程度决定。有两个方面的基本要求：项目书是否足够优秀及是否符合 NERC 和英国国家目标。

2. UKOA 研究计划的审查、咨询、批准机制

UKOA 研究计划的审查评议遵循 NERC 的项目审查规则。同行评议院是（Peer Review College）NERC 专门负责研究项目评议的独立机构。NERC 的同行评议院建立于 2003 年，取代了之前的 5 个标准的同行评议委员会。同行评议院对 NERC 的研究资助提供评估、建议和指导。大部分成员参与评议探索科学（discovery science）研究申请书的评议，参与

探索科学协调组（moderating panel）会议。

同行评议院定期召集并补充成员，大部分成员是来自研究机构的人员，也包括 NERC 科学研究最终用户的公众和私营企业人员。同行评议院作为 NERC 的常设单元，其组成人员保持一定的流动性，其特点是机构常设而人员流动。

同行评议院是专门负责项目评审的常设机构，其与 UKOA 等研究项目管理机构地位对等，在机制上保证了其评估的客观性。此外 NERC 委员会通过收集以下数据对同行评议院的成员进行考核：①评议员被邀请参与评审的项目数量是多少？②评议机构是否提交？如果没有，理由是什么？是否及时向 NERC 说明原因并及时更换评议员？②是否及时提交评估结果？④评估结果是否达到 NERC 的质量要求期望值？表格是否完整填写？评估结果是否支撑最终结论？⑤评议员是否持续给出高分或持续给出低分？⑥评议员的评估分数与最终分数的相关性有多大？⑦评议员被邀请参加的会议数量？⑧评议员是否参加了被邀请的会议？⑨评议员是否为 NERC 提供了有效的信息？

基于以上问题的评议员工作表现评价是为了保证其评价工作的客观性和有效性。

3. UKOA 研究计划与英国国家科技计划其他计划的协调、调整机制

英国海洋酸化最初由不同机构各自开展的研究项目进行研究，该项目进行统一整合后，将经费、管理组织、实施等全方位进行了整合。

2007 年 11 月，NERC 的发展战略确定了海洋酸化是一个重大的挑战。2008 年，NERC 批准一个 770 万英镑的 NERC 大尺度海洋酸化计划，该计划由 NERC 下属的科学与创新局（Science & Innovation Strategy Board）和 NERC 负责评估与支持。英国的 Defra 和 DECC 两个部门也开展了相关的研究计划，以实现英国的国家目标。

2009~2014 年，由 NERC、Defra 和 DECC 共同资助 1200 万英镑。Defra 出资 330 万英镑、DECC 出资 100 万英镑，与 NERC 海洋酸化项目进行整合，将这些项目进行整合，成为"英国海洋酸化"研究计划（2009~2014 年），见图 8-4。

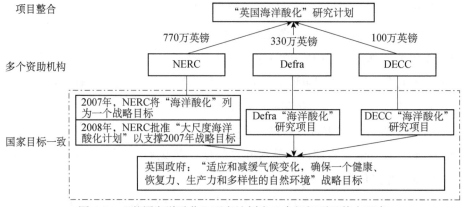

图 8-4 "英国海洋酸化"研究计划由 3 个部门项目整合而来

4. UKOA 研究计划的预算提出、协调、审查、修正、批准机制

UKOA 研究计划的评选过程整体参照 NERC 基金资助评估的过程，NERC 是主要负责机构。作为合作资助方，来自 Defra 和 DECC 的代表参与到 UKOA 项目的管理组和项目执行委员会这两个管理单元中。NERC 的评估过程和方法如下。

NERC 项目评估的原则适用于所有研究基金，NERC 项目类型包括研究计划（research programme）和探索科学（discovery science，响应模式）两大类。

探索科学类项目申请，唯一的原则是研究申请是否足够"优秀"（excellence）。研究计划类在探索科学类项目标准上附加的准则是否与 NERC 的优先方向一致。

同行评议过程一般包括两个阶段：专家评议阶段和协调小组阶段。

第一阶段：专家评议。

NERC 邀请与项目领域相符的国际知名专家进行项目书的评阅。对于探索科学的申请书，主要的专家来自 NERC 的同行评议院。申请者有权推荐评议人。申请者有机会对评议人的意见进行回复响应。

NERC 为项目同行评议专家组成员设置了最少和最佳的人数（表 8-6）。一些特殊情况下，同行评议的数量可以低于或高于规定人数。

表 8-6　NERC 不同项目同行评议人数　　　　　　　　　　　单位：人

项目申请类别	同行评议最少人数	同行评议最佳人数
标准资助/标准新研究人员资助	3	4
大型项目资助	4	6
应急项目资助	2	3
独立研究基金	3	4
研究计划	依据项目书的复杂程度	依据项目书的复杂程度

第二阶段：协调小组。

探索科学（响应模式）协调小组成员来自 NERC 的同行评议院，一半的小组成员作为"核心成员"，其中一名作为"评估小组主席"，其他成员根据项目书从同行评议院选择。

研究计划的协调小组来自英国和国际学术专家以及研究计划产出成果的使用方的代表。

协调小组综合考虑申请书、同行评议结论以及申请者对评议结论的回复。

5. 协调管理机制

NERC 将项目类别划分为大型项目资助、应急项目资助、独立研究基金、研究计划等几大类，在坚持 NERC 整体评审原则的基础上，针对不同尺度和性质的研究采取相应的评审方式。

6. 针对上述机制所提出的批评和建议

UKOA 的管理机制遵循 NERC 整体的项目管理方法，评审组的产生和构成比例均有详细规定，可操作性较强。针对与其他机构海洋酸化方面的研究项目，在国家目标一致的基础上，通过更高层面的协调机制进行资源整合。

7. UKOA 研究计划的管理机制

UKOA 作为一个专门性专项研究计划，管理机制较为完善，总体由 4 个委员会（小组）共同完成：项目执行委员会、项目咨询委员会、项目管理组、资助调节专家组（图 8-5）。UKOA 项目的 4 个管理单元按照 NERC 的相关规定设置，管理和运行遵循 NERC 的相关规定。Defra 和 DECC 作为出资方，通过派出人员参加到项目执行委员会和项目管理组中，参与项目的管理。负责项目管理的 4 个委员会（小组）一旦成立，就在 NERC 相关规则下独立运行。

各委员会（小组）分别按照各自分工负责项目的组织、实施、评估等。项目的资格审查和申请书审查主要由项目评估组组织实施，基本标准是：符合计划的科学目标。

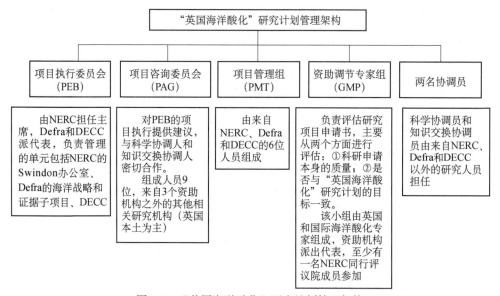

图 8-5 "英国海洋酸化"研究计划管理架构

8. UKOA 研究计划预算的统筹协调机制

由于海洋酸化研究的方向和内容相近，目标一致，因此将 NERC、Defra 以及 DECC 的研究项目和资金进行整合，整体纳入"英国海洋酸化"项目管理委员会进行统筹管理。

9. UKOA 研究计划的产出绩效评估机制

英国商业、创新和技能部负责任命 NERC 的委员会和主要负责人，但是并不干涉其内部运行。NERC 的研究项目活动具有完全的自主性。NERC 同行评议院是研究项目的主要审核人，其构成充分吸纳研究成果的使用方（包括公众和企业人员等）。

10. UKOA 研究计划的调整机制

整体资金原分散在 3 个部门，其中，NERC 为 770 万英镑，Defra 为 330 万英镑，DECC 为 100 万英镑。UKOA 合并了 3 个部门的研究经费，进行统一管理、统一资助。项目管理小组主要人员来自 NERC、DECC 和 Defra。

11. 兼顾支持监管和减低管理成本的机制

由原来的 3 个研究体系和 3 个管理体系整合为一个统一的管理体系，在人力、经费等方面节约了成本，运行效率也大大提高，对研究人员和管理人员的工作效率起到了促进作用。

12. 针对上述机制所提出的批评和建议

"英国海洋酸化"研究计划总体由 4 个小组共同完成：项目执行委员会、项目咨询委员会、项目评估组、项目管理组。各部门职责明确，运行严谨。其中较为突出的是"同行评议院"制度，既保证了评议专家的独立性，又可以对其组成进行管理。

8.6　我国海洋科技领域发展规划的国际比较研究

8.6.1　我国现行的海洋政策梳理

随着我国涉海事务的日益增多，相关法律法规和政策陆续出台。按照政策颁布的集中程度，其大致可以分为三个时段（许丽娜等，2014）。

第一个时段为 1982~1995 年，这一时段我国海洋政策出台的频率较高，几乎每年至少有一部涉海法律或文件得以颁布实施。这期间颁布的海洋法律主要有《中华人民共和国海洋环境保护法》《中华人民共和国海上交通安全法》《中华人民共和国渔业法》。相关涉海法规主要有《中华人民共和国对外合作开采海洋石油资源条例》《中华人民共和国海洋石油勘探开发环境保护管理条例》《中华人民共和国防止船舶污染海域管理条例》《中华人民共和国水生野生动物保护实施条例》《中华人民共和国海洋倾废管理条例》《中华人民共和国航道管理条例》《中华人民共和国渔业法实施细则》《中华人民共和国防止拆船污染环境管理条例》《铺设海底电缆管道管理规定》《中华人民共和国水下文物保护管理条例》《中华人民共和国渔港水域交通安全管理条例》《防治海岸工程建设项目污染损害海洋环境管理条例》《防治陆源污染物污染损害海洋环境管理条例》《中华人民共和国海上交通事故调查处理条例》《外商参与打捞中国沿海水域沉船沉物管理办法》《中华人民共和国船舶和海上设施检验条例》《中华人民共和国自然保护区条例》《中华人民共和国航标条例》。相关部门规章主要有《中华人民共和国海洋石油勘探开发环境保护管理条例实施办法》《中华人民共和国海洋倾废管理条例实施办法》《铺设海底电缆管道管理规定实施办法》。

第二个时段为 1996～2000 年。这一时段我国出台的涉海法律文件相对较少。其中海洋法律仅有《中华人民共和国专属经济区和大陆架法》，相关法规也只有《中华人民共和国涉外海洋科学研究管理规定》。尽管颁布的法律法规较少，但所颁布政策的意义却影响深远，其中《中华人民共和国专属经济区和大陆架法》的颁布实施，开创了中国对 200 海里专属经济区和大陆架海域依照国际法行使主权和管辖权的历史。同时，在这段时间，随着海洋开发活动的大量增加，对海洋环境的压力也逐步增大，我国加强了对前一阶段制定的法律法规的修订和修改工作。

第三个时段为 2001 年至今。这一时段由于海洋在我国经济发展中的作用日益凸显，我国又迎来了海洋政策颁布实施的第二个高峰。其间颁布的海洋法律主要有《中华人民共和国海域使用管理法》《中华人民共和国港口法》《中华人民共和国海岛保护法》。涉海行政法规主要有《中华人民共和国国际海运条例》《防治海洋工程建设项目污染损害海洋环境管理条例》。相关部门规章主要有《海洋行政处罚实施办法》《海底电缆管道保护规定》《委托签发废弃物海洋倾倒许可证管理办法》。

8.6.2　我国海洋政策体系

经过 30 余年的发展，我国海洋政策已经形成较为完善的体系，政策所涉及的领域也更为细致全面，这一切为我国海洋强国目标的实现与海洋事业的发展提供了坚实的政策支持。

8.6.2.1　海洋保护

海洋环境与我国可持续发展及国家安全密切相关，我国社会经济高速发展和国家安全权益对海洋环境的支持需求日益增加。而近年来我国近海环境恶化，严重影响可持续发展。当前最为突出的海洋环境问题是富营养化、有害赤潮、海洋污染与灾害。近年来，我国海洋环境科技政策经历了海洋环境科技政策启动、建设、部署等阶段。2003 年 5 月，国务院印发《全国海洋经济发展规划纲要》，明确建设海洋强国的战略目标，重点支持海洋生物、海水利用、海洋监测、深海探测等技术的研究开发，并加强海洋科技创新能力和海洋人才建设。2008 年国务院批准的海洋领域总体规划《国家海洋事业发展规划纲要》，指出要始终贯彻在开发中保护、在保护中开发的方针，规范海洋开发秩序。

2008 年《全国科技兴海规划纲要（2008—2015 年）》强调要落实"实施海洋开发"和"发展海洋产业"的战略部署。我国海洋环境科技存在着海洋环境观测能力薄弱、对海洋规律认识不足、海洋环境的评估和预测能力不足等问题。

8.6.2.2　海洋经济

十八大以来，海洋产业相关政策相继出台，海洋产业结构不断优化。以海水利用业、海洋生物医药业和海洋可再生能源利用业为代表的海洋战略性新兴产业，逐渐成为我国海洋经济发展的重要引擎。对海洋战略性新兴产业的培育不断加强。几年来，国家海洋局会同相关部门研究编制《海洋领域"十三五"科技创新规划》《全国科技兴海规划（2016—2020 年）》《全国海水利用"十三五"规划》《海洋可再生能源发展"十三五"规划》，积极推进海水、海洋能、海洋生物等海洋新兴产业的标准制定和修订。深化海水利用关键技术与装备的研发，促进海洋可再生能源的开发利用和产业化。引领带动海洋新兴产业逐步成为先导性产业，推动海洋经济提质增效、转型升级、绿色循环和可持续发展（郭松峤，2017）。

2017 年 1 月，国家海洋局印发《海洋可再生能源发展"十三五"规划》。规划指出，到 2020 年，海洋能开发利用水平显著提升，科技创新能力大幅提高，核心技术装备实现稳定发电，形成一批高效、稳定、可靠的技术装备产品，工程化应用初具规模，一批骨干企业逐步壮大，产业链条基本形成，标准体系初步建立，适时建设国家海洋能试验场，建设兆瓦级潮流能并网示范基地及 500 千瓦级波浪能示范基地，启动万千瓦级潮汐能示范工程建设，全国海洋能总装机规模超过 50 000 千瓦，建设 5 个以上海岛海洋能与风能、太阳能等可再生能源多能互补独立电力系统，拓展海洋能应用领域，扩大各类海洋能装置生产规模，海洋能开发利用水平步入国际先进行列（国家海洋局，2017）。

8.6.2.3　海洋酸化

中国拥有逾 3.0×10^6 平方千米的陆架边缘海，海洋生态系统运转机制复杂多样，特别是近数十年来在人类活动影响下，海洋生态系统处于高风险状态，各种生态灾害频发，然而潜在的爆发机制始终不甚明确。因此，毋庸置疑，中国也面临海洋酸化的威胁。中国政府和科学界高度重视海洋酸化的观测研究，NSFC 已将海洋酸化列为重点支持方向之一；2012 年召开了香山科学会议"海洋酸化：越来越酸的海洋、灾害与效应预测"；此外，国家海洋局在 2011 年启动了北黄海酸化的试点性监测工作，并于 2013 年将"中国近海海洋酸化监测体系建设"列为中国海洋工作的重点任务（石莉等，2011）。

8.6.3　与国际海洋规划的对比分析

在海洋科技领域规划的研究内容方面，在海洋酸化、海洋保护、海洋可再生能源等当前的研究热点领域，我国均出台了相应的规划部署，并在 2018 年 1 月发布了《中国的北极政策》白皮书。随着全球变暖的持续，北极温度不断升高，海冰逐年减少，这使得北极地区的开发价值得以大幅提升,各国对北极战略地位和资源价值的关注明显加强。近几年,美国、俄罗斯、加拿大等国家加强了对北极地区的战略部署和关注重点。

(1)在海洋科技领域规划的制定过程中缺乏公众参与。公众是海洋政策制定和执行的利害关系人,其参与度越高,就越有利于政策的执行和落实。《2007 年国务院政府工作报告》中提出,"必须坚持创新政府管理制度和方式,提高政府工作的透明度和人民群众的参与度"。2008 年国务院出台的《国家海洋事业发展规划纲要》规定,要"增强全民海洋意识,大力弘扬海洋文化",并且明确提出"建立和完善海洋管理的公众参与机制",把公众参与提升到一个崭新的高度。目前政府在保护海洋资源和环境方面已经逐步引入了公众参与,如建立了海洋污染监视举报制度,动员沿海群众保护珍稀海洋动植物资源等。然而从总体上说,政府职能部门广泛动员民众参与、各界民众自觉保护海洋资源和环境的意识还不强,有组织地动员民众参与的机制尚未形成。

(2)在海洋科技领域规划的实施中缺乏跟踪监督和评价。英美等发达国家在发布相关规划的同时,会制订详细的跟踪监督和评价的计划,并定时发布评估报告。例如 2014 年6 月,针对《东部海岸及海域海洋规划》实施的过程进行有效的监控,英国 MMO 发布了一份实施和监控计划。按照该监控计划的时间节点,3 年后,也就是 2017 年 3 月,MMO 发布首份《东部海岸及海域海洋规划三年进展报告》。2014 年 3 月,美国海洋酸化跨部门工作组,海洋科技小组委员会,环境、自然资源与可持续发展委员会和国家科技理事会等多个机构联合发布了该国首个《联邦海洋酸化研究和监测战略计划》。2016 年 12 月,美国白宫科学技术政策办公室针对该计划的实施情况发布了评估分析报告,分析了满足战略研究计划优先研究主题的包括 BOEM、EPA、美国国家航空航天局等在内的主要联邦机构的行动。

8.7 启示与建议

8.7.1 继续加强北极研究布局

2013 年,中国在北极理事会部长级会议上成为北极理事会正式观察员国,并在 2018 年 1 月 26 日发表《中国的北极政策》白皮书(中华人民共和国国务院新闻办公室,2018),阐明中国在北极问题上的基本立场,阐释中国参与北极事务的政策目标、基本原则和主要政策主张,指导中国相关部门和机构开展北极活动和北极合作,推动有关各方更好参与北极治理,与国际社会一道共同维护和促进北极的和平、稳定和可持续发展。但与北极国家和一些海洋强国相比,我国在北极研究和行动方面仍存在很大差距。

因此，未来我国应围绕重点领域继续加强北极研究布局。①密切跟踪北极国家相关战略及相应的行动。持续跟踪相关国家北极政策的调整和变化，关注各国制订的北极地区科学研究计划和考察计划，为我国制定相关政策、介入相关科研活动和参与其他北极事务提供信息支撑和借鉴。②重视加强与北欧各国的科研合作。中国作为一个非北极国家，从资源开发等方面直接参与北极事务的空间较小。中国应加强与北欧国家在气候变化、海冰融化等议题方面的科研合作。我国应积极寻求与北欧相关国家开展实际合作，实现利益绑定。此外，应充分发挥各种北极事务相关合作组织的平台作用，积极加强相关合作。③加强与俄罗斯的全方位合作。在能源开发合作方面，现阶段俄罗斯的经济发展仍主要依靠能源出口，其经济发展受国际能源市场的影响较大，而中国经济的发展对能源进口的依赖较大，北极油气资源开发是中俄开展北极合作的一个重要方向。此外，俄罗斯北部地区对中国气候的影响较大，中国在北极的科考工作必要且紧迫。两国共同对北极气候和冰川变化问题进行合作研究拥有巨大空间和潜力。④重视航道的开发与建设。全球变暖将使得北极通航区域增加，北极航线成为一个可以替代现有的海上贸易航线的选择，并且随着夏季无冰期的延长，商业航运价值会愈加明显。为了更好地为参与北极航运做好准备，中国东北地区和环渤海地区需要加快北极航运中心的研究和建设，完善沿海港口的布局，加强港口与运河的联动机制研究。

8.7.2　持续推进海洋污染研究

海洋污染问题受到进一步关注，特别是微塑料垃圾问题受到高度重视，海洋污染问题将成为一个潜在的全球热点问题。海洋塑料垃圾问题很可能是国际上继海洋暖化、海洋酸化问题针对发展中国家发展进行干预的又一个切入点。目前国外一些研究机构通过研究认为，中国和东南亚地区是目前全球最大的海洋塑料垃圾输出地区，并因此对我国等进行指责。对于国外的这种认识，我国国内尚未有人员和研究机构对此问题开展过深入详细的研究，导致无法进行有力的驳斥，这对我国的发展十分不利。因此，我国需要尽快开展相关研究，以应对相关国际舆论及可能存在的环境挑战。

8.7.3　规划制定中形成广泛的参与机制

国家海洋政策或规划中的内容非常广泛，尤其在实施过程中涉及很多部门，因此规划的编制应当吸收各部门、各地区、各种类型人员广泛参与，这对国家政策的全面性和可行性是至关重要的。国家海洋政策或规划起草过程中也应充分发挥参与机制。规划在制定框架以及初稿完成等不同阶段，可在涉海各产业或沿海地区等不同范围内广泛征求意见，对反馈意见应认真研究，综合分析。在规划编制过程中采取多轮征求意见的形式，对确保规划的科学性和合理性将非常有效。逐步形成并完善社会公众的参与制度。对于国家重要政策的制定和实施，很多国家非常重视社会公众的意见，而且国家建立了完善的公众参与制度，保障公众的意见得到应有的尊重，这是值得我国借鉴和学习的。在海洋规划制定前、中、后各个阶段，都应广泛听取广大群众的意见。可以利用座谈会、媒体、网络等多种途径向社会公示，发动群众，动员群众，积极听取他们的意见和建议。这样不仅提高了海洋规划的开放度、透明度，也增强了海洋规划实施的可信度。

8.7.4　强化对规划实施的跟踪监督和评价

国家海洋政策或规划的有效期一般是多年，制定的目标和任务也是长期的。因此，在规划实施过程中要保持跟踪监督，并对完成情况进行评价。评价的内容包括规划的目标、规划的执行状况、与其他规划的联系、需要通过规划解决的问题等。可以成立由多部门联合组成的监督检查组，以多种形式不定期地检查和监督规划的执行情况，定期向社会公布规划的年度执行进度和效果，必要时提出调整、修改规划的意见。制定规划的年度实施方案，根据此方案制订年度计划。建立健全定期检查汇报制度，通过这一制度对规划执行过程进行有效控制。只有建立完善的监督检查机制，并根据检查结果，对规划不断调整和完善，才能确保高质量、如期完成规划制定的目标和任务。

致谢：本章提到的国外海洋科学研究计划主要参考了中国科学院兰州文献情报中心情报研究团队对国际海洋科学研究的系统监测成果（参见《科学研究动态监测快报——地球科学专辑》《科学研究动态监测快报——资源环境专辑》），王金平、高峰、陈春、王立伟、张树良、鲁景亮、廖琴、刘燕飞、安培浚、赵纪东、刘文浩、吴秀平等同事做了大量信息监测与翻译工作；中国科学院深海科学与工程研究所吴时国研究员、自然资源部第二海洋研究所丁巍伟研究员对本章进行了审阅，在此一并表示感谢！

参 考 文 献

白春礼，王克迪，潘教峰. 2016. 中共中央党校教材：当代世界科技. 北京：中共中央党校出版社.
发达国家科技计划管理机制研究课题组. 2016. 发达国家科技计划管理机制研究. 北京：科学出版社：
　226-231.
高峰，冯志钢，王凡. 2017. 海洋科学领域发展观察//中国科学院. 2017 科学发展报告. 北京：科学出版社：
　274-282.
郭松峤. 2017. 党的十八大以来海洋经济发展政策持续发力. http://www.oceanol.com/fazhi/201709/19/

c68472.html[2017-09-19].

国家海洋局. 2017. 国家海洋局关于印发《海洋可再生能源发展"十三五"规划》的通知. http://www.soa. gov.cn/zwgk/zcgh/kxcg/201701/t20170112_54473.html[2017-01-12].

国家自然科学基金委员会，中国科学院. 2012. 未来 10 年中国学科发展战略·海洋科学. 北京：科学出版社.

海洋开発分科会. 2009. 海洋鉱物資源開発に関連した審議について. http://www.mext.go.jp/b_menu/ shingi/gijyutu/gijyutu5/attach/1290349.htm[2009-12-30].

科技部，国土资源部，海洋局. 2017. "十三五"海洋领域科技创新专项规划. http://www.most.gov.cn/ mostinfo/xinxifenlei/fgzc/gfxwj/gfxwj2017/201705/t20170517_132854.htm[2017-05-08].

刘学，郑军卫. 2015. 世界著名科学院思想库咨询项目的组织管理机制与启示. 科学管理研究，33（5）：112-115.

日本の文部科学省. 2017. 海洋科学技術に係る研究開発計画. http://www.mext.go.jp/b_menu/shingi/ gijyutu/gijyutu5/reports/1382579.htm[2017-01-26].

石莉，桂静，吴克勤. 2011. 海洋酸化及国际研究动态. 海洋科学进展，29（1）：122-128.

许丽娜，毕亚林，程传周. 2014. 我国现行海洋政策类型分析. 海洋开发与管理，（1）：9-13.

郑军卫，王立伟. 2013. 深海探测的新纪元即将到来. 中国科学院院刊，28（5）：598-600.

中国科学院. 2013. 科技发展新态势与面向 2020 年的战略选择. 北京：科学出版社：182.

中国科学院海洋领域战略研究组. 2009. 中国至 2050 年海洋科技发展路线图. 北京：科学出版社.

中华人民共和国国务院新闻办公室. 2018. 《中国的北极政策》白皮书. http://www.fmprc.gov.cn/ce/ ceno/ chn/zjsg/sgxw/t1529452.htm[2018-01-26].

AIMS（Australian Institute of Marine Science）. 2015. AIMS Strategic Plan 2015-25. http://www.aims.gov. au/ documents/30301/0/AIMS+Strategic+Plan+2015-2025[2015-04-09].

AIMS（Australian Institute of Marine Science）. 2016. AIMS Corporate Plan 2016-2020. http://www.aims.gov. au/documents/30301/22713/Corporate+Plan+16-20_Aug29-sm.pdf/415b878b-9d51-4bf1-8e08-80e0b5eee9b6 [2016-08-29].

Australia Department of the Environment. 2014. Reef 2050 Long-Term Sustainability Plan. http://www. environment.gov.au/marine/great-barrier-reef/long-term-sustainability-plan[2014-09-25].

Australian Academy of Science. 2015. National Marine Science Plan：Driving the development of Australia's blue economy. http://frdc.com.au/environment/NMSC-WHITE/Documents/NMSP%202015-2025%20report. pdf[2015-08-10].

Australian Government Department of the Environment and Energy. 2015. Reef 2050 Long-Term Sustainability Plan. http://www.environment.gov.au/marine/gbr/publications/reef-2050-long-term-sustainability-plan[2015-03-30].

Australian Government Department of the Environment and Energy. 2017. Draft Threat Abatement Plan for the Impacts of Marine Debris on Vertebrate Marine Species. http://www.environment.gov.au/biodiversity/ threatened/threat-abatement-plans/draft-marine-debris-2017[2017-01-16].

Australian Government. 2014. 20 Year Australian Antarctic Strategic Plan. http://20yearplan.antarctica.gov.au/ news/release-of-20-year-australian-antarctic - strategic-plan-report[2014-10-10].

BOEM（Bureau of Ocean Energy Management）. 2016. Mid-Atlantic Regional Ocean Action Plan. http://www. boem.gov/Ocean-Action-Plan/[2016-10-28].

British Antarctic Survey. 2017. Antarctic Marine Life may Grow Faster in a Warming World. https://www. bas. ac.uk/media-post/antarctic-marine-life-may-grow-faster-in-a-warming-world/[2017-08-31].

ESF，Marine Board. 2010. Marine Renewable Energy. http://marineboard.eu/sites/marineboard.eu/files/public/ publication/Marine%20Renewable%20Energy-6.pdf[2010-10-31].

EU. 2013. Towards a Strategic Research Agenda/ Marine Research Plan for the European Atlantic Sea Basin. http://www.seas-era.eu/np4/%7B$clientServletPath%7D/?newsId=19&fileName=SEAS_ERA_D_6.1.4_Atlantic_ Report_FINAL_2.pdf[2013-11-30].

EU. 2016. An Integrated European Union Policy for the Arctic. http://www.eeas.europa.eu/arctic_region/ docs/ 160427_joint-communication-an-integrated-european-union-policy-for-the-arctic_en.pdf[2016-04-27].

Fasullo J T，Nerem R S，Hamlington B. 2016. Is the detection of accelerated sea level rise imminent? Scientific Reports，6：1-6.

G20 Information Centre. 2017. G20 Leaders' Declaration：Shaping an Interconnected World. http://www.g20. utoronto.ca/2017/2017-G20-leaders-declaration.html[2017-07-08].

GAO（United States Government Accountability Office）. 2014. Ocean Acidification：Federal Response Under Way，but Actions Needed to Understand and Address Potential Impacts. http://www.gao.gov/assets/670/ 665777.pdf[2014-10-14].

Goffredi S，Johnson S，Tunnicliffe V，et al. 2017. Hydrothermal vent fields discovered in the southern Gulf of California clarify role of habitat in augmenting regional diversity. Proceedings of the Royal Society B：Biological Sciences，284：20170817.

HM Government. 2010. Marine Energy Action Plan 2010. http://webarchive.nationalarchives.gov.uk/ 20120803193553/http://www.decc.gov.uk/assets/decc/what%20we%20do/uk%20energy%20supply/energy%20mix/ renewable%20energy/explained/wave_tidal/1_20100317102353_e_@@_marineactionplan.pdf[2010-03-31].

Hunter-Cevera K R，Neubert M G，Olson R J，et al. 2016. Physiological and ecological drivers of early spring blooms of a coastal phytoplankter. Science，354（6310）：326-329.

IEA. 2011. An International Vision for Ocean Energy. http://www.ocean-energy-systems.org/documents/ 14015_brochure_v18_final.pdf/[2011-09-26].

Ifremer. 2008. Ifremer's Strategic Plan for 2020. https://wwz.ifremer.fr/content/download/13104/198137/ file/ brochure_strat_uk09.pdf[2008-12-30].

Institute for European Environmental Policy. 2017. G20 Adopts T20 Recommendations on Plastics and Marine Litter. https://ieep.eu/news/g20-adopts-t20-recommendations-on-plastics-and-marine-litter[2017-09-18].

InterRidge. 2012. Abyssal Horizons：A Plan for the Third Decade of InterRidge. http://www.interridge.org/ files/ interridge/IR_Third_Decade_draft_1.pdf[2012-03-28].

IOC-UNESCO. 2017. Proposal for an International Decade of Ocean Science for Sustainable Development （2021-2030）. http://www.unesco.org/new/fileadmin/MULTIMEDIA/HQ/SC/pdf/IOC_Gatefold_Decade_ Single Panels_PRINT.pdf[2017-06-09].

IOC-UNESCO. 2018. Roadmap for the UN Decade of Ocean Science for Sustainable Development. https://en. unesco.org/ocean-decade[2018-02-19].

IODP（International Ocean Discovery Program）. 2011. The International Ocean Discovery Program Science Plan for 2013-2023. http://www.iodp.org/Science-Plan-for-2013-2023[2011-06-02].

Irish Marine Institute. 2016. Towards a Marine Research&Innovation Strategy 2021. http://www.marine.ie/

Home/sites/default/files/MIFiles/Docs_Comms/Consutlation%20Document%20Draft%20National%20Marin e%20Research%20and%20Innovation%20Strategy%202021_0.pdf[2016-12-09].

Irish Marine Institute. 2017. National Marine Research & Innovation Strategy 2017-2021. https://www.marine. ie/Home/sites/default/files/MIFiles/Docs/ResearchFunding/Print%20Version%20National%20Marine%20Res earch%20%26%20Innovation%20Strategy%202021.pdf[2017-06-29].

IUCN. 2016. Explaining Ocean Warming：Causes，Scale，Effects and Consequences. https://portals.iucn.org/ library/sites/library/files/documents/2016-046_0.pdf[2016-09-30].

JAMSTEC. 2017. Deep-sea Hydrothermal Systems are"Natural Power Plants". http://www.jamstec.go.jp/e/ about/press_release/20170428/[2017-04-28].

Lubchenco J，Grorud-Colvert K. 2015. Making waves：The science and politics of ocean protection. Science，350（6259）：382-383.

MEXT（Ministry of Education，Culture，Sports，Science and Technology-Japan）. 2015. Arctic Challenge for Sustainability Project. http: // www.mext.go.jp/component/a_menu/science/micro_detail/__icsFiles/afieldfile/ 2015/02/27/1355404_1_1.pdf[2016-05-26].

MFO（Minister of Fisheries and Oceans），Canadian Coast Guard，Environment and Climate Change. 2016. Canada's Oceans Protection Plan. http://www.tc.gc.ca/media/documents/communications-eng/oceans-protection-plan.pdf[2016-11-07].

MMO（Marine Management Organisation）. 2013. Draft East Inshore and East Offshore marine plans. http://www.marinemanagement.org.uk/marineplanning/areas/documents/east_draftplans.pdf[2013-07-19].

MMO（Marine Management Organisation）. 2014a. East Marine Plan Implementation and Monitoring Plan. https:// www.gov.uk/government/uploads/system/uploads/attachment_data/file/549922/East_Marine_Plan_implementation_ and_monitoring_plan.pdf[2014-06-30].

MMO（Marine Management Organisation）. 2014b. Marine Planning and Development. https://www.gov.uk/ guidance/marine-plans-development[2014-06-11].

MMO（Marine Management Organisation）. 2017. Three-year Report on the East Marine Plans. https://www.gov. uk/government/uploads/system/uploads/attachment_data/file/604900/east-marine-plans-three-year-progress-report.pdf[2017-03-31].

MSCC（Marine Science Co-ordination Committee）. 2010. UK Marine Science Strategy. https://www.gov.uk/ government/uploads/system/uploads/attachment_data/file/183310/mscc-strategy.pdf[2010-02-28].

NAS . 2014. Gulf Research Program：A Strategic Vision. http://www.nationalacademies.org/cs/groups/gulfsite/ documents/webpage/gulf_152109.pdf[2014-09-16].

NERL（National Renewable Energy Laboratory）. 2010. The United States Marine Hydrokinetic Renewable Energy Technology Roadmap. http://www.ptmaritima.org/documentos/2010_nrel_marine_roadmap_presentation. pdf[2010-04-13].

NMSC（National Marine Science Committee）. 2013. Marine Nation 2025：Marine Science to Support Australia's Blue Economy. http://www.aims.gov.au/opsag[2013-03-20].

NOAA. 2010. NOAA's Next-Generation Strategic Plan. http://www.performance.noaa.gov/wp-content/ uploads/ NOAA_NGSP.pdf[2010-06-30].

NOAA. 2014. NOAA's Arctic Action Plan. https://www.afsc.noaa.gov/Publications/misc_pdf/ NOAAarcticactionplan 2014.pdf[2014-04-21].

Northeast Ocean Planning. 2016. Northeast Ocean Plan. http://neoceanplanning.org/plan/[2016-10-14].

NRC. 2009. Oceanography in 2025. http://www.nap.edu/catalog.php?record_id=12627[2009-01-09].

NRC. 2015. Sea Change：2015-2025 Decadal Survey of Ocean Sciences. http://download.nap.edu/cart/download.cgi?&record_id=21655[2015-01-30].

NSTC（National Science and Technology Council）. 2014. Strategic Plan for Federal Research and Monitoring of Ocean Acidification. https://www.nodc.noaa.gov/oceanacidification/support/IWGOA_Strategic_Plan.pdf[2014-03-30].

NSTC. 2015. Progress Made in Implementing the Ocean and Coastal Mapping Integration Act：2011-2014. https://www.whitehouse.gov/sites/default/files/microsites/ostp/NSTC/ocean_mapping_2015_-_final.pdf[2015-04-23].

NSTC-IARPC. 2016. Arctic Research Plan：FY2017-2021. https://www.whitehouse.gov/sites/default/files/microsites/ostp/NSTC/iarpc_arctic_research_plan.pdf[2016-12-28].

ORECCA （Offshore Renewable Energy Conversion Platform Coordination Action）. 2011. EU offshore Renewable Energy Roadmap. http://www.orecca.eu/roadmap_full[2011-11-30].

OREG. 2011. Charting the Course Canada's Marine Renewable Energy Technology Roadmap. http://www. oreg. ca/web_documents/mre_roadmap_e.pdf[2011-11-30].

OSTP. 2016. Implementation of the Strategic Plan for Federal Research and Monitoring of Ocean Acidification. https://www.whitehouse.gov/sites/default/files/microsites/ostp/NSTC/implementation_plan_of_the_strategic_plan_for_federal_research_and_monitoring_for_ocean_acidification.pdf[2016-12-31].

Ramirez F，Afán I，Davis L S，et al. 2017. Climate impacts on global hot spots of marine biodiversity. Science Advances，3（2）：1-7.

Rudd M A. 2014. Scientist's perspectives on global ocean research prioritics. Frontiers in Marine Science，1 （36）：1-20.

Sebille E，Wilcox C，Lebreton L，et al. 2015. A global inventory of small floating plastic debris. Environmental Research Letters，10（12）：124006.

SOLAS. 2015. SOLAS 2015-2025：Science Plan and Organisation. http://www.solas- int.org/files/solas-int/content/downloads/About/Future%20SOLAS/SOLAS%202015-2025_Science%20Plan%20and%20Organisation_under%20review_March_2015.pdf[2015-03-13].

UKERC （UK Energy Research Centre）. 2009. UKERC Marine （Wave and Tidal Current） Renewable Energy Technology Roadmap. http://ukerc.rl.ac.uk/Roadmaps/Marine/Tech_roadmap_summary%20HJMWMM.pdf [2009-05-31].

UNESCO. 2017. Global Ocean Science Report：The Current Status of Ocean Science around the World. https://oceanconference.un.org/[2017-06-08].

WMO. 2016. Jason-3 satellite to monitor oceans. https://www.wmo.int/media/content/jason-3-satellite-monitor-oceans[2016-01-16].

第9章
资源生态环境科技领域发展规划分析

熊永兰[1]　吴秀平[2]　刘　学[2]　郑军卫[2]

（1.中国科学院成都文献情报中心，2.中国科学院西北生态环境资
源研究院兰州文献情报中心）

摘　要　资源生态环境领域是一个重要的交叉性基础研究领域，与人类的生存和发展密切相关，涉及资源科学、生态学、环境科学、气候变化、灾害研究、水资源和可持续发展等诸多学科。为了科学合理地利用各种资源，解决资源生态环境的突出问题，国际社会和发达国家都十分重视资源生态环境科技领域发展规划的制定和实施。本章综合分析对比了国际主要组织和发达国家在矿产资源、水文与水资源、气候变化、生态科学、环境科学、灾害防治、可持续发展等领域主要规划的研究内容和发展方向，对代表性重要规划进行了剖析，并对比我国相关领域的发展规划，取长补短，进而提出了我国未来规划制定、实施和管理方面需要完善的建议，为提升我国资源环境科技水平与相关产业国际竞争力，建设社会主义生态文明提供重要的科技支撑。

在资源生态环境科技领域，国际上具有代表性的重要规划大都依法而设立，并通过一套完善的组织管理框架来组织实施；在实施的时间尺度上都具有长期性；会定期对规划的执行情况进行评估，评估的内容包括已取得的成就和存在的问题以及改进措施；鼓励和重视利益相关者参与到规划的前期论证、制订和实施的各个阶段。与国际主要组织和国家的规划相比，我国在资源生态环境科技领域应重点加强农业气候变化的适应性，提高预测气候变化影响的能力；完善空气质量检测技术，提高空气质量；注重公众对生态服务数据的获得性，建立自然价值评估网络；增强城市用水预报，对河流及用水安全建立针对性的决策支持工具模型；完善风险知识基础，建立全民参与式的灾害防范措施；注重对环境退化驱动因素分析，确保粮食生产满足人类需求；重视海底矿产资源的勘探以及加强地球动力学和成矿演化方面的研究。针对我国在资源生态环境科技领域规划的制定、实施和管理方

面的现状，建议：规划内容要进一步提高前瞻性，瞄准国际前沿；通过法律保障科技规划的完整性和长期稳定性；加强规划的定期评估与修正；重视和吸纳利益相关者的参与。

关键词　资源生态环境　科技规划　研究前沿　组织管理

9.1　引言

　　科技是解决资源生态环境问题的利器。自可持续发展成为人类社会的共同目标后，资源生态环境科技的发展便焕发出与日俱增的活力。资源生态环境科学以人地耦合的陆地表层为核心研究对象，运用地球科学、化学、生物学、计算机科学、工程技术科学和社会科学等学科的知识和技术手段，研究在自然条件和人类活动影响下陆地表层资源和环境的演变过程、相互关系及其观测和调控原理，揭示陆地表层系统资源的形成和演化规律、各类环境问题的发生发展规律及区域可持续发展规律的应用基础科学（国家自然科学基金委员会和中国科学院，2011）。参考《未来10年中国学科发展战略·资源与环境科学》，以对象和领域为框架，可以将资源生态环境科技体系划分为矿产资源、水文与水资源、气候变化、生态科学、环境科学、灾害防治、可持续发展等领域。资源生态环境科技能帮我们理解生命有机体与环境（包括自然要素与人文要素）之间相互影响的方式，有助于环境影响和资源消耗最小化，以最小的投入获得最大的经济产出，从而实现人类的可持续发展。资源生态环境科技领域的发展规划可针对当前资源环境科技中存在的主要问题，面向未来的发展趋势，制定正确的发展方向和发展目标，提出重点解决的科技问题，并调动一切积极因素，合理利用各种资源，提高科研效率和产出，切实解决资源生态环境的突出问题。国际社会和发达国家都十分重视资源环境科技领域发展规划的制定和实施。这些规划涉及资源环境领域的各个方面，一些规划甚至延续了几十年，比如联合国教育、科学及文化组织（UNESCO）制定并实施的始于1964年的国际水文计划（IHP），目前正在执行第八阶段计划；美国制定并实施的始于1989年的美国《全球变化研究计划》，目前正在实施其2012～2021年战略规划。这些规划在解决全球、区域或国家层面的资源生态环境问题中发挥着重要的作用。

　　近些年来，我国资源生态环境科技发展迅速，已建立起较为完整的资源生态环境科技体系，为环境保护和资源的可持续利用提供了有力的科技支撑，但是整体研究水平与发达国家相比尚存诸多不足。我国大部分资源生态环境科技基础研究与技术研发处于跟跑状态（科技部等，2017）。因此，为了促进实现关键科学问题的突破和加快掌握重大核心关键技术，提升我国资源环境科技水平与环保产业国际竞争力，我们通过分析资源生态环境领域的国际组织和发达国家近年来制定的发展规划,了解国际资源生态环境科技领域未来的发展方向和重点以及重大规划编制与组织实施的特点,为我国提前谋划、部署和实施生态环境领域发展规划提供科学参考。

9.2 资源生态环境科技领域发展概述

9.2.1 发展现状

空气污染、土壤污染和海洋塑料污染仍然是环境污染关注的焦点,对污染与健康关系的认识以及污染的防治技术在不断取得突破。大气污染程度与发生自闭症风险之间的关联、空气污染与寿命的关系、空气污染与低出生体重婴儿之间的关系、儿童先天性心脏缺陷可能与其母亲在孕期对特定环境毒素的暴露有关、空气污染与癌症之间的关系等。全球范围内室外空气污染每年导致约 300 万人过早死亡。如果各国不采取严厉的管制措施,预计到 2050 年全球因室外空气污染而过早死亡的人数将达到 660 万(Lelieveld et al.,2015)。环境友好型的土壤修复技术和可生物降解海洋塑料的清洁技术将进一步改善生态环境,用活性炭清除土壤中的汞是一种新的低成本、无害的减少汞暴露风险的方法。

近年来,全球生物多样性面临不断丧失的威胁。2016 年研究显示,全球生物多样性已降至 90%的安全阈值。自然为人类提供了每年价值万亿元的资本,但与社会、金融资本相比,并没有被全面地认识和评估,而且其被利用的方式也是不可持续的。如何更好地将自然资本价值纳入资源管理决策中去已成为全球关注的焦点。

尽管有关气候变化的争论仍然存在,但是"全球变暖从未停止"这一认识进一步得到确认,有关适应与恢复力的研究日益加强,新一轮的气候变化协定《巴黎协定》为 2020 年后全球应对气候变化行动做出安排,气候变化影响着地球系统的各个要素,研究气候变化与其他要素之间的相互作用是当前的热点。

在全球变暖的大背景下,受厄尔尼诺的影响,洪涝和干旱灾害分布式发生形势日益受到重视,科学界加大力度预测厄尔尼诺的未来发展趋势及其对全球旱涝灾害产生的影响。极端环境事件的归因研究热度不断提升,人为气候变化诱发极端事件,以及气候灾害、洪水等极端事件归因等科学研究方面继续取得相关研究成果。在 2015 年通过的《2015—2030年仙台减少灾害风险框架》的基础上,相关国家和国际机构陆续开始制定相关政策,布局相关减灾行动。

全球水资源短缺日益严峻,全球淡水资源供应不足以及污染问题不断加剧,水资源短缺对当前世界人口生存与发展的威胁几近处于无以复加的阶段。预计未来数十年,水资源压力还将进一步加大。地下水的过度开采将加剧全球水资源的短缺。目前，全球37个最大地下蓄水层中的21个水位已下降到可持续性临界点（NASA，2015），过度利用地下水资源会造成极严重的后果，比如引发地震、破坏林地、局地生态环境恶化等。水危机与粮食安全已逐渐成为全球面临的重要风险。水和能源已经成为很多国家可持续发展的制约因素。美国环保组织认为燃煤电厂有毒污染物成全美最大的水污染源：燃煤电厂每年向美国河流、湖泊和溪流倾倒数十亿磅的污染物（WNCA，2012）。美国民间智库机构公民社会研究所研究认为气候扰乱了水资源供应格局，美国能源生产面临缺水风险（Synapse Energy Economic，2013）。世界资源研究所指出中国煤电开发加剧水资源紧张：中国拟建的燃煤电厂有51%将建在水资源紧缺指数较高或极高的地区；拟建的电厂每年耗水多达100亿立方米（WRI，2013）。

随着世界人口的增长和经济社会的发展，人们对矿产资源的需求不断增长，特别是占世界人口4/5的发展中国家陆续步入工业化发展阶段，矿产资源的消耗更快更大，世界各国纷纷面临着矿产资源短缺与生态环境破坏等一系列问题。

未来地球计划的提出与进一步推进实施，催生着深入认识动态行星地球的科学突破，以及重大环境与发展问题的解决方案，为全球变化研究翻开了新的篇章。2015年是千年发展目标计划的收官之年，也是新的可持续发展目标启动之年。2015年联合国可持续发展峰会上通过的17个可持续发展目标将解决社会、经济和环境三个维度的发展问题，让全世界走上可持续发展道路。

9.2.2 研究现状

9.2.2.1 矿产资源领域

以Web of Science数据库为数据源，在科学引文索引扩展版（SCI-E）数据库采用主题检索（检索式为TS=（（mine or（（mining or excavat* or extract*）same（ore or mineral*））or "ore deposit" or "mineral deposit"）not oil not petroleum not coal not colliery not nuclear not uranium not gas not water not "data mining" not database* not "data base*" not weapon*））方式，检索article、proceedings paper、review和letter类型的文献，得到2012~2016年关于矿产资源研究的论文共21 498篇（数据库更新时间为2018年1月17日）。这5年间，SCI-E数据库收录的矿产资源国际发文整体呈稳步增长趋势，年均增长率为9.4%。中国发文量的增长速度高于国际平均水平，年均增长率为16%。

1. 研究力量分布

2012~2016年，该领域发文量最多的国家为中国，其次为美国，位于第三梯队的为澳大利亚、加拿大、德国、英国，这些国家的发文量均在1000篇以上（图9-1）。

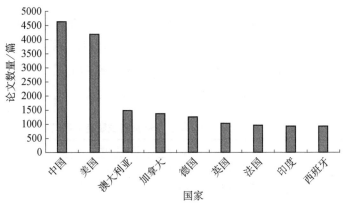

图 9-1 矿产资源领域主要国家发文情况

在全球范围内通过 SCI-E 文献检索获得矿产资源领域开展研究的主要机构中排名第一位的为中国科学院，其次为法国国家科学研究中心、美国加利福尼亚大学、俄罗斯科学院、中国中南大学、中国地质大学、西班牙国家研究理事会、西澳大利亚大学、澳大利亚昆士兰大学和印度科学与工业研究委员会。

2. 国际研究热点

矿产资源领域涉及的研究方向较多，大概有 100 个学科，在研究方向上除了工程学、环境科学、计算机科学和地质学外，还有矿物开采加工、地球化学、地球物理学、农学、化学、矿物学和冶金工程等学科方向。中国对矿产资源的研究主要集中在工程学和计算机科学方面，与国际上矿产资源研究学科相似但是侧重点不同（图 9-2）。

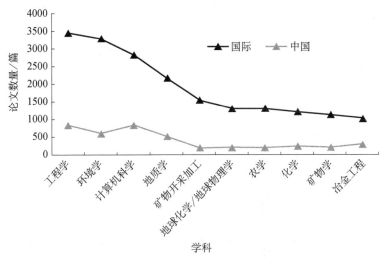

图 9-2 矿产资源领域主要学科发文情况

根据 Web of Science 数据库遴选出的国际矿产资源领域高被引论文、热点论文并结合矿产资源相关学科（地球科学多学科、采矿矿物处理、地球化学、地球物理、矿物学、工程化学、材料科学多学科、地质学、工程地质）（共 6056 篇文献），发现近年来"晶体结构、金及其成矿环境、采矿、地球化学、重矿物、砷矿物、镍及痕量元素"等均为矿产资源领域研究的共性热点主题，但是不同年份其研究主题也有所变化。比如2015～2016年对"金及其成矿环境、晶体结构、镍、铜"等矿产资源较为重视，研究相对较多，对"锆石开采、酸性矿物废水处置"等研究相对较少（表9-1）。

表9-1　2012～2016年矿产资源领域研究主题分布

年份	主要研究主题分布
2016	金及其成矿环境、晶体结构、地球化学、重矿物、镍、铜、采矿、砷矿物、新矿物、露天矿
2015	金及其成矿环境、晶体结构、采矿、地球化学、锆石开采、溶液入侵、浸出、痕量元素、酸性矿物废水、黄铁矿
2014	晶体结构、采矿、金及成矿环境、地球化学、砷矿物、锆石开采、新矿物、痕量元素、地震机制、酸性矿物废水
2013	晶体结构、采矿、新矿物、金及成矿环境、镍、重矿物、地球化学特征、砷矿物、硫化矿、痕量元素
2012	晶体结构、重矿物、金及其成矿环境、砷矿物、采矿、锆石矿业、地球化学、新矿物、痕量元素、矿石碎屑物处置

9.2.2.2　生态环境领域

以Web of Science数据库为数据源，在SCI-E数据库以研究方向ecology和environmental sciences检索article、proceedings paper、review和letter类型的文献，得到2012～2016年关于生态环境科学研究的论文共284 487篇（数据库更新时间为2017年7月13日）。这5年间，SCI-E数据库收录的环境科学研究文献数量除个别年份略有起伏之外，整体呈稳步增长趋势，年均增长率为7.5%。中国发文量的增长速度居首位，年均增长率为20.25%。

1. 研究力量分布

2012～2016年生态环境领域发文量最多的国家为美国，其次为中国，位于第三梯队的为英国、德国、加拿大、澳大利亚、西班牙、法国和意大利（图9-3）。

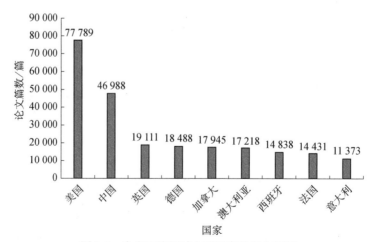

图9-3　生态环境领域主要国家的发文情况

在生态环境领域开展研究的主要机构中排名第一位的为中国科学院，其次为美国加利福尼亚大学、法国国家科学研究中心、西班牙国家研究理事会、美国农业部、美国地质调查局、佛罗里达大学、美国能源部、法国研究发展研究所和北卡来罗纳大学。

2. 国际研究热点

生态环境领域涉及的研究方向较多，大概有 86 个学科，在研究方向上除了环境科学和生态学外，还有工程环境学、水资源、生物多样性保护、演化生物学、环境研究、公共环境职业健康、气象与大气科学等（图 9-4）。与其他国家相比，中国关于环境工程和水资源方面的论文比例相对较高。

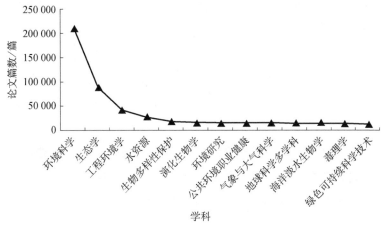

图 9-4　全球生态环境领域主要学科方向发文情况

根据 Web of Science 数据库遴选出的国际生态环境领域高被引论文（共 3851 篇），近年来主要围绕"气候变化及其适应性"的研究论文迅速增加，有关"生物多样性、生态系统服务、吸附作用、生物保护、重金属、废水、空气污染"等仍然是研究的重点。美国、英国、德国、澳大利亚、加拿大、荷兰、法国、西班牙和瑞士研究主要以"气候变化及其适应性"相关的研究为主。中国的研究热点主要集中在"吸附作用、生物炭、重金属、光催化作用、$PM_{2.5}$ 和可持续发展"等方向（表 9-2）。

表 9-2　2012~2016 年生态环境领域研究主题分布

年份	主要研究主题分布
2016	气候变化、吸附作用、中国、重金属、生物炭、适应性、生物多样性、城市化、废水、全球变化、可持续性、空气污染、氧化压力、土地利用变化、环境影响、生态系统服务、监测
2015	气候变化、吸附作用、生物多样性、生态系统服务、适应性、中国、重金属、毒理性、微塑料、生物炭、鱼类、光催化作用、土地利用、可持续性、生物保护、入侵物种、授粉、农业
2014	气候变化、生态系统服务、中国、药品、吸附作用、生物多样性、元分析、重金属、微塑料、物种形成、污染、废水、遥感、温度、适应性、生命周期评估
2013	气候变化、元分析、生物多样性、土地利用变化、温度、可持续发展、农业、弹性恢复、入侵物种、二氧化碳释放、物种分布模型、吸附作用、沉积物、适应性、生物炭、动力学、全球变暖
2012	气候变化、吸附作用、生态系统服务、生物多样性、物种分布模型、元分析、适应性、中国、物种形成、焦磷酸测序、可持续性、药品、二氧化碳释放、重金属、纳米颗粒、空气污染、保存

9.2.3 发展趋势

"后 Rio+20 时代"将使地球系统从经济、社会和环境三者的相互影响阶段迈向协调发展阶段。环境问题、绿色经济、生态系统管理、气候变化、水危机与粮食安全等成为"后 Rio+20 时代"关注的核心问题。

全球各种生态环境问题呈现出一种相互交织渗透、关联性不断增强的趋势。例如，全球气候变暖可使极地冰川融化，海平面上升，从而导致海洋生态系统变化；气候变暖还可能改变动植物生境，影响陆地生态系统及其服务功能；造成极端异常气候，产生旱涝灾害，加剧水资源分配不平衡，影响土地利用等。土地退化、荒漠化与生物多样性保护紧密相关。预计到 2030 年，世界人口增长到 80 亿，人类将要面临日益增长的能源和食品的需求与水资源短缺的危机。而目前，全球稀缺的淡水资源、不稳定的粮食供应和日益猛增的能源需求，这三者之间复杂的相互作用，正在困扰着整个世界的经济发展和环境健康。

同时，全球生态环境问题的泛政治化、经济化、法制化与机构化趋势日益明显，比如气候变化问题。这样的发展趋势增加了问题解决的难度，需要统筹考虑这些问题，制定可持续的政策路径需要在国际和国家水平上同时考虑经济、贸易、能源、农业、工业以及其他部门的综合措施。

9.3 资源生态环境科技领域规划研究内容与方向

我们主要从矿产资源、水文与水资源、气候变化、生态科学、环境科学、灾害防治和可持续发展几个重要的学科和研究方向来阐述生态环境科技领域规划的研究内容与方向。

9.3.1 矿产资源领域

9.3.1.1 美国

2012 年 5 月，美国地质调查局（USGS）发布《能源和矿产资源科学战略》（Ferrero et al.，2012），提出了面向未来 10 年的 5 个相互关联的科学目标：①认识能源和矿产资源形成的基础地球过程：地质与构造框架研究，能源与矿产系统的演化，对边远区域的研究；②认识能源和矿产资源及其废弃物的环境行为；③提供能源和矿产资源清单及评估；④了解能源和矿产资源开发对其他自然资源的影响；⑤认识能源和矿产资源供应的有效性与可靠性。

9.3.1.2　加拿大

2013 年 6 月，由加拿大西北地区政府（Government of the Northwest Territories，GNWT）等机构共同推动的针对西北地区的首份矿业发展战略（Mineral Development Strategy，MDS）——《加拿大西北地区矿业发展战略》出台（PMD，2013）。其未来矿业发展战略涉及五个重要方面。①创造竞争优势：构建公共地球科学信息，制订勘探激励计划，加强市场和投资，加强基础设施和能源建设；②创建新的管理环境：提升法规的明确性和确定性，改善客户服务和决策响应；③提高土著居民的参与能力和加强能力建设；④可持续发展：加强土地利用规划，保护环境，建设可持续发展的社区，提升业务能力和机遇，设立遗产基金；⑤劳动力发展和公众意识：开发北方劳动力，加强教育、培训和提升技能，提高公众意识。

9.3.1.3　澳大利亚

揭开澳大利亚隐藏的矿产潜力：产业路线图。2015 年 7 月 22 日，澳大利亚 AMIRA 矿业公司发布未来 20 年矿业路线图 [《隐伏矿勘探路线路》（*Roadmap for Exploration Under Cover*）]（AMIRA，2015），提出了未来探矿的六大挑战：①揭示澳大利亚大陆盖层；②研究澳大利亚岩石圈结构；③分析澳大利亚四维地球动力学和成矿演化过程；④追踪和监测矿床的运移足迹；⑤分析隐伏矿勘探的成本和回报；⑥为提高勘探成功率所必需的研究、教育与培训。同时，还提出了为改进绿地和覆盖区区域的探矿需开展的 16 项优先研究，详见表 9-3。

表 9-3　《隐伏矿勘探路线图》第一阶段中 16 项优先研究领域

研究领域	优先级
了解盖层类型、年龄和厚度，编制地质和古夷平面 3D 图集	最高
利用新型航空电磁系统的成像进行基底深度计算和盖层特征分析	最高
整合众多模型与数据以构建澳大利亚整个岩石圈的 3D 结构	最高
加快完成国家 AusLAMP 长期项目	最高
提升对不同矿种与成矿类型中多尺度成矿体系的认识与了解	最高
表征与绘制整个成矿系统的运移足迹	最高
通过大陆钻探计划，对盖层/古夷平面和基底进行采样	高
提升和细化对盖层矿化序列的地球化学分散模式的认识	高
绘制当前岩石圈结构和盆地金属资源分布图	高
数据采集——澳大利亚地震台阵	高
获取垂直方向上网格间距为 4 千米的重力数据	高
生成并更新对整个澳大利亚岩石圈的 3D 结构解释	高

研究领域	优先级
通过 Strat 钻探计划，采集一些矿点、重要盆地和隐伏盆地基底的地质年代数据	高
增加对澳大利亚岩石圈的地球动力学演化的理解	高
开发新工具以理解和评估特定地质、构造和成矿事件中矿产资源潜力	高
最大限度获取检测信号并提升检测水平和能力	高

9.3.1.4 挪威

2013 年 8 月，挪威贸易与工业部（Norwegian Ministry of Trade and Industry，NMTI）发布了《挪威矿业发展战略》（*Strategy for the Mineral Industry*）（NMTI，2013）。政府提出了矿业的未来发展远景：①使矿业盈利的同时，具有较强的价值创造能力和良好的成长性；②使挪威矿业成为世界上最环保的矿业，并积极寻求未来的环保解决方案；③对挪威所有国家级、地区级和市级行政机构而言，应具有处理矿业领域相关问题的可预见的、高效的管理程序和法规；④通过矿床地质测绘、矿产信息的获取、矿业机构的可持续发展规划以及专业的技术人才等不断加强挪威矿业的成长。战略优先领域包括：①矿产资源测绘；②投资与资本获取；③教育和专业技术；④研究与发展；⑤环境保护；⑥声誉、社会责任和地方社区；⑦矿业活动的可预测框架；⑧海底矿产资源；⑨萨米人居住区的矿业活动。

9.3.1.5 欧盟

2013 年 2 月 12 日，欧盟委员会工业和企业委员安东尼奥·塔亚尼启动《原材料欧洲创新伙伴计划》（*EIP on Raw Materials*），与成员国及其他利益攸关者一道，致力于到 2020 年将欧洲打造成为全球原材料勘探、开采、加工、循环以及替代利用的领军者。同年 9 月，该计划高层领导小组发布战略执行计划，内容包括：采用 3D 地质数据及最新地质模型等具有较高成本效益的开采技术；提高自动化水平减少工人风险；采用原地浸析和生物技术等创新方式减少废料的产生；采用高端冶炼技术加工低品质矿和复合矿；开发重要工业原料的替代产品；提高废物排放标准以及加强国际合作等（EIP，2013）。

9.3.1.6 小结

矿产资源战略规划主要来自挪威、加拿大、澳大利亚、美国和欧盟等国家/地区。挪威主要开发和勘探海底矿产资源及海底火山区域的金属矿床。加拿大矿产资源布局着重保证北方人民从矿业发展中获利，并维持矿业对西北地区的经济贡献。澳大利亚主要分析地球动力学和成矿演化，并进行与勘探相关的教育与培训。美国战略规划主要围绕矿产资源形成的过程研究，提供矿产资源清单；了解能源开发对环境及其他自然资源的影响，认识能源勘探、开发及其废弃物相关的环境行为。

9.3.2　水文与水资源领域

9.3.2.1　国际组织

1. 联合国教育、科学及文化组织《国际水文计划第八阶段战略计划——水安全：应对地方、区域和全球挑战》

2013 年 11 月 18 日，联合国教育、科学及文化组织发布《国际水文计划第八阶段战略计划——水安全：应对地方、区域和全球挑战（2014—2021）》（*IHP-Ⅷ: Water Security: Responses to Local regional and Global Challenges（2014-2021）*，简称 *IHP-Ⅷ*）（UNESCO，2013）。*IHP-Ⅷ* 的主要目标之一就是通过促进信息和经验转化来满足地方和区域对全球变化适应工具的需求，并加强能力建设以满足当今全球水资源挑战所带来的挑战，从而将科学转化为行动。*IHP-Ⅷ* 主要包括 6 个主题，每个主题下包括 5 个重点领域（表 9-4）。

表 9-4　*IHP-Ⅷ* 的主题及其重点领域

主题	重点领域
主题 1：与水相关的灾害和水文变化	开展风险管理，以适应全球变化
	理解人类和自然过程的耦合
	从全球和局地的地球观测系统中获益
	解决不确定性并促进其沟通交流
	夯实水文和水资源科学的科学依据，以准备和应对极端水文事件
主题 2：变化环境中的地下水	加强地下水资源的可持续管理
	制定含水层补给管理战略
	适应气候变化对含水层系统的影响
	促进地下水水质保护
	促进跨界含水层管理
主题 3：解决水短缺和水质问题	促进水资源的治理、规划、管理、分配和高效利用
	应对当前的水短缺并制定远景规划，以防止向不良趋势发展
	改进方法以解决冲突，并促进利益相关者的参与和提升其意识
	在水资源综合管理（IWRM）框架内解决水质和污染问题——提升法律、政策、制度和人的能力
	促进创新方法的发展以确保水供给的安全性和控制污染
主题 4：水和人类住区的未来发展	富于创造性和革命性的方法与技术
	综合管理方法的系统性改变
	制定制度并领导转变与融合
	发展中国家新兴城市的机遇
	农村人居环境的集成开发
主题 5：生态水文学——面向可持续世界的协调管理	流域水文学方面的内容——确定面向可持续发展的潜在威胁和机遇
	塑造流域生态结构以提升生态系统潜力——生物生产力和生物多样性
	提升水与生态系统恢复力和生态系统服务的生态水文学系统解决方案和生态工程
	城市生态水文学——城市景观中的雨水净化和收集，提升生活健康度和质量的潜力
	生态水文调控，以维持和恢复陆地到海岸的连通性及生态系统功能

续表

主题	重点领域
主题6：水资源教育——水安全的关键	加强水务部门的水资源高等教育，并提升其专业能力
	开展职业教育和对水技术人员的培训
	对儿童和青少年的水教育
	通过非正规的水资源教育，提升对水问题的认识
	对跨界水合作与治理的教育

2. 世界卫生组织《2013—2020 年水质与卫生战略》

2013 年 4 月 13 日，世界卫生组织（WHO）发布了《2013—2020 年水质与卫生战略》（*Water Quality and Health Strategy 2013-2020*）报告（WHO，2013），提出了 5 个战略目标，每一个战略目标中都界定了 WHO 的主要职责和相关的成果。

1）提供最新和统一的水质管理准则和支撑资源

（1）评估准则的制定，并建立可以优化这些流程和支持协调发展的工作方式；

（2）定期审查、更新和传播《饮用水水质准则》，包括社区供水的监测指南，农业和水产养殖业中废水、污水和洗涤水的安全使用准则，娱乐用水环境安全指南。

2）获得关于水质与卫生的最严格和最相关的证据

（1）制定一个研究议程，以解决水质和卫生的主要知识差距和新出现的问题；

（2）对现有和新兴的水危害潜在风险进行健康评估；

（3）为水循环过程中不同环节的水质管理的决策者提供卫生相关的证据；

（4）对不安全的饮用水、废水和娱乐用水造成的疾病负担进行评估并严格审核；

（5）检查洗涤用水对健康结果的影响，集中力量解决各种健康欠佳情况（如营养不良、艾滋病、结核病、非传染性疾病等）。

3）加强各成员方有效管理水质、保障公众健康的能力

（1）支持对国家政策框架和制度安排进行加强和统一；

（2）回应成员方的各种疑问，包括技术问题和紧急情况；

（3）协助成员方利用国际专家的力量，选择和安排水质干预措施的优先次序；

（4）促进水质参数和本地相关的水传播和水有关的疾病全面的、统一的监测方法的建立和可持续性，包括建立和加强实验室能力以及使用快速水质测试；

（5）通过对参与水循环管理的利益相关者的培训，提供技术援助；

（6）鼓励成员方内部增强水质管理的财政和人力投入；

（7）水质管理方案的经济评估，协助成员方发挥自身的经济评估能力。

4）通过伙伴关系和支持，促进成员方水质和健康活动的实施

（1）协助制定和实施国家行动计划，可持续地改善水质管理；收集、评估和提供最佳实践的信息交流，促进安全有效的水质管理。

（2）促进各成员方之间、利益者和管理者的协调与合作，建立、实施和维护水质评估和应对水质问题的有效体系。

（3）促进信息交流，利用 WHO 所属的水质网络和区域创新团体等合作伙伴，以更好地完成有关水质和健康问题的国家需求和优先事项，并协调解决水质问题。

（4）培养国际、国家和地方各级的协作行动，促进卫生部门的管理作用。

5）监测各项活动对政策的影响，以更有效的方式支撑决策

（1）开发工具和完善流程，评估或验证干预措施的有效性；

（2）审查各国实施 WHO 准则的情况，包括制定有效的水质政策框架；

（3）围绕指导方针、资源支持与能力建设、相关活动的执行等进行调查，及时将结果应用于水质监测工作。

3. 联合国粮食及农业组织《乍得湖流域危机响应战略：2017—2019 年》

2017 年 4 月 11 日，联合国粮食及农业组织（Food and Agriculture Organization of the United Nations，FAO）发布了《乍得湖流域危机响应战略：2017—2019 年》（*Lake Chad Basin Crisis Response Strategy*，*2017-2019*）（FAO，2017）。该战略详情如表 9-5 所示。

表 9-5　《乍得湖流域危机响应战略：2017—2019 年》的主要内容

国家	所需资金/万美元	惠益人口/万人	计划采取的行动
尼日尔	1 100	15.5	①通过创新实践支持农业价值链。②改善和恢复基础设施。③通过可持续利用林业资源增加收入。④支持社区对话。⑤支持跨界农民组织，重点关注贸易和可持续自然资源管理对话
乍得	1 250	12	①通过支持该国农业生产、地方治理和金融服务，确保该国人民获得基本生活需求和基本服务。②通过能力建设促进农业价值链发展，为青年提供收入和就业机会。③通过试点改善五岁以下营养不良儿童以及妇女营养不良状况
尼日利亚	19 100	2 500	①通过分发种子和肥料支持粮食作物生产。②建立收获后储存设施。③支持蔬菜和水果生产。④恢复基础设施。⑤提供牲畜紧急支援。⑥促进水产养殖业、食品加工业发展。⑦促进该国的造林/再造林活动。⑧支持粮食安全协调和分析
喀麦隆	13 800	20	①支持玉米、大米、高粱、淡季蔬菜等粮食作物生产。②构建小型动物生产单元。③建设粮食储存设施。④扶持谷物加工业。⑤改善和恢复基础设施。⑥协调粮食安全行动

9.3.2.2　美国

1.《跟踪和预测 2013—2023 年国家水质优先领域和战略》

2013 年 2 月，美国地质调查局发布了国家水质评估计划（NAWQA）的第三个十年计划——《跟踪和预测 2013—2023 年国家水质优先领域和战略》（*Tracking and Forecasting the Nation's Water Quality Priorities and Strategies for 2013-2023*）（USGS，2013）。NAWQA 的第三个十年在水质信息和科学方面取得进步，以显著提高水质政策和管理决策的有效性。《跟踪和预测 2013—2023 年国家水质优先领域和战略》的数据和信息产品类型包括以下几

方面。

（1）恢复监测，以可靠、及时地评估现状和发展趋势。NAWQA 将与州和联邦合作伙伴通过利用可用资源和其他方案共同填补重要流域和含水层的监测空白，以建立一个扩大的和可持续的全国网络。监测方法将强调快速反馈不断变化的水质条件，以便管理者能确定新出现的问题，制定有效的应对措施，以及评估管理对策的绩效。

（2）为决策者将数据和模型转换为工具。NAWQA 的水质模型将来源和管理实务与水质效益和影响定量地联系起来，并可以应用到多个水文尺度（从上游溪流到河流入口、从浅层地下水到深层区域含水层）上。

（3）为预测河流生态环境状况提供数据和工具。全国和区域新的潜在压力源模型（如改变径流、营养输送和污染物毒性）将为管理者提供影响生态环境健康的重要信息。

（4）预测未来情况和测试政策情景。流域空间属性关联（SPARROW）模型的改进版本和其他水质模型将被转换成网络使用工具，以便管理者可以使用它来评估水质和水生生态系统随不同情景的变化。

2. 《水计划愿景及未来五年计划》

2016 年 12 月 16 日，美国国家海洋与大气管理局（NOAA）在线发布《水计划愿景及未来五年计划》（*NOAA Water Initiative Vision and Five-Year Plan*）报告（NOAA，2016），提出水资源计划的愿景，即一个国家中的每个人（从公民个人、企业到公共官方），都能够获得与水资源相关的及时、可操作信息，并将这些信息理智地应用到水风险、使用、管理、计划及水安全等方面。

《水计划愿景及未来五年计划》的首要目标是改变水资源信息服务传递，使其更好地满足和支持社会需求。为实现该计划的共同目标，NOAA 采取五个相互依赖的战略措施。

（1）建立水信息服务战略合作伙伴关系。在三年之内，NOAA 识别、建立和加强三个或更多伙伴关系，让利益相关者以当前和可持续方式参与水资源信息服务。在五年之内 NOAA 将建立水资源服务传送的新模式用于水信息，指导目标风险及灾害评估并建立促进信息传送的协作解决方案。

（2）加强水资源决策支持工具和网络建设。在五年之内，NOAA 将与其合作伙伴一起促进新决策支持工具的开发（如洪水监测工具、水资源管理工具、水质和生态模拟预报工具及导航工具），并将上述工具应用于不同领域。例如，应急人员管理、多时间尺度行业供水预测、不同水资源类型及生态功能区划分等。在三年内，NOAA 的初始水数据服务将演示至少两项新服务数据公开原则，包括跨多个平台机器可读性和关键用户社区可访问性。

（3）彻底改变水建模、预测和降水预报。NOAA 将与联邦合作伙伴一起进一步发展国家水模型，论证并改进大陆尺度水文预报，用于支持跨越长短时间尺度及高低水流状况的水资源管理、山洪预警、城市用水预报、沿岸及河口环境尤其是在暴雨事件中总的水位情况、包括水温在内的水质预报等领域。NOAA 将投资地球系统，模拟改善短时间尺度（如季节尺度）降水的定量预报，通过美国国家天气服务改善降水预报产品。NOAA 及其合作伙伴将在五个目标流域和它们在美国的出水口区域形成、展示用于水质及生态系统功能变化的生物地球化学建模。

（4）加速水信息的研发。NOAA 与国会和所有合作伙伴将增强一系列水的投资研发项目，将转移至少有三个新的或改进的科学概念、技术、应用程序所产生的水的研发活动到操作、应用程序、商业化或其他用途中。NOAA 也将促进特定研究过渡途径旨在迅速改善水的预测。

（5）增强和维持与水资源相关的观测。两年之内，NOAA 将与其合作伙伴确定一套最优的观测准则，旨在使战略投资能够加强全国范围的水观测和数据收集以支持水资源风险管理。

NOAA 还将新建国家水中心，旨在促进伙伴关系，并为跨组织的协作部门提供新一代水信息和决策支持服务。

3. 五大湖恢复行动计划

2014 年 9 月 24 日，美国环境保护署（EPA）公布了新的"五大湖恢复行动计划"（Great Lakes Restoration Initiative Action Plan，GLRI），并详细制定了 2015～2019 年的执行方案（EPA，2014b）。该项行动计划有效联合美国联邦政府各机构积极采取措施，在 2015～2019 年实现北美五大湖流域的水质保护、控制物种入侵、世界上最大的淡水湖水系栖息地恢复的目标。

新的 GLRI 在第一个行动计划的基础上，重点关注五大湖区 4 个方面的生态系统问题：①五大湖区附近及河道有毒物质的清除；②防治外来入侵物种，包括对新的入侵物种采取"零容忍政策"；③减少城市、郊区和农业源径流污染，有助于降低有害藻类水华的发生；④野生动植物栖息地保护与恢复。

9.3.2.3　澳大利亚

2012 年 11 月 30 日，澳大利亚政府发布由墨累—达令河流域管理局（Murray-Darling Basin Authority，MDBA）最新编写的《流域规划》（*Basin Plan*）（MDBA，2012）。该规划主要由以下几部分组成：①调整"可持续的分水限制"（SDLS）运作机制，从整个流域内制定地表水与地下水可开采的限额。②开展流域水资源的风险管理。③环境用水规划：与水相关的生态系统保护目标及衡量的指标，环境用水的管理框架、确定方法、优先顺序等。④水质与盐分管理规划，确定流域水质和盐度的具体监测指标和范围。⑤水权交易规则，消除水权交易障碍，制定水权交易的条件和程序，制定水行业管理方式，为交易提供信息等。⑥监测与评估，评估流域水资源现状、生态系统评估、对管理行动的反馈评估，以及流域规划实施情况的评估。

9.3.2.4 小结

在水文与水资源领域，国际主要关注解决水短缺和水质问题，对水质和水资源管理、山洪预警、城市用水预报、沿岸及河口环境尤其是在暴雨事件中总的水位情况，包括水温在内的水质预报等领域，建立伙伴关系，积极推动农业价值链建设。加强水质数据监测，评估河流及用水安全，建立有针对性的决策支持工具模型，以便管理者评估水质对全球变化的响应。关注湖区及河道有害物质清除，减少环境污染并保护湖泊生物多样性及栖息地。

9.3.3 气候变化领域

9.3.3.1 国际组织

2016 年 4 月 7 日，世界银行（World Bank，WB）发布《世界银行气候变化行动计划》（*World Bank Group Climate Change Action Plan*），加大在可再生能源、可持续城市、气候智能型农业、绿色交通及其他领域的行动力度，确立了到 2020 年的宏伟目标——世界银行将帮助发展中国家增加 30 吉瓦可再生能源，为 1 亿人建立早期预警系统，协助至少 40 个国家制订气候智能型农业投资计划（World Bank Group，2016）。在气候变化行动计划下，世界银行围绕以下 4 个优先领域展开活动。

（1）支持政策和制度的改革。世界银行支持各国将国家自主贡献（NDCs）转化为气候政策，将投资计划转化为行动，并通过咨询服务、公共支出审查和发展政策性业务将气候变化纳入政策考虑和预算中。世界银行将通过改革化石燃料补贴、碳定价、深化以市场为基础的手段和改革其他扭曲的补贴，加强国家层面的支持和全球宣传工作，以协助各国实行碳定价。

（2）利用资源。为加快私营部门投资，世界银行将与监管部门合作，创立"绿色"银行业领军者，提供气候信用额度，促进绿色债券市场的持续发展。

（3）扩大气候行动。到 2020 年，世界银行将与多部门联合扩大其气候共同利益的活动，并通过直接投资、咨询服务增强其对国家的影响。

（4）调整与其他机构合作的内部流程。世界银行将继续加强与多边发展银行（MDBs）、国家开发金融机构、领先智库、研究团体、非政府组织和企业联盟组织的合作。世界银行将调整内部流程、指标和激励措施，以支持行动计划的实施。世界银行将在其"国别伙伴框架"中考虑气候变化带来的风险与机遇。

9.3.3.2　美国

1. 《国家全球变化研究计划 2012—2021：美国全球变化研究计划的战略规划》

2012 年 4 月 27 日，美国政府发布了由国家科学技术委员会（National Science and Technology Council，NSTC）起草的美国全球变化研究计划（USGCRP）未来 10 年战略研究规划——《国家全球变化研究计划 2012—2021：美国全球变化研究计划的战略规划》（*The National Global Change Research Plan 2012-2021: A Strategic Plan for the US Global Change Research Program*）（NSTC，2012）。USGCRP 通过四大战略目标协调联邦政府机构的研究工作（表 9-6）。

表 9-6　USGCRP 的战略目标

目标	子目标
1. 推进科学：推动对地球系统自然与人类综合组成部分的科学认识	地球系统认识：推动对地球系统物理、化学、生物和人类组成部分的基本认识及其相互作用，以提高对全球变化原因与后果的了解
	适应与减缓科学：推动对综合人类自然系统的脆弱性与恢复力的认识，加强科学知识在支持全球变化响应中的运用
	综合观测：提高多空间与时间尺度的观测地球系统的物理、化学、生物和人类组成部分的能力，以获得基本的科学认识和监测重要的变化与趋势
	集成建模：改进和发展包括地球系统的物理、化学、生物和人类组成部分的先进模型，包括相关反馈，以代表更全面并更实际地预测全球变化过程
	信息管理与共享：提高综合地球系统的收集、存储、访问、可视化、数据与信息共享能力，以及综合人类自然系统对全球变化的脆弱性及其响应的信息管理
2. 支持决策：为支持适应与减缓的及时决策提供科学依据	支持适应决策：提高支持适应决策的科学可用性与部署
	支持减缓决策：提高支持减缓决策以及减缓-适应界面的科学可用性与部署
	加强全球变化信息：开发工具与科学依据建立全球变化信息的集成系统，获取持续、相关、及时的数据以支持决策
3. 开展持续评估：建立持续的评估能力，提高国家理解、预测和应对气候变化影响与脆弱性的能力	科学集成：将有关综合地球系统的新兴科学认识纳入评估之中，识别科学认识的关键空白与局限性
	不断发展的能力：加强不断发展的能力，以利用可访问的、透明的、一致的过程进行评估，包括跨地区与部门利益相关者的广泛参与
	支持应对：利用准确、权威、及时的信息支持全球变化应对，这些信息可以以多种格式便于公众访问
	评估进展：确保评估过程及产品的持续评价，并将成果纳入系统性改善的适应响应
4. 交流与教育：推动交流与教育，拓宽公众对全球变化的认识，发展未来的科学劳动力	加强交流与教育研究：加强全球变化交流与教育研究的有效性，以提高实践
	服务不同受众：加强现有工具与资源的利用，并采用新的工具与资源，以进行有效宣传与教育，提供多方面的信息流
	加强参与：建立有效、持续的参与机制，以确保一个负责、完全集成的计划
	培养科学大军：培养一支能干的全面了解全球变化知识的科学研究力量

2. 《总统气候行动计划》

2013 年 6 月 25 日，美国总统奥巴马宣布了《总统气候行动计划》（*The President's Climate Action Plan*），旨在通过持续、负责的行动削减碳排放，应对气候变化的影响，并引领国际应对气候变化的行动（White House，2013）。概括而言，该行动计划主要包括以下三大要点。

（1）削减美国的碳排放。①部署清洁能源。包括削减电厂的碳排放、改进美国在可再生能源领域的领导地位、推动清洁能源创新的长期投资。②构建 21 世纪的运输部门。包括提高燃油经济标准，开发与部署先进的运输技术。③削减家庭、企业和工厂的能源浪费。包括确立能源效率标准的新目标；消除能源效率投资的障碍；扩大"更好建筑挑战"的项目规模。④减少其他温室气体排放。包括遏制氢氟碳化合物的排放、减少甲烷排放、确保森林在减缓气候变化方面的作用。⑤领导联邦一级的行动。主要体现在清洁能源和能源效率两个方面。

（2）应对气候变化对美国的影响。①构建更强大、安全的社会和基础设施。包括：指示联邦机构支持适应气候的投资；设立州、地方和部落领袖气候准备专责小组；为社区应对气候影响提供支持；提高建筑和基础设施的适应力；从桑迪飓风重建中吸取经验。②保护经济与自然资源。包括：确定关键部门的气候变化脆弱性；提高卫生部门的适应力；推动保险业对气候安全的领导；保护土地和水资源；保持农业的可持续性；管理干旱；降低山火风险；应对未来洪灾。③利用科学管理气候影响。包括：发展可操作的气候科学；评估美国的气候变化影响；启动一项气候数据倡议；为气候适应提供工具。

（3）引领国际应对全球气候变化的行动。①与其他国家合作开展应对气候变化的行动。包括：加强与主要经济体国家的多边参与；扩大与主要经济体国家的双边合作；减少短寿命气候污染物排放；减少来自毁林和森林退化的排放；扩大清洁能源使用和减少能源浪费；环境产品与服务的全球自由贸易谈判；逐步取消鼓励化石燃料消费浪费的补贴；加强全球对气候变化的适应力；推动气候融资。②通过国际谈判引领应对气候变化的行动。

3. 《油气行业甲烷减排计划》

2015 年 1 月 14 日，美国发布《油气行业甲烷减排计划》，提出了新的减排目标，即计划于 2025 年，石油和天然气领域甲烷排放量在 2012 年的基础上减少 40%～45%，并制定了一整套措施以促使联邦完成这个宏伟的目标（White House，2015）。

（1）制定大众能接受的甲烷和臭氧形成物排放标准。美国环境保护署在 2016 年公布油气行业甲烷减排法规，从而确保在油气生产运作持续发展的同时达到减排的目的。

（2）制定减少挥发性有机物的新方针。美国环境保护署将在现有的油气系统的环境下发展新的方针。新方针可协助联邦在臭氧健康未达标区域和臭氧输送区所在各州减少臭氧形成物的污染，协助联邦发展清洁空气臭氧计划。

（3）计划加强裂缝探测和泄漏物报告。美国环境保护署要求油气业各个部门都递交报告，加大力度实行其《温室气体报告计划》（*Greenhouse Gas Reporting Program*），提升现有油气源工作的透明度和精确性。此外，还计划应用遥感与其他度量及监控的创新技术，进一步改善排放物的定性化和定量化，有效提升报告中数据的总体精确性和透明度。

（4）以公共用地为首批试点。美国土地管理局（BLM）制定新标准来减少油井气井排气。新标准将解决公共用地上新开发的和已有的油、气井的相关问题。

（5）提升管线安全，降低甲烷排放。运输部下属的管道与危险材料安全管理局（PHMSA）于 2015 年将天然气管线安全标准提上议程，该标准重点在于保障管线安全，降低甲烷排放。

（6）发展减少损耗技术，改进量化减排。财政预算预计向 DOE 投入 1500 万美元来发展和示范更多的高效益技术，包括修复裂缝和发展新一代压缩机等。DOE 计划投资 1000 万美元和环境保护署开发一个项目，根据国家温室气体清单加强天然气基础措施排气定量化。

（7）更新天然气运输分配设施。DOE 将重点放在天然气运输分配环节上，制定天然气和空气压缩机的能效标准，推进技术研究发展，降低探测裂缝的成本；更新天然气基础设施；加速管线修复和替换；每四年开展一次能源评估等。

4.《沼气机遇路线图》

2014 年 8 月，USDA、EPA 和 DOE 联合发布的《沼气机遇路线图》（*Biogas Opportunities Roadmap*）报告指出，在美国发展可行的沼气行业可以刺激经济，并提供可靠的可再生能源来源，同时减少温室气体排放（USDA，2014）。路线图确定了联邦政府增加沼气使用需要采取的行动。

（1）通过现有的机构计划促进沼气的利用。USDA、DOE 和 EPA 将利用现有的计划作为工具，通过确保现行的技术和财政援助标准提高沼气系统在美国的使用，资助超过 1000 万美元的研究经费来提高沼气系统及其副产品的经济可行性和效益，并加强支持沼气作为清洁能源、运输燃料、可再生化学品和生物基产品使用的计划。

（2）促进对沼气系统的投资。USDA 将努力提高需要跟踪厌氧消化器性能的行业财政和技术数据的采集和分析；评估当前的贷款和赠款项目，以扩大可用于沼气系统的财政选择；审查联邦采购指南，以确保沼气系统的产品有资格成为和晋升为适用的政府采购项目。

（3）加强沼气系统及其产品的市场。USDA、DOE 和 EPA 将审查克服障碍的机会，以将沼气融入电力和可再生天然气市场。同时，USDA、DOE 和 EPA 也将推动工具的创建，以帮助业界拓宽发展能源和非能源沼气系统产品的市场。

（4）提高沟通和协调。USDA 将建立一个沼气机遇路线图工作小组，该工作小组由 DOE 和 EPA 以及乳制品和沼气行业的人员组成。工作小组与业界合作，并于 2015 年 8 月发布进度报告，以确定扩大沼气行业和减少温室气体排放的优先政策和技术机会。

5. 《可再生能源未来路线图（2016年度版本）》

2016年3月16日，国际可再生能源机构（IRENA）发布的《可再生能源未来路线图（2016年度版本）》（*REmap：Roadmap for A Renewable Energy Future 2016 Edition*）指出，到2030年实现可再生能源的比例翻一番是完全可能的，但必须在以下五大关键领域采取协调一致的行动。

（1）纠正市场扭曲，创造一个公平的竞争环境。这可以通过引入碳价、反映化石燃料的外部成本，以及提高对可再生能源市场的监管架构来实现。各国政府还需要在能源定价中考虑与人类健康和气候变化相关的外部因素。降低风险的机制对调动投资积极性也十分重要。

（2）在能源系统中允许更大的灵活性，包容多类重点可再生能源资源的开发。国家或区域电网之间的互联有助于平衡电力的供需关系。需求侧管理、电力储存及智能电网也可以加强波动性可再生能源发电的上网整合，同时实时的市场定价有助于评估不同时段发电的价值。新的监管框架必须允许新兴市场主体进入电力市场，反映电力公司和消费者不断变化的角色定位。

（3）在城市发展项目和工业产业中开发和利用可再生能源采暖和制冷解决方案。各城市、地方政府和市政当局要鼓励和应用、利用可再生能源的高效集中式区域供热系统。与行业联合利用富余电力为楼宇和工业提供采暖和制冷应用。

（4）推广基于可再生能源电力和生物燃料的交通运输。这可以通过智能城市规划、快速充电和供电基础设施的建设来实现。商业化大范围推广先进液体生物燃料需要政府的大力支持，尤其是在航空、货运和航运的运用。

（5）确保生物能源原料的可持续、经济可行和可靠的供应。根据不同类型的原料，需要采用扩大市场供应或加强燃料链的垂直整合，以确保可靠的和负担得起的生物能源产品的供应。需要制定新的国际贸易和基础设施政策，以促进生物能源商品在本地、区域和全球性的贸易。

9.3.3.3 英国

1. 《2050年工业脱碳和能源效率路线图》

2015年3月25日，英国能源与气候变化部（DECC）与商业、创新和技能部（BIS）联合发布《2050年工业脱碳和能源效率路线图》（*Industrial Decarbonisation and Energy Efficiency Roadmaps to 2050*）系列报告，选取钢铁、化工、炼油、食品和饮料、造纸和纸浆、水泥、玻璃、陶瓷等八大能源密集型行业，探讨了这八大部门实现 CO_2 减排和保持行业竞争力的潜力与挑战，绘制了英国工业的低碳未来路线图（DECC and BIS，2015）。

钢铁、化工、炼油、食品和饮料、造纸和纸浆、水泥、玻璃、陶瓷这8个行业在常规情景（BAU）路径、中间路径和最大技术（Max Tech）脱碳潜力路径下的综合结果如下。

（1）常规情景路径，碳排放量从2012年的8100万吨减少到2050年的5800万吨。具有最大减排潜力的技术组为电网脱碳（相对2012基准年，占总减排量的61.6%），其次依次为能源效率（23.0%）、生物质能（7.3%）、碳捕获过程（2.6%）、材料效率（2.3%）、燃料转换（1.8%）、其他（1.3%）、热电气化（0.2%）和集群（0.0%）。

（2）中间路径，碳排放量从2012年的8100万吨减少到2050年的4200万吨。具有最大减排潜力的技术组为电网脱碳（相对2012基准年，占总减排量的37.4%），其次依次为能源效率和热回收技术（22.6%）、碳捕获过程（18.3%）、生物质能（12.6%）、其他（3.1%）、热电气化（2.3%）、材料效率（1.7%）、燃料转换（1.0%）和集群（0.9%）。

（3）最大技术脱碳潜力路径，碳排放量从2012年的8100万吨减少到2050年的2200万吨。具有最大减排潜力的技术组为碳捕获过程（相对2012基准年，占总减排量的36.5%），其次依次为电网脱碳（25.4%）、生物质能（15.7%）、能源效率（12.8%）、热电气化（4.3%）、其他（2.9%）、集群（1.1%）、材料效率（1.0%）和燃料转换（0.3%）。

在路径中常见的6种技术组合包括具有最大碳减排潜力的4种技术组合（碳捕获过程、电网脱碳、生物质能、能源效率和热回收）和具有显著贡献的2种额外技术组合（热电气化和集群）。

2. 《国家适应计划：使国家适应变化的气候》

2013年7月1日，英国环境、食品和农村事务部（Defra）发布了《国家适应计划：使国家适应变化的气候》（*The National Adaptation Programme: Making the Country Resilient to a Changing Climate*）（Defra，2013）报告，围绕7个主题阐明了政府认为最需采取紧迫行动的领域，具体内容见表9-7。

表9-7　英国《国家适应计划：使国家适应变化的气候》的主题及重点领域

主题	重点关注领域	目标
1. 人造环境	洪水和海岸侵蚀风险管理	个人、社区和组织一起合作，通过了解洪水和海岸侵蚀的风险，一起落实长期的风险管理计划并确保其他计划考虑了这些风险，以减少洪水和海岸侵蚀的威胁
	空间规划	提供一个明确的地方规划框架，使规划系统中的所有参与者能实现可持续的新发展
	增加各行业的适应能力	①帮助企业和工业部门获得理解和管理气候变化风险的技能、培训、知识和工具。②确保投资者和开发商拥有支持和促进适应气候变化所需要的金融和评估决策的工具
	使家庭和社区更具抗灾能力	帮助民众和社区了解气候变化对其可能意味着什么，并采取行动使之能抵御气候风险，从而提高住宅和建筑物的抗灾能力
	长期影响	探究和增进关于气候变化对人口中心的位置和韧性的长期影响的理解

续表

主题	重点关注领域	目标
2. 基础设施	基础设施资产管理	确保基础设施的布局、规划、设计和维护能适应气候变化
	监管框架	制定监管框架以支持和促进具有弹性和适应性的基础设施
	地方基础设施	更好地了解地方基础设施因极端天气和气候长期变化而带来的特殊脆弱性，以确定应对这些风险的相关行动
	基础设施相互依存关系和气候风险	加强对管理相互联系和相互依赖的服务的理解和提高专业技能
3. 完善且具有抵御力的社区	卫生和社会医疗系统的气候适应能力	①减少灾害性天气事件和气候变化所造成的死亡和疾病风险，提高公共卫生对气候变化的抵御和恢复能力。②促进全民保健体系、公众卫生和社会保健体系的气候适应能力
	弱势群体	通过加强社会弱势群体的应变能力，使其增强对未来气候风险的预防、响应和恢复能力，尽量减少气候变化对社会弱势群体的影响
	紧急服务、地方救援人员和社区抗灾能力	促进和加强社区针对气候变化相关灾害性天气事件的抵御能力（预防、响应和恢复），促进和加强地方复原力论坛（LRFs）紧急服务和其他类别救援人员的气候适应能力
4. 农业和林业	通过有效水资源管理发展农业抗灾能力	通过有效管理降雨事件的发生率和严重程度的波动对水资源可利用性、水灾、水土流失和污染的影响，从而提高农业的应变能力
	林业抗灾能力	通过提高英国林地的管理水平增强林业部门的应变能力
	害虫和疾病的抵御能力	提高对害虫和疾病的抵御能力，以帮助保护生物多样性，保持农业和林业的生产力，保护英国产品出口的能力
	创新和证据	将适应气候变化嵌入农业、园艺和林业的研究计划，以提高对气候可能带来影响的理解
5. 自然环境	构建气候变化影响的生态抵御力	构建野生动物、栖息地和生态系统的气候变化应变能力，使自然环境尽可能应对未来挑战和变化
	准备和适应必然变化	采取行动帮助野生动物、栖息地和生态系统适应和顺利渡过不可避免的变化
	评价自然环境可产生的更多适应收益	促进其他部门制定能有利于自然环境的适应措施
	增强实证基础	加强决策者、土地管理者以及其他相关人员关于气候变化对自然环境影响的理解
6. 商业	通过抗灾能力赋予企业竞争力	①提高企业对气候变化风险的认识和理解。②提高企业在其风险管理、恢复力规划、决策过程和采取合适的适应行动时考虑气候变化影响的积极程度
	机遇	提高企业对国内和国际适应机遇的认识和理解
	供应链	帮助企业更好地理解和管理其供应链面临的气候变化风险
	通过研究和认识保持经济增长	与投资者、保险公司和其他业界合作伙伴一起开展相关研究以完善对气候变化对社会发展和经济的影响的理解
7. 地方政府	提高认识和建设能力并努力实施相关行动	①增强和维持地方当局的适应措施，采取行动将气候适应能力嵌入地方当局的服务和责任中。②支持地方政府采取行动做出明智的决策
	行动框架	①确保地方政府的政策框架支持议会与区域行动者合作增加社区的抗灾能力。②支持各行业主导的活动

3. 《空间创新与增长战略：气候技术与服务的领导力》

2013 年 2 月 1 日，英国空间领导委员会（UK's Space Leadership Council）发布了《空

间创新与增长战略：气候技术与服务的领导力》（*Space Innovation and Growth Strategy: Leadership in Climate Technologies & Services*）战略报告（UK's Space Leadership Council，2013）。该战略制定了发展卫星观测机遇的远景，包括 5 个建议与 12 项实际行动支持。其中的 5 个建议是：①英国应该迅速采取行动，利用卫星（或其他平台）观测与测量数据，开发与气候信息服务相关的业务。②英国应为这些服务建立无缝供应链。③在全国开展工作，确保卫星观测、测量数据与衍生信息产品的完整性。④与国际上的其他利益相关者合作，确保所需的卫星观测的连续性及其发展。⑤在联系英国国家与欧盟伙伴及其他计划的活动方面，起国际引领作用。

支持远景计划的 12 项实际行动是：①开展详细的市场研究，至少在两项气候服务方面开展全面的业务示范。②建立互相关联的英国地面基础设施部分。③利用气候与环境监测空间设备来处理并合并数据流及其他所需的数据集。④制定合适的计量程序与标准。⑤着手卫星应用发射任务，促使英国提供无缝连接的气候及相关服务的地球观测产品。⑥提供资助，与外界合作，确保必要的卫星观测需求，保证气候服务的可持续性。⑦充分参与相关的科学、研究与模型。⑧与其他伙伴合作，英国空间局（UKSA）应建立英国科学家与欧洲航天局（ESA）及其他机构的合作机制，共同确定并发展长期的科学任务。⑨确定全球环境与安全监测的优先事项并尽可能确保资金资助。⑩协调各项活动与技术开发及培训之间的关系。⑪在全球率先将地球观测任务转变为长期研究事务。⑫保持英国在欧洲空间局气候模型用户组中的引领作用。

4. 《降低取暖成本：英国的燃料贫困改善战略》

2015 年 3 月 3 日，英国 DECC 发布《降低取暖成本：英国的燃料贫困改善战略》（*Cutting the Cost of Keeping Warm: Fuel Poverty Strategy for England*）报告（DECC，2015），旨在为政府设定雄心勃勃的法律目标，通过提高能源效率的方式解决英国的燃料贫困问题。报告列举出解决燃料贫困过程中面临的挑战和实现途径。

（1）提高燃料贫困家庭的能效标准。①除了考虑低碳目标和可再生能源目标，始终考虑实现燃料贫困改善目标所需的行动；②发布更完善的计划实施成本信息，确保消费者能共享经济有效的实施方式带来的收益；③关注未来的节能补贴，确保政府能帮助最需要帮助和最不具支付能力的家庭；④与合作伙伴共同努力，支持开发和扩散有助于燃料贫困家庭改善能效标准的融资机制；⑤监控燃料贫困改善计划的实施模式，确定实施进度及与预期目标存在的差距。

（2）发展伙伴关系共同帮助燃料贫困家庭。①落实地方合作伙伴参与的可能性；②考虑哪些合作伙伴最合适于促进不同阶段燃料贫困改善目标的实现；③进一步了解合作伙伴在战略实施中的作用；④通过协作行动提高合作伙伴的能力；⑤通过提供指导提高合作伙伴的能力；⑥与合作伙伴和相关领域专家一起工作，确保未来的实施计划从一开始就具备良好的评估基础；⑦考虑与 DECC 其他计划之间的联系，确保各种政策和计划之间互相交流、补充和融合；⑧确保新方案的设计和对以往方案的审查过程重视燃料贫困问题；⑨确保计划的设计恰当地反映了解决燃料贫困问题的战略原则；⑩制定灵活且能随时间推移适应不同措施的方案。

（3）提高燃料贫困家庭的能效指标。①寻找机会扩大匹配数据的使用；②使用大量的信息来构建新的、智能的替代指标；③构建参与部门间的数据共享系统，探索更加灵活和简化的流程；④实现更灵活的数据共享，支持目标的实现并降低实施成本；⑤参与并支持工具的开发，帮助合作伙伴发现燃料贫困用户，评估其资格并做出推荐；⑥继续提出并分享关于燃料贫困用户的观点；⑦在计划制订早期确保最终用户的参与。

（4）努力使居住在活动房屋中的燃料贫困家庭能获得帮助。①总结以往的经验教训，确保计划能高效和有效地实施；②寻求合适途径解决无法获取天然气用户的燃料贫困；③更好地理解无法获取天然气燃料贫困用户的位置和特征；④研究利用可再生能源供热缓解燃料贫困的潜力；⑤努力确保充分理解居住在活动房屋中的家庭出现燃料贫困的具体因素；⑥努力确保居住在活动房屋中的燃料贫困人口能受益于燃料贫困改善战略；⑦寻求创新的方法克服为居住在活动房屋中的燃料贫困人口提供支持面临的挑战。

（5）促进低收入家庭获得帮助。①在制定能效措施和其他支持措施时，考虑更多脆弱群体的特殊需求；②认识到脆弱的家庭可能更加难于获取燃料，存在多重需求并需要更多的结构化支持；③从实施计划的机构那里学习经验，并利用这些经验改善国家实施机制的设计并支持地方的计划；④破除数据共享的障碍，促进目标的实现并推进更多的数据共享；⑤努力鉴别并帮助其他人鉴别燃料贫困用户。

（6）解决低收入家庭能源支出的财务负担。①继续考虑推行能源账单补贴工作；②努力协调未来的账单补贴计划和政府其他政策；③通过自动化的方法实施账单退还措施；④努力确保以后制订的账单退还计划的设计不会过时。

（7）确保燃料贫困家庭能从公平运作的能源市场中获得最大收益。①努力确保燃料贫困家庭能理解和控制其能源使用；②努力利用大型节能网络的成果，考虑最脆弱和贫困的家庭如何采纳面对面的建议；③努力确保解决燃料贫困所带来的收益能兼顾消费者及其节能潜力；④继续采取措施改善能源市场的竞争；⑤继续采取行动通过改革帮助消费者；⑥妥善应对竞争和市场管理局针对能源市场调查得出的结论。

（8）促进和改善对燃料贫困的理解。①针对 DECC 或政府正在推进的优先研究领域提供一个可用的清单；②分享其他领域的信息；③继续识别差距并与他人合作改善关于健康和燃料贫困之间联系的证据基础；④探索更好的方式便于政府展示和分享健康与燃料贫困之间关系的证据和数据；⑤继续收集控制加热所带来好处的证据基础，并与企业合作促进这一领域的创新；⑥积极监控和分享实施的证据；⑦提出一套标准化的问题，使研究人员可以鉴别燃料贫困。

9.3.3.4　法国

2016 年 12 月 28 日，法国发布《法国国家低碳战略》（*French National Low-carbon Strategy*，SNBC）（Department of Ecology，Sustainable Development and Energy，2016）。该战略提出，法国承诺到 2030 年温室气体排放量比 1990 年减少 40%，到 2050 年减少 75%，覆盖 2015～2018 年、2019～2023 年以及 2024～2028 年 3 个阶段的碳预算期。该战略在以下领域提出了发展战略目标及主要措施。

（1）在交通方面，较之 2013 年，到第三个碳预算期减少 29% 温室气体排放，到 2050 年减少至少 2/3 温室气体排放。措施包括：①提高车辆能源效率；②加速能源载体的发展；③抑制车辆流动性需求；④发展私家车替代工具；⑤鼓励其他交通模式。

（2）在建筑方面，较之 2013 年，到第三个碳预算期减少 54% 温室气体排放，到 2050 年减少 87%；较之 2010 年，到 2030 年减少 28% 的能源消耗。措施包括：①实施 2012 年热监管（2012 Thermal Regulation）；②到 2050 年以高能效标准实现建筑物翻新；③加强能源消耗管理。

（3）在农林业方面，较之 2013 年，到第三个碳预算期通过生态项目减少 12% 以上的农业排放，到 2050 年减少 50%；存储和保护土壤和生物中的碳；巩固材料和能源替代成果。措施包括：①加强农业生态工程的实施；②促进树木显著增加以支持生物资源发展，同时监测其对土壤、空气、水、风景和生物多样性的影响。

（4）在工业方面，到第三个碳预算期减少 24% 温室气体排放，到 2050 年减少 75% 温室气体排放。措施包括：①控制单个产品对能源和原材料的需求，高效利用能源；②促进循环经济发展；③减少温室气体高排放强度能源的份额。

（5）在能源方面，在第一个碳预算期，保持排放低于 2013 年水平；较之 1990 年，至 2050 年相关生产排放减少 96%。措施包括：①加快提高能源效率；②发展可再生能源并避免再投资修建新的热电厂；③提高系统灵活性以增加可再生能源份额。

（6）在废弃物方面，到第三个碳预算期减少 33% 碳排放。措施包括：①减少食物浪费以间接减少温室气体排放；②防止生产过剩；③通过废物回收实现资源再使用；④减少垃圾填埋场甲烷扩散并净化植物；⑤停止无能量回收的焚烧。

9.3.3.5　澳大利亚

2011 年 7 月 10 日，澳大利亚政府发布《确保清洁能源未来——澳大利亚政府气候变化计划》（*Securing A Clean Energy Future—The Australian Government's Climate Change Plan*），提出通过四大核心行动向清洁能源未来过渡（Australian Government，2011）。

（1）大幅度削减温室气体排放量。到 2020 年，至少将温室气体排放量在 2000 年水平上减少 5%，这就需要至少将 2020 年预期的净排放量减少 23%。相当于到 2020 年使道路上行驶的汽车数量减少 450 万辆。承诺到 2050 年，将温室气体排放量在 2000 年水平上减少 80%。

（2）在可再生能源部门实施创新和数百亿元的投资。预计到 2050 年，可再生能源的发电规模（不包括水电）是目前的 18 倍。2050 年，可再生能源发电总量（包括水电）约占发电总量的 40%。

（3）改造能源部门远离高污染源。澳大利亚政府将通过谈判协调关闭 2000 兆瓦左右的高污染燃煤发电厂，为新的清洁能源供应提供空间。

（4）通过更好的土地与废物管理，将数百万吨碳储存于土地里。根据碳耕作计划（Carbon Farming Initiative），到 2050 年，大约有 460 兆吨碳将被削减或者储存，而不会进入大气中。

9.3.3.6 欧盟

1. 《欧盟气候变化适应战略》

2013 年 4 月 16 日，欧盟发布《欧盟气候变化适应战略》（*An EU Strategy on Adaptation to Climate Change*）（EU，2013），确定了三大关键目标。

（1）促进欧盟各成员国之间的行动：欧盟委员会将鼓励所有成员国采取全面的适应战略，并为各成员国的气候变化适应行动与能力建设提供资金。通过基于"市长盟约"①（Covenant of Mayors）发起支持城市气候变化适应的自愿承诺。

（2）更好的知情决策：解决气候变化适应所需的知识差距，进一步发展"欧洲气候变化适应平台"（Climate-ADAPT），将其作为欧洲气候变化适应信息的一站式平台。

（3）不受气候变化影响的欧盟行动：进一步推动关键部门的适应行动和连贯政策，确保欧盟的基础设施的适应力更强，推动利用保险对抗自然与人为灾害。

该战略还确定了欧盟应对当前与未来的气候变化影响的框架与机制。

（1）协调框架：欧盟委员会将促进政策协调，并通过现有的气候变化委员会（Climate Change Committee）寻求与各成员国的合作。2013 年底，各成员国应该任命国家联络点，以协调各成员国与气候变化委员会之间的沟通，有助于提供认识与报告活动。欧盟委员会将持续与相关利益者进行协商与合作，以确保恰当、及时地实施战略。

（2）适应资金：欧盟委员会已将气候变化适应纳入其 2014～2020 年所有相关的融资计划之中。一些欧盟基金、国际金融机构等都将对欧盟气候变化举措提供资金支持。

（3）监测与评估：欧盟委员会将开发指标，以评估欧盟的适应行动和脆弱性。2017 年，欧盟委员会将向欧洲议会和理事会报告适应战略的执行情况，并在需要的情况下，

---

① 超过 4000 个欧洲地方政府自愿承诺提高能源效率以改善城市生活质量的行动倡议。

提出审查。

2.《2050 年迈向具有竞争力的低碳经济路线图》

2011 年 3 月 8 日，欧盟委员会通过《2050 年迈向具有竞争力的低碳经济路线图》(*A Roadmap for Moving to a Competitive Low Carbon Economy in 2050*)(EU，2011)。该路线图描绘了 2050 年欧盟实现温室气体排放量在 1990 年水平上减少 80%～95% 目标的成本效益方法。

(1) 聚焦国内措施。到 2050 年，欧盟仅通过国内行动就应该使温室气体排放在 1990 年水平上减少 80%。任何使用的碳信用将使总的减排量超过 80%。为了实现这一目标，到 2030 年和 2040 年分别需要在 1990 年水平上减少 40% 和 60%。所有部门都需要做出贡献。目前的政策预计在 2030 年和 2050 年将使国内排放量分别减少 30% 和 40%。

(2) 节省燃料。建立一个低碳的欧盟经济将需要在未来 40 年内，每年额外投资欧盟 GDP 的 1.5%，相当于 2700 亿欧元。这一增长将欧洲恢复到经济危机之前的投资水平。大部分这些额外的投资将通过降低石油和天然气的进口费用收回。这些节省的费用预计每年将达 1750 亿～3200 亿欧元。

(3) 2020 目标。为了实现 20% 的节能目标，需要从各成员国根据"欧盟排放交易体系"(EUETS) 于 2013 年开始拍卖的排放配额库中预留一部分排放配额。这些预留的排放配额会逐步累积，并且会尊重各公司已经持有的排放配额。如果没有预留排放配额，一家公司通过相对较少的排放配额实现的节能会降低排放配额的价格。这将促使另外的公司生产、消耗更多的能源，排放更多的 CO_2。因此，能源的净节省量可能会很低或者不存在。此外，由于稳定的排放贸易计划的限制，任何排放量的净减少都会无法实现。而预留的排放配额将会抵消上述影响，支撑能源的净节省和排放量的减少。

(4) 下一步计划。欧盟委员会将邀请欧盟议会、欧盟机构、各成员国和利益相关者在制定欧盟和国家政策时考虑该路线图，以在 2050 年实现低碳经济。欧盟委员会的下一步计划将是与关注的有关部门合作制定具体的部门路线图。

9.3.3.7　小结

气候变化领域来自主要组织及国家(美国、英国、法国及澳大利亚)，将支持政策和制度改革，推动关键部门的适应行动和连贯政策，确保基础设施的适应力更强，推动利用保险对抗自然与人为灾害，提供气候信用额度；在农业气候变化适应方面，加强中美洲植物遗传资源的利用和保护；在能源燃料方面，采用清洁能源及可持续能源材料供应，削减温室气体排放；建立持续的评估能力，提高国家理解、预测和应对气候变化影响与脆弱性的国家能力；提供资助与外界合作，确保必要的卫星观测需求，保证气候服务的可持续性。

9.3.4　生态科学领域

9.3.4.1　美国

2013 年 10 月 25 日，美国白宫科学技术政策办公室（OSTP）发布了《生物响应和恢复科技发展路线图》（*Biological Response and Recovery Science and Technology Roadmap*）报告（OSTP，2013）。报告对关键科学知识空白及其识别技术解决方案和优先研究领域进行了分类，将使各级政府在应对生物事件响应与恢复上做出有效决策。

1. 关键的响应和恢复决策

（1）危机管理。①通知。首先启动的响应活动是通知相关部门，然后制订一个公众参与活动计划，最后评估威胁可信度。②紧急救援。包括：协调执法、情报、调查响应活动；确定何时以及如何分配医疗对策；提出居住或疏散建议；提出检疫、隔离建议；实施交通限制；提供安全和健康的指导及保护急救人员和公众；引导个人卫生或排除污染问题；为大量伤亡提供支持；建立群众医疗设施；实施修改后的护理标准。

（2）灾后管理。①补救措施。包括：开发/实施室内和室外表征策略；实施策略和识别、稳定及维护基础设施和财产的程序；确定需求及保护自然和文化资源的方法；实施遏制和减轻污染的蔓延策略和方法；排除室外区域或建筑物污染；实现持续的环境净化所需的功能；实现净化废物处理的需求；排除关键的基础设施污染；对排除污染效果的测定提供指导。②灾后恢复。包括：提供再居住和重用的标准和目标；提供控制实施、减少、减轻任何潜在的风险或重新再居住后的未来事件指导；实施为公共灌输再居住的信心；采取保持、维护和提高该地区经济活力的措施；实现长期健康治疗、干预和监测策略。

2. 战略目标

该报告提出了 5 个发展目标。

目标 1：描述事件的程度，以减少暴露、拯救生命。①建立确认的生物在环境中的位置；②整合事件表征数据到监测生物态势的感知建模工具。

目标 2：有效沟通，以减少生物事件的影响。①通过利用现有的或开发的新技术，提高响应的通信畅通；②使用风险沟通研究开发适当的信息传播到所有利益相关者的方法（国内和国外），包括决策者、应急人员、公众和媒体；③基于公共信息，开发和确定公众了解和响应行动的方法和算法；④开发了解成果响应和修改消息传递活动的社会科学方法。

目标 3：准确评估风险暴露和感染的风险。①开发评估环境暴露感染的风险方法和算法，包括食物、水和生物制剂；②开发用于多种环境、矩阵和相关的大面积释放场景条件的环境暴露风险的可靠估计；③通过各种暴露和传播途径对人类、动物和植物进行可靠风险评估。

目标 4：降低暴露和/或感染的风险。①确保有效降低各种生物的威胁和场景风险的策略，包括去污、废物管理、污染控制和烟雾控制；②提出预防人口感染有力的科学建议（检疫、隔离和社会疏远）；③实施降低从已知的传播途径减少暴露，包括烟雾、风险的策略。

目标 5：灾难性事件后生物废弃物管理。①管理和减少应对所有灾害事故废物产生数量；②开发选择废物管理的方法和标准；③评估和确定处理被污染的人类和动物残骸及滋生植物的方法和标准。

9.3.4.2 英国

2014 年 11 月 12 日，英国自然环境研究理事会（NERC）实施"自然评估计划"（Valuing Nature Programme）（NERC，2014）。该计划通过多学科小组来协调组织完成该计划的三个主要目标。

（1）提升对自然生态系统的理解：不同生态系统之间生物贮量的转换与临界点；为何生态系统服务的价值发生变化，是达到还是超出了临界点；关键自然资本开采水平对可持续发展的作用，以此避免突发的破坏极大地改变自然生态系统。

（2）提高全面理解生物多样性和生态系统过程在人类健康和福祉中发挥的作用，包括以下 3 个研究领域：自然灾害和极端事件；人们与环境接触进而传播疾病的媒介以及海洋类毒素；改善城市生态系统健康状况（比如绿地的作用）。

（3）继续为自然价值评估网络（valuing nature network）提供限时支持。

9.3.4.3 欧盟

2017 年 4 月 27 日，欧盟委员会宣布通过《自然、人类和经济行动计划》（*Action Plan for Nature，People and the Economy*）（EU，2017），帮助欧盟各地区保护生物多样性并获得自然保护的经济收益。行动计划确定了 15 项行动，共分为 4 个优先领域。主要内容包括以下几方面。

（1）加强引导和增强知识基础，确保与更广泛的社会经济目标保持协调一致。①欧盟委员会将更新、发展和积极推进对自然保护区站点许可程序、物种保护和管理的引导，并加强对具体行业重要话题的引导。欧盟委员会还会提供新的关于将生态系统服务整合进决策过程的引导。②建立支持机制，帮助成员国解决应用《自然指令》（*Nature Directives*）中的许可要求时面临的关键挑战。③增强知识基础，确保公众能在线获得实施《自然指令》所必需的数据。

（2）构建政治所有权和促进对《自然指令》的遵从。①完善 Natura 2000 自然保护区网络，支持成员国在所有保护站点实施必要的保护措施。②将新的环境实施审查程序用于国家和区域当局的双边会议，制定一致的路线图以加强实施，与土地所有者和其他利益相关者协商以克服挑战。③将不同成员国内的公共机构和利益相关者汇集在一起，解决共同的挑战。④未来针对最濒危的物种和自然栖息地制定"物种和栖息地行动计划"（Species and Habitats Action Plans）。

（3）加大对 Natura 2000 的资助力度，改善对欧盟资金的使用。①增强对自然的投资，帮助成员国通过更新优先行动框架加强对 Natura 2000 的多边融资计划。提议将"环境与气候变化计划"（LIFE）预算中专门用于支持自然和生物多样性保护的项目预算提高 10%。通过自然资本融资工具（natural capital financing facility）刺激私营部门对自然项目的投资。②促进与《共同农业政策》（*Common Agricultural Policy*）资金的协同。③提高对"凝聚政策基金"（cohesion policy funding）资助机会的认识，提高协同效应。④提高与《共同渔业政策》（*Common Fisheries Policy*）和《综合海洋政策》（*Integrated Maritime Policy*）的协同效应。⑤提供引导以支持部署绿色基础设施更好地与 Natura 2000 建立联系，通过欧盟研究和创新政策以及"地平线 2020"基金支持基于自然的解决方案。

（4）建立更好的沟通战略和加强宣传，吸引公民、利益相关者和社区的参与。①通过与地区委员会（Committee of Regions）享用共同的平台支持与地方和区域当局的知识交流。②支持识别 Natura 2000 站点的良好管理实践，提高对《自然指令》的认识，为新技术和宣传活动提供支持，加强自然遗产和文化遗产之间的联系。③通过"欧洲团结小组"（European Solidarity Corps）项目动员青年人员参与，充分利用专门用于部署志愿者支持 Natura 2000 站点保护的 330 万欧元资金，并通过欧盟资金进一步为年轻人提供跨境做志愿者的机会或专业经验。

9.3.4.4 小结

根据来自国际组织、欧盟及主要国家如美国、澳大利亚及英国等国家有关生态科学领域的战略规划和计划，涉及领域主要为提升对自然生态系统的理解，比如生物多样性、不同生态系统之间生物贮量的转换及转换的原因；构建政治所有权，完善自然保护区网络。此外，关注如何完善生态系统服务，如建立面向公众服务，确保公众能获得生态系统服务相关的数据；建立与公众之间更好的沟通战略和加强宣传以吸引公民及利益相关者参与；建立自然价值评估网络；对生态系统进行评估，准确评估风险暴露和感染对动物和人类的影响，降低暴露和/或感染的风险，灾难性事件后生物废弃物管理。

9.3.5 环境科学领域

9.3.5.1 美国

1. 《2014—2018 财年美国环境保护署战略计划》

2014 年 4 月 10 日，EPA 发布《2014—2018 财年美国环境保护署战略计划》（*Fiscal Year*

2014-2018 EPA Strategic Plan）报告（EPA，2014a）。该战略计划提出了 5 项战略目标、4 项跨机构战略和总体核心价值。

1）战略目标

（1）解决气候变化和改善空气质量。①解决气候变化。采取措施以减少温室气体排放；采取有助于保护人类健康的措施，有助于社会和生态系统面对气候变化影响变得更加可持续和弹性的措施。②实现和保持以健康和福利为基础的空气污染标准，降低有毒空气污染物和室内空气污染的风险。③恢复和保护地球平流层臭氧层和保护公众免受紫外线辐射危害。④最大化地减少辐射物的泄露，时刻准备预警方案和修复措施以最大化地减少不可避免的泄露带来的危害。

（2）保护美国水资源。①实现和保持对人类健康具有保护性的饮用水供给，并保持鱼类、贝类及休闲用水的标准和指导线，保护和可持续地管理饮用水资源。②保护、恢复和维持河流、湖泊、溪流和湿地的质量，可持续地管理和保护沿海与海洋资源和生态系统。

（3）清洁社区和推进可持续发展。①促进可持续的和宜居的社区发展。与当地、州、部落的和联邦的合作伙伴合作，促进理性增长，制订应急预案和恢复计划，重建与重新利用被污染的地区，以及均衡分配环境利益。②保护土地。采取减少垃圾产生和毒性，促进垃圾和石油产品的适当管理，改善可持续材料管理等措施。③恢复土地。做好意外的或故意的污染物泄露的预防和反应措施，清理和恢复被污染土地，以重新利用。④在印第安人村落加强人类健康和环境保护。

（4）降低风险和增加化学品安全性。①确保进入产品、环境和身体的化学品的安全性。②通过促进污染预防和其他由企业、社区、政府组织和个人采取的可持续措施，保存和保护自然资源。

（5）依靠法律的执行与遵守来保护人类健康和环境。主要是针对最严峻的水资源、空气和化学危害，大力推行民事和刑事执法。确保联邦环境法律法规在全国范围强有力地、连续地和有效地执行。

2）跨机构战略

（1）向着一个可持续的未来而努力。通过机构决策和行动推进可持续的环境成果和优化经济与社会成果，具体措施包括扩展关于环境保护的交流沟通以及与广泛的利益相关者进行沟通。

（2）在社区做出可见的改变。增强对社区的支持以建立健康的、可持续的和绿色的邻里关系，降低和预防暴露在有害的环境中，以及对儿童、缺少医药和负担过重的社区造成的健康风险。

（3）开启一个国家、部落、地方和国际合作的新时代。EPA 与州的伙伴关系的现代化包括重振国家环境绩效合作伙伴体系以及共同推进电子商务,使得环境信息和数据更易于获得、更有效、提供更多证据。

(4)使 EPA 成为高绩效组织。利用新工具和技术,使商业行为现代化。在与员工、共同监管者、合作伙伴、行业和服务的人群的每一次合作中,确保增加了价值,以一个高绩效组织的标准要求自己。

3)总体核心价值

报告指出,在应对环境挑战时,EPA 将继续延续科学、透明、法治的核心价值;将以最好的数据和研究以及透明度和问责制的承诺作为工作导向。EPA 的研究将继续集中于最关键的主题,为解决人类健康和环境问题找到更加可持续的解决方案。

2. 《新一代空气监测路线图草案》

2013 年 4 月 5 日,EPA 发布《新一代空气监测路线图草案》(*Draft Roadmap for Next Generation Air Monitoring*)报告(EPA,2013)。EPA 计划在短期内对新一代空气监测(NGAM)的努力集中在以下三个目标:①为选定的有害空气污染物和炭黑促进经济实惠、近源、排放源监测技术和传感器基于网络的检漏系统的开发,以支持新的监管策略,并执行和遵从目标。②通过开发低成本、可靠的空气质量监测技术补充空气质量监测网络,用以测量标准空气污染物,如二氧化氮、一氧化碳、臭氧和颗粒物。③支持环境正义社区和公民科学行动在当地区域测量空气污染物。

NGAM 的发展可以分成三个领域:技术开发、测试和集成;技术示范、拓展和交流策略;信息技术基础设施和新数据流。

9.3.5.2 澳大利亚

2016 年 6 月,澳大利亚环境和能源部发布了《清洁环境计划》(*Plan for a Cleaner Environment*)。该计划从以下几个方面及相关的自然科技角度,提出了一系列旨在改善生态、保护环境的措施(Department of the Environment and Energy,2016)。

1. 清洁空气计划

帮助澳大利亚家庭和相关企业安装太阳能和其他可再生能源设备,改造现有的电力设施,使之更加清洁,支持可再生能源行业的发展和就业。澳大利亚政府已经成立了 10 亿美元的清洁能源创新基金,这将有效促进清洁能源行业进行创新与投资,提供多样化的金融支持服务。

2. 清洁土壤计划

澳大利亚政府设立了名为绿军项目的计划,该计划提倡 17~24 岁的澳大利亚年轻人积极保护生态环境和遗迹,并开展对濒危物种的普查和保护,绿军项目是以社区为单位,鼓励全民参与的一项计划。号召全民进行植树活动,到 2020 年,该计划预计种植 2000 万棵树，覆盖澳大利亚 164 个城市与地区，以此来保护土地。

3. 清洁水计划

从四个方面逐步恢复大堡礁健康：预计将开展 5 次针对大堡礁的疏浚项目；100 年以内禁止大堡礁用于任何商业活动；开发和实施《2050 大堡礁长期可持续计划》；投资 1.71 亿美元进行大堡礁流域水资源再利用与保护珊瑚礁。

4. 自然遗产保护战略

2015 年澳大利亚公布了长达十年的自然遗产保护战略，并对遗产清单进行了重新修订。澳大利亚政府支持了 18 个国家遗产项目，包括重建澳大利亚战争纪念馆等。

5. 南极洲保护战略计划

2016 年 4 月，澳大利亚发布了南极洲未来 20 年的保护战略计划，该计划预计将为相关科学家提供持续的支持，包括建造世界级的破冰船、移动研究站与资金支持。重点将对渔业和冰核开展研究。

9.3.5.3　北欧

2013 年 4 月，北欧部长理事会①（Nordic Council of Ministers）发布了《北欧环境行动计划 2013—2018》（*Nordic Environmental Action Plan 2013-2018*）（NCM，2013）。该计划将重点放在"包容性"绿色经济发展、气候变化与空气污染、生物多样性与生态系统服务以及对环境和健康有危害的化学制品上，促进北欧各国的可持续发展。

1. "包容性"绿色经济发展

提倡可持续的生产与消费：不仅需要法规、金融工具等手段，并且需要通过实施联合国和欧盟的行动计划达到该目标；北欧将逐步加强"生态标签"（eco-label）工作，保持并提高标签的熟识度；进一步加快完善与绿色发展相关的技术标准和规范；鼓励企业的科技创新，增加公共部门采购环境友好型产品的比例。提高资源利用效率和废物回收率：进一步开发提高资源利用效率的工具；重点加强废物的污染防治技术、材料的回收效率；同时要避免回收材料里含有潜在的有害物质，确保产品在其整个生命周期内能够安全使用。

2. 气候变化与空气污染

北欧将积极履行与所有国家达成的具有法律约束力的国际气候变化新协议以及与减少空气污染的承诺；推进北欧相关国家机构和组织自愿合作减少废气排放；推行不同的碳税政策；制定国家适应气候变化发展战略；推进能效标准和能效标识；与其他部门协作提供低排放的解决方案。

呼吁各国减少烟尘排放，甲烷与一氧化碳结合而形成对流层的臭氧。北欧全面支持国际社会对减少"短期气候污染物质"（SLCFs）所作出的努力，包括北极理事会（Arctic

---

① 北欧部长理事会作为一个政府间论坛，1971 年由北欧理事会设立，旨在确保北欧国家之间的持续性合作。

Council）的环境保护行动计划和《远距离越境空气污染公约》（*Convention on Long-range Transboundary Air Pollution*）。全面实施联合国环境规划署（UNEP）推出的全球行动计划和各种全球性倡议，支持气候与清洁空气联盟（Climate and Clean Air Coalition）和大幅减少短期气候污染物质的共同目标。

3. 生物多样性与生态系统服务

实施《生物多样性公约》（CBD）的战略计划以及实现该公约 2020 年迈向的"20 个子目标"；与北极理事会、巴伦支海欧洲北极地区理事会（Barents Euro-Arctic Council）和欧盟达成环境合作协议；支持生物多样性和生态系统服务政府间科学政策平台（IPBES）在全球和区域的发展；支持对遗传资源公正、平等的利益共享的《名古屋协定》。

4. 对环境和健康有危害的化学制品

与北极理事会合作预防和减少越境有害物质的排放，如汞和持久性有机污染物（POPs）；通过建立系统的化学品筛选程序确定新的化学危险品，证明对人类健康和环境都造成了严重的损害，包括在欧洲北部和北极地区；进一步推动各国达成全球性的汞协定，减少全球汞的使用；确定北欧海域主要污染物排海总量控制指标；重点开发对化学危险品的国际统一测试方法等。

9.3.5.4　小结

根据来自国际组织及主要国家如美国、澳大利亚及北欧国家有关环境科学领域的战略规划和计划，涉及的领域主要为气候变化、空气环境质量、清洁水源、清洁土壤及生物多样性和生态系统服务的计划及技术。在气候变化方面，减少温室气体排放和发展适应性战略解决气候变化带来的问题，提高能源使用效率。在空气质量方面，主要是减少有害及有毒污染物排放，完善空气质量监测技术。在一些国家实施清洁土壤计划：号召全民植树保护土地。在保护水资源方面的措施主要包括：防止有害物质的释放，清理和恢复受污染地区，建立清洁社区，推进可持续发展，建立法律保护环境。另外，强调保护生物多样性，为生态评估服务，尤其是海洋生态系统。

9.3.6　灾害防治领域

9.3.6.1　国际组织

1. 联合国《2015—2030 年仙台减少灾害风险框架》

《2015—2030 年仙台减少灾害风险框架》（简称《仙台框架》）于 2015 年 3 月 18 日在日本仙台举办的第三次联合国世界减少灾害风险大会上通过（UNISDR, 2015）。该框架以《兵库行动框架》为基础，力求在未来 15 年内取得以下成果：大幅减少在生命、生计和卫生方面以及在人员、企业、社区和国家的经济、实物、社会、文化和环境资产等方面的灾害风险和损失。

为实现预期成果,必须设法实现以下目标:预防产生新的灾害风险和减少现有的灾害风险,为此要采取综合和包容各方的经济、结构、法律、社会、卫生、文化、教育、环境、技术、政治和体制措施,防止和减少对灾患的暴露性和受灾脆弱性,加强应急和复原准备,从而提高抗灾能力。

为支持对实现该框架成果和目标的全球进展情况进行评估,商定了七个全球性具体目标。

(1)到 2030 年大幅降低全球灾害死亡率,力求使 2020~2030 年 10 年全球平均每 10 万人死亡率低于 2005~2015 年水平;

(2)到 2030 年大幅减少全球受灾人数,力求使 2020~2030 年 10 年全球平均每 10 万人受灾人数低于 2005~2015 年水平;

(3)到 2030 年使灾害直接经济损失与全球 GDP 的比例下降;

(4)到 2030 年,通过提高抗灾能力等办法,大幅减少灾害对重要基础设施的损害以及基础服务(包括卫生和教育设施)的中断;

(5)到 2030 年大幅增加已制定国家和地方减少灾害风险战略的国家数目;

(6)到 2030 年,通过提供适当和可持续支持,补充发展中国家为执行该框架所采取的国家行动,大幅提高对发展中国家的国际合作水平;

(7)到 2030 年大幅增加人民获得和利用多灾种预警系统以及灾害风险信息和评估结果的概率。

考虑到在执行《兵库行动框架》方面取得的经验,为实现预期成果和目标,需要各国在地方、国家、区域和全球各级各部门内部和彼此之间采取重点行动,其四个优先领域如下:①理解灾害风险。②加强灾害风险治理,管理灾害风险。③投资于减少灾害风险,提高抗灾能力。④加强备灾以做出有效响应,并在复原、恢复和重建中让灾区"重建得更好"。

2. 联合国《联合国减少灾害风险提高恢复力行动计划:实现可持续发展的风险指引综合途径》

2016 年 6 月 2 日,联合国发布《联合国减少灾害风险提高恢复力行动计划:实现可持续发展的风险指引综合途径》(*United Nations Plan of Action on Disaster Risk Reduction for Resilience: Towards a Risk-informed and Integrated Approach to Sustainable Development*)报告(UN,2016a),提出 3 条承诺及 10 个预期结果。

(1)在支持《仙台框架》和其他协议时,通过风险指引和综合的方式,加强联合国全系统的一致性。预期结果包括:①到 2020 年,联合国基于风险指引的方式,制定支持可持续发展目标的实施计划,这些计划应有助于减少灾害和气候风险;②到 2020 年,为帮助各国实施和监督《仙台框架》需要的行动,联合国向各国提供的全球和区域层面的支持,必须与向《2030 年可持续发展议程》提供的支持保持连贯和一致。

(2)提高联合国系统为各国减少灾害风险提供协调、高质量支持的能力。预期结果包括:①到 2020 年,针对联合国所有的共同国家评估(UN CCAs),提供分性别、分年龄、照顾到残疾人并符合各国国情的气候灾害风险信息;②针对灾害对发展构成威胁的国家,在联合国开展的发展援助框架和伙伴关系以及联合国灾后恢复战略和规划中,有效地纳入减少灾害风险策略;③到 2020 年,联合国各机构和联合国国别工作组(UNCTs)提高其早期预警和防范能力,有效支持国家和社区的应急准备、响应、恢复和重建工作;④到 2020 年,联合国驻地协调员(UNRCs)和 UNCTs 有能力有效地支持国家实施风险指引下的发展议程;⑤到 2020 年,联合国系统的能力整体增强,协助各国在各部门及跨行业间以最低要求实现《仙台框架》。

(3)将减少灾害风险作为联合国各机构的战略重点。预期结果包括:①到 2020 年,联合国各机构出台相关政策和战略,优先考虑减少灾害风险,优先配置资源,以提高在减少灾害风险提高恢复力方面的投入力度;②到 2020 年,联合国各机构定期监测和报告将减少灾害风险纳入其战略计划、规划和结果框架的进展;③到 2020 年,联合国各机构动员各自的利益相关方持续参与,支持各自行业内执行和监测利用《仙台框架》实现《2030年可持续发展议程》的进展。

9.3.6.2 英国

2016 年 9 月 7 日,英国政府发布《国家洪水适应力评估》(*National Flood Resilience Review*)报告,分 6 个领域提出减轻洪水风险的计划,最后制定了 2021 年后的长期战略(UK,2016)。

1. 提高地方基础设施的适应力

(1)电力行业将在 2015~2021 年投资 2.5 亿英镑,提高电力网络对洪水的适应力。

(2)为了在短期内提高基础设施的适应力,水利和通信行业需要采取基于现有的管理资产洪水风险的行动,详细评估所有无法弹性应对极端洪水事件的关键基础设施。

(3)政府与公用事业达成一致,合作提升政府和弹性基础设施运营商之间的合作和信息共享的机制。

(4)2016 年下半年,政府会和水利部门合作扩展审查分析覆盖服务对象超过 1 万人的水利资产。

(5)政府将继续扩充与提高与基础设施适应力相关的知识。

(6)交通部将和公用事业合作,确定那些对于基础设施供应商而言为单点故障的桥梁,或是在严重洪水灾害中会处于危险的桥梁,确保行业可以通过开展应对行动来保护服务正常进行。

2. 提高应急响应能力

（1）英国环境署计划投资 1250 万英镑，用于临时洪水屏障、移动水泵、事故指挥车辆，最终显著提升其应对洪水突发事件的能力。

（2）政府计划投资 75 万英镑的维护款，确保全国部署的洪水救援队伍可以维护其设备，保证救援用途的国家资产达到最大容量，能及时应对 2016 年冬天的洪灾。

（3）政府部门间应该密切合作，登记国家所有的洪水应急资产清单，相关信息应该易于更新，并通过适应力指挥部向外界开放。此外，政府会建立一个行动中心，把相关机构集合在一起来提高情境意识，促进及时部署国家资产，包括武装力量。

（4）持续采取行动，提高政府对于地方应急人员准备状态的了解，同时识别地方洪水适应力和应急规划中的良好实践。

（5）2016 年秋天，英国环境署计划举行一次适应力演练，测试部署新的应急设备所做的准备。

3. 在核心城市开展创新洪水防御和城市发展的试点

政府将以英国的核心城市（core cities in England）之一谢菲尔德（Sheffield）作为开展创新洪水防御和城市发展的试点，确定一种城市发展类型，可以使城市在开启重建机会的同时符合当地发展优先事项。

如果这种试点方法能成功推行，下一步目标就是在那些洪水保护级别不如伦敦的其他核心城市推广这种方法，并为其他城市区域提供参考，在设计城市发展和重建规划时采取建筑弹性准则，从洪水防御中创造出额外的社会和经济价值。更长远来说，未来会让社区把这种方法应用到更大的城市区域中，并扩展到那些大城市所属的小城镇里去。

4. 长期建模改进的滚动计划

英国环境署正在推进工作以完善所有来源的洪水建模，将其作为现存计划的一部分去更新《国家洪水风险评估》（National Flood Risk Assessment）报告。英国环境署还购买了一个升级后的洪水预测系统，这个系统可以利用与气象局（Met Office）一起开发的概率天气预测产品，更加密切地结合气象和洪水预测。气象局将和英国环境署合作，审视调查更进一步整合气象学和洪水风险建模能产生的收益。

要实现这种长期的方法以及其他被推荐的行动，需要新的科学和分析技术。政府会鼓励英国研究团体与气象局、英国环境署接洽，建立友好的合作关系，开发下一代综合洪水风险评估模型。

5. 英国环境署洪水风险沟通

英国环境署会与其他机构合作，开发不同的方法去传达严重洪灾的程度和可能性。

英国环境署会使用新方法，开展一个秋季增强意识活动，重点针对面临洪水风险的社区，尤其是那些洪水风险很高但是从未经历过洪水的社区，旨在鼓励这些城市或社区为其城市和社区制订洪水风险防御计划并采取行动。

Defra 应通过其科学咨询委员会（Science Advisory Council），与英国环境署和气象局合作，针对如何与不同受众沟通洪水风险制定建议。

6. 地表水泛滥

社区及地方政府事务部（Department for Communities and Local Government）将与Defra、英国环境署、关键利益相关者合作，评估英国的规划立法、政府规划政策和地方规划政策等内容，重点关注与英国土地发展相关的可持续排水。

7. 长期战略（2021 年后）

（1）在提高地方基础设施的适应力方面取得进步之后，Defra 将和英国环境署、财政部以及国家基础设施委员会（National Infrastructure Commission）合作，考虑长期投资需求和融资选择，考虑核心城市的适应力，包括从谢菲尔德试点学到的开发自负盈亏的新模型的经验教训。Defra 的工作会考虑保护和适应力之间的平衡，密切关注英国城市的洪水风险，也会在减少洪水风险中考虑政府和社会的作用。

（2）Defra 将和英国环境署合作，加强长期投资方案的分析，确保政府资金在支持风险最高的社区和最大化经济利益中达到平衡。Defra 将评估政府投资如何最有效地实现这些目标，同时提供最佳可能信息允许其他机构来管理风险。

（3）未来政府将考虑 2021 年后，如何利用政府减少洪水风险和提高防御能力的滚动计划做出进一步改善。

（4）政府的未来 25 年保护环境计划会着重加强地方合作伙伴的作用，把它们集中起来，整合流域层面的水资源规划与洪水管理。

（5）政府会继续将资金用于减少洪水风险管理，确保新方法（比如减缓河水流动的土地管理措施）可以与传统工程防御具有类似的经济竞争力。

9.3.6.3 欧盟

1. 《2015—2030 年仙台减轻灾害风险框架行动计划：欧盟所有政策利用灾害风险告知的方式》

2016 年 6 月 16 日，欧盟委员会发布《2015—2030 年仙台减轻灾害风险框架行动计划：欧盟所有政策利用灾害风险告知的方式》（*Action Plan on the Sendai Framework for Disaster Risk Reduction 2015-2030: A Disaster Risk-informed Approach for all EU Policies*）报告（European Commission，2016）。对应《2015—2030 年仙台减少灾害风险框架》的 4 个优先行动领域，该行动计划提出了 4 个关键领域和相应的实施重点。

（1）在欧盟所有政策中完善风险知识基础。①加强收集与共享有关损失和损害的基本数据库；②利用预测、情景和风险评估，更好地应对现有与新兴的风险以及新形式的风险；③进一步与研究团体合作，更好地弥补灾害风险管理知识和基础方面的空白，鼓励加强决策过程中的科学—政策互动界面。

（2）全社会参与灾害风险管理。①研究教育措施在减少灾害风险中的潜力；②通过相互学习和专家评审，促进良好的实践交流，完善灾害管理政策；③与利益相关者一起，包括当地政府、公民社会和社区，制定针对风险认知的战略；④与私营部门合作，鼓励在灾害风险管理的所有领域开展商业驱动的创新；⑤加强灾害风险管理、气候变化适应和生物多样性战略之间的联系；⑥加强灾害风险管理、气候变化适应和城市政策与规划之间的联系；⑦支持制定有包容性的地方和国家减轻灾害风险战略，动员当地官员、社区和公民社会等积极参与；⑧协助区域组织支持国家机构实施《2015—2030年仙台减少灾害风险框架》的工作，包括开发国家和区域的减灾平台。

（3）在欧盟范围内促进风险告知的投资。①在欧盟所有外部金融工具中，包括多边和双边发展援助，促进风险告知的投资；②在所有人道主义项目和发展援助项目中，追踪减轻灾害风险的投资动向；③促进欧盟范围内的防灾投资；④加强对灾害风险融资机制、风险转移和保险机制、风险共担和风险自留机制的运用；⑤鼓励和实施基于生态系统的减灾方法。

（4）支持开发整体的灾害风险管理方法。①在欧盟成员国制定的国家减轻灾害风险战略中，针对整合文化遗产建立良好的实践；②提高能力应对和防范会影响健康的灾害，促进与卫生部门及其他相关利益相关者的合作；③培养国家政府、社区和其他行为主体在管理灾害风险方面的能力建设；④支持发展和更好整合跨国监测和早期预警及警报系统，更好地开展灾害防范和应急行动；⑤将"重建更好的未来"目标整合到灾害风险管理和提高恢复力的评估方法、项目和标准中。

2. 《欧洲减轻灾害风险论坛：执行仙台减灾框架的路线图》

2015年10月7～9日，第六届欧洲减轻灾害风险论坛（EFDRR）年度会议通过了《欧洲减轻灾害风险论坛：执行仙台减灾框架的路线图》（*European Forum for Disaster Risk Reduction: Roadmap for the Implementation of the Sendai Framework*）报告。该报告针对两大关注领域，确定了欧洲2015～2030年减灾的优先事项（EFDRR，2015）。

1）制定或审查国家和地方层面的减灾战略

（1）治理。建议：①欧盟所有成员国都需要考虑，所采取的减灾方法是否符合本国的国情；②为各个利益相关者分配明确的角色和职责；③所有成员国都应该建立具有减灾协调机制的全国性减灾平台，指定一个部门或机构专门负责减少灾害风险；④所有成员国都应该依据《2015—2030年仙台减少灾害风险框架》、本国风险特征和其他需求，制定国家减灾战略。

（2）风险评估。EFDRR 将促进和分享各成员国取得的经验，最终制定一种一致的风险方法。

（3）灾害损失数据库。建议：①各国需要提高国家灾害损害和损失数据记录过程的连贯性和完整性，以便支持基于证据的灾害风险管理政策和行动；②为《2015—2030 年仙台减少灾害风险框架》提出的量化目标制定基线，如死亡率、受影响的人数、灾害直接经济损失占 GDP 的比例等；③EFDRR 将促进制定欧洲范围内更广泛的灾害损失数据库。

（4）同行评审。EFDRR 会把同行评审的结果作为共同的学习工具，进一步鼓励仙台减灾框架的执行。

（5）为确保整个社区都参与减灾，需要囊括不同的利益相关者并为其授权。

（6）EFDRR 将支持不同国家和活动人士之间的交流，鼓励决策制定。

2）将减少灾害风险整合进不同行业

（1）气候变化适应、环境和自然资源管理。建议：①需要呼吁环境和土地利用管理者积极参与国家减灾平台建设，采用和实施能提高弹性的减灾战略和计划；②EFDRR 将关注弹性的土地利用规划，将所有相关领域囊括在内。

（2）风险的经济管理。建议：①国家和地方政府应与私营行业建立紧密合作；②EFDRR 将关注风险的经济管理，优先考虑与通常不参与灾害风险管理的经济活动者建立协作。

（3）卫生服务中的关键基础设施。建议：①社会和卫生当局以及其他利益相关者，有必要加强彼此之间的合作，提高国家卫生和社会福利的灾害风险管理的能力，促进建立弹性卫生系统的能力；②EFDRR 将关注建立关键基础设施的弹性。

9.3.6.4　小结

来自联合国、欧盟及英国在灾害领域的战略计划的主要内容包括减少灾害风险，完善风险知识基础等建立全民参与的灾害防范，对全球及地方层面开展灾害治理、风险评估，并建立灾害损失数据库；利用数据库不断更新的数据完善灾害风险，建立新的模型来预测未来灾害趋势。

9.3.7　可持续发展领域

9.3.7.1　国际组织

1. 联合国《2014—2020 年 ECE 地区可持续性住房和土地管理战略草案》

2013 年 10 月 8 日，联合国欧洲经济委员会（UNECE）住房、城市发展和土地管理部长级会议通过了《2014—2020 年 ECE 地区可持续性住房和土地管理战略草案》（*Draft Strategy for Sustainable Housing and Land Management in the ECE region for the period*

2014-2020）（UNECE，2013）。该战略提出了 15 个发展方向和 36 个具体目标，强调了住房对地区公民福利的关键作用和在减缓气候变化中的作用。

1）可持续的住房和房地产

（1）环境维度。①与 2012 年相比，在住房能源使用方面：制定合适的政策和法律框架来支持和刺激对存量住宅进行改造，充分利用传统知识和当地的建筑材料，以减少其生态足迹和使其更具能源效率；对于新的和现有建筑发行能源效能证书。②为了减少对环境的影响，住房部门应考虑建筑的生命周期：生命周期应融入房屋及建筑物立法中；所有新的房屋建筑应按照生命周期的方式进行设计和建造。③提高建筑物应对自然和人为灾害的能力：审查和调整建筑法规，以更好地应对地震及气候变化和气候变异的影响。

（2）社会维度。①使所有人都能拥有足够的、可支付的、质量好的、健康且安全的住房和公共设施服务，尤其关注年轻人和弱势群体：适当增加在社会性和经济适用性住房方面的投资；制定政策，以支持获得可支付的、安全的住房，特别是对于在社会和经济上处于弱势的群体；要有适当的政策，确保新的建筑物和经济适用房能够满足需求；要制定适当的政策和投资，以减小城市和乡村间提供基础设施和服务的差异；要有适当的法规来确保所有住宅使用权的合法性，而不管使用权的类型，包括与拆迁相关的规章和程序，并且这些法规应根据国际标准和指导原则来制定。②向残疾人提供无障碍住房：总体设计标准要达到国际标准；新的建筑使用通用的设计标准；对现存公共房屋进行改造，尽可能达到通用的设计标准。

（3）经济和金融维度。①支持和鼓励私人对住房进行投资：通过在住房建设和城市规划领域进行绿色经济和创新技术投资，制定刺激就业的政策；对支撑金融产品适当的金融法规和房地产风险评估给予鼓励和支持。②确保存量住房的有效管理：立法以规范和管理公寓，包括建立和经营公寓的各个方面；采取适当的措施和手段，支持公共、私人和社区的合作，以增加在可持续的住房和社区改造方面的投资。③建设运作良好、高效、公平和透明的住房和土地市场，以满足不同类型的住房需求：建立简明、清楚、透明的程序和适当的制度，以确保高效的住房和土地市场；制定法律，并采取灵活的方式促进和刺激公私合作，以利于住房业的发展；制定适当的政策支持运转正常的、非营利性的住房部门。

2）城市的可持续发展

平衡可用土地的竞争性需求和限制性供应，以使农村土地损失最小化，并提高城市土地利用效率：①所有利益相关者参与制定土地可持续空间开发的战略方向/政策；②制定土地规划和/或其他强化法规的文件，至少包括：易受自然和人类灾害影响的地区；吸引私人投资的地区；生态敏感区和文化遗产区；市内密集区、城市重建区、综合开发利用区、重新利用或重新开发的疫病区和棕色地带。

3）可持续土地管理

（1）要有一个高效、方便和透明的土地管理制度，它将为大家提供安全的房屋使用权和所有权，有利于房地产投资和交易，确保高效透明的地产估值、土地利用规划和土地可持续开发：①高效、方便、透明和非歧视的，并且拥有足够上诉机制的土地登记系统，以确保使用权和所有权的安全性，并且减少土地和住房的冲突，减少房地产交易中的不安全，减少房地产登记中的腐败；②制定合适的政策确保产权安全；③制定合适的政策为那些生活在非正规住宅区的人们提供安全的居住使用权解决方案。

（2）建立土地登记机构、地籍机构、法院等这样的机构，或者提高它们的工作效率，以保障土地管理系统良好运作：①让所有使用者易于获取最新的数据；②制定合适的机制和政策促进公共机关通过国家空间数据基础设施共享数据；③公众可以通过电子数据库获得土地管理的相关信息。

4）交叉领域的主题

（1）确保在创新和研究方面的投资，特别关注能源节约、社会创新、绿色环保、结构紧凑、包容性和智能性的城市：①鼓励在研究和创新方面投资，特别是住房部门中的能源节约、社会创新和绿色经济领域；②在以上领域中实施的创新项目要进行报告，让成员国分享经验和最佳做法。

（2）支持住房、城市规划和管理以及土地管理中的良好管理措施、高效的公共参与和法治：①采取合适的法律和管理措施，确保所有利益相关者开展咨询和参与到透明、公开的决策过程中；②在国家、地区和地方层面，制定合适的政策以提升公共部门在住房和土地管理方面的能力；③加强不同水平的公共管理在横向和纵向的协调与协作。

（3）要确保在现有的住房、土地规划和土地管理立法中充分反映关于非歧视的具体规定：制定法律确保公平对待和非歧视，特别是对妇女和少数民族群体。

（4）加强区域和国际在住房、城市规划和土地管理领域的经验交流与合作：加强不同国家间的知识和经验交流；加强国际组织间的合作、网络化和协作。

2. 国际食物政策研究所《2013—2018 年战略计划》

2013 年 4 月 11 日，国际食物政策研究所（IFPRI）发布《2013—2018 年战略计划》，提出了未来发展愿景及使命，明确了研究领域和研究区域优先发展战略（IFPRI，2013）。

1）未来发展愿景及使命

愿景：在全世界范围内消除饥饿和营养不良。

使命：致力于提供基于实证研究的可持续政策方案，实现消除饥饿、减少贫困，以满足发展中国家的粮食需求，尤其是低收入国家和这些国家中的贫困群体。

2）研究领域

（1）确保可持续的粮食生产。重点研究方向包括提高对自然资源管理，解析气候变化与能源发展的相关政策以及生物安全、性别差异的影响等。IFPRI 进一步加大了对全球农业可持续发展政策研究的投入。

（2）促进健康的粮食生产系统。从农田到餐桌，IFPRI 通过创新技术不断改善食物的营养元素，提高其营养成分并保证营养安全。同时，IFPRI 还分析其他部门的投资情况，如供水、卫生、教育等，以便增加健康饮用水和卫生设备的覆盖率。

（3）完善全球贸易市场。IFPRI 重点专注于逐步解决市场失灵问题，消除市场准入壁垒，同时方便小型农户进入市场，从而提高粮食安全。IFPRI 将提供扎实创新性研究，关注各国国内政策对全球农业市场的影响，促进制度完善，提高市场效率，为生产者及消费者降低交易成本，解决价值链中的瓶颈。

（4）促进农业发展。IFPRI 立足于农村战略和农业政策研究，促进农村经济增长，特别是亟须经济快速发展的撒哈拉沙漠以南的非洲地区和南亚地区。研究人员还将从公共投资对农村经济增长回报率的层面展开分析，对农村地区不同类型的公共投资回报率进行评估，收集并预测分析相关的信息数据，来帮助和指导政府对于公共投资在各区域之间的分配。

（5）加强政府机构管理。IFPRI 通过前瞻性分析自然资源管理过程，明确当地群众、私营部门、国家各自发挥的作用，在土地管理中协调好土地资源、水资源等自然资源的关系。IFPRI 关注政府在管理和政策制定过程中，如何充分考虑小农、妇女和贫困人口在农业、教育、农业推广、科技、政治机构和金融服务等方面均能获取平等资源，享受平等服务，以造福更多的人。

（6）增强抗风险能力。IFPRI 提供灾害风险管理分析框架，提高长期抵御风险能力，探究如何在社会各个层面更好地协调风险管理。IFPRI 继续开发脆弱性识别的工具和方法，提出降低农业灾害风险的策略，帮助个人、社区、地区、国家以及整个生态系统采取更有效的风险管理措施。

（7）跨领域研究主题：性别差异。IFPRI 收集证据，分析男女差异，提高未来政策干预的效果，让各方都各尽其责。

3）研究区域优先发展战略

IFPRI 的研究重点主要是发展中国家，覆盖的地区包括拉丁美洲和加勒比地区、西非和中非地区、中东和北非、中亚、东亚及东南亚、南亚、非洲的东部和南部。IFPRI 依据区域发展特点分别制定了研究区农业发展的战略重点，分别围绕上述研究领域积极开展各项工作，并有效地提供可能的政策选择，以更好地支持各国在粮食、农业和农村方面的决策。在中国，IFPRI 重点关注中国村镇乡分级管理、产业价值链的转型以及资源友好型技术的推广等。

3. 联合国《2030 年享有尊严之路：消除贫穷、改变所有人的生活、保护地球》

2014 年 12 月，联合国发布关于 2015 年后可持续发展议程的综合报告《2030 年享有尊严之路：消除贫穷、改变所有人的生活、保护地球》(*The Road to Dignity by 2030：Ending Poverty，Transforming All Lives and Protecting the Planet*)（UN，2014a）。报告提出了到 2030 年全球应实现的 17 项可持续发展目标：①在全世界消除一切形式的贫穷；②消除饥饿，实现粮食安全，改善营养状况和促进可持续农业；③确保健康的生活方式，促进各年龄段人群的福祉；④确保包容和公平的优质教育，促进全民享有终身学习机会；⑤实现性别平等，增强所有妇女和女童的权能；⑥为所有人提供水和环境卫生并对其进行可持续管理；⑦确保人人获得可负担、可靠和可持续的现代能源；⑧促进持久、包容和可持续的经济增长，促进充分的生产性就业及人人获得体面工作；⑨建造具备抵御灾害能力的基础设施，促进具有包容性的可持续工业化，推动创新；⑩减少国家内部和国家之间的不平等；⑪建设具有包容性、安全、有抵御灾害能力和可持续的城市和人类居住区；⑫确保采用可持续的消费和生产模式；⑬采取紧急行动应对气候变化及其影响；⑭保护和可持续利用海洋和海洋资源以促进可持续发展；⑮保护、恢复和促进可持续利用陆地生态系统，可持续管理森林，防治荒漠化，制止和扭转土地退化，遏制生物多样性的丧失；⑯创建和平、包容的社会以促进可持续发展，让所有人都能诉诸司法，在各级建立有效、负责和包容的机构；⑰加强执行手段，重振可持续发展全球伙伴关系。

4. 全球环境基金《GEF 2020 年战略计划》

2015 年 3 月 25 日，全球环境基金（GEF）发布了《GEF 2020 年战略计划》(*GEF 2020：Strategy for the GEF*) 报告，为 GEF 2020 年及以后的发展进行定位，支持 GEF 成为未来全球环境领军机构的改革创新，实现更大的社会影响（GEF，2015）。

1）GEF 2020 发展定位

GEF 将解决环境退化的驱动因素；支持开展创新的业务方式；将采取具有成本效益的重大环境挑战解决方法，继续高度专注于最大限度地提升通过融资创造全球环境效益。

2）主要战略优先事项

（1）环境退化的驱动因素。GEF 将通过一系列手段和途径，比如消费品认证标准，将需求引向以更可持续方式生产的产品和服务，最大限度地减缓环境退化。

（2）寻找综合性解决方案。在 GEF-6 中，将试点实施一系列综合方案计划（IAP），GEF 已有综合方案的运作经验，并将借鉴以往经验。

（3）加强恢复和适应方面的工作。GEF 将继续支持各国气候变化适应计划，并为寻求协同整合其他改善全球环境工作提供途径。GEF 还将以更协调、更系统的方式，将适应气候变化纳入其他重点领域投资，例如，通过气候变化风险评估等，将相应风险缓解措施纳入项目和政策设计中。

（4）确保互补性和协同性，特别是在气候融资方面。GEF 需要确保与其他机构和投入机制最大程度的互补，尤其是在气候投资领域。此外，将资金来源引向绿色投资需要以催化的方式利用 GEF 有限的资源，从而向其他投资者发出正确的信号和激励机制，高效、有效地实现全球环境成果。

（5）专注于选择适当的影响模式。GEF 通过多种模式实现环境影响：转变政策和监管环境、增强制度能力和决策程序、建立多方利益相关者的联合、示范创新方法、有效使用创新金融工具。GEF 将优先考虑那些旨在产生大规模全球环境效益、跨多个地区、多个行业或市场的干预措施。

5. 未来地球计划科学委员会《未来地球 2025 愿景》

2014 年 11 月 6 日，未来地球计划科学委员会（Future Earth Science Committee）和过渡参与委员会（Interim Engagement Committee）发布了《未来地球 2025 愿景》（*Future Earth 2025 Vision*）（Future Earth and Interim Engagement Committee，2014）。该规划涵盖了以下四方面的内容。

（1）激发面向全球可持续性挑战的开拓性研究。①管理水、能源与食物之间的协同效应和权衡，理解这些相互作用如何受到环境、经济、社会和政治变化的影响；②社会经济系统去碳化以稳定气候，通过促进技术、经济、社会、政治和行为的改变以实现转型，同时构建气候变化影响以及人类和生态系统适应响应的知识体系；③保护支撑人类福祉的陆地、淡水和海洋自然资源，通过认识生物多样性、生态系统功能与服务之间的关系，开发有效的评价与管理方法；④建设健康、适应力强和多产的城市，通过将更好的环境与生活和减少的资源足迹相结合的创新，提供可以抵御灾害的高效服务与基础设施；⑤在生物多样性变化、资源变化和气候变化的情况下，促进可持续的农村未来以供养日益增加的较富裕人群，通过分析替代土地用途、食品系统和生态系统选择，并确定机构和管理需求；⑥改善人类健康，通过阐明和发现应对环境变化、污染、病原体、疾病载体、生态系统服务、人类生计、营养和福祉之间复杂的相互作用；⑦鼓励可持续的公平的消费和生产方式，通过识别所有资源消费的社会影响和环境影响，了解从福祉增长中解耦资源使用的机遇、可持续发展的途径，以及人类行为相关变化的选择；⑧提高社会对未来威胁的适应力，通过构建自适应的管理体系，发展全球和关联阈值与风险的早期预警，测试有效、负责、透明的促进可持续性转型的机构。

（2）发布社会合作伙伴应对这些挑战所需的产品和服务。①开放、包容地及时观测与监控不同尺度行星地球现状、趋势和阈值的平台，包括跟踪快速变化的前哨过程与系统（sentinel processes and systems）；②定制的福祉与可持续发展指标与评价工具；③新一代的综合地球系统模型以便加深不同学科之间对复杂地球系统和人类动力学的理解，支撑基于系统的可持续发展政策与战略；④基于科学的数据、工具和资源以支持提高人类、社区和经济的应对能力,包括减少灾害风险;⑤促进全球可持续性的转型发展路径情景,有助于评估不同的战略与选择;⑥有关全球可持续性问题关键讨论的重要贡献,包括对科学评估和决策相关集成;⑦交流、参与和预见全球变化与可持续性的创新,充分利用新技术的潜力,克服世界各地信息获取的差异。

(3)倡导一种新型的科学,将学科、知识体系与社会合作伙伴联系起来。①吸引世界各地不同的社会合作伙伴开展基础与应用研究,以最大化社会需求的影响和响应能力,监测这些新研究方法的有效性;②将未来地球建设为全球认可的、在世界所有地区有效地参与和合作开展全球可持续发展研究的典范;③为以解决方案为导向的可持续性科学、技术和创新促进讨论、示范良好实践和调动能力;④改变国际研究资助实践,以便更好地支持区域内或者跨区域的多学科和跨学科研究与参与;⑤促进国家机构和国际机构之间研究项目的合作,使可持续性研究的资源和影响最大化;⑥有助于改进有关环境变化和可持续性进程的数据共享模式,以支持不同层面政策和实践。

(4)启用和调动共同实施知识的能力。①激励和支持新一代的学者和实践者践行全球可持续性集成科学,弘扬未来地球的愿景与使命;②建立一个由参与者和机构组成的多元化、关联团体,包括科学家、决策者、民间团体从业者、私营部门参与者和世界各地的资助者;③吸引联合国系统有影响力的全球利益相关者参与,包括主要的评估报告和2015年后发展议程、关键国家、企业和民间团体;④调动世界各地力量合作开展将局地进程与全球进程联系起来的研究,以及促进有关可持续发展轨迹的替代选择研究;⑤培养大批信任未来地球计划并可以担任未来地球大使的科学家、决策者和民间团体领导人,包括大量的未来地球计划成员。

9.3.7.2 美国

2010年,美国国家学术出版社(National Academies Press)正式出版了由美国国家研究理事会(National Research Council,NRC)完成的研究报告《认识变化的行星:地理科学的战略方向》(*Understanding the Changing Planet: Strategic Directions for the Geographical Sciences*)。该报告提出了未来10年地理科学研究的11个战略方向(NRC,2010)。这些战略方向反映了未来10年地理科学面临的挑战和需要解决的科学问题。这11个战略性科学问题可以归结为以下四大类主题:

1. 怎样理解和响应环境变化

问题1:人类正如何改变着地表的自然环境?

问题2:人类如何最好地保护生物多样性和濒危的生态系统?

问题3:气候和其他环境变化如何影响人类-环境耦合系统的脆弱性?

持续增加的人口、城市化、工业化和气候变化改变了地表环境并大量消耗自然资源。虽然既往的研究业已证明气候变化、土壤侵蚀、栖息地丧失和水质退化,但对人类自身在其中所起的作用未曾充分考虑,这一点也影响了人们对未来变化规模及时机的预测。利用诸如树轮、孢粉化石等古环境数据,地理学家正致力于重建长期的环境历史以了解气候和地球自然系统随时间的波动情况。地理学家正采用 GIS、遥感和地理空间可视化等技术来分析自然过程和格局随时间的变化,以弄清自然和人类对环境变化的各自贡献。更全面地了解自然和人为因素引起的地表变化、物种和基因多样性的分布以及不同生态系统对环境变迁的不断变化的脆弱性,是开展环境科学研究、风险管理和生态修复的基础,同时也可以指导旨在提高环境可持续性的政策制定。

2. 如何促进可持续发展

问题 4:100 亿人口将如何和在哪里生存?

问题 5:在未来 10 年和更长时间内如何可持续地供养每个人?

问题 6:人类生活之地如何影响我们的健康?

对变化的人口空间分布、形成不同聚落形式的过程、日益增加的城市人口面临的可持续性的挑战等方面的研究对认识更加拥挤的世界所面对的挑战是十分关键的。确保地球上不断增长的人口可获得相应的食物资源就是其中的挑战之一。由于当前出现的饥饿不是因为全球的食品匮乏,而是因为地理环境的不同和食品分配制度的低效或不公平,要解决 100 亿人口的吃饭问题的挑战,需要更好地认识地理要素对农业生产和分布系统、变化的食物消费偏好等方面的影响。人口数量的扩张和流动性的日益增加会使卫生保健的战线拉长,对疾病的治疗和预防的标准会随居住地的不同而有所变化。利用空间分析、GIS 和疾病扩散空间模型,地理科学有助于理解全球化、人口迁移、环境条件、土地利用、经济状况以及政府政策对健康和传染病扩散的影响。通过人们的日常生活来分析疾病和卫生保健方式,对认识和理解不同人群的疾病行为和变化的脆弱性是非常重要的,这些信息对制定能够改善全人类福利水平的政策是非常必要的。

3. 如何认识和应对经济和社会的快速空间重组

问题 7:人口、商品和思想的流动如何改变世界?

问题 8:经济全球化如何影响不平等状况?

问题 9:地缘政治变化如何影响和平与稳定?

现在迫切需要通过深入评估单个地方的发展以及利用 GIS 和地理空间信息等开展大尺度的空间研究,来了解流动性增强的原因和后果、流动性的地区差异、虚拟(如在互联网及其他媒介)流动性与实体流动性之间的关系。全球化也加剧了许多地区间的经济差距,提高了人们对贫困和社会动荡状况的关注。地理学阐明这种不平等格局以及在不同的空间尺度上产生这些格局的过程的研究,可以为理解贫困和消费方式之间的联系以及变化的社会经济环境的不平等影响提供解释。面对经济和社会的剧变,主导第二次世界大战后时代的地缘政治架构已然崩溃,现实提出了对强势政府和团体的领土议程、边界的变化的重要性以及资源匮乏在合作与冲突中的作用等开展扩展研究的需要。

4. 如何使技术变化更有利于社会和环境

问题 10：我们如何才能更好地观测、分析和可视化这个不断变化的世界？

问题 11："公众制图"（citizen mapping）和"公众被制图"（mapping citizen）的社会
含义是什么？

自古代起，观察、制图和描绘地表环境一直就是地理学研究不可或缺的一部分，在今
天的地理学研究中仍占据着中心地位。提供地理信息的网址已成为人们日常生活的重要
部分，它使得公众既是地图绘制的来源又是地图绘制的对象，但地理信息的激增又提出
了公众对个人隐私保护的担忧。地理学观测、分析和可视化地球表面的人类与自然特征
变化的技术和工具的最新进展，将在解答上述科学问题以及推动地理科学发展中发挥重要
作用。不过，新技术同样需要非专业人士有能力和有意愿在提供地理信息的同时能够保护
好个人隐私。

9.3.7.3　小结

可持续发展领域主要以联合国和全球环境基金组织制定的战略规划为主，主要的战略
目标包括改善人居环境，建立高效透明的可持续土地管理，提高土地利用效率促进城市可
持续发展；促进农业可持续发展，确保粮食生产满足人类需求；通过研究环境退化驱动因
素，寻找综合解决方案，积极应对气候变化带来的影响，建设具有包容性、安全、有复原
力并可持续的城市和人类居住区。

生物资源、生物多样性领域另有章节阐述，因此本章节不再赘述。

9.4　资源生态环境科技领域代表性重要规划剖析

9.4.1　美国《全球变化研究法案》

美国全球变化研究计划（USGCRP）于 1989 年 1 月被作为一项"总统动议"提出，
并被国会于 1990 年写入《全球变化研究法案》（GCRA）。该法案号召"建立一个全方位
的、集成的研究计划，帮助美国和世界理解、评估、预测和响应人类活动引起的和自然发
生的全球变化的进程"。以《全球变化研究法案》为依据，USGCRP 正式启动。为突出 21
世纪初期全球变化的研究重点，减少科学上的不确定性，2001 年布什总统制定了气候变
化研究优先行动计划（CCRI），并于 2002 年将 USGCRP 与 CCRI 合并，制定了美国气候
变化科学计划（USCCSP），但 USGCRP 称号仍保留。同年，布什总统又制定美国气候变

化技术计划（USCCTP），形成了美国完整的气候变化科技计划。USCCSP 和 USCCTP 实施后进展顺利，成果丰硕，受到国际科学界和各国政府的高度关注。2010 年，奥巴马总统以保持与 GCRA 的一致性为缘由，决定终止 USCCSP 的提法，恢复 USGCRP 的称号，但仍以气候变化研究为核心（王守荣，2011）。

9.4.1.1　实施进展

总的来说，USGCRP 咨询委员会认为计划进展良好，并为国家做出了重要贡献。USGCRP 值得表扬，因为它确定了许多日益迫切的科学需求，并提出了解决这些问题的建议。长期以来，USGCRP 集中在气候动力学的自然科学上。地球系统是复杂的、更新过的 USGCRP 战略规划草案（USP）正确地认识到需要更好地理解气候变化的驱动力，因为它们是在许多不同的时间和空间尺度上运作的。自从 GCRA 颁布以来，对变化的地球系统的认识显著增加，相关发现仍在以重要的方式——例如，通过阐明严重天气事件与气候变化之间的联系——改进我们的理解。USGCRP 为推动这些领域的知识，通过其《国家气候评估》向研究界、决策者和公众传授这些知识。USGCRP 还正确地指出，地球系统的复杂性在一定程度上取决于生态系统、社会和自然系统之间的相互作用，并且，USGCRP 已经开始在整合有助于解释生态过程和社会动力学的模型方面取得了一些进展，尽管这项工作不如物理模型成熟。

然而，USGCRP 咨询委员会认为，在 USGCRP 关注的传统领域开展额外工作的需求与提升国家对全球变化的理解和应对能力所需的各种科学问题之间的冲突日益显著。例如，气候相关事件的经验，其中许多是气候科学能够预期的，这已经引起了对气候科学及其传播这一需求的增加。USP 还提出了更多当前面临的科学问题，在此之前这些科学问题并不是 USGCRP 研究组合的核心，但是值得关注。这些问题包括各种减缓和适应措施的成本与收益以及如何更好地实现其目标；气候干预方案的可行性、成本和效益；气候变化对生态和社会经济系统的多重压力及其因复杂的反馈、临界点和非线性等条件如何以令人惊讶的方式做出反应；在面对气候变化及其未来具体后果的不确定性时，更好地影响决策的方法；决策支持过程以及什么使得一些决策支持工具和方法更有效。其中许多是社会科学的范畴，但超越了 USP 草案中"社会科学家的有效参与"的要求。虽然其中的一些需求不仅在 USP 草案中，而且在以前的战略规划文件中有所明确，但 USP 草案中关于该计划如何解决这些新问题的具体细节很少。USP 草案也没有描述自 2012 年战略计划批准实施以来这些问题是如何变化的。

9.4.1.2　研究成果

USCCSP 自实施以来，取得了多方面的研究成果（王守荣，2011），其集中反映在 4 类报告中：①年度进展报告。题为"我们变化的星球"。②专题报告。即 21 本综合评估报告。

③综合报告。一份是环境和自然资源研究委员会（CENR）于 2008 年 5 月提交的《全球变化对美国影响科学评估》报告，另一份是 USCCSP 提交的《全球气候变化对美国的影响》评估报告。此外，还有 NRC 的一系列评估报告。这些报告全面论述了全球和美国气候变化的事实和未来趋势，综合评估了气候变化对全球和美国以及 7 个部门和 9 个分区的影响。④向国际提交的报告。如向联合国政府间气候变化专门委员会（IPCC）和《联合国气候变化框架公约》提交的报告等。限于篇幅，以下只简要介绍 USCCSP 的主要科学结论和主要产品。

9.4.1.3 取得的成就

2017 年 2 月 15 日，美国国家科学、工程及医药学会（National Academies of Sciences，Engineering，and Medicine，NASEM）发布《美国全球变化研究计划的成就》（*Accomplishments of the U.S. Global Change Research Program*）报告，回顾了 USGCRP 令人瞩目的成就。报告指出，USGCRP 在推动全球环境变化科学和提高全球环境变化对社会的影响认识方面取得了重大成就，主要涉及四个方面：开发全球观测系统、地球系统建模、碳循环科学以及将人文因素纳入全球变化研究（NASEM，2017）。

1. 开发全球观测系统

地球系统科学是将整个行星地球作为实验室的观测科学。除了一些早期的全球过程数据集，例如在夏威夷岛冒纳罗亚（Mauna Loa）测量的大气 CO_2 浓度数据，在 20 世纪 80 年代后期没有可以利用的真正意义上的全球数据集，几乎没有足够长时间序列的全球观测数据集来衡量全球变化。

USGCRP 的主要贡献之一，就是汇集了从全球尺度到特定水域和社区尺度的空间分辨率的数据集。与美国国家航空航天局（NASA）地球观测系统（Earth Observing System，EOS）合作（EOS 是由国会于 1990 年发起的），USGCRP 制定了目标和相关的关键测量，旨在应用空间观测手段提高全球变化认识。

全球空间观测系统的早期成就之一，就是极大地提高了对土地覆盖变化的理解。例如，陆地卫星数据与新的分析方法相结合，生成了首个一致的、可复制的亚马孙流域热带雨林损失的测量数据。如今，计算陆地全球过程的能力，例如生长季度长度的变化，只能使用由 USGCRP 发起的全球卫星数据记录才能完成。

随着全球地球观测空间的扩大，一些 USGCRP 参与机构和其他机构规划并实施了空中、地面和海洋观测系统。在西太平洋的热带海洋与全球大气计划（Tropical Ocean-Global Atmosphere，TOGA）的阵列、海洋 Argo 浮标观测面积的扩大、针对陆地 CO_2 通量开发的 AmeriFlux，以及在全国范围内创建一致的温度观测档案等都是最好的例子。

通过综合观测的跨机构工作小组，USGCRP 继续协调不断增多的大型观测组合，包括卫星和原位观测。2017 年有 30 多个仪器在近地轨道上运行，可以测量或者计算一系列广泛的变量，包括风速和环流模式、大气 CO_2 和气溶胶浓度、土地覆盖变化、冰原、云属性、海洋盐度、海冰和生物圈的陆地与海洋净初级生产力。

2. 地球系统建模

精确代表地球范围内的自然、化学和生物过程的地球系统模型，是理解全球变化和生成决策者所需信息不可或缺的工具。大多数模型在 1990 年只关注地球系统的大气组成，粗略代表云和辐射过程，几乎没有代表海洋与陆地表面的相互作用。这些模型有利于研究大尺度的变化响应，例如温室气体的增加，不适用于研究小尺度的特征，例如热带风暴、飓风或者精确定义的冷暖气流。

由 USGCRP 部分参与机构进行的重大投资解决了许多类似的局限性。现在的模型代表了更高分辨率的多个相互作用的组成部分，可以模拟实际的历史条件、应用卫星和原位观测加以比较。这一进步对于增进科学认识、更准确地预测短期风险、绘制沿海洪水风险地图和其他许多实际应用都十分重要。

认识到协调国家各种分散的建模行动的需要，USGCRP 于 2011 年设立了综合建模跨机构小组（Interagency Group on Integrative Modeling，IGIM）。USGCRP 参与机构也在国际建模工作中发挥了作用，特别是成立于 1995 年的耦合模式比较计划（Coupled Model Intercomparison Project，CMIP）。

3. 碳循环科学

由于碳在地球气候中发挥主要调节者的作用，并且是控制全球海洋酸度的关键因素，因此，碳循环研究一直都是 USGCRP 参与机构的关注焦点。为了评估和预测变化，需要理解并量化大气碳通量（源）、陆地与海洋生态系统的碳沉降（汇）。

USGCRP 参与机构支持战略规划活动，促进并协调有关全球碳源和碳汇的核心观测与过程研究。1998 年，碳循环跨机构工作组（Carbon Cycle Interagency Working Group，CCIWG）正式成立，以协调美国 12 个政府机构和部门的行动，目前引领美国碳循环科学计划的发展。

自 1992 年以来，部分由 USGCRP 组织和支持的研究，极大地提高了人类对所涉及过程的理解，例如，土壤碳的分解随着气候变暖而增强的潜力，以及在变暖的海洋中影响 CO_2 吸收的过程。这一研究的重要组成部分是密集的、跨机构协调现场活动，从而将原位、空中和卫星观测联合起来。

4. 将人文因素纳入全球变化研究

社会驱动力塑造了全球的土地与能源利用以及城市化——包括个人、组织和社区的行为——被认为是全球变化研究各方面的根本。通过协调活动，USGCRP 在全球变化研究中结合自然科学和社会科学，以及鼓励成员机构支持基础的社会科学方面做出了重要贡献。

社会科学对于 USGCRP 为支持决策付诸的行动也很重要，特别是区域尺度。区域决策支持中心由内政部（气候科学中心）、美国国家海洋和大气管理局（区域综合科学和评估计划、区域气候中心）、美国农业部（气候中心）组建，每一个都针对发起机构的具体职责。这些中心充当了支撑决策的试验平台，有效地为应用型的人类维度研究提供了平台。

尽管在推动人类维度研究方面取得进展，但是挑战仍然存在，特别是 USGCRP 的许多参与机构缺乏社会科学方面的专业知识和持续的社会科学数据资源。在将社会科学整合到 USGCRP 并取得进一步进展时，需要克服这些挑战，以提供国家有效管理当前和可能的全球环境变化后果的所需信息。

9.4.2　美国地质调查局国家水质评价计划

1972 年《清洁水法案》通过之后，美国各州和联邦监管机构意识到国家水质监测方面的不足，无法在全国范围内评估和解决普遍公认的水污染问题。现有的数据在收集手段、分析方法和所测定的成分方面缺乏一致性。到 20 世纪 80 年代中期，美国国会、联邦和各州的机构以及工业界共同认识到，国家需要一个全面的方法来跟踪和评估水质，并确定全国的水质是改善了还是继续恶化了。

为解决这一需求，美国地质调查局制定了国家水质评估计划（National Water-Quality Assessment，NAWQA），并于 1986 年首先启动了试点项目，1991 年才批准实施现在比较成熟的国家监测计划。目前正在执行第三个十年（2013～2023 年）计划。NAWQA 的主要目标是评估全国地下水和地表水资源的状况；评估水质随时间变化的趋势；并了解自然和人类活动如何影响水质以及影响的程度。通过这三个方面的方法，NAWQA 将影响国家水资源的自然因素、人类活动和水质状况之间相互作用在国家层面综合在一起。

9.4.2.1　实施进展

NAWQA 的第一个十年计划（周期 1，1991～2001 年）的重点是基线评估，即国家水质状况评估。计划通过调查和比较全国范围内具有水文意义的地理区域或研究单元提供有关水资源的信息（NRC，2012）。第二个十年计划（周期 2，2002～2012 年）的重点是在周期 1 现状评估活动的基础上确定水质趋势。在周期 2 时间段内，计划加强了模型模拟工作，以推断全国的水质状况，并且扩大宣传以传播其产品。在 2004 年，该计划从面向研究单元的设计转移到八大主要流域和 19 个主要含水层的方案设计上。这一转变的部分原因是周期 2 中对趋势工作强调得越来越多，资金减少也是原因之一。由于规划设计的改变和经费的减少，这一转变与 1991 年以来监测点总数量下降是一致的（表 9-8）。

表 9-8　NAWQA 现状与趋势网络的演化

分类	周期 1	周期 2		
	1991~2001 年	2002~2004 年	2004~2007 年	2007~2012 年
地表水采样点数量	505 个	145 个	84 个	113 个
水生生态站点数量*	416 个	125 个	75 个	58 个（仅 6 个生态站点）
地下水网络**和水井数量	272 个网络、6307 口水井	137 个网络、3698 口水井		

* 生态站点包含在取样点的总数中。
** 地下水网络指一组取样井。

通过二十多年的水质监测，NAWQA 发现，尽管美国的大多数水资源都适合多种用途，但是点源和非点源污染已影响到每个研究单元的地表水和地下水，特别是农村和城市地区。污染物主要是营养物质、杀虫剂、挥发性有机化合物及其分解物（这种分解物通常与母体化合物一样普遍）的混合物。例如，NAWQA 的报告称，城市和农村地区一半以上的浅层地下水样本含有一种或多种杀虫剂化合物。相比之下，未开发地区和土地混合利用地区的样品中仅约 1/3 存在农药。NAWQA 也发现，国家的水质在改善。例如，在 2001 年联邦授权在城市环境中淘汰有机磷杀虫剂二嗪农和毒死蜱之后，东北和中西部的溪流中这些化合物的浓度在 2002 年之后开始下降。

NAWQA 应用模型来支持通过近期数据和历史数据做出的推论；预测当前和假设行动的未来水质结果；并为评估最佳数据较少或野外数据有限的地方的污染状况提供基础。例如，SPARROW 模型用于评估从密西西比河流域到墨西哥湾，土地利用中大尺度变化如何影响未来的养分负荷。总之，SPARROW 模型在美国的八大流域中的六个中得到了应用，为评估流域尺度的水质和评价水管理战略提供了重要资源。

在评估国家地表水体的生态状况时，NAWQA 发现，水生生物（藻类、无脊椎动物和鱼类）在不同的土地用途上很少表现出相似的变化程度。这意味着，仅基于一种生物体来评估会误判受损的范围和程度。此外，水文的改变和土地利用的变化是生态状态改变的主要驱动力。

NAWQA 通过其数据仓库提供和传输水质数据，使其数据能够在网络上广泛获得。这些数据来源于几乎覆盖全国的节点和区域，因此，可用以评估主要流域的水质变化。截至 2012 年 1 月，NAWQA 大约推出了 1900 份出版物，平均每 4.2 天推出 1 份。这表明，该计划自实施以来已开展了大量的工作。NAWQA 定期与 USGS 的其他计划、美国内务部的各机构以及联邦、州和地方的其他机构进行合作和协调相关工作。联邦政府的决策、监管和咨询机构（如EPA），地方委员会以及 30 多个州的州立法机关都利用 NAWQA 的科学来造福于公共卫生和水资源管理。NAWQA 的研究使国家和地方政府面临的水资源问题，如水源保护、质量保证、质量控制、抽样设计、取样方法、分析方案和解释框架等领域，都得到了改进。

9.4.2.2　取得的成就

美国国家研究理事会委员会的结论是：在周期 1 和 2 中，NAWQA 根据国家水质评估计划的任务，对美国的水质进行了成功的国家评估（NRC，2012）。更详细的代表性成就请见专栏 9-1。NAWQA 有能力继续收集和解释从单一河流和流域到大型盆地和含水层系统的各种尺度的水质数据，并将这些信息转化为对国家水质的状态、趋势和理解的评估。

专栏 9-1

NAWQA 的成就

全国地表水中化学物质的全国评估：NAWQA 提供了一份全国地表水质图谱。

全国地下水中化学物质的全国评估：NAWQA 提供的地下水水质图谱使科技界、管理界和公众能够了解全国的水质状况。特别地，针对地下水，NAWAQA 已经证明了地下水年代测定在水质研究中的效用，尤其是新老水体的混合水体。

将水质的生物指标纳入评估：NAWQA 已将指标生物体的测度纳入水质监测中，并在全国范围内采用统一的方法调查了生物、化学、水文和土地利用参数之间的关系。

国家综合报告：这些报告利用描述性的统计资料形成了稳健的数据集，为帮助国家回答"国家的水质状况如何"这样的问题得出更广泛的结论。

研究方法和设计的连续性和一致性：NAWQA 采用标准化的抽样方法、网络设计和分析技术以便进行跨站点比较，以及为满足当地和区域利益相关者的需求和国家水质评估而进行特定站点、特定组分的抽样。

稳健的外推法和推理技术的开发和应用：NAWQA 在开发和应用稳健的外推法和推理模型（例如，SPARROW 和针对农药的流域回归模型或 WARP 模型）方面已经开展了模范工作。这些模型具有统计性、地理空间性和/或是基于流程的，并且能根据近期和历史数据进行推理以及根据拟建议的行动所产生的结果进行预测。

信息传播：随着计划的推进，NAWQA 的信息交流活动在范围和复杂程度上不断发展。该计划现在使用多媒体和具有吸引力的图形来传达其信息产品和工具，并公开提供其数据仓库中的大量水质数据。

NAWQA 科学支撑政策和管理决策：该规划利用先进的工具将其高质量的国家数据进行解释，以使政策和决策者能够利用计划所产生的科学来进行有效决策。

合作与协作：在设计和执行计划时，NAWQA 继续在其机构内部以及与联邦、州和地方的其他机构合作、协调和协作，并承诺通过使其数据和项目与其他对水质感兴趣的人员相关，来提高其实用性。

跨媒体、学科和多尺度的联系与融合：NAWQA 已在区域和国家层面的多学科研究中取得了成功，收集并揭示了来自一系列环境媒介（如地下水、沉积物、土壤、地表水体和生物群）的地理、水文、生物、地址和气候数据，以帮助解决水质问题。

9.4.2.3　实施效果和影响

NAWQA 提升了水质管理。地方、州、部族、区域和国家利益相关方利用 NAWQA 信息来制定战略，用以管理、保护和监测全国不同的水文和土地利用环境中的淡水资源（Rowe et al.，2013）。例如：

（1）支持制定相关的条例和准则，用以解决污染发生的复杂性，包括污染物的混合情况、季节性模式及其在不同环境背景下的变化；

（2）确定农业和城市地区非点源污染的主要来源和特点；

（3）将水资源和水生生态系统最容易受到污染的地理区域、含水层和分水岭列为优先事项；

（4）改进对所有水文要素（包括大气层、地表水和地下水）监测、取样和分析的战略和议定书；

（5）协助国家评估溪流和受损水体的有益用途［每日最大负荷总量（TMDLs）］，并制定水源保护和管理方面的战略、农药和营养管理方面的规划以及鱼类消费方面的建议；

（6）通过提升河流保护和恢复管理的能力，维持水生生态系统的健康。

9.4.3　《澳大利亚生物多样性保护战略（2010—2030）》

《澳大利亚生物多样性保护战略（2010—2030）》于 2010 年发布，是 2030 年前政府保护国家生物多样性的指导框架。战略旨在协调所有部门共同努力，可持续地管理生物资源以满足澳大利亚当前的需求，并确保生物资源长期健康及对环境的适应能力。战略作为澳大利亚生物保护的主要手段，也是对联合国《生物多样性公约》的贯彻执行。

9.4.3.1　实施进展

在澳大利亚，各级政府和非政府组织在实施生物多样性保护战略过程中发挥着不同的作用，共同促进战略目标的实现（Commonwealth of Australia，2016）。

澳大利亚政府负责确保澳大利亚履行其国际义务，包括《生物多样性公约》规定的责任。澳大利亚政府管理着其国际边界（包括管制动植物的进出口）；设计实施政策和计划来保护环境；负责执行《环境保护和生物多样性保护法案 1999》，其中包括保护国家环境中重要的事物，如濒危物种、拉姆萨尔湿地和世界遗产地区。

州和领地政府对其管辖范围内的土地、水和生物多样性管理负有主要责任。这意味着州和领地政府对于确保其边界范围内的土地和水域生物多样性保护负有首要责任。所有州和领地政府都制定了法律，包括通过保护自然保护区系统（NRS），来保护生物多样性及保存和管理生物多样性生境。这些自然保护区系统包括国家公园、自然保护区、保护公园和海洋公园。

州和领地政府也制定实施当地植物保护计划,同时也为其管辖范围内的土地和水域的可持续开发提供保障。

地方政府通过一系列活动来促进生物多样性的保护,包括地方和区域规划的制定与批准实施、提供基础设施和休闲设施以及环境和废弃物管理。此外,还有 56 个区域性自然资源管理(NRM)组织开展项目,支持健康的、生产性景观的保护。区域性 NRM 组织和地方理事会在参与地方社区共同努力实现生物多样性保护目标方面发挥着不可或缺的作用。

土著居民拥有重要和独特的知识、技能以及土地和海洋管理责任,这有助于实现《生物多样性公约》所规定的文化和自然资源管理目标。土著居民和托雷斯海峡岛民社区管理着澳大利亚 23% 以上的土地。政府正在支持并与土著社区合作,通过诸如"西澳大利亚金伯利科学与保护战略"(Western Australian Kimberley Science and Conservation Strategy)等行动促进生物多样性的保护。另一个例子就是"土著保护区(IPAs)计划",它使申报的72 个 IPAs 占到澳大利亚自然保护区系统的 44% 以上。

所有负责任的土地所有者、管理人员和承租人通过其对澳大利亚土地和水域的管理来促进生物多样性的保护。其对该战略的贡献从对土地和水域生产潜力的维护,到特定生物或生境的保护,甚至为当地物种如包括城镇和城市地区的青蛙、鸟类、爬行动物和小型哺乳动物提供保护。许多生物多样性保护的成功案例都是政府和民间团体之间有效伙伴关系的产物。例如,绿化澳大利亚(Greening Australia)、堪培拉政府、农村土地所有者和东南地方土地服务部门正将他们的专业知识和资源整合起来,恢复更大的古鲁亚鲁区域,在某种程度上这将是对当地灭绝的原生动物的补充。

自 2010 年制定《澳大利亚生物多样性保护战略(2010—2030)》以来,所有管辖区一直在开展生物多样性保护活动,为实现该战略的目标做出了贡献。土著居民和组织、企业、环境非政府组织、社区团体和公民个人所采取的行动更加丰富了这些活动。

9.4.3.2　实施效果

对澳大利亚政府来说,该战略在指导生物多样性保护投资方面取得了一些成功,在设计和实施国家生物多样性相关的政策、方案和管理活动中得到了应用。但是,作为向澳大利亚政府通报国家生物多样性活动和成果的资源,该战略并没有提供任何价值。该战略还存在以下问题(Commonwealth of Australia,2016)。

1. 该战略并没有以一种有效的方式对所有受众进行宣传、指导或传达其目标

(1)该战略是长期的,并且是技术性的,限制了其影响广大受众的能力。

(2)该战略没有明确阐明其对各级政府和其他相关部门的预期用途。

（3）决策者缺乏充分的指导来确定如何更好地直接投资于生物多样性保护。

（4）总的来说，该战略的目标没有有效地指导政府、其他组织或个人。一些目标不明确或难以衡量，而另一些则与战略的产生没有密切联系。

2. 该战略过于侧重于防止自然陆地环境中生物多样性的丧失，未考虑所有景观的生物多样性贡献

（1）该战略主要侧重于自然环境的恢复与保护，并没有为建造或生产性景观中的生物多样性保护提供框架。

（2）该战略与生活在城市或农村环境中的人没有明显的共鸣，也未与生计、健康和福祉建立关键的联系。

（3）该战略几乎没有专门改善海洋和水生环境中生物多样性健康和恢复力。

（4）该战略没有充分认识到各级政府必须在短期和长期的社会、经济和环境利益之间取得平衡。

3. 该战略未有效地影响生物多样性保护活动

（1）该战略未通过对管辖区进行持续的监督来促进和协调战略的执行。

（2）执行计划，包括对行动的责任分配，尚未建立，而且战略的协调实施也未取得成效。

（3）为战略制定一个新的、独立的监测和报告框架的期望是雄心勃勃的，但它并未以现有的努力为基础。

4. 可加强该战略与《生物多样性公约》及其他相关国际协议的协调

（1）在《〈生物多样性公约〉战略规划》通过之前发布该战略，其时机并不理想。因为这使得《〈生物多样性公约〉战略规划》通过该战略来实施具有挑战性。

（2）该战略可以更全面地与《〈生物多样性公约〉战略规划》保持一致，并能够适应不断演变的主题和优先事项。

9.4.4　联合国减灾计划

第一届世界减灾大会于 1994 年在日本横滨召开，通过了《横滨宣言》和《横滨战略和行动计划》。第二届世界减灾大会于 2005 年在日本神户召开，通过了《兵库行动框架》。《横滨战略和行动计划》、《兵库行动框架》和《2015—2030 年仙台减少灾害风险框架》均为国际减灾领域重要纲领性文件，对于国际社会做好减灾工作具有十分重要的指导意义。

9.4.4.1　《兵库行动框架》的成就

自 2005 年通过《兵库行动框架》以来，各国和其他利益攸关方在地方、国家、区域

和全球各级减少灾害风险方面取得了进步。这为在发生洪水和热带风暴等危害时降低死亡风险做出了贡献。总体上,《兵库行动框架》为提高公众和机构意识、催生政治承诺、聚焦和促成广泛的利益攸关方在地方、国家、区域和全球各级采取行动方面发挥了重要的作用(UN,2014b)。

总体而言,《兵库行动框架》为减少灾害风险提供了至关重要的指导。但是,框架的实施情况突出表明,在解决深层次风险因素和制定行动目标和要务方面存在缺陷,需要加以更新和重新确定优先顺序。框架的实施情况还突出表明,各级实施工作都要有必需的能见度,还需要强调利益攸关方及他们的作用。

9.4.4.2 《2015—2030 年仙台减少灾害风险框架》的执行情况

在《仙台框架》实施的第一年,许多会员国评估和修改了所有各级的计划和方法,以期同《仙台框架》保持一致。到 2015 年,有 60 个国家已指定了国家协调中心,专门支持《仙台框架》的落实。此外,有 74 个国家的减少灾害风险平台正在审查和调整工作,使之符合《仙台框架》。阿拉伯地区 5 个国家获得了技术支持和指导,增强减少灾害风险的国家能力和协调机制,并试行监测执行情况的国家指标。在亚洲及太平洋地区,一些国家已调整了国家立法和监管框架,以因地制宜实施《仙台框架》,包括制定灾害风险管理状况报告,以及结成公共与私营伙伴关系共同抗灾(UN,2016b)。

建立了许多新的伙伴关系。虽然各国政府在执行《仙台框架》时发挥主导作用,但该框架明确承认了所有相关利益攸关方,包括私营部门、民间社会组织和学术界在设计和执行政策、计划和标准方面的重要性。在这方面,联合国减少灾害风险办公室与其他联合国机构和众多合作伙伴一道,向各国政府和广大利益攸关方提供技术指导和支持,把灾害风险整合到各种政策和方案中。

开展了广泛工作以设立《仙台框架》全球监测系统,包括建立全球目标的指数和更新术语。为支持会员国就《仙台框架》全球目标进行自我评估和做出报告,于 2017 年 5 月召开的全球减少灾害风险平台第五届会议推出《仙台框架》在线监测站。各国利用国家灾害损失数据库和其他相关的国家数据集进行国家定期自我评估,对照商定的指标做出报告,而监测站将支持各国为此收集数据和建立基准。《仙台框架》监测站将包括用以监测本国制定的目标和指标的备选方案。为了协助各国,监测站已在五个国家试用一组可能的指标,对照国家目标衡量进展情况。

减少灾害风险离不开相互协作。目前已做出协调一致的努力,以顺畅连接其他国际商定议程和框架,包括《第三次发展筹资问题国际会议亚的斯亚贝巴行动议程》、《2030 年可持续发展议程》和关于气候变化的《巴黎协定》。

9.4.5　联合国《2030 年可持续发展议程》

2016 年 1 月 1 日,全球正式实施《2030 年可持续发展议程》。该变革性行动计划基于 17 个可持续发展目标,旨在应对未来 15 年全球面临的紧急挑战。

9.4.5.1　实施进展

联合国经济和社会事务部 2017 年 7 月 17 日发布了《2017 年可持续发展目标报告》。这份报告使用最新可用数据,概述了全球开展的在落实 17 个可持续发展目标方面的情况(表 9-9),突出强调了取得进展的领域和需要采取更多行动的领域,以确保不让任何一个人掉队。2017 年的报告指出,虽然在过去十年里各个发展领域都取得了进展,但进展的速度不足且并不均衡,不足以达到全面执行可持续发展目标的要求。

表 9-9　联合国《2030 年可持续发展议程》实施进展

目标	进展
目标 1:在全世界消除一切形式的贫困	自 2000 年以来全球极端贫困率已经下降一半以上,但仍需加倍努力以增加贫困人口收入、减轻其痛苦以及增强其抗风险能力,尤其是在撒哈拉以南非洲地区。灾害多发国家往往也是世界上最贫穷的国家,要进一步扩大社会保障制度的覆盖面,降低灾害带来的风险
目标 2:消除饥饿,实现粮食安全,改善营养状况和促进可持续农业	尽管 2000 年以来已经取得重大进展,但按照目前进度,全世界将无法在 2030 年实现消除饥饿的目标。我们需要加快步伐保护动植物的基因资源以实现可持续发展目标
目标 3:确保健康的生活方式,促进各年龄段人群的福祉	过去 15 年,生殖健康及孕产妇和儿童健康大幅改善,传染病的发病率和非传染性疾病导致的过早死亡均有所下降,医疗卫生服务水平也提高了。然而,为实现 2030 年目标,需要不断扩大干预措施的覆盖范围,特别是在疾病负担最重的地区
目标 4:确保包容和公平的优质教育,促进全民享有终身学习机会	尽管在增加上学人数上取得了显著进展,但数以百万计的儿童仍然无学可上,尤其是在教育系统难以满足人口增长需要的地区。即使更多儿童能够上学,他们中的许多也无法获得基本技能
目标 5:实现性别平等,增强所有妇女和女童的权能	所有教育层次的入学率都上升了,但在一些国家和地区,较高教育层次的入学率仍然存在很大的性别不平等。孕产妇死亡率下降了,分娩期间能够得到更多专业护理。性与生殖健康和生殖权利方面取得了进展。青少年生育减少。但是全世界范围内性别不平等仍然存在,妇女和女童的基本权利和机会遭到剥夺
目标 6:为所有人提供水和环境卫生并对其进行可持续管理	采用新标准对饮用水、环境卫生和个人卫生方面的进步进行的监测揭示深层挑战
目标 7:确保人人获得可负担、可靠和可持续的现代能源	目前的进展离实现 2030 年目标仍有差距
目标 8:促进持久、包容和可持续的经济增长,促进充分的生产性就业和人人获得体面工作	只有少数几个最不发达国家持续地接近实现了实际 GDP 年均增速 7% 的目标。此外,一些国家为了实现经济增长,正在耗尽自然资源,将环境破坏和退化的负担转移给子孙后代,这样的经济增长不是必定可持续的
目标 9:建造具备抵御灾害能力的基础设施,促进具有包容性可持续工业化,推动创新	近年来,可持续发展的所有这三个方面持续改善。然而,最不发达国家仍需新增投资以加强基础设施建设,以确保到 2030 年工业占 GDP 的份额翻倍

续表

目标	进展
目标 10：减少国家内部和国家之间的不平等	减少国家内部和国家之间不平等的进展情况不一。在许多经济持续增长的国家，收入不平等的现象已经减少，而经济出现负增长的国家则相反
目标 11：建设具有包容性、安全、有抵御灾害能力和可持续的城市和人类居住区	2000 年以来生活在贫民窟的城市人口比例下降 20%，但数量仍持续增加；城市土地的扩张快于城市人口的增长；全球城市居民仅 65%可得到城市垃圾收集服务；空气污染是全球多数城市躲不开的主要健康危害；75%以上的国家实行了城市协同规划
目标 12：确保采用可持续的消费和生产模式	发达地区人均材料足迹明显大于发展中地区；大多数地区已设法降低了单位产出的资源消耗；许多国家仍然没有全面履行承诺，依照关于化学品和有害废弃物的国际环境协定进行报告
目标 13：采取紧急行动应对气候变化及其影响	《巴黎协定》的提前生效说明了各国正在加快履行承诺应对气候变化；各国正在编制和实施国家计划以适应气候变化和增强适应力
目标 14：保护和可持续利用海洋和海洋资源以促进可持续发展	一些国家扩大海洋保护区的努力已见显著成效；过度捕捞威胁着世界 1/3 的鱼类资源；海洋酸化加剧，危及全球海洋生态系统
目标 15：保护、恢复和促进可持续利用陆地生态系统，可持续管理森林，防治荒漠化，制止和扭转土地退化，遏制生物多样性的丧失	迄今为止，在保护和可持续利用陆地生态系统以及保护生物多样性方面取得的进步并不均衡。虽然森林消失的速度放缓，森林可持续管理和保护关键生物多样性区域方面取得了持续进步，但是生物多样性的丧失加速以及盗猎和贩运野生动植物的不断发生依然令人担忧。此外，1998~2013 年，地球表面植被覆盖的区域，有 1/5 表现出生产力持续下降的趋势
目标 16：创建和平、包容的社会以促进可持续发展，让所有人都能诉诸司法，在各级建立有效、负责和包容的机构	在促进和平与正义和建立有效、负责和包容的机构方面取得的进展在各地区内部和地区间仍不均衡。杀人犯罪数量正在逐渐下降，世界各地更多的公民更易诉诸司法。但近年来，暴力冲突有所增加，一些激烈的武装冲突正在造成大量平民伤亡，使数百万人无家可归。为解决这些问题，正在逐渐建立相关法律框架和机构，例如在获取信息和促进人权方面，但执行情况并不理想
目标 17：加强执行手段，重振可持续发展全球伙伴关系	目前这些领域已逐渐取得进步，但仍需不断努力

9.4.5.2 议程的影响

2017 年 11 月 7 日，联合国经济和社会事务部在纽约联合国总部发布《可持续发展目标 2017 年自愿国家审议综合报告》。报告显示，越来越多的国家将《2030 年可持续发展议程》列为国家发展计划的核心。报告指出，2016 年有 22 个国家自愿进行年度审议，2017 年这一数字增加至 43 个，越来越多的国家将《2030 年可持续发展议程》列为国家发展计划的核心。截至 2017 年，已有 64 个国家自愿报告了《2030 年可持续发展议程》和《可持续发展目标 2017 年自愿国家审议综合报告》的执行情况，其中 43 个国家在 2017 年早些时候在纽约举行的可持续发展高级别政治论坛上分享了它们的经验。各国在可持续发展目标与本国法律和政策相结合方面展现出了强有力的政治领导力，为落实目标，建立或重组了高级别机构并采取了协调一致的行动，制定了监督机制，动员了包括政府、企业和公民在内的所有利益相关方，同时强化了国际伙伴合作关系（殷淼，2017）。

9.5 资源生态环境科技领域发展规划的编制与组织管理

9.5.1 美国国家水质评价计划的编制

9.5.1.1 编制流程

为了确保第三轮计划（简称 C3）优先事项和战略能够有效地建立在前两轮计划获得的数据和知识之上，C3 制定过程中的第一步就是确定和评估水质科学和管理中的优先问题（Rowe et al., 2013）。自 2008 年 10 月以来，NAWQA C3 规划小组（以下简称规划小组）已要求利益相关方就未来 10 年中予以解决的水质问题提出意见，以支持国家努力改善和保护人类及水生生态系统所需的淡水资源。与以往的计划制订工作类似，通过与外部利益相关者、USGS 科学家和管理人员以及国家研究理事会 NAWQA 特设委员会（National Academy of Science National Research Council（NAS-NRC）Ad Hoc Committee on NAWQA）的对话，对水质问题进行了一次"国家需求"调查，利益相关者被要求依据主题对 C3 工作的优先事项进行排序。规划小组基于此调查编制了 C3 科学框架。该框架文件描述了利益相关者确定的 11 个优先问题（气候变化，能源和自然资源开发，人口增长和土地利用变化，政策、法规和管理实践，水文改造和废水再利用，常见的化学和微生物污染物，新出现的污染物，多重压力的影响，营养物丰富度，沉积物，径流改造）、NAWQA 在解决这些问题中的作用以及实施 C3 的潜在方法。

之后，规划小组向国家科学院国家研究理事会 NAWQA 特设委员会、USGS C3 咨询委员会以及利益相关组织，如 NAWQA、国家研究计划、水质办公室以及其他水资源领域的科学家、计划协调者和科学中心主任等，提交了《水质问题和潜在方法框架》（*Framework of Water-Quality Issues and Potential Approaches*）的文件，要求他们确定前 4～5 个优先问题，并就拟议的办法和评估活动提出意见。

2009 年秋天，规划小组收到了利益相关方对框架报告的反馈意见和 NRC 特设委员会的评论。之后，规划小组开始制定一份包含这一反馈的 C3 科学计划草案。

C3 科学计划完成以下几项工作。

（1）确定在基线和利益相关者预算情境下的问题和相关方法。这些方法将包括监测和数据（包括历史数据）分析、特定区域和专题研究以及开发建模和预测工具。

（2）确定重要的问题，这些问题能够通过将 NAWQA 数据与 USGS 其他计划或外部机构产生的数据结合起来进行评估。

（3）描述采样策略、网络设计和目标分析，以评估水质和生物状况的现状和趋势。

（4）针对为解决 C3 选定的最高优先级问题而确定的特定区域研究和专题研究，确定其研究的主题并描述设计特点。

（5）描述新的建模和预测活动。

（6）提供对拟议活动成功举办所不可或缺的伙伴关系和合作机会的说明，包括已经开始的联合规划工作的成果。

（7）确定关键的辅助数据、方法开发、数据库和其他试点设计工作，这对于完成 2～5 项工作中概述的活动至关重要，包括 C3 开始之前解决这些需求的工作计划。

（8）描述在两种预算情境下 NAWQA 可能发生的运行和组织管理的变化。

2010 年 1 月之前完成科学计划草案，之后草案递送给 NAWQA 领导小组、NAWQA 特设委员会和 USGS C3 咨询委员会进行初审和评定。在初审意见发布之后，科学计划将送交给更多的内部和外部利益相关者小组征求意见。2010 年春季将与各委员会和利益相关者小组举行会议，讨论和确定科学计划的细节，并在 9 月 30 日之前完成计划的定稿。具体的实施计划于 2011 财年开始。

9.5.1.2　C3 预算情景设定

在 C3 中，成本是限制 NAWQA 工作范围的最关键要素之一。由于为解决利益相关者的最高优先事项所需的数据和信息具有范围广和复杂性高的特点，因此，财政限制对于 C3 而言尤其严重。规划小组制定了两个基本的财政方案用于指导和制定规划与设计，以解决 C3 的优先事项。

第一个称为"基线情景"，假定 C3 以类似目前的资助水平开始，并且 NAWQA 在 C3 执行期内接受费用调整。此情景可使计划能够保持关键的国家能力，尽管它可能会妨碍 NAWQA 承担 C3 中的新问题（而不放弃一个或多个当前的活动）。第二个称为"利益相关者情景"，有选择地重建 C2 中减少的监测站点和研究点，并且扩大 NAWQA 的工作范围，以解决未来 10 年及以后最重要的利益相关者优先事项。"利益相关者情景"试图在合理的预算范围内设法满足利益相关者的需要，并遵循国家研究理事会所描述的观测方法和总体做法。

9.5.2　《加拿大西北地区矿业发展战略》的编制

2013 年 6 月，加拿大出台的《加拿大西北地区矿业发展战略》在编制过程中采用了 SWOT 分析方法。该战略的制定是第 17 次西北地区立法议会的优先事项。

矿业发展战略由加拿大西北地区政府与西北特区和努纳武特特区矿业商会（NWT and Nunavut Chamber of Mines）采用咨询的方式共同完成。2013 年 1 月，加拿大西北地区政府公布了一张涵盖该战略需要解决的一系列问题的讨论稿。政府任命了由外部专家构成的三人小组。该小组的任务就是广泛听取利益相关者的观点，并基于此和他们自身的丰富经验提出相关建议和意见。

2013 年 2 月和 3 月，该小组走访了耶洛奈夫（Yellowknife）、因纽维克（Inuvik）、诺曼韦尔斯（Norman Wells）、辛普森堡（FortSimpson）和黑伊里弗镇（Hay River）等地受邀的各利益相关者。如果无法进行面对面的交流，则采用电话会议。在 40 次会议中，小组听取了来自 65 个不同机构超过 120 人的建议。虽然该战略的制定过程没有包括公开会议，但是各利益相关团体都受邀通过电子邮件或通信的方式提出相关评论。

在审议过程中，小组采用了 SWOT 分析方法①确定了西北地区矿业发展战略中最重要的优势、劣势、机会和威胁（表 9-10）。值得强调的是，尽管投资环境不好，但是西北地区仍然有显著的优势和改进的机会。

表 9-10　优势、劣势、机会和威胁

优势	弱势
● 地质成矿潜力 ● 有竞争力的税收和矿藏开采权制度 ● 发达的勘探和采矿服务业 ● 原住民创办的多个公司 ● 对矿业开采重要性的认识 ● 土地所有权和矿藏开采权分享制度 ● 已建立的培训伙伴关系	● 缺乏基础设施 ● 保护区的不确定性 ● 监管过程（不确定性、时间表、重复） ● 熟练技术工人短缺 ● 地球科学信息的可用性 ● 生活成本/经商成本 ● 土著政府的支持度 ● 社区健康
机会	威胁
● 土地和资源的管理权移交 ● 基础设施发展潜力，尤其是电力 ● 土著政府寻求矿产资源开发的可持续发展 ● 耶洛奈夫作为北方潜在的矿业勘探和开采中心 ● 大宗商品的长期前景良好	● 基础勘查不足 ● 土地所有权未解决 ● 监管改革行动计划的进度 ● 过去传统的开矿活动造成的遗留问题 ● 当前矿山枯竭 ● 资本市场的状态 ● "飞进飞出"（fly-in fly-out）的工作模式降低了西北地区当地的收入

在 SWOT 分析方法的基础上，最终形成了对西北地区矿业发展具有重大影响的两项持续性行动。第一项就是将对土地和资源的管理权从联邦政府移交到加拿大西北地区政府，于 2014 年 4 月 1 日起生效。第二项是联邦政府的北方监管改革行动计划，这是为监管制度中长期存在的弊病而设定的，至于该改革执行的范围和时间还没有确定。

---

① SWOT 分析方法是一种根据企业自身的既定内在条件进行分析，找出企业的优势、劣势及核心竞争力之所在的企业战略分析方法。其中战略内部因素（"能够做的"）：S 代表 strength（优势），W 代表 weakness（弱势）；外部因素（"可能做的"）：O 代表 opportunity（机会），T 代表 threat（威胁）。

9.5.3 美国全球变化研究计划的组织管理

USGCRP 于 1990 年启动实施，由美国的国家科学技术委员会所属的环境和自然资源研究委员会（CENR）主持，由 13 个部门和机构参与研究。这 13 个部门和机构包括美国商务部、国防部、能源部、内政部、国务院、交通部、卫生与人类服务部、国家航空和航天局、国家科学基金会、史密森学会、国际开发署、农业部、环境保护署。这 13 个部门和机构的职责是配合全球变化研究附属委员会（Subcommittee on Global Change Research，SGCR）开展研究，并且维持和发展相关能力支持国家对全球变化的响应。SGCR 会向美国国家科学技术委员会下设的环境、自然资源与可持续性委员会（Committee on Environment，Natural Resources，and Sustainability，CENRS）报告，并且规划和协调 USGCRP。SGCR 通过 USGCRP 国家协调办公室（National Coordination Office，NCO）和跨机构工作组（Interagency Working Groups，IWGs）协调机构间的活动。IWGs 是 USGCRP 实施的主要手段，旨在联合各机构规划和制定协调活动、实施联合行动以及确定和填补 USGCRP 规划中的空白。IWGs 允许政府官员与其他成员交流其机构内部出现的新动向、利益相关者的需求以及从机构活动中获得的最佳实践。IWGs 的这些职能使得各机构能够在一种更协调和有效的方式下开展工作。

USGCRP 与 SGCR 和白宫办公室密切合作建立符合国家重点、预算计划和 1990 年《全球变化研究法案》需求的研究优先事项。

USUCRP 还与联邦其他部门间机构［例如国家海洋委员会（NOC）、机构间气候变化适应工作小组（ICCATF）］和 CENRS 下设的其他小组委员会进行协作，以确保 USGCRP 的工作可以被其他联邦组织所用，从而准备或尽可能减少全球变化的影响。

为确保 USGCRP 顺利实施，SGCR 于 1993 年 6 月成立了由参与计划的各部门和组织代表组成的 USGCRP 办公室，负责编辑出版《我们变化的星球》及定期的研究计划。

NRC 是 USGCRP 的咨询机构，不定期对 USGCRP 进行独立、科学的评估，并每年通过《我们变化的星球》向国会和公众报告进展。

9.6 我国资源生态环境科技领域发展规划的国际比较研究

9.6.1 矿产资源领域

在矿产资源领域，我国发布了《全国矿产资源规划（2016—2020 年）》，重点解决五方面问题：确保全面建成小康社会资源安全供应；着力推进新常态下矿业经济持续健康发展；加快推动勘查开发布局调整和矿业绿色发展；积极促进矿业开放共享发展和全面深化管理改革增强矿业发展活力与动力。

与国际组织及主要国家在该领域的布局相比，其共同点在于保障资源的安全供应、推动矿产资源的勘察和重视绿色矿业的发展。我国还应重视海底矿产资源的勘探以及加强地球动力学和成矿演化方面的研究工作。

9.6.2　水文与水资源领域

在水文与水资源领域，我国自 2011 年以来陆续发布了《国家农业节水纲要（2012—2020 年）》、《全国地下水污染防治规划（2011—2020 年）》、《重点流域水污染防治"十三五"规划》、《全国水土保持规划（2015—2030 年）》、《水污染防治行动计划》和《水利改革发展"十三五"规划》，这些规划侧重于水污染治理尤其是工业用水；重视地下水尤其是饮用水安全，建立地下水环境监管体系；提高农业水资源利用效率，统筹流域及区域的水利改革。与国际组织及主要国家在该领域的布局相比，其共同点在于都很重视对水质的保护及山洪预警，并推动农业价值链建设。我国需要加强的方面是增强城市用水预报，对河流及用水安全建立针对性的决策支持工具模型。

9.6.3　气候变化领域

在气候变化领域，我国主要发布了《国家应对气候变化规划（2014—2020 年）》和《"十三五"控制温室气体排放工作方案》，明确了控制温室气体排放、适应气候变化影响、实施试点示范工程等方面的重点任务，并且提出：在能源领域，要求低碳引领能源革命；在产业领域，要求打造低碳产业体系；在城乡发展领域，要求推动城镇化低碳发展。

与国际组织及主要国家在该领域的布局相比，其共同点在于寻求能源变革，低碳发展减少温室气体排放。我国仍需加强的方面是国家在农业气候变化适应方面应采取积极的措施，预测气候变化的影响，保证气候服务的可持续性。

9.6.4　生态科学领域

近年来我国在生态科学领域发布的战略规划有《中国生物多样性保护战略与行动计划（2011—2030 年）》、《全国生态保护"十三五"规划纲要》、《农业资源与生态环境保护工程规划（2016—2020 年）》和《全国草原保护建设利用"十三五"规划》。这些规划主要针对生物多样性、生态环境保护及草原保护等方面，完善相关政策、法规和规划，合理保护迁地，促进资源开发利用和知识共享；推进农业投入品减量使用、开展农业废弃物资源化利用、推广高效节水农业模式、强化退化草原治理修复、养护渔业资源环境、加强外来生物入侵防控、实施农业湿地保护修复等；推进草原生态系统保护与修复，提升草原生态系统稳定性和生态服务功能，筑牢生态安全屏障，促进区域经济社会协调发展。

与国际组织及主要国家在该领域的布局相比，其共同点在于生物多样性保护及生态系统服务功能的提升。通过对比，我们发现我国应提高公众对生态服务数据的获得性、建立自然价值评估网络。

9.6.5 环境科学领域

在环境科学领域，我国发布了多项规划，包括《核安全与放射性污染防治"十三五"规划及2025年远景目标》、《"十三五"生态环境保护规划》、《国家环境保护"十三五"科技发展规划纲要》、《国家环境保护"十三五"环境与健康工作规划》和《土壤污染防治行动计划》，表明环境科学领域日益得到重视。这些计划重点在于推进治理体系和能力现代化的建设；通过实施一批重大工程，加强生态环境的保护与防治；在科技领域，强化环保应用基础研究和关键技术的创新研发，并且通过创新平台建设，提升环保科技创新能力。

与国际组织及主要国家在该领域的布局相比，其共同点在于减少有害有毒物质排放，清理和恢复受污染区。同时，在该领域我国仍需加强的方面是完善空气质量检测技术，提高空气质量。

9.6.6 灾害防治领域

近年来，我国在灾害防治领域主要发布了《国家综合防灾减灾规划（2016—2020年）》和《全国地质灾害防治"十三五"规划》，主要内容是加强防灾减灾救灾的能力建设和体制机制建设、加强灾害的监测预警以及灾害应急处置与恢复能力建设等。

与国际组织及主要国家在该领域的布局相比，其共同点在于对灾害的监测及预警和应急响应能力建设及灾害风险调查评价。我国需要加强的方面是完善风险知识基础，建立全民参与式的灾害防范措施。

9.6.7 可持续发展领域

在可持续发展领域，我国近年来非常重视国土资源的可持续发展，发布了《全国主体功能区规划》《全国资源型城市可持续发展规划》。规划的重点是合理有序地开发国土资源；构建多元化产业体系；加强对环境的治理和生态保护；切实保障改善民生；加强支撑保障能力。

与国际组织及主要国家在该领域的布局相比，其共同点在于实现生态环境的可持续发展，改善人居环境。同时与国际组织及主要国家相比，我国应该注重对环境退化驱动因素分析，确保粮食生产满足人类需求。在城市建设方面，提高土地利用效率，促进城市的可持续发展。

9.7　启示与建议

自 20 世纪 90 年代开始，我国逐步开始重视资源生态环境的开发与保护工作，通过各类科技计划、产业技术规划和行业发展规划，使我国在此领域取得了较大成就。但是，与发达国家相比，还存在一定的差距。通过上述对国际资源生态环境领域重要规划的剖析及与我国相应领域规划的对比，我们认为我国在该领域规划的制定、实施和管理方面还可以从以下几方面进行完善。

（1）规划内容要进一步提高前瞻性，瞄准国际前沿。我国部分资源生态环境规划工作注重当前短期的发展需求，缺乏对问题的适度超前预判研究，因此需要提高前瞻性，瞄准国际前沿。比如，在生态环境方面，欧洲、美国、日本等发达国家和地区已经过工业化高速发展时期，常规污染问题得到了解决，现阶段更加关注生态环境风险和人类健康问题。我国在此领域可以提前部署相关研究。在矿产资源领域，国际上深海矿产资源开发活动日趋活跃，一些企业深海采矿计划正在或已经付诸行动，深海采矿产业端倪显现。我国应加快制定海洋和极地区矿产资源开发相关战略与政策，提升海洋资源开发能力。

（2）通过法律保障科技规划的完整性和长期稳定性。资源生态环境领域基本属于基础研究的范畴，基础研究需要技术积累，不可能一蹴而就，因此，需要加强规划、顶层设计，对其进行长期、稳定的支持。而法律保障是最有效的。在发达国家，很多重要的规划都是通过立法来保障的，比如美国的全球变化研究计划。因此，通过法律把我国资源生态环境重要领域的研究计划固定下来，可保障研究工作的完整性和长期稳定性。从短期看，是协调政府各部门在全球变化研究中的职能，避免政府各机构间工作的冲突、重复和遗漏；从长远看，是为了避免四年一届的行政当局变化可能引起的政策不连续性所带来的损失。

（3）加强规划的定期评估与修正。从国际资源生态环境科技领域发展规划的实施来看，发达国家和国际组织都十分重视规划的定期评估和修正。有的规划每两年评估一次，有的规划每五年评估一次。通过评估，不仅评价已取得的成绩，重点是发现规划实施中存在的问题，以便于修正。而我国在实施相关规划尤其是短期规划（如 5 年规划）时，很少做到定期评估与修正。因此，需要加强规划的定期评估与修正，以保证规划的先进性。

（4）重视和吸纳利益相关者的参与。国际资源生态环境科技规划能够得以顺利实施并取得良好效果的关键因素之一就是鼓励和重视利益相关者参与到规划的前期论证、制定和实施的各个阶段。在我国，基本上没有利益相关者尤其是公众的参与机制，其主要原因是缺乏相应的法律保障。因此，我国应当改革和创新利益相关者参与规划的机制，使规划所涉及的利益相关者能充分地与规划的制定者之间进行充分的协商、协调，共同促进规划的制定和实施，提升规划实施的效果。

致谢：中国科学院西北生态环境资源研究院刘树林研究员、中国科学院地球环境研究所谭亮成研究员、中国科学院南京地理与湖泊研究所隆浩副研究员和兰州大学资源环境学院陈建徽教授提出了许多重要且详尽的建设性意见和建议，为本章的完善做出了重要贡献，谨致谢忱！

参 考 文 献

国家自然科学基金委员会，中国科学院. 2011. 未来 10 年中国学科发展战略·资源与环境科学. 北京：科学出版社：1-264.

科技部，环境保护部，住房城乡建设部，等. 2017. "十三五"环境领域科技创新专项规划. http://most.gov.cn/mostinfo/xinxifenlei/fgzc/gfxwj/gfxwj2017/201705/t20170517_132848.htm[2017-04-27].

王守荣. 2011. 美国气候变化科学计划综述. 气候变化研究进展，7（6）：441-448.

殷淼. 2017. 联合国经社部发布《可持续发展目标 2017 年自愿国家审议综合报告》. http://world.people.com.cn/n1/2017/1108/c1002-29634366.html[2017-11-08].

AMIRA. 2015. Unlocking Australia's Hidden Mineral Potential：An Industry Roadmap-STAGE. http://www.uncoverminerals.org.au/__data/assets/pdf_file/0018/31590/uncover-flyer.pdf[2015-12-22].

Australian Government. 2011. Securing a Clean Energy Future—The Australian Government's Climate Change Plan. http://www.cleanenergyfuture.gov.au/clean -energy -future /our-plan/[2011-08-04].

Commonwealth of Australia. 2016. Report on the Review of the First Five Years of Australia's Biodiversity Conservation Strategy 2010-2030. http://environment.gov.au/system/files/resources/fee27a4f-8a96-430d-ad18-9ee8569c8047/files/bio-cons-strategy-review-report.pdf[2016-11-24].

DECC，BIS. 2015. Industrial Decarbonisation and Energy Efficiency Roadmaps to 2050. https://www.gov.uk/government/publications/industrial-decarbonisation-and-energy-efficiency-roadmaps-to-2050[2015-03-25].

DECC. 2015. Cutting the Cost of Keeping Warm：Fuel Poverty Strategy for England. https://www.gov.uk/government/uploads/system/uploads/attachment_data/file/408644/cutting_the_cost_of_keeping_warm.pdf[2015-03-31].

Defra. 2013. The National Adaptation Programme：Making the Country Resilient to a Changing Climate. https://www.gov.uk/government/news/national-adapting-to-climate-change-programme-published[2013-10-29].

Department of Ecology，Sustainable Development and Energy. 2015. French National Low-carbon Strategy. http://unfccc.int/files/mfc2013/ application /pdf/fr_snbc_strategy.pdf[2015-08-17].

Department of the Environment and Energy. 2016. Plan for a cleaner environment. http://www.environment. gov.au/cleaner-environment/plan-2016[2016-12-19].

EFDRR. 2015. European Forum for Disaster Risk Reduction：Roadmap for the Implementation of the Sendai Framework. http://www.unisdr.org/files/48721_efdrr2016session21efdrrroadmap20152.pdf[2015-02-28].

EIP. 2013. The European Innovation Partnership（EIP）on Raw Materials https://el europa.eu/grouth/tools-databasesleip-raw-materials/en[2013-11-26].

EPA. 2013. Draft Roadmap for Next Generation Air Monitoring. http://www.epa.gov/research/airscience/docs/roadmap-20130308.pdf[2013-03-08].

EPA. 2014a. Federal Agencies Announce 5-Year Great Lakes Restoration Action Plan. http://yosemite. epa.gov/opa/admpress.nsf/d0cf6618525a9efb85257359003fb69d/5fe612baa854569285257d5d00491884!OpenDocument [2014-09-24].

EPA. 2014b. Fiscal Year 2014-2018 EPA Strategic Plan. http://www2.epa.gov/ planandbudget/strategicplan [2013-11-9].

EU. 2011. Climate Change：Commission Sets Out Roadmap for Building a Competitive Low-carbon Europe by 2050. http://europa.eu/rapid/pressReleases Action.do?reference=IP/11/272 &format=HTML&aged=0&language=EN&guiLanguage=fr[2011-03-08].

EU. 2013. An EU Strategy on Adaptation to Climate Change. http://ec.europa.eu/ clima/policies /adaptation/what/docs/com_2013_216_en.pdf[2013-04-30].

EU. 2017. An Action Plan for Nature，People and the Economy. http://europa.eu /rapid/press-release_IP-17-1112_en.htm[2017-04-27].

European Commission. 2016. Action Plan on the Sendai Framework for Disaster Risk Reduction 2015-2030：A Disaster Risk-informed Approach for all EU Policies. http://ec.europa.eu/echo/sites/echo-site/files/sendai_swd_2016_205_0.pdf[2016-01-31].

FAO. 2017. Lake Chad Basin Crisis Response Strategy（2017-2019）. http://www.fao.org/3/a-i7078e.pdf [2017-06-09].

Ferrero R C，Kolak J J，Bills D J，et al. 2012. U.S. Geological Survey Energy and Minerals Science Strategy. https://pubs.er.usgs.gov/publication/ofr20121072 [2012-08-01].

Future Earth and Interim Engagement Committee. 2014. Future Earth 2025 Vision. http://www.futureearth.org/sites/default/files/future-earth_10-year-vision_web.pdf[2014-10-28].

GEF. 2015. GEF 2020：Strategy for the GEF. http://www.thegef.org/gef/node/11121[2015-03-01].

IFPRI. 2013. IFPRI Strategy 2013-2018. http://www.ifpri.org/sites/default/files/ publications/strategy2013hl.pdf[2013-02-28].

IRENA. 2016. REmap：Roadmap for A Renewable Energy Future 2016 Edition. http://www.irena.org/DocumentDownloads/Publications/IRENA_REmap_summary_2016_ZH.pdf[2016-04-01].

Lelieveld J，Evans J S，Fnais M，et al. 2015. The contribution of outdoor air pollution sources to premature mortality on a global scale. Nature，525：367-371.

MDBA. 2012. Basin Plan. http://download.mdba.gov.au/Basin-Plan/Basin-Plan-Nov 2012.pdf[2012-11-22].

NASA. 2015. Quantifying Renewable Groundwater Stress with GRACE. https://earthobservatory.nasa.gov/images/86263/global-groundwater-basins-in-distre[2015-06-16].

NASEM. 2017. Accomplishments of the U.S. Global Change Research Program. https://www.nap.edu/catalog/24670/accomplishments-of-the-us-global-change-research-program[2017-02-15].

NCM. 2013. Nordic Environmental Action Plan 2013-2018. http://www.norden.org/en/ publications/publikationer/2012-766[2013-04-29].

NERC. 2014. Centre for Ecology & Hydrology Appointed to Coordinate £6.5M Valuing Nature Programme. http://www.ceh.ac.uk/news/news_archive/valuing-nature-programme-coordination -team-2014-61.html[2014-11-07].

NMTI. 2013. Strategy for the Mineral Industry. http://www.regjeringen.no/pages/38262123/strategyforthem-ineralindustry_2013.pdf[2013-03-31].

NOAA. 2016. NOAA Water Initiative Vision and Five Year Plan. http://www.noaa.gov/explainers/noaa-water-initiative-vision-and-five-year-plan[2016-12-20].

NRC. 2010. Understanding the Changing Planet：Strategic Directions for the Geographical Sciences. http://www.nap.edu/catalog.php?record_id=12860[2010-06-21].

NRC. 2012. Preparing for the Third Decade（Cycle 3）of the National Water-Quality Assessment（NAWQA）Program. http://www.riversimulator.org/Resources/NAS/PreparingForThird DecadeNationalWaterQualityAssessment2012.pdf[2012-12-01].

NSTC. 2012. The National Global Change Research Plan 2012-2021. http://downloads. globalchange.gov/strategic-plan/2012/usgcrp-strategic-plan-2012.pdf[2012-05-25].

OSTP. 2013. Biological Response and Recovery Science and Technology Roadmap. http://www.whitehouse.gov/sites/default/files/microsites/ostp/NSTC/brrst_roadmap_2013.pdf[2013-02-25].

PMD. 2013. Pathways to Mineral Development—A Report of the Stakeholder Engagement Panel for the NWT Mineral Development Strategy. http://www.iti.gov.nt.ca/publications/2013/mineralsoilgas/FINAL_MDS_PanelReport_29May13.pdf[2013-05-13].

Rowe G L，Jr，Belitz K，Demas C R，et al. 2013，Design of Cycle 3 of the National Water-Quality Assessment Program，2013-23：Part 2：Science Plan for Improved Water-quality Information and Management. http://pubs.usgs.gov/of/2013/1160/[2013-09-18].

Synapse Energy Economics. 2013. Water Constraints on Energy Production：Altering Our Current Collision Course. http://www.synapse-energy.com/Downloads/SynapseReport.2013-06.CSI.Water-Constraints.13-010.pdf[2013- 09-12].

UK. 2016. National Flood Resilience Review. https://www.gov.uk/government/ uploads/system/uploads/attachment_data/file/551137/national-flood-r[2016-09-08].

UK's Space Leadership Council. 2013. Climate Markets to Be Driven by Space Technology. http://www.bis.gov.uk/ukspaceagency/news-and-events/2013/Jan/climate-market-strategy[2013-01-31].

UN. 2014a. Road to Dignity by 2030：UN Chief Launches Blueprint Towards Sustainable Development. http:// www.un.org/apps/news/story.asp?NewsID=49509#.VNCCJdKl8gJ[2014-09-16].

UN. 2014b. 2015 年后减少灾害风险框架——筹备委员会共同主席提出的预稿. http://www.wcdrr.org/uploads/1419080.pdf[2014-10-23].

UN. 2016a. United Nations Plan of Action on Disaster Risk Reduction for Resilience：Towards a Risk-informed and Integrated Approach to Sustainable. http://www.preventionweb. net/files/49076_unplanofaction.pdf [2014-07-07].

UN. 2016b. 《2015-2030 年仙台减少灾害风险框架》的执行情况. http://www.unisdr.orgfilesresolutions N1624115.pdf[2015-03-14].

UN. 2017. 2017 年可持续发展目标报告. https://unstats.un.org/sdgs/files/report/2017/TheSustainable DevelopmentGoalsReport2017_Chinese.pdf[2017-07-18].

UNECE. 2013. Ministers adopt Strategy for Sustainable Housing 2014-2020 for the UNECE Region. http:// www.unece.org/index.php?id=33767[2013-08-08].

UNEP. 2016. UNEP Medium Term Strategy 2018-2021. https://wedocs.unep.org/bitstream/handle/20.500.11822/ 7621/-UNEP_medium-term_strategy_2018-2021-2016MTS_2018-2021.pdf.pdf?sequence=3&isAllowed=y [2016-05-22].

UNESCO. 2013. IHP-VIII WATER SECURITY Responses to Regional and Global Challenges（2014-2021）. http://unesdoc.unesco.org/Ulis/cgi-bin/ulis.pl?catno=225103&set=52E1B5E4_0_438&gp=0&lin=1&ll=1[2013-11-18].

UNISDR. 2015. Sendai Framework for Disaster Risk Reduction 2015-2030. http://www.unisdr.org/we/ coordinate/hfa-post2015[2015-06-03].

USDA. 2014. Biogas Opportunities Roadmap. http://energy.gov/sites/prod/files/2014/08/f18/Biogas%20 Opportunities%20Roadmap%208-1-14_0.pdf[2014-09-25].

USGS. 2013. Tracking and Forecasting the Nation's Water Quality Priorities and Strategies for 2013-2023. http://pubs.usgs.gov/fs/2013/3008/[2013-03-26].

White House. 2013. The President's Climate Action Plan. http://www.whitehouse.gov/sites/default/files/ image/ president27sclimateactionplan.pdf[2013-06-26].

White House. 2015. Fact Sheet：Administration Takes Steps Forward on Climate Action Plan by Announcing Actions to Cut Methane Emissions. http://www.whitehouse.gov/the-press-office/2015/01/14/ fact-sheet-administration-takes-steps-forward-climate-action-plan-anno-1[2015-01-14].

WHO. 2013. Water Quality and Health Strategy 2013-2020. http://www.who.int/wate r_sanitation_health/ publications/2013/water_quality_strategy.pdf[2013-04-17].

WNCA. 2012. Closing the Floodgates：How the Coal Industry Is Poisoning Our Water and How We can Stop It. http://ecowatch.com/wp-content/uploads/2013/07/ClosingTheFloodgates-Final.pdf[2012-07-23].

World Bank Group. 2016. Climate Change Action Plan. http://pubdocs.worldbank.org/pubdocs/publicdoc/ 2016/ 4/6773314600 56382875/WBG-Climate-Change-Action-Plan-public-version.pdf[2016-06-07].

WRI. 2013. Majority of China's Proposed Coal-Fired Power Plants Located in Water-Stressed Regionsg. http:// insights.wri.org/news/2013/08/majority-china's-proposed-coal-fired-power-plants-located-water-stressed-re [2013-08-26].

WWF. 2016. 地球生命力报告 2016. http://www.wwfchina.org/content/press/publication/2016/%E5%9C% B0%E7%90%83%E7%94%9F%E5%91%BD%E5%8A%9B%E6%8A%A5%E5%91%8Asummary%E2%80% 94%E2%80%94final%E4%B8%AD%E6%96%87.pdf[2017-06-13].

第10章
信息科技领域发展规划分析

房俊民 唐 川 张 娟 王立娜 田倩飞 徐 婧
（中国科学院成都文献情报中心）

摘 要 围绕《中国科学院"十三五"发展规划纲要》确定的"8+2"领域与平台中的信息科技领域，在国际发展态势监测与情报分析的基础上，重点关注研究美国、欧盟、英国、日本等发达国家/地区在网络安全与隐私领域、人工智能与机器人领域、量子信息领域、大数据领域、云计算领域、HPC 领域、第五代移动通信（5G）领域等七大子领域的规划布局，具体包括：美国《网络空间可信身份的国家战略》《美国联邦网络安全研发项目战略规划》、美国《网络安全国家行动计划》、美国《联邦网络安全研发战略计划》、美国《国家隐私研究战略》、《英国网络安全战略（2011—2016）》、《英国网络安全战略（2016—2021）》、欧盟《网络与信息系统安全指令》、日本《网络安全战略》、美国《国家人工智能研发战略规划》与"国家机器人计划"、日本《机器人新战略》、韩国《大脑科学发展战略》、法国人工智能战略、美国《推进量子信息科学：国家挑战与机遇》、欧盟量子技术旗舰计划、英国国家量子技术战略与路线图、美国大数据研发计划与战略、欧盟云计算战略与开放科学云计划、美国《联邦云计算战略》、日本"智能云战略"、美国国家战略计算计划、欧洲《HPC 战略研究议程》、印度国家超级计算计划、美国《先进无线研究计划》、欧盟 5G 行动计划、英国国家 5G 战略、日本信息通信技术（information and communication technology，ICT）战略等。

选取具有代表性的重要规划及其部署与实施进展等进行深度剖析，具体包括：英国网络安全战略部署与实施进展、美国人工智能战略规划背景与内容详解、美国大数据研发战略规划部署与进展、欧盟量子技术旗舰计划的战略研究议程及实施和治理模式、欧洲《HPC战略研究议程》等；总结信息科技领域发展规划的编制与组织实施特点包括：重视顶层设计，明确战略目标与优先领域；新设领导部门，指导新兴技术领域规划；强调通力合作，促进政产研合作与协调；定期审查更新，增强灵活性与适应性。

　　综上，本章概述信息科技领域的中长期重要科技规划，剖析信息科技领域代表性重要规划，总结信息科技领域规划制定与组织实施的特点与规律，以期为我国及中国科学院信息科技领域的发展规划提供借鉴和参考。

关键词　信息科技　战略规划　组织实施

10.1　引言

　　围绕《中国科学院"十三五"发展规划纲要》确定的"8+2"领域与平台中的信息科技领域，在国际发展态势监测与战略情报分析的基础上，概述信息科技领域发展态势，研究美国、欧盟、英国、日本等发达国家/地区在信息科技领域网络安全、人工智能、量子信息、大数据、HPC、5G 等子领域的中长期重要科技规划，剖析信息科技领域代表性重要规划，总结信息科技领域规划制定与组织实施的特点与规律，以期为我国及中国科学院信息科技领域的发展规划提供借鉴和参考。

10.2　信息科技领域发展概述

　　信息科技是指以信息为主要研究对象，以信息的运动规律和应用方法为主要研究内容，以计算机等技术为主要研究工具，以扩展人类的信息功能为主要目标的一门新兴的综合性学科。自第三次科技革命以来，信息科技已经成为支撑经济社会发展及科技创新的重要基础。信息科技作为战略新兴技术，对科学技术前沿研究、经济社会全局和长远发展具有重大引领带动作用。信息科技在新材料、新能源、新器件的开发和制造等领域被广泛应用，具有解决全球科技难题、经济与社会问题的巨大潜力。信息技术是当今世界创新速度最快、通用性最广、渗透性最强的高技术，信息科技领域的创新和发展是国家创新能力的突出体现（中国科学院，2013）。

　　近年来，信息科技蓬勃发展，各类革命性新技术、新应用不断涌现。网络安全、人工智能、量子信息、大数据等新兴信息技术将深刻地影响未来社会发展的模式、人们的生活和生产方式。各国/地区政府普遍将推动信息科技发展放在前所未有的高度，纷纷推出相关战略规划与政策。

10.2.1 网络安全事关重大，相关投入加速增长

全球网络安全逐渐进入涉及国家安全、社会安全、产业安全、基础设施安全甚至人身安全的大安全时代（周鸿祎，2017）。2017 年 5 月利用"永恒之蓝"（EternalBlue）漏洞而传播爆发的 WannaCry 勒索蠕虫攻击事件在全球范围内引起了一场轩然大波，几乎整个欧洲以及中国等国家和地区都相继中招，包括政府、银行、电力系统、通信系统、能源企业、机场等在内的重要基础设施都被波及。可见，网络攻击已远远超出了单纯网络病毒攻击与防护的范畴，已经广泛影响到线上和线下。此外，在物联网、车联网和工业互联网中开始使用一些人工智能技术发展无人化系统，例如无人驾驶汽车、无人飞机、无人操控的武器……，这些无人系统一旦被劫持，将带来更多、更严重的安全问题。

美国联邦政府 2016 年 2 月在《网络安全国家行动计划》（*Cybersecurity National Action Plan*，CNAP）中提出，要从提升网络基础设施水平、加强专业人才队伍建设、增进与企业的合作等方面入手，全面提高美国在数字空间的安全。并在 2017 财年投入 190 亿美元加强网络安全，首次设立首席信息安全官（Chief Information Security Officer，CISO），下令成立美国国家网络安全促进委员会（Commission on Enhancing National Cybersecurity，CENC）、联邦政府隐私委员会。英国政府 2016 年 11 月在《英国网络安全战略（2016-2021）》中提出，在 2016～2021 年投资 19 亿英镑加强互联网安全建设。启动英国国家网络安全中心（National Cyber Security Center，NCSC），使其成为英国网络安全环境的权威机构，致力于分享网络安全知识，修补系统性漏洞，为英国网络安全关键问题提供指导等。

10.2.2 人工智能影响显著，备受各国政府重视

以机器学习为代表的人工智能技术是当前信息科技领域最具影响力的方向。美国联邦政府 2016 年 10 月发布《国家人工智能研发战略规划》，确定了美国人工智能研发的整体框架以及七项优先战略。同月，发布《为未来人工智能做好准备》报告，阐述人工智能的发展现状、未来机遇、潜在问题，并针对美国联邦政府、公共机构和公众提出了 23 项具体建议措施。我国国务院 2017 年 7 月发布《新一代人工智能发展规划》，日本政府、法国政府、韩国政府等均发布了相关研发战略或计划，彰显各国政府部门对人工智能研发的重视。

（1）机器学习技术（诸如深度学习）正在多方面成为核心技术，例如用户偏好预测、计算机视觉和自主导航等。目前的重点是支持云端的机器学习，但是在诸如智能手机和超低功耗传感器节点等低功耗设备中支持机器学习应用也有非常重要的机会。机器学习正在成为许多基础研究的重要方法。例如，各国的百亿亿次级（E 级）超级计算机研发计划都

提到要用人工智能支持基础研究，美国劳伦斯利物莫国家实验室研制的 Sierra 计算机和日本 Exa 级计算机都自称为人工智能超级计算机。

（2）专用人工智能技术不断突破。面向特定领域的人工智能技术（即专用人工智能）由于应用背景需求明确、领域知识积累深厚、建模计算相对简单可行，因此形成了人工智能领域的单点突破，在局部智能水平的单项测试中可以超越人类智能。2011 年 IBM 沃森知识问答系统在电视智力竞赛节目《危险边缘》中战胜了两位人类冠军选手；谷歌公司的 AlphaGo 系统在 2016 年 3 月历史性地战胜了人类世界围棋冠军，其升级版 Master 又在 2017 年初以 60∶0 的绝对优势赢得了对人类顶尖棋手的智力竞赛。

在感知能力方面，人工智能也取得了对人类的超越。2016 年微软将语音识别系统文字差错率降低至 5.9%，低于人类平均水平（Xiong et al.，2016）；图像识别错误率也已下降至 2.99%，大幅低于 4%的人类平均水平。

（3）通用人工智能技术仍处于起步阶段。目前人工智能距离通用人工智能还有很大差距，依然处于起步阶段。

10.2.3 量子信息颠覆力强，研发布局紧锣密鼓

量子信息是未来最具颠覆性潜力的信息科技之一。美国国家科学技术委员会（National Science and Technology Council，NSTC）2016 年 7 月发布了《推进量子信息科学：国家挑战与机遇》，呼吁美国将量子信息科学作为联邦政府投资的优先事项，并通过政产研通力合作来确保美国在该领域的领导地位，增强国家安全与经济竞争力。欧盟委员会 2016 年 3 月发布《量子宣言（草案）》，投资 10 亿欧元开展量子技术旗舰计划，通过量子通信、计算、模拟、传感四方面的短中长期发展，实现原子量子时钟、量子传感器、城际量子链接、量子模拟器、量子互联网和泛在量子计算机等重大应用。

（1）量子保密通信走向大规模应用。量子保密通信已经从实验室演示走向小范围专用，达到了实用化和产业化水准，正在向高速率、远距离、网络化的方向快速发展。未来实际应用将分为三步：一是通过光纤实现城域量子通信网络；二是通过量子中继器实现城际量子通信网络；三是通过卫星中转实现可覆盖全球的广域量子通信网络。

（2）量子计算研发进入关键期。①量子比特沿多条路径发展，主要有超导回路、囚禁离子、硅量子点、拓扑量子比特和钻石空位等 5 种技术方案；量子退火已商用，加拿大 D-Wave 公司在 2017 年推出了具有 2000 个量子比特的量子退火计算机；②小规模、专用量子计算有望在 5～10 年内得以实现，谷歌在 2016 年 9 月提出"量子霸权"计划并于 2019 年展示了其研发的 53 位量子比特计算机；③通用量子计算与量子软件研发依然任重道远，虽然研制通用量子计算机已没有不可逾越的障碍，但在技术实现上仍面临巨大挑战，主要

包括：量子计算的物理实现，需提高量子系统中相干操控的能力，实现更多量子的纠缠；研究新的量子算法，增强现有量子算法的实用性和扩展性。未来的量子计算机很大程度上会是一种混合系统，其中包含不同类型的量子比特，并在不同任务中扮演不同的角色，例如由超快的超导体量子比特进行运算，然后由更稳定的囚禁离子来存储结果。

10.2.4　HPC 系焦点，科技大国竞相追逐

百亿亿次 HPC 是近几年科技强国的一个竞争焦点。美国国家战略计算计划执行委员会 2016 年 7 月在《国家战略计算计划战略规划》中指出，要加快可实际使用的百亿亿次计算系统的交付；加强建模、仿真技术与数据分析计算技术的融合；在 15 年内为未来的 HPC 系统甚至后摩尔时代的计算系统研发开辟一条可行的途径；实施整体方案，综合考虑联网技术、工作流、向下扩展、基础算法与软件、可访问性、劳动力发展等诸多因素的影响，提升可持续国家 HPC 生态系统的能力。

中国、日本、法国、俄罗斯等计划于 2020 年建成百亿亿次计算机，欧盟计划在 2022 年实现，美国则计划在 2021～2022 年实现。当前超级计算面临并行计算、高功耗、巨大复杂信息系统可靠性低等难题。今后，其硬件架构将更趋多样化，以提升运算性能、能效和数据密集型处理能力为目标的各种架构会陆续出现，并采用更先进的虚拟化技术、高效节能技术、并行计算等技术。

10.2.5　5G 无线技术演进，成为全球产业重点

5G 是当前和未来全球业界的焦点，欧盟先后发布《5G 宣言》（2016 年 7 月）和《5G 行动计划》（2016 年 9 月），美国提出了总投资超过 4 亿美元的《先进无线研究计划》（2016 年 7 月）。欧盟的 METIS、中国的 IMT-2020、韩国的 5G Forum 等项目和计划都力争在 2020 年实现 5G 商业部署。目前，5 类关键技术获得了重点关注，包括：大规模天线技术、超密集异构网络技术、自组织网络技术、高频通信技术和全双工技术。

10.3　信息科技领域规划研究内容与方向

本书重点选取信息科技领域的网络安全与隐私、人工智能与机器人、量子信息、大数据、云计算、HPC、5G 等七大子领域方向，收集并介绍美国、欧盟、英国、韩国、日本、

中国等六大国家/地区的相关战略规划。

10.3.1　网络安全与隐私领域

10.3.1.1　美国网络安全战略关注可信身份与隐私

1. 美国发布《网络空间可信身份的国家战略》

2011 年 4 月,美国政府正式发布了《网络空间可信身份的国家战略》(*National Strategy for Trusted Identities in Cyberspace*,NSTIC)(赛迪研究院,2011),计划用 10 年左右的时间,构建一个网络身份生态体系,推动个人和组织在网络中使用安全、高效、易用的身份解决方案。为此,美国成立了专门的主管办公室,负责协调政府和私人部门的活动,并牵头制定实施路线图。身份管理关系到网络空间的安全和发展,美国此举旨在谋求对网络空间的主导权和控制权,并希望通过繁荣网络经济再次引领世界经济新潮流,占领未来全球经济制高点。

1)NSTIC 出台的背景

NSTIC 是对 2009 年 5 月奥巴马政府发布的《网络空间安全评估》的响应。《网络空间安全评估》突出强调了网络空间的战略地位,指出美国当前网络安全的形势严峻,并设定了网络安全近中期行动计划,其中明确提出建立基于网络安全的身份管理战略,保障隐私与公民自由。NSTIC 正是落实近中期行动计划的一项战略措施,其出台具体背景包括如下几点。

(1)美国网络安全形势严峻,网络身份管理重要性日益凸显。随着网络成为国家依赖生存的神经单元,美国网络空间安全形势日益严峻。据 2009 年美国国土安全部(Department of Homeland Security,DHS)的报告称,2005 年共有 4095 起针对美国政府和私营部门的网络攻击事件,到 2008 年这一数字已增长至 7.2 万起。这些攻击使关键基础设施和敏感信息保护面临威胁,给美国造成巨大损失。美国政府日益认识到,一个可以确认网络主体身份的网络空间已越来越重要,但目前,美国网络欺诈、身份盗用等相关问题非常突出。据统计,2010 年美国有 810 万人遭受身份盗用或网络欺诈,造成 370 亿美元的损失;另据 Trusteer 网络安全公司报告,美国金融机构每周会遭受 16 次网络钓鱼攻击,每年造成 240 万~940 万美元的损失。

(2)国土安全总统令第 12 号(Homeland Security Presidential Directive,HSPD-12)实施效果明显。2004 年 8 月,美国出台了 HSPD-12,为政府部门管理联邦雇员与合同制雇员提供了一套新型身份管理标准策略。该总统令有 79 个政府部门参与执行。2009 年,美国政府还出台了联邦身份、凭证、接入管理路线图与实施指南等相关政策和措施。该政策实施效果明显,在保障网络安全方面发挥了很大作用。以美国国防部(Department of

Defense，DOD）为例，实施强制身份认证后网络攻击数量降低了46%以上。在联邦政府之外，很多商业企业也在网络身份管理方面做了不少努力，例如OpenID身份管理平台、微软的Windows CardSpace等，Facebook也正在展开"1账号N用途"服务，任何拥有Facebook账号的人都可以通过Facebook账户登录其他网站。随着美国经济运作、商业活动越来越依赖庞大而复杂的网络，美国政府认识到有必要将身份管理推广到包括私人部门在内的整个网络空间。

（3）欧盟、韩国等国家和地区加快引入和部署身份管理。在战略层面、技术层面，欧盟为网络身份管理的大范围部署与推广做了充足的准备。在从2002年开始的欧盟第六框架计划下，欧盟相继开展了信息社会身份未来（Future of Identity in the Information Society，FIDIS）等与身份管理相关的研究，包括在电子政务、信息网络与未来网络中如何引入并部署身份管理，例如关键技术、架构、平台、应用场景等。欧盟的电子身份管理（Electronic Identity Management，eIDM）一揽子研究计划在2010年实现了整个欧盟范围内电子身份（eID）的启用，欧盟成员国公民持有电子身份即可在任意欧盟国家享受相应的求职、医疗、保险等一系列社会服务。韩国推行"网络身份识别码"（Internet Personal Identification Number，I-PIN）认证多年，授权几家"身份服务提供商"建立身份验证平台，给网络用户发I-PIN，并以此注册所有实名业务。

2）NSTIC的主要内容

NSTIC旨在通过政府推动和产业界努力，建立一个以用户为中心的身份生态体系。在该体系环境下，个人和组织遵循协商一致的标准和流程来鉴别和认证数字身份，从而实现相互信任。NSTIC共八章，核心内容包括指导原则、前景构想、身份生态体系构成、任务目标和行动实施。

（1）指导原则。NSTIC明确身份生态体系必须遵循四个原则：一是身份解决方案应当增强隐私保护并且由公众自愿应用；二是身份解决方案应当是安全、可扩展的；三是身份解决方案应当是互操作的；四是身份解决方案应当是高效且易于应用的。这四个指导原则是任务目标和行动实施的基础。

（2）前景构想。NSTIC的前景构想反映了一种以用户为中心的身份生态体系。NSTIC提出的构想是：个人和组织可利用安全、高效、易用和具备互操作的身份解决方案，在一种信心提高、隐私保护意识增强、选择增多和创新活跃的环境下获得在线服务。该构想适用于个人、企业、非营利组织、宣传团体、协会和各级政府。

（3）身份生态体系构成。NSTIC提出身份生态体系由参与者、策略、流程和相关技术构成。参与者主要包括个人、非个人实体、身份提供者、属性提供者、依赖方等。个人或非个人实体（如组织、软件、硬件和服务等）是在线交易或使用在线业务的主体，他们从身份提供者处获得身份证书，从属性提供者处获得相关属性声明，并将身份证书和属性声明直接展示给依赖方，以从事在线交易或使用在线业务。身份生态体系的策略基础是身份生态体系框架，该框架为体系的所有参与者提供一套基础标准和政策，这些基础标准和政策提供了最低的安全保障，同时也说明更高级别安全保障的详细细节，以确保参与者能获得足够的保护。

（4）任务目标。为确保身份生态体系的建立，NSTIC 明确了四项任务目标：一是制定身份生态体系框架，细分任务包括建立隐私增强保护机制、建立基于风险模型的身份鉴别和认证标准、界定参与者的责任并建立问责机制、建立指导小组对制定标准和认证流程进行管理；二是建立和实施身份生态体系，细分任务包括发挥私人部门、联邦政府以及国家、地方、司法、国土等政府部门的作用，建立和实施身份生态体系互操作基础设施；三是增强用户参与身份生态体系的信心和意愿；四是确保身份生态体系的长期成功和可持续性。

（5）行动实施。NSTIC 明确了身份生态体系实施各方的职责和进度计划。实施身份生态体系需要政府部门和私人部门的共同努力，私人企业负责具体建立和实施身份生态体系，联邦政府负责指引和保障。同时，NSTIC 还明确了在 3～5 年内身份生态体系的技术、标准初步具备实施条件；10 年内身份生态体系基本建成。

3）NSTIC 的战略意图

NSTIC 是在美国网络安全战略发生重大转变背景下提出的，是美国网络安全战略的重要构成。作为美国首个网络空间身份管理战略，其战略意图十分明显。

（1）积极应对网络安全威胁，加强网络防御并建立网络威慑。奥巴马总统上台后，开始全面谋求制网权，在加强网络防御的同时，实施网络威慑，旨在遏制日益增长的网络攻击，保护美国关键基础设施安全。网络安全与身份管理的关系不言而喻，身份管理对网络防御极其关键。要想积极防御必须先了解网络上有哪些主体；而网络威慑重在影响对手，必须识别和确知最有能力的网络行动者，这需要通过身份管理进行归因判断。NSTIC 的出台极大推进了对个人、组织以及相关基础设施的识别能力，通过身份管理建立了网络空间的信任，从而加强网络防御并建立网络威慑。

（2）保持美国在网络空间的技术优势，增强对网络空间的掌控。美国在网络空间有着巨大优势，从芯片到操作系统，从根服务器到域名管理，美国对网络空间的掌控已经远远超出其他任何国家，形成了垄断性优势。身份管理技术在网络上有着广泛需求，美国很早就开始身份管理技术研发和部署。国家标准协会、国家标准与技术研究院（National Institute of Standards and Technology，NIST）成立了标准组并发布了相关标准，2004 年美国开始在联邦政府部署身份管理。在对内加强研发部署的同时，对外利用自身技术优势，美国牢牢把握住了在各标准化组织中的话语权，如在国际电信联盟 - 电信标准分局（ITU Telecommunication Standardization Sector，ITU-T）中美国是研究工作的主导力量。此次美国公布 NSTIC，是希望通过在整个网络空间部署身份管理技术，进一步加强美国在网络空间的巨大影响力,确保对网络空间的掌控。

(3)实现美国对网上身份、行为的更好管控。为了保障国家安全,美国一直都在监控和管制网络信息。NSTIC 的出台,拟将身份管理作为一种基础服务推向社会方方面面,给美国监控和管制网络信息提供新的途径。目前 Yahoo、PayPal、Google、Equifax、AOL 和 VeriSign 等科技厂商都宣布支持 NSTIC 实施,一些厂商在政府推动下还共同成立了开放身份交换组织,提供建立公共身份管理系统与私有身份管理系统身份凭证交换的信任机制。公民或网络用户信息掌握在作为身份提供者的大型科技公司手中,不排除公众信息包括隐私信息在必要情况下受到监控或提供给美国国家机构的可能性。例如,在维基解密事件中,美国司法部曾要求"Twitter"提供若干支持维基解密网站用户的诸多信息。NSTIC 无疑会进一步加强美国对网上身份、行为的掌控。

(4)繁荣网络经济,巩固美国全球经济霸权地位。奥巴马执政期间,将网络创新视为重振经济的引擎,在政府的推动下,美国网络技术发展进入新一轮高潮,云计算、智慧地球、物联网、移动互联网等均引领世界潮流。随着美国经济越来越依赖网络,网络环境面临的信任威胁越来越突出,各项在线业务发展受到阻碍,可信网络环境更显得尤为重要。NSTIC 的出台旨在通过在网络空间部署身份管理,推进在线业务安全、便利、高效地开展,增进网络信任,促进更多业务在网上开展和服务创新,从而繁荣网络经济,占领未来全球经济的制高点,进一步维护美国全球经济霸权地位。

2. 美国白宫科学技术政策办公室发布《美国联邦网络安全研发项目战略规划》

2011 年 12 月 6 日,美国白宫科学技术政策办公室(Office of Science and Technology Policy,OSTP)发布《可信网络空间:美国联邦网络空间安全研发项目战略规划》(White House,2011a)。该规划为美国开展或资助网络安全研发的政府机构确定了一系列相互关联的优先领域,包括四个战略重点:促进变革、奠定科学基础、研究影响最大化、加速实践转化。

确定这些重点的思路是要集中精力研究目前网络空间的不足,排除未来可能存在的问题,加快科研成果的产业化。它们的主要目标包括实现更具弹性的网络空间、提高攻击防范能力、发展新的防御能力,并加强美国在设计网络防御软件方面的能力。

1)促进变革

此重点将通过开展变革性的研究,洞悉导致当前已知威胁的根源,致力于通过完全不同的方法来改变现状,从而提高关键网络系统和服务于社会的基础设施的安全。它包括四个研发主题,在"网络飞跃年"确定的三个主题基础上新增了一个主题"安全设计"。

(1)安全设计(新主题):进行能力建设,设计、开发、发展可预见和可靠的有高质量保证的软件密集型系统,同时有效地管理风险、成本、进度、质量和复杂性。促进那些能实现网络安全系统和相关证据同步发展的工具与环境,以证明系统解决漏洞、缺陷和防御攻击的能力。系统还将内置安全实践和最佳实践。因此，软件密集型系统有可能更加快速地根据需求与环境的变化而不断演变。

（2）量身打造的可信空间：提供灵活的、自适应的、分布式的信任环境，该环境可支持相应的功能和需求，满足面对不断变化威胁时需采取的广泛行动。识别用户所处的环境，并随着环境的变化而随之演变。该主题关注的重点是无线移动网络。

（3）移动性目标：创建、分析、评估、部署多种多样且与时俱进的机制和策略，以增加攻击者开展攻击的复杂性和攻击成本，避免向攻击者暴露漏洞，并提升系统的弹性。

传统方法认为，增加系统复杂性即增加风险，因此这一变革性的方法是对传统方法的一大挑战。该主题关注两个重点：一是深入理解网络空间，二是开发受自然启发的解决方案。

（4）网络经济激励：制定有效的激励机制（包括影响个人和组织的机制），实现无处不在的网络安全。这些激励机制可能来自以市场为基础、法律、法规或机构方面的干预。良好的经济激励机制需要基于健全的指标（包括科学有效的成本风险分析方法）。这需要了解市场和人的动机、存在的漏洞，以及这些因素如何与技术系统相互影响。

2）奠定科学基础

该重点将通过发展网络安全科学，尽可能减少未来的网络安全问题。它将通过采用系统的、严谨的科学态度，奠定有条理的网络安全科学基础知识。它将促进规律发现、假设检验、可重复实验设计、标准化数据收集方法、指标、通用术语和批判性分析，从而产生可重复的结果和得出合理结论。

3）研究影响最大化

该重点将通过集成具有变革意义的研发主题，进行政府和私营部门之间的合作及跨越国际边界的协作，并加强与其他美国战略重点（如医疗信息技术、智能电网、金融服务、国防、交通、可信认证、网络安全教育）的联系。

4）加速实践转化

该重点将确保研究产生的新技术和新战略能够被采用和执行，并通过重点开展构建网络安全科学基础的活动，实现网络安全领域的重大改进。

为此美国网络安全研究团体计划开展技术发现、测试和评估、应用和商业化这三类活动，即通过继续开展现有的跨机构活动和启动新的项目来发现那些已可转化为实践的技术；利用现有的和下一代网络环境来支持在公共和私营部门现实环境中的实验部署、测试、评估；所有研发项目必须分配一定的经费用于技术转化活动，制订技术转化的计划，并嘉奖那些在技术转化方面取得重大进展的项目管理人员和研究人员。

3. 美国公布《网络安全国家行动计划》

2016 年 2 月 9 日，时任总统奥巴马公布《网络安全国家行动计划》（中国信息通信研究院，2016），从提升网络基础设施水平、加强专业人才队伍建设、增进与企业的合作等方面入手，全面提高美国在数字空间的安全。该行动计划中的多项决策值得关注，包括：提议在国会 2017 财政年度预算中拿出 190 亿美元用于加强网络安全，第一次设立 CISO，下令成立 CENC、联邦政府隐私委员会等。

1）主要举措

CNAP 包含一系列短期举措，以提高联邦政府内部乃至整个美国的网络安全。但鉴于问题的复杂性和严峻性，总统要求政府外顶尖的战略、企业和技术专家研究和汇报：如何提高网络安全意识，保护隐私，保障公共安全以及经济、国家安全。奥巴马表示，需要采取一些大胆的行动，提升美国在全球数字经济中的竞争力。

CNAP 是美国政府七年来的经验总结，吸纳了来自网络安全趋势、威胁、入侵等方面的教训。这一计划既包含联邦政府短期行动，也有长期改进举措，旨在全面提升联邦政府、私营企业以及个人生活的网络安全。CNAP 的一些要点如下。

（1）建立 CENC——由顶尖的企业与技术专家组成，部分人员由国会任命，共同勾勒出一份为期十年、涵盖公私两方面的网络安全技术、政策发展路线图，以推广各类最佳实践。这项计划包含：强化网络安全意识，保护隐私、公共安全，维护经济、国家安全并保证美国拥有更强大的数字安全控制能力，促进联邦、州和本地政府以及企业间的合作。

（2）专门分配 31 亿美元的信息技术现代化基金，用于升级已过时或难维护的政府 IT 和网络安全管理基础设施。同时设立 CISO，监督政府部门实施这些工作。其具体职责包括开发、管理并协调整个联邦政府体系内的网络安全政策，以及操作的执行。

（3）加强在线账户的保护，除密码外，辅以指纹、短信发送一次性密码等更多安全措施。通过"国家网络安全联盟"（National Cyber Security Alliance，NCSA）发起新的国家网络安全宣传行动，专注多重认证，以提升、培育信息消费者的网络安全意识。"国家网络安全联盟"为非营利性组织，其成员包括美国 DHS 以及赛门铁克、思科、微软、SAIC 与 EMC 等私营企业。其呼吁并鼓励使用多重验证机制，同时实施一套尚未最终定名的"有效身份认证"方案。合作者包括 Google、Facebook、DropBox、Microsoft 等顶尖技术公司，以及 MasterCard、Visa、PayPal 和 Venmo 等交易服务公司。

（4）2017 财年预算中，网络安全总体支出达 190 亿美元，较 2016 财年增长 35%。

2）设立 CENC

总统成立 CENC，成员既包括政府外的战略、企业和技术专家，也包括议会任命的两党议员。委员会的任务是制定未来 10 年的详细行动建议，包括提高网络安全意识，增强私有领域和政府部门的保护，保护隐私，维护公共安全以及经济、国家安全，使美国更好地掌控数字时代的安全。该委员会受到美国 NIST 的全力支持。

3）提升国家整体网络安全水平

（1）加强联邦政府网络安全。联邦政府的网络安全能力得到极大提升，但仍有很多工作要做。为延续已有进步和解决联邦网络安全长久以来面临的系统性挑战，需重新审视联邦政府网络安全和信息技术的传统做法——它要求各部门建立和维护自己的网络。这些行动建立在《网络安全跨部门优先目标》和《2015 年网络安全战略和实施计划》奠定的基础之上。

（2）提升个人网络安全防护能力。所有在线美国人日常生活的隐私和安全，与国家安全和经济状况越来越紧密相关。《网络安全国家行动计划》基于总统的 2014 年安全购买倡议，旨在加强消费者数据的安全性。

总统呼吁当登录在线账户时，不要仅仅使用密码，要利用多重身份验证。私营企业、非营利组织以及联邦政府共同努力，通过新一轮的宣传活动，重点是广泛采用多重身份验证，建立"一停二想再连接"的观念，以及实施 NSTIC，帮助更多的美国人实现联机安全。国家网络安全联盟将与领先的技术公司和民间社团共同发力，使数以百万用户更容易保证自己的在线账户安全。这将提升公众对个人网络安全角色的认识。

在面向公民提供的数字服务中，联邦政府正在加强多重身份验证和身份证明。美国总务署将建立一个新计划，当公民到联邦政府部门办理事务时，将更好地保护和保障数据和个人信息安全，包括税收数据和福利信息交互。政府当局正系统地评估，在哪些方面可以减少将社会安全号码作为公民身份标识符的使用频率。

美国联邦贸易委员会（Federal Trade Commission，FTC）重新启动 IdentityTheft. gov 网站，为受害者报告身份信息被盗事项提供一站式资源服务，可以创建个人信息的恢复计划，打印预填充的信函，以及发送给征信机构、商业和债主的表格。

美国小企业管理局（Small Business Administration，SBA）与 FTC、NIST、能源部（Department of Energy，DOE）将通过 68 个小企业管理局区域办公室、9 个国家标准和技术研究所 NIST 制造业扩展合作中心和全国其他区域网络，为 140 万个小企业和小企业利益相关者提供网络安全培训。

（3）增强关键基础设施安全性和恢复能力。美国的国家和经济安全取决于国家关键基础设施的可靠运行。关键基础设施的业主与运营商的持续合作将提高网络和国家安全。这项工作基于之前有关网络安全的 2013 年关键基础设施行政令和 2015 年信息共享的行政令。

（4）促进安全技术发展。虽然美国如今已经在着力改善网络防御，但未来国家还必须大力投资科学、技术、工具和基础设施，确保这些技术工程应用时能够满足安全要求。美国政府发布《2016 年联邦网络安全研究和发展战略计划》。这项计划在《2014 年网络安全增强法案》中提出，勾画出美国的国家战略研究和开发目标，促进科学有效性和效率，驱动网络安全技术的发展。

（5）阻止、劝阻并破坏网络空间的恶意行为。更好地保护数字基础设施只是方案的一部分。美国必须带领国际社会，将这些准则变为负责任国家的行为准则，包括在阻止、破坏恶意行为时。美国无法独自实现这些目标——美国必须与盟友和全球合作伙伴一起行动。

2015 年，G20 成员国与美国就重要规范达成一致，包括国际法在网络空间的适用性，各国政府不应该支持出于商业目的利用网络盗取知识产权的行为，欢迎联合国政府专家组发布相关报告、加强国际合作，防止对民用基础设施的攻击，支持计算应急小组提供重建和容灾服务。美国政府试图通过进一步的双边或多边承诺，建立信任措施实施这些准则。

司法部包括联邦调查局（Federal Bureau of Investigation，FBI）有关网络安全的行动资金增加了 23%，以提高识别、破坏和逮捕恶意网络行为者的能力。美国军方的网络司令部计划组建 133 支共计 6200 人的网络部队。该部队已开始参与一些网络行动，按计划于 2018 年开始全面运行。

（6）提高网络事件响应能力。在注重预防和阻止恶意网络行为的同时，美国还必须保持事件发生时的网络恢复能力。2015 年，美国受到大范围的网络入侵，从网络犯罪到网络间谍。吸取过去的教训，可以提高未来网络安全事件管理和网络的恢复能力。2016 年春，美国政府发布国内网络安全事件合作的政策，以及评估事件严重性的方法，以使政府机构和私营企业间有效交流，并采取适当、一致的响应。

（7）保护个人隐私。隐私在美国一直是关注的核心，而在数字时代隐私显得尤其关键。美国政府做出突破性举措，加强联邦政府间合作，保护个人隐私和信息安全。总统签署了成立"联邦隐私委员会"的行政令，将汇集政府各部门保护隐私的官员，以帮助确保更具有战略性和综合性的联邦隐私准则的实施。网络安全、隐私必须得到有效和持续的关注，促进技术研发和创新，利用大数据带来的好处，应对不断演进的网络威胁。

（8）加大网络安全资金投入。2017 年美国网络安全的预算分配超过 190 亿美元——在 2016 年的基础上增加了 35%。这些资源将使机构能够提高网络安全水平，帮助私营部门、组织和个人更好地保护自己，破坏和阻止敌人的活动，并更有效地对网络安全事件进行响应。

4. 美国网络与信息技术研发计划发布《联邦网络安全研发战略计划》

2016 年 2 月，作为美国 CNAP 的一部分，美国网络与信息技术研发（Networking and Information Technology Research and Development，NITRD）计划发布了迄今为止最为全面的《联邦网络安全研发战略计划》（NSTC，2016a），旨在从内在提升网络空间的安全性。该计划对 2011 年的《可信网络空间：美国联邦网络安全研发项目战略规划》进行了更新与扩展，关注的重点是证据验证研发。因为网络安全有效性的证据，包括正式证据和经验评估，可以驱动网络安全研发并改进网络安全实践。

1）目标与防御要素

该计划根据设想的敌方、防御者、用户、技术四大要素，确定了相应的近、中、长期研发目标，拟通过必要的科学、工程、数据与技术（S&T）的发展来改善网络安全。

（1）近期目标（1～3 年）：利用有效的风险管理应对敌方的非对称优势。

（2）中期目标（3～7 年）：通过可持续安全系统的开发与运作逆转敌方的非对称优势。

（3）长期目标（7～15 年）：通过对恶意网络活动结果及可能来源的拒绝，实现对恶意网络活动的威慑。

为达成上述目标，该计划将重点发展 S&T 来支持以下四个防御要素。

（1）威慑：通过提升敌方开展恶意网络活动的成本、减少其获利、提升其遭遇潜在对手的风险与不确定性等方法，有效打击恶意网络活动。

（2）保护：使组件、系统、用户与关键基础设施能有效抵抗恶意网络活动，确保机密性、完整性、可用性与可审核性。

（3）侦察：鉴于不可能存在万无一失的安全，且假定系统易受恶意网络活动危害，需要能有效侦察甚至是预测敌方的决策与活动。

（4）适应：使防御者、防御机制与基础设施能动态应对恶意网络活动，包括有效地应对破坏、从损害中恢复、维持运作并完成修复，以及进行调试来应对未来的类似行为。

2）关键领域

该计划确定了 6 个能有效支持网络安全研发的关键领域。

（1）科学基础：联邦政府应支持创建理论、经验、计算与数据挖掘基础的研究，以解决未来的威胁。强大、严谨的网络安全科学基础确定了评测方法、可测试的模型与正式框架，并能预测可体现关键的网络系统与进程安全动力学的技术。对这些科学基础的理解是开发有效网络防御技术与实践的重要基础。

（2）风险管理：一个机构的网络安全决策应基于对机构资产、漏洞和潜在威胁的综合评估，即使这些信息并不完备。有效的风险管理方案需要评估恶意网络活动的可能性及可能的后果，并准确量化成功的风险减轻方法的成本。与风险相关的及时的情报信息共享能提升机构的风险评估与管理能力。

（3）人为因素：研究人员可以开发创新性技术解决方案来保护网络系统，但如果他们不清楚用户、防御者、敌方和机构是如何与技术进行互动的，这些方案就会失败。将社会学家纳入网络安全研究除了能帮助解决人机交互挑战外，还能更深入地理解网络安全的社会、行为与经济层面，以及如何改善协作型风险治理。

（4）技术转移：一个有序、协调的研究成果转化流程对确保联邦网络安全研发的高影响力而言至关重要。研究团体关注创新性技术的开发与演示，运作团体需要将解决方案集成到现有的行业产品与服务中，两者不总是维持同步。有效的技术转移转化项目必须成为任何研发战略不可分割的一部分，并依赖于可持续、重要的公私合作。

（5）劳动力发展：发展能满足需求的网络安全劳动力是一项重大挑战。人是网络系统的基本组成部分，并以各种方式影响网络安全。扩充并维持充足数量的多样性、高技能的网络安全研究人员、产品开发人员、网络安全专家对该计划的成败举足轻重。此外，研发还能提供工具让网络劳动力的生产率显著提升。

（6）科研基础设施：网络安全研究需要受控和执行良好的实验基础，这需要工具和测试环境来提供对一定规模和精度的数据集的访问，确保实验过程的完整性，为交互、分析和验证方法提供支持。联邦政府应鼓励高精度数据集用作研究目的的共享，并为自愿共享其敏感数据的机构提供保护。科研基础设施投资除了要支持计算机科学家和工程师的需求外，还要满足其他面临网络安全研究挑战的部门的需求。

5. 美国 NSTC 发布《国家隐私研究战略》

2016 年 6 月，美国 NSTC 发布《国家隐私研究战略》报告（NSTC，2016b）。数字时代的海量数据收集、处理和保存对过去长期建立起来的隐私规范形成挑战。一方面，大规模数据分析是推动科学、工程与医学进展所不可缺少的；另一方面，个人及其活动信息在个人不知情的情况下被追溯，有可能产生不良后果。联邦政府意识到这种风险，以及由此产生的对相关领域研究与发展的需求。政府将显著提高对隐私增强技术的投资，鼓励计算机科学和数学与社会科学、通信和法律等领域的跨学科交叉研究。国家隐私研究战略的总目标是提供使个人、商业实体和政府能够受益于变革性技术进展的知识与技术，增加创新机会，并为个人信息与个人隐私提供有意义的保护方案。

为实现以上目标，基于参与美国 NITRD 计划的各联邦机构的共同评估，该战略确定了隐私研究如下优先领域：强化隐私研究与解决方案的多学科途径；了解并测度隐私愿望及影响；发展融合隐私愿望、要求和控制的系统设计方法；增强数据收集、共享、利用和保留的透明性；确保信息流动和利用符合隐私规则；开发相关补救和恢复途径；降低分析算法的隐私风险。

报告指出，为执行隐私研究战略，应对相关文献与研究进行回顾，对现有与该战略所明确的研究优先领域相关的知识进行评估；资助机构应为相关研究人员创造机会，以满足整个研究过程中潜在研究用户及公众的需求；资助机构还应明确隐私研究的跨学科性质，并促进需要两个或更多学科共同参与的隐私研究。报告同时指出，尽管许多隐私保护技术和解决方案是为专门的应用而开发的，然而亦可应用于其他领域和解决更广泛范围的问题。建议 NITRD 计划各参与机构创建相关目录，建立隐私保护解决方案的共享机制，以便这些方案可以被各联邦机构共同利用并与公众共享；建议政府提出相关激励机制促进相关方法和工具的采纳。

6. 美国总统特朗普签署网络安全行政令

2017 年 5 月 11 日，美国总统特朗普签署一项名为《增强联邦政府网络与关键性基础设施网络安全》的行政指令（刘平，2017），要求采取一系列措施来增强联邦政府及关键基础设施的网络安全。该指令从联邦政府、关键基础设施和国家这三方面规定了将采取的网络安全措施，主要内容如下所示。

在联邦政府网络安全方面，该行政指令提出，已知但未得到处理的漏洞是行政部门所面临的最严重的网络风险之一，这些漏洞包括使用开发商不再支持的过时操作系统或硬件，未及时安装安全补丁或落实特定安全配置。要求各联邦政府机构在 90 天内制定风险管理报告，并提交给 DHS 部长和管理与预算办公室主任，描述该机构如何实施由美国 NIST 制定的提升关键基础设施网络安全框架。在收到报告 60 天内，管理与预算办公室主任应通过负责国土安全和反恐事务的总统国家安全事务助理，向总统提交对各机构风险管理报告的评估意见及实施计划。此外，以建立一个"现代、安全、更有韧性"行政部门信息技术架构为目标，美国国家科学技术委员会主任应在 90 天内向总统提交各部门的转型情况。DOD 和情报系统等国家安全系统则应在 150 天内向负责国土安全和反恐事务的总统国家安全事务助理提交有关实施情况的报告。

在关键基础设施网络安全方面，要求按奥巴马执政时期颁布的第 21 号总统行政指令中所规定的关键基础设施名单，对之进行评估，并于 180 天内提交网络安全风险评估报告，随后每年提交一次评估报告。2013 年 2 月，奥巴马签发第 21 号总统行政指令，将化学、商业设施、通信、关键制造、大坝、国防工业基础、紧急服务、能源、金融、食品与农业、政府设施、医疗与公共健康、信息技术、核反应堆与核材料及废料、交通系统和水与污水系统等 16 个领域划入国家关键基础设施名单。

在国家网络安全方面，行政指令提出，美国的政策是确保互联网开放、互动、可靠和安全，在促进效率、创新、交流和经济繁荣的同时，尊重隐私并防止欺骗、偷窃和破坏。要求国务院、财政部、DOD、司法部、商务部、DHS 和美国贸易代表办公室，在 90 天内联合向总统报告慑止威胁和保护民众的战略选择。要求国务院等机构在 45 天内提交该部门有关国际网络安全的优先议程，此后的 90 天内提交网络安全国际合作战略。在网络人才培养上，要求商务部和 DHS 在 120 天内联合提交如何加强网络人才培养的计划。要求 DOD 在 150 天内提交维护和增强国家安全相关领域网络能力的报告。

据悉，美国 DHS 将负责协调落实该行政命令。2018 财年，美国 DHS 网络安全预算为 3.19 亿美元，联邦政府的网络安全总预算预计将增加 15 亿美元。

7. 美国发布 15 年来首部《国家网络战略》

2018 年 9 月 20 日，美国总统特朗普发布了《国家网络战略》，这是其上任后的首份国家网络战略，也是自 2003 年以来美国首次全面公布的国家网络战略。战略建立在特朗普于 2017 年 5 月签署的《增强联邦政府网络与关键性基础设施网络安全》的第 13800 号总统令基础之上，概述了美国网络安全的四大支柱、十项措施与 42 项优先行动。

其中，四大支柱与十项措施包括：

（1）保护美国公民人身安全、国土安全及美国公民的生活方式不受侵犯。主要目标：

管控网络安全风险，提高国家信息与信息系统的安全与弹性。主要措施：①保护联邦网络与信息安全；②保护关键基础设施安全；③打击网络犯罪，完善事故报告制度。

（2）促进美国繁荣。主要目标：维护美国在科技生态系统和网络空间领域中的影响力。主要措施：④培育充满活力和弹性的数字经济；⑤培育和保护美国的创造力；⑥培养优秀的网络安全人才。

（3）以实力求和平。主要目标：识别、反击、破坏、降级和制止网络空间中破坏稳定和违背国家利益的行为，同时保持美国在网络空间中的优势。主要措施：⑦强化负责任的国家行为规范，提高网络稳定性；⑧对网络空间中不可接受的行为进行归因和威慑。

（4）扩大美国影响力。主要目标：保持互联网的长期开放性、互操作性、安全性和可靠性。主要措施：⑨促进开放、互操作、可靠、安全的互联网；⑩建设网络能力。

10.3.1.2　《英国网络安全战略（2011—2016）》及《英国网络安全战略（2016—2021）》

1. 《英国网络安全战略（2011—2016）》

2011年11月25日，英国政府发布《英国网络安全战略（2011—2016）》报告，阐述了英国网络安全战略的战略背景、远景计划和行动纲领（GOV.UK，2011）。

1）战略背景

英国非常重视网络空间的安全性，在2010年制定的国家安全战略中规定网络攻击属于一级威胁，并在财政紧缩的情况下投入6.5亿英镑作为为期四年的国家网络安全计划（National Cyber Security Programme，NCSP）公共资金。未来，英国需要在尊重隐私和基本权利之间寻找一种平衡方式，以确保网络空间仍是一个拥有创新和开放思想、信息和言论开放的空间。

2）2015年网络安全远景计划

现有网络空间管理风险的方法已经无法跟上网络空间环境的复杂变化，英国需要制订新的变革计划来改善国内网络安全管理并继续与其他国家在国际事务上展开合作。其在2011年制订的2015年远景计划是：通过建立一个充满活力、弹性和安全的网络空间，获取巨大的经济和社会价值，并且在自由、公平、透明、法治的核心价值观的指导下，促使未来英国经济繁荣、国家安全、社会强大。

实现该远景需要实现以下目标：

目标1：打击网络犯罪，使英国成为世界上电子商务最安全的地方之一。

目标2：强化应对网络攻击的适应能力，保护国家在网络空间中的利益。

目标3：建立一个开放、稳定、充满活力的网络空间，使英国公众能够安全使用并支持开放社会的实现。

目标4：培育跨领域的知识、技能和能力，以支撑所有网络安全目标。

需要做到以下几点：

（1）个人需了解如何保护自己免受网络犯罪的威胁。

（2）企业应意识到所面临的威胁以及自身的弱点，并与政府、行业协会和商业合作伙伴合作解决这些问题。英国的企业应共同确立自身优势，在世界范围内创立一个繁荣和充满活力的网络安全服务市场。英国亟待认清和开拓其具有国际竞争力的领域，以此推动经济的增长。

（3）政府应提升应对网络犯罪的执法力量；帮助英国抓住机遇，实现为全球提供网络安全服务；鼓励企业在网络空间上的安全运作；增强关键国家基础设施抵御网络攻击的能力；加强监测和抵御网络攻击的能力；加强教育和技能培训；建立和加强与世界各地其他国家、企业和组织的协作关系，塑造一个开放和充满活力的网络空间。

3）行动纲领

为了达成上述目标，英国政府已投入 6.5 亿英镑作为为期四年的 NCSP 的公共资金。政府应与私营部门和其他国家一起实现这一远景计划。

政府工作的行动纲领如下：

（1）继续在英国政府通信总部（Government Communications Headquarters，GCHQ）和英国国防部（Ministry of Defence，MOD）建立侦测和抵御高端威胁的统御能力。

（2）贯彻落实在伦敦会议上的关于在网络空间中建立国际公认的"网络协议"所定义的议程。

（3）与拥有和管理关键基础设施的企业进行合作，以确保关键数据和系统保持安全性和适应性。

（4）与私营部门建立一种新的业务伙伴关系，共享网络空间中具有威胁的信息。

（5）鼓励易于使用和理解的以产业为主导的标准和指南的制定，帮助企业在网络安全上的建设。

（6）通过鼓励发展良好的网络安全产品的具体指标，来帮助消费者和小的信息资源管理系统辨清市场方向。

（7）举行一个由保险公司、审计师和律师参与的关于专业商务服务的战略高层会议，确立他们在促进更好的网络风险管理中所可能发挥的作用。

（8）将现有针对网络犯罪的专门执法力量集中起来，成立新的国家犯罪局（National Crime Agency，NCA）。鼓励使用"网络专长"并尽可能多地利用这类专业技能来协助警察。

（9）建立一个有效和易于使用的用于报告网络欺诈的独立点，并提高警察对在本地遭受网络犯罪的受害者的反应能力。

（10）与其他国家进行合作，确保跨境共同执法，拒绝为网络犯罪分子提供避风港。

（11）鼓励英国法院利用现有的法律力量对网上罪行施行适当的在线制裁。

（12）寻求互联网服务提供商（internet service provider，ISP）的支持，使其帮助互联网用户认清、定位、保护自己的系统。

（13）帮助消费者应对网络威胁。通过使用社交媒体提醒人们诈骗或其他在线威胁将成为一种"新常态"。

（14）鼓励、支持和发展各级教育、关键技能和各类研发。

（15）为市民和小企业确立单一权威的意见，帮助他们保持在线安全。

（16）培育一个充满活力和创新的网络安全部门，包括探索 GCHQ 和企业之间新的合作伙伴关系以更好地利用政府独特的专长。

2. 《英国网络安全战略（2016—2021）》

2016 年 11 月 1 日，英国政府启动新一轮的《英国网络安全战略（2016—2021）》（GOV.UK，2016）（李应齐，2016a），指出英国政府在 2016～2021 年投资 19 亿英镑加强互联网安全建设，旨在防范网络攻击，维护英国经济及公民信息安全，提升互联网技术，确保遭到互联网攻击时能够予以反击。相比《英国网络安全战略（2011-2016）》8.6 亿英镑的国家网络安全投入，新计划的投入翻了一番多。

1）战略背景

网络安全仍然是英国重点关注的问题之一。《英国网络安全战略（2011—2016）》通过利用商业市场的力量，加强网络安全，已经取得了重要成果。但是这种方法所取得的变化和发展远远不够，不足以保持领先于快速变化的网络威胁。因此必须更进一步加强网络安全工作。

2）战略愿景

英国必须建立一个蓬勃发展的数字社会，保证其既具备网络弹性，又具备所需的知识和能力，以最大程度把握机会和管控风险。英国争取在 2021 年成为安全的数字国家，具备网络弹性。

3）战略目标：防御、威慑和发展

（1）防御——旨在加强互联网防御能力，尤其是能源、交通等关键产业领域。

（2）威慑——对网络攻击采取有效反击从而降低威胁。

（3）发展——大力培养网络人才、发展最新技术，跟上全球互联网技术发展的步伐。

4）行动计划

基于上述目标，英国政府将采取以下行动。

（1）开展国际行动，包括投资发展伙伴关系，使得全球网络空间的发展朝着有利于英国经济和安全利益的方向发展，发挥英国影响力。不断扩大与国际伙伴的合作，推动共同安全。同时通过双边和多边合同，包括欧盟、北约和联合国，加强网络安全。

（2）加大干预力度，利用市场力量提高英国的网络安全标准。英国政府将与苏格兰、威尔士和北爱尔兰的行政管理部门合作，与私营和公共部门合作，确保个人、企业和组织采用措施保持自身的网络安全。不断加强关键国家基础设施的网络安全，推动网络安全领域的改进，使其符合英国的国家利益。

（3）借助工业界的力量，开发和应用主动式网络防御措施，以提高英国的网络安全水平。这些措施包括：最大限度地减少最常见的网络钓鱼攻击，过滤已知的不良 IP 地址，并主动遏制恶意网络安全活动，提高英国对最常见的网络威胁的抵御能力。

（4）启动 NCSC，使其成为英国网络安全环境的权威机构。该机构将致力于分享网络安全知识，修补系统性漏洞，为英国网络安全关键问题提供指导。

（5）确保武装部队具有网络弹性以及强大的网络防御能力，从而能够捍卫其网络和平台的安全，并能够协助应对重大的国家网络攻击。

（6）确保能够采用最恰当的能力，包括进攻网络能力，应对任何形式的网络攻击行为。

（7）利用英国政府的权力和影响力，面向学校和整个社会，投资人才发展计划，解决英国网络安全技术短缺的问题。

（8）成立两个新的网络创新中心，以推动先进网络产品和网络安全公司的发展。拨款1.65 亿英镑设立国防和网络创新基金，以支持国防和安全领域的创新采购。

10.3.1.3　欧盟首部网络安全法《网络与信息系统安全指令》

2016 年 7 月 6 日，欧盟立法机构正式通过首部网络安全法《网络与信息系统安全指令》（NIS 指令）（曹建峰和李正，2016），旨在加强基础服务运营者、数字服务提供者的网络与信息系统之安全，要求这两者履行网络风险管理、网络安全事故应对与通知等义务。此外，该法要求成员国制定网络安全国家战略，要求加强成员国间合作与国际合作，要求在网络安全技术研发方面加大资金投入与支持力度。

1. 欧盟立法致力于实现统一的、高水平的网络与信息系统安全

继欧盟理事会于 2016 年 5 月 17 日一读通过 NIS 指令之后，欧盟议会于 7 月 6 日二读通过该指令，这意味着欧盟立法机构历经三年，最终正式采纳 NIS 指令。

作为欧盟数字单一市场一系列举措的重要组成部分，NIS 指令是欧盟第一部网络安全法，其目的在于，在欧盟范围内实现统一的、高水平的网络与信息系统安全。在 NIS 指令中，网络与信息系统安全是指，网络与信息系统有能力抵抗针对经由这些网络与信息系统存储、传输、处理、提供的信息或者相关服务的可用性、真实性、完整性或者保密性等采取的破坏措施。NIS 指令于 2016 年 8 月生效，之后，成员国必须于 21 个月之内将其转化为国内法。

2. NIS 指令的核心内容

作为欧盟首部网络安全法，NIS 指令明确了欧盟关于网络安全的顶层制度设计。

第一，确立网络安全国家战略。网络故障、网络攻击、网络犯罪等网络安全事故日益频发，严重影响日益依赖于网络的社会经济，在这样的背景下，网络安全的重要性不言而喻；据欧盟网络与信息安全局（European Network and Information Security Agency，ENISA）统计，在过去一年，网络安全事故激增 38%，至少 18% 的欧盟企业经历过一次网络安全事故；因此，将网络安全上升为国家战略是欧盟的一个当务之急。

第二，强调合作与多方参与。NIS 指令确立了多层次的合作框架，包括成员国之间的合作、国际层面的合作以及政府机构与私营部门之间的合作，从而整合各方资源，着力提升欧盟对网络安全威胁和事故的应对能力。

第三，确立网络安全事故通知与信息分享机制。此前通过的《一般数据保护条例》规定互联网企业负担个人数据泄露的通知义务，NIS 指令采取类似的思路，规定基础服务运营者和数字服务提供者需要向这个结果通知特定的网络主管机构，并通过信息分享提高欧盟整体对网络安全威胁和事故的响应、应对能力。

第四，对数字服务提供者采取轻监管思路，避免过度监管对互联网行业发展产生不利影响。一方面，成员国不得针对数字服务提供者施加其他更为严格的安全和通知义务；另一方面，主管机构仅在有证据证明数字服务提供者未履行义务时才开展监管活动。

3. NIS 指令主要包括三个层面的规定

1）成员国层面：制定网络安全国家战略，提高网络安全能力

NIS 指令要求成员国制定网络安全国家战略，在其中应当明确战略目标、合理政策以及监管措施。该战略应当包括下列内容：①战略目标和重点工作；②实现这些目标和重点工作的治理框架，包括政府机构以及其他相关参与者的角色和责任；③明确相关的应对、防范以及恢复措施，包括政府机构与私营部门之间的合作；④与网络安全国家战略有关的教育以及意识增强、培养项目；⑤与网络安全国家战略有关的研究与发展计划；⑥相关风险评估计划；⑦实施网络安全国家战略的多方参与者。

在具体制度安排方面，NIS 指令要求成员国确定至少一个主管机构，负责监督并实施 NIS 指令；确定至少一个联络处，进行网络安全相关合作事宜；确定至少一个计算机安全事故响应组（Computer Security Incident Response Team，CSIRT），负责国家层面的网络安全事故监测，就网络安全风险和事故向相关利益方提供早期预警、警报、通知、信息传递等，应对网络安全事故，以及提供动态的网络安全风险和事故分析。

2）欧盟层面：增进成员国间合作与国际合作

为了增进成员国之间的战略合作与信息共享，NIS 指令要求设立一个合作团体，主要发挥四大作用：①制订工作计划；②指导网络安全相关工作开展；③分享网络安全风险等

信息以及最佳实践；④总结并报告工作经验。该合作团体由成员国代表、欧盟委员会、ENISA 组成。此外，NIS 指令要求设立一个 CSIRT 国家网络，以促进操作层面的合作，同时加强网络安全领域的国际合作。

3）网络与信息系统安全层面：明确网络风险管理与网络安全事故应对、通知等义务

4. NIS 指令的适用对象

1）基础服务运营者

NIS 指令适用于基础服务运营者的网络与信息系统。根据 NIS 指令第 4 条，网络与信息系统包括：①2002/21/EC 指令中界定的电子通信网络；②按照某一程序自动化处理数字数据的设备、一组关联设备或者一组相互连接的设备：③由①和②中所述要素进行存储、处理、检索或者传输的数字数据，目的在于运作、使用、保护以及维护这些数据。网络安全风险是指，对网络与信息系统安全造成潜在不利影响的合理可识别的情况或者事故。网络安全事故是指，对网络与信息系统安全产生了现实的不利影响的事故。

基础服务包括能源（电、油、汽）、交通（空运、铁路、水运、公路）、银行业、金融市场基础设施、健康产业（医疗设施，包括医院以及私人诊所）、饮用水供给、数字基础设施（包括 IXP、DNS 服务提供者，顶级域名注册）。根据 NIS 指令第 5 条，基础服务运营者的认定标准有 3 条：①所提供的服务对于重要的社会、经济活动是必需的；②该服务的提供依赖于网络与信息系统；③一旦发生网络安全事故，将对该服务的提供产生重大的破坏性影响。

2）数字服务提供者

NIS 指令同时适用于部分数字服务提供者的网络与信息系统。这些数字服务包括网上市场、网络搜索引擎以及云计算。

3）豁免小微企业以及网上市场、网络搜索引擎、云计算之外的数字服务提供者

根据 NIS 指令，符合豁免要求的实体可以在自愿的基础上，将具有重大影响的网络安全事故通知主管机构，并且该实体不因通知而负担任何义务。

10.3.1.4　日本信息安全中心发布《网络安全战略》

2013 年 6 月 10 日，日本内阁下属的信息安全中心（National Center of Incident Readiness and Strategy for Cybersecurity，NISC）发布了《网络安全战略》（NISC.JP，2013），旨在创建"领先于世界的强大而有活力的网络空间"，实现"网络安全立国"。为此，需要遵循以下基本思路来采取相应措施：确保信息的自由传播；采取新的方法应对日益复杂的网络风险；根据不断变化的网络风险加强应对措施；各主体应本着创建世界级网络空间的社会责任，主动采取相应的信息安全措施及行动。

1）各主体的职责

随着网络空间与物理空间的日益融合，网络空间所处的环境和局势也日益复杂，依赖于网络空间的各类主体应履行各自的职责并通力合作，以更好地应对网络威胁和风险。该战略列出了不同主体的职责。

（1）国家的职责。从国家层面来说，必须要加强与网络空间有关的国家的基本职能。具体而言，应积极参与国际标准的制定，针对外国的网络攻击保护本国的网络空间，针对网络空间的犯罪采取相应的措施等。此外，政府机构应在推行信息安全措施方面发挥榜样作用，加强 NISC 作为司令部的功能，促进各政府机构的合作，并积极推进新制度制定、先进技术开发、实证项目开展、高端人才培养和相关素养提高。

（2）重要基础设施运营商的职责。重要基础设施一旦因遭受网络攻击而发生故障，就可能给国民生活造成严重影响和损失。为此，信息通信、金融、航空、铁道、航运、电力、燃气、行政服务、医疗、物流十大领域的重要基础设施运营商应根据政策制定的措施来保护信息安全。

（3）企业和教育科研机构的职责。企业和教育科研机构拥有技术资料、财务资料、制造技术和图纸等许多涉及知识产权的信息，以及客户名单、人事资料、教学信息等各种个人信息。这些重要信息一旦因网络攻击而失窃或受损，将会阻碍日本的社会经济发展。因此，企业和教育科研机构应联合其业务承包机构和相关合作机构，采取团体措施，例如共享与网络攻击有关的信息等。此外，还应接受第三方专业机构的评估和监察，采用适合的管理标准。

（4）一般用户和中小企业的职责。一般用户使用的电脑和智能手机存在安全漏洞，一旦遭受网络攻击，很可能波及其他主体。到目前为止，一般用户主要靠自己采取应对措施，今后，一般用户除了自我保护外，还应基于"不影响他人"的认识采取相应措施。此外，中小企业中与重要基础设施运营商或拥有先进技术的机构存在合同关系、掌握着日本重要的信息或系统的企业，应各自采取相应的信息安全措施，分享与网络攻击有关的信息。

（5）涉及网络空间的机构的职责。对于提供与网络空间相关的产品、服务和技术的机构，应在开发产品或技术时尽量减少漏洞，完成开发后一旦发现存在漏洞应及时采取相应的措施，加强对网络攻击事件的认识和分析，尽可能降低受损程度，确保网络空间的安全。

2）具体目标与措施

（1）构建"强韧"的网络空间。通过加强网络攻击防御能力、深化对网络攻击事件的认识和分析、加强对事件信息的共享，构建"强韧"的网络空间，提升对网络攻击的防御能力和恢复能力，确保网络空间的可持续性。

对政府机构而言，要提高与信息及信息系统相关的信息安全的水平，加强对网络攻击的防备和应对；对重要基础设施运营商而言，应针对重要的基础设施领域制定最适时的安全基准，了解情况变化，通过评估和风险分析确定信息安全政策的重点，并积极与其他相关机构进行信息共享；对拥有商业秘密、知识产权和个人信息等重要信息的企业和科研机构而言，应加强对网络攻击事件的认识和分析，促进相关信息共享，包括整顿信息提供和咨询机制、设立可促进信息安全投资的税收制度、制定有助于提高信息安全的指南、促进云计算技术的利用等。

（2）构建"充满活力"的网络空间。通过提升产业活力、开发先进技术、培养高端人才及提高国民素养，构建"充满活力"的网络空间，以主动应对网络空间存在的风险，确保网络空间的可持续发展。①提升产业活力：日本的网络安全产业严重依赖于国外的技术、服务和产品，为快速、切实地应对新的网络风险，必须要加强日本网络安全产业的国际竞争力。具体而言，应针对高度安全的设备技术、加密技术和多样化数据，开发能利用软件控制整个网络的技术，以及网络空间中的个人身份认证技术，以推动智能社区、智能电网、智能城镇及相关服务的发展。②研究开发：研究机构应以提高网络攻击监测和分析能力为目标，促进相关技术的研发和实证实验的开展，以使日本维持世界领先水平。此外，支撑安全的半导体元件的开发也很重要。③人才培养：必须促进人才的挖掘、培养和利用，包括完善大学的专业课程教育、加强产学合作、完善公共资格/能力评估等。④提升国民素养：目前，网络空间已渗透到现实世界的方方面面，覆盖各个年龄层，因此有必要提升普通民众的相关素养，这也有助于为高端人才培养提供后备力量。具体而言，应从初等和中等教育阶段启发学生的相关意识，对老年人则通过相关环境创建提供详尽的跟踪服务。

（3）构建"领先于世界"的网络空间。为适应全球网络空间的发展，部级机构应加强信息传输，积极参与国际规则的制定，发展海外市场，支援相关能力的构建，提升国民的信任度，从而在此基础上构建"领先于世界"的网络空间。

要迅速、切实地应对网络攻击，离不开以日美安保体制为轴心的日美合作。今后，应加强日美双边的网络对话、对面临的网络威胁达成共识、就重要基础设施保护等具体的网络空间问题探讨相关的解决方案，并积极参与国际规则的制定。

10.3.2　人工智能与机器人领域

10.3.2.1　美国《国家人工智能研发战略规划》与"国家机器人计划"

1. 美国政府发布《国家人工智能研发战略规划》

2016 年 10 月 12 日，美国政府发布《国家人工智能研发战略规划》（NSTC，2016c），制定出美国人工智能研发的整体框架以及七项优先战略，以期充分利用人工智能技术来增强国家经济实力并改善社会安全。美国人工智能研发的七大战略规划如下所示。

1）对人工智能研发进行长期投资

针对人工智能的下一代重点技术进行持续投资，例如：用于知识发现的先进数据驱动方法、增强人工智能系统的感知能力、了解人工智能的理论能力和局限、开展通用人工智能技术研究、开发可扩展的人工智能系统、促进人类人工智能研究、开发更可靠的机器人、改善硬件提升人工智能系统性能、开发适用于先进硬件的人工智能系统等，使美国保持在人工智能领域的世界领导者地位。

2）开发人机协作的有效方法

大部分人工智能系统将与人类合作以达到最佳绩效，而非代替人类。通过寻求具备人类感知能力的人工智能新算法、开发用于人类机能增进的人工智能技术、开发数据可视化和人机界面技术、开发更有效的自然语言处理系统等，实现人类和人工智能系统之间的有效交互。

3）理解和应对人工智能的伦理、法律和社会影响

研究理解人工智能的伦理、法律和社会影响，以期所有人工智能技术都能遵循与人类相同的正式与非正式道德标准。

4）确保人工智能系统的安全性

通过改进可解释性和透明度、建立信任、增强校验和验证、防攻击的安全策略、实现人工智能自演化中的安全性和价值一致性等，应对人工智能系统所存在的威胁，设计出可靠、可依赖、可信任的系统。

5）开发人工智能共享数据集和测试环境平台

公开数据资源的深度、质量和准确度将极大地影响人工智能的性能。研究人员需要开发高质量数据集和环境，具体包括：为多类型的人工智能应用开发充足的可用数据集、使培训和测试资源适应商业和公共利益、开发开源软件库和工具集等。

6）建立标准和基准评估人工智能技术

基于标准、基准、试验平台和社会参与，指导及评估人工智能的进展，具体工作包括：研制一系列人工智能标准、建立人工智能技术基准、提升人工智能实验平台的可用性等。

7）更好地把握国家人工智能研发人才需求

人工智能的发展需要一支强劲的人工智能研究人员团体。要更好地了解目前和将来人工智能研发对人才的需要，以确保有足够的专家参与人工智能研发。

2. 美国启动"国家机器人计划"

2011年6月24日，美国时任总统奥巴马宣布启动"先进制造伙伴关系"研究计划，其中一部分为"国家机器人计划"（National Robotics Initiative，NRI）。美国国家科学基金会（National Science Foundation，NSF）将作为领头单位，联合美国国立卫生研究院（National Institutes of Health，NIH）、美国国家航空航天局（National Aeronautics and Space

Administration，NASA）和农业部（United States Department of Agriculture，USDA）三大机构共同开展这一跨机构的计划，第一年预计投入 4000 万～5000 万美元（NSF，2011）。

1）计划的目标

NRI 的目标是开发下一代机器人，提高机器人系统的性能和可用性，鼓励现有和新的研究团体重点关注创新的应用领域。它将解决机器人整个生命周期的相关问题，从基础研发到产业制造和部署。NRI 大力鼓励学术界、产业界、非营利组织和其他机构的合作，以在基础科技研究、部署和利用方面建立更密切的联系。

为帮助实现这些目标，NRI 力图做到以下几点。

（1）开展机器人科学与技术的基础研究，支持机器识别、人-机器人互动、感知以及与智能机器人相关的其他学科的基础研究。

（2）建立开放系统机器人架构，构建通用的硬件与软件平台。

（3）创建软件、硬件和数据仓库，以鼓励研究成果的共享和软硬件开发工作的协调，并创建实现云机器人的网络基础设施。数据应包括针对算法和系统的通用性能的标准测试集和规范，以鼓励使用符合特定领域需求的指标。

（4）资助多方面合作开展的项目，包括核心技术领域的学术和产业科学家、应用领域的专家、教育人员、社会人文和经济学科学家。

（5）深刻理解智能机器人对所有人类活动领域可能产生的长期社会、行为和经济意义。

（6）创建用于集成、测试、示范和评估多项目成果产出的测试床。

（7）在所资助的项目间建立竞争机制，优化项目。

（8）总结利用机器人来推动理工科学习的经验。

2）研究指南

（1）广泛领域的研究与特殊研究。为使新的智能机器人系统更加灵活、足智多谋，并能实时利用现实世界数据，人类认知、感知和行为方面的研究至关重要。因此，此类项目尤其需要人文和社会科学、教育、计算机科学与工程领域人员的跨学科参与。相关研究包括：能从以往经验中吸取教训并整合推理、感知、语言能力的问题解决框架；整合推理、概率等不同方法的混合架构；认知优化、安全和柔软结构、人类认知、感知、交流的计算模型；认知预测等。

各资助机构需要的特殊研究：《NASA 空间技术路线图》对 NASA 所需的机器人关键技术作了详细的阐述，包括感应与感知、移动性、操作性、人与系统的互动、自动化、系统工程。NIH 支持机器人在手术、医疗干预、假肢、康复、行为治疗、个性化护理和提高健康水平方面的应用。最大的挑战在于解决安全问题，尤其是用于家庭、手术环境中的安全问题。USDA 鼓励可提高食品生产、处理和分配的机器人研究、应用和教育，以使消费者和农村群体从中受益。USDA 尤其关注以下主题的项目：高通量机器人技术，多代理命令、协作和通信。

（2）测试床和应用。NRI 支持智能机器人测试床和技术测试、示范以及验证。相关活动包括：提高现有和未来智能机器人系统功能的应用，为其开发和评估提供新的概念和工具；用于特定知识领域和团体（制造、国防、医疗、农业、辅助技术等）的专业智能机器人应用。

（3）为 K-16 教育规划测试床和应用。为探索机器人研究工作和测试床对美国幼儿到大学教育过程可能产生的作用，NSF 将为此类规划、研究和原型建立项目提供小规模的支持。

相关活动包括：设计创新的机器人技术，将其作为工具推动在正式和非正式学习环境中的理工科学习；进一步探索利用智能机器人系统支持个性化学习等。

（4）基础设施需求和支持。这主要包括两部分：一是软件和机器人操作系统的共享计划，即项目申请必须包括有关利用和共享软件与机器人操作系统的宣传计划，并制定详细的时间进度；二是支持通用机器人平台，即申请人可以申请一定的经费，以获取开展其研究、开发和教育活动所需的通用机器人平台。

3. 美国 NSF 发布 NRI-2.0 项目指南

继美国于 2011 年启动的 NRI 后，NSF 于 2016 年 11 月发布了"第二版国家机器人计划"（NRI-2.0）项目指南（NSF，2016），旨在实现泛在协作机器人的愿景，使机器人如同现有的汽车、计算机和手机一样成为常见之物。除 NSF 外，参与该 NRI-2.0 计划的其他联邦机构还包括 USDA、DOE 和 DOD。

NRI-2.0 项目将以基础科学、方法、技术和集成系统等为研究重点，拓展 NRI 协作机器人概念，从规模和类型两方面促进协作式交互。一项创新的考虑是：协作机器人团队，即若干协作式机器人与若干人员合作。协作机器人团队将不仅通过数据传输，还可通过物理和情感渠道来促进通信。此外，还应能容易地实现机器人定制化和个性化。硬件与软件都应使机器人适用于各种任务、各种场景以及各类人群。最后，泛在协作机器人还可能将一些社会、经济、伦理和法律问题引至风口浪尖。该项目鼓励针对机器人对人类工作、社会组织、生活与工作质量等方面社会与经济影响的基础研究。

NRI-2.0 项目的主要研究主题包括以下六大方面。

1）协作

（1）实现机器人与其他多代理（agents）实体之间的有效合作与协调；

（2）使机器人系统以分布式方式理解、行动、计划和学习；

（3）使机器人能从直接经验、人群、其他机器人和数字化媒体中有效地学习；

（4）使机器人能向其他多代理实体发出通知和指令。

2）交互

（1）实现与新手用户的自然交互，包括利用语言和肢体沟通等；

（2）实现与专家的有效交互，包括通过远程操作等；

（3）使机器人能可靠地识别和预测他人的行为和活动；

（4）研究机器人的社交智能，包括利用情感模型、观点采纳和共同注意力等；

（5）研究与泛在协作机器人相关的信任问题。

3）可扩展性

（1）研究可简易化定制的机器人，用于各种场景、各类任务；

（2）研究可简易实现的个性化机器人，用于与各类人群的交互；

（3）研究可组合的硬件或软件，支持开发泛在协作机器人；

（4）研究方法以管理机器人产生/处理的数据，尤其是代理实体之间的共享数据；

（5）研究硬件和软件方法，以数量级方式大幅地提升非故障平均时长。

4）物理体现

（1）研究用于促进泛在交互和协作机器人内在安全的设计与材料，如柔性机器人；

（2）促进物理合作，包括对等网络、合作操控和人类机能增强等；

（3）研究物理信息收集、传感模态、合作与分布式感知等；

（4）研究交替的人机通信模态（包括声音、姿势、视觉、行动、触觉等），增强团队成员之间的合作。

5）降低准入门槛

（1）研究用于机器人的创新编程语言/范式；

（2）针对软件、硬件与系统，开发健壮的、易于使用的基础设施；

（3）开发相关技术以促进打造可共享的物理试验床，使现有试验床更易于被社区公众使用；

（4）开发可共享的资源，如软件和数据。

6）社会影响

（1）研究泛在协作机器人对社会与经济平等性的影响；

（2）研究所需的经济与管理政策；

（3）研究泛在协作机器人相关的伦理和法律问题；

（4）研究与团队整合、合作伙伴、人机协作培训等相关的问题；

（5）在教育领域，创新地使用协作机器人。

10.3.2.2　日本《机器人新战略》与超智能社会

1. 日本发布《机器人新战略》

2015 年 1 月，日本国家机器人革命推进小组发布《机器人新战略》（闫海防，2015），拟通过实施五年行动计划和六大重要举措达成三大战略目标，使日本实现机器人革命，以应对日益突出的老龄化、劳动人口减少、自然灾害频发等问题，提升日本制造业的国际竞争力，获取大数据时代的全球化竞争优势。主要内容如下所示。

1）对机器人未来发展的判断

机器人发展趋势。①自主化。机器人从被操纵作业向自主学习、自主作业方向发展。②信息化。机器人从被单向控制向自己存储、自己应用数据方向发展，像计算机、手机一样替代其他设备成为信息终端。③网络化。机器人从独立个体向相互联网、协同合作方向发展。

机器人革命。一是随着传感器、人工智能等技术进步，汽车、家电、手机、住宅等以往并未定义成机器人的物体也将机器人化；二是从工厂到日常生活，机器人将得到广泛应用；三是通过强化制造与服务领域机器人的国际竞争力，解决社会问题，产生新附加值，使人民生活更加便利、社会更加富有。

日本机器人的发展方向。一是易用性，在通用平台下，能够满足多种需求的模块化机器人将被大规模应用。以前机器人应用的主要领域是汽车、电子制造产业等，未来机器人将更多地应用于食品、化妆品、医药等产业，以及更广泛的制造领域、服务领域和中小企业。为此，未来要研发体积更小、应用更广泛、性价比较高的机器人。二是在机器人现有应用领域，要发展能够满足柔性制造的频繁切换工作部件简便的机器人。三是机器人供应商、系统集成商和用户之间的关系要重新调整。四是研制世界领先的自主化、信息化和网络化的机器人。五是机器人概念将发生变化。以往机器人要具备传感器、智能控制系统、驱动系统等三个要素，未来机器人可能仅有基于人工智能技术的智能/控制系统。

2）三大战略目标

一是使日本成为世界机器人创新基地。二是日本的机器人应用广度世界第一。三是日本迈向领先世界的机器人新时代。到2020年，要最大限度应用各种政策，扩大机器人研发投资，推进1000亿日元规模的机器人扶持项目。

3）六大重要举措

一是一体化推进创新环境建设。成立"机器人革命促进会"，负责产学政合作以及用户与厂商的对接、相关信息的采集与发布；起草日美自然灾害应对机器人共同开发的国际合作方案和国际标准化战略；制定管理制度改革提案和数据安全规则。同时，建设各种前沿机器人技术的实验环境，为未来形成创新基地创造条件。与日本科技创新推进小组合作制定科技创新整体战略。

二是加强人才队伍建设。通过系统集成商牵头运作实际项目和运用职业培训、职业资格制度来培育机器人系统集成、软件等技术人才；加大培养机器人生产线设计和应用人才；立足于中长期视角，制定大学和研究机构相关人才的培育；通过初、中等教育以及科技馆等社会设施，广泛普及机器人知识，让人们学会在日常生活中如何与机器人相处，理解机器人的工作原理，形成与机器人共同工作和生活的机器人文化。

三是关注下一代技术和标准。一是推进人工智能、模式识别、机构、驱动、控制、操作系统和中间件等方面的下一代技术研发，同时还要关注没有被现有机器人技术体系所纳入的领域中的创新。二是争取国际标准，并以此为依据来推进技术的实用化。

四是制定机器人应用领域的战略规划。制定到 2020 年制造业、服务业、医疗护理、基础设施、自然灾害应对、工程建设和农业等机器人应用领域未来 5 年的发展重点和目标，并逐项落实。此外，还有很多潜在的机器人应用领域，如娱乐和宇航领域等，未来也要制订相关行动计划。

五是推进机器人的应用。一是以系统集成为主，推进机器人的安装应用。二是鼓励各类企业参与，除了现有机器人厂商，中小企业、高科技企业和信息技术企业都可参与到机器人产业之中。三是机器人被广泛应用社会的管理制度改革，"机器人革命促进会"与日本制度改革推进小组合作制定人类与机器人协同工作所需的新规则。

六是确定数据驱动型社会的竞争策略。未来机器人将成为获取数据的关键设备，实现日本机器人随处可见，搭建从现实社会获取数据的平台，使日本获取大数据时代的全球化竞争优势。

4）五年发展计划

一是完成八项重点任务：成立机器人革命促进会、发展面向下一代技术、实施全球标准化战略、机器人现场测试环境建设、加强人才储备、推进制度改革、加大扶持力度和考虑举办机器人奥运会。

二是制定了制造业、服务业、医疗护理业、基础设施、自然灾害应对、工程建设、农业、林业、渔业和食品工业等应用领域未来 5 年的发展重点和预期目标。

2. 日本《第五期科学技术基本计划（2016—2020）》提出创建超智能社会

2016 年 1 月 22 日，日本政府发布了《第五期科学技术基本计划（2016—2020）》（日本内阁府，2016），面向 2016～2020 年确立了四大支柱：未来的产业创造与社会变革；解决经济与社会问题；加强基础竞争力；构建良好的人才、知识与资金循环系统。其中，针对未来的产业创造与社会变革，该计划提出要实现领先于世界的"超智能社会"（Society 5.0）。

该计划认为，随着 ICT 的发展以及网络化和物联网应用的深入，日本应最大限度地利用 ICT，融合网络空间与物理空间，致力于推动"Society 5.0"建设，率先实现领先于世界的"超智能社会"。

1）超智能社会的形态

超智能社会是指，只在必要的时间向必要的人提供必要的事物与服务，满足社会的多样化需求，克服年龄、性别、地域、语言等各种差异，使所有人都能享受高质量服务，过上舒适愉快的生活。

随着以实现超智能社会为目标的措施的实施与进展，除了能源、交通、制造、服务等系统将逐步融合外，在未来，人力资源、会计、法务等组织的管理功能，以及劳动力提供与思维创造等通过人类作业产生的价值也将融合，有望创造出更高的价值。此外，由于网络空间与现实世界的高度融合，利用网络攻击也会对现实世界造成严重灾难。因此，需要采取措施实现更高水平的安全，实现更高的企业价值与更强的国际竞争力。

2）必要的措施

创建超智能社会，需要多个异种系统的协作，以实现多样化数据的收集、分析和应用，不断催生新的价值与服务。然而，多系统协作的实现并非一朝一夕之功，应以能源价值链优化、全球环境信息平台构建、高效基础设施的维护与更新、能有效抵御自然灾害的社会、智能交通系统、新型制造系统、综合材料开发系统、社区护理系统的发展、待客系统、智能食物链系统、智能生产系统等 11 个领域为先，分步推进。同时，应分阶段构建各种服务均能适用的通用平台。此外，应从系统的设计阶段就纳入"安全设计"理念，确保系统安全。

基于上述考虑，日本应通过相关府省的合作及公私合作，推进"超智能社会服务平台"的构建。具体内容包括：实现能促进多系统间数据利用的接口和数据格式的标准化；推进全系统通用的高水平安全技术的开发与实施；通过相关举措和技术开发，使 3D 地图/定位数据、气象数据等国家通用基础设施系统提供的信息能在各系统间广泛使用；改进信息通信基础设施技术，以应对系统大规模化或复杂化问题；加强社会测量功能，以明确经济和社会所受影响及社会成本。此外，还应关注相关规章制度的制定与改革，以及高水平人才的培养。

3）基础技术开发

（1）创建"超智能社会服务平台"所必需的基础技术：网络安全技术、物联网系统构建技术、大数据分析技术、人工智能技术、设备技术、网络技术、边缘计算技术等。

（2）实现新价值创造的核心技术：机器人技术、传感器技术、执行器技术、生物技术、人机接口技术、材料/纳米技术、光量子技术等。

3. 日本《科学技术创新综合战略 2017》重点打造"Society 5.0"

2017 年 6 月 2 日，日本内阁发布《科学技术创新综合战略 2017》（日本内阁府，2017），在《第五期科学技术基本计划（2016—2020）》的基础上，确定了 2017～2018 年采取的重点措施，其中实现世界领先的"Society 5.0"是重中之重。实现"Society 5.0"，必须要先行切实推进 11 个对解决经济、社会问题而言非常重要的系统的开发。特别是从提高产业竞争力的角度出发，开发"先进道路交通系统""能源价值链优化""新型制造系统"等核心系统，构建有助于新价值创造的平台尤为重要。具体而言，应从下面五方面着眼，采取相应措施。

1）构建与活用数据库，使其成为创造新价值和新服务的基础

先行推进有助于价值创造的数据库构建，切实解决相应课题。利用个人、企业、大学与研究机构、国家与地方自治体等各自管理的数据库创造价值，实现实际应用和商业化。同时，在考虑个人信息与隐私保护的情况下，打造便于多样化海量数据收集、分析和传输的环境。

2）完善基础的平台支撑技术

一方面，加强网络空间相关技术研发，包括：涵盖大数据分析技术、物联网系统构建技术在内的人工智能相关技术、网络安全技术、器件技术、网络技术、边缘计算技术等的研发。尤其是，人工智能相关技术是实现"Society 5.0"的关键，开发世界领先的人工智能相关技术并迅速推进其在社会的应用至关重要。另一方面，加强物理空间相关技术的研发，包括：机器人技术、传感器技术、执行器技术、生物技术、人机接口技术。此外，作为能同时支持网络空间和物理空间相关技术开发的跨领域支撑技术，还应加强材料/纳米、光量子等基础技术研发。

3）推进知识产权战略和国际标准化

物联网等技术的突破不断催生出新的价值与服务，在此过程中，要确保日本企业在全球的竞争优势，确立以知识产权战略和国际标准化为主构成的"开放与封闭"战略并在全企业予以推行极其重要。因为，即使开发出先进技术，若不能与国际标准一致，也无法赢得市场。此外，为促进开放创新，必须要扩大和深化"开放与封闭"战略的对象。

4）促进规章体制改革和社会认可度

当伴随科技进展引入新产品和服务时，现有的法律制度可能阻碍新产品和服务的社会实施，因此有必要对规章制度进行改革。推进"Society 5.0"，达成社会共识是必不可缺的。为此，需要从多个角度探讨技术给经济社会带来的各种影响，并寻求设立能同时兼容创新和安全的制度。

5）促进人才培养和能力建设

要实现世界领先的"Society 5.0"，必须要培养和保障能引领必要基础技术发展的人才。尤其需要振兴跨领域的数理科学、计算科学技术和数据科学，并促进相关人才培养。此外，还应致力于培养能应对复杂网络威胁的网络安全人才，以及能利用物联网、机器人、人工智能等技术开创新业务的人才。

10.3.2.3　韩国未来创造科学部发布《大脑科学发展战略》

2016 年 5 月 30 日，韩国未来创造科学部发布《大脑科学发展战略》（李应齐，2016b），计划在 2023 年前发展成为脑研究新兴强国，预计未来 10 年内在脑研究方面总财政投入将达到 3400 亿韩元。

首先，韩国计划构建大脑地图，将之用于治疗脑部疾病并促进人工智能技术的发展。所谓大脑地图就是将大脑的构造与功能相联系并实现数字化与视觉化的数据库。通过大脑地图可以更便捷地了解到大脑特定部位的变化，有助于提高脑部疾病诊断的正确性，从而进行有针对性的治疗。在此基础上，韩国未来创造科学部将进一步开发针对不同年龄层人群的大脑疾病研究项目。具体包括：阿尔茨海默病、帕金森病等老年脑部疾病，忧郁症、成瘾症等青年心理障碍疾病，特别将在研究水平较低的自闭症与大脑发育障碍等儿童青少年疾病方面加大研究力度。此外，韩国未来创造科学部还将利用大脑地图进行机器臂控制技术等多样化的技术开发，以人类大脑运作原理为基础促进人工智能技术的研究。

10.3.2.4 法国发布人工智能战略

2017 年 3 月 21 日，法国政府发布人工智能战略（MESR，2017），目的是谋划法国未来人工智能的发展，使法国成为欧洲人工智能的领军者。

1. 战略主要内容

1）引导人工智能前沿技术研发，培育后备力量

（1）前沿研究。战略将涉及的人工智能研究方向大致划分如下：感知、人机互动、数据处理、语言理解、机器学习、解决问题、集体智能、强人工智能、社会伦理问题。具体建议包括：①发起人工智能长期资助计划；②发起人工智能＋X 计划：支持与另一相关领域的合作项目；③建设大型科研基础设施：同时具备大数据计算、数据库、法语语料库、软件库等功能；④新建法国人工智能中心；⑤促进企业与科学界的合作：将投资企业的部分经费用于支持与科研机构的合作，设立人工智能产业领军人才计划。

（2）人才培养。①向大众与决策者普及人工智能知识；②在中小学推行人工智能普及教育；③创造良好生态环境：针对由人工智能引发的新问题，鼓励法律、伦理、社会学等方面新工作岗位的产生；④提供技术支撑：创建全国法语数据资源等；⑤把人工智能应用于国家行政管理：在教研部设立教育技术创新中心。

2）促进人工智能技术向其他经济领域转化，充分创造经济价值

（1）技术转化。①设立技术转化项目与奖金；②设立国家人工智能公共服务项目；③建设数据、软件等资源集成与展示平台，建设自然语言自动处理、人机互动、智能对话系统等平台；④建成人工智能技术论证工具集；⑤设立投资基金，支持新创企业；⑥成立人工智能基金会，传播并讨论人工智能的研究成果、发展机会与潜在风险等。

（2）创新环境。①把人工智能纳入法国原有的创新战略与举措中；②根据领域和区域设立云数据共享平台；③向不同行业传播人工智能技术；④设项目发掘人工智能冷门研究方向的新创企业；⑤集合人工智能与大数据所有相关机构共同起草路线图等。

（3）智能汽车。发展智能决策与控制、智能环境感知、高精度地图及定位等重点

技术。

（4）金融投资。利用数据计算辅助决策，规避投资风险等。

3）结合经济、社会与国家安全问题考虑人工智能发展

（1）信息安全。开发法国与欧洲自己的集成软件平台、数据存储与处理平台、自动学习技术、网络安全平台等。

（2）经济社会影响。集合各界力量预见人工智能将对社会尤其是就业造成的影响。评估人工智能对现有工作任务的替代性等。

2. 战略实施重点

在战略的指导下，法国政府在 2017 年实施以下举措：①成立人工智能战略委员会；②法国将作为主要的协调国建议欧盟发起未来和新兴技术（Future and Emerging Technologies，FET）"人工智能"旗舰计划，计划资助额为 10 亿欧元；③在未来投资计划第 3 期的框架下发起人工智能优秀人才项目；④建设大型科研基础设施；⑤成立人工智能跨领域研究中心；⑥在政府已有的创新举措中，把人工智能逐步纳入优先领域；⑦鼓励法国公共投资银行、未来投资计划等投资人工智能领域新创企业，计划在 5 年内投资 10 家企业，每家资助 2500 万欧元；⑧要求汽车、服务、投资、健康与铁路行业在 2017 年底之前分别制定本领域的人工智能战略；⑨起草报告分析人工智能对就业的影响。

10.3.3　量子信息领域

10.3.3.1　美国推出国家级量子战略规划

1. 美国《推进量子信息科学：国家挑战与机遇》

2016 年 7 月，美国联邦政府公布 NSTC 完成的报告《推进量子信息科学：国家挑战与机遇》（NSTC，2016d）。NSTC 建议美国将量子信息科学作为联邦政府投资的优先事项，呼吁政产研通力合作，确保美国在该领域的领导地位，增强国家安全与经济竞争力。

1）NSTC 报告阐述量子信息科学的重要性

NSTC 报告指出，量子信息科学将开启测向和测量学、通信和模拟、量子计算等领域的全新技术前景。除了上述领域的技术发展与商业化应用，量子信息科学还能使人们更深入地理解自然世界和信息本质。量子信息科学被应用于诸多科学领域的实验和理论中，包括控制量子系统以实现精准测量，在生物和物理领域分别利用金刚石中的氮-空穴（nitrogen-vacancy）中心检测细胞内部和搜索暗物质，将量子纠缠、纠错、线路复杂性等量子信息概念用于理解时空以及探索黑洞等量子引力核心问题，量子信息的数学方法则越来越多地被用于解决算法、加密、纠错代码设计等经典计算机科学问题。

2）美国量子信息科学所面临的挑战及未来战略建议

（1）重大挑战。NSTC 报告指出，尽管美国在量子信息科学领域成果斐然，但仍面临一系列重大挑战。第一，研究机构内部及相互之间壁垒重重。目前美国大部分的量子信息科学研究都在现有机构内部展开。例如，美国 NSF 的多个独立部门分别资助多所高校以开展与量子信息科学相关的研究。下一阶段的量子信息科学发展中，沟通和合作至关重要。第二，缺乏量子信息科学领域的专业教育。目前，除物理系外，几乎没有其他院系深度讲解量子力学。量子信息科学并非仅涉及物理学，还与计算机科学、应用数学、电气工程、系统工程等领域息息相关。量子信息科学研发需要更多跨领域人才的加入。第三，量子信息科学面临技术与知识转移问题。一方面，缺乏统一的框架来支持研发，难以将实验室原型转化为商业化产品。另一方面，培养或匹配研发公司所需的专业型人才也是一大挑战。联邦机构将更加积极地促进技术转移，并与高校一起加强科学、技术、工程与数学领域的人才培养。第四，量子信息科学的发展受制于量子材料的制造能力。未来，美国将为研究团体提供更加便捷的方式以利用联邦设施设备，探索新材料与概念型设备，最终增强量子信息科学的理论与应用研究。第五，联邦政府资助不稳定，导致高校量子信息科学研究项目中断、专业人才转行或流失国外。NSTC 认为美国需提高研究资助的额度和稳定性。

（2）未来建议。NSTC 建议美国打造政产研通力合作基础，采用全政府（all-of-government）方法推进量子信息科学研究。具体包括：确立稳定且持续的核心项目，准确地把握新机会，或及时重组以应对障碍；制订有针对性、有限期的战略投资计划，实现具体的、可衡量的目标；持续密切地监控美国联邦政府量子信息科学领域投资所创造的成果，迅速调整项目并充分利用已有的技术突破。

2. 美国联邦机构量子信息科学资助项目一览

2016 年 7 月，美国联邦政府公布 NSTC 完成的报告《推进量子信息科学：国家挑战与机遇》。NSTC 报告梳理了美国联邦机构针对量子信息科学的资助现状与具体项目。

（1）美国联邦机构针对量子信息科学的资助现状。自量子信息科学兴起以来的二十多年，美国联邦机构一直对量子信息科学及相关领域给予大力支持，帮助美国科学家在该领域处于领先位置。目前，联邦政府机构针对量子信息科学基础与应用研究的年度资助额达到 2 亿美元。美国 DOD、NIST 和 NSF 主要负责支持基础研究，而美国国防高级研究计划局（Defense Advanced Research Projects Agency，DARPA）和情报高级研究计划局（Intelligence Advanced Research Projects Activity，IARPA）则负责支持一系列有针对性的应用研究。此外，美国 DOE 也于 2017 财年开展与量子信息科学相关的新项目，以更好地支撑 DOE 的机构目标。

（2）美国联邦机构在量子信息科学领域的具体资助项目如表 10-1 所示。

表 10-1　美国联邦机构对量子信息科学的具体资助项目

机构	项目名称	项目内容
DOD	跨学科高校研究计划	2011～2015 财年，国防部部长办公室资助了 12 项与量子信息科学领域相关的项目，重点关注国家安全应用，包括精准导航、精准计时和安全量子网络
	三军量子科学与工程项目	2016 财年，国防部部长办公室利用联合服务实验室的专业技能打造可扩展的量子网络原型，开发实际可用的量子存储器并验证网络之间的高密度传感器应用
	合作项目	2015～2020 财年，陆军研究实验室将联合政产研研究人员，共同打造多站点、多节点的模块化量子网络，以满足 DOD 未来的长远需求
		陆军研究办公室与马里兰大学将合作研究先进通信与计算机技术，包括量子计算
	量子辅助测向和读数项目	DARPA 开发能运行于标准量子极限的传感器
	Quiness 项目	DARPA 探索可实行高速率、远距离量子通信的新技术
	光学晶格模拟器项目	DARPA 模拟原子系统中量子材料的特性
	量子纠缠科学与技术项目	DARPA 探索创新方法以克服量子信息科学相关挑战
	光学探测根本限制项目	DARPA 探索新方法以实现光子检测器建模与构造方面的革命性进展和广泛应用
NIST	量子联合研究中心	2006 年，与马里兰大学合作建立联合量子研究所
		2014 年，与马里兰大学再次合作，建立量子信息与计算机科学联合中心
	研究资助项目	2016 财年，支持基于量子的传感器与测量
		2017 财年起，针对量子计算增加研究资助，支撑"国家战略性计算计划"
NSF	量子信息科学与革命计算项目	十多年来，NSF 物理部一直针对量子信息科学开展项目
	与量子信息科学相关的物理前沿中心	2008 年，NSF 资助位于联合量子研究所的物理前沿中心，开始探索多种方法以控制和处理量子相干与纠缠
		2011 年，另一家物理前沿中心——加州理工量子信息与物质研究所成立，重点关注量子信息、量子物质、量子光学和量子力学系统等
	研究资助项目	2016 财年，NSF 工程委员会将"推进工程学中的通信量子信息研究"作为研究与创新项目的一项新兴前沿主题
		2016 财年，量子信息技术被列入美国 NSF 小企业创新研究资助计划和小企业技术转移资助计划的推荐主题清单
		2016 财年，NSF 物理部将量子信息科学作为 2016 财年特殊项目之一，旨在促进合作，并通过"理论物理重点研究中心"培养更多的博士后人才
		2017 财年起，公布"量子信息科学中的连接"新项目，以进一步解决跨部门和委员会之间的研究资助问题
IARPA	逻辑量子比特项目	2015 年招标——从大量缺陷物理量子比特中打造逻辑量子比特，打破现有多位量子比特系统的局限
	量子增强优化项目	2016 年招标——利用量子效应改善量子退火解决方案
DOE	研讨会——针对能源相关技术的量子材料基础研究需求	2016 年 2 月，与科学团体合作，探索基于量子信息科学的方法，以期改善量子材料与结构合成，更好地理解物理科学实验中的技术理论
	核心项目	2017 财年起，探索量子模拟和计算方面的科学问题，重点打造测试床以供研究团体探索量子计算、研究应用数学与计算机科学问题、开发基础能源科学和高能物理所需的算法等

3. 美国《国家量子计划法案》及联邦机构资助项目

2018 年 6 月，美国众议院科学委员会通过《国家量子计划法案》（Congress，2018），将由总统发起未来 10 年国家量子行动计划，以加速和协调公私量子科学研究、标准制定和人才培养。白宫设立"国家量子协调办公室"，协调美国 DOE、NIST 以及 NSF 有关量子研究的政策与计划。9 月，美国 NSTC 发布《量子信息科学国家战略概述》，从量子信息科学优先方法、专业量子人才、量子产业发展、关键基础设施、国家安全与经济、国际合作等方面确定了对美国未来成功至关重要的关键政策机遇。同时，DOE 与 NSF 宣布拨款约 2.5 亿美元支持量子信息科学研究。

10.3.3.2 欧盟《量子宣言（草案）》与量子技术旗舰计划

2016 年 3 月，欧盟委员会发布《量子宣言（草案）》（European Commission，2016a），呼吁欧盟成员国及欧盟委员会发起资助额达 10 亿欧元的量子技术旗舰计划，并实现如下目标：①建立极具竞争性的欧洲量子产业，确保欧洲在未来全球产业蓝图中的领导地位；②增强欧洲在量子研究方面的科学领导力和卓越性；③面向量子技术的创新企业和投资，把欧洲打造为一个有活力和吸引力的区域；④充分利用量子技术进展，更好地解决能源、健康、安全和环境等领域的重大挑战。

《量子宣言（草案）》提出，欧洲旗舰计划应集合工程、科学、教育以及创新能力，充分释放量子技术的潜能。通过通信、模拟器、传感器和计算机这四方面的短中长期发展，实现原子量子时钟、量子传感器、城际量子链接、量子模拟器、量子互联网和泛在量子计算机等的重大应用。量子技术与应用的发展时间表如表 10-2 所示。

表 10-2　量子技术的短中长期目标

量子技术及发展目标	通信（城际量子链接、量子互联网）	模拟器（量子模拟器）	传感器（原子量子时钟、量子传感器）	计算机（量子计算机）
短期（5 年内）	量子中继器核心技术；安全的点到点量子链接	材料中电子运动的模拟器；针对量子模拟器和网络的新算法	针对医疗护理、地理调研和安全等新型应用的量子传感器；针对高频金融交易的时戳打造更准确的原子时钟	运行受纠错或拓扑学保护的逻辑量子位；针对量子计算机的新算法；能执行技术相关算法的小型量子处理器
中期（5～10 年）	远距离城市间的量子网络；量子信用卡	设计和开发新型复合材料；有关量子磁性和电流的多样化模拟器	针对汽车、建筑等大规模应用的量子传感器；手持量子导航设备	利用专业型量子计算机解决化学和材料科学难题
长期（10 年以上）	具有加密和监听检测功能的量子中继器；结合量子与传统通信的泛欧安全互联网	有关量子动力学和化学反应机制的模拟器，用以支持药物设计	基于重力传感器的重力成像设备；将量子传感器集成到消费者应用中（包括移动设备）	结合量子线路和低温传统控制硬件，超越传统计算机能力的通用量子计算机

2018 年 10 月 29 日，在欧盟理事会举行的一场高端活动中，总经费高达 10 亿欧元的量子技术旗舰计划正式启动（European Commission，2018）。该计划的长期愿景是在欧洲建设一个量子网络，通过量子通信网络连接起所有的量子计算机、模拟器与传感器。该旗

舰计划分为 5 个主要的研究领域开展：量子通信、量子计算、量子模拟、量子计量和传感、基础科学。前三年（2018 年 10 月至 2021 年 9 月）为计划初始阶段，将通过"地平线 2020"计划拨出 1.32 亿欧元，为 20 个项目提供支持。2021 年以后，预期将再资助 130 个项目，以覆盖从基础研究到产业化的整条量子价值链，并将研究人员与量子技术产业汇集到一起。首批获得资助的 20 个项目如表 10-3 所示。

表 10-3　量子技术旗舰计划首批资助项目

项目名称	所属类别	项目内容	经费/百万欧元
OpenSuperQ	量子计算	帮助欧洲公民使用最终的量子机器并通过引导的方式学习量子计算机编程	10.334
AQTION		开发一台基于离子阱技术的可扩展的欧洲量子计算机	9.587
MetaboliQs	量子计量与传感	利用室温金刚石量子动力学实现安全的多模式心脏成像，以改善心血管疾病的诊断	6.667
集成量子钟（iqClock）		利用量子技术促进超高精度和可负担的光学时钟发展	10.092
macQsimal		开发用于测量物理可观测量的量子传感器，造福于自动驾驶、医学成像等诸多领域	10.209
ASTERIQS		开发基于金刚石的高精度传感器，以定量测量磁场、电场、温度或压力等物理量	9.747
PASQuanS	量子模拟	开发远超现有先进技术和经典计算的下一代量子模拟平台	9.257
Qombs		创建一个基于超冷原子的量子模拟器平台，工程量子级联激光频率梳	9.335
UNIQORN	量子通信	旨在从制造到应用变革量子生态系统	9.979
QRANGE		推进量子随机数发生器（QRNG）技术发展，实现 QRNG 的广泛商业化应用	3.187
量子互联网联盟		创建一个量子互联网，能在地球上任意两地实现量子通信应用	10.406
CiViQ		开发可与现代加密技术结合的量子增强型物理层安全服务，实现空前的应用与服务	9.974
MicroQC	基础科学	创建一台可扩展量子计算机，在处理某些计算任务上优于最好的经典计算机	2.363
2D SIPC		探索基于 2D 材料的新的量子设备概念，这些材料能增强量子特性并带来新功能	2.976
PhoQUS		理解光量子流体并开发量子模拟用的新平台	2.999
QMiCS		创建量子架构以执行量子通信协议	2.999
S2QUIP		开发量子集成的光子电路，按需为终端用户提供量子信息载体，以便通过量子通信渠道与其他用户共享	2.999
SQUARE		创建一个面向量子计算、量子网络和量子通信的新平台，加强欧洲高科技产业	2.990
PhoG		基于具有工程损耗的集成波导网络，提供紧凑、通用、确定的量子光源，并开发其在计量和其他量子技术任务中的应用	2.761
QFLAG	协调与支撑行动	以量子支撑行动的工作为基础，支持量子技术旗舰计划的治理并监督其进程，协调利益相关方，创造条件来促进创新、教育与培训	3.478

10.3.3.3　英国发布《国家量子技术战略》与路线图

1. 英国《国家量子技术战略》

2015 年 3 月 23 日，英国技术战略委员会、工程与自然科学研究理事会（Engineering and Physical Sciences Research Council，EPSRC）发布了《国家量子技术战略》（GOV.UK，2015a）。该战略是由量子技术战略咨询委员会起草的文件，旨在创建一个由政府、产业界、学术界组成的量子技术联盟，使英国在新兴的数十亿英镑的量子技术市场中占据领导地位，显著提高英国产业的价值。

量子技术将对金融、国防、航空航天、能源和通信等行业产生深远的影响，以无法预测的方式变革成像和计算技术。该战略就充分利用量子技术的卓越潜力指出了五项行动计划，并提供了相应的行动建议，如表 10-4 所示。此外，该战略报告还指出了未来量子技术的商业应用发展情况，如表 10-5 所示。

表 10-4　《国家量子技术战略》所提出的行动计划与建议

行动计划	行动建议
奠定英国坚固的能力基础	为学术界、产业界和其他合作伙伴提供 10 年的项目支持，共同促进量子技术生态系统的发展
	持续投资量子研究基地和设施
	允许产业界使用先进的高校设施
推动技术应用并挖掘市场机遇	通过路线图制定和示范来激励私有投资，支持新兴量子技术的早期采用者
培养专业的量子技术人才	支持高技能人才的培养，以满足未来产业的需求
	支持人才和创意在学术界、产业界和政府机构间的自由流动
创建合理的社会与规范环境	推动有效的规范、标准和一流的创新
通过国际协作实现英国效益的最大化	维持英国作为量子器件、元件、系统全球供应商的竞争优势，继续英国在量子技术发展中的领导地位

表 10-5　未来量子技术的商业应用发展情况

商业原型的预期实现时间					
5 年	10 年	15 年	20 年	25 年	30 年
全球 1400 多家量子技术研究组中的实验设备					
	紧凑的原子钟				
	低成本气体检测				
	非破坏性生物显微镜				
		具有 GPS 类似精度的抗干扰水下导航			
		诸如环境检测和地震预测的空间应用			
		面向土木工程的地下设施和空洞检测			
		医疗诊断、心脏和大脑			

续表

商业原型的预期实现时间					
5 年	10 年	15 年	20 年	25 年	30 年
		无 GPS 的军用车辆导航			
		更安全、更好的地下/矿业导航			
		量子保护自动取款机			
		个性化和专业化导航设备			
		改善的军用光学和热成像技术			
		面向高价值问题的大型量子计算系统			
				针对棘手问题的个性化量子计算系统	
					针对高性能、低功耗消费类计算的量子协同处理器

2. 《英国量子技术路线图》

2015 年 10 月 26 日，作为英国国家量子技术战略的后续，"创新英国"（Innovate UK）组织（原英国技术战略委员会）发布了《英国量子技术路线图》（GOV.UK，2015b），以求引导英国未来 20 年量子技术研发工作与投资。

路线图分析了各类量子技术可能实现商业化的时间，包括以下几方面。

（1）短期（0～5 年）：量子系统组件、量子钟、非医学成像技术（电磁、重力影像仪，单光子成像）、量子安全通信（点对点安全通信）。

（2）中期（6～10 年）：医学成像技术、导航（高精度惯性导航）、第二代组件（固态、小型化、自给式量子器件，如加速度计）。

（3）长期（10 年以上）：量子安全通信（复杂网络通信）、消费品中的量子技术、量子计算。

路线图将以上 10 组技术归纳为 7 项重要的量子技术并制定了相应的路线图，具体内容见表 10-6。

表 10-6　具体的重点领域路线图

领域	机遇	任务	实现时间/年	年度市场价值/英镑
量子组件技术	量子组件将从一次性定制零件发展为多用途的高性能器件，促进大规模制造，带来高质量组件并降低成本。可能实现商业化的组件包括微型振荡器、高精度加速度计/重力仪、量子随机数发生器、高精度陀螺仪、量子通信相关模块、组件子系统等	为全球量子技术研究团体提供实验室设备和研究工艺设备	0～5	1000 万～1 亿
		为各种衍生应用提供组件	0～20	1000 万～1 亿
		为量子技术产业发展提供组件和工艺设备	5～20	1000 万～1 亿
		组装独立的原子芯片及冷原子传感器形成实用产品	10～15	1000 万～1 亿

续表

领域	机遇	任务	实现时间/年	年度市场价值/英镑
原子钟	未来5年有望出现下一代原子钟与安全量子通信系统，实现国防、电信、金融产业用的精准定时与导航器件。未来5~10年可能开发出冷原子或晶格钟，量子定时器件将产生1亿英镑的市场	将英国的原子钟做成一个紧凑的电子模块	3~5	1000万~1亿
		英国原子钟作为电子组件达到现行国家标准要求的准确度	5~10	1000万~1亿
		制成紧凑低能耗的模块，为电信、金融和能源行业提供计时	5~10	≤1000万
量子传感器	未来10年，量子引力场和梯度传感器将得到发展。长期来看，量子传感器可用于神经科学，实现更高精度的体外信号测量，并更好地控制噪声和解释信号。量子磁感器早期可用于计算机游戏中的手势识别	应用于国防的空隙探测和重力成像	3~10	≤1000万
		太空量子传感器（用于环境监测、冰山监测、地震预报等）	5~10	1000万~1亿
		用于民用工程、油气行业的空隙探测和重力成像	10~15	≤1000万
		用于国防作战的远距离全面密度制图	10~20	1000万~1亿
		针对大众消费应用的芯片设备	15~20	>1亿
量子惯性传感器	量子惯性测量单元（IMU）将在未来5~10年出现并提供优于现有IMU数千倍的性能，取代GPS导航。2018~2030年，新型量子导航系统可用于潜水器和机器人的精准导航及卫星导航系统无法使用的地方	达到GPS同等精度的水下抗干扰导航系统	5~10	≤1000万
		没有GPS时的军用车辆导航	10~15	1000万~1亿
		在采矿和挖掘时保证更高精度和更安全的地下导航系统	10~15	1000万~1亿
		量子无人水下航行器	10~15	1000万~1亿
		量子建筑物内导航设备	10~20	1000万~1亿
		多种消费应用：汽车导航、手机、电子地图显示和信息系统	10~20	>1亿
量子通信	量子安全公钥加密依赖于数学假设以及基于量子技术的密钥分发，适当地混合这两类加密方法有望确保当前通信的安全，并在未来实现对敏感数据传输的保护。长期来看，利用光量子中继器或卫星可能实现全球量子通信	量子密钥点对点连接	5~10	1000万~1亿
		量子密钥网络	5~15	≤1000万
		量子密钥自动取款机（任意空间安全链接）	10~15	1000万~1亿
		量子密钥卫星通信	10~15	1000万~1亿
量子增强影像	5年内有望应用于面向国防和环境监控的显微镜和望远镜等科学设备，一旦获得监管机构批准，还有可能在5~10年内应用于医学成像设备	用于气体检测的非量子手持光谱设备（低成本、高稳定性激光光源）	3~10	≤1000万
		非破坏性的生物显微镜	3~10	≤1000万
		对心和脑功能的医学诊断	5~20	1000万~1亿
		改进的军用光学和热成像	10~20	1000万~1亿
量子计算机	提供了一种全新的、更强大的方法来解决传统计算机难以解决的问题或大规模挑战，但具体商业化普及尚需10~20年。此外，需要一定程度的标准化	解决量子计算机中的重要棘手问题	5~25	1000万~1亿
		针对高价值问题的量子云计算服务	10~20	1000万~1亿
		高性能、低功耗的家庭计算	20~25	>1亿

为推动量子技术发展，该路线图还确定了五大核心主题：促进应用并创造市场机遇；创建坚实的科研基础与能力；培养量子技术领域技能娴熟的劳动力；打造合适的社会与监管环境；通过国际合作使英国最大限度地获益

10.3.3.4 日本前瞻未来量子科学技术的重点发展方向

2017年2月13日，日本文部科学省基础前沿研究会下属的量子科技委员会发表了《关于量子科学技术的最新推动方向》的中期报告（日本文部科学省，2017），提出了日本未来在

该领域应重点发展的方向。量子科学技术在物联网、人工智能、健康医疗、自动驾驶等方面有广泛应用，尤其对于日本实现近年来提出的"Society 5.0"和建设健康长寿社会有重要价值。

1. 量子信息处理和通信

（1）量子计算。主要包括超导量子比特、自旋量子比特、量子退火等技术。日本学者在超导量子比特、自旋量子比特等事关量子计算的关键性技术方面提出了具有原创性的理论；应发挥日本在物理学、材料学方面的长期优势，在超导量子比特、自旋量子比特的集成化方面，重点发展与电子回路设计、格式化、过程化相关的半导体技术和光技术；将量子计算应用于实现最优化组合，如物联网时代物流和资源的配比、人工智能方面的信息处理等。

（2）量子模拟。主要包括冷却原子、分子的量子模拟器技术等。日本应发挥在量子理论、强关联电子体系、光技术等方面的优势，模拟非恒定状态下的时间发展状态、玻璃或液体等不规则物质；在光晶时钟和相干控制领域，发展并灵活运用冷却原子、分子的量子模拟器技术；继续保持日本在光学因子和玻璃加工、电子工学等领域的高水平制造技术。

（3）量子通信与密码。主要包括量子通信与量子密码等。量子通信与密码建立在信息理论、光网络、无线网络等多领域技术交叉融合的基础之上，日本已经着手基础理论方面研究，有望在未来占据优势，必须重视近年来出现的新理念，培养具有交叉学科背景的综合人才；在量子中继所必需的装置集成化方面，日本可发挥在半导体、金刚石结晶生长技术等方面的优势，发展量子装置技术成为日本新的优势领域。

2. 量子测量、传感器和影像技术

（1）固体量子传感器。固体传感器技术在物联网、日本提出的"Society 5.0"时代、健康长寿社会有重要意义，尤其在医疗、能源、制造等方面得到广泛应用，而日本当前关于固体量子传感器的研究并不多，应得到特别重视。日本在研究固体传感器技术时，在原材料方面依赖海外国家，应大力开展国际共同研究。

（2）量子纠缠光。量子纠缠光指运用量子纠缠光，研发不受恶劣气象和逆光条件的量子雷达照相机，即使有水分也不影响解析能力的光学相干层析成像技术。量子纠缠光技术在医疗领域的视网膜疾病早期诊断、自动驾驶方面实现准确判断和操控具有重要意义，有助于日本实现高度自动化的"Society 5.0"和健康长寿社会。当前日本在应用量子纠缠光的生物影像技术方面已经走在世界前列，并成功研制世界首台量子纠缠光显微镜，然而在量子雷达照相机方面的研究力量较少。日本应发挥光学传统优势，加强物理学与生物学交叉融合方面的研究。

（3）光晶格钟。光晶格钟指运用了激光束技术的时钟，将使测量"时空弯曲"成为可能，涉及量子惯性传感器和共通性基础技术等。光晶格钟在基础研究方面使测量"时空弯曲"成为可能，在应用方面对于测量地形、海底地壳变动、岩浆等地震和火山相关研究有重要价值。日本的光晶格钟精度已经走在世界前列，今后有望为国际学术界重新定义秒的定义、在探索火山地震方面实现新突破。

3. 最尖端光电和激光技术

（1）极短脉冲激光器。毫微微秒级的脉冲激光器在近十年间逐渐小型化、商业化，使将来追踪分子运动成为可能。可用于探索光合成等化学反应的机理、分析材料特性，通过控制电子状态开发高性能电池、超高密度的磁场装置等。目前日本在该领域的部分关键技术处于优势地位，尤其在相干控制的研究方面处于领先，未来有望实现突破。

（2）功率激光器。功率激光器技术可用于制造具备新的物理性质和特性的新材料，在产业创新方面被寄予厚望。另外，功率激光器技术可用来驱动生成类似行星内部或核聚变等高密度、高能量的极限状态，在地球行星物理学领域、核聚变工程学等方面有广泛的应用，是一种能够加速获取新发现的工具。目前，日本在应用于高性能激光器的陶瓷和高耐强度的光子技术方面处于优势，应发挥光子器件技术方面的优势，实现世界最稳定的激光电子加速。

（3）产业化技术。在人工智能、物联网时代，研发应用于集成电路极精细加工的极紫外光刻技术。通过信息物理系统的高品位、节能型射线加工技术，革新材料业和装备制造业。目前，日本在加工用激光器方面的 CO_2 激光器、光刻激光器方面拥有一定竞争力，但是在纤维激光器方面落后美国和德国。在高品位加工方面，日本应重视短波和短脉冲激光器的研发，选择适宜的原材料以确保技术优势。

10.3.4 大数据领域

10.3.4.1 美国"大数据研发计划"与战略

1. 美国启动"大数据研发计划"

2012 年 3 月 29 日，美国总统奥巴马宣布启动"大数据研发计划"，旨在提高从海量数据中提取知识和观点的能力，从而加快科学与工程发现的步伐，加强美国的安全，实现教育与学习的转变（NITRD，2012）。这项计划是对 2011 年美国总统科学技术顾问委员会所提建议的回应，也是 2011 年美国 NITRD 计划设立的"大数据研发高级指导小组"研究工作的体现。

白宫科学技术政策办公室的主管指出，"过去在信息技术研发方面的联合投资推动了超级计算机和互联网的创建，而'大数据研发计划'有望使我们利用大数据进行科学发现、环境和生物医学研究、教育以及保护国家安全的能力发生变革"。美国多家联邦机构开展多个项目，以解决大数据带来的挑战。而为启动大数据研发计划，以美国 NSF 为首的六大联邦机构宣布投资超过 2 亿美元资助新项目的研发。这是联邦机构对该计划的首轮资助，包括以下项目。

1）NSF 与 NIH

两机构联合招标的"促进大数据科学与工程的核心技术"项目将促进对大规模数据集进行管理、分析、可视化并从中抽取有用信息的核心科学技术的发展。NIH 尤其关注与医疗和疾病有关的分子、化学、行为、临床等数据集。

2）NSF

NSF 实施了一项全面的长期战略，包括从数据中获取知识的新方法、管理数据的基础设施、教育和队伍建设的新途径，尤其注意以下几点。

（1）鼓励科研院校开展跨学科的研究生课程，以培养下一代数据科学家和工程师；

（2）向加利福尼亚大学伯克利分校提供 1000 万美元的资助，将机器学习、云计算、众包这三种方法整合起来，用于将数据转变为信息；

（3）为"EarthCube"提供首轮资助，使地学家可以访问、分析和共享地球信息；

（4）向一个培训小组分配 200 万美元，使本科生能在利用图形和可视化技术处理复杂数据方面获得培训；

（5）向一个由统计学家和生物学家组成的科研小组提供 140 万美元的资助，以确定蛋白质结构和生物学通路；

（6）召集跨学科的研究人员以确定大数据如何改变教学。

3）DOD

DOD 每年投资 2.5 亿美元（其中 6000 万元用于新的研究项目）资助开展以下研究：

（1）"数据到决策"：开发计算技术和软件工具，以分析那些与动态推理和推理机相连的海量数据（包括表格等半结构化数据和文本等非结构化数据）；

（2）自动化：利用"数据到决策"取得的进展来开发相关的支持工具，这些工具能够识别趋势、适应现实世界的条件，并不依赖于人类的干预而在复杂的动态环境中成功运行；

（3）人机系统：促进人机接口的发展，以实现运行和培训方面的无缝合作。

此外，美国 DARPA 开始启动"XDATA 项目"，拟在未来四年每年投资 2500 万美元，开发分析大规模数据的计算技术和软件工具。项目拟解决的中心挑战包括：①开发可升级的算法，以处理分布式数据仓库中的不完全的数据；②创建有效的人机互动工具，其可以根据不同的任务进行轻松定制；

XDATA 项目支持开源软件工具包，为用户提供可在多种环境中进行大规模数据处理的灵活的软件。

4）NIH

NIH 的千人基因组计划数据集将通过亚马逊网络服务免费对外开放。这些数据总量达到 200 TB，是世界上最大的人类基因变异数据集。

5）DOE

DOE 将提供 2500 万美元的资助，建立"可扩展的数据管理、分析和可视化研究所"。该研究所汇集美国 6 个国家实验室和 7 所大学的专家，开发新的工具帮助科学家管理和可视化来自 DOE 超级计算机的数据。

6）地质调查局

来自地质调查局的约翰·韦斯利·鲍威尔分析与集成中心启动了 8 个新的研究项目，以将地球科学理论的大数据集转变为科学发现。

2. 美国大数据研发进展及新的大数据合作计划

2013 年 11 月 12 日，美国白宫、NITRD、OSTP 资助举办了名为"数据到知识到行动"的会议。会议总结了自 2012 年美国"大数据研发计划"启动以来各联邦机构所取得的重要进展情况，介绍了数十家公私机构在大数据方面的新合作计划。

1）联邦机构的大数据计划进展情况

2012 年，美国奥巴马政府宣布了一系列支持"大数据研发计划"的投资，其中各大联邦机构取得以下值得关注的进展。

（1）NSF 与 DARPA。NSF 资助了金额为 1000 万美元的"计算探险"计划，DARPA 支持加利福尼亚大学伯克利分校开展了名为"算法、机器与人实验室"的 XDATA 项目研究。该实验室中的基因项目已经开发了 SNAP 比对算法，将每个基因组的处理成本从 200 美元降至 5 美元。"算法、机器与人实验室"也创建了一个创新的合作应用程序"Carat"，其通过利用机器学习技术来提高智能电话电池的寿命。

（2）DOE。DOE 科学办公室斥资 2500 万美元建立了"可扩展的数据管理、分析和可视化研究所"。该研究所已经在数据管理和对大规模复杂数据集的索引技术方面取得若干重大进展，比如在气候数据领域，这些技术将季节飓风预测的精确度提高了 25%。

（3）NASA。NASA 对以大数据管理和数据挖掘算法为重点的数据与信息管理系统研发投资了 900 万美元，开发了多个技术平台，包括一个进行数据模型验证的 Apache Open Climate 工作台、一个对卫星雷达数据进行处理和挖掘的 Amazon Web Services 云合作环境，以及气候模型输出数据分析的并行网络服务。

（4）NIH。NIH 的"从大数据到知识发现"项目研究新的方法、标准、工具和软件等，以使生物医学科学家能够更充分地利用研究团体产生的大数据。比如 NIH 资助的"癌症基因地图集"项目利用大规模基因数据集来描述 20 多种癌症的基因变化，他们发现乳癌和卵巢癌具有基因组相似性，对于这些疾病的治疗具有重要的意义。研究人员也在利用大数据来使患者从临床试验中受益。NIH 的"心血管研究网络"收集分析了最大规模心房颤动患者群（3.4 万人）的数据，提出并验证了一种新的中风风险记分方式，其优于其他记分方式。

2）公私机构开展的新的大数据合作计划

大数据公私合作计划分为七类，其中的部分项目如下。

（1）增加患者的自主权，治疗疾病，拯救生命。①构建虚拟临床试验。临床试验对癌症研究功不可没，但只有 30%的癌症患者参与了临床试验。美国临床肿瘤学会旨在通过 CancerLinQ 解决这一问题。CancerLinQ 是一个为期五年、金额达 8000 万美元的学习计算机网络项目，它将分析大量的患者信息，为医疗专家和患者提供实时的反馈和指导，帮助提高所有癌症患者的医疗质量。②提高临床试验的可获取性。超过一半的患者有兴趣参加临床试验，但近一半的临床试验未能实现其招聘目标。研究人员将提供一个新的平台来改进患者对临床试验信息的获取。该平台将加强现有的 clinicaltrials.gov 网站，提供更详细和对患者友好的可参加的临床试验信息，并嵌入一个机器可读的"目标健康文件"来提高医疗软件将个人医疗文件与适当临床试验匹配起来的能力。③创建虚拟数据中心，以降低医疗数据共享的成本和提高安全性。美国医疗保险和医疗补助服务中心投资 1300 万美元建立"虚拟研究数据中心"，以制定一种安全和有效的机制，使研究人员能够虚拟访问数据，并在虚拟环境中分析和操控数据。④OSTP 启动利用大数据预测流行病的新计划。OSTP 的"预测下一个流行病计划"将建立一支研究团体，通过加强跨部门的合作和利用大数据来提前预测流行病的发生。

（2）经济增长。纽约市市长的数据分析办公室关注能够提高日常运作、帮助预防和应对灾害、支持经济增长的项目。

（3）支持地球、能源利用和环境。①开放地球空间数据。Amazon Web Services 和 NASA 通过地球科学合作共享网络 NASA 地球交换（NASA Earth Exchange，NEX）向公众开放有关地球的空间数据。这将促进科学研究众包网站 Zooniverse.org 等所推出项目的研发。②能源数据挑战赛。DOE 构建相关平台，使美国实现能源来源的多样化。DOE 首席信息官等资助"美国能源数据挑战赛"，鼓励公众开发使美国消费者能够更有效地利用数据的相关工具，并鼓励家庭与企业做出明智决策。③监控全球森林变化。Google 将与世界资源研究所开展"全球森林监察 2.0"（Global Forest Watch 2.0，GFW2.0）的研发工作。GFW2.0 是一个新的森林监测工具，其利用来自卫星图像、监测系统的数据和移动技术来提供近实时的世界森林信息。它还具备众包能力，使人们可以及时汇报森林砍伐事件的发生。Google 的地球引擎将管理这些卫星数据和科学分析数据。

（4）增强国家和世界的实力。①利用数据分析师解决社会挑战。许多高影响的社会组织拥有海量的数据，但缺乏资源来分析这些数据。互联网大数据科研组织 DataKind 与 Pivotal 合作，通过 Pivotal 数据科学家的自愿劳动和全球数据科学家的参与，解决社会面临的挑战。DataKind 还与 Medic Mobile 启动了一个新的项目，以更好地衡量该组织不同医疗计划的影响。②麻省理工学院（Massachusetts Institute of Technology，MIT）组织城市交通大数据挑战赛。MIT 的计算机科学与人工智能实验室组织大数据挑战赛，以激励科学家利用数据来解决社会重大问题。2013 年 10 月启动的首次 MIT 大数据挑战赛致力于利用出租车、社会媒体、天气等数据来预测波士顿的出租车需求等城市交通问题。

（5）促进核心技术。①NSF 促进先进数据分析研究。自"大数据研发计划"启动以来，NSF 已通过大数据核心技术、数据基础设施建筑模块项目投资了 6200 万美元，资助促进数据分析能力提高的项目。NSF 还投资 376 万美元以通过数据分析研究改进在线隐私政策，还拨款 2500 万美元建立了"大脑、思维和机器中心"。②官产学机构合作构建大数据性能基准测试标准。大数据 Top100 排行榜是一个新的、开放的大数据基准测试项目，得到圣迭戈超算中心、Cisco、IBM 等机构的协调。该项目启动了"大数据基准测试挑战赛"，以确定大数据基准测试和指标，创建有关应用性能与性价比的客观标准，促进该领域的竞争与创新。作为该项目的一部分，美国 NIST 已经资助圣迭戈超算中心研究不同的大数据战略。③SGI 利用超算解决数据挑战。SGI 公司已经创建了一个成本有效的高密度计算系统来管理高速数据，尤其是解决防止舞弊所需进行的高速监测、处理和分析问题。2013 年，SGI、FedCentric Technologies 与美国邮政总局合作，利用该系统来管理日常邮政业务。④"算法、机器与人实验室"发布开源软件。"算法、机器与人实验室"已发布开源 Spark 大数据分析系统，使数据科学家、开发人员和研究人员等能够免费使用该软件。作为伯克利数据分析栈的关键组成部分，Spark 比目前用于数据分析的 Hadoop Map Reduce 快 10～100 倍，正日益被所有类型的企业所利用。比如 Yahoo 已将 Spark SQL 接口用于其广告和数据平台，以提供个性化的用户体验。

（6）培养下一代数据科学家。①三所大学利用数据科学家促进科研。纽约大学、加利福尼亚大学伯克利分校、华盛顿大学已开展一项为期五年、金额达 3780 万美元的合作，将各专业领域的专家与数据科学家联合起来，加速数据科学的变革，促进科学发展与科学发现。②IBM 创建数据分析人才评估工具。IBM 开发首个在线"分析人才评估"工具，使大学生能够提高评估他们成为公私部门大数据分析职员的能力，帮助其获得进一步发展其能力的指导。该工具的重点是评价学生所具备的必要竞争力与特征，即评估其学生是否具备分析数据以及能利用其形成有效战略的能力。

（7）描述数据驱动社会的未来。①MIT 建立大数据隐私工作组。MIT 大数据计划于 2013 年 11 月建立了一个"大数据隐私工作组"，长期思考能够更好地理解和帮助确定保护与管理隐私的技术，尤其是大规模、多样化数据集得到收集与整合情况下的隐私保护技术。工作组将制定有关未来研究需求的路线图。②大数据、道德与社会委员会成立。在 NSF 的支持下，大数据、道德与社会委员会于 2014 年初成立，以研究大数据计划的关键社会与文化问题。

3. 美国 NITRD 计划发布《国家大数据研发计划（草案）》

美国 NITRD 计划于 2014 年 10 月发布《国家大数据研发计划（草案）》（NITRD，2014），主要内容如下：

（1）利用新兴的大数据基础、技术、流程和政策来塑造下一代能力；

（2）除支持必要的研发以从数据中挖掘知识外，还应强调理解数据和知识的可信度，从而更好地做出决策，实现突破性发现，并落实行动计划；

（3）提升大数据资源及网络基础设施的可获性和接入度，使各机构能达成任务目标，促进国家创新和获益；

（4）增强国家大数据教育与培训力度，以满足国家对分析型人才不断增加的需求量；

（5）在各部门及领域间建立新的合作伙伴关系；

（6）打造新的网关以实现机构间大数据思想与能力的内在联系与相互作用；

（7）确保访问和利用高价值数据资源的长久持续性。

4. 美国 NITRD 计划发布《国家大数据研发计划（草案）》反馈意见报告

在面向政企研各界利益相关方征求有关《国家大数据研发计划（草案）》的意见信息之后，2015 年 1 月 9 日，NITRD 计划发布了反馈意见的总结报告。NITRD 计划接收到 38 份来自 27 家利益相关方（包括产业机构、学术机构、国家实验室、非营利机构、社团及联盟）的反馈意见。针对前述的七项报告内容，利益相关方提出的相应意见如下：

（1）下一代能力：数据有效性、基础设施/硬件、测试床以及数据协同设计。

（2）数据-知识-行动：数据完整性、管理与保存。

（3）大数据资源可获性：增加共享与访问度、开放数据/开放云、工具（如软件）、用户友好性、数据移动与传输、远程访问以及身份资源。

（4）教育与培训：设立数据科学博士研究员职位、充分利用在线学习、在教学材料中增加领域相关的数据与软件、重新设计中学和高校的科学课程以纳入数据分析。

（5）新的合作伙伴关系：促进实验室之间和部门之间的协作、融合政府与社交媒体数据以提取信息、与国家研究理事会合作以开展公正的战略科学数据投资评估、与独立咨询公司合作以确定数据政策一致性、创建中心以培养公私协作、投资开源团体。

（6）数据持续性：针对网络基础设施提供长期资助、建立新的跨机构实体、加强机构资源间的数据生命周期管理。

（7）网关：建立网站以共享大型数据集和分析工具、以终端用户为核心、与数据中心协力展开部署。

此外，各利益相关方还提出了草案中应补充考虑的事项，具体如下：移动性、数据瓶颈、存储/处理和传输的能耗、元数据、分析工具开发的进度、经济价值、隐私以及数据迁移。

5. 美国发布"联邦大数据研发战略计划"

作为 2012 年推出的"大数据研发计划"的一个重大里程碑，2016 年 5 月 23 日，美国发布"联邦大数据研发战略计划"，旨在为在数据科学、数据密集型应用、大规模数据管理与分析领域开展和主持各项研发工作的联邦各机构提供一套相互关联的大数据研发战略，维持美国在数据科学和创新领域的竞争力。

该计划提出了以下七大战略：

（1）充分利用新兴的大数据基础和技术，创建新一代能力。不断增加对下一代大规模数据采集、管理和分析的投资，有助于各机构逐渐适应及管理规模和复杂性日增的数据，并利用这些数据创建全新的服务与功能。在新方法开发方面，计算与数据分析技术的进步将改进复杂数据处理、简化可扩展并行系统的编程；计算机科学、机器学习和统计学的发展将提升未来数据分析系统的灵活性和可预测性；社会计算研究将帮助人类协调计算机无法胜任的任务；新的数据交互和可视化技术将改善"人类-数据"接口。

（2）探索与理解数据及知识的可信度，实现突破性科学发现和更好地决策，开展有把握的行动。为确保源自大数据的信息和知识的可信度，需要开发合适的方法来捕获数据的不确定性并确保结果的可再现性和可复制性。提升数据驱动型决策的透明度需要开发相应的技术与工具，而对数据分析结果进行解释并由此采取适当行动可能需要人力的介入。

（3）创建并改善科研网络基础设施，实现大数据创新，为各机构完成其任务提供支持。需要制定一份协调的国家战略来确定对安全、先进的网络基础设施的需求，支持对海量数据包括物联网产生的大量实时数据流的处理与分析，并实现个人隐私保护。共享的基准、标准和指标对网络基础设施生态系统的良好运作至关重要。

（4）通过促进数据共享与管理的政策提升数据的价值。保证对更多数据的可持续访问，以实现数据的价值并最大化其影响。促进数据共享和相关基础设施的互操作性，可以提升现有数据的可获取性和价值，提高联合数据集分析能力。开发数据共享的最佳实践和标准以及能改善数据易用性和数据传输的新技术，可以提升资源使用效率。

（5）针对隐私、安全和伦理，理解大数据的收集、共享与使用。隐私、安全和伦理是大数据创新生态系统重点关注的问题。隐私关系到数据收集者和提供者如何看待和管理信息；安全涉及个人信息，其重点是数据保护；伦理方面，数据分析有可能导致差别对待并波及民事权利。应制定新的政策来保护隐私和明确数据所有权，开发数据安全评估技术与工具，以确保高度分布式网络中的数据安全。

（6）完善大数据教育与培训的国家布局，满足对高级分析人才的需求，并帮助更广泛人群具备分析能力。要满足对大数据人才日益增长的需求，需要制定综合性教育战略，确定数据科学家的核心教育需求，为下一代的数据科学家提供资金支持，壮大数据科学员工及研究人员的队伍。随着科学研究产生的数据日益增多，领域科学家需要通过与数据科学家合作、参与短期课程培训等进一步提升自身的数据科学技能。数据科学教育研究应探索数据素养的概念、课程模式，以及各阶层需要学习的数据科学技能。

（7）在国家大数据创新生态系统中建立各种联系并加强这些联系。建立可持续的机制，提高联邦各机构合作开展大数据研发的能力。可能的机制包括：创建跨机构测试床，帮助各机构合作开发新技术并将研发成果转化为创新能力；制定相关政策，实现快速、动态的跨机构数据共享；形成关注重大挑战应用的大数据"基准中心"，确定达成美国关键优先领域的目标所需的数据集、分析工具和互操作性。

10.3.4.2　欧盟大数据价值公私合作伙伴关系

2014 年 10 月 13 日，欧盟委员会联合欧洲数据业界、科研界和学术界建立合同制公私合作伙伴关系（contractual public-private partnerships，cPPP）——大数据价值公私合作伙伴关系（big data value PPP，BDV PPP），拟投资 25 亿欧元促进大数据研究与创新及相关社区建设，为繁荣欧洲的数据驱动型经济奠定基础。2016～2020 年，欧盟委员会将通过"地平线 2020"计划向 BDV PPP 投资逾 5 亿欧元，而私营行业合作伙伴的投资将超过 20 亿欧元。首批项目已于 2016 年末至 2017 年初启动。

BDV PPP 的管理由欧盟委员会和大数据价值协会（Big Data Value Association，BDVA）共同承担。BDVA 是一个由行业主导的非营利组织，其成员包括领先的欧洲企业和研发创新机构，包括数据提供者、数据用户、数据分析家及科研机构。2016 年 1 月，BDVA 公布了 BDV 战略研究与创新议程，确立了该计划的总体目标、主要的技术与非技术优先领域及研究与创新路线图，其中技术优先领域如下所示。

（1）数据管理。数据正在呈爆炸式增长，而数据管理方法与工具的发展却相对滞后，开发先进的元数据、自然语言处理和语义技术来组织数据集与内容，对其进行注释，记录相关流程并将信息组合起来提供给用户变得至关重要。需要解决的挑战包括非结构化数据和半结构化数据的语义注释、语义互操作性、数据质量、数据管理生命周期、数据来源、数据与业务流程的集成、数据即服务。

（2）数据处理架构。能支撑大数据体量的大数据分析技术已取得进展，个别流处理技术的发展也使大数据分析能应对大数据的速度，这对需要即时掌握状况的企业而言尤其重要。需要解决的挑战包括静态与动态数据处理、去中心化、异质性、可扩展性、性能。

（3）数据分析技术。数据分析技术的一大挑战是理解数据，无论这些数据是数字、文本或是多媒体内容，而在大数据时代，新方法的开发就变得尤为必要。该领域的研究重点包括语义与知识分析、内容验证、分析框架与处理、先进商业分析与情报、预测与规范分析。

（4）数据保护。数据保护与匿名化是大数据与数据分析领域的一大关键课题。需要解决的挑战包括：更通用和更易于使用的、适用于商业化大规模数据处理的数据保护方案；隐私与效用保障下的强大数据匿名性；基于风险的方案，用于校准控制者在隐私和个人数据保护方面的职责。

（5）数据可视化和用户交互。先进可视化技术必须考虑数据来源的多样性，相关工具需要能支持用户交互，以便在可视化层探索未知和不可预测的数据。该领域的研究重点包括：可视化数据发现；多尺度数据的交互可视化分析；可协作、交互和直观的可视化接口；多设备情境下的交互式可视化数据挖掘与查询。

10.3.4.3　日本新 IT 战略中的大数据战略

2013 年 6 月，安倍内阁正式公布了新 IT 战略《创建最尖端 IT 国家宣言》，全面阐述了 2013～2020 年以发展开放公共数据和大数据为核心的日本新 IT 国家战略。日本的大数据战略以务实的应用开发为主，尤其是在和能源、交通、医疗、农业等传统行业结合方面，主要有以下几个关键部分。

（1）开放数据。2013 年 7 月总务省发布的《ICT 增长战略》提出，要促进公共数据向公众开放和大数据的利用，并整顿相关环境，例如统一数据格式等。此外，为通过大数据的利用创造新的附加值，应以创业公司和青年人才为目标创建相关体制，以解决社会和地方面临的问题。2013 年 7 月，日本三菱综合研究所牵头成立了"开放数据流通推进联盟"，旨在由产官学联合，促进日本公共数据的开放应用。

（2）数据流通。2013 年日本 IT 综合战略提出，尽快建立跨政府部门的信息检索网站，以便企业利用政府的大量信息资源，计划到 2015 年度末达到与其他发达国家同等的信息开放度。

（3）创新应用。2013 年 7 月，日本总务省发布《ICT 增长战略》，提出构建地理空间开放数据平台，实现官方和民间保有的地理空间数据的自由组合和利用。同时，构建世界最先进的地理空间防灾系统，对地理空间信息进行实时大数据分析，并采取多种手段实现一对一的信息提供，以应对大规模灾害和特殊灾害。

（4）技术研发。2013 年 2 月，日本总务省宣布对两项涉及大数据技术的信息通信技术研发课题进行资助。其中，"海量微数据的有效传输技术研发"课题获 1 亿日元资助，主要目标是开发大数据网络传输技术，以智能手机应用程序的通信信息和传感器数据为对象，使快速生成的数据能通过 10Gbps 以上的网络传送至云环境，并实现很高的传输效率。"强大的大数据利用技术研发"课题获 1 亿日元资助，主要目标是开发能通过网络的终端节点自主设定连接路径，以及能实现分布式存储和处理同时确保可信度和机密性的大数据利用技术。

10.3.5 云计算领域

10.3.5.1 欧盟云计算战略与开放科学云计划

1. 《欧洲科学云计算基础设施战略规划》

2011 年 8 月，欧洲航天局和欧洲核子研究中心（CERN）联合发布了《欧洲科学云计算基础设施战略规划》（CERN，2011）。该规划提出了 2020 年欧洲云计算的发展愿景，确定了整体性的战略目标和四个具体的纲领性目标以实现这一愿景。对于每一个纲领性目标，该规划都确定了相应的前提条件和需求，以及确保这些目标能够实现所需采取的措施。

1）愿景

到 2020 年，欧洲所有学科的所有科学家将优先选择欧洲云计算基础设施进行数据的存储、访问、处理和分析。该基础设施将被视为面向全球科学团体的一种自然基础设施，类似于面向公众的道路和通信基础设施。它将拥有海量的数据、开源工具，以及可从任何计算机、智能电话或平板终端访问和使用的无限的计算能力。通过利用这一基础设施进行数据共享和开展跨学科的研究，科学将取得重大进展，并带来更多重要文献和专利。

2）战略目标

欧洲研究区将是安全的、全球认可的、欧洲云计算基础设施得到开发和实施的驱动力量。该基础设施将作为公共管理模式下的一个平台，确保开放标准和互操作性，并遵循欧洲的政策、规范和要求。

3）纲领性目标

（1）建立一个云计算基础设施，作为欧洲研究区进行创新的平台。不同的利益相关者对该基础设施有不同的需求，但标准化和互操作性是最关键的问题，同时可能还有一些目前未知的需求。因此确保收集和处理这些需求至关重要，需要提供一个信息交换和交流的平台，加强在需求、缺陷和期望方面的沟通。

针对需求方的技术需求（如计算、存储、带宽需要以及相应的时间节点方面），尤其需要建立一个进程，以对欧洲云计算基础设施的能力进行合理规划。

（2）欧洲云计算框架和基础设施应确定和采纳适当的欧盟级别的信任、安全和隐私政策。在政治层面，应考虑采取的措施包括：鼓励欧洲在制定指令和规范方面的同步、使欧盟和成员国管理机构了解利益相关者的需求等。而在技术层面，应逐步采取一种独立的机制，以验证服务水平质量、不同供应商间的互操作性等。

（3）创建一个有关未来欧洲科学云计算基础设施的轻量级的管理结构，确保该结构包括所有利益相关者，并能够随着基础设施、服务和用户的不断增长而演变。欧洲云计算基础设施需要一种管理结构，以了解自身的资产、缺陷、潜力和所有利益相关者的需求。该管理结构必须确定和采纳相关的服务标准，并为用户提供相关建议，比如在评价服务时应考虑的因素和如何使用这些服务。

在管理方面，必须考虑如下需求：满足利益相关者需求的能力、适应环境变化的能力、紧跟全球的最佳实践等。为此，管理机构必须具有一定的权威性，以引导标准化进程，并与政府合作。而需采取的标准必须涵盖：技术服务接口、资源管理接口、服务水平协议标准、数据存储接口、档案检索接口、元数据接口。

（4）确定一个短期和中期的投资机制，将所有三方利益相关者（服务供应商、用户、欧盟和资助机构）纳入公私合作模式，以使云计算基础设施能够在可持续的、有利可图的商业环境下得以运行。

2. 欧盟发布云计算战略

云计算有助于实现规模化成本节约。有关数据显示，在欧洲采用云计算的组织机构中，80%的组织机构的运营成本降低了10%~20%。2012 年 9 月 27 日，欧盟委员会发布了《发挥欧洲云计算潜力》的通讯（Euractiv，2012），提出了新的战略和行动计划，希望加速和扩大云计算在经济领域中的应用，创造大量的就业机会，并刺激欧盟的 GDP 每年增加1600 亿欧元。

1）战略提出三项关键行动计划

为实施这一战略，欧盟委员会开展了以下三项关键行动计划。

（1）筛选标准。目前国际上已经开展了一些云计算的标准化和认证行动。欧洲电信标准化协会（European Telecommunications Standards Institute，ETSI）也已建立了一个云工作组来研究云标准化需求，并遵循互操作性标准。但当务之急是利用现有的标准来建立云计算的可信度。

——要求 ETSI 与利益相关方进行协调，到 2013 年以透明和公开的方式确定所需的必要标准，尤其是有关安全、互操作性、数据的便携性和可逆性方面的标准，从而促进可信、可靠的云提供；

——通过认可有关保护个人信息的欧盟级别的技术参数和遵循有关欧洲标准化的新法规，加强云计算服务的可信度；

——到 2014 年，与 ENISA 及其他相关机构共同制定泛欧的云计算自愿认证机制；

——到 2014 年，通过与产业界共同商定有关云服务的能耗、耗水量、碳排放的统一指标来解决云计算的日益利用所带来的环境挑战。

（2）安全和公平的合同条款与条件。

——针对云提供商与专业云用户间的云计算服务合同，与利益相关方共同制定服务水平协议示范条款；

——对关键的合同条款和条件进行标准化；

——通过各项举措推动欧盟融入全球云计算的增长：审查用于将个人数据传入第三国的标准合同条款，并对其进行修改以适合云服务；

——与产业界共同商定有关云计算供应商的行为规范，以遵循数据保护法规。

（3）建立"欧洲云合作伙伴关系"来驱动公共部门的创新和增长。公共部门将对云计算市场的形成发挥重要作用。作为欧洲 IT 服务的最大买家，公共部门可针对性能、安全、互操作性、数据便携性、兼容性等确立严格的要求。

欧盟建立了一个"欧洲云合作伙伴关系"（European Cloud Partnership，ECP），聚集产业界专家和公共部门用户来以公开透明的方式确定通用的云计算采购要求，而非创建一个物理的云计算基础设施。

ECP 确保公共云利用的可互操作性、安全性、绿色环保和遵循欧洲在数据保护与安全等方面的相关规定。ECP 聚集公共权威部门和产业界来实施一个商业前采购行动以：①确定公共部门的云需求，制定 IT 采购的规范；②根据新兴的通用用户需求，促进公共部门对云计算服务的联合采购。

2）战略提出的其他政策措施

欧盟委员会还实施了一系列辅助措施来支持上述关键行动计划。宽带、开放数据等计划也将对云计算的更快利用做出贡献。

（1）鼓励措施。欧盟委员会研究如何利用其他方法（尤其是"地平线 2020"下的研发支持）来解决云计算面临的长期挑战，帮助迁移至云解决方案（如从遗留系统迁移至云的软件）和管理整合云与非云系统的混合服务，并避免锁定情况的发生。

欧盟委员会在 2014 年启动了"数字服务基础设施"，将其作为无处不在的云公共服务，比如在线创建企业、跨境采购、提供 eHealth 服务以及访问公共部门的信息。委员会还将实施自身的云计划（eCommission 战略下的计划），并采取行动促进有关云计算的电子技能的提高。

（2）国际对话。欧盟需要加深与国际伙伴的结构化合作，不仅共享相关经验和进行联合技术开发，并且要调整法律以促进更高效、有效的云发展。

3.《H2020 下的欧洲先进云计算技术路线图》

2013 年 1 月 4 日，欧盟云计算专家组向欧盟委员会提交了《H2020 下的欧洲先进云计算技术路线图》报告（Cordis，2013）。报告分析了预期的市场发展以及面临的技术挑战，提出了具体的技术路线图来帮助欧盟克服这些挑战，以在全球云计算市场中发挥关键作用。报告将需开展的研发主题分为三大类：需立即开展的研发主题、可持续性的研发主题和变革性的主题。

1）需立即开展的研发主题

（1）管理数据洪流：以使云计算能够维持适当的数据流量，并以可接受的方式处理不同的媒体流。这特别需要在数据的结构化和处理大数据的机制方面进行改进。

（2）通过基于智能软件的智能联网来改进联网，确保在服务水平协议允许的范围内提供适当的延迟。

（3）提高可切实利用云计算功能的能力，尤其是应用的灵活性，证明按需提供所需资源同时满足特殊使用需求的好处。

（4）通过更好地理解资源类型和其与使用案例的关系，提高应用程序的性能和可移植性。这需要在现有的网格和相关领域基础上进行扩展。

（5）更好地理解和处理脆弱性问题，以克服利用云计算过程中的安全缺乏问题。这包括改进鉴定和认证，以及保持对业外用户的透明度等。

（6）通过提高可移植性和互操作性，减少对专有解决方案的锁定，使各组织确定其应用程序与数据能够从一个云计算基础设施或平台供应商转移至另一个供应商，并与其他云计算供应商所拥有的应用程序实现互操作。

（7）支持云计算供应商间的竞争与合作，以在成本、价格、性能、安全等方面获得更大的灵活性。

2）可持续性的研发主题

（1）更好地理解应用程序与用户使用行为间的关系，以及能更有效满足这种关系的能力。这将实现服务提供的改进、资源的更好利用和更加节能，包括：①加强用于描述数据、软件、服务、资源、用户的元数据，以允许云计算中间件来自动管理服务的发现与执行。②针对云计算应用程序的软件工程环境，以使开发人员能快速和低成本地设计与开发用于云计算环境的软件。③确定和提供在一系列应用领域中的典型云计算利用模式，这将为长期愿景中可预见的更全面的服务奠定基础。

（2）加强基于丰富元数据和相关服务的机制，以应对一个云中以及跨多个云的日益增长的异构性，这将为个性化的服务提供和利用铺平道路。

3）变革性的主题

（1）管理大数据的新范式：异构的分布式数据提供使传统的数据管理技术不再适用，需要探索管理大数据的新范式。

（2）新的供云计算中间件用以优化执行的编程范式：传统的命令式编程方式在动态的、异构的、分布式的云计算环境中不太适用。新的编程范式（可能以声明式编程和绑定执行时间数据的方式）需要提供灵活性、异构性和一致性等功能。

（3）用于实现互操作性和联盟的新技术：云计算的分布式异构特性需要能实现应用程序跨云互操作的新方法，以及实现多种异构云平台的联盟以面向应用环境提供一个统一平台。

4. 欧盟重点打造"开放科学云"和数据基础设施

2016 年 4 月 19 日，欧盟委员会推出"欧洲云计划"（张志勤，2016），在未来 5 年重点打造欧洲"开放科学云"和数据基础设施，确保科学界、产业界和公共服务部门均从大数据革命中获益。"欧洲云计划"基于 2012 年欧洲云战略和 HPC 战略的已有成果，结合数字化单一市场战略，更充分地挖掘欧洲数字化经济的潜能，稳固欧洲在数据驱动型经济中的领先地位。

欧盟云计算行动计划首先在欧洲乃至全球合作伙伴的科技界实施，然后逐步向其他公共部门和各行各业用户拓展。欧盟委员会将采取一揽子行动举措，降低大数据存储与 HPC 成本，促进科技创新人员开放、共享和再利用科研信息数据，协助创新型中小企业与初创企业提升竞争力，推动欧盟数据驱动型经济加速发展。采取的系列行动举措主要包括以下几点。

2016 年，创建服务于科技界的欧盟科学云基础，整合和强化欧盟虚拟科研基础设施网络平台，联合和巩固欧盟现有云计算科研基础设施，支持欧盟基于云计算服务的发展。

2017 年，开放共享"Horizon 2020"未来所产生的所有科研信息数据，鼓励大量科研数据集的再利用。

2018 年，启动新兴量子技术研发创新行动计划，加速新一代超级计算机开发。

2020 年，全面开发和部署大规模 HPC、大数据存储和高速宽带基础设施，包括建设欧盟大数据处理存储中心、升级科技创新骨干网络、实现新一代超级计算机跻身世界前三强。

10.3.5.2　美国《联邦云计算战略》

美国政府于 2011 年 2 月发布了《联邦云计算战略》（White House，2011b）。战略指出，目前美国联邦政府信息技术环境的问题是较低的设施利用率、分散的资源要求、重复的系统建设、难于管理的运行环境以及较长的采购周期。这些低效率特征消极地影响着联邦政府服务美国公众的能力。

而云计算有潜力在解决上述问题和提升政府服务中扮演重要角色。尽管受到资源的限制，但云计算模式能极大地帮助相关机构抓住需求，提供高度可靠的创新服务。

联邦政府 800 亿美元的 IT 支出中估计有 200 亿会用于向云计算解决方案的迁移。为了充分利用云计算所带来的好处，政府也已制定了云计算优先的政策。该政策的目的是通过在做出新的投资决定之前，让机构评估安全、可靠的云计算方案，以此加快政府实现云计算的步伐。

美国《联邦云计算战略》的目的是：①阐明云计算的好处，需要考虑的问题以及权衡取舍；②提供一个决策框架以及多个案例，以支持机构向云计算迁移；③强调实施云计算的资源；④确定联邦政府在促进云计算采用过程中的行动、角色及职责。

以下对该《联邦云计算战略》的内容作简要介绍。

1) 云计算决策框架

云计算迁移的广大范围和规模需要政府在信息技术观念方面有一个有意义的转变。表10-7呈现的是机构在云迁移过程中需要思考和规划的战略愿景。

表 10-7　云迁移决策框架

选择	提供	管理
确定哪些 IT 服务需要转换以及转换时间	在机构的部门级水平上，以及所有可能的区域内汇总相关需求	转变 IT 观念，从设施管理转变到服务管理
确定云迁移过程中的价值源：效率、灵活性、创新性	保证互操作性和与 IT 集成	建立所需的新技能
确定云的就绪度：安全性、市场可利用性、政府就绪度和技术生命周期	提升合同效率以保证机构的需求得到满足	主动监测服务水平协议（service level agreement，SLA）以保证适应性和持续的进展
—	通过让已有设施获得新功能或是让其退役，以及重新部署免费资源来实现价值	定期对供应商和服务模式进行重新评估，以实现利益最大化和风险最小化

注：决策框架可根据单个机构的需求进行调整

（1）选取相关服务迁移至"云"中。成功的机构会仔细考虑其 IT 部署并为云部署和迁移制定路线图。这些路线图会将高期望值和高度就绪的服务置于优先位置以实现利益最大化和风险最小化。

可以用两个指标来帮助规划云迁移：价值和就绪度。价值指标主要针对三个方面：效率、灵活性和创新性。就绪度主要是指近期能迁移到云中的相关 IT 服务。

（2）有效提供云服务。为了有效提供 IT 服务，机构需要重新思考它们提供服务的过程，而不再仅仅是简单的订购设施。机构前期合同关注的指标主要是服务器数量和网络带宽等，现在应该更多地关注服务质量。机构应该仔细考虑以下因素。

汇集需求：在考虑"设施"和普通 IT 服务时，机构应该在将相关服务迁移至云中前，通过尽可能广泛地汇集需求来共同使用他们所购买的计算能力。

集成服务：机构应该要确保它们所接受的 IT 服务需要有效地被集成到它们更广的应用当中。

有效订购：机构应该确保它们与云服务供应商的协议成功实施，例如保证移植性以及鼓励供应商之间的竞争，需要有明确的安全性、运行持续性和服务质量方面的 SLA，以满足个体需求等。

实现价值：机构应该在迁移过程中采取相应措施以确保它们能够完全实现预期价值。从提高效率方面来讲，以前遗留下来的应用和服务器都应该关闭和退出或是赋予新用途。而支持相应系统的数据中心实体则应该关闭或用于支持更高附加值的活动。从灵活性和创新性来讲，也需要改进迁移过程、提高迁移能力以完全实现投资价值。

（3）管理服务，而不再是管理设施。为了获得成功，机构对云服务的管理要不同于传统的 IT 设施。以下是几个需要考虑的方面。

转变观念：组织需要认识到有关各方考虑的是服务而不再只是设施。能够成功实现这种转变的组织将有效地让系统向更高的产出标准发展（如更高的 SLA），而不再是投入标准（如服务器数量）。

主动监测：各机构应主动跟踪 SLA 和让供应商为相关失败负责。机构应该在新的安全威胁产生之前就有清醒的认识，确保他们的安全愿景能够一直保持在潜在的攻击发生之前。最后，各机构应跟踪使用情况，以确保费用不会超过资助金额。

定期实施再评价：机构应该定期对服务和供应商的选择进行重新评价，以确保效率、灵活性和创新性的最大化。要有效引导再评价过程，机构需要对技术领域的发展变化有清醒的认识，特别是新的云技术、商业化创新和新的云服务提供商等。

2）促进"云"的采用

在各个机构制定规划将服务向云计算迁移时，政府可以采取一系列的行动来促进云采用和降低风险。

（1）利用云计算加速资源。机构可以利用云计算加速资源来加速候选服务评估、获取相应的云能力和降低风险的进程。

云计算商业案例模板和实例。美国联邦首席信息官委员会已经设计了大量云计算商业案例并将继续构建这个资源库来支持机构的云计算决策。机构可以找到类似范围和目的的商业案例来加速其自身云计算商业模式的发展（如移动的云电子邮件、云客户关系管理系统、云存储的决策标准）。

政府云计算团体和资源。各个机构应该参与到 NIST 和总务管理局（General Services Administration，GSA）的云计算工作组中，讨论标准、参考架构、分类、安全、隐私和商业使用案例等内容。机构也可以使用网站，如 NIST 的协作站点来获取有用的信息。

（2）确保安全、可靠的环境。由于联邦政府向云迁移，因而需要确保政府信息的安全和正确管理，以保护公众的隐私和国家安全。

联邦政府将在云供应商和消费者之间建立一个透明的安全环境。第一个步骤就是制定了"2010 联邦风险和授权管理计划"。该计划定义了云计算安全控制方面的需求，包括漏洞扫描、冲突监测、日志及记录。这些安全控制的实施也将提升信心和鼓励对云计算环境的信任。

机构在评估云计算风险时应同时考虑潜在的安全优势和安全漏洞。

关键的安全注意事项包括：①在系统开发生命周期最初的规划阶段就仔细确定安全及隐私需求；②确定服务协议的范围以满足安全方面的需求；③明确服务协议和云计算部署模式的候选方案；④评估服务器和客户端计算环境所能满足组织安全和隐私方面需求的范

围；⑤继续保持数据和应用的隐私性和安全性的管理措施、控制和问责制。

（3）简化采购程序。目前政府采购通常是零散的，而不是集中模式。为了提升云计算的就绪度，联邦政府将采用"一次批准、经常使用"的方法来简化批准流程。由于政府云服务供应商数量的增加，GSA 提供对比工具让机构能够透明化地对比云服务供应商，这样机构可以又快又有效地选择满足它们特定需求的供应商。

此外，GSA 为政府的商业化服务（如 E-mail）建立合同服务，这减少了机构在最普遍 IT 服务方面的负担。GSA 建立工作组来支持设施服务的迁移，工作组为共享服务设计技术需求来减少单个政府机构的过程分析负担。政府合同也为州和地方政府提供附加条款，这些条款让所有政府享有与联邦政府同样的采购优势。

（4）建立云计算标准。标准对于云计算的成功采用和交付是至关重要的，不管是在公共部门还是在更广泛的领域。NIST 在标准制定中扮演核心角色，同时与各机构的首席信息官、私营部门的专家、国际团体一起在标准化优先权方面达成一致意见。NIST 还定期设计、评估和修改云计算路线图。该路线图反复确定和跟踪商定的云计算优先权事项，以协调各个方面在云计算领域内的工作。

（5）认识云计算的国际影响。任何一项新技术的发展都会带来两项基本变化：一是能力的转换；二是需要在同一领域内验证现有的范例。云计算也已带来了多个国际政策问题，需要在未来 10 年中得到解决的问题包括：①数据权、数据移动和数据访问：如何能够做到国家数据隐私性、安全性和知识产权方面的平衡？②是否需要国际云计算法律、规则或管理框架？③国家政府、产业界和非政府组织云计算的管理规范。④国内和国际环境下的数据互操作性和可移植性。⑤保证全球统一的云计算标准。

（6）奠定坚实的管理基础。该战略的制定只是向云计算迁移的第一步，联邦政府要想长期有效处理管理方面的问题，就需要奠定一个坚实稳定的管理基础。因此以下机构就必须承担起相应的角色和责任：①NIST 领导并与联邦、州、地方管理机构首席信息官、私营部门专家、国际团体一起制定云计算标准和指导原则。②GSA 制定政府采购方法和发展政府的、基于云的应用解决方案。③DHS 监测与云运行相关的安全问题。④各个机构负责评估它们的采购战略，充分考虑云计算解决方案。⑤联邦首席信息官委员会推动政府范围的云采用，确定下一代云计算，共享最优实践方法和可重复使用的实例分析及模板。⑥管理与预算办公室（Office of Management and Budget，OMB）协调管理机构的相关活动，确定整体的与云相关的优先事项，并为机构提供指导。

3）结论

更便宜的处理器、更快的网络和移动服务的增长推动着创新的更快发展。云计算正是这种转变的代表和核心角色，云计算的创新发展也将超乎人们的想象。数据爆炸以及数字接入的移动化，也预示着在情报信息方面将会有重大的进展。云计算将彻底改变服务大众的方式。人们可以实时看到家庭的电力使用情况，这样就可以更加明智地做出消费选择。人们还可以获取他们的电子健康记录，这样可以很方便地与医生共享信息以改善他们的健康情况。

政府的责任就是要尽快实现云计算在成本、灵活性和创新性方面的巨大优势，《联邦云计算战略》所提出的行动就是可以立刻开始相关工作的方法。每个机构都评估自身的技术采购战略，这样可以让云计算的选择得到充分的考虑，并与云优先政策保持一致。

10.3.5.3　日本发布"智能云战略"

2010 年 5 月 17 日，日本总务省在总结"智能云研究会"系列讨论结果的基础上，发布了"智能云研究会报告书"（日本総務省，2010），制定了"智能云战略"，以期最大限度地活用云服务，使其突破企业和产业局限，作为整体社会系统实现海量信息和知识的集成与共享。该战略包括以下三大部分。

1. 应用战略

（1）促进 ICT 的全面应用。①加快"政府通用平台"的构建，实现政府信息系统的集成；②制订与电子行政云相关的业务持续计划、设置政府首席信息官、整顿国民身份制度、统一企业编码，并创建相应的法律制度；③支持地方"自治体云"和"非营利组织云"的构建，以及中小型企业的平台开发；④积极创建智能云的基础，打造先进的社会基础设施。

（2）打造适合云服务普及的环境。①促进"云服务相关示范条例"和"面向消费者的云服务应用指南"的制定与普及；②与相关团体开展合作，探讨如何对企业使用云服务进行合理监察。

（3）支持创建新的云服务。①力争于 2011 年开始设立"数据中心特区"，实现高效的数据中心布局；②通过各种税收优惠，吸引各企业在日本兴建数据中心，普及环保型的云服务；③官产学合作促进高级 ICT 人才培养，以设计出能集成网络、计算、解决方案开发等技术的架构。

（4）通过高附加值的产品和服务及典型项目，向全球推广云服务，并促进行政、医疗、教育、农业和非营利组织等领域云服务的标准化。

2. 技术战略

（1）促进下一代云计算技术的研发。①应用云服务的大规模分散和并行处理技术，实现海量实时流数据的收集、提取、存储、建模，以及根据环境选取最佳方案；②创建绿色云数据中心，开发虚拟化技术，活用云服务减轻环境负担；③通过设立竞争性资助制度和"亚太云论坛"等措施，支援以上重点领域的研发活动。

（2）推进标准化活动。促进云服务所需的 SLA、服务品质和隐私确保方法、互操作性确保方案的标准化。通过"全球云基础设施合作技术论坛"制定合理体制，以收集并共享相关国际标准化团体的活动信息。

3. 国际战略

通过官产学合作积极参与国际研讨，尽快就制定云服务国际规则达成共识。开展日美官民对话，根据民间需求探讨欧盟《数据保护指令》在日本的适用性。积极参与以云服务普及和开放式互联网为主题的国际研讨。

10.3.6　HPC 领域

10.3.6.1　美国国家战略计算计划及其战略规划

1. 美国启动国家战略计算计划

2015 年 7 月 29 日，美国总统奥巴马签发行政令，正式启动美国国家战略计算计划（National Strategic Computing Initiative，NSCI）（White House，2015），旨在使 HPC 研发与部署最大限度地造福于经济竞争与科学发现。

行政令指出，过去六十年来，持续进行的新型计算系统研发和部署使美国的计算能力一直领先于世界。为了在未来数十年维持与扩大这种优势，使 HPC 利益最大化，满足日益增长的计算能力需求、应对新兴计算挑战与机遇、赢得与他国的竞争，需要国家层面做出卓有成效的响应，针对 HPC 研发与部署创建一个协调性联邦战略。因此，该行政令启动了覆盖美国整个政府的 NSCI，将制定统一的、多部门参与的战略愿景和联邦投资战略，并与产业界和学术界通力合作，实现 HPC 利益最大化。

1）指导原则与目标

（1）指导原则。NSCI 旨在维持并提升美国在 HPC 研发与部署方面的科技与经济领导力，需遵循四项指导原则：①必须广泛部署和应用新兴 HPC 技术，以在经济竞争和科学发现方面保持领先；②必须推动公私合作，借助政府、产业界和学术界各自的优势，使 HPC 利益最大化；③必须采取整体政府方案，发挥所有行政部门的力量并促进它们之间的合作；④必须制定一项综合性技术与科学方案，将针对硬件、系统软件、开发工具、应用程序的 HPC 研究有效融入系统开发中，并最终实现系统运行。

（2）目标。参与 NSCI 的各行政部门与机构需致力达成五项战略目标：①加快可实际使用的百亿亿次计算系统的交付；②加强建模、仿真技术与数据分析计算技术的融合；③未来 15 年，为未来的 HPC 系统甚至后摩尔时代的计算系统研发开辟一条可行的途径；④实施整体方案，综合考虑联网技术、工作流、向下扩展、基础算法与软件、可访问性、劳动力发展等诸多因素的影响，提升可持续国家 HPC 生态系统的能力；⑤创建一个可持续的公私合作关系，确保 HPC 研发的利益最大化，并实现美国政府、产业界、学术界间的利益共享。

2）各部门与机构的角色和职责

为了实现上述五项战略目标，行政令确立了相关的领导机构、基础研发机构和部署机构。领导机构负责开发和交付下一代集成式 HPC 能力，并参与针对软硬件开发的支持，以及针对 NSCI 各项目标的人力资源开发。基础研发机构负责基础科学发现工作与相关的工程研发，为 NSCI 各项目标的实现提供必要支持。部署机构负责制定基于任务的 HPC 需求，为新型 HPC 系统的设计提供参考，同时负责就目标需求向私营部门和学术界征求建议。根据任务需要，这些机构可以将其他政府组织纳入任务中。

（1）领导机构。NSCI 共设三所领导机构：DOE、DOD 和 NSF。DOE 下属的科学办公室与国家核安全署联合开展一项通过百亿亿次计算实现先进仿真的项目，并重点实现相关应用的可持续性性能，以及有助于完成任务的分析性计算。NSF 在推动科学发现进展、打造 HPC 生态系统、人力资源开发等方面发挥核心作用。DOD 重点研发数据分析型计算。三所领导机构同其他基础研发机构和部署机构合作，实现 NSCI 各项目标并为联邦政府的各种需求提供支持。

（2）基础研发机构。NSCI 共设两所基础研发机构：IARPA 和 NIST。IARPA 重点研发面向未来的计算范式，实现标准半导体计算技术的替代方案。NIST 重点推动测量科学的发展，为未来计算技术提供支持。两所基础研发机构与部署机构开展协作，实现研发成果的有效转化，为联邦政府的各种需求提供支持。

（3）部署机构。NSCI 共设五所部署机构：NASA、FBI、NIH、DHS 和国家海洋与大气管理局（National Oceanic and Atmospheric Administration，NOAA）。这些机构参与新型 HPC 系统、软件和应用的早期设计及协同设计过程，以将与自身任务相关的具体需求反映到设计中，并参与相关测试、人力资源开发等工作，确保相关成果在其任务中得到有效部署。

3）执行理事会

NSCI 还设立了一个执行理事会，由 OSTP 主任和 OMB 主任担任联合主席，以协调 NSCI 开展的研发和部署活动并确保问责制的实施。OSTP 主任应在行政部门内指定执行理事会成员，成员应包括来自各个机构的代表，承担行政令中规定的各项角色和职责。

执行理事会应与国家科学技术理事会及其下属实体进行协调与合作以确保整个联邦政府的 HPC 行动与 NSCI 计划相一致，还应与其他机构的代表进行必要的商议，并可在需要的时候建立另外的工作小组来确保问责制的实施和相关工作的协调。

执行理事会应定期举行会议，评估行政令实施的进度。行政令发布后的第一年，会议频率不应低于 2 次。此后，可根据需要变更会议频率。若执行理事会在例会中无法达成共识，则联合主席将负责记录相关问题并通过 OSTP 和 OMB 牵头的流程提供可能的解决方案。

执行理事会鼓励政府机构与私营部门适当开展合作。执行理事会可通过总统科技事务助理向总统科学技术顾问委员会寻求建议，还可根据联邦顾问委员会法案的规定与其他私营部门开展互动。

最后，在实施方面，执行理事会应在行政令发布后 90 天内制订一项实施计划，以支持和协调各机构的行动。并在此后 5 年内，根据需要每年对实施计划进行更新，并记录计划实施、与私营部门合作以及所采取行动的进展。5 年后，由联合主席酌情决定是否更新实施计划。联合主席应在行政令发布后 5 年内，每年向总统汇报 NSCI 的现状，并在 5 年之后酌情决定是否继续汇报。

2. 美国发布《国家战略计算计划战略规划》

2016 年 7 月，美国 NSCI 执行理事会发布《国家战略计算计划战略规划》报告（White House，2016a），在维持既定战略发展目标和政府机构角色的基础上，进一步明确了各政府机构在每一项发展目标中的具体责任，参见表 10-8～表 10-12。

表 10-8　各政府机构在战略发展目标 1 中的具体责任

各机构在 NSCI 中的角色	机构	加快可实际使用的百亿亿次计算系统的交付
领导机构	DOE	（1）与 NSCI 参与机构合作，确定一系列面向政府目标的应用，并针对每项应用制定定量的绩效评估方法； （2）与产业界合作，确定并开发解决方案来应对技术挑战，支持各机构实现百亿亿次计算； （3）部署下一代 HPC 系统，诸如橡树岭、阿贡与利弗莫尔国家实验室合作打造 CORAL 系统，以探索 HPC 面临的技术挑战，分析和应对 DOE 与 NASA 亟须解决的目标问题； （4）领导研发下一代 HPC 计算方法、算法、系统软件，针对 DOE 目标开发可持续的应用； （5）与 DOD 协调，确保针对 HPC 的未来技术能被适当地纳入百亿亿次系统中
	DOD	合作设计先进架构并开发硬件，引领对计算方法、算法、系统软件和可持续应用的探索
	NSF	（1）确定与 NSCI 相关的科学与工程前沿，总结由 NSCI 计划激发的科学发现进展； （2）推进计算与数据应用，促进科学与工程及相关的软件技术； （3）推进应用与系统软件技术的根本研究，促进编程能力和再利用性，确保高可扩展性和准确度
基础研发机构	IARPA	通过 IARPA 在超导、机器学习、后摩尔定律方面的研究工作，支持百亿亿次计算，努力实现计算系统性能增强 100 倍的目标
	NIST	（1）打造关键使能平台，推动新颖设备架构和计算平台的开发与测试； （2）针对未来计算技术的物理与材料特征，推进测量科学； （3）充分利用物理学、材料设计和测量工具等，解决 HPC 平台中潜在的逻辑、存储与系统问题； （4）针对下一代计算系统和网络的健壮性与安全性制定方法、标准和指南； （5）创建并评估量化技术，评估下一代计算系统结果的可靠度与不确定性
部署机构	NASA	协同设计百亿亿次计算系统
	FBI	—
	NIH	—
	DHS	—
	NOAA	—

表 10-9　各政府机构在战略发展目标 2 中的具体责任

机构	加强建模、仿真技术与数据分析计算技术的融合
DOD	促进先进高性能数据分析能力的设计与开发，支持软件和数据科学的生态系统，增强建模仿真与数据分析计算的技术基础的融合
NSF	（1）打造具备高互操作性、协作性和数据密集的 HPC 生态系统，支持 NSF 科学前沿，加大学术团体的参与度； （2）推进科学与工程前沿中的计算与数据应用、软件技术等
NASA	促进模拟与数据分析计算的协同，支持 NASA 在地球与空间科学、航天研究和空间探索中的大数据与大计算应用
NIH	引领计算方法、算法和可持续软件应用的开发，充分利用 NSCI 技术并推进生物医学研究
NOAA	进一步利用大数据完成研究、建模及预测任务，为 NOAA 用户提供创新产品

表 10-10　各政府机构在战略发展目标 3 中的具体责任

机构	未来 15 年，为未来的 HPC 系统甚至后摩尔时代的计算系统研发开辟一条可行的途径
NSF	（1）探索多样化的科学难题与机遇，推进未来 HPC 机遇； （2）促进新颖设备和前沿技术的利用，满足前沿科学需求； （3）与其他机构合作，通过一系列基础研究项目实现 NSCI 目标
IARPA	（1）持续引领除标准半导体计算技术外的基础研究； （2）充分利用超导、量子、神经形态和机器学习方面的研究，有效部署数字化计算范式难以完成的应用； （3）投资于后摩尔定律技术，支持 NSCI 战略目标
NIST	（1）打造关键使能平台，推动新颖设备架构和计算平台的开发与测试； （2）针对未来计算技术的物理与材料特征，推进测量科学； （3）充分利用物理学、材料设计和测量工具等，解决 HPC 平台中潜在的逻辑、存储与系统问题； （4）针对下一代计算系统与网络的健壮性与安全性，制定方法、标准和指南； （5）创建并评估量化技术，评估下一代计算系统结果的可靠度与不确定性
NASA	参与后摩尔定律研究，研究量子计算、纳米技术和其他相关技术

表 10-11　各政府机构在战略发展目标 4 中的具体责任

机构	实施整体方案，综合考虑联网技术、工作流、向下扩展、基础算法与软件、可访问性、劳动力发展等诸多因素的影响，提升可持续国家 HPC 生态系统的能力
DOE	最大化地利用百亿亿次级计算系统
DOD	NSCI 计算环境使得 DOD 采购人员能解决科学与技术问题，满足任务需求
NSF	（1）支持广大用户团体的基础 HPC 培训，支持计算与数据科学家的职业生涯发展； （2）加强产业界与学术界的参与度； （3）支持广泛部署 NSCI 技术，提升 HPC 生态系统的容量与能力； （4）引领国内外合作，推动计算科学与工程的变革发展
NASA	参与跨机构项目，协调优化国家 HPC 基础设施，在协作计算、大规模数据分析与可视化环境、大规模观测数据设施和健壮的全国网络中融入 NASA 的经验
NIH	参与跨机构项目，协作开发 NSCI 技术和算法，引领计算方法、算法和可持续软件应用的研发
NOAA	与 DOE、NSF 合作以升级 HPC 系统，持续投资于软件工程，提升数值模型的性能和可移植性，以更好地完成天气预报、气候研究和海岸研究等

表 10-12　各政府机构在战略发展目标 5 中的具体责任

机构	创建一个可持续的公私合作关系，确保 HPC 研发的利益最大化，并实现美国政府、产业界、学术界间的利益共享
NSF	产业创新与合作伙伴部通过小企业创新研究、小企业技术转移项目、产业/高校合作研究中心、创新合作伙伴等推进产业创新和产学合作

10.3.6.2 欧盟 HPC 发展计划及战略研究议程

1. 欧盟推出 HPC 发展计划

2012 年 2 月 15 日，欧盟委员会发布了一份有关 HPC 的通讯（European Commission，2012），强调了 HPC 对欧盟创新能力的战略意义，呼吁各成员国、产业和科学界与委员会共同努力，确保欧盟在 2020 年取得 HPC 系统与服务供应和应用方面的领导地位。通讯从管理、资助力度、商业前采购机制、进一步发展欧洲 HPC 生态系统等方面提出了欧盟 HPC 的发展计划，准备将欧盟对 HPC 的年投资额从 6.3 亿欧元提高至 12 亿欧元。

（1）欧盟层面的管理。欧盟层面的管理必须公平、公开、简单和有效，有助于平衡和仲裁各方利益、能力和资源。这包括相互关联的两方面：产业界应通过竞争中心网络和欧盟 HPC 供应商技术平台提供 HPC 应用和软件开发方面的专业知识与服务；学术界应通过欧洲先进计算合作伙伴关系（Partnership for Advanced Computing in Europe，PRACE）和卓越中心（Centre of Excellence，COE），部署和利用 HPC 软件与服务解决关键的社会和科学挑战。

在具体举措方面，参与 HPC 系统和服务供应的欧盟企业界应通过技术平台协调研究议程，从而创建 HPC 产业研发的关键集群。

（2）资助力度。欧盟、成员国和产业界应将其对 HPC 的投资金额从 2009 年的 6.3 亿欧元提高到 2012 年的 12 亿欧元。其中一半的经费用于采购 HPC 系统和测试床，1/4 的经费用于人员培训，另外 1/4 的经费用于学术界和私营公司开发超级计算软件。

（3）商业前采购机制。公共部门是高端 HPC 的主要用户，其每年用于采购 HPC 系统的经费中应有 10%被用于商业前采购，以发展和维持欧盟的 HPC 供应能力。

部分具体举措包括：获得欧盟委员会资助的 HPC 信息化基础设施项目应被鼓励尽可能采用商业前采购机制；欧盟产业界应被鼓励积极参与先进 HPC 系统和应用的开发。

（4）进一步发展欧洲 HPC 生态系统。PRACE 应确保 HPC 资源在平等获取前提下的广泛利用。此外，应建立一个有关 HPC 应用软件和工具的信息化基础设施。通过协调和刺激并行软件代码的发展与升级，以及确保向用户提供高质量的 HPC 软件，该基础设施进一步巩固欧盟在 HPC 应用方面的优势。

具体举措包括：PRACE 成员国应支持 PRACE 向全球领先的信息化基础设施演变；应建立若干 COE，促进 HPC 在那些对欧盟具有重要意义的科学或产业领域的应用（如能源、生命科学和气候）；PRACE 应重新确定其管理机制，为在 2014 年进行首次商业前采购做好准备；欧盟委员会将继续支持 PRACE，确保其成为欧盟信息化基础设施的有机组成部分，PRACE 也应为建立和运行欧洲 HPC 信息化基础设施提供支持；应建立硬件和软件共同设计中心，重点促进相关的 HPC 技术、资源、工具和方法。

（5）促进产业界对 HPC 的充分利用。产业界既是 HPC 系统的提供者，也是利用 HPC 进行产品和服务创新的用户。因此通讯呼吁同时加强 HPC 的产业需求和供应。

具体举措包括：各成员国应建立 HPC 竞争中心，促进产业界尤其是中小企业对 HPC 服务的利用，并支持超级计算中心向竞争中心传授相关经验；成员国和欧盟委员会应采取必要的措施，培养更多经过良好教育和培训的 HPC 人才。

2. ETP4HPC 更新《HPC 战略研究议程》

2015 年 11 月 24 日，欧洲 HPC 技术平台（European Technology Platform for HPC，ETP4HPC）在 2013 年首份《HPC 战略研究议程》（*Strategic Research Agenda*，SRA）基础上发布了 2015 年新版 SRA，这是来自 45 家机构的 170 名专家的智慧结晶，旨在提出欧洲百亿亿次计算的路线图。新版 SRA 维持了 2013 年版 SRA 的整体战略方向，但由于技术演变，修改了部分里程碑内容。除 2013 年版 SRA 提出的六项重点领域外（HPC 系统架构和组件、节能和弹性、编程环境、系统软件和管理、大数据和 HPC 利用模型、输入/输出与存储性能），新版 SRA 还提出了新的技术领域——针对极限 HPC 系统的数学与算法，以及新的概念——极限规模演示器。

SRA 提出 HPC 技术研发四维度，包括：①新技术研发，为更广泛的 HPC 市场提供更多具备竞争性和创新性的 HPC 系统；②赋予这些技术增强的、合适的特性，以解决极限规模需求；③开发新的 HPC 应用，用于传统的 HPC 工作负载、越来越多的大数据应用、复杂系统（如电网）控制以及云模型；④HPC 技能培训、服务支撑，提升 HPC 解决方案的可用性以及 HPC 生态系统的灵活性和可靠性。

2015 年新版 SRA 提出一项新的技术领域——针对极限 HPC 系统的数学与算法。新的数学方法和算法对于确保未来架构和技术的有效利用以及算法到系统层面的可扩展性而言十分重要。稳健的方法和算法有利于实现极限扩展，具体研究主题可包括：针对未来计算的极限算法；通过改进的稳健性方法，以性能换准确度。此外，部分研究方向还包括：可扩展的数据分析方法、数据布局和移动的最优化数学支持、如何将新的算法和数学方法应用于编程工具中、节能算法、数学方法与算法的纵向合并与验证等。

2015 年新版 SRA 还提出一项新的概念——极限规模演示器，这些工具旨在把分散的研发成果整合为 HPC 系统原型，验证新开发技术的可用性和可扩展性，提升 HPC "地平线 2020" 项目的效用。

3. 欧盟发起 HPC 开发计划 EuroHPC

2017 年 3 月 23 日，法国、德国、意大利、卢森堡、荷兰、葡萄牙和西班牙等 7 个欧盟成员国的部长在意大利首都罗马正式签署建立世界级综合性 HPC 基础设施的计划（科学技术部，2017）。该计划被命名为 "EuroHPC"，旨在开发和部署欧盟自己的百亿亿次计算机，以在当今激烈的 HPC 领域保持欧洲的领先地位。

截至 2017 年 11 月，已有共计 12 个国家加入 EuroHPC 计划。除前述七国外，新加入的五个国家分别为比利时（2017 年 6 月）、斯洛文尼亚（2017 年 7 月）、保加利亚（2017 年

10 月）、瑞士（2017 年 10 月）和希腊（2017 年 11 月）（European Commission，2017a）。

EuroHPC 的目标是到 2020 年开发出至少两台近百亿亿次的 HPC 机群，并在 2023 年之前实现百亿亿次速度的稳定运行。

10.3.6.3 日本"旗舰 2020 计划"研发超级计算机"京"

超级计算机"京"的研发被日本文部科学省列为"旗舰 2020 计划"，其目标是瞄准 2020 年，建成世界最先进的通用超级计算机。2015 年 8 月下旬，文部科学省公布了 2016 年的预算，"京"获得了 76 亿日元的拨款，与 2014 年的 39 亿日元相比增加了近一倍（国家超级计算济南中心，2015）。

新一代"京"的研发秉持四项基本的设计方针：能解决实际的社会和科学问题；在能效方面具备国际竞争力；最大限度地利用前任"京"确立的技术、人才和应用；2020 年以后也能针对半导体技术的发展实现有效的性能扩展。基于这四项方针，"京"将通过系统与应用的协同设计，打造能解决社会和科学问题的百亿亿次超算系统。

"京"需要解决的下一代技术挑战包括：

（1）通过协同设计（各应用程序的算法改进与最佳架构设计同时进行），提高多数应用程序的运行性能并降低其功耗。

（2）通过优化芯片内部电路，打造具备高能效的超算系统。

（3）利用已有的开源软件开发先进的系统软件，同时通过国际合作，实现稳定安全的软件开发，在开源软件群基础上构建 HPC 系统。

（4）开发能用于超大规模（1000 万以上的内核）并行计算的高效系统软件。

（5）构建适用于超大规模并行计算的高效编程环境。

从预计的日程来看，"京"计划于 2017 年完成详细设计，2018 年完成制造，2019 年进行设置和调整，2020 年投入运行。预期可解决的问题如：提升飞机的燃料利用及其安全性；通过医疗大数据分析，实现个性化癌症预防与治疗；在纳米尺度预测材料特性，开发最合适的材料并在此基础上实现下一代的器件设计；利用观测所得大数据，通过高速仿真，实现实时和精确定位的暴雨预测；等等。

10.3.6.4 印度国家超级计算计划

2014 年 10 月，印度政府出台了一项国家超级计算计划（HPCwire，2014），准备构建一个包含 70 多处设施的超级计算网格，以跻身世界计算强国之列。这项计划为期 7 年，将耗资 7.3 亿美元。印度希望通过这项计划研制出至少 3 台性能在 25 千万亿～30 千万亿次（petascale）级别的超级计算机。

这项 7 年计划分为两个阶段：第一阶段（前 3 年）构建一个由全国 73 个科研教育机构组成的超级计算网格；第二阶段（后 4 年）重点开发超级计算应用。这项计划得到了印度财政部的拨款，由印度科学技术部与电子信息技术部联合管理。不过，这项计划还需得到印度内阁的批准才能正式生效。

印度先进计算发展中心的负责人认为，这项计划能帮助印度研制出全球前 20 的超级计算机，并表示这项计划将协助印度的科学家大幅提升科研质量与数量。印度希望通过实施国家超级计算计划缩小与美国、欧盟、中国和日本的差距，不过当印度还在开发千万亿次级别的超级计算机时，这些国家和地区已经在研制百亿亿次（exascale）级别的超级计算机了。

10.3.7　5G 领域

10.3.7.1　美国先进无线研究计划

2016 年 7 月 15 日，奥巴马政府宣布推出由 NSF 牵头、总投资额度超过 4 亿美元的"先进无线研究计划"（White House，2016b），以赢取并维持在下一代移动技术领域的领先地位。这项计划重点针对未来 10 年的先进无线研究，部署和应用四个城市规模的测试平台。

根据该计划，NSF 和 20 多家技术企业与协会将共同投资 8500 万美元建设先进无线测试平台，其中，企业和协会将共同出资 3500 多万美元，为平台建设提供设计、开发、部署和运营支持。而未来 7 年 NSF 还将额外投资 3.5 亿美元支持利用这些测试平台的学术研究，此外，其他联邦机构也将做出相应规划和部署。这些平台以及由其支持的基础研究，将允许学术界、企业和无线行业测试与开发先进无线技术理念，并有望在未来引发 5G 及超越 5G 的重大创新。

1. NSF 的主要职责与部署

作为 8500 万美元公私合作投资的一部分，NSF 承诺从 2017 年开始，在 2017～2021 年投资 5000 万美元，设计并创建四个城市规模的先进无线研究平台（platforms for advanced wireless research，PAWR），包括出资 500 万美元设立一个 PAWR 项目办公室来管理平台的设计、开发、部署与运营。每个平台部署一个覆盖全城的软件定义无线电天线网络，实质上是模仿现有的蜂窝网络，允许研究人员、企业家和无线企业测试、验证和优化他们开发的技术和算法。四个试点城市的选择通过开放竞争进行，它们将力争成为全球无线研发的标杆。

NSF 在 2017～2023 年还将额外投资 3.5 亿美元，利用这些测试平台来开展先进无线技术的基础研究，使潜在的突破性技术实现从理念认证到现实规模化测试的过渡。除了支持测试平台建设和基础研究，NSF 还力图做到以下几点。

（1）推出总奖金为 100 万美元的两项挑战赛以改善无线宽带连接。其中一项挑战赛重在提供快速、大规模的无线连接，以便灾后关键通信服务的恢复；另一项挑战赛寻求创新方案，以利用高架路灯中的光纤在城市区域提供低成本的无缝连接。

（2）与英特尔实验室合作投资 600 万美元研究以信息为中心的无线边缘网络，以开发响应时间低于 1 毫秒的海量信息处理能力。

（3）与芬兰科学院合作投资 500 万美元，针对强健、高度可靠的无线通信系统与网络，特别是能支持物联网的系统的设计和分析，开展新型框架、架构、协议、方法和工具研究。

（4）为毫米波研究协作网络提供资助，推动一年两次的国际研讨会的举行，以围绕毫米波宽带无线网研究，确定新兴挑战、共享前沿研究成果并开展合作。

（5）组织大规模的网络平台"实践社团"研讨会，以汇集全球最佳实践，为 PAWR 的建设提供指导。

（6）于 2016 年 10 月举行研讨会，确定超低延迟网络研究中的挑战及相应的解决方案。

2. 其他联邦机构的举措

美国 DARPA 早前推出了频谱合作挑战赛，旨在开发具备先进机器学习能力的无线电频谱。此次 NSF 与 DARPA 合作，每年支持 6 支学生队伍参与该项挑战赛，并为他们提供培训和专家咨询。类似 PAWR 对于将该挑战赛中开发出的先进技术从理念转化为实际应用至关重要。

美国 NIST 创建一个跨多学科的"下一代通信路线图"工作组，以确定与下一代通信系统和标准相关的关键差距和研发机遇。此外，NIST 支持的 5G 毫米波信道模型联盟在室内环境中对信道进行测量、验证和比较，并在 2016 年 12 月举行的首届国际 5G 毫米波信道模型研讨会上讨论初步结果。

国家电信和信息管理局下属的电信科学研究所采取下列行动：①资助美国高校学生利用电信科学研究所与科罗拉多大学博尔德分校合作开发的频谱测试床开展无线频谱研究，以探索校园无线网建设、频谱共享和移动应用；②为其"可测量频谱占用数据库"额外增加新的联网传感器站点，从而提高频谱分析能力；③扩展其"城市与室内射频传播测试"运动，提供更多的数据来提升城市射频传播模型的精确度；④开展电磁兼容性分析，并对移动网络终端间可能存在的干扰进行实证检验。

3. 企业的举措

（1）AT&T 公司为入选的城市提供现场移动连接。

（2）卡尔森无线科技公司提供有关电视空白频段和动态频谱共享的设备、技术与专业知识，允许研究人员测试包括住宅宽带和物联网在内的各种用例。

（3）康普公司关注连接方案，例如天线、射频电缆、机柜、小型电池和光纤。

（4）HTC 通过提供专业技术、移动设备、物联网传感器和虚拟现实系统，支持测试平台建设。

（5）英特尔公司继续为测试平台提供其开发的便携式 5G 移动试验平台和服务器设备，以支持毫米波、多天线阵列、可控波束形成、新兴无线电接口技术和锚增强

（anchor-booster）架构等领域的研究。

（6）IntelDigital 公司为测试平台提供资金支持，并提供频谱和带宽管理、异构网络与回程等领域的工具。

（7）瞻博网络公司提供软件、系统与专业知识，为多研究平台的设计和架构提供帮助，以促进大规模可扩展、分布式物联网网络的构建与认证，以及网络安全方案的开发。

（8）Keysight 科技公司提供当前及下一代蜂窝和无线局域网软硬件产品来支持测试平台，并通过无线专家提供咨询和测试服务。

（9）美国国家仪器公司提供其软件定义无线电平台的设备，支持下一代无线通信研究。

（10）诺基亚公司协同诺基亚贝尔实验室提供资金支持、研究合作、治理和产品平台支持，重点领域涉及软件定义无线电、物联网、遥感、毫米波、安全、新的用例与应用、动态频谱共享。

（11）甲骨文公司提供核心网络控制、分析与架构，帮助研究人员理解订阅行为的影响，加强协调和安全。

（12）高通公司为测试平台建设提供资金支持、工程设备与指导，以研究创新的通信系统。

（13）三星公司为测试平台提供研究设计和工程技术，尤其是用于 28 吉赫兹及其他毫米波频段的未来无线网的技术，并提供对物联网的持续增强。

（14）共享频谱公司为测试平台提供动态频谱共享方面的技术帮助，以支持研究平台的设计和架构。

（15）Sprint 公司提供研发支持，以进一步推进先进的 5G 及更新一代移动技术候选技术的发展。公司提供网络设计方面的专业技术、用例、关键无线电接入网架构需求等。

（16）T-Mobile 公司提供专业技术，包括针对测试平台的设计与部署为员工提供工程辅助或建议。

（17）Verizon 公司继续提供专业技术，例如针对测试平台的设计与部署、固定与移动系统、室内外环境、住宅与商业建筑，为员工提供工程辅助。

（18）Viavi Solutions 公司为网络与服务的实验室及现场试验提供测试、保障和优化方案，以开发出能实现始终连接的社会与物联网的下一代技术。

4. 协会的举措

电信业解决方案联盟为测试平台的设计与部署提供技术和人员支持，并确定在平台上开展的研究的潜在机遇。

美国无线通信和互联网协会提供工程与技术支持，以帮助调整产业界与高校在测试平台上开展的下一代无线网络、设备与应用研究。

美国电信工业协会针对无线网络部署、物联网、互操作性、软件定义网络等领域提供技术与工程支持，并协助加强产业界对测试平台的认知。

10.3.7.2 欧盟 "5G 宣言"及"5G 行动计划"

1. 欧洲业界巨头联合提出"5G 宣言"

2016 年 7 月 10 日，欧盟委员会发布了由 20 家重要电信设备厂商和运营商组成的联盟所提出的"5G 宣言"（European Commission，2016b）。该宣言详细描述了业界在整个欧洲开发和部署 5G 网络的技术路线图。联盟成员包括德国电信、诺基亚、沃达丰和英国电信等，它们承诺于 2018 年开展大规模试验，并于 2020 年前分别在欧盟 28 个成员国（每个国家至少一个城市）部署 5G 网络。此外，它们还将 5G 网络新技术作为与政府谈价还价的砝码，希望各国政府弱化监管规定，确保一个开放的互联网。

该联盟认为，欧洲电子通信监管机构现行的网络中立性原则，使 5G 网络的投资回报面临诸多不确定性。除非监管部门对创新保持积极的姿态，否则 5G 网络的投资可能会推迟。"5G 宣言"提出，欧盟必须用促进创新的务实政策，满足互联网开放性的需要。

根据"5G 宣言"提出的"5G 行动计划"，联盟于 2018 年前展现 5G 在汽车、健康、公共安全、智能城市和娱乐等领域的益处。该联盟还呼吁各国对相关基础设施进行投资，为 2020 年前在欧盟所有成员国部署 5G 网络奠定基础。

2. 欧盟委员会公布"5G 行动计划"

2016 年 9 月 14 日，欧盟委员会公布详细的"5G 行动计划"（European Commission，2016c），具体包括：2017 年 3 月公布具体的测试计划并开始测试，年底前制定出完整的"5G 部署路线图"；2018 年开始初期商用测试；2020 年各个成员国至少选择一个城市提供 5G 服务；2025 年各个成员国在城区和主要公路、铁路沿线提供 5G 服务。

报告指出，5G 被视为产业变革的关键使能器，通过连接万物的新兴应用以及多用途的软件可视化，在交通、健康、制造、物流、媒体和娱乐等诸多领域将掀起创新的商业模式潮。报告提出的关键领域与行动计划如下所示。

1）欧洲 5G 时间表

行动 1——欧盟委员会将与成员国和业界利益相关方一起，合作制定欧洲 5G 时间表，包括在 2018 年底前打造出前期 5G 网络并于 2020 年底前在欧洲实现完全的 5G 商用服务。

2）解除瓶颈：释放 5G 频谱

行动 2——欧盟委员会与成员国将在 2016 年底前确定可用于前期 5G 服务的先锋频谱段列表。

行动 3——欧盟委员会与成员国将在 2017 年底前就 6 吉赫兹及以下整套频谱达成一致，以配合欧洲 5G 网络的初期商用部署。此外，还将针对 6 吉赫兹以上的特定 5G 频谱段授权提出建议方案。

3）利用有线与无线网络：密集的 5G 接入点网络

行动 4——欧盟委员会将联合业界、成员国和其他利益相关方，共同制定用于监测重要有线与蜂窝部署的进展与质量目标，以满足所有城区与重要区域交通干道的需求，并在 2025 年前实现无中断的 5G 覆盖。确定能立即投入使用的最佳案例，以提升管理和时间规划的一致性，促进更密集的蜂窝部署。

4）保持 5G 的全球互操作性：标准挑战

行动 5——欧盟委员会号召成员国及业界共同致力于如下标准方法相关目标：①在 2019 年底前，确保拟定全球 5G 标准，以保障 5G 商用的实现，并为超高速宽带的未来连接场景奠定基础；②全力支持覆盖广播接入和核心网络挑战的整体标准方法，并充分考虑颠覆性用例和开放创新；③在 2017 年底前制订适宜的跨行业合作伙伴计划，以支持业界用户实验所需的、及时的标准定义。

5）5G 创新以促增长

行动 6——为打造基于 5G 连接的数字化生态系统，欧盟委员会将呼吁业界：①针对 2017 年的关键技术实验制订计划，包括通过 5G 合作伙伴计划来测试新的终端和应用，验证 5G 连接对重要领域的益处；②在 2017 年 3 月推出针对欧洲层级前期先进商用试点的详细路线图。

行动 7——欧盟委员会鼓励成员国考虑利用 5G 基础设施来改善公共安全方面的通信服务性能。

行动 8——欧盟委员会将与业界和欧洲投资银行合作，确定风险投资设备的目标、可能配置及模式。

10.3.7.3　英国 5G 战略

2017 年 3 月 8 日，英国文化、媒体与体育部和财政部联合发布《下一代移动技术：英国 5G 战略》（GOV.UK，2017），旨在尽早利用 5G 技术的潜在优势，塑造服务大众的世界领先数字经济，确保英国的领导地位。此战略就以下七大关键发展主题明确了英国应采取的 5G 发展举措。

1. 构建 5G 实用案例

启动 5G 测试床和试验计划，创建国家 5G 创新网络和 5G 专家中心，推动 5G 产品和服务的开发，验证 5G 技术货币化、市场化的可行性，探索 5G 及相关技术有助于解决的关键公共部门挑战；测试农村和城市地区的 5G 应用案例，提高对基础设施部署经济性及成本有效的部署方式的认识；投资 2 亿英镑加速建设新型全光纤宽带网络；与英国通信监管机构（Office of Communications，Ofcom）联合为运营商提供公平的光纤接入，探索管道和电杆接入补救措施；与 Ofcom 联合确定并解决基础设施共享障碍，探索更加清晰、强大的共享框架；与私营机构联合验证 5G 的商业化方式和商业模式；研究 5G 技能需求，持续监测相应的劳动力市场趋势，在适当的时候采取行动支持 5G 建设。

2. 实施适当的监管方案

明确是否需要进一步改变规划和监管机制，以适应 5G 基础设施部署的独特挑战；积极探索进一步降低网络和其他相关数字基础设施部署和运营成本的方式，尽早、快速、广泛地部署 5G 商业案例；与英国监管机构开展适当的合作，提高对不同的 5G 应用与服务监管机制的认识。

3. 地区管理和部署能力建设

委托研究 5G 映射工具，推动基于 24 吉赫兹及以上频谱的小基站网络规划技术的发展；提出开放政府建筑和土地的新方案，推动移动基础设施的发展，同时鼓励其他公共部门采取类似的措施；要求地方政府制定规划政策，推出高质量数字基础设施的部署措施；考虑更广泛的各地区移动连接部署计划的预期内容，就最佳做法提出指导意见；在遴选相关资助项目的过程中，考虑地区连接计划的有无及采取措施的积极性等因素；评估不同的地区模式，推动 5G 基础设施在城市和农村等不同类型的地区、单级和两级地方政府机构的部署；建立一个由地区、政府部门、土地所有者、行业代表组成且隶属于 5G 专家中心的工作组，以准确地了解 5G 网络部署的地区需求，共享 5G 网络规划知识。

4. 5G 网络的覆盖范围与容量

明确 5G 高质量覆盖人们生活、工作和旅行领域的基本要素，包括覆盖范围和容量等，于 2025 年前尽快达成目标；要求 Ofcom 针对现有服务完成覆盖范围评估，真实、有意义地反映客户所体验的服务；考虑如何开发适当指标并最好地利用其指导未来政策的制定；要求交通部与文化、媒体与体育部及产业界联合评估交付模式的商业化潜力，提出相应的基础设施支撑方式；资助有望获取更广泛利益的现场试验，尤其与铁路连接相关的项目；考虑一系列有关公路和铁路覆盖范围的问题，与 Ofcom 探讨如何在电信监管存在障碍的地区完成部署计划。

5. 确保 5G 的安全部署

与英国 NCSC 等机构联合开发新的安全架构，以满足 5G 应用与服务的预期需求；监察和支持 5G 安全技术的开发；协同其他政府机构探索新方式，提高公众对 5G 机遇与潜力及所带来的不同应用与服务的认识程度。

6. 频谱

定期审查频谱监管机制，支持服务提供商获得频谱，满足没有服务或缺乏服务地区的需求，实现频谱的更高效利用；确定频谱覆盖目标，要求 Ofcom 考查频谱许可制度，提高 5G 在一系列可能的应用案例中的覆盖率；与 Ofcom 联合评估在 3.8~4.2 吉赫兹频段实现 5G 频谱共享的可行性，就下一步工作达成明确的时间表和里程碑；优先考虑为公共部门提供 5G 频谱，其次是经济效益的评估。

7. 技术与标准

监测供应商市场和安全情况的发展动态,酌情作出回应;与相应的标准制定组织合作,尤其是 ETSI、国际电信联盟(International Telecommunication Union,ITU)、第三代合作伙伴计划,支撑新兴的 5G 标准纳入英国的需求与建议;考虑是否通过专利池和投资组合等措施来辅助 5G 市场。

10.3.7.4　韩国"未来移动通信产业发展战略"

韩国政府在 2014 年 1 月 22 日举行的第三次经济部门长官会议上,敲定了以 5G 发展总体规划为主要内容的"未来移动通信产业发展战略"(晓瑷,2014),决定在 2020 年推出全面的 5G 商用服务,并将为此投资 1.6 万亿韩元。

韩国 5G 发展总体规划的目标是,让韩国成为引领世界的 5G 通信强国。具体内容包括:尽早推动 5G 市场发展;为实现 5G 通信标准化与国际社会合作;积极进行研究开发;构建新的智能生态系统。另外,韩国政府还同欧洲、中国一起致力于 5G 标准化工作,并支持韩国的芯片制造商等中小企业的研发工作,帮助其克服进入市场的高壁垒,使中小企业参与 5G 研发的比重从 25%提高到 40%。

韩国未来创造科学部计划,到 2020 年使韩国成为世界终端市场第一、国际标准专利竞争力第一的国家,使韩国在设备市场份额升至 20%,创造 1.6 万个工作岗位。未来创造科学部预测,在 2020～2026 年,韩国的 5G 终端和设备将在国内和海外市场创造 331 万亿韩元的价值,同时 5G 业务也将创造 68 万亿韩元的价值。

除了 5G 部署规划,"未来移动通信产业发展战略"还包括到 2020 年将实现未来社会性网络服务、移动立体视频、智能服务、超高速服务、超高清和全息图五大核心服务的商业化。

10.4　信息科技领域代表性重要规划剖析

本节选取《英国网络安全战略(2011-2016)》、《英国网络安全战略(2016-2021)》、美国《为未来人工智能做好准备》、美国《国家人工智能研究与发展战略规划》、美国"大数据研发计划"、欧盟量子技术旗舰计划、欧盟《HPC 战略研究议程》等代表性重要规划,从战略背景、制定流程、规划时长、组织体系、机构设置、战略部署、实施模式和治理模式等方面展开剖析。

从规划的时间跨度或制定时长来看,英国网络安全的两份五年期规划,时间跨度长为十年,且其间每年开展年度总结和下一年规划,为经费开支、行动目标和实施成效的对比提供条件;美国"大数据研发计划"从 2011 年开始设立规划指导小组,至 2016 年颁布"联邦大数据研发战略计划",制定规划的历时较长,每年的规划制定进展亦可作为一项详细分析的内容。

从规划的组织框架方面来看,美国《国家人工智能研发战略规划》、美国"大数据研发计划"、欧盟量子技术旗舰计划等均设置相关指导小组或督导委员会,以推动规划制定或实施。

从规划的制定方法或治理模式来看,欧盟《HPC 战略研究议程》的结构化方法和欧盟量子技术旗舰计划的治理决策层架构等值得深入分析。

10.4.1 英国网络安全战略部署与实施进展

进入 21 世纪以来,互联网迅速普及推广,开辟出一个全新的网络空间,各国竞相将其纳入国家战略考虑(吴世忠,2016)。英国政府于 2011 年发布《英国网络安全战略(2011—2016)》,设定细化目标以指导相关工作。英国内阁办公室每年发布报告,总结过去 12 个月的进展,并提出未来一年的工作计划(由鲜举和田素梅,2015)。2016 年 11月 1 日,英国政府启动新一轮的《英国网络安全战略(2016—2021)》,指出英国政府在2016~2021 年投资 19 亿英镑加强互联网安全建设,旨在防范网络攻击,维护英国经济及公民信息安全,提升互联网技术,确保遭到互联网攻击时能够予以反击。相比英国《英国网络安全战略(2011—2016)》投入的 8.6 亿英镑资金,新计划的投入资金翻了一番多。表 10-13 列出了 2011~2021 年英国网络安全战略及已有进展报告的详细发布情况。

表 10-13　2011~2021 年英国网络安全战略(及实施进展)报告一览表

发布日期	名称	投入规模	规划年限	发布机构
2011 年 11 月 25 日	《英国网络安全战略(2011—2016)》	8.6 亿英镑	2011~2016 年	英国政府官网(UK.GOV)
2012 年 12 月 3 日	英国网络安全战略一年期进展	—		
	英国网络安全战略下一年规划	—	2012 年	
2013 年 12 月 12 日	英国网络安全战略两年期进展	—		
	英国网络安全战略下一年规划	—	2013 年	
2014 年 12 月 11 日	英国网络安全战略三年期进展及下一年规划	—	2014 年	
2016 年 4 月 14 日	《英国网络安全战略(2011—2016)》总结报告		2016 年	
2016 年 11 月 11 日	英国启动《英国网络安全战略(2016—2021)》	19 亿英镑	2016~2021 年	

10.4.1.1　《英国网络安全战略(2011—2016)》与《英国网络安全战略(2016—2021)》的内容对比

从主体框架来看,两份五年度战略主要包括战略背景、愿景目标和行动计划等内容。

如表 10-14 所示。

<p>表 10-14　英国两份五年度网络安全战略对比</p>

	《英国网络安全战略（2011-2016）》	《英国网络安全战略（2016-2021）》
战略背景	互联网正在彻底改变着人们的生活，拉动经济增长并赋予人们联系与合作的新途径。然而随着网络空间的进一步扩大，新机遇与新威胁也相伴而生。在这个高度开放的方式中，人们更容易受到来自网络罪犯、黑客、外国情报机构等的威胁。 英国非常重视网络空间的安全性，2010 年曾制定国家安全战略规定网络攻击属于一级威胁，并在财政紧缩的情况下投入 6.5 亿英镑作为为期四年的 NCSP 公共资金。未来，英国需要在尊重隐私和基本权利之间寻找一种平衡方式，以确保网络空间仍是一个拥有创新和开放思想、信息和言论的开放空间	网络安全仍然是英国重点关注的问题之一。2011～2016 年的网络安全战略通过利用商业市场的力量，加强网络安全，并且已经取得了重要成果。但是这种方法所取得的变化和发展远远不够，不足以保持领先于快速变化的网络威胁。因此必须更进一步加强网络安全工作
愿景目标	现有的网络空间管理风险的方法已经无法跟上网络空间环境的复杂变化，英国需要制订新的变革计划来改善国内网络安全管理并继续与其他国家在国际事务上展开合作。 愿景：2015 年，通过建立一个充满活力、弹性和安全的网络空间，获取巨大的经济和社会价值。并且在自由、公平、透明、法治的核心价值观的指导下，促使未来英国经济繁荣、国家安全、社会强大。 目标 1：打击网络犯罪，使英国成为世界上电子商务最安全的地方之一。 目标 2：强化应对网络攻击的适应能力，保护国家在网络空间中的利益。 目标 3：建立一个开放、稳定、充满活力的网络空间，使英国公众能够安全使用并支持开放社会的实现。 目标 4：培育跨领域的知识、技能和能力，以支撑所有网络安全目标	当前英国必须建立一个蓬勃发展的数字社会，保证其既具备网络弹性，又具备所需的知识和能力，以最大程度把握机会和管控风险。 愿景：英国争取在 2021 年成为安全的数字国家，具备网络弹性。 战略目标：防御、威慑和发展。 防御——旨在加强互联网防御能力，尤其是能源、交通等关键产业领域。 威慑——对网络攻击采取有效反击从而降低威胁。 发展——大力培养网络人才、发展最新技术，跟上全球互联网技术发展的步伐
行动计划	为了达成上述目标，英国政府已投入 6.5 亿英镑作为为期四年的 NCSP 的公共资金。政府应与私营部门和其他国家一起实现上述愿景与目标。 政府工作的行动纲领如下： （1）继续在英国 GCHQ 和英国 MOD 上建立侦测和抵御高端威胁的统御能力。 （2）贯彻落实在伦敦会议上的关于在网络空间中建立国际公认的"网络协议"所定义的议程。 （3）与拥有和管理关键基础设施的企业进行合作，以确保关键数据和系统保持安全性和适应性。 （4）与私营部门建立一种新的业务伙伴关系，共享网络空间中的威胁信息。 （5）鼓励易于使用和理解的以产业为主导的标准和指南的制定，帮助企业在网络安全上的建设。 （6）通过鼓励发展良好的网络安全产品的具体指标，来帮助消费者和小的信息资源管理系统辨清市场方向。 （7）举行一个由保险公司、审计师和律师参与的关于专业商务服务的战略高层会议，确立他们在促进更好的网络风险管理中所可能发挥的作用。 （8）将现有针对网络犯罪的专门执法力量集中起来，成立新的 NCA。鼓励使用"网络专长"并尽可能多地利用这类专业技能来协助警察。 （9）建立一个有效和易于使用的用于报告网络欺诈的独立点，并提高警察对在本地遭受网络犯罪的受害者的反应能力。 （10）与其他国家进行合作，确保跨境共同执法，拒绝为网络犯罪分子提供避风港。 （11）鼓励英国法院利用现有的法律力量对网上罪行施行适当的在线制裁。 （12）寻求互联网服务提供商的支持，使其帮助互联网用户认清、定位、保护自己的系统。 （13）帮助消费者应对网络威胁。通过使用社交媒体提醒人们诈骗或其他在线威胁将成为一种"新常态"。 （14）鼓励、支持和发展各级教育、关键技能和各类研发。 （15）为市民和小企业确立单一权威的意见，帮助他们保持在线安全。 （16）培育一个充满活力和创新的网络安全部门，包括探索 GCHQ 和企业之间新的合作伙伴关系以更好地利用政府独特的专长	（1）开展"国际行动"，包括投资发展伙伴关系，使得全球网络空间的发展朝着有利于英国经济和安全利益的方向发展，发挥英国影响力。 （2）加大干预力度，利用市场力量提高英国的网络安全标准。英国政府将与苏格兰、威尔士和北爱尔兰的行政管理部门合作，与私营和公共部门合作，确保个人、企业和组织采用措施保持自身的网络安全。 （3）借助工业界的力量，开发和应用主动式网络防御措施，以提高英国的网络安全水平。这些措施包括最大程度减少最常见的网络钓鱼攻击，过滤已知的不良 IP 地址，并主动遏制恶意网络安全活动，提高英国对最常见的网络威胁的抵御能力。 （4）启动 NCSC，使其成为英国网络安全环境的权威机构。该机构将致力于分享网络安全知识，修补系统性漏洞，为英国网络安全关键问题提供指导。 （5）确保武装部队具有网络弹性以及强大的网络防御能力，从而能够捍卫其网络和平台的安全，并能够协助应对重大的国家网络攻击。 （6）确保能够采用最恰当的能力，包括进攻网络能力，应对任何形式的网络攻击行为。 （7）利用英国政府的权力和影响力，面向学校和整个社会，投资人才发展计划，解决英国网络安全技术短缺的问题。 （8）成立两个新的网络创新中心，以推动先进网络产品和网络安全公司的发展。拨款 1.65 亿英镑设立国防和网络创新基金，以支持国防和安全领域的创新采购

10.4.1.2 英国网络安全战略的经费开支与工作进展

如表 10-13 所示,英国政府在 2012 年、2013 年、2014 年和 2016 年分别发布报告,介绍英国 NCSP 的一年期、两年期、三年期和五年期工作进展以及相应的未来工作计划。

1. 第一年经费开支与工作进展情况

2012 年 12 月,在《英国网络安全战略(2011—2016)》实施一年之后,一年经费主要开支共计约 2.6 亿英镑,这其中不包括用于支持战略目标实现的非 NCSP 支出经费,具体情况如图 10-1 所示。

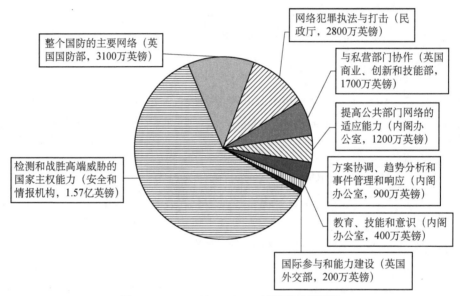

图 10-1 NCSP 2011~2012 年经费使用情况

一年来取得的良好进展包括以下几方面。

1)打击威胁

英国 GCHQ 受 NCSP 资助,发展有关识别和分析恶劣网络攻击的新能力,以保护核心网络和服务,支持英国实现更广范围的网络安全任务。英国 MOD 已成立了一个三军服务单位——联合网络部队,已制定了联合网络部队的训练和技能要求,并开发新的战术、技术和计划,以提高军事能力,应对高端威胁。

英国国家安全局致力于研发与加强其网络结构,重点调查由外国情报机构和恐怖分子制造的网络威胁。

英国国家基础设施保护中心致力于标准影响和研究漏洞,特别是网络基础设施的关键技术和系统。

此外,英国政府面向公共部门网络建立了一个新的服务共享安全模型,包括一个公共标准的方法保证、基于员工认证中心的单点登录、安全监控、更有效的合规性,以及更富有弹性的网络。

2）应对网络犯罪

政府投入大量精力加强执法和检察机关的能力，以防止、破坏和调查网络犯罪。警察中心电子犯罪部门（Police Central e-Crime Unit，PCeU）成立了三个网络区域治安队，并对主要警方人员进行了培训。英国重大组织犯罪署（Serious Organised Crime Agency，SOCA）通过引进网络海外联络官员和提供网络和数字调查岗位来增强其网络能力。

PCeU 在一年时间里已避免了 5.38 亿英镑的经济损失。此外，与 SOCA 一起遣返了230 万份受损数据，估计避免了 5 亿英镑的经济损失。英国皇家警署对网络犯罪起诉投入了更多的资源。至 2012 年 9 月底，英国皇家警署已起诉了 29 起网络犯罪案件。

2013 年，SOCA 与 PCeU 联合行动，共同支持新成立的 NCA 建立国家网络犯罪组，进一步转变执法能力，以解决网络犯罪。

NCSP 所资助的英国国家防诈局的"欺诈行为"举报工具为英国国家报告中心提供了帮助，使举报能用于有针对性的执法行动中。

为进一步协助打击网上欺诈，英国皇家税务与海关总署成立了一个新的网络犯罪小组，以增强该机构在解决有组织的税务欺诈上的能力。

3）与产业界的合作

过去一年里，英国政府与产业界和学术界开展合作，促成了面向行业首席执行官的《产业界网络安全指南》，为董事会成员和高级管理人员提供了网络安全风险管理的全面指导。

此外，英国政府已与产业界成功完成了信息共享计划的试点，为组织间共享威胁和管理事件信息提供了一个信任的环境。

4）教育、技能和意识

英国政府一直在与产业界合作，通过各种行动增强公众的网络安全意识。其中，"在线安全周"作为"全球网络安全月"的一部分，首次与欧盟、美国和加拿大进行了合作。此外，8 所处于网络安全领域世界一流水平的英国大学获得了英国 EPSRC 的"网络安全研究卓越学术中心"嘉奖。同时，英国政府已采取措施提高年轻人的网络安全技能，放宽进入这一领域的通道。英国商业、创新和技能部已委托英国 IT 技能发展组织为普通中等教育学生开发有关网络安全的学习互动材料。

5）国际合作

2012 年 10 月，外交部部长宣布设立网络能力建设基金以支持国际的网络安全合作，其中包括成立全球网络安全能力建设中心。SOCA 与国际合作伙伴"互联网名称与数字地址分配机构"一起，致力于打击网络犯罪。

2. 第二年经费开支与工作进展情况

2013 年 12 月，《英国网络安全战略（2011—2016）》实施两年之际，英国内阁办公室部长向国会提交报告，阐述了在 2013 年的工作进展和未来工作计划。

英国政府围绕着表 10-14 所示的四大愿景目标不断推进工作，2012~2013 年的经费支出（不包括用于支持战略目标实现的非 NCSP 支出经费）如表 10-15 所示。

表 10-15　NCSS 经费开支情况

支出类别	机构	支出金额/万英镑
检测和战胜高端威胁的国家主权能力	安全和情报机构	8660
整个国防部网络保障	国防部	3420
网络犯罪执法与打击	民政厅	2900
与私营部门协作	商业、创新和技能部	960
提高公共部门网络的弹性	内阁办公室	340
方案协调、趋势分析、事件管理和响应	内阁办公室	160
教育、技能和意识	内阁办公室	800
国际参与和能力建设	外交部	220
事件管理/响应及趋势分析	内阁办公室	540

2013 年之后的工作计划包括如下七点：

（1）拟从网络增长合作伙伴关系发展出一个新的网络安全供应商的计划，使企业能够向其潜在客户表明其正在为政府提供网络安全产品和服务。政府的目的是使英国的网络出口量能增加一倍以上，到 2016 年达到每年 20 亿英镑。

（2）英国互联网行业与政府需要通力合作制定一系列的指导原则来改善用户的网络安全，限制网络攻击的增加，同时提供最佳实践方案以起到更好的宣传、教育和保护作用。

（3）基于 ISO 27000 系列标准建立针对网络安全的标准组织业界领导，为产业界提供一个明确的基准，保证基础的网络健康，使网络免受最低级别的网络威胁。所建立的基准将应用到政府的采购过程中。

（4）拟在 2014 年夏季在"开放大学"开设网络安全"大规模开放课程"。该课程将对 20 万名国内外的潜在学生提供免费服务。

（5）建立可信工业控制系统研究所，直接支持国家基础设施，建立相关能力，探寻保护支撑关键服务的工业技术的创新方法。

（6）资助"网络安全挑战赛"，进一步扩大竞争区域和国家。

（7）与非洲、亚洲、美洲的奖学金机构加强伙伴关系，有助于提升英国的网络领先声誉。

图 10-2 列出了《英国网络安全战略（2011—2016）》的逐年经费开支情况，英国政府投入 8.6 亿英镑，制定的政策、制度和倡议推动英国成为网络安全的全球领军者。英国政府以 2011 年发布的《英国网络安全战略（2011—2016）》的成就、目标和判断为基础继续筹划了《英国网络安全战略（2016—2021）》，以期让英国成为安全、能应对网络威胁的国家，在数字世界繁荣而自信。

10.4.2　美国人工智能战略规划背景与内容详解

人工智能技术在机器人、语言翻译、图像识别等领域已经获得了广泛的应用，正不断融入现代生活，并将逐步改变社会形态及产业发展模式。综观各发达国家和地区的实践，其均在积极应对以迎接智能时代的到来，竞相将人工智能推向国家战略层面（李修全，2016）。

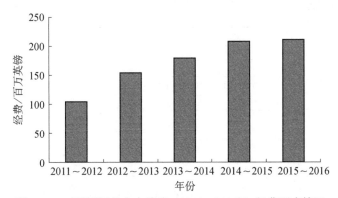

图 10-2　《英国网络安全战略（2011—2016）》经费开支情况

10.4.2.1　美国国家人工智能相关报告背景

作为信息技术革命的发源地和领跑者，美国在迎接人工智能新未来的过程中再次一马当先。2016 年 10 月 12 日，美国联邦政府发布《为未来人工智能做好准备》和《国家人工智能研究与发展战略规划》两份报告。前者主要阐述人工智能的发展现状、未来机遇、潜在问题，并针对美国联邦政府、公共机构和公众提出 23 项具体建议措施。后者制定了美国人工智能研发战略规划的整体框架，提出 7 项优先战略，以期充分利用人工智能技术，来增强美国的经济实力，提升国家与社会的安全。两份报告虽由不同的小组委员会/专门工作组完成，但在美国政府的建议方面，均强调应持续投资于私营企业可能不愿投资的人工智能基础与长期研究领域、确保人工智能系统的安全性、开发人工智能公共数据集资源，以及培养人工智能专业人才等。

《为未来人工智能做好准备》报告是美国联邦政府围绕人工智能开展一系列活动的阶段性成果，由美国 NSTC 的机器学习与人工智能小组委员会完成。2016 年 5 月，美国 OSTP 宣布成立这一小组委员会，以针对人工智能相关问题提供技术和政策建议，并监督各行业、研究机构及联邦政府的人工智能技术研发。2016 年 5~7 月，OSTP 还与高校和相关协会联合举办四场公共研讨会，讨论与人工智能相关的法律政策、社会福利、安全控制及社会经济影响等问题，加深公众对人工智能和机器学习的理解。各机构发布的相关报告（如斯坦福大学完成的《2030 年的人工智能与生活》等），对《为未来人工智能做好准备》报告的编写起到了良好的支撑和扩展作用。

10.4.2.2 美国人工智能战略规划的机构组织体系

《国家人工智能研究与发展战略规划》以联邦机构、研讨会专家小组以及美国公众的群体智慧为基础，由 NITRD 人工智能专门工作组制定。2016 年 6 月，应 NSTC 机器学习与人工智能小组委员会的要求，NITRD 小组委员会成立了这一跨机构的人工智能专门工作组，以确定美国联邦政府在人工智能研发中的战略优先点。

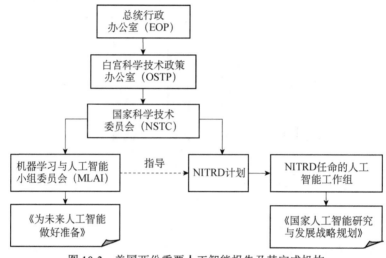

图 10-3 美国两份重要人工智能报告及其完成机构

10.4.2.3 《为未来人工智能做好准备》针对政府提出重要建议

《为未来人工智能做好准备》报告指出，美国一直处在人工智能基础研究的前沿，人工智能发展史的大多数阶段都有美国政府的支持。2015 年，美国联邦政府在人工智能领域投入研发资金约 11 亿美元，主要通过 NITRD、DARPA、NSF、NIH、海军研究办公室和情报高级研究计划局等机构来支持非机密的人工智能研发。在 OSTP 主办的所有人工智能相关研讨会和公共推广活动中，无论是业界领袖、技术专家还是经济学家，都向政府官员呼吁加大在人工智能技术研发方面的政府投入。报告进一步倡导美国政府应加强与人工智能业界、社会公众的协作，使人工智能成为经济增长与社会进步的重要推动力。

报告针对美国联邦政府、公共机构和公众提出 23 项具体建议措施，其中针对美国联邦政府及相关机构的部分重要建议包括：①优先投资于私营企业可能不愿投资的人工智能基础与长期研究领域；②机构的计划和战略应考虑到人工智能和网络安全之间的相互影响；③将人工智能的公开数据及数据标准放在工作首要位置，拟实施"人工智能公开数据"计划，在政府、学术机构和私营部门等领域促进人工智能公开数据标准的使用和最佳实践；④发起一项关于人工智能从业者流水线的研究，促进从业者（包括研究人员、专家和用户）在数量、质量和多样性上的合理增长，并为人工智能从业者们开辟一个实践社区；⑤投资开发和应用一种高端的自动空中交通管理系统，能同时应对无人机和有人驾驶的飞行器；⑥监控人工智能技术的发展和其他国家的人工智能发展状况，定期向上级主管部门领导汇报技术的里程碑式突破；⑦加深与关键国际利益相关者的合作，制作需要国际参与和监督的人工智能热点领域清单，在涉及人工智能的国际参与方面制定政府层面政策。

10.4.2.4　《国家人工智能研究与发展战略规划》七项重点与整体框架

1. 战略 1：对人工智能研发进行长期投资

针对人工智能的下一代重点技术，如用于知识发现的先进数据驱动方法、增强人工智能系统的感知能力、了解人工智能的理论能力和限制、开展通用人工智能技术研究、开发可伸缩的人工智能系统、促进类人人工智能研究、开发更可靠的机器人、改善硬件提升人工智能系统性能、开发适用于先进硬件的人工智能系统等方面，进行持续投资并使美国保持在人工智能领域的世界领导者地位。

2. 战略 2：开发人机协作的有效方法

大部分人工智能系统将与人类合作以达到最佳绩效，而非代替人类。通过寻求具备人类感知能力的人工智能新算法、开发用于人类机能增进的人工智能技术、开发数据可视化和人机界面技术、开发更有效的自然语言处理系统等，实现人类和人工智能系统之间的有效交互。

3. 战略 3：理解和应对人工智能的伦理、法律和社会影响

研究理解人工智能的伦理、法律和社会影响，以期所有人工智能技术能够遵循与人类相同的正式与非正式道德标准。

4. 战略 4：确保人工智能系统的安全性

通过改进可解释性和透明度、建立信任、增强校验和验证、防攻击的安全策略、实现人工智能自演化中的安全性和价值一致性等，应对人工智能系统所存在的威胁，设计出可靠、可依赖、可信任的系统。

5. 战略 5：开发人工智能共享数据集和测试环境平台

公开数据资源的深度、质量和准确度极大地影响人工智能的性能。研究人员需要开发高质量数据集和环境，具体工作包括：为多类型的人工智能应用开发充足的可用数据集、使培训和测试资源适应商业和公共利益、开发开源软件库和工具集等。

6. 战略 6：建立标准和基准评估人工智能技术

基于标准、基准、试验平台和社会参与，指导及评估人工智能的进展，具体工作包括研制一系列人工智能标准、建立人工智能技术基准、增加人工智能实验平台的可用性、组

织人工智能标准和基准社团等。

7. 战略 7：更好地把握国家人工智能研发人才需求

人工智能的发展需要一支强劲的人工智能研究人员团体。要更好地了解目前和将来人工智能研发对人才的需要，以确保有足够的专家参与人工智能研发。

如图 10-4 所示，底层模块是影响人工智能系统研发最根本的基础，涉及伦理/法律/社会影响、安全问题、标准与基准、数据集与环境、人工智能人才需求等（对应于战略 3～7）；中间模块表明发展人工智能所需要的长期投资领域（对应于战略 1），以及需要人类与人工智能协作的领域（对应于战略 2）；顶层模块则展示出能获益于人工智能发展的众多应用领域。

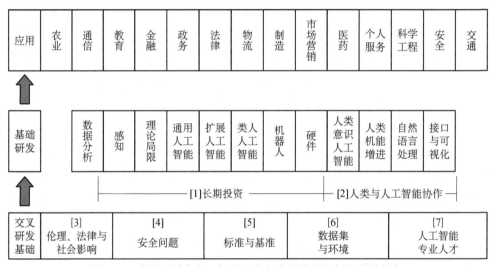

图 10-4　美国《国家人工智能研究与发展战略规划》整体框架

10.4.3　美国大数据研发战略规划部署与进展

大数据正在成为国家竞争的前沿以及产业竞争力和商业模式创新的源泉。发达国家越来越重视大数据的战略资源作用，在数据应用迅猛发展的拉动下，大数据已经成为企业发展的巨大引擎，在提升产业竞争力和推动商业模式创新方面发挥着越来越重要的作用。发达国家推行大数据战略的特点主要是：站位高，合力推进；突出重点，巨额投入；整合数据，加强公共基础平台建设；应用拉动，加快发展（王晓明和岳峰，2014）。

10.4.3.1　设立"大数据研发高级指导小组"联合多家联邦机构力量

2012 年 3 月 29 日，美国发布了"大数据研发计划"，同时组建了"大数据研发高级指导小组"，涉及美国 NSF、NIH、DOE、DOD 等 6 个联邦政府部门，政府还倡议企业、科研院校和非营利机构集中资源，共同促进大数据发展，在国家战略层面形成了全体动员格局。6 个联邦机构宣布共同投入 2 亿美元的资金，用于开发收集、存储、管理大数据的工具和技术。事实上，美国多家联邦机构在该计划之前就开展了大量的大数据项目，涵盖国防、能源、航天、医疗等各个领域。为使各机构在大数据行动上实现配合和协调，美国政府于 2011 年成立了"大数据研发高级指导小组"，负责确定大数据国家计划目标，最终促成产生了"大数据研发计划"（胡芒谷，2013）。这项计划是对 2011 年美国总统科学技术顾问委员会所提建议的回应，也是 2011 年 NITRD 设立的"大数据研发高级指导小组"研究工作的体现（图 10-5）。

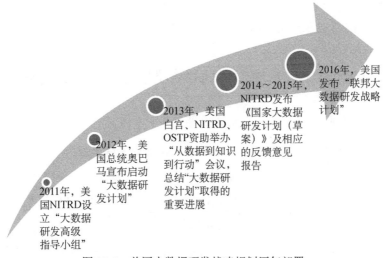

图 10-5　美国大数据研发战略规划历年部署

10.4.3.2　总结联邦机构取得的进展，开展新的公私合作计划

2013 年的"从数据到知识到行动"会议总结了自 2012 年美国"大数据研发计划"启动以来各联邦机构所取得的重要进展情况，更详细地介绍了数十家公私机构在大数据方面的新合作计划。七类项目分别涉及：①增加患者的自主权，治疗疾病，拯救生命；②经济增长；③支持地球、能源利用和环境；④增强国家和世界的实力；⑤促进核心技术；⑥培养下一代数据科学家；⑦描述数据驱动社会的未来。

10.4.3.3　充分吸收反馈意见，最终形成"联邦大数据研发战略计划"

2014～2015 年，NITRD 发布《国家大数据研发计划（草案）》并对外收集相应的反馈意见。2016 年发布"联邦大数据研发战略计划"，主要目标是为在数据科学、数据密集型应用、大规模数据管理与分析领域开展和主持各项研发工作的联邦各机构提供一套系统的大数据研发战略及相应的指导意见，帮助他们决定何时制订和扩展各自的大数据研发计划，如何将有限的资源投入大数据行动并最大限度地发挥这些行动的作用，让影响最大化。

该计划提出了七大战略，代表着对大数据研发而言至关重要的领域，分别包括：①充分利用新兴的大数据基础和技术，创建新一代能力；②探索与理解数据及知识的可信度，实现突破性科学发现和更好的决策，开展有把握的行动；③创建并改善科研网络基础设施，实现大数据创新，为各机构完成其任务提供支持；④通过促进数据共享与管理的政策提升数据的价值；⑤针对隐私、安全和伦理，理解大数据的收集、共享与使用；⑥完善大数据教育与培训的国家布局，满足对高级分析人才的需求，并帮助更广泛人群具备分析能力；⑦在国家大数据创新生态系统中建立各种联系并加强这些联系。这些战略为美国国家大数据创新生态系统提供了坚实支持，使美国和联邦各机构能基于大规模、多样化的实时数据集进行分析、信息抽提和决策，加强自身职能，加速科学发现与创新的进程，催生新的研究领域，培养下一代的科学家与工程师，并带动经济增长。

10.4.4 欧盟量子技术旗舰计划的战略研究议程、实施模式和治理模式

10.4.4.1 欧盟量子技术旗舰计划高级督导委员会发布中期报告，提议战略研究议程

2016 年 4 月，欧盟委员会宣布将于 2018 年启动量子技术旗舰计划并为此任命了一个独立的高级督导委员会，负责制定战略研究议程、实施模式和治理模式。2017 年 2 月 16 日，该委员会发布中期报告，就战略研究议程提出了首次建议，并针对量子技术旗舰计划的实施提供了部分选项（European Commission，2017b）。

该报告提出的战略研究议程针对量子技术旗舰计划长达十年的生命周期设置了雄心勃勃但可实现的目标，并针对初始的 3 年爬坡阶段细化了相关目标。高级督导委员会认为，量子技术旗舰计划应围绕通信、计算、模拟、传感与计量四个任务驱动型的研究和创新领域组织，并将基础科学作为共同的基础，且每个领域均需关注工程与控制、软件与理论、教育与培训三个方面。

1. 量子通信

量子通信涉及用于通信协议的量子态和资源的生成与使用。这些协议通常基于量子随机数生成器和量子密钥分发，其主要应用领域包括安全通信、长期安全存储、云计算及其他密码相关任务，以及未来用于分配量子资源（如纠缠和远程设备连接）的安全"量子网络"。

2. 量子计算

量子计算的目标是通过比最知名或最可行的经典方案更快地解决部分计算问题，弥补并超越经典计算机。目前的应用包括因式分解、机器学习，还有更多的应用处于发现过程中。量子硬件与量子软件均是研究重点。

3. 量子模拟

量子模拟的目标是通过模拟或数字化方式将重要的量子问题映射到受控量子系统上，

从而解决这些问题。与需要完全容错的通用量子计算相比，模拟更专业化，无须具备容错能力和普适性，因此可通过专业和优化的量子软件实现更早、更有效的扩展。

4. 量子传感与计量

量子传感与计量致力于达到并超越经典传感的限制，超越标准量子限制的传感已在实验室中实现，目前产业界正在研发不必非要超越标准量子限制的量子传感。其目标是实现利用相干量子系统的第一代量子传感器和计量设备的完全商业化部署。基于纠缠量子系统的第二代量子传感器将在旗舰计划结束时予以演示。

战略研究议程针对各领域设置的里程碑如表 10-16 所示。

表 10-16　欧盟量子技术旗舰计划战略研究议程设置的里程碑

领域	3 年内	6 年内	10 年内
量子通信	开发和认证量子随机数生成器和量子密钥分发设备与系统，面向网络运行实现高速、高技术成熟度、低部署成本的新型协议与应用；同时，开发用于量子中继器、量子存储器和长距离通信的系统与协议	提供用于城际和城市间网络的低成本、可扩展设备与系统，展示受终端用户激发的应用；同时面向连接量子传感器或处理器等各种设备和系统的量子网络提供可扩展解决方案示范	开发自治型都市区、长距离（>1000 米）、基于量子纠缠的网络，即"量子互联网"，并开发能利用量子通信新特性的协议
量子计算	展示用于制造具备超过 50 个量子位的量子处理器的容错路线	实现具备量子纠错功能或鲁棒量子位且优于物理量子位的量子处理器	能展示量子加速并超越经典计算机的量子算法将投入运行
量子模拟	开发出规模上具有公认量子优势的实验设备，拥有超过 50 颗（处理器）或 500 个（晶格）的单独耦合量子系统	在解决量子磁性等复杂科学问题方面具备量子优势，并演示量子优化（如通过量子退火）	开发出原型量子模拟器，解决超级计算机力不能及的问题，包括量子化学、新材料设计、优化问题等
量子传感与计量	开发出采用单量子位相干且分辨率和稳定性优于传统对手的量子传感器、成像系统与量子标准，并在实验室中演示	开发出集成量子传感器、成像系统与计量标准原型，并将首批商业化产品推向市场，同时在实验室中演示用于传感的纠缠增强技术	从原型过渡至商业设备

10.4.4.2　欧盟量子技术旗舰计划高级督导委员会发布最终报告，提议实施与治理模式

2017 年 9 月 18 日，欧盟量子技术旗舰计划高级督导委员会发布最终报告，就量子技术旗舰计划的实施模式和治理模式提出了具体的建议（European Commission，2017c）。

1）实施模式

量子技术旗舰计划的实施与欧盟此前的两大旗舰计划有很大不同，量子技术旗舰计划不再组建一个单一的核心联盟，而是通过一系列独立但又紧密相关的研究项目开展。这些项目与战略研究议程相对应，由欧盟委员会提供资助，并通过竞标和同行评议的方式进行遴选。拓展、教育、与各国量子技术项目的合作等非研究/创新性质的行动，由协调与支撑行动负责协调和某种程度的实施。

针对如何组合与协调欧洲的力量？应资助何种项目和活动？如何组建合适的联盟来

引领各项目的开展等实施相关的问题，欧盟量子技术旗舰计划高级督导委员会提出相应的指导原则。同时，针对实施模式，欧盟量子技术旗舰计划高级督导委员会提出了如下建议。

（1）鉴于国际竞争的激烈，强烈建议在 2019 年量子技术旗舰计划的首批资助项目启动前，尽快推出筹备行动，欧盟委员会可以在 2017 年秋就根据欧盟量子技术旗舰计划高级督导委员会的建议发布首轮资助计划。

（2）量子技术旗舰计划可用资金的最大一部分，应投给规模宏大、重点明确、连贯性强的研究与创新项目。项目招标应针对战略研究议程确立的五大领域组织。应鼓励科学层面的国际合作，但与企业的合作应予以一定限制。

（3）欧盟的几个成员国（如英国、荷兰、德国、奥地利、法国、意大利、丹麦）已经或正在计划启动国家级量子技术项目，其他成员国也应积极开展量子技术规划和研究。国家项目设定的战略和活动应与欧盟的旗舰计划相一致。

（4）在教育与培训方面，量子技术交叉融合了物理学、工程学、计算机科学及其他相关领域的研究，培训成功的"量子工程师"或是更普遍的具备量子意识的劳动力应成为量子技术旗舰计划的重大目标。

（5）确立一套关键性能指标，对旗舰计划的进展进行定期评估。

2）治理模式

量子技术旗舰计划的治理模式应尽可能简洁和有效，包括科学、咨询、监督和执行机构，以及有效的反馈机制。治理模式应包含运营层、协调层和战略层三个决策层次，如表 10-17 所示。

表 10-17　量子技术旗舰计划的治理模式决策层次

决策层次	具体内容
运营层	有关研究与创新行动协调及项目里程碑实现的决策在旗舰计划资助的项目里进行；与扩展、教育、创新和社区参与活动有关的决策由协调与支撑行动的旗舰计划协调办公室负责
协调层	科学与工程委员会负责探讨量子技术旗舰计划资助的不同研究与创新行动之间的协调包括决策（例如共性技术的联合开发或基础设施的联合使用）；协调办公室负责督促国家量子技术项目与欧盟量子技术旗舰计划保持一致，并从整体上协调扩展、教育、创新与社区参与活动。科学与工程委员会与协调办公室应达成共识
战略层	督导委员会应就战略决策、整个计划的长期影响向欧盟委员会和资助机构委员会（BoF）提供建议，因为两者是量子技术旗舰计划的最高决策机构；由少数享有高度声誉的量子科学家及业界专家组成的科学咨询委员会可以进一步向督导委员会提供建议

10.4.5　欧盟《HPC 战略研究议程》深度剖析

10.4.5.1　欧盟《HPC 战略研究议程》的制定方法

2015 年 11 月 24 日，ETP4HPC 更新了 2013 年《HPC 战略研究议程》。2015 年新版

议程凝聚着 45 个机构、170 名专家的智慧，旨在提出欧盟百亿亿次 HPC 研发路线图。早在 2012 年 6 月，欧盟为促进 HPC 技术的发展，设立了以产业界为主导的开放平台——ETP4HPC，旨在明确欧盟 HPC 技术生态系统的研发优先项，制定并持续更新《HPC 战略研究议程》，代表欧盟产业界同欧盟委员会和其他国家政府展开对话。

ETP4HPC 由 15 家会员组成指导委员会，包括 5 家研究中心、3 家欧盟中小企业、5 家欧盟控股公司和 2 家国际公司（在欧盟拥有研发业务）。指导委员会设立了主席、研究副主席、产业副主席、行政主管和财务主管 5 个领导职位。ETP4HPC 在法国、德国、意大利、西班牙和荷兰设置了虚拟办公室，该办公室主要负责《HPC 战略研究议程》的编辑、日常通信和管理工作，并完成指导委员会分派的任务。

ETP4HPC 采用结构化方法（图 10-6），充分结合会员机构的技术/市场专业知识、专家和用户的反馈意见来制定《HPC 战略研究议程》。

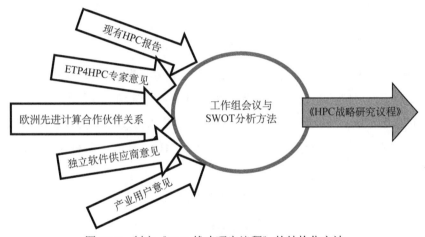

图 10-6　制定《HPC 战略研究议程》的结构化方法

10.4.5.2　欧盟 HPC 生态系统及 ETP4HPC 的关键作用

欧盟 HPC 生态系统（图 10-7）已步入快速发展阶段，其中 ETP4HPC 提供技术支持，欧盟 PRACE 提供研究基础设施，计算应用 COE 则提供应用专家意见。

ETP4HPC 在欧盟 HPC 生态系统中发挥着"研发新技术、提升社会经济效益、协调机构与项目间合作"等多重关键作用。2013 年 12 月，ETP4HPC 与欧盟委员会签订 cPPP，欧盟"地平线 2020"计划对 HPC 投资 7 亿欧元，而 ETP4HPC 也将提供匹配研发资金。HPC cPPP 制定研究战略，开发百亿亿次超级计算机技术、应用和系统，扩大用户群并创造社会经济效益。欧盟委员会认为，cPPP 是目前欧盟提高研发创新效率的最有效机制。2015 年 9 月，ETP4HPC 与 PRACE 联合启动为期 30 个月的"欧盟极限数据与计算"协调与支撑行动，旨在促进欧盟 HPC 生态系统中关键机构和项目之间的合作。

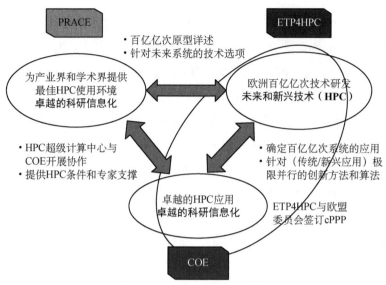

图 10-7 欧盟 HPC 生态系统

10.4.5.3 欧盟 HPC 技术研发四维度与重点领域

2015 年新版《HPC 战略研究议程》提出 HPC 技术研发四维度（图 10-8），具体包括：①新技术研发，为更广泛的 HPC 市场提供更多具备竞争性和创新性的 HPC 系统；②通过为新技术提供增强的、合适的特性，解决极限规模需求；③开发新的 HPC 应用，包括复杂系统（如电网）控制、云模型、大数据等；④通过 HPC 技能培训和服务支撑，提升 HPC 解决方案的可用性。

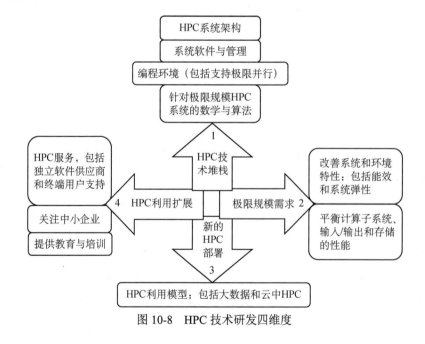

图 10-8 HPC 技术研发四维度

10.5　信息科技领域发展规划的编制与组织实施特点

基于前两节对于规划的全面介绍和深入剖析,本节凝练出信息科技领域发展规划的四项编制与组织实施特点。

10.5.1　重视顶层设计,明确战略目标与优先领域

从国家/地区层面制定全方位的宏观科技战略规划,能对科技发展起到引导、调控的作用,有利于战略目标与国家/地区的长远发展和近期需求密切契合,提出科技发展的战略重点、优先领域和关键技术等。

美国作为信息科技领域的领跑者,在该领域的战略规划方面也常常先发制人。美国在网络安全(2011 年)、云计算(2011 年)、大数据(2012 年)、战略性计算 HPC(2015 年)、先进无线 5G(2016 年)、量子信息(2016 年)和人工智能(2016 年)等诸多方向制定了国家级战略规划,确定国家科技目标和国家战略优先领域,确保其在信息科技领域的霸主地位。

10.5.2　新设领导部门,指导新兴技术领域规划

由于信息科技发展迅速、新兴技术不断涌现,各国/地区在制定战略规划时,常常没有对应的机构负责领导工作。因此,各国/地区通常会针对新兴领域设立新的领导部门,协调该领域的相关活动,确定战略优先点(李修全,2016)。美国在发起“大数据研发计划”、制定《国家人工智能研发战略规划》以及欧盟在推出“量子技术旗舰计划”之前,均设立了相应的督导小组/小组委员会/专门工作组/高级督导委员会等。

为协调美国多个联邦机构早期的大数据研究项目,美国政府于 2011 年成立了“大数据高级督导小组”,负责确定大数据国家计划目标。在其努力下,美国于 2012 年 3 月启动“大数据研发计划”,首批参与计划的 6 个部门都分别制订了详细的计划,每个机构侧重点有所不同,技术上相互补充,督导小组的工作产生了良好的协同效益。在人工智能领域,美国 OSTP 于 2016 年 5 月在美国 NSTC 之下成立机器学习与人工智能小组委员会,协调美国各部门、企业和大学研究机构在人工智能领域的所有活动。同年 6 月,NITRD 小组委员会应新成立的机器学习与人工智能小组委员会的要求,成立了跨机构的人工智能专门工

作组，以确定美国联邦政府在人工智能研发中的战略优先点。

欧盟委员会针对 2018 年启动的量子技术旗舰计划，任命了一个独立的高级督导委员会，负责制定战略研究议程、实施模式和治理模式。欧盟在制定《HPC 战略研究议程》前，亦通过 ETP4HPC 新建由 15 家会员组成的指导委员会。

10.5.3 强调通力合作，促进政产研间合作与协调

在国家科技战略规划制定和有效实施过程中，政府、科学界、企业界各主体协调合作、各有侧重。各国政府除了作为资源的提供者之外，更发挥其在国家层面上的监管、协调、指导的作用（王海燕和冷伏海，2013），加强政产研三方协作。

例如美国科技规划实行"分散分权式"管理，科技规划管理的主要有白宫科技咨询与管理机构、国会以及各联邦部门。2013 年，美国在总结"大数据研发计划"各大联邦机构取得的进展之际，再提出新的公私合作计划，以进一步推动技术开发、人才培养和社会经济发展。在量子信息领域，美国 NSTC 也建议美国政产研通力合作，持续密切地监控美国联邦政府量子信息科学领域投资所创造的成果，迅速调整项目并充分利用已有的技术突破。

欧盟为促进 HPC 技术的发展，设立了以产业界为主导的开放平台——ETP4HPC，旨在明确欧盟 HPC 技术生态系统的研发优先项，制定并持续更新《HPC 战略研究议程》，代表欧盟产业界同欧盟委员会和其他国家政府展开对话。ETP4HPC 在欧盟 HPC 生态系统中发挥着"研发新技术、提升社会经济效益、协调机构与项目间合作"等多重关键作用。

10.5.4 定期审查更新，增强灵活性与适应性

科技战略规划实施应注重实时监督、评估、反馈和修正等环节而形成的闭循环模式。采取设立可测度的战略目标和实时监督、评估的指标体系来对科技规划的实施进展进行检测、评价，及时反馈修正战略、政策或计划。

英国政府针对《英国网络安全战略（2011-2016）》几乎每年都发布相应的年度进展报告与下一年计划。从经费开支、工作进展、良好成效等多方面进行总结，并为增强未来计划的灵活性与适应性提供事实依据。

自 2012 年美国"大数据研发计划"启动一年后，美国白宫、NITRD、OSTP 资助举办了名为"从数据到知识到行动"的会议，总结了各联邦机构所取得的重要进展情况，更新增了数十家公私机构在大数据方面的新合作计划。随后两年，在充分收集相应的反馈意见后，美国于 2016 年最终发布"联邦大数据研发战略计划"。

10.6 我国信息科技领域的发展规划研究

本节梳理研究我国在信息科技领域的重大规划,主要涉及网络安全、人工智能与机器人、大数据、超级计算机等四大领域。此外,我国在一些重大的综合性战略规划中,也纳入信息科技发展的部分内容,参见 10.6.6。

10.6.1 中国《国家网络空间安全战略》与《信息通信网络与信息安全规划（2016-2020）》

10.6.1.1 国家互联网信息办公室发布《国家网络空间安全战略》

2016 年 12 月 27 日,经中共中央网络安全和信息化委员会办公室批准,国家互联网信息办公室发布《国家网络空间安全战略》(国家互联网信息办公室,2016),旨在指导中国网络安全工作,维护国家在网络空间的主权、安全、发展利益。

《国家网络空间安全战略》指出,信息技术发展带来巨大机遇,但也造成网络安全形势日益严峻,中国在网络空间的合法权益面临严峻风险与挑战。该战略提出尊重维护网络空间主权、和平利用网络空间、依法治理网络空间、统筹网络安全与发展四项原则,并确立了九项战略任务。

1. 坚定捍卫网络空间主权

根据宪法和法律法规管理我国主权范围内的网络活动,保护我国信息设施和信息资源安全,采取包括经济、行政、科技、法律、外交、军事等一切措施,坚定不移地维护我国网络空间主权。

2. 坚决维护国家安全

防范、制止和依法惩治任何利用网络进行叛国、分裂国家、煽动叛乱、颠覆或者煽动颠覆人民民主专政政权的行为,利用网络进行窃取、泄露国家秘密等危害国家安全的行为,以及境外势力利用网络进行渗透、破坏、颠覆、分裂活动。

3. 保护关键信息基础设施

采取一切必要措施保护关键信息基础设施及其重要数据不受攻击破坏。坚持技术和管理并重、保护和震慑并举,建立实施关键信息基础设施保护制度,从管理、技术、人才、资金等方面加大投入。

4. 加强网络文化建设

加强网络思想文化阵地建设,实施网络内容建设工程。发展积极向上的网络文化,营造良好网络氛围。打造体现时代精神的网络文化品牌，实施中华优秀文化网上传播工程，推动中外优秀文化交流互鉴。加强网络伦理、网络文明建设，修复网络生态。

5. 打击网络恐怖和违法犯罪

加强网络反恐、反间谍、反窃密能力建设，严厉打击网络恐怖和网络间谍活动。坚持综合治理、源头控制、依法防范，严厉打击网络诈骗、网络盗窃、贩枪贩毒、侵害公民个人信息、传播淫秽色情、黑客攻击、侵犯知识产权等违法犯罪行为。

6. 完善网络治理体系

坚持依法、公开、透明管网治网，健全网络安全法律法规体系，明确网络安全管理要求。建立网络信任体系，提高网络安全管理的科学化规范化水平。鼓励社会组织等参与网络治理，发展网络公益事业，加强新型网络社会组织建设。

7. 夯实网络安全基础

统筹资源和力量，以企业为主体，产学研用相结合，尽快在核心技术上取得突破。重视软件安全，发展网络基础设施，丰富网络空间信息内容。实施"互联网+"行动，大力发展网络经济。建立大数据安全管理制度，建立完善国家网络安全技术支撑体系，实施网络安全人才工程。

8. 提升网络空间防护能力

建设与我国国际地位相称、与网络强国相适应的网络空间防护力量，大力发展网络安全防御手段，及时发现和抵御网络入侵，铸造维护国家网络安全的坚强后盾。

9. 强化网络空间国际合作

加强国际网络空间对话合作，推动互联网全球治理体系变革。支持联合国发挥主导作用，推动制定各方普遍接受的网络空间国际规则。加强对发展中国家和落后地区互联网技术普及和基础设施建设的支持援助，努力弥合数字鸿沟。

10.6.1.2　工业和信息化部发布《信息通信网络与信息安全规划（2016-2020）》

为指导信息通信行业开展"十三五"期间网络信息安全工作，更好地服务网络强国建设，2017年1月，工业和信息化部制定印发了《信息通信网络与信息安全规划（2016-2020）》（工业和信息化部，2017a）。

该规划明确了以网络强国战略为统领，以国家总体安全观和网络安全观为指引，坚持"安全是发展的前提，发展是安全的保障，安全和发展要同步推进"的指导思想；提出了创新引领、统筹协调、动态集约、开放合作、共治共享的基本原则；确定了到2020年建成"责任明晰、安全可控、能力完备、协同高效、合作共享"的信息通信网络与信息安全保障体系的工作目标。

该规划共提出了九项重点任务。

（1）建立健全网络与信息安全法律法规制度，从推动完善国家立法、加快关键制度建设、强化标准体系建设三个方面展开。

（2）构建新型网络与信息安全治理体系，主要包括创新安全监管模式、健全安全责任体系、强化对内对外协同合作、发挥行业自律重要作用四方面内容。

（3）全面提升网络与信息安全技术保障水平，从优化信息安全技术保障、强化网络安全保障、加快推进网络与信息安全核心技术攻关与突破三个方面展开。

（4）加快构建网络基础设施安全保障体系，主要涵盖深入推进网络基础设施安全防护、提升网络基础设施安全可控水平、加强网络安全态势感知能力建设、强化互联网网络安全威胁治理四方面内容。

（5）大力强化网络数据和用户信息保护，重点从建立网络数据安全管理体系、强化用户个人信息保护、建立完善数据与个人信息泄露公告和报告机制三个方面展开。

（6）深入推进行业信息安全监管，重点从加强基础资源信息安全管理、强化增值电信业务信息安全监管、深化互联网新技术新业务信息安全评估、积极营造清朗网络生态环境四个方面展开。

（7）全面强化网络与信息安全应急和特殊通信管理，重点包括完善网络与信息安全应急管理、全力做好网络反恐维稳和重大活动保障工作、规范有序做好特殊通信配合工作三个方面内容。

（8）推动网络安全服务市场发展，包含发展壮大网络安全服务市场、加强网络安全服务管理两方面内容。

（9）持续提升网络安全国际影响力和话语权，包括加强国际交流与合作、提升网络安全应急协作水平两方面内容。

此外，该规划从强化组织机构建设、加强资金保障、建设新型智库、强化人才队伍、加强宣传教育、规划组织实施 6 个方面提出了保障措施。

10.6.2　中国人工智能相关规划与《机器人产业发展规划（2016—2020 年）》

10.6.2.1　国务院印发《新一代人工智能发展规划》

2017 年 7 月 20 日，国务院印发了《新一代人工智能发展规划》（国务院，2017），提出了面向 2030 年我国新一代人工智能发展的指导思想、战略目标、重点任务和保障措施，部署构筑我国人工智能发展的先发优势，加快建设创新型国家和世界科技强国。

该规划提出了分三步走的战略目标：第一步，到 2020 年，人工智能总体技术和应用与世界先进水平同步，人工智能产业成为新的重要经济增长点，人工智能技术应用成为改善民生的新途径，有力支撑进入创新型国家行列和实现全面建成小康社会的奋斗目标；第二步，到 2025 年，人工智能基础理论实现重大突破，部分技术与应用达到世界领先水平，人工智能成为我国产业升级和经济转型的主要动力，智能社会建设取得积极进展；第三步，到 2030 年，人工智能理论、技术与应用总体达到世界领先水平，成为世界主要人工智能创新中心，智能经济、智能社会取得明显成效，为跻身创新型国家前列和经济强国奠定重要基础。

同时，该规划确立了六项重点任务。

1. 构建开放协同的人工智能科技创新体系

围绕增加人工智能创新的源头供给，从前沿基础理论、关键共性技术、基础平台、人才队伍等方面强化部署，促进开源共享，系统提升持续创新能力，确保我国人工智能科技水平跻身世界前列，为世界人工智能发展做出更多贡献。

2. 培育高端高效的智能经济

加快培育具有重大引领带动作用的人工智能产业，促进人工智能与各产业领域深度融合，形成数据驱动、人机协同、跨界融合、共创分享的智能经济形态。引领产业向价值链高端迈进，有力支撑实体经济发展，全面提升经济发展质量和效益。

3. 建设安全便捷的智能社会

围绕提高人民生活水平和质量的目标，加快人工智能深度应用，形成无时不有、无处不在的智能化环境，全社会的智能化水平大幅提升。越来越多的简单性、重复性、危险性任务由人工智能完成，个体创造力得到极大发挥；精准化智能服务更加丰富多样；社会治理智能化水平大幅提升，社会运行更加安全高效。

4. 加强人工智能领域军民融合

推动形成全要素、多领域、高效益的人工智能军民融合格局。以军民共享共用为导向部署新一代人工智能基础理论和关键共性技术研发，建立科研院所、高校、企业和军工单位的常态化沟通协调机制。促进人工智能技术军民双向转化，强化新一代人工智能技术对指挥决策、军事推演、国防装备等的有力支撑，引导国防领域人工智能科技成果向民用领域转化应用。

5. 构建泛在安全高效的智能化基础设施体系

大力推动智能化信息基础设施建设，提升传统基础设施的智能化水平，形成适应智能经济、智能社会和国防建设需要的基础设施体系。加快推动以信息传输为核心的数字化、网络化信息基础设施，向集融合感知、传输、存储、计算、处理于一体的智能化信息基础设施转变。优化升级网络基础设施，统筹利用大数据基础设施，建设高效能计算基础设施，建设分布式高效能源互联网。

6. 前瞻布局新一代人工智能重大科技项目

针对我国人工智能发展的迫切需求和薄弱环节，设立新一代人工智能重大科技项目。加强整体统筹，明确任务边界和研发重点，形成以新一代人工智能重大科技项目为核心、现有研发布局为支撑的"1+N"人工智能项目群。

10.6.2.2 工业和信息化部印发《促进新一代人工智能产业发展三年行动计划（2018-2020 年）》

《促进新一代人工智能产业发展三年行动计划（2018-2020 年）》（工业和信息化部，2017b）从推动产业发展角度出发，结合《中国制造 2025》，对《新一代人工智能发展规划》相关任务进行了细化和落实，以信息技术与制造技术深度融合为主线，推动新一代人工智能技术的产业化与集成应用，发展高端智能产品，夯实核心基础，提升智能制造水平，完善公共支撑体系。

通过实施四项重点任务，力争到 2020 年，一系列人工智能标志性产品取得重要突破，在若干重点领域形成国际竞争优势，人工智能和实体经济融合进一步深化，产业发展环境进一步优化。

（1）人工智能重点产品规模化发展，智能网联汽车技术水平大幅提升，智能服务机器人实现规模化应用，智能无人机等产品具有较强全球竞争力，医疗影像辅助诊断系统等扩大临床应用，视频图像识别、智能语音、智能翻译等产品达到国际先进水平。

（2）人工智能整体核心基础能力显著增强，智能传感器技术产品实现突破，设计、代工、封测技术达到国际水平，神经网络芯片实现量产并在重点领域实现规模化应用，开源开发平台初步具备支撑产业快速发展的能力。

（3）智能制造深化发展，复杂环境识别、新型人机交互等人工智能技术在关键技术装备中加快集成应用，智能化生产、大规模个性化定制、预测性维护等新模式的应用水平明显提升。重点工业领域智能化水平显著提高。

（4）人工智能产业支撑体系基本建立，具备一定规模的高质量标注数据资源库、标准测试数据集建成并开放，人工智能标准体系、测试评估体系及安全保障体系框架初步建立，智能化网络基础设施体系逐步形成，产业发展环境更加完善。

10.6.2.3 三部委发布《机器人产业发展规划（2016—2020 年）》

工业和信息化部、国家发展和改革委员会、财政部等三部委于 2016 年联合印发了《机器人产业发展规划（2016—2020 年）》（工业和信息化部等，2016），引导我国机器人产业快速健康可持续发展。

该规划本着立足当前，兼顾长远的指导思想，坚持创新、协调、绿色、开放、共享发展理念，紧密围绕我国经济转型和社会发展的重大需求，坚持"市场主导、创新驱动、强化基础、质量为先"原则，实现我国机器人产业的"两突破""三提升"，即实现机器人关键零部件和高端产品的重大突破，实现机器人质量可靠性、市场占有率和龙头企业竞争力的大幅提升。

该规划提出了产业发展五年总体目标：形成较为完善的机器人产业体系。技术创新能力和国际竞争能力明显增强，产品性能和质量达到国际同类水平，关键零部件取得重大突破，基本满足市场需求。并从产业规模持续增长、技术水平显著提升、关键零部件取得重大突破、集成应用取得显著成效四个方面提出了具体目标。

该规划提出了五项主要任务。一是推进重大标志性产品率先突破，聚焦智能制造、智能物流，面向智慧生活、现代服务、特殊作业等方面的需求，突破弧焊机器人、真空（洁净）机器人、全自主编程智能工业机器人、人机协作机器人、双臂机器人、重载 AGV、消防救援机器人、手术机器人、智能型公共服务机器人、智能护理机器人十大标志性产品；二是大力发展机器人关键零部件，全面突破高精密减速器、高性能伺服电机和驱动器、高性能控制器、传感器和末端执行器等五大关键零部件。三是强化产业基础能力，加强机器人共性关键技术研究和标准体系建设、建立机器人创新中心、建设国家机器人检测评定中心。四是着力推进应用示范，围绕制造业重点领域，实施应用示范工程，针对工业领域以及救灾救援、医疗康复等服务领域，开展细分行业推广应用，培育重点领域机器人应用系统集成商及综合解决方案服务商。五是积极培育龙头企业，支持互联网企业与传统机器人企业跨界融合，以龙头企业为引领形成良好的产业生态环境，带动中小企业向"专、精、特、新"方向发展，形成全产业链协同发展的局面。

该规划提出了六项政策措施。一是加强统筹规划和资源整合，统筹协调各部门资源和力量，加强对区域产业政策的指导，引导机器人产业链及生产要素的集中集聚。二是加大财税支持力度，利用中央财政科技计划、工业转型升级、中央基建投资、首台（套）重大技术装备保险补偿机制等政策措施支持机器人及其关键零部件研发、产业化和推广应用。三是拓宽投融资渠道，支持符合条件的机器人企业直接融资和并购；引导金融机构创新符合机器人产业链特点的产品和业务，推广机器人租赁模式。四是营造良好的市场环境，制定工业机器人产业规范条件，促进各项资源向优势企业集中；研究制定机器人认证采信制度。五是加强人才队伍建设，组织实施机器人产业人才培养计划，加强机器人专业学科建设，加大机器人职业培训教育力度。六是扩大国际交流与合作，充分利用政府、行业组织、企业等多渠道、多层次地开展技术、标准、知识产权、检测认证等方面的国际交流与合作。

10.6.3　中国大数据发展行动纲要与产业发展规划

10.6.3.1　国务院正式印发《促进大数据发展行动纲要》

2015 年 9 月 5 日，中国政府网在线发布了国务院印发的《促进大数据发展行动纲要》（国务院，2015），旨在全面推进我国大数据发展和应用，加快建设数据强国。该纲要设定了未来 5～10 年的总体目标和三项主要任务，并拟定了相关的政策机制，下面简要介绍该纲要提出的主要任务与实施的重大工程。

1. 主要任务

（1）加快政府数据开放共享，推动资源整合，提升治理能力。大力推动政府部门数据共享；稳步推动公共数据资源开放；统筹规划大数据基础设施建设；支持宏观调控科学化；推动政府治理精准化；推进商事服务便捷化；促进安全保障高效化；加快民生服务普惠化。

（2）推动产业创新发展，培育新兴业态，助力经济转型。发展工业大数据；发展新兴产业大数据；发展农业农村大数据；发展万众创新大数据；推进基础研究和核心技术攻关；形成大数据产品体系；完善大数据产业链。

（3）强化安全保障，提高管理水平，促进健康发展。健全大数据安全保障体系，加强大数据环境下的网络安全问题研究和基于大数据的网络安全技术研究，落实信息安全等级保护、风险评估等网络安全制度；强化安全支撑，采用安全可信产品和服务，提升基础设施关键设备安全可靠水平。

2. 重大工程

围绕以上主要任务，《促进大数据发展行动纲要》列出了拟实施的十大工程。

（1）政府数据资源共享开放工程：推动政府数据资源共享；形成政府数据统一共享交换平台；形成国家政府数据统一开放平台。

（2）国家大数据资源统筹发展工程：整合各类政府信息平台和信息系统；整合分散的数据中心资源；加快完善国家基础信息资源体系；加强互联网信息采集利用。

（3）政府治理大数据工程：推动宏观调控决策支持、风险预警和执行监督大数据应用；推动信用信息共享机制和信用信息系统建设；建设社会治理大数据应用体系。

（4）公共服务大数据工程：医疗健康服务大数据；社会保障服务大数据；教育文化大数据；交通旅游服务大数据。

（5）工业和新兴产业大数据工程：工业大数据应用；服务业大数据应用；培育数据应用新业态；电子商务大数据应用。

（6）现代农业大数据工程：农业农村信息综合服务；农业资源要素数据共享；农产品质量安全信息服务。

（7）万众创新大数据工程：大数据创新应用；大数据创新服务；发展科学大数据；知识服务大数据应用。

（8）大数据关键技术及产品研发与产业化工程：加强大数据基础研究；大数据技术产品研发；提升大数据技术服务能力。

（9）大数据产业支撑能力提升工程：培育骨干企业；大数据产业公共服务；中小微企业公共服务大数据。

（10）网络和大数据安全保障工程：网络和大数据安全支撑体系建设；大数据安全保障体系建设；网络安全信息共享和重大风险识别大数据支撑体系建设。

10.6.3.2 工业和信息化部发布《大数据产业发展规划（2016—2020 年）》

2017 年 1 月 17 日，工业和信息化部网站公开了 2016 年 12 月印发的《大数据产业发展规划（2016—2020 年）》（工业和信息化部，2017c）。该规划在分析总结产业发展现状及形势的基础上，围绕"强化大数据产业创新发展能力"一个核心，"推动数据开放与共享、加强技术产品研发、深化应用创新"三大重点，完善"发展环境和安全保障能力"两个支撑，打造一个"数据、技术、应用与安全协同发展的自主产业生态体系"，提升我国对大数据的"资源掌控、技术支撑和价值挖掘"三大能力，具体设置了 7 项重点任务、8 个重点工程以及 5 个方面的保障措施。

1. 7 项重点任务

围绕产业发展关键环节部署重点任务：一是强化大数据技术产品研发。重点加快大数据关键技术研发、培育安全可控的大数据产品体系、创新大数据技术服务模式，强化我国大数据技术产品研发。二是深化工业大数据创新应用。加快工业大数据基础设施建设、推进工业大数据全流程应用和培育数据驱动的制造业新模式，衔接《中国制造 2025》《国务院关于深化制造业与互联网融合发展的指导意见》等文件内容。三是促进行业大数据应用发展。推动重点行业大数据应用、促进跨行业大数据融合创新、强化社会治理和公共服务大数据应用，推动大数据与各行业领域的融合发展。四是加快大数据产业主体培育。利用大数据助推创新创业、构建企业协同发展格局和优化大数据产业区域布局，培育一批大数据龙头企业和创新型中小企业，繁荣产业生态。五是推进大数据标准体系建设。加快大数据重点标准研制与推广和积极参与大数据国际标准化工作。六是完善大数据产业支撑体系。合理布局大数据基础设施建设、构建大数据产业发展公共服务平台、建立大数据发展统计评估体系。七是提升大数据安全保障能力。加强大数据安全技术产品研发、提升大数据对网络信息安全的支撑能力。

2. 8 个重点工程

围绕重点任务，设置了大数据关键技术及产品研发与产业化、大数据服务能力提升、工业大数据创新发展、跨行业大数据应用推进、大数据产业集聚区创建、大数据重点标准研制及应用示范、大数据公共服务体系建设、大数据安全保障八个工程，作为工作抓手重点推进。

3. 5 个方面保障措施

大数据涉及面广，对跨层级、跨部门的协调要求高，同时需要法律法规、政策、人才以及国际合作等多层面支持，提出推进体制机制创新、健全相关政策法规制度、加大政策扶持力度、建设多层次人才队伍、推动大数据国际化发展五个方面的保障措施。

10.6.4 工业和信息化部印发《云计算发展三年行动计划（2017—2019 年）》

2017 年 3 月底，工业和信息化部印发《云计算发展三年行动计划（2017-2019 年）》（工业和信息化部，2017d），发展目标和重点任务摘取如下。

1. 发展目标

到 2019 年，我国云计算产业规模达到 4300 亿元，突破一批核心关键技术，云计算服务能力达到国际先进水平，对新一代信息产业发展的带动效应显著增强。云计算在制造、政务等领域的应用水平显著提升。云计算数据中心布局得到优化，使用率和集约化水平显著提升，绿色节能水平不断提高，新建数据中心电源使用效率值普遍优于 1.4。发布云计算相关标准超过 20 项，形成较为完整的云计算标准体系和第三方测评服务体系。云计算企业的国际影响力显著增强，涌现 2～3 家在全球云计算市场中具有较大份额的领军企业。云计算网络安全保障能力明显提高，网络安全监管体系和法规体系逐步健全。云计算成为信息化建设主要形态和建设网络强国、制造强国的重要支撑，推动经济社会各领域信息化水平大幅提高。

2. 重点任务

（1）技术增强行动。具体包括：持续提升关键核心技术能力，加快完善云计算标准体系，深入开展云服务能力测评。

（2）产业发展行动。具体包括：支持软件企业向云计算转型，加快培育骨干龙头企业，推动产业生态体系建设。

（3）应用促进行动。具体包括：积极发展工业云服务，协同推进政务云应用，支持基于云计算的创新创业。

（4）安全保障行动。具体包括：完善云计算网络安全保障制度，推动云计算网络安全技术发展，推动云计算安全服务产业发展。

（5）环境优化行动。具体包括：推进网络基础设施升级，完善云计算市场监管措施，落实数据中心布局指导意见。

10.6.5　中国新一代百亿亿次超级计算机研制工作

2016 年 7 月 26 日，由国防科技大学同国家超级计算天津中心联合开展的我国新一代百亿亿次超级计算机样机研制工作已经启动（网信办，2016）。在样机破解关键技术基础上，下一阶段将开展具体超算研发，届时它将成为国内自主化率最高的超算。

超级计算机是世界高新技术领域的战略制高点，是体现科技竞争力和综合国力的重要标志。国家超级计算天津中心主任刘光明表示，从"天河一号"的应用情况看，它不但成为某些产业领域的核心竞争力，而且大幅提升了我国高新技术在国际上的影响力。

计划研制的新一代百亿亿次超级计算机，其主要特点就是突出全自主，如自主芯片、自主操作系统、自主运行计算环境。

该项工作的第一阶段是样机研制，重点是突破百亿亿次超级计算机的关键技术难题。

在此基础之上才是新一代百亿亿次超级计算机的研制。

根据规划，它的浮点计算处理能力将达到 10 的 18 次方，是"天河一号"超算的 200 倍。此外，新一代百亿亿次超级计算机和现有超级计算机相比，将不仅仅是计算能力上的扩展，更重要的是技术的突破，计算密度、单块计算芯片计算能力、内部数据通信速率都将得到极大提升。而且，它将是国内自主化率最高的超级计算机，我国自主研发的 CPU、高速互联通信系统、操作系统等都将投入使用。

10.6.6 其他综合性战略规划

我国综合性战略规划中信息科技领域的相关内容见表 10-18。

表 10-18 我国综合性战略规划中信息科技领域的相关内容

发布机构	发布时间	战略规划名称	执行时间	目标	信息科技领域的主要内容和科学问题
国务院	2016年7月	"十三五"国家科技创新规划	2016～2020年	总体目标是：国家科技实力和创新能力大幅跃升，创新驱动发展成效显著，国家综合创新能力世界排名进入前15位，迈进创新型国家行列，有力支撑全面建成小康社会目标实现	新一代信息技术：微纳电子与系统集成技术、光电子器件及集成、HPC、云计算、人工智能、宽带通信和新型网络、物联网、智能交互、虚拟现实与增强现实、智慧城市
国务院	2016年11月	"十三五"国家战略性新兴产业发展规划	2016～2020年	到2020年：力争在新一代信息技术产业薄弱环节实现系统性突破，总产值规模超过12万亿元	实施网络强国战略，加快建设"数字中国"，推动物联网、云计算和人工智能等技术向各行业全面融合渗透
中共中央办公厅、国务院办公厅	2016年7月	国家信息化发展战略纲要	2016～2026年	该纲要是规范和指导未来10年国家信息化发展的纲领性文件……提出网络强国"三步走"的战略目标，主要是：到2020年，核心关键技术部分领域达到国际先进水平……到2025年，建成国际领先的移动通信网络，根本改变核心关键技术受制于人的局面……到21世纪中叶，信息化全面支撑富强民主文明和谐的社会主义现代化国家建设……	增强发展能力、提升应用水平、优化发展环境，是国家信息化发展的三大战略任务
国务院	2016年12月	"十三五"国家信息化规划	2016～2020年	到2020年，"数字中国"建设取得显著成效，信息化发展水平大幅跃升，信息化能力跻身国际前列，具有国际竞争力、安全可控的信息产业生态体系基本建立	核心技术自主创新实现系统性突破。新一代网络技术体系、云计算技术体系、端计算技术体系和安全技术体系基本建立。集成电路、基础软件、核心元器件等关键薄弱环节实现系统性突破。5G技术研发和标准制定取得突破性进展并启动商用。云计算、大数据、物联网、移动互联网等核心技术接近国际先进水平。信息基础设施达到全球领先水平

10.7　启示与建议

10.7.1　注重顶层规划与资金投入

信息技术是当今世界创新速度最快、通用性最广、渗透性最强的高技术,具有解决全球科技难题、经济与社会问题的巨大潜力。针对信息科技领域的战略规划需要从顶层制定,综合考虑政产研多方角色与作用,以资金投入刺激产业界加速研发,以合作、高效的方式迅速抢占技术制高点。

10.7.2　设立专家委员会与工作小组

信息科技发展迅速、新兴技术不断涌现,各国/地区在制定战略规划时,常常没有对应的机构负责领导工作。因此,针对新兴领域应设立新的领导部门,协调该领域的相关活动,确定战略优先点。例如,美国在发起"大数据研发计划"、制定《国家人工智能研发战略规划》以及欧盟在推出"量子技术旗舰计划"之前,均设立了相应的督导小组/小组委员会/专门工作组/高级督导委员会等。

10.7.3　加强政产研工作组织协调

国家科技战略规划制定和有效实施过程中,政府、科学界、企业界各主体协调合作、各有侧重。各国政府除了作为资源的提供者之外,更发挥其在国家层面上的监管、协调、指导的作用,加强政产研三方协作。例如美国科技规划实行"分散分权式"管理,科技规划管理的主要有白宫科技咨询与管理机构、国会以及各联邦部门。美国大数据计划、量子信息规划、欧盟 ETP4HPC 均政产研通力合作,以加速新技术研发,提升社会经济效益。

10.7.4　重视规划实施中的评估与修正

科技战略规划实施应注重实时监督、评估、反馈和修正等环节而形成的闭循环模式。采取设立可测度的战略目标和实时监督、评估的指标体系来对科技规划的实施进展进行检测、评价,及时反馈修正战略、政策或计划。英国政府针对《英国网络安全战略(2011-2016)》

几乎每年都发布相应的年度进展报告与下一年计划。从经费开支、工作进展、良好成效等多方面进行总结，并为增强未来计划的灵活性与适应性提供事实依据。

致谢：中国科学院自动化研究所孙哲南研究员对本章提出了宝贵的意见与建议，在此谨致谢忱！

参 考 文 献

曹建峰，李正. 2016. 欧盟最新网络安全指令对我国网络安全立法的启示. http://www.tisi.org/4707[2017-11-07].

工业和信息化部. 2017a.《信息通信网络与信息安全规划（2016-2020）》正式发布. http://www.miit.gov.cn/n1146285/n1146352/n3054355/n3057724/n3057728/c5470318/content.html[2017-10-10].

工业和信息化部. 2017b. 工业和信息化部关于印发《促进新一代人工智能产业发展三年行动计划（2018-2020 年）》的通知. http://xxgk.miit.gov.cn/gdnps/wjfbContent.jsp?id=5960820[2017-10-10].

工业和信息化部. 2017c. 工业和信息化部关于印发大数据产业发展规划（2016－2020 年）的通知. http://www.miit.gov.cn/n1146295/n1146562/n1146650/c5464999/content.html[2017-10-10].

工业和信息化部. 2017d. 工业和信息化部关于印发《云计算发展三年行动计划（2017－2019 年）》的通知. http://www.miit.gov.cn/n1146295/n1652858/n1652930/n3757022/c5570548/content.html[2017-10-10].

工业和信息化部等. 2016. 三部委关于印发《机器人产业发展规划（2016-2020 年）》的通知. http://www.scio.gov.cn/xwfbh/xwbfbh/wqfbh/33978/34483/xgzc34489/Document/1475824.htm[2017-10-10].

国家超级计算济南中心. 2015. 日本 2016 年将再为"京"的研发投入 76 亿日元. http://123.232.119.103/info/331.jspx[2017-10-10].

国家互联网信息办公室. 2016.《国家网络空间安全战略》全文. http://www.xinhuanet.com/politics/ 2016-12/27/c_1120196479.htm[2017-10-10].

国务院. 2015. 国务院关于印发促进大数据发展行动纲要的通知. http://www.gov.cn/zhengce/content/2015-09/05/content_10137.htm[2017-10-10].

国务院. 2017. 国务院关于印发新一代人工智能发展规划的通知. http://www.gov.cn/zhengce/content/2017-07/20/content_5211996.htm[2017-10-10].

胡芒谷. 2013. 看各国如何布局大数据战略. 信息化建设，12：54-54.

科学技术部. 2017. 欧盟七国发起高性能计算机开发计划. http://www.most.gov.cn/gnwkjdt/201704/t20170412_132370.htm[2017-05-10].

李修全，蒋鸿玲. 2016. 美日欧政府发展人工智能的新举措及对我国的启示. 全球科技经济瞭望，31（10）：73-76.

李应齐. 2016a. 英国加强互联网安全建设. http://hb.people.com.cn/n2/2016/1103/c194063-29246825.html[2017-05-25].

李应齐. 2016b. 韩计划构建大脑地图 2023 年欲跻身脑研究强国. http://korea.people.com.cn/n3/2016/0531/ c205551-9065725.html[2017-06-10].

刘平. 2017. 特朗普签署网络安全行政令 美国政府将全面加强网络安全建设. https://www.easyaq.com/

news/921593978.shtml[2017-05-20].

日本内阁府. 2016. 第 5 期科学技術基本計画（平成 28～平成 32 年度）. http://www8.cao.go.jp/cstp/ kihonkeikaku/index5.html[2017-06-10].

日本内阁府. 2017. 科学技術イノベーション総合戦略 2017. http://www8.cao.go.jp/cstp/sogosenryaku/ 2017.html[2017-06-10].

日本文部科学省. 2017. 量子科学技術の新たな推進方策について　中間とりまとめ. http://www.mext.go. jp/b_menu/shingi/gijyutu/gijyutu17/010/houkoku/1382234.htm[2017-06-10].

日本総務省. 2010. スマート・クラウド研究会報告書. http://www.soumu.go.jp/main_content/000066036. pdf[2017-06-10].

赛迪研究院. 2011. 美国网络空间可信身份战略的谋划及启示. http://image.ccidnet.com/ccidgroup/sdzb/ sdzb40.pdf[2017-06-10].

王海燕, 冷伏海. 2013. 英国科技规划制定及组织实施的方法研究和启示. 科学学研究, 31（2）：217-222.

王晓明, 岳峰. 2014. 发达国家推行大数据战略的经验及启示. 产业经济评论, 4：94-98.

网信办. 2016. 我国新一代百亿亿次超级计算机研制启动 将成国内自主化率最高超算. http://www.cac. gov.cn/2016-07/26/c_1119285411.htm[2017-10-10].

吴世忠, 桂畅旎, 磨惟伟. 2016. 世界网络强国信息安全的战略动向与政策抓手. 中国信息安全, 10：26-30.

晓瑗. 2014. 韩国推出 5G 发展总规划 2020 年正式商用 5G. http://www.cnii.com.cn/internation/2014-01/ 29/content_1298097.htm[2017-05-10].

闫海防. 2015. 日本政府通过"机器人新战略". http://intl.ce.cn/specials/zxgjzh/201502/06/t20150206_ 45292016.shtml[2017-05-25].

由鲜举, 田素梅. 2015. 2014 年《英国网络安全战略》进展和未来计划. 中国信息安全, 10：83-86.

张志勤. 2016. 欧委会正式启动欧盟云计算行动计划. http://www.chinamission.be/chn/kjhz/kjdt/t1357355. htm[2017-06-05].

中国科学院. 2013. 科技发展新态势与面向 2020 年的战略选择. 北京：科学出版社.

中国通信研究院. 2016. 美国白宫《网络安全国家行动计划》（2016 年 2 月）. http://www.c114.net/news/ 17/ a940809.html[2017-05-10].

周鸿祎. 2017. 万物皆变, 网络安全进入大安全时代. 中国计算机学会通讯, 13（10）：40-45.

CERN. 2011. Strategic Plan for a Scientific Cloud Computing Infrastructure for Europe. http://cdsweb.cern.ch/ record/1374172/files/CERN-OPEN-2011-036.pdf[2017-06-10].

Congress. 2018. H.R.6227-National Quantum Initiative Act. https://science.house.gov/news/press-releases/ support-grows-national-quantum-initiative-act[2018-12-22].

Cordis. 2013. A Roadmap for Advanced Cloud Technologies Under H2020. http://cordis.europa.eu/fp7/ict/ssai/ docs/future-cc-2may-finalreport-experts.pdf[2017-06-10].

Euractiv. 2012. Brussels Sees Gold Lining to Cloud Computing. http://www.euractiv.com/infosociety/brussels- unveils-cloud-computing-news-515057[2017-06-10].

European Commission. 2012. Digital Agenda：Plan to make EU the World Leader in High-Performance Computing. http://europa.eu/rapid/pressReleasesAction.do?reference=IP/12/139&format=HTML&aged= 0&language= EN&guiLanguage=en[2017-05-10].

European Commission. 2016a. Quantum Manifesto. http://qurope.eu/system/files/u567/Quantum%20Manifesto. pdf[2017-05-20].

European Commission. 2016b. Commissioner OETTINGER Welcomes 5G Manifesto. https://ec.europa.eu/digital-single-market/en/news/commissioner-oettinger-welcomes-5g-manifesto[2017-05-10].

European Commission. 2016c. Communication-5G for Europe：An Action Plan and Accompanying Staff Working Document. https://ec.europa.eu/digital-single-market/en/news/communication-5g-europe-action-plan-and-accompanying-staff-working-document[2017-05-10].

European Commission. 2017a. Greece Signs the European Declaration on High-performance Computing. https://ec.europa.eu/digital-single-market/en/news/greece-signs-european-declaration-high-performance-computing [2017-05-10].

European Commission. 2017b. Intermediate Report from the Quantum Flagship High-Level expert group. https://ec.europa.eu/digital-single-market/en/news/intermediate-report-quantum-flagship-high-level-expert-group [2017-05-10].

European Commission. 2017c. Quantum Flagship High-Level Expert Group Publishes the Final Report. https://ec.europa.eu/digital-single-market/en/news/quantum-flagship-high-level-expert-group-publishes-final-report [2017-10-10].

European Commission. 2018. EU Funded Projects on Quantum Technology. https://ec.europa.eu/digital-single-market/en/projects-quantum-technology[2018-12-20].

GOV.UK. 2011. The UK Cyber Security Strategy. https://www.gov.uk/government/uploads/system/uploads/attachment_data/file/60961/uk-cyber-security-strategy-final.pdf[2017-05-20].

GOV.UK. 2015a. National Strategy for Quantum Technologies. https://www.gov.uk/government/publications/national-strategy-for-quantum-technologies[2017-05-20].

GOV.UK. 2015b. A Roadmap for Quantum Technologies in the UK. https://www.gov.uk/government/uploads/system/uploads/attachment_data/file/470243/InnovateUK_QuantumTech_CO004_final.pdf[2017-05-20].

GOV.UK. 2016. NATIONAL CYBER SECURITY STRATEGY 2016-2021. https://www.gov.uk/government/uploads/system/uploads/attachment_data/file/567242/national_cyber_security_strategy_2016.pdf[2017-05-20].

GOV.UK. 2017. Next Generation Mobile Technologies：A 5G strategy for the UK. https://www.gov.uk/government/publications/next-generation-mobile-technologies-a-5g-strategy-for-the-uk[2017-05-20].

HPCwire. 2014. India to Launch $730M National Supercomputing Mission. https://www.hpcwire.com/2014/10/06/india-launch-730m-national-supercomputing-mission/[2017-05-20].

MESR. 2017. Présentation de la stratégie France I.A.，pour le développement des technologies d'intelligence artificielle. http://www.enseignementsup-recherche.gouv.fr/cid114670/presentation-de-la-strategie-france-i.a.-pour-le-developpement-des-technologies-d-intelligence-artificielle.html[2017-05-25].

NISC.JP. 2013. サイバーセキュリティ戦略. http://www.nisc.go.jp/active/kihon/pdf/cyber-security-senryaku-set.pdf[2017-05-25].

NITRD. 2012. The Federal Big Data Research and Development Strategic Plan. https://www.nitrd.gov/Publications/PublicationDetail.aspx?pubid=63[2017-06-05].

NITRD. 2014. NITRD：National Big Data Strategic Plan. https://www.nitrd.gov/bigdata/rfi/112014/NationalBigDataStratPlan.pdf[2017-06-05].

NSF. 2011. National Robotics Initiative（NRI）. https://www.nsf.gov/pubs/2011/nsf11553/nsf11553.htm?org=NSF[2017-05-25].

NSF. 2016. National Robotics Initiative 2.0：Ubiquitous Collaborative Robots（NRI-2.0）[2017-05-25].

NSTC. 2016a. 2016 Federal Cybersecurity Research and Development Strategic Plan. https://www. nitrd.gov/ Publications/PublicationDetail.aspx?pubid=61[2017-05-10].

NSTC. 2016b. Priorities for the National Privacy Research Strategy. https://obamawhitehouse.archives.gov/ blog/2016/07/01/priorities-national-privacy-research-strateg[2017-05-20].

NSTC. 2016c. THE NATIONAL ARTIFICIAL INTELLIGENCE RESEARCH AND DEVELOPMENT STRATEGIC PLAN. https://www.nitrd.gov/PUBS/national_ai_rd_strategic_plan.pdf[2016-11-10].

NSTC. 2016d. ADVANCING QUANTUM INFORMATION SCIENCE: NATIONAL CHALLENGES AND OPPORTUNITIES. https://www.whitehouse.gov/sites/whitehouse.gov/files/images/Quantum_Info_Sci_Report_ 2016_07_22%20final.pdf[2017-05-25].

White House. 2011a. Federal Cybersecurity R&D Strategic Plan Released. http://www.whitehouse.gov/ blog/ 2011/12/06/federal-cybersecurity-rd-strategic-plan-released[2017-05-10].

White House. 2011b. 2017-05-10. FEDERAL CLOUD COMPUTING STRATEGY. https://www.dhs.gov/ sites/ default/files/publications/digital-strategy/federal-cloud-computing-strategy.pdf[2017-05-10].

White House. 2015. Executive Order--Creating a National Strategic Computing Initiative. https://obamawhitehouse. archives.gov/the-press-office/2015/07/29/executive-order-creating-national-strategic-computing-initiative?from= groupmessage&isappinstalled=0[2017-05-10].

White House. 2016a. National Strategic Computing Initiative Strategic Plan. https://www.whitehouse.gov/ sites/ whitehouse.gov/files/images/NSCI%20Strategic%20Plan.pdf[2017-05-10].

White House. 2016b. Fact Sheet: Administration Announces an Advanced Wireless Research Initiative, Building on President's Legacy of Forward-Leaning Broadband Policy. https://obamawhitehouse.archives. gov/the-press-office/2016/07/15/fact-sheet-administration-announces-advanced-wireless-research[2017-05-10].

Xiong W, Droppo J, Huang X, et al. 2016. The Microsoft 2016 conversational speech recognition system. International Conference on Aconstics, Speech, and Signal Processing, 2017: 5255-5259.

第11章
光电空间科技领域发展规划分析

梁　田　徐英祺

（中国科学院成都文献情报中心）

　　摘　要　光电空间是通过利用不同波段及不同类型的光电设备对空间（天体）和地球进行观测与研究的一个应用学科分支，是由光、机、电、热、航天工程等多个学科组成的交叉学科。总的来说，光电空间包括空间科学与光电科学两大部分。其中，空间科学包括空间天文、太阳物理、空间物理、行星科学、空间地球科学、微重力科学、空间基础物理、空间生命科学等几个分支领域。光电科学广泛应用于空间科学元件制造、长距离通信、健康、能源、国防、对地观测等诸多领域。凭借光电科学技术产生的重大进步和变革，人们从地面对空间观测过渡到从空间对地和对天体观测，摆脱了大气带来的种种限制，逐步形成了光电空间仪器科学技术。根据该领域研究现状与趋势，光电空间仪器技术研究与应用主要分为系列卫星、载人航天、探月工程、天对地观测、地对天观测、空间激光通信等六个方面。光电空间不仅技术内涵丰富、涉及学科较多，而且属于日新月异的高新技术领域，新知识、新技术、新材料、新器件等不断涌现。同时，由于光电空间科技领域与经济社会发展及国家安全联系非常密切，因此发达国家纷纷在该领域制定各类战略规划。

　　本章首先对美国、欧盟及其成员国、俄罗斯和日本等光电空间发达国家/组织所发布的中长期重要光电空间科技发展战略和科技规划的内容、特点和规律等进行了分析研究。其次，本章在对国外光电空间科技领域战略规划进行简要介绍的基础上，以《宇宙愿景：欧洲空间科学2015-2025》为例，分析了欧洲光电空间规划的项目执行与实施效果、影响情况。同时，本章以美国国家航空航天局（National Aeronautics and Space Administration，NASA）战略规划为例，分析了美国光电空间科技领域发展规划的编制与组织实施特点。再次，本章通过将我国光电空间科技领域规划与国际相应领域规划进行对比分析，重点比较分析了研究重点、前沿方向等的异同，指出了我国应当加强的研究问题与方向。最后，本章根据分析结果，在多个方面对我国光电空间科技领域规划的制定提出了建议。

关键词　光电空间　战略规划　组织实施特点　美国国家航空航天局

11.1　引言

光电空间是利用不同波段及不同类型的光电设备对空间（天体）和地球进行观测与研究的一个应用学科分支。它是由光、机、电、热、航天工程等多个学科组成的交叉学科，蕴含着重大科学突破并与人类生存发展密切相关。在光电空间科学领域中，光电技术是支撑空间科学实践的重要依托，空间科学的发展则是光电技术和相关高技术创新与发展的持续驱动力，两者互为依存，互相促进，不断将彼此领域中的新理论与技术创新转化为新的应用，形成持续性经济拉动效应。

由于光电空间主要通过航天探测装置、航天飞行器等来对空间物理、太阳物理、行星科学、空间生命学、空间地球科学、微重力科学等分支学科进行研究，因此也带动了与其有紧密关系的材料学、燃烧学、空气动力学、航空器制造、通信技术等相关学科的发展。

11.2　光电空间科技领域发展概述

21 世纪以来，为了争夺在空间科学研究和技术领域的领导者地位，发达国家纷纷在空间科学与技术领域出台各类政策与规划，提出了今后一段时间内空间科学要解决的问题和发展的方向。我国也在 2009 年，由中国科学院空间领域战略研究组领衔，制作和发布了《中国至 2050 年空间科技发展路线图》（中国科学院空间领域战略研究组，2009），为我国至 21 世纪中叶的空间研究和技术发展指明了方向。根据国家空间科学中心发布的《2016—2030 年空间科学规划研究报告》（吴季，2016），空间科学基本可以分为空间天文、太阳物理、空间物理、行星科学、空间地球科学、微重力科学、空间基础物理、空间生命科学等几个分支领域。

另一方面，空间科学的发展离不开与之紧密相连的光电科学技术的发展。光电科学又包括光电科学技术的传输、存储与处理、图像记录与显示、能量生成等几个分支，广泛应用于空间科学元件制造、长距离通信、健康、能源、国防、对地观测等诸多领域。

凭借光电科学技术产生的重大进步和变革，人们从地面对空间观测过渡到从空间对地和对天体观测，摆脱了大气带来的种种限制，逐步形成了光电空间仪器科学技术。根据该领域研究现状与趋势，光电空间技术研究与应用主要分为系列卫星、载人航天、探月工程、天对地观测、地对天观测、空间激光通信等六个方面。

光电空间科技领域不仅技术内涵丰富、涉及学科较多，新知识、新技术、新材料、新器件等不断涌现，而且与经济社会发展及国家安全联系密切，应用范围及由此研制的仪器设备与日俱增，呈现高速发展之势。

11.3　光电空间科技领域规划研究内容与方向

11.3.1　美国光电空间科技领域战略规划

11.3.1.1　《天文学与天体物理学的新世界及新视野》

美国国家研究理事会（National Research Council，NRC）于 2010 年发布的《天文学与天体物理学的新世界及新视野》（Committee for a Decadal Survey of Astronomy and Astrophysics and National Research Council，2010）报告，不仅提出了三大科学目标（寻找早期的恒星、星系与黑洞，寻找临近地球的适宜居住的行星，促进基础天体物理科学知识方面的发展），更对 2012～2021 年空间和地面天文学发展制订了广泛的综合计划，如表 11-1 所示。

表 11-1　《天文学与天体物理学的新世界及新视野》项目规划

类别	名称	作用或内容
空间大型	广域红外巡天望远镜（WFIRST）	研究太阳系外行星和暗能量，推进从星系演化到星系物质的一系列研究
	探索者项目	增加一个能以适当的投资带来高水平科学汇报的项目，该项目能够对最新的科技突破做出响应
	空间天线式激光干涉仪（LISA）	通过测量新来源，如临近的白矮星引起的时空波纹、低频引力波以及探测黑洞的性质来为宇宙研究开辟新的方向
	国际 X 射线天文望远镜（IXO）	强大的 X 射线望远镜，将改变人类对于恒星热气体和处于各演化阶段的星系的认识
空间中型	新世界技术发展项目	一个具有竞争潜力的项目，用于支持研究临近类地行星的任务以及相关的科技研究
	探测器技术发展项目	一个具有竞争潜力的项目，用于支持未来 10 年的宇宙微波背景的任务和宇宙膨胀的研究
地面大型	大型综合巡天望远镜（LSST）	一种宽视场光学巡天望远镜，将改变对宇宙的观察方式，并解决暗能量的性质、确定是否有些物体可能会与地球相撞等各类宇宙问题
	中型创新项目的延伸	一个具有竞争潜力的项目，能够对最新的科学发现和望远镜、天文设备方面的技术进步做出响应

续表

类别	名称	作用或内容
地面大型	巨型拼合镜面望远镜（GSMT）	巨大的光学和近红外望远镜，为詹姆斯·韦伯太空望远镜（JWST）、阿塔卡马大型毫米波/亚毫米波阵列（ALMA）以及LSST 提供光谱方面的补充
	大气切伦科夫望远镜阵列（ACTA）	建设研究高能量伽马射线的国际望远镜
地面中型	康奈尔-加州理工阿塔卡玛望远镜（CCAT）	一个 25 米口径的宽视场亚毫米级望远镜，为 ALMA 提供补充，用于对宇宙尘埃笼罩物体的观察研究

11.3.1.2 《2013-2022 年行星科学的愿景与旅程》

为了评估美国行星科学现状，制定能够在 2022 年之前促使该领域持续取得突破的发展战略，NRC 于 2011 年发布了《2013-2022 年行星科学的愿景与旅程》报告（Committee on the Planetary Science Decadal Survey and National Research Council，2011）。该报告通过 25 项纵贯太阳系内部的新任务来实现十年期的科学目标。这套科学任务根据难易程度被划分为"发现型"、"新边界型"与"旗舰型"三类。

1. "发现型"任务

NRC 建议 NASA 继续对包括火星在内的所有行星开展发现任务。除了行星探索任务，报告还推荐将 NASA 的"机遇的独立使命"（Stand Alone Missions of Opportunity）行星探测采集车引入计划，以便在任何可以运用的"发现型"项目中开展合作。另外，该计划提出欧洲航天局（European Space Agency，ESA）与 NASA 合作开展火星微量气体探测轨道卫星的发射项目。

2. "新边界型"任务

报告计划执行两个"新边界型"任务，即第四个和第五个"新边界型"任务。

第四个"新边界型"任务，从以下五个任务中选择一个：①彗星表面样品返回任务；②月球南极-艾特肯盆地样品返回任务；③土星探测任务；④特洛伊之旅和交汇任务（探测与木星共享轨道的小天体的任务）；⑤金星原位探索任务。

第五个"新边界型"任务通过同行评议的方式，从以上五个任务以及木卫一探测、月球星球物理网络研究等七个主题中进行选择，任何一个主题都没有绝对的优先权。而最终任务的确定还要基于方案平衡、技术准备和航天器轨迹可用性进行判断。

3. "旗舰型"任务

"旗舰型"任务在五个主题中进行选择：①土卫二轨道飞行器发射任务；②木卫二轨道飞行器发射任务；③火星天体生物学探索与收集任务（MAX-C）；④天王星轨道飞行器与探测器发射任务；⑤金星气候探测与研究任务。

其中，MAX-C 虽然具有最高的优先级，但该任务的执行仍有限制条件，即如果 NASA 的 2015 财年花销超过 25 亿美元，那么 MAX-C 和与之一同的火星样品返回任务将不得不被推迟。具有第二优先级的项目主题是木卫二轨道飞行器发射任务。如果 NASA 的行星预算有所增加，那么计划还将实施对木卫二的首次深度探测。天王星轨道飞行器与探测器发射任务具有第三位的优先级。所提议的计划将通过启动绕天王星探测飞行的任务，在其大气层放置探测器，来填补对天王星了解的空白。土卫二和金星的相关任务的优先级分别为第四和第五。

由此可以看出，选取"旗舰型"任务主题的首要条件是成本。不仅要求项目最终预算成本不能超过计划，还需要进一步优化方案以压缩实际的成本，使实际投入与科研产出达到平衡。

11.3.1.3 《太阳与空间科学：面向科技界的科学》

《太阳与空间科学：面向科技界的科学》报告（National Research Council et al.，2012）是美国实现太阳与空间科学研究突破的指导性文件。该报告不仅综述了 2004～2013 年有关太阳和空间科学研究的重要进展，而且制定了 2013～2022 年该领域的主要科学目标、指导原则和实施方案。

报告制定的主要科学目标包括：①确定太阳活动的起因并预测宇宙环境的变化；②确定地球磁气圈、电离层及大气层的动力机制及其耦合作用，以及它们对太阳和地球能量的响应；③明确太阳同太阳系以及行星介质之间的相互作用；④发现并界定存在于日光层和整个宇宙中的基本过程的特征。

具体项目部署主要包括：①继续支持与建设太阳物理学系统观测站（HSO）相关的正在进行的重大项目，以推动 HSO 计划的顺利实施；②实施由多部门参与的新的、综合性行动计划——DRIVE；③加快推进与发展太阳物理学探测项目，恢复中型探测器（MIDEX）任务并允许该任务每 2～3 年由小型探测器（SMEX）任务替代；④面向中等规模观测重新构建太阳-地球探测器项目，重新设立竞争性首席研究员（Principle Investigator，PI）制的太阳-地球探测器系列项目；⑤实施旨在以一种整合的方式对电离层-热电离层-中间层展开研究，解读地球大气层吸收太阳风能量机理的"与恒星共处"研究计划。

11.3.1.4 《太空探索重获未来：生命与物理科学研究新时代》

《太空探索重获未来：生命与物理科学研究新时代》（Committee for the Decadal Survey on Biological and Physical Sciences in Space and National Research Council，2011）是 NRC 为 NASA 起草的一份太空生命和基础物理研究计划，作为对 2011～2020 年太空任务方向的建议，使 NASA 能够在该领域重建与其合作伙伴的关系，开展前瞻性研究工作。

报告主要明确了植物与微生物学，行为与心理健康，动物与人类生物学，空间环境中人类的交叉综合性问题，基本空间物理学，应用物理学，空间探测系统中的转移、转换问题等领域的优先解决的科学问题或优先探索的方向，如表 11-2 所示。

表 11-2 《太空探索重获未来：生命与物理科学研究新时代》研究计划

领域	优先解决的科学问题或优先探索的方向
植物与微生物学	（1）国际空间站的微生物种群动态研究
	（2）植物与微生物的生长及生理反应
	（3）微生物和植物系统在长期生命保障系统中的作用
行为与心理健康	（1）太空飞行任务相关的宇航员行为与心理表现的测度
	（2）长时间太空飞行任务的模拟
	（3）遗传、生理和心理因素在压力恢复中的作用
	（4）孤立自治环境中的团队行为因素
动物与人类生物学	（1）骨量保持和骨量流失的可逆性因素及对策研究，包括药物治疗方法
	（2）太空飞行中动物骨量流失的研究及药物治疗方法
	（3）骨骼肌蛋白质平衡和周转的调控机制研究
	（4）单系统与多系统的原型运动对策研究
	（5）航天飞行中的肌肉再训练模式研究
	（6）长时间空间任务中血管/间质压力的变化研究
	（7）长期重力降低对机体性能、容量机制和直立不耐受性影响的研究
	（8）亚临床冠状动脉粥样硬化性心脏病的筛查策略研究
	（9）低重力条件下人和动物肺中的气溶胶沉积现象研究
	（10）航天飞行中 T 细胞活化及免疫系统变化机制研究
	（11）太空飞行中的综合性免疫问题的动物实验
	（12）太空飞行中的多代同堂的啮齿类动物的功能和结构的变化
空间环境中人类的交叉综合性问题	（1）登陆后的直立不耐受性的综合、多系统机理研究
	（2）人工重力的试验
	（3）减压效果实验
	（4）宇航员的食物、营养和能量平衡研究
	（5）继续研究宇航员和动物的短期和长期辐射效应
	（6）辐射毒性的细胞研究
	（7）航天生理效应的性别差异研究
	（8）热平衡的生物物理原理
基本空间物理学	（1）微重力实验室中复杂流体和软物质的研究
	（2）基本力和对称性的精确测量
	（3）量子气体（量子效应支配的超低温度下的气体）的物理和应用
	（4）物质的临界相变行为
应用物理学	（1）低重力多相流、低温、热转移的建模与数据库开发
	（2）探索系统中的界面流动现象
	（3）动态颗粒材料的性质研究与地下岩土工程
	（4）除尘策略与方法研究
	（5）微重力环境下的复杂流体物理
	（6）防火安全研究
	（7）燃烧过程与建模
	（8）材料合成与加工，微结构与性质控制
	（9）太空探索用先进材料设计与开发
	（10）资源原位利用过程研究

续表

领域	优先解决的科学问题或优先探索的方向
空间探测系统中的转移、转换问题	（1）两相流和热能管理
	（2）低温流体管理
	（3）流动性、巡航性和机器人系统
	（4）除尘系统
	（5）宇宙射线保护系统
	（6）闭环生命保障系统
	（7）温度调节技术
	（8）防火安全：材料标准和粒子探测器
	（9）消防灭火和火灾后的应对策略
	（10）再生燃料电池
	（11）能量转换技术
	（12）裂变表面能
	（13）上升和下降推进技术
	（14）空间核推进技术
	（15）月球水和氧气提取系统
	（16）地表作业计划，包括原位资源利用和地表环境

资料来源：Committee for the Decadal Survey on Biological and Physical Science in Space and National Research Council（2011）。

11.3.1.5 《NASA 的火星之旅：开拓空间探索的未来措施》

2015 年 10 月，NASA 制定了《NASA 的火星之旅：开拓空间探索的未来措施》（National Aeronautics and Space Administration，2015），计划在 21 世纪 30 年代中期将人类送上火星。整个计划为一个"三步走"的战略。

1. 第一步：国际空间站实验

NASA 将利用国际空间站的微重力环境对维持宇航员健康以及生产所需的能力、风险防控进行研究。目前已开展或计划的实验示范包括：①在长周期的火星任务中的生命维持；②先进消防设备；③下一代太空服技术；④高数据传输速率通信；⑤降低物流技术；⑥大型可展开太阳能阵列；⑦空间添加剂制造；⑧先进运动和医疗设备；⑨辐射监测和屏蔽；⑩人机一体化与自动化操作；⑪骨和肌肉流失的研究；⑫压力变化和体液移位对颅内的影响研究；⑬监测免疫功能和心血管健康；⑭营养研究。

2. 第二步：近地轨道试验场实验

NASA 希望能够在近地轨道和月球进行太空探索实验。NASA 计划开展"小行星再定向任务"，通过太空探测器自动采集近地星体上的岩石标本并带至指定的近地轨道地点，供未来抵达的宇航员进行研究。为了实现该目的，NASA 也在研发先进太阳能装置推进技术，以减少物流与登陆火星的成本。

NASA 计划 2018 年再次发射猎户座太空船，将空间发射系统（SLS）送至月球轨道进行 7 天的绕月飞行。2020 年在地球与月亮之间建设试验场，试验外太空居住系统，并执行未来 10 年的太空任务。2025 年通过猎户座太空船和 SLS 将第一位宇航员送至近地轨道试验场。研究宇航员在试验场的适应与生存状态，将为长时间的太空任务，如火星登陆任务提供参考。

3. 第三步：登陆火星

通过分析现有人造卫星与探测器返回的数据，该计划指出，将通过国际合作、国际空间站和近地轨道试验场的试验获得数据，准备于 2030 年后完成火星登陆任务。

11.3.1.6　《全球探索路线图（2013 版）》

2013 年 11 月，国际太空探索协调工作组（International Space Exploration Coordination Group，ISECG）发布的《全球探索路线图（2013 版）》（Kathleen and William，2014；International Space Exploration Coordination Group，2013）是根据 2007 年 14 国航天机构联合发布的《全球探索战略：合作框架》（ASI et al.，2007）制定而成的，其第一版于 2011 年发布。两年之后又对路线图进行了调整与修改，并于 2013 年 11 月发布。新路线图通过各机构间的讨论，不仅确定了共同目的和目标、长距离人类探索战略、探索准备活动协作三个框架，还设置了一个独立的参考任务步骤，并新增了一个需要重点关注的研究领域，即降低人类健康风险的研究。新版的路线图与各阶段的任务、时间节点如图 11-1 所示。

图 11-1　《全球探索路线图（2013 版）》

资料来源：International Space Exploration Coordination Group（2013）

11.3.1.7 NASA《战略空间技术投资计划》

2012 年底，NASA 发布了《战略空间技术投资计划》（National Aeronautics and Space Administration，2012）。该投资计划重点关注有可能彻底改变人类探索、发现以及在太空工作中所需要的各类突破性技术。其中，核心技术是投资重点，约占投资总额的 70%，内容主要包括短期内为完成具体任务目标所必要的技术投资以及 8 项开创性和交叉性的技术投资领域（表 11-3）；相邻技术投资占投资总额的 20%，相邻技术投资与核心技术投资密切相关且具有较高优先级；互补技术投资，约占投资总额的 10%。

表 11-3 美国 NASA《战略空间技术投资计划》八项核心技术

技术名称	相关技术挑战领域	NRC 中的相关高优先级技术
发射和空间推进	发射推进系统；大功率空间推进；空间推进；低温贮存和转移	电力推进；（核）热推进；涡轮基组合循环（TBCC）；火箭基组合循环（RBCC）；微推进；推进剂贮存和转移
机器人和自主系统	自主系统；机器人操作、操纵；传感和采样；自主交会对接；结构监测；机器人操纵	极端地形移动技术，GNC（包括相对导航算法、车载自主导航和操纵），对接捕获机构/接口，小体积/微重力环境移动，灵巧操纵技术；机器人钻机和样品处理；监控；车辆系统管理功能
高数据速率通信	高带宽通信；高数据速率	无线电系统
环境控制与维生系统	长时间的环境控制和生命保障系统	环境控制与生命保障系统；水回收和管理，空气再生，废物管理和人居
空间辐射抑制	空间辐射抑制	载人太空船辐射抑制；辐射监测，辐射防护系统，辐射的危险评估模型，辐射预测，辐射抑制等
科学仪器和传感器	生命探测技术；先进传感器（地质、化工等所有类型的检测传感器）；科学仪器和传感器；地球观测等	探测器和焦平面；光学系统（仪器和传感器）；高对比度的成像和光谱学；原位仪表和传感器；仪器和传感器电子学；仪器仪表和传感器激光学，无线卫星技术
大气层进入、飞行器下降和着陆（EDL）	先进的大气层进入、飞行器下降和着陆技术；大气层进入、飞行器下降和着陆技术	EDL 热防护系统（刚性、柔性、升空/进入），GNC 传感器与系统，EDL 仪表和健康监测，EDL 建模与仿真，EDL 系统集成与分析，大气和表面性质表征；超音速减速器
轻型空间结构和材料	轻型空间结构和材料；结构监测	轻质多功能材料与结构，包括：纳米轻质材料和结构；创新的多功能材料与结构；轻量级材料设计和认证方法

资料来源：National Aeronautics and Space Administration（2012）。

11.3.1.8 第 7 轮"立方体卫星发射倡议"及"利用小卫星革命倡议"

2016 年 2 月，NASA 发布了第 7 轮"立方体卫星发射倡议"（CubeSat Launch Initiative，CSLI）（National Aeronautics and Space Administration，2017）。NASA 从美国 12 个州的提案中选择了 20 颗小卫星作为辅助有效载荷进行发射。

随后，美国白宫科学技术政策办公室（Office of Science and Technology Policy，OSTP）宣布了"利用小卫星革命"倡议（Fetter and Kalil，2016），强调利用 NASA、国防部和其他联邦政府机构当时正在开展的工作，帮助发展小卫星或利用它们所提供的图像或其他数据。此次倡议的内容，不仅包括国家地理空间情报局（National Geospatial-Intelligence Agency，NGA）通过与行星公司合作，获取行星公司的全球图像存档、国家海洋与大气管理局（National Oceanic and Atmospheric Administration，NOAA）从地理光学和尖顶全球两家公司采购商业气象数据等之前开展的一系列工作，还涉及组建小型航天器系统虚拟机构（Small Spacecraft Systems Virtual Institute，S3VI）项目。该虚拟机构设立的在 NASA 的埃姆斯研究中心，成为 2017 年初开始的所有 NASA 小卫星活动的"通用入口"。NASA 为小卫星项目投入 3000 万美元，其中 2500 万美元用于地球科学数据采购，剩余的 500 万美元支持小卫星星座技术发展。

11.3.1.9 美国空间激光通信战略规划

在 2015 年自由空间激光通信与大气传输会议上，NASA 总部的 Donald M. Cornwell 受邀报道了 NASA 在 2015 年及以后的光通信计划（Cornwell，2015；婷威，2016）。

在成功开展月球激光通信演示项目（Lunar Laser Communications Demonstration，LLCD）后，NASA 空间技术任务理事会和科学任务委员会现在已与人类探索和作战任务委员会的空间通信与导航项目（Space Communications and Navigation，SCaN）联手，共同开展深空光通信（Deep Space Optical Communications，DSOC）终端的研发工作（图 11-2）。

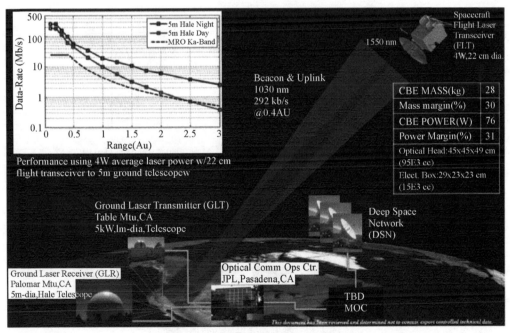

图 11-2 NASA JPL 的 DSOC 项目

资料来源：Cornwell（2015）

DSOC 终端用于从近地小行星向外直到木星进行数据传输，同时需要以 250Mbps 以上的速率从火星进行反向传输数据，而消耗质量为 28 千克，功率 76 瓦。除此以外，DSOC

还遇到了其他挑战：1000X 远处的链路（链路损耗 60 分贝以上）、从地面发射的千瓦级上行光束、宇宙飞船上用于观察上行光束的光子计数探测器阵列，以及对利用惯性稳定的波束指向稳定度实现数量级提升和下行光束更大的超前瞄准角的需求。与 LLCD 相比，DSOC 还要求更大的地面接收器孔径，尽管目前计划在帕洛马山上使用口径为 5 米的海尔（Hale）望远镜从火星以 100Mbps 以上的速率反向传输数据，但也在同步研究开发口径为 12 米的望远镜。

SCaN 计划资助了 NASA 喷气推进实验室（Jet Propulsion Laboratory，JPL）的一项研究：在"火星 2020"探测车上安装一台约 6 千克、50 瓦以下的激光通信终端（图 11-3）。此终端不仅能以高达 20Mbps 的速率与火星轨道飞行器上的光中继终端进行通信，还能从火星表面以高达 200kbps 的速率提供"直接对地"（direct-to-Earth，DTE）的链路。

另外，NASA 格伦研究中心正在研究一种集成无线电和光通信（The integrated Radio and Optical Communcations，iROC，图 11-4）。该系统包含一个用于瞄准天体的口径为 3 米的射频网状天线和一个口径为 30 厘米的光学望远镜，Ka 波段和激光通信共享一个集成的由软件定义的调制解调器。该研究工作目前还处于低技术成熟度（L2～L3），但是如果混合系统的尺寸、重量和功率不高于当今射频深空终端，则能为行星探索者提供无限的可能性。

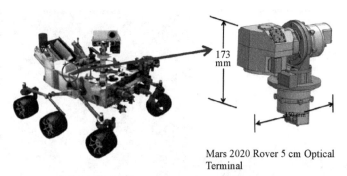

Mars 2020 Rover 5 cm Optical Terminal

图 11-3 "火星 2020"探测车拟采用的光通信终端
资料来源：Cornwell（2015）

图 11-4 集成无线电和光通信终端
资料来源：Cornwell（2015）

此外，激光通信中继演示（Laser Communications Relay Demonstration，LCRD）任务被资助为两年的演示，其主要目的是积累长周期、多年的运行经验并理解激光通信系统。

这包括长期对每个位置的大气状况和气象条件进行测量和监测，并使用该数据做许多工作。目前，LCRD 计划在两个地面终端之间中继数据。但 NASA 已经试验性地计划将源于 LCRD 的低地球轨道终端放在国际空间站上，来全面演示从近地轨道通过地球同步轨道上的 LCRD 终端最后到达地面的中继效果（图 11-5），作为基于 RF 的跟踪和数据中继系统（RF-based Tracking and Data Relay System，TDRS）的光学模拟。NASA 计划将这些服务用于下一代地球轨道科学卫星，使其可以从新的高分辨率仪器上下载更多数据。2017年 2 月，LCRD 项目成功通过关键设计审议，并已于 12 月开始进行开发集成与测试阶段，正为 2019 年新一阶段的项目启动积极准备。

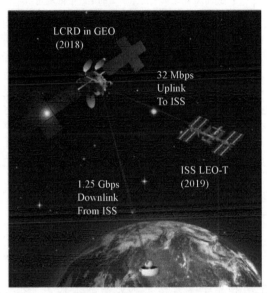

图 11-5　用于证明近地高带宽光中继站的 LCRD 和国际空间站低地球轨道终端（ISS LEO-T）任务
资料来源：Cornwell（2015）

最后，NASA 致力于建立一套光地面站网络为以上任务提供支持。除了为 LLCD 建的两个站点（约 1 米孔径）外，NASA 正在对全世界多个场址进行评估，以找到可能支持今后深空和近地光通信任务的最清晰的天空。

11.3.1.10　《光学与光子学：美国不可或缺的关键技术》

为了提高产业界、学术界及政府对光子技术的重视程度，NRC 在 2012 年发布了《光学与光子学：美国不可或缺的关键技术》报告（美国国家科学院和国家科学研究委员会，2015）。报告指出，自 1998 年 NRC 提出大力发展光学与光子技术战略后，中国、欧洲、日本纷纷开展国家战略计划，而美国却落后于此。为此，报告建议，政府多部门协同合作加快产业界及学术界推进关键技术开发，并由光子技术驱动美国对相关八大方向的投资及竞争力，如表 11-4 所示。

表 11-4 《光学与光子学：美国不可或缺的关键技术报告》提出的重要建议

方向	重要建议
通信、信息处理和数据存储	（1）政府、私营企业和学术界需要研发新技术来实现下一个在长距离、城域以及局域光学网络具有高性价比的 100 倍增长目标
	（2）政府应努力协调光学和以硅为基础的管子学共同和谐发展，提供一个新型、易用、一体化的光电技术平台
	（3）政府和私营企业应共同努力使美国在为全球数据中心业务提供光学技术方面保持领导者地位
国防与国家安全	充分利用高功率激光器、多功能传感器、光学孔径变换和基于全新传感器性能算法等方面取得的进步，并协同进行广域侦查、目标识别、高图像分辨率、高带宽自由空间通信、激光打击和导弹防御研发工作
能源	（1）在 2020 年之前制定全美国的电网平价规划
	（2）大力支持开发高效发光二极管，以用于通用照明和奇特应用领域
健康与医疗	（1）开发能用单个血样同步检测所有免疫系统细胞类型的新型仪器
	（2）研究新的方法，或对现有的方法和仪器设备进行深度改善，加快安全开发新药并进行有效验证的速度
先进制造	（1）大力开发增材制造技术及其应用领域
	（2）政府与企业和学术机构合作开发软 X 射线源、光刻成像和三维成像制造技术
先进光子测量技术与应用	（1）开发新技术用于生成光束，而且要求光束的光子结构已预先安排好，以便在应用中得到比普通激光更好的性能
	（2）小型企业应当在政府的鼓励和支持下抓住市场机遇，将研究成果应用于小众市场，同时对大批量消费电子产品进行开发利用。这些市场会大幅增加美国国内的就业机会，同时充分利用美国的研究成果
战略性光学材料	美国研发界应在纳米材料的研发中发挥越来越多的引领作用，使其具有可设计和可剪裁的光学特性，并能保证材料生产的一致性
显示技术	私营公司和国防部门应支持与新材料有关的研发来保证美国的领先地位。这些新材料主要用于柔性、低功耗、全息和三维显示技术

11.3.1.11 《用光学和光子学打造更加光明的未来》

由于《光学与光子学：美国不可或缺的关键技术》报告受到了美国政府高层的重视，内阁级科技政策协调机构国家科学技术委员会（National Science and Technology Council，NSTC）下属科学委员会物理科学分委会于 2013 年组成了"光学及光子快速跟踪行动委员会"（Fast-Track Action Committee on Optics and Photonics，FTAC-OP），并在 2014 年 3 月公布了《用光学和光子学打造更加光明的未来》（Committee on Science of the National Science and Technology Council，2014）报告。报告肯定了 NRC 绝大部分提议，明确支持发展光学和光子基础研究与早期应用研究计划开发，支持四大研究领域及三个应用能力技术开发，并提出了每一项可开发领域的机会和目标。这些建议分为研究机遇建议（A1～A4）和能力建设机遇建议（B1～B3），直接或间接回应 NRC 报告提出的五项首要"大挑战"问题中的四个[①]（表 11-5、表 11-6）。

---

① 由于当时美国能源部正在大举投资"太阳能计划"以应对太阳能领域的"大挑战"问题，所以 FTAC-OP 并未直接回答该问题。

表 11-5　FTAC-OP 提出的四大研究领域及研究机遇建议

四大研究领域	研究机遇建议
（A1）生物光子学	支持创新生物光子学基础研究，推进量化成像技术应用；系统生物学、药学及神经科学应用；活体生物标记有效性验证，推进医学诊断、预防及治疗应用；高效农业生产应用
（A2）从弱光子研究到单光子研究	开发工作在最微弱光的光学和光电子技术
（A3）复杂媒介成像	通过散射、色散、湍流介质推进光传播及成像科学
（A4）超低功耗纳米光电子	探索低功耗、阿托（10^{-18}）焦耳级光子信息处理和通信器件的极限

资料来源：Committee on Science of the National Science and Technology Council（2014）。

表 11-6　FTAC-OP 提出的三个应用能力技术开发及能力建设机遇建议

三个应用能力技术开发	能力建设机遇建议
（B1）为研究人员提供便于利用的制造设施	确定学术研究人员和小企业创新者对用得起的国内制造设施的需求，以推进复杂的光电子集成器件的研发、制造和装配
（B2）奇异光子研究	促进研发，以制造紧凑的相干光源、光探测器和光学装置，向学术界、国家实验室和产业界开放
（B3）关键光子材料的国内来源	为国家重要研究计划开发并准备光学和光子学材料，如红外材料、非线性材料、低维材料和工程材料等

资料来源：Committee on Science of the National Science and Technology Council（2014）。

　　根据美国国家优先战略需求，光学与光子技术对美国四大发展优先战略至关重要：①BRAIN 计划及生物经济路线图；②先进制造；③大数据；④材料基因组计划。美国 NRC 提出，光学与光子技术对美国五大技术需求至关重要：①光网络容量/价格比提升 100 倍；②光子和电子无缝集成；③军用光学技术；④太阳能发电平价并网；⑤制造业分辨率提升 10 倍或更高（图 11-6）。

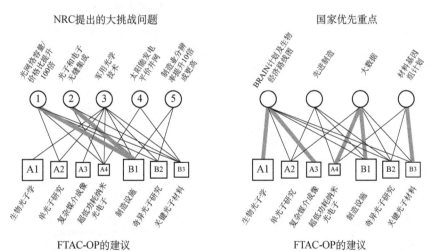

图 11-6　FTAC-OP 光学与光子学优先技术与美国相关发展需求对应关系

资料来源：Committee on Science of the National Science and Technology Council（2014）

11.3.2 欧盟光电空间科技领域战略规划

11.3.2.1 《宇宙愿景：欧洲空间科学 2015-2025》

为了进一步促进欧洲的空间科学成果为全人类的共同利益服务，ESA 发布了《宇宙愿景：欧洲空间科学 2015-2025》（European Space Agency，2005）发展规划，主要关注四个主要问题：①行星形成和出现生命的条件是什么？②太阳系是如何运作的？③宇宙的基本物理法则是什么样的？④宇宙是如何起源的，它是由什么构成的？

针对这四大问题及其衍生问题，该愿景提出了相应的可能开展的项目计划，如表 11-7 所示。

表 11-7　《宇宙愿景：欧洲空间科学 2015-2025》提出的科学问题及可能开展的项目

科学问题	可能开展的项目
1. 行星形成和出现生命的条件是什么？ 1.1 恒星和行星的气体或者尘埃 通过研究高度模糊化的恒星和行星形成源头，描绘出恒星与行星的起源。 1.2 外星球的生命痕迹 寻找太阳系以外的绕恒星运转的行星，在它们的大气中寻找生命标志物，并且使这些证据以图像形式呈现。 1.3 太阳系内的生命和生存环境 对太阳系内部可能存在或存在过生命的固态星球表面和地下进行原位探索；探索适合生命存在的环境条件	近红外调零干涉仪； 火星登陆+火星样品返回（曙光女神计划）； 远红外观测卫星； 太阳极地轨道卫星； 类地行星天体测量器； 木卫二登陆
2. 太阳系是如何运作的？ 2.1 从太阳到太阳系的边缘 研究地球周围、木星周围、太阳两级的等离子体和磁场环境，以及太阳风层顶，即太阳风与星际介质交汇处的环境。 2.2 巨大的行星与它们的环境 对木星及其大气、内部结构和卫星开展原位研究。 2.3 小行星和其他小天体 通过对近地天体返回的样品进行分析，获得第一手实验室数据	地球磁层研究； 太阳极地轨道卫星； 木星探索项目，包括木卫二轨道卫星和木星探测器； 近地天体样品返回； 星际-太阳风层顶探测器
3. 宇宙的基本物理法则是什么样的？ 3.1 探索当代物理学的基本法则 采用稳定和失重的空间环境来寻找进行基本相互作用的标准模型的微小偏差极限。 3.2 引力波 在宇宙大爆炸产生的引力辐射背景探测研究方面迈出重要的一步。 3.3 极限条件下的物质 黑洞强场环境以及其他致密太空体中的探测引力，以及探测中子星中的超核能的物质状态	基础物理研究探索项目； 大口径 X 射线望远镜； 深空重力探测器； 引力波宇宙探测器； 超高能宇宙射线探测器
4. 宇宙是如何起源的，它是由什么构成的？ 4.1 早期的宇宙 定义与发现过大规模膨胀的早期宇宙的膨胀物理过程。寻找加速宇宙膨胀的暗能量的性质和起源。 4.2 宇宙的成型 探索早期在宇宙中形成的引力束缚结构，即今天的星系、星系群和星系团的前身，追踪它们演化至目前状态的过程。 4.3 激烈演化的宇宙 跟踪与银河系和恒星形成有关的银河系中心超大质量黑洞的形成和演化，并追踪这些物质的生命周期	大口径 X 射线望远镜； 宽视场红外光学成像仪； 宇宙微波背景辐射极化现象研究； 远红外射线望远镜； 引力波宇宙探测器； 伽马射线成像仪

资料来源：European Space Agency（2005）。

11.3.2.2　QB50 计划

在欧盟第七框架计划（FP7）支持下，ESA 开展了大气低热层探测的 QB50 计划（QB50，2018；焦子龙，2015）。该计划的主要目的包括：通过 QB50 计划的实施，提高关键技术的成熟度，实现低成本空间科学探测及深空探测可持续发展的目标；对"旋风-4"运载火箭进行验证，保证在未来 10 年具备低成本发射的能力；通过国际合作，提高立方体卫星平台的标准化程度，促进技术发展。

QB50 卫星载荷包括三组，分别为离子及中性气体质谱计（INMS）、原子氧通量探测器（FIPEX）及多探针郎缪尔探针（mNLP）。每组均包含多个热敏电阻、热电偶和铂电阻温度传感器。每颗卫星需要安装三组载荷中的一组。

作为技术验证平台，QB50 计划有 40 颗 2U 卫星用于科学探测，10 颗卫星不携带科学载荷，仅完成技术验证任务。其中，QARMAN 除了用于研究大气层再入及相关的气动热力学现象外，还将验证被动离轨及 non-powered 交会对接技术。DelFFi 由两个 3U 立方体卫星组成，任务目标是研制自主编队飞行技术。InflateSail 为 3U 立方体卫星，其主要目标为验证充气帆的展开及硬化技术。2014 年 6 月 19 日在俄罗斯由"第聂伯"（Dnepr）运载火箭发射的两颗 QB50 前驱星，用于验证轨道部署器、卫星姿控、通信、载荷等技术。

11.3.2.3　英国《国家空间政策》

2015 年 12 月，英国空间局发布了《国家空间政策》（冯云皓，2016）。该政策全面阐释了更广泛的政府层面的空间探索方法，旨在为航天产业创建稳定的政策环境，使其能够在全球日益繁荣的空间市场中获取更大份额，以提供各种新型商业机会，创造就业，并开拓对太空疆域的理解。

同时，该政策确定了 4 个相互关联的政策主题：①基于空间政策在公共服务、国家安全、科学创新和经济发展方面的重要价值，承认空间政策对于英国的战略重要性；②致力于维护和促进独特的空间运作环境的安全性，使其免受干扰；③以优秀的学术研究为支撑，支持一个强大、具有竞争性的商业化的空间产业的发展；④致力于在构建法律框架方面加强国际合作，以负责任的方式利用空间，加强国际合作，促进英国对空间领域的投资获取最大利益。

英国政府与 ESA 合作，支持与行星和宇宙基础科学问题研究相关的太空项目。同时，英国政府还确保新的空间技术（如机器人和先进材料）以及空间知识（如气候变化）能够成功地被转移转化到其他产业以及投入实际工业应用。政府还支持英国企业，使其在日益增长的国际市场更具有竞争力，尤其是在卫星制造、空间仪器仪表、基于卫星的服务、卫星发射、卫星技术的对地应用方面。

11.3.2.4 《面向 2020 年的光子学研发战略路线图（2014-2020）》

根据"地平线 2020"计划，欧洲光子学技术平台 Photonics21 制定了《面向 2020 年的光子学研发战略路线图（2014-2020）》（Photonics21，2013），对未来信息通信，产业制造，生命科学，新兴照明，电子及显示，测量传感，光学系统设计制造，教育培训等光子学应用的七大领域进行了重大创新挑战分析，前瞻部署了下一阶段的若干研究任务（表 11-8）。

表 11-8　Photonics21 制定的七大领域中的研究任务

领域	内容		
	2016～2017 年	2018～2019 年	2020 年
信息通信	（1）开发用于 Tbps 信号生成、传输、路由、检测和处理的高度集成的子系统解决方案；（2）开发针对下一代光接入架构的高度集成的子系统解决方案；（3）开发光互连概念的综合解决方案	（1）为选择性高强度应用进行系统设计、集成和验证；（2）建立用户组和能力网络来展示、评估和推广选定的高影响力应用	在欧洲国家研究教育网（National Research Education Networks，NRENs）进行部署，并转入批量生产阶段
产业制造	（1）研制新型高效激光器及器件；（2）新型光束传输、整形和偏转系统；（3）用于工业质量控制的传感及控制器件		
生命科学	使用多模式方法的创新的多频带光子和光谱成像方法和设备（包括内窥镜），具有无标签或基于已经安全批准的标签，以进一步分析与年龄和生活方式相关的疾病，如癌症、心血管、眼睛疾病和各种神经病理学	（1）基于光子学（或其他治疗方法）的高度针对性治疗和持续监测治疗取得成功；（2）研发下一代生物光子的方法和工具，以了解疾病的成因	下一代以光子学为基础的设备应用于环境/食品质量与安全分析领域
新兴照明、电子及显示	（1）提高 LED 的生物效率；（2）低廉的有机光伏（organic photovoltaic，OPV）高适应性高速生产设备；（3）研发柔性电子建模&仿真工具；（4）升级显示材料性能和制造工艺	（1）制定 LED 和 OLED 技术规范；（2）将 OPV 器件融入建筑构件；（3）建设柔性电子适应性开放式生产设施；（4）示范多视角裸眼 3D 显示技术	（1）开放 OLED 系统架构；（2）试点生产多视角裸眼 3D 及近眼显示设备
测量传感	扩展红外（extencled infrared，EIR）激光器、LED、一维/二维检测器、热电致冷器（thermo-electric cooler，TEC）和无源光学器件结构和性能的表征和优化，推动与微电子生产设施的兼容性	设计和实现使用新的 EIR 组件的低成本系统	新的低成本 EIR 系统和组件的验证和优化
光学系统设计制造	（1）纳米光子器件和电路技术；（2）电子/光子集成和封装技术；（3）电光电路板技术和高级模块概念；（4）半导体光子器件；（5）新材料和功能	（1）可扩展性到极高电路复杂度且最大化能量效率的纳米光子器件；（2）将能力转移到试点生产（创新行动）中，开始研究能力增强，包括与即将到来的国际半导体技术发展路线图中的 CMOS 节点的兼容性	可用的光子集成电路技术，引入第二代电子/光子试验生产线平台

续表

领域	内容		
	2016～2017 年	2018～2019 年	2020 年
教育培训	（1）实现和表征基于新方法和材料的纳米光子设备； （2）对简单量子集成电路进行实现和表征； （3）在新条件下探索光与物质相互作用极限的实验	（1）基于新方法和材料，对纳米光子集成器件和系统进行实现、表征和评估； （2）对量子集成器件和系统进行实现、表征和评估； （3）在新条件下利用光与物质的相互作用进行材料加工、材料表征和器件制造； （4）研究极端光源在工业应用中的潜力	（1）实现能够提供新的特性和功能的基于纳米光子学的工程原型； （2）实现能够提供新特性和功能的基于量子光学的工程原型； （3）实现为工业应用提供极端光源和相关系统的工程光源

资料来源：Photomics21（2013）。

11.3.2.5 《英国光子学未来发展机遇路线图》

在借鉴欧盟发布的《面向 2020 年的光子学研发战略路线图（2014-2020）》的基础上，英国光子学领导小组（Photonics Leadership Group，PLG）于 2015 年发布了《英国光子学未来发展机遇路线图》（UK Photonics Leadership Group，2015）。报告分析指出，英国可能在信息、数据及光通信，制造、材料处理及工业光子学，健康与生命科学，照明，安全、传感和防御以及科研教育等 6 个领域成为国际市场领导者，并指出为实现这一目标应该采取若干具体措施来最大限度地利用这些机会，促进工业界、投资者和研究机构联合起来并积极参与计划（表 11-9）。

表 11-9　英国光子学未来发展方向及内容

方向	内容
信息、数据及光通信	（1）宽带：下一代宽带连接需要将光纤接入到最终用户的 100 米内；随着无线和有线宽带服务的合并，开发基于 4G 和未来 5G 的毫米波光纤传输技术。 （2）数据：数据中心、云存储、电子交易和金融服务需求的增长；大数据和基于数据的服务的增长；英国在量子信息领域的主要机会遍布供应链的所有节点。 （3）元件：用于数据中心、光纤到户、量子计算和高容量通信用的片上光子集成元件；用于卫星、航空航天和海底通信的高可靠性组件和系统；添加剂使能材料的使用增长，如复合半导体和硅/Ⅲ-Ⅴ 杂化超材料
制造、材料处理及工业光子学	（1）激光加工工艺在工业界利用率的提升。 （2）激光增材制造。 （3）异种材料连接技术。 （4）短脉冲材料加工工艺。 （5）材料表面处理和改性。 （6）复合材料（如碳纤维）的激光加工工艺。 （7）激光焊接。 （8）超短脉冲高功率高重复频率激光器。 （9）用于高功率/高强度激光束的器件及其镀膜工艺。 （10）利用空间光调制器的光束整形技术。 （11）高速扫描系统。 （12）用于红外、紫外高功率超短脉冲的光纤传输。 （13）用来提高制造效率的精密测量技术。 （14）将多光谱/高光谱成像技术和传感技术相结合的多模态传感器。 （15）激光技术与在线无损检测技术的结合。

方向	内容
健康与生命科学	(1) 用于检测疾病和监测病人状态的用户友好的移动即时检测设备，具有高灵敏度、准确度、可靠性和检测速度快的特点。 (2) 研发具有无标签或已批准安全标签的多波段光子成像方法，以进一步分析与年龄和生活方式相关的疾病。 (3) 研发下一代生物光子的方法和工具，以了解疾病的成因。 (4) 采用光谱技术降低控制水和食品安全/质量的成本和速度
照明	(1) 基于Ⅲ-Ⅴ族氮化物材料的LED/OLED制造设备。 (2) 用于LED晶圆、器件及照明系统的测试和检测设备。 (3) 提高有机发光材料的效率、颜色、稳定性、重现性、材料和制造工艺，使有机发光二极管具有价格竞争力。 (4) 基于可更换灯具的LED灯具创新设计。 (5) 智能照明控制系统。 (6) 控制照明环境对人体健康的益处。 (7) 面向可见光通信的快速开关LED、传感器、元件、系统和系统集成
安全、传感和防御	(1) 高重复率、低脉冲能量激光的二维和三维激光雷达成像。 (2) 工作温度>200开的大型热成像摄像机，减小其尺寸、重量、功耗和成本。 (3) 用于提升识别效果的无透镜或紧凑成像方法。 (4) 低亮度CMOS成像阵列。 (5) 高光谱成像。 (6) 将多传感器和复杂环境下的激光波段控制技术相结合的宽带光学系统。 (7) 多波段红外与激光对抗。 (8) 远程气体、液体、固体传感及表征。 (9) 利用超材料的多功能系统。 (10) 能够发出对人眼安全波长的激光材料和光纤等元件。 (11) 国产高功率多波段红外激光器的研制。 (12) 微波/太赫兹频率的产生与检测技术。 (13) 用于高速通信和传感的集成光子器件
科研教育	(1) 英国在纳米光子、量子光学和极端光学领域拥有世界级的科研力量。 (2) 在管理、生产和研发的各个层次对光子学技能的需求不断增长。 (3) 企业对于使用大学及公共资助设施中光子学设备的需求不断增加。 (4) 用于卫星成像、科研和空间技术的大型光学成像系统

资料来源：UK Photonics Leadership Group（2015）。

11.3.3 俄罗斯光电空间科技领域战略规划

11.3.3.1 《2030年前及未来俄罗斯航天活动发展战略》

俄罗斯为了振兴航天产业，确保在该领域的先进水平，巩固航天强国地位，俄罗斯联邦航天局（Russian Federal Space Agency，RKA）于2012年发布了《2030年前及未来俄罗斯航天活动发展战略》草案（赵爽和崔晓梅，2012；Anatoly，2018）。该战略制定了"四步走"的发展规划，设置了2015年、2020年、2030年以及2030年以后四个时间节点。

1. 第一阶段：能力恢复阶段

此阶段主要实现之前制定的与航天科技、产业相关的规划，如《俄联邦2006-2015年航天发展规划》，以激活俄罗斯已有的航天技术能力和产业。具体措施如下：①利用已有的航天资源，发展卫星导航、遥感及通信等航天系统，以满足社会、经济、科技、国防和安全的发展需求；②确保俄罗斯在运载火箭和载人航天等领域的世界领先地位；③采购国外先进的电子元件，以提高俄罗斯航天器的性能，令其达到国际先进水平；④完成东方航天发射场的第一阶段建设工作，实现非载人航天发射；⑤开展基础科学和技术研究，做好未来外太空研究和探索的大型项目技术储备；⑥整合航天产业相关企业，引入高端设备和新型技术，以对重要设施进行升级，来适应激烈的国内外航天市场的竞争。

2. 第二阶段：地位巩固阶段

此阶段的主要工作是在 2020 年前促进新一轮航天科技与产业发展。主要任务与目标如下：①为导航、通信及遥感等多领域提供世界领先的服务，以进一步满足社会、经济、科技、国防和国家安全等方面的需求；②发展本国国产的航天器电子元件，令其与国际标准接轨，尽可能减少对外国电子元件的依赖；③完成国际空间站相关任务，并为其受控坠落做好准备；④研制"安加拉"重型运载火箭，完成对运载火箭的升级换代；⑤开展新一轮大型载人飞船的飞行试验，使之可以承载 6 名航天员；⑥利用月面遥控车采集月球土壤样本，将样本带回地球，以对月球进行深入研究；⑦与其他国家开展合作，部署火星表面永久研究站网络，同时开展金星、木星和小行星的探索任务；⑧占领航天领域的新兴市场，发展航天产业的实际应用；⑨扩大航天人才队伍，优化航天人员培训。

3. 第三阶段：突破实现阶段

此阶段的主要工作是在 2030 年之前启动近地空间、外太空探索研究的大规模项目、载人登月等项目。主要任务与目标如下：①开发新技术对导航、通信及遥感卫星等近地空间航天器进行维护与升级换代，建立新的服务，以全面满足社会、经济、科技、国防和安全等方面发展的需求；②升级东方航天发射场，超重型火箭和太空拖船量产化，研制小行星开发工具，以确保俄罗斯独立进入太空的能力；③利用载人飞船进行高地球轨道的研究和实验，进行载人绕月飞行，实现俄罗斯航天员首次登月并返回地球的登月任务；④开展国际合作，致力于减少近地空间碎片、探索太阳系及外太空天体、降低小行星和彗星对地球威胁等方面的研究。

4. 第四阶段：突破发展阶段

此阶段的主要工作是在 2030 年以后，在载人登月、登陆火星及外太空探索研究上取得进展。主要任务与目标如下：①制定出可实施的宇宙能源开发、太空电梯、空间制造等技术的发展方案；②在月球部署考察站和研究实验室，利用可重复使用的运载火箭和月球着陆模块建立可重复使用的登月系统，用于定期进行载人登月飞行，实现月球研究站和地球之间的人员和货物运输；③为俄罗斯全面参与载人登陆火星的国际合作任务作准备。

11.3.3.2　《俄罗斯联邦 2016—2025 年航天计划》

根据俄罗斯科学院主席团空间委员会 2016 年 2 月披露的《俄罗斯联邦 2016—2025 年

航天计划》草案（周生东和王永生，2017），俄罗斯遵循《2030 年前及未来俄联邦航天活动领域国家政策原则》中规定的优先方向，计划实现空间科学、载人登月等多项目标。

在基础空间探索领域，具体目标是研发新技术、开发先进基础空间探索平台，使俄罗斯科研机构在该领域处于世界领先水平。计划开展的研究活动包括：在射频、X 射线和紫外线波段开展天体物理学研究；开展太阳和日地关系研究；在国际合作项目框架下开展对月球、火星及太阳系其他天体的研究；实施月球和土卫一采样返回；开展空间生物学和医学研究，以满足长期载人航天飞行的需求。表 11-10 列出了各分支领域的重点空间任务和预算情况。

表 11-10 俄罗斯基础空间探索各分支领域重点任务及预算

分支领域	任务	研究内容	发射年份	预算/亿卢布
月球探索	"月球-全球"（Luna-Glob）	开展月球南极研究，开发极地登陆技术	2019	385
	"月球-资源-轨道器"（Luna-Resurs-Orbiter）	勘探月球资源，测绘月表地形	2021	
	"月球-资源-着陆器"（Luna-Resurs-Lander）	研究月球风化层和外大气层，分析月壤特性		
	"月球-土壤"（Luna-Grunt）	月壤采样返回	2024	
天体物理	"光谱-R"（Spektr-R）	无线电频谱研究	2011	372
	"光谱-RG"（Spektr-RG）	X 射线观测站，研究星系演变	2017	
	"光谱-UV"（Spektr-UV）	研究太阳系行星大气层成分和行星际介质交互过程	2021	
行星科学	"火星生命探测计划"（ExoMars）	确定火星上是否曾经存在生命	2016～2018	281
	"远征-M"（Expedition-M）	火卫一采样返回	2024	
空间生命科学及微重力科学	"生物-M2"（Bion-M2）	开展航天生物医学领域的基础研究	2020	203
	"生物-M3"（Bion-M3）	开展航天生物医学领域的基础研究		
太阳物理	"共振"（Resonance）	研究地球磁层等离子体低频电磁波传播特性	2021	186
	ARKA 太阳观测台	研究太阳过渡区	2024	
	"奔日探测"（Interhelio-Zond）	研究太阳辐射和太阳风	2025	

资料来源：周生东和王永生（2017）。

在应对小行星和彗星威胁方面，计划解决的问题包括：分析监测危险小天体的地面设备发展现状；建立专门的信息分析中心，并与国外相关中心和部门建立联系；开展天基危险小天体监测任务，以建立小天体撞击地球预警系统，研究地基与天基系统的结合问题；优化俄罗斯航天器，使其可以探测并确定危险小天体的轨道参数。

在地球遥感方面，计划将地球遥感卫星数量由 7 个增加至 20 个，此举将使俄罗斯接收突发事件数据处理的频率由每 2～3 天一次提高至每天 2～3 次；并提高俄全境遥感更新频率：超高分辨率遥感由每 2～3 年 1 次提高至每年一次，高分辨率遥感由每 1～2 年一次提高至每年 2～3 次，中分辨率遥感由每年 2～3 次提高至每年 6～8 次，低分辨率遥感由每月一次提高至每 7 天一次。

在通信、广播、中继卫星方面，计划将卫星数量由 30 个增加至 41 个，这将保障 100% 满足总统、政府的通信需求和俄罗斯境内的电视广播节目分配；在短信、语音和文件传输通信方面，控制并管理极度危险和关键的目标，以满足联邦权力机构的利益（潜在用户约为 16 万），以及用于低空飞行航天器的全球不间断通信（传输监测信息、科学实验数据、国际空间站的控制和管理，以及运载火箭和助推器间的遥测数据传输）。

11.3.4　日本光电空间科技领域战略规划

11.3.4.1　《JAXA 长期愿景——JAXA 2025》

2005 年，日本宇宙航空研究开发机构（Japan Aerospace Exploration Agency，JAXA）发布了《JAXA 长期愿景——JAXA2025》（尚小桦和何继伟，2006）。该愿景规划确立了四个基本目标和一系列相关发展方向，具体目标和方向如下。

1. 目标一：以航空航天产业发展来实现社会的安全和富裕

（1）集成观测、预测功能的地球环境监视系统。该系统把对地观测卫星所获取的地球环境变化的重要参数遥感数据与在地面和海面等现场观测到的数据融合成数据集，用于仿真模拟与灾害预测。

（2）灾害、紧急情况的信息收集、管理与通报系统。该系统包括对地观测卫星、通信卫星和定位卫星等，用于来收集国土空间的动态变化信息，再将信息集中到综合信息中心，用于与预测得到的信息进行对照，并以动态方式向国民发出警报信息。

2. 目标二：航空航天知识的创新和航空航天领域活动的扩大

（1）宇宙观测和太阳系探测。发射金星探测器执行金星气象探测；与欧盟合作，研制与发射水星探测器，完成水星探测；积极参与国际宇宙观测和太阳系探测任务；开发高频率发射的小卫星；在 2015 年前，完成全谱段望远镜的轨道部署任务，对银河、黑洞、太阳系外行星进行观测，以研究宇宙结构与演变史、暗物质等问题；掌握先进的深空推进等技术，完成采用新型星际导航技术的任务；在 2025 年前，发掘出暗物质的本质和存在原因，在新模式下进行宇宙观测，寻找太阳系外类地行星的生命存在证据。

（2）月球探测与开发。通过开发先端技术，开辟能够应对未来的能量危机的应用宇宙太阳光的新领域，并准备建立月球基地；开发可遥控的实地调查机器人，以对月球和其他行星的资源进行采集与利用；在 2025 年以后，实现在月球建立长期有人驻留的月球基地。

3. 目标三：建立自主开展空间活动的能力

（1）开发先进的空间运输系统。打造独立向太空发射本国制造的人造卫星的能力，提高本国企业在卫星发射产业和航天设备产业的能力。在 2025 年之前，提高现有火箭技术的成熟度，建立地球与各个轨道之间运送人和物资的新型运输系统；开展向国际空间站运送物资的空间站转移飞行器的研制；掌握在轨飞行器的回收技术；发展无人和载人的可重复利用的航天飞行器。

（2）开展载人航天活动。在2025年前，实现独立的载人太空驻留和活动技术，开发循环式的环境控制、生命保障、高效能源系统和柔性轻型的空间结构，以确保航天员的生存能力。

4. 目标四：发展航天产业

日本将航天产业分为航天大型设备制造业、航天民生设备制造业和航天应用服务业三类产业。主要从五个方面来优化三个子产业，以实现航天产业的整体发展。主要措施如下：①实现航天大型设备制造业和航天应用服务业的有机结合。加强对航天应用有直接贡献的研发与技术验证工作，确保与扩大本国卫星厂商在通信卫星领域的市场份额；②促进研究开发和应用领域的政府与民间的合作，挖掘国家需求和研究开发、应用之间的联系；③加快航空设备系统的应用步伐，尽可能实现研发的IT化以缩短研发周期；④以开发新型产业为目标，扩大政府、学界和产业界的合作，以扩大航天应用服务产业；⑤让更多的企业参与到航天项目的开发，扩大航天设备制造业的规模。促进民生产品的技术和理念的进步以及扩大中小型地区企业的航天项目的参与度，巩固与扩大航天产业的发展基础。

11.3.4.2 《宇宙基本计划（2015版）》

2015年，日本宇宙发展战略本部出台的《宇宙基本计划（2015版）》（宏山川他，2014；内阁府，2015），对日本新的航天发展的目标、原则、策略和具体措施进行了系统阐述。该版计划首次阐明了日本宇宙空间政策的三大目标：①保障宇宙空间安全；②推进在民生领域内的宇宙空间利用；③维持与强化宇宙空间产业和科学技术的基础。其中保障宇宙空间安全被提升至最高的优先权级。

1. 实现"保障宇宙空间安全"的方案

提高空间系统抗毁能力。将卫星系统分散化，加强与盟国在卫星功能提升方面的合作，实现人造卫星的航天仪器设备的共享搭载，商用卫星的灵活利用，完善小卫星的应急处理对策，加强卫星与地面系统的交互，建立能够抗击物理碰撞、网络攻击与电磁干扰的宇宙空间系统，加强宇宙空间系统受到严重影响时的应急处理能力。

提高卫星定位、通信、情报收集和预警能力。导航卫星方面，确立"准天顶"导航卫星的7星体制，实现连续定位功能。2015年开始启动后续卫星的研制，以维持4星体制，2017年开始开发3颗后续卫星，争取于2023年将7星体制的"准天顶"导航卫星系统投入使用。情报收集卫星方面，2015年开始研发新型光学卫星，预计于2019年投入使用；2016年开始研发新型雷达卫星，预计于2020年投入使用。2015年开始开发数据中继卫星，以强化情报收集卫星的体制，并探讨应急型小卫星与情报收集卫星融合作业的可行性。通信卫星方面，2015 年开始开发抗毁性强、能够有效解决未来遥感数据量激增及频谱资源稀缺问题的数据中继卫星，计划于 2019 年发射；将 X 波段军事通信卫星网扩充为 3 星体制，建立高抗毁性、高保密性的卫星通信网。2016 年开始开发 X 波段防卫卫星 3 号星，增强保密通信能力。空间态势探测方面，在 2018 年上半年之前，建立起空间态势探测的相关设施，并建立与防卫省、日本宇宙航空研究开发机构等相关政府机构的一体化运用体制。海洋态势探测方面，通过开展日本各类人造卫星与飞机、船舶、地面设施等的有机互动以及与美国开展合作等的试验，全面地研究海洋态势探测的空间技术的问题，并于 2016 年底汇总报告，在未来的相关计划中进行反映。卫星预警方面，将在综合考虑与盟国合作的替代手段、日本自有技术实现的可能性、效费比等基础上，研究是否需要预警卫星。

加强航天领域国际合作。进一步加强日本"准天顶"导航卫星系统与美国 GPS 系统之间的协作，共享空间态势探测方面的相关情报，探讨加强宇宙空间合作，以加强在海洋态势探测方面的合作。除与美国开展合作外，还要与欧洲、澳大利亚、印度及东盟构建多层次的合作关系。推动制定《国际外层空间行动规范》等国际性准则，积极参加联合国和平利用外层空间委员会等国际会议的讨论，与美国、欧盟、澳大利亚等国定期举行有关宇宙空间的政府间对话。在 2015 年上半年成立由政府和民间人士组成的"空间系统海外拓展特别工作组"，拓宽日本的商业航天市场，出口具有自主知识产权的空间系统等。

2. 实现"推进在民生领域内的宇宙空间利用"的方案

利用定位、通信与广播、气象、环境监测、陆地与海洋观测等各类人造卫星及相关设备，提高应对大规模灾害的预警与灾后应对能力，以及为资源、能源、气候变化、环境、粮食等各种全球性问题的应对做出贡献。

利用宇宙空间系统获取和累积的卫星遥感信息数据、卫星定位位置信息数据等的"大数据"以及卫星通信技术，为民营企业着力打造与宇宙空间相关的新产业、新业务提供支持，提高国民生活品质，为可持续的航天产业发展和创造就业机会提供助力。

3. 实现"维持与强化宇宙空间产业和科学技术的基础"的方案

采取军民融合策略确保日本人造卫星和运载火箭重要部件的稳定供应，鼓励新企业参与，开拓新的民用需求和承接国外订单。着手研究利用民间资本和各种支持政策，开创与宇宙空间相关的新产业和新业务的模式。

积极推动催生革命性技术的前沿研究。强化宇宙政策与产业政策、科学技术创新政策、IT 政策等的联系，以全面维持和强化相关科学技术基础。2015 年底制定有关空间系统部件的技术战略。通过研发新型氢氧发动机、可重复使用空间运输、宇宙光伏发电等技术，为未来扩大空间利用提供技术支撑。

11.4 光电空间科技领域代表性重要规划剖析

《宇宙愿景：欧洲空间科学 2015—2025》是 ESA 长期空间科学任务计划，是欧盟"地平线 2020"计划（European Union，2018）的一个延伸分支，包括了 19 个天体物理学、12 个基本物理学和 19 个太阳系任务提案。

该计划中的任务被分成了小型（S 级）、中型（M 级）、大型（L 级）三类。S 级任务的资助经费不超过 5000 万欧元。目前已知的 S 级任务如表 11-11 所示。

表 11-11   《宇宙愿景：欧洲空间科学 2015-2025》S 级任务

任务编号	名称	任务内容
S1	Cheops 系外行星表征卫星	寻找地外行星，计划于 2017 年或 2018 年发射
S2	SMILE 科学卫星	为中国科学院与欧洲空间局合作项目，同时也是中国科学院空间科学先导专项，将用于研究地球磁层与太阳风之间的关联。太阳风-磁层关联探测器，将研究地球磁层与太阳风之间的关联，计划于 2021 年发射

资料来源：European Space Agency（2005）。

M 级任务是相对独立的项目，资助上限约为 5 亿欧元。2011 年 10 月选出了前两个 M 级任务 M1 和 M2，即 Solar Orbiter 卫星和 Euclid 卫星，分别计划于 2019 年和 2020 年发射。M3 于 2014 年 2 月 19 日被选中，即著名的 PLATO 卫星，与其竞争的项目包括 EChO、LOFT、MarcoPolo-R 和 STE-QUEST，PLATO 计划于 2026 年发射。PLATO 有一项最初的"6 年任务"，即在距地球约 150 万千米的太阳与地球引力平衡点——拉格朗日 L2 点，搜寻类太阳系恒星系统，并在其中搜寻类地行星。同时，其也将用于天文地震学研究，即利用一颗恒星内部振动导致的星光微小变化确定其相关特征，例如年龄、质量和半径等参数。M4 项目于 2015 年进行了初步筛选，确定了 ARIEL、THOR、XIPE 三个任务为候选者，分别被设计为研究系外行星、空间等离子体物理学和宇宙中的 X 射线源。2016 年 4 月，ESA 宣布了 M5 的任务要求，发射日期暂定为 2029 年或 2030 年。目前已知的 M 级任务如表 11-12 所示。

表 11-12   《宇宙愿景：欧洲空间科学 2015—2025》M 级任务

任务编号	名称	任务内容
M1	Solar Orbiter 卫星	太阳观测卫星，用于对太阳内部和太阳风进行近距离观测。计划于 2019 年 2 月于佛罗里达发射
M2	Euclid 卫星	通过精确测量宇宙的加速度来更好地了解暗能量和暗物质，计划于 2020 年发射
M3	PLATO 卫星	寻找外行星和测量恒星振荡，计划于 2026 年发射

资料来源：European Space Agency（2005）。

L 级任务是 ESA 资助最高的项目，资助上限约为 9 亿欧元。此类项目多为与其他机构合作开展的项目，如 NASA，不过随着 2011 年 NASA 对此类大型合作项目的预算下调，ESA 不得不在国际上寻找其他的伙伴，并且担负起这些任务的领导工作。不过随着美国的 LIGO 探测器于 2015 年首次探测到引力波，NASA 打算为 LISA 项目承担 20%的经费，用于建造观测所需的激光器和望远镜。目前已知的 L 级任务如表 11-13 所示。

表 11-13　《宇宙愿景：欧洲空间科学 2015—2025》L 级任务

任务编号	名称	任务内容
L1	JUICE 探测器	木星冰月探测器，主要用于研究三颗木星的伽利略卫星，即卡里斯托（Callisto）、欧罗巴（Europa）、加尼美得（Ganymede）。计划于 2022 年左右发射，2029 年到达木星附近进行探测
L2	ATHENA 望远镜	高能天体物理学高级望远镜，计划于 2028 年发射
L3	LISA 空间天线	旨在检测并准确测量引力波，计划于 2034 年发射

资料来源：European Space Agency（2005）。

值得注意的是，ESA 虽然也会参与其他一些国际合作项目，如与中国国家航天局合作的 MarcoPolo-2D 计划、"双星计划"，与日本 JAXA 合作的 SPICA，但是这些计划并没有被列入《宇宙愿景：欧洲空间科学 2015—2025》框架之内。

《宇宙愿景：欧洲空间科学 2015—2025》涉及的任务基本为卫星发射项目，需要谨慎做出决策，导致项目的确定与发射日期经常遭遇到延迟。如 M4 项目在三个候选项目中间已摇摆了两年，最终确定日一拖再拖以及原本定于 2017 年发射的 Solar Orbiter 卫星延迟到了 2019 年发射等。

目前，ESA 的《宇宙愿景：欧洲空间科学 2015—2025》的三类任务整体开展情况良好。随着相关领域研究的捷报频传，一些原本遭遇挫折的项目，如 JUICE 和 LISA 项目也在 2015 年看到了曙光。2015 年底 ACST 为 ESA JUICE 项目提供了 150 赫兹大功率信号端，LISA 探测器也于 2015 年 12 月发射，并于 2017 年 7 月完成其科学任务。

11.5　光电空间科技领域发展规划的编制与组织实施特点

NASA 是美国联邦政府的行政性科研机构，不仅开展空间科学的研究，同时也负责制订、实施美国的民用光电空间计划。在光电空间科技领域，NASA 不仅技术全球领先，所提出的发展方向多次被其他国家参考和借鉴，还在领域发展规划的编制方面形成了标准化的内容组织和实施流程。因此，本节主要针对 NASA 战略规划的编制内容和流程特点进行分析研究。

11.5.1 NASA 战略规划的分类和内容要求

NASA 的战略规划分为机构整体战略规划和领域战略规划两个不同层级。在机构整体战略规划层面，NASA 通过阐明其发展愿景、使命、目标等内容，为所有下属机构、员工和合作伙伴提供发展方向。在领域战略规划层面，NASA 需要以机构整体战略规划为基础，详细阐述其各自领域的使命、具体目标、实施战略，并简要说明其主要方案。NASA 的领域战略规划，首先，需要 NASA 领域负责人签署，并由政策计划办公室审查，以保证其符合 NASA 的整体战略规划和其他领域战略规划；其次，需要由 NASA 高级管理委员会审核并经署长批准后，才能正式定稿发布；最后，为了确保领域战略规划能够及时更新，NASA 一般会在审查和更新机构整体战略规划时，将其作为其中的一部分更新进行。

一般来说，NASA 编制的战略规划包含以下主要内容：①涵盖 NASA 的主要职能和运作方式的综合性使命声明；②总体目标，包括重大职能和业务的相关成果和目标；③描述如何实现目标；④确定各类外部、不可控及可能会严重影响实现总体目标的主要因素；⑤用于建立或修订总体目标的评估方案。

11.5.2 NASA 战略规划的组织实施特点

11.5.2.1 NASA 编制战略规划的组织形式

NASA 的战略规划制定和管理工作由行政长官办公室具体负责。该办公室不仅负责对编制工作的总体进程进行安排和协调，使其有序化和文档化，并根据需要对管理准则进行调整外，还与首席财务官办公室合作，开发和应用评估工具来评估战略规划的执行效果。此外，NASA 还通过设立一系列董事会和管理委员会，来协调战略规划的制定工作（图 11-7、图 11-8）。

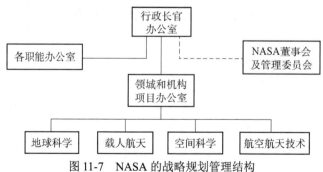

图 11-7 NASA 的战略规划管理结构

资料来源：National Aeronautics and Space Administration（2000）

为了更好地制定、执行和评估战略规划，NASA 为战略规划成员（包括首席科学家、领域主管、科学家和项目主管）在不同阶段制定了不同的工作职责。例如，在战略规划制定阶段，首席科学家从科学政策层面制定相关政策建议，领域主管负责制定具体的领域战略和科学计划，各中心的科学家需要为战略规划的制定提出意见和建议，项目主管则通过评估技术准备情况为规划制定提供支持（表 11-14）。

表 11-14　NASA 战略规划成员及职责

角色和责任	制定阶段	执行阶段	评估阶段
首席科学家	制定科学政策	为学科领域规划、项目和预算提供咨询	评估政策和综合科学成果的有效性
领域主管	（1）制定领域战略； （2）制订科学计划； （3）确定项目需求； （4）外部宣传； （5）外部协调	（1）与咨询委员会进行对接； （2）跨领域机构进行协调； （3）分配研究计划预算； （4）确定科学研究重点； （5）开展研究活动； （6）对研究任务提案进行筛选； （7）监督国际合作	（1）根据战略规划评估规划执行情况和绩效； （2）整合研究成果； （3）方案评估
各中心的科学家	为战略规划的制定做出贡献	（1）与科学共同体合作开展科学研究项目； （2）支持对外学术研究； （3）管理项目中的科研人员； （4）对提出的研究项目成功的组织实施	对项目评估提供支持
项目主管	（1）为规划制定提供支持； （2）评估技术准备情况	（1）制定任务替代方案； （2）管理项目计划； （3）建立项目架构； （4）管理执行情况	对项目评估提供支持

资料来源：National Aeronautics and Space Administration（2000）。

11.5.2.2　NASA 战略规划的编制流程

NASA 在战略规划的过程包括四个主要步骤：①差距分析；②筛选；③排名；④决策制定（图 11-9）。

NASA 战略规划工作组，首先收集 NASA 当前正在开展的先导性和横向项目技术投资，分析与优先发展方向的关系；其次，确定目前还没有资金支持的高优先发展方向的技术差距，核实这些优先发展方向是否符合 NASA 战略和美国政策；再次，通过对优先发展方向进行排名，确定 NASA 空间技术投资需求的最高优先水平；最后，由 NASA 的高层领导在决策会议上对这些需要高优先发展的方向进行评估，制定 NASA 领域战略规划。

1. 差距分析

在这个阶段，战略规划工作组会从以下 4 个方面收集数据并进行差距分析（图 11-10）。首先，采用空间技术路线图技术领域细分结构来组织和连接当前的项目数据。然后，通过将 NASA 目前的空间技术投资与 NRC 的建议进行比较分析，确定技术投资方面的差距。

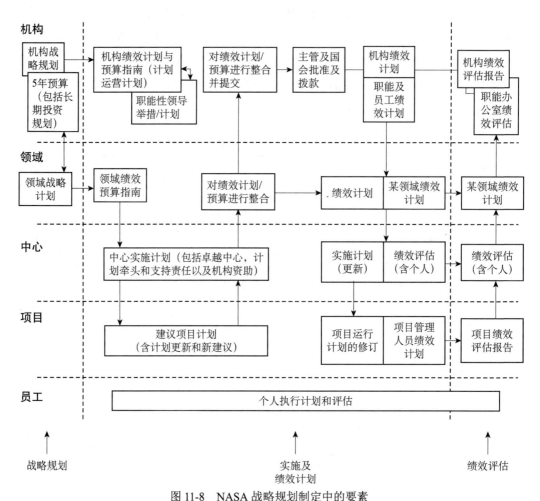

图 11-8　NASA 战略规划制定中的要素

资料来源：National Aeronautics and Space Administration（2000）

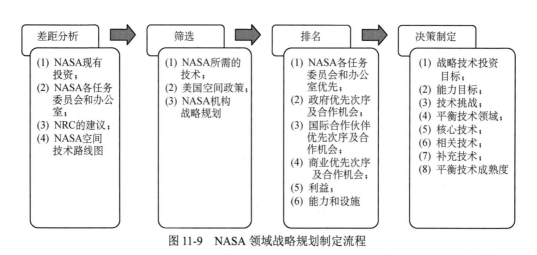

图 11-9　NASA 领域战略规划制定流程

同时，NASA 还会将目前的空间技术投资与内部和外部利益相关方的技术投资优先发展方向进行综合列表比较，确定技术差距。这些技术差距将用于评估 NASA 空间技术路线图，验证是否已经包括了所有关键技术需求。通过差距分析得出的 NASA 技术投资详细清单，会列出高优先级技术主题及尚无资金支持的优先发展方向。

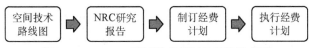

图 11-10　NASA 领域战略规划各种数据来源

2. 筛选

从差距分析的产物入手，NASA 战略规划工作组通过将高优先级主题列表与美国太空政策、NASA 整体战略规划以及每个任务委员会的建议进行比较，进而验证新的精简列表上的所有技术都符合国家政策、NASA 整体战略规划和任务委员会的需求。至此，优先发展方向清单就制定完成了。一些较小的差异可以在决策制定过程中进行额外的评估。

3. 排名

NASA 在进行优先排名时主要依据以下标准：满足 NASA 任务委员会的优先次序；满足 NRC 建议的优先次序；为 NASA 及其他政府机构、国际合作伙伴和航天工业提供交叉能力；合作机会；现有投资；现有设施和人力资源；能够为 NASA 和国家提供最大化的整体利益。这一过程的产物是所需技术的排名列表。这个排名会考虑包括其他政府机构、国际伙伴和商业部门在内的 NASA 外部利益相关方的优先发展方向。该过程可以适当考虑潜在的合作活动。

4. 决策制定

为了确定 NASA 及相关利益方的优先发展方向排名列表、机构预算、现有资助技术进展、NRC 对于平衡技术方向和技术成熟度的指导意见等方面，包括每个任务委员会代表在内的 NASA 高层领导，会召开一系列全机构会议。

通过这一系列会议，将最终确定 NASA 领域战略规划及其投资方式和框架。一般来说，NASA 多采用 7∶2∶1 的比例来平衡投资，即 70% 的技术研发经费用于特定任务、核心先导性和交叉性技术，20% 的经费用于先导性和交叉性技术的相关技术，10% 的经费用于补充性的先导性和交叉性技术。

在撰写战略规划时，预算总和包括特定任务的技术投资、先导性工作及横向工作的预算。具体来说，它包括空间技术计划以及由 NASA 任务委员会和相关办公室管理的技术项目中的某些工作，例如先进探索系统（advanced exploration systems）项目。一般来说，NASA 先导性和横向技术的每年预算总计约为 10 亿美元。具体任务相关的技术投资总额随具体任务的年度支出发生变化。

11.6 我国光电空间科技领域发展规划的国际比较研究

近年来，我国光电空间学科领域发展势头迅猛。2009 年，中国科学院发布了《中国至 2050 年空间科技发展路线图》以及在空间科学、空间应用、空间技术三大方向上的战略目标（中国科学院空间领域战略研究组，2009）。随后，中国科学院国家空间科学中心于 2015 年推出了《2016—2030 年空间科学规划研究报告》，提出了 2016~2030 年，中国空间科学发展规划建议。

通过对比国内外光电空间战略规划，可以发现以下几方面的异同，具体项目对比如下。

（1）空间天文方面，国外主要关注宇宙起源、黑洞形成与演化、恒星和星系形成与演化、暗物质研究、寻找类地行星等问题。从"十二五"期间选出的 8 个项目来看，我国在空间天文方面重点方向是关于黑洞研究和类地行星的寻找。

（2）太阳物理方面，我国和国外均对小尺度的太阳精细结构观测研究和大尺度的太阳活动及长周期演化研究进行了规划。

（3）空间物理方面，美国、欧盟、日本均制订了国家空间天气计划，建立了地基和天基相结合的空间环境检测体系，形成常规空间天气预报体系。我国也制订了"探天"计划，"日地联系"计划中"太阳极轨射电望远镜计划"（SPORT）涉及了空间天气计划的框架性规划。

（4）行星科学方面，国外已形成了较为成熟的火星、木星、土星、金星、水星等的探测规划，部分甚至详细到了具体探测器的发射规划。我国目前仅对火星和木星有框架性的探索规划。

（5）空间地球科学方面，我国和其他一些国家均制订了空间对地观测、对各圈层数据和动态地进行全面监测的规划。

（6）微重力科学方面，我国和发达国家均对微重力条件下的燃烧等研究、空间材料科学等内容进行了规划。

（7）空间基础物理方面，我国的规划主要集中于牛顿引力定律检验、冷原子物理观测、低温凝聚态和等效原理检验等内容。国外的规划，如 NASA 的规划还包括基本力和对称性的精确测量、量子气体、物质的临界相变行为、复杂物质和软物质研究等。

（8）空间生命科学方面，我国规划的重点在受控生态生命保障系统（CELSS）的开发研究以及相关的生命现象在其他行星上生存的可能性研究。国外的空间生命科学研究的方面更加广泛，不仅包括宇航员健康研究，还包括地外生命探索等诸多方面。

11.7　启示与建议

11.7.1　启示

通过分析发达国家的光电空间科技领域发展战略规划方面的发展态势,归纳出以下三个方面的启示。

1. 持续更新战略规划

光电空间在推动科技进步、驱动科学创新以及推动经济社会发展等方面呈现出巨大推动作用。因此,西方发达国家纷纷在光电空间科技领域更新或新制定发展战略规划,为未来一系列任务的实施指明了方向。例如,美国不仅通过发布《空间科学十年调查:经验教训与最佳范例》确定了未来 10 年间空间科学拟开展任务的优先级,还通过出台《光学与光子学:美国不可或缺的关键技术》及《用光学和光子学打造更加光明的未来》系列战略规划,明确了光电科学五项"大挑战"问题,部署了前瞻性基础研究与早期应用研究支持计划,对四大研究领域及三个应用能力技术开发进行了具体部署。欧洲先后确定了《面向2020 年的光子学研发战略路线图(2014-2020)》及《宇宙愿景:欧洲空间科学 2015-2025》规划,针对光电空间及其支撑技术领域进行了战略部署。俄罗斯和日本也制定并实施了各自新的光电空间发展战略规划。这些战略规划既反映了各国/地区在光电空间科技领域的前瞻性、长期可持续性的发展方向,又体现了为了适应经济社会发展战略需求的灵活性。

2. 不断完善战略规划编制组织及实施方式

由于光电空间科技领域的战略规划多为连续性战略规划,因此西方发达国家为了更好地发挥光电空间科技领域战略规划的作用,不断完善战略规划编制机构建设,积极探索新的战略规划实施方式。美国响应 NRC《光学与光子学:美国不可或缺的关键技术》报告的提议,先后成立了光学及光子快速跟踪行动委员会和国家光子学计划产业联盟,成为制定国家级领域战略规划的跨部门合作协调机构。欧盟则通过引入欧盟层面的公私合作机制来实施光电空间科技领域的战略规划。

3. 加强与工业界的合作

美国、欧盟、俄罗斯、日本等国/地区在制定战略规划的过程中,通过邀请工业界参与战略规划的制定过程,不仅帮助对各类项目进行更可靠的成本预测,还通过合作或购买等方式,把部分产品与服务的生产和提供让渡给私营企业,促进了光电产业和空间产业发展,增加了社会就业,推动了经济社会的发展。

11.7.2　建议

1. 对光电空间科技领域进行持续稳定的经费和人员队伍支持

光电空间科技领域的科学任务具有引领性、创新性、挑战性极强的特点，包含大量的新需求、新思路、新设计、新工艺等，一项光电空间任务从概念提出到任务完成，往往需要数年甚至数十年的时间，需要稳定的经费和人员队伍支持。建议通过空间科学系列卫星计划等先进光电空间科学任务的持续经费支持，凝聚、稳定一批创新力强的高科技人才队伍，使中国有能力为人类的空间探索和技术进步做出持续性的贡献。

2. 制定更加综合且能够统筹各界用于光电空间研发费用及相关投资的方法

光电空间科技领域正在经历跨部门、市场和行业快速技术进步与应用延伸。实际上，尽管光电空间科技领域的某些部分（例如光学）已进入成熟期，但是该领域在整体上正经历机遇与应用的增长期，这些机遇和应用将组合成为更加符合人们预期且富有活力的新兴技术。

3. 完善项目选择和经费分配机制

光电空间科技领域战略规划中的项目，一般具有投资规模大、技术挑战高、项目周期长、国际竞争激烈、现有评估工具不充分等特点。因此，在酝酿和确立光电空间项目过程中，不宜完全采用自上而下的方式，而是应当注重自下而上和自上而下相结合，注重倾听学术界、产业界和政府方面的需求，由学术界或产业界代表自发主动地集合利益相关者提出项目建议，然后由政府或领域专家组根据项目的战略重要性、产业界的参与程度等因素，确定该项目建议是否纳入战略规划项目。

致谢　感谢中国科学院光电技术研究所的范斌研究员，在本章撰写过程中提供的意见和建议。

参 考 文 献

冯云皓. 2016. 英国首次发布《国家空间政策》. 防务视点，2：28-29.

宏山川，淳一郎川口，一井上，他. 2014. パネルディスカッション「新しい宇宙基本計画」（後編）. 日本航空宇宙学会誌，62：63-68.

焦子龙. 2015. QB50 项目概述. 国际太空，6：22-25.

美国国家科学院，国家科学研究委员会. 2015. 光学与光子学：美国不可或缺的关键技术. 曹健林等译. 北京：科学出版社，1-212.

内閣府. 2015. 宇宙基本計画. 東京：内閣府：4-26.

尚小桦，何继伟. 2006. 日本 JAXA 2025 规划及其航天发展的新动向. 中国航天，3：24-28.

婷威. 2016. 美国宇航局 2015 年及以后的光通信计划. 光电信息简报，366：1-4.

吴季. 2016. 2016—2030 年空间科学规划研究报告：空间科学规划研究报告. 北京：科学出版社：16-23.

赵爽，崔晓梅. 2012. 俄罗斯制定 2030 年前及未来航天发展战略. 国际太空，7：28-31.

中国科学院空间领域战略研究组. 2009. 中国至 2050 年空间科技发展路线图. 北京：科学出版社：1.

周生东，王永生. 2017. 俄罗斯联邦 2016—2025 年航天计划基本内容. 国际太空，5：14-18.

Anatoly Z. 2018. Russian Rocket Development Strategy in the 2010s. http://www.russianspaceweb.com/rockets_launchers_2010s.html[2018-06-20].

ASI，BNSC，CNES，et al. 2007. The Global Exploration Strategy：The Framework for Coordination. Washington：NASA Headquarters：1-25.

Committee for a Decadal Survey of Astronomy and Astrophysics，National Research Council. 2010. New Worlds，New Horizons in Astronomy and Astrophysics. Washington：National Academies Press：1-8.

Committee for the Decadal Survey on Biological and Physical Sciences in Space，National Research Council. 2011. Recapturing a Future for Space Exploration：Life and Physical Sciences Research for a New Era. Washington：National Academies Press：1-10.

Committee on Science of the National Science and Technology Council. 2014. Fast-Track Action Committee on Optics and Photonics：Building a Brighter Future with Optics and Photonics. Washington：Fast-Track Action Committee on Optics and Photonics：1-21.

Committee on the Planetary Science Decadal Survey，National Research Council. 2011. Vision and Voyages for Planetary Science in the Decade 2013-2022. Washington：National Academies Press：1-7.

Cornwell D M. 2015. NASA's optical communications program for 2015 and beyond. Proceedings of the SPIE 9354，Free-Space Laser Communication and Atmospheric Propagation XXVII，93540E.

European Space Agency. 2005. Cosmic Vision：Space science for Europe 2015-2025. Netherlands：ESA Publications Division：6-9.

European Union. 2018. Horizon 2020. https://ec.europa.eu/programmes/horizon2020/en[2018-06-20].

Fetter S，Kalil T. 2016. Harnessing the Small Satellite Revolution. https://obamawhitehouse.archives.gov/blog/2016/10/21/harnessing-small-satellite-revolution[2018-06-20].

International Space Exploration Coordination Group. 2013. The Global Exploration Roadmap. Washington：NASA Headquarters：1-50.

Kathleen C L，William H G. 2014. The global exploration roadmap and its significance for NASA. Space Policy，30（3）：149-155.

National Aeronautics and Space Administration. 2000. NASA Strategic Management Handbook. Washington：NASA Headquarters：5-39.

National Aeronautics and Space Administration. 2012. NASA Strategic Space Technology Investment Plan. Washington：NASA Headquarters：18-42.

National Aeronautics and Space Administration. 2015. NASA's Journey to Mars. Washington：NASA Headquarters：7-12.

National Aeronautics and Space Administration. 2017. CubeSat Launch Initiative. https://www.nasa.gov/directorates/heo/home/CubeSats_initiative[2018-06-20].

National Research Council，Division on Engineering and Physical Sciences，Space Studies Board，et al. 2012.

Solar and Space Physics：A Science for a Technological Society. Washington：National Academies Press：1-12.

Photonics21. 2013. Towards 2020-Photonics Driving Economic Growth in Europe. Düsseldorf：European Technology Platform Photonics21：6-95.

QB50. 2018. Mission Objectives. https://www.qb50.eu/index.php/project-description-obj/mission-objectives [2018-06-20].

UK Photonics Leadership Group. 2015. UK Photonics Future Growth Opportunity Roadmap. London：UK Photonics Leadership Group：1-10.

第 12 章

重大科技基础设施领域发展规划分析

梁 田 史继强

（中国科学院成都文献情报中心）

摘 要 近年来，世界主要经济体逐步认识到，由优质大型科学技术研究设施支持的高质量研究能够促进就业增长，使社会经济在保持增长的同时更具竞争力。因此，为了在科学技术前沿取得重大突破、解决经济社会发展和国家安全中的战略性、基础性和前瞻性科技问题，发达国家纷纷制定雄心勃勃的设施发展规划，投资建设了多个大型科学技术研究设施。虽然科学界对重大科技设施仍未形成一个普遍的定义，但是按照重大科技基础设施不同的应用目的，一般可将其分为三类：一是为特定学科领域的重大科学技术目标建设的专用研究设施；二是为多学科领域的基础研究、应用基础研究和应用研究服务的，具有强大支持能力的大型公共实验平台；三是为国家经济建设、国家安全和社会发展提供基础服务的公益基础设施。这些重大科技基础设施的主要特点是采购预算量大，建造、维护和运行费用高昂。这使得建造和运行下一代性能更强的重大科技基础设施通常会超出单个国家或组织的资金及建造能力范围。因此，部分由单一国家建造的重大科技基础设施正在逐步被下一代性能更强、国际合作更密切的国际性重大科技基础研究设施所取代。

本章在对发达国家/地区重大科技基础设施战略规划中的研究内容与方向进行简要概述的基础上，重点剖析了欧盟制定的《欧洲研究基础设施战略论坛路线图 2016》。对该战略规划的编制背景、意义与影响等内容进行了深度解读。归纳总结了国外重大科技基础设施领域发展规划的编制与组织实施特点，发现其在编制目的、学科范围、有效范围和时间范围四个方面存在着多样性的特点。分析了国外重大科技基础设施领域发展规划的组织实施流程特点及其评估方法。通过对国外成功的战略规划进行分析和研究可以发现，这项工作不仅是一项资源密集型的任务，还会受到各种评估方法的挑战和制约。我国的重大科技基础设施战略规划起步相对较晚，尚未形成健全的制定程序和章程，在借鉴国外成功经验的同时，需要结合我国国情进一步发挥战略规划在设施规划布局中的作用。

关键词 重大科技基础设施 战略规划 组织实施特点 欧盟

12.1 引言

第二次世界大战后，世界各国/地区为在科学技术前沿取得重大突破，解决经济社会发展和国家安全中的战略性、基础性和前瞻性科技问题，投资建设了多个大型科学技术研究设施。这些设施在不同国家/地区有不同的称谓。如欧盟、澳大利亚、法国、丹麦等称之为"研究基础设施"；美国、英国等称之为"用户装置"或"大型装置"；我国则在原来"大科学装置"的称谓上拓展范畴衍变为现在的"重大科技基础设施"。

近年来，各国越来越重视大型科学技术研究设施在国家创新能力中的重要地位，纷纷制定雄心勃勃的发展规划，利用战略性的长期规划来辅助决策过程，并统筹考虑科学界、国际背景和社会经济发展等方面的优先事项和要求，在规划方案内容、资金和实施举措中给予具体体现。由此产生的规划性政策文件，被称为重大科技基础设施"战略规划"或"路线图"。

总体来看，现有的战略规划大致可分为 4 类：①从区域或国家集群层面对未来若干年设施建设的整体规划，如欧洲研究基础设施战略论坛（European Strategy Forum on Research Infrastructures，ESFRI）发布的《欧洲研究基础设施战略论坛路线图》；②国家层面的战略规划，如英国研究理事会发布的《大型基础设施路线图》和美国自然科学基金发布的《大科学装置 2008》等；③某个部门或研究机构的设施路线图，如美国布鲁克海文国家实验室（Brookhaven National Laboratory，BNL）发布的《2015 国家同步辐射光源 NSLS II 战略规划》；④某一领域的设施规划报告，如美国能源部（Department of Energy，DOE）高能物理顾问小组发布的《主要高能物理装置 2014-2024》和欧洲的《粒子物理发展计划》等。

12.2 重大科技基础设施领域发展概述

在竞争激烈的全球经济中，世界主要经济体逐步认识到，由优质科技基础设施支持的高质量研究能够促进就业增长，使社会经济在保持增长的同时更具竞争力。例如，英国上议院科学和技术专门委员会认为，英国在研究方面的国际地位部分是建立在具备国际竞争力的科学基础设施的基础上的；对于许多科学领域而言，英国研究人员和工业界都有机会使用科学基础设施，使他们能够站在科学发现和开拓创新的前沿。美国国家科学基金会（National Science Foundation，NSF）计算机和网络系统分部也认为，实验基础设施不仅在推动计算和发现领域的变革性研究和创新方面发挥着核心作用，还能够为当代和未来的计算研究人员和教育工作者提供独特的学习机会。

从本质上讲，重大科技基础设施通过科学工程应用来解决全球在能源、环境变化、老龄化和健康、数字经济和纳米科学方面面临的挑战。例如，欧洲核子研究中心的大型强子对撞机（LHC）被用来阐明希格斯玻色子的存在；英国的国家同步加速器设备钻石光源，被用来加速制药行业的药物开发过程。因此，重大科技基础设施是为探索未知世界、发现自然规律、实现技术变革提供极限研究手段的大型复杂科学研究系统，是突破科学前沿、解决经济社会发展和国家安全重大科技问题的物质技术基础。

尽管全球重大科技设施的数量近年来不断增长，但是科学界对于重大科技设施仍未形成一个普遍的定义，因为它们不仅包括海洋船舶、粒子加速器和同步加速器，还涉及核聚变反应堆和研究性医疗设施，甚至还涵盖天基传感器、地基望远镜和大数据集。目前，按照应用目的，一般可以将其分为三类：一是为特定学科领域的重大科学技术目标建设的专用研究设施，如激光干涉引力波天文台、大型强子碰撞型加速装置等；二是为多学科领域的基础研究、应用基础研究和应用研究服务的，具有强大支持能力的大型公共实验平台，如英国钻石光源、欧洲 X 射线自由电子激光装置等；三是为国家经济建设、国家安全和社会发展提供基础服务的公益基础设施，如英国经济社会数据中心、中国长短波授时系统等。此外，根据来源经费的不同，重大科技基础设施还可以分为国家设施、政府间设施和海外设施三种类型。

这些重大科技基础设施的主要特点是其建造、维护和运行费用高昂。例如，2011 年欧洲核子研究中心的总体预算为 11.6 亿瑞士法郎，不仅用于支付工资和能源等设施的运营成本，还包括广泛的产品和服务采购。这一点使得建造和运行下一代性能更强的重大科技基础设施通常会超出单个国家或组织的资金及建造能力范围。因此，部分由单一国家建造的重大科技基础设施正在逐步被下一代性能更强、国际合作更密切的国际性重大科技基础研究设施所取代，如欧洲南方天文台、极端光基础设施和国际热核聚变实验堆等。这些设施通过国际上的天文、高能激光、能源以及粒子物理等领域的全球性研究项目的方式，由若干机构共同出资，以合适的国际合作作为主体进行管理，甚至在某些情况下可以分布在许多不同的国家。例如欧洲的极端光基础设施项目由英国、德国、罗马尼亚、捷克和匈牙利等国家资助并参与研制，项目在统一管理的前提下分建在欧洲的三个地点。其中，核物理科学部分建在罗马尼亚，强场科学部分建在捷克，阿秒科学部分建在匈牙利。

12.3 重大科技基础设施领域规划研究内容与方向

本节在对国外重大科技基础设施领域战略规划研究内容与方向进行介绍时,按照前文所述的战略规划的 4 种类别的顺序进行简要介绍。

12.3.1 欧盟《欧洲研究基础设施战略论坛路线图 2016》

2016 年 3 月,ESFRI 发布了《欧洲研究基础设施战略论坛路线图 2016》(European Strategy Forum on Research Infrastructures,2016),对未来 10 年泛欧洲研究基础设施的建设和发展进行战略层面规划和部署的重大举措。该路线图中包括 21 个未来 10 年重点支持建设的基础设施项目,即 ESFRI Projects,以及 29 个未来 10 年重点支持运行的基础设施,即 ESFRI Landmarks,相关项目见表 12-1 和表 12-2。

表 12-1 未来 10 年欧盟重点建设的一般性项目类研究基础设施

分类	名称	中文名	路线图规划年份	运行年份	建设投入/百万欧元	每年的运行预算/(百万欧元·年)
能源	ECCSEL	欧洲二氧化碳捕获与封存实验基础设施	2008	2016	80~120	1**
	EU-SOLARIS	欧洲太阳能研究基础设施	2010	2020*	120	3~4
	MYRRHA	高科技应用多功能混合动力研究反应堆	2010	2024*	NA	100
	WindScanner	欧洲风能扫描设备	2010	2018*	45~60	8
环境	ACTRIS	气溶胶、云、痕量气体研究基础设施网络	2016	2025*	190	50
	DANUBIUS-RI	国际河海系统先进研究中心	2016	2022*	222	28
	EISCAT3D	下一代欧洲非相干散射雷达系统	2008	2021*	74	6
	EPOS	欧洲地质板块观测系统	2008	2020*	53	15
	SIOS	斯瓦尔巴群岛综合北极地球观测系统	2008	2020*	80	2~3
健康和食品	AnaEE	生态系统分析与实验基础设施	2010	2018*	200	2~3**
	EMBRC	欧洲海洋生物资源中心	2008	2016	4.5	6
	EMPHASIS	气候变化条件下基于粮食安全的多尺度植物表型与模拟基础设施	2016	2020*	73	3.6
	ERINHA	欧洲高致病性因子研究基础设施	2008	2018*	NA	NA

续表

分类	名称	中文名	路线图规划年份	运行年份	建设投入/百万欧元	每年的运行预算/（百万欧元·年）
健康和食品	EU-OPENSCREEN	欧洲化学生物学开放筛选平台设施	2008	2018*	7	1.2
	Euro-BioImaging	欧洲生物医学影像基础设施	2008	2017*	NA	1.55
	ISBE	欧洲系统生物学基础设施	2010	2018*	30	7.2
	MIRRI	微生物资源研究设施	2010	2019*	6.2	1
物理科学和工程	CTA	契仑科夫望远镜阵列	2008	2023*	297	20
	EST	欧洲太阳望远镜	2016	2026*	200	9
	KM3NeT2.0	KM3 中微子天文望远镜 2.0	2016	2020*	92	3
社会和文化创新	E-RIHS	欧洲文化遗产中心	2016	2022*	4	5

*为预计时间，**指提供集中式服务，NA 指无法获取实际数据。

目前，《欧洲研究基础设施战略论坛路线图 2016》重点支持运行的 29 个项目中有 27 个来自《欧洲研究基础设施战略论坛路线图 2006》的建设项目，1 个来自《欧洲研究基础设施战略论坛路线图 2008》，另外 1 个高亮度大型强子对撞机（HL-LHC）项目是 LHC 项目的升级，虽然 LHC 项目的建设早于《欧洲研究基础设施战略论坛路线图 2006》，但其后续的建设和运行得到了路线图的支持。相关信息见表 12-2。

表 12-2　未来 10 年欧盟重点支持运行的标志性项目类研究基础设施

分类	名称	中文名	路线图规划年份	运行年份	造价/百万欧元	每年的运行预算/（百万欧元·年）
能源	JHR	朱尔斯-霍洛维茨反应堆	2006	2020*	1000	NA
环境	EMSO	欧洲多领域海底观测	2006	2016	108	36
	EURO-ARGO ERIC	欧洲全球海洋实时观测网	2006	2014	10	8
	IAGOS	欧洲全球观测航天器	2006	2014	25	6
	ICOS ERIC	综合碳观测系统	2006	2016	48	24~35
	LifeWatch	生物多样性研究基础设施网	2006	2016	66	10
健康和食品	BBMR IERIC	欧洲生物银行和生物分子资源研究基础设施联盟	2006	2014	170~220	3.5
	EATRIS ERIC	欧洲先进转化医学研究基础设施	2006	2013	500	2.5
	ECRIN ERIC	欧洲临床研究基础设施网络	2006	2014	1.5	2
	ELIXIR	欧洲生物信息分布式网络	2006	2014	125	95
	INFRAFRONTIER	欧洲生命科学样本（老鼠）资源与研究基础设施	2006	2013	180	80
	INSTRUCT	结构生物学平台	2006	2012	285	25

续表

分类	名称	中文名	路线图规划年份	运行年份	造价/百万欧元	每年的运行预算/（百万欧元·年）
物理科学和工程	E-ELT	欧洲极大望远镜	2006	2024	1000	40
	ELI	极端光基础设施	2006	2018	850	90
	EMFL	欧洲强磁场实验室	2008	2014	170	20
	ESRF UPGRADES	阶段 1：欧洲同步辐射	2006	2015	180	82
		阶段 2：超亮光源	2016	2022*	150	
	European Spallation Source ERIC	欧洲散裂中子源	2006	2025*	1843	140
	European XFEL	欧洲X射线自由电子激光	2006	2017*	1490	115
	FAIR	反质子和离子研究装置	2006	2022*	1262	234
	HL-LHC	高亮度大型强子对撞机	2016	2026*	1370	100
	ILL 20/20	劳厄-朗之万研究所	2006	2020*	171	92
	SKA	平方公里阵射电望远镜	2006	2020*	650	75
	SPIRAL2	放射性粒子加速器	2006	2016	110	5～6
社会和文化创新	CESSDA	欧洲社会科学数据档案委员会	2006	2013	NA	1.9
	CLARIN ERIC	标准语言资源与技术基础设施	2006	2012	NA	12
	DARIAH ERIC	人文与艺术数字资源研究基础设施	2006	2019*	4.3	0.6
	ESS ERIC	欧洲社会调查	2006	2013	NA	6
	SHARE ERIC	欧洲健康、老龄化及退休状况调查	2006	2011	110	12
e 研究基础设施	PRACE	欧洲先进计算合作伙伴关系	2006	2010	500	120

注：*为预计时间，NA 指无法获取实际数据。

  ESFRI 定期跟进路线图中设施的建设进度，对其中的建设项目适时调整。《欧洲研究基础设施战略论坛路线图 2006》中的欧洲人文与社会科学资源观测站（EROHS），于 2008 年建成，但在后续运行中没有得到 ESFRI 的资金支持。经 ESFRI 评估，由于欧洲极地研究破冰船（Aurora Borealis）的投资水平和研究目标的差距过大，而纳米研究或有更好的创新服务模式，欧洲极地研究破冰船项目和欧洲纳米结构研究基础设施（PRINS）项目，从《欧洲研究基础设施战略论坛路线图 2010》中删去。同时，该路线图要求重新讨论大功率实验研究设施（HiPER）的建设成本和运行成本，并重新评估欧洲空载研究舰队（EUFAR，于 2008 年改名为 COPAL）项目的首次运行时间，这两个项目没有得到《欧洲研究基础设施战略论坛路线图 2016》的后续支持。此外，国际核聚变材料辐照设施（IFMIF）和红外线到紫外线和弱 X 射线自由电子激光（IRUVX-FEL，2008 年改名为 EuroFel），虽然在《欧洲研究基础设施战略论坛路线图 2010》中仍然支持建设，但在《欧洲研究基础设施战略论坛路线图 2016》中也并没有得到后续的运行支持。目前《欧洲研究基础设施战略论坛路线图》中支持的建设项目和运行项目共有 50 个。

总的来看，《欧洲研究基础设施战略论坛路线图》体现出很好的继承性和稳定性，以及一定程度的灵活性。建设完成的项目，将会获得相对稳定的运行和维护经费支持。不合适的项目也有可能被调整出来，但比例很少（约为 13%）。这依赖于对项目大范围的意见征集和评审，以及扎实的预研究工作。这些做法对我国重大科技基础设施建设和管理工作具有一定参考价值。

12.3.2　法国《法国研究基础设施国家战略 2016》

2016 年 3 月，法国高等教育、研究与创新部（法文：ministère de l'éducation nationale, de l'enseignement supérieur et de la recherche，Menesr）发布的《法国研究基础设施国家战略 2016》（Ministère de l'Éducation Nationale，2016），从社会科学与人文、地球系统与环境科学、能源、生物学与健康、材料科学与工程、天文学与天体物理学、核物理与高能物理、数字科技与数学、信息科技等 9 个领域，描述了法国现有和未来即将建设的研究基础设施的发展和运行计划（表 12-3）。该战略是法国在积极参与 ESFRI 的背景下，对 4 年发布一次的国家研究基础设施发展路线图的更新。此次更新版路线图首次详细介绍了这些设施的社会经济影响、国际合作、数据量、数据存储方式及其可获得性、建设和运行成本、人员当量等信息。

根据研究基础设施的一国或多国参与、管理方法和预算支持等特点，法国的研究基础设施分为 4 种：国际组织（IOs）、大型研究基础设施（LRIs）、研究设施（RIs）和项目（project）。

表 12-3　法国在建和拟建的研究基础设施列表

领域	设施名称	类型	开始建设年份	运行年份	建设成本/万欧元	运行成本/万欧元
社会科学与人文	法国欧洲文化遗产中心（E-RIHS-FR）	项目	2019	2019		
地球系统与环境科学	综合碳观测系统（ICOS-FR）	大型研究基础设施	2013	2016	1 800	700
	气溶胶、云和示踪气体研究基础设施（ACTRIS-FR）	研究设施	2016	2018	1 000	188
	地球系统气候建模国家基础设施（CLIMERI-FRANCE）	研究设施	2016	2016	800	870
	海岸与沿海研究基础设施（I-LICO）	研究设施	2016	2016	—	—
	临界区观测、研究和应用（OZCAR）	研究设施	2016	2016	—	1 000
	农艺资源研究（RARE）	研究设施	2015	2016	—	—
	地球系统建模数据和服务中心（PÔLE DE DONNEES）	项目	2016	2017	—	—

续表

领域	设施名称	类型	开始建设年份	运行年份	建设成本/万欧元	运行成本/万欧元
能源	全钨偏滤器托卡马克核聚变实验装置（WEST）	研究设施	2013	2016	30 000	1 500
	欧洲二氧化碳捕获和存储实验基础设施（ECCSEL）	项目	2008	2016	—	40
	流体力学和海洋可再生能源测试设施（THEOREM）	项目	2015	2016	6 200	120
生物学与健康	家畜生物资源中心（CRB-ANIM）	研究设施	2012	2017	—	—
	高度传染性疾病专用设施扩建（HIDDEN）	研究设施	2011	2016	—	—
	代谢组学和通量组学法国国家基础设施（METABOHUB）	研究设施	2013	2017	—	—
材料科学与工程	欧洲散裂中子源（ESS）	大型研究基础设施	2014	2023～2025	184 300（法国贡献14 750）	12 000（法国贡献1 000～1 200）
	欧洲X射线自由电子激光（XFEL）	大型研究基础设施	2009	2017	122 600（2005年水平，其中法国贡献3 850）	法国贡献240
	拍瓦级阿基坦激光器（PETAL）	研究设施	2008	2016	5 430（2007年水平）+1 560（与兆焦激光器LMJ集成）	130
天文学与天体物理学	欧洲极大望远镜（E-ELT）	国际组织（欧洲南方天文台）仪器	2014	2024	110 400	每年4500
	切伦科夫望远镜阵列（CTA）	项目	2016～2017	2018～2019	30 000（法国贡献5 000）	2 000
核物理和高能物理	反质子和离子研究装置（FAIR）	大型研究基础设施	2013	2022	135.7（法国贡献2.7%）	24 000（法国贡献2%）
	大型综合巡天望远镜（LSST）	研究设施	2014	2022	62 500（美国）+1 440（法国）	法国每年贡献10（建设期间）

资料来源：Ministère de l'Éducation Nationale（2016）。

12.3.3 丹麦《2015研究基础设施路线图》

2016年4月，丹麦高等教育与科学部（Ministry of Higher Education and Science）发布的《2015研究基础设施路线图》（Ministry of Higher Education and Science，2015），不仅确定优先建设5个领域的22个研究基础设施（表12-4），还指出像丹麦这样国土面积小的国家，更有必要建设最先进的研究基础设施。同时，由于当今研究基础设施的投资规模常常超过一个国家的投资能力，为了更好地利用国际性研究基础设施及其设施群，需要从国家层面对所参与的研究基础设施进行管理。高等教育与科学部除了通过专门基金和委员会对新的国家研究基础设施投资，完善丹麦产业进而竞标国际大型科研基础设施公共采购项目等工作外，还需要思考在丹麦处于国际领先地位的领域内，如何吸引国际研究基础设施以单个装置的形式在丹麦建设的机遇。

表 12-4　丹麦《2015 研究基础设施路线图》拟建设施

领域	研究基础设施名称	类型	总投资/百万欧元
生物技术卫生与生命科学	细胞分析与疗法中心（COLLECT）	分布式	12～13
	丹麦生物样本准备装置（DaBiS）	单站	3～4
	丹麦生物影像网络（DBN）	分布虚拟式	—
	丹麦生化学研究基础设施（DK-OPENSCREEN）	分布式	4～5
	生物学纳米结构冷冻电镜（EMBION）	分布式	17
	开放创新食品与卫生实验室（FOODHAY）	分布式	14～15
	丹麦跨学科核磁共振光谱仪器中心（INSPECT）	单站	16～17
	医疗生物信息学平台（MedBio-BigData）	分布虚拟式	13～14
	功能蛋白质组学质谱平台（PRO-MS）	分布虚拟式	11～12
能源气候与环境科学	丹麦试验性生态系统研究设施（AnaEE Denmark）	分布式	7
	农业水文和水文地球化学观测站（HydroObs）	分布式	3
	测量温室气体排放与生态系统交换过程设施（ICOS/DK）	分布虚拟式	5～6
	无人机收集数据研究设施（UAS-ability）	分布式	12～13
	欧洲风能扫描设备（WindScanner.eu）	分布移动式	6～7
	电力电子产品可靠性试验设施（X-Power）	分布式	8～9
物理科学	升级欧洲核研究中心试验与计算设施（CERN-UP）	单站	7
	量子技术设施（QUANTECH）	分布式	7
人文社会科学	行为互动与认知实验室（BICLabs）	分布式	9～10
	数字人文实验室（DigHumLab2.0）	虚拟式	13
	丹麦社会学研究数据库（DRDS）	虚拟式	12～13
材料与纳米技术	丹麦国家 X 射线影像装置（DANFIX）	单站	8～9
	新纤维复合材料实验室（FiberLab）	分布式	9～10

资料来源：Ministry of Higher Education and Science（2015）。

12.3.4　德国《大型科研基础设施建设路线图》

2013 年，德国联邦教育与研究部（Bundesministerium für Bildung und Forschung，BMBF）发布了《大型科研基础设施建设路线图》（王敬华，2016；German Federal Ministry of Education and Research，2013）。根据德国科学委员会（German Scientific Committee）的建议，该路线图综合权衡大型科研基础设施的总体需求、科学潜力及其对德国科技强国地位的意义等方面，明确了德国大型研究基础设施建设重点和方向。该路线图确定了27个重点项目，涉及深海科考船、大气研究基础设施、医学研究装备和计算机模拟以及人文和社科等领域的研究平台（表12-5）。

表12-5　德国《大型科研基础设施建设路线图》支持的大科学装置表

（单位：百万欧元）

序号	名称	总预算	德国承担	联邦教育与研究部出资	开始运行年份	建设方
1	柏林能量回收直线加速器项目（BERLinPro）	36.5	36.5	*	2018	德国
2	切伦科夫辐射望远镜阵列（CTA）	191.2	58	58	2018	多国合作
3	欧洲极大天文望远镜（E-ELT）	1083	88	88	2022	多国合作
4	极端光基础设施（ELI）	825	—	13	2016	多国合作
5	欧洲散裂中子源（ESS）	1800	202	202	2019	多国合作
6	反质子与例子研究装置（FAIR）	1594	1158.4	***980	2018	多国合作
7	自由电子激光装置（FLASHII）	33	33	*	2014	德国
8	北极星号科考船（POLARSTERN）	450	450	450	2018	德国
9	海神号科考船（POSEIDON）	113	113	113	2017	德国
10	太阳号科考船（SONNE）	124	124	118	2015	德国
11	高斯超级计算中心（GCS）	400	400	200	2017	德国
12	气候超级计算机（HLRE 3）	41	41	26	2014	德国
13	核聚变实验装置（W7-X）	1100	—	*	2019	多国合作
14	欧洲X射线自由电子激光（XFEL）	1276.5	705.9	***642.9	2015	多国合作
15	商用民航机全球观测系统（IAGOS）	40	—		2014	多国合作
16	综合碳观测系统（ICOS）	150	15	15	2016	多国合作
17	欧洲化学生物学开放筛选平台设施（EU-OPENSCREEN）	55			2014	多国合作
18	欧洲临床研究基础设施网络（ECRIN）	—	每年0.35	每年0.35	2013	多国合作
19	欧洲生命科学样本（老鼠）资源与研究基础设施（INFRAFRONTIER）	180	42.5	17.5	2013	多国合作
20	体内病理生理实验室（IPL）	24	24	*	—	德国
21	全国人群长期流行病学研究	每年21	每年21	51.8（2013～2016）	2013	德国
22	欧洲社会科学数据档案委员会（CESSDA）	9.5	—	**	2015	多国合作
23	标准语言资源与技术基础设施（CLARIN）	104	14	14	2018	多国合作
24	艺术和人文数字研究基础设施（DARIAH）	20	10	10	2018	多国合作
25	欧洲社会调查（ESS）	每年2.2	每年0.4	**	2013	多国合作
26	欧洲健康、老龄化及退休状况调查（SHARE）	每年10	每年2	到2014每年2，到2018每年0.7	—	多国合作
27	社会经济面板（SOEP）	—	—	45.2（2013～2020）	1984	德国

资料来源：王敬华（2016）、German Federal Ministry of Education and Research（2013）。

*为亥姆霍兹联合会研究基础设施经费；**为莱布尼茨社会科学研究预算，只包括协调成本；***为项目资金和机构资金。

12.3.5　英国《大型基础设施路线图》

英国研究理事会（Research Councils UK）从战略角度出发，于 2001 年 6 月发布了第一版《大型基础设施路线图》，随后在 2005 年、2008 年进行了更新，并在 2010 年发布了最新版的《大型基础设施路线图 2010》（Research Councils UK，2010）。新版路线图涉及物质科学、生命科学、工程学、天文学、环境研究、医学和社会科学等各个领域，不仅包括英国国内的设施项目，还包括国际的设施项目、新计划以及现有设施的升级改造，详情见表 12-6。

表 12-6　英国《大型基础设施路线图 2010》涵盖设施

现有设施	现有设施中文名称
British Election Study	英国选举研究
Census of Population Programme	人口普查项目
Centre for Longitudinal Studies	长期世代研究中心
Economic and Social Data Service	经济社会数据中心
English Longitudinal Study of Ageing	英国老年人纵贯性研究中心
European Synchrotron Radiation Facility	欧洲同步辐射实验室
Institut Laue-Langevin（ILL）	劳厄-朗之万研究所（ILL）
Large Hadron Collider	大型强子对撞机
Mary Lyon Centre	玛丽·里昂中心
National Centre for e-Social Science	国家电子社会科学中心
National Centre for Research Methods	国家研究方法中心
Oceanographic Research Ship RRS James Cook	海洋研究船：詹姆斯库克
Provision for High Performance Computing	HPC 支撑中心
Research Complex at Harwell	哈维尔综合研究设施
UK Biobank	英国生物样本库
Understanding Society-UK Household Longitudinal Study	社会学研究-英国家庭纵向研究
更新与升级设施	更新与升级设施中文名称
Antarctic Marine Capabilities	南极海洋能力
Atmospheric Research Aircraft	大气研究飞机
Council for European Social Science Data Archives	欧洲社会科学数据档案委员会
Diamond Light Source-Phase III	钻石光源三期
European Social Survey	欧洲社会科学调查问卷
Halley Research Station，Antarctica	南极洲哈雷研究站
Institute for Animal Health，Pirbright	佩布赖特动物健康研究所
Institute for Animal Health，Compton	康普顿动物健康研究所
ISIS Target Station 2-Phases II and III	ISIS 二期中子散射源站
Laboratory for Molecular Biology	分子生物学实验室
Mega Amp Spherical Tokamak（MAST）	大型安培球状托卡马克装置

续表

更新与升级设施	更新与升级设施中文名称
Mid-Range Facility Provision	中等设施管理支撑系统
Oceanographic Research Ship（Replacement for RRS Discovery）	海洋水文研究船（替换 RRS 发现号）
Rothera Research Station，Antarctica	南极罗瑟拉科考站
UK Centre for Medical Research and Innovation（UKCMRI）	英国药物研发中心
新建设施	新建设施中文名称
Administrative Data Liaison Service	行政数据联络中心
Biomedical ESFRI Projects	ESFRI 生物医疗项目
Environmental ESFRI Projects	ESFRI 环境项目
Environmental Omics Bioinformatics Facility	环境组学与生物信息学设施
European 3rd Generation Gravitational Wave Observatory（Einstein Telescope）	欧洲第三代引力波观测装置
European Centre for Systems Biology	欧洲系统生物学中心
European Extremely Large Telescope	欧洲超大望远镜
European Life-Science Infrastructure for Biological Information（ELIXIR）	欧洲生物信息生命科学设施
European X-ray Free-Electron Laser	欧洲 X 射线自由电子激光
Extreme Light Infrastructure	极端光基础设施
Facility for Antiproton and Ion Research（FAIR）	反质子与离子研究设施
Future High Energy Colliders	未来高能对撞机
Gateway Centres at the Daresbury and Harwell Science and Innovation Campuses	达理波利&哈维尔校区科研转化中心
High Power Laser Energy Research Project	高能激光能源研究项目
High Power Laser National Facility（VULCAN-DIPOLE）	高功率激光国家设施
Integrated Rural and Urban Observatories	农村和城市综合观测台
Neutrino Factory	微中子工厂
Next Generation Neutron Sources	下一代中子源
Platforms and Instrumentation	平台与仪器项目
Secure Data Service	数据安全服务
Square Kilometre Array	平方公里阵列
2012 Birth Cohort Study and Cohort Resources Facility	2012 年出生世代与同生群资源设施

随后，英国研究理事会在 2012 年发布了《为经济增长进行投资：面向 21 世纪的科研基础设施投资》（Research Councils UK，2012）战略框架计划。该框架计划强调支持对英国卓越研究和技术发展相关能力有重要作用的国家科研基础设施，引导投资资金，以满足具有最高优先级的未来机遇和挑战。以英国研究理事会的资本投资战略框架计划为基础，2014 年英国发布了《开创未来：2020 科学和研究远景规划》（Department for Business and Innovation and Skills，2014a），系统阐述了未来科学和研究的发展蓝图，制定了英国创建世界级的研究环境和未来前沿科技发展重点项目规划。2014 年 12 月，英国发布了《我们的发展计划：科学和创新》（Department for Business and Innovation and Skills，2014b）确

定了英国未来科技战略投入的原则，对英国科技投入的优先级选择及科学基础设施投资进行了规划。

英国《大型设施路线图 2010》首先介绍了英国建设大型科研设施的背景，着重介绍了英国创新、大学和技能部（DIUS）主管的大型设施投资基金（LFCF）的资助范围和条件以及各个研究理事会如何利用大型设施投资基金。较详细地介绍了各个研究理事会对具有最高战略意义且需要相关理事会给予巨额投资的各项设施的建议，如大型强子对撞机、下一代中子源、中微子工厂、反质子和离子研究设施等。这其中包括英国采取国际合作方式与 ESFRI 共建的很多设施，如欧洲超大望远镜、欧洲同步辐射设施、欧洲 X 射线自由电子激光器等。各设施按照建造情况可分为三类：现有设施、更新与升级设施以及新建设施。

12.3.6　《日本大科学计划》

2010 年 3 月 17 日，日本文部科学省发布了《日本大科学计划》（日本学術会議，2010），规划了未来 10 年内的大型研究项目，甄选了 48 个被认为非常有价值的领域，以及为了实现这些目标所需要的大规模研究设备的清单（表 12-7）。

12.3.7　美国 NSF "主要研究设备和设施建造计划"

美国 NSF "主要研究设备和设施建造计划"（National Science Foundation，2018；National Science Foundation office of Budget，Finance and Award Management（BFA）Large Facilities office（LFO），2019）（Major Research Equipment and Facility Construction，MREFC）是一项由 NSF 于 1995 财年设立的支持购买或建造，开展科学、工程和技术研究探索所需要的主要研究设施和仪器的一个项目。主要研究设施是指其设计、建造和运行都很复杂，在有限时间段内需要大量的投资的设施，包括望远镜、地球模拟器、天文观测以及移动研究平台等各方面设施。NSF 每年提供 10 多亿美元用于支持设施和其他基础设施计划，建造单个设施所获得的资助额度从几千万美元到几亿美元不等。此外，每年还有额外经费支持设施的运行、维护、升级和改造。

2017 年由重大基础设施办公室发布的重大设施管理办法（Research Councils UK，2012）规范了 MREFC 对设施整个生命周期的管理办法。随后发布的 NSF 研究设施项目列表（National Science Foundation，2019）则罗列了 NSF 资助的重大设施建设情况，详情见表 12-8。

表 12-7 《日本大科学计划》48 个研究设施

领域	设施名称	中文名称	类型*	运行年份	建设成本	合作模式***
社会科学与人文	Global Integration of Regional Knowledge Resources and its Intercommunity Platform	区域知识资源及共性性全球整合平台	B	2010~2019	90 亿日元	D
	Integrated Database of Classical Japanese Texts in the Pre Meiji Period	前明治时期日文经典综合数据库	B	2011~2021	初始投资：20 亿日元 年度运行经费：190 亿日元（分 10 年）	D
	Web for the Integrated Studies of the Human Mind (WISH project)	人类思维综合研究网	B	2011~2016	70 亿日元	D
	Establishment of the Research Center/Network of the Environmental Adaptation Strategy Based on the next Generation Genome Science	基于下一代基因组学的环境适应策略研究中心	B	2010~2019	初始投资：80 亿日元 年运行经费：10 亿日元	日本主导
	Integrative Biological Network for Monitoring and Data Integration and Analysis of Biodiversity	生物多样性监测与数据整合分析综合网络	B	2010~2019	56 亿日元	D
生命科学	Establishment of an Animal Genetic Engineering Consortium for Cutting Edge Medical Research	用于尖端医学研究的动物基因工程联盟	B	投资阶段：2010~2013 运行阶段：2014~2019	初始投资：70 亿日元 年运行经费：90 亿日元（分 10 年）	D
	Establishing a Cutting-edge International Research Center Aiming for the Integrated Development of Glycoscience	建立面向糖科学国际前沿研究中心	B	投资阶段（部分运行）：2010~2011 运行阶段：2012~2016	前两年初始投资：31.1 亿日元 运行经费：88.8 亿日元	B
	Center to Accrue Medical Knowledge: Development of Infrastructure for Informatics and Research Resources	医学知识积累中心：信息学和研究资源开发	B	投资阶段：2011 运行阶段：2012~2020	450 亿日元	D
	Research Center for Medical Genomics	医学基因组学研究中心	B	投资阶段：2010 运行阶段：2011~2015	初始投资：120 亿日元 运行经费：20 亿日元	D
	Center for Development of Next Generation High-performance Magnetic Resonance Imaging	下一代高性能磁共振成像中心	B	投资阶段：2011 运行阶段：2011~2015	150 亿日元	D
	Research Center for Drug Discovery	药物发现研究中心	B	2010~2020	初始投资：90 亿日元 运行经费：10 亿日元/年	D
	Establishment of Metabolome Research Center	建立代谢组研究中心	B	2010~2020	初始投资：50 亿日元 运行经费：18 亿日元/年	D
	Formation of Research Center for Green innovation	组建绿色创新研究中心	B	2010~2016	初始投资：7.5 亿日元 运行经费：250 亿日元/年	D
	Formation of Research Center for Food Functions and Scientific Verification System	形成食品功能研究中心和科学验证系统	B	投资阶段：2011~2013 运行阶段：2011~2020	初始投资：10 亿日元 运行经费：10 亿日元/年	E

续表

领域	设施名称	中文名称	类型*	运行年份	建设成本	合作模式**
能源	Demonstration of Steady-state High Performance Fusion Plasma	稳态高性能聚变等离子体展示中心	A	LHD: 2010~2021 JT-60SA: 建设阶段: 2007~2015, 运行阶段 2015~2017	LHD: 初始投资: 721 亿日元 运行经费: 123 亿日元 JT-60SA: 初始投资: 217 亿日元 运行经费: 34.4 亿日元	LHD: DJT-60SA: 日本与 EURATOM 合作
	Development Program of HTGR (High Temperature Gas-cooled Reactor) Hydrogen Production System using HTTR (High Temperature Engineering Test Reactor)	高温工程试验反应堆制氢装置开发方案	B	2010~2016	32.5 亿日元	D
环境	Solar Quest Project (International Research Center for Global Energy and Environmental Technologies)	太阳能探索项目国际能源和环境技术研究中心	B	2007~2014	建设费用: 10 亿日元 管理费用: 86 亿日元	D
	Research Network on "Non equilibrium and Extreme State Plasmas"	"非平衡和极端态等离子体" 研究网络	B	2010~2019	建设费用: 63 亿日元 运营费用: 20 亿日元	D
地球科学	Construction of a Satellite Earth Observation System	卫星地球观测系统的建设	A	GCOM-W: 2011; ALOS-2, EarthCARE, GPM: 2013; ALOS-E, GCOM-C1: 2014 to launch	总费用: 4000 亿~5000 亿日元 运营费用: 1500 亿日元	A
	Coordinated Observational, Experimental and Modeling Projects for the Prediction of the Earth's Environmental Changes	预测地球的环境变化的协调观测、实验和建模项目	AB	投资阶段: 2011~2013 运行阶段: 2015 以后	总费用: 621 亿日元 运营费用: 418 亿日元	D
	Geodynamics and Geohazard Research Programs Utilizing State of the Art Technologies	地球动力学和地质灾害前沿研究项目	A	2012~2023	建设费用: 400 亿日元 运营费用: 400 亿~600 亿日元/年	D
	Deciphering the History of the Earth and Life and Exploration of Subsurface Deep Biosphere	解读地球历史研究与深海底层生物圈的生命探索	B	建设阶段: 2012~2014 运行阶段: 2014~2020	建设费用: 300 亿日元 运营费用: 50 亿日元/年	D
材料与分析科学	Materials and Life Science with High Intensity Neutron and Muon Beams	材料和生命科学与高强度中子和介子光束	A	建设阶段: 2010~2021 运行阶段: 2010 年以后	建设费用: 200 亿日元 运营费用: 20 亿日元/年	D
	Synchrotron Radiation Science in the Future	未来同步辐射科学	A	第一阶段: 2012~2014 第二阶段: 2017~2019 运行阶段: 2014~2019	建设费用: 480 亿日元 运营费用: 75 亿日元/年	D

续表

领域	设施名称	中文名称	类型*	运行年份	建成成本	合作模式**
材料与分析科学	High Magnetic Field Collaboratory-High Field Facilities in the Next Generation	下一代高磁场协作实验室	A	建设阶段: 2011~2014 DC: 2011~2015 运行阶段: 2011~2016	建设费用: 300 亿日元 运营费用: 30 亿日元/年	D
	Laboratory Network for New Materials Development	新材料研发实验网络	B	建设阶段: 2011~2012 运行阶段: 2011 年以后	建设费用: 50 亿日元 运营费用: 5 亿日元/年	E
	Exploring Physics beyond Today's Particle Theory with a Super B Factory	新粒子理论探索实验室	A	建设阶段: 2010~2013 运行阶段: 2013~2020	建设费用: 35 亿日元 运营费用: 70 亿日元/年	B
	Revealing the Origin of Matter with an Upgraded J-PARC	升级版 J-PARC 物质起源探索工程	A	建设阶段: 2010~2014 运行阶段: 2015~2019	建设费用: 380 亿日元 运营费用: 25 亿日元/年	B
	World Research Center for the International Linear	国际射线世界研究中心	A	建设阶段: 2015~2024 运行阶段: 2025~2034	建设费用: 6700 亿日元 运营费用: 200 亿日元/年	A
	Nucleon Decay and Neutrino Oscillation Experiments with Large Advanced Detectors	核子衰变和中微子振荡实验大型探测器	A	建设阶段: 2014~2020 运行阶段: 2021~2035	建设费用: 500 亿~700 亿日元 运营费用: 20 亿日元/年	B
物理与工程学	Exploring the Frontiers of Nuclear Physics with an Advanced Radio Isotope Beam Factory	探索核物理前沿的放射性同位素射线装置	A	建设阶段: 2013~2016 运行阶段: 2017 年以后	建设费用: 15 亿日元 运营费用: 40 亿日元/年	B
	Network of Computational Facilities for Basic Sciences	基础科学计算设施网络	B	2010~2020	41 亿日元/年	D
	Large-scale Cryogenic Gravitational Wave Telescope (LCGT) Project	大型低温重力波望远镜 (LCGT) 项目	A	建设阶段: 2011~2015 试运行阶段: 2016~2017 观测阶段: 2018 年以后 (长于 10 年)	建设费用: 155 亿日元 运营费用: 4.32 亿日元/年	D
	Thirty Meter Telescope (TMT) Project	30 米望远镜 (TMT) 项目	A	建设阶段: 2012~2020 运行阶段: 2018	建设费用: 1300 亿日元 运营费用: 50 亿日元/年	A
	Square Kilometer Array Project	平方公里阵列项目	A	建设阶段: 2013~2022 早期运行阶段: 2017 年至今 完全运行阶段: 2023 年以后	建设费用: 2000 亿日元 运营费用: 200 亿日元/年	C

续表

领域	设施名称	中文名称	类型*	运行年份	建设成本	合作模式**
物理与工程学	Promotion of Leading Research toward Effective Utilization of Multidisciplinary Nuclear Science and Technology	促进多学科核科技有效利用的前沿研究	B	2010~2019	建设费用：60 亿日元 运营费用：38 亿日元（10 年）	D
	Project for Developing Researches of High Energy Density Science	高能量密度科学研究项目	B		90 亿日元	D
空间科学	Space Infrared Telescope for Cosmology and Astrophysics (SPICA) Project	宇宙学和天体物理学太空红外望远镜项目（SPICA）	A	建设阶段：2011~2018 运行阶段：2018~2023	建设费用：330 亿日元 运营费用：5.6 亿日元/年	B
	New X-ray Astronomy Satellite: ASTRO-H Project	新 X 射线天文卫星：astro-h 项目	A	建设阶段：2009~2013 运行阶段：2013~2016	建设费用：167 亿日元 运营费用：4 亿日元/年	B
	Simultaneous Multi-scale Observations in the Earth's Magnetosphere (SCOPE) Project	地球磁气圈多尺度同步检测项目（SCOPE）	A	建设阶段：2011~2017 运行阶段：2018	建设费用：185 亿日元 运营费用：4 亿日元/年	B
	Space Exploration Program Aiming for the Research of Solar System Evolution	探索太阳系演化的空间探索计划	A	2011~2017	生产费用：650 亿日元 基础设备费用：6 亿日元 运营费用：21 亿日元/年	B
信息科学	National Academic Cloud Computing Facility for High Performance Computing and Shared Scientific Databases	用于高性能计算和共享科学数据库的国家学术云计算设施	B	2011 年至今	10 亿日元/年	E
	Large-scale Virtualized Network Test Bed	大型虚拟网络测试床	A	建设阶段：2012~2015 运行阶段：2016~2017	建设费用：150 亿日元 运营费用：120 亿日元/年	D

*A: 大型研究设施项目；B: 大型研究计划。

**A: 共同领导合作；B: 国内领导合作；C: 国外领导合作；D: 国际研究合作；E: 其他。

表 12-8 NSF 重大科技基础设施项目列表

名称	缩写	中文名	运行阶段
United States Antarctic Program	USAP	美国南极计划	运行
Arecibo Observatory	AO	阿雷西博天文台	运行
Academic Research Fleet	ARF	学术研究舰队	运行
Cornell High Energy Synchrotron Source	CHESS	康奈尔高能同步加速器	运行
Green Bank Observatory	GBO	绿堤天文台	运行
Gemini Observatory	Gemini	双子座天文台	运行
IceCube Neutrino Observatory	ICNO	冰立方中微子天文台	运行
International Ocean Discovery Program	IODP	国际大洋发现计划	运行
Long Baseline Observatory	LBO	长基线天文台	运行
Large Hadron Collider	LHC	大型强子对撞机	运行/设计/建设
Laser Interferometer Gravitational-wave Observatory	LIGO	激光干涉重力波天文台	运行
Large Synoptic Survey Telescope	LSST	大型综合巡天望远镜	建设
National Center for Atmospheric Research	NCAR	国家大气研究中心	运行
Natural Hazards Engineering Research Infrastructure	NHERI	自然灾害工程研究基础设施	运行
National Ecological Observatory Network	NEON	国家生态观测网	建设 运行
National Geophysical Observatory for Geoscience	NGEO	国家地球物理天文台	运行
National High Magnetic Field Laboratory	NHMFL	国家强磁场实验室	运行
National Optical Astronomy Observatory	NOAO	国家光学天文观测台	运行
National Radio Astronomy Observatory	NRAO	国家射电天文台	运行
National Superconducting Cyclotron Laboratory	NSCL	国家超导回旋加速器实验室	运行
National Solar Observatory	NSO	国家太阳观测台	运行
Ocean Observatories Initiative	OOI	海洋观测站计划	运行
Advanced Modular Incoherent Scatter Radar	AMISR	高级模块化非相干散射雷达	运行
National Deep Submergence Facility	NDSF	国家深潜设施	运行
National Nanotechnology Coordinated Infrastructure	NNCI	国家纳米技术协调基础设施	运行

12.3.8　美国《未来的科学装置——二十年前瞻》

2007 年，美国能源部发布的新版《未来的科学装置——二十年前瞻》（Office of Science，2007）报告，不仅对 28 个设施进行了简要介绍，还为能源部决定进行领域调整的部分设施提供了简要的理论依据。在每个设施的介绍部分，具体包括一份自 2003 年以来关于设施运行状态的更新以及有关它们的科学目的、重要性和预期的社会和其他方面效益的介绍。

由于科学办公室计划顾问委员会未能明确指出 28 个设施的相对优先权，因此新版报告除了对一些设施进行单独加注外，对其他设备进行了"捆绑式"罗列。除此以外，依照设施预期可能为研发领域所提供科学机会的时间框架，报告将这些设备划分为短期优先级、中期优先级和远期优先级三个层次。

此外，报告指出，美国能源部科学办公室为了响应科学技术进步的号召，可以对设施优先权进行再排序和重组。一些计划中的设备建造得以加速进行［如国家同步辐射光源Ⅱ（NSLS-Ⅱ）］，许多设备的建设将进行再定位，而另一些则保持不变。由于国外设备的原因，一项计划被终止（如 BTev 加速器）。

NSLS-Ⅱ 在 2003 年的报告中排名第 21 位。它的科学价值很高，但建造准备却不足。于是，经过全球该领域科学领导人的评审，2004 年提出了一份修正案。美国能源部在 2005年决定批准其任务需求，并于 2007 年选择在美国 BNL 建设该设备。NSLS-Ⅱ 将主要应用于生物技术、纳米技术以及极限条件下的材料研究领域。

2003 年报告中提议的 4 个"套餐"型设施（一个排名第 3 位，一个排名第 7 位，两个排名第 14 位）都是通过其功能决定的，具体包括蛋白质和分子标签的生产和表述，分子配合物的描述和摄像，整个蛋白组分析以及单元系统的分析和建模。这些设施有助于染色体组 GTL 计划在基础科学取得突破，以满足有成本效益的生物能生产、碳封存和环境治理的需求。2006 年 2 月，国家科学研究理事会专家小组支持将 GTL 系统生物研究作为一种"更高优先权的"计划，但专家组希望对研究机构而不是一系列相关的设备进行资助。于是，美国能源部 2007 年 6 月宣布，能源部将向其下属的生物能研究中心提供资助，以继续推动低价高效纤维质乙醇和其他新的基于生物学的可再生能源的研究。

费米实验室的 BTev 加速器在 2003 年的报告中排名第 12 位。该设施旨在研究在宇宙中物质和反物质间的不平衡性。然而，由于受到来自欧洲一项被称为 LHC-b 的相似实验的竞争，BTev 加速器的建设工作于 2005 年被终止。

12.3.9　美国《2015 国家同步辐射光源 NSLS Ⅱ 战略规划》

2015 年，美国 BNL 发布了《2015 国家同步辐射光源 NSLS Ⅱ 战略规划》（Broolhaven Science Associates，2015）。始建于 1978 年的 BNL 同步辐射光源（NSLS），经过几十年的不断改进，其性能已达到极限。为了继续能够满足用户现在和将来在科学上的需要，研制能提供更高平均亮度和通量的新装置已不得不提上议事日程。这一新的装置被称为NSLS-Ⅱ，它将保留构成现行 NSLS 研究特点的跨学科性质，同时提供新的能力以满足用户的进一步要求。

根据规划，NSLS-Ⅱ 将为 BNL 带来新的科学机遇，它所提供的各种能力组合将在未来几十年内对美国主要科学研究项目产生重大影响。例如，NSLS-Ⅱ 不仅能够在国立卫生研究院结构基因组项目、能源部基因组项目和其他主要生命研究项目中起关键作用，还能够大大提高研究凝聚态物理和材料科学的实验能力，并提供范围广泛的纳米分辨率探测器，满足国家迅速增加的纳米科学计划，甚至对决定地球和星体演化的过程提供新的解释。NSLS-Ⅱ未来将涉及的研究项目涵盖了生命科学、材料科学、化学科学、纳米科学、地球科学、环境科学等不同学科和研究领域。

12.3.10 欧洲《粒子物理发展计划》

2013 年，欧洲核子研究中心（CERN）发布了新的《粒子物理发展计划》（CERN Council，2013；Krammer，2013），提出了未来直线对撞机（ILC）的国际化合作路线。

更新后的计划建立在 2006 年制定的原始战略的基础上，首要侧重点是充分开发 CERN 的 LHC。更重要的是，更新后的战略首次明确指出，欧洲愿意加入其他大型项目的研究，即使这些项目位于北美洲或是亚洲。

更新后的计划可能造成巨大的影响。2013 年之前，全球粒子物理项目主要集中在 3 个大型装置上。第一个项目是 LHC，研究人员计划将该项目持续到 2030 年，希望发现其他的新粒子。第二个项目是近十几年来，科学家一直希望建造一台 30 千米长的国际直线对撞机。第三个项目是科学家致力于开展一个比现有实验规模更大的中微子研究。

更新后的欧洲《粒子物理发展计划》中的两部分内容或许能够理清这些情况。关于直线对撞机，文件中提到："日本粒子物理学界希望在日本启动 ILC 项目的举措是大受欢迎的。欧洲期待日本方面的提案，以讨论欧洲如何参与其中的事宜。"关于中微子物理学，由于文件中提到"欧洲应该探索在美国和日本实施的长基线中微子项目中成为主要参与方的可能性"，因此，更新后的计划为美国科学家的长基线中微子实验（LBNE）计划打了一针强心剂。

12.4 重大科技基础设施领域代表性重要规划剖析

12.4.1 《欧洲研究基础设施战略论坛路线图 2016》编制背景

根据 2000 年"里斯本战略"中所制定的"知识增长"目标，欧盟理事会（Council of the European Union）于 2002 年成立了 ESFRI，以协调欧盟成员国研究基础设施发展方针，充分发挥其"孵化器"的作用，通过大规模的协商确定未来拟支持的研究基础设施计划，并监督落实《欧洲研究基础设施战略论坛路线图》的制定。2006 年，ESRFI 完成了第一份《欧洲研究基础设施战略论坛路线图》的制定，之后又对该路线图进行了持续更新，2008 年和 2010 年两次进行修订；2013 年，ESFRI 评估了所有项目的进展情况；2014 年 4 月，决定制定新的路线图，并于 2016 年 3 月出台。

12.4.2　《欧洲研究基础设施战略论坛路线图 2016》内容概述

2016 年的路线图项目内容是 ESFRI 根据对以往路线图中项目的评估结果以及新提交项目建议书的评估结果确定的。其中，2006 年路线图中所有项目的进展情况由战略工作组负责评估，2008 年路线图、2010 年路线图项目的进展情况由实施工作组负责评估。

经过严格的评估及审批，ESRFI 最终确定了 50 项为满足欧洲科学研究需求建设的研究基础设施，入选 2016 年路线图。具体项目情况已在前文中进行简要介绍，故此处不做过多重复，仅将项目总体概况进行介绍。

2016 年路线图的项目分为两类，一类是一般性项目（ESFRI Projects），另一类是标志性项目（ESFRI Landmarks）。标志性项目是指已经开工建设、正在实施或向用户提供优质服务的项目。根据对以往路线图中项目进展情况的评估结果，再加上新提交项目的评估结果，2016 年路线图中包括 21 个一般性项目和 29 个标志性项目。

21 个一般性项目中，有 9 个是 2008 年路线图中留存的，6 个是 2010 年路线图中留存的，5 个是新立项目，还有 1 个是方向重新调整的项目（2006 年路线图中的一个项目）。其在各领域的分布情况为：能源领域为 4 个，环境领域为 5 个，健康与食品领域为 8 个，物理科学与工程领域为 3 个，社会与文化创新领域为 1 个。

29 个标志性项目中，27 个来自以往路线图中的项目，2 个是新立项目（这 2 个项目已经动工实施），其在各领域的分布情况为：能源领域为 1 个，环境领域为 5 个，健康和食品领域为 6 个，物理科学与工程领域为 11 个，社会与文化创新领域为 5 个，电子基础设施为 1 个。

12.4.3　《欧洲研究基础设施战略论坛路线图 2016》意义与影响

1. 提升欧盟的科技竞争力

欧洲所有重大基础设施的总预算每年约为 100 亿欧元，这超出了任何一个成员国的能力，所以整个欧洲必须采取一种连贯的、以战略为导向的方针。这就是《欧洲研究基础设施战略论坛路线图》存在的主要意义。因此，ESFRI 通过统筹资源，引导建设具有欧盟标志的大型研究基础设施，将欧洲各国的资源整合为全欧洲的共同成果，能够把欧洲打造成对世界科技界具有吸引力、卓越开放、充满活力、世界一流的研发创新环境和区域，体现了整个欧洲的利益。

同时，随着欧盟及其成员国政府认识到建设重大科研基础设施对科研及经济领域发展的重要积极影响，重大科技基础设施的学科范围呈现出多样化发展趋势，从物理、天文、能源和材料科学等成熟领域，到快速发展的健康、食品、环境和文化等创新领域。

2. 协助构建欧盟整体科研领域框架

《欧洲研究基础设施战略论坛路线图》不仅促使欧洲多个国家制定自己的国家级路线图，促进欧洲科学团体制定学科路线图（如 CERN 的粒子物理战略），更通过资源的共享，使得各方科研人员、投资方、决策者等更加清晰地获得与设施相关的信息，使得各设施的建设具有协调性，从而使得科研方向的确定、资金的流向、政策的制定变得更加精准和透明。

3. 提供科学大数据及数据分析

重大科学基础设施通过实验、测量和观测以及数据分析、建模、模拟和上述的组合产生大量新的数据，并通过各种协议对数据进行标准化处理，从而使得各地的科研人员都可以对科研数据加以利用，大大提高了数据的利用效率，并增大了从数据转化为知识的可能性。

4. 提供更好的教育及更强的吸引力

《欧洲研究基础设施战略论坛路线图》在全球范围内获得了巨大影响：一方面，使欧洲在制定政策和倡议方面处于重要位置，增强了对世界级科研人员和工业界的吸引力；另一方面，凭借可以方便地获取重大科技基础设施体系中科学数据的优势，吸引了大量想要从事科研创新的年轻学生前来欧洲学习。目前，众多科研工作者前来欧洲工作的主要目的之一就是参与或学习各大科技设施实施。

5. 促进科学技术向产业转化并促进经济增长

欧洲的重大基础科研设施每年都会在高科技部件上投入大量预算，这给那些高科技零件供应商提供了更广阔的市场空间，并使那些企业发展得更具有竞争力。例如，CERN 发现，通过采购合同支付给工业公司的每一欧元都会为公司带来三倍的额外业务收入。

6. 扩大欧盟科技领域的国际合作

路线图中许多计划的规模和范围都是全球性的，促进了国际合作的进行。研究设施出现越来越多的国际合作，例如位于法国的国际热核聚变实验堆（ITER）、位于欧洲核子研究中心的 LHC，以及全球海洋实时观测网（ARGO）等。

12.4.4 《欧洲研究基础设施战略论坛路线图 2016》子项目分析（以核能领域为例）

对于核能领域，虽然欧盟制定的《能源路线图 2050》中极大地减少了对核能消费的规划，但核能仍然是欧盟供能网络的重要组成部分（30%的能源来自核能），至少 14 个成员国将继续使用核能。

1. 核能领域目前的状态及项目情况

一直以来，欧洲原子能共同体项目（Euratom）都在从事核能研究与培训，并始终强调核安全与辐射防护的重要性。可持续发展核能技术平台（SNETP）在研究机构与工业界之间发起了欧洲核工业可持续倡议（ESNII）。欧洲能源研究联盟发起了核材料联合计划（EERA JP-NM）。这些项目、团体和计划，使得欧洲的核能科技研究变得和谐有序。

目前，核聚变研究的核心设施是正在法国建设的 ITER。在"地平线 2020"计划中，欧洲原子能共同体计划在 2050 年之前完成该反应堆的建设。相关的研发活动的经费由欧洲核聚变研发创新联盟（EUROfusion）提供。ITER 的建设同样也为工业发展提供了大量的技术发明支持，如相关的材料科技领域、辐射学研究领域等。

2. 缺口分析

能源战略工作组的专家认为，核能领域重大科技基础设施急需解决的问题是确保核能系统可以安全高效地工作，制定先进的反应堆管理规范，并解决核废料的处理问题。

在材料学研究中，需要一种特殊的 14MeV 强中子源作为研究的基础。

在先进核能系统中，由于燃料或结构元件材料涉及机械类活动，因此首先需要解决的问题是：相关规范的研究、氧化物弥散强化钢、高温耐火复合材料以及对各种反应情况的预测能力。例如，日本和欧洲原子能共同体合作的"太阳神"号超级计算机，可以完成材料在辐射环境下的模拟计算，并找到可以同时满足适用于聚变和裂变的材料的模拟测试。

聚变及裂变材料的协同效应，应该得到进一步的研究与发展。EUROfusion 意识到在聚变反应中物理学研究的重要性，以及偏滤器面临的技术挑战，目前其正在谋划偏滤器的托卡马克试验（Divertor Tokamak Test）。

12.5　重大科技基础设施领域发展规划的编制与组织实施特点

12.5.1　国外重大科技基础设施战略规划的特点

12.5.1.1　重大科技基础设施战略规划内容的多样性

通过对国外重大科技基础设施战略规划（以下简称"战略规划"）进行分析和研究，可以发现它们在以下四个方面表现出广泛的多样性。

1. 编制目的

从广义上来说，战略规划的编制过程反映了追求公平、公正、公开的推进决策过程的愿望。为了避免单独审议方式受到具有强烈动机性的个人或游说团体的影响（Science and Technology Select Committee，2013；ESFRI Working Group on Innovation，2016），国外战略规划的编制目的存在较大的不同之处。有的战略规划旨在促进对未来大型项目进行一般性辩论的"愿景声明"（European Space Agency，2015）；有的战略规划则会深入解释具体的规划细节，并做出措辞严谨的可以确定影响重大科技基础设施命运的评估意见（German Federal Ministry of Education and Research，2013；Research Councils UK，2010）；还有的战略规划甚至可以视为实际获得资金的项目清单，并按照所述实施（European Strategy Forum on Research Infrastructures，2016；日本学術会議，2010）；更多的战略规划反映的是科学界与决策层或资助机构达成的共识（Ministère de l'Éducation Nationale，2016；Ministry of Higher Education and Science，2015；Office of Science，2007）。

2. 学科范围

一般来说，战略规划会涉及许多不同学科领域，如 ESFRI 的战略规划是这类战略规划最典型的例子。ESFRI 在其战略规划中，对能源、环境、健康和食品、物理科学和工程、社会和文化创新的五大学科领域中将要支持建设的项目进行了阐述。同时，战略规划的学科范围也会受到委托方的影响。在这种情况下，战略规划往往只针对单一科学领域，或一个重要的研究问题进行研究。例如，CERN 编制的《欧洲粒子物理学战略规划》（CERN Council，2013）和美国能源部高能物理顾问小组发布的主要高能物理设施战略规划（HEPAP Facilities Subpanel，2013）是这类战略规划的典型代表。

3. 有效范围

一般来说，国家资助机构的管理范围是有效实施战略规划的最小范围。最常见的战略规划是在国家层面进行战略布局。而欧盟、欧洲科学基金会及类似 ESFRI 的实体组织所编制的一系列战略规划（European Strategy Forum on Research Infrastructures，2016；European Space Agency，2015；ASTRONET，2008），则是从国家集群层面对地区内未来若干年设施建设进行整体规划。这些战略规划，有的会从侧面反映出难于协调国家各级部门或机构之间的合作，以及协调国家行政区之间的大量投资的困惑；有的则会表达出愿意在国际化进程中获得更好的国家决策定位，以及在促进国家区域经济发展的同时保持区域间良好平衡等意愿。

图 12-1 展示了部分重大科技基础设施战略规划所涵盖的有效范围和学科范围之间的多样性和相关性。

从一定程度上来说，虽然 OECD 发布的关于中子源、中微子观测站、结构基因组学、核物理学、质子加速器、高功率激光、高能物理学和天文学等领域的发展报告能够对全球范围的战略规划提供指引，但是由于缺乏全球规模的资助机构，因此图 12-1 中最右侧仍是空白的。

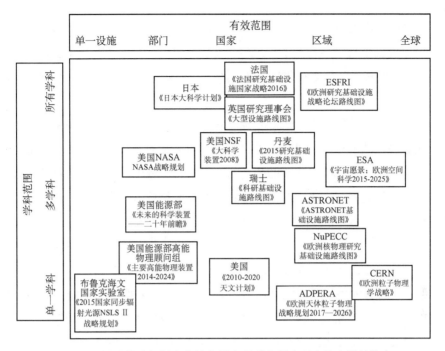

图 12-1　国外战略规划在有效范围和学科范围表现出的多样性特点

4. 时间范围

部分战略规划有着非常明确的前瞻规划时间范围。例如，美国能源部的《未来的科学装置——二十年前瞻》，对未来 20 年中的 28 个项目进行了前瞻部署。然而，大多数战略规划的时间范围只是模糊地指定，或者根本没有。例如，欧洲核物理合作委员会（Nuclear Physics European Collaboration Committee，NuPECC）发布的《欧洲核物理研究基础设施路线图》（Nuclear Physics European Collaboration Committee，2005）。另外，还有部分战略规划则规定了定期更新时间，如 ESFRI 的《欧洲研究基础设施战略论坛路线图》。

12.5.1.2　重大科技基础设施战略规划影响的多样性

一般来说，战略规划产生的重要影响体现在最终成果文件、列举的设施以及相关分析和信息（科学案例、成本估算和研发需求等）中。然而，通过对战略规划进行深入分析，可以发现这些战略规划及其制定过程对科学界和决策层所产生的一些更广泛的影响。

第一，战略规划的提出会强烈吸引特定设施支持者的注意力，提高他们的热情，并促使其提出最强烈的申请意愿。这个过程如果能够同时与国家和国际层面进行良好的合作，往往可以产生更符合未来需求的提案和创新思维。

第二，通过战略规划的项目审查过程，能够促使项目申请人寻找所有可能的合作伙伴，进而促进科研合作。这对于那些服务于多个学科领域的重大科技基础设施来说，项目申请人甚至可以从完全不同的领域中寻找合作伙伴。

第三，开展战略规划，除了能够推动重大科技基础设施项目发展以外，至少还能够在全国范围内促使整个科学界对其所处地位、发展方向、发展前景以及发展要求进行战略层面的思考。如果没有战略规划提供的外部刺激，科学研究机构很难自发开展这种内省式的思考。

第四，对新兴学科领域和跨学科领域而言，由于决策层不熟悉这些领域的未来发展需求，因此在这些领域中对重大科技基础设施进行前瞻性战略思考是非常有价值的。特别是在尚未完全建立行政管理机构和资助基金的新兴学科领域中，对重大科技基础设施进行前瞻性战略思考显得更为有价值。对于大多数新建重大科技基础设施而言，战略规划的制定过程能够把大量来自不同领域的用户集合起来，共同为传统规划中可能不会出现的研究设施制定发展方案。

第五，对于科技政策制定者来说，通过制定战略规划既能够重新审视和选择未来的发展道路，更能够与国内外其他机构开展科技合作。在国家层面参与制定区域或全球性战略规划，能够促使国家以此为目标进行发展。特别对于发展中国家和小国家而言，区域或全球性长期战略规划既能够为政府和科学家提供参与国际科学合作的机遇，同时也带来了巨大的挑战。一方面，通过区域或全球性战略规划能够使决策层根据国家要求，决定哪些项目需要采用伙伴关系进行，能够使他们有机会参与到自己无法独立实施的项目决策之中（Hallonsten and Benner，2008）；另一方面，也会使决策层受到部分合作协议的限制，迫使他们与合作国家做出共同一致的科技发展政策和决定。因此，在决定如何准备战略规划时，应当考虑以上因素。

第六，通过编制战略规划，有助于针对一些虽然不具备科学本质，有时会被常规科学决策过程忽略，但是却能够促使研究计划长期保持旺盛生命力的关键有利条件进行系统审查。这些有利条件包括以下几点。

1. 研究资源的供求关系

为科学界在质量和数量上提供与其规模相匹配的科学研究资源，虽然非常重要，但是这种供求平衡却不是绝对的。例如，虽然使用大型望远镜或基本粒子探测器等装置的科学家数量相对较少，但是如果缺乏高端仪器的支撑会使这些领域无法开展研究工作，进而引起一系列严重的问题。

2. 从绝对数量和相对数量两个方面比较研究力量的大小

为了制定出相对平衡的科学研究发展框架，决策层需要学科领域的一系列统计信息作为支撑，如特定的基础和应用研究领域（如天文学、物理学、分子生物学和航空工程）中公共投资总额、发展规模等问题。因此，战略规划中应该包含这部分内容。

3. 青年人才问题

所有的科研机构都需要吸引和留住有才华的年轻科学家，才能不断促进自身的可持续发展。重大科技基础设施同样对年轻科学家有着持续的需求，通过促进他们的培训和发展，能够提高机构的学术排名。因此，重大科技基础设施在培养新一代科学家方面的作用，以及促进他们科学职业生涯发展的相关内容，都应该是制定战略规划时应该考虑的议题。

4. 与企业界的合作

在重大科技基础设施的建设和利用过程中，往往需要解决若干重大技术挑战，需要发展新型技术或将已有技术提高到新的水平，能够产生具有商业潜力的工业产品。因此，国外的工业界通过参与重大科技基础设施战略规划的制定过程，不仅帮助对拟议项目进行更可靠的成本预测，更能确定技术转移转化的商业契机（UK Trade & Investment，2012；ESFRI Working Group on Innovation，2016），产生具有高度创新潜力的发明，孵化若干初创企业。

12.5.2　国外重大科技基础设施战略规划的编制流程

12.5.2.1　组建战略规划工作组并制定工作流程

图 12-2 展示了国外重大科技基础设施战略规划的策划和编制流程。

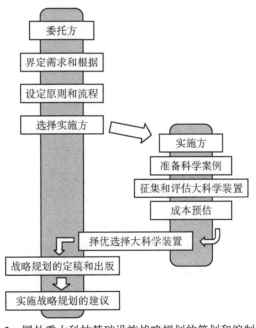

图 12-2　国外重大科技基础设施战略规划的策划和编制流程

一般说来，国外研究机构在组成战略规划工作组时，会首先明确科学界和政府机构（特别是资助机构）在战略规划策划和编制过程中发挥的作用。科学界通常采用一系列科学案例来论述最紧迫的研究问题，并确定相应的需要优先发展的重大科技基础设施，如表 12-9 所示。通常，国外战略规划工作组会组织广泛的自下而上的磋商，但这往往会让战略规划编制人员难以在竞争项目之间做出选择。政府机构人员则将政治、社会和经济运行中需要高度重视的非科学问题引入战略规划。这些政策性问题包括：①可持续发展，包括国家能力建设、环境保护、能源安全等政治和社会目标；②国家或区域发展目标，包括现有研究设施（如大型实验室或研究中心）的发展和潜在重新定位的可能性；③与创新、经济竞争力、技术开发和新增就业岗位等内容相关的要求。

表 12-9　欧洲重大科技基础设施项目征集方式

征集方式	国家
公开征集	荷兰、挪威、西班牙
针对特定学科	比利时、斯洛文尼亚
国家战略	法国
混合方式	英国、德国、丹麦、捷克、爱沙尼亚、芬兰、爱尔兰、立陶宛、波兰、葡萄牙、瑞典

资料来源：Maessen 等（2016）。

一般来说，政府资助机构通常作为委托方，启动战略规划工作，提供专项资金等基础条件，并列出需要遵循的程序和时间表。在多数情况下，政府资助机构会选择在科学界有很高声望和权威，同时有很强的政治能力和人脉关系的研究机构或团体承担战略规划的具体编制工作。因此，编制战略规划的实施方既可能是国家科学院或其他已建立的高级科学实体（如科学理事会等），也可能是一个学科咨询机构，更可能是一个在某一领域非常著名的科学顾问组。

公正客观是实施方应当具备的重要条件。如果战略规划编制工作的实施方只代表某一特定学科领域，则难以制定出令人满意的战略规划。因此，国外战略规划制定工作的委托方不仅会通过事先规定较为宽泛的学科范围，以便使更多学科团体能够参与到这项工作中来，还会事先将优先发展领域筛选、多种选择性等要求作为战略规划制定过程的一部分。

但是，上述流程并不普遍适用。当资助机构同时也是研究机构时，委托方和实施方可能均由同一个实体机构担任。此外，有时非政府科学组织（如核物理欧共体委员会）会在没有政府授权的情况下，自行制定战略发展规划。在以上两种情况下，战略规划制定工作的组织者需要在确保工作成果具有科学可信性的基础上，密切联系各类国家及国际政策。

12.5.2.2　准备科学案例

由于战略规划是政策层面的文件，因此在撰写科学案例的科学背景和科学需求时，常用的方法是通过枚举若干"大问题"，然后将其映射到可用于寻找答案的一组重大科技基础设施中。

当战略规划中列举的若干设施在学科和技术领域都互不重叠时，每个建议的设施都需要在自己的子领域内进行评估，这往往需要制定多个版本的科学案例。虽然这个过程非常耗时，但是通过构建科学案例的过程（例如举行会议，修改报告，探讨拟议设施与优先发展的学科领域之间的联系，战略性地思考学科领域及其与其他领域的联系），有助于增强科学界的凝聚力。特别是在评估新领域时（如跨学科领域），这个过程可以汇集各领域的研究人员，使科学案例能够赢得科学界的广泛认可。

12.5.2.3　预估重大科技基础设施成本

由于目前预估重大科技基础设施成本还存在一些困难，因此不同的战略规划会采用不同的方式来处理该问题。有的战略规划会故意省略这部分内容，有的战略规划则会对建设、调试、运行和退役费用进行详细的计算。例如，ESFRI 的《欧洲研究基础设施战略论坛路线图》会对研究基础设施生命周期的各个阶段进行成本评估，包括从提出项目建议书到实施，再到运行，直至最终除役的各个时期。以运营成本为例，ESFRI 认为传统单一设施的运营成本取决于能源消耗和对人力的依赖程度，通常占每年投资的 8%～12%（European Strategy Forum on Research Infrastructures，2016）。在单一设施进行主要升级之前，通常可以运行二十年；而移动式设施（如船只）、分布式设施和信息基础设施的运营成本通常更高。分布式设施的运营成本包括与中央枢纽相关的运营成本以及形成分布式设施节点的增量成本。此外，由于运算能力、能源效率和市场供给的快速提高，计算、数据存储和网络设备以及软件等设施升级周期要短得多。

12.5.2.4　择优选择重大科技基础设施

由于提交筛选审议的过程和规则对科学家来说是一个特别敏感的问题，因此对编制战略规划的实施方来说，将纳入战略规划的重大科技基础设施进行最终筛选是最为敏感的工作。虽然科学家的自然倾向是自下而上的公开征集意见过程，但最终方案的确定，往往会涉及资金、选址、人员配置、国际协议谈判等诸多超出战略规划工作组工作范围的复杂问题。为此，国外战略规划工作组在广泛听取各领域科学家的意见和建议的基础上，一般会将议会和法规机构等国家机构纳入最终决定的审议工作之中。具体形式主要包括（但不限于）以下几个方面：①召开领域公开会议，使著名科学家们可以公开提出意见和建议；②将中期报告等中间结果向社会公开，以征求意见；③制定评估重大科技基础设施的具体标准；④战略规划工作组向决策层最终提交的是一组重大科技基础设施名单，而不是简单地确定或评估最终的设施。

另外，虽然有一些战略规划工作组会明确禁止进行优先级排序，但是确定优先发展方向或领域仍是一个重要议题。美国能源部的做法是：通过内部机构间咨询，选择有限的拟定项目；征求专家顾问组的意见，从科学重要性和实施准备情况两方面对项目进行分类；由高级官员将分为近期优先发展项目、中期优先发展和长期优先发展项目的 3 类项目进行选择，并在每个类别中，进一步确定优先级及相互关系。欧盟 ESFRI 的做法是由政府指定的委员会从提交的建议项目中，先对若干学科领域（包括社会科学和人文科学）的重大科技基础设施进行筛选。委员会在筛选过程中会成立若干专题工作组。欧盟 ESFRI 最终选定的重大科技基础设施没有优先顺序。

12.5.2.5 战略规划的更新

虽然有些战略规划是一次性的，但是大多数战略规划仍会进行连续性更新发布。一次性的战略规划通常会包含对今后重复或更新这类战略规划时的意见和建议。连续性战略规划以美国国家研究理事会的"十年天文学调查"（Committee for a Decadal Survey of Astronomy and Astrophysics，2010）为代表，这类战略规划的制定过程允许在随后的时间里开发和改进方法，能够不断积累经验和知识。由于英国研究理事会和美国能源部的部分战略规划观点，随着时间的推移发生了一些变化，因此值得特别关注。

12.5.3 欧盟研究基础设施发展规划的编制组织实施特点

12.5.3.1 欧盟研究基础设施发展规划的制定程序

为科学合理地制定《欧洲研究基础设施战略论坛路线图 2016》，ESFRI 采取了透明而严谨的工作程序，包括项目建议书的提交、评估和决策等，具体程序参见图 12-3。欧盟成员国或联系国以及欧洲政府间研究组织论坛成员理事会可以向 ESFRI 的执行委员会以电子方式提交申请，提出研究基础设施的建议书。执行委员会将初审合格的项目申请提交给战略工作组和实施工作组，由它们从不同的方面对提交的项目申请进行平行而独立的评估。

12.5.3.2 用生命周期的管理方式对研究基础设施进行定期评估

ESFRI 在《欧洲研究基础设施战略论坛路线图 2016》中提出生命周期的管理方式，即在研究基础设施生命周期的各个阶段对其进行监督和定期评估，包括从提出项目建议书到实施，再到运行，直至最终退役的各个时期（图 12-4）。

12.5.3.3 欧盟研究基础设施发展规划中的评估方法

ESFRI 战略工作组主要从科学价值、泛欧洲相关性、社会经济效益和与外部电子基础设施接口或整合的必要性四个方面评估科学案例是否满足最低要求。此外，用户策略、访问政策、准备工作和实施评估中的其他相关方面也是战略工作组需要考虑的内容。

实施工作组负责评估项目成熟度，包括各利益相关方的投入情况、用户使用政策、准备工作、规划、组织与管理、人力资源、财务情况、可行性和风险。当评估实施过程时，实施小组还会评估科学案例的相关方面。

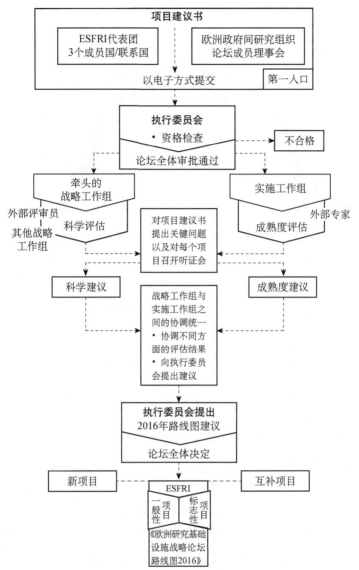

图 12-3　《欧洲研究基础设施战略论坛路线图 2016》的制定程序

资料来源：European Strategy Forum on Research Infrastructures（2016）、程如烟（2017）

ESFRI 对上述所有方面和重大科技基础设施的生命周期都要求使用最低限度关键要求。这些最低限度的关键要求是评估和评估评分的基础。

12.5.4　其他国家评估方式

12.5.4.1　英国对科学装置运行服务的相关评价

对科学装置运行使用情况进行评价是难点问题，英国对科学装置运行服务的相关评价（杨耀云，2016）主要涉及以下三个方面：

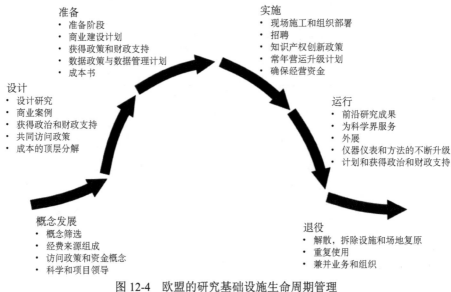

准备
- 准备阶段
- 商业建设计划
- 获得政策和财政支持
- 数据政策与数据管理计划
- 成本书

设计
- 设计研究
- 商业案例
- 获得政治和财政支持
- 共同访问政策
- 成本的顶层分解

实施
- 现场施工和组织部署
- 招聘
- 知识产权创新政策
- 常年营运升级计划
- 确保经营资金

运行
- 前沿研究成果
- 为科学界服务
- 外展
- 仪器仪表和方法的不断升级
- 计划和获得政治和财政支持

概念发展
- 概念筛选
- 经费来源组成
- 访问政策和资金概念
- 科学和项目领导

退役
- 解散，拆除设施和场地复原
- 重复使用
- 兼并业务和组织

图 12-4　欧盟的研究基础设施生命周期管理
资料来源：European Strategy Forum on Research Infrastructures（2016）

1. 来自高等教育科研拨款部门的评价

高等教育拨款委员会通过研究战略规划的具体实施情况，针对大学科研的综合性评估活动，包括考察和评价大学科学装置运行使用情况，其目的是通过制定学术标准加强对大学科研的质量管理，提高高等院校使用政府资助资金的质量和效率。高等教育拨款委员会的评价指标，主要包括"科研成果质量"、"科研环境活力"和"科研影响力"。

2. 来自专业科研管理部门的评价

英国各专业研究理事会既是专业的科研管理部门，其自身又运行着大科学装置。各专业研究理事会对大科学装置的评价侧重大科学装置的影响力分析。例如，英国科技设施研究理事会每年出版影响力报告，目标是最大化科学装置对英国经济社会的影响力，特别是长期影响力。一些重要的大科学装置还进行专门的影响力研究，如卢瑟福实验室的散裂中子源（ISIS）影响力研究报告、达斯伯里（Daresbury）高技术园影响力研究报告等。对具体某个大科学装置的评价，通常由专业研究理事会组织国际专家进行同行评估，对其良好实践、薄弱点和改进项提出建议和意见。

3. 来自审计部门的评价

审计部门对大科学装置的评价侧重于对大科学装置运行经费的审计，由英国国家审计办公室（National Audit Office，NAO）负责。NAO 对大科学装置的审计，其目标是帮助国家更明智地进行开支，帮助议会管理公共开支报账和提高公共服务质量。

12.5.4.2　德国对科学装置的相关评价

德国对重大科技基础设施的评价，包括立项建设前的评估以及建成后对运行及服务的评价（王敬华，2016）。

1. 立项建设前的评估

立项建设前的评估过程主要包括两个方面：以科学为主导的科学评估和以经济为导向的经济评估。一般情况下，科学导向的评估由科学理事会进行，经济导向的评估由德国航空航天中心的项目管理机构进行。评估方法一般包括定性评估和比较评估，评价内容包括科学潜力、应用领域、可行性和对德国研究的重要性等几个方面。

2. 建成后对运行及服务的评价

设施运营中心内部的自我评估。德国每个设施运营中心都有一个评审委员会，对装置管理的透明度和使用效率进行审查。例如，欧洲 XFEL 每年 6 月份的股东大会都会对装置运营情况进行评估。

亥姆霍兹联合会进行的定期考核评价主要是对设施用户群体规模和来源、获取大科学装置使用的相关规章制度、数据管理和质量保障、科研成果及未来规划等进行评价。

联邦教育与研究部和科学委员会定期对大科学装置的建设开发、管理运行和开放共享服务等进行综合评价，其评价结果作为后续支持和扩大投资的重要依据。

12.6　我国重大科技基础设施领域发展规划的国际比较研究

12.6.1　我国重大科技基础设施领域发展规划

2016 年 12 月，国家发展和改革委员会发布《国家重大科技基础设施建设"十三五"规划》，该规划明确提出了重大科技基础设施建设的要求。

（1）聚力优先项目的启动建设。在我国科技发展急需、具有相对优势和科技突破先兆的领域，根据拟建设施属性、科学目标、技术基础、科研需求和人才队伍等基础条件，优先启动若干建设条件成熟、前期准备工作充分的重大科技基础设施建设项目。

（2）深化后备项目的筹备论证。对科学意义重大、国家需求强烈、抢占科技创新制高点、预先研究较为充分并纳入综合评审的设施，加强对其设施属性、建设紧迫性、科学目标、工程目标、技术风险等的深化论证，开展国内外同类设施的对比分析，逐步形成成熟的设施建设方案。按照设施建设紧迫性、方案成熟度和财力保障状况，适时启动若干筹备论证充分的设施建设工作。

（3）推进设施建成和性能提升。加大在建项目的工程管理、技术攻关和配套条件建设力度，力争早日建成并投入运行一批国家重大科技基础设施，尽早发挥其对科技创新的支撑保障作用。加快推进"十二五"其他项目进展。持续推进建成设施的服务能力建设，强化设施日常维修维护，支持新建必要的实验装置和配套条件，确保设施运行水平和技术性满足提高科研工作水平的需要。

（4）强化设施的超前探索预研。紧紧围绕世界科技发展前沿，面向国家战略需求，前瞻部署设施预研。充分利用现有科技计划和资金渠道，在可能发生革命性突破的方向，加强设施探索预研工作，为设施建设提供充分的人才、技术和工程储备，以保障设施建设的顺利进行。强化设施预研各阶段任务布局和相互衔接，系统安排原理探索、技术攻关、工程验证等类型的预研项目，支持设施关键技术研究以及实验技术和实验仪器设备的研发。

（5）促进设施科学效益和经济社会效益的持续提高。进一步加强设施开放共享，促进设施建设运行与科学研究的紧密结合，吸引凝聚更多国际高水平研究团队依托设施开展研究。鼓励和支持科学家依托设施开展变革性科学研究，挑战前沿科学难题，提出更多原创理论，做出更多原创发现。

（6）建设若干具有国际影响力的综合性国家科学中心。在北京、上海、合肥等设施相对集聚的区域，建设服务国家战略需求、设施水平先进、多学科交叉融合、高端人才和机构汇聚、科研环境自由开放、运行机制灵活有效的综合性国家科学中心。充分利用先进的信息技术，开展设施建设和运行机制的改革探索和先行先试，创新设施建设和运行模式，形成世界级重大科技基础设施集群，成为全球创新网络的重要节点、国家创新体系的基础平台以及带动国家和区域创新发展的辐射中心。协调综合性国家科学中心内的有关单位承担国家重大科技任务，发起大科学计划，推动实现重大原创突破，攻克关键核心技术，增强国际科技竞争话语权。

12.6.2　我国重大科技基础设施领域发展规划与国际规划的比较

依据《国家重大科技基础设施建设"十三五"规划》《国家重大科技基础设施建设中长期规划（2012—2030 年）》及中国科学院重大科技基础设施共享服务平台网站上提供的信息，按照学科方向对我国重大科技基础设施清单进行了列表展示，如表 12-10 所示。

表 12-10　中国重大科技基础设施列表

能源	地球环境	生物、健康和食品	天文、物理科学和工程	材料科学与工程	信息科学与HPC
兰州重离子研究装置	中国遥感卫星地面站	国家蛋白质科学研究（上海）设施	北京正负电子对撞机	中国散裂中子源	未来网络试验设施
大亚湾反应堆中微子实验	遥感飞机	武汉国家生物安全实验室	神光Ⅱ高功率激光物理实验装置	X射线自由电子激光试验装置	高精度地基授时系统
全超导托卡马克核聚变实验装置	东半球空间环境地基综合监测子午链	中国西南野生生物种质资源库	LAMOST望远镜	稳态强磁场实验装置	长短波授时系统

续表

能源	地球环境	生物、健康和食品	天文、物理科学和工程	材料科学与工程	信息科学与HPC
加速器驱动嬗变研究装置	"科学"号海洋科学综合考察船	模式动物表型与遗传研究设施	500 米口径球面射电望远镜	—	—
强流重离子加速器	"实验 1"科考船	多模态跨尺度生物医学成像设施	上海光源	—	—
聚变堆主机关键系统综合研究设施	陆地观测卫星数据全国接收站网	转化医学研究设施	北京同步辐射装置	—	—
高效低碳燃气轮机试验装置	航空遥感系统	—	合肥同步辐射装置	—	—
—	综合极端条件实验装置	—	上海光源线站工程	—	—
—	空间环境地基监测网（子午工程二期）	—	高能同步辐射光源验证装置	—	—
—	极深地下极低辐射本底前沿物理实验设施	—	高海拔宇宙线观测站	—	—
—	大型地震工程模拟研究设施	—	大型光学红外望远镜	—	—
—	海底科学观测网	—	超重力离心模拟与实验装置	—	—
—	地球系统数值模拟器	—	空间环境地面模拟装置	—	—
—	—	—	中国南极天文台	—	—
—	—	—	精密重力测量研究设施	—	—
—	—	—	大型低速风洞	—	—

根据前文所述的若干国外重大科技基础设施规划报告，欧盟及美国能源部官网上提供的信息，并按照学科方向将重要国家目前继续支持的运行中及在建重大科技基础设施布局情况进行了列表展示，见表 12-11。

表 12-11　国际重要国家的重大科技基础设施布局情况[①]

领域	欧盟	法国	丹麦	德国	英国	日本	美国 NSF	美国 DOE
能源	欧洲二氧化碳捕获与封存实验基础设施（ECCSEL）	欧洲二氧化碳捕获和封存实验基础设施（ECCSEL）	欧洲风能扫描设备（WindScanner.eu）	核聚变实验装置（W7-X）	钻石光源三期	高温工程试验反应堆制氢装置	—	DIII-D 托卡马克装置
	欧洲太阳能研究基础设施	全钨偏滤器托卡马克核聚变实验装置（WEST）	电力电子产品可靠性试验设施（X-Power）	欧洲 X 射线自由电子激光（XFEL）	ISIS 二期中子散射源站	稳态高性能聚变等离子体展示中心	—	Alcator C-Mod

---

① 由多个国家/机构合作建设的重大科技基础设施，仍保留在该国设施列表之中。

续表

领域	欧盟	法国	丹麦	德国	英国	日本	美国 NSF	美国 DOE
能源	高科技应用多功能混合动力研究反应堆	流体力学和海洋可再生能源测试设施（THEOREM）	—	—	大型安培球状托卡马克装置	"非平衡和极端态等离子体"研究网络	—	国家球形环实验升级（NSTX-U）
	欧洲风能扫描设备	—	—	—	下一代中子源	—	—	—
	朱尔斯－霍洛维茨反应堆		—	—	反质子与离子研究设施	—	—	—
	—		—	—	未来高能对撞机	—	—	—
	—		—	—	高功率激光国家设施	—	—	—
	—		—	—	微中子工厂	—	—	—
地球环境	气溶胶、云、痕量气体研究基础设施网络	综合碳观测系统（ICOS-FR）	丹麦试验性生态系统研究设施（AnaEE Denmark）	"北极星"号科考船（POLARSTERN）	海洋研究船:詹姆斯库克	卫星地球观测系统	美国南极计划	大气辐射测量气候研究设施（ARM）
	国际河海系统先进研究中心	气溶胶、云和示踪气体研究基础设施（ACTRIS-FR）	农业水文和水文地球化学观测站（HydroObs）	"海神"号科考船（POSEIDON）	南极海洋研究	预测地球的环境变化的协调观测、实验和建模项目	科考舰队	环境分子科学实验室（EMSL）
	下一代欧洲非相干散射雷达系统	地球系统气候建模国家基础设施（CLIMERI-FRANCE）	测量温室气体排放与生态系统交换过程设施（ICOS/DK）	"太阳"号科考船（SONNE）	大气研究飞机	地球动力学和地质灾害前沿研究项目	国家大气研究中心	—
	欧洲地质板块观测系统	海岸与沿海研究基础设施（I-LICO）	无人机收集数据研究设施（UAS-ability）	商用民航机全球观测系统（IAGOS）	南极洲哈雷研究站	地球历史研究与深海底层生物圈的生命探索	自然灾害工程研究基础设施	—
	斯瓦尔巴群岛综合北极地球观测系统	临界区观测、研究和应用（OZCAR）	—	综合碳观测系统（ICOS）	海洋水文研究船（替换RRS发现号）	国际能源和环境技术研究中心	国际大洋发现计划	—
	欧洲多领域海底观测	农艺资源研究（RARE）	—	—	南极罗瑟拉科考站	—	海洋观测站计划	—
	欧洲全球海洋实时观测网	地球系统建模数据和服务中心（PÔLE DE DONNEES）	—	—	ESFRI环境项目	—	国家深潜设施	—

续表

领域	欧盟	法国	丹麦	德国	英国	日本	美国 NSF	美国 DOE
地球环境	欧洲全球观测航天器	—	—	—	环境组学与生物信息学设施	—	—	—
	综合碳观测系统	—	—	—	平台与仪器项目	—	—	—
	生物多样性研究基础设施网	—	—	—	—	—	—	—
生物、健康和食品	生态系统分析与实验基础设施	家畜生物资源中心（CRB-ANIM）	细胞分析与疗法中心（COLLECT）	欧洲化学生物学开放筛选平台设施（EU-Openscreen）	玛丽·里昂中心	基于下一代基因组学的环境适应策略研究中心	国家生态观测网	联合基因组研究所（JGI）
	欧洲海洋生物资源中心	高度传染性疾病专用设施扩建（HIDDEN）	丹麦生物样本准备装置（DaBiS）	欧洲临床研究基础设施网络（ECRIN）	哈维尔综合研究实施	生物多样性监测与数据整合分析综合网络		
	气候变化条件下基于粮食安全的多尺度植物表型与模拟基础设施	代谢组学和通量组学法国国家基础设施（METABOHUB）	丹麦生物影像网络（DBN）	欧洲生命科学样本（老鼠)资源与研究基础设施（INFRAFRONTIER）	英国生物样本库	用于尖端医学研究的动物基因工程联盟	—	—
	欧洲高致病性因子研究基础设施	—	丹麦生化学研究基础设施（DK-OPENSCREEN）	体内病理生理实验室（IPL）	佩布赖特动物健康研究所	糖科学国际研究中心	—	—
	欧洲化学生物学开放筛选平台设施	—	生物学纳米结构冷冻电镜（EMBION）	全国人群长期流行病学研究	康普顿动物健康研究所	医学知识获取中心：信息学和研究资源	—	—
	欧洲生物医学影像基础设施	—	开放创新食品与卫生实验室（FOODHAY）	—	分子生物学实验室	医学基因组学研究中心	—	—
	欧洲系统生物学基础设施	—	丹麦跨学科核磁共振光谱仪器中心（INSPECT）	—	英国药物研发中心	下一代高性能磁共振成像中心	—	—
	微生物资源研究设施	—	医疗生物信息学平台（MedBio-Big Data）	—	ESFRI生物医疗项目	药物发现研究中心	—	—
	欧洲生物银行和生物分子资源研究基础设施联盟	—	功能蛋白质组学质谱平台（PRO-MS）	—	欧洲系统生物学中心	代谢组研究中心	—	—

续表

领域	欧盟	法国	丹麦	德国	英国	日本	美国 NSF	美国 DOE
生物、健康和食品	欧洲先进转化医学研究基础设施	—	—	—	欧洲生物信息生命科学设施	绿色创新研究中心	—	—
	欧洲临床研究基础设施网络	—	—	—	2012出生世代与同生群资源设施	食品功能研究中心和科学验证系统	—	—
	欧洲生物信息分布式网络	—	—	—	—	—	—	—
	欧洲生命科学样本（老鼠）资源与研究基础设施	—	—	—	—	—	—	—
	结构生物学平台	—	—	—	—	—	—	—
天文、物理科学和工程	契仑科夫望远镜阵列（CTA）	契仑科夫望远镜阵列（CTA）	升级欧洲核研究中心试验与计算设施（CERN-UP）	契伦科夫辐射望远镜阵列（CTA）	欧洲极大天文望远镜（E-ELT）	新粒子理论探索实验室	阿雷西博天文台	费米实验室加速器（Fermilab AC）
	欧洲太阳望远镜（EST）	欧洲极大望远镜（E-ELT）	量子技术设施（QUANTECH）	欧洲极大望远镜（E-ELT）	劳厄-朗之万研究所（ILL）	升级版J-PARC物质起源探索工程	绿堤天文台	先进加速器实验测试装置（FACET）
	KM3中微子天文望远镜2.0	大型综合巡天望远镜（LSST）	—	柏林能量回收直线加速器项目（BERLin Pro）	大型强子对撞机（LHC）	国际射线研究中心	激光干涉引力波天文台	加速器试验装置（ATF）
	欧洲极大望远镜	反质子和离子研究装置（FAIR）	—	极端光基础设施（ELI）	平方公里阵射电望远镜	核子衰变和中微子振荡实验大型探测器	大型综合巡天望远镜（LSST）	阿贡串联式直线加速器系统（ATLAS）
	平方公里阵射电望远镜	拍瓦级阿基坦激光器（PETAL）	—	欧洲散裂中子源（ESS）	欧洲第三代引力波观测装置	探索核物理前沿的放射性同位素射线装置	双子座天文台	连续电子束加速器设施（CEBAF）
	超级质子同步加速器（SPS）	—	—	反质子与离子研究装置（FAIR）	欧洲同步辐射实验室	基础科学计算设施网络	国家强磁场实验室	相对论重离子对撞机（RHIC）
	反质子积累器（AA）、低能反质子环（LEAR）、反质子收集器（AC）、反质子减速器（AD）	—	—	自由电子激光装置（FLASHII）	欧洲自由电子激光器	大型低温引力波望远镜（LCGT）项目	冰立方中微子天文台	—

续表

领域	欧盟	法国	丹麦	德国	英国	日本	美国 NSF	美国 DOE
天文、物理科学和工程	大型正负电子对撞机（LEP）	—	—	—	极端光基础设施（ELI）	30 米望远镜（TMT）项目	长基线天文台	—
	大型强子对撞机（LHC）	—	—	—	高能激光能源研究项目	平方公里阵射电望远镜	国家地球物理天文台	—
	直线正负电子对撞机（CLIC）	—	—	—	—	多学科核科技有效利用的前沿研究	国家光学天文观测台	—
	超导质子直线加速器（SPL）	—	—	—	—	高能量密度科学研究项目	国家射电天文台	—
	质子同步加速器（PS）	—	—	—	—	宇宙学和天体物理学太空红外望远镜项目（SPICA）	国家太阳观测台	—
	极端光基础设施	—	—	—	—	新 X 射线天文卫星："ASTRO-H"项目	大型强子对撞机（LHC）	—
	欧洲强磁场实验室	—	—	—	—	在地球磁层（范围）项目中同时进行多尺度观测	国家超导回旋加速器实验室	—
	ESRF 升级阶段 1：欧洲同步辐射	—	—	—	—	探索太阳系演化的空间探索计划	高能同步加速器	—
	ESRF 升级阶段 2：超亮光源	—	—	—	—	—	高级模块化非相干散射雷达	—
	欧洲散裂中子源	—	—	—	—	—	—	—
	欧洲 X 射线自由电子激光	—	—	—	—	—	—	—
	反质子和离子研究装置	—	—	—	—	—	—	—
	高亮度 LHC	—	—	—	—	—	—	—
	劳厄-朗之万研究所	—	—	—	—	—	—	—
	放射性粒子加速器	—	—	—	—	—	—	—

续表

领域	欧盟	法国	丹麦	德国	英国	日本	美国 NSF	美国 DOE
材料科学与工程	—	欧洲散裂中子源（ESS）	丹麦国家X射线影像装置（DANFIX）	—	—	材料和生命科学与高强度中子和介子光束	国家纳米技术协调基础设施	功能纳米材料中心（CFN）
	—	欧洲X射线自由电子激光（XFEL）	新纤维复合材料实验室（FiberLab）			未来同步辐射科学	—	综合纳米技术中心（CINT）
	—	—	—	—	—	下一代高磁场协作实验室	—	纳米材料科学中心（CNMS）
	—	—	—	—	—	新材料研发实验网络	—	纳米尺度材料中心（CNM）
	—	—	—	—	—	—	—	分子铸造所（TMF）
	—	—	—	—	—	—	—	先进光源（ALS）
	—	—	—	—	—	—	—	先进光子源（APS）
	—	—	—	—	—	—	—	直线加速器相干光源（LCLS）
	—	—	—	—	—	—	—	国家同步辐射光源（NSLS-II）
	—	—	—	—	—	—	—	斯坦福同步辐射光源（SSRL）
	—	—	—	—	—	—	—	散裂中子源（SNS）
	—	—	—	—	—	—	—	高通量同位素反应堆（HFIR）
信息科学与HPC	欧洲先进计算合作伙伴关系	—	—	高斯超级计算中心（GCS）	HPC支撑中心	用于HPC和共享科学数据库国家学术云计算设施		阿贡领导计算设施（ALCF）
	—	—	—	气候超级计算机(HLRE 3)	数据安全服务	大型虚拟网络测试床	—	能源科学网络（ESnet）
	—	—	—	—	—	—	—	橡树岭领导计算设施（OLCF）

续表

领域	欧盟	法国	丹麦	德国	英国	日本	美国 NSF	美国 DOE
社会和文化创新	欧洲文化遗产中心	法国欧洲文化遗产中心	行为互动与认知实验室（BICLabs）	欧洲社会科学数据档案委员会（CESSDA）	英国选举研究	区域知识资源及共性全球整合平台	—	—
	欧洲社会科学数据档案委员会	—	数字人文实验室（DigHumLab 2.0）	标准语言资源与技术基础设施（CLARIN）	人口普查项目	前明治时期日文经典综合数据库	—	—
	标准语言资源与技术基础设施	—	丹麦社会学研究数据库（DRDS）	艺术和人文数字研究基础设施（DARIAH）	长期世代研究中心	人类心理综合研究网	—	—
	人文与艺术数字资源研究基础设施	—	—	欧洲社会调查（ESS）	经济社会数据中心		—	—
	欧洲社会调查	—	—	欧洲健康、老龄化及退休状况调查（SHARE）	英国老年人纵贯性研究中心		—	—
	欧洲健康、老龄化及退休状况调查	—	—	社会经济面板（SOEP）	国家电子社会科学中心	—	—	—
	—	—	—	—	国家研究方法中心	—	—	—
	—	—	—	—	社会学研究-英国家庭纵向研究	—	—	—
	—	—	—	—	欧洲社会科学数据档案委员会（CESSDA）	—	—	—
	—	—	—	—	欧洲社会科学调查问卷	—	—	—
	—	—	—	—	中等设施管理支撑系统	—	—	—

领域	欧盟	法国	丹麦	德国	英国	日本	美国 NSF	美国 DOE
社会和文化创新	—	—	—	—	达理波利&哈维尔校区科研转化中心	—	—	—
	—	—	—	—	农村和城市综合观测台	—	—	—

通过对比两者可以发现，我国的规划布局与国际重要国家的规划在主体方向上一致性较多，但在个别领域的布局仍存在区别。

12.6.2.1　我国重大科技基础设施发展规划与国际规划的共同点

从大领域来看，我国重大科技基础设施在能源，地球环境，生物、健康和食品，天文、物理科学和工程，材料科学与工程，信息科学与 HPC 等领域均有广泛布局，这与国际上重要国家大体一致。其中能源领域设施的重点都在聚变能源利用；地球环境方向的设施重点都涉及极地环境科考、大气环境监测等；生物、健康和食品领域重点均较多涉及物种保藏、生物安全、医学影像设备等；天文、物理科学和工程领域多涉及对撞机建设、光源建设、天文台建设等；材料科学与工程领域设施多涉及散裂中子源、X 射线、环境磁场等；信息科学与 HPC 领域重点主要在网络建设。

12.6.2.2　我国重大科技基础设施发展规划与国际规划的区别

通过对表 12-10 及表 12-11 中重大科技基础设施学科方向的布局进行比较后，可以发现国内外战略规划最主要的不同点是人文社会科学方面的布局。目前，诸如英国、德国、法国、丹麦、日本等发达国家均从多个角度进行人文社科设施的布局，包括老龄化研究、文化遗产研究、社会科学数据库建设、人类成长研究等。然而，美国和中国的设施建设主要集中在自然科学领域之中。事实上，我国在上述领域中均有相关研究，但是并未形成完整结构化的体系与设施，而老龄化、文化遗产保存等问题在我国也存在研究的需求，这些领域的研究在我国也具有普适性，因此人文社会科学类设施的建设在未来规划的考虑范围之内。

我国与国际重要国家设施布局的另外一大区别是生命科学领域设施相对薄弱，无论从数量角度还是布局全面性角度来看，我国的生命科学研究设施均与发达国家存在一定的差距，尤其在生物医学与药物研发方向的设施建设相对不完善。

此外，在能源方向的设施布局上，我国建设方向与国外的区别在于强调了化石能源利用的设施建设（如高效低碳燃气轮机试验装置），而国外则侧重了再生能源设施的建设（如欧洲太阳能、风能研究基础设施）。

在信息科学与 HPC 方面，我国的特色是授时系统设施的建设，而在信息安全角度我国的重大科技基础设施建设相对缺失，可以作为未来建设的关注点。

12.7　启示与建议

12.7.1　启示

1. 重大科技基础设施成为科技发现的根本性基础，发达国家竞相支持建设

近年来，各国进一步认识到大型科学技术研究设施在国家创新能力和经济发展中的重要作用，纷纷制定雄心勃勃的设施发展规划，加速运营多样化的重大科技基础设施，从成熟的领域如物理学、天文学系统、能源和材料科学，到快速发展的健康、食品、环境和文化等创新领域。目前，欧洲重大基础设施的总预算每年约为 100 亿欧元。美国 2017 年在重大基础设施领域中的预算约为 12.31 亿美元。凭借长期稳定的支持，发达国家重大科技基础设施取得了一系列重要科技成果，诞生了一大批诺贝尔奖得主。到目前为止，全世界已有近 20 项基于重大科技基础设施的科学突破获得诺贝尔奖。例如，美国麻省理工学院教授雷纳·韦斯、加州理工大学教授基普·索恩和巴里·巴里什凭借 LIGO 设施直接探测到了引力波，获得了 2017 年的诺贝尔奖。

2. 政府与科学界合作制定严谨透明的战略规划流程

发达国家在进行重大科技基础设施战略规划时，通常会在制定战略规划工作时，明确科学界和政府机构（特别是资助机构）在战略规划策划和编制过程中发挥的作用。科学界通常采用一系列科学案例来论述最紧迫的研究问题，并确定相应的需要优先发展的重大科技基础设施。政府机构人员则将政治、社会和经济运行中需要高度重视的非科学问题引入战略规划。

此外，由于战略规划的学科范围会受到委托方的影响，因此发达国家在开展地区及国家层面的战略规划制定工作时不仅会通过事先规定较为宽泛的学科范围，以便使更多学科团体能够参与到这项工作中来，还会事先将优先发展领域筛选、多种选择性等要求作为战略规划制定过程的一部分，尽最大可能地公布并提供关于制定过程的政策背景和动机、筛选过程的理由和细节、评估和优先发展领域设置标准、成本估算规则、关键人物的作用以及使用战略规划成果的注意事项等内容。

3. 重视跟踪评估和战略规划调整

当代科学技术飞速发展，发达国家为了响应科学技术进步的号召，及时参考其他国家和地区的重大科技基础设施计划及优先发展方向，用生命周期的管理方式对研究基础设施进行定期评估，进而对其中各设施发展的优先权进行再排序、重组甚至取消。生命周期的管理方式，即在研究基础设施生命周期的各个阶段对其进行监督和定期评估，包括从提出项目建议书到实施，再到运行，直至最终退役的各个时期。例如，在美国制定的战略规划中，优先权排名第 12 位的 BTev 加速器计划受到来自欧洲 LHC-b 实验装置的压力，于 2005 年被终止。欧盟的国际核聚变材料辐照设施和红外线到紫外线和弱 X 射线自由电子激光装置，在 2016 年的战略规划中也并没有得到后续的运行支持。

12.7.2　目前存在的问题

重大科技基础设施战略规划是一项战略性、长期性、政策相关的规划工作。通过对国外成功的战略规划进行分析和研究，我们发现这项工作不仅是一项资源密集型的任务，还会受到各种评估方法的挑战和制约。即使在西方发达国家，当前战略规划的编制仍存在一些基本问题尚未解决。

1. 容易忽视中小型设施

目前，全球专家虽然已经广泛认可中小型设施（如 X 射线源紧凑型光源）的价值，并在全球各类报告中一再强调其重要性（Maessen et al.，2016；Chabbi et al.，2017），但是根据战略规划的定义，战略规划的编制将重点关注大型设施，这可能会导致对中小型设施的忽视。目前，欧美国家已经逐步意识到这一问题，并通过各种渠道做了相应的部署并取得了重要的研究进展。例如戈登和贝蒂·摩尔基金会（Gordon and Betty Moore Foundation）于 2015 年向斯坦福大学、德国电子同步加速器研究所和汉堡大学提供 1350 万美元的基金支持，用于设计被称为芯片加速器（accelerate-on-a-chip）的创新粒子加速器（中国科学院，2016）。

2. 缺乏应对科学新挑战的灵活性

目前，国外对战略规划出现最多的批评地方在于，部分战略规划无法准确地解释科学发现的本质和步伐（Science and Technology Select Committee，2013；Ribes and Polk，2014）。由于重大科技基础设施建设项目通常长达数年，因此其科学成果往往是在首次出现在战略规划中若干年后才开始出现（Mayernik et al.，2017）。这时，其主要的科学目标（例如检测基本粒子或精确测量宇宙参数）可能不再是令人感兴趣的内容。通过回顾重要科学发现的研究历程可以发现，用大型科学仪器产生的最重要发现往往是原始科学案例中没有提及（或预见）的内容。因此，在评估重大科技基础设施时，应特别考虑那些可能开辟新"发现空间"的装置，例如更高的敏感度和分辨率等（空间、时间、光谱等）。这些可以预期会产生令人兴奋的偶然发现。即使政府部门不大可能接受仅依靠偶然性的科学案例，但是重大科技基础设施的"偶然性潜力"依然应该纳入科学案例之中。

3. 缺乏对不同规模设施进行评价的方法

当需要评估的重大科技基础设施在大小和类型方面较为接近时，目前的评价方法已经能够较为顺利地辅助战略规划编制过程。但是，由于现有的评估方法无法对不同规模和成本的项目进行准确评估（Del Bo et al.，2016；Schopper，2016；Florio and Sirtori，2016），因此在对各重大科技基础设施发展的优先顺序的确定方面显得尤为困难。因此，国外的评估过程通常需要包含隐含的设施规模大小或成本比较。

4. 缺乏对现有设施的继续发展规划

从国家或地区层面来说，由于新的重大科技基础设施往往能够进行更精确的测量或更大规模的计算，能够在科学界吸引更多的注意力，因此目前的战略规划通常侧重于新建设施。只有很少的战略规划会涉及现有设施所面临的困难和问题，更较少讨论现有设施是通过升级来满足未来需求以继续经营，还是彻底关闭以释放经费和人力资源等问题。

12.7.3　建议

我国战略规划起步相对较晚，尚未形成健全的编制流程和章程。在借鉴国外成功经验的同时，需要结合我国国情进一步发挥路线图在设施规划中的作用。

1. 设立科学咨询委员会

在许多情况下，战略规划会同时纳入科学和非科学的考虑因素。由于非科学因素通常反映国家优先发展事项，可能比纯科学因素更复杂，且科学家对此并不熟悉，因此需要特别关注。非科学因素可能涉及经济发展、工业创新、教育和劳动力、区域或国际政治一体化、国家安全等问题。为了避免潜在的纠纷和争议，从一开始就清楚明确地描述特定战略规划可能存在的各类问题是非常重要的。重大科技基础设施项目的选择，必须非常慎重，要优先考虑国民经济发展、国家安全战略需求和世界科技前沿，考虑我国有优势、符合我国国情的项目，通过严格评审和可行性分析来提出推进意见。建议国家设立周期固定的科学咨询委员会，在项目选择上"有所为有所不为"（陈和生，2017）。

2. 考虑设施的可持续发展及评估工作

战略规划一方面要保持继承性和稳定性，同时还需要一定程度的灵活性。目前，国家多学科通用的大科学平台主要服务多学科交叉领域，往往有二期工程的建设需要，以便充分发挥其潜力。但由于现行体制限制，多学科通用的大科学平台迟迟不能建设二期工程，造成了严重的浪费。多学科通用的大科学平台的效益在国际上已经明确，只要一期通过验收，应该立刻开始二期建设。而且，此类二期工程不涉及征地，可以很快上马。建议多学科通用的大科学平台的二期要开设绿色通道，抓紧推进建设（Mayernik et al.，2017）。

建议国家定期对大科学装置的科学目标和应用成果的实践度进行评估，如果没有竞争力应考虑关闭，这也是国际惯例。同时，加大对运行、研究经费的支持，真正让现有装置发挥更大效应，服务国家战略需求（Mayernik et al.，2017），保证重大投入后的可持续发展。

3. 科学界应为战略规划准备充足的时间和资源

国外经验表明，适当设计的战略规划制定活动不仅可以促进科学界对未来发展目标和要求进行战略性思考，还可以在学科领域内达成发展共识，促进国际合作，加强应对复杂科学挑战的跨学科方法。为了实现这个目标，科学界不仅应该尽早参与到战略规划的制定工作中，还应该为参与战略规划制定准备充足的时间和资源。重视对一些虽然不具备科学本质，有时会被常规科学决策过程忽略，但是却能够促使科学研究计划长期保持旺盛生命力的关键有利条件进行系统审查。例如重大科技基础设施对国家研究资源的供求关系的影响、现有研究力量的比较分析、青年人才问题及与企业界的合作等问题。

参 考 文 献

陈和生. 2017. 大科学装置要充分发挥作用，还要打破几个机制瓶颈. http://www.ihep.cas.cn/xwdt/cmsm/2017/201703/t20170309_4756637.html[2018-06-20].

程如烟. 2017. 欧盟 2016 年研究基础设施路线图的组织管理及启示. 世界科技研究与发展，1：3-7.

日本学术会議. 2010. 学術の大型施設計画・大規模研究計画. 東京：学術の大型研究計画検討分科会：1-121.

王敬华. 2016. 德国大科学装置运行服务及管理评价机制. 全球科技经济瞭望，10：23-28.

杨耀云. 2016. 英国大科学装置的管理及运行服务评价. 全球科技经济瞭望，10：35-39.

中国科学院. 2016. 2016 科学发展报告. 北京：科学出版社.

ASTRONET. 2008. The ASTRONET Infrastructure Roadmap. Brussels：ASTRONET：7-11.

Broolhaven Science Associates. 2015. 2015 NSLS-Ⅱ Strategic Plan. New York：Broolhaven National Laboratory：4-76.

CERN Council. 2013. The European Strategy for Particle Physics Update 2013. Geneva：CERN Council：3-10.

Chabbi A，Loescher H W，Mari R T，et al. 2017. Integrated experimental research infrastructures：a paradigm shift to face an uncertain world and innovate for societal benefit// Chabbi A，Loescher H W. Terrestrial Ecosystem Research Infrastructures：Challenges and Opportunities. Boca Raton：CRC Press：5.

Committee for a Decadal Survey of Astronomy and Astrophysics. 2010. New Worlds，New Horizons in Astronomy and Astrophysics. Washington：National Research Council：1.

Del Bo C F，Florio M，Forte S. 2016. The social impact of research infrastructures at the frontier of science and technology：the case of particle accelerators editorial introduction. Technological Forecasting and Social

Change，112：1-3.

Department for Business，Innovation and Skills. 2014a. Creating the Future：A 2020 Vision for Science & Research. London：Department for Business，Innovation and Skills：4-17.

Department for Business，Innovation and Skills. 2014b. Our Plan for Growth：Science and Innovation. London：HM Treasury：5.

ESFRI Working Group on Innovation. 2016. Report to ESFRI，Brussels：ESFRI：4-53.

ESFRI Working Group on Innovation. 2016. Report to ESFRI.

European Space Agency. 2015. Cosmic Vision：Space Science for Europe 2015-2025. Netherlands：ESA Publications Division：6-9.

European Strategy Forum on Research Infrastructures. 2016. Strategy Report on Research Infrastructures Roadmap. Brussels：ESFRI：11-195.

Florio M，Sirtori E. 2016. Social benefits and costs of large scale research infrastructures. Technological Forecasting and Social Change，112：65-78.

German Federal Ministry of Education and Research. 2013. Roadmap for Research Infrastructures. Bonn：German Federal Ministry of Education and Research：5-37.

Hallonsten O，Benner M. 2008. Why Large Research Infrastructures Can Be Built Despite Small Investments? Swedish：Lund University.

HEPAP Facilities Subpanel. 2013. Major High Energy Physics Facilities 2014-2024. Washington：Department of Energy：2.

Krammer M. 2013. The update of the European strategy for particle physics. Physica Scripta：014019.

Maessen K. Krupavičius A，Migueis R，et al.，2016. Funding and Pan-European Co-operation for Research Infrastructures in Europe. Brussels：Science Europe Working Group on Research Infrastructures：13.

Mayernik M S，Hart D L，Maull K E，et al. 2017. Assessing and tracing the outcomes and impact of research infrastructures. Journal of the Association for Information Science and Technology，68（6）：1341-1359.

Ministère de l'Éducation Nationale. 2016. Stratégie Nationale des Infrastructures de Recherche Édition 2016. Paris：Ministère de l'Éducation nationale de l'Enseignement supérieur et de la Recherche：3-154.

Ministry of Higher Education and Science. 2015. Danish Roadmap for Research Infrastructures 2015. Copenhagen K：Danish Agency for Science，Technology and Innovation：7-75.

National Science Foundation Office of Budget，Finance and Award Management（BFA）Large Facilities Office（LFO）. 2019. NSF Research Infrastructure Projects，2019.

National Science Foundation. 2008. 2008 Facility Plan. Washington：National Science Foundation：3-5.

National Science Foundation. 2017. NSF Research Infrastructure Projects. Washington：National Science Foundation：1-3.

Nuclear Physics European Collaboration Committee. 2005. Roadmap for Construction of Nuclear Physics Research Infrastructures in Europe. Milano：Nuclear Physics European Collaboration Committee：1-4.

Office of Science. 2007. Facilities for the Future of Science：A Twenty-Year Outlook. Washington：Department of Energy：5-31.

Research Councils UK. 2010. Large Facilities Roadmap 2010. Swindon：Research Councils UK：5-64.

Research Councils UK. 2012. Investing in Growth：Capital Infrastructure for the 21st Century. Swindon：Research Councils UK：7-9.

Ribes D，Polk J B. 2014. Flexibility relative to what? Change to research infrastructure. Journal of the Association for Information Systems，15（5）：287-305.

Schopper H. 2016. Some remarks concerning the cost/benefit analysis applied to LHC at CERN. Technological Forecasting and Social Change，112：54-64.

Science and Technology Select Committee. 2013. Scientific Infrastructure Oral and Written Evidence. London：House of Lords：226.

UK Trade & Investment. 2012. Business Opportunities from Large Research Facilities，London：UK Trade & Investment：16-88.

第13章
数据与计算平台领域规划分析

张　娟　房俊民　唐　川　田倩飞　徐　婧　王立娜

（中国科学院成都文献情报中心）

摘　要　随着信息社会的不断发展，数据已成为国家基础性战略资源，成为提升政府治理能力的新途径、推动经济转型发展的新动力和重塑国家竞争优势的新机遇。随着大数据时代的来临以及大数据在各领域的广泛应用，科学研究进入一个全新的范式——数据密集型科学范式，全球科技创新呈现"大数据＋大计算＝大发现"的趋势，先进的计算与数据能力的耦合为实现重大科学突破、解决关键社会经济问题创造了机遇。数据与计算平台既是实现国家创新战略的需要，亦是提升科技创新支撑能力的需要。数据与计算平台能力的提升不仅仅是基础设施能力的提升，它还包括基础设施汇聚资源能力、"实验-数据-基础软件"有机耦合、国家级数据库建设与资源共享、复杂算法设计与编程环境等一系列的软环境建设，进而形成支撑重大科技创新、重大科学发现的智能型服务平台。

先进的数据与计算平台是一个完备的生态系统，其建设是一项综合性工程，需要国家的顶层设计和纲领性文件作为引领与依据。欧盟、美国等纷纷在该领域投入大量资金和人力资源，以期抢占先机。美国 2012 年出台的"大数据研发计划"（Big Data Research and Development Inititative）将大数据上升至国家战略高度，联邦各机构纷纷予以响应，例如，国立卫生研究院（National Institutes of Health，NIH）启动"从大数据到知识发现"项目，国家科学基金会投建"大数据区域创新中心"，覆盖全美的大数据创新生态系统逐渐成形。在美国"大数据研发计划"的牵引和刺激下，全球各国与地区也纷纷出台大数据规划。欧盟于 2014 年联合产学界共建"大数据价值公私合作伙伴关系"，促进大数据研究与创新；英国于 2015 年正式成立国家级数据科学研究所——阿兰·图灵研究所；瑞士于 2017 年启动国家科研计划大数据专项；日本则确立了以实用为主的大数据战略。就具体的国家级通用数据与计算平台建设而言，美国极限科学与工程发现环境（Extreme Science and Engineering

Discovery Environment，XSEDE）、欧洲网格基础设施（European Grid Infrastructure，EGI）、欧洲开放科学云（European Open Science Cloud，EOSC）等项目树立了良好的典范。XSEDE 是全球最先进、最强大和最稳定的集成式数字资源和服务环境，建立了可供科学家共享并开展研究的单一虚拟系统。而 EOSC 借助云的理念，将包括 EGI 在内的欧洲现有的信息化基础设施和数据资源联合起来，形成一体化的信息化基础设施环境，确保科学界、产业界和公共服务部门均从大数据革命中获益。除了综合性的数据与计算平台外，不同学科领域尤其是大科学计划也着力打造领域专用的数据与计算平台。例如，全球大型强子对撞机计算网格（Worldwide LHC Computing Grid，WLCG）最初就是应大型强子对撞机（Large Hadron Collider，LHC）海量数据的存储和分析需求而建的，主要服务于高能物理领域。但其目前已发展为世界上最大的网格计算环境和科研通用计算平台，可扩展应用至生物、大气等诸多科学研究领域。欧盟"人脑计划"（Human Brain Project，HBP）则积极建设基于云的合作与研发平台，使用最先进 ICT 工具研究和解读人类大脑，塑造了脑科学研究领域独一无二的基础范式。纵观各类数据与计算平台规划，都十分重视顶层设计、整体统筹、长期可持续性、可扩展性、互操作性和标准建设。我国近年来在计算与数据资源建设和共享方面已经取得显著进步，超级计算机的研制与应用更是赶超国际先进水平。然而，我国目前尚缺乏和欧盟、美国同类的一体化、共通共用的数据与计算平台，对于大科学计划的全面信息化支撑也相对薄弱。基于此，本章建议我国应：加强数据与计算平台建设的统筹设计，可以将"中国科技云"的建设作为典范重点推进；建立可供数据与计算平台稳定运行及长期可持续的经费投入与运行管理机制，组建专家队伍提供技术支持；推进数据的开放共享，并以此为契机推动与国际同类项目的合作和交流。

关键词 数据与计算平台 大科学 大数据 云计算 一体化

13.1 引言

随着信息社会的不断发展，数据已成为国家基础性战略资源，成为提升政府治理能力的新途径、推动经济转型发展的新动力和重塑国家竞争优势的新机遇。随着大数据时代的来临以及大数据在各领域的广泛应用，科学研究已经进入一个全新的范式——数据密集型科学范式，采集、存储、管理、分析和可视化数据成为科学研究的新手段和新流程。作为科学重大发现与突破的重要推力，如何通过更为快捷、无阻碍的方式提升科研人员对海量信息的理解能力和利用效率已经成为当前信息技术必须解决的关键问题。

从海量科学数据中提取关键信息并最终转化为知识发现，需要建设同时具备数据存储、数据处理、数据分析和数据可视化等多种功能的创新性平台，而且平台还应服务于计算机素养参差不齐的各类用户。本章提及的数据与计算平台就是这样的一个生态系统，其不仅包括数据平台，也包括计算平台，两者相辅相成，互为补充，将各种科学实验数据、存储媒介、超算资源、高通量计算（high throughput computing，HTC）资源、云计算资源及分析工具和软件连接在一起，并辅以强大的网络基础设施作为支撑，为用户提供一站式服务，便于他们更好地进行资源共享和开展科学研究。

数据与计算平台既是实现国家创新战略的需要，亦是提升科技创新支撑能力的需要。数据与计算平台能力提升不仅仅是基础设施能力的提升，它还包括基础设施汇聚资源能力、"实验-数据-基础软件"有机耦合、国家级数据库建设与资源共享、复杂算法设计与编程环境等一系列的软环境建设，进而形成支撑重大科技创新、重大科学发现的智能型服务平台。可见，数据与计算平台的建设是一项综合性工程，需要国家的顶层设计和纲领性文件作为引领与依据。欧盟、美国政府以及国际上很多著名研究机构和企业相继部署了研究计划，在该领域投入了大量资金和人力资源。例如，美国 2012 年出台的"大数据研发计划"将大数据上升至国家战略高度，也为后续的诸多规划包括各部门的行动提供了最为重要的指南。就具体的国家级通用数据与计算平台建设而言，美国 XSEDE、EGI、EOSC 等项目树立了良好的典范。除了通用平台，各学科领域依托国际性大科学计划建设的专用数据与计算平台项目也十分值得关注，例如，WLCG 最初就是应 LHC 海量数据的存储和分析需求而建的，主要服务于高能物理领域。但其目前已发展为世界上最大的网格计算环境和科研通用计算平台，可扩展应用至生物、大气等诸多科学研究领域。2013 年启动的欧盟 HBP 的最重要任务就是建设基于云的合作与开发平台，提供最先进的数据分析和计算服务，实现对人类大脑的解码。

我国在超级计算研发领域也已取得显著成绩，在最新一期的 Top500 排行榜上，中国以较大优势反超美国成为第一，超级计算应用方面也取得可喜成绩。然而，我国目前尚缺乏和美国、欧盟同类的一体化、共通共用的数据与计算平台，对于大科学计划的全面信息化支撑也相对薄弱。为此，我国针对"十三五"出台了部分相关规划，例如《"十三五"国家信息化规划》提出建设基于云计算的国家科研信息化基础设施，打造"中国科技云"。

本章对全球重要国家/地区的科学大数据战略规划、知名数据与计算平台的规划建设，以及主要科学领域依托大科学计划建设的数据与计算资源进行了梳理和分析，以期为我国同类项目的建设提供借鉴和参考。

13.2 数据与计算平台发展概述

现代科学研究已进入复杂系统科学研究深水区，小至原子运动、分子结构，大至气候变化、人类生命健康，科学研究在微观和宇观层面深入发展，许多待解决的科学问题和社会挑战的规模和复杂性已经远远超越一个学科、一个机构甚至一个国家的能力，正逐步形成大科学研究格局并步入更深层次的复杂系统研究。先进的计算与数据能力的耦合为高度耦合复杂系统的研究创造了机遇，同时，也为解决重大社会经济问题提供了可能。以 2017 年诺贝尔物理学奖为例，三位美国科学家因为"激光干涉引力波天文台"（Laser Interferometer Gravitational Wave Observatory，LIGO）项目和引力波发现所做的贡献而获此殊荣。引力波发现的背后，正是多样化计算资源体系为长达 5 个月的数据分析提供的强有力支撑。

13.2.1 各国/地区竞相部署大数据研发，抢占数据驱动型创新高地

全球科技创新呈现"大数据＋大计算＝大发现"的趋势，为抢占先机，各国/地区纷纷推出重要部署。2012 年 3 月，美国启动"大数据研发计划"，致力于提高从海量数字数据中提取知识和观点的能力，加速科学发现。2016 年 5 月，美国再次发布"联邦大数据研发战略计划"，旨在为在数据科学、数据密集型应用、大规模数据管理与分析领域开展和主持各项研发工作的联邦各机构提供一套相互关联的大数据研发战略，维持美国在数据科学和创新领域的竞争力。而此前的 2015 年 11 月，NSF 投建了 4 个"大数据区域创新中心"，意图打造一个灵活、可持续的国家级大数据创新生态系统。2015 年 7 月，美国还启动了覆盖整个联邦政府的"国家战略计算计划"，旨在使 HPC 研发与部署最大限度地造福于经济竞争与科学发现。除美国外，欧盟、法国、日本、中国等国家/地区也陆续推出了以研制百亿亿次或更高运算速度计算机为目标的 HPC 及其应用规划。英国也于 2014 年 3 月推出 5 年期的阿兰•图灵研究所建设规划，力争在大数据分析与应用领域成为全球领袖。

13.2.2 新一代数据与计算平台将成为未来科学研究的"显微镜"和"望远镜"

随着信息化程度进一步深入，未来科学研究的规模和复杂性将急剧加大和提高，对数

据采集、存储、传输、处理以及计算能力的需求将达到前所未有的高度。以 2016 年 9 月正式落成使用的中国"超级天眼"——500 米口径球面射电望远镜（FAST）为例，其是超级计算与观天大数据完美结合的典范。但据了解，短期内，FAST 的计算性能需求至少需达到每秒 200 万亿次以上，存储容量需求达到 10PB 以上。而随着时间推移和科学任务的深入，其对计算性能和存储容量的需求将呈爆炸式增长。科学研究的进步迫使科研信息化基础设施性能和规模加速向更高量级发展和升级，而在此基础上开发的新一代数据与计算平台将具备更强大的性能，加速微观和宇观双向的科学发现与创新。

当前，科研教育网络正朝着更加一体化和提升洲际网络链路性能的方向迈进，泛欧科研教育网（GÉANT）、美国能源科学网（ESnet）等牵头打造的数条洲际网络的速度均达到 100Gbps。2015 年 7 月，美国国家科学基金会（National Science Foundation，NSF）宣布将在未来 5 年向加利福尼亚大学圣迭戈分校和伯克利分校提供 500 万美元的经费，用于建设太平洋研究平台（Pacific Research Platform，PRP），这将是一个覆盖大范围地区的、科学驱动的、以数据为中心的高容量"信息高速公路系统"。在几年内，PRP 项目将使参与其中的高校和其他研究机构的数据传输能力比如今的传输速度快 1000 倍。此外，随着移动互联网的快速发展和移动化向科研领域逐步渗透，以美国和欧盟为首，各国/地区开始部署 5G 研发。

在海量数据存储方面，美国、日本、欧盟相继出台对相关技术研究和产业发展的扶持政策，主要致力于解决存储容量、并行吞吐能力、存储硬件利用率、资源配置、成本、安全性需求等问题。在 HPC 方面，超算系统的运算性能持续提升，但增速趋缓，超级计算机对数据密集型问题的处理能力进一步提升，但未来仍面临着更大的计算密集型和数据密集型挑战。美国、欧盟、日本、中国纷纷启动百亿亿次超级计算机研制，并计划于 2020 年投入使用。此外，作为数据基础设施、高带宽网络和 HPC 等相互依存要素的结合体，科学云建设备受重视，它为多个科学领域的研究和数据处理提供了强有力的支持。

13.2.3　新一代的数据与计算平台将成为包容性更强的科技创新生态系统

物联网时代，万物互联将让所有的数据、人、物以及流程通过智能网络联系起来，每个环节都可能发酵并创造更多价值。对于科学研究而言，由于科学设备及大量传感器与物联网相连，科学数据从产生、汇集到存储、处理再到转变为知识发现，就成为一个流动且完整的闭环，科研手段也必将因此发生改变，新一代的数据与计算平台需要成为一个生态系统，与科学研究的整个生命周期共融，将数据汇聚在一起，为数据的快速流动提供支持，催生更多且更具价值的科学发现。欧盟正在建设的 EOSC 就是借助云的理念，将欧洲现有的信息化基础设施和数据资源联合起来,形成一体化的信息化基础设施环境,确保科学界、产业界和公共服务部门均从大数据革命中获益。

NSF 承接 TeraGrid 打造的 XSEDE 是全球最先进、最强大和最稳定的集成式数字资源和服务环境,其连接着全球的计算机、数据和研究人员,建立了可供科学家共享并开展研究的单一虚拟系统。2016 年 8 月,NSF 宣布未来 5 年再拨款 1.1 亿美元推进 XSEDE 2.0 建设,通过增加创新元素满足日益发展的用户需求,其中包括为 XSEDE 负责协调的网络基础设施生态系统的用户提供一站式体验。

WLCG 是当今世界上最大的网格计算环境,连接着全球 42 个国家的 170 多家计算中心,为 LHC 实验提供计算资源,包括 CPU 计算资源、数据存储能力、处理能力、传感器、可视化工具、网络通信设施及其他资源等。LHC 实验产生的原始数据在零级的 CERN 数据中心经过备份和处理后,分布式地存储到全球的 13 个一级中心,再从那里分散到世界各地上百所研究中心,方便全球多位物理学家合作开展研究并取得科学突破。

2015 年 10 月,美国能源部(Department of Energy,DOE)宣布未来四年投资 1200 万美元在布鲁克海文国家实验室和罗格斯大学创建一所新的功能强关联材料计算设计与理论光谱学中心。该中心将开发下一代的软件与方法来精确描述复杂强关联材料的电学性质,并创建相应的数据库来预测热电材料中能源相关应用方面的目标特性。该中心的研究活动不只是现有材料理论与模型的简单延伸,而将进入一个范式转换,将专用的计算代码和软件与实验和理论数据的创新使用相结合,实现新材料的设计、发现与开发,最终开发出先进的创新性技术。能源部希望能将理论、计算与实验整合起来,为材料研发团体提供先进的工具与技术。

13.3 数据与计算平台规划研究内容与方向

13.3.1 各国/地区科学大数据战略规划分析

13.3.1.1 美国"大数据研发计划"

2012 年 3 月 29 日,美国总统奥巴马宣布启动"大数据研发计划"(White House,2012),旨在提高从海量数字数据中提取知识和观点的能力,从而加快科学与工程发现的步伐,加强美国的安全,实现教育与学习的转变。为启动该计划,美国 NSF、NIH、国防部(Department of Defense,DOD)等六大联邦机构宣布先期将共同投入超过 2 亿美元的资金,用于开发收集、存储、管理数字化数据的工具和技术。

1. 计划目标

（1）开发能对大量数据进行收集、存储、维护、管理、分析和共享的核心技术；

（2）利用这些技术加快科学和工程学领域探索发现的步伐，加强国防安全，转变教学方式；

（3）扩大从事大数据技术研发利用工作的人员数量。

2. 启动项目

国防部每年投资 2.5 亿美元（其中 6000 万美元用于"大数据研发计划"）资助利用海量数据的新方法研究，并将传感、感知和决策支持结合在一起，制造能自我决策的系统，为军事行动提供更好的支持。国防部高级研究计划局启动"XDATA 项目"，在未来四年每年投资 2500 万美元，开发分析大规模数据的计算技术和软件工具。

NSF 与 NIH 联合推出"促进大数据科学与工程的核心技术"项目，旨在促进对大规模数据集的管理、分析、可视化及信息提取。

NSF 实施全面的长期战略，涉及从数据中获取知识的新方法、管理数据的基础设施、教育和队伍建设的新途径等。

NIH 的千人基因组计划数据集通过亚马逊网络服务免费对外开放，总数据量达 200TB，是世界最大的人类基因变异数据集。

能源部拨款 2500 万美元，建立"可扩展的数据管理、分析和可视化研究所"，推动研发与应用的结合。

13.3.1.2 "联邦大数据研发战略计划"

得益于"大数据研发计划"取得的一系列进展，大数据创新生态系统在联邦各机构逐渐成形。为推动美国大数据研发更上一层楼，2016 年 5 月 23 日，美国发布"联邦大数据研发战略计划"（NITRD，2016），成为"大数据研发计划"的一个重大里程碑。

该计划的主要目标是为在数据科学、数据密集型应用、大规模数据管理与分析领域开展和主持各项研发工作的联邦各机构提供一套系统的大数据研发战略及相应的指导意见，帮助它们决定何时制定和扩展各自的大数据研发计划，如何将有限的资源投入大数据行动并最大限度地发挥这些行动的作用，让影响最大化。

该计划针对大数据研发的关键领域提出了七大战略。

（1）充分利用新兴的大数据基础和技术，创建新一代能力。不断增加对下一代大规模数据采集、管理和分析的投资，帮助各机构逐渐适应和管理规模和复杂性日增的数据，并利用这些数据创建全新的服务与功能。

（2）探索与理解数据及知识的可信度，实现突破性科学发现和更好地决策。开发合适的方法来捕获数据的不确定性并确保结果的可再现性和可复制性，研究如何利用数据最大限度地支持和改善人类的判断。

（3）创建并改善科研网络基础设施，实现大数据创新，为各机构完成其任务提供支持。制定一份协调的国家战略来确定对安全、先进的网络基础设施的需求，支持对海量数据包括物联网产生的大量实时数据流的处理与分析，并实现个人隐私保护。

（4）通过促进数据共享与管理的政策提升数据的价值。需要促进数据共享和相关基础设施的互操作性，并开发数据共享的最佳实践和标准以及能改善数据易用性和数据传输的新技术。

（5）针对隐私、安全和伦理，理解大数据的收集、共享与使用。制定新的政策来保护隐私和明确数据所有权，开发数据安全评估技术与工具，以确保高度分布式网络中的数据安全。

（6）完善国家层面的大数据教育与培训布局，满足对高级分析人才的需求。制定综合性教育战略，确定数据科学家的核心教育需求，壮大数据科学员工及研究人员的队伍。探索数据素养的概念、课程模式，以及各阶层需要学习的数据科学技能。

（7）在国家大数据创新生态系统中建立各种联系并加强这些联系。建立可持续的机制，提高联邦各机构合作开展大数据研发的能力。可能的机制包括：创建跨机构测试床，帮助各机构合作开发新技术并进行成果转化；制定相关政策，实现快速、动态的跨机构数据共享；形成关注重大挑战应用的大数据"基准中心"等。

13.3.1.3 NIH"从大数据到知识发现"项目

2012 年 12 月，NIH 启动了跨全机构的"从大数据到知识发现（Big Data to Knowledge，BD2K）"项目（NIH，2012），旨在最大限度地挖掘生物医学大数据的价值，实现生物医学研究的数字化，同时开发分析方法与软件，并促进数据科学的相关研究、实施和培训。总体而言，该项目的重点是支持创新性、突破性方案与工具研发，加速大数据与数据科学、生物医学研究的融合。

1. 项目规划与进展

2013 年 7 月，作为 BD2K 项目的一部分，NIH 宣布拟在接下来四年内每年投资 2400 万美元建立"大数据计算卓越中心"（Centers of Excellence for Big Data Computing）（NIH，2013a），以开发和推广数据共享、集成、分析与管理的创新方法、软件与工具，帮助科研团体提高利用大规模复杂数据集的能力。同时，这些大数据卓越中心也将为学生和科研人员提供培训课程，以掌握使用和开发大数据分析方法。这些卓越中心将鼓励科研人员开展跨学科合作，并尝试促进数据科学家加入生物医学研究。各卓越中心之间将以协会的方式开展合作。

2014 年 10 月，NIH 宣布通过 BD2K 项目拨款 3200 万美元，为若干项生物医学大数据研发项目提供支持。而且，BD2K 计划在 2020 年前向大数据研发项目投入共计约 6.56 亿美元的资助经费，重点资助以下 4 个方向的工作：大数据计算卓越中心、BD2K-LINCS 数据协作与集成中心、BD2K 数据发现索引协调联盟（DDICC）、培训与劳动力发展。

2017 年 6 月 23 日，NIH 在 BD2K 项目之下，开始启动了数据公地试点阶段（Data Commons Pilot Phase），旨在对存储、访问和共享云中生物医学数据及相关工具的方式进行测试，确保这些数据对于科研团体而言是可发现、可获取、可互操作、可再利用的（FAIR）。这也标志着 BD2K 项目正式进入第二阶段。数据公地将集成现有的计算基础设施和工具、FAIR 数据最佳实践，以及可展示开放科学潜能的科学用例。数据公地试点阶段联盟（DCPPC）拥有 8 种关键能力：①针对社区支持的 FAIR 指南与指标制定和实施相关规划；②用于 FAIR 生物医学数字对象的全球唯一标识符；③开放标准应用程序接口（API）；④云不可知论架构与框架；⑤计算工作区；⑥科研伦理、隐私与安全；⑦索引与检索；⑧科学用例。

2. 项目管理与协调

作为跨 NIH 的项目，BD2K 的资助由 NIH 下属的 27 家研究所和中心提供，NIH 共同资金与 NIH 行为和社会科学研究办公室还提供额外支持。这些机构指派代表加入 BD2K 执行委员会和项目管理工作组，组织研讨会并帮助开发和管理 BD2K 项目。执行委员会由来自 NIH 27 家研究所和中心，以及 NIH 主任办公室下属部分办公室的代表组成。项目管理工作组支持相关解决方案的研究，以加速扩大生物医学数据科学的影响，为未来生物医学数字化奠定坚实基础。各小组收集、分析和解释相关信息来支持 BD2K 项目，提议并规划资助，通过评审和资助流程引领项目资助活动，管理获得资助的项目。

BD2K 项目的协调由数据科学副主任（ADDS）办公室负责，而 BD2K 多理事会工作组与 NIH 科学数据理事会将就 BD2K 项目目标与活动提供更深入的指南。BD2K 多理事会工作组由来自 NIH 每家研究所理事会的一位成员组成，针对 BD2K 项目与 NIH 的数据科学活动提供跨 NIH 的纲领性指导和评审。该小组每年举行三次例会（分别在 1 月、4 月和 8 月），具体讨论和评审 BD2K 提议的资助计划，允许这些计划在 NIH 所有研究所和中心实施。各成员代表各自所属的理事会及专业领域，评审 BD2K 与 NIH 数据科学项目并向各自理事会汇报这些活动。NIH 科学数据理事会是一个面向 NIH 计算与量化研究项目的高级顾问实体，针对数据科学活动与 BD2K 项目提供高级监督和投入。理事会由 NIH 的 15 位高级员工组成，并由 3 位共同主席领导。

13.3.1.4 美国大数据区域创新中心

为加速大数据创新生态系统建设，2014 年 NSF 开始考虑创建一个全国性的"大数据区域创新中心"（BD Hubs）网络，旨在打造一个灵活、可持续的国家级大数据创新生态系统，吸引更多区域和基层合作伙伴，帮助美国更好地利用大数据技术解决社会挑战。2015 年 11 月 2 日，NSF 宣布投资 500 多万美元，建立东北、中西部、西部和南部 4 个大数据区域创新中心（NSF，2015），在建设 BD Hubs 的道路上迈出了坚实的一步。

1. BD Hubs 的功能与职责

BD Hubs 致力于为多个利益相关方之间的合作提供新的框架，负责规划和支持区域的大数据合作与活动，解决区域面临的挑战，同时降低合作成本，提供共享想法、资源与最佳实践的机会。

BD Hubs 采用了轴辐式结构，即每个区域中心都有一个轮毂（Hub），再搭建多个促进大数据应用的"辐条"（BD Spokes）。四大区域中心将根据本区域实情确定若干特定的优先研究领域，而每个 BD Spoke 一对一重点关注其中一个优先领域。各中心已经确定了有关大数据和数据驱动发现的新技术，自然资源管理及其对生境规划的影响，精准农业、食品、能源与水之间的关联，教育与智能互连社区，能源、材料与制造等多个优先领域，并将为科研成果转移转化、下一代数据科学从业人员教育提供支持。

2. 四大区域中心的组成和优先研究领域

四大区域中心的主要负责人和领导机构如表 13-1 所示。

表 13-1　四大区域创新中心主要负责人和领导机构

大数据区域创新中心	主要负责人（PI）与领导机构
中西部大数据创新中心（12 州）	PI：埃德·赛德尔（Ed Seidel），伊利诺伊大学 共同负责人（Co-PI）：贝斯·普雷（Beth Plale），印第安纳大学 萨拉·努瑟（Sarah Nusser），艾奥瓦州立大学 布莱恩·阿塞（Brian Athey），密歇根大学 约书亚·里迪（Joshua Riedy），北达科他大学
西部大数据创新中心（13 州）	PI：迈克·诺曼（Mike Norman），圣迭戈超算中心 迈克·富兰克林（Mike Franklin），加利福尼亚大学伯克利分校 埃德·拉佐夫斯卡（Ed Lazowska），华盛顿大学
东北大数据创新中心（9 州）	PI：凯瑟琳·麦基翁（Kathleen McKeown），哥伦比亚大学 执行委员：卡拉·布罗德利（Carla Brodley），东北大学 瓦桑特·霍纳沃尔（Vasant Honavar），宾州州立大学 安德鲁·麦卡勒姆（Andrew McCallum），马萨诸塞大学 霍华德·瓦克特拉（Howard Wactlar），卡内基·梅隆大学
南部大数据创新中心（16 州，1 特区）	PI：斯里尼瓦斯·阿鲁（Srinivas Aluru），佐治亚理工学院 阿肖克·克里希纳穆尔蒂（Ashok Krishnamurthy），北卡罗来纳大学

优先研究领域至少需要解决以下一项关键问题：改进数据获取；实现数据生命周期的自动化；应用数据科学技术解决领域科学问题或展示其社会影响。四大区域创新中心的优先领域以及交叉研究领域如表 13-2 所示。

表 13-2　四大区域创新中心的优先研究领域、交叉研究领域和组织结构

大数据区域 创新中心	优先研究领域	交叉研究领域	组织结构
中西部大数据 创新中心	食物、水和能源，健康科学、生命科学、生物信息学和基因组学，智慧城市与互联社区，数字化农业，先进制造，网络科学，交通，商业分析学	工具与服务、数据科学、教育	1 个督导委员会、11 个工作小组，分别对应 11 个研究领域

续表

大数据区域 创新中心	优先研究领域	交叉研究领域	组织结构
西部大数据创新中心	地铁数据科学、精准医学、自然资源与灾害管理、大数据技术、数据驱动型科学发现与学习	尚无	未定
东北大数据创新中心	健康、能源、金融、城市/地区、科学发现、教育中的数据科学	数据共享、教育、隐私与安全、伦理与政策	1 个督导委员会
南部大数据创新中心	健康不平等与分析学、沿海灾害、产业大数据、材料与制造、生境规划	基础设施开发、经济建模、安全与政策	未定

3. 优先研究领域选择原则与管理模式——以东北大数据创新中心为例

以筹备工作较为领先的东北大数据创新中心为例，其优先研究领域的选择主要考虑了东北地区的特色与优势，确定了健康、能源、金融、城市/地区、科学发现、教育中的数据科学六个优先研究领域，并设置了数据共享、教育、隐私与安全、伦理与政策四个被称为"连接器"（connector）的交叉研究领域，这些"连接器"服务于东北大数据创新中心，并负责连接中心和所有优先研究领域，解决数据科学应用面临的重大挑战。例如，伦理与政策"连接器"关注大数据采集和使用的规范性问题和政策问题，且与隐私和安全"连接器"互为补充，更多地从政策导向的角度处理相应问题。而就隐私与安全而言，大数据应用的所有领域都面临着信息安全和隐私保护的挑战。隐私问题也与伦理、技术、法律、社会行为等方面紧密相关。

在管理方面，东北大数据创新中心设置了一个督导委员会，由一个执行委员会、一个任务领导小组和一个咨询小组组成。咨询小组的成员来自学术界、基金组织、政府、产业界、非营利组织等各方机构，主要负责组织架构和中心发展方向。任务领导小组由各个优先研究领域和"连接器"的负责人组成，负责中心的研究任务。执行委员会也被视为另一个咨询小组，两个咨询小组间每月通过电话或 Skype 召开一次虚拟会议。督导委员会每年会举行一次面对面的全员会议。

13.3.1.5　欧盟大数据价值公私合作伙伴关系

2014 年 10 月 13 日，欧盟委员会联合欧洲数据业界、科研界和学术界建立合同性公私合作伙伴关系（contractual public-private partnerships，cPPP）——大数据价值公私合作伙伴关系（big data value PPP，BDV PPP）（European Commission，2014），拟投资 25 亿欧元促进大数据研究与创新及相关社区建设，为繁荣欧洲的数据驱动型经济奠定基础。2016～2020 年，欧盟委员会将通过"地平线 2020"（Horizon 2020）计划向 BDV PPP 投资逾 5 亿欧元，而私营行业合作伙伴的投资将超过 20 亿欧元。首批项目已于 2016 年末至 2017 年初启动。

BDV PPP 的管理由欧盟委员会和大数据价值协会（BDVA）共同承担，BDVA 是一个由行业主导的非营利组织，其成员包括领先的欧洲企业和研发创新机构，包括数据提供者、数据用户、数据分析家及科研机构。2016 年 1 月，BDVA 公布了 BDV 战略研究与创新议程（Big Data Value Association，2016），确立了该计划的总体目标、主要的技术与非技术优先领域及研究与创新路线图。

1. BDV PPP 总体目标

通过创建全欧在大数据领域的技术与应用基础、能力及若干家数据企业包括初创企业，加强欧洲在大数据技术方面的领导力；促进应用转变为新的机遇，以此巩固欧洲的产业领导地位和能力，以制胜于全球数据价值市场，确保到 2020 年占据 30% 的市场份额；开展研究与创新，包括涉及互操作性和标准化的活动，为未来欧洲的大数据价值创造奠定基础；在全欧强制实施与使用、效率和效益相关的基准，以促进商业生态系统和合适的商业模式的建立，对中小企业予以特别关注；对欧洲面临的医疗、能源、交通、环境等领域的重大社会挑战，提供成功的解决方案；展示大数据对企业和公共部门的价值，提高公民的接受度；支持欧盟数据保护法规的应用，提供用于大数据的有效机制并确保其在云中的实施。

2. 研究与创新战略实施的四种机制

（1）创新空间（i-Space）：打造一个跨机构和跨部门的环境，通过跨学科的方式解决挑战，并为其他研究与创新活动提供一个中心。

（2）灯塔项目：有助于更好地认识大数据创造的机遇及数据驱动型应用对不同部门的价值，并作为数据驱动型生态系统的孵化器。

（3）技术项目：针对技术优先领域开展具体的大数据问题研究。

（4）合作与协调项目：促进国际合作，实现有效的信息交流和活动协调。

3. 技术优先领域

提供新的大数据技术以实现对数据的深度分析，同时提供充足的隐私保障、优化的用户体验支持和合理的数据工程框架，这些需要对下述技术优先领域开展研究。

（1）数据管理：开发先进的元数据、自然语言处理和语义技术来组织数据集与内容，对其进行注释，记录相关流程并将信息组合起来提供给用户变得至关重要。需要解决的挑战包括非结构化数据和半结构化数据的语义注释、语义互操作性、数据质量、数据管理生命周期、数据来源、数据与业务流程的集成、数据即服务。

（2）数据处理架构：能应对大数据体量和速度的大数据分析技术和流处理技术已取得进展，需要解决的挑战包括静态与动态数据处理、去中心化、异质性、可扩展性、性能。

（3）数据分析技术：对数据的理解是一大挑战，研究重点包括语义与知识分析、内容验证、分析框架与处理、先进商业分析与情报、预测与规范分析。

（4）数据保护：更通用和更易于使用的、适用于商业化大规模数据处理的数据保护方案；隐私与效用保障下的强大数据匿名性；基于风险的方案，用于校准控制者在隐私和个人数据保护方面的职责等均是需要解决的挑战。

（5）数据可视化和用户交互：必须考虑数据来源的多样性，相关工具需要能支持用户交互，以便在可视化层探索未知和不可预测的数据。研究重点包括：可视化数据发现；多尺度数据的交互可视化分析；可协作、交互和直观的可视化接口；多设备情境下的交互式可视化数据挖掘与查询。

4. 非技术优先领域

除了 BDV PPP 的治理外，非技术方面的活动还涉及以下方面。

（1）技能发展：确保高素质技能性人才，他们能很好地掌握最佳实践与技术，在应用与解决方案中实现大数据价值。数据密集型工程师、数据科学家、数据密集型商业专家是目前急需的三类人才。

（2）商业模式与生态系统：大数据价值生态系统将由许多新的利益相关方组成，涉及用户企业、数据生产者和提供者、技术提供者、服务提供者、监管机构、国际/国家级标准化实体、协作网络等。

（3）政策、监管与标准化：BDV PPP 不直接参与法规框架决策，但需要对关于未来大数据价值创造的非技术部分的政策与监管探讨做出贡献。

（4）社会认知与社会影响：终端用户对大数据技术缺乏信任是阻碍大数据采用的一大要素，加速大数据的采用有助于提升人们对大数据所带来的价值和障碍的认知。此外，应促进各机构、公共部门和个人间的合作与协同创新，以支持大数据价值链创造。

13.3.1.6　英国投建阿兰·图灵研究所

2014 年 3 月，英国宣布将在未来五年投资 4200 万英镑创建阿兰·图灵研究所（Alan Turing Institute）（EPSRC，2014），力图帮助英国在大数据分析与应用领域成为全球领袖，确保英国立足于数据科学的前沿。2015 年，作为国家数据科学研究所的阿兰·图灵研究所正式成立，由英国工程与物理科学研究理事会（Engineering and Physical Sciences Research Council，EPSRC）和剑桥大学、爱丁堡大学、牛津大学、华威大学、伦敦大学学院五所大学牵头共建，总部设在英国图书馆。

阿兰·图灵研究所的任务是在数据科学研究方面取得飞跃式进展，成为数据科学领域的先锋，并培育下一代的数据科学领袖。研究所关注能解决数据科学重大挑战，以及促进科学、经济和社会发展的研究。

1. 研究兴趣小组

研究所成立了多个研究兴趣小组（表 13-3），针对大数据及数据科学的不同领域开展研究。

表 13-3　阿兰·图灵研究所研究兴趣小组一览（截至 2017 年 5 月）

研究兴趣和关注方向	主要研究内容
高维统计学	研讨与高维统计学方法相关的最新发表的重要论文，识别目前关键的应用驱动型问题中哪些问题无法使用这些方法
数据与不平等	研究如何最好地利用新的数据流加深对全球经济、社会和政治不平等的理解；同时研究数字化数据如何从实际上加剧或缓解现有的不平等现象或创造新的不平等
面向精神健康的数据科学	启动一个或多个项目，主要是将多模态数据用于精神健康，最终产生出合适的临床干预手段
自然语言处理	关注核心的自然语言处理方法（如文本分类、信息提取、总结、答疑、情感分析、深度学习等），以及自然语言处理在社会和人文科学中的应用
社交数据科学	解决与大量新的异构数据相关的挑战，包括：开发与不同社会和时间尺度人类行为相关的基础理论；确认方法挑战和解决方案，以使社交数据科学能在关键应用领域提供强大且可信的结果
用于数据分析的取样算法	涉及统计物理学、计算统计学和机器学习领域的交叉，致力于促进与这三个领域数据科学问题相关的理念、专业知识和观点的交流
比特币、区块链与分布式账本技术	研究区块链和分布式账本技术的新发展、新应用，支持对上述技术可扩展性、数学特性及实现问题的研究
数据低维结构：模型、分析与算法	研究数据低维结构的利用和改进，有助于有效的数据收集、处理和通信算法的设计
数据拓扑学与几何学	拓扑学与几何学为非线性数据分析提供了一套强大的工具，弥补了传统统计方法的不足，可以提供描述任何给定数据集特点的容噪摘要
数据伦理	理解数据的伦理与社会影响，就数据科学领域的最佳伦理实践提供建议与指导意见
公平、透明与隐私	开发强大的隐私保护数据分析技术，确保敏感信息不被泄露；开发可使用数学证明的方法，确保受保护的个人信息见容于自动化系统；对机器学习系统所采用的复杂进程和所做的决策提供清晰说明
概率数值方法	致力于开发概率数值方法，为分析结果的数值误差提供更丰富的概率定量分析，为工程师提供工具以降低不可靠数值计算带来的数值风险
在线学习	汇集多领域专家致力于在线学习研究，即开发一个数据能以连续方式提供的机器学习框架，涉及统计、随机优化和博弈论等问题
面向体育、运动和福祉的数据科学	提供一个可供英国各领域数据科学家合作的平台，这些领域涵盖体育、健身、人类活动和福祉

2. 合作伙伴与项目

阿兰·图灵研究所希望建立少量战略合作关系，共享双方资源，致力于达成共同的目标。研究所目前已经和劳氏基金会、英国政府通信总部（Government Communications Headquarters，GCHQ）、Intel 公司、汇丰银行四家机构结成了战略合作关系。阿兰·图灵研究所与其合作伙伴联手启动了多个研究计划与具体项目。主要计划有两个。

1）以数据为中心的工程

阿兰·图灵研究所与劳氏基金会合作针对以数据为中心的工程推出了相关计划与项目。双方签署了 5 年合作协议，劳氏基金会为此投入 1000 万英镑资助，旨在针对数据科学在工程方面的应用，开展基础性研究和突破性创新，改进基础设施弹性和社会安全并实现科学进展。以数据为中心的工程能改进资产、基础设施和复杂机器的性能、安全与可靠性，在工程系统的整个生命周期发挥大数据分析学的作用，并实现新进展。

2）具备规模效应的数据科学

该项目由阿兰·图灵研究所与 Intel 公司联合开展，双方将以打造未来适用于数据科学的计算为共同目标，基于算法-架构协同设计、健康与生命科学应用已取得的成果开展深入研究。同时通过阿兰·图灵研究所的博士计划培养具备计算技能的新一代数据科学家，确保学生可以使用最新的数据科学技术、工具和方法。

13.3.1.7 日本的大数据战略

日本的大数据战略以务实的应用开发为主，尤其是在和能源、交通、医疗、农业等传统行业结合方面。2013 年 6 月，安倍内阁正式公布了新 IT 战略《创建最尖端 IT 国家宣言》，全面阐述了 2013～2020 年以发展开放公共数据和大数据为核心的日本新 IT 国家战略。日本政府的大数据战略有以下几个关键部分。

1. 开放数据

2012 年 6 月，日本 IT 战略本部发布电子政务开放数据战略草案，迈出了政府数据公开的关键性一步（高度情報通信ネットワーク社会推進戦略本部，2012）。为了确保国民方便地获得行政信息，政府利用信息公开方式提供统计信息、测量信息、灾害信息等公共信息，在紧急情况时可以以较少的网络流量向手机用户提供信息，并尽快在网络上实现行政信息的全部公开并可被重复使用，以进一步推进开放政府的建设进程。2013 年 7 月总务省发布的《ICT 增长战略》（總務省，2013c）提出要促进公共数据向公众开放和大数据的利用，并整顿相关环境，例如统一数据格式等。同时，日本三菱综合研究所牵头成立了"开放数据流通推进联盟"，旨在由产官学联合，促进日本公共数据的开放应用。

2. 数据流通

类似亚洲邻国，日本在个人信息保护法等法律基础设施方面也落后于欧美国家。实际上，不仅日本行政部门对于公开信息持消极的态度，企业在如何对个人信息进行保护方面也缺乏方法和动力。在日本大数据产业发展中，如何处理隐私和信息保护的问题已成为关键，修改和进一步完善个人信息保护法规也已经被提上日程。2013 年日本 IT 综合战略也提出，尽快建立跨政府部门的信息检索网站，以便企业利用政府的大量信息资源，计划到 2015 年度末达到与其他发达国家同等的信息开放度。

3. 创新应用

2012 年 7 月，日本总务省 ICT 基本战略委员会在其《面向 2020 年的 ICT 综合战略》（總務省，2012a）中将通过大数据应用促进社会发展和经济增长列为五大重点之一，被称为"活力数据"（active data）战略，即通过多样化数据的实时收集、传输和分析，解决相应问题，创建数十兆日元的数据应用市场。其目标是开放分布在官方和民间的数据，创建跨领域应用数据的环境，并针对机对机数据或实时数据的收集、传输和分析创建新业务。《ICT 增长战略》提出构建地理空间开放数据/平台，实现官方和民间保有的地理空间数据的自由组合和利用。

4. 技术研发

2013 年 2 月，日本总务省为两项大数据技术研发课题各拨出 1 亿日元的资助经费。其中，"海量微数据的有效传输技术研发"课题旨在开发大数据网络传输技术，以智能手机应用程序的通信信息和传感器数据为对象，使快速生成的数据能通过 10Gbps 以上的网络传送至云环境，并实现很高的传输效率。"强大的大数据利用技术研发"课题旨在开发能通过网络的终端节点自主设定连接路径，以及能实现分布式存储和处理同时确保可信度和机密性的大数据利用技术。

13.3.1.8 澳大利亚"大数据知识发现"项目

2013 年 6 月 5 日，澳大利亚国家信息通信技术研究中心（National ICT Australia，NICTA）、亚太证券业研究中心（Securities Industry Research Centre of Asia-Pacific，SIRCA）、麦考瑞大学和悉尼大学四家机构共同启动了"大数据知识发现"（Big Data Knowledge Discovery）合作项目（NICTA，2013），旨在利用最新的大数据和机器学习的软件与技术来解决生态学、地球学和物理学挑战。

该项目为期三年，由 NICTA 主导，从"科学工业捐赠奖"和合作机构获资 1100 万澳元，通过促进基础数学和统计学的发展来为基于数据的科学发现提供相关的框架、方法与工具。利用数据科学确定哪些生态过程对生物多样性发挥了最重要的作用，显示生态系统如何受到气候变化和其他因素的影响。

项目整合来自澳大利亚地球科学组织的公众可获取的地理数据和 SIRCA 的股市波动预测技术，来帮助了解 15 亿年前澳大利亚的情况和其丰富矿产的形成过程。而在复杂激光系统方面的研究将帮助提高光纤通信系统的安全性。项目的研究还帮助发现先进的数据分析流程，从而减少进行成功实验所需的原始数据量，加快科学进步的步伐。该项目探索用于数据密集型科学的新范式，影响上述提及的领域和包括医疗、健康等在内的其他诸多领域。

NICTA 随后被整合进澳大利亚联邦科学与工业研究组织（Commonwealth Scientific and Industrial Research Organization，CSIRO）于 2016 年设立的数字化创新小组 Data61 中。

13.3.1.9 瑞士国家科研计划大数据专项

2017 年 2 月 21 日，瑞士国家科学基金会正式启动总经费为 2500 万瑞士法郎的国家科研计划大数据专项（Big Data，NRP75）（SNF，2017），旨在开发创新的信息分析方法，创建具体应用，并针对大数据带来的伦理与法律挑战提供解决方案建议。该专项力图打造瑞士在大数据领域的竞争力，主要关注科学与技术层面以及治理问题。

NRP75 专项关注以下三个主题。

（1）信息技术：基础研究在大数据领域依然至关重要，从长期来看其将为新应用的开发奠定坚实基础。项目着重针对数据库、计算机中心等大数据基础设施面临的问题，开发创新的数据分析方法与解决方案。

（2）社会与法律挑战：数字化为贸易、营销、交通、人力资源等广大领域提供了新的分析与预测选项。但数据也带来了最基本的个人隐私问题，需要社会学、伦理和法律方面的分析。

（3）应用：研究人员开发面向交通、医疗、防灾、能源和基础研究领域的具体应用。

13.3.1.10　中国的大数据规划

2015 年 9 月 5 日，中国国务院正式印发《促进大数据发展行动纲要》（国务院，2015），旨在全面推进我国大数据发展和应用，加快建设数据强国。该纲要设定了未来 5～10 年的总体目标和三项主要任务：加快政府数据开放共享，推动资源整合，提升治理能力；推动产业创新发展，培育新兴业态，助力经济转型；强化安全保障，提高管理水平，促进健康发展。同时，围绕主要任务列出了拟实施的十大工程：政府数据资源共享开放工程、国家大数据资源统筹发展工程、政府治理大数据工程、公共服务大数据工程、工业和新兴产业大数据工程、现代农业大数据工程、万众创新大数据工程、大数据关键技术及产品研发与产业化工程、大数据产业支撑能力提升工程、网络和大数据安全保障工程。

2016 年 7 月 28 日，国务院印发《"十三五"国家科技创新规划》，面向 2030 年，部署启动了一批体现国家战略意图的重大科技项目，其中一项重大工程即为大数据（国务院，2016a）。主要任务是突破大数据共性关键技术，建成全国范围内数据开放共享的标准体系和交换平台，形成面向典型应用的共识性应用模式和技术方案，形成具有全球竞争优势的大数据产业集群。

2016 年 12 月 19 日，国务院印发《"十三五"国家战略性新兴产业发展规划》，提出要实施国家大数据战略（国务院，2016b）。落实大数据发展行动纲要，全面推进重点领域大数据高效采集、有效整合、公开共享和应用拓展，完善监督管理制度，强化安全保障，推动相关产业创新发展。主要任务包括加快数据资源开放共享、发展大数据新应用新业态、强化大数据与网络信息安全保障，并设立了大数据发展工程。

2016 年 12 月 27 日，国务院印发《"十三五"国家信息化规划》，将建立统一开放的大数据体系列为重大任务之一，提出要加强数据资源规划建设、推动数据资源应用、强化数据资源管理和注重数据安全保护，并设立了国家大数据发展工程和国家互联网大数据平台建设工程两项重点工程（国务院，2016c）。

2017 年 1 月 17 日，工业和信息化部印发《大数据产业发展规划（2016－2020 年）》，设定了到 2020 年，基本形成技术先进、应用繁荣、保障有力的大数据产业体系的目标，以及强化大数据技术产品研发、深化工业大数据创新应用、促进行业大数据应用发展、加快大数据产业主体培育、推进大数据标准体系建设、完善大数据产业支撑体系、提升大数据安全保障能力 7 项重点任务，同时围绕重点任务设置了 8 项重大工程：大数据关键技术及产品研发与产业化工程、大数据服务能力提升工程、工业大数据创新发展工程、跨行业大数据应用推进工程、大数据产业集聚区创建工程、大数据重点标准研制及应用示范工程、大数据公共服务体系建设工程、大数据安全保障工程（工业和信息化部，2017）。

13.3.2　全球知名数据与计算平台规划与建设分析

13.3.2.1　极限科学与工程发现环境

1. 项目主要内容

2011 年 7 月 1 日，美国 NSF 正式启动极限科学与工程发现环境（XSEDE）项目。作为 TeraGrid 项目（2001～2011 年）的延续，该项目旨在连接全球的计算机、数据和研究人员，建立可供科学家共享并用于开展研究的单一虚拟系统。XSEDE 项目为期 5 年，共获资 1.21 亿美元，成为全球最先进、最强大和最稳定的集成式数字资源和服务环境。

XSEDE 是一项大型的国家级协作项目，由伊利诺伊大学厄巴纳-香槟分校（UIUC）主持。作为一个单一的虚拟系统，XSEDE 降低访问及使用的技术门槛，为医学、工程学、地震科学、流行病学、基因组学、天文学和生物学等领域的科学发现和科学研究提供网络基础设施服务和资源支持。这些服务和资源包括超级计算机、数据收集和软件工具。

2016 年 8 月 23 日，NSF 宣布将在未来 5 年内再拨款 1.1 亿美元，资助 UIUC 及 18 家合作机构继续开展并拓展基于 XSEDE 的活动（NSF，2016）。新的 5 年期资助被称为 XSEDE 2.0，将继续向其广大用户提供已有服务，并增加创新元素来满足日益发展的支撑技术及用户需求。XSEDE 2.0 支持美国国家战略性计算计划（NSCI）的目标，包括从整体上提高国家 HPC 生态系统的能力，服务于教育和员工发展，培养当前和未来的研究人员与技术专家。

2. 参与机构与资源

除了 UIUC 的国家超算应用中心外，尚有 18 家机构参与 XSEDE 项目。这些机构均为 XSEDE 贡献一种或多种可配置的资源与服务，包括 HPC、HTC、可视化、数据存储等。XSEDE 在其 8 个核心服务提供机构站点间形成了高速互联网络（XSEDENet）。此外，XSEDE 还为用户提供多种软件资源和网络基础设施专家支持。

13.3.2.2　欧洲网格基础设施

欧洲网格基础设施（EGI）是一个可持续的泛欧基础设施，联合了各国与国际科研团体的数字能力、资源与专业知识，为科学研究提供先进的计算服务，推动各学科研究人员合作开展数据及计算密集型科研创新活动。EGI 由 EGI 基金会（EGI.eu）负责协调并由 EGI 理事会负责治理，提供计算、数据与存储、培训三大类服务。

EGI 项目从 2010 年正式启动，第一阶段为"面向欧洲科研人员的集成可持续泛欧基础设施"（EGI-InSPIRE）项目，旨在创建一个无缝系统，满足当前和未来的科学工作需求。2014 年 12 月 EGI-InSPIRE 项目结束，2015 年 3 月第二阶段的"促进 EGI 社区迈向开放科学公地"（EGI-Engage）项目启动，旨在扩展欧洲在计算、存储、数据、通信、知识和技能方面的重要联合服务能力，以加速开放科学公地的实施。

1. EGI 开放数据平台与 DataHub

2016 年 3 月，欧洲科研基础设施战略论坛（European Strategy Forum on Research Infrastructures，ESFRI）在发布的《欧洲研究基础设施战略论坛路线图 2016》（European Commission，2016）中提出了信息化基础设施公地（e-infrastructure commons）的概念，这是针对欧洲及全球科研与创新分布式电子资源的简便、低成本共享制定的框架。此前的 2015 年 5 月，欧洲理事会也采纳了 EGI 提出的"开放科学公地"（open science commons，OSC）愿景，旨在实现开放、数据密集型和网络化科研。

为响应此愿景，EGI 开发了开放数据平台（open data platform）并在此基础上设计和开发了一个新的数据即服务（DaaS）——EGI DataHub。这两项工作都是 EGI 为支持 EOSC 提出的解决方案。开放数据平台是一个分布式数据管理解决方案，提供后端用于全球规模的有效数据访问和共享，实现对开放可获取数据的出版、利用与再利用，并提供政策发布、开放数据集共享与连接等功能。开放数据平台可部署于多个 EGI 联合云站点，并与各种存储系统相连接，该平台已被完全集成进目前的 EGI 联合云平台，使用户能通过虚拟机、运行作业、容器或其他应用服务访问数据。

DataHub 是展示开放数据平台功能的一个终端用户服务，是一个访问数据集合的中心点。其使 EGI 用户和普通大众能通过一种简单的途径发现和使用大规模开放数据集合。DataHub 服务以 DaaS 交付模式为基础，能实现对具备公共利益的参考科学数据的访问，并能托管实验或临时科学数据同时通过适当的科学应用轻松访问这些科学数据。

2. EGI 联合云与联合数据中心

EGI 联合云是 EGI 于 2014 年 5 月推出的基于开放标准的基础设施即服务（IaaS）型云基础设施，由多家学术私有云和虚拟资源组成，可根据欧洲研究人员的个性化需求提供多样化云服务，包括由 EGI 及其参与机构提供的支持与专家意见。

EGI 联合云使用"开放云计算接口"（OCCI）、"云数据管理接口"（CDMI）等开放标准，可以与一系列技术兼容，包括普遍使用的 OpeaStack、OpenNebula 等云软件框架，还能快速轻松地集成 Synnefo 等其他相关技术，并推动 EGI 核心平台中多种现有工具与服务的进一步发展。EGI 联合云支持所有领域的研究，能实现对所部署应用的完全控制、基于真实需求的弹性资源消费、工作负载的即时处理，提供一个跨欧洲各资源提供者的可扩展信息化基础设施，并随着弹性资源的消费提供可扩展的服务性能。

此外，EGI 还拥有 300 多家数据中心构成的联合数据中心，以为研究人员提供计算和存储资源。这些数据中心绝大多数位于欧洲，还有一些来自加拿大、美国、拉丁美洲、北非等的集成资源提供者。

13.3.2.3 欧洲开放科学云与"欧洲云计划"

2016 年 4 月 19 日，欧盟委员会推出"欧洲云计划"（European Commission，2016b），拟在未来 5 年重点打造欧洲开放科学云（EOSC）和欧洲数据基础设施，确保科学界、产业界和公共服务部门均从大数据革命中获益。预计 2016～2020 年，"欧洲云计划"共需 67 亿欧元的经费，"地平线 2020"计划将提供 20 亿欧元的启动资金，其余 47 亿欧元由欧盟结构与投资基金、成员国公共财政和私人行业等投资筹集。

1. 欧洲开放科学云

开放科学云建立在欧洲现有的信息化基础设施之上，借助云的理念，将欧洲不同国家和地区现有的信息化基础设施、数据资源连接起来，通过制定合理的数据保护、开放接入等政策，约定统一的访问接口和协议，为欧洲 170 万研究人员和 7000 万从事科技创新活动的专业人员打造一个科学数据存储、共享和再利用联合环境，实现对欧洲和全球科学数据资产的长期轻量型管理。

2. 欧洲数据基础设施

欧洲数据基础设施旨在有效地支撑"欧洲开放科学云"，全面部署高速宽带网络、大规模数据存储设施和 HPC 能力，推进百亿亿次超级计算和量子技术的研发与应用。

3. 用户拓展与资助机制

通过与电子政务、公共部门利益相关方合作开展大规模试点活动，EOSC 和欧洲数据基础设施的用户将拓展至公共部门乃至各行各业。

4. 开放科学云试点项目

EOSC 建设已进入第一阶段，欧盟委员会拨款 1000 万欧元启动了为期两年（2017 年 1 月至 2018 年 12 月）的 EOSC 科研试点项目（EOSCpilot），其目标是展示不同数据基础设施如何交换数据，重点是要减少数据基础设施间的碎片化，并改善互操作性。EOSC 第一阶段旨在开发共享计算基础设施以实现科研数据的开放和多方式利用，提升再利用数据资源的能力，向建设可靠的开放数据研究环境迈出重要一步。

13.3.2.4　EUDAT 数据基础设施

在欧洲，数据基础设施的发展不如网络与计算基础设施成熟，最大的泛欧数据基础设施项目 EUDAT 的目的就是创建可持续的协作型科研数据基础设施，使欧洲各个研究领域的研究人员与专业人士能在一个可信的环境中保存、寻找、访问和处理数据。

EUDAT 将欧洲 35 个数据与 HPC 中心连接在一起，通过分布式弹性网络为科研团体包括个人提供一系列可信的集成科研数据管理服务。EUDAT 提供的服务覆盖研究数据的整个生命周期，包括数据访问与存储、非正式数据共享与长期存档，以及长尾数据和大数据的认证、发现与计算问题。

1. EUDAT 项目规划与发展

EUDAT 项目启动于 2011 年 10 月，为期三年（2012 年 9 月至 2015 年 2 月），由芬兰 IT 科学中心（CSC）负责协调，旨在创建一个研究人员需求驱动的泛欧协作型数据基础设施（Collaborative Data Infrastructure，CDI），以解决欧洲科研团体面临的大数据挑战。EUDAT 是一个以服务为导向的成熟的基础设施，为欧洲科研人员和科研社区提供一整套精心设计的服务，并最终通过 EUDAT 的数据信息化基础设施无缝提供数据解决方案。

2015 年 3 月，EUDAT 正式进入新的项目阶段——EUDAT2020，EUDAT2020 将信息化基础设施提供者、科研基础设施运营者和来自各科学领域的研究人员汇聚在一起组成了一个联盟，以解决新的数据挑战。

EUDAT2020 项目建立于前一阶段项目的基础之上，其愿景是使欧洲各个研究领域的研究人员与从业者能在一个可信的环境中保存、寻找、访问和处理数据，而该环境是 CDI 的一部分。EUDAT2020 将加强 CDI 间的连接并扩展其功能与职责范围，包括数据访问与存储，非正规数据共享与长期存档，解决长尾数据和大数据的认证、可发现性和计算性等问题。EUDAT2020 的服务面向科研数据的整个生命周期。在三年（2015 年 3 月至 2018 年 2 月）的项目期内，EUDAT2020 致力于使 CDI 发展为健康、充满活力、可持续的数据基础设施。

2016 年 10 月，16 家重要的欧洲科研组织及数据与计算中心共同签署了一份协议，承诺将在未来 10 年维持 EUDAT 的运行。

2. EUDAT 服务

EUDAT 提供一系列被称为 B2 服务套件的服务，主要包括以下几类服务。

B2DROP 是面向科研人员的安全可信的数据交换服务，帮助他们同步和更新研究数据并与同行进行交换。用户能决定谁可以交换数据、交换时长与方法，并能从任何设备、任何地点对文件进行管理。

B2SHARE 是一种用于存储和共享来自不同环境小规模研究数据的途径，主要面向科研人员和公民科学家，允许用户免费上传稳定的研究数据，数据会被分配一个永久标识符

（PID），便于追溯数据所有者，访问策略由数据所有者定义。

B2SAFE 允许社区和部门数据仓储以可信的方式针对跨多个行政管理领域的研究数据实施数据管理策略。数据所有者有权决定其数据访问权限，并决定数据如何及何时能被公开参考。

B2STAGE 是一种可靠易用的轻量级服务，用于在 EUDAT 存储资源和 HPC 工作站间传递研究数据集。该服务是 B2SAFE 和 B2FIND 服务的扩展，提供给所有注册科研人员和有兴趣的社团使用，允许用户存储、保存和寻找数据。

B2FIND 服务的基础是从 EUDAT 数据中心和其他数据仓储稳定收集的研究数据集合，提供分面浏览，并特别支持对通过 B2SAFE 和 B2SHARE 服务存储的数据进行发现。

B2ACCESS 是 EUDAT 开发的一个易于使用且安全的身份认证和授权平台，其功能多样且能与其他任何 B2 服务或更多服务集成，方便用户以不同的认证方法登录平台。

3. EUDAT 核心社区与数据试点项目

EUDAT 目前设立了 7 个核心社区（core community），覆盖环境、生物医学、人文科学等多个学科领域。此外，EUDAT 目前还资助了多个数据试点（data pilots）项目（EUDAT，2016b），如表 13-4 所示。

表 13-4　EUDAT 核心社区与数据试点项目一览

学科领域	核心社区	数据试点项目
地球科学、能源与环境	欧洲地球系统模拟网络（ENES）、欧洲普拉特观测系统（EPOS）、综合碳观测系统（ICOS）、欧洲长期生态研究（LTER Europe）	支持从季节性到十年期气候与空气质量模拟的科学研究；DataPublication@UPorto；对 EISCAT 雷达数据的统一访问；高精度气候实验的数据存储与保存（DATA SPHINX）；对来自流动传感器的细粒度城市空气质量数据的公共访问；于利希大气数据分布服务（JADDS）；迈向 EUDAT 连接数据服务的工作
生物医学与生命科学	面向生物信息的欧洲生命科学基础设施（ELIXIR）、虚拟生理人（VPH）	西方生活数据试点项目；IST DataRep；Herbadrop；使用 EUDAT 仓储以安全合规的方式存储临床试验数据；面向数据互操作性的基于 EUDAT 的 FAIR 数据方案
物理科学与工程		用于 JET 和 MAST 数据的 Tokamak 数据镜像-用于欧洲核聚变研究的开放数据仓储；Turbase DNS；NFFA-EUROPE 面向欧洲纳米科学的信息与数据管理仓储平台；湍流数据的直接模拟；SIMCODE-DS
社会与人文科学	标准语言资源与技术基础设施（CLARIN）	面向学生自身结果的研究数据仓储；丰富欧洲报纸；云文化：衡量使用类云服务改善数字文化遗产保护的潜力；Aalto 数据仓储；古代 OCR：从开放语言项目中存储、编目、关联和揭示 OCR 对象

13.3.3 重大科学计划及主要学科领域的数据与计算资源建设

13.3.3.1 全球大型强子对撞机计算网格

创建于 2002 年的全球大型强子对撞机计算网格（WLCG）是一个全球性计算机中心合作项目，旨在提供资源用以存储、分发和分析 LHC 每年产生的几十 PB 的数据。WLCG由欧洲核子研究中心（CERN）负责协调，连接着全球 42 个国家的 170 多家计算中心，以及数个国家与国际网格，每天可运行 200 万件作业，是当今世界上最大的网格计算环境。通过部署一个覆盖全球范围的计算网格服务，WLCG 项目将欧洲、美洲、亚洲等地区的超级计算中心集成到一个虚拟的计算组织中，为 LHC 实验提供计算资源，包括 CPU 计算资源、数据存储能力、处理能力、传感器、可视化工具、网络通信设施及其他资源等。由LHC 实验产生的数据分布于全球，CREN 会对原始数据进行备份。数据经过原始处理后，将在计算网格全天候运行的支持下分布式存储到欧洲、北美洲和亚洲 13 个顶尖研究中心，再从那里分散到世界各地上百所研究中心，由全世界多位物理学家合作处理由 LHC 产生的实验数据。WLCG 针对高能物理计算需求而建立，但同时可扩展应用于生物、大气等其他科学研究领域，从而成为一个科学研究的通用计算平台。

1. WLCG 的各级中心

组成 WLCG 的各站点分为 4 层，即 Tier-0、Tier-1、Tier-2 和 Tier-3，每层均提供一套特定的服务（WLCG，2017a）。

Tier-0 即 CERN 数据中心，分别位于瑞士日内瓦的 CERN 和匈牙利布达佩斯的魏格纳物理研究中心，这两个站点通过 100 Gbit/s 的专用数据链路互联。所有 LHC 产生的数据都通过中央的 CERN 中心，但 CERN 提供的计算能力不到总体计算能力的20%。Tier-0 负责原始数据（第一次复制）的安全保存、首次处理和分布，将输出结果重建到 Tier-1，并在 LHC 停机期间对数据进行再处理。

Tier-1 包含具备充足存储能力、为 WLCG 提供全天候支持的 13 家大型计算中心。这些中心负责原始数据与重构数据的按比例安全保存，相关结果的大规模再处理与安全保存，将数据分布到 Tier-2 站点以及安全存储 Tier-2 站点产生的部分模拟数据。

Tier-2 站点通常是大学与其他科研院所，它们拥有充足的数据存储能力，并提供足量的计算力来完成特定的分析任务。它们负责处理分析需求，并按比例进行模拟和重构。目前全球共有约 160 个 Tier-2 站点。

Tier-3 是指个人科学家可以通过本地计算资源（大学院系的本地集群或者是个人计算机）访问相关设施，WLCG 与 Tier-3 资源间并不存在正式的契约关系。

2. WLCG 的结构

WLCG 有 4 个主要的组件层，分别是网络、硬件、中间件和物理分析软件（WLCG，2017b）。

（1）网络：两条 100 Gbit/s、时延仅 25 毫秒的链路连接着 WLCG 的两个 Tier-0 站点，分别由欧盟科教网组织 DANTE 和德国电信 T-Systems 提供。CERN 通过网速为 10 Gbit/s 的私有专用高带宽网络——LHC 光纤私有网（LHCOPN）连接着每个 Tier-1 中心。LHC 开放网络环境（LHCONE）则提供访问位置集合作为连接到 WLCG 各层站点私有网的入口。WLCG 各中心间的数据交换由网格文件传输服务管理，该服务支持网格计算的具体需求，具备认证和保密功能、可靠性与容错能力，并支持第三方和部分文件传输。

（2）硬件：每个网格中心都管理着大量的计算机与存储系统，它们使用大型管理系统实现软件的自动安装与定期更新，并使用特定的存储工具访问数据，以独立于存储媒介进行模拟和分析。

（3）中间件：中间件实现对大量分布式计算资源与存档的访问，为强大、负责和耗时的数据分析提供支持。WLCG 使用的最重要中间件栈由欧洲中间件行动计划开发。

（4）物理分析软件：WLCG 使用的主要物理分析软件是 ROOT，这是一套所有 LHC 实验都使用的面向对象的核心资料库，用于大数据处理、统计分析、可视化及存储。

13.3.3.2 欧盟"人脑计划"及其 ICT 平台

2013 年 1 月，欧盟宣布投资 11.9 亿欧元启动为期 10 年的 HBP，以创建全球最大型的脑科学研究基础设施，促进大脑研究及医学和脑启发信息技术发展。作为未来和新兴技术旗舰计划之一，HBP 使用最先进的信息通信技术（ICT）工具研究和解读人类大脑，塑造了脑科学研究领域独一无二的基础范式。

ICT 是 HBP 的核心，HBP 创建了由神经信息学平台（Neuroinformatics Platform，NIP）、高性能分析与计算平台（HighPerformance Analytics and Computing Platform，HPAC）、大脑模拟平台、医学信息学平台（MIP）、神经形态计算平台、神经机器人平台（NRP）六大 ICT 平台组成的独特 ICT 架构，提供包括基于云的合作与开发平台，面向元数据并提供数据来源追踪的数据库、数据分析和计算服务，以及最先进的超级计算机、神经形态系统和虚拟机器人在内多种先进 ICT 工具与服务。

六大 ICT 平台中，基于先进云技术的 NIP 和 HPAC 是关键。它们联合了众多超算中心，主要作为 IT 服务基础设施运行，并支撑着其他 4 个平台的运作。此外，作为 NIP 项目的一部分，"合作实验室"（COLLAB）是 HBP 合作研究环境的中枢，为科学家和科研团体高效访问各 ICT 平台提供支持，并提供基于云的软件服务和虚拟开发服务。

1. 高性能分析与计算平台

HPAC 的任务就是帮助神经科学家成为优秀的高端超级计算机和系统使用者,更好地开展大数据分析。就 10 年规划来看,HPAC 将为 HBP 联盟以及更广泛的欧洲神经科学团体提供百亿亿次超级计算机、面向 PB 级数据分析的大数据 HPC 系统以及分布式云计算能力,以实现基于云的高端 HPC 应用。这需要针对系统软件、中间件、交互式计算指导、可视化等领域开展研究。HPAC 项目开发的软件与工具将被用于多尺度大脑模型的创建和模拟,特别是用于解决全脑建模的硬扩展挑战。HPAC 还负责协调 HBP 与各高级支撑团队的互动。

2. NIP 与 "合作实验室"

神经信息学平台(NIP)在 HBP 的 ICT 架构中扮演着 "指挥者" 的角色,而 COLLAB 作为 NIP 项目的一部分,是 HBP 合作研究环境的中枢。NIP 项目团队保障用户能通过 COLLAB 访问各大平台,管理对各种典藏数据的无缝访问,确保各种本体以及当前和未来数据类型的一致性,并不断开发类似知识图谱(knowledge graph)的先进元数据存储与检索系统,以将所有形式的数据和元数据录入啮齿类动物和人类的大脑地图集,并将其与 HBP 外部的地图、数据库和地图集相连接。

3. 其他平台

其余 4 个平台严重依赖于 NIP 和 HPAC 平台提供的数据、软件与服务基础设施。大脑模拟平台与 NRP 旨在创建先进的应用软件系统,前者关注全尺度的数据驱动型建模与大脑模拟,后者关注在仿真环境中实现虚拟大脑模型与机器人的连接。MIP 关注医疗数据的挖掘,为个性化医疗应用及疾病模型开发提供支持。神经形态计算平台旨在开发和提供神经形态软硬件原型,以催生一系列新型科学实验和产业应用。

13.3.3.3　大型综合巡天望远镜的数据管理系统

正在智利建设的大型综合巡天望远镜(Large Synoptic Survey Telescope,LSST)的相机是目前人类建造的最大数码相机,可捕捉整个南半球的天空,每晚产生的数据量达到 15TB,10 年期的运行预计会收集到 60PB 的数据,加上处理后的数据,数据总量将达到数百 PB,仅对首次发布的数据而言,就需要约 150 万亿次浮点运算/秒(TFLOPS)的计算能力。有效的数据管理并将数据转换为科学发现成为一个巨大挑战。

1. LSST 数据管理系统的结构

LSST 数据管理系统需要能够:可靠地处理海量的数据;确保数据质量的一致性且无须手动干预;满足严格的近实时瞬态报警的需求;在最短十年的期限内能容纳科学与计算技术的演变;为全球不同用户团体提供 LSST 数据产品。

为此,LSST 构建了一个三层结构的数据管理系统:基础设施层由计算、存储、网络硬件和系统软件组成；中间件层负责分布式处理、数据访问、用户接口和系统运行服务；应用层围绕数据产品组织，包括数据管道和产品及科学数据存档。

2. 支撑数据管理系统的设施

LSST 实验从相机和望远镜子系统间的接口获取原始数据，经过处理和分析后产生可供终端用户访问的数据产品。LSST 的数据流经过三类数据管理设施到达终端用户站点，终端用户可以使用 LSST 数据或渠道资源在自己的计算基础设施上开展科学研究。

相关设施包括位于智利山顶的基地设施、位于美国的中央存档中心、多个数据访问中心和一个系统运行中心。LSST 产生的数据通过高速光纤网从基地设施流向中央存档中心再流向数据访问中心。基地设施采集到的实验数据必须与其他 LSST 子系统交互并存储至中央存档中心；存档中心是一个高度可信和可用的超算数据中心，数据在这里被完整处理和再处理，存档中心也是一个主要的数据仓库将 LSST 数据反馈给科学社团。广泛用户可通过多个数据访问中心形成的网络以一种分层访问模式访问数据。系统运行中心则负责控制和监督数据管理系统。

13.3.3.4　美国材料基因组计划的数据共享

美国 2011 年启动的"材料基因组计划"（Materials Genome Initiative，MGI）投资超过 1 亿美元，旨在推动材料科学家重视制造环节，并通过搜集众多实验团队以及企业有关新材料的数据、代码、计算工具等，构建专门的数据库实现共享，致力于攻克新材料从实验室到工厂这个放大过程中的问题（新材料情报研究团队，2011）。

1. MGI 的数据共享战略

数字化数据的收集和共享是 MGI 的一大重点。MGI 将建立数据存储和传输系统，更好地允许参与机构保留自身的软件系统，同时促进数据的传输以及新数据的有效整合。该系统还必须允许机构选择哪些数据是可搜索的。

2014 年 12 月发布的《材料基因组计划战略规划》将获取数字资源确立为一大重要方向。将实验和计算数据放入可检索的材料数据库，鼓励研究人员分享数据。主要目标有以下两个。

（1）寻找材料数据基础设施的最佳实践。主要措施包括：召开一系列跨机构研讨会，让学术、产业、出版及政府人员提需求，发现材料数据基础设施的障碍所在，并找到可能的解决之道；深化数据管理最佳实践讨论，适时推而广之。

（2）支持获取材料数据库。主要措施包括：开发和实施至少三个材料数据库试点项目，确定材料数据基础设施模型。

2. MGI 促进数据访问的举措

MGI 的一大战略目标就是促进对材料数据的访问。为此，MGI 推出了一系列涉及数据研究中心建设、数据管理系统建设、数据与计算工具开发、数据分析方法研究的行动措施。例如，美国能源部资助建设预测性综合结构材料科学中心（PRISMS），主攻综合科学、计算工具、材料公地三大方向；美国国家标准与技术研究院（NIST）主持开发的材料数据典藏系统（MDCS），提供了一种采集、共享材料数据并将其转化为结构化格式的手段；NIST 主持的面向先进材料设计的数据与计算工具项目旨在大幅降低用于特定应用的理想材料的设计时间；美国空军研究实验室（AFRL）、NIST 和美国 NSF 共同举办了材料科学与工程数据挑战赛，旨在寻求可公开获取的数字化数据的新用途，以促进材料科学与工程发展，加速相关知识向产业应用的转化。

13.3.3.5　欧盟 ELIXIR 项目的数据管理

面向生物信息的欧洲生命科学基础设施（European Life-science Infrastructure for Biological Information，ELIXIR）项目最早启动于 2007 年，获得欧盟 FP7 的资助，旨在汇聚欧洲的生命科学资源（数据库、软件工具、培训材料、云存储和超级计算机），创建一个用于数据收集、存储、注释、验证、传送和使用的统一、安全、可持续的基础设施，满足生命科学对资源共享的需求。2007～2012 年是该项目的筹备阶段，2013 年 12 月，该项目进入正式运营阶段。2014 年，ELIXIR 成为一个包含 21 个成员覆盖 180 多家科研机构的组织，采用中心（hub）与节点（node）的组织模式，并推出了第一个 5 年科学计划（2014～2018 年）。

1. 数据平台与核心数据资源

ELIXIR 开展的活动依据 5 个平台和 4 类用例组织，它们组成了 ELIXIR 的基本运作单元，对各节点的技能与资源进行充分利用。

5 个平台分别为：数据平台负责维护欧洲生命科学数据基础设施；工具平台提供服务与连接以推动访问和探索；互操作性平台支持生物学数据的发现、集成和分析；计算平台提供存储、计算与认证服务；培训平台为数据管理和利用提供专业技能。

ELIXIR 数据平台为以可持续方式开发 ELIXIR 生命科学数据资源提供了一个框架。这些资源由各节点负责运营，可服务于多种目的，包括存储科研结果的数据库，动态、增值的知识库，对数据进行收集、处理和可视化等。

ELIXIR 确定了一系列对生命科学社区而言极端重要且具备全球竞争力的核心数据资源（core data resource），并致力于促进这些资源的集成和长期可持续性。核心数据资源是数据平台的关键组成部分，支撑着生物医学与生物学研究。对核心数据资源的评估将针对科学焦点与科学质量、资源服务的社区、服务质量、法律与资助基础设施及治理、影响与转化案例 5 个方面进行。此外，2016 年 9 月，数据平台启动了 ELIXIR 实施研究以评估知识库的不同资助模式，并提议一个能确保知识库长期可持续性的资助模式。

2. 特定领域的数据服务与应用

ELIXIR 的 4 类用例是 2015 年随着 ELIXIR-EXCELERATE 项目的启动而推出的。

ELIXIR-EXCELERATE 项目帮助 ELIXIR 协调与扩展国家及国际数据资源,确保世界级生物科学数据服务的提供,该项目为用例的协调与管理提供资助及支持。用例则协调 ELIXIR 在生命科学四个领域——人类数据、罕见疾病、海洋宏基因组学和植物科学的活动,将相关专家汇聚到一起以开发特定的标准、服务、研讨会和实施研究,并提供针对平台服务的反馈,确保平台服务的实用性。人类数据用例针对敏感性人类数据的管理和访问制定长期战略;罕见疾病用例支持针对罕见疾病的新疗法开发;海洋宏基因组学用例开发可持续的宏基因组基础设施以孵化海洋科学的研究与创新;植物科学用例开发基础设施来促进对作物和树种的基因型-表型分析。

13.3.3.6 全球综合地球观测系统的数据管理

2005 年 2 月,在比利时布鲁塞尔举行的第三届地球观测部长峰会批准了全球综合地球观测系统(the Global Earth Observation System of Systems,GEOSS)10 年执行计划,并决定正式成立地球观测组织(Group on Earth Observations,GEO)负责该计划的实施。GEOSS 是一套协调且独立的地球观测、信息与处理系统,旨在加强对地球状态的监控,为公私部门的广大用户提供多样化信息访问。GEOSS 促进了环境数据与信息共享,确保这些数据可访问、可互操作、质量和来源得到保障,以支持工具开发和信息服务提供。GEO 目前致力于将 GEOSS 的成果延续至 2025 年,2015 年 GEO 发布了 2016~2025 年战略规划(GEO,2015a)。

1. GEOSS 通用基础设施及其架构

GEOSS 基础设施由观测和信息系统组成。观测系统包括安置于地面、空中、水里和太空的传感器,以及现场调研和公民观测站,GEO 负责这些系统的规划、可持续性和运作;信息与处理系统包括软硬件工具,用于处理和传输来自观测系统的数据,提供信息、知识、服务和产品。GEOSS 通用基础设施(GCI)主动连接全球已有的或规划中的观测系统,支持新系统开发,促进通用技术标准的采用,方便来自不同设施的数据能组合成一致的数据集。GEOSS 门户是 GCI 的前端组件,提供对地球观测数据、信息与知识的互联网单点接入。GEO 发现与访问代理(GEO DAB)是主要的数据与信息发现和访问机制,利用 API 实施必要的调解和协调服务,将 GEOSS 门户连接至 GEOSS 提供者共享的资源。此外,作为 GCI 的一部分,GEONETCast 是一个基于卫星传输系统的全球性可持续网络,负责地球观测站数据与产品在 GEO 团体中的传输,目前支撑着 169 个国家的近6000 名用户。

2. GEOSS 数据共享与数据管理原则

根据 2005 年发布的 GEOSS 10 年战略规划,GEO 针对开放数据趋势,新设置了GEOSS 数据共享原则:数据、元数据与产品将默认作为开放数据进行共享,其再利用是免费且不受限制的，但要遵循注册与归属等制约条件，所有共享数据、产品与元数据将以最小时延提供访问。

数据管理原则以数据共享原则为基础，基于可发现性、可获取性、可用性、保存和管理等理念，旨在解决对通用标准与互操作性的需求。这将确保不同来源与类型的数据和信息是可比较且兼容的，促进数据集成入模型和应用开发，最终开发出决策支撑工具。

13.4　数据与计算平台代表性重要规划剖析

13.4.1　美国"大数据研发计划"

13.4.1.1　计划推出的背景

随着社交媒体、云计算和物联网的兴起以及移动互联网的快速发展，自 2011 年起，大数据开始广受学术界、产业界、咨询机构和媒体的关注，企业界成为大数据发展的主力军。当时，美国多家联邦机构已在开展大量的大数据项目，涵盖国防、能源、航天、医疗等各个领域。但是这些项目之前并未得到充分协调。2011 年美国网络与信息技术研发（NITRD）计划成立"大数据高级督导小组"（BD SSG），负责为设立的大数据国家计划确定目标，"大数据计划"由此应运而生。

13.4.1.2　首轮资助项目

随着该计划的正式启动，以 NSF 为首的六大联邦机构先期投入 2 亿多美元启动了第一轮项目，用于开发收集、存储、管理数字化数据的工具和技术。包括以下重要项目。

（1）NSF 与 NIH：联合推出"促进大数据科学与工程的核心技术"项目，旨在促进对大规模数据集的管理、分析、可视化及信息提取。项目的研发重点包括数据收集与管理、数据分析、e-Science 合作环境三个方面。NIH 尤其关注与医疗和疾病有关的分子、化学、行为、临床等数据集。2012 年 10 月，NSF 又为 8 项新的大数据基础研究项目拨出了 1500 万美元的资助。

（2）NSF：实施全面的长期战略，涉及从数据中获取知识的新方法、管理数据的基础设施、教育和队伍建设的新途径等。特别关注的重点包括：鼓励科研院校设立跨学科的研究生课程，以培养下一代数据科学家和工程师；向加利福尼亚大学伯克利分校提供 1000 万美元的资助，将机器学习、云计算、众包这三种方法整合起来，用于将数据转变为信息；为 EarthCube 提供首轮资助，使地学家可以访问、分析和共享地球信息；召集跨学科的研究人员以确定大数据如何改变教学。

（3）国防部：每年投资 2.5 亿美元（其中 6000 万美元用于"大数据研发计划"）资助利用海量数据的新方法研究，并将传感、感知和决策支持结合在一起，制造能自我决策的系统，为军事行动提供更好的支持。国防高级研究计划局启动 XDATA 项目，将在未来四年每年投资 2500 万美元，开发分析大规模数据的计算技术和软件工具，实现可升级的算法和有效的人机交互。

（4）NIH：通过亚马逊网络服务免费对外开放千人基因组计划数据集，总数据量达 200TB，是世界最大的人类基因变异数据集。

（5）能源部：拨款 2500 万美元，建立"可扩展的数据管理、分析和可视化研究所"（SDAV），由劳伦斯·伯克利国家实验室牵头，汇集美国 6 所国家实验室和 7 所大学的专家，开发新的工具帮助科学家管理和可视化能源部超级计算机产生的数据。

（6）地质调查局：约翰·韦斯利·鲍威尔分析与集成中心启动了 8 个新的研究项目，以将地球科学理论的大数据集转变为科学发现，加深人们对气候变化对物种的影响、地震复发率、下一代生态指标等问题的理解。

13.4.1.3　计划的影响与扩展

数据是信息化时代的"石油"，未来国家的核心竞争力将很大程度上取决于将数据转化为信息和知识的速度与能力。白宫科学技术政策办公室认为，"大数据计划有望使我们利用大数据进行科学发现、环境和生物医学研究、教育以及保护国家安全的能力发生变革"，并将其与历史上对超级计算和网络的投资相提并论，认为其重要性堪比 1993 年的"信息高速公路"计划。美国在 1993～1998 年对"信息高速公路"的投资仅有 4.89 亿美元，却引发了全球的信息网络革命。而且，20 多年来信息服务业在美国所创造的价值，远远超过美国汽车工业经过 100 年发展所创造的价值。因此，尽管此次美国六大联邦机构首轮仅投入 2 亿美元经费，但这在一定程度上代表了大数据技术从商业行为上升为国家科技战略的分水岭，后续必将产生重大而深远的影响。

启动"大数据研发计划"以来，除联邦各机构开展的大数据项目外，美国政府还一直鼓励私营企业、学术机构、州/地方政府、非营利组织和基金组织等利益相关方积极参与大数据创新项目，以从各种丰富的大数据资源中获益。典型项目包括 NIH 于 2012 年 12 月启动的 BD2K 项目，旨在加速大数据及数据科学与生物医学研究的融合；NSF 为加速大数据创新生态系统建设投建全国性的"大数据区域创新中心"（BD Hubs）网络。得益于"大数据研发计划"取得的一系列进展，大数据创新生态系统在联邦各机构逐渐成形，带来了更优质的知识发现和更具信心的决策。为推动美国大数据研发更上一层楼，2016 年 5月，美国发布新规划——"联邦大数据研发战略计划"，帮助联邦各机构制定和扩展各自的大数据研发计划，成为大数据研发计划的一个重大里程碑。

除了促进美国国内大数据生态系统发展外，在"大数据研发计划"的牵引和刺激下，全球各国与地区纷纷出台了大数据规划。例如，欧盟委员会联合欧洲数据业界、科研界和学术界建立 BDV PPP，英国投建国家级数据科学研究所——阿兰·图灵研究所，瑞士启动国家科研计划大数据专项等。这些行动掀起了一轮大范围的大数据研发热潮，直接加速了大数据时代的到来。

13.4.2　欧盟网格基础设施

13.4.2.1　EGI 的规划与发展历程

欧盟网格基础设施（EGI）是一个可持续的泛欧信息化基础设施，联合了全球数字能力、资源与专业知识，推动各学科研究人员合作开展数据及计算密集型科研创新活动。EGI 最早源于 2001 年 1 月启动的欧洲数据网格（European DataGrid，EDG）项目，迄今已经历了 10 多年的发展和演进。EDG 是一项国际性大型科研共享和技术发展项目，基于新兴计算网格技术而建，主要针对高能物理应用，解决海量数据的分布式存储和处理问题，由 CERN 牵头，欧盟第五框架计划（FP5）投入 1000 万欧元的资助。

2004 年 4 月，欧盟正式启动科研信息化网格（Enabling Grids for E-sciencE，EGEE）项目，以取代 EDG 项目，而 EDG 项目开发的软件、技术和基础设施等都加入 EGEE。EGEE 项目得到欧盟 3000 万欧元的资助，是同类项目中最大的一项，旨在创建最先进的网格技术并为科学家开发一个不受其所在地理位置限制，能全天提供服务的网格基础设施。至 2009 年，EGEE 已成为世界最大的多科学网格。

2009 年 3 月 2 日，在第 4 届 EGEE 用户讨论会活动期间，重点讨论了从 EGEE 以及欧洲既有的其他网格基础设施向基于国家网格项目（NGI）的 EGI 过渡的问题。EGI 将连接起全欧各国的计算资源，支持许多科学领域的国际化研究。

EGI 项目从 2010 年正式启动，第一阶段为"面向欧洲科研人员的集成可持续泛欧基础设施"（EGI-InSPIRE）项目，旨在创建一个无缝系统，满足当前和未来的科学工作需求。2014 年 12 月 EGI-InSPIRE 项目结束，2015 年 3 月第二阶段的"促进 EGI 社区迈向开放科学公地"（EGI-Engage）项目启动，旨在扩展欧洲在计算、存储、数据、通信、知识和技能方面的重要联合服务能力，以加速开放科学公地的实施。

13.4.2.2　EGI 提供的服务与联合云

EGI 支持每天约 160 万 HTC 任务的运行，允许用户通过标准接口和虚拟组织成员资格访问，分析大型数据集并执行数以千计的并行计算任务。EGI 允许用户在可靠和高质量的环境中存储数据并通过分布式团队进行共享。用户的数据能通过不同的标准协议访问并在不同提供商间复制，且容错率也有所提升。截至 2017 年 11 月，EGI 提供 730 000 颗内核用于 HTC，7000 颗内核用于云计算，在线存储容量达到 300PB，档案存储容量达到 345PB。

EGI 于 2014 年 5 月推出基于开放标准的 IaaS 型云基础设施——EGI 联合云，由多家学术私有云和虚拟资源组成，可根据欧洲研究人员的个性化需求提供多样化云服务，包括由 EGI 及其参与机构提供的支持与专家意见。EGI 联合云支持所有领域的研究，能实现对所部署应用的完全控制、基于真实需求的弹性资源消费、工作负载的即时处理，提供一个跨欧洲各资源提供者的可扩展信息化基础设施，并随着弹性资源的消费提供可扩展的服务性能。此外，EGI 还拥有 300 多家数据中心构成的联合数据中心，为研究人员提供计算和存储资源。

13.4.2.3 向欧洲开放科学云的集成

2015 年，欧盟将开放科学列为科研创新政策的三大战略性优先领域之一，并提出建设"开放科学公地"与"信息化基础设施公地"的愿景。在开放科学趋势下，欧盟委员会于 2016 年 4 月推出"欧洲云计划"，拟在未来 5 年重点打造 EOSC 和欧洲数据基础设施，借助云的理念，将包括 EGI 在内的欧洲现有的信息化基础设施和数据资源联合起来，形成一体化的信息化基础设施环境，实现对欧洲和全球科学数据资产的长期可持续管理，确保科学界、产业界和公共服务部门均从大数据革命中获益。

信息化基础设施是开放科学公地愿景的一大核心，信息化基础设施公地则是针对欧洲及全球科研与创新分布式电子资源的简便、低成本共享制定的框架。响应上述愿景，同时为了支持 EOSC 的建设并在未来更好地集成入开放科学云，EGI 开发了开放数据平台（open data platform），并在此基础上设计和开发了一个新的 DaaS——EGI DataHub。开放数据平台是一个分布式数据管理解决方案，提供后端用于全球规模的有效数据访问和共享，实现对开放可获取数据的出版、利用与再利用。DataHub 是展示开放数据平台功能的一个终端用户服务，是一个访问数据集合的中心点。开放数据平台目前已被完全集成入 EGI 联合云平台。

13.4.3 极限科学与工程发现环境

13.4.3.1 XSEDE 的规划与发展历程

NSF 资助开展的极限科学与工程发现环境（XSEDE）项目的前身是 2001 年启动的 TeraGrid 项目。2001 年，NSF 投资 4500 万美元，资助美国国家超级计算应用中心、圣迭戈超级计算机中心、阿贡国家实验室和加州理工学院高级计算研究中心联合建立分布式万亿次级设施（Distributed Terascale Facility，DTF）。紧接着，2002 年，NSF 追加 3500 万美元增补资金建设可扩展万亿次级设施（Extensible Terascale Facility，ETF），扩展 TeraGrid 项目，匹兹堡超级计算中心（PSC）加入。2003 年，NSF 再次追加 1000 万美元扩充 TeraGrid 项目，2004 年 TeraGrid 已形成完全的生产模式，为美国科研活动提供协作和综合服务。

2005 年 8 月，NSF 新成立网络基础设施办公室（Office of Cyber Infrastructure，OCI），继续向 TeraGrid 项目投入 1.5 亿美元，支持其在未来五年中的运行、改善以及用户支持。通过高性能网络连接，TeraGrid 将美国国内的 HPC 机群、数据资源和工具、高端实验设备整合到了一起，成为当时世界上最大、最全面、用于开放科学研究的分布式网络基础设施。

TeraGrid 项目于 2010 年结束，NSF 下一步计划资助"科学工程超级数字资源"（eXtreme Digital Resources for Science and Engineering）项目，为科研团体提供更高级别的 HPC 资源和数据服务。这就是 TeraGrid 的第三阶段——XD 项目。TeraGrid XD 项目的核心即是 XSEDE 项目。

13.4.3.2　XSEDE 项目主要建设内容

1. 第一期 5 年计划

2011 年 7 月 1 日，美国 NSF 正式启动为期五年的 XSEDE 项目，共获资 1.21 亿美元，旨在连接全球的计算机、数据和研究人员，建立可供科学家共享并用于开展研究的单一虚拟系统。

XSEDE 是一项大型的国家级协作项目，由 UIUC 主持。作为一个单一的虚拟系统，XSEDE 可以为医学、工程学、地震科学、流行病学、基因组学、天文学和生物学等领域的科学发现提供网络基础设施服务和资源支持。这些服务和资源包括超级计算机、数据收集和软件工具。

XSEDE 将降低访问及使用的技术门槛，为多项科学研究提供支持，例如，引力波的发现、高精度北极地图绘制、HIV 结构解析、预防交通事故受伤等。新建的分布式网络基础设施使研究人员能建立私有的安全环境，获取他们所需的全部资源、服务和协作支持。XSEDE 用户访问层允许用户查看任何可用的资源。它将集成认证和任务监控等功能，提供研究人员所需网络基础设施的综合概览和单一接触点，帮助他们实现科学和教育目标。XSEDE 还将通过一系列服务来确保研究人员能充分利用超级计算机和其他工具。

2. 新的 5 年期资助——XSEDE 2.0

2016 年 8 月 23 日，NSF 宣布将在未来 5 年内再拨款 1.1 亿美元，资助 UIUC 及 18 家合作机构继续开展并拓展基于 XSEDE 的活动。新的 5 年期资助被称为 XSEDE 2.0，将继续向其广大用户提供已有服务，并增加创新元素来满足日益发展的支撑技术及用户需求。

XSEDE 2.0 支持美国国家战略性计算计划的目标，包括从整体上提升国家 HPC 生态系统的能力，服务于教育和员工发展，培养当前和未来的研究人员与技术专家。XSEDE 2.0 提供若干关键功能，包括：面向一系列超级计算机、高端可视化和数据分析资源管理和提供服务；管理配置流程，方便研究人员访问先进计算资源；通过连接校园 HPC 社团，以及教育、培训、拓展活动的开展，引进新一代的多样性计算研究人员；继续运作并改善国家层面的 XSEDE 集成 HPC 能力，为 XSEDE 负责协调的网络基础设施生态系统的用户提供一站式体验。

13.4.3.3　XSEDE 提供的资源与服务

参与 XSEDE 的多家机构均为其贡献一种或多种可配置的资源与服务，这些资源包括 HPC、HTC、可视化、数据存储等。例如，Bridges、Greenfield、Comet、Gordon、Jetstream、Stampede、Wrangler、Beacon、SuperMIC、Xstream 等超级计算机，开放科学网格，Maverick 交互式可视化与数据分析系统及可视化门户等。此外，XSEDE 还提供多种软件资源。XSEDE 在其 8 个核心服务提供机构站点间形成了高速互联网络（XSEDENet），每一站点都以 10 Gbit/s 的速度与 Internet2 网络的先进第二层服务（Advanced L2 Service，AL2S）相连。

此外，XSEDE 还为用户提供网络基础设施专家支持，这些专家拥有性能分析、千万亿次优化、加速器的有效使用、I/O 优化、数据分析、可视化等不同领域的专业知识和技能，可以在数月到一年的时间内为科研人员提供免费帮助，从根本上提升科研人员使用 XSEDE 资源的水平。XSEDE 还为校园挑战赛（Campus Champions）项目提供支持，为来自 50 州 200 所机构的志愿者提供 HPC、HTC 及其他 XSEDE 数字服务、机遇与资源信息。参与校园挑战赛的学校能直接访问 XSEDE，获得其员工支持和资源配置，并帮助学校的研究人员使用 XSEDE 的资源。

2016 年 2 月，LIGO 科学合作组织正式宣布发现引力波，在此背后，是包括 XSEDE 在内的多样化计算资源体系为长达 5 个月的数据分析提供的强有力支撑。XSEDE 分配给 LIGO 的资源包括传统的超算环境（批量提交、用户登录、共享文件系统），也包括基于虚拟化的用户界面、无须再批量提交任务的超算环境。

13.4.4　欧盟"人脑计划"及其 ICT 平台

13.4.4.1　"人脑计划"的规划与组织

2013 年 1 月，欧盟宣布投资 11.9 亿欧元启动为期 10 年的 HBP，以创建全球最大型的脑科学研究基础设施，促进大脑研究及医学和脑启发信息技术发展。作为未来和新兴技术旗舰计划之一，HBP 使用最先进的 ICT 工具研究和解读人类大脑，塑造了脑科学研究领域独一无二的基础范式。HBP 的规划从某种程度上可以等同于 ICT 平台的规划。

HBP 是欧盟 2005 年启动的"蓝脑计划"的延续。鉴于"蓝脑计划"已经成功利用超级计算机对老鼠大脑的皮质单元进行了建模,该计划的任务将转向人类大脑,建立更大、更详细的模型。HBP 由核心计划和合作计划两部分构成。核心计划由欧盟提供资助,确保计划的领导力与凝聚力,支持脑科学研究基础设施的建设,驱动 HBP 的开展。合作计划的经费来自加盟国的资助机构,是核心计划的有力补充,并为 HBP 平台的测试提供第一批外部用户。

HBP 分为多个阶段开展,2013 年 10 月至 2016 年 3 月是项目的初始阶段(ramp-up phase),在欧盟提供的 5400 万欧元的资助下,HBP 创建了由六大 ICT 平台组成的独特 ICT 架构,提供包括基于云的合作与开发平台,面向元数据并提供数据源追踪的数据库,数据分析和计算服务,以及最先进的超级计算机、神经形态系统和虚拟机器人在内的多种先进 ICT 工具与服务,以实现对人类大脑的解码。2016 年 4 月至 2018 年 3 月,是 HBP 的具体拨款协议-1 阶段(Specific Grant Agreement One,SGA1),欧盟提供 8900 万欧元的资助。目前,HBP 处于具体拨款协议-2 阶段(SGA2),从 2018 年 4 月起至 2020 年 3 月结束,欧盟提供的经费预算为 8800 万欧元。

13.4.4.2 "人脑计划"的整体 ICT 架构

2016 年 3 月,作为初始阶段的成果,HBP 开发的六个 ICT 平台的初始版本正式发布。参与 HBP 的科学家使用这 6 个平台创建出大量上行和下行数据流。研究人员将海量高度复杂的神经科学数据、高端模拟能力与大规模数据分析能力组合起来,提供给全球分布的合作团队,以支持可再现的神经科学分析、建模与模拟工作流。

六大 ICT 平台中,基于先进云技术的 NIP 和 HPAC 是关键。它们联合了众多超算中心,主要作为 IT 服务基础设施运行,并支撑着其他 4 个平台的运作。此外,作为 NIP 项目的一部分,COLLAB 是 HBP 合作研究环境的中枢,为科学家和科研团体高效访问各 ICT 平台提供支持,并提供基于云的软件服务和虚拟开发服务。其余 4 个平台严重依赖于 NIP 和 HPAC 平台提供的数据、软件与服务基础设施。

1. 两大核心平台与合作实验室

1)神经信息学平台(NIP)

NIP 在 HBP 的 ICT 架构中扮演着"指挥者"的角色,保障用户通过 COLLAB 无缝访问各平台。值得一提的是名为"数据支持与典藏实验室"的 NIP 高级支撑团队,他们通过积极主动接触用户、提供实习培训、确保所有保留数据的可发现性,极大地增强了 NIP 作为研究基础设施的职能。该团队至关重要,它支撑着 HBP 内外部的用户,提供必要的元数据让这些用户的数据可被他们的同行重新发现或再利用。该团队负责确保项目数据流按时建立与实现，且满足项目生命周期应用（Project Lifecyle App，PLA）确定的需求，以方便研究人员从 PLA 数据库中获取关于组件/产品的科学用例和信息并落实计划安排。

2）高性能分析与计算平台（HPAC）

处理大脑的超级复杂性离不开先进的 HPC 能力，HPAC 的任务就是帮助神经科学家成为优秀的高端超级计算机和系统使用者，更好地开展大数据分析。在"人脑计划"的十年期内，HPAC 将为 HBP 联盟以及更广泛的欧洲神经科学团体提供百亿亿次超级计算机、面向 PB 级数据分析的大数据 HPC 系统以及分布式云计算能力，以实现基于云的高端 HPC 应用。这需要针对系统软件、中间件、交互式计算指导、可视化等领域开展研究。HPAC 项目开发的软件与工具被用于多尺度大脑模型的创建和模拟，特别是用于解决全脑建模的硬扩展挑战。HPAC 还负责协调 HBP 与各高级支撑团队的互动。

3）合作实验室（COLLAB）

COLLAB 是基于网络的协作云系统，一方面，它可以提供对 HBP 相关的研究、社区、管理活动和 6 个 ICT 平台的访问；另一方面，它为 NIP 工具提供软件即服务（SaaS）。需要强调的是，COLLAB 是获取 NIP 知识图谱的入口。NIP 知识图谱是一个记录所有进出 HBP 数据流的元数据目录，能实现全面的数据来源追踪并支持搜索功能的深度集成。COLLAB 也是一个社交网络系统，能实现以数据、理论、应用和模型流动共享为中心的协作型科学。COLLAB 的功能因为平台即服务（PaaS）得到进一步增强，HBP 曾明确宣称要让所有针对现有和未来软件的开发活动都能通过 COLLAB 进行。

在 HBP 的现阶段，NIP 与 COLLAB 进行了更深层次的集成，以确保提供有效的数据共享和软件生态系统，将数据用于解决科学问题。COLLAB 为 NIP 工具的开发及其他工作提供平台服务。为实现这些服务，NIP 通过各种途径使用 HPAC 平台，而 HPAC 作为主要的存档平台，尤其是作为高端超算能力提供者，也需要与 NIP 和 COLLAB 深度集成，以提供必要的计算与存储资源，支持模拟和科学大数据分析。

2. 其他平台

MIP 旨在通过 ICT 与生物学/医学的融合获得对大脑功能的根本性认识，为针对大脑疾病的新疗法开发提供支持。该平台将包括位于不同医院的联合节点，实现对匿名临床数据和数据集成的原位查询。MIP 项目建立一个临床咨询委员会，以确保平台提供的服务能支持临床医师和医学研究。

大脑模拟平台旨在提供一个用于数据驱动型大脑模型预测性重建、可从互联网访问的协作平台，能根据不同层次的描述构建抽象计算模型、点神经元模型、基于分子动力学的工具与模型等相应模型。平台提供的工具、服务、应用和工作流能帮助科学团体获取不同模型来创建自己的模型，而大脑影像数据也被用于创建这些模型。

神经形态计算平台允许不具备 IT 技能的神经科学家与工程师使用配置好的神经形态

计算系统开展实验，执行在大脑模拟平台及通用电路模型上开发的简化版大脑模型。该平台以 SpiNNaker 和 BrainScales 两个互为补充的系统为基础，前者是一种新型的大规模并行计算机体系架构，后者使用模拟电路执行神经元过程的物理模型。

NRP 是一个可经互联网访问的模拟系统，能实现对由脉冲神经网络控制的机器人的模拟。该平台由多个面向复杂环境、机器体、大脑等模型的设计项目和多个集成入网络前端的模拟引擎组成，位于不同地点的用户可以使用这些前端快速建立机器人模型及相应的大脑控制器、环境和实施计划。NRP 还允许对以前的实验进行再利用和共享，这开启了神经机器人协作研究的新时代。

13.4.4.3 　"人脑计划"的成果与影响

截至 2017 年 10 月，HBP 已经汇聚了来自 19 个国家的 115 家参与机构，其中大学 87 所，科研机构 26 所，还有 2 家企业。ICT 平台的用户达到 2335 人，其中 1412 人为外部用户，同比增长近 1 倍。作为此类研究的首个计划，HBP 让欧盟立足于全球脑科学研究的前沿，并促发了全球同类项目的相继启动和开展。2014 年，美国启动国家级"脑科学"（BRAIN）计划；2016 年，澳大利亚建立澳大利亚脑科学联盟，日本启动 Brain/MINDS 计划；2017 年，加拿大政府与"加拿大大脑"（Brain Canada）基金会推出一批联合资助的脑研究项目。中国于 2016 年印发《"十三五"国家科技创新规划》，提出要面向 2030 年，部署启动"脑科学与类脑研究"重大科技项目，抢占脑科学前沿研究制高点。

2017 年 10 月举行的 HBP 峰会提出要将 HBP 的六大 ICT 平台集成入一个统一的平台——HBP 联合平台（HBP-JP），方便科研用户和临床用户通过单点登录访问 HBP 提供的成果、工具、软件、硬件架构、仿真环境等统一资源与服务。HBP 还将设立一个高级支持小组来帮助用户解决他们的具体问题。

面向 2018～2020 年，HBP 的一大重心是将现有的六大平台融入集成的 HBP-JP，提供通用的服务，改进用户支持与集成，并将创建一个法律实体来管理科研基础设施，确保其在旗舰计划结束后也能实现长期可持续性。

13.5　数据与计算平台规划的编制与组织实施特点

纵观各个国家和地区，包括科研机构的数据与计算平台规划，以及以重大科学计划为依托的数据与计算资源建设，都十分重视整体统筹、长期可持续性、标准建设等方面。然而，从具体设计来看，国家级平台规划与项目级平台建设又各有其特色。下文将简要分析数据与计算平台规划在编制与组织实施方面的特点。

13.5.1 注重顶层设计和整体的统筹推进

不仅是数据与计算平台，欧美其他科技领域的规划与发展也十分注重顶层设计，因为自上而下的整体统筹有助于各类部署更加有机的关联、匹配与衔接，整合和协调了相对分散的资源，也避免了重复建设的问题。就数据与计算平台规划而言，美国的 XSEDE、欧盟的 EGI 和开放科学云、WLCG、欧盟 HBP 的 ICT 平台，均是顶层设计的成果。

数据与计算平台作为信息化基础设施，为科学发现和创新提供了强大的支撑。XSEDE 和 EGI 既是顶层设计的成果，也分别是美国和欧盟科研信息化整体规划的关键组成部分，并反过来促进了欧美科研信息化的发展。2001 年，美国启动建设 XSEDE 的前身 TeraGrid，成为科研信息化规划的新起点。美国的信息化基础设施包括 XSEDE 的规划与运行管理，目前由 NSF 下属的先进网络基础设施（Advanced Cyber Infrastructure，ACI）部门负责，ACI 的前身是 2005 年成立的 OCI，其主要职责是为 21 世纪的科学工程的科研教育活动开发和提供最先进的网络基础设施资源、工具和服务，并对此进行协调与支持。2013 年 OCI 更名为 ACI，并入 NSF 的计算机与信息科学及工程学部。EDG 也是欧盟科研信息化之始，EGI 是欧盟科研信息化新阶段的主要内容，欧盟的科研信息化项目及信息化基础设施建设统一运行于欧盟此前的框架计划及当前的"地平线 2020"计划之下，主要由欧盟委员会下属的欧盟通信网络、网络数据和技术总司（DG CONNECT）负责。信息化基础设施咨询工作组（e-Infrastructure Reflection Group，e-IRG）是欧盟协调信息化基础设施研发的一个重要机构。

随着大数据时代的到来，大型科学实验不可避免地会产生海量实验数据或观测数据，科学大数据的获取、存储、分析以及相应计算资源的管理和配置都将面临严峻挑战。因此，许多大科学计划在设计之初，也将数据与计算平台的建设纳入总体规划之中，而且将其视为关键部分。例如，WLCG 的建设最初就是为了满足 LHC 实验数据存储和处理的需求，然后随着发展演进，逐步转变为一个服务于科学研究的通用计算平台，可扩展应用于生物、大气等诸多科学研究领域。欧盟 HBP 更是以建设 ICT 平台为首要任务，并在每年的工作计划中，都对 ICT 平台的发展升级进行了详细规划。

13.5.2 注重长期可持续性和可扩展性

全球重要的数据与计算平台的建设都十分重视长期可持续性和可扩展性，实施理念十分务实。这些平台大多瞄准中长期（至少 10 年）进行规划，并采取分阶段开展、逐步推进的灵活模式，这样便于在实施过程中一旦发现问题可以及时对目标或任务进行调整，并可随时纳入新出现的理念和技术，确保平台的升级和扩展，并一直能处于世界领先水平，从而更好地应对全球科研创新及科研模式的发展变化。

仍以美国的 XSEDE 和欧盟的 EGI 为例，这两大数据与计算平台的建设与运行均已超过 15 年，经历了四个阶段的发展（图 13-1），且目前在全球同类项目中仍然属于引领者。另一个典型的例子是目前欧洲最大的数据基础设施项目 EUDAT，该项目启动于 2011年，旨在创建可持续的协作型科研数据基础设施，解决欧洲科研团体面临的大数据挑战。2015 年，EUDAT 项目进入新阶段 EUDAT2020 的建设，将在前一阶段项目的基础上使欧洲各个研究领域的研究人员与从业者能在一个可信的环境中保存、寻找、访问和处理数据。2016 年 10 月，欧洲 16 家重要的科研组织及数据与计算中心共同签署了一份协议，承诺将在未来 10 年维持 EUDAT 的运行。

图 13-1　XSEDE 和 EGI 分阶段实施路线图

由于是分阶段开展，平台的建设是一项延续性的工作，一般是在原有工作的基础上进行升级和强化，而非重头建设。例如，XSEDE 是在 TeraGrid 的基础上进行建设，EGI 则是延续了 EDI 和 EGEE 的工作。这样可以最大限度地协调、整合和优化资源投入，避免重复建设和职权交叉的问题，并能及时与国家的科研创新规划接轨，为科研创新提供最大助力。例如，EGI 项目的第二阶段 EGI-Engage 于 2015 年启动，是为了加速 EGI 于 2014 年底提出的开放科学公地愿景的实现，同时面向正在进行的 EOSC 建设。EOSC 就是要借助云的理念，将包括 EGI、EUDAT、PRACE 等在内的欧洲现有的信息化基础设施和数据资源连接起来，通过制定合理的数据保护、开放接入等政策，打造一个数据共享和再利用的统一的信息化基础设施环境，从而促进多学科科技创新，将欧盟在科技创新的投入最大化。

13.5.3　注重互操作性和标准化建设

各个国家、地区和机构，以及大型科学计划在进行数据与计算平台规划和建设时，都十分重视互操作性和标准化。美国"联邦大数据研发战略计划"提出共享的基准、标准和指标对网络基础设施生态系统的良好运作至关重要，要促进数据共享和相关基础设施的互操作性，并开发数据共享的最佳实践和标准以及能改善数据易用性和数据传输的新技术。欧盟 BDV PPP 也致力于支持正式标准及事实标准的创建与扩大。

具体的平台建设上，EOSC 科研试点项目的重点是要减少数据基础设施间的碎片化，并改善互操作性，通过定义并实施相应的规范、接口、标准与进程，实现互操作性和共享。ELIXIR 创建了互操作性平台，致力于开发和实施一个框架，为人类和机器发现、集成和分析生物学数据提供支持。2016 年该平台制定了互操作性路线图，确定了科学与技术战略，并总结了 ELIXIR 互操作性服务及相关活动的需求。GEOSS 的通用基础设施大力促进通用技术标准的采用，方便来自不同设施的数据能组合成一致的数据集。GEOSS 的数据管理原则也致力于解决对通用标准与互操作性的需求，确保不同来源与类型的数据和信息是可比较且兼容的，促进数据集成入模型和应用开发，最终开发出决策支撑工具。

此外，各数据与计算平台的建设多采取开放、开源的模式，而且鼓励公私合作和全球化合作。欧盟 HBP 是一个典型案例，其参与单位覆盖 19 个国家，涉及高校、研究院所和企业，而且欧盟 HBP 也与美国的"脑科学"计划建立了合作关系。WLCG 也采用了全球合作单位之间共享科学计算资源的方式来实现海量数据的处理和分析。此外，"欧洲云计划"的建设采用了多渠道资金的融合方式，67 亿欧元的经费中，"地平线 2020"计划提供 20 亿欧元的启动资金，其余 47 亿欧元由欧盟结构与投资基金、成员国公共财政和私人行业等投资筹集。

13.6 我国数据与计算平台发展规划的国际比较研究

13.6.1 我国超级计算机发展及规划

2017 年 11 月最新出炉的全球超级计算机 500 强榜单显示，来自中国的"神威·太湖之光"和"天河二号"牢牢占据前两名的位置，至此，中国已连续 5 年占据全球超算排行榜的最高席位。而且，中国首次以 202 台对 143 台的显著优势反超美国成为上榜超级计算机数量最多的国家，这也是美国自 500 强排行榜发布以来表现最差的一次，不仅上榜总数大幅度下降，上榜超级计算机中表现最好的 Titan 也仅排名第五。

中国的成功来自对超级计算机研发的一贯重视，而且，为了保持优势并在即将来临的百亿亿次计算时代不落人后，中国将百亿亿次（E 级）超级计算机及相关技术的研究写入了《"十三五"国家科技创新规划》，希望在 2020 年左右实现这一宏伟研究计划。在国家"十三五"HPC 专项课题中，曙光信息产业股份有限公司、国防科技大学以及国家并行计算机工程技术研究中心同时获批牵头 E 级超算的原型系统研制项目。

相对运算速度的大幅提升，我国过去在超级计算机的应用方面一直是短板。不过，2016 年 11 月，在美国盐湖城举行的 2016 年全球超级计算大会上，由中国科学院软件研究所杨超与清华大学薛巍、付昊桓和北京师范大学王兰宁等人组成的联合研究团队，凭借"千万核可扩展全球大气动力学全隐式模拟"研究成果一举获得戈登·贝尔奖。这是我国超级计算应用团队近 30 年来首次获得有着"超级计算应用领域诺贝尔奖"之称的全球最高奖，标志着我国科研人员正将超级计算的速度优势转化为应用优势。而且，2017 年 11 月，基于"神威·太湖之光"的"非线性大地震模拟"应用再次拿下戈登·贝尔奖，实现蝉联。

此外，国家牵头兴建超级计算中心，为科学工程研究及社会问题的解决提供支持。截至 2017 年，科技部批准建立的国家超级计算中心共有六家，分别是国家超级计算天津中心、国家超级计算广州中心、国家超级计算深圳中心、国家超级计算长沙中心、国家超级计算济南中心和国家超级计算无锡中心。

13.6.2　国家科技基础条件平台建设与规划

为加强科技创新基础能力建设，推动我国科技资源的整合共享与高效利用，改变我国科技基础条件建设多头管理、分散投入的状况，减少科技资源低水平重复和浪费，打破科技资源条块分割、部门封闭、信息滞留和数据垄断的格局，"十一五"以来，国家有关部门贯彻"整合、共享、完善、提高"的方针，组织开展了国家科技基础条件平台建设工作。

科技基础条件平台是充分利用现代信息技术等手段，创新机制，有效整合科技资源，为全社会的科学研究、技术创新和社会民生提供共享服务的网络化、社会化的组织体系。作为提高科技创新能力的重要基础，科技基础条件平台已成为国家创新体系的重要组成部分、政府管理和优化配置科技资源的重要载体、开展科学研究和技术创新活动的物质保障，是提升科技公共服务水平的重要措施和有力抓手。

"十一五"期间，科技部、财政部会同有关部门落实《2004—2010 年国家科技基础条件平台建设纲要》，组织实施了 42 项基础条件共享平台建设项目，累计投入经费近 30 亿元，在科研设施与仪器、科学数据与信息、生物种质和实验材料等领域，初步建成了一批国家科技基础条件共享平台。

"十二五"以来，科技部、财政部在国家科技基础条件共享平台建设专项项目成果基础上组织开展认定、绩效考核和共享服务后补助工作，23 家国家科技基础条件平台纳入国家科技基础条件共享平台体系，面向社会开展共享服务，取得显著成效。

几年来，经过广大科技工作者和管理部门的共同努力，科技基础条件平台建设取得很大的进展。初步建成了以研究实验基地和大型科学仪器设备、自然科技资源、科学数据、科技文献等六大领域为基本框架的国家科技基础条件平台建设体系；同时，各地方结合本地科技经济发展的具体需求和自身优势，因地制宜地建成了一批各具特色的地方科技平台。基于信息网络技术的科技资源共享体系初步形成，科技资源开放共享的理念得到广泛认同，科技资源得到有效配置和系统优化，资源利用率大大提高。以科学数据领域为例，相关资源包括：地球系统科学数据共享平台、地震科学数据共享中心、农业科学数据共享中心、林业科学数据平台、气象科学数据共享中心、人口与健康科学数据共享平台、交通科学数据共享网等。

2009 年，科技部、财政部开通了中国科技资源共享网，实现了全国科技资源导航与检索、搜索引擎、绩效评估监测和用户单点登录等功能，初步整合了部门、行业和地方的科技基础条件资源信息，形成面向科技人员和社会公众的网络信息服务体系，各部门、各地方和各科技资源管理单位也建设了各具特色的信息网络系统。总体上看，在国家、部门和地方、科技资源管理单位三级层面，我国已初步形成了逻辑上高度统一、物理上合理分布的科技资源管理与服务的信息网络架构。

2017 年 9 月，2013 年获科技部批准立项组建、依托北京航空航天大学筹建的"国家科技资源共享服务工程技术研究中心"通过验收。该工程中心在跨领域科技资源深度挖掘与分析、大数据管理和质量控制、科技资源共享服务标准体系建设等关键技术上取得了突破，并在国家科技基础条件平台和国家大型仪器网络管理平台中得到了应用；建设了中国科技资源共享网，形成了以 28 家国家级平台为核心、800 多家资源单位的三级科技资源服务网络；建设了国家大型仪器网络管理平台，覆盖了全国 30 多个省（自治区、直辖市）和 24 个中央部门下的 3000 余家单位，推动了科技资源共享与创新理念在全社会的传播。

13.6.3 "十三五"国家数据与计算平台规划

我国目前在超级计算机的研发方面已具备世界领先水平，科学数据库的建设与共享也取得了一定成效。但我国目前尚无像美国 XSEDE、欧盟 EGI 和 EOSC 那样的一体化、共通共用的同类数据与计算平台。针对这一情况，面向"十三五"，我国已出台了部分相关规划。

《"十三五"国家科技创新规划》面向 2030 年，部署启动了一批体现国家战略意图的重大科技项目，其中一项重大工程即为大数据。主要任务是突破大数据共性关键技术，建成全国范围内数据开放共享的标准体系和交换平台，形成面向典型应用的共识性应用模式和技术方案，形成具有全球竞争优势的大数据产业集群。

《"十三五"国家信息化规划》将建立统一开放的大数据体系列为重大任务之一，同时强调提升云计算自主创新能力，建设基于云计算的国家科研信息化基础设施，打造"中国科技云"。

《中国科学院"十三五"发展规划纲要》指出要加强信息化建设，一大重点就是通过新一代信息技术，深度整合相关科技资源，构建以基础设施、实验条件、软件平台、数据文献等科技资源为基础的"中国科技云"服务平台，打造数据与计算平台，为中国科学院及国家科技创新提供全面的资源和信息服务。

13.7　启示与建议

我国近年来在计算与数据资源建设和共享方面已经取得显著进步，超级计算机的研制与应用更是赶超国际先进水平。然而，对于未来的科技创新及相关信息技术支撑体系的建设，仍有待提升和改进。欧盟、美国数据与计算平台建设，以及国家大型科学计划的数据与资源建设可为我国提供如下启示：

1. 加强数据与计算平台建设的统筹设计

数据与计算平台是实现国家创新战略的需要，为科技创新提供了强大支撑。数据与计算平台的建设不仅仅是基础设施建设本身，还涉及资源汇聚、实验-数据-基础软硬件的有机耦合、国家级数据库建设与资源共享、算法设计、治理体制、安全保障、人才建设等一系列的工作，这需要由国家牵头，由上至下进行规划和统筹，从而充分调动相关部门，实现各项部署和行动的有机结合与匹配，各类资源的有效整合和协调。可以将"中国科技云"的建设作为重点推进，在基础设施建设、资源整合与分配、数据共享与管理等方面为同类项目建设树立典范。

2. 建立数据与计算平台的长效投入和运行机制

无论是美国的 XSEDE，还是欧盟的 EGI，以及针对 LHC、地球观测等大型科学计划和项目建设的信息技术支撑平台，这些成效显著、影响深远的数据与计算平台，其运行均已超过 10 年的时间。维持资金的稳定持续投入对于大型平台的建设而言至关重要，有助于平台的可持续发展与升级，及时融入新兴的理念和技术，以及调整和更新目标和任务，从而更好地应对全球科研创新及科研模式的发展变化。因此，应建立可供数据与计算平台稳定运行及长期可持续的经费投入与运行管理机制，组建专家队伍提供技术支持，同时加强人才队伍建设并创新培养模式。

3. 推进数据的开放共享及项目的国际合作

科学数据能够真正开放共享，是解决大科学问题的重要先决条件之一。我国已经将科学数据开放共享上升至国家战略高度。针对数据与计算平台的建设，应出台更具实际操作指导意义的数据开放共享原则和方法，并配套相应的激励机制和技术手段，推进科学数据真正开放共享。开发可信的在线科学数据共享与归档平台，确保用户数据的安全性，并实现数据开放与隐私保护之间的平衡。

　　以数据开放共享为契机，推动我国的数据与计算平台建设和国际同类项目在政策制定、机制建设、内容提供、技术研发、标准开发方面的合作和交流，特别是要促进通用技术标准的采用，或是国际性标准的开发与制定，使数据与计算平台更好地与国际接轨，为我国科技创新及国际性项目的开展提供有力支撑。此外，建立国内同类项目之间的合作，以及各部门之间的联系。

<h1 style="text-align:center">参 考 资 料</h1>

工业和信息化部. 2017. 工业和信息化部关于印发大数据产业发展规划（2016－2020年）的通知. http://www. miit.gov.cn/n1146295/n1652858/n1652930/n3757016/c5464999/content.html[2017-10-18].

国家遥感中心. 2012. 地球观测组织（GEO）简介. http://www.nrscc.gov.cn/nrscc/gjhz/gjdqgczz/201204/t20120427_30740.html[2017-10-26].

国务院. 2015. 国务院关于印发促进大数据发展行动纲要的通知. http://www.gov.cn/zhengce/content/2015-09/05/content_10137.htm[2017-10-18].

国务院. 2016a. 国务院关于印发"十三五"国家科技创新规划的通知. http://www.most.gov.cn/mostinfo/xinxifenlei/gjkjgh/201608/t20160810_127174.htm[2017-10-18].

国务院. 2016b. 国务院关于印发"十三五"国家战略性新兴产业发展规划的通知. http://www.gov.cn/zhengce/content/2016-12/19/content_5150090.htm[2017-10-18].

国务院. 2016c. 国务院关于印发"十三五"国家信息化规划的通知. http://www.gov.cn/zhengce/content/2016-12/27/content_5153411.htm[2017-10-18].

科技部. 2017.国家科技资源共享服务工程技术研究中心通过验收. https://escience.org.cn/news/17680 [2017-10-26].

新材料情报研究团队. 2011. 美国"材料基因组计划"分析. http://lib.semi.ac.cn:8080/tsh/dzzy/wsqk/jckb/xianjinzhizao/2011-14.pdf[2017-10-26].

中国科学院国家互联网信息办公室，中华人民共和国教育部，等. 2016. 中国科研信息化蓝皮书2015. 北京：科学出版社.

高度情報通信ネットワーク社会推進戦略本部. 2012. 電子行政オープンデータ戦略. http://www.kantei.go.jp/jp/singi/it2/kikaku/dai8/siryou4_2.pdf[2017-10-15].

文部科学省. 2013a.文部科学省情報科学技術関連予算について. http://www.mext.go.jp/b_menu/shingi/gijyutu/gijyutu2/006/shiryo/__icsFiles/afieldfile/2013/02/12/1330429_1.pdf[2017-10-15].

文部科学省. 2013b.平成25年度戦略目標の決定について（科学技術振興機構（JST）戦略的創造研究推進事業（新技術シーズ創出）). http://www.mext.go.jp/b_menu/houdou/25/03/1331298.htm[2017-10-15].

総合科学技術会議. 2012. 平成25年度科学技術関係予算重点施策パッケージの特定について. http://www8.cao.go.jp/cstp/tyousakai/innovation/ict/6kai/siryo4.pdf[2017-10-15].

総務省. 2012a. 2020年頃に向けたICT総合戦略(案). http://www.soumu.go.jp/main_content/000170762.pdf [2017-10-15].

総務省. 2012b. 総務省アクションプラン 2013-2013年度総務省重点施策. http://www.soumu.go.jp/main_content/000174851.pdf[2017-10-15].

総務省. 2013a. 平成 25 年度総務省所管予算（案）の概要. http://www.soumu.go.jp/main_content/000199049.pdf[2017-10-15].

総務省. 2013b. 平成 25 年度情報通信技術の研究開発に係る提案の公募. http://www.soumu.go.jp/menu_news/s-news/01tsushin03_02000047.html[2017-10-15].

総務省. 2013c. ICT 成長戦略 ～ICT による経済成長と国際社会への貢献～http://www.soumu.go.jp/main_ content/000236560.pdf[2017-10-15].

総務省. 2013d. 総務省ミッションとアプローチ 2014-2014 年度総務省重点施策-. http://www.soumu.go.jp/ menu_news/s-news/01kanbo05_02000056.html[2017-10-15].

Alivisatos A P，Chun M，Church G M，et al. 2012. The Brain Activity Map Project and the Challenge of Functional Connectomics. Neuron，74（6）：970-974.

Amunts K，Ebell C，Muller J，et al. 2016. The Human Brain Project：Creating a European Research Infrastructure to Decode the Human Brain. Neuron，92：574-581.

BBSRC. 2017. ELIXIR-European Life Science Infrastructure for Biological Information. http://www.bbsrc.ac.uk/ research/international/engagement/research-infrastructures/elixir/[2017-10-26].

Big Data Value Association. 2016. Big Data Value Strategic Research and Innovation Agenda. http://www. bdva.eu/sites/default/files/EuropeanBigDataValuePartnership_SRIA__v2.pdf[2017-10-15].

Brain Canada. 2017. Government of Canada and Brain Canada Foundation announce 18 new brain research projects. https://braincanada.ca/cbrf/government-of-canada-and-brain-canada-foundation-announce-18-new-brain-research-projects/[2017-10-26].

CSIRO. 2015. Big Data Knowledge Discovery. https://research.csiro.au/data61/big-data-knowledge-discovery/[2017-10-16].

CSIRO. 2017. CSIRO'S Data61：Australia's Leading Digital Innovation Network FY2016/17 Year in Review. https://www.csiro.au/en/News/News-releases/2017/CSIROs-Data61-delivers-for-Australia-in-its-first-year-of-operations[2017-10-16].

ELIXIR. 2017. ELIXIR Annual Report 2016. https://www.elixir-europe.org/news/elixir-publishes-its-2016-annual-report[2017-10-26].

EOSCpilot. 2017. About EOSCpilot. http://eoscpilot.eu/about-eoscpilot[2017-10-25].

EPSRC. 2014. EPSRC Calls for Partners to Develop Alan Turing Institute. https://www.epsrc.ac.uk/newsevents/news/partnerstodevelopalanturinginstitute/[2017-10-15].

EUDAT. 2016a. A Landmark Agreement Sustaining the Pan European Collaborative Data Infrastructure for the Next 10 Years. https://eudat.eu/news/a-landmark-agreement-sustaining-the-pan-european-collaborative-data-infrastructure-for-the-next#_Footnote3[2017-10-25].

EUDAT. 2016b. EUDAT Community Engagement：Core communities and Data Pilots. https://www.eudat.eu/sites/default/files/EUDAT_Community_Engagement_Booklet_vMarch2016.pdf[2017-10-25].

EUDAT. 2017a. EUDAT（Sept 2012-Feb 2015）Received Funding from the European Union's Framework Programme 7，DG Connect e-Infrastructure Unit under Contract No. 283304. https://www.eudat.eu/eudat-sept-2012-feb-2015[2017-10-25].

EUDAT. 2017b. EUDAT2020-March 2015-Feb 2018-H2020 Contract No. 654065. https://www.eudat.eu/eudat2020—march-2015—feb-2018[2017-10-25].

European Commission. 2014. European Commission and Data Industry Launch € 2.5 Billion Partnership to

Master Big Data. http://europa.eu/rapid/press-release_IP-14-1129_en.htm[2017-10-15].

European Commission. 2016a. ESFRI Roadmap 2016-Strategy Report on Research Infrastructures. http://ec.europa.eu/research/infrastructures/pdf/esfri/esfri_roadmap/esfri_roadmap_2016_full.pdf#view=fit&pagemode=none[2017-10-25].

European Commission. 2016b. European Cloud Initiative—Building a Competitive Data and Knowledge Economy in Europe. http://eur-lex.europa.eu/legal-content/en/TXT/?uri=CELEX：52016DC0178[2017-10-25].

European Commission. 2017a. Big Data Value Public-Private Partnership. https://ec.europa.eu/digital-single-market/en/big-data-value-public-private-partnership[2017-10-15].

European Commissison. 2017. ELIXIR. http://cordis.europa.eu/project/rcn/86704_en.html[2017-10-26].

F1000Research. 2017. Identifying ELIXIR Core Data Resources. https://f1000research.com/articles/5-2422/v2 [2017-10-26].

GEO. 2015. GEO Strategic Plan 2016-2025：Implementing GEOSS. https://www.earthobservations.org/documents/GEO_Strategic_Plan_2016_2025_Implementing_GEOSS.pdf[2017-10-26].

Human Brain Project. 2017. Progress in Building Europe's New Platform for Understanding the Brain. https://www.humanbrainproject.eu/en/follow-hbp/news/progress-in-building-europes-new-platform-for-understanding-the-brain/[2017-10-26].

LSST. 2017. Data Management. https://www.lsst.org/about/dm[2017-10-26].

Materials Genome Initiative. 2017. Activities. https://www.mgi.gov/activities[2017-10-26].

NICTA. 2013. Big Data Comes Down to Earth as NICTA Launches $12M Natural Sciences Project. http://www.nicta.com.au/media/current/big_data_comes_down_to_earth_as_nicta_launches_$12m_natural_sciences_project[2017-10-16].

NIH. 2012. NIH Proposes Critical Initiatives to Sustain Future of U.S. Biomedical Research. https://www.nih.gov/news-events/nih-proposes-critical-initiatives-sustain-future-us-biomedical-research[2017-10-11].

NIH. 2013a. NIH Commits $24 Million Annually for Big Data Centers of Excellence. https://www.nih.gov/news-events/news-releases/nih-commits-24-million-annually-big-data-centers-excellence[2017-10-11].

NIH. 2013b. Centers of Excellence for Big Data Computing in the Biomedical Sciences（U54）. https://grants.nih.gov/grants/guide/rfa-files/RFA-HG-13-009.html[2017-10-11].

NIH. 2014. NIH Invests Almost $32 Million to Increase Utility of Biomedical Research Data. https://www.nih.gov/news-events/news-releases/nih-invests-almost-32-million-increase-utility-biomedical-research-data[2017-10-11].

NIH. 2017a. Notice Announcing Funding Opportunity Issued for the NIH Data Commons Pilot Phase. https://grants.nih.gov/grants/guide/notice-files/NOT-RM-17-031.html[2017-10-11].

NIH. 2017b. About BD2K. https://datascience.nih.gov/bd2k/about[2017-10-11].

NITRD. 2016. The Federal Big Data Research and Development Strategic Plan. https://www.nitrd.gov/Publications/PublicationDetail.aspx?pubid=63[2017-10-11].

NSF. 2012. NSF Announces Interagency Progress on Administration's Big Data Initiative. https://www.nsf.gov/news/news_summ.jsp?cntn_id=125610&WT.mc_id=USNSF_53&WT.mc_ev=click[2017-10-11].

NSF. 2015. Establishing a Brain Trust for Data Science. https://www.nsf.gov/news/news_summ.jsp?cntn_id=136784&WT.mc_id=USNSF_51&WT.mc_ev=click[2017-10-11].

NSF. 2016. NSF awards $110 Million to Bring Advanced Cyberinfrastructure to Nation's Scientists，Engineers.

https://www.nsf.gov/news/news_summ.jsp?cntn_id=189573&WT.mc_id=USNSF_51&WT.mc_ev=click [2017-10-25].

Open Science Commons. 2015. The Open Science Commons is Adopted by the European Council. https://www. opensciencecommons.org/news/the-open-science-commons-is-adopted-by-the-european-council/[2017-10-25].

Primeur Weekly! Magazine. 2011. New Project to Tackle Data Deluge：EUDAT—Towards a Pan-European Collaborative Data Infrastructure. http://primeurmagazine.com/weekly/AE-PR-11-11-39.html[2017-10-25].

Sciencenode. 2015. A New Approach to Sharing the Scientific Resources that Enable 21st Century Research. https://sciencenode.org/feature/new-approach-sharing-scientific-resources-enable-21st-century-research.php [2017-10-25].

SIRCA. 2013. New $12m National Big Data Knowledge Discovery Initiative Launches at SIRCA. https://www. sirca.org.au/2013/06/new-12m-national-big-data-knowledge-discovery-initiative-launches-at-sirca/[2017-10-16].

SNF. 2017. Informatics，Innovation and Ethics：36 Research Projects Explore Big Data. http://www.snf.ch/en/ researchinFocus/newsroom/Pages/news-170221-press-releases-36-big-data-research-projects.aspx[2017-10-16].

STFC. 2017. UK leads on new £8.5m European scheme to improve access to research data. http://www.stfc. ac. uk/news/uk-leads-on-new-european-scheme/[2017-10-25].

Teragrid. 2009. What is TeraGrid XD? http://teragrid.org/cgi-bin/kb.cgi?portal=1&docid=ayep[2017-10-25].

The Alan Turing Institute. 2017. The Alan Turing Institute. https://www.turing.ac.uk/[2017-10-15].

Viljoen M，Dutka L，Kryza B，et al. 2016. Towards European open science commons：the EGI open data Platform and the EGI DataHub. Procedia Computer Science，97：148-152.

Whitehouse. 2012. Fact Sheet：Big Data Across the Federal Government. http://www.whitehouse.gov/sites/ default/files/microsites/ostp/big_data_fact_sheet_final.pdf[2017-10-11].

WLCG. 2017a. Tier Centres. http://wlcg-public.web.cern.ch/tier-centres[2017-10-26].

WLCG. 2017b. Structure. http://wlcg-public.web.cern.ch/structure[2017-10-26].

XSEDE. 2015. XSEDE Project Brings Advanced Cyberinfrastructure，Digital Services，and Expertise to Nation's Scientists and Engineers. https://www.xsede.org/web/guest/xsede-launch[2017-10-25].

第 14 章
国际科技发展战略与规划对我国的启示与建议

张志强　　陈云伟

（中国科学院成都文献情报中心）

　　2017 年党的十九大报告提出了我国到 2035 年基本实现社会主义现代化、跻身创新型国家前列，至 2050 年建成富强民主文明和谐美丽的社会主义现代化强国的宏伟目标。要加快建设创新型国家，为建设科技强国、质量强国、航天强国、网络强国、交通强国、数字中国、智慧社会提供有力支撑。习近平总书记在 2018 年两院院士大会上强调我们坚持建设世界科技强国的奋斗目标，健全国家创新体系，强化建设世界科技强国对建设社会主义现代化强国的战略支撑。我国建设世界科技强国的战略号角已经吹响，未来 30 年将是我国全面推进科技强国建设的攻坚期，也将面临难得的科技历史机遇和严峻的挑战。

　　世界新一轮科技革命和产业变革正孕育来临，世界科技发展呈现出前所未有的系统化突破性发展态势。世界科技发展的大趋势是，国际科学技术发展未来有可能在五大科学与技术领域孕育重大突破，即数字信息科学与技术、生命科学与技术、物质与能源科学与技术、材料制造科学与技术、深空与深海探测科学与技术，在这些领域可能出现一些颠覆性技术突破。新一轮科技变革的主导技术将可能出现在新一代数字信息技术、生命技术、新能源技术、新材料技术等的集成集群化发展和深度融合。与历史上前三次产业革命本质上是信息技术和能源技术革命的结合不同，新一轮科技革命和产业变革则呈现出信息、生命、材料、能源、空间等众多科技领域创新并发、科技突破群发涌现和汇聚融合等发展特点，创新活动表现出冲破前三次产业革命的传统有限地域范围而向全球多地域化与多点多极化遍布发展的新特点。此外，基础前沿交叉、资源、生态与环境等科学与技术领域，在解决基础性、公共性等科技问题过程中也将可能取得局部重要突破。

　　世界科技规模与产业变革正呈现出前所未有的新特点。主要表现在：科技创新的范式正在发生深刻变化和持续演进；学科领域交叉跨界渗透发展态势更加明显；基础科学理论革命性重大突破性发展的态势仍不明朗；私立研发机构崛起重塑全球研发格局和创新价值链；科技创新活跃中心呈现多极化多点化区域集群化发展态势；重大科技设施和新技术装备日益成为重要科学发现的利器；多领域技术创新突破群发密集汇聚融合时代来临；专利技术成果的商业化应用转化周期显著缩短；大科学时代深度国际科技合作的需求机遇与挑战并存；新兴技术领域发展挑战滞后的科技伦理监管和治理体系。

世界已经进入以创新为主题和主导的发展新时代，当今世界正在经历百年未有之大变局，而科技革命和产业变革成为大变局的关键变量之一。一方面，全球经济增长和社会发展进步对技术创新依赖度大幅提高，新科技革命将为人类解决共同的发展难题、应对诸多全球性挑战带来解决方案，将对经济、社会和全人类产生前所未有的影响，整个人类社会的经济体制、社会结构和价值链将发生深度调整。另一方面，科技强国间争夺关键核心技术与产业控制权的科技"明战"或"暗战"愈加频繁甚至激烈，而"科技战"将颠覆国际上有关科技发展与科技合作的现有规则和认识，将对全球科技创新网络结构、创新链、供应链、价值链等产生深刻不利影响。

在新一轮世界科技革命和产业变革蓄势待发、科技发达国家间争夺科技与产业主导权的激烈竞争日益白热化的新形势下，我国要实现建设现代化强国的战略目标，必须要准确研判全球科技创新发展趋势，高度聚焦世界科技最前沿，直面我国科技发展方面存在的各种各样的短板和不足，着力解决制约科技创新发展的体制机制障碍，科学规划科技强国建设路径，前瞻布局科技未来竞争领域，从容应对世界创新格局变化和激烈的国际科技竞争，扎实推进科技强国建设，才能有力支撑现代化强国建设。

我国要建成世界科技强国，建设基础科学研究强国就成为必然的重大战略选择。没有强大的基础科学研究支撑，科技强国是不可能实现的。我国长期依靠西方科技强国供给基础科学理论知识的时代窗口快速收缩，除了强化自身的基础科学理论知识供给能力别无选择。我国加强基础科学研究时不我待、正当其时，这是由我国发展的内、外部环境决定的。从国内看，我国科技发展的快速数量化增长成就显著，为从量变到质变奠定了坚实基础，决策界和科技界形成了淡化追求数量增长、强化追求质量增长的广泛共识。从国际上看，科技创新领导力之争（特别是中美两国之间），迫使我国只能"科技自立"。同时，我国也应该为丰富人类科技文明知识体系做出应有的"中国贡献"。要高度重视基础研究、应用基础研究，解决科技创新的理论与知识源头供给问题，而其关键是完善国家科技政策和制度。

基于前文对世界主要科技强国近年来在主要科技领域的科技战略、规划、计划与重要科技项目的系统分析和总结，可以对我国的科技战略与科技发展规划形成深刻的启示。同时，结合我国的科技发展水平和现状以及我国的国情，对我国的科技战略、科技规划与科技政策等有提出以下重要建议。

14.1 制定科技强国建设的中长期科技发展战略规划

14.1.1 客观科学评价我国科技发展的现状水平

新中国成立以来特别是改革开放 40 多年来，我国科技领域取得了长足发展，建立了较为完整的科技发展体系和国家创新体系，在一些关系国家安全的战略科技领域取得历史突破、占领一席之地（如"两弹一星"等重大成果）。尤其是 20 世纪 90 年代末国家实施知识创新工程以来，在 20 多年的较短时间内，我国科技发展在宽领域、多层次开始快速发展，取得举世瞩目的科技成就，部分领域从"跟踪"发展为"并跑"，个别领域取得"引领"优势，为我国经济社会发展做出了重大贡献。在基础研究领域取得了中微子震荡、铁基超导、量子反常霍尔效应、外尔费米子、体细胞克隆猕猴、多光子纠缠、拓扑半金属等一系列国际领先的重大原创成果；在战略高技术领域超级计算、卫星导航、航空航天、深海探测、"嫦娥四号"探测器实现月球背面登陆、量子通信等已进入国际先进行列；发射"悟空"、"墨子"、"慧眼"、"鹊桥"、碳卫星等重要科学实验卫星；建成 500 米口径球面射电望远镜（FAST）、中国散裂中子源、上海光源、全超导托卡马克核聚变实验装置等一批大科学基础设施，为我国深入开展基础研究提供了长期稳定的平台。这些科技成果的取得和相关发展已经引起了科技发达国家的警惕和担忧。

但也需要清晰地认识到，我国科技在取得巨大进步的同时，在关键核心技术领域与美国等科技强国相比仍存在的明显差距。我国科技发展的短板突出表现在以下几点：基础前沿科学研究整体水平明显落后，对人类知识体系发展产生重大贡献的重大原创性科学发现基本上属于空白；产业关键核心技术发展缓慢、严重受制于人，产业核心技术严重"空心化"，导致产业体系在全球产业价值链上整体处于低端层次。例如，高端芯片、基础元器件、航空发动机、高铁轴承、基础材料、高端仪器设备（如高端医疗设备）等全部依赖进口。此外，科技体制、项目管理、人才创新活力、科学价值观和创新文化、科技创新思维等诸多方面都与科技创新发展的要求不相适应。

14.1.2 全面认识科技强国的国家创新能力观察维度

一个国家强大与否，主要不是从自身角度进行纵向比较，而是主要取决于与其他国家的横向比较，而且这种比较应当是全方位的。一个国家能否跻身创新型国家前列乃至成为科技强国的决定因素不仅限于科技维度，还涉及诸如国土面积、人口、经济、文化、教育、政治和商业环境等诸多方面，而且这些方面是相互影响的。

世界科技强国必须是创新型国家，但进入创新型国家行列的小国家由于其国土面积和人口规模小、科技与产业体系不完整，未必就是世界科技强国，尽管这些创新型小国的创新经验可以借鉴。美国、英国、德国、法国、日本等已先后成为国际公认的世界科技强国；俄罗斯在苏联时代也曾是世界科技强国。中国成为世界科技强国的对标国家，只能是美国、英国、德国、法国、日本等国际公认的大国型世界科技强国，从根本上说其实就是美国（张志强等，2018）。

为有效评估和对比世界各国/地区的创新能力和竞争力，诸多国际组织、学术机构等已相继开发出多个有关国家创新能力和竞争力的评价指标体系，并基于这些相应的评价指标体系发布关于国家创新能力或竞争力的评价报告。例如，世界经济论坛（WEF）发布的《全球竞争力报告》，瑞士洛桑国际管理学院（IMD）的《世界竞争力年鉴》，世界知识产权组织（WIPO）与英士国际商学院及康奈尔大学等联合发布的《全球创新指数（GII）》报告，OECD 发布的《科学技术工业记分牌》，美国 NSF 发布的《科学与工程指标》，加拿大马丁繁荣研究所发布的《全球创造力指数》，等等。

尽管这些评价体系的观察角度、思考层次、考察重心并不完全一致，但其评价维度总体可归纳为以下方面：政策制度、基础设施、科技研发、金融投入、人力资本、知识资产等。这些评价体系中，主要的定量科技指标包括：研发投入强度、研发人员比例、科技论文数量及影响力、专利合作条约（PCT）数量、知识产权支付与收入、高技术进口与出口等。

科技强国的主要科技指标，应当包括定量与定性两方面的指标。除了定量科技指标外，还需重视在定性指标方面的表现，包括：世界主要的科学中心、重大科技基础研究设施、原创重大科学理论发现、主导的国际大科学计划、关键领域核心技术、国际影响力科学大师（一批）、世界影响力科技期刊（一批）、国际一流创新研发机构（世界百强）、世界一流研究型大学（世界百强）、国际巨头创新骨干企业（世界百强）、高科技产业制造强国、完善的创新制度设计、宽松自由的创新环境、创新创造至上价值观等。主要科技指标是建设创新型国家乃至科技强国的主要科技标志和科技奋斗方向。可以概括地说，科技强国建设是一个巨大的系统工程。

14.1.3　制定科技强国建设的国家中长期科技发展规划

党的十九大提出了我国计划到 2050 年建成世界科技强国，摆在科技界和全社会面前的是未来 30 年的科技强国建设之路。建设科技强国，作为一个庞大的系统工程，不能无章可循，必然需要制定和实施中期（未来 15 年）、长期（未来 30 年）两个时间段的国家中长期科技发展规划，明确两个时段的主要奋斗目标和战略举措等一系列问题。

科技强国在主要科技领域推出了各种各样的大量的科技战略与规划，为我们制定科技发展的中长期战略规划提供了重要的参考资料。我国需要围绕科技强国建设目标，落实创新驱动发展战略，出台各层次的科技规划、科技计划和政策举措。可以借鉴科技强国在国家层面实施的中长期科技规划的经验以及好的做法，从法律层面保障规划和计划的可持续性、延续性，以及定期优化和升级机制，确保国家中长期科技计划始终面向世界科技前沿，支撑创新驱动发展战略，服务于科技强国建设。

14.1.4　建设高端科技智库有效支撑科技战略决策

随着政府决策面临的各种问题日益复杂，各国政府决策对智库的依赖日益加深，智库的决策咨询作用不断强化，智库在科技战略研究、规划制定与政策研究方面的咨询作用也不例外。2013 年 7 月习近平总书记考察中国科学院时提出"四个率先"的重要指示，其一就是要求中国科学院"率先建成国家高水平科技智库"。2013 年党的十八届三中全会报告提出"加强中国特色新型智库建设，建立健全决策咨询制度"。2015 年 1 月中央发布了《关于加强中国特色新型智库建设的意见》，标志着中国特色新型智库建设正式上升为国家战略。2015 年 11 月《国家高端智库建设试点工作方案》获得批准并确定 25 家试点高端智库，中国特色新型智库建设全面启动。

观察国际上高水平智库建设与发展的经验可以发现，国际一流智库均有良好的发展环境、清晰的战略定位、独特的治理机制和人才组织模式、创新的研究方法、严格的智库产品质量管理机制等（张志强和苏娜，2016）。我国的智库发展状态与美国、欧洲等国际上智库发展比较成熟的国家和地区相比，无论是有影响力的智库数量、智库发展水平等，都有着巨大差距。智库在国家战略决策中的作用发挥还很有限。

当前及今后很长一段时间，新一轮科技革命和产业变革蓄势待发，国家间的科技竞争日益激烈，围绕重大前沿关键技术的科技战将愈演愈烈。研判世界科技发展趋势、遴选科技创新领域、分析科技创新突破方向、创新科技规划和政策措施，都需要科技智库前瞻性地开展研究与咨询。而我国科技智库的发展更加滞后，能够发挥科技创新的"耳目、尖兵和参谋"的科技智库更加寥寥。因此，需要大力支持建设科技智库的建设，特别是顺应国际上智库发展的趋势，借鉴智库高水平发展的管理机制经验，新建一批专业型特色化新型科技智库，支持持续开展科技战略研究，深化对科技前沿领域和方向的精细化分析和前瞻性研判，有力支撑我国科技强国建设的科技战略选择。重点是需要建设和完善智库发展的制度安排，为科技智库的发展创造稳定的政策环境和经费资助渠道；健全智库与决策层的沟通和成果报送机制；引导科技智库在研究方法和成果质量管理方面的创新，以客观、公正、科学为原则，研究提出高质量的智库科技咨询报告。

14.2　持续建设和完善最具活力的国家创新体系

14.2.1　强化国家战略科技力量谋求创新引领

我国目前的创新体系存在的主要问题，一是国家战略科技力量的引领作用不足，特别是在基础前沿科学发现、关键核心技术创新等方面的创新引领作用明显不足；二是企业自主创新投入主动性积极性和创新能力严重不足；三是适应科学新范式的新型研发机构发展明显滞后。为了实现至 2050 年将我国建成世界科技强国的目标，我国必须建立最具活力的、满足科技强国建设要求的国家创新体系。要强化支持国家战略科技力量在基础与交叉前沿研究、物质科学、空间科学、信息科学等科学前沿领域，在航空航天、深空深海探测等战略高技术领域，以及在新一代信息技术、生物技术、材料技术、智能制造技术、新能源技术等战略必争领域前瞻布局，力争在更多领域实现由"跟跑"变为"并跑"，有的甚至可争取"领跑"，全面实现从"三跑并存，跟跑为主"到"三跑并存，并跑领跑为主"的重大转变。

14.2.2　明确主要科技创新主体的功能和定位

长期以来，我国各类科技创新主体定位不清、功能交叉、低水平重复建设现象严重，甚至相互拆台、相互掣肘，形不成创新合力，导致国家创新体系整体效能不高。而中国的科技创新正处在从外源性向内生性转变阶段，只有掌握核心技术，才能真正掌握竞争和发展的主动权，从根本上保障国家经济安全和国防安全。

要强化科研院所在国家重大基础和前沿科技领域的创新功能定位。要以建设科技强国为导向，建设强大的国家战略科技力量队伍，提高对国立科研机构特别是从事基础研究或应用基础研究的机构的稳定支持经费比例（科技强国一般都在 70% 以上），减少过多的竞争性经费配置机制导致阻碍研发的持续性等弊端，真正解放科研人员以使他们能够全身心投入科研工作中。

要真正建立以企业为主体、市场为导向、产学研相结合的技术创新体系。加强对各类创新型企业的支持力度,要通过财税激励制度等政策设计,引导骨干企业投资于前沿技术和基础研究。必须下大力气解决好国有企业自主创新能力严重不足、主要依靠垄断市场和垄断资源生存的问题,国有企业"不能靠抱残守缺过日子"。以良好的创新制度设计激发形成一批优秀的民营创新企业,培养一批类似华为等进入世界百强、掌握产业核心关键技术的科技创新领军企业。

14.2.3　建设开放共享的国家公共科技创新平台体系

要适应大数据、大平台、大科学、大协同、大团队的时代需求,全面建设好国家公共创新平台,包括重大科技基础设施平台、科学实验平台、分析测试平台、科学数据中心、科技文献共享平台等,建立开发协同的管理运行机制,以合理的管理机制扩大各类平台的开放共享使用范围,全面提高平台使用效率,以有效支持各类创新主体的创新活动,降低创新成本。特别是在大数据大科学新范式时代,我国在大数据中心和平台建设方面,无论是在数据中心和数据平台建设,还是数据汇交、数据标准建设、数据开放共享等方面,虽然我国很早就认识到其极端重要性,但发展却很滞后。我国的大量数据资源都汇交到了国外的数据中心和数据平台上,未来难以避免战略科学数据被卡脖子的问题。因此,我国要把数据与计算平台作为关键基础设施来建设,坚决克服"重研究,轻数据"的理念和管理导向(包括在经费投入上),大力支持建设自主可控的科学数据共享与应用生态链、建设科学数据资源国家永久保存与利用平台、开发自主可控的先进计算软件研发与应用生态链等,把"科学数据主权"掌握在自己手中。

14.2.4　建设创新示范引领的区域创新体系高地

要按照区域经济和产业结构特点,建设具有区域特色的创新体系。在国家大力推进国家科技创新中心、国家综合科学中心等建设的背景下,要优化区域创新中心布局,特别是在中西部地区布局建设一批新的区域性科技创新中心,带动一批各具特色、优势互补、充满活力的区域创新城市和创新产业跃迁发展。真正在祖国大地上形成区域布局合理的、科技领域特色鲜明的一批有国际影响力的科学中心、技术创新中心,以及产业领域的一批新型制造业中心等。

14.3　长期稳定支持基础研究大力建设世界科学强国

14.3.1　长期稳定支持基础前沿探索性研究

我国基础研究长期投入不足、创新薄弱，长期依赖他国的创新知识供给，对人类知识体系的贡献乏善可陈，也导致我国对一系列重大核心技术领域没有发言权。必须大力投入长周期基础前沿研究，在一批重大基础前沿交叉研究中取得突破，在更多领域与方向起到引领作用（陶诚等，2019）。加强面向世界科技前沿和国家战略需求的基础前沿，组织实施半导体技术、脑科学、量子计算与量子通信、纳米科学、基因组学、关键材料技术等国家重点研发计划，提升前沿领域关键科学研究能力。优先支持和持续加强对基础前沿交叉研究，在物质最深层次结构及宇宙起源与演化探索，核科学技术及相关交叉前沿的引领和突破，量子调控及信息、能源、材料等新技术探索，功能物质创制，纳米科技及交叉应用，计算仿真、大数据分析与人工智能的数学理论与方法，多尺度力学与计算流体软件的前沿问题研究等领域进行重点布局，前瞻性开辟科技创新的新领域、新方向，涌现更多的诺贝尔奖级别的成果，力争在更多领域引领世界科学研究方向和技术创新。

14.3.2　支持建设新型基础科学卓越创新研究机构

应基于已有的基础和优势，加强顶层设计，在我国当前科研机构体系中凝练和组织研究队伍，重点支持和建设一批卓越创新研究机构。而建设卓越科学创新研究机构，不应该有统一的模式。新型国家实验室、重大科学前沿卓越创新中心等卓越科学创新研究机构，不是从零开始建设，而是在有基础、有积累的研究机构基础上遴选、认定、优化和引导建设的；也不能按照传统科学研究机构的管理模式，一律要建成所谓的独立法人机构，承担一切社会责任，致使卓越创新机构背负沉重的社会责任负担而无法轻装上阵去做"卓越科学创新"的工作。建设新型国家实验室、卓越科学创新机构，应因地制宜，宜大则大、宜小则小，宜法人机构则法人机构、宜非法人机构则非法人机构（隶属于某个法人机构），完全要根据发展需要，不能"一刀切"。关键是，如何遴选出这样的基础前沿重大科学问题的创新队伍，"用人不疑"，予以稳定的长期经费支持。

我国要强化支持符合国家战略需求的、面向世界科技前沿的基础前沿领域和方向，培育创新人才和团队。特别是要聚焦于实施半导体技术、脑科学、量子计算与量子通信、纳米科学、基因组学、关键材料技术等重要战略科技领域的研发，提升前沿领域关键科学研究能力，前瞻性开辟科技创新的新领域、新方向，涌现相关科技领域的突破性科技成果，力争在更多领域引领世界科学研究方向和技术创新。

14.3.3 推动基础研究机构与应用研发机构间的深度合作

要鼓励基础研究机构与应用研发类机构之间的深度科研合作，合作建立新型研发机构，特别是转化型研发机构。基础研究机构要主动从应用研发机构中寻找科学难题；应用研发机构要主动向基础研究机构提出需要攻关的基础科学问题，双方达成研究优势互补、研究资源共享等机制，才更有利于促进基础研究与应用基础研究、应用开发的协同转化。

在追求经济发展和美好生活的进程中，人们更容易关注能在更短时间内解决当前实际问题的应用研究，对基础研究的需求就显得不那么紧迫。然而，需要清醒地认识到，基础研究与应用研究是相互促进的，不能脱离。一方面，基础研究要面向技术应用；另一方面，从实际问题中提炼的关键科学问题需要在基础研究的层面上加以解决。只有重视和保护容易被忽视的基础研究，才能为应用研究与产品开发提供原创的理论与技术供给，才能摆脱核心技术受制于人的不利状况。特别是应用导向不鲜明的基础研究，不是企业投入的重点，只能由国家投入、定位明确的国立科研机构长期开展科学攻关，为相关应用研究提供源头知识和共性技术。

14.4 大力支持战略性产业核心关键技术研发

14.4.1 组织产业关键核心技术的协同攻关

要完善产业共性技术研发体系，促进产业向全球价值链中高端发展。目前我国中高端技术供给不足，如航空发动机、高端数控机床等战略高技术领域核心技术和装备仍不能自给，基础软硬件和高端信息设备严重依赖进口。在七大战略新兴产业的专利中，中国在高端装备制造业的核心专利技术比例最高，但仅占全球核心技术的1.38%，仅位居全球第9位。我国必须改变关键领域核心技术受制于人的局面，大力推动突破一批重点领域的关键共性技术，包括高铁轴承、航空发动机、核电核心机组、高端芯片、光刻机等。在这类技术和产业领域形成我国的产业优势是必然选择。政府对企业创新的扶持重点应当聚焦于基础设施建设、科技平台搭建、仪器设备共享、数据信息开放、创新政策支持等方面。要将数字化、网络化、智能化、绿色化作为提升产业竞争力的技术基点，重点提升我国产业在全球价值链中的地位，主要产业进入全球价值链中高端。同时，通过培育若干世界级的先进制造业集群，提升产业集聚的水平和高度，推进高质量经济的发展。

要面向国家重大需求，破解科学技术难题。聚焦深地、深海、深空、深蓝等领域关键科技问题，重点部署芯片、空间、海洋、信息网络安全、生物安全等涉及国家安全领域的新一轮战略制高点，谋求重点突破。围绕《中国制造 2025》的制造强国目标，在新一代信息通信技术产业、高档数控机床和机器人、航空航天装备、海洋工程装备及高技术船舶、先进轨道交通装备、节能与新能源汽车、电力装备、农业装备、新材料、生物医药及高性能医疗器械等重点发展领域，引导和激励社会各类创新科技资源集聚和协同发挥作用。

14.4.2　大力支持潜在突破性颠覆性新技术研发

当今世界正处在大变革大调整之中，展望未来 10～30 年，世界科学技术极有可能在数字信息科学与技术、生命科学与技术、物质与能源科学与技术、材料制造科学与技术、深空深海探测科学与技术等五大科学与技术领域出现重大突破。

新一轮科技革命和产业变革，将深度调整全球产业结构和竞争格局，未来可能取得突破的颠覆性创新将深刻变革人类的技术-经济-社会范式。要加大投入发展信息网络技术、生物技术、新材料与先进制造等具有重大产业变革前景的颠覆性技术，不断创造新产品、新需求、新业态，为经济社会发展提供持续驱动力，推动经济格局和产业形态深刻调整，不断提升国家竞争力。

在全球范围内，大量的大科学研究装置的建成使用，更大尺度、更加精细、更为深入的研究正在并将继续催生重大科学产出。未来 20 年内，量子信息技术的革命性影响将陆续产生，有实用意义的量子计算机将会出现，量子系统组件、量子原子钟、量子传感器、量子通信、量子增强影像等一大批量子信息技术将逐步实现商业化应用。纳米技术、生物技术、信息技术和认知科学（NBIC）的融合，将使身体和知识之间的区别更加难以分辨，从而引发新的或更为棘手的伦理问题。神经技术（neurotechnologies）集合了神经科学、微系统工程、计算机科学、临床神经学和神经外科的专业知识，这些进步的协同性意味着提升人体机能的新范式和技术将会迅速发展。未来的认证技术将使用生物识别技术、加密密钥生成器和其他技术，提供比现在更强大和更简单的访问控制。细胞免疫治疗、计算生物学、人体微生物组、基因编辑等颠覆性创新的不断发展，将为癌症等疾病诊疗不断带来新手段。要高度重视对变革性颠覆性技术的超前布局，加大投入发展信息网络技术、生物技术、新材料与先进制造等具有重大产业变革前景的颠覆性技术，确保在全球未来必争领域赢得发展空间和机遇。

14.5 完善创新政策体系建设活力迸发的创新生态

14.5.1 改革完善科技管理体制机制

加强系统顶层设计与统筹部署，建立完善的协调推进机制，建立适应科技强国建设、高效协同的现代科技创新管理体制和机制。例如，成立国家科技咨询委员会（决定国家科技重大战略和方向）；成立国家科技政策办公室（承担国家科技咨询委员会办公室职能，专司科技政策制定与监管实施）；成立科研机构管理部门（打破部门界限，协调国家科研机构的职能和定位）；成立国家科技创新基金委员会（按照科技战略、科技政策，全面负责国家科技创新资源的配置和资助），构建功能定位相对独立、互相协同的管理架构，实现科技咨询与科技决策、科技政策、科研机构和人员、科技投入与管理的良好运行机制。

14.5.2 稳定增加科技创新经费投入

从研发投入总量上看，近十年来中国的研发经费一直保持快速增长的趋势。中国的研发投入已位居世界第二，占全球研发投入总额的 20%，研发投入增量占全球增量的 34%，是全球研发投入增长的主要贡献者。不过，与发达国家相比，中国研发投入仍存在两个比较突出的问题，一是研发投入强度还比较低，2018 年为占 GDP 的 2.19%，而且我国研发投入增加较快也只是近 20 年来的事情，持续的时间还比较短，还没有形成良好的科技发展累积效应，因此还需要继续加大投入力度。二是基础研究投入强度较低，只占研发总投入的 5%左右，与其他国家大约 15%的比例相去甚远（2014 年，法国基础研究投入占研发总投入的 26.1%，韩国占 17.6%，美国占 17.5%，日本占 12.3%，英国占 16.9%，而中国仅占 4.7%），源头创新能力不足。三是领先的科技创新型企业比较少，企业研发投入强度普遍比较低。2009～2014 年，在全球研发投入排名前 2500 家的企业研发投资中，中国仅占 5.9%，而美国占 36.3%。"2017 全球企业研发投入排行榜"中，中国企业华为以 104 亿欧元排名全球第六，是唯一进入排名前 50 的中国企业。这些不足将严重影响中国科技发展的持续创新能力和中国企业在全球市场的竞争力。

因此，需要稳步提升研发经费在 GDP 中的比例，优化投入结构，降低竞争性经费比例，持续加大政府对基础性、战略性和公益性研究的稳定支持力度，稳定经费的占比从目前的 50%提高到 70%。加大基础研究投入力度，引导和鼓励企业更多地投资研发活动。

完善稳定支持和竞争性资助互补协调机制，加大对颠覆性技术的支持力度。

14.5.3　建设遵循科技规律的科学合理的分类评价体系

科技评价工作是科技发展的指挥棒、是科技资源配置的工具和手段，在现代科技管理中的作用越来越重要，但带来的负面问题也越来明显。

当前科技评价工作存在的显著问题，一是评价工作方法过于简单化，主要是数量化评价（易于操作），演变成了简单数成果数量而淡化成果质量，导致追求真理和科学突破的科研探索工作异化为追求数量增长的低水平工作。二是对不同类型的科技活动的评价往往采取"一刀切"的办法，严重忽视了不同类型科技活动的不同规律。三是评价频次过多过频，对单位、项目、人才等的各种评价评估，周期越来越短、频次越来越密，形成了对有序科研工作的严重干扰，致使科研人员疲于应付。四是评价主体和评价层级不尽合理，由于评价主体的专业水平和学术能力往往不足，又难以在评价的短时间内了解成果内容，就导致数量化评价大行其道；科技管理部门牢牢抓住评价权力不放，将评价作为资源配置的手段，导致评价工作日益频密和缺乏科学性。

科技评价制度的设计，关键是要遵循基础研究、应用基础研究、技术开发、科技工程建设、研发支撑工作等不同类型科技活动的规律和特点，建立符合不同类型科技活动规律、特点的分类评价体系；要研究将客观评价与主观评审相结合的方法，既要避免"数数量"，更要避免"唯同行评议"的学术权威对多元化创新的压制；研究针对"变革性"项目或成果的立项前评审流程，避免扼杀重大原始创新。要完善科技人才激励机制、国家奖励体系、国家荣誉制度体系。开展严格的分类、分层次评价。要提高评价方法、评价周期的科学性。

要发挥科技评价的正确导向作用。要形成以评价促进创新的正面评价环境，评价的目的应定位于通过评价来提升项目的执行效果和成果水平，优化机构的学科方向选择与重点突破方向，激发人才的创新潜能，而不是把评价变成"牢笼"困住项目、机构和人才，扼杀创新活力，束缚人才施展空间。同时，科技评价要下放管理权限，由科技机构自行评价和科学共同体来评价，以有效避免评价的简单化、数量化、"一刀切"、频密化等违背科技规律的评价弊端。

14.5.4　建设国际一流创新人才大量集聚的创新高地

人才是最宝贵的资源，是最重要的财富，是推动经济社会发展的原动力。科技发达国家的发展经验无一不证明，人才始终是国家发展之根基，是科技创新力量之源泉，是决定国家综合竞争力的关键要素。要保障我国未来建成世界科技强国,决定因素是要能够培养、凝聚一大批的世界一流创新人才。

要遵循人才成长规律,营造人才成长环境,为人才发展提供世界一流的科技创新平台。要注意加强科技计划项目任务的科学设计,注意将更多的项目任务用于支持处于创新高峰年龄段的30~50岁年龄段的中青年科研人才的支持,以释放中青年人才的成长和创新潜力,促进重大科学发现型创新成果的产出。

要真正改变一直以来存在的"重物轻人"的管理惯性,减少过多的不必要的竞争性项目和资源配置方式,加强对科研人员的长期稳定支持(把更多的经费直接用到对"人"的支持上,真正"重人"),使科研人员尽可能地把更多的宝贵时间用于安心从事科学研究,这对促进创新是极端重要的。与此同时,要加快人事制度改革进度,全面理顺科研人员的工资待遇体系和政策设计,减少乃至取消科研人员的工资待遇与争取的项目经费数量相挂钩的机制,让科研人员有足够的经费做研究,但不要让科研人员把更多的精力放到通过争取更多的项目经费来提高自己的工资待遇上。

另外,中国从美国等发达国家引进或短期使用高端科技人才,要充分研究有关国家的规则,避免引起美国等国家的警觉及机制化防范。重点要放在国内创新环境和创新政策设计上,促进国际上的优秀创新人才主动到我国来创新和创业。

14.5.5 加强与国际一流卓越创新研究机构的良好科研合作

要进一步拓展国际科技合作的广度和深度,提升在国际科技界的话语权和竞争力,在基础科学研究领域与科技强国、创新型国家(尤其是在某些科技领域领先的创新型小国)开展"强强合作"或者互补性联合研究。特别是要开展与国际上从事基础研究的一流卓越创新机构、世界一流研究型大学等开展深入的开放合作,要鼓励我国科学家积极参与国际顶尖科研计划和项目,而非只参与外围的辅助工作。对诺贝尔自然科学奖获奖者的研究表明,获得诺贝尔奖的机构、科学家之间,存在着密切的研究合作或师生关系。而且,获得科技领域科学奖项的科学家,更容易获得诺贝尔奖。这里面涉及深层次的科学传统、科学思想和科学精神的传承关系。

因此,与产出过诺贝尔自然科学奖的研究机构和团队开展研究合作是至关重要的。同时,要积极邀请国外顶尖科学家和团队(特别是获得科技领域权威奖项且年富力强的科学家及其团队)全职来我国开展合作研究和学术任职,关键是传承优秀的科学传统。这里倡导的与国际一流卓越创新机构进行开放合作,并不是跟随他们的研究方向和课题,不是邀请一流专家来做对我们研究进行说教的"导师",更不是去寻求外国已有的论据和"权威"言论作为对自己研究的肯定和评价,而是将我们的重要研究问题置于国际一流同行中，开展广泛的、实时的深入研讨、课题论证与学术辩论，汲取世界一流科学家的科学思想营养。

14.5.6　建设科学思想迸发的良好的科学文化土壤

我国科技创新发展严重不足，一个极端重要但长期被忽视的原因是，全社会都缺乏"创造创新至上"的社会价值观。我们社会的价值观、科学文化、科学传统、科学素养和科学规范等，远没有跟上世界科技强国的发展步伐，缺乏国际化视野，价值观理念差距太大，科学创新思想长期匮乏，还远不适应建设科技强国的要求。要大力塑造崇尚科学精神的价值观，塑造宽松、自由、民主的科学文化环境，不断解放和激发人才的创造力。倡导遵从学术道德、学术规范、鼓励学术自由、学术开放。注重在全社会培育尊重知识、尊重人才、崇尚创新、包容失败的文化氛围，为科技创新发展创造良好的社会环境。优化科学研究环境，努力为科学发现创造良好的学术氛围和条件，使我国科学家在国际前沿科技领域有更多的创造性学术贡献，而这是一个漫长的过程。

要激励科技界树立创新自信。所谓创新自信并非盲目自大，而是要有敢为天下先的坚定志向，在引进和学习世界先进科技成果的同时，更要走前人没有走过的路，在独创独有上下功夫，勇于挑战最前沿的科学问题，敢于和包容失败（失败也是为后人的成功铺路），提出更多原创理论，做出更多原创发现，力争在重要科技领域实现跨越发展，跟上甚至引领世界科技发展新方向，掌握新一轮全球科技竞争的战略主动权。

总之，科技强国的战略目标已经确立，只有面向世界科技前沿，面向国家战略需求，制定并有效实施科技强国建设的中长期发展规划，才能全面提升我国整体科技竞争能力和水平，走出一条符合我国实际的自主创新之路。

参 考 文 献

陶诚，张志强，陈云伟. 2019. 关于我国建设基础科学研究强国的若干思考. 世界科技研究与发展，41（1）：1-15.
张志强，苏娜. 2016. 国际智库发展趋势特点与我国新型智库建设. 智库理论与实践，1（1）：9-23.
张志强，田倩飞，陈云伟. 2018. 科技强国主要科技指标体系比较研究. 中国科学院院刊，33（10）：1052-1063.